Netz

Formeln der Mathematik

Netz

Formeln der Mathematik

völlig neu bearbeitet von Prof. Dr. J. Rast

7., durchgesehene Auflage

HANSER

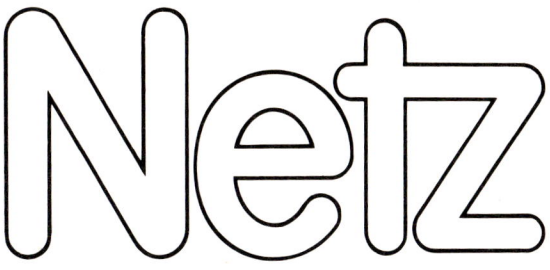

Das Formelwerk **Netz** wurde von **Prof. Dr.-Ing. Heinrich Netz**† begründet.

In gleicher Ausstattung liegen vor

Netz, Formeln der Technik.

Netz, Formeln der Elektrotechnik und Elektronik.

Netz, Formeln und Sätze der Physik

CIP-Kurztitelaufnahme der Deutschen Bibliothek

Netz, Heinrich:
Formeln der Mathematik / Netz. – 7., durchges. Aufl. / völlig
neu bearb. von J. Rast. – München ; Wien : Hanser, 1992
ISBN 3-446-17046-4
NE: Rast, Johann [Bearb.]; HST

Gesamtherstellung: Universitätsdruckerei H. Stürtz AG, Würzburg
Einbandgestaltung: Kaselow + Partner

Printed in Germany

Aus dem Vorwort zur ersten Auflage

Das Besondere dieses Buches „Formeln der Mathematik" besteht darin, daß jeweils Anwendungsbeispiele zeigen, wie mit der gegebenen Formel gearbeitet werden kann. Dadurch soll allen Benutzern, die nicht täglich mathematisch arbeiten, eine bessere und schnellere Einarbeitungsmöglichkeit geboten werden.

Die Stoffauswahl wurde so vorgenommen, daß, ausgehend von den Grundlagen der Mathematik alle wesentlichen Gebiete behandelt werden, mit denen sich vor allem der mathematisch tätige Ingenieur bei Berechnungen befassen muß. Dementsprechend wurde u.a. die in der notwendigen Ausführlichkeit dargestellte allgemeine Differential- und Integral-Rechnung durch die zugeordneten numerischen Rechenverfahren ergänzt, die in der Praxis eine wesentliche Rolle spielen. Aus gleichem Grunde wurden die Elemente der Fehler- und Ausgleichs-Rechnung anstelle der Ergebnisse der Wahrscheinlichkeitsrechnung und Statistik aufgenommen.

Im allgemeinen dürfte diese Formelsammlung etwa die mathematischen Wissensgebiete enthalten, die als Ausbildungsziel eines Ingenieur-Studiums anzusehen sind.

Alle Beispiele wurden bewußt mathematischer Fragestellung entnommen. Sie wurden möglichst einfach und prägnant gehalten.

Ein Erfolg für die vielfältigen Bemühungen, wäre darin zu sehen, daß sich die „Formeln der Mathematik" als nützlicher und vielleicht sogar wertvoller Helfer bei der Bearbeitung mathematischer Aufgaben erweisen sollten.

Wolfenbüttel, im Januar 1965 *Günter Arnold*

Vorwort zur 7. Auflage

Die von Prof. Dr. H. Netz begründete Formelsammlung hat sich seit der 1. Auflage wegen ihrer besonderen Konzeption (Formeln und Anwendungsbeispiele) gut bewährt. Die 5. Auflage erfuhr unter Beibehaltung dieser Idee eine gründliche Überarbeitung und faßte die Inhalte einiger Abschnitte neu und übersichtlicher zusammen.

So wurde in der analytischen Geometrie die Vektorrechnung soweit wie möglich berücksichtigt; der Anwender hat damit die Möglichkeit, die Formeln in Programme einzusetzen. Dabei wurde sorgfältig darauf geachtet, Doppeldeutigkeiten oder Definitionslücken der Formeln auszuschließen.

Bei den Integralformeln ermöglicht die Einführung eines Parameters bei den Argumenten von Kreis- und Hyperbelfunktionen, sowie deren Umkehrung eine größere Flexibilität.

Die bewährte Methode, die Anwendung der Formeln durch Beispiele zu verdeutlichen, wurde beibehalten. Die Anordnung der Beispiele im Anschluß an die entsprechenden Abschnitte wurde in der fünften Auflage vorgenommen. Die Beispiele sind durch blaue Farbgebung von der Formelsammlung abgehoben. Zur raschen Orientierung sind die Beispiele jeweils durch ein Stichwort gekennzeichnet.

Inzwischen wurde eine 7. Auflage notwendig; Fehler und Versehen konnten beseitigt werden, soweit sie bekannt waren.

München, im November 1991 *Dr. J. Rast*

Inhaltsverzeichnis

1 Arithmetik und Algebra

1.1 Reelle Zahlen

1.1.1 Aufbau des Zahlensystems

Menge $\mathbb{N}$ der natürlichen Zahlen (nach DIN 5473):

$\mathbb{N}=\{0;\ 1;\ 2;\ 3;\ldots\}$, $\mathbb{N}^*=\{1;\ 2;\ 3;\ldots\}$.

Eigenschaften:

1. $\mathbb{N}$ ist geordnet.
2. $\mathbb{N}$ ist nach unten beschränkt, nach oben unbeschränkt.
3. Jede Zahl $n\in\mathbb{N}$ besitzt einen eindeutig bestimmten (nächstgrößeren) Nachfolger.

Menge $\mathbb{Z}$ der ganzen Zahlen:

$\mathbb{Z}=\{0;\ \pm1;\ \pm2;\ \pm3;\ldots\}$.

Eigenschaften:

1. $\mathbb{Z}$ ist geordnet.
2. $\mathbb{Z}$ ist nach unten und oben unbeschränkt.
3. Jede Zahl $z\in\mathbb{Z}$ besitzt einen eindeutig bestimmten (nächstgrößeren) Nachfolger und einen eindeutig bestimmten (nächstkleineren) Vorgänger.

Menge $\mathbb{Q}$ der rationalen Zahlen:

$$\mathbb{Q}=\left\{q\;\middle|\;q=\frac{m}{n};\ m,n\in\mathbb{Z};\ n\neq0\right\}$$

Eigenschaften:

1. Jede Zahl $q\in\mathbb{Q}$ läßt sich als abbrechende oder periodische Dezimalzahl schreiben.
2. $\mathbb{Q}$ ist geordnet.
3. $\mathbb{Q}$ ist nach unten und oben unbeschränkt.
4. $\mathbb{Q}$ ist dicht.
5. $\mathbb{Q}$ ist nicht abgeschlossen (d.h. nicht jede Intervallschachtelung rationaler Zahlen $q\in\mathbb{Q}$ definiert eine rationale Zahl $\in\mathbb{Q}$).

Menge $\mathbb{R}$ der reellen Zahlen:

Auf Intervallschachtelungen kann man die arithmetischen Grundgesetze (1.2, Seite 7) sinngemäß übertragen. Eine Intervallschachtelung heißt reelle Zahl.

Eigenschaften:

1. $\mathbb{N}^*\subset\mathbb{N}\subset\mathbb{Z}\subset\mathbb{Q}\subset\mathbb{R}$

2. $\mathbb{R}$ ist geordnet.

3. $\mathbb{R}$ ist nach oben und unten unbeschränkt.

4. $\mathbb{R}$ ist dicht.

5. $\mathbb{R}$ ist abgeschlossen.

Bemerkung:

∞ ist keine Zahl; auf ∞ sind die arithmetischen Grundgesetze (1.2, Seite 7) nicht anwendbar; mit ∞ kann man nicht „rechnen". Es gibt keine „unendlich kleine" Zahl.

Falls nicht anders erwähnt, beziehen sich die Aussagen der folgenden Abschnitte auf reelle Zahlen.

B

Zu 1.1.1:
Eigenschaft 1 der rationalen Zahlen

1. $3/4 = 0{,}75$

   $18/35 = 0{,}5\overline{142857} \approx 0{,}5$ (Fehler $\leqq 0{,}05$)

   $5/6 = 0{,}8\overline{6} = 0{,}86666\ldots \approx 0{,}867$ (Fehler $\leqq 0{,}0005$)

   Wird ein unendlicher Dezimalbruch mit Rundung nach der n-ten Stelle hinter dem Komma abgebrochen, begeht man einen Rundungsfehler, der nicht größer als $5 \cdot 10^{-(n+1)}$ ist.

   Gewöhnlich wird $\begin{cases} \text{aufgerundet,} \\ \text{abgerundet,} \end{cases}$ wenn die erste vernachlässigte Ziffer $\begin{cases} \geqq 5 \\ < 5 \end{cases}$ ist.

Intervallschachtelung

2. Intervallschachtelung für $\sqrt{3}$

i	a_i	b_i
1	1	2
2	1,7	1,8
3	1,73	1,74
4	1,732	1,733
5	1,7320	1,7321
6	1,73205	1,73206
⋮	⋮	⋮

   $\Rightarrow \sqrt{3} \approx 1{,}735$ (Fehler nicht größer als 0,005)

   $\sqrt{3} \approx 1{,}732055$ (Fehler nicht größer als $5 \cdot 10^{-6}$).

Irrationalität

3. $\sqrt{3}$ ist keine rationale Zahl m/n.

   Annahme: $\sqrt{3} = m/n$ (gekürzter Bruch).

   $\Rightarrow m^2 = 3n^2 \Rightarrow m^2$ enthält den Faktor 3 und als Quadrat einer ganzen Zahl sogar

$3^2=9 \Rightarrow m=3r \Rightarrow m^2=9r^2=3n^2 \Rightarrow n^2=3r^2 \Rightarrow n$ enthält ebenfalls den Faktor 3. Dann ist aber m/n kein gekürzter Bruch (Widerspruch zur Annahme).

1.1.2 Gleichheit

Zwei Zahlen a und b sind entweder gleich ($a=b$) oder verschieden ($a \neq b$).

Eigenschaften der Gleichheit:

1. $a=a$ (Reflexivität).
2. Aus $a=b$ folgt $b=a$ (Symmetrie).
3. Aus $a=b$ und $b=c$ folgt $a=c$ (Transitivität).

B

Zu 1.1.2:
Eigenschaften der Gleichheit

1. Aus den Gleichungen $x=\frac{4}{3}t^3$
$y=\frac{8}{5}t^2$
ist t zu eliminieren und eine Beziehung der Form $T(x, y)=0$ herzustellen.

$$\left.\begin{array}{l}\frac{3}{4}x=t^3;\quad \frac{9}{16}x^2=t^6;\\ \frac{5}{8}y=t^2;\quad \frac{125}{512}y^3=t^6;\end{array}\right\} \Rightarrow \frac{9}{16}x^2=\frac{125}{512}y^3;$$

$$\frac{9}{16}x^2-\frac{125}{512}y^3=0.$$

1.1.3 Ungleichungen

Zwischen zwei Zahlen $a \neq b$ besteht genau eine der Ungleichungen $a>b$ oder $a<b$.
Mit Einschluß des Gleichheitszeichens schreibt man $a \geqq b$ (a ist größer oder gleich b), $a \leqq b$ (a ist kleiner oder gleich b).

Eigenschaften der Ungleichungen.

1. $\left.\begin{array}{l}a<b\\ b<c\end{array}\right\} \Rightarrow a<c$ (Transitivität)

2. $\left.\begin{array}{l}a<b\\ c=c\end{array}\right\} \Rightarrow a \pm c<b \pm c$ (Auf beiden Seiten einer Ungleichung darf man ein beliebiges c addieren bzw. subtrahieren.)

3.I. $\left.\begin{array}{l}a<b\\ c<d\end{array}\right\} \Rightarrow a+c<b+d$ (Gleichsinnige Ungleichungen dürfen seitenweise addiert werden.)

3.II. $\left.\begin{array}{l}a<b\\ c>d\end{array}\right\} \Rightarrow a-c<b-d$ (Nicht gleichsinnige Ungleichungen dürfen seitenweise subtrahiert werden, wobei das Zeichen der ersten Ungleichung erhalten bleibt.)

4.I. $\left.\begin{matrix} a<b \\ c>0 \end{matrix}\right\} \Rightarrow \begin{cases} ac<bc \\ \dfrac{a}{c}<\dfrac{b}{c} \end{cases}$ (Beide Seiten einer Ungleichung darf man mit einem beliebigen positiven c multiplizieren bzw. dividieren.)

4.II. $\left.\begin{matrix} a<b \\ c<0 \end{matrix}\right\} \Rightarrow \begin{cases} ac>bc \\ \dfrac{a}{c}>\dfrac{b}{c} \end{cases}$ (Multipliziert bzw. dividiert man mit einer negativen Zahl, muß $<$ durch $>$ und $>$ durch $<$ ersetzt werden.)

5. $a<b \Rightarrow \dfrac{1}{a}>\dfrac{1}{b}$ (Stürzt man eine Ungleichung zwischen zwei positiven oder zwei negativen Zahlen, muß $<$ durch $>$ und $>$ durch $<$ ersetzt werden.)

(a, b entweder beide positiv oder beide negativ, d.h. $a \cdot b>0$)

6. $\left.\begin{matrix} a<b \\ c<d \end{matrix}\right\} \Rightarrow ac<bd$

(b, c, d positiv)

B

Zu 1.1.3:

Eigenschaften 3.I und 3.II der Ungleichungen

1. $\left.\begin{matrix} -5<3 \\ -9<-7 \end{matrix}\right\} \Rightarrow -14<-4$

$\left.\begin{matrix} -5<3 \\ -1>-10 \end{matrix}\right\} \Rightarrow -4<13$

Lösung einer Ungleichung

2. Man stelle fest, für welche x der Ausdruck $\sqrt{x+1-\dfrac{6}{x}}$ definiert ist.

Es muß gelten: $x+1-\dfrac{6}{x} \geqq 0$

Fall x positiv: $x^2+x-6 \geqq 0$

$(x-2)(x+3) \geqq 0$

Entweder $x-2 \leqq 0$ und $x+3 \leqq 0$

$x \leqq 2$ und $x \leqq -3$

(Widerspruch zur Annahme x positiv)

oder $x-2 \geqq 0$ und $x+3 \geqq 0$

$x \geqq 2$ und $x \geqq -3$

ist erfüllt durch $x \geqq 2$

Fall x negativ: $x^2+x-6 \leqq 0$

$(x-2)(x+3) \leqq 0$

Entweder $x-2 \leqq 0$ und $x+3 \geqq 0$

$x \leqq 2$ und $x \geqq -3$

ist erfüllt durch $-3 \leqq x<0$

oder $x-2 \geqq 0$ und $x+3 \leqq 0$

$x \geqq 2$ und $x \leqq -3$

(Widerspruch)

$\sqrt{x+1-\frac{6}{x}}$ ist definiert für alle $x \geqq 2$ bzw. $-3 \leqq x < 0$.

1.1.4 Intervalle

Die Menge aller Zahlen x mit $a \underset{(=)}{<} x \underset{(=)}{<} b$ heißt Intervall.

Art der Intervalle	Kurzschreibweise	Ungleichung	Besonderheit
offenes I.	$(a; b)$ oder $]a; b[$	$a < x < b$	$x \neq a$; $x \neq b$ Ohne Endpunkte a und b
links offenes I.	$(a; b]$ oder $]a; b]$	$a < x \leqq b$	$x \neq a$ Ohne linken Endpunkt a
rechts offenes I.	$[a; b)$ oder $[a; b[$	$a \leqq x < b$	$x \neq b$ Ohne rechten Endpunkt b
geschlossenes I.	$[a; b]$	$a \leqq x \leqq b$	Mit beiden Endpunkten.

B

Zu 1.1.4:

Teilintervall

1. Liegen x_1 und x_2 in einem Intervall $[a; b]$ und ist $x_1 < x_2$, so ist das Intervall $[x_1; x_2]$ ein Teilintervall von $[a; b]$: $[x_1; x_2] \subset [a; b]$.

   Beweis:

   $x_1 \in [a; b] \Rightarrow a \leqq x_1$

   $x_2 \in [a; b] \Rightarrow x_2 \leqq b$.

   Für jedes $x \in [x_1; x_2]$ gilt $x_1 \leqq x \leqq x_2$, wobei nicht beide Male $=$ gelten kann.

   Hieraus folgt $a \leqq x_1 \leqq x \leqq x_2 \leqq b$, d.h. $x \in [a; b]$.

1.1.5 Absoluter Betrag und Vorzeichen

Unter dem absoluten Betrag $|a|$ einer Zahl a versteht man a selbst, falls $a \geqq 0$, und $-a$, falls $a < 0$:

$$|a| = \begin{cases} a & \text{falls } a \geqq 0 \\ -a & \text{falls } a < 0 \end{cases}$$

$|a|$ ist nicht negativ: $|a| \geqq 0$

Rechenregeln:

1. $|a| - |b| \leqq ||a| - |b|| \leqq \underbrace{|a \pm b| \leqq |a| + |b|}_{\text{Dreiecksungleichung}}$

2. $|a \cdot b| = |a| \cdot |b|$

$|-a| = |a|$

$\left|\frac{a}{b}\right| = \frac{|a|}{|b|} \qquad (b \neq 0)$

$|a^n| = |a|^n \qquad (n \in \mathbb{Z};\ a \neq 0)$

3. $|a| = 0 \Leftrightarrow a = 0$

Man definiert

$$\operatorname{sgn} x = \begin{cases} \frac{x}{|x|} = \begin{cases} 1 & \text{falls } x > 0 \\ -1 & \text{falls } x < 0 \end{cases} \\ 0 \qquad\qquad\quad \text{falls } x = 0 \end{cases}$$

Rechenregeln:

$|x| = x \cdot \operatorname{sgn} x$

$\operatorname{sgn}(a \cdot b) = \operatorname{sgn} a \cdot \operatorname{sgn} b$

$\operatorname{sgn}\left(\frac{a}{b}\right) = \frac{\operatorname{sgn} a}{\operatorname{sgn} b} \qquad (b \neq 0)$

B

Zu 1.1.5:

Rechenregel 2

1. $|a-b| = |b-a|$

   Beweis: $|a-b| = |(-1) \cdot (b-a)| = |-1| \cdot |b-a| = |b-a|$.

Quadratische Ungleichung

2. Die Lösung der Ungleichung $x^2 < 4$ ist

   $|x| < 2$, d.h. $-2 < x < 2$.

Betragsungleichung

3. $|x-5| < 3 \Rightarrow -3 < x-5 < 3$
   $\Rightarrow 2 < x < 8$.

Intervall und Betrag

4. Durch $|x-a| \leqq \varepsilon$ wird ein abgeschlossenes Intervall der Breite 2ε in der Umgebung des Wertes a (Punktes a) gekennzeichnet.

Formeln für sgn x

5. $\operatorname{sgn} x = \frac{1}{\operatorname{sgn} x} \qquad (x \neq 0)$

   Beweis: Fall $x > 0$: $\Rightarrow \operatorname{sgn} x = 1 \Rightarrow 1 = \frac{1}{1}$

   Fall $x < 0$: $\Rightarrow \operatorname{sgn} x = -1 \Rightarrow -1 = \frac{1}{-1}$.

   $(\operatorname{sgn} x)^2 = \begin{cases} 1 & \text{falls } x \neq 0 \\ 0 & \text{falls } x = 0. \end{cases}$

1.1.6 Kroneckersymbol

$$\delta_{ik} = \begin{cases} 1 & \text{falls } i = k \\ 0 & \text{falls } i \neq k \end{cases} \qquad i, k \in \mathbb{N}$$

B

Zu 1.1.6:
Gebrauch des Kroneckersymbols

1. $\sum_{i=1}^{5} a_i \delta_{i3} = a_3$.

2. $\sum_{i=1}^{m} \delta_{ip} \cdot \sum_{k=1}^{n} a_{ik} \cdot \delta_{kl} = \sum_{i=1}^{m} \delta_{ip} \cdot a_{il} = a_{pl} \quad (p \leqq m;\ l \leqq n)$.

1.1.7 Funktion int

$$\operatorname{int} x = \begin{cases} x & \text{falls } x \in \mathbb{Z} \\ x - p \in \mathbb{Z} & \text{falls } x \notin \mathbb{Z}; \quad 0 < p < 1 \end{cases}$$

1.2 Grundgesetze der Arithmetik

1.2.1 Addition

$a + b = c$ — a, b Summanden; c Summe(nwert)

Eigenschaften:

1. $a + b = b + a$ (Kommutativität)
2. $a + (b + c) = (a + b) + c$ (Assoziativität)

1.2.2 Subtraktion

Die eindeutige Lösung x der Gleichung $a + x = b$ wird geschrieben als

$x = b - a$ — b Minuend; a Subtrahend; x Differenz(wert)

Eigenschaften:

1. $a + (b - c) = (a + b) - c$
2. $a - (b + c) = (a - b) - c$
3. $a - (b - c) = (a - b) + c$

1.2.3 Multiplikation

$a \cdot b = c$ — a, b Faktoren; c Produkt(wert)

Eigenschaften:

1. $a \cdot b = b \cdot a$ (Kommutativität)
2. $a \cdot (b \cdot c) = (a \cdot b) \cdot c$ (Assoziativität)
3. $a \cdot (b + c) = a \cdot b + a \cdot c$ (Distributivität bzgl. Addition).
4. Ein Produkt hat genau dann den Wert 0, wenn mindestens einer der Faktoren 0 ist.

Binomische Formeln:

$$(a \pm b)^2 = a^2 \pm 2ab + b^2$$

$$(a + b) \cdot (a - b) = a^2 - b^2$$

$$(a + b - c)^2 = a^2 + b^2 + c^2 + 2ab - 2ac - 2bc$$

$$\left(\sum_{k=1}^{n} a_k\right)^2 = \sum_{i,k=1}^{n} a_i \cdot a_k = \sum_{k=1}^{n} a_k^2 + 2 \sum_{\substack{i,k=1 \\ (k>i)}}^{n} a_i \cdot a_k$$

Cauchy-Schwarzsche Ungleichungen:

$$\left(\sum_{k=1}^{n} a_k\right)^2 \leqq n \sum_{k=1}^{n} a_k^2$$

(Das Gleichheitszeichen gilt genau dann, wenn alle a_k gleich sind.)

$$\left(\sum_{k=1}^{n} a_k \cdot b_k\right)^2 \leqq \sum_{k=1}^{n} a_k^2 \cdot \sum_{k=1}^{n} b_k^2$$

(Das Gleichheitszeichen gilt genau dann, wenn $\frac{a_1}{b_1} = \frac{a_2}{b_2} = \ldots = \frac{a_n}{b_n}$; $b_k \neq 0$)

Ausklammern ist eine Anwendung des Distributivgesetzes $ax + ay = a \cdot (x + y)$: Man zieht einen Faktor, der allen Summanden gemeinsam ist, vor die Klammer.

B

Zu 1.2.3:
Eigenschaft 4

1. Man löse die Gleichung $4x \sin x + 2x - 12 \sin x = 6$.

   Durch Umformung (Ausklammern) entsteht:

   $$2x(2 \sin x + 1) = 6(2 \sin x + 1);$$

   $$2(x - 3)(2 \sin x + 1) = 0.$$

   Dieses Produkt kann nur verschwinden, wenn mindestens einer der Faktoren verschwindet:

   $x - 3 = 0$; $\quad x = 3$

   $2 \sin x + 1 = 0$; $\quad \sin x = -0{,}5$; $\quad x \approx -0{,}524 + 2k\pi \quad (k \in \mathbb{Z})$

   $x \approx -2{,}618 + 2k\pi \quad (k \in \mathbb{Z})$.

Ausklammern beliebiger Faktoren

2. $$(x+y)^2-5a=5a\left[\frac{(x+y)^2}{5a}-1\right] \quad (a\neq 0).$$

1.2.4 Division

Die eindeutige Lösung x der Gleichung $a\cdot x=b$ $(a\neq 0)$ wird als $x=\frac{b}{a}=b:a$ geschrieben.

b Dividend
a Divisor
x Quotient(enwert)

Ist $a=0$, dann hat die Gleichung für $b\neq 0$ keine Lösung, für $b=0$ ist jedes beliebige x Lösung. Die Gleichung ist keinesfalls eindeutig lösbar; daher kann 0 niemals im Nenner eines Bruches stehen.

Eigenschaften:

1. Verbindung von Division und Multiplikation:

$$(a\cdot b):c=\frac{ab}{c}=(a:c)\cdot b=\frac{a}{c}b; \quad 1:\frac{a}{b}=\frac{b}{a}$$

$$\frac{a}{b}\cdot\frac{c}{d}=\frac{ac}{bd}$$

Brüche werden multipliziert, indem man ihre Zähler und Nenner multipliziert.

2. Division von Quotienten:

$$a:(b:c)=a:\frac{b}{c}=a\cdot\frac{c}{b}=\frac{ac}{b}$$

$$\frac{a}{b}:\frac{c}{d}=\frac{a}{b}\cdot\frac{d}{c}=\frac{ad}{bc}$$

Brüche werden dividiert, indem man mit dem Kehrwert des Divisors multipliziert.

3. Verbindung von Division und Addition (Subtraktion):

$$\frac{a+b}{c}=\frac{a}{c}+\frac{b}{c}; \quad \frac{a-b}{c}=\frac{a}{c}-\frac{b}{c} \quad \left(\text{Hinweis: } \frac{a}{b+c}\neq\frac{a}{b}+\frac{a}{c}\right)$$

Eine Summe im Zähler eines Bruches darf gliedweise dividiert werden.

4. Addition gleichnamiger Brüche:

$$\frac{a}{d}+\frac{b}{d}+\frac{c}{d}=\frac{a+b+c}{d}$$

5. Addition ungleichnamiger Brüche:

$$\frac{a}{mx}+\frac{b}{nx}+\frac{c}{px}=\frac{anp+bmp+cmn}{mnpx}$$

$mnpx$ ist der sog. Hauptnenner als kleinstes gemeinsames Vielfaches der Einzelnenner.

6. Division von binomischen Ausdrücken:

$$\frac{a^2-b^2}{a-b}=a+b \quad \text{für } a\neq b \qquad \frac{a^2-b^2}{a+b}=a-b \quad \text{für } a\neq -b$$

$$\frac{a^3-b^3}{a-b}=a^2+ab+b^2 \quad \text{für } a\neq b \qquad \frac{a^3+b^3}{a+b}=a^2-ab+b^2 \quad \text{für } a\neq -b$$

allgemein gilt:

$$\frac{a^m-b^m}{a-b}=a^{m-1}+a^{m-2}b+a^{m-3}b^2+\ldots+ab^{m-2}+b^{m-1} \quad (a\neq b;\ m\in\mathbb{N}^*)$$

$$\frac{a^m-b^m}{a+b}=a^{m-1}-+\ldots-b^{m-1} \quad (a\neq -b;\ m\in\mathbb{N}^*,\ m \text{ gerade})$$

(m ungerade: $\ldots+b^{m-1}$; Rest: $-2b^m$)

$$\frac{a^m+b^m}{a+b}=a^{m-1}-+\ldots+b^{m-1} \quad (a\neq -b;\ m\in\mathbb{N}^*,\ m \text{ ungerade})$$

(m gerade: $\ldots-b^{m-1}$; Rest: $+2b^m$)

B

Zu 1.2.4:

Dividieren einer Summe: Eigenschaft 3

1. $\frac{x+y}{xy}=\frac{x}{xy}+\frac{y}{xy}=\frac{1}{y}+\frac{1}{x}$, dagegen ist $\frac{1}{x+y}$ nicht zerlegbar in die Form $\frac{1}{x}+\frac{1}{y}$!

Division von Polynomen (vor der Division sind die Summen nach fallenden Potenzen zu ordnen):

2. $(a^4+5a^3+6a^2+a+2):(a+2)=a^3+3a^2+1$

$$\begin{array}{l} \underline{a^4+2a^3} \\ \quad 3a^3+6a^2 \\ \quad \underline{3a^3+6a^2} \\ \qquad\qquad a+2 \\ \qquad\qquad \underline{a+2} \\ \qquad\qquad\quad 0 \end{array}$$

Division auch mittels Hornerschema (6.7.1.1, Seite 155).

Division von Polynomen mit Rest

3. $(x^2+3x+1):(x+1)=x+2-\frac{1}{x+1}$

$$\begin{array}{l} \underline{x^2+\ \ x} \\ \quad 2x+1 \\ \quad \underline{2x+2} \\ \qquad -1 \end{array}$$

Division auch mittels Hornerschema (6.7.1.1, Seite 155)

Division von binomischen Ausdrücken

4. $$\frac{a^8-b^8}{a^2-b^2}=\frac{\alpha^4-\beta^4}{\alpha-\beta}=\alpha^3+\alpha^2\beta+\alpha\beta^2+\beta^3=a^6+a^4b^2+a^2b^4+b^6 \quad (a^2 \neq b^2);$$

(Substitution $a^2=\alpha$; $b^2=\beta$).

$$\frac{a^2-b^2}{\sqrt{a}+\sqrt{b}}=\frac{\alpha^4-\beta^4}{\alpha+\beta}=\alpha^3-\alpha^2\beta+\alpha\beta^2-\beta^3=a\sqrt{a}-a\sqrt{b}+b\sqrt{a}-b\sqrt{b}$$

(Substitution $\sqrt{a}=\alpha$; $\sqrt{b}=\beta$).

$$\frac{1+\tan^2\alpha}{1+\tan\alpha}=1-\tan\alpha+\frac{2\tan^2\alpha}{1+\tan\alpha} \quad (\tan\alpha \neq -1).$$

1.2.5 Potenzierung

$a^m = a \cdot a \cdot a \ldots a$ (m Faktoren)

- a Grundzahl oder Basis
- m Hochzahl oder Exponent $\in \mathbb{N}^*$
- a^m Potenz

Es ist für $a \neq 0$

$$a^0=1,$$

$$a^{-1}=\frac{1}{a},$$

$$a^{-m}=\frac{1}{a^m}.$$

Potenzgesetze:

$$a^m \cdot a^n = a^{m+n} \qquad (a^m)^n = a^{mn} = (a^n)^m$$

$$a^m : a^n = a^{m-n} \qquad (ab)^n = a^n \cdot b^n$$

$$\left(\frac{a}{b}\right)^n = \frac{a^n}{b^n} \qquad (b \neq 0)$$

Bei Einbeziehung des Radizierens (1.2.6, Seite 12) gelten diese Formeln für jeden Exponenten m und $n \in \mathbb{R}$, wenn $a>0$; $b>0$.

Zehnerpotenzen:

$10^0=1$	
$10^1=10$	$10^{-1}=0{,}1$
$10^3=1000$	$10^{-3}=0{,}001$
$10^6=1000000$	$10^{-6}=0{,}000001$
usw.	usw.

Mit Zehnerpotenzen lassen sich sehr große bzw. sehr kleine Zahlen bequem schreiben.

Häufig werden bei technischen Größen Zehnerpotenzen bei der Maßzahl durch einen Zusatz zur Benennung ersetzt:

10^1	Deka-	D	10^{-1}	Dezi-	d
10^2	Hekto-	h	10^{-2}	Zenti-	c
10^3	Kilo-	k	10^{-3}	Milli-	m
10^6	Mega-	M	10^{-6}	Mikro-	µ
10^9	Giga-	G	10^{-9}	Nano-	n
10^{12}	Tera-	T	10^{-12}	Pico-	p
			10^{-15}	Femto-	f
			10^{-18}	Atto-	a

B

Zu 1.2.5:

Anwendung der Potenzgesetze

1. $(-a)^{-n}=\dfrac{1}{(-a)^n}$ ($n\in\mathbb{R}$ für $a<0$; $n\in\mathbb{Z}$ für $a>0$).

   Vorzeichen in Basis und Hochzahl hängen nicht zusammen.

   $1^m=1^n \qquad (m,n\in\mathbb{R})$;

   $(-1)^m=(-1)^{m+2} \qquad (m\in\mathbb{Z})$.

   Aus der Gleichheit der Potenzen kann nicht die Gleichheit der Hochzahlen entnommen werden (Basis ± 1).

   $a^m=a^n \Rightarrow m=n$ (falls $a\neq\pm 1$; $m,n\in\mathbb{R}$ für $a>0$; $m,n\in\mathbb{Z}$ für $a<0$).

   Der Vergleich der Hochzahlen ist kein Kürzen.

   Exponentialgleichung:

   $$5^{3x+2}=0{,}008\cdot 0{,}2^{4x};\quad 5^{3x+2}=5^{-3}\cdot 5^{-4x};\quad 3x+2=-3-4x;\quad x=-\tfrac{5}{7}.$$

   $(a^n)^2=a^{2n}$.

   $$\frac{a^2b^3}{2a^{n+2}b}=\frac{1}{2}\cdot\frac{b^2}{a^n}.$$

Prozentsatz

2. 5000 Einwohner von 50 Millionen Einwohnern stellen einen Prozentsatz von $\dfrac{5\cdot 10^3}{50\cdot 10^6}\cdot 100\,\%=0{,}01\,\%=0{,}1\text{‰}$ dar.

Änderung von Einheiten

3. Elastizitätsmodul von Stahl

   $$E=2{,}1\cdot 10^4\,\frac{\text{kp}}{\text{mm}^2}=2{,}1\cdot 10^4\cdot\frac{9{,}81\,\text{N}}{10^{-6}\,\text{m}^2}=20{,}6\cdot 10^{10}\,\frac{\text{N}}{\text{m}^2}=2{,}06\cdot 10^{11}\,\frac{\text{N}}{\text{m}^2},$$

   weil $1\,\text{kp}=9{,}81\,\text{N}$; $1\,\text{mm}^2=10^{-6}\,\text{m}^2$.

1.2.6 Radizierung

Für $x>0$, $a>0$ schreibt man die eindeutige Lösung x der Gleichung $x^p=a$ als

$x = \sqrt[p]{a} = a^{1/p}$ | a Radikand $(a > 0)$
p Wurzelexponent $(p \in \mathbb{R},\ p \neq 0)$
x Wurzel(wert) $(x > 0)$.

Die p-te Wurzel aus der (positiven) Zahl a ist also diejenige (positive) Zahl x, deren p-te Potenz a ist. Außerdem legt man fest: $\sqrt[p]{0} = 0$ für $p > 0$.

Abkürzung: $\sqrt[2]{a} = \sqrt{a}$

Allgemeine Wurzelgesetze $(a, b \in \mathbb{R}^+;\ p, q \in \mathbb{R};\ p, q \neq 0)$

$$\sqrt[p]{a^p} = a \qquad \sqrt[p]{ab} = \sqrt[p]{a} \cdot \sqrt[p]{b}$$

$$\sqrt[p]{\frac{a}{b}} = \frac{\sqrt[p]{a}}{\sqrt[p]{b}}$$

$$\sqrt[p]{a^q} = (\sqrt[p]{a})^q = a^{q/p}$$

$$\sqrt[p]{\sqrt[q]{a}} = \sqrt[p \cdot q]{a}$$

$$\sqrt[p]{a^q} = \sqrt[pr]{a^{qr}}$$

$$a \cdot \sqrt[p]{b} = \sqrt[p]{a^p \cdot b}$$

$$\sqrt[-p]{a} = \frac{1}{\sqrt[p]{a}} = \sqrt[p]{a^{-1}} = \sqrt[p]{\frac{1}{a}}$$

Spezielle Wurzelgesetze $(p \in \mathbb{N}^*)$

Ist p ungerade, so sind auch negative Radikanden a zulässig. Man definiert

$$\sqrt[p]{-a} = -\sqrt[p]{a} \quad (p \text{ ungerade})$$

Es gilt dann für alle $a \in \mathbb{R}$: $\sqrt[p]{a^p} = a$ (p ungerade).

Ist p gerade, so sind negative Radikanden nicht zulässig; es gilt dann für alle $a \in \mathbb{R}$: $\sqrt[p]{a^p} = |a|$ (p gerade).

B

Zu 1.2.6:
Gebrauch der Wurzeldefinition

1. Die Gleichung $x^{-2,7} = 3$ besitzt die Lösung $x = \sqrt[-2,7]{3} = \dfrac{1}{\sqrt[2,7]{3}} \approx 0{,}6657$;

   die Gleichung $(-x)^{1,7} = 2$ besitzt die Lösung $x = -\sqrt[1,7]{2} \approx -1{,}503$;

   die Gleichung $(-x)^{3,2} = -1{,}8$ besitzt keine Lösung;

   die Gleichung $\sqrt{x} = -3$ besitzt keine Lösung;

   die Gleichung $\sqrt{-x} = 3$ besitzt die Lösung $x = -9$;

   die Gleichung $x^2 = 16$ besitzt die beiden Lösungen $x = \pm\sqrt{16} = \pm 4$.

Für $a \in \mathbb{R}$ gilt: $\sqrt{a^2}=|a|$; $\quad -\sqrt{a^2}=-|a|$; $\quad \sqrt{(-a)^2}=|a|$; $\quad \sqrt{a^6}=|a^3|$;

$\sqrt{a^8}=a^4$; $\quad \sqrt{a^{2n}}=|a^n|=|a|^n \quad (n\in\mathbb{R}^+$; für $n\in\mathbb{R}^-$ muß $a\neq 0$ sein);

$\sqrt{a^{2n}}=a^n \quad (n\in\mathbb{Z}$; $n\neq 0$; n gerade; für $n<0$ muß $a\neq 0$ sein).

$\sqrt[3]{a^3}=a$; $\quad a^{3/2}=a\sqrt{a} \quad (a\geqq 0)$.

Wurzel aus Summe

2. $\sqrt[p]{a+b}\neq\sqrt[p]{a}+\sqrt[p]{b}$; bei einer Summe darf eine Wurzel nicht aus den einzelnen Summanden gezogen werden!

$$\sqrt{16+9}=\sqrt{25}=5\neq 4+3.$$

Anwendung der Wurzelgesetze

3. Bei der Anwendung ist zu beachten, daß die allgemeinen Wurzelgesetze nur für nichtnegative Radikanden gelten.

Für die häufig vorkommenden Quadratwurzeln ist besonders die Identität $\sqrt{a^2}=|a|$ zu beachten.

$\sqrt[3]{-8}=-2$; $\quad \sqrt{-8}$ ist in $\mathbb{R}$ nicht definiert

Multiplikation $(a>0)$:

$$\sqrt{a}\sqrt{a}=\sqrt{a^2}=a; \quad \sqrt[3]{a}\sqrt[3]{a}=\sqrt[3]{a^2}=a^{2/3}$$

$$\sqrt{a}\sqrt[3]{a}=a^{1/2}\cdot a^{1/3}=a^{5/6}=\sqrt[6]{a^5}$$

Division $(a>0)$:

$$\frac{\sqrt[3]{ab}}{\sqrt[3]{a^2}}=\sqrt[3]{\frac{ab}{a^2}}=\sqrt[3]{\frac{b}{a}}=\frac{\sqrt[3]{b}}{\sqrt[3]{a}} \quad \text{(Division bei gleichen Wurzelexponenten)}$$

$$\frac{\sqrt[3]{a}}{\sqrt{a}}=\frac{a^{1/3}}{a^{1/2}}=a^{-1/6}=\frac{1}{a^{1/6}}=\frac{1}{\sqrt[6]{a}} \quad \text{(Division bei ungleichen Wurzelexponenten)}$$

Potenzierung $(a>0)$:

$$(\sqrt[3]{2a^2})^2=\sqrt[3]{4a^4}=a\sqrt[3]{4a}; \quad \sqrt[3]{-a^2}=(-a)^{2/3}=-a^{2/3};$$

$$\left(\frac{1}{16}\right)^{3/4}=\frac{1}{16^{3/4}}=\frac{1}{(2^4)^{3/4}}=\frac{1}{2^3}=\frac{1}{8}$$

Radizierung $(a>0)$:

$$\sqrt[3]{\sqrt{a}}=\sqrt[6]{a} \quad \text{oder auch} \quad \sqrt[3]{\sqrt{a}}=(a^{1/2})^{1/3}=a^{1/6}=\sqrt[6]{a}$$

$$\sqrt{\frac{1}{\sqrt{a}}}=\frac{1}{\sqrt{\sqrt{a}}}=\frac{1}{\sqrt[4]{a}}$$

Erweitern von Wurzeln $(a, b, x>0)$:

$$a\sqrt{a}=\sqrt{a^2a}=\sqrt{a^3}; \quad \frac{1}{x}\sqrt{x^2+1}=\sqrt{1+\frac{1}{x^2}};$$

$$\frac{a}{\sqrt[3]{a^3+b^3}}=\frac{1}{\frac{1}{a}\sqrt[3]{a^3+b^3}}=\frac{1}{\sqrt[3]{1+\left(\frac{b}{a}\right)^3}}$$

Partielles (teilweises) Wurzelziehen ($a>0$):

$$\sqrt{a^3}=\sqrt{a^2a}=a\cdot\sqrt{a};\quad \sqrt[5]{a^6}=a\sqrt[5]{a};\quad \sqrt[3]{\tfrac{4}{3}r^3\pi}=r\sqrt[3]{\tfrac{4}{3}\pi}$$

Rationalmachen eines Nenners ($a, b>0$):

$$\frac{1}{\sqrt{a}}=\frac{\sqrt{a}}{\sqrt{a}\sqrt{a}}=\frac{1}{a}\cdot\sqrt{a};\quad \frac{1}{\sqrt{2}}=\frac{1}{2}\sqrt{2}$$

$$\frac{1}{\sqrt[3]{a}}=\frac{\sqrt[3]{a}\sqrt[3]{a}}{\sqrt[3]{a}\sqrt[3]{a}\sqrt[3]{a}}=\frac{1}{a}\sqrt[3]{a^2};\qquad \frac{1}{\sqrt[5]{a^2}}=\frac{1}{a^{2/5}}=\frac{a^{3/5}}{a^{2/5}a^{3/5}}=\frac{1}{a}\sqrt[5]{a^3}$$

Unter Verwendung binomischer Formeln gilt ($a, b>0$):

$$\frac{1}{\sqrt{a}-\sqrt{b}}=\frac{\sqrt{a}+\sqrt{b}}{(\sqrt{a}-\sqrt{b})(\sqrt{a}+\sqrt{b})}=\frac{\sqrt{a}+\sqrt{b}}{a-b}\qquad (a\neq b)$$

$$\frac{1-\sqrt{3}}{\sqrt{2}+2}=\frac{(1-\sqrt{3})(\sqrt{2}-2)}{2-4}=-\frac{1}{2}(1-\sqrt{3})(\sqrt{2}-2)$$

Besonderheiten der Quadratwurzel

4. $a\sqrt{1+\frac{b^2}{a^2}}=\operatorname{sgn} a\cdot\sqrt{a^2+b^2}$

$$\sqrt{a^2+a^2b^2}=\sqrt{a^2(1+b^2)}=|a|\sqrt{1+b^2}$$

$$\sqrt{\frac{a}{b}}=\frac{\sqrt{|a|}}{\sqrt{|b|}}\qquad (b\neq 0)$$

$\sqrt{\frac{-4}{-9}}=\frac{2}{3};\quad \frac{\sqrt{-4}}{\sqrt{-9}}$ ist nicht definiert.

Wurzelgleichungen

5. Die Gleichung $\sqrt{x}=2$ hat als Lösung $x=4$.

Die Gleichung $\sqrt{9+x^2}-1=x$ wird gelöst durch:

Ordnen: $\sqrt{9+x^2}=x+1$

Quadrieren: $9+x^2=x^2+2x+1$

Ordnen: $-2x-1=-9,\quad 2x=8$

Lösung: $x=4$

Kontrolle: $+\sqrt{25}-1=5-1=4$ (notwendig).

Enthält die Gleichung mehr als eine Wurzel, so ordnet man so, daß die Anzahl der Wurzeln auf beiden Seiten des Gleichheitszeichens entweder gleich ist oder eine Seite eine Wurzel mehr enthält.

Die Gleichung: $\sqrt{x+5}-\sqrt{2-x}=1$ wird gelöst durch:

Ordnen: $\sqrt{x+5}=1+\sqrt{2-x}$

Quadrieren: $x+5=1+2\sqrt{2-x}+2-x$

Ordnen: $2x+2=2\sqrt{2-x}$

Vereinfachen: $x+1=\sqrt{2-x}$

Quadrieren: $x^2+2x+1=2-x$

Ordnen: $x^2+3x-1=0$

Lösen der quadratischen Gleichung:

$$x_{1,2}=-\frac{3}{2}\pm\sqrt{\frac{9}{4}+1}=-\frac{3}{2}\pm\frac{\sqrt{13}}{2}$$

$$x_1\approx+0{,}30 \quad (x_2\approx-3{,}30)$$

Kontrolle: $\sqrt{5{,}3}-\sqrt{1{,}7}\approx 2{,}30-1{,}30=1$

x_2 ist keine Lösung der Gleichung.

Nach dem Quadrieren einer Wurzelgleichung kann die entstehende Gleichung mehr Lösungen zeigen als sie die gegebene Gleichung besitzt. In solchen Fällen muß daher eine nachträgliche Kontrolle durchgeführt werden.

Die Gleichung $\sqrt{x^2-10}=x-4$ besitzt überhaupt keine Lösung:

Quadrieren: $x^2-10=x^2-8x+16$

Ordnen: $8x=26$

Lösung: $x=3{,}25$

Kontrolle: $\sqrt{x^2-10}=0{,}75$

$x-4=-0{,}75$

1.2.7 Logarithmierung

Für $a>0$; $p>0$ schreibt man die eindeutige Lösung x der Gleichung $a^x=p$ als

$x={}_a\log p$

- a Basis
- p Logarithmand (Numerus)
- x Logarithmus (Hochzahl, Exponent)

$x={}_a\log p$ ist also diejenige Hochzahl, die mit der positiven Basis a den positiven Wert $p=a^x$ ergibt. Es gilt also

$$a^{{}_a\log p}=p \quad (a>0;\ p>0)$$

Allgemeine Logarithmengesetze ($a>0$; $b>0$; $p>0$; $q>0$)

Gleiche Basis:

$${}_a\log(p\cdot q)={}_a\log p+{}_a\log q$$

$${}_a\log\frac{p}{q}={}_a\log p-{}_a\log q$$

$_a\log p^z \quad = z \cdot {_a\log p} \qquad (z \neq 0)$

$_a\log \sqrt[z]{p} \quad = \frac{1}{z} \cdot {_a\log p}$

$_a\log \frac{1}{p} \quad = -{_a\log p}$

$_a\log 1 \quad = 0$

$_a\log a \quad = 1$

Verschiedene Basen:

$_a\log p = {_a\log b} \cdot {_b\log p}$

In der Praxis bedeutsam sind die natürlichen Logarithmen mit $a = e \approx 2{,}72$ (6.7.2.1, Seite 165) und die dekadischen (Briggschen) Logarithmen mit $a = 10$, sowie die Logarithmen mit $a = 2$. Man schreibt:

$_e\log p = \ln p$

$_{10}\log p = \lg p$

$_2\log p = \operatorname{ld} p$

B

Zu 1.2.7:

Basisänderung

1. Zur Berechnung von $\operatorname{ld} p$ aus $\ln p$ benutzt man die Formel

$$\operatorname{ld} p = {_2\log p} = \frac{\ln p}{\ln 2} \approx 1{,}4427 \ln p$$

Exponentialgleichungen

2. $e^{2x} - \frac{1}{3} = 0; \quad e^{2x} = \frac{1}{3}; \quad 2x = -\ln 3; \quad x = -\frac{1}{2}\ln 3 \approx -0{,}549;$

$$a^{3x} - 2b^{5x-1} = 0; \quad a^{3x} = 2b^{5x-1}; \quad e^{3x\ln a} = 2e^{(5x-1)\ln b}; \quad e^{3x\ln a - (5x-1)\ln b} = 2;$$

$$x(3\ln a - 5\ln b) + \ln b = \ln 2; \quad x = \frac{\ln \frac{2}{b}}{\ln \frac{a^3}{b^5}}.$$

Adiabatische Kompression

3. Bei adiabatischer Kompression von Luft gilt $pV^k = \text{const}$ oder $pV^k = p_0 V_0^k$ (p_0, V_0 Druck und Volumen zu Beginn der Kompression). $\frac{p}{p_0} = \left(\frac{V_0}{V}\right)^k$. Wird der Druck auf das 20fache erhöht, so ist das Volumen von 2,5 Liter auf 0,294 Liter komprimiert. Hieraus errechnet sich $k = \frac{\ln \frac{p}{p_0}}{\ln \frac{V_0}{V}} = \frac{\ln 20}{\ln \frac{2{,}5}{0{,}294}} \approx 1{,}4.$

1.3 Ergänzungen

1.3.1 Mittelwerte

Von n Zahlen ($n \in \mathbb{N}^*$) $x_1, x_2, \ldots, x_n$ ist

$$x_a = \frac{x_1 + x_2 + \ldots + x_n}{n}$$ arithmetisches Mittel

$$x_g = \sqrt[n]{x_1 \cdot x_2 \ldots x_n} \quad (x_\nu > 0)$$ geometrisches Mittel (mittlere Proportionale)

$$x_h = \frac{1}{\frac{1}{n}\left(\frac{1}{x_1} + \frac{1}{x_2} + \ldots + \frac{1}{x_n}\right)} \quad (x_\nu \neq 0)$$ harmonisches Mittel

Es ist

$$x_a \geqq x_g \geqq x_h \quad \text{(Satz von Cauchy)}$$

wobei das Gleichheitszeichen nur dann gilt, wenn $x_1 = x_2 = \ldots = x_n$ ist.

1.3.2 Proportionen

Aus einer richtigen Verhältnisgleichung $\frac{a}{b} = \frac{c}{d}$ folgt

1. $ad = bc$ (Produkt der Innenglieder = Produkt der Außenglieder)
2. $\frac{a}{c} = \frac{b}{d}$ (Innenglieder dürfen vertauscht werden)
3. $\frac{d}{b} = \frac{c}{a}$ (Außenglieder dürfen vertauscht werden).

4.I. $\frac{a \pm b}{b} = \frac{c \pm d}{d}$ (Korrespondierende Addition bzw. Subtraktion im Vorderterm)

4.II. $\frac{a}{b \pm a} = \frac{c}{d \pm c}$ (Korrespondierende Addition bzw. Subtraktion im Hinterterm)

5. $\frac{a+b}{b-a} = \frac{c+d}{d-c}$ (Korrespondierende Addition im Vorderterm und Subtraktion im Hinterterm)
6. Aus $a:a_1 = b:b_1 = c:c_1$ erhält man die fortlaufende Proportion $a:b:c = a_1:b_1:c_1$; ferner gilt

$$a:a_1 = b:b_1 = c:c_1 = \frac{ma + nb + pc}{ma_1 + nb_1 + pc_1} \quad (m, n, p \text{ beliebig})$$

7. Aus $a:b = c:d$ und $a_1:b_1 = c_1:d_1$ folgt

$$\frac{aa_1}{bb_1} = \frac{cc_1}{dd_1} \quad \text{und} \quad \frac{a}{a_1} : \frac{b}{b_1} = \frac{c}{c_1} : \frac{d}{d_1}$$

Die Größe $x = \sqrt{a \cdot b}$ heißt mittlere Proportionale zu $a > 0$ und $b > 0$; sie genügt der Proportion $a:x = x:b$.

Zu 1.3.2:

Eigenschaft 1

1. Unter welchen Voraussetzungen für a und b ist die Gleichung $\frac{x+a}{2}=\frac{b}{x}$ nach x auflösbar?

$$x(x+a)=2b: \quad x^2+ax-2b=0;$$

$$x=\frac{-a\pm\sqrt{a^2+8b}}{2};$$

genau eine Lösung, wenn $a^2+8b=0$, d.h. $b=-\frac{a^2}{8}$;

genau zwei Lösungen, wenn $a^2+8b>0$, d.h. $b>-\frac{a^2}{8}$.

Eigenschaften 4, 5

2. Aus der Proportion $3:4=6:8$ erhält man durch korrespondierende Addition bzw. Subtraktion die neuen Proportionen

$$\frac{3+4}{4}=\frac{6+8}{8}, \quad \text{also} \quad \frac{7}{4}=\frac{14}{8}; \quad \frac{3-4}{4}=\frac{6-8}{8} \quad \text{also} \quad -\frac{1}{4}=-\frac{2}{8}.$$

1.3.3 Lineare Interpolation

Die lineare Interpolation wird zur Ermittlung von Zwischenwerten aus Tabellen $x \mapsto y$ angewandt. Dabei nimmt man an, daß die Änderung des y-Wertes näherungsweise proportional zur Änderung des x-Wertes ist (bzw. umgekehrt); diese Annahme ist häufig in der Praxis bei nicht zu großen x- (bzw. y-) Differenzen der Tabelle erlaubt (6.8.1, Seite 184)

Interpolation $x_z \mapsto y_z$

$$y_z \approx y_z^* = y_0 + \frac{x_z - x_0}{x_1 - x_0} \cdot (y_1 - y_0)$$

$$= y_0 + \frac{h'}{h} \cdot D$$

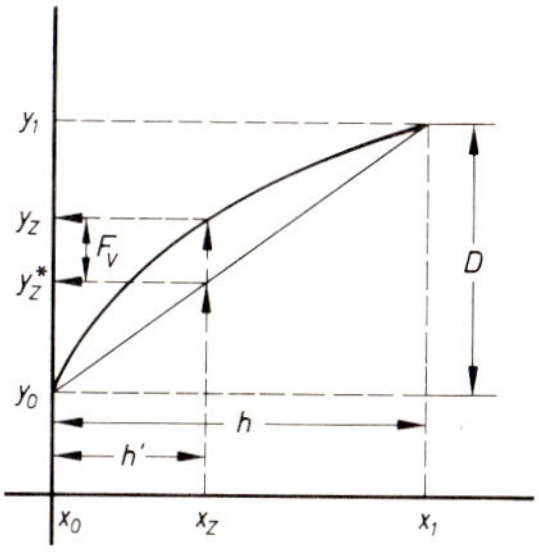

Verfahrensfehler:

$$|F_v| = |y_z - y_z^*| \leqq \frac{(x_1 - x_0)^2}{8} \cdot \text{Max}\,|y''|$$

$$= \frac{h^2}{8} \cdot \text{Max}\,|y''|$$

(Max $|y''|$ ist das absolute Maximum des Betrages der 2. Ableitung in dem Intervall $[x_0; x_1]$)

Inverse Interpolation $y_z \mapsto x_z$

$$x_z \approx x_z^* = x_0 + \frac{y_z - y_0}{y_1 - y_0}(x_1 - x_0)$$
$$= x_0 + \frac{D'}{D} h$$

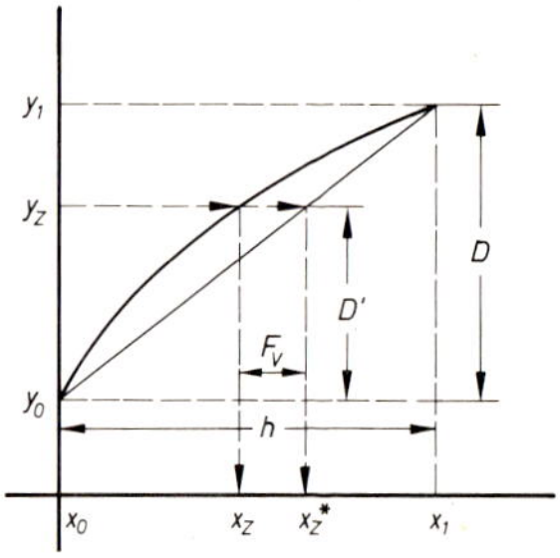

Verfahrensfehler:

$$|F_v| = |x_z - x_z^*| \leqq \frac{(x_1 - x_0)^2}{8} \cdot \mathrm{Max}\left|\frac{y''}{y'}\right|$$
$$= \frac{h^2}{8} \cdot \mathrm{Max}\left|\frac{y''}{y'}\right|$$

B

Zu 1.3.3:
Interpolation

1. Für $y = \Phi(x) = \frac{2}{\sqrt{\pi}} \int_0^x e^{-t^2}\, dt$ (6.9.8.2, Seite 302) ist die folgende Tabelle gegeben:

x	$\Phi(x)$
0,70	0,67778
71	68446
72	69143
73	69810
74	70468
75	71116

Interpolation:
Für $x = 0{,}718$ ergibt sich

$$y_z = \Phi(0{,}718) \approx y_z^* = \Phi(0{,}71) + \frac{0{,}008}{0{,}010}(\Phi(0{,}72) - \Phi(0{,}71)) \approx 0{,}69004.$$

Fehlerschätzung: $y' = \frac{2}{\sqrt{\pi}} e^{-x^2}$; $y'' = -\frac{2}{\sqrt{\pi}} e^{-x^2} \cdot 2x$

$|y''| \leqq \frac{4}{\sqrt{\pi}} e^{-0{,}71^2} \cdot 0{,}72 \approx 1$ (man nimmt einen Wert, der von $|y''|$ im betrachteten Intervall sicher unterschritten wird).

$|F_v| \leqq \frac{0{,}01^2}{8} \cdot 1 \approx 0{,}000013$, d.h. beim Wert 0,69004 kann die letzte Ziffer um etwa eine (bei Aufrundung zwei) Einheiten falsch sein.

Inverse Interpolation

2. $\Phi(x) = y_z = 0{,}70860$

$$x_z \approx x_z^* = 0{,}74 + \frac{0{,}70860 - 0{,}70468}{0{,}71716 - 0{,}70468} \cdot 0{,}01 \approx 0{,}74605$$

Fehlerschätzung: $\operatorname{Max}\left|\frac{y''}{y'}\right| \leqq \frac{\operatorname{Max}|y''|}{\operatorname{Min}|y'|} \leqq \frac{\frac{4}{\sqrt{\pi}} e^{-0{,}74^2} \cdot 0{,}75}{2\sqrt{\pi}\, e^{-0{,}75^2}} \leqq 1{,}6$

$|F_v| \leqq \frac{0{,}01^2}{8} \cdot 1{,}6 = 0{,}00002$, d.h. beim Wert 0,74605 kann die letzte Ziffer um zwei Einheiten falsch sein.

1.3.4 Fakultät, Binomialkoeffizienten

Definition der Fakultät ($n \in \mathbb{N}$)

$0! = 1$

$n! = 1 \cdot 2 \cdot \ldots \cdot n = \prod_{k=1}^{n} k \quad (n \geqq 1)$

Näherungsformel von Stirling für große n: $n! \approx \left(\frac{n}{e}\right)^n \cdot \sqrt{2\pi n}$.

Definition der Binomialkoeffizienten ($n \in \mathbb{N}$; $p \in \mathbb{R}$)

$\binom{p}{0} = 1$

$\binom{p}{1} = p$

$\binom{p}{n} = \frac{p \cdot (p-1) \cdot (p-2) \cdot \ldots \cdot (p-(n-1))}{1 \cdot 2 \cdot \ldots \cdot n}$

Allgemeine Formeln ($n \in \mathbb{N}$; $p \in \mathbb{R}$)

$\binom{p}{n} + \binom{p}{n-1} = \binom{p+1}{n} \quad (n \geqq 1)$

$\binom{p+1}{n} = \binom{p}{n} \cdot \frac{p+1}{p-n+1} \quad (p \neq n-1)$

$\binom{p+q}{n} = \binom{p}{n} \cdot \binom{q}{0} + \binom{p}{n-1} \cdot \binom{q}{1} + \ldots + \binom{p}{0} \cdot \binom{q}{n}$

$\binom{p}{n} \cdot (p-n) = \binom{p}{n+1} \cdot (n+1)$

Spezielle Formeln ($p \in \mathbb{N}$; $n \in \mathbb{N}$; $n \leqq p$)

$\binom{p}{n} = \frac{p!}{n!\,(p-n)!} = \binom{p}{p-n}$

$\binom{0}{0} = \binom{p}{p} = 1$

$$\binom{p}{0}+\binom{p}{1}+\ldots+\binom{p}{p}=2^p$$

$$\binom{p}{0}-\binom{p}{1}+\ldots+(-1)^p\binom{p}{p}=0 \quad (p\geqq 1)$$

$$\binom{p+1}{n+1}=\binom{p}{n}+\binom{p-1}{n}+\ldots+\binom{n}{n}$$

Binomische Formeln

Potenzen eines Binoms:

$$(a+b)^1=a+b$$
$$(a+b)^2=a^2+2ab+b^2$$
$$(a+b)^3=a^3+3a^2b+3ab^2+b^3$$
$$(a+b)^4=a^4+4a^3b+6a^2b^2+4ab^3+b^4$$

Schema der Koeffizienten (Pascalsches Dreieck):
Jede Zahl stellt die Summe der beiden schräg darüberstehenden Zahlen dar.

$$\begin{array}{ccccccccccc}
 & & & & 1 & & 1 & & & & \\
 & & & 1 & & 2 & & 1 & & & \\
 & & 1 & & 3 & & 3 & & 1 & & \\
 & 1 & & 4 & & 6 & & 4 & & 1 & \\
1 & & 5 & & 10 & & 10 & & 5 & & 1
\end{array}$$

$$\begin{array}{ccccccccccc}
 & & & & \binom{1}{0} & & \binom{1}{1} & & & & \\
 & & & \binom{2}{0} & & \binom{2}{1} & & \binom{2}{2} & & & \\
 & & \binom{3}{0} & & \binom{3}{1} & & \binom{3}{2} & & \binom{3}{3} & & \\
 & \binom{4}{0} & & \binom{4}{1} & & \binom{4}{2} & & \binom{4}{3} & & \binom{4}{4} & \\
\binom{5}{0} & & \binom{5}{1} & & \binom{5}{2} & & \binom{5}{3} & & \binom{5}{4} & & \binom{5}{5}
\end{array}$$

Allgemeine Binomische Formeln: $n\in\mathbb{N}^*$

$$(a+b)^n=\binom{n}{0}a^n+\binom{n}{1}a^{n-1}b+\binom{n}{2}a^{n-2}b^2+\ldots+\binom{n}{n}b^n=\sum_{k=0}^{n}\binom{n}{k}a^{n-k}b^k$$

Hierin sind $\binom{n}{k}$ die Binomialkoeffizienten.

B

Zu 1.3.4:
Berechnung von Binomialkoeffizienten

1. $\binom{\frac{1}{2}}{3}=\dfrac{\frac{1}{2}\cdot(-\frac{1}{2})\cdot(-\frac{3}{2})}{1\cdot 2\cdot 3}=\dfrac{1}{16}$

$\binom{\frac{2}{5}}{2}=\dfrac{\frac{2}{5}\cdot(-\frac{3}{5})}{1\cdot 2}=-\dfrac{3}{25}$

$$\binom{5}{2}=\frac{5!}{2!\,3!}=\frac{5\cdot 4}{1\cdot 2}=10$$

Symmetrie

2. $\binom{p}{n}=\binom{p}{p-n}$ falls $p, n \in \mathbb{N},\ p \geqq n$

Beweis: $\binom{p}{n}=\frac{p!}{n!\,(p-n)!}=\frac{p!}{(p-n)!\,n!}=\binom{p}{p-n}$

Binomische Formel

3. $\binom{3}{0}+\binom{3}{1}+\binom{3}{2}+\binom{3}{3}=1+3+3+1=8=2^3$

Potenzen algebraischer Summen

$$(2+3x)^2=4+2\cdot 2\cdot 3x+9x^2=4+12x+9x^2$$

$$(1+a)^3=1+3a+3a^2+a^3; \quad (1-a)^3=1-3a+3a^2-a^3$$

$$(a+b+c)^2=a^2+b^2+c^2+2ab+2ac+2bc$$

$$(x-\sqrt{x^2+1})^2=x^2-2x\sqrt{x^2+1}+x^2+1=2x^2-2x\sqrt{x^2+1}+1=2x(x-\sqrt{x^2-1})+1$$

$$\frac{(x+\Delta x)^3-x^3}{\Delta x}=\frac{x^3+3x^2\Delta x+3x(\Delta x)^2+(\Delta x)^3-x^3}{\Delta x}$$

$$=\frac{3x^2\Delta x+3x(\Delta x)^2+(\Delta x)^3}{\Delta x}=3x^2+3x\Delta x+(\Delta x)^2$$

Einführung der quadratischen Ergänzung

5. $x^2+2x+3 =(x^2+2x+1)+2=(x+1)^2+2$

$$x^2-3x+1 =\left(x-\frac{3}{2}\right)^2+1-\frac{9}{4}=\left(x-\frac{3}{2}\right)^2-\frac{5}{4}$$

$$2x^2-5x+1 =2\left(x^2-\frac{5}{2}x+\frac{1}{2}\right)=2\left[\left(x-\frac{5}{4}\right)^2-\frac{17}{16}\right]$$

$$2-3x-x^2=-(x^2+3x-2)=-\left[\left(x+\frac{3}{2}\right)^2-\frac{17}{4}\right]$$

1.3.5 Kombinatorik

1.3.5.1 Permutationen

Unter den Permutationen aus n Elementen versteht man die Anordnungen, die man aus diesen Elementen mit Rücksicht auf die Reihenfolge bilden kann, wobei jedes Element nur einmal vorkommen darf.

1. Anzahl der Permutationen bei n verschiedenen Elementen:

$$P(n)=n!$$

2. Anzahl der Permutationen bei n Elementen, von denen $n_1, n_2, \ldots, n_r$ unter sich gleich sind:

$$\underset{n_1, n_2 \ldots n_r}{P(n)} = \frac{n!}{n_1! \, n_2! \ldots n_r!}$$

3. Anzahl der Permutationen bei n Elementen, die aus zwei Gruppen von r und $(n-r)$ gleichen Elementen bestehen:

$$\underset{r, n-r}{P(n)} = \frac{n!}{r!\,(n-r)!} = \binom{n}{r}$$

B

Zu 1.3.5.1:

1. Aus den Zahlen 1, 2, 3 lassen sich folgende Permutationen bilden:

   (1, 2, 3) (2, 1, 3) (3, 1, 2) (1, 3, 2) (2, 3, 1) (3, 2, 1)

   Ihre Anzahl ist $P(3) = 3! = 6$.

   Tritt an Stelle von 3 ebenfalls die Zahl 2, so lassen sich nur folgende verschiedene Zusammenstellungen bilden:

   (1, 2, 2) (2, 1, 2) (2, 2, 1)

   Ihre Zahl ist $\underset{1,2}{P}(3) = \frac{3!}{2!} = 3$ (3 Elemente, davon 2 gleich).

1.3.5.2 Kombinationen

Unter den Kombinationen aus n Elementen zur r-ten Klasse versteht man die Anordnung von je r Elementen ohne Rücksicht auf die Reihenfolge, wobei die r Elemente aus den gegebenen n Elementen zu entnehmen sind. Darf jedes Element nur einmal verwendet werden, so spricht man von *Kombination ohne Wiederholung*, andernfalls von *Kombination mit Wiederholung*.

Die Anzahl der Kombinationen aus n Elementen zur r-ten Klasse ist

ohne Wiederholung: $C_r(n) = \binom{n}{r} = \frac{n!}{r!\,(n-r)!}$

mit Wiederholung: $C'_r(n) = \binom{n+r-1}{r} = \frac{(n+r-1)!}{r!\,(n-1)!}$

B

Zu 1.3.5.2:

1. Aus den 4 Zahlen 1, 2, 3, 4 lassen sich folgende Kombinationen zu je 2 Elementen bilden (Reihenfolge nicht berücksichtigt):

   (1, 2) (1, 3) (1, 4) (2, 3) (2, 4) (3, 4)

   Ihre Anzahl ist $C_2(4) = \binom{4}{2} = \frac{4!}{2!\,2!} = 6$.

Darf in einer Kombination eine Zahl mehrmals vorhanden sein, so erhält man folgende Zusammenstellungen:

(1, 1) (1, 2) (1, 3) (1,4) (2, 2) (2, 3) (2, 4) (3, 3) (3, 4) (4, 4)

Ihre Anzahl ist $C'_2(4)=\binom{5}{2}=\frac{5!}{2!\,3!}=10.$

1.3.5.3 Variationen

Unter den Variationen von n Elementen zur r-ten Klasse versteht man die Anordnung von r Elementen mit Rücksicht auf die Reihenfolge, wobei die r Elemente aus den gegebenen n Elementen zu entnehmen sind. Wie bei den Kombinationen unterscheidet man zwischen Variationen mit und ohne Wiederholungen. Die Variationen sind die Permutationen der Elemente aller Kombinationen entsprechender Klasse.

Die Anzahl der Variationen von n Elementen zur r-ten Klasse ist

ohne Wiederholung: $V_r(n)=\binom{n}{r}r!=\frac{n!}{(n-r)!}$

mit Wiederholung: $V'_r(n)=n^r.$

B

Zu 1.3.5.3:

1. Aus den 4 Zahlen 1, 2, 3, 4 lassen sich folgende Variationen zu je 2 Elementen bilden (Reihenfolge berücksichtigt):

   (1, 2) (1, 3) (1, 4) (2, 3) (2, 4) (3, 4)
   (2, 1) (3, 1) (4, 1) (3, 2) (4, 2) (4, 3)

   Ihre Anzahl ist $V_2(4)=\frac{4!}{2!}=12.$

   Darf in einer Variation eine Zahl mehrmals benutzt werden, so erhält man folgende Zusammenstellungen:

   (1, 1) (1, 2) (1, 3) (1, 4) (2, 1) (2, 2) (2, 3) (2, 4)
   (3, 1) (3, 2) (3, 3) (3, 4) (4, 1) (4, 2) (4, 3) (4, 4)

   Ihre Anzahl ist $V'_2(4)=4^2=16.$

1.3.6 Determinanten

1.3.6.1 Definitionen und Bezeichnungen

Unter einer *Determinante n-ten Grades* (n. Ordnung)

$$A=\begin{vmatrix} a_{11} & a_{12} & a_{13} \dots a_{1n} \\ a_{21} & a_{22} & a_{23} \dots a_{2n} \\ \vdots & & \vdots \\ a_{n1} & a_{n2} & a_{n3} \dots a_{nn} \end{vmatrix}=|a_{ik}| \quad (i,k=1,2,\dots,n)$$

versteht man eine Zahl, die sich aus den n^2 zu einem quadratischen Schema (*Matrix*) angeordneten Zahlen a_{ik}, den *Komponenten*, nach der Formel

$$A=\sum_p (-1)^{s(p)} a_{1,p(1)} a_{2,p(2)} \dots a_{n,p(n)}$$

berechnet. Hierbei durchläuft p sämtliche $n!$ Permutationen der Zahlen $1, 2, \dots, n$. $s(p)$ gibt die minimale Anzahl von Vertauschungen je zweier Komponenten $p(k)$ und $p(l)$ $(k \neq l)$ an, die nötig sind, um das n-tupel $(p(1), p(2), \dots, p(n))$ in das n-tupel $(1, 2, \dots, n)$ zu überführen.

Ist z.B. $n=4$ und $p(1)=2$, $p(2)=4$, $p(3)=1$, $p(4)=3$, so schreiben wir $p=(2, 4, 1, 3)$ und erhalten

$$s(p)=1+s((1,4,2,3))=2+s((1,2,4,3))=3+s((1,2,3,4))=3+0=3$$

Die Komponenten $a_{i,i}$ bilden die *Hauptdiagonale*, $a_{i,n-i+1}$ die *Nebendiagonale* $(i=1, 2, \dots, n)$.

Man beachte, daß mit der Schreibweise | | nicht Absolutbeträge gemeint sind.

Die mit $(-1)^{i+k}$ multiplizierte *Unterdeterminante* $(n-1)$-ter Ordnung

$$A_{ik}=(-1)^{i+k}\begin{vmatrix} a_{11} & a_{1,k-1} & a_{1,k+1} & \cdots & a_{1n} \\ \vdots & & & & \vdots \\ a_{i-1,1} & a_{i-1,k-1} & a_{i-1,k+1} & & a_{i-1,n} \\ a_{i+1,1} & a_{i+1,k-1} & a_{i+1,k+1} & & a_{i+1,n} \\ \vdots & & & & \vdots \\ a_{n,1} & \dots a_{n,k-1} & a_{n,k+1} & \cdots & a_{nn} \end{vmatrix} = (-1)^{i+k}|a_{\lambda\nu}| \quad \begin{pmatrix}\lambda \neq i \\ \nu \neq k\end{pmatrix}$$

heißt *Adjunkte* der Komponente a_{ik}.

B

Zu 1.3.6.1:
Unterdeterminante, Adjunkte

1. Die zum Element a_{21} der Determinante $\begin{vmatrix} a_{11} & a_{12} & a_{13} \\ a_{21} & a_{22} & a_{23} \\ a_{31} & a_{32} & a_{33} \end{vmatrix}$ zugehörende Adjunkte A_{21} ist

$$A_{21}=(-1)^{2+1}\begin{vmatrix} a_{12} & a_{13} \\ a_{32} & a_{33} \end{vmatrix} = -\begin{vmatrix} a_{12} & a_{13} \\ a_{32} & a_{33} \end{vmatrix} = -(a_{12}a_{33}-a_{13}a_{32}).$$

1.3.6.2 Berechnung des Wertes von Determinanten

Mit Hilfe ihrer Adjunkten läßt sich der Wert A einer Determinante berechnen durch sog.

a) Entwicklung nach einer Zeile (Zeilennummer i)

$$A=a_{i1}A_{i1}+a_{i2}A_{i2}+\dots+a_{in}A_{in}=\sum_{\nu=1}^{n} a_{i\nu}A_{i\nu}$$

(i beliebig, man wählt i zweckmäßig so, daß möglichst viele der Elemente $a_{i\lambda}$ ($\lambda = 1, \ldots, n$) Null sind).

b) Entwicklung nach einer Spalte (Spaltennummer k)

$$A = a_{1k}A_{1k} + a_{2k}A_{2k} + \ldots + a_{nk}A_{nk} = \sum_{\nu=1}^{n} a_{\nu k}A_{\nu k}$$

(k beliebig, man wählt k zweckmäßig so, daß möglichst viele der Elemente $a_{\lambda k}$ ($\lambda = 1, \ldots, n$) Null sind).

Mittels dieser Entwicklungssätze läßt sich der Grad einer Determinante schrittweise abbauen. Speziell gilt:

Determinante 1. Grades: $|a_{11}| = a_{11}$ (nicht Betrag!)

Determinante 2. Grades: $\begin{vmatrix} a_{11} & a_{12} \\ a_{21} & a_{22} \end{vmatrix} = a_{11}a_{22} - a_{21}a_{12}$

(Ihr Wert ist gleich der Differenz aus den Produkten der Elemente in der Hauptdiagonalen und denen in der Nebendiagonalen).

Determinante 3. Grades: $\begin{vmatrix} a_{11} & a_{12} & a_{13} \\ a_{21} & a_{22} & a_{23} \\ a_{31} & a_{32} & a_{33} \end{vmatrix} = a_{11}(a_{22}a_{33} - a_{32}a_{23}) - a_{21}(a_{12}a_{33} - a_{32}a_{13}) + a_{31}(a_{12}a_{23} - a_{22}a_{13})$

Der Wert von Determinanten 3. Grades kann auch berechnet werden, indem man die beiden ersten Spalten noch einmal neben die Determinante schreibt und je 3 Elemente durch schräge Pfeile verbindet; die Elemente auf den nach rechts unten weisenden Pfeilen bilden die positiven Produkte, die anderen die negativen Produkte:

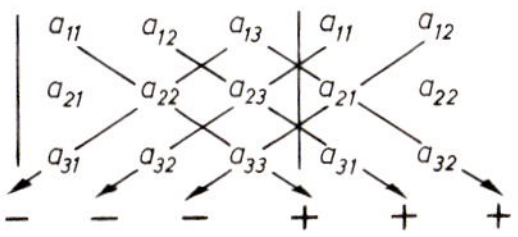

(Sarrussche Regel)

$$A = a_{11}a_{22}a_{33} + a_{12}a_{23}a_{31} + a_{13}a_{21}a_{32} - a_{13}a_{22}a_{31} - a_{11}a_{23}a_{32} - a_{12}a_{21}a_{33}$$

B

Zu 1.3.6.2:

2-reihige Determinante

1. Es wird $\begin{vmatrix} 1 & 2 \\ -3 & 2 \end{vmatrix} = 1 \cdot 2 - 2 \cdot (-3) = 8.$

Entwicklung

2. Es ist bei Entwicklung nach der 1. Zeile:

$$\begin{vmatrix} -1 & 3 & -4 \\ 3 & -2 & -1 \\ 2 & 4 & 5 \end{vmatrix} = (-1)(-1)^{1+1}\begin{vmatrix} -2 & -1 \\ 4 & 5 \end{vmatrix} + 3(-1)^{1+2}\begin{vmatrix} 3 & -1 \\ 2 & 5 \end{vmatrix} - 4(-1)^{1+3}\begin{vmatrix} 3 & -2 \\ 2 & 4 \end{vmatrix}$$

$$= -(-10+4) - 3(15+2) - 4(12+4) = -109.$$

bei Entwicklung nach der 1. Spalte:

$$\begin{vmatrix} -1 & 3 & -4 \\ 3 & -2 & -1 \\ 2 & 4 & 5 \end{vmatrix} = (-1)(+1)\begin{vmatrix} -2 & -1 \\ 4 & 5 \end{vmatrix} + 3(-1)\begin{vmatrix} 3 & -4 \\ 4 & 5 \end{vmatrix} + 2(+1)\begin{vmatrix} 3 & -4 \\ -2 & -1 \end{vmatrix}$$

$$= -(-10+4) - 3(15+16) + 2(-3-8) = -109.$$

3-reihige Determinante

3. Nach der Sarrusschen Regel findet man

$$\begin{vmatrix} -1 & 3 & -4 \\ 3 & -2 & -1 \\ 2 & 4 & 5 \end{vmatrix} = \begin{vmatrix} -1 & 3 & -4 \\ 3 & -2 & -1 \\ 2 & 4 & 5 \end{vmatrix} \begin{matrix} -1 & 3 \\ 3 & -2 \\ 2 & 4 \end{matrix}$$

$$= (-1)(-2)\cdot 5 + 3\cdot(-1)\cdot 2 + (-4)\cdot 3\cdot 4$$
$$-(-4)(-2)\cdot 2 - (-1)(-1)\cdot 4 - 3\cdot 3\cdot 5 = -109.$$

1.3.6.3 Eigenschaften von Determinanten

1. Der Wert einer Determinante wird nicht geändert, wenn die Zeilen als Spalten und die Spalten als Zeilen geschrieben werden. (Spiegelung an der Hauptdiagonalen)
2. Sind zwei Zeilen (Spalten) gleich oder Vielfache voneinander, so ist der Wert der Determinante Null.
3. Werden zwei Zeilen (Spalten) vertauscht, so ändert die Determinante ihr Vorzeichen.
4. Werden alle Elemente einer Zeile (Spalte) mit demselben Faktor multipliziert, so wird die Determinante mit dem Faktor multipliziert.
5. Ist jedes Glied einer Zeile (Spalte) die Summe zweier Summanden, so läßt sich die Determinante in die Summe zweier Determinanten zerlegen, bei denen in der entsprechenden Zeile (Spalte) die einzelnen Summanden stehen.
6. Der Wert einer Determinante bleibt ungeändert, wenn man zu den Elementen einer Zeile (Spalte) die mit einer beliebigen Zahl multiplizierten entsprechenden Elemente einer (oder mehrerer) anderen Zeile (Spalte) addiert (Linearkombination von Zeilen (Spalten)).

B

Zu 1.3.6.3:
Eigenschaften

1. Es ist $\begin{vmatrix} a_{11} & a_{12} \\ a_{21} & a_{22} \end{vmatrix} = \begin{vmatrix} a_{11} & a_{21} \\ a_{12} & a_{22} \end{vmatrix}$

Es ist $\begin{vmatrix} a_{11} & a_{12} & a_{12} \\ a_{21} & a_{22} & a_{22} \\ a_{31} & a_{32} & a_{32} \end{vmatrix} = 0$

$$\text{Es ist}\begin{vmatrix} a_{11} & a_{12} & a_{13} \\ a_{21} & a_{22} & a_{23} \\ a_{31} & a_{32} & a_{33} \end{vmatrix} = -\begin{vmatrix} a_{11} & a_{13} & a_{12} \\ a_{21} & a_{23} & a_{22} \\ a_{31} & a_{33} & a_{32} \end{vmatrix}$$

$$\text{Es ist}\begin{vmatrix} ka_{11} & a_{12} & a_{13} \\ ka_{21} & a_{22} & a_{23} \\ ka_{31} & a_{32} & a_{33} \end{vmatrix} = k\begin{vmatrix} a_{11} & a_{12} & a_{13} \\ a_{21} & a_{22} & a_{23} \\ a_{31} & a_{32} & a_{33} \end{vmatrix}$$

$$\text{Es ist}\begin{vmatrix} a_{11}+b_{11} & a_{12} & a_{13} \\ a_{21}+b_{21} & a_{22} & a_{23} \\ a_{31}+b_{31} & a_{32} & a_{33} \end{vmatrix} = \begin{vmatrix} a_{11} & a_{12} & a_{13} \\ a_{21} & a_{22} & a_{23} \\ a_{31} & a_{32} & a_{33} \end{vmatrix} + \begin{vmatrix} b_{11} & a_{12} & a_{13} \\ b_{21} & a_{22} & a_{23} \\ b_{31} & a_{32} & a_{33} \end{vmatrix}$$

$$\text{Es ist}\begin{vmatrix} a_{11} & a_{12} & a_{13} \\ a_{21} & a_{22} & a_{23} \\ a_{31} & a_{32} & a_{33} \end{vmatrix} = \begin{vmatrix} a_{11} & a_{12} & a_{13}+ka_{12} \\ a_{21} & a_{22} & a_{23}+ka_{22} \\ a_{31} & a_{32} & a_{33}+ka_{32} \end{vmatrix}$$

Allgemeine Berechnung einer Determinante

2. Die Linearkombination von Zeilen (Spalten) kann zur Vereinfachung von Determinanten verwendet werden: Man addiert zu einer Zeile (Spalte) ein bestimmtes Vielfaches einer anderen Zeile (Spalte) derart, daß schrittweise die Elemente einer Zeile (Spalte) Null werden (Rändern einer Determinante)

$$\begin{vmatrix} -1 & 3 & -4 \\ 3 & -2 & -1 \\ 2 & 4 & 5 \end{vmatrix} \quad \text{(1. Zeile 3-fach zur 2. Zeile und 2-fach zur 3. Zeile addieren)}$$

$$= \begin{vmatrix} -1 & 3 & -4 \\ 0 & 7 & -13 \\ 0 & 10 & -3 \end{vmatrix} \quad \text{(nach 1. Spalte entwickeln)}$$

$$=(-1)(-21+130)=-109.$$

1.3.7 Elementare Reihen

Unter einer Reihe versteht man eine Summe $\sum_{k=1}^{n} a_k$

1.3.7.1 Arithmetische Reihen

Arithmetische Reihen 1. Ordnung.

Bei einer arithmetischen Reihe 1. Ordnung ist die Differenz zweier aufeinanderfolgender Glieder konstant.

$$a+(a+d)+(a+2d)+\ldots+[a+(n-1)d]=\sum_{\nu=1}^{n}[a+(\nu-1)d]$$

a Anfangsglied

d Differenz

$z=a+(n-1)d$ Endglied.

Für die Summe S_n von n Gliedern der Reihe gilt

$$S_n = \frac{n}{2}(a+z) = \frac{n}{2}(2a+(n-1)\,d) = \frac{z-a+d}{2d}(a+z)$$

Arithmetische Reihen höherer Ordnung.

Bei einer arithmetischen Reihe k. Ordnung sind die Differenzen k. Ordnung konstant. Aus den Gliedern $a_1, a_2, a_3 \ldots a_n$ der arithmetischen Reihe

$$S_n = a_1 + a_2 + \ldots + a_n = \sum_{\nu=1}^{n} a_\nu$$

bildet man das Differenzenschema:

$$\begin{array}{llll}
a_1 & & & \\
 & \Delta_1^1 & & \\
a_2 & & \Delta_1^2 & \\
 & \Delta_2^1 & & \Delta_1^3 \\
a_3 & & \Delta_2^2 & \\
 & \Delta_3^1 & . & \\
a_4 & & . & \\
. & \Delta_4^1 & . & \\
. & . & & \\
. & . & & \\
a_n & . & &
\end{array}$$

mit

$$\begin{array}{lll}
\Delta_1^1 = a_2 - a_1 & & \\
 & \Delta_1^2 = \Delta_2^1 - \Delta_1^1 & \\
\Delta_2^1 = a_3 - a_2 & & \Delta_1^3 = \Delta_2^2 - \Delta_1^2 \\
 & \Delta_2^2 = \Delta_3^1 - \Delta_2^1 & \\
\Delta_3^1 = a_4 - a_3 & . & . \\
 & . & . \\
\Delta_4^1 = a_5 - a_4 & . & \\
. & & \\
. & \text{usw.} & \\
. & &
\end{array}$$

Die k. Differenzen

$$\Delta_\nu^k = \Delta_{\nu+1}^{k-1} - \Delta_\nu^{k-1} \qquad (\nu = 1, 2, \ldots, n-k)$$

müssen konstant sein.

Mit Hilfe der Differenzen höherer Ordnung lassen sich berechnen:

Endglied: $a_n = a_1 + \binom{n-1}{1}\Delta_1^1 + \binom{n-1}{2}\Delta_1^2 + \ldots + \binom{n-1}{k}\Delta_1^k$

Summe: $S_n = \binom{n}{1}a_1 + \binom{n}{2}\Delta_1^1 + \binom{n}{3}\Delta_1^2 + \ldots + \binom{n}{k+1}\Delta_1^k$

Summen einiger arithmetischer Reihen höherer Ordnung:

$$1^2 + 2^2 + 3^2 + \ldots + n^2 = \frac{(2n+1)(n+1)\,n}{6}$$

$$1^3 + 2^3 + 3^3 + \ldots + n^3 = \frac{n^2(n+1)^2}{4}$$

$$1\cdot 2 + 2\cdot 3 + \ldots + (n-1)\,n = \frac{(n-1)\,n(n+1)}{3}$$

$$1\cdot 2\cdot 3 + 2\cdot 3\cdot 4 + \ldots + (n-2)(n-1)\,n = \frac{(n-2)(n-1)\,n(n+1)}{4}$$

$$1^2 + 3^2 + 5^2 + \ldots + (2n-1)^2 = \frac{n(2n-1)(2n+1)}{3}$$

$$2^2+4^2+6^2+\ldots+(2n)^2=\frac{2n(n+1)(2n+1)}{3}$$

B

Zu 1.3.7.1:

Arithmetische Reihe 1. Ordnung

1. Die Summe aller geraden Zahlen von 0 bis 100 ist: ($d=2$, $n=50$, $a=2$, $z=100$)

$$S'=2+4+\ldots+100=\sum_{\nu=1}^{50} 2\nu=n(n+1)=\frac{50}{2}(2+100)=2550,$$

die Summe aller ungeraden Zahlen zwischen 0 und 100 ist ($d=2$, $n=50$, $a=1$, $z=99$)

$$S''=1+3+\ldots+99=\sum_{\nu=1}^{50}(2\nu-1)=\frac{50}{2}(1+99)=2500=n^2.$$

2. Ein vollständiger Satz von Briefmarken, deren aufgedruckter Wert von 5 Pfg. bis DM 99,95 in Schritten von 5 Pfg. steigt, enthält 1999 Marken und kostet $\frac{1999}{2}(0{,}05+99{,}95)$ DM $=99950$ DM, wobei sich n aus der Gleichung $99{,}95=0{,}05+(n-1)\cdot 0{,}05$ zu $n=1999$ ergibt.

Arithmetische Reihe 2. Ordnung

3. Für die Reihe der Quadratsumme aller natürlichen Zahlen von 1 bis 8

$$1+2^2+3^2+\ldots+8^2=1+4+9+\ldots+64$$

gilt das Differenzenschema:

a_ν	Δ_ν^1	Δ_ν^2
1		
	3	
4		2
	5	
9		2
	7	
16		2
	9	
25		2
	11	
36		2
	13	
49		2
	15	
64		

Die zweiten Differenzen sind also konstant, folglich handelt es sich um eine arithmetische Reihe 2. Ordnung.

Für ihr 10. Glied gilt nach der Formel für a_n

$$a_{10}=1+\binom{9}{1}3+\binom{9}{2}2=1+9\cdot 3+\frac{9\cdot 8}{2}\cdot 2=100.$$

Für die Summe S_8 gilt nach der allgemeinen Formel für S_n:

$$S_1=\binom{8}{1}1+\binom{8}{2}3+\binom{8}{3}2=8+\frac{8\cdot 7}{2}3+\frac{8\cdot 7\cdot 6}{2\cdot 3}\cdot 2=204$$

und nach der für die gegebene Reihe speziell gültigen Summenformel

$$\frac{(2n+1)(n+1)n}{6}=\frac{17\cdot 9\cdot 8}{6}=204.$$

1.3.7.2 Geometrische Reihen

Unter einer geometrischen Reihe versteht man eine Summe der Form

$$a+aq+aq^2+\ldots+aq^{n-1}=a\sum_{\nu=1}^{n} q^{\nu-1},$$

a Anfangsglied
q Quotient

bei der der Quotient zweier aufeinanderfolgender Glieder konstant ist.

Ist n die Gliederzahl, so ist:

Endglied: $z=aq^{n-1}$; Summe: $S_n=\dfrac{a(q^n-1)}{q-1}$

Grenzwert S, an den sich S_n beliebig annähert:

$$S=\frac{a}{1-q}=a+aq+\ldots=a\sum_{k=1}^{\infty} q^{k-1} \quad (|q|<1).$$

Für den sog. Reihenrest gilt $a\sum\limits_{k=1}^{\infty} q^{k-1}-(a+aq+\ldots+aq^{n-1})=\dfrac{aq^n}{1-q}$.

$$\left.\begin{aligned} 1+x+x^2+\ldots&=\frac{1}{1-x}\\ 1-x+x^2-\ldots&=\frac{1}{1+x}\end{aligned}\right\}|x|<1$$

B

Zu 1.3.7.2:
Grenzwert der Reihe

1. Wie groß ist der Grenzwert

$$S=\frac{1}{3}+\frac{1}{3^2}+\frac{1}{3^3}+\ldots$$

Es ist $|q|=\frac{1}{3}<1$, $a=\frac{1}{3}$, also ist $S=\dfrac{a}{1-q}=\dfrac{\frac{1}{3}}{1-\frac{1}{3}}=\dfrac{1}{2}$.

Endliche geometrische Reihe

2. Bei der Prüfung der Formel 24 von 6.9.5.1, Seite 234 ist zu berechnen $\sum\limits_{\lambda=1}^{n-1}\dfrac{a^{\lambda-1}}{z^{\lambda+1}}$. Dies ist eine geometrische Reihe mit dem Anfangsglied $\dfrac{1}{z^2}$, dem Quotienten $\dfrac{a}{z}$ und dem Endglied $\dfrac{a^{n-2}}{z^n}$;

$$\sum_{\lambda=1}^{n-1}\frac{a^{\lambda-1}}{z^{\lambda+1}}=\frac{\frac{a}{z}\cdot\frac{a^{n-2}}{z^n}-\frac{1}{z^2}}{\frac{a}{z}-1}=\frac{\frac{a^{n-1}}{z^{n-1}}-1}{z(a-z)}.$$

1.3.7.3 Zinseszins- und Rentenrechnung

Bezeichnung: $i=\frac{p}{100}$ Zinsfuß (p in %) $q=1+i$ Aufzinsungsfaktor

a Anfangskapital

n Anzahl der Jahre

a) Für den Endwert a_n eines Kapitals a nach n Jahren gilt

$$a_n=aq^n=a\left(1+\frac{p}{100}\right)^n$$

b) Für den Endwert a_n, den ein Anfangskapital a am Ende des n. Jahres erreicht, wenn jährliche Zahlungen r geleistet werden, gilt

bei vorschüssiger Zahlung: $a_n=aq^n\pm\frac{rq(q^n-1)}{q-1}$
(zu Beginn jeden Jahres)

bei nachschüssiger Zahlung: $a_n=aq^n\pm\frac{r(q^n-1)}{q-1}$
(am Ende jeden Jahres)

(Das positive Vorzeichen gilt für Einzahlungen, das negative für Abhebungen.)

c) Für das erforderliche Ablösungskapital a (Mise), von dem eine n-malige Rente r entnommen werden kann, gilt (Rentenformel)

bei vorschüssiger Zahlung von r: $a=\frac{rq}{q^n}\cdot\frac{q^n-1}{q-1}=\frac{rq}{q-1}\left(1-\frac{1}{q^n}\right)$

bei nachschüssiger Zahlung von r: $a=\frac{r}{q^n}\cdot\frac{q^n-1}{q-1}=\frac{r}{q-1}\left(1-\frac{1}{q^n}\right)$.

B

Zu 1.3.7.3:
Wachstum einer Population

1. Die Bevölkerung eines Landes nimmt in jedem Jahr um 1,5 % ihres jeweiligen Bestandes zu. Um wieviel hat sie in 30 Jahren zugenommen?

   Es ist $q=1+\frac{p}{100}=1{,}015$.

   Ist a der Anfangsbestand, so ist der Bestand nach 30 Jahren

   $$a_{30}=a\cdot q^n=a\cdot 1{,}015^{30}\approx 1{,}6\cdot a.$$

   Die Bevölkerung hat auf das 1,6-fache ihres alten Bestandes zugenommen. Die Zunahme beträgt daher ca. 60 %.

Endwert eines Kapitals

2. Nach wieviel Jahren hat sich bei 4 % ein Kapital verdoppelt? Ist a das Anfangskapital, so soll nach n Jahren

   $$a_n=a\cdot q^n=2a$$

sein, also muß gelten $q^n = 2$. Hieraus folgt

$$n \cdot \ln q = \ln 2; \quad n = \frac{\ln 2}{\ln q} = \frac{\ln 2}{\ln 1{,}04} \approx 17{,}7 \text{ Jahre.}$$

Tilgung eines Kredits

3. Ein Kredit von DM 30000 ist mit 6% p.a. zu verzinsen, wobei Zins und Tilgung in Höhe von DM 400 jeweils am Ende jedes Monats entrichtet werden.
Der Rechnungszeitraum ist jeweils 1 Monat, der monatliche Zinssatz beträgt 0,5%, $q = 1{,}005$.
Es gilt $30000 = \frac{400}{0{,}005}\left(1 - \frac{1}{1{,}005^n}\right)$, Rentenformel für nachschüssige Zahlungen.

$$1 - \frac{1}{1{,}005^n} = 0{,}375; \quad 1{,}005^n = 1{,}6; \quad n = \frac{\ln 1{,}6}{\ln 1{,}005} \approx 94.$$

Nach etwa 94 Monaten, d.h. nach knapp 8 Jahren ist die Schuld getilgt.

2 Lineare Vektorräume

2.1 Definition

Definierende Eigenschaften 1., 2., 3., 4. eines linearen Vektorraumes $\mathbb{L}$ über $\mathbb{R}$:

1. Irgend zwei Elementen u und $v \in \mathbb{L}$ ist genau 1 Element $s \in \mathbb{L}$ zugeordnet, das „Summe von u und v" heißt. Es soll gelten: $(u, v, w, s \in \mathbb{L})$.

   $s = u + v = v + u$ (Kommutativität der Addition)

   $u + (v + w) = (u + v) + w$ (Assoziativität der Addition).

2. Es gibt genau 1 Element $n \in \mathbb{L}$ mit der Eigenschaft $u + n = u$ für alle $u \in \mathbb{L}$ (n heißt neutrales Element der Addition).

3. Zu jedem Element $u \in \mathbb{L}$ gibt es genau 1 Element $u^- \in \mathbb{L}$ mit der Eigenschaft $u + u^- = n$ (u^- heißt „inverses" Element $-u$ zu u). Für $v + u^-$ schreibt man $v - u$.

   1., 2., 3. sind genau die Eigenschaften einer additiven Abelschen Gruppe (= Modul).

4. Zu jedem Element $u \in \mathbb{L}$ und zu jedem $\lambda \in \mathbb{R}$ gibt es genau 1 Element $\lambda u \in \mathbb{L}$ (S-Multiplikation).
   Es gilt: $(\lambda, \mu \in \mathbb{R})$

   $\lambda u = u \lambda$

   $\lambda(u + v) = \lambda u + \lambda v$

   $(\lambda + \mu) u = \lambda u + \mu u$

   $\lambda(\mu u) = (\lambda \mu) u$

   $1u = u; \quad 0u = n$

   $(-1)u = -u = u^-$.

Ein linearer Vektorraum $\mathbb{L}$ über $\mathbb{R}$ ist eine additive Abelsche Gruppe (Modul) mit zusätzlicher S-Multiplikation (mit Elementen $\in \mathbb{R}$).

B

Zu 2.1:

Zahlenmengen

1. $\mathbb{R}$ ist ein linearer Vektorraum über $\mathbb{R}$; $\mathbb{N}$, $\mathbb{Z}$ oder $\mathbb{Q}$ jedoch nicht (wegen Eigenschaft 4).

Kräfte

2. Alle mechanischen Kräfte im Raum, deren Wirkungslinien durch einen festen Punkt verlaufen, sind Elemente eines linearen Vektorraumes. Dagegen können alle mechanischen Kräfte nicht einem linearen Vektorraum angehören, weil sich irgend zwei Kräfte nicht immer zu einer Kraft summieren lassen, da im allgemeinen ein Kräftepaar (Drehmoment) zu berücksichtigen ist.

Vektorfeld

3. Für die sog. Vektoren eines Vektorfeldes ist eine Addition sinnlos und nicht definiert. (Man kann nur die Größen an einem Punkt des Feldes überlagern.) Die „Vektoren" gehören keinem linearen Vektorraum an.

Funktionen

4. Die Menge aller in $\mathbb{R}$ definierten Funktionen ist ein linearer Vektorraum, wenn die in 6.2, Seite 135 definierte Addition zugrundegelegt und $(\lambda f)(x) = \lambda \cdot f(x)$ definiert wird.

   Analog ist die Menge aller in $[-1, 1]$ differenzierbaren Funktionen ein linearer Vektorraum.

Homogenes lineares Gleichungssystem

5. Die Menge der Lösungen eines homogenen linearen Gleichungssystems mit n Unbekannten (11.2.1.2, Seite 518) ist ein linearer Vektorraum.

2.2 Vektoren des $\mathbb{V}^3$ (bzw. $\mathbb{V}^2$)

2.2.1 Grundbegriffe

2.2.1.1 Definition

Wird jeder Punkt des anschaulichen dreidimensionalen (bzw. zweidimensionalen) Raumes um die gleiche Strecke in derselben Richtung verschoben, so heißt diese Parallelverschiebung des Raumes Vektor $\vec{v} \in \mathbb{V}^3$.

Werden die Punkte einer Ebene in dieser verschoben, sind diese Verschiebungen eine echte Teilmenge $\mathbb{V}^2$ von $\mathbb{V}^3$.

Wird Punkt P in den Punkt Q verschoben, so kann die Verschiebung $\overrightarrow{PQ}$ ein Repräsentant der Verschiebung *aller* Punkte um dieselbe Strecke in derselben Richtung sein.

Die Nullverschiebung wird als Nullvektor $\vec{o}$ bezeichnet; $\vec{o}$ hat keine Richtung. Ein Vektor $\vec{v} \neq \vec{o}$ ist durch Verschiebungslänge und Verschiebungsrichtung eindeutig festgelegt.

Die Verschiebungslänge heißt „Betrag" $|\vec{v}| \geqq 0$ des Vektors $\vec{v}$. Ist der Betrag 1, heißt der Vektor Einheitsvektor $\vec{v}^0$: $|\vec{v}^0| = 1$.

Die Hintereinanderausführung zweier Verschiebungen ist kommutativ und assoziativ. Sie wird als Summe der beiden Verschiebungen (Vektoren) bezeichnet. Die Nullverschiebung ist das neutrale Element der Addition.

Die zu $\vec{v}$ entgegengesetzte Verschiebung mit gleicher Verschiebungslänge wird als zu $\vec{v}$ inverses Element $\vec{v}^- = -\vec{v}$ bezeichnet.

Eine Verschiebung in der durch $\vec{v} \neq \vec{o}$ festgelegten Richtung mit der λ-fachen Verschiebungsstrecke ($\lambda \geqq 0$) wird als $\lambda \vec{v}$, bei Umkehrung der Richtung als $(-\lambda)\vec{v}$ geschrieben.

Mit diesen Festlegungen ist $\mathbb{V}^3$ (bzw. $\mathbb{V}^2$) ein linearer Vektorraum über $\mathbb{R}$.

Größen, die außer durch Länge und Richtung auch noch durch einen Angriffspunkt festgelegt sind („gebundene" Vektoren, Pfeile, Ortsvektoren) sind im strengen Sinne keine Vektoren, gehören also nicht dem $\mathbb{V}^3$ (bzw. $\mathbb{V}^2$) an. Man kann sie jedoch häufig als Repräsentanten eines Vektors ansehen und deswegen auf diese ebenfalls die Algebra der Vektorrechnung anwenden, sofern das Ergebnis von der Bindung an den Angriffspunkt oder an die Wirkungslinie nicht beeinflußt wird.

Entsprechend den verschiedenen technischen Anwendungen unterscheidet man noch zwischen folgenden Vektorarten, jedoch ist diese Unterscheidung für das praktische Rechnen mit Vektoren bedeutungslos: Ein sog. *axialer Vektor* ändert beim Übergang von einem rechtshändigen zu einem linkshändigen Koordinatensystem sein Vorzeichen nicht, ein *polarer Vektor* ändert dabei sein Vorzeichen.

2.2.1.2 Ergänzungen

Einheitsvektor in Richtung $\vec{v}$:

$$\vec{v}^0 = \frac{1}{|\vec{v}|}\vec{v} = \frac{\vec{v}}{|\vec{v}|} \qquad (\vec{v} \neq \vec{o})$$

Geometrische Veranschaulichung durch Repräsentanten:

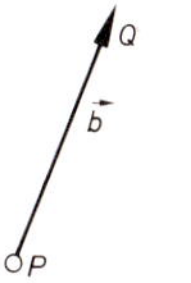

Repräsentant $\overrightarrow{PQ}$ des Vektors $\vec{b}$

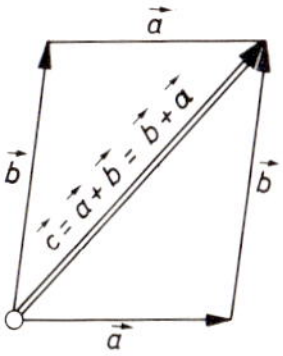

Summe

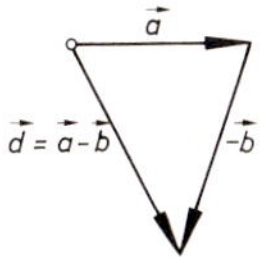

Differenz

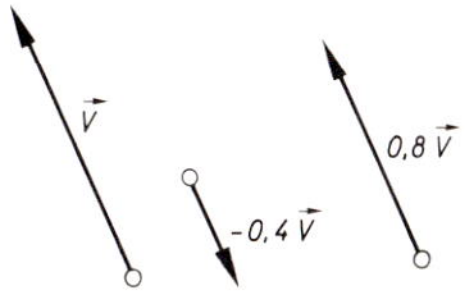

S-Multiplikation

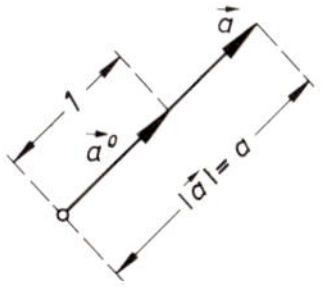

Einheitsvektor

Dreiecksungleichung:

$$|\vec{a}| - |\vec{b}| \leqq |\vec{a} \pm \vec{b}| \leqq |\vec{a}| + |\vec{b}|$$

2.2.2 Komponentendarstellung

Jeder Vektor $\vec{a}$ des $\mathbb{V}^3$ (bzw. $\mathbb{V}^2$) läßt sich eindeutig als Linearkombination von drei (bzw. zwei) geeigneten Basisvektoren darstellen. Häufig wählt man als Basis ein rechtshändiges Orthonormalsystem.

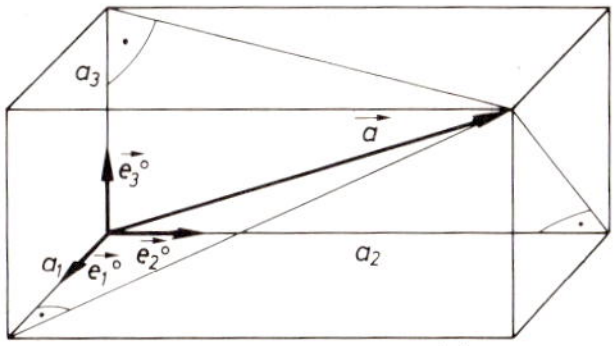

$$\vec{a} = a_1\vec{e}_1^{\,\circ} + a_2\vec{e}_2^{\,\circ} + a_3\vec{e}_3^{\,\circ} = \begin{pmatrix} a_1 \\ a_2 \\ a_3 \end{pmatrix}$$

Für Vektoren des $\mathbb{V}^2$ ist die letzte Komponente einfach wegzulassen.

Die a_i $(i=1, 2, 3)$ heißen skalare Komponenten von $\vec{a}$. Sie sind geometrisch die Maßzahlen der durch senkrechte Projektionen auf die Basisvektoren entstehenden Strecken (mit positivem Vorzeichen, wenn die Projektion in Richtung des betreffenden

Basisvektors liegt, sonst mit negativem Vorzeichen). Werden alle Vektoren auf dieselbe Basis bezogen, so werden beim Rechnen nur die Komponenten berücksichtigt (bei Vektoren des $\mathbb{V}^2$ wird die letzte Komponente einfach weggelassen):

Gleichheit:

$$\vec{a}=\vec{b} \Leftrightarrow \begin{cases} a_1=b_1 \\ a_2=b_2 \\ a_3=b_3 \end{cases}$$

Eine Vektorgleichung ist also stets drei skalaren Gleichungen äquivalent.

Addition:

$$\vec{a}\pm\vec{b}=(a_1\pm b_1)\vec{e}_1^{\,0}+(a_2\pm b_2)\vec{e}_2^{\,0}+(a_3\pm b_3)\vec{e}_3^{\,0}=\begin{pmatrix} a_1\pm b_1 \\ a_2\pm b_2 \\ a_3\pm b_3 \end{pmatrix}$$

Vektoren werden addiert (subtrahiert), indem man ihre Komponenten addiert (subtrahiert).

Betrag:

$$|\vec{a}|=a=\sqrt{a_1^2+a_2^2+a_3^2}=\sqrt{\sum_{i=1}^{3} a_i^2}$$

***S*-Multiplikation:**

$$\lambda\vec{a}=\lambda a_1\vec{e}_1^{\,0}+\lambda a_2\vec{e}_2^{\,0}+\lambda a_3\vec{e}_3^{\,0}=\begin{pmatrix} \lambda a_1 \\ \lambda a_2 \\ \lambda a_3 \end{pmatrix}=\lambda\begin{pmatrix} a_1 \\ a_2 \\ a_3 \end{pmatrix}$$

Einheitsvektor:

$$\vec{a}^{\,0}=\frac{\vec{a}}{|\vec{a}|}=\frac{a_1}{a}\vec{e}_1^{\,0}+\frac{a_2}{a}\vec{e}_2^{\,0}+\frac{a_3}{a}\vec{e}_3^{\,0}=\begin{pmatrix} \frac{a_1}{a} \\ \frac{a_2}{a} \\ \frac{a_3}{a} \end{pmatrix}=\frac{1}{a}\begin{pmatrix} a_1 \\ a_2 \\ a_3 \end{pmatrix}$$

Verschiebung $\overrightarrow{PQ}$:

Wird der Vektor $\vec{a}$ durch die Verschiebung eines Punktes P nach einem Punkt Q mit den kartesischen Koordinaten

$(p_1; p_2; p_3)$

bzw. $(q_1; q_2; q_3)$ (S. 117)

repräsentiert, so ist

$$\vec{a}=\begin{pmatrix} q_1-p_1 \\ q_2-p_2 \\ q_3-p_3 \end{pmatrix}$$

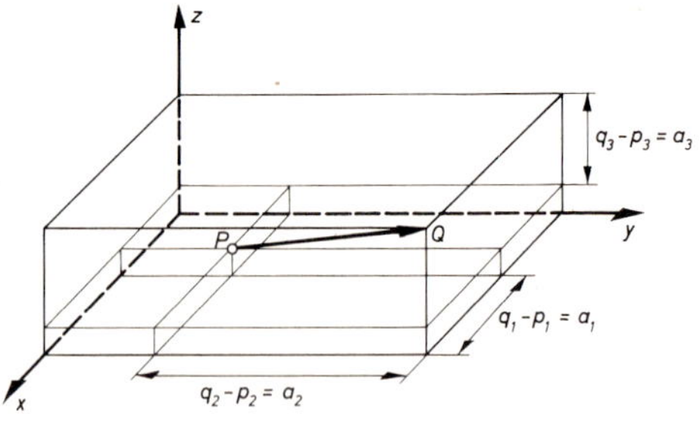

Richtungskosinus:

Unter den Richtungskosinus eines Vektors versteht man die Kosinus der Winkel, die er mit den Basisvektoren bildet. Es gilt

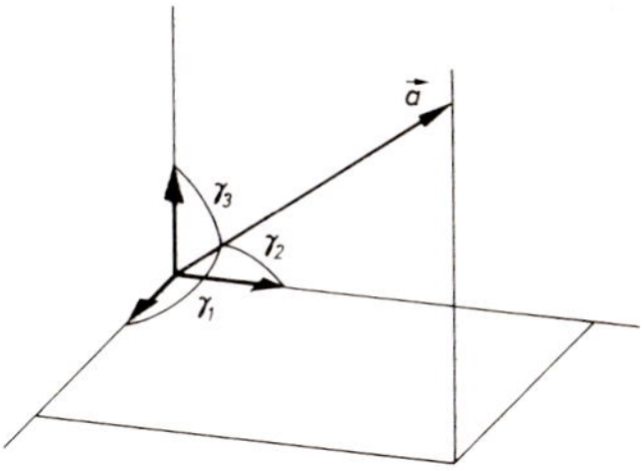

$$\cos\gamma_1 = \frac{a_1}{|\vec{a}|} = \frac{a_1}{a}$$

$$\cos\gamma_2 = \frac{a_2}{|\vec{a}|} = \frac{a_2}{a}$$

$$\cos\gamma_3 = \frac{a_3}{|\vec{a}|} = \frac{a_3}{a}$$

wobei stets

$$\cos^2\gamma_1 + \cos^2\gamma_2 + \cos^2\gamma_3 = \sum_{i=1}^{3} \cos^2\gamma_i = 1$$

$$0{,}91\,\pi < \sum_{i=1}^{3} \gamma_i < 2{,}09\,\pi < \tfrac{9}{4}\pi$$

(Im $\mathbb{V}^2$ gilt sogar die schärfere Ungleichung $\frac{\pi}{2} \leqq \gamma_1 + \gamma_2 \leqq \frac{3}{2}\pi$.)

Die Komponenten eines Einheitsvektors sind seine Richtungskosinus.

Es ist $\vec{a} = a\begin{pmatrix}\cos\gamma_1\\ \cos\gamma_2\\ \cos\gamma_3\end{pmatrix}$.

B

Zu 2.2.2:
Linearkombination

1. Die Kantenvektoren $\overrightarrow{AB}$, $\overrightarrow{AC}$, $\overrightarrow{AD}$ eines Tetraeders seien als Basisvektoren ausgewählt. Der Vektor $\overrightarrow{AS}$ (S ist der Flächenschwerpunkt des Dreiecks BCD) soll als Linearkombination der Basisvektoren dargestellt werden.

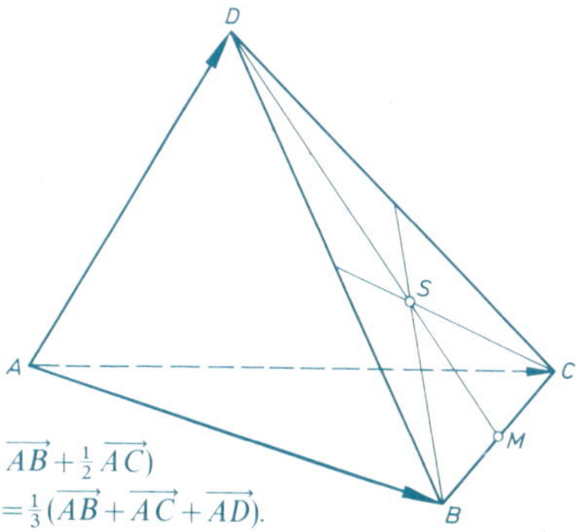

Es ist

$$\overrightarrow{BC} = -\overrightarrow{AB} + \overrightarrow{AC}$$
$$\overrightarrow{BD} = -\overrightarrow{AB} + \overrightarrow{AD}$$
$$\overrightarrow{CD} = -\overrightarrow{AC} + \overrightarrow{AD}$$
$$\overrightarrow{AM} = \overrightarrow{AB} + \tfrac{1}{2}\,\overrightarrow{BC} = \tfrac{1}{2}(\overrightarrow{AB} + \overrightarrow{AC})$$
$$\overrightarrow{DS} = \tfrac{2}{3}\overrightarrow{DM} = \tfrac{2}{3}(-\overrightarrow{AD} + \overrightarrow{AM}) = \tfrac{2}{3}(-\overrightarrow{AD} + \tfrac{1}{2}\overrightarrow{AB} + \tfrac{1}{2}\overrightarrow{AC})$$
$$\overrightarrow{AS} = \overrightarrow{AD} + \overrightarrow{DS} = \overrightarrow{AD} - \tfrac{2}{3}\overrightarrow{AD} + \tfrac{1}{3}\overrightarrow{AB} + \tfrac{1}{3}\overrightarrow{AC} = \tfrac{1}{3}(\overrightarrow{AB} + \overrightarrow{AC} + \overrightarrow{AD}).$$

Richtungskosinus

2. Man berechne Richtungskosinus und Richtungswinkel des Vektors $\vec{a}$, der durch die Verschiebung von $P(-5;\ 2;\ 7)$ nach $Q(3;\ -8;\ -4)$ repräsentiert wird.

$$\vec{a}=\begin{pmatrix}3+5\\-8-2\\-4-7\end{pmatrix}=\begin{pmatrix}8\\-10\\-11\end{pmatrix};\quad |\vec{a}|=\sqrt{64+100+121}=\sqrt{285};$$

$$\cos\gamma_1=\frac{8}{\sqrt{285}};\qquad \gamma_1\approx 1.077\approx 61{,}7°;$$

$$\cos\gamma_2=\frac{-10}{\sqrt{285}};\qquad \gamma_2\approx 2{,}205\approx 126{,}3°;$$

$$\cos\gamma_3=\frac{-11}{\sqrt{285}};\qquad \gamma_3\approx 2{,}280\approx 130{,}7°;$$

$$\sum_{i=1}^{3}\cos^2\gamma_i=\frac{64}{285}+\frac{100}{285}+\frac{121}{285}=\frac{285}{285}=1;$$

$$\sum_{i=1}^{3}\gamma_i\approx 5{,}562\approx 1{,}77\,\pi\approx 318{,}7°;$$

Einheitsvektor $\vec{a}^0=\dfrac{\vec{a}}{|\vec{a}|}=\dfrac{1}{\sqrt{285}}\begin{pmatrix}8\\-10\\-11\end{pmatrix}\approx\begin{pmatrix}0{,}474\\-0{,}592\\-0{,}652\end{pmatrix}$

$$|\vec{a}^0|=1.$$

Richtungswinkel

3. Wie groß ist γ_3, wenn ein Vektor mit den (orthonormalen) Basisvektoren die Winkel $\gamma_1=50°$, $\gamma_2=120°$ bildet und wenn $\gamma_3\geqq 90°$ ist?

$$\cos\gamma_3=-\sqrt{1-\cos^2 50°-\cos^2 120°}\approx -0{,}580;\quad \gamma_3=125{,}5°.$$

Resultante von Kräften

4. In einem Punkt des Raumes greifen zwei Kräfte $\vec{P}=\begin{pmatrix}P_1\\P_2\\P_3\end{pmatrix}$ und $\vec{Q}=\begin{pmatrix}Q_1\\Q_2\\Q_3\end{pmatrix}$ an. Man berechne die Resultante $\vec{R}$, ihre Größe (Betrag) $R=|\vec{R}|$ und die Winkel, die $\vec{R}$ mit dem (orthonormalen) Bezugssystem bildet.

$$\vec{R}=\vec{P}+\vec{Q}=\begin{pmatrix}P_1+Q_1\\P_2+Q_2\\P_3+Q_3\end{pmatrix};\quad R=|\vec{R}|=\sqrt{(P_1+Q_1)^2+(P_2+Q_2)^2+(P_3+Q_3)^2};$$

$$\gamma_1=\arccos\frac{P_1+Q_1}{R};\quad \gamma_2=\arccos\frac{P_2+Q_2}{R};\quad \gamma_3=\arccos\frac{P_3+Q_3}{R}.$$

2.2.3 Lineare Beziehungen, lineare Abhängigkeit

Ein Vektor $\vec{a}$ heißt kollinear zu einem Vektor $\vec{u}$, wenn er mit ihm die gleiche Richtung besitzt; es ist dann $\vec{a}=\lambda\vec{u}$ $(\lambda\in\mathbb{R})$.

Ein Vektor $\vec{a}$ heißt komplanar zu den (nicht kollinearen) Vektoren $\vec{u}$ und $\vec{v}$, wenn $\vec{a}=\lambda\vec{u}+\mu\vec{v}$ gilt $(\lambda, \mu\in\mathbb{R})$. Anschaulich kann $\vec{a}$ ganz in eine Ebene gelegt werden, die von $\vec{u}$ und $\vec{v}$ aufgespannt wird.

Jeder Vektor $\vec{a}$ des $\mathbb{V}^2$ läßt sich eindeutig als Summe von zwei nicht kollinearen Vektoren $\vec{u}$ und $\vec{v}$ schreiben (Komponentenzerlegung): $\vec{a}=\lambda\vec{u}+\mu\vec{v}$ $(\lambda, \mu\in\mathbb{R})$.

Jeder Vektor $\vec{a}$ des $\mathbb{V}^3$ läßt sich eindeutig als Summe von drei nicht komplanaren Vektoren $\vec{u}, \vec{v}, \vec{w}$ schreiben (Komponentenzerlegung): $\vec{a}=\lambda\vec{u}+\mu\vec{v}+\nu\vec{w}$.

Gilt für einen Vektor $\vec{a}=\lambda\vec{u}$ bzw. $\vec{a}=\lambda\vec{u}+\mu\vec{v}$ bzw. $\vec{a}=\lambda\vec{u}+\mu\vec{v}+\nu\vec{w}$, so heißt $\vec{a}$ linear abhängig von $\vec{u}$ bzw. von $\vec{u}$ und $\vec{v}$ bzw. von $\vec{u}$ und $\vec{v}$ und $\vec{w}$.

Sind zwei Vektoren linear abhängig voneinander, so sind sie kollinear und umgekehrt.

Sind drei Vektoren linear abhängig voneinander, so sind sie komplanar oder kollinear und umgekehrt.

Im $\mathbb{V}^2$ sind mehr als zwei Vektoren immer linear abhängig. Im $\mathbb{V}^3$ sind mehr als drei Vektoren immer linear abhängig. Sind die Vektoren auf eine orthonormale Basis bezogen, so gilt:

$\mathbb{V}^2$: Zwei Vektoren $\vec{u}=\begin{pmatrix}u_1\\u_2\end{pmatrix}$ und $\vec{v}=\begin{pmatrix}v_1\\v_2\end{pmatrix}$ sind genau dann voneinander abhängig (zueinander kollinear), wenn

$$\begin{vmatrix}u_1 & v_1\\ u_2 & v_2\end{vmatrix}=u_1v_2-u_2v_1=0 \quad \text{(Determinante 1.3.6, S. 25)}$$

Die Komponenten von $\vec{u}$ und $\vec{v}$ sind einander proportional: $u_1=\lambda v_1$; $u_2=\lambda v_2$.

$\mathbb{V}^3$: Drei Vektoren

$$\vec{u}=\begin{pmatrix}u_1\\u_2\\u_3\end{pmatrix},\ \vec{v}=\begin{pmatrix}v_1\\v_2\\v_3\end{pmatrix} \text{ und } \vec{w}=\begin{pmatrix}w_1\\w_2\\w_3\end{pmatrix}$$

sind genau dann voneinander abhängig (zueinander komplanar oder kollinear), wenn

$$\begin{vmatrix}u_1 & v_1 & w_1\\ u_2 & v_2 & w_2\\ u_3 & v_3 & w_3\end{vmatrix}=(\vec{u}, \vec{v}, \vec{w})=0$$

(Berechnung der Determinante 1.3.6, S. 25)

Zwei Vektoren $\vec{u}=\begin{pmatrix}u_1\\u_2\\u_3\end{pmatrix}$ und $\vec{v}=\begin{pmatrix}v_1\\v_2\\v_3\end{pmatrix}$ sind genau dann voneinander abhängig (zueinander kollinear), wenn

$$\vec{u}\times\vec{v}=\begin{pmatrix}u_2v_3-u_3v_2\\u_3v_1-u_1v_3\\u_1v_2-u_2v_1\end{pmatrix}=\begin{pmatrix}0\\0\\0\end{pmatrix}=\vec{o}.$$

Die Komponenten von $\vec{u}$ und $\vec{v}$ sind einander proportional: $u_1=\lambda v_1$; $u_2=\lambda v_2$; $u_3=\lambda v_3$.

B

Zu 2.2.3:

Komponentenzerlegung

1. Die Vektoren $\vec{a}=\begin{pmatrix}4\\1\\1\end{pmatrix}$, $\vec{b}=\begin{pmatrix}0\\1\\1\end{pmatrix}$, $\vec{c}=\begin{pmatrix}2\\2\\3\end{pmatrix}$ können als Basis des $\mathbb{V}^3$ verwendet werden, da sie linear unabhängig sind:

$$\begin{vmatrix}4&0&2\\1&1&2\\1&1&3\end{vmatrix}=2\begin{vmatrix}2&0&1\\1&1&2\\1&1&3\end{vmatrix}=2\begin{vmatrix}2&0&1\\1&1&2\\0&0&1\end{vmatrix}=2\begin{vmatrix}2&0\\1&1\end{vmatrix}=4\neq0.$$

Der Vektor $\vec{r}=\begin{pmatrix}4\\7\\-5\end{pmatrix}$ soll als Linearkombination von $\vec{a}$, $\vec{b}$, $\vec{c}$ ausgedrückt werden:

$$\vec{r}=\lambda\vec{a}+\mu\vec{b}+\nu\vec{c};$$

$$\begin{pmatrix}4\\7\\-5\end{pmatrix}=\lambda\begin{pmatrix}4\\1\\1\end{pmatrix}+\mu\begin{pmatrix}0\\1\\1\end{pmatrix}+\nu\begin{pmatrix}2\\2\\3\end{pmatrix};$$

I. $4\lambda \quad +2\nu=4$

II. $\lambda+\mu+2\nu=7$ (lineares Gleichungssystem)

III. $\lambda+\mu+3\nu=-5$

$\lambda=7;\quad \mu=24;\quad \nu=-12$

$\vec{r}=7\vec{a}+24\vec{b}-12\vec{c}.$

(s. auch 2.2.4.3, Nr. 5, Seite 48)

Kollinearität von drei Punkten

2. Kann a so gewählt werden, daß die Punkte

$A(a;\,2;\,1)$, $B(4;\,5;\,-3)$, $C(0;\,6;\,-7)$

auf einer Geraden liegen?

$\overrightarrow{AB}$ und $\overrightarrow{BC}$ müßten kollinear sein:

$$\overrightarrow{AB}=\begin{pmatrix}4-a\\3\\-4\end{pmatrix},\quad \overrightarrow{BC}=\begin{pmatrix}-4\\1\\-4\end{pmatrix}.$$

Da die dritten Komponenten übereinstimmen, müßten auch jeweils die ersten und die zweiten Komponenten gleich sein; das ist aber nicht möglich (zweite Komponente!). Dasselbe erkennt man etwas umständlicher durch $\overrightarrow{AB} \times \overrightarrow{AC} = \begin{pmatrix} -8 \\ -4a \\ 16-a \end{pmatrix} \neq \vec{o}$ für jede Wahl von a.

Dreibock der Mechanik

3. Die Punkte $A(0;\ 0;\ 0)$, $B(6;\ 2;\ 0)$ und $C(2;\ 7;\ -1)$ seien die Fußpunkte der Stützen eines Dreibockes, dessen Spitze $S\ (3;\ 4;\ 6)$ durch eine vertikale Kraft $F = 2000\ \mathrm{N}$ belastet ist. Wie stark werden die Stützen belastet?

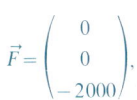

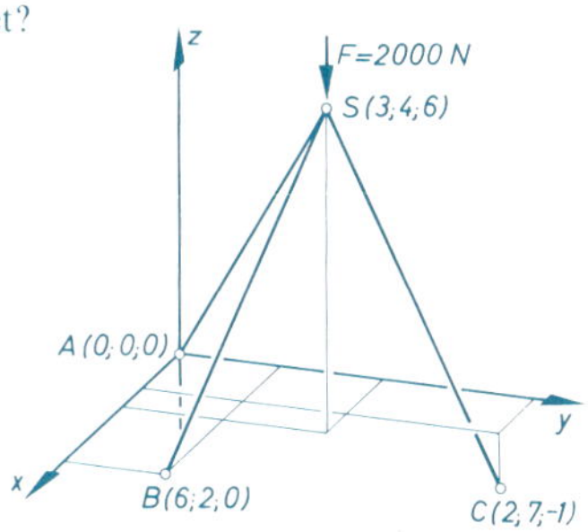

$$\vec{F} = \begin{pmatrix} 0 \\ 0 \\ -2000 \end{pmatrix},$$

$$\vec{F} = \lambda\overrightarrow{SA} + \mu\overrightarrow{SB} + \nu\overrightarrow{SC}$$

$$= \lambda\begin{pmatrix} -3 \\ -4 \\ -6 \end{pmatrix} + \mu\begin{pmatrix} 3 \\ -2 \\ -6 \end{pmatrix} + \nu\begin{pmatrix} -1 \\ 3 \\ -7 \end{pmatrix};$$

I. $\quad -3\lambda + 3\mu - \nu = 0$

II. $\quad -4\lambda - 2\mu + 3\nu = 0 \qquad$ (lineares Gleichungssystem)

III. $\quad -6\lambda - 6\mu - 7\nu = -2000$

$\lambda \approx 56{,}9; \quad \mu \approx 105{,}7; \quad \nu \approx 146{,}3$

$F_A = \lambda|\overrightarrow{SA}| = 56.9 \cdot \sqrt{9+16+36}\ \mathrm{N} \approx 444\ \mathrm{N}$

$F_B = \mu|\overrightarrow{SB}| = 105{,}7 \cdot \sqrt{9+4+36}\ \mathrm{N} \approx 740\ \mathrm{N}$

$F_C = \nu|\overrightarrow{SC}| = 146{,}3 \cdot \sqrt{1+9+49}\ \mathrm{N} \approx 1124\ \mathrm{N}.$

2.2.4 Produktbildungen

2.2.4.1 Skalarprodukt (inneres Produkt)

Je zwei Vektoren $\vec{u}$ und $\vec{v} \in \mathbb{V}^3(\mathbb{V}^2)$ wird die Zahl $|\vec{u}| \cdot |\vec{v}| \cdot \cos\varphi$ $(\in \mathbb{R})$ zugeordnet (φ ist der Winkel zwischen $\vec{u}$ und $\vec{v}$). $|\vec{u}| \cdot |\vec{v}| \cdot \cos\varphi$ wird als Skalarprodukt $\vec{u} \cdot \vec{v} = (\vec{u}, \vec{v})$ bezeichnet.

Eigenschaften des Skalarproduktes:

1. $\vec{u} \cdot \vec{v} = \vec{v} \cdot \vec{u}$ (Kommutativität)
2. Ein Skalarprodukt für mehr als 2 Faktoren existiert nicht, da $\vec{u} \cdot \vec{v} \notin \mathbb{V}^3$.
3. $\vec{u} \cdot (\vec{v} + \vec{w}) = \vec{u} \cdot \vec{v} + \vec{u} \cdot \vec{w}$ (Distributivität bzgl. Addition).
4. $(\lambda\vec{u}) \cdot \vec{v} = \lambda(\vec{u} \cdot \vec{v})$ (Linearität).
5. Ist $\vec{u} \perp \vec{v}$, so ist $\vec{u} \cdot \vec{v} = 0$ (die Umkehrung gilt nur, wenn $\vec{u} \neq \vec{o}$, $\vec{v} \neq \vec{o}$).
6. $\vec{u} \cdot \vec{u} = |\vec{u}|^2$; $|\vec{u}| = \sqrt{\vec{u} \cdot \vec{u}}$ ($\vec{u} \cdot \vec{u}$ wird auch als $\vec{u}^2$ geschrieben).
7. $\cos\varphi = \dfrac{\vec{u} \cdot \vec{v}}{|\vec{u}| \cdot |\vec{v}|}$; $\quad \varphi = \arccos\dfrac{\vec{u} \cdot \vec{v}}{|\vec{u}| \cdot |\vec{v}|}$.

8. Sind $\vec{u}$ und $\vec{v}$ auf eine orthonormale Basis bezogen, so ist

$$\vec{u}\cdot\vec{v}=u_1\cdot v_1+u_2\cdot v_2+u_3\cdot v_3=\sum_{i=1}^{3} u_i\cdot v_i$$

$$(\mathbb{V}^2: \vec{u}\cdot\vec{v}=u_1 v_1+u_2 v_2).$$

Projektion des Vektors $\vec{v}$ auf den Vektor $\vec{u}$:

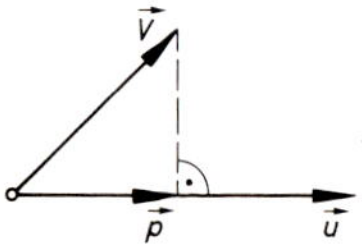

$$\vec{p}=\frac{\vec{u}\cdot\vec{v}}{\vec{u}\cdot\vec{u}}\vec{u}=\frac{\vec{u}\cdot\vec{v}}{|\vec{u}|}\vec{u}^0=(\vec{u}^0\cdot\vec{v})\vec{u}^0.$$

$$|\vec{p}|=\frac{|\vec{u}\cdot\vec{v}|}{|\vec{u}|}=|\vec{u}^0\cdot\vec{v}|.$$

Ist $\vec{u}\cdot\vec{v}>0$, hat $\vec{p}$ dieselbe Richtung wie $\vec{u}$; ist $\vec{u}\cdot\vec{v}<0$, hat $\vec{p}$ entgegengesetzte Richtung wie $\vec{u}$.

B

Zu 2.2.4.1:

Skalarprodukt

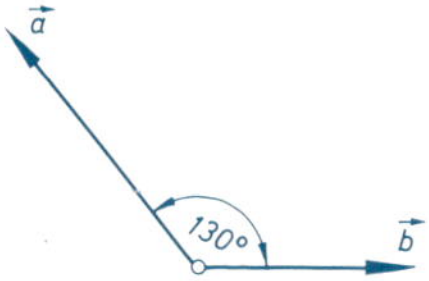

1. Man berechne das Skalarprodukt $\vec{a}\cdot\vec{b}$.

$$\vec{a}\cdot\vec{b}=2{,}1\cdot 1{,}5\cdot\cos 130°\approx -2{,}02$$

Winkel

2. Welchen Winkel φ bilden die beiden Vektoren $\vec{a}=\begin{pmatrix}4\\1\\0\end{pmatrix}$ und $\vec{b}=\begin{pmatrix}-5\\2\\-1\end{pmatrix}$?

$$\varphi=\arccos\frac{\begin{pmatrix}4\\1\\0\end{pmatrix}\cdot\begin{pmatrix}-5\\2\\-1\end{pmatrix}}{\sqrt{16+1+0}\cdot\sqrt{25+4+1}}=\arccos\frac{-18}{\sqrt{17}\cdot\sqrt{30}}\approx 142{,}8°\approx 2{,}49$$

Orthogonalität

3. Kennzeichen der Orthogonalität zweier Vektoren $\vec{a}$ und $\vec{b}$ ist $\vec{a}\cdot\vec{b}=0$.

Normalenvektor im $\mathbb{V}^2$

4. Man gebe die zu $\vec{a}=\begin{pmatrix}3\\1\end{pmatrix}$ orthogonalen Einheitsvektoren $\vec{b}^0$ und $\vec{c}^0$ an:

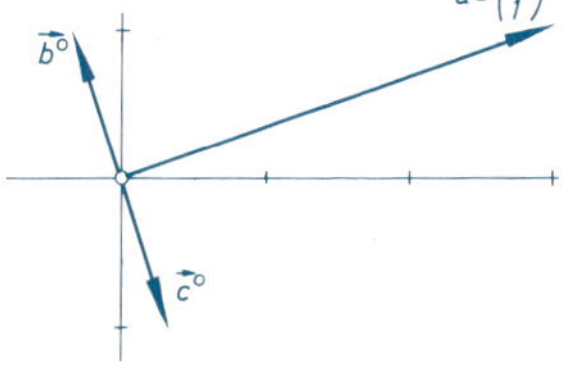

$$\vec{b}=\begin{pmatrix}-1\\3\end{pmatrix};\quad \vec{b}^0=\frac{1}{\sqrt{10}}\begin{pmatrix}-1\\3\end{pmatrix}$$

$$\vec{c}=\begin{pmatrix}1\\-3\end{pmatrix};\quad \vec{c}^0=\frac{1}{\sqrt{10}}\begin{pmatrix}1\\-3\end{pmatrix}=-\vec{b}^0.$$

Normalenvektor im $\mathbb{V}^3$

5. Man gebe die zu $\vec{a}=\begin{pmatrix}2\\3\\1\end{pmatrix}$ orthogonalen Einheitsvektoren an:

Für die gesuchten Vektoren $\vec{x}=\begin{pmatrix}x_1\\x_2\\x_3\end{pmatrix}$ gilt

$\vec{x}\cdot\vec{a}=2x_1+3x_2+x_3=0;$

diese homogene Gleichung hat als Lösung $x_3=-2x_1-3x_2$ mit beliebigen x_1, x_2 (x_1, x_2 nicht beide 0)

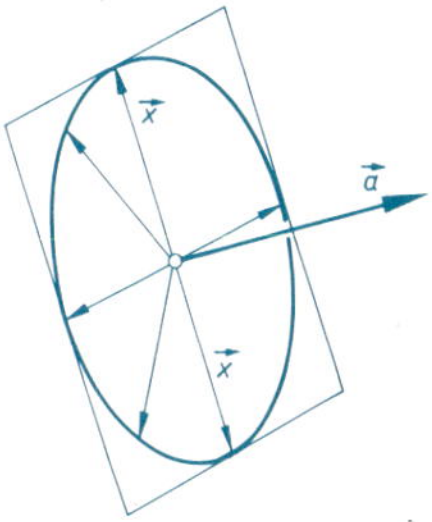

$$\vec{x}^0=\frac{1}{\sqrt{x_1^2+x_2^2+(2x_1+3x_2)^2}}\begin{pmatrix}x_1\\x_2\\-2x_1-3x_2\end{pmatrix}$$

$$=\frac{1}{\sqrt{5x_1^2+10x_2^2+12x_1x_2}}\begin{pmatrix}x_1\\x_2\\-2x_1-3x_2\end{pmatrix}$$

z.B. $x_1=0;\ x_2=3;\ \vec{x}^0=\frac{1}{\sqrt{10}}\begin{pmatrix}0\\1\\-3\end{pmatrix}.$

Zerlegung in orthogonale Komponenten

6. Gegeben sind zwei nicht kollineare Vektoren $\vec{a}$ und $\vec{b}$. Man zerlege $\vec{a}$ in eine Kompomente $\vec{a}_b$ in Richtung von $\vec{b}$ und in eine dazu senkrechte Komponente $\vec{a}_s$.

   Die Komponente $\vec{a}_b$ ist die Projektion von $\vec{a}$ auf $\vec{b}$:

   $$\vec{a}_b=\frac{\vec{a}\cdot\vec{b}}{\vec{b}\cdot\vec{b}}\vec{b}.$$

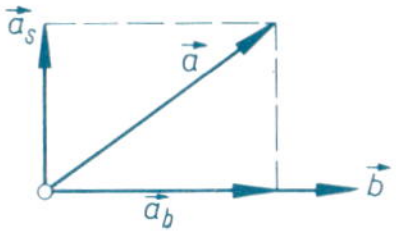

   Die dazu senkrechte Komponente $\vec{a}_s$ ist die Differenz der Vektoren $\vec{a}$ und $\vec{a}_b$:

   $$\vec{a}_s=\vec{a}-\vec{a}_b=\vec{a}-\frac{\vec{a}\cdot\vec{b}}{\vec{b}\cdot\vec{b}}\vec{b}.$$

Kraftzerlegung

7. Die Kraft $F=2700$ N greift in einem Punkt A an und bildet mit den Richtungen eines Orthonormalsystems die Winkel $\beta_1=50°$, $\beta_2=120°$; der dritte Winkel β_3 ist größer als 90°. F soll in eine Komponente in Richtung $\vec{r}$ ($\gamma_1=10°$, $\gamma_2=90°$, $\gamma_3=80°$) und in eine dazu senkrechte Komponente zerlegt werden.

   $$\cos\beta_3=-\sqrt{1-\cos^2\beta_1-\cos^2\beta_2}\approx-0{,}580;\quad \beta_3\approx125{,}5°;$$

   $$\vec{F}=2700\begin{pmatrix}\cos 50°\\\cos 120°\\\cos 125{,}5°\end{pmatrix}\text{N}\approx2700\begin{pmatrix}0{,}643\\-0{,}500\\-0{,}580\end{pmatrix}\text{N}\approx\begin{pmatrix}1736\\-1350\\-1566\end{pmatrix}\text{N}$$

   $$\vec{r}^0=\begin{pmatrix}\cos 10°\\\cos 90°\\\cos 80°\end{pmatrix}\approx\begin{pmatrix}0{,}985\\0\\0{,}174\end{pmatrix}$$

$$\vec{F}_r=\left[2700\begin{pmatrix}0{,}643\\-0{,}500\\-0{,}580\end{pmatrix}\cdot\begin{pmatrix}0{,}985\\0\\0{,}174\end{pmatrix}\right]\begin{pmatrix}0{,}985\\0\\0{,}174\end{pmatrix}\mathrm{N}\approx 1438\begin{pmatrix}0{,}985\\0\\0{,}174\end{pmatrix}\mathrm{N};$$

$$|\vec{F}_r|=F_r=1438\ \mathrm{N}$$

$$\vec{F}_s=\vec{F}-\vec{F}_r\approx\begin{pmatrix}1736\\-1350\\-1566\end{pmatrix}\mathrm{N}-\begin{pmatrix}1416\\0\\250\end{pmatrix}\mathrm{N}=\begin{pmatrix}320\\-1350\\-1316\end{pmatrix}\mathrm{N};$$

$$|\vec{F}_s|=F_s\approx 1912\ \mathrm{N}$$

2.2.4.2 Vektorielles (äußeres, Kreuz-) Produkt

Je 2 Vektoren $\vec{u}$ und $\vec{v}\in\mathbb{V}^3$ wird ein Vektor $\vec{w}=\vec{u}\times\vec{v}=[\vec{u},\vec{v}]\in\mathbb{V}^3$ zugeordnet, der auf folgende Weise definiert ist:

1. $|\vec{w}|=|\vec{u}|\cdot|\vec{v}|\cdot|\sin\varphi|$ (φ ist der Winkel zwischen $\vec{u}$ und $\vec{v}$); die Maßzahl von $|\vec{w}|$ ist gleich der Maßzahl des von den 2 Repräsentanten von $\vec{u}$ und $\vec{v}$ aufgespannten Parallelogramms.
2. $\vec{w}$ ist senkrecht zu $\vec{u}$ und $\vec{v}$ (zu der von 2 geeigneten Repräsentanten von $\vec{u}$ und $\vec{v}$ aufgespannten Ebene).
3. $\vec{u}$, $\vec{v}$, $\vec{w}$ bilden ein Rechtssystem.

Eigenschaften des Kreuzproduktes:

1. $\vec{u}\times\vec{v}=-\vec{v}\times\vec{u}$ (Alternativität).
2. $\vec{u}\times(\vec{v}\times\vec{w})\neq(\vec{u}\times\vec{v})\times\vec{w}$ (Assoziativgesetz gilt nicht; statt dessen s. Entwicklungssatz).
3. $\vec{u}\times(\vec{v}+\vec{w})=\vec{u}\times\vec{v}+\vec{u}\times\vec{w}$ (Distributivität bzgl. Addition).
4. $(\lambda\vec{u})\times\vec{v}=\lambda(\vec{u}\times\vec{v})$ (Linearität).
5. Ist $\vec{u}$ kollinear mit $\vec{v}$, so ist $\vec{u}\times\vec{v}=\vec{o}$ (die Umkehrung gilt nur, wenn $\vec{u}\neq\vec{o}$, $\vec{v}\neq\vec{o}$).
6. $\vec{u}\times\vec{u}=\vec{o}$.
7. $|\sin\varphi|=\dfrac{|\vec{u}\times\vec{v}|}{|\vec{u}|\,|\vec{v}|}$.
8. Sind $\vec{u}$ und $\vec{v}$ auf eine orthonormale Basis bezogen, so ist

$$\vec{u}\times\vec{v}=\begin{pmatrix}u_2v_3-u_3v_2\\u_3v_1-u_1v_3\\u_1v_2-u_2v_1\end{pmatrix}$$

was manchmal formal als Determinante geschrieben wird:

$$\vec{u}\times\vec{v}=\begin{vmatrix}\vec{e}_1^{\,0}&\vec{e}_2^{\,0}&\vec{e}_3^{\,0}\\u_1&u_2&u_3\\v_1&v_2&v_3\end{vmatrix}.$$

Zu 2.2.4.2:

Kreuzprodukt

1. $\vec{a}=\begin{pmatrix}3\\-2\\1\end{pmatrix};\quad \vec{b}=\begin{pmatrix}-1\\1\\2\end{pmatrix}.$

$$\vec{a}\times\vec{b}=\begin{pmatrix}3\\-2\\1\end{pmatrix}\times\begin{pmatrix}-1\\1\\2\end{pmatrix}=\begin{vmatrix}\vec{e}_1^{\,0} & \vec{e}_2^{\,0} & \vec{e}_3^{\,0}\\ 3 & -2 & 1\\ -1 & 1 & 2\end{vmatrix}=\begin{pmatrix}-4-1\\-1-6\\3-2\end{pmatrix}=\begin{pmatrix}-5\\-7\\1\end{pmatrix}$$

$$\vec{b}\times\vec{a}=\begin{pmatrix}-1\\1\\2\end{pmatrix}\times\begin{pmatrix}3\\-2\\1\end{pmatrix}=-\begin{pmatrix}-5\\-7\\1\end{pmatrix}=\begin{pmatrix}5\\7\\-1\end{pmatrix}.$$

Normalenvektor

2. Die zu zwei (nicht kollinearen) Vektoren $\vec{a}$ und $\vec{b}$ senkrechten Vektoren $\vec{c}$ lassen sich durch $\vec{c}=\lambda\vec{a}\times\vec{b}$ $(\lambda\in\mathbb{R})$ berechnen.

   Ist $\vec{a}=\begin{pmatrix}4\\5\\-1\end{pmatrix}$, $\vec{b}=\begin{pmatrix}2\\-3\\7\end{pmatrix}$, so gilt $\vec{c}=\lambda\begin{pmatrix}32\\-30\\-22\end{pmatrix}=\lambda^*\begin{pmatrix}16\\-15\\-11\end{pmatrix}$, λ und $\lambda^*=2\lambda$ beliebig $\in\mathbb{R}$.

Flächeninhalt eines Parallelogramms

3. Wie groß ist die Maßzahl A des Flächeninhalts des Parallelogramms $PQRS$ mit $P\,(1;\,2;\,3)$, $Q\,(5;\,5;\,4)$, $R\,(4;\,3;\,7)$, $S\,(0;\,0;\,6)$?

   $$A=\overline{PQ}\cdot\overline{PS}\cdot\sin\varphi=|\overrightarrow{PQ}\times\overrightarrow{PS}|.$$

   Der Betrag des Kreuzproduktes gibt die Maßzahl des Flächeninhalts des von geeigneten Repräsentanten aufgespannten Parallelogramms.

   $$A=\left|\begin{pmatrix}4\\3\\1\end{pmatrix}\times\begin{pmatrix}-1\\-2\\3\end{pmatrix}\right|=\left|\begin{pmatrix}11\\-13\\-5\end{pmatrix}\right|=\sqrt{121+169+25}=\sqrt{315}\approx 17{,}75.$$

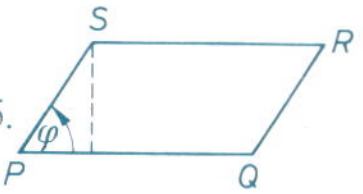

2.2.4.3 Mehrfache Produkte

1. $(\vec{a}\times\vec{b})\cdot(\vec{a}\times\vec{b})=|\vec{a}\times\vec{b}|^2=|\vec{a}|^2\,|\vec{b}|^2-(\vec{a}\cdot\vec{b})^2.$

2. $\vec{a}\cdot(\vec{b}\times\vec{c})=(\vec{a}\times\vec{b})\cdot\vec{c}=(\vec{c}\times\vec{a})\cdot\vec{b}=:(\vec{a},\vec{b},\vec{c})$ (Spatprodukt).

   Der Betrag des Spatprodukts ist die Maßzahl des Volumens des Spates, dessen Kanten durch geeignete Repräsentanten von $\vec{a}, \vec{b}, \vec{c}$ gebildet werden.

   Das Spatprodukt ist positiv, wenn $\vec{a}, \vec{b}, \vec{c}$ ein Rechtssystem bilden, sonst negativ; es ist 0, wenn $\vec{a}, \vec{b}, \vec{c}$ komplanar sind.

   $(\vec{a},\vec{b},\vec{c})=(\vec{b},\vec{c},\vec{a})=(\vec{c},\vec{a},\vec{b})=-(\vec{a},\vec{c},\vec{b})=-(\vec{c},\vec{b},\vec{a})=-(\vec{b},\vec{a},\vec{c})$

   $(\vec{e}_1^{\,0},\ \vec{e}_2^{\,0},\ \vec{e}_3^{\,0})=1.$

Sind $\vec{a}, \vec{b}, \vec{c}$ auf eine orthonormale Basis bezogen, so ist

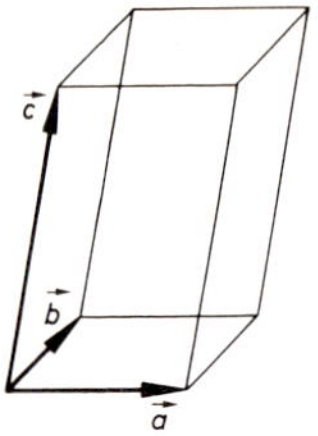

$$(\vec{a}, \vec{b}, \vec{c}) = \begin{vmatrix} a_1 & b_1 & c_1 \\ a_2 & b_2 & c_2 \\ a_3 & b_3 & c_3 \end{vmatrix} \text{ (s. 1.3.6, S. 25).}$$

3. $\vec{a} \times (\vec{b} \times \vec{c}) = (\vec{a} \cdot \vec{c})\vec{b} - (\vec{a} \cdot \vec{b})\vec{c}$ (Entwicklungssatz)
   $(\vec{a} \times \vec{b}) \times \vec{c} = -\vec{c} \times (\vec{a} \times \vec{b}) = (\vec{a} \cdot \vec{c})\vec{b} - (\vec{b} \cdot \vec{c})\vec{a}.$

4. $(\vec{a} \times \vec{b}) \cdot (\vec{c} \times \vec{d}) = (\vec{a} \cdot \vec{c})(\vec{b} \cdot \vec{d}) - (\vec{b} \cdot \vec{c})(\vec{a} \cdot \vec{d}).$

5. $(\vec{a} \times \vec{b}) \times (\vec{c} \times \vec{d}) = (\vec{a}, \vec{b}, \vec{d})\vec{c} - (\vec{a}, \vec{b}, \vec{c})\vec{d} = (\vec{a}, \vec{c}, \vec{d})\vec{b} - (\vec{b}, \vec{c}, \vec{d})\vec{a}.$

   Zwischen vier Vektoren $\vec{a}, \vec{b}, \vec{c}$ und $\vec{d}$ besteht also immer die lineare Beziehung

   $$(\vec{b}, \vec{c}, \vec{d})\vec{a} - (\vec{a}, \vec{c}, \vec{d})\vec{b} + (\vec{a}, \vec{b}, \vec{d})\vec{c} - (\vec{a}, \vec{b}, \vec{c})\vec{d} = \vec{o}.$$

   Hieraus folgt als Formel für die *Komponentenzerlegung* eines Vektors $\vec{d}$ in bezug auf die durch drei beliebige Vektoren $\vec{a}$, $\vec{b}$ und $\vec{c}$ bestimmte Basis

   $$\vec{d} = \frac{1}{(\vec{a}, \vec{b}, \vec{c})} \{(\vec{b}, \vec{c}, \vec{d})\vec{a} + (\vec{c}, \vec{a}, \vec{d})\vec{b} + (\vec{a}, \vec{b}, \vec{d})\vec{c}\}.$$

   Sind die Vektoren $\vec{a}, \vec{b}, \vec{c}$ paarweise orthogonal zueinander, so gilt

   $$\vec{d} = \frac{\vec{a} \cdot \vec{d}}{\vec{a}^2}\vec{a} + \frac{\vec{b} \cdot \vec{d}}{\vec{b}^2}\vec{b} + \frac{\vec{c} \cdot \vec{d}}{\vec{c}^2}\vec{c}.$$

   (Die Komponenten von $\vec{d}$ sind dann mit den senkrechten Projektionen von $\vec{d}$ auf $\vec{a}$, $\vec{b}$ und $\vec{c}$ identisch.)

Vektoranalysis in 8.5, Seite 428.

B

Zu 2.2.4.3:
Vierfachprodukt

1. Für das Vektorprodukt $\vec{a} \times \{(\vec{b} \times \vec{c}) \times \vec{d}\}$ findet man durch Anwendung des Entwicklungssatzes auf die geschwungene Klammer

   $$(\vec{b} \times \vec{c}) \times \vec{d} = -\vec{d} \times (\vec{b} \times \vec{c}) = -(\vec{d} \cdot \vec{c})\vec{b} + (\vec{d} \cdot \vec{b})\vec{c};$$

   somit ist

   $$\vec{a} \times \{(\vec{b} \times \vec{c}) \times \vec{d}\} = \underbrace{(\vec{d} \cdot \vec{b})}_{\text{Zahl}} \underbrace{\vec{a} \times \vec{c}}_{\text{Vektor}} - \underbrace{(\vec{d} \cdot \vec{c})}_{\text{Zahl}} \underbrace{\vec{a} \times \vec{b}}_{\text{Vektor}}$$

Spatprodukt

2. Ein Produkt $(\vec{a} \cdot \vec{b}) \times \vec{c}$ ist sinnlos, denn $\vec{a} \cdot \vec{b}$ ist eine Zahl $\in \mathbb{R}$. Dagegen ist $\vec{a} \cdot (\vec{b} \times \vec{c})$ das Spatprodukt.
   Ein Produkt $\vec{a} \cdot \{(\vec{b} \times \vec{c}) \times \vec{d}\}$ ist eine Zahl $\in \mathbb{R}$,
   dagegen ist $\vec{a} \times \{(\vec{b} \times \vec{c}) \cdot \vec{d}\}$ sinnlos.

Zerlegung nach einer Basis

3. Der Vektor $\vec{r}=\begin{pmatrix}-13\\-3\\-1\end{pmatrix}$ soll in Komponenten parallel zu den Basisvektoren

$$\vec{a}=\begin{pmatrix}3\\-2\\4\end{pmatrix},\quad \vec{b}=\begin{pmatrix}-2\\1\\-1\end{pmatrix},\quad \vec{c}=\begin{pmatrix}-4\\-3\\2\end{pmatrix}$$

zerlegt werden.

$$\vec{r}=\frac{1}{(\vec{a},\vec{b},\vec{c})}[(\vec{b},\vec{c},\vec{r})\vec{a}+(\vec{c},\vec{a},\vec{r})\vec{b}+(\vec{a},\vec{b},r)\vec{c}]$$

wobei

$$(\vec{a},\vec{b},\vec{c})=\begin{vmatrix}3&-2&-4\\-2&1&-3\\4&-1&2\end{vmatrix}=21;\qquad (\vec{b},\vec{c},\vec{r})=\begin{vmatrix}-2&-4&-13\\1&-3&-3\\-1&2&-1\end{vmatrix}=-21$$

$$(\vec{c},\vec{a},r)=\begin{vmatrix}-4&3&-13\\-3&-2&-3\\2&4&-1\end{vmatrix}=21;\qquad (\vec{a},\vec{b},r)=\begin{vmatrix}3&-2&-13\\-2&1&-3\\4&-1&-1\end{vmatrix}=42$$

$$\vec{r}=-\vec{a}+\vec{b}+2\vec{c}.$$

2.3 Körper $\mathbb{C}$ der komplexen Zahlen

2.3.1 Definition

$\mathbb{C}$: Menge der geordneten Zahlenpaare $z=\begin{pmatrix}z_1\\z_2\end{pmatrix}$ mit $z_i\in\mathbb{R}$.

z_1 heißt Realteil $R(z)$ von z

z_2 heißt Imaginärteil $I(z)$ von z.

Gleichheit: $w=z$ genau dann, wenn $w_i=z_i$.

Lineare Operationen in $\mathbb{C}$:

1. Addition: $w+z=\begin{pmatrix}w_1+z_1\\w_2+z_2\end{pmatrix}$.

2. S-Multiplikation: $\lambda z=\begin{pmatrix}\lambda z_1\\\lambda z_2\end{pmatrix}$.

Eigenschaften:

1. Addition ist kommutativ und assoziativ:

$$z+w=w+z;\qquad v+(w+z)=(v+w)+z.$$

2. Neutrales Element der Addition $\begin{pmatrix}0\\0\end{pmatrix}=o$.

3. Inverses Element der Addition $-z=\begin{pmatrix}-z_1\\-z_2\end{pmatrix}$.

4. $\mathbb{C}$ ist ein linearer Vektorraum über $\mathbb{R}$.

Multiplikation in $\mathbb{C}$:

$$z\cdot w=\begin{pmatrix}z_1\\z_2\end{pmatrix}\cdot\begin{pmatrix}w_1\\w_2\end{pmatrix}=\begin{pmatrix}z_1w_1-z_2w_2\\z_1w_2+z_2w_1\end{pmatrix}.$$

Die Multiplikation ist kommutativ, assoziativ und distributiv bzgl. der Addition:

$$z\cdot w=w\cdot z;\qquad v\cdot(w\cdot z)=(v\cdot w)\cdot z;\qquad v\cdot(w+z)=v\cdot w+v\cdot z.$$

$\mathbb{C}$ mit den linearen Operationen und der Multiplikation wird als Menge der komplexen Zahlen bezeichnet.

2.3.2 Grundgesetze der Arithmetik in $\mathbb{C}$

Die Gleichung $u+z=v$ ist eindeutig nach z auflösbar:

$$z=\begin{pmatrix}v_1-u_1\\v_2-u_2\end{pmatrix}=v-u.$$

Die Gleichung $u\cdot z=v$ ist für $u\neq o$ eindeutig nach z auflösbar:

$$z=\frac{1}{u_1^2+u_2^2}\begin{pmatrix}u_1v_1+u_2v_2\\u_1v_2-u_2v_1\end{pmatrix}=\frac{v}{u}.$$

Hieraus folgt:

$\mathbb{C}$ ist ein Körper; seine Elemente sind nicht durch $<$ oder $>$ geordnet. Die arithmetischen Grundgesetze und Formeln (1.2.1, 1.2.2, 1.2.3, 1.2.4) sind von $\mathbb{R}$ auf $\mathbb{C}$ übertragbar, sofern sie nicht die Ordnung durch $<$ oder $>$ betreffen.

2.3.3 Basisdarstellung in $\mathbb{C}$

Jede komplexe Zahl läßt sich eindeutig als Linearkombination der Basiselemente $\begin{pmatrix}1\\0\end{pmatrix}$ und $\begin{pmatrix}0\\1\end{pmatrix}$ darstellen:

$$z=\begin{pmatrix}z_1\\z_2\end{pmatrix}=z_1\cdot\begin{pmatrix}1\\0\end{pmatrix}+z_2\cdot\begin{pmatrix}0\\1\end{pmatrix}.$$

$\begin{pmatrix}1\\0\end{pmatrix}$ ist neutrales Element der Multiplikation und wird bei Produkten meist nicht geschrieben (wie in $\mathbb{R}$ die Zahl 1). $\begin{pmatrix}0\\1\end{pmatrix}$ wird durch das Symbol j (oder i) abgekürzt (imaginäre Einheit): $z=z_1\cdot\begin{pmatrix}1\\0\end{pmatrix}+z_2\cdot\begin{pmatrix}0\\1\end{pmatrix}=z_1+jz_2$.

2.3.4 Ergänzungen

Konjugiert komplexe Zahl:

$\begin{pmatrix} z_1 \\ -z_2 \end{pmatrix} = z_1 - jz_2$ heißt zu $\begin{pmatrix} z_1 \\ z_2 \end{pmatrix} = z_1 + jz_2$ konjugiert komplex. Die zu z konjugierte Zahl wird durch Überstreichen $\bar{z}$ gekennzeichnet.

$$\bar{\bar{z}} = z; \quad |\bar{z}| = |z|; \quad z \cdot \bar{z} = |z|^2 = z_1^2 + z_2^2$$

Eine Gleichung zwischen komplexen Zahlen bleibt richtig, wenn man jede Zahl durch ihr konjugiert Komplexes ersetzt.

Bei Anwendung der arithmetischen Grundgesetze treten folgende Produkte auf:

$$\begin{pmatrix} 1 \\ 0 \end{pmatrix} \cdot \begin{pmatrix} 1 \\ 0 \end{pmatrix} = \begin{pmatrix} 1 \\ 0 \end{pmatrix} = 1; \quad \begin{pmatrix} 1 \\ 0 \end{pmatrix} \cdot \begin{pmatrix} 0 \\ 1 \end{pmatrix} = \begin{pmatrix} 0 \\ 1 \end{pmatrix} = j; \quad \begin{pmatrix} 0 \\ 1 \end{pmatrix} \cdot \begin{pmatrix} 0 \\ 1 \end{pmatrix} = \begin{pmatrix} -1 \\ 0 \end{pmatrix} = -\begin{pmatrix} 1 \\ 0 \end{pmatrix} = -1 + 0j = -1$$

Das Quadrat der imaginären Einheit j ergibt das negative neutrale Element der Multiplikation (abgekürzt geschrieben: $j^2 = -1$).

Beim praktischen Rechnen werden auf die komplexen Zahlen in ihrer Basisdarstellung die arithmetischen Grundgesetze angewendet.

Komplexe Zahlen werden addiert bzw. subtrahiert, indem man die Operationen auf Real- und Imaginärteil getrennt anwendet:

$$u \pm v = (u_1 + ju_2) \pm (v_1 + jv_2) = (u_1 \pm v_1) + j(u_2 \pm v_2)$$

Komplexe Zahlen werden wie gewöhnliche Polynome multipliziert, wobei $j^2 = -1$ gesetzt wird:

$$u \cdot v = (u_1 + ju_2) \cdot (v_1 + jv_2) = (u_1 v_1 - u_2 v_2) + j(u_1 v_2 + u_2 v_1)$$

Die Division komplexer Zahlen wird auf eine Multiplikation zurückgeführt, indem man Zähler und Nenner des Quotienten mit dem konjugiert komplexen Nenner erweitert:

$$\frac{u}{v} = \frac{u_1 + ju_2}{v_1 + jv_2} = \frac{(u_1 + ju_2)(v_1 - jv_2)}{(v_1 + jv_2)(v_1 - jv_2)} = \frac{u_1 v_1 + u_2 v_2}{v_1^2 + v_2^2} + j\frac{u_2 v_1 - u_1 v_2}{v_1^2 + v_2^2}.$$

Eine Division durch Null ist nicht erklärt.

Komplexe Zahlen werden mittels der binomischen Formeln (1.3.4, Seite 22) unter Berücksichtigung der Potenzen von j mit ganzen Zahlen $n \in \mathbb{Z}$ potenziert. Es gilt:

$$j^2 = -1; \quad j^3 = -j; \quad j^4 = 1; \quad j^{4k+m} = j^m \quad (k, m \in \mathbb{Z}).$$

Gaußsche Zahlenebene:

Eine komplexe Zahl z wird in der sog. Gaußschen Zahlenebene (mit reeller und imaginärer Achse) als Punkt P mit den kartesischen Koordinaten $(z_1; z_2)$ oder als Pfeil zwischen dem Koordinatenursprung und P veranschaulicht. Konjugiert komplexe Zahlen liegen spiegelsymmetrisch zur reellen Achse. Einer Multiplikation mit -1 entspricht eine Drehung des Zeigers um 180°.

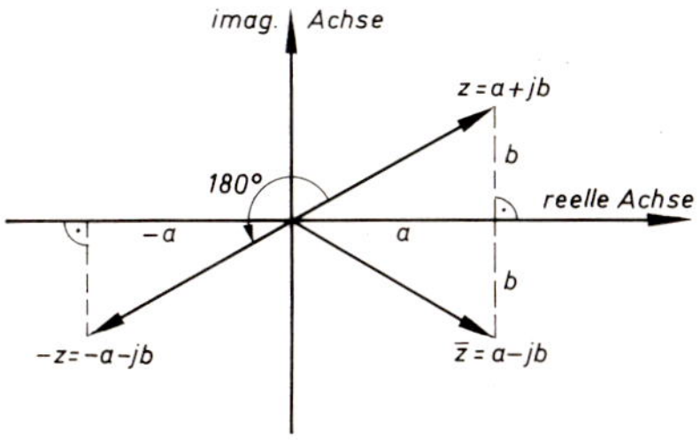

Betrag von z (Länge des Pfeils):

$$|z| = r = \sqrt{z_1^2 + z_2^2}$$

Für die Beträge komplexer Zahlen gelten die Rechenregeln 1., 2., 3. von 1.1.5, Seite 5.

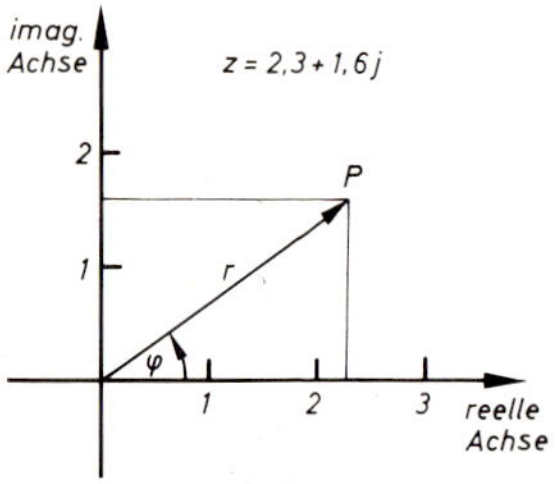

Polwinkel (Argument, Arcus) von z:

$\varphi (= \arg z = \operatorname{arc} z)$: Winkel, um den die positive reelle Halbachse in die Pfeilrichtung von z gedreht wird.

φ ist nur bis auf $k \cdot 2\pi$ $(k \in \mathbb{Z})$ bestimmt. Für $o = \begin{pmatrix} 0 \\ 0 \end{pmatrix}$ ist φ nicht definiert.

$$R(z) = z_1 = |z| \cdot \cos \varphi = r \cdot \cos \varphi$$
$$I(z) = z_2 = |z| \cdot \sin \varphi = r \cdot \sin \varphi$$

Polarform von z:

$$z = \begin{pmatrix} |z| \cos \varphi \\ |z| \sin \varphi \end{pmatrix} = |z| \begin{pmatrix} \cos \varphi \\ \sin \varphi \end{pmatrix} = |z| (\cos \varphi + j \sin \varphi).$$

2.3.5 Arithmetik der komplexen Zahlen in Polarform, Moivresche Formel

Aus $u = |u| \cdot (\cos \alpha + j \sin \alpha)$, $v = |v| \cdot (\cos \beta + j \sin \beta)$ folgt

$$u \cdot v = |u| \cdot |v| \cdot (\cos (\alpha + \beta) + j \sin (\alpha + \beta)).$$

Komplexe Zahlen in Polarform werden multipliziert, indem man die Beträge multipliziert, die Polwinkel addiert.

Geometrisch entspricht der Multiplikation eine Drehstreckung. Die Multiplikation mit einer reellen Zahl λ läßt das Argument ungeändert und bewirkt eine Streckung des Zeigers um das λ-fache. Die Multiplikation mit j erzeugt nur eine reine Drehung um 90°.

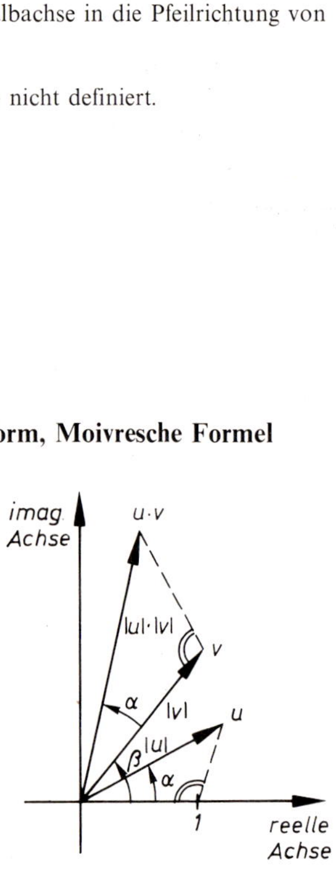

Ebenso ist $\quad \dfrac{u}{v} = \dfrac{|u|}{|v|} (\cos (\alpha - \beta) + j \sin (\alpha - \beta)).$

Komplexe Zahlen in Polarform werden dividiert, indem man ihre Beträge dividiert und die Polwinkel (Argumente) subtrahiert.

Aus $u = |u| \cdot (\cos \varphi + j \sin \varphi)$ folgt (für $n \in \mathbb{Z}$)

$$u^n = |u|^n (\cos n\varphi + j \sin n\varphi).$$

Eine komplexe Zahl in Polarform wird in eine ganzzahlige Potenz erhoben, indem man den Betrag potenziert, den Polwinkel mit der Hochzahl multipliziert.

$$(\cos\varphi + j\sin\varphi)^n = \cos n\,\varphi + j\sin n\varphi \quad (n\in\mathbb{Z}) \quad \text{(Moivre)}$$

Die Lösungen der Gleichung $z^n = u$ ($n\in\mathbb{N}^*$) erhält man in der Polarform aus

$$z^n = |u|(\cos(\varphi + k\cdot 2\pi) + j\sin(\varphi + k\cdot 2\pi)) \text{ mit } 0 \leqq k \leqq n-1.$$

Es ist $z_{k+1} = \sqrt[n]{|u|}\left(\cos\dfrac{\varphi + k\cdot 2\pi}{n} + j\sin\dfrac{\varphi + k\cdot 2\pi}{n}\right)$.

Die Gleichung $z^n = u$ hat demnach n verschiedene Lösungen z_{k+1} ($k = 0 \ldots n-1$), die denselben Betrag besitzen; z_1 heißt Hauptwert. Geometrisch lassen sich die Lösungen konstruieren, indem man um den Ursprung einen Kreis vom Radius $\sqrt[n]{|u|}$ zeichnet und diesen mit den Ursprungsstrahlen mit den Winkeln $\dfrac{\varphi}{n}$; $\dfrac{\varphi + 2\pi}{n}$; … $\dfrac{\varphi + (n-1)\cdot 2\pi}{n}$ gegen die positive reelle Achse schneidet.

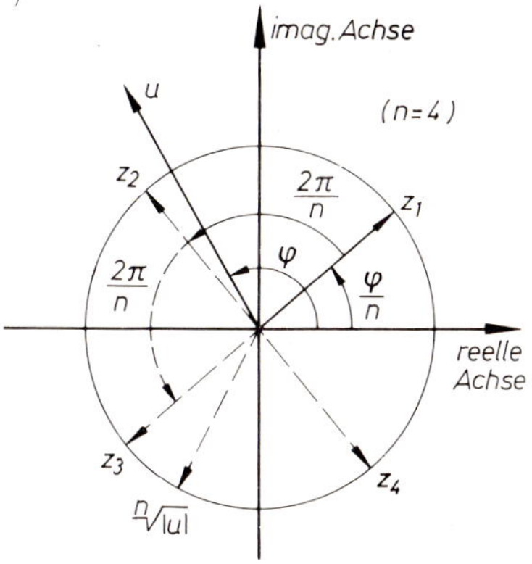

B

Zu 2.3.3, 2.3.4 und 2.3.5:
Grundrechenarten

1. $u = 4 - 3j$; $v = -2 + 7j$;

$u + v = 4 - 3j + (-2 + 7j) = 2 + 4j = 2(1 + 2j)$;

$u - v = 4 - 3j - (-2 + 7j) = 6 - 10j = 2(3 - 5j)$;

$u \cdot v = (4 - 3j)\cdot(-2 + 7j) = -8 + 28j + 6j - 21j^2$
$= 13 + 34j$;

$$\frac{u}{v} = \frac{4-3j}{-2+7j} = \frac{(4-3j)(-2-7j)}{(-2+7j)(-2-7j)}$$
$$= \frac{-8-28j+6j-21}{4+49} = \frac{-29-22j}{53} \approx -0{,}547 - 0{,}415j;$$

$$v^3 = (-2+7j)^3 = (-2)^3 + 3(-2)^2\cdot 7j + 3(-2)(7j)^2 + (7j)^3$$
$$= -8 + 84j + 294 - 343j = 286 - 259j.$$

Betrag, Polwinkel

$|v| = \sqrt{4+49} = \sqrt{53} \approx 7{,}28$;

$\sin\varphi = \dfrac{7}{\sqrt{53}}$; $\cos\varphi = \dfrac{-2}{\sqrt{53}}$; $\varphi = \arg v \approx 1{,}85 \approx 105{,}9°$.

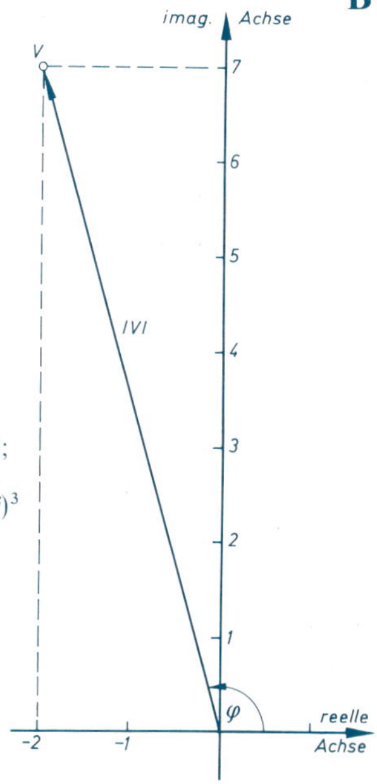

Polarform

$v = \sqrt{53}\,(\cos 1{,}85 + j \sin 1{,}85) = \sqrt{53}\,(\cos 105{,}9° + j \sin 105{,}9°)$.

$u = 5\,(\cos 5{,}64 + j \sin 5{,}64) \quad = 5\,(\cos 323{,}1° + j \sin 323{,}1°)$.

Multiplikation und Division in Polarform

$$\frac{u}{v} = \frac{5(\cos 323{,}1° + j \sin 323{,}1°)}{\sqrt{53}(\cos 105{,}9° + j \sin 105{,}9°)} \approx 0{,}687\,(\cos 217{,}2° + j \sin 217{,}2°) \approx -0{,}547 - 0{,}415j$$

wie vorher;

$$u \cdot v = 5\sqrt{53}(\cos 429° + j \sin 429°) = 5\sqrt{53}(\cos 69° + j \sin 69°) \approx 13{,}04 + 33{,}98j$$

wie vorher;

Potenzierung

$$v^3 = \sqrt{53}^3\,(\cos 3 \cdot 105{,}9° + j \sin 3 \cdot 105{,}9°) = \sqrt{53}^3\,(\cos 317{,}7° + j \sin 317{,}7°)$$

$\approx 285{,}4 - 259{,}7j$ bis auf Rundungsfehler wie vorher.

Radizierung

2. Sämtliche Lösungen der Gleichung $z^3 = 1$ sind zu bestimmen.

$$z^3 = 1 = 1\,[\cos(0 + 2k\pi) + j \sin(0 + 2k\pi)]; \quad k = 0, 1, 2$$

$$z_{k+1} = \sqrt[3]{1}\left(\cos\frac{2k\pi}{3} + j \sin\frac{2k\pi}{3}\right); \quad k = 0, 1, 2$$

$k = 0$: $z_1 = \cos 0 + j \sin 0 = 1$ (Hauptwert)

$$k = 1: \; z_2 = \cos\frac{2\pi}{3} + j \sin\frac{2\pi}{3} \approx -0{,}5 + 0{,}866j$$

$$k = 2: \; z_3 = \cos\frac{4\pi}{3} + j \sin\frac{4\pi}{3} \approx -0{,}5 - 0{,}866j.$$

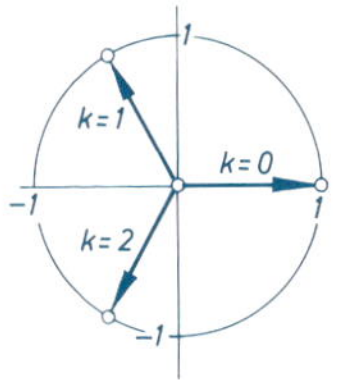

2.3.6 Fundamentalsatz der Algebra

Die Gleichung

$$a_0 + a_1 z + \ldots + a_m z^m = o \quad (m \in \mathbb{N}^*, a_i \in \mathbb{C})$$

hat sicher eine, höchstens m verschiedene Lösungen.

Quadratische (11.1.1.2, Seite 500) und kubische (11.1.1.3, Seite 501) Gleichungen sowie Gleichungen 4. Grades (11.1.1.4, Seite 502) mit $a_i \in \mathbb{R}$ können durch dieselben Formeln wie bei Gleichungen im Reellen gelöst werden, wenn man formal $\sqrt{-1} = j$ setzt.

B

Zu 2.3.6:

Quadratische Gleichung mit reellen Koeffizienten

1. Die Gleichung $z^2 + z + 1 = o$ hat die konjugiert komplexen Lösungen:

$$z_{1,2} = -\tfrac{1}{2} \pm \sqrt{\tfrac{1}{4} - 1},$$

$$z_1 = -0{,}5 + 0{,}866\,j$$

$$z_2 = -0{,}5 - 0{,}866\,j.$$

Quadratische Gleichung mit komplexen Koeffizienten

2. Die Gleichung $z^2 - z(2+3j) - 1 + 2j = o$ wird am besten durch quadratische Ergänzung gelöst:

$$z^2 - 2z(1+1{,}5j) + (1+1{,}5j)^2 = 1 - 2j + (1+1{,}5j)^2;$$

$$(z-1-1{,}5j)^2 = -0{,}25 + j \approx \sqrt{1{,}0625}(\cos 104° + j \sin 104°);$$

$$z-1-1{,}5j \approx \begin{cases} 1{,}03(\cos\ 52° + j \sin\ 52°) \approx 0{,}634 + 0{,}812j \\ 1{,}03(\cos 232° + j \sin 232°) \approx -0{,}634 - 0{,}812j \end{cases}$$

$$z_1 = 1{,}634 + 2{,}312j; \quad z_2 = 0{,}366 + 0{,}688j.$$

3 Planimetrie und Stereometrie

3.1 Planimetrie

3.1.1 Winkelmessung

Altgradmaß (Sexagesimaleinteilung):

Einer vollen Umdrehung entsprechen 360°.

Unterteilung: $1° = 60'$; $1' = 60''$; $0{,}1° = 6'$; $1' \approx 0{,}017°$

Neugradmaß:

Einer vollen Umdrehung entsprechen 400 gon.

Unterteilung: 1 gon = 100 cgon (Zentigon)
1 cgon = 10 mgon (Milligon)

Natürliches (Bogen-, Radiant-) Maß:

Einer vollen Umdrehung entspricht der Winkel $2\pi \approx 6{,}28$.

Das Bogenmaß wird in der Mathematik bevorzugt verwendet, weil die meisten Formeln dann einfacher werden. Falls nicht anders angegeben, ist im folgenden immer das Bogenmaß vorausgesetzt.

Umrechnungstabelle:

Altgrad	Neugrad	Radiant
α	$\alpha \cdot \frac{100\,\text{gon}}{90°}$	$\alpha \cdot \frac{\pi}{180°}$
$\alpha \cdot \frac{90°}{100\,\text{gon}}$	α	$\alpha \cdot \frac{\pi}{200\,\text{gon}}$
$\alpha \cdot \frac{180°}{\pi}$	$\alpha \cdot \frac{200\,\text{gon}}{\pi}$	α

Spezielle Werte: $90° = 100\,\text{gon} = \frac{\pi}{2} \approx 1{,}57$ (rechter Winkel)
$180° = 200\,\text{gon} = \pi \approx 3{,}14$ (gestreckter Winkel)
$57{,}3° = 63{,}7\,\text{gon} \approx 1$
$1° = 1{,}11\,\text{gon} \approx 0{,}017$
$0{,}9° = 1\,\text{gon} \approx 0{,}016$

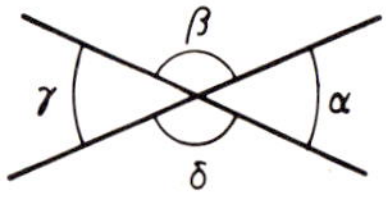

Die Paare (α, β), (α, δ), (β, γ), (γ, δ) heißen Nebenwinkel.

Die Paare (α, γ), (β, δ) heißen Scheitelwinkel.

Nebenwinkel ergänzen sich zu einem gestreckten Winkel (sind supplementär), Scheitelwinkel sind gleich.

Stehen die Schenkel zweier Winkel paarweise aufeinander senkrecht, so sind die Winkel gleich oder supplementär.

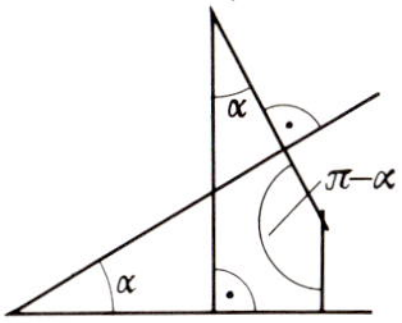

Werden zwei parallele Geraden von einer dritten geschnitten, so treten folgende Winkel auf:

Gegenwinkel (Stufenwinkel) sind Winkel, die auf derselben Seite der Schnittgeraden und auf denselben Seiten der Parallelen liegen. Gegenwinkel sind gleich:

$$\alpha_1=\alpha_2,\quad \beta_1=\beta_2,\quad \gamma_1=\gamma_2,\quad \delta_1=\delta_2.$$

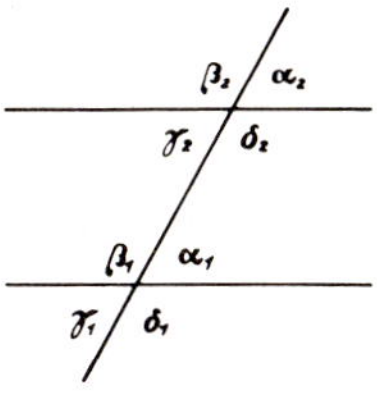

Wechselwinkel sind Winkel, die auf verschiedenen Seiten der Schnittgeraden und der Parallelen liegen. Wechselwinkel sind gleich:

$$\alpha_1=\gamma_2,\quad \beta_1=\delta_2,\quad \gamma_1=\alpha_2,\quad \delta_1=\beta_2.$$

Entgegengesetzte Winkel sind Winkel, die auf derselben Seite der Schnittgeraden, aber auf verschiedenen Seiten der Parallelen liegen. Entgegengesetzte Winkel sind Supplementwinkel:

$$\alpha_1+\delta_2=180°=\pi,\ \beta_1+\gamma_2=180°=\pi,\ \gamma_1+\beta_2=180°=\pi,\ \delta_1+\alpha_2=180°=\pi.$$

B

Zu 3.1.1:

Umrechnungen

1. $\alpha=37°\,32'=37\frac{32}{60}°\approx 37{,}53°\approx 0{,}655;$

   $\beta=2{,}7\,\pi°\approx 8.48°\approx 0{,}148\,(!);$

   $\gamma=2{,}7\,\pi=2{,}7\,\pi\approx 486°\,(!);$

   $\delta=217\text{ gon}=195{,}3°=195°\,18'\approx 3{,}409.$

   Die Bezeichnung gon oder ° muß angegeben werden.

Umschlingung einer Welle

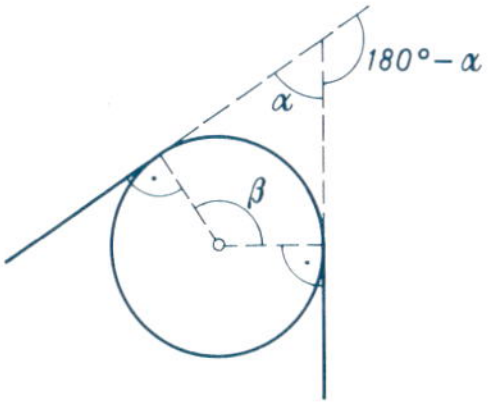

2. Unter welchem Winkel β umschließt ein Seil eine Welle, wenn die Seilrichtungen den Winkel α miteinander bilden?

   Da die Schenkel des Umschlingungswinkels β paarweise auf den Schenkeln des Supplementwinkels zu α senkrecht stehen, ist

   $$\beta=180°-\alpha=\pi-\alpha.$$

Rollwinkel

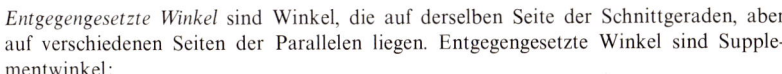

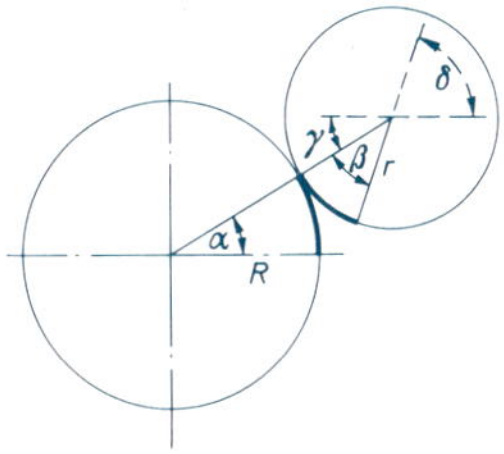

3. Der Kreis mit Radius r rollt am festen Kreis mit Radius R ab. δ soll durch α angegeben werden.

   $\delta=\gamma+\beta$ (Scheitelwinkel);

   $\gamma=\alpha$ (Wechselwinkel an Parallelen);

$$R\alpha = r\beta \qquad \text{(Rollbedingung);}$$
$$\delta = \alpha + \frac{R}{r}\alpha = \alpha\left(1+\frac{R}{r}\right) = \alpha \cdot \frac{R+r}{r}.$$

3.1.2 Dreiecke

3.1.2.1 Winkel- und Seitenbeziehungen

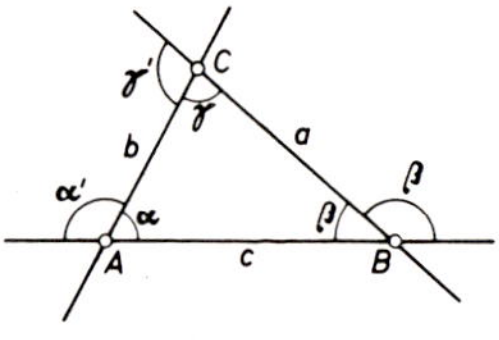

a) Die *Summe der Längen* zweier Dreiecksseiten ist stets größer als die Länge der dritten:

$$a+b>c, \quad b+c>a, \quad c+a>b.$$

b) Die *Differenz der Längen* zweier Dreiecksseiten ist kleiner als die Länge der dritten.

c) Die *Winkelsumme* im Dreieck beträgt stets $180° = \pi$:

$$\alpha+\beta+\gamma=180°=\pi.$$

d) Ein *Außenwinkel* ist gleich der Summe der nicht anliegenden Innenwinkel:

$$\alpha'=\beta+\gamma, \quad \beta'=\alpha+\gamma, \quad \gamma'=\alpha+\beta.$$

e) Die *Summe der Außenwinkel* beträgt $360° = 2\pi$.

f) Der kürzeren (längeren) von zwei Dreiecksseiten liegt der kleinere (größere) Winkel gegenüber:

Aus $a<b$ folgt $\alpha<\beta$ usw.

Sind zwei Dreiecksseiten gleich lang, so sind die gegenüberliegenden Winkel gleich groß.

B

Zu 3.1.2.1:
Winkel am optischen Prisma

1. Bei einem optischen Prisma (brechender Winkel ε) ist der Gesamtablenkungswinkel δ durch Einfallswinkel α, Ausfallswinkel σ und brechenden Winkel ε auszudrücken:

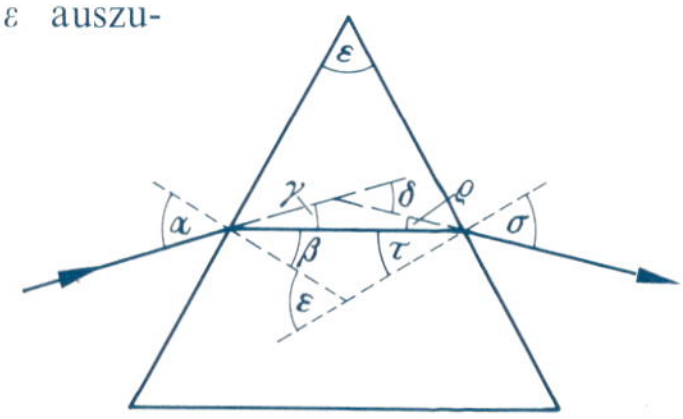

$$\delta=\gamma+\varrho \qquad \text{(Außenwinkel);}$$
$$\gamma=\alpha-\beta;$$
$$\varrho=\sigma-\tau;$$
$$\beta+\tau=\varepsilon;$$
$$\delta=\alpha-\beta+\sigma-\tau=\alpha+\sigma-\varepsilon.$$

3.1.2.2 Kongruenzsätze

Unter Kongruenz ebener Figuren versteht man ihre Deckungsgleichheit; die Figuren können durch eine Bewegung ineinander übergeführt werden.

Zwei geometrische Figuren sind *spiegelsymmetrisch* zueinander, wenn die senkrechten Abstände einander zugeordneter Punkte von der Symmetrieachse gleich sind. Spiegelsymmetrische Figuren sind kongruent.

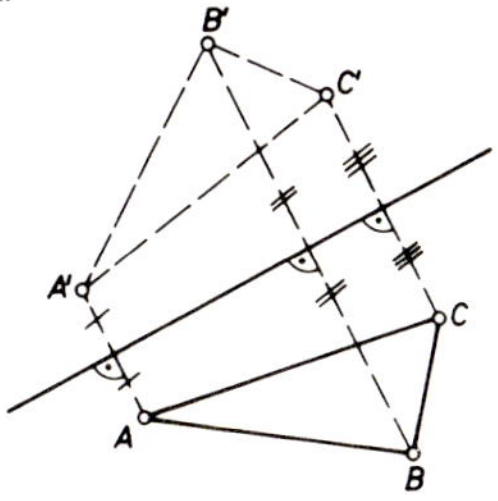

Zwei Dreiecke sind kongruent, wenn sie übereinstimmen in je:

a) drei Seiten (SSS)

b) zwei Seiten und dem eingeschlossenen Winkel (SWS)

c) einer Seite und zwei Winkeln (WSW) oder (WWS)

d) zwei Seiten und dem der größeren Seite gegenüberliegenden Winkel (SSW).

3.1.2.3 Ähnlichkeitssätze

Geometrische Figuren heißen ähnlich, wenn sie durch eine zentrische Streckung kongruent gemacht werden können.

Bei ähnlichen Figuren sind entsprechende Winkel gleich groß. Die Verhältnisse der Längen entsprechender Strecken sind bei ähnlichen Figuren gleich. Die Flächeninhalte ähnlicher Figuren verhalten sich wie die Quadrate der Längen von 2 einander entsprechenden Strecken der Figuren.

Zwei Dreiecke sind ähnlich, wenn sie übereinstimmen im:

a) Verhältnis der drei Seiten

b) Verhältnis zweier Seiten und dem eingeschlossenen Winkel

c) Verhältnis zweier Seiten und dem der größeren Seite gegenüberliegenden Winkel

d) in zwei Winkeln (und damit auch dem dritten).

Anwendung dieser Sätze beim *Strahlensatz:*

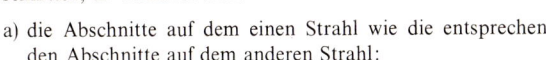

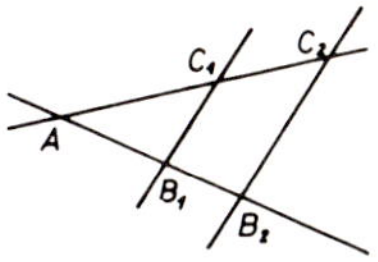

Werden zwei sich schneidende Geraden von Parallelen geschnitten, so verhalten sich:

a) die Abschnitte auf dem einen Strahl wie die entsprechenden Abschnitte auf dem anderen Strahl:

$$\frac{\overline{AB_1}}{\overline{AB_2}} = \frac{\overline{AC_1}}{\overline{AC_2}}; \quad \frac{\overline{AB_1}}{\overline{B_1B_2}} = \frac{\overline{AC_1}}{\overline{C_1C_2}}$$

b) die Abschnitte auf den Parallelen wie die entsprechenden Abschnitte auf einem der Strahlen, gerechnet bis zum Scheitel:

$$\frac{\overline{C_1B_1}}{\overline{C_2B_2}} = \frac{\overline{C_1A}}{\overline{C_2A}} = \frac{\overline{B_1A}}{\overline{B_2A}}$$

c) Die Flächeninhalte ähnlicher Dreiecke verhalten sich wie die Quadrate entsprechender Seiten.

Zu 3.1.2.3:

Teilung einer Strecke in gleiche Teile

1. Eine gegebene Strecke $\overline{AB}$ soll konstruktiv in drei gleich lange Teile geteilt werden.

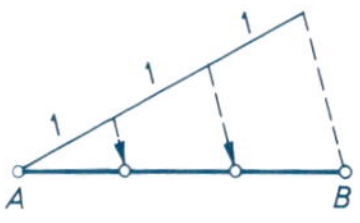

Teilung einer Strecke in gegebenem Verhältnis

2. Eine gegebene Strecke $\overline{AB}$ soll konstruktiv (innen und außen) im Verhältnis $m:n$ geteilt werden.

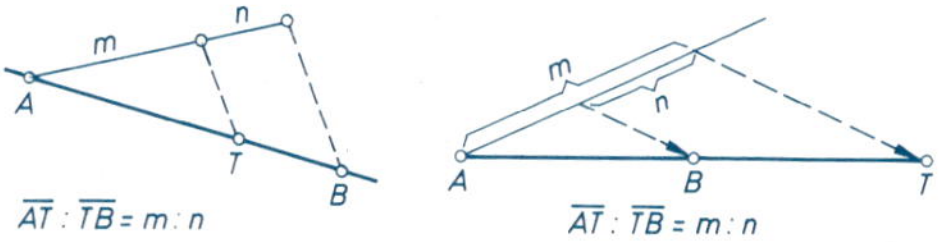

Halbierung eines Dreiecks

3. Die Fläche eines Dreiecks ABC soll durch eine Parallele zu AB halbiert werden.

$$(\overline{CT})^2:(\overline{CA})^2=1:2$$
$$\overline{CT}:\overline{CA}=1:\sqrt{2}=2\sqrt{2}:4$$

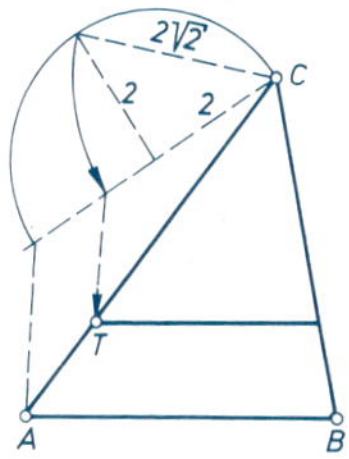

Paralleltransversale im Trapez

4. Wie hängen bei einem gegebenen Trapez $ABCD$ die Länge l einer Paralleltransversale mit der Länge x auf einem Schenkel zusammen?

$$\frac{c}{a}=\frac{y}{y+d};$$
$$ay=cy+cd;$$
$$y(a-c)=cd;$$
$$y=\frac{cd}{a-c};$$
$$\frac{c}{l}=\frac{y}{y+x};$$
$$ly=cy+cx$$
$$l=c\left(1+\frac{x}{y}\right)=c\left(1+\frac{a-c}{cd}x\right)=c+\frac{a-c}{d}x;$$

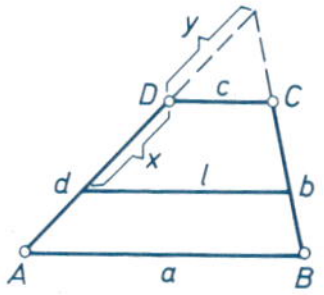

es besteht ein linearer Zusammenhang zwischen l und x.

3.1.2.4 Spezielle Transversalen

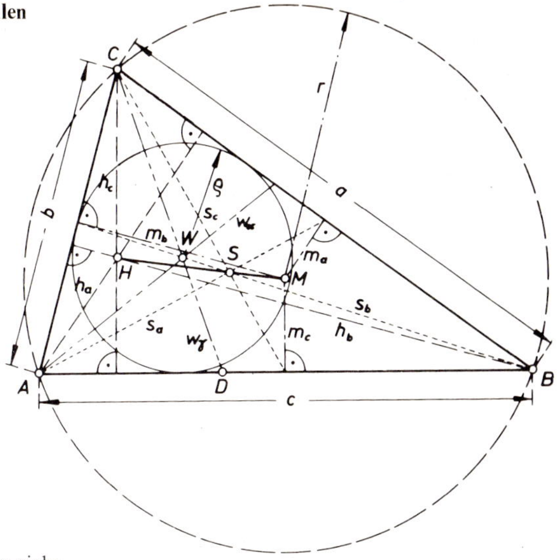

In einem Dreieck schneiden sich:

a) die drei Höhen h_a, h_b, h_c, die man von den Ecken A, B, C auf die Seiten a, b, c fällen kann (bzw. deren Verlängerungen), in einem Punkt H. Die Längen der Höhen verhalten sich umgekehrt wie die zugehörigen Seitenlängen.

$$h_a : h_b : h_c = \frac{1}{a} : \frac{1}{b} : \frac{1}{c}$$

b) die drei *Seitenhalbierenden* s_a, s_b, s_c durch die Ecken A, B, C und die Mitten der gegenüberliegenden Seiten im Punkt S. S ist der *Schwerpunkt* des Dreiecks. Er teilt, vom Eckpunkt aus gerechnet, die Länge der Seitenhalbierenden im Verhältnis 2:1.

c) die drei *Mittelsenkrechten* m_a, m_b, m_c, die man in den Mitten der Seiten a, b, c errichten kann, im Punkt M; m_a, m_b, m_c ist die Linie von M zur jeweiligen Seitenmitte von a, b, c.

M ist der Mittelpunkt des *Umkreises* vom Radius r, der durch die Ecken des Dreiecks geht.

d) die drei Winkelhalbierenden w_α, w_β, w_γ der Winkel α, β, γ im Punkt W. W ist der Mittelpunkt des Inkreises vom Radius ϱ, der die Dreiecksseiten berührt. (Die Winkelhalbierenden der Außenwinkel schneiden sich in den Mittelpunkten der Ankreise mit den Radien ϱ_a, ϱ_b, ϱ_c.)

Eine Winkelhalbierende w_γ teilt die Gegenseite im Verhältnis der anliegenden Seiten, z.B.

$$\overline{AD} : \overline{DB} = b : a.$$

e) Bei einem Dreieck liegen der Höhenschnittpunkt H, der Schwerpunkt S und der Umkreismittelpunkt M auf einer Geraden (Eulersche Gerade). Hierbei teilt der

Punkt S die Strecke $\overline{HM}$ im Verhältnis

$\overline{HS}:\overline{SM}=2:1.$

f) In einem Dreieck liegen die Fußpunkte der Höhen und die Mittelpunkte der Seiten auf einem Kreis (Feuerbachscher Kreis). Er halbiert die Höhenabschnitte (z.B. $\overline{HK}=\overline{KB}$). Sein Mittelpunkt F liegt auf der Eulerschen Geraden.

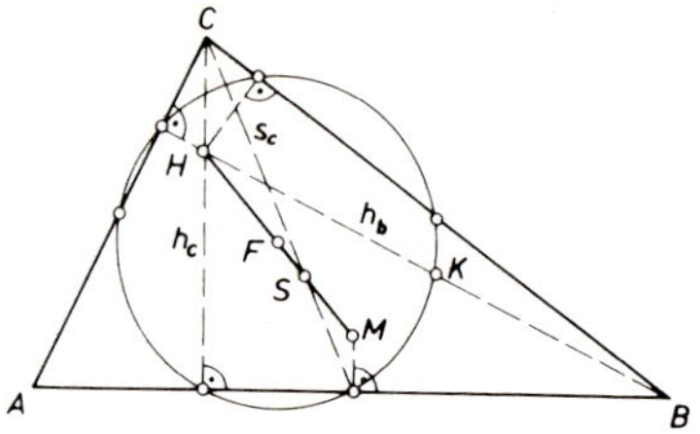

3.1.2.5 Allgemeine Dreiecksformeln

In den nachstehenden Formeln zur Berechnung der in 3.1.2.4 (Seite 61) erklärten Dreiecksstücke können, da es auf die Reihenfolge der Bezeichnung der Dreiecksstücke nicht ankommt, die Größen a, b, c und α, β, γ durch zyklische Vertauschung verändert werden (z.B. schreibe man statt $a \to b$, statt $b \to c$, statt $c \to a$; entsprechendes gilt für die Winkel).

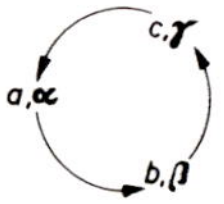

Mit den Bezeichnungen von 3.1.2.4 gilt:

$c^2=a^2+b^2-2ab\cdot\cos\gamma$ (Kosinussatz)

$a:b:c=\sin\alpha:\sin\beta:\sin\gamma$ (Sinussatz)

Höhen: $h_a=\dfrac{bc}{2r}=\dfrac{2A}{a}$ (A: Flächeninhalt)

Mittelsenkrechte: $m_a^2=r^2-\dfrac{a^2}{4}$

$m_a^2+m_b^2+m_c^2=3r^2-\frac{1}{4}(a^2+b^2+c^2)$

Winkelhalbierende: $w_\alpha=\dfrac{1}{b+c}\sqrt{bc(b+c+a)(b+c-a)}$

Umkreisradius: $r=\dfrac{abc}{4A}=\dfrac{bc}{2h_a}$

Inkreisradius: $\varrho=\dfrac{2A}{a+b+c}=\dfrac{A}{s}$ $\left(s=\dfrac{a+b+c}{2}\right)$

Ankreisradius: $\varrho_a=\dfrac{2A}{b+c-a}$; $\dfrac{1}{\varrho}=\dfrac{1}{\varrho_a}+\dfrac{1}{\varrho_b}+\dfrac{1}{\varrho_c}$

Flächenformeln: $A=\dfrac{c\cdot h_c}{s}=\dfrac{a\cdot h_a}{2}=\dfrac{b\cdot h_b}{2}$

$A=\dfrac{a\cdot b}{2}\sin\gamma=\dfrac{b\cdot c}{2}\sin\alpha=\dfrac{a\cdot c}{2}\sin\beta$

$A=\dfrac{c^2}{2}\,\dfrac{\sin\alpha\sin\beta}{\sin\gamma}=\dfrac{a^2}{2}\,\dfrac{\sin\beta\sin\gamma}{\sin\alpha}=\dfrac{b^2}{2}\,\dfrac{\sin\alpha\sin\gamma}{\sin\beta}$

$A=\sqrt{s(s-a)(s-b)(s-c)}$ (Heronische Formel) mit $s=\dfrac{a+b+c}{2}$

$$A = \varrho \cdot s = 2r^2 \sin\alpha \sin\beta \sin\gamma = \frac{a \cdot b \cdot c}{4r} = \varrho_a(s-a)$$

(weitere Formeln in 4.2.2, Seite 102)

B

Zu 3.1.2.5:
Dreieck und Umkreis

1. In einen Kreis vom Radius $r = 5$ cm soll ein Dreieck mit den Seiten $b = 5$ cm, $c = 2$ cm einbeschrieben werden. Wie groß sind die dritte Seite a, der Flächeninhalt A und die Dreieckswinkel α, β, γ?

   Mit den gegebenen Größen läßt sich zunächst aus der Formel für den Umkreisradius h_a berechnen:

   $$h_a = \frac{bc}{2r} = \frac{5 \cdot 2}{2 \cdot 5}\,\text{cm} = 1\,\text{cm}.$$

   Nach dem Satz von Pythagoras folgt

   $$a = \sqrt{b^2 - h_a^2} + \sqrt{c^2 - h_a^2}$$
   $$= \sqrt{24}\,\text{cm} + \sqrt{3}\,\text{cm} \approx 6{,}63\,\text{cm}.$$

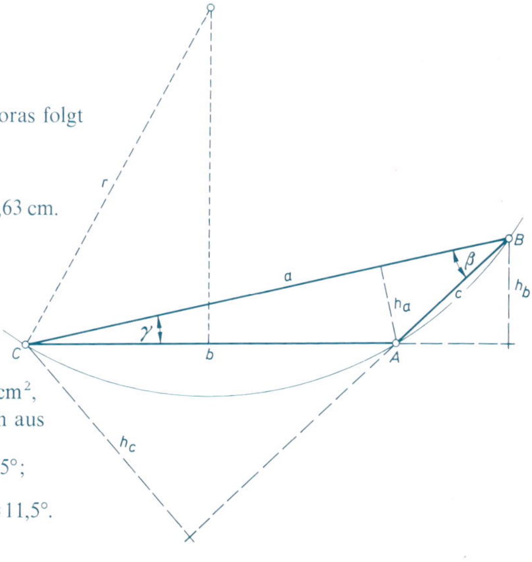

   A folgt aus $A = \frac{1}{2} a h_a \approx 3{,}32\,\text{cm}^2$, und die Winkel ergeben sich aus

   $$\sin\alpha = \frac{2A}{bc} = 0{,}663; \quad \alpha \approx 138{,}5°;$$

   entsprechend $\beta \approx 30°$, $\gamma \approx 11{,}5°$.

Viergelenkgetriebe

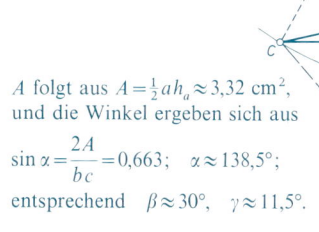

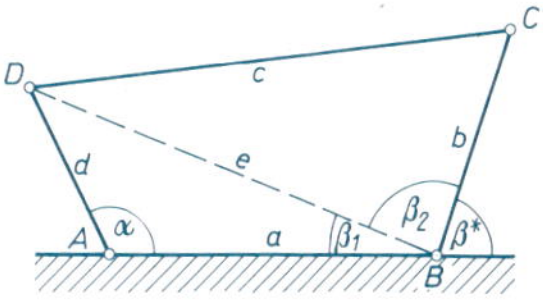

2. Bei einem gegebenen Viergelenkgetriebe ($a \neq d$) soll der Abtriebswinkel β^* in Abhängigkeit vom Antriebswinkel α berechnet werden. (Die Punkte C und D sollen immer auf derselben Seite der Geraden AB bleiben.)

   $$\beta^* = \pi - \beta = \pi - \beta_1 - \beta_2$$

   Da β_1 und β_2 zwischen 0 und π liegen, werden sie zur Vermeidung einer Fallunterscheidung (bei arcsin) mit Hilfe des Kosinussatzes berechnet:

   $$e^2 = a^2 + d^2 - 2ad\cos\alpha; \quad e = \sqrt{a^2 + d^2 - 2ad\cos\alpha};$$

   (es sind nur solche α zulässig, für welche $a^2 + d^2 - 2ad\cos\alpha \geqq 0$)

   $$d^2 = a^2 + e^2 - 2ae\cos\beta_1;$$

$$\cos\beta_1 = \frac{a^2+e^2-d^2}{2ae} = \frac{a-d\cos\alpha}{\sqrt{a^2+d^2-2ad\cos\alpha}};$$

$$\beta_1 = \arccos\frac{a-d\cos\alpha}{\sqrt{a^2+d^2-2ad\cos\alpha}};$$

$$c^2 = b^2+e^2-2be\cos\beta_2$$

$$\cos\beta_2 = \frac{b^2+e^2-c^2}{2be} = \frac{a^2+b^2-c^2+d^2-2ad\cos\alpha}{2b\sqrt{a^2+d^2-2ad\cos\alpha}};$$

$$\beta_2 = \arccos\frac{a^2+b^2-c^2+d^2-2ad\cos\alpha}{2b\sqrt{a^2+d^2-2ad\cos\alpha}};$$

$$\beta^* = \pi - \arccos\frac{a-d\cos\alpha}{\sqrt{a^2+d^2-2ad\cos\alpha}} - \arccos\frac{a^2+b^2-c^2+d^2-2ad\cos\alpha}{2b\sqrt{a^2+d^2-2ad\cos\alpha}}.$$

Satz des Pythagoras

3. Man drücke x durch a aus.

$x = 2a.$

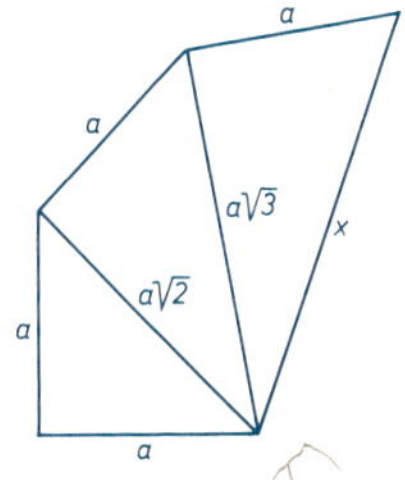

3.1.2.6 Spezielle Dreiecke

a) Rechtwinklige Dreiecke

Ist ein Winkel ein Rechter, so heißt die gegenüberliegende Seite *Hypotenuse*, die beiden anliegenden Seiten *Katheten*.

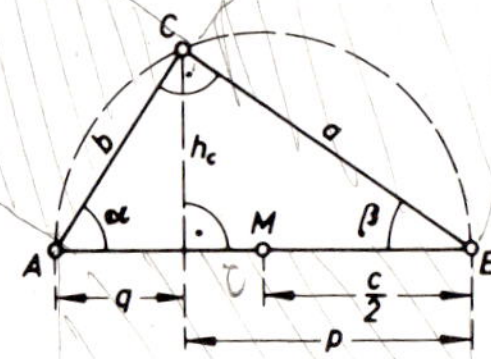

Es gilt ($\gamma = 90°$)

$c^2 = a^2 + b^2$ Satz des Pythagoras

$h_c^2 = p \cdot q$ Höhensatz

$a^2 = c \cdot p$, $b^2 = c \cdot q$ Satz des Euklid

Im rechtwinkligen Dreieck liegt der rechte Winkel auf dem Halbkreis (Umkreis) über der Hypotenuse: Satz des Thales (Thaleskreis).

Umkreisradius $r = \frac{c}{2}$, Inkreisradius $\varrho = \frac{a+b-c}{2}$

Pythagoräische Zahlen a, b, c sind ganze positive Zahlen, die der Gleichung $a^2+b^2=c^2$ genügen. Sind u und v ($u > v$) beliebige positive ganze Zahlen, so sind

$$a = u^2 - v^2, \quad b = 2uv, \quad c = u^2 + v^2$$

pythagoräische Zahlen (s. Tabelle).

u	v	a	b	c
2	1	3	4	5
3	1	8	6	10
3	2	5	12	13
4	1	15	8	17
...	...	...	...	...

b) Gleichschenklige Dreiecke

Die Schenkel sind gleich lang

$$\overline{AC} = \overline{BC},$$

die Basiswinkel sind gleich groß

$$\alpha = \beta.$$

Die von der Spitze C gefällte Höhe h_c halbiert die Basis und ist mit s_c, w_γ und der Verlängerung von m_c identisch:

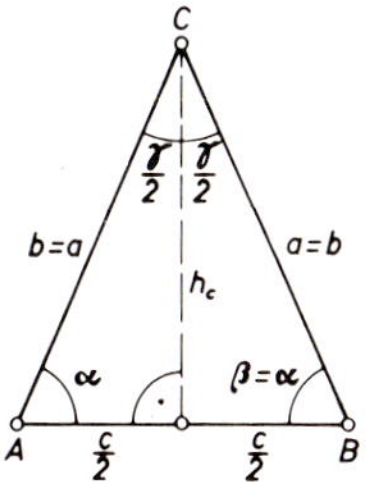

$$h_c = s_c = w_\gamma = \tfrac{1}{2}\sqrt{4a^2 - c^2}$$

$$m_c = \frac{2a^2 - c^2}{2\sqrt{4a^2 - c^2}}$$

$$h_a = h_b = \frac{2A}{a} = \frac{c}{a} \cdot h_c$$

$$r = \frac{a^2}{2h_c}$$

$$\varrho = \frac{c}{4h_c}(2a - c)$$

$$A = \frac{c}{4}\sqrt{4a^2 - c^2} = \frac{c \cdot h_c}{2}.$$

Ist $\gamma = 90°$, so heißt das Dreieck gleichschenklig rechtwinklig.

c) Gleichseitige Dreiecke

Seitenlänge	a	Umkreisradius	$r = \frac{a}{3}\sqrt{3}$
Höhe	$h = \frac{a}{2}\sqrt{3}$	Inkreisradius	$\varrho = \frac{a}{6}\sqrt{3}$
Flächeninhalt	$A = \frac{a^2}{4}\sqrt{3}$		

B

Zu 3.1.2.6:
Satz des Euklid

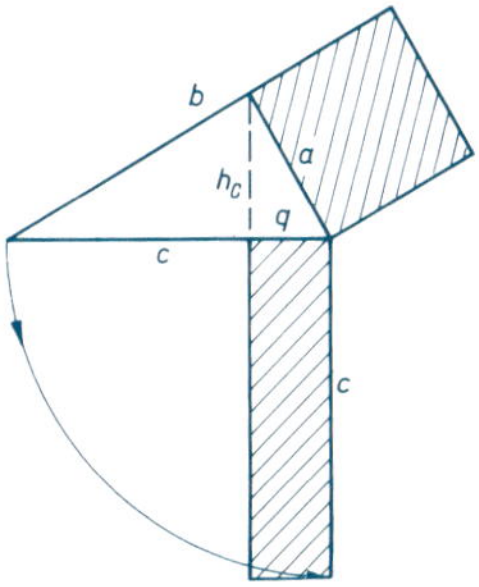

1. $a^2 = qc.$

Beweis: $a^2 = q^2 + h_c^2;$

$$ab = c \cdot h_c = 2A; \quad h_c = \frac{ab}{c};$$

$$a^2 = q^2 + \frac{a^2 b^2}{c^2} \Big| \cdot c^2;$$

$$a^2 c^2 = q^2 c^2 + a^2 b^2;$$

$$a^2(c^2-b^2)=q^2c^2;$$
$$a^2\cdot a^2=q^2c^2;\quad a^4=q^2c^2;$$
$$a^2=qc.$$

Höhensatz

2. $h_c^2=pq.$

Beweis: Dreieck AHC ist ähnlich zu Dreieck ACB (Übereinstimmung in zwei Winkeln);

$$\frac{p}{h_c}=\frac{b}{a};$$

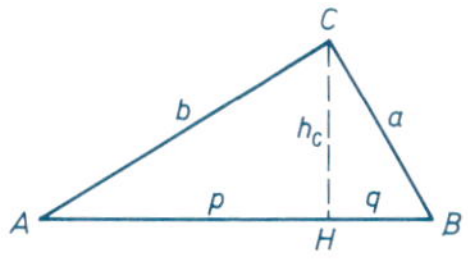

Dreieck BCH ist ähnlich zu Dreieck BAC (Übereinstimmung in zwei Winkeln);

$$\frac{q}{h_c}=\frac{a}{b};$$

durch Multiplikation beider Gleichungen ergibt sich $\frac{pq}{h_c^2}=1;\ h_c^2=pq.$

Berechnung eines rechtwinkligen Dreiecks

3. Von einem rechtwinkligen Dreieck sind die Katheten $a=4{,}3$ cm und $b=5{,}7$ cm gegeben. Gesucht sind die übrigen Stücke und der Flächeninhalt.

Die Hypotenuse ergibt sich nach dem Satz des Pythagoras zu

$$c=\sqrt{a^2+b^2}=\sqrt{18{,}49+32{,}49}=\sqrt{50{,}98}\approx 7{,}14\text{ cm}.$$

Die Winkel werden mittels trigonometrischer Formeln (4.1.1, Seite 92) berechnet. Es ist

$$\sin\alpha=\frac{a}{c}=\frac{4{,}3}{7{,}14}\approx 0{,}602;\quad \alpha\approx 37{,}03^\circ$$

$$\sin\beta=\frac{b}{c}=\frac{5{,}7}{7{,}14}\approx 0{,}798;\quad \beta\approx 52{,}97^\circ\quad (\alpha+\beta=90^\circ)$$

Der Flächeninhalt A ist $A=\frac{ab}{2}=12{,}26\text{ cm}^2.$

Berechnung eines rechtwinkligen Dreiecks

4. Gegeben sind von einem rechtwinkligen Dreieck die Kathete $a=3$ cm und ihre Projektion $p=1$ cm auf die Hypotenuse. Wie groß sind die Seiten c und b?

Nach dem Satz von Euklid ist $a^2=c\cdot p$, also $c=\frac{a^2}{p}=9$ cm.

Die zweite Kathete ergibt sich nach dem Satz des Pythagoras zu

$$b=\sqrt{c^2-a^2}=\sqrt{81-9}=\sqrt{72}\approx 8{,}5\text{ cm}.$$

Gleichschenklig rechtwinkliges Dreieck

5. In ein Quadrat der Seitenlänge a soll ein regelmäßiges Achteck einbeschrieben werden. Gesucht ist die Seitenlänge s und der Inhalt des Achtecks.

   Es ist

   $$a = s + 2x,$$

   wobei x der Bedingung genügen muß

   $$x^2 + x^2 = s^2,\ x^2 = \frac{s^2}{2},\ x = \frac{s}{2}\sqrt{2}.$$

   Damit gilt

   $$a = s + s\sqrt{2} = s(1+\sqrt{2}),$$

   und hieraus folgt

   $$s = \frac{a}{1+\sqrt{2}} = \frac{a(1-\sqrt{2})}{1-2}$$

   $$= a(\sqrt{2}-1) \approx 0{,}4142\,a$$

   Für den Inhalt des Achtecks gilt dann

   $$A = a^2 - 4\cdot\frac{x^2}{2} = a^2 - s^2 = a^2[1-(\sqrt{2}-1)^2]$$

   $$= 2a^2(\sqrt{2}-1) \approx 0{,}8284\,a^2$$

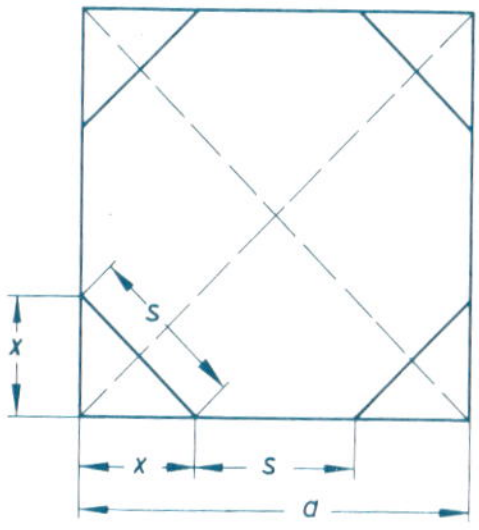

3.1.3 Vierecke

3.1.3.1 Allgemeines Viereck

Ein allgemeines Viereck läßt sich durch eine Diagonale in zwei schiefwinklige Dreiecke zerlegen.

Winkelsumme in jedem Viereck: 360°

Flächeninhalt: $A = \frac{h_1 + h_2}{2}\,d_2 = \frac{1}{2}\,d_2 d_1 \sin\varphi.$

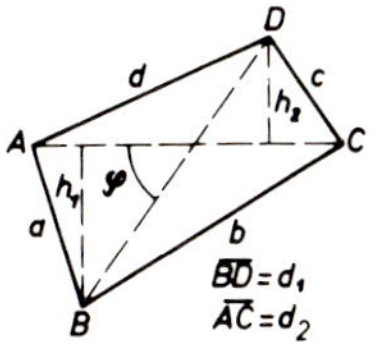

3.1.3.2 Trapez

Im Trapez sind zwei Gegenseiten parallel.

Flächeninhalt: $A = \frac{a+c}{2}\cdot h = m\cdot h$

Länge der Mittellinie: $m = \frac{a+c}{2}.$

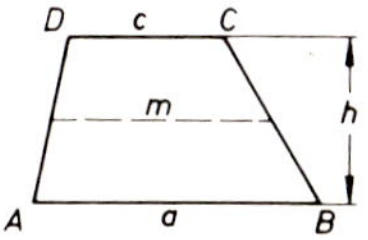

Sind die Basiswinkel gleich, so erhält man ein gleichschenkliges Trapez. Die Mittelsenkrechten der Schenkel schneiden sich im Umkreismittelpunkt (Sehnenviereck).

3.1.3.3 Parallelogramm

Im Parallelogramm sind die Gegenseiten paarweise parallel und gleichlang. Die Gegenwinkel sind gleich groß. Zwei Nebenwinkel ergänzen sich zu 180°. Die Diagonalen halbieren sich im Schwerpunkt S.

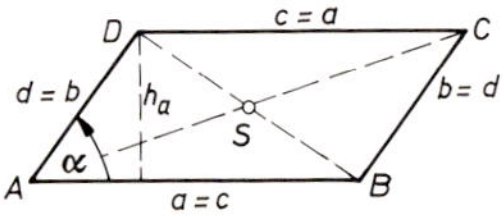

Flächeninhalt: $A = a h_a = ab \sin\alpha$,

Umfang: $U = 2a + 2b$

Diagonalen: $d_{1,2} = \sqrt{a^2 + b^2 \pm 2a\sqrt{b^2 - h_a^2}}$

3.1.3.4 Rhombus (Raute)

Ein Rhombus ist ein Parallelogramm mit gleichlangen Seiten.

Die Diagonalen halbieren sich im Schwerpunkt S und stehen aufeinander senkrecht.

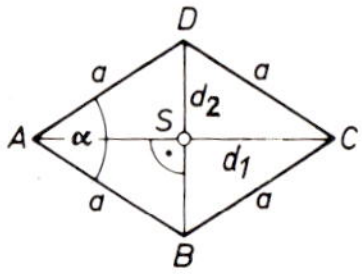

Flächeninhalt: $A = a^2 \sin\alpha = \frac{d_1 d_2}{2}$.

Umfang: $U = 4a$

3.1.3.5 Rechteck

Im Rechteck sind die Gegenseiten parallel, gleich lang und stehen aufeinander senkrecht. Die Diagonalen halbieren sich im Schwerpunkt S (Umkreismittelpunkt) und sind gleich lang.

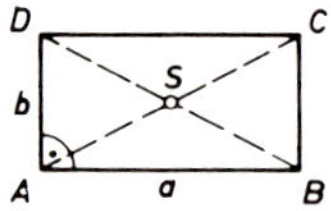

Flächeninhalt: $A = ab$,

Umfang: $U = 2a + 2b$.

Diagonale: $d = \sqrt{a^2 + b^2}$.

3.1.3.6 Quadrat

Ein Quadrat ist ein Rechteck mit gleichlangen Seiten. Die Diagonalen stehen senkrecht aufeinander und halbieren sich im Schwerpunkt S (Umkreis- und Inkreismittelpunkt).

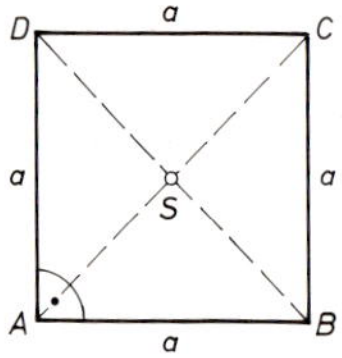

Flächeninhalt: $A = a^2$,

Umfang: $U = 4a$,

Diagonale: $d = a\sqrt{2}$.

3.1.3.7 Sehnenviereck

Die Eckpunkte A, B, C, D liegen auf einem Kreis (Umkreis). Die Summe zweier Gegenwinkel ist 180°

$$\alpha + \gamma = \beta + \delta = 180° = \pi.$$

(Umkehrung: Ist in einem Viereck die Summe zweier Gegenwinkel 180°, so liegen die Eckpunkte auf einem Kreis.)

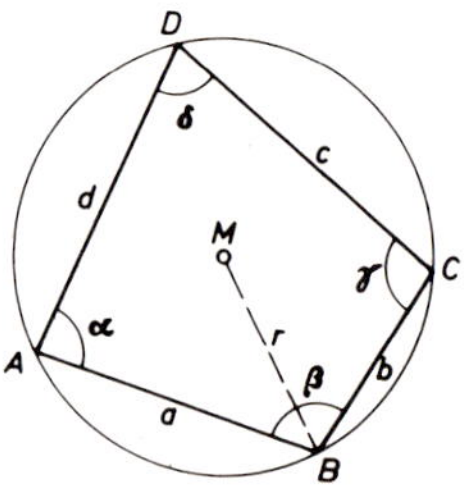

Flächeninhalt: $A=\sqrt{(s-a)(s-b)(s-c)(s-d)}, \quad s=\frac{1}{2}(a+b+c+d).$

Umkreisradius: $r=\frac{1}{4A}\sqrt{(ab+cd)(ac+bd)(ad+bc)}$

$d_1 d_2 = ac+bd$ (Satz des Ptolemäus) $\quad d_1, d_2$: Länge der Diagonalen.

3.1.3.8 Tangentenviereck

Die Seiten sind Tangenten eines Kreises (Inkreis).

Die Summen der Längen je zweier Gegenseiten sind gleich groß und gleich dem halben Umfang.

(Umkehrung: Sind in einem Viereck die Summen der Längen je zweier Gegenseiten gleich groß, so besitzt es einen Inkreis.)

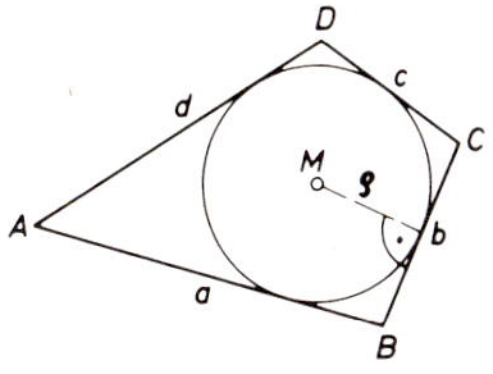

B

Zu 3.1.3:
Berechnung eines Trapezes

1. Von einem Trapez sind gegeben: $a=7{,}2$ cm; $c=4{,}7$ cm; $e=6{,}5$ cm; $\alpha=52°\,18'$.
   Gesucht sind die Längen der Schenkel, die Winkel und der Flächeninhalt.

   $\sphericalangle AEC=180°-\alpha=127{,}7°;$

   im Dreieck AEC sind drei Bestimmungsstücke bekannt; die restlichen Bestimmungsstücke lassen sich errechnen:

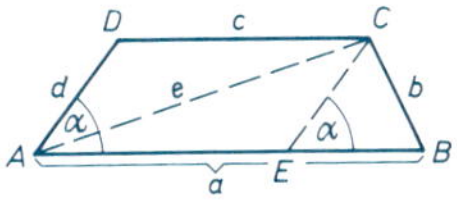

   $\sphericalangle ACE=\gamma_2; \quad \frac{\sin\gamma_2}{\sin 127{,}7°}=\frac{c}{e};$ (Sinussatz)

   $\sin\gamma_2=\sin 127{,}7°\cdot\frac{4{,}7}{6{,}5}\approx 0{,}572; \quad \gamma_2\approx 34{,}9°$

   $\sphericalangle EAC=\alpha_1=180°-127{,}7°-34{,}9°=17{,}4°$

   $\overline{EC}^2=e^2+c^2-2e\cdot c\cdot\cos\alpha_1;$ (Kosinussatz)

   $\overline{EC}\approx 2{,}4\text{ cm}=d;$

   $b^2=(a-c)^2+d^2-2(a-c)\cdot d\cos\alpha;$ (Kosinussatz)

   $b\approx 2{,}2\text{ cm}; \quad \frac{\sin\beta}{\sin\alpha}=\frac{d}{b};$ (Sinussatz)

   $\sin\beta=\sin 52{,}3°\cdot\frac{2{,}4}{2{,}2}\approx 0{,}863; \quad \beta=59{,}7°;$

   $e^2=c^2+d^2-2dc\cos\delta;$ (Kosinussatz)

   $\cos\delta=\frac{c^2+d^2-e^2}{2dc}\approx -0{,}638; \quad \delta\approx 129{,}7°;$

   $\gamma=360°-52{,}3°-59{,}7°-129{,}7°=118{,}3°;$

   $h=d\cdot\sin\alpha\approx 1{,}9\text{ cm}; \quad m=\frac{1}{2}(a+c)=5{,}95\text{ cm};$

   $A=1{,}9\text{ cm}\cdot 5{,}95\text{ cm}\approx 11{,}3\text{ cm}^2.$

Ein im Maßstab 1:2 verkleinertes Bild hat einen Flächeninhalt von $\frac{11{,}3}{4}\,\text{cm}^2 \approx 2{,}83\,\text{cm}^2$.

Rechteck

2. Wie groß sind die Seiten eines Rechtecks, dessen Seiten sich um 5 cm voneinander unterscheiden und dessen Inhalt $A = 100\,\text{cm}^2$ beträgt?

   Ist a die Länge der kürzeren Seite des Rechtecks, so ist $b = a + 5$ die andere Seitenlänge; also ist

   $$A = a(a+5) = 100,$$

   woraus

   $$a = -\tfrac{5}{2} \pm \sqrt{\tfrac{25}{4} + 100} \approx -2{,}5 \pm 10{,}3, \quad (a_1 = -12{,}8\,\text{cm}), \quad a_2 = 7{,}8\,\text{cm}$$

   folgt. Die Seiten sind also $a \approx 7{,}8$ cm, $b \approx 12{,}8$ cm.

Parallelogramm und Sehnen- bzw. Tangentenviereck

3. Wann ist ein Parallelogramm ein Sehnenviereck und wann ein Tangentenviereck?

   Ein Sehnenviereck kann es nur sein, wenn die Summe zweier gegenüberliegender Winkel 180° beträgt. Da diese Winkel im Parallelogramm gleich groß sind, muß jeder von ihnen 90° sein. Das Sehnen-Parallelogramm ist dann ein Rechteck oder ein Quadrat.

   Ein Tangentenviereck liegt vor, wenn die Summe der Gegenseiten gleich groß ist. Da die Seiten des Parallelogramms paarweise gleich lang sind, müssen sie also alle gleich sein, d.h. das Tangenten-Parallelogramm ist ein Rhombus oder ein Quadrat.

3.1.4 Regelmäßige *n*-Ecke

Die Eckpunkte liegen in gleichem Abstand auf dem Umfang eines Kreises. Ein regelmäßiges n-Eck kann zerlegt werden in n gleichschenklige Dreiecke gleicher Basis a_n und gleicher Zentriwinkel $\varphi_n = \frac{360°}{n}$.

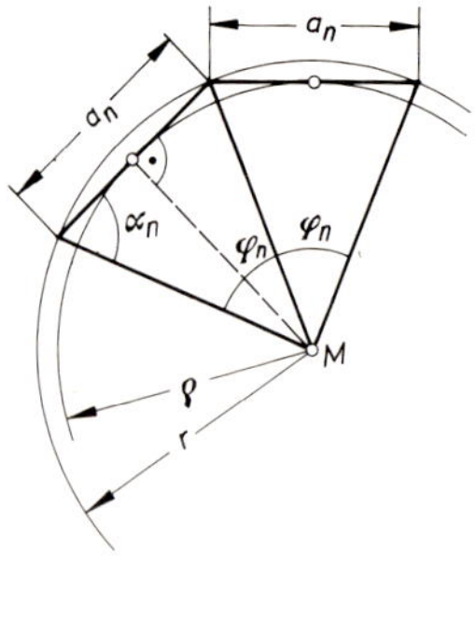

Basiswinkel: $\alpha_n = \left(1 - \frac{2}{n}\right) \cdot 90°$

Winkelsumme: $(n-2)\,\pi = (n-2) \cdot 180°$

Radius des Inkreises: $\varrho = \frac{a_n}{2} \cot \frac{\varphi_n}{2} = r \cos \frac{\varphi_n}{2}$

Radius des Umkreises: $r = \frac{a_n}{2 \sin \frac{\varphi_n}{2}}, \quad r^2 = \varrho^2 + \frac{1}{4} a_n^2$

Umfang: $U_n = n\, a_n$

Flächeninhalt: $$A_n = n\frac{a_n^2}{4}\cot\frac{\varphi_n}{2} = \frac{n}{2}a_n\cdot\varrho = n\varrho^2\tan\frac{\varphi_n}{2} = \frac{nr^2\sin\varphi_n}{2}.$$

Beziehungen zwischen den Seitenlängen von n-Eck und $2n$-Eck:

$$a_{2n} = r\sqrt{2-2\sqrt{1-\left(\frac{a_n}{2r}\right)^2}} \qquad a_n = a_{2n}\sqrt{4-\frac{a_{2n}^2}{r^2}}$$

Beziehungen zwischen den Flächeninhalten von n-Eck und $2n$-Eck:

$$A_{2n} = \frac{nr^2}{\sqrt{2}}\sqrt{1\pm\sqrt{1-\frac{4A_n^2}{n^2r^4}}} \quad (+\text{ für } n=3;\ -\text{ für } n\geqq 4) \qquad A_n = A_{2n}\sqrt{1-\frac{A_{2n}^2}{n^2r^4}}$$

	$a_n =$	$r =$	$\varrho =$	$A_n =$
3-Eck	$r\sqrt{3} = 2\varrho\sqrt{3}$ Höhe: $h = \frac{a}{2}\sqrt{3} = \frac{3}{2}r$	$\frac{a}{3}\sqrt{3} = 2\varrho = \frac{2}{3}h$	$\frac{a}{6}\sqrt{3} = \frac{r}{2} = \frac{1}{3}h$	$\frac{a^2}{4}\sqrt{3} = \frac{3r^2}{4}\sqrt{3}$ $= 3\varrho^2\sqrt{3}$
5-Eck	$\frac{r}{2}\sqrt{10-2\sqrt{5}}$ $= 2\varrho\sqrt{5-2\sqrt{5}}$	$\frac{a}{10}\sqrt{50+10\sqrt{5}}$ $= \varrho(\sqrt{5}-1)$	$\frac{a}{10}\sqrt{25+10\sqrt{5}}$ $= \frac{r}{4}(\sqrt{5}+1)$	$\frac{a^2}{4}\sqrt{25+10\sqrt{5}}$ $= \frac{5r^2}{8}\sqrt{10+2\sqrt{5}}$ $= 5\varrho^2\sqrt{5-2\sqrt{5}}$
6-Eck	$r = \frac{2}{3}\varrho\sqrt{3}$	$a = \frac{2}{3}\varrho\sqrt{3}$	$\frac{r}{2}\sqrt{3}$	$\frac{3a^2}{2}\sqrt{3} = \frac{3r^2}{2}\sqrt{3}$ $= 2\varrho^2\sqrt{3}$
8-Eck	$r\sqrt{2-\sqrt{2}}$ $= 2\varrho(\sqrt{2}-1)$	$\frac{a}{2}\sqrt{4+2\sqrt{2}}$ $= \varrho\sqrt{4-2\sqrt{2}}$	$\frac{a}{2}(\sqrt{2}+1)$ $= \frac{r}{2}\sqrt{2+\sqrt{2}}$	$2a^2(\sqrt{2}+1) = 2r^2\sqrt{2}$ $= 8\varrho^2(\sqrt{2}-1)$
10-Eck	$\frac{r}{2}(\sqrt{5}-1)$ $= \frac{2\varrho}{5}\sqrt{25-10\sqrt{5}}$	$\frac{a}{2}(\sqrt{5}+1)$ $= \frac{\varrho}{5}\sqrt{50-10\sqrt{5}}$	$\frac{a}{2}\sqrt{5+2\sqrt{5}}$ $= \frac{r}{4}\sqrt{10+2\sqrt{5}}$	$\frac{5a^2}{2}\sqrt{5+2\sqrt{5}}$ $= \frac{5r^2}{4}\sqrt{10-2\sqrt{5}}$ $= 2\varrho^2\sqrt{25-10\sqrt{5}}$

Zu 3.1.4:
Regelmäßiges Zwölfeck

1. Aus einer kreisrunden Platte wird ein regelmäßiges Zwölfeck ausgeschnitten. Wieviel Prozent Abfall ist vorhanden?

Flächeninhalt der Platte: $r^2\pi$

Flächeninhalt des Zwölfecks: $\dfrac{12r^2 \sin 30°}{2} = 3r^2$

Flächeninhalt des Abfalls: $r^2(\pi - 3)$

Prozentsatz des Abfalls: $\dfrac{\pi - 3}{\pi} \cdot 100\,\% = \left(1 - \dfrac{3}{\pi}\right) \cdot 100\,\% \approx 4{,}51\,\%$

Um wieviel Prozent und um wieviel Prozentpunkte ändert sich die Abfallfläche, wenn statt des Zwölfecks ein 24-Eck verwendet wird?

Flächeninhalt des Abfalls: $r^2\left(\pi - \dfrac{24 \sin 15°}{2}\right)$

Prozentsatz des Abfalls: 1,14 %.

Der Abfall nimmt um $4{,}51 - 1{,}14 = 3{,}37$ Prozentpunkte ab.

Der Abfall wird um $\dfrac{3{,}37}{4{,}51} \cdot 100\,\% \approx 75\,\%$ weniger.

Näherungswerte für π

2. Man berechne Näherungswerte für π mit Hilfe des Inhalts eines regulären 4-, 8-, 16-Ecks:

$n = 4$: $A_4 = 2r^2$;

$n = 8$: $A_8 = \dfrac{4r^2}{\sqrt{2}} \sqrt{1 - \sqrt{1 - \dfrac{4 \cdot 4r^4}{4^2 r^4}}} = 2r^2\sqrt{2}$;

$n = 16$: $A_{16} = \dfrac{8r^2}{\sqrt{2}} \sqrt{1 - \sqrt{1 - \dfrac{4 \cdot 8r^4}{8^2 \cdot r^4}}} = 4r^2\sqrt{2 - \sqrt{2}}$;

Näherungswerte für π: $\dfrac{A_4}{r^2} \approx 2$; $\dfrac{A_8}{r^2} \approx 2{,}83$; $\dfrac{A_{16}}{r^2} \approx 3{,}06$.

3.1.5 Kreis

3.1.5.1 Allgemeine Eigenschaften

a) Die Mittelsenkrechte DM einer Sehne BC geht durch den Kreismittelpunkt M.

b) Die Tangente t steht auf dem Berührungsradius senkrecht.

c) Ein Zentriwinkel ε ist doppelt so groß wie der Peripheriewinkel γ über dem gleichen Bogen $\widehat{AB}$ (Sehne $\overline{AB}$): $\varepsilon = 2\gamma$.

Peripheriewinkel über der gleichen Sehne sind gleich groß.

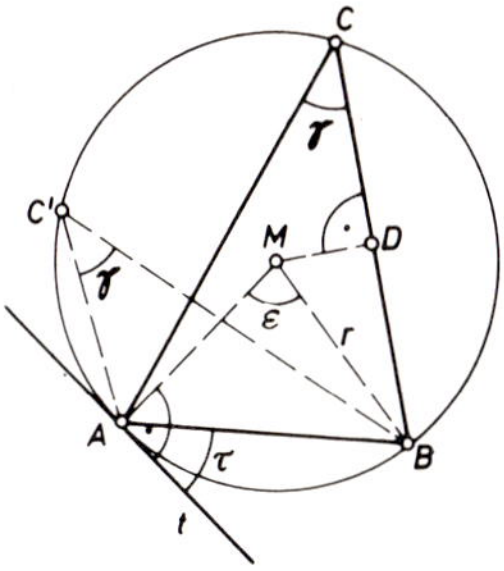

d) Jeder Peripheriewinkel über einem Durchmesser ist ein rechter Winkel (Satz des Thales).

e) Der Sehnentangentenwinkel τ ist gleich dem zur Sehne gehörenden Peripheriewinkel γ:

$$\tau = \gamma.$$

(Er ist halb so groß wie der zugehörige Zentriwinkel.)

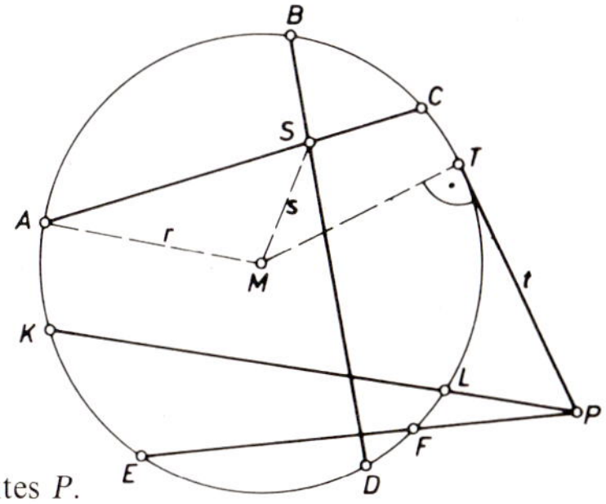

f) Das Produkt aus den Abschnitten zweier sich schneidender Sehnen ist gleich groß und konstant:

$\overline{AS} \cdot \overline{SC} = \overline{BS} \cdot \overline{SD} = r^2 - s^2$ (Sehnensatz).

g) Das Produkt aus den Längen zweier Sekanten und ihren äußeren Abschnitten ist gleich groß und konstant

$\overline{PK} \cdot \overline{PL} = \overline{PE} \cdot \overline{PF}$ (Sekantensatz).

Dieses Produkt heißt auch Potenz des Punktes P.

h) Das Produkt aus der Länge einer Sekante und ihrem äußeren Abschnitt ist gleich dem Quadrat der Tangentenlänge

$\overline{PE} \cdot \overline{PF} = t^2$ (Sehnentangentensatz).

B

Zu 3.1.5.1:
Kreis durch drei Punkte

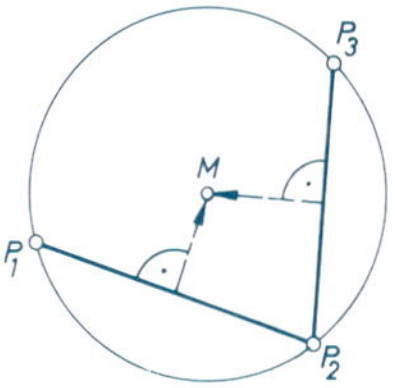

1. Durch drei gegebene Punkte P_1, P_2 und P_3 ist ein Kreis zu legen.

   Die Mittelsenkrechten der Verbindungslinien (Sehnen) je zweier Punkte schneiden sich in M.

Tangente an einen Kreis

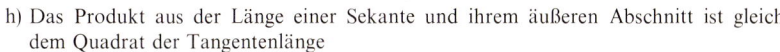

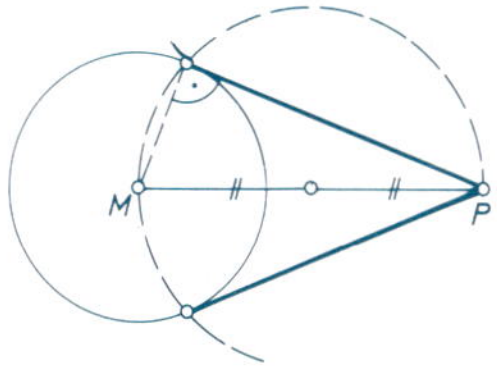

2. Von einem Punkt P sind an einen Kreis die Tangenten zu legen.

   Die Tangentenberührungspunkte liegen auf dem Thaleskreis über der Verbindung $\overline{PM}$.

Gemeinsame Tangenten

3. An zwei Kreise mit den Radien r_1 und r_2 sind die gemeinsamen inneren und äußeren Tangenten zu legen.

   Man zeichnet um M_1 einen Kreis vom Radius $\varrho = r_1 - r_2$ (in der Fig. in der oberen Hälfte gezeichnet) und lege von M_2 die Tangente an diesen Kreis. Diese ist der äußeren gemeinsamen Tangente t_a parallel. Zeichnet man den Kreis vom Radius $\varrho' = r_1 + r_2$, so erhält man in gleicher Weise die gemeinsame innere Tangente t_i (untere Hälfte der Fig.).

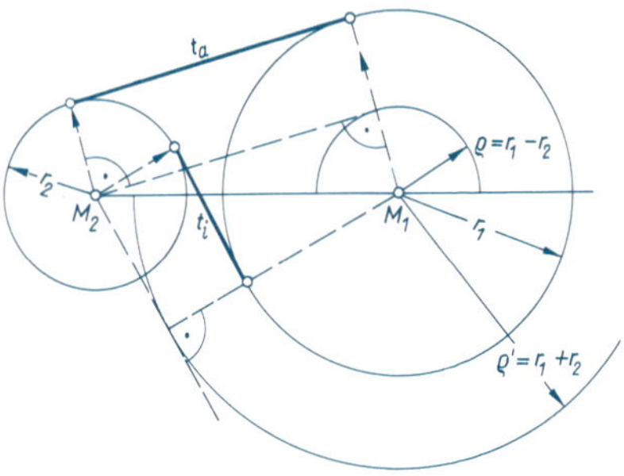

3.1.5.2 Kreisformeln

$$\pi \approx 3{,}141592653$$

Kreis:

Flächeninhalt: $A = r^2 \pi = \dfrac{D^2 \pi}{4}$

Umfang: $U = 2 r \pi = D \pi$

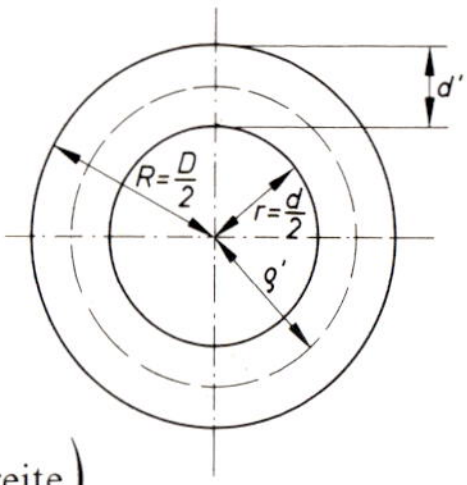

Kreisring:

Flächeninhalt: $A = \pi (R^2 - r^2) = \dfrac{\pi}{4} (D^2 - d^2) = 2 \pi \varrho' d'$

$\left(\varrho' = \dfrac{R + r}{2} \quad \text{mittlerer Radius,} \; d' = R - r \quad \text{Ringbreite} \right)$

Kreissektor (Kreisausschnitt):

Flächeninhalt: $A = \dfrac{b r}{2} = \dfrac{r^2 \varphi}{2} \quad \left(= \dfrac{r^2}{2} \cdot \dfrac{\varphi \pi}{180°}, \quad \text{wenn } \varphi \text{ in Grad} \right)$

Bogenlänge: $b = r \varphi \quad \left(= r \dfrac{\varphi \pi}{180°}, \quad \text{wenn } \varphi \text{ in Grad} \right)$

Schwerpunkt: $y_s = \dfrac{4 r \sin \varphi/2}{3 \varphi} = \dfrac{2 s}{3 \varphi} = \dfrac{2 r s}{3 b}$

$\left(= \dfrac{240°}{\pi \varphi} \cdot r \cdot \sin \dfrac{\varphi}{2} = \dfrac{120°}{\varphi \pi} s, \quad \text{wenn } \varphi \text{ in Grad} \right)$

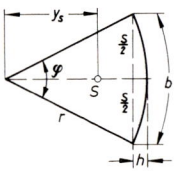

Kreisringsektor:

Flächeninhalt: $A = \dfrac{\varphi}{2} (R^2 - r^2) = l d'$

$\left(l = \dfrac{R + r}{2} \varphi \quad \text{mittlere Bogenlänge,} \; d' = R - r \quad \text{Ringbreite} \right)$

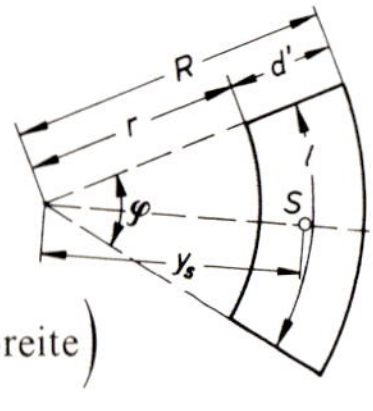

Schwerpunkt: $y_s = \frac{4 \sin \varphi/2}{3\varphi} \cdot \frac{R^3 - r^3}{R^2 - r^2} = \frac{4 \sin \varphi/2}{3\varphi} \cdot \frac{R^3 + Rr + r^2}{R + r}$

Kreisabschnitt (Kreissegment):

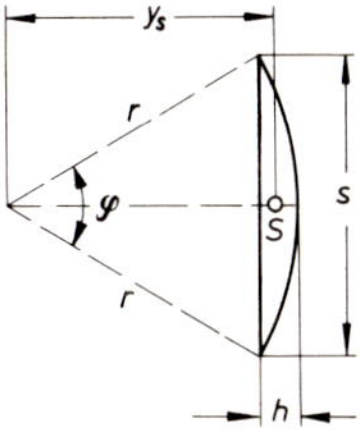

Radius: $r = \frac{\left(\frac{s}{2}\right)^2 + h^2}{2h}$

Sehnenlänge: $s = 2r \sin \frac{\varphi}{2}$

Bogenhöhe: $h = r\left(1 - \cos \frac{\varphi}{2}\right) = \frac{s}{2} \tan \frac{\varphi}{4} = 2r \sin^2 \frac{\varphi}{4}$

Bogenlänge: $b = r\varphi \quad \left(= r\,\frac{\varphi\pi}{180°} \quad \text{wenn } \varphi \text{ in Grad}\right)$

$b \approx \sqrt{s^2 + \frac{16}{3} h^2}$ (Näherungsformel; Fehler unter 0,3 % für $0 < \varphi \leqq 90°$)

Flächeninhalt: $A = \frac{r^2}{2}(\varphi - \sin \varphi) = \frac{1}{2}[r(b-s) + sh] \quad \left(= \frac{r^2}{2}\left(\frac{\varphi\pi}{180°} - \sin \varphi\right), \text{ wenn } \varphi \text{ in Grad}\right)$

$A \approx \frac{2}{3} sh$ (Näherungsformel; Fehler unter 0,8 % für $0° < \varphi \leqq 45°$; Fehler unter 3,3 % für $45° \leqq \varphi \leqq 90°$)

$A \approx \frac{2}{3} sh + \frac{h^3}{2s}$ (Näherungsformel; Fehler unter 0,1 % für $0° < \varphi \leqq 150°$; Fehler unter 0,8 % für $150° \leqq \varphi \leqq 180°$)

Schwerpunkt: $y_s = \frac{s^3}{12A}$

B

Zu 3.1.5.2:
Näherung von Kochansky

1. Der halbe Umfang eines Kreises läßt sich näherungsweise nach einer von Kochansky angegebenen Konstruktion mit Zirkel und Lineal als Geradenlänge zeichnen (Rektifikation): Man konstruiert in M einen Winkel von 30° (Halbierung des Winkels eines gleichseitigen Dreiecks) und trägt von B aus die Länge $3r$ ab. Die Verbindung $\overline{AC}$ ist näherungsweise der halbe Umfang, denn es ist

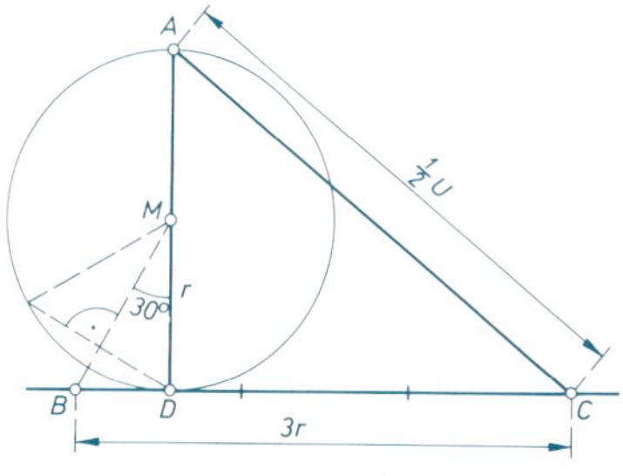

$$\overline{MB} = \frac{r}{\cos 30°} = \frac{2}{3}\sqrt{3}\,r$$

$$\overline{BD} = \sqrt{\overline{MB}^2 - r^2} = \frac{r}{3}\sqrt{3}$$

also

$$\overline{AC} = \sqrt{\overline{DC}^2 + (2r)^2} = \sqrt{\left(3r - \frac{r}{3}\sqrt{3}\right)^2 + 4r^2} = r\sqrt{\left(3 - \frac{1}{3}\sqrt{3}\right)^2 + 4}$$

$$\approx 3{,}14153\,r \quad (\text{statt } 3{,}14159\,r).$$

Schwerpunkt des Sektors

2. Ein Kreissektor ($r = 5$ cm) hat einen Flächeninhalt $A = 50\ \text{cm}^2$. Man ermittle die Lage des Flächenschwerpunkts.

$$\varphi = \frac{2A}{r^2} = \frac{100}{25} = 4 \approx 229{,}2°;$$

$$y_s = \frac{4}{3} \cdot 5\ \text{cm} \cdot \frac{\sin 2}{4} \approx 1{,}52\ \text{cm}.$$

Kreisringsektor

3. Von einem Kreisringsektor sind gegeben die Sehnenlänge $s = 5$ cm des inneren Bogens, dessen Bogenhöhe $h = 1{,}2$ cm und die Ringbreite $d = 1{,}4$ cm. Gesucht sind der Flächeninhalt und die Radien.

Für den Radius des über AB liegenden Kreisabschnittes gilt

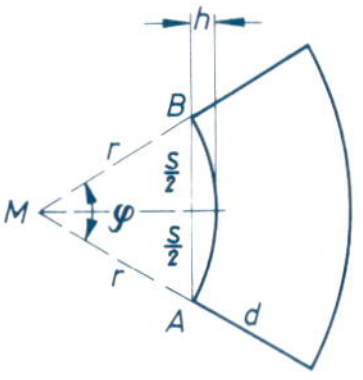

$$r = \frac{\left(\frac{s}{2}\right)^2 + h^2}{2h} = \frac{6{,}25 + 1{,}44}{2{,}4} \approx 3{,}20\ \text{cm}.$$

Damit wird $R = r + d \approx 4{,}60$ cm.

Den Zentriwinkel φ findet man aus der Sehnenlänge s zu

$$\sin\frac{\varphi}{2} = \frac{s}{2r} \approx 0{,}781; \quad \frac{\varphi}{2} \approx 51{,}4° \approx 0{,}897; \quad \varphi \approx 102{,}8° \approx 1{,}794.$$

Damit folgt für den Flächeninhalt

$$A = \frac{\varphi}{2}(R^2 - r^2) \approx 0{,}897\,(21{,}16 - 10{,}24) \approx 9{,}80\ \text{cm}^2.$$

Kreissegment

4. Ein Halbkreis soll durch eine Parallele zum Kreisdurchmesser halbiert werden.

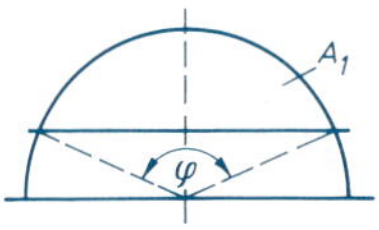

Da die entstehenden Figuren nicht ähnlich sind, kann kein Zusammenhang zwischen Flächenverhältnis und dem Längenverhältnis von Geradenabschnitten am Kreis hergestellt werden.

Es gilt $A_1 = \frac{r^2\pi}{4} = \frac{r^2}{2}(\varphi - \sin\varphi)$;

$$\varphi - \sin\varphi = \tfrac{\pi}{2}.$$

Diese Gleichung ist nur näherungsweise (z.B. durch Iteration, 11.1.3.3, Seite 513) lösbar: $\varphi \approx 2{,}31 \approx 132{,}4°$.

Teile des Kreises

5. Gesucht ist der Flächeninhalt in der Figur angegebenen Querschnittes.

Es ist $A = \pi R^2 - A_k + l \cdot 2r + \frac{\pi r^2}{2}$

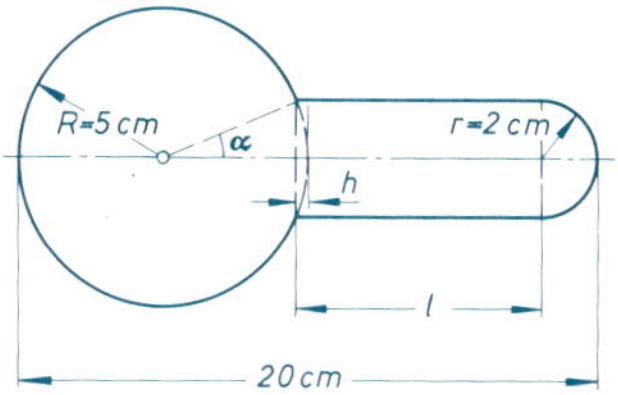

wenn A_k die Fläche des Kreisabschnitts ist. Seine Höhe h ist

$$h = R - R \cdot \cos\alpha$$

wobei α durch $\sin\alpha = \frac{r}{R}$ bestimmt ist.
Also gilt

$$h = R\left(1 - \sqrt{1 - \left(\frac{r}{R}\right)^2}\right) \approx 0{,}42 \text{ cm},$$

$$A_k \approx \tfrac{2}{3} sh = \tfrac{2}{3} \cdot 4 \cdot 0{,}42 \approx 1{,}12 \text{ cm}^2.$$

Für die Länge l gilt $l = 20 \text{ cm} - r - 2R + h \approx 8{,}42$ cm, also ist

$$A = 78{,}54 - 1{,}12 + 33{,}68 + 6{,}28 = 117{,}38 \text{ cm}^2.$$

Näherungsformeln für Kreissegment

6. Bei einem Kreisabschnitt soll die Höhe ein Viertel der Sehne betragen, der Flächeninhalt sei 100 cm^2. Wie groß werden Höhe h und Sehne s?

Wird keine große Genauigkeit verlangt, so gilt:

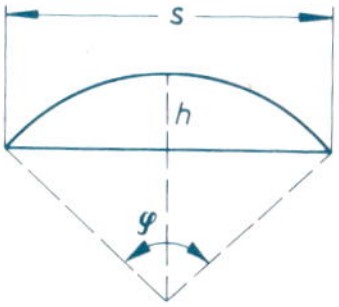

$$A \approx \tfrac{2}{3} sh \quad \text{(Näherungsformel).}$$

Mit $h = \frac{1}{4}s$ folgt dann $A \approx \frac{2}{12} s^2$

$$s \approx \sqrt{600 \text{ cm}^2} \approx 24{,}5 \text{ cm}; \quad h \approx 6{,}12 \text{ cm}.$$

Rechnung ohne Näherungsformel:

Aus der Formel für den Kreisradius r folgt

$$r = \frac{\frac{s^2}{4} + \frac{s^2}{16}}{2 \cdot \frac{s}{4}} = \frac{5}{8} s,$$

also ist

$$\sin\frac{\varphi}{2} = \frac{s}{2r} = \frac{4}{5}; \quad \frac{\varphi}{2} \approx 0{,}927 \approx 53{,}13°; \quad \varphi \approx 1{,}854 \approx 106{,}26°.$$

Aus $A = \frac{r^2}{2}(\varphi - \sin\varphi)$ folgt:

$$r^2 = \frac{2A}{\varphi - \sin\varphi} \approx 223{,}75 \text{ cm}^2; \quad r \approx 14{,}96 \text{ cm}.$$

Damit wird jetzt

$$s = 23{,}93 \text{ cm, und } h = 5{,}98 \text{ cm}.$$

3.2 Stereometrie

3.2.1 Ebenflächig begrenzte Körper

3.2.1.1 Allgemeine Sätze

Körper, die von Ebenen begrenzt sind, heißen *Polyeder*. Die Schnittlinien der Ebenen heißen Kanten. Diese schneiden sich in den Ecken. Ein Polyeder heißt *konvex*, wenn es keine einspringenden Ecken hat, andernfalls heißt es *konkav*. Für konvexe Polyeder gilt $E+F=K+2$ (Eulerscher Polyedersatz). (E = Eckenzahl, F = Flächenanzahl, K = Kantenanzahl, s. Tabelle der regulären Polyeder.)

Werden zwei Körper von den gleichen parallelen Ebenen begrenzt und haben die Querschnitte in diesen Ebenen und in jeder hierzu parallelen Ebene den gleichen Flächeninhalt, so sind ihre Volumina gleich (*Cavalierisches Prinzip*).

Zwei Körper heißen kongruent, wenn sie durch Bewegungen oder Spiegelungen ineinander übergeführt werden können, und ähnlich, wenn sie durch eine zentrische Streckung kongruent gemacht werden können. Die Volumina ähnlicher Körper verhalten sich wie die dritten Potenzen, die Oberflächen wie die zweiten Potenzen einander entsprechender Seiten; einander entsprechende Winkel sind gleich.

B

Zu 3.2.1.1:
Ähnliche Körper

1. Die Kanten eines Würfels werden halbiert. Wie ändern sich Oberfläche und Volumen?
   Die Oberfläche des kleinen Würfels ist ein Viertel der ursprünglichen Oberfläche, das Volumen ist ein Achtel des ursprünglichen Volumens.

Volumenänderung bei Kugeln

2. Bei der Herstellung von Kugellagerkugeln ist der Durchmesser auf $\pm 1\,\%$ genau eingehalten. Um wieviel können die Materialkosten für die Kugeln schwanken?
   Das Volumen und damit die Kosten können um ca. $\pm 3\,\%$ schwanken, weil $\frac{V+\Delta V}{V} = \left(\frac{r+\Delta r}{r}\right)^3$;

$$1+\frac{\Delta V}{V} = \left(1+\frac{\Delta r}{r}\right)^3 = 1+3\frac{\Delta r}{r}+3\left(\frac{\Delta r}{r}\right)^2+\left(\frac{\Delta r}{r}\right)^3 \approx 1+3\frac{\Delta r}{r}, \quad \text{da } \frac{\Delta r}{r} \ll 1,$$

d.h. $\left(\frac{\Delta r}{r}\right)^2$ und $\left(\frac{\Delta r}{r}\right)^3$ vernachlässigbar gegen $\frac{\Delta r}{r}$;

$$\frac{\Delta V}{V} \approx 3\frac{\Delta r}{r} = \pm 3\,\%.$$

Volumenänderung bei Zylindern

3. Um wieviel % steigt das Gewicht eines Kupferdrahtes, wenn bei gleicher Länge der Durchmesser verdoppelt wird?
   Die Querschnittsfläche steigt auf das Vierfache (2^2), das Volumen ebenfalls. Das Gewicht ist dem Volumen proportional; das Gewicht nimmt also um 300 % auf das Vierfache zu.

Ähnliche Quader

4. Verdoppelt man die Seitenlängen a, b und c eines Quaders, so folgt für das Volumen des entstehenden Quaders

$$V = 2a \cdot 2b \cdot 2c = 8abc,$$

d.h. es wächst gegenüber dem ursprünglichen auf das 2^3-fache.

Für die Oberfläche gilt entsprechend

$$O = 2(2a \cdot 2b + 2a \cdot 2c + 2b \cdot 2c) = 2^2 \cdot 2(ab + ac + bc),$$

d.h. die Oberfläche wächst auf das 2^2-fache.

3.2.1.2 Prisma

Prismen sind begrenzt von 2 kongruenten n-Ecken, die in parallelen Ebenen liegen, und von n Parallelogrammen.

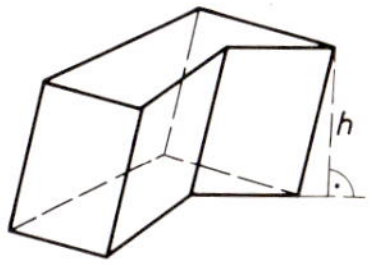

Schiefes Prisma:

Volumen: $V = G \cdot h$ G Grundfläche,
h Höhe = Entfernung der beiden parallelen Ebenen.

Ein *Parallelepiped* (Spat) ist ein schiefes Prisma, dessen Grundflächen Parallelogramme sind. Seine Raumdiagonalen schneiden und halbieren einander im Schwerpunkt.

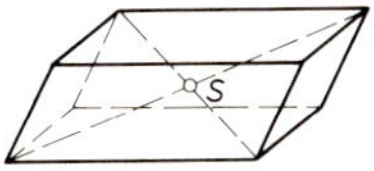

Gerades Prisma:

Bei einem *geraden Prisma* stehen die Kanten auf den Parallelebenen senkrecht:

Volumen: $V = G \cdot h$

Mantelfläche: $M = U \cdot h$ (U Umfang der Grundfläche)

Oberfläche: $O = U \cdot h + 2G$.

Regelmäßige Prismen sind gerade Prismen, deren Grundflächen regelmäßige n-Ecke sind.

Sonderfälle gerader Prismen sind:

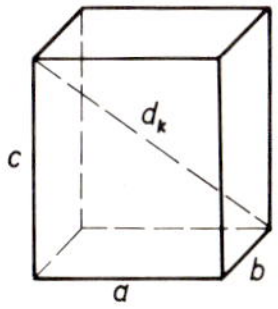

Quader (Rechtkant).

Ein Quader ist ein gerades Prisma mit rechteckiger Grundfläche.

Volumen: $V = a \cdot b \cdot c$

Oberfläche: $O = 2(ab + ac + bc)$

Körperdiagonale: $d_k = \sqrt{a^2 + b^2 + c^2}$.

Die Ecken des Quaders liegen auf einer Kugel (Umkugel), deren Durchmesser gleich der Körperdiagonalen ist und deren Mittelpunkt im Schnittpunkt zweier Körperdiagonalen liegt. Dieser Punkt ist zugleich der Schwerpunkt.

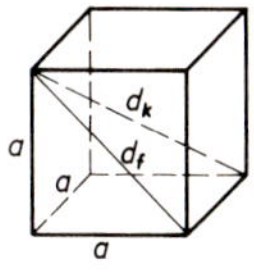

Würfel

Ein Würfel ist ein Quader mit gleichlangen Seitenkanten.

Volumen: $V = a^3$ Flächendiagonale: $d_f = a\sqrt{2}$

Oberfläche: $O = 6a^2$ Körperdiagonale: $d_k = a\sqrt{3}$

Zu 3.2.1.2:
Gerades und schiefes Prisma

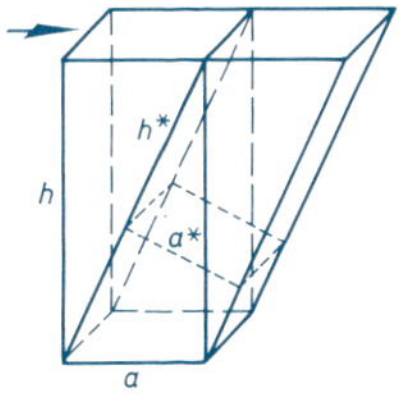

1. Gegeben ist ein gerades Prisma mit quadratischer Grundfläche (Grundkante a, Seitenkante h). Die Deckfläche wird um die Strecke a parallel zu sich in Richtung einer Grundkante verschoben. Man berechne in beiden Fällen die Mantelfläche M bzw. M^* des Prismas.

   Gerades Prisma: $M = 4 \cdot a \cdot h = U \cdot h$
   (U Umfang der Grundfläche).

   Schiefes Prisma: $$M^* = 2 \cdot ah + 2ah^* = 2 \cdot a \cdot \frac{h}{h^*} \cdot h^* + 2ah^* = h^*(2a^* + 2a) = h^* \cdot U^*$$

   $$a^* = \frac{h}{h^*} a \quad \text{(Ähnlichkeitssätze)}$$

   Die Mantelfläche M^* ist größer als die Mantelfläche M. Zur Mantelflächenberechnung kann der Umfang der zur Seitenkante orthogonalen Schnittfläche verwendet werden.

   Dagegen bleibt das Volumen unverändert (Prinzip von Cavalieri).

Quader

2. Aus einem quadratischen Stück Blech von $l = 20$ cm Seitenlänge werden aus den Ecken 4 Quadrate der Seitenlänge x ausgeschnitten. Die überstehenden Rechtecke werden hochgeklappt und bilden einen offenen Kasten. Wie groß muß x gewählt werden, damit der Kasten ein Volumen von 512 cm³ erhält?

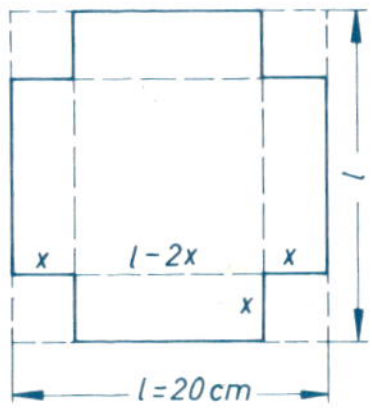

   Es ist

   $$V = (l - 2x)(l - 2x) \cdot x.$$

   Für x erhält man die kubische Gleichung

   $$4x^3 - 4lx^2 + l^2 x = V \quad \text{oder} \quad x^3 - 20x^2 + 100x = 128.$$

   Die Lösung dieser kubischen Gleichung ist $x = 2$ (11.1.1.3, Seite 513).

   Soll x so gewählt werden, daß V zum Maximum wird, so ist $\frac{dV}{dx} = 0$ zu setzen (vgl. 6.5.1):

   $$\frac{dV}{dx} = 12x^2 - 8lx + l^2 = 0; \quad x^2 - \frac{2}{3} lx + \frac{l^2}{12} = 0.$$

   Für x gilt damit: $$x = \frac{2 \pm 1}{6} = \begin{cases} l/2 = x_1 \\ l/6 = x_2 \end{cases}.$$

   Die Lösung x_1 scheidet aus; $x_2 = l/6 \approx 3{,}33$ cm.

Würfel

3. Die Oberfläche eines Würfels beträgt $O = 96\,\text{cm}^2$. Wie groß ist sein Volumen?

   Aus $96\,\text{cm}^2 = 6a^2$ folgt für die Kantenlänge $a = \sqrt{\frac{96}{6}}\,\text{cm} = 4\,\text{cm}$, folglich ist

   $V = a^3 = 64\,\text{cm}^3$.

Würfel und Pyramide

4. Der Mittelpunkt eines Würfels werde mit sämtlichen Ecken verbunden. Gesucht ist das Volumen des Körpers, der von einer Würfelfläche begrenzt wird und dessen Kanten die Verbindungslinien sind.

   Der Körper ist eine gerade Pyramide mit der Höhe $h = \frac{a}{2}$, folglich ist

   $$V = \frac{1}{3} a^2 \cdot \frac{a}{2} = \frac{a^3}{6}.$$

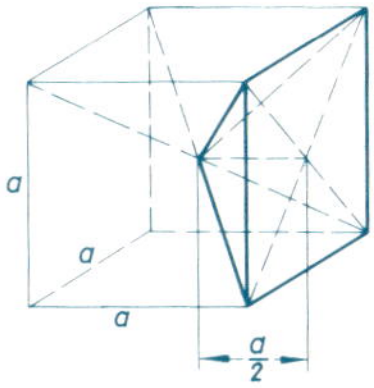

3.2.1.3 Pyramide

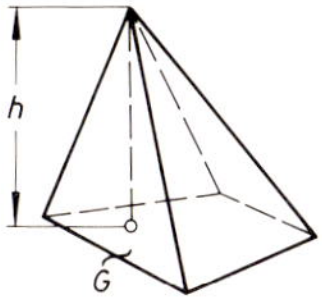

Die Grundfläche einer Pyramide ist ein beliebiges ebenes Vieleck, die Seitenflächen sind Dreiecke mit gemeinsamer Spitze.

Bei einer *gleichseitigen Pyramide* ist die Grundfläche ein reguläres n-Eck, dessen Mittelpunkt der Fußpunkt des Lotes durch die Spitze ist.

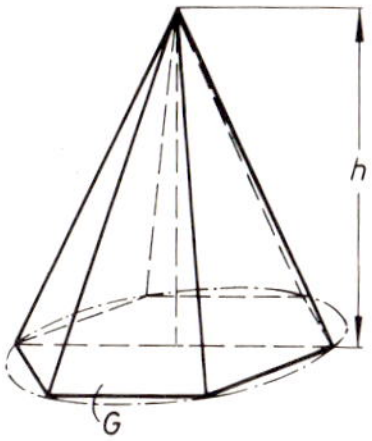

Für jede Pyramide gilt:
Volumen: $V = \frac{1}{3} G \cdot h$

Sonderfälle von Pyramiden sind:

Tetraeder

Die Grundfläche ist ein Dreieck.

Volumen: $V = \frac{1}{3} G \cdot h$

Bei einem *regulären Tetraeder* sind sämtliche Begrenzungsflächen regelmäßige (= gleichseitige) Dreiecke. Es läßt sich einer Kugel einbeschreiben.

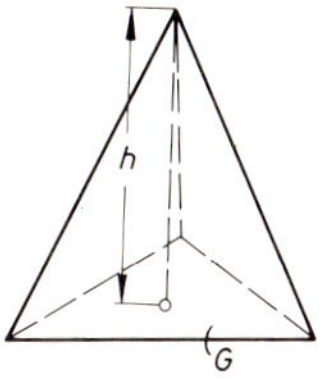

Pyramidenstumpf

Die Grundflächen liegen in parallelen Ebenen und sind ähnlich. Die Seitenflächen sind Trapeze. Die Verlängerungen der Seitenkanten verlaufen durch einen Punkt.

Volumen: $$V = \frac{h}{3}\left(A_0 + \sqrt{A_0 A_u} + A_u\right)$$

$$= \frac{h A_u}{3}\left(1 + \frac{a_0}{a_u} + \frac{a_0^2}{a_u^2}\right)$$

$$= \frac{h A_0}{3}\left(1 + \frac{a_u}{a_0} + \frac{a_u^2}{a_0^2}\right)$$

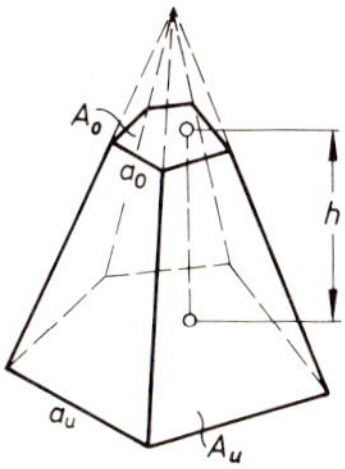

Zu 3.2.1.3:
Gerader und schiefer Pyramidenstumpf

1. Ein gerader Pyramidenstumpf mit quadratischer Grundfläche hat eine 6,4 cm lange Unterkante a_u.

   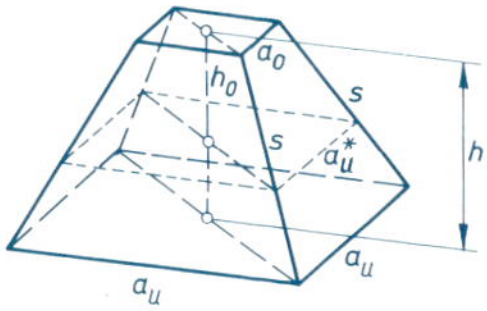

   Jede Seitenkante ist 5 cm lang, die Höhe beträgt 4 cm. Man berechne Volumen V und Oberfläche O des Pyramidenstumpfes.

   In welcher Höhe ist ein Parallelschnitt zu führen, wenn das obere Volumen ein Drittel des Gesamtvolumens sein soll? Wie groß sind die Schnittflächen? Wie ändern sich Volumen und Oberfläche, wenn die Deckfläche parallel zu sich unter Beibehaltung der Höhe so verschoben wird, daß zwei Oberkanten senkrecht über den Unterkanten liegen?

   Gerader Pyramidenstumpf:

   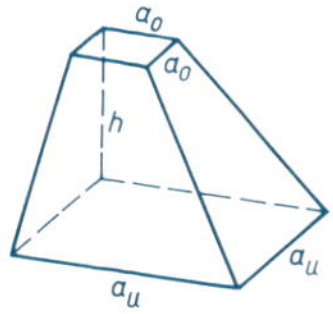

$$\sqrt{s^2-h^2}=\tfrac{1}{2}a_u\sqrt{2}-\tfrac{1}{2}a_0\sqrt{2} \quad \text{(Pythagoras);}$$

$$a_0=a_u-2\sqrt{\frac{s^2-h^2}{2}}=6{,}4-2\sqrt{\frac{25-16}{2}}\approx 2{,}16\ \text{cm}$$

$$A_u=40{,}96\ \text{cm}^2; \quad A_0=4{,}66\ \text{cm}^2$$

$$V=\tfrac{4}{3}(4{,}66+\sqrt{4{,}66\cdot 40{,}96}+40{,}96)\approx 79{,}25\ \text{cm}^3$$

$$O=a_u^2+a_0^2+4\cdot\frac{a_u+a_0}{2}\cdot\sqrt{h^2+\left(\frac{a_u}{2}-\frac{a_0}{2}\right)^2}$$

$$=a_u^2+a_0^2+(a_u+a_0)\sqrt{4h^2+(a_u-a_0)^2}$$

$$\approx 123{,}1\ \text{cm}^2.$$

Durch Parallelschnitte entstehen wieder Pyramidenstümpfe. Für den oberen Pyramidenstumpf gilt

$$\frac{V}{3}=\frac{h_0}{3}\cdot a_0^2\left(1+\frac{a_u^*}{a_0}+\frac{a_u^{*2}}{a_0^2}\right);$$

da zwischen a_u^* und h_0 ein linearer Zusammenhang bestehen muß (Beispiel 4 zu 3.1.2.3), gilt

$$a_u^*=a_0+(a_u-a_0)\frac{h_0}{h};$$

hieraus ergibt sich

$$\frac{V}{h}=\frac{h_0}{h}\left[a_0^2+a_0^2+a_0(a_u-a_0)\frac{h_0}{h}+a_0^2+2a_0(a_u-a_0)\cdot\frac{h_0}{h}+(a_u-a_0)^2\left(\frac{h_0}{h}\right)^2\right];$$

mit der Abkürzung $\frac{h_0}{h}=x$ ergibt sich

$$\frac{79{,}25}{4}=x\,[3\cdot 2{,}16^2+3\cdot 2{,}16\cdot 4{,}24x+4{,}24^2x^2];$$

diese kubische Gleichung wird nach einer in 11.1.1.3, Seite 501, beschriebenen Methode gelöst:

$$x=\frac{h_0}{h}\approx 0{,}563;\quad h_0\approx 2{,}25\text{ cm};\quad a_u^*\approx 4{,}55\text{ cm}.$$

Schiefer Pyramidenstumpf:

Das Volumen ist so groß wie beim geraden Pyramidenstumpf (Prinzip von Cavalieri).

$$\begin{aligned}O&=a_u^2+a_0^2+2\cdot\frac{a_u+a_0}{2}\cdot h+2\cdot\frac{a_u+a_0}{2}\sqrt{h^2+(a_u-a_0)^2}\\&=6{,}4^2+2{,}16^2+(6{,}4+2{,}16)\cdot 4+(6{,}4+2{,}16)\sqrt{4^2+4{,}24^2}\\&\approx 129{,}8\text{ cm}^2.\end{aligned}$$

3.2.1.4 Reguläre Polyeder

Reguläre Polyeder haben kongruente reguläre n-Ecke als Begrenzungsflächen. Sie sind alle einer Kugel (Radius R) einbeschreibbar.

Es gibt nur die fünf in der folgenden Tabelle zusammengestellten regulären Polyeder.

Ist a die Kantenlänge, so gilt

Körper	Begrenzung durch	Volumen V	Oberfläche O	Radius R (Umkugel)	Radius ϱ (Inkugel)
Tetraeder	4 Dreiecke	$\frac{a^3}{12}\sqrt{2}$	$a^2\sqrt{3}$	$\frac{a}{4}\sqrt{6}$	$\frac{a}{12}\sqrt{6}$
Würfel	6 Quadrate	a^3	$6a^2$	$\frac{a}{2}\sqrt{3}$	$\frac{a}{2}$
Oktaeder (1)	8 Dreiecke	$\frac{a^3}{3}\sqrt{2}$	$2a^2\sqrt{3}$	$\frac{a}{2}\sqrt{2}$	$\frac{a}{6}\sqrt{6}$
Dodekaeder (3)	12 Fünfecke	$\frac{a^3}{4}(15+7\sqrt{5})$	$3a^2\sqrt{5(5+2\sqrt{5})}$	$\frac{a}{4}\sqrt{3}(1+\sqrt{5})$	$\frac{a}{4}\sqrt{10+22\sqrt{0{,}2}}$
Ikosaeder (2)	20 Dreiecke	$\frac{5}{12}a^3(3+\sqrt{5})$	$5a^2\sqrt{3}$	$\frac{a}{4}\sqrt{2(5+\sqrt{5})}$	$\frac{a}{12}\sqrt{3}(5+\sqrt{5})$

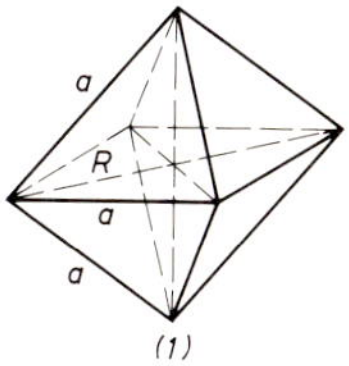

(1)

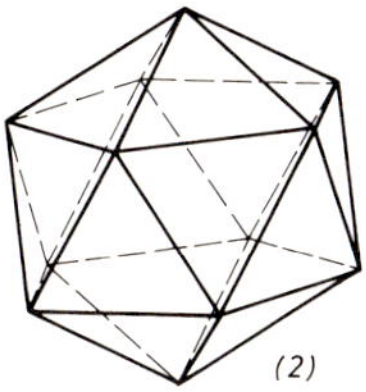

(2)

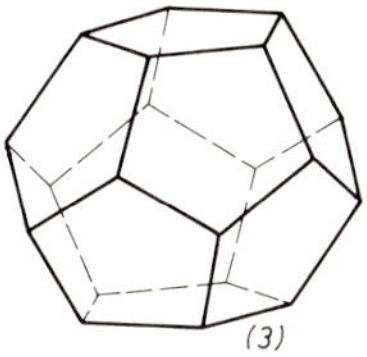

(3)

3.2.1.5 Sonstige Körper

Keil

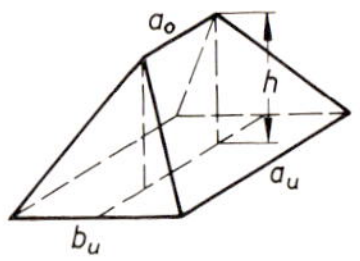

Beim Keil ist die Grundfläche ein Rechteck, die Seitenflächen sind gleichschenklige Trapeze bzw. Dreiecke.

Volumen: $V = \frac{h}{6} b_u [2a_u + a_0]$

Obelisk

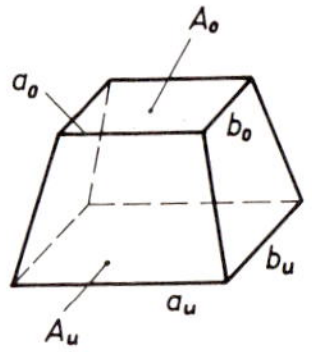

Grund- und Deckfläche sind (nicht notwendig ähnliche) Rechtecke in zwei Parallelebenen; die Seitenflächen sind Trapeze; je zwei gegenüberliegende Seitenflächen bilden mit der Grundfläche gleiche Winkel; die Verlängerungen der Seitenkanten verlaufen nicht notwendig durch einen Punkt.

Ein Obelisk entsteht aus einem Keil durch einen Parallelschnitt.

Volumen: $V = \frac{h}{6} \cdot [a_u b_u + (a_u + a_0)(b_u + b_0) + a_0 b_0]$.

Prismoid, Prismatoid

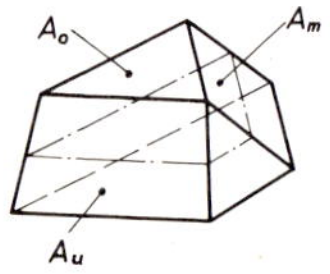

Volumen: $V = \frac{h}{6} [A_0 + 4A_m + A_u]$.

Die Formel gilt auch für Pyramide(nstumpf), Obelisk, Wegrampe oder Keil. Sie können alle als Prismoide angesehen werden (ggf. wird $A_0 = 0$).

B

Zu 3.2.1.5:
Prismoid

1. Eine Grube hat oben und unten einen rechteckigen Grundriß. Obere Maße: 4 m × 6,2 m; untere Maße: 2 m × 4,5 m, Tiefe 2 m.

   Wie groß ist ihr Rauminhalt?

   Der Rauminhalt läßt sich nach der Prismoidformel ausrechnen. Es wird

$$A_0 = 4 \cdot 6{,}2\ \text{m}^2 = 24{,}8\ \text{m}^2$$
$$A_u = 2 \cdot 4{,}5\ \text{m}^2 = 9{,}0\ \text{m}^2$$
$$A_m = 3 \cdot 5{,}35\ \text{m}^2 = 16{,}05\ \text{m}^2$$

$$V = \frac{h}{6} [A_0 + 4A_m + A_u] = \frac{2}{6} [24{,}8 + 64{,}2 + 9]\ \text{m}^3 = 32{,}7\ \text{m}^3.$$

3.2.2 Krummflächig begrenzte Körper

3.2.2.1 Zylinder

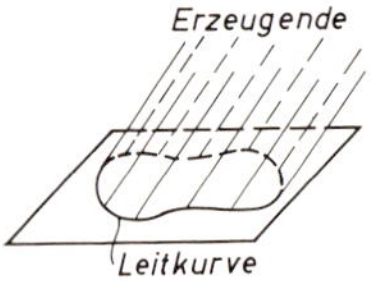

Verschiebt man eine Gerade (*Erzeugende*) parallel entlang einer geschlossenen Kurve (*Leitkurve*), so beschreibt die Gesamtheit der Geraden eine Zylinderfläche. Wird diese Fläche von zwei parallelen Ebenen geschnitten, so entsteht ein Zylinder.

Allgemeiner Zylinder

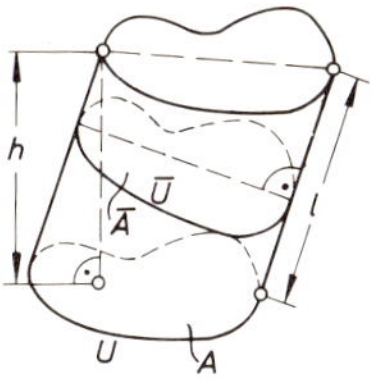

Volumen: $V = A \cdot h = \bar{A} \cdot l$

Mantel: $M = \bar{U} \cdot l$

($\bar{A}$ = Inhalt, $\bar{U}$ = Umfang des zu den Erzeugenden senkrechten Schnittes.)

Sonderfälle:

Kreiszylinder

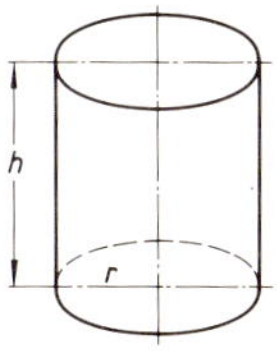

Ist die Leitkurve ein Kreis vom Radius r, so entsteht ein *schiefer Kreiszylinder*. Stehen die Erzeugenden außerdem noch auf der Grundfläche senkrecht, so entsteht ein *gerader Kreiszylinder*. Für letzteren gilt

Volumen: $V = \pi r^2 h = \frac{\pi d^2}{4} h$

Mantelfläche: $M = 2\pi r h = \pi d h$

Oberfläche: $O = 2\pi r(r+h) = \frac{\pi d}{2}(d+2h)$

($d = 2r$: Durchmesser)

Schiefabgeschnittener Kreiszylinder

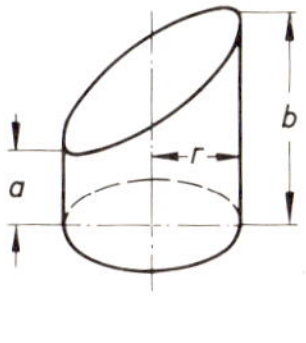

Volumen: $V = \pi r^2 \left(\frac{a+b}{2}\right)$

Mantelfläche: $M = \pi r(a+b)$

Oberfläche: $O = \pi r \left[a + b + r + \sqrt{r^2 + \left(\frac{b-a}{2}\right)^2}\right]$

Zylinderhuf

Volumen: $V = \frac{h}{3b}[a(3r^2 - a^2) + 3r^2(b-r)\varphi]$

$= \frac{hr^3}{3b}[2\sin\varphi - \cos\varphi\,(3\varphi - \frac{1}{2}\sin 2\varphi)]$

Mantelfläche: $M = \frac{2rh}{b}[(b-r)\varphi + a]$

$= \frac{2rh}{1-\cos\varphi}(\sin\varphi - \varphi\cos\varphi)$

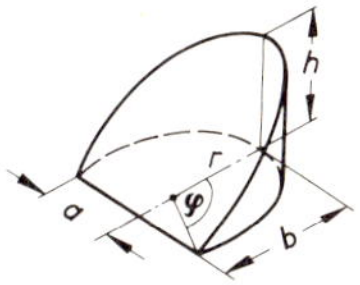

Ist die Grundfläche eine Halbkreisfläche, so gilt:

Volumen: $V = \frac{2}{3} h r^2$

Mantelfläche: $M = 2rh.$

Zu 3.2.2.1:

Hohlzylinder

1. Das Volumen eines Hohlzylinders wird als Differenz zweier Zylinder mit den Radien R und r berechnet:

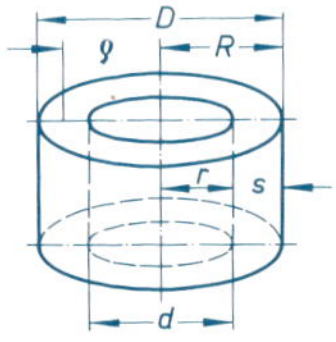

$$V=\pi(R^2-r^2)\,h=\frac{\pi}{4}(D^2-d^2)\,h$$

Führt man noch den mittleren Radius $\varrho=\frac{R+r}{2}$ ein, so gilt

$$V=\pi(R^2-r^2)\,h=\pi h(R+r)(R-r)=2\pi h\varrho s$$

$s=R-r$: Wandstärke.

Drahtrolle

2. Eine Rolle Kupferdraht von 0,75 mm ∅ wiegt 16 N. Wieviel Meter Draht sind auf der Rolle, wenn das Gewicht des Kernes mit 1 N angenommen wird (spezif. Gewicht von Kupfer: $\gamma=88{,}1\ \frac{\mathrm{N}}{\mathrm{dm}^3}=8{,}81\cdot10^4\ \mathrm{N/m^3}$)?

Man faßt den Draht als langen Zylinder auf und erhält aus der Formel für das Gewicht

$$F_G=\gamma\cdot V=\gamma\pi\frac{\varnothing^2}{4}h;$$

$$h=\frac{4F_G}{\pi\gamma\varnothing^2}=\frac{4\cdot15}{\pi\cdot8{,}81\cdot10^4\cdot(0{,}75\cdot10^{-3})^2}\approx3{,}85\cdot10^2\,\mathrm{m}=385\,\mathrm{m}$$

Kreiszylinder

3. Welchen Durchmesser muß ein zylindrisches Meßglas besitzen, damit einer Volumenzunahme der Flüssigkeit um 1 cm³ eine Höhenzunahme des Flüssigkeitsspiegels von 1 mm entspricht?

Aus $V=\pi r^2 h$ folgt

$$r=\sqrt{\frac{V}{\pi h}}=\sqrt{\frac{1\ \mathrm{cm}^3}{\pi\cdot0{,}1\ \mathrm{cm}}}\approx1{,}784\ \mathrm{cm};\qquad d\approx3{,}57\ \mathrm{cm}.$$

Zylinderhuf

4. In einem geneigt liegenden, zylindrischen Behälter vom Radius $r=0{,}6$ m steht die Flüssigkeit an der Stirnwand 0,4 m hoch, und an der Mantelwand 1,2 m lang. Wieviel Flüssigkeit befindet sich in dem Behälter?

In der Formel für den Zylinderhuf wird: $b=0{,}4$ m; $h=1{,}2$ m; $r=0{,}6$ m; a und φ sind noch zu berechnen.

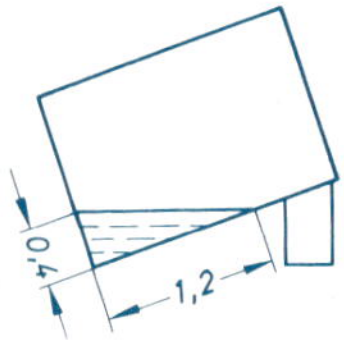

Es wird $a=\sqrt{0{,}6^2-0{,}2^2}$ m $\approx0{,}566$ m,

$$\cos\varphi=\frac{0{,}2}{0{,}6}=1/3,\qquad \varphi\approx1{,}231\approx70{,}53^\circ.$$

Daher erhält man

$$V = \frac{h}{3b}\left[a(3r^2 - a^2) + 3r^2(b-r)\varphi\right]$$

$$V = \frac{1{,}2}{1{,}2}\left[0{,}566 \cdot 0{,}76 + 1{,}08(-0{,}2)\,1{,}231\right]\,\mathrm{m}^3 \approx 0{,}164\,\mathrm{m}^3$$

Segmentzylinder

5. Ein zylindrischer Baumstamm ($\varnothing = 0{,}3$ m; Länge $l = 10$ m; $\gamma_{\mathrm{Holz}} = 0{,}7 \cdot 10^4\ \mathrm{N/m^3}$) schwimmt in Wasser ($\gamma_{\mathrm{Wasser}} = 10^4\ \mathrm{N/m^3}$). Wie tief sinkt er ein?

$$\frac{\varnothing^2 \pi}{4} \cdot l \cdot \gamma_{\mathrm{Holz}} = \frac{\varnothing^2}{8}(\varphi - \sin\varphi) \cdot l \cdot \gamma_{\mathrm{Wasser}};$$

$$\varphi - \sin\varphi \approx 4{,}40;$$

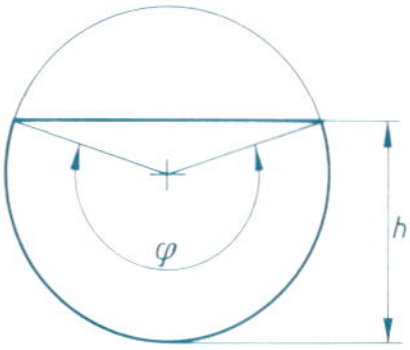

Die Lösung dieser transzendenten Gleichung erfolgt nach einer der in 11.1.3.3, Seite 511, erwähnten Methoden, z.B. nach der Iterationsmethode:

$$\varphi = \sin\varphi + 4{,}40 = g(\varphi)$$

$$|g'(\varphi)| = |\cos\varphi| < 1 \quad \text{außer für } \varphi = 0,\ \pi \text{ oder } 2\pi.$$

φ_i	$\sin\varphi_i + 4{,}40 = \varphi_{i+1}$
3,50	4,05
4,05	3,61
3,61	3,95
3,95	3,68
3,68	3,89
3,89	3,72
3,72	3,85
3,85	3,75
3,75	3,83
3,83	3,76
3,76	3,82
3,82	3,77
3,77	3,81
3,81	3,78
3,78	3,80
3,800	3,788
3,788	3,798
3,798	3,790

$$\varphi = 3{,}79 = 217{,}2°;$$

$$h = r - r\cos\frac{\varphi}{2} = r\left(1 - \cos\frac{\varphi}{2}\right)$$

$$= \frac{\varnothing}{2}\left(1 - \cos\frac{\varphi}{2}\right)$$

$$= \frac{0{,}3}{2}\left(1 - \cos\frac{3{,}79}{2}\right)\mathrm{m} \approx 0{,}198\ \mathrm{m}.$$

3.2.2.2 Kegel

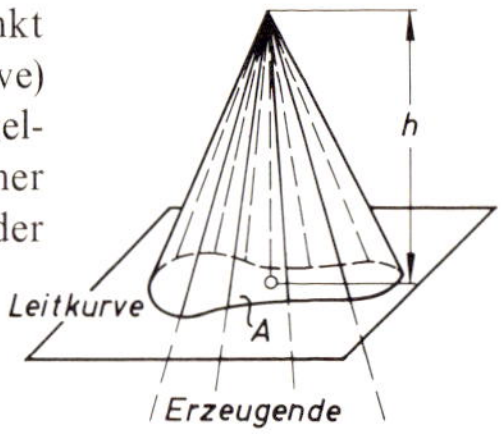

Eine Gerade (Erzeugende), die durch einen festen Punkt (Scheitel, Spitze) geht und entlang einer Kurve (Leitkurve) läuft, beschreibt eine *Kegelfläche*. Schneidet man diese Kegelfläche mit einer beliebigen Ebene, so entsteht ein allgemeiner Kegel. Ist h der senkrechte Abstand der Spitze von der Grundfläche, so gilt:

$$V = \tfrac{1}{3} A \cdot h.$$

Gerader Kreiskegel

Die Grundfläche ist ein Kreis, die Spitze liegt senkrecht über dem Mittelpunkt des Kreises.

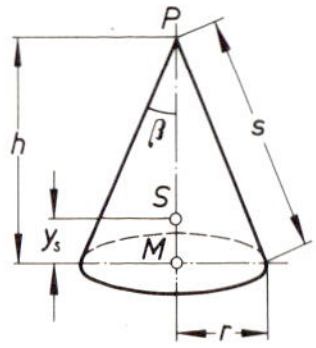

Volumen: $V = \dfrac{\pi r^2 h}{3}$

Mantelfläche: $M = \pi r s$

Oberfläche: $O = \pi r (r + s)$

Mantellinie: $s = \sqrt{r^2 + h^2}$

Der Mantel ist abwickelbar; er ist ein Kreissektor mit Mittelpunktswinkel α. Es gilt:

$$\alpha = 2\pi \cdot \frac{r}{s} = 2\pi \cdot \sin \beta.$$

Der Schwerpunkt S teilt die Strecke $\overline{MP}$ im Verhältnis 1:3:

$$y_s = \frac{h}{4}.$$

Kreiskegelstumpf

Die Grundflächen sind parallel und bilden Kreise. Für geraden und schiefen Kreiskegelstumpf gilt:

Volumen: $V = \dfrac{\pi h}{3} (R^2 + R r + r^2).$

Für geraden Kreiskegelstumpf gilt:

Mantelfläche: $M = \pi s (R + r)$

Oberfläche: $O = \pi [R^2 + r^2 + s(R + r)]$

Mantellinie: $s = \sqrt{(R - r)^2 + h^2}$

Abstand des Schwerpunktes von der Grundfläche:

$$y_s = \frac{h}{4} \cdot \frac{R^2 + 2Rr + 3r^2}{R^2 + Rr + r^2}.$$

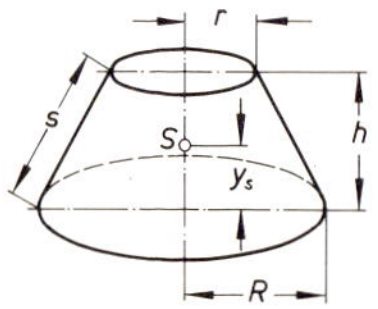

B

Zu 3.2.2.2:

Kegelmantel und Kreissektor

1. Eine Halbkreisfläche (Radius $R = 5$ cm) wird zu einem Kegelmantel zusammengebogen. Wie groß ist der Kegelwinkel β und das Volumen des Kegels?

Der Kreisradius R ist gleich der Mantellinie s, also folgt aus

$$\alpha = 2\pi \cdot \frac{r}{R} \Rightarrow r = \frac{R \cdot \pi}{2\pi} = \frac{R}{2} = 2{,}5 \text{ cm}.$$

Es ist $\sin\beta = \frac{r}{R} = \frac{1}{2}$; $\quad \beta = 30°$.

Es ist ferner $h = \sqrt{R^2 - r^2} = \sqrt{25 - 6{,}25} \text{ cm} \approx 4{,}33 \text{ cm}$, also ist

$$V = \frac{\pi}{3} r^2 h = \frac{\pi}{3} \cdot 2{,}5^2 \cdot 4{,}33 \text{ cm}^3 \approx 28{,}33 \text{ cm}^3.$$

Volumenverhältnisse am Kegel

2. Wie hoch muß ein Trichter (Radius r, Höhe h) gefüllt werden, damit die Flüssigkeit gerade die Hälfte des Gesamtvolumens ausfüllt?

Sind r_1 und h_1 die gesuchten Größen, so muß einerseits gelten

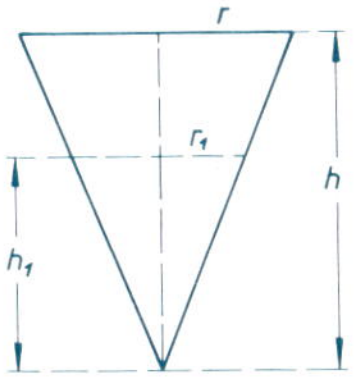

$$\frac{V_1}{V} = \frac{1}{2} = \frac{\frac{\pi}{3} r_1^2 h_1}{\frac{\pi}{3} r^2 h} = \frac{r_1^2 h_1}{r^2 h},$$

andererseits folgt nach dem Strahlensatz $\frac{r}{h} = \frac{r_1}{h_1}$. Durch Einsetzen von r in die erste Gleichung folgt

$$\frac{1}{2} = \frac{r_1^2 h_1}{\frac{r_1^2}{h_1^2} h^3}, \quad \text{so daß } \frac{h_1^3}{h^3} = \frac{1}{2}, \quad \text{also } h_1 = \sqrt[3]{\frac{1}{2}}\, h \text{ wird.}$$

3.2.2.3 Kugel

Vollkugel:

Volumen: $V = \frac{4}{3}\pi R^3 = \frac{1}{6}\pi D^3 = \frac{1}{6}\sqrt{\frac{O^3}{\pi}}$

Oberfläche: $O = 4\pi R^2 = \pi D^2 = \sqrt[3]{36\pi V^2}$

Radius: $R = \sqrt[3]{\frac{3V}{4\pi}} = \frac{1}{2}\sqrt{\frac{O}{\pi}}$

Hohlkugel:

Volumen: $V = \frac{4}{3}\pi(R^3 - r^3) = \frac{1}{6}\pi(D^3 - d^3)$

(R äußerer Radius, D äußerer Durchmesser, r innerer Radius, d innerer Durchmesser).

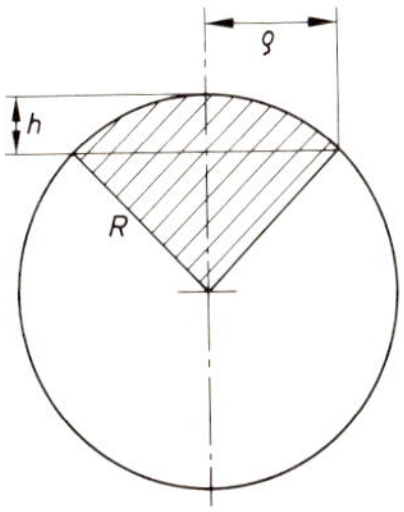

Kugelausschnitt (Kugelsektor)

Volumen: $V = \frac{2}{3}\pi R^2 h$

Oberfläche: $O = \pi R(2h + \varrho)$

(h darf auch größer als R sein.)

Kugelabschnitt (Kugelsegment, Kugelkappe, Kalotte)

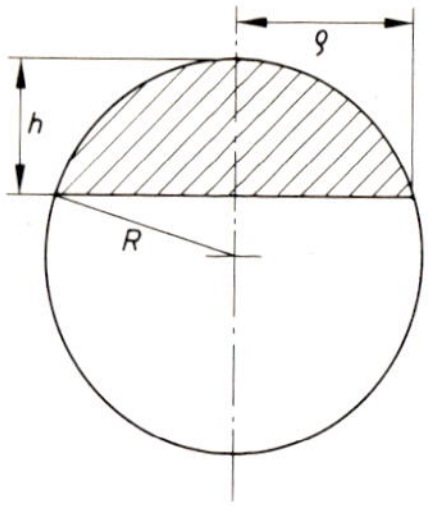

Volumen: $V = \frac{\pi h}{6}(3\varrho^2 + h^2) = \frac{\pi h^2}{3}(3R - h)$

$\varrho = \sqrt{h(2R - h)}$ $\qquad R = \frac{\varrho^2 + h^2}{2h}$

Mantelfläche: $M = 2\pi R h = \pi D h = \pi(\varrho^2 + h^2)$

Oberfläche: $O = \pi(2Rh + \varrho^2) = \pi(2\varrho^2 + h^2)$

(h darf auch größer als R sein.)

Kugelzone (Kugelschicht)

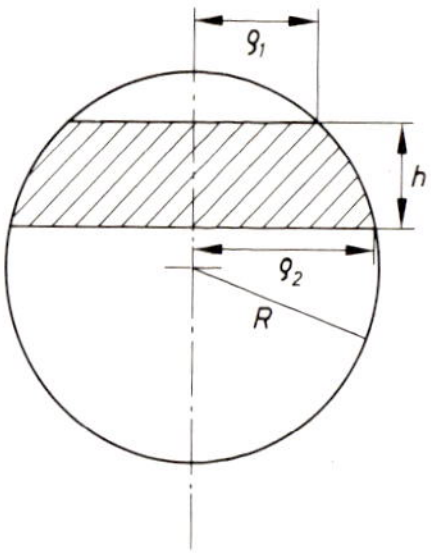

Volumen: $V = \frac{\pi h}{6}(3\varrho_1^2 + 3\varrho_2^2 + h^2)$

Mantelfläche: $M = 2\pi R h$

Oberfläche: $O = \pi(2Rh + \varrho_1^2 + \varrho_2^2)$

(h darf auch größer als R sein.)

Liegt der Kugelmittelpunkt nicht innerhalb der Kugelzone, so gilt zusätzlich:

Höhe: $h = \sqrt{R^2 - \varrho_1^2} - \sqrt{R^2 - \varrho_2^2}$ $\qquad (\varrho_1 < \varrho_2)$

Kugelradius: $R^2 = \varrho_2^2 + \left(\frac{\varrho_2^2 - \varrho_1^2 - h^2}{2h}\right)^2$ $\qquad (\varrho_1 < \varrho_2)$.

Kugelzweieck

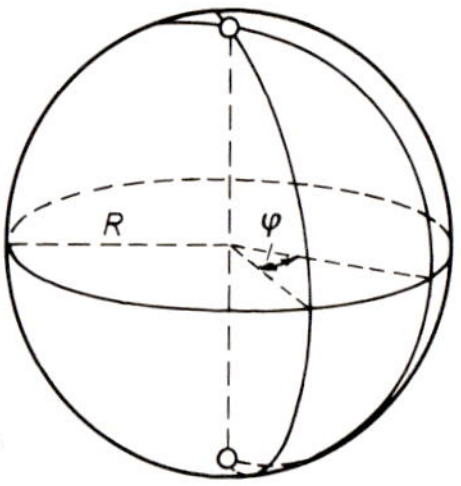

Ein Kugelzweieck wird aus einer Kugel von zwei Ebenen herausgeschnitten, die sich in einem Durchmesser schneiden.

Volumen: $V = \frac{2}{3} R^3 \varphi \left(= \frac{2}{3} R^3 \cdot \varphi \cdot \frac{\pi}{180°}, \text{ wenn } \varphi \text{ in Grad}\right)$

Mantelfläche: $M = 2R^2 \varphi \left(= 2R^2 \cdot \varphi \cdot \frac{\pi}{180°}, \text{ wenn } \varphi \text{ in Grad}\right)$.

B

Zu 3.2.2.3:
Würfel und Inkugel

1. In einen Würfel (Kantenlänge a) werden eine Kugel und ein Kegel einbeschrieben. In welchem Verhältnis stehen ihre Volumina zueinander?

   Für die Volumina gilt:

   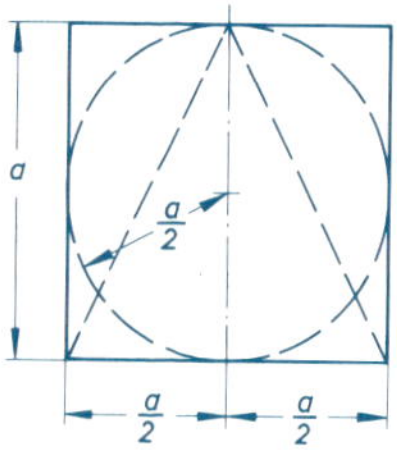

   Würfel: $V_W = a^3$

   Kugel: $V_{Ku} = \frac{4}{3}\pi \left(\frac{a}{2}\right)^3 = \frac{\pi}{6} a^3$

   Kegel: $V_{Ke} = \frac{1}{3}\pi \left(\frac{a}{2}\right)^2 a = \frac{\pi}{12} a^3$

   Es gilt also $V_W : V_{Ku} : V_{Ke} = 1 : \frac{\pi}{6} : \frac{\pi}{12}$. (Satz des Archimedes)

Teilung einer Halbkugel

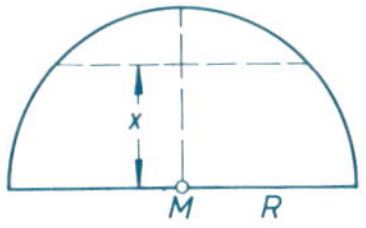

2. Wie muß eine Halbkugel (Radius R) parallel zur Grundfläche geschnitten werden, damit die Teilvolumina gleich werden?

Beim Schnitt entsteht ein Kugelabschnitt und eine Kugelzone. Ist x die unbekannte Schnitthöhe, so gilt

$$V_{\text{Abschnitt}} = \frac{\pi}{3}(R-x)^2[3R-(R-x)]$$

$$V_{\text{Zone}} = \frac{\pi}{6}x[3(R^2-x^2)+3R^2+x^2]$$

Sollen beide Volumina gleich sein, so muß gelten:

$$(R-x)^2(2R+x) = \frac{x}{2}(6R^2-2x^2),$$

$$2R^3-3R^2x+x^3 = 3R^2x-x^3.$$

Setzt man $\frac{x}{R} = z$, so ist die kubische Gleichung $z^3-3z+1=0$ zu lösen.

Die Gleichung wird nach einer der in 11.1.1.3, Seite 501, erwähnten Methode gelöst; unter den drei Lösungen ist $z=0{,}3472$ die hier in Frage kommende; also ist $x=0{,}3472R$.

4 Trigonometrie

4.1 Kreisfunktionen

4.1.1 Definition

Rechtwinkliges Dreieck

Im rechtwinkligen Dreieck sind die Funktionswerte der Kreisfunktionen sin, cos, tan und cot folgendermaßen definiert:

$$\sin\alpha = \frac{a}{c} = \frac{\text{Gegenkathete}}{\text{Hypotenuse}} \qquad \text{Sinus}$$

$$\cos\alpha = \frac{b}{c} = \frac{\text{Ankathete}}{\text{Hypotenuse}} \qquad \text{Kosinus}$$

$$\tan\alpha = \frac{a}{b} = \frac{\text{Gegenkathete}}{\text{Ankathete}} \qquad \text{Tangens}$$

$$\cot\alpha = \frac{b}{a} = \frac{\text{Ankathete}}{\text{Gegenkathete}} \qquad \text{Kotangens}$$

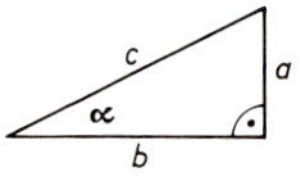

Beliebige Winkel

α ist der Winkel, um den der Radius OA in den Radius OP gedreht wird. α wird positiv gerechnet, wenn die Drehung entgegen dem Uhrzeigersinn erfolgt, sonst negativ. Die Funktionswerte von sin, cos, tan, cot sind dann definiert durch die Gleichungen

$$\sin\alpha = \frac{y}{r}; \qquad \cos\alpha = \frac{x}{r}; \qquad \tan\alpha = \frac{y}{x}; \qquad \cot\alpha = \frac{x}{y}.$$

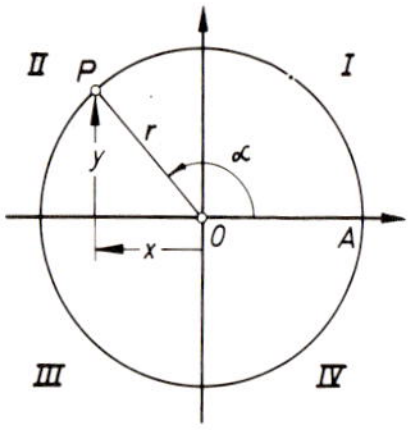

Ist die Länge des Kreisradius 1 Längeneinheit, so sind die Funktionswerte gleich den Maßzahlen der nebenstehend skizzierten Strecken.

In den Quadranten I, II, III, IV haben die Funktionswerte die in der folgenden Tabelle angegebenen Vorzeichen:

Quadranten-Regel

Quadr.	I	II	III	IV
sin	+	+	−	−
cos	+	−	−	+
tan	+	−	+	−
cot	+	−	+	−

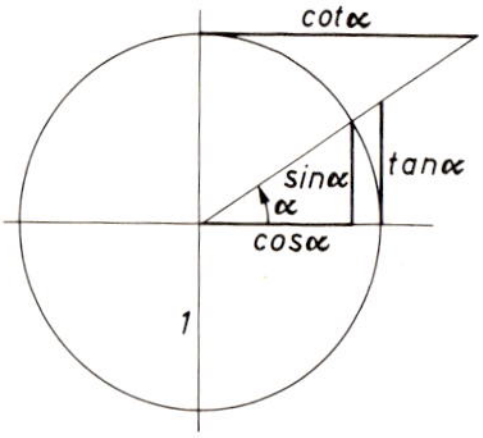

Sonderwerte:

	0°	30°	45°	60°	90°
sin	0	$\frac{1}{2}=0{,}5$	$\frac{1}{2}\sqrt{2}\approx 0{,}707$	$\frac{1}{2}\sqrt{3}\approx 0{,}866$	1
cos	1	$\frac{1}{2}\sqrt{3}\approx 0{,}866$	$\frac{1}{2}\sqrt{2}\approx 0{,}707$	$\frac{1}{2}=0{,}5$	0
tan	0	$\frac{1}{3}\sqrt{3}\approx 0{,}577$	1	$\sqrt{3}\approx 1{,}732$	–
cot	–	$\sqrt{3}\approx 1{,}732$	1	$\frac{1}{3}\sqrt{3}\approx 0{,}577$	0

Rückführung auf Winkel zwischen 0 und 90°

	$\alpha=\pm\beta$	$\alpha=90°\pm\beta$	$\alpha=180°\pm\beta$	$\alpha=270°\pm\beta$
$\sin\alpha=$	$\pm\sin\beta$	$\cos\beta$	$\mp\sin\beta$	$-\cos\beta$
$\cos\alpha=$	$\cos\beta$	$\mp\sin\beta$	$-\cos\beta$	$\pm\sin\beta$
$\tan\alpha=$	$\pm\tan\beta$	$\mp\cot\beta$	$\pm\tan\beta$	$\mp\cot\beta$
$\cot\alpha=$	$\pm\cot\beta$	$\mp\tan\beta$	$\pm\cot\beta$	$\mp\tan\beta$

Speziell gilt nach den Formeln dieser Tabelle für negative Winkel

$$\sin(-\alpha)=-\sin\alpha \qquad \tan(-\alpha)=-\tan\alpha$$
$$\cos(-\alpha)=\cos\alpha \qquad \cot(-\alpha)=-\cot\alpha$$

Weiter gilt:

$$\sin(45°+\alpha)=\cos(45°-\alpha) \qquad \sin(45°-\alpha)=\cos(45°+\alpha)$$
$$\tan(45°+\alpha)=\cot(45°-\alpha) \qquad \tan(45°-\alpha)=\cot(45°+\alpha)$$

B

Zu 4.1.1:

Reibung an schiefer Ebene

1. Ein Körper (Gewicht F_G) befindet sich auf einer schiefen Ebene (Koeffizient der Reibung zwischen Gleitfläche und Körper ist μ). Wie groß darf μ höchstens sein, damit unter dem Einfluß der Schwerkraft Bewegung möglich ist?

$$F_H>\mu F_N;$$
$$F_G\sin\alpha>\mu F_G\cos\alpha;$$
$$\sin\alpha>\mu\cos\alpha;$$
$$\frac{\sin\alpha}{\cos\alpha}>\mu \left(\text{weil } \cos\alpha>0, \text{ da } 0<\alpha<\frac{\pi}{2}\right);$$
$$\mu<\tan\alpha.$$

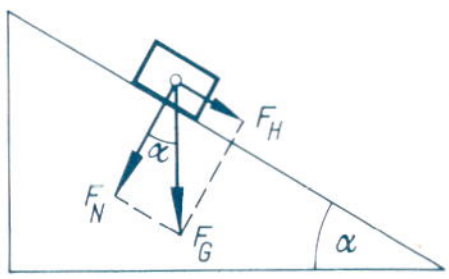

Schubkraft mit Reibung

2. Auf einen Körper (Gewicht $F_G>0$) wirkt in der skizzierten Weise ($0\leqq\alpha\leqq\pi$) eine Schubkraft $F>0$. Unter welchen Voraussetzungen für F, α, μ kommt eine Bewegung nach rechts zustande?

Bedingung:

$$F \sin\alpha > (F_G + F\cos\alpha)\,\mu \geqq 0;$$

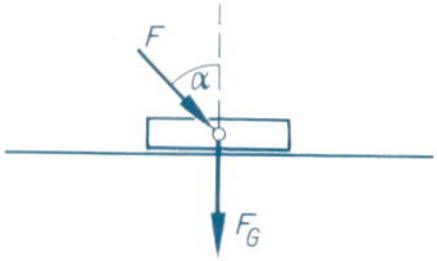

Fall $\alpha = 0$: Keine Bewegung möglich.

Fall $0 < \alpha < \frac{\pi}{2}$: Bedingung: $\sin\alpha - \mu\cos\alpha > 0 \Rightarrow \tan\alpha > \mu$ und $F > \frac{\mu F_G}{\sin\alpha - \mu\cos\alpha}$.

Fall $\alpha = \frac{\pi}{2}$: Bedingung: $F > \mu F_G$.

Fall $\frac{\pi}{2} < \alpha < \pi$: Bedingung: $-\frac{F_G}{\cos\alpha} \geq F > \frac{\mu F_G}{\sin\alpha - \mu\cos\alpha}$.

Fall $\alpha = \pi$: Keine Bewegung möglich.

4.1.2 Beziehungen zwischen den Funktionswerten

4.1.2.1 Umrechnungsformeln für den gleichen Winkel

Falls die vorkommenden Nenner $\neq 0$ sind, gilt:

Grundformeln:

$$\sin^2\alpha + \cos^2\alpha = 1 \qquad \tan\alpha = \frac{\sin\alpha}{\cos\alpha} \qquad \cot\alpha = \frac{1}{\tan\alpha} = \frac{\cos\alpha}{\sin\alpha}$$

Umrechnungstabelle:

	$\sin\alpha$	$\cos\alpha$	$\tan\alpha$	$\cot\alpha$
$\lvert\sin\alpha\rvert =$	$\lvert\sin\alpha\rvert$	$\sqrt{1-\cos^2\alpha}$	$\frac{\lvert\tan\alpha\rvert}{\sqrt{1+\tan^2\alpha}}$	$\frac{1}{\sqrt{1+\cot^2\alpha}}$
$\lvert\cos\alpha\rvert =$	$\sqrt{1-\sin^2\alpha}$	$\lvert\cos\alpha\rvert$	$\frac{1}{\sqrt{1+\tan^2\alpha}}$	$\frac{\lvert\cot\alpha\rvert}{\sqrt{1+\cot^2\alpha}}$
$\lvert\tan\alpha\rvert =$	$\frac{\lvert\sin\alpha\rvert}{\sqrt{1-\sin^2\alpha}}$	$\frac{\sqrt{1-\cos^2\alpha}}{\lvert\cos\alpha\rvert}$	$\lvert\tan\alpha\rvert$	$\frac{1}{\lvert\cot\alpha\rvert}$
$\lvert\cot\alpha\rvert =$	$\frac{\sqrt{1-\sin^2\alpha}}{\lvert\sin\alpha\rvert}$	$\frac{\lvert\cos\alpha\rvert}{\sqrt{1-\cos^2\alpha}}$	$\frac{1}{\lvert\tan\alpha\rvert}$	$\lvert\cot\alpha\rvert$

Liegt α im ersten Quadranten, kann bei allen Formeln | | entfallen. In anderen Fällen ist das Vorzeichen von $\sin\alpha$, $\cos\alpha$, $\tan\alpha$, $\cot\alpha$ nach der Quadrantenregel (4.1.1, Seite 92) zu ermitteln.

4.1.2.2 Additionstheoreme

Falls die vorkommenden Nenner $\neq 0$ sind, gilt:

$$\sin(\alpha+\beta) = \sin\alpha\cos\beta + \cos\alpha\sin\beta \qquad \cos(\alpha+\beta) = \cos\alpha\cos\beta - \sin\alpha\sin\beta$$

$$\sin(\alpha-\beta) = \sin\alpha\cos\beta - \cos\alpha\sin\beta \qquad \cos(\alpha-\beta) = \cos\alpha\cos\beta + \sin\alpha\sin\beta$$

$$\tan(\alpha+\beta)=\frac{\tan\alpha+\tan\beta}{1-\tan\alpha\tan\beta} \qquad \cot(\alpha+\beta)=\frac{\cot\alpha\cot\beta-1}{\cot\beta+\cot\alpha}$$

$$\tan(\alpha-\beta)=\frac{\tan\alpha-\tan\beta}{1+\tan\alpha\tan\beta} \qquad \cot(\alpha-\beta)=\frac{\cot\alpha\cot\beta+1}{\cot\beta-\cot\alpha}$$

4.1.2.3 Winkelvielfache

Falls die vorkommenden Nenner $\neq 0$ sind gilt:

$$\sin 2\alpha=2\sin\alpha\cos\alpha$$

$$\sin 3\alpha=3\sin\alpha-4\sin^3\alpha$$

$$\sin 4\alpha=8\sin\alpha\cos^3\alpha-4\sin\alpha\cos\alpha$$

$$\cos 2\alpha=\cos^2\alpha-\sin^2\alpha=1-2\sin^2\alpha=2\cos^2\alpha-1$$

$$\cos 3\alpha=4\cos^3\alpha-3\cos\alpha$$

$$\cos 4\alpha=8\cos^4\alpha-8\cos^2\alpha+1$$

$$\tan 2\alpha=\frac{2\tan\alpha}{1-\tan^2\alpha}; \qquad \cot 2\alpha=\frac{\cot^2\alpha-1}{2\cot\alpha}$$

$$\tan 3\alpha=\frac{3\tan\alpha-\tan^3\alpha}{1-3\tan^2\alpha}; \qquad \cot 3\alpha=\frac{\cot^3\alpha-3\cot\alpha}{3\cot^2\alpha-1}$$

Für $n>3$ berechnet man $\sin n\alpha$ und $\cos n\alpha$ zweckmäßig nach der Formel von Moivre (s. 2.3.5, Seite 53). Es gilt:

$$\sin n\alpha=\binom{n}{1}\sin\alpha\cos^{n-1}\alpha-\binom{n}{3}\sin^3\alpha\cos^{n-3}\alpha+-\dots$$

$$\cos n\alpha=\cos^n\alpha-\binom{n}{2}\cos^{n-2}\alpha\sin^2\alpha+\binom{n}{4}\cos^{n-4}\alpha\sin^4\alpha-+\dots$$

$$\tan n\alpha=\frac{\binom{n}{1}\tan\alpha-\binom{n}{3}\tan^3\alpha+-\dots}{1-\binom{n}{2}\tan^2\alpha+-\dots}$$

$$\cot n\alpha=\frac{\cot^n\alpha-\binom{n}{2}\cot^{n-2}\alpha+-\dots}{\binom{n}{1}\cot^{n-1}\alpha-\binom{n}{3}\cot^{n-3}\alpha+-\dots}.$$

4.1.2.4 Halbwinkelformeln

Falls die vorkommenden Nenner $\neq 0$ sind, gilt:

$$\left|\sin\frac{\alpha}{2}\right|=\sqrt{\frac{1-\cos\alpha}{2}}; \qquad \left|\cos\frac{\alpha}{2}\right|=\sqrt{\frac{1+\cos\alpha}{2}}$$

$$\left|\tan\frac{\alpha}{2}\right|=\sqrt{\frac{1-\cos\alpha}{1+\cos\alpha}}=\left|\frac{1-\cos\alpha}{\sin\alpha}\right|=\left|\frac{\sin\alpha}{1+\cos\alpha}\right|$$

$$\left|\cot\frac{\alpha}{2}\right|=\sqrt{\frac{1+\cos\alpha}{1-\cos\alpha}}=\left|\frac{\sin\alpha}{1-\cos\alpha}\right|=\left|\frac{1+\cos\alpha}{\sin\alpha}\right|$$

Liegt α im ersten oder zweiten Quadranten, kann bei allen Formeln $|\,|$ entfallen. In anderen Fällen ist das Vorzeichen von $\sin\frac{\alpha}{2}$, $\cos\frac{\alpha}{2}$, $\tan\frac{\alpha}{2}$, $\cot\frac{\alpha}{2}$ nach der Quadrantenregel (4.1.1, Seite 92) zu ermitteln.

$$\sin\alpha = \frac{2\tan\frac{\alpha}{2}}{1+\tan^2\frac{\alpha}{2}} = 2\sin\frac{\alpha}{2}\cos\frac{\alpha}{2}; \quad |\sin\alpha| = \sqrt{\frac{1-\cos 2\alpha}{2}}$$

$$\cos\alpha = \frac{1-\tan^2\frac{\alpha}{2}}{1+\tan^2\frac{\alpha}{2}} = 1-2\sin^2\frac{\alpha}{2} = 2\cos^2\frac{\alpha}{2}-1; \quad |\cos\alpha| = \sqrt{\frac{1+\cos 2\alpha}{2}}$$

$$\tan\alpha = \frac{2\tan\frac{\alpha}{2}}{1-\tan^2\frac{\alpha}{2}}; \quad |\tan\alpha| = \sqrt{\frac{1-\cos 2\alpha}{1+\cos 2\alpha}}$$

$$\cot\alpha = \frac{1-\tan^2\frac{\alpha}{2}}{2\tan\frac{\alpha}{2}}; \quad |\cot\alpha| = \sqrt{\frac{1+\cos 2\alpha}{1-\cos 2\alpha}}.$$

4.1.2.5 Summenformeln

Falls die vorkommenden Nenner $\neq 0$ sind, gilt:

$$\sin\alpha+\sin\beta = 2\sin\frac{\alpha+\beta}{2}\cos\frac{\alpha-\beta}{2}; \qquad \cos\alpha+\cos\beta = 2\cos\frac{\alpha+\beta}{2}\cos\frac{\alpha-\beta}{2}$$

$$\sin\alpha-\sin\beta = 2\cos\frac{\alpha+\beta}{2}\sin\frac{\alpha-\beta}{2}; \qquad \cos\alpha-\cos\beta = -2\sin\frac{\alpha+\beta}{2}\sin\frac{\alpha-\beta}{2}$$

$$\tan\alpha+\tan\beta = \frac{\sin(\alpha+\beta)}{\cos\alpha\cos\beta}; \quad \cot\alpha+\cot\beta = \frac{\sin(\beta+\alpha)}{\sin\alpha\sin\beta}$$

$$\tan\alpha-\tan\beta = \frac{\sin(\alpha-\beta)}{\cos\alpha\cos\beta}; \quad \cot\alpha-\cot\beta = \frac{\sin(\beta-\alpha)}{\sin\alpha\sin\beta}$$

$$\sin(\alpha+\beta)+\sin(\alpha-\beta) = 2\sin\alpha\cos\beta$$

$$\sin(\alpha+\beta)-\sin(\alpha-\beta) = 2\cos\alpha\sin\beta$$

$$\cos(\alpha+\beta)+\cos(\alpha-\beta) = 2\cos\alpha\cos\beta$$

$$\cos(\alpha+\beta)-\cos(\alpha-\beta) = -2\sin\alpha\sin\beta$$

$$\cos\alpha+\sin\alpha = \sqrt{2}\sin(45°+\alpha) = \sqrt{2}\cos(45°-\alpha) \qquad \cos\alpha-\sin\alpha = \sqrt{2}\cos(45°+\alpha) = \sqrt{2}\sin(45°-\alpha)$$

$$\frac{1+\tan\alpha}{1-\tan\alpha}=\tan(45^\circ+\alpha) \qquad \frac{1+\cot\alpha}{1-\cot\alpha}=-\cot(45^\circ-\alpha)=\cot(\alpha-45^\circ).$$

4.1.2.6 Produktformeln

Falls die vorkommenden Nenner $\neq 0$ sind, gilt:

$$\sin(\alpha+\beta)\sin(\alpha-\beta)=\sin^2\alpha-\sin^2\beta=\cos^2\beta-\cos^2\alpha$$
$$\cos(\alpha+\beta)\cos(\alpha-\beta)=\cos^2\alpha-\sin^2\beta=\cos^2\beta-\sin^2\alpha$$
$$\sin\alpha\cdot\sin\beta=\tfrac{1}{2}[\cos(\alpha-\beta)-\cos(\alpha+\beta)]$$
$$\cos\alpha\cdot\cos\beta=\tfrac{1}{2}[\cos(\alpha-\beta)+\cos(\alpha+\beta)]$$
$$\sin\alpha\cdot\cos\beta=\tfrac{1}{2}[\sin(\alpha-\beta)+\sin(\alpha+\beta)].$$
$$\tan\alpha\cdot\tan\beta=\frac{\tan\alpha+\tan\beta}{\cot\alpha+\cot\beta}=-\frac{\tan\alpha-\tan\beta}{\cot\alpha-\cot\beta}$$
$$\cot\alpha\cdot\cot\beta=\frac{\cot\alpha+\cot\beta}{\tan\alpha+\tan\beta}=-\frac{\cot\alpha-\cot\beta}{\tan\alpha-\tan\beta}$$
$$\cot\alpha\cdot\tan\beta=\frac{\cot\alpha+\tan\beta}{\tan\alpha+\cot\beta}=-\frac{\cot\alpha-\tan\beta}{\tan\alpha-\cot\beta}.$$

4.1.2.7 Potenzen von Funktionswerten

$$\sin^2\alpha=\tfrac{1}{2}(1-\cos 2\alpha) \qquad \cos^2\alpha=\tfrac{1}{2}(1+\cos 2\alpha)$$
$$\sin^3\alpha=\tfrac{1}{4}(3\sin\alpha-\sin 3\alpha) \qquad \cos^3\alpha=\tfrac{1}{4}(\cos 3\alpha+3\cos\alpha)$$
$$\sin^4\alpha=\tfrac{1}{8}(\cos 4\alpha-4\cos 2\alpha+3) \qquad \cos^4\alpha=\tfrac{1}{8}(\cos 4\alpha+4\cos 2\alpha+3)$$

4.1.2.8 Funktionswerte bei drei Winkeln.

In einem Dreieck gilt:

$$\left.\begin{aligned}
&\sin\alpha+\sin\beta+\sin\gamma=4\cos\frac{\alpha}{2}\cos\frac{\beta}{2}\cos\frac{\gamma}{2}\\
&\cos\alpha+\cos\beta+\cos\gamma=4\sin\frac{\alpha}{2}\sin\frac{\beta}{2}\sin\frac{\gamma}{2}+1\\
&\tan\alpha+\tan\beta+\tan\gamma=\tan\alpha\cdot\tan\beta\cdot\tan\gamma\\
&\cot\frac{\alpha}{2}+\cot\frac{\beta}{2}+\cot\frac{\gamma}{2}=\cot\frac{\alpha}{2}\cdot\cot\frac{\beta}{2}\cdot\cot\frac{\gamma}{2}\\
&\sin^2\alpha+\sin^2\beta+\sin^2\gamma=2(\cos\alpha\cos\beta\cos\gamma+1)\\
&\sin 2\alpha+\sin 2\beta+\sin 2\gamma=4\sin\alpha\sin\beta\sin\gamma
\end{aligned}\right\}\ \text{gültig für } \alpha+\beta+\gamma=180^\circ.$$

B

Zu 4.1.2:
Vereinfachung trigonometrischer Terme

1. Der Ausdruck $\frac{\cos x(1-\tan^2 x)}{\tan x(\cot x-1)}$ ist auf möglichst einfache Gestalt umzuformen. Es ist

$$\frac{\cos x(1-\tan^2 x)}{1-\tan x}=\cos x(1+\tan x)=\cos x+\sin x=\sqrt{2}\sin\left(\frac{\pi}{4}+x\right)=\sqrt{2}\sin(45^\circ+x).$$

Trigonometrische Gleichung

2. Es ist die Gleichung $2\sin^2 x - \cos x = 1$ zu lösen.

   Man formt auf gleiche Funktionen um:

   $$2 - 2\cos^2 x - \cos x = 1$$

   Diese in $\cos x$ quadratische Gleichung

   $$\cos^2 x + \tfrac{1}{2}\cos x = \tfrac{1}{2}$$

   hat die Lösung:

   $$\cos x = -\tfrac{1}{4} \pm \tfrac{3}{4}; \quad \cos x = +\tfrac{1}{2}; \quad \cos x = -1$$

   $$x_1 = 60° + k \cdot 360°; \quad x_2 = 300° + k \cdot 360°; \quad x_3 = 180° + k \cdot 360° (k \in \mathbb{Z})$$

Anwendung eines Additionstheorems

3. Wendet man auf den Ausdruck $\sin(45° + \alpha)$ das Additionstheorem an, so folgt

   $$\sin(45° + \alpha) = \sin 45° \cdot \cos\alpha + \cos 45° \cdot \sin\alpha = \tfrac{1}{2}\sqrt{2}(\cos\alpha + \sin\alpha) = \frac{1}{\sqrt{2}}(\cos\alpha + \sin\alpha).$$

   Also gilt z.B. $\sin\alpha + \cos\alpha = \sqrt{2}\sin(45° + \alpha)$.

Additionstheoreme bei Gleichungen

4. Man löse die Gleichung $\sin(x+1) = 2\cos x$ nach x auf.

   $$\sin x \cdot \cos 1 + \cos x \cdot \sin 1 = 2\cos x; \quad \text{(Additionstheoreme)}$$

   $$\sin x \cdot \cos 1 = \cos x \cdot (2 - \sin 1) \,|: \cos x \neq 0$$

   (wäre $\cos x = 0 \Rightarrow \sin x = \pm 1 \Rightarrow$ Gleichung enthält Widerspruch);

   $$\frac{\sin x}{\cos x} = \frac{2 - \sin 1}{\cos 1}; \quad \tan x = \frac{2 - \sin 1}{\cos 1};$$

   $$x = \arctan\frac{2 - \sin 1}{\cos 1} + k\pi \quad (k \in \mathbb{Z});$$

   $$x \approx \arctan 2{,}144 + k\pi \approx 1{,}134 + k\pi \approx 65° + k \cdot 180°.$$

Zusammenfassung von sin- und cos-Termen

5. Man schreibe den Term $4\sin\alpha - 3\cos\alpha$ in der Form $A \cdot \sin(\alpha + \beta)$ bzw. $B \cdot \cos(\alpha + \gamma)$.

   $$4\sin\alpha - 3\cos\alpha = \sqrt{4^2 + 3^2}\left(\underbrace{\frac{4}{\sqrt{4^2+3^2}}}_{\cos\beta}\sin\alpha - \underbrace{\frac{3}{\sqrt{4^2+3^2}}}_{\sin\beta}\cos\alpha\right)$$

   $$\approx 5\sin(\alpha - 0{,}644) \approx 5\sin(\alpha - 36{,}9°);$$

   $$\beta \approx -0{,}644 \approx -36{,}9°; \quad A = 5;$$

   $$4\sin\alpha - 3\cos\alpha = \sqrt{4^2 + 3^2}\left(\underbrace{\frac{4}{\sqrt{4^2+3^2}}}_{\sin\gamma}\sin\alpha - \underbrace{\frac{3}{\sqrt{4^2+3^2}}}_{\cos\gamma}\cos\alpha\right)$$

   $$\approx -5\cos(\alpha + 0{,}524) \approx -5\cos(\alpha + 53{,}1°);$$

   $$\gamma \approx 0{,}524 \approx 53{,}1°; \quad B = -5.$$

Hilfswinkel bei trigonometrischen Gleichungen

6. Gesucht sind die Lösungen der Gleichung $2{,}1\cos\alpha+3{,}01\sin\alpha=1{,}9$ $(0\leq\alpha\leq 360°)$. Man kann diese Gleichung lösen, indem man $\cos\alpha$ durch $\sin\alpha$ ersetzt, erhält dabei aber eine quadratische Gleichung für $\sin\alpha$. Infolge des vorherigen Quadrierens erhält man überzählige Wurzeln, die keine Lösungen der Aufgabe sind (Probe durch Einsetzen).

$$3{,}01\sqrt{1-\cos^2\alpha}=|1{,}9-2{,}1\cos\alpha|;$$
$$13{,}47\cos^2\alpha-7{,}98\cos\alpha=5{,}45$$
$$\cos\alpha=0{,}296\pm\sqrt{0{,}4928}=0{,}296\pm 0{,}702=\begin{cases}0{,}998\\-0{,}406\end{cases};$$
$$(\alpha_1=3{,}6°);\quad \alpha_2=356{,}3°;\quad \alpha_3=113{,}9°;\quad (\alpha_4=246{,}1°).$$

Eine zweite Methode besteht in der Einführung eines Hilfswinkels φ durch Anwendung der Additionstheoreme:

$$2{,}1\cos\alpha+3{,}01\sin\alpha=\sqrt{2{,}1^2+3{,}01^2}\,\Bigg(\underbrace{\frac{2{,}1}{\sqrt{2{,}1^2+3{,}01^2}}}_{\cos\varphi}\cos\alpha+\underbrace{\frac{3{,}01}{\sqrt{2{,}1^2+3{,}01^2}}}_{\sin\varphi}\sin\alpha\Bigg)$$
$$\approx 3{,}67\cos(\alpha-55{,}1°)=1{,}9;$$
$$\cos(\alpha-55{,}1°)=\frac{1{,}9}{3{,}67};\quad \alpha-55{,}1°\approx\begin{cases}58{,}8°\\301{,}2°\end{cases};\quad \alpha\approx\begin{cases}113{,}9°\\356{,}3°.\end{cases}$$

Hilfswinkelmethode

7. Man löse die Gleichung $2\sin x+5\cos x=3$.

$$\sqrt{29}\,\Bigg(\underbrace{\frac{2}{\sqrt{29}}}_{\cos\varphi}\sin x+\underbrace{\frac{5}{\sqrt{29}}}_{\sin\varphi}\cos x\Bigg)=3;$$
$$\varphi=1{,}190+2k^*\pi\quad(k^*\in\mathbb{Z}).$$
$$\sin(x+\varphi)=\frac{3}{\sqrt{29}};$$
$$x+\varphi\approx\begin{cases}0{,}591+2k^{**}\pi\\2{,}551+2k^{**}\pi\end{cases}\quad(k^{**}\in\mathbb{Z})$$
$$x\approx\begin{cases}0{,}591+2k^{**}\pi-1{,}190-2k^*\pi=-0{,}599+2k\pi\\2{,}551+2k^{**}\pi-1{,}190-2k^*\pi=1{,}361+2k\pi\end{cases}(k\in\mathbb{Z})$$

Der Hilfswinkel φ darf also zwischen 0 und 2π gewählt werden.

Funktionswertdifferenz

8. Der Ausdruck $\sin(x+\Delta x)-\sin x$ soll auf eine möglichst einfache Gestalt gebracht werden.

Durch Anwendung der Summenformeln findet man mit

$$\alpha=x+\Delta x,\qquad \beta=x$$
$$\sin(x+\Delta x)-\sin x=2\cdot\cos\frac{x+\Delta x+x}{2}\sin\frac{x+\Delta x-x}{2}=2\cdot\cos\left(x+\frac{\Delta x}{2}\right)\cdot\sin\frac{\Delta x}{2}.$$

Umformung bei drei Winkeln

9. Der Ausdruck $\sin\alpha \cdot \sin\beta \cdot \sin\gamma$ soll so umgeformt werden, daß keine Produkte von trigonometrischen Funktionen mehr auftreten.

Man wendet zweckmäßig auf $\sin\alpha \cdot \sin\beta$ die Produkt-Formeln an und erhält

$$\sin\alpha \cdot \sin\beta = \tfrac{1}{2}[\cos(\alpha-\beta) - \cos(\alpha+\beta)].$$

Dann ist

$$\sin\alpha \cdot \sin\beta \cdot \sin\gamma = \tfrac{1}{2}\sin\gamma \cdot \cos(\alpha-\beta) - \tfrac{1}{2}\sin\gamma \cdot \cos(\alpha+\beta).$$

Nunmehr liefert die nochmalige Anwendung der Produkt-Formeln auf die einzelnen Summanden

$$\sin\alpha \cdot \sin\beta \cdot \sin\gamma = \tfrac{1}{4}[\sin(\gamma-\alpha+\beta) + \sin(\gamma+\alpha-\beta)] - \tfrac{1}{4}[\sin(\gamma-\alpha-\beta) + \sin(\gamma+\alpha+\beta)].$$

Gleichung mit Doppelwinkel

10. Gesucht sind die Lösungen der Gleichung $\cos 2\alpha = \frac{1}{2}\cos\alpha$.

Man ersetzt $\cos 2\alpha$ durch $\cos\alpha$ und erhält

$$2\cos^2\alpha - 1 = \tfrac{1}{2}\cos\alpha; \qquad \cos^2\alpha - \tfrac{1}{4}\cos\alpha - \tfrac{1}{2} = 0.$$

Diese in $\cos\alpha$ quadratische Gleichung hat die Lösung

$$\cos\alpha \approx 0{,}125 \pm 0{,}718 = \begin{cases} 0{,}843 \\ -0{,}593 \end{cases};$$

$$\alpha_1 \approx 32{,}54° + 2k\pi; \quad \alpha_2 \approx 327{,}46° + 2k\pi;$$

$$\alpha_3 \approx 126{,}37° + 2k\pi; \quad \alpha_4 \approx 233{,}63° + 2k\pi \quad (k \in \mathbb{Z}).$$

Rechtwinkliges Dreieck

11. Gilt in einem Dreieck $\sin\alpha = \cos\beta + \cos\gamma$, so ist das Dreieck rechtwinklig.

Beweis: $\gamma = \pi - \alpha - \beta$;

$$\cos\gamma = -\cos(\alpha+\beta) = -\cos\alpha\cos\beta + \sin\alpha\sin\beta;$$

$$\Rightarrow \sin\alpha = \cos\beta - \cos\alpha\cos\beta + \sin\alpha\sin\beta; \qquad \text{(wegen der Voraussetzung)}$$

$$\sin\alpha(1-\sin\beta) = \cos\beta(1-\cos\alpha);$$

$$\frac{\sin\alpha}{1-\cos\alpha} \cdot (1-\sin\beta) = \cos\beta \quad \text{weil } \cos\alpha \neq 1, \text{ sonst wäre } \alpha = 0;$$

Fall a: $\sin\beta = 1 \Rightarrow \cos\beta = 0 \Rightarrow \beta = \dfrac{\pi}{2}$ (Behauptung richtig).

Fall b: $\sin\beta \neq 1 \Rightarrow 1 - \sin\beta \neq 0 \Rightarrow \underbrace{\dfrac{\sin\alpha}{1-\cos\alpha}}_{\text{positiv}} = \underbrace{\dfrac{\cos\beta}{1-\sin\beta}}_{\text{positiv}};$

$$\cot\frac{\alpha}{2} = \frac{\sin\left(\frac{\pi}{2}-\beta\right)}{1-\cos\left(\frac{\pi}{2}-\beta\right)} = \cot\left(\frac{\pi}{4}-\frac{\beta}{2}\right);$$

$$\Rightarrow \frac{\alpha}{2} = \frac{\pi}{4} - \frac{\beta}{2}; \quad \Rightarrow \alpha + \beta = \frac{\pi}{2} \Rightarrow \gamma = \frac{\pi}{2} \quad \text{(Behauptung richtig).}$$

4.2 Ebene Trigonometrie

4.2.1 Rechtwinkliges Dreieck

Die Berechnung von geometrischen Größen rechtwinkliger Dreiecke geschieht unmittelbar mit den Definitionsgleichungen für die trigonometrischen Funktionen (4.1.1, Seite 92). Ist c die Hypotenuse, so gilt unter Verwendung nur der gegebenen zwei Stücke:

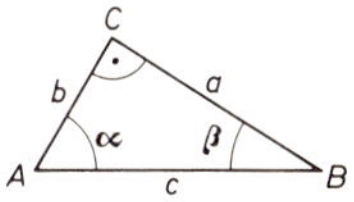

gegeben	a	b	c	α	β	A
c, α	$c \sin\alpha$	$c \cos\alpha$	–	–	$90° - \alpha$	$\frac{1}{4}c^2 \sin 2\alpha$
a, α	–	$a \cot\alpha$	$\frac{a}{\sin\alpha}$	–	$90° - \alpha$	$\frac{1}{2}a^2 \cot\alpha$
b, α	$b \cdot \tan\alpha$	–	$\frac{b}{\cos\alpha}$	–	$90° - \alpha$	$\frac{1}{2}b^2 \tan\alpha$
a, c	–	$\sqrt{c^2 - a^2}$	–	$\arcsin\frac{a}{c}$	$\arccos\frac{a}{c}$	$\frac{1}{2}a\sqrt{c^2 - a^2}$
a, b	–	–	$\sqrt{a^2 + b^2}$	$\arctan\frac{a}{b}$	$\arctan\frac{b}{a}$	$\frac{1}{2}ab$

B

Zu 4.2.1

Berechnung eines rechtwinkligen Dreiecks

1. Von einem rechtwinkligen Dreieck sind gegeben $a = 4{,}50$ cm; $\alpha = 57{,}2°$. Gesucht sind die anderen Seiten und Winkel, der Flächeninhalt sowie die Längen der Seitenhalbierenden.

   Aus Zeile 2 der Tabelle von 4.2.1, Seite 101, entnimmt man:

   $$b = a \cot\alpha \approx 2{,}90 \text{ cm};$$

   $$c = \frac{a}{\sin\alpha} \approx 5{,}35 \text{ cm} \quad \text{oder} \quad c = \sqrt{a^2 + b^2} \approx 5{,}35 \text{ cm};$$

   $$\beta = 90° - \alpha = 32{,}8°;$$

   $$A = \tfrac{1}{2}ab \approx 6{,}53 \text{ cm}^2.$$

   Auf ein rechtwinkliges Dreieck sind die Formeln für schiefwinklige Dreiecke (4.2.2, Seite 102) anwendbar:

   $$s_a = \tfrac{1}{2}\sqrt{b^2 + c^2 + 2bc\cos\alpha} \approx 3{,}67 \text{ cm};$$

   $$s_b = \tfrac{1}{2}\sqrt{c^2 + a^2 + 2ca\cos\beta} \approx 4{,}73 \text{ cm};$$

   $$s_c = \tfrac{1}{2}\sqrt{a^2 + b^2 + 2ab\cos\gamma} = \tfrac{1}{2}c \approx 2{,}68 \text{ cm}$$

   (s_c ist Radius des Thaleskreises über c).

4.2.2 Schiefwinkliges Dreieck

4.2.2.1 Allgemeine Formeln

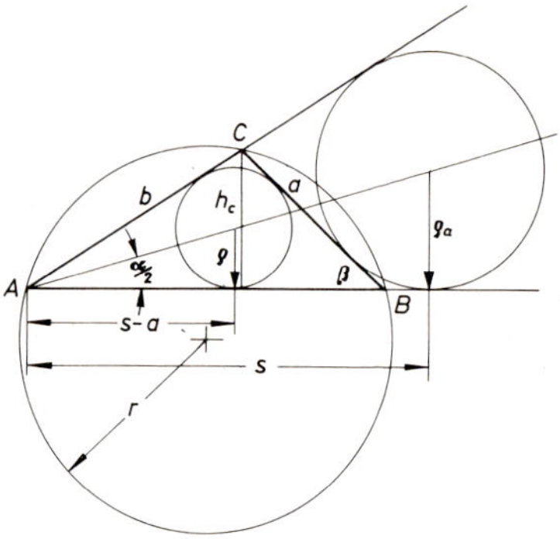

Sinussatz:
$$\frac{a}{\sin\alpha}=\frac{b}{\sin\beta}=\frac{c}{\sin\gamma}=2r$$

Kosinussatz:
$$a^2=b^2+c^2-2bc\cos\alpha$$

Tangenssatz:
$$\frac{a+b}{a-b}=\frac{\tan\frac{\alpha+\beta}{2}}{\tan\frac{\alpha-\beta}{2}}$$

Halbwinkelsatz:
$$\frac{\varrho}{s-a}=\tan\frac{\alpha}{2}\quad\left(s=\frac{U}{2}\right)$$

Projektionssatz:
$$a=b\cos\gamma+c\cos\beta$$

Mollweidesche Formeln:
$$\frac{a+b}{c}=\frac{\cos\frac{\alpha-\beta}{2}}{\sin\frac{\gamma}{2}},\qquad\frac{a-b}{c}=\frac{\sin\frac{\alpha-\beta}{2}}{\cos\frac{\gamma}{2}}$$

Flächeninhalt:
$$A=\frac{ab}{2}\sin\gamma=\frac{a^2}{2}\cdot\frac{\sin\beta\sin\gamma}{\sin\alpha}=2r^2\sin\alpha\sin\beta\sin\gamma=\varrho s$$

Umfang:
$$U=8r\cdot\cos\frac{\alpha}{2}\cdot\cos\frac{\beta}{2}\cdot\cos\frac{\gamma}{2}$$

Höhenformeln:
$$h_a=b\sin\gamma=c\sin\beta=\frac{a\sin\beta\sin\gamma}{\sin\alpha}=\frac{bc}{a}\sin\alpha$$

Seitenhalbierende:
$$s_a=\tfrac{1}{2}\sqrt{b^2+c^2+2bc\cos\alpha}$$

Winkelhalbierende:
$$w_\alpha=\frac{2bc\cdot\cos\frac{\alpha}{2}}{b+c}$$

Umkreisradius:
$$r=\frac{a}{2\sin\alpha}=\frac{b}{2\sin\beta}=\frac{c}{2\sin\gamma}$$

Inkreisradius:
$$\varrho=s\cdot\tan\frac{\alpha}{2}\cdot\tan\frac{\beta}{2}\cdot\tan\frac{\gamma}{2}\quad\left(s=\frac{U}{2}\right)$$

(s. auch Halbwinkelsatz)

Ankreisradius:
$$\varrho_a=s\tan\frac{\alpha}{2}=\frac{a}{\cos\frac{\alpha}{2}}\cos\frac{\beta}{2}\cos\frac{\gamma}{2}$$

Durch zyklische Vertauschung ergeben sich zu jeder der vorstehenden Formeln zwei weitere äquivalente Formeln.

4.2.2.2 Allgemeine Dreiecksberechnung

In der Tabelle sind die Formeln zur Berechnung der Seiten bzw. Winkel zusammengestellt. Die weiteren Größen können mit den Formeln von 4.2.2.1, Seite 102, berechnet werden.

gegeben	gesucht
I. 3 Seiten (SSS) (a, b, c)	$\alpha=\arccos\frac{b^2+c^2-a^2}{2bc}$ (Kosinussatz) $\beta=\arccos\frac{a^2+c^2-b^2}{2ac}$ (Kosinussatz) $\gamma=\arccos\frac{a^2+b^2-c^2}{2ab}$ (Kosinussatz)
II. 2 Seiten und der eingeschlossene Winkel (SWS) (a, γ, b)	$c=\sqrt{a^2+b^2-2ab\cos\gamma}$ (Kosinussatz) $\alpha=\arccos\frac{b-a\cos\gamma}{c}$ (Kosinussatz) $\beta=\arccos\frac{a-b\cos\gamma}{c}$ (Kosinussatz)
III. 1 Seite und die anliegenden Winkel (WSW) (α, c, β)	$\gamma=\pi-\alpha-\beta$ (Winkelsummensatz) $a=\frac{b\sin\alpha}{\sin\beta}$ (Sinussatz) $b=\frac{c\sin\beta}{\sin\gamma}$ (Sinussatz)
IV. 2 Seiten und ein gegenüberliegender Winkel (SSW) (a, b, α)	β: Fall 1. $a=b$: $\beta=\alpha$ (nur lösbar, wenn $\alpha<\frac{\pi}{2}$) Fall 2. $a>b$: $\beta=\arcsin\left(\frac{b\sin\alpha}{a}\right)$ (Sinussatz) Fall 3. $a<b$: falls $a<b\sin\alpha$: keine Lösung falls $a=b\sin\alpha$: $\beta=\frac{\pi}{2}$ (eine Lösung) falls $a>b\sin\alpha$: $\beta_1=\arcsin\frac{b\sin\alpha}{a}$, $\beta_2=\pi-\beta_1$ (zwei Lösungen) (Sinussatz) $\gamma=\pi-\alpha-\beta$ (Winkelsummensatz) $c=\sqrt{a^2+b^2-2ab\cos\gamma}$ (Kosinussatz)

4.2.2.3 Geodätische Grundaufgaben

Vorwärtseinschnitt.

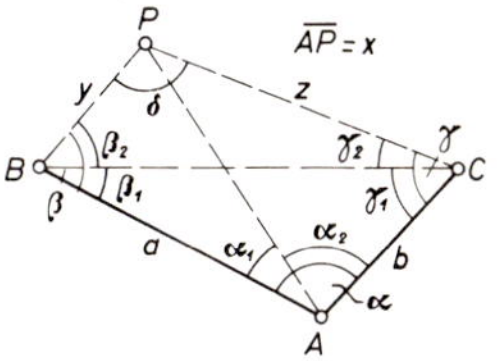

Beim Vorwärtseinschnitt handelt es sich um die Aufgabe, aus den bekannten Standlinienlängen $\overline{AB}=a$ und $\overline{AC}=b$ und den gemessenen Winkeln α, β, γ die Entfernungen x, y, z des sog. Neupunktes P von den bekannten Punkten A, B, C zu berechnen.

Gegeben: $a, b, \alpha, \beta, \gamma$ Gesucht: x, y, z

Rechengang:

1. $\overline{BC} = c = \sqrt{a^2+b^2-2ab\cos\alpha}$

2. $\beta_1 = \arccos\dfrac{a^2+c^2-b^2}{2ac}$;

$\gamma_1 = \arccos\dfrac{b^2+c^2-a^2}{2bc}$

3. $\beta_2 = \beta - \beta_1$; $\gamma_2 = \gamma - \gamma_1$

4. $\delta = 2\pi - (\alpha + \beta + \gamma)$

5. $y = \dfrac{c\sin\gamma_2}{\sin\delta}$; $z = \dfrac{c\sin\beta_2}{\sin\delta}$;

$x = \sqrt{a^2+y^2-2ay\cos\beta} = \sqrt{b^2+z^2-2bz\cos\gamma}$ (Kontrollmöglichkeit).

Rückwärtseinschnitt.

Beim Rückwärtseinschnitt ist der sog. Neupunkt P zugänglich, so daß in ihm die Winkel δ_1 und δ_2 zu den Festpunkten B, A und C gemessen werden können. Bekannt sind wie beim Vorwärtseinschnitt die Standlinienlängen $\overline{AB} = a$, $\overline{AC} = b$ und der Winkel α.

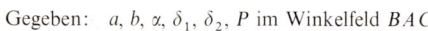

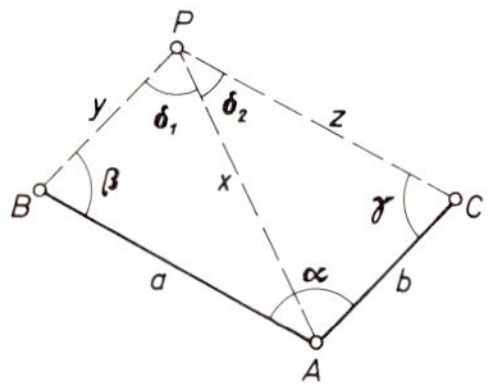

Gegeben: a, b, α, δ_1, δ_2, P im Winkelfeld BAC

Gesucht: x, y, z

Rechengang:

1. $\tau = 2\pi - (\alpha + \delta_1 + \delta_2)$

2. $E = \dfrac{b\sin\delta_1 - a\sin\delta_2}{b\sin\delta_1 + a\sin\delta_2}$

3. $\beta = \arctan\left(E\cdot\tan\dfrac{\tau}{2}\right) + \dfrac{\tau}{2}$

4. $\gamma = \tau - \beta$

5. $x = \dfrac{a\sin\beta}{\sin\delta_1}$; $y = \dfrac{a\sin(\beta+\delta_1)}{\sin\delta_1}$; $z = \dfrac{b\sin(\gamma+\delta_2)}{\sin\delta_2}$.

B

Zu 4.2.2:

Dreiecksberechnung SSS

1. Ein Dreieck habe die Seiten $a = 6{,}7$ cm; $b = 5{,}2$ cm; $c = 9{,}8$ cm. Wie groß sind die Dreieckswinkel α, β, γ und der Flächeninhalt A?

   Es liegt der Fall *SSS*, Ziffer I, von 4.2.2.2, Seite 103 vor.

   $\alpha \approx 39{,}9°$; $\beta \approx 29{,}9°$; $\gamma \approx 110{,}2°$;

   $A = \dfrac{ab}{2}\cdot\sin\gamma \approx 16{,}3\ \text{cm}^2$.

Dreiecksberechnung SSW

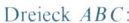

2. In einen Kreis vom Radius 3,20 cm ist ein Dreieck mit $a=4{,}00$ cm, $\beta=32{,}9°$ eingezeichnet. Man berechne die Längen der anderen Seiten, die Winkel und den Inkreisradius.

$$\sphericalangle AMC=2\beta;\quad \sphericalangle HMC=\beta;\quad \overline{HC}=r\cdot\sin\beta\approx 1{,}74\,\text{cm};$$

$$b=\overline{AC}=2\overline{HC}=3{,}48\ cm.$$

Dreieck ABC:

Gegeben b, a, β; $\quad b<a$

(Tabelle von 4.2.2.2, Seite 103, Ziffer IV, Fall 2):

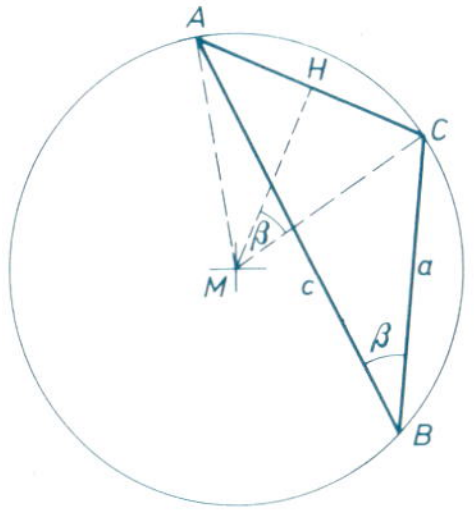

$$\alpha=\arcsin\frac{a\cdot\sin\beta}{b}\approx 38{,}6°;$$

$$\gamma=180°-\alpha-\beta=108{,}5°;$$

$$c=\sqrt{a^2+b^2-2ab\cos\gamma}\approx 6{,}08\,\text{cm};$$

$$U=a+b+c=13{,}56\,\text{cm};$$

$$s=\frac{U}{2}=6{,}78\,\text{cm};$$

$$\varrho=s\cdot\tan\frac{\alpha}{2}\cdot\tan\frac{\beta}{2}\cdot\tan\frac{\gamma}{2}\approx 0{,}97\,\text{cm}.$$

In- und Umkreis eines Dreiecks

3. Von einem Dreieck sind gegeben $a=4$ cm, $b=4{,}5$ cm, $c=6{,}3$ cm. Zu berechnen sind der Radius des In- und des Umkreises.

Da die Anwendung der Formeln für ϱ und r

$$\varrho=(s-a)\cdot\tan\frac{\alpha}{2}\quad\text{und}\quad r=\frac{a}{2\sin\alpha}$$

die Kenntnis von α voraussetzt, berechnet man zuerst α nach Ziffer I, 4.2.2.2, Seite 103:

$$\alpha=\arccos\frac{4{,}5^2+6{,}3^2-4^2}{2\cdot 4{,}5\cdot 6{,}3}\approx 39{,}2°;$$

$$s=\frac{a+b+c}{2}=7{,}4\,\text{cm};$$

$$\varrho=(7{,}4-4)\,0{,}356\,\text{cm}\approx 1{,}21\,\text{cm}$$

$$r=\frac{4}{2\cdot 0{,}633}\,\text{cm}\approx 3{,}16\,\text{cm}.$$

Dreiecksberechnung SSW

4. Von einem Dreieck ist gegeben $a=5.2$ cm, $b=6$ cm; $\alpha=55°$.
Zu berechnen sind die übrigen Winkel und Seiten.

Formeln von Ziff. IV, 4.2.2.2, Seite 103.

Da $a<b$, liegt Fall 3 vor; weil $b\cdot\sin\alpha\approx 4{,}92\,\text{cm}<5{,}2\,\text{cm}=a$, erhält man zwei Lösungen.

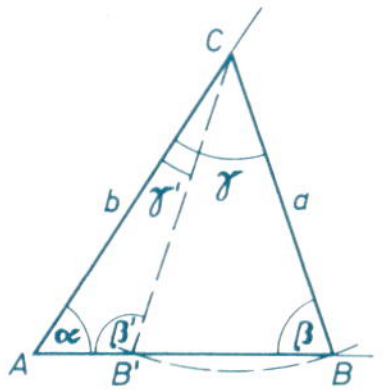

1. Lösung	2. Lösung
$\beta_1 = \arcsin \frac{b \sin \alpha}{a}$ $\approx 70{,}9°$;	$\beta_2 = 180° - \beta_1$ $= 109{,}1°$
$\gamma_1 = 54{,}1°$;	$\gamma_2 = 15{,}9°$;
$c_1 \approx 5{,}14$ cm.	$c_2 \approx 1{,}74$ cm.

Rückwärtseinschnitt

5. Es sei:

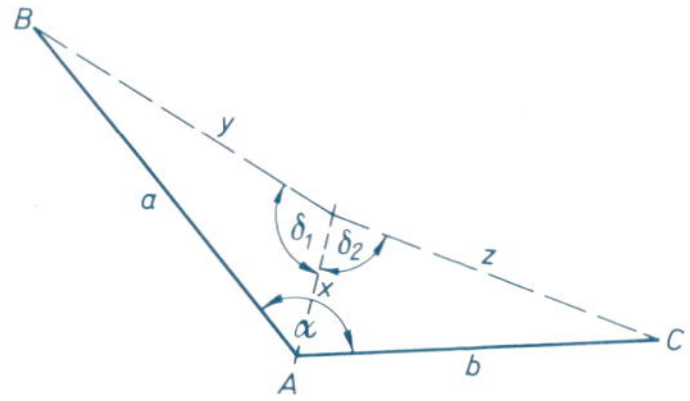

$$a = 217\text{ m};\quad b = 189\text{ m};\quad \alpha = 127°\,25';$$
$$\delta_1 = 105°\,40';\quad \delta_2 = 85°\,31'.$$
$$\alpha \approx 127{,}42°;\quad \delta_1 \approx 105{,}67°;\quad \delta_2 \approx 85{,}52°.$$

1. $\tau = 41{,}39°$;
2. $E \approx -0{,}0863$;
3. $\beta \approx 18{,}83°$;
4. $\gamma \approx 22{,}56°$;
5. $x \approx 72{,}7$ m; $y \approx 185{,}7$ m; $z \approx 180{,}2$ m.

4.3 Sphärische Trigonometrie

4.3.1 Geometrie auf der Kugel

Durch drei Punkte auf der Kugel wird eine Schnittebene bestimmt, die die Kugel in einem sog. *Kleinkreis* schneidet. Geht die Ebene durch den Mittelpunkt der Kugel, so entsteht der größte Schnittkreis, der sog. *Großkreis*. Dieser ist bereits durch zwei Punkte (P_1, P_2) eindeutig bestimmt. Zwei Großkreise schneiden sich in einem Paar sog. *Gegenpunkte* (P_1, P_1'). Auf dem Großkreis liegt der kürzeste Abstand zwischen P_1 und P_2 auf der Kugelfläche. Es gilt $\widehat{P_1 P_2} = R\alpha$.

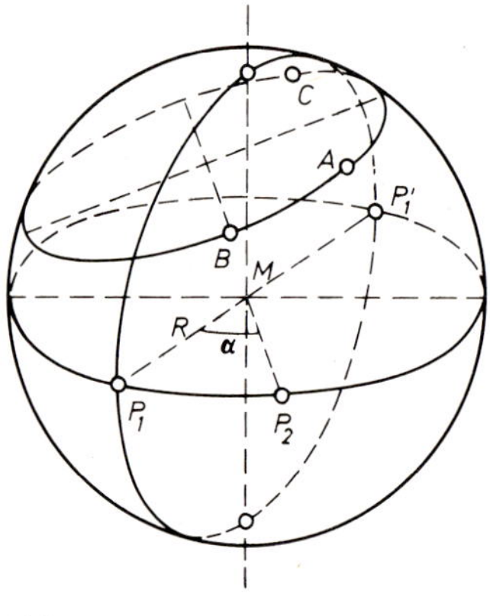

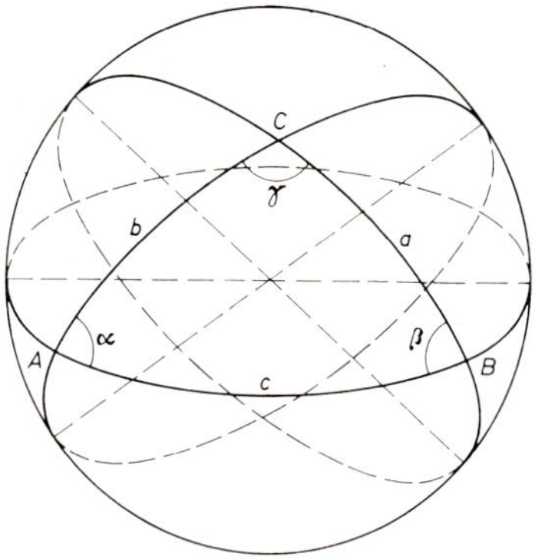

Durch drei Großkreisbögen, die sich nicht in den Endpunkten eines Kugeldurchmessers schneiden, oder durch irgend drei Punkte der Kugelfläche, die nicht auf einem Großkreis liegen, wird ein Kugeldreieck ABC bestimmt.

Seine Seiten werden im allgemeinen nur durch die zugehörigen Mittelpunktswinkel festgelegt; die wahren Längen der Bögen erhält man durch Multiplikation mit R.

In einem Kugeldreieck gilt:

1. $a, b, c < \pi$; $\alpha, \beta, \gamma < \pi$ (Festlegung)
2. Seitensumme: $S = a + b + c < 2\pi$
3. Umfang: $U = R \cdot S$
4. Sphärischer Defekt: $\delta = 2\pi - S$
5. Winkelsumme: $W = \alpha + \beta + \gamma > \pi$
6. Sphärischer Exzeß: $\varepsilon = W - \pi$
7. Flächeninhalt: $A = R^2 \cdot \varepsilon$
8. Der größeren von zwei Seiten liegt der größere Winkel gegenüber.

4.3.2 Rechtwinkliges Kugeldreieck

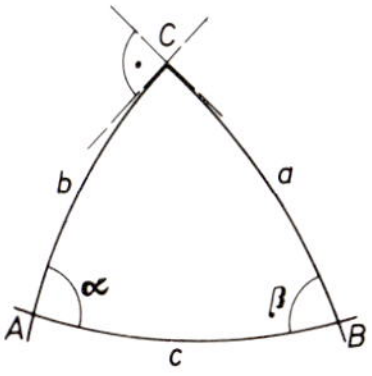

Es sei $\gamma = \frac{\pi}{2}$; die Gegenseite c heißt Hypotenuse.

Wegen $W > \pi$ (4.3.1), kann trotz $\gamma = \frac{\pi}{2}$ auch α oder (und) β rechter oder stumpfer Winkel sein.

Es gilt:

1. $\cos c = \cot \beta \cdot \cot \alpha$	1'. $\cos c = \cos a \cos b$
2. $\sin a = \cot \beta \cdot \tan b$	2'. $\sin a = \sin c \sin \alpha$
3. $\sin b = \tan a \cdot \cot \alpha$	3'. $\sin b = \sin c \sin \beta$
4. $\cos \alpha = \cot c \cdot \tan b$	4'. $\cos \alpha = \sin \beta \cos a$
5. $\cos \beta = \cot c \cdot \tan a$	5'. $\cos \beta = \sin \alpha \cos b$

Die vorstehenden Formeln lassen sich zu folgender Regel zusammenfassen:

Nepersche Regel: Im rechtwinkligen sphärischen Dreieck ist der Kosinus jeden Stückes gleich dem Produkt der Kotangenten der anliegenden Stücke und gleich dem Produkt der Sinus der nicht anliegenden Stücke, wenn man den rechten Winkel nicht mitzählt und die Katheten durch ihre Komplementwinkel ersetzt (s. nebenstehendes Schema).

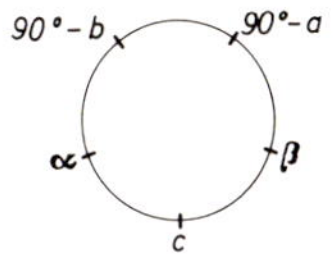

6. Eine Kathete und ihr Gegenwinkel sind zugleich entweder spitz-, stumpf- oder rechtwinklig.
7. Die Hypotenuse c ist

   rechtwinklig, wenn mindestens eine Kathete rechtwinklig ist;

   spitzwinklig, wenn beide Katheten entweder spitzwinklig oder stumpfwinklig sind;

   stumpfwinklig, wenn eine Kathete stumpf-, die andere spitzwinklig ist.

In der Tabelle sind die Formeln zur Berechnung der Seiten bzw. Winkel eines rechtwinkligen Kugeldreiecks zusammengestellt.

gegeben	gesucht	Bemerkung
I. Beide Katheten (a, b)	$c=\arccos(\cos a\cdot\cos b)$ $\alpha=\arctan\left(\frac{\tan a}{\sin b}\right)+\frac{\pi}{2}\left(1-\operatorname{sgn}\left(\frac{\tan a}{\sin b}\right)\right)$ $\beta=\arctan\left(\frac{\tan b}{\sin a}\right)+\frac{\pi}{2}\left(1-\operatorname{sgn}\left(\frac{\tan b}{\sin a}\right)\right)$	falls $a=\frac{\pi}{2}$, ist $\alpha=\frac{\pi}{2}$; falls $b=\frac{\pi}{2}$, ist $\beta=\frac{\pi}{2}$ (Ziff. 6)
II. Hypotenuse und Kathete (c, a)	$b=\arccos\left(\frac{\cos c}{\cos a}\right)$ $\alpha=\begin{cases}\arcsin\left(\frac{\sin a}{\sin c}\right) & \text{oder}\\ \pi-\arcsin\left(\frac{\sin a}{\sin c}\right)\end{cases}$ $\beta=\arccos(\tan a\cdot\cot c)$	α so, daß Ziff. 6 erfüllt ist; falls $\left\|a-\frac{\pi}{2}\right\|>\left\|c-\frac{\pi}{2}\right\|$, genau eine Lösung; falls $\left\|a-\frac{\pi}{2}\right\|\leqq\left\|c-\frac{\pi}{2}\right\|$, i.a. keine Lösung, außer wenn $a=c=\frac{\pi}{2}$; in diesem Fall ist b nicht eindeutig zu bestimmen.
III. Kathete und anliegender Winkel (b, α)	$a=\arctan(\sin b\cdot\tan\alpha)+\frac{\pi}{2}(1-\operatorname{sgn}(\sin b\cdot\tan\alpha))$ $c=\operatorname{arccot}(\cot b\cdot\cos\alpha)$ $\beta=\arccos(\cos b\cdot\sin\alpha)$	falls $\alpha=\frac{\pi}{2}$, ist $a=\frac{\pi}{2}$ (Ziff. 6)
IV. Hypotenuse und anliegender Winkel $(c; \beta)$	$b=\begin{cases}\arcsin(\sin c\cdot\sin\beta) & \text{oder}\\ \pi-\arcsin(\sin c\cdot\sin\beta)\end{cases}$ $\alpha=\operatorname{arccot}(\cos c\cdot\tan\beta)$ $a=\arctan(\tan c\cdot\cos\beta)+\frac{\pi}{2}(1-\operatorname{sgn}(\tan c\cdot\cos\beta))$	b so, daß Ziff. 6 erfüllt ist; falls $\beta=\frac{\pi}{2}$, ist $c=\frac{\pi}{2}$ (Ziff. 6, 7); falls $\beta=c=\frac{\pi}{2}$, sind α und a nicht eindeutig zu bestimmen; falls $c=\frac{\pi}{2}$ und $\beta\neq\frac{\pi}{2}$, dann $b=\beta$ und $\alpha=a=\frac{\pi}{2}$

V. Kathete und Gegenwinkel (b, β)	$\alpha=\begin{cases}\arcsin\left(\frac{\cos\beta}{\cos b}\right) & \text{oder}\\ \pi-\arcsin\left(\frac{\cos\beta}{\cos b}\right)\end{cases}$ $a=\begin{cases}\arcsin(\tan b\cdot\cot\beta) & \text{oder}\\ \pi-\arcsin(\tan b\cdot\cot\beta)\end{cases}$ $c=\begin{cases}\arcsin\left(\frac{\sin b}{\sin\beta}\right) & \text{oder}\\ \pi-\arcsin\left(\frac{\sin b}{\sin\beta}\right)\end{cases}$	a und α so, daß Ziff. 6 erfüllt ist; c so, daß Ziff. 7 erfüllt ist; falls $b=\frac{\pi}{2}$, ist $\beta=\frac{\pi}{2}$ (Ziff. 6); falls $\left\|b-\frac{\pi}{2}\right\|<\left\|\beta-\frac{\pi}{2}\right\|$, keine Lösung; falls $b=\beta$ $\left(a=c=\alpha=\frac{\pi}{2}\right)$, eine Lösung; falls $\left\|\beta-\frac{\pi}{2}\right\|<\left\|b-\frac{\pi}{2}\right\|$, zwei Lösungen;
VI. Zwei Winkel $(\alpha; \beta)$	$a=\arccos\left(\frac{\cos\alpha}{\sin\beta}\right)$ $b=\arccos\left(\frac{\cos\beta}{\sin\alpha}\right)$ $c=\arccos(\cot\alpha\cdot\cot\beta)$	

B

Zu 4.3.2:

Rechtwinkliges Kugeldreieck V

1. Von einem rechtwinkligen sphärischen Dreieck sind gegeben $b=24{,}5°$; $\beta=36{,}5°$. Gesucht sind die übrigen Stücke, der sphärische Exzeß und der Flächeninhalt (Kugelradius $R=10$ cm).

   Formeln von Ziff. V, 4.3.2, Seite 109.

   $|b-90°|=65{,}5°$; $|\beta-90°|=53{,}5°$;

   $\Rightarrow$ es existieren zwei Lösungen.

   $\arcsin\frac{\cos\beta}{\cos b}\approx 62{,}05°$; $\arcsin(\tan b\cdot\cot\beta)\approx 38{,}02°$.

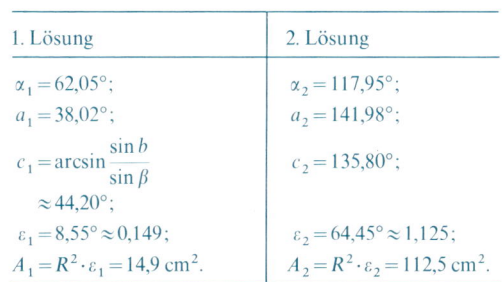

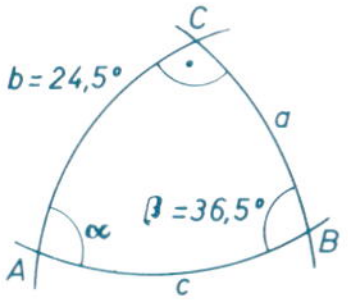

1. Lösung	2. Lösung
$\alpha_1=62{,}05°$;	$\alpha_2=117{,}95°$;
$a_1=38{,}02°$;	$a_2=141{,}98°$;
$c_1=\arcsin\frac{\sin b}{\sin\beta}$ $\approx 44{,}20°$;	$c_2=135{,}80°$;
$\varepsilon_1=8{,}55°\approx 0{,}149$;	$\varepsilon_2=64{,}45°\approx 1{,}125$;
$A_1=R^2\cdot\varepsilon_1=14{,}9\ \text{cm}^2$.	$A_2=R^2\cdot\varepsilon_2=112{,}5\ \text{cm}^2$.

4.3.3 Schiefwinkliges Kugeldreieck

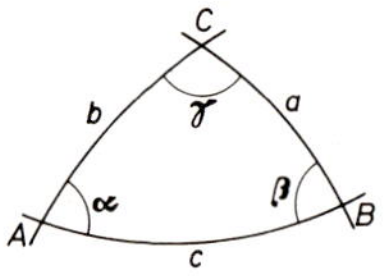

Im schiefwinkligen Kugeldreieck gilt:

1. $\dfrac{\sin a}{\sin\alpha}=\dfrac{\sin b}{\sin\beta}=\dfrac{\sin c}{\sin\gamma}$ (Sinussatz).

2. $\cos a=\cos b\cos c+\sin b\sin c\cos\alpha$ (Seitenkosinussatz).

3. $\cos\alpha=-\cos\beta\cos\gamma+\sin\beta\sin\gamma\cos a$ (Winkelkosinussatz).

Zu den Formeln 2. und 3. erhält man weitere durch zyklische Vertauschung.

Obwohl diese Formeln zur vollständigen Berechnung eines allgemeinen Kugeldreiecks ausreichen, werden zuweilen noch weitere Formeln benutzt (s. Heinrich Dörrie, Ebene und sphärische Trigonometrie, Oldenbourg Verlag).

In der Tabelle sind die Formeln zur Berechnung der Seiten bzw. Winkel eines schiefwinkligen Kugeldreiecks zusammengestellt.

gegeben	gesucht	Bemerkungen
I. 3 Seiten (SSS) (a, b, c)	$\alpha=\arccos\dfrac{\cos a-\cos b\cdot\cos c}{\sin b\cdot\sin c}$ $\beta=\arccos\dfrac{\cos b-\cos a\cdot\cos c}{\sin a\cdot\sin c}$ $\gamma=\arccos\dfrac{\cos c-\cos a\cdot\cos b}{\sin a\cdot\sin b}$	
II. 3 Winkel (WWW) (α, β, γ)	$a=\arccos\dfrac{\cos\alpha+\cos\beta\cos\gamma}{\sin\beta\cdot\sin\gamma}$ $b=\arccos\dfrac{\cos\beta+\cos\gamma\cdot\cos\alpha}{\sin\gamma\cdot\sin\alpha}$ $c=\arccos\dfrac{\cos\gamma+\cos\alpha\cdot\cos\beta}{\sin\alpha\cdot\sin\beta}$	
III. 2 Seiten und Zwischenwinkel (SWS) (a, γ, b)	$c=\arccos(\cos a\cdot\cos b+\sin a\cdot\sin b\cdot\cos\gamma)$ $\alpha=\begin{cases}\arcsin\left(\dfrac{\sin a\cdot\sin\gamma}{\sin c}\right) & \text{oder}\\ \pi-\arcsin\left(\dfrac{\sin a\cdot\sin\gamma}{\sin c}\right)\end{cases}$ $\beta=\begin{cases}\arcsin\dfrac{\sin b\cdot\sin\gamma}{\sin c} & \text{oder}\\ \pi-\arcsin\dfrac{\sin b\cdot\sin\gamma}{\sin c}\end{cases}$	α und β so, daß 4.3.1, Ziff. 8, und der Winkelkosinussatz 4.3.3, Nr. 3, erfüllt sind.

IV. 2 Winkel und Zwischenseite (*WSW*) (α, c, β)	$\gamma = \arccos(-\cos\alpha\cdot\cos\beta + \sin\alpha\cdot\sin\beta\cdot\cos c)$ $a = \begin{cases} \arcsin\left(\dfrac{\sin c\cdot\sin\alpha}{\sin\gamma}\right) \quad \text{oder} \\ \pi - \arcsin\left(\dfrac{\sin c\cdot\sin\alpha}{\sin\gamma}\right) \end{cases}$ $b = \begin{cases} \arcsin\left(\dfrac{\sin c\cdot\sin\beta}{\sin\gamma}\right) \quad \text{oder} \\ \pi - \arcsin\left(\dfrac{\sin c\cdot\sin\beta}{\sin\gamma}\right) \end{cases}$	a und b so, daß 4.3.1, Ziff. 8, und der Seitenkosinussatz 4.3.3, Nr. 2, erfüllt sind.
V. 2 Seiten und ein Gegenwinkel (*SSW*) (a, b, α)	$\beta = \begin{cases} \arcsin\left(\dfrac{\sin b\cdot\sin\alpha}{\sin a}\right) \quad \text{oder} \\ \pi - \arcsin\left(\dfrac{\sin b\cdot\sin\alpha}{\sin a}\right) \end{cases}$ $c = 2\cdot\arctan\left(\tan\dfrac{a+b}{2}\cdot\dfrac{\cos\dfrac{\alpha+\beta}{2}}{\cos\dfrac{\alpha-\beta}{2}}\right)$ $\gamma = 2\cdot\arctan\left(\cot\dfrac{\alpha+\beta}{2}\cdot\dfrac{\cos\dfrac{a-b}{2}}{\cos\dfrac{a+b}{s}}\right)$	$\alpha = \dfrac{\pi}{2}$: rechtwinkl. Kugeldreieck, a Hypotenuse: 4.3.2/II $\alpha \neq \dfrac{\pi}{2}$: $\sin b\cdot\sin\alpha > \sin a$: keine Lösung; $\sin b\cdot\sin\alpha = \sin a$: $\beta = \dfrac{\pi}{2}$, rechtwinkl. Kugeldreieck, b Hypotenuse; 4.3.2/II od. IV $\sin b\cdot\sin\alpha < \sin a$: zwei, eine oder keine Lösung, je nachdem ob 4.3.1, Ziff. 8, auf zwei, eine oder keine Weise erfüllbar ist.
VI. 2 Winkel und eine Gegenseite (*WWS*) (α, β, a)	$b = \begin{cases} \arcsin\left(\dfrac{\sin a\cdot\sin\beta}{\sin\alpha}\right) \quad \text{oder} \\ \pi - \arcsin\left(\dfrac{\sin a\cdot\sin\beta}{\sin\alpha}\right) \end{cases}$ c und γ weiter wie V.	$\alpha = \dfrac{\pi}{2}$ oder $\beta = \dfrac{\pi}{2}$: rechtwinkl. Kugeldreieck mit a oder b als Hypotenuse: 4.3.2, IV. oder V. $\alpha \neq \dfrac{\pi}{2}$ und $\beta \neq \dfrac{\pi}{2}$: $\sin a\cdot\sin\beta > \sin\alpha$: keine Lösung; $\sin a\cdot\sin\beta = \sin\alpha$: keine oder eine Lösung $\left(b = \dfrac{\pi}{2}\right)$, je nachdem ob 4.3.1, Ziff. 8, nicht erfüllbar oder erfüllbar ist. $\sin a\cdot\sin\beta < \sin\alpha$: zwei, eine oder keine Lösung, je nachdem ob 4.3.1, Ziff. 8, auf zwei, eine oder keine Weise erfüllbar ist.

Zu 4.3.3

Kursbestimmung eines Flugzeugs

1. Ein Flugzeug fliegt auf einem Großkreis (Orthodrome) von Hamburg $H(53{,}6°; +10°)$ nach New York $Y(40{,}7°; -74°)$. Wie lang ist der Flugweg? Wie groß ist der Abfahrtswinkel (Kurs)? (Erdradius $R = 6370$ km). Die Längenkreise durch H und Y bilden im Nordpol N einen Winkel $\lambda = \lambda_H - \lambda_Y = 84°$ miteinander. Die Seiten des Dreiecks $\triangle YHN$ sind die Komplemente $\varphi'_H = 90° - \varphi_H$ und $\varphi'_Y = 90° - \varphi_Y$ zu den Breiten φ_H und φ_Y der Punkte H und Y. Von dem Dreieck sind somit zwei Seiten und der eingeschlossene Winkel bekannt (*SWS*), also gilt nach den Formeln III der Tabelle:

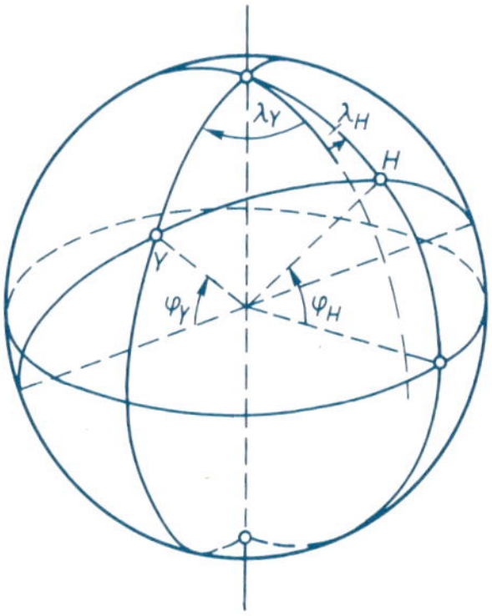

$a = \varphi'_H = 36{,}4°;$

$b = \varphi'_Y = 49{,}3°;$

$\gamma = \lambda = 84°.$

$c = \arccos(\cos 36{,}4° \cdot \cos 49{,}3° + \sin 36{,}4° \cdot \sin 49{,}3° \cdot \cos 84°) \approx 55{,}12° \approx 0{,}962;$

$$\arcsin \frac{\sin b \cdot \sin \gamma}{\sin c} \approx 66{,}79° \approx 1{,}166;$$

$$\arcsin \frac{\sin a \sin \gamma}{\sin c} \approx 46{,}00° \approx 0{,}803.$$

Möglichkeit: $\beta = 66{,}79°$ oder $\beta = 113{,}21°$,

$\alpha = 46{,}00°$ weil $a < b$.

Entscheidung für $\beta = 66{,}79°$ wegen Winkelkosinussatz

$\cos \beta = -\cos \gamma \cdot \cos \alpha + \sin \gamma \sin \alpha \cos b \approx 0{,}394.$

Entfernung $R \cdot c = 6370 \cdot 0{,}962 \text{ km} \approx 6\,128 \text{ km}.$

Kurswinkel in Hamburg $N\,66{,}8°$ W(!).

Sphärisches Dreieck IV

2. Ein sphärisches Dreieck hat die Winkel $\alpha = 54°$, $\beta = 40°$ und die Seite $c = 10°$. Man berechne die fehlenden Seiten und Winkel.

$\gamma = \arccos(-\cos \alpha \cos \beta + \sin \alpha \cdot \sin \beta \cdot \cos c) \approx 86{,}4°;\ \alpha > \beta;$

$$\arcsin \frac{\sin c \cdot \sin \alpha}{\sin \gamma} \approx 8{,}1°;$$

$$\arcsin \frac{\sin c \cdot \sin \beta}{\sin \gamma} \approx 6{,}4°;$$

Möglichkeit: $a = 8{,}1°$ oder $a = 171{,}9°$;

$b = 6{,}4°$;

Entscheidung für $a = 8{,}1°$ wegen Seitenkosinussatz

$\cos a = \cos b \cdot \cos c + \sin b \cdot \sin c \cdot \cos \alpha \approx 0{,}99.$

Sphärisches Dreieck V

3. Von einem sphärischen Dreieck sind gegeben $a=31{,}03°$; $b=40{,}12°$; $\alpha=21{,}17°$. Man berechne die fehlenden Seiten und Winkel, sowie den Umfang und den Flächeninhalt ($R=5$ cm).

   Formeln von Ziff. V der Tabelle, 4.3.3, Seite 111.

$$\left.\begin{array}{ll}\sin b\cdot\sin\alpha & \approx 0{,}2327\\ \sin a & \approx 0{,}5155\end{array}\right\}\Rightarrow \text{zwei, eine oder keine Lösung möglich.}$$

$\beta_1\approx 26{,}83°$	$\beta_2\approx 153{,}17°$
$\alpha<\beta_1$, $a<b$	$\alpha<\beta_2$; $a<b$
Lösung möglich	Lösung möglich
$c_1\approx 66{,}39°$	$c_2\approx 9{,}92°$
$\gamma_1\approx 140{,}07°$	$\gamma_2\approx 6{,}93°$
$U_1\approx 12{,}00$ cm	$U_2\approx 7{,}07$ cm
$A_1\approx 3{,}52$ cm^2	$A_2\approx 0{,}55$ cm^2.

Sphärisches Dreieck VI

4. Ein sphärisches Dreieck auf einer Kugel mit $R=20$ cm hat die Seite $a=156°$ und die Winkel $\alpha=116°$; $\beta=135°$. Gesucht sind die Seiten b und c und der Winkel γ.

   Formeln von Ziff. VI der Tabelle, 4.3.3, Seite 111.

$$\left.\begin{array}{ll}\sin a\cdot\sin\beta & \approx 0{,}2876\\ \sin\alpha & \approx 0{,}8988\end{array}\right\}\Rightarrow \text{zwei, eine oder keine Lösung möglich.}$$

$b_1\approx 18{,}66°$	$b_2\approx 161{,}34°$
$a>b_1$; $\alpha<\beta$	$a<b_2$; $\alpha<\beta$
nicht möglich	Lösung möglich
	$c_2\approx 25{,}90°$
	$\gamma_2\approx 74{,}82°$

Sphärisches Dreieck VI

5. Man rechne nach, daß kein sphärisches Dreieck die Seite $a=118{,}09°$ und die Winkel $\alpha=55{,}98°$; $\beta=69{,}97°$ besitzen kann.

   Formeln von Ziff. VI der Tabelle, 4.3.3, Seite 111.

$$\left.\begin{array}{ll}\sin a\cdot\sin\beta & \approx 0{,}8288\\ \sin\alpha & \approx 0{,}8288\end{array}\right\}\Rightarrow \text{eine oder keine Lösung möglich.}$$

   $b=90°$ ist keine Lösung, da $b<a$, aber $\beta>\alpha$.

Sphärisches Dreieck VI

6. Gibt es ein sphärisches Dreieck mit $a=120°$; $\alpha=75°$; $\beta=85°$?

   Formeln von Ziff. VI der Tabelle, 4.3.3, Seite 111.

$$\left.\begin{array}{ll}\sin a\cdot\sin\beta & \approx 0{,}8627\\ \sin\alpha & \approx 0{,}9659\end{array}\right\}\Rightarrow \text{zwei, eine oder keine Lösung möglich.}$$

$b_1\approx 63{,}27°$	$b_2\approx 116{,}73°$
$a>b_1$; $\alpha<\beta$	$a>b_2$; $\alpha<\beta$
nicht möglich	nicht möglich

4.3.4 Orthodrome, Loxodrome

Die Verbindung zweier Kugelpunkte über einen Großkreisbogen enthält die kürzeste Entfernung der beiden Punkte. Sie wird *Orthodrome* genannt. Liegen zwei Punkte nicht beide auf dem Äquator, so wird jeder Längenkreis von der durch sie gehenden Orthodromen unter variierendem Winkel geschnitten.

Eine *Loxodrome* ist diejenige Verbindung zweier Kugelpunkte, die jeden Längenkreis unter dem gleichen Winkel α schneidet. (Sie ist i.a. kein Großkreis, jedoch sind sämtliche Breitenkreise Loxodrome). α wird gegen die Nordrichtung gemessen (positiv östlich, negativ westlich).

Ist $A(\varphi_A, \lambda_A)$ der Ausgangspunkt, α der loxodrome Kurswinkel, so gilt für die geographischen Koordinaten des in der Entfernung l_{AB} (gemessen auf der Loxodromen) gelegenen Punktes $B(\varphi_B, \lambda_B)$, des sog. *gegißten Ortes*

$$s_{AB}=\frac{l_{AB}}{R}, \quad \varphi_B=\varphi_A+s_{AB}\cdot\cos\alpha, \quad \lambda_B=\lambda_A+\frac{s_{AB}\cdot\sin\alpha}{\cos\dfrac{\varphi_A+\varphi_B}{2}}.$$

Umgekehrt gilt für den Kurswinkel α bei gegebenen geographischen Koordinaten $A(\varphi_A; \lambda_A)$ und $B(\varphi_B; \lambda_B)$:

Fall $\varphi_A \neq \varphi_B$:

$$\alpha=\arctan\frac{\lambda_B-\lambda_A}{\ln\dfrac{\tan\left(\dfrac{\varphi_B}{2}+\dfrac{\pi}{4}\right)}{\tan\left(\dfrac{\varphi_A}{2}+\dfrac{\pi}{4}\right)}}+\operatorname{sgn}(\lambda_B-\lambda_A)\cdot(1-\operatorname{sgn}(\varphi_B-\varphi_A))\frac{\pi}{2};$$

loxodrome Entfernung: $l_{AB}=R\cdot\left|\dfrac{\varphi_B-\varphi_A}{\cos\alpha}\right|.$

Fall $\varphi_A=\varphi_B$:

$$\alpha=\frac{\pi}{2}\cdot\operatorname{sgn}(\lambda_B-\lambda_A);$$

loxodrome Entfernung: $l_{AB}=R\cdot|\lambda_B-\lambda_A|\cdot\cos\varphi_A.$

Die Gleichung der Loxodrome (bei variablem Endpunkt B) ist

$$\lambda=f(\varphi)=\lambda_A+\tan\alpha\cdot\ln\frac{\tan\left(\dfrac{\varphi}{2}+\dfrac{\pi}{4}\right)}{\tan\left(\dfrac{\varphi_A}{2}+\dfrac{\pi}{4}\right)} \qquad \left(\alpha\neq\pm\frac{\pi}{2}\right)$$

$$\lambda=\lambda_A \qquad \left(\alpha=\frac{\pi}{2}\right).$$

Zu 4.3.4:

Loxodrome

1. Gesucht ist der loxodrome Kurs α und die loxodrome Entfernung l_{HY} für das Beispiel 1 zu 4.3.3.

$$\alpha = \arctan \frac{(-74° - 10°) \cdot \frac{\pi}{180°}}{\ln \frac{\tan\left(\frac{40{,}7°}{2} + 45°\right)}{\tan\left(\frac{53{,}6°}{2} + 45°\right)}} + (-1) \cdot (1 - (-1)) \cdot \frac{\pi}{2} \approx -102{,}8°.$$

Kurs N 102,8° W.

$$l_{HY} = R \left| \frac{(40{,}7° - 53{,}6°) \frac{\pi}{180°}}{\cos(-102{,}8°)} \right| \approx 6473 \text{ km}.$$

5 Koordinatensysteme und Koordinatengeometrie

Die Lage eines Punktes im 2- bzw. 3-dimensionalen anschaulichen Raum relativ zu geeigneten willkürlich gewählten Punkten, Geraden oder Ebenen wird durch Lagenkoordinaten angegeben.

In den Ziffern 5.1 mit 5.4 sind die in der Praxis gebräuchlichsten Möglichkeiten aufgezählt.

5.1 Parallelkoordinaten in Ebene und Raum

5.1.1 Definition

5.1.1.1 Ebene

Koordinatensystem:

Man legt in bestimmter Reihenfolge zwei sich schneidende orientierte Geraden x und y fest (Koordinatenachsen). Ihr Schnittpunkt heißt Koordinatenursprung O. Sodann erzeugt man durch Parallelverschiebung jeder Koordinatenachse zwei orientierte Parallelenscharen (Koordinatennetzlinien).

Jede Koordinatenachse wird von allen Parallelen der jeweils anderen Koordinatenachse geschnitten. Die Maßzahl des in beliebigen Einheiten gemessenen Abstandes eines Schnittpunktes von O wird mit positiven Vorzeichen versehen, wenn der Schnittpunkt von O aus in Richtung der Orientierung liegt, sonst mit negativem Vorzeichen. Die so festgelegte reelle Zahl wird der betreffenden Geraden zugeordnet. Die Zuordnung Gerade ↔ Zahl ist umkehrbar eindeutig.

Koordinaten:

Jeder Punkt P ist genau der Schnitt von je einer Geraden aus jeder Schar. Die diesen Geraden zugeordneten Zahlen heißen in der Reihenfolge (Zahl x_0 für Schnittpunkt auf x; Zahl y_0 für Schnittpunkt auf y) Koordinaten von P, geschrieben $P(x_0; y_0)$.

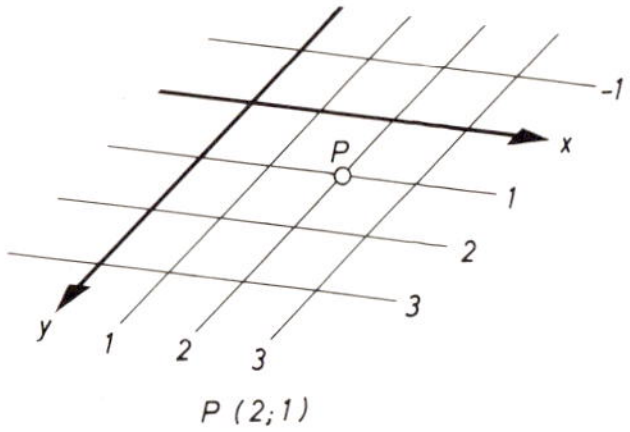

P (2;1)

Bemerkungen:

Sind die Koordinatenachsen senkrecht zueinander, sind die Maßeinheiten auf beiden Koordinatenachsen gleich und geht Punkt $A\,(1;\,0)$ in Punkt $B(0;\,1)$ durch Drehung um $\frac{\pi}{2}=90°$ im Gegenuhrzeigersinn über, dann heißt das Koordinatensystem kartesisch oder orthonormal.

Häufig werden die orthonormalen Parallelkoordinaten eines Punktes P in einem Ortsvektor $\overrightarrow{OP}=\vec{r}=\begin{pmatrix}x_0\\y_0\end{pmatrix}$ zusammengefaßt (2.2.1.1, Seite 36). Geometrisch kann $\vec{r}$ als Pfeil veranschaulicht werden.

B

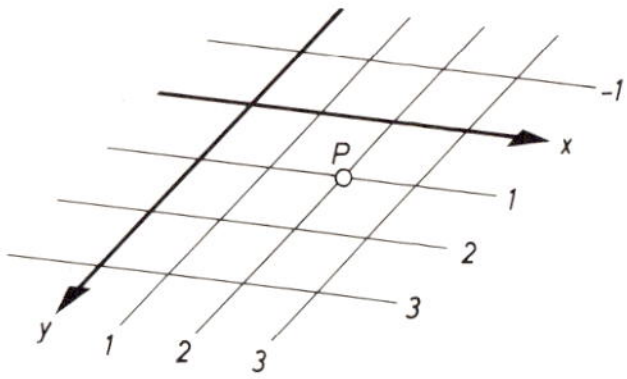

Zu 5.1.1.1:

Spiegelung

1. Ein Punkt $P(x;\ y)$, der im I. Quadranten liegen möge, werde an der x-Achse, an der y-Achse, am Nullpunkt und an der Winkelhalbierenden des I. Quadranten gespiegelt. Welche Koordinaten erhalten die Spiegelpunkte?

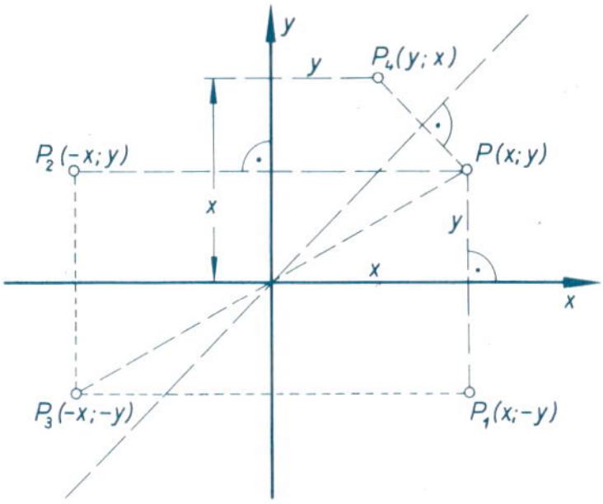

   a) Bei der Spiegelung an der x-Achse ändert sich nur das Vorzeichen der Ordinate: $P_1(x;\ -y)$.

   b) Bei der Spiegelung an der y-Achse ändert sich nur das Vorzeichen der Abszisse: $P_2(-x;\ y)$.

   c) Bei der Spiegelung am Nullpunkt ändern beide Koordinaten ihr Vorzeichen: $P_3(-x;\ -y)$.

   d) Bei der Spiegelung an der Winkelhalbierenden des I. Quadranten sind Abszisse und Ordinate zu vertauschen: $P_4(y;\ x)$.

5.1.1.2 Raum

Koordinatensystem:

Man legt in bestimmter Reihenfolge drei sich in einem Punkt schneidende orientierte Ebenen E_1, E_2, E_3 fest (Koordinatenebenen). Ihr Schnittpunkt heißt Koordinatenursprung O; ihre Schnittgeraden x, y, z (Schnitt von E_2 mit E_3, E_3 mit E_1, E_1 mit E_2) werden so orientiert, daß sie mit den Orientierungen von E_2 und E_3, E_3 und E_1, E_1 und E_2 eine Rechtsschraube bilden (Koordinatenachsen). Sodann erzeugt man durch Parallelverschiebung von E_1, E_2, E_3 drei orientierte Parallelebenenscharen (Koordinatennetzebenen).

Jede Koordinatenachse wird von allen Ebenen einer der drei Scharen geschnitten. Die Maßzahl des in beliebigen Einheiten gemessenen Abstandes eines Schnittpunktes von O wird mit positivem Vorzeichen versehen, wenn der Schnittpunkt von O aus in Richtung der Orientierung liegt, sonst mit negativem Vorzeichen. Die so festgelegte reelle Zahl wird der betreffenden Ebene zugeordnet. Die Zuordnung Ebene $\leftrightarrow$ Zahl ist umkehrbar eindeutig.

Koordinaten:

Jeder Punkt P ist genau der Schnitt von je einer Ebene aus jeder Schar. Die diesen Ebenen zugeordneten Zahlen heißen in der Reihenfolge (Zahl x_0 für Schnittpunkt auf x; Zahl y_0 für Schnittpunkt auf y; Zahl z_0 für Schnittpunkt auf z) Koordinaten von P, geschrieben $P(x_0;\ y_0;\ z_0)$.

Bemerkungen:

Sind die Ebenen E_1, E_2, E_3 senkrecht zueinander, sind die Maßeinheiten auf x, y, z gleich und gehen die Punkte $A(1;\ 0;\ 0)$, $B(0;\ 1;\ 0)$, $C(0;\ 0;\ 1)$ jeweils durch Drehung um

$\frac{\pi}{2}=90°$ im Sinn einer Rechtsschraube ineinander über, dann heißt das Koordinatensystem kartesisch oder orthonormal.

Häufig werden die orthonormalen Parallelkoordinaten eines Punktes P in einem Ortsvektor $\overrightarrow{OP}=\vec{r}=\begin{pmatrix} x_0 \\ y_0 \\ z_0 \end{pmatrix}$ zusammengefaßt (2.2.1.1, Seite 36).

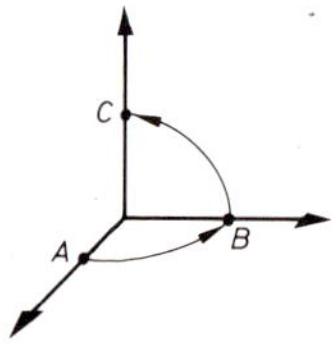

Geometrisch kann $\vec{r}$ als Pfeil veranschaulicht werden.

5.1.2 Transformation kartesischer Koordinaten.

Parallelverschiebung (Ebene und Raum):

Das Koordinatensystem (O, x, y) bzw. (O, x, y, z) wird so parallel zu sich verschoben, daß der Ursprung O' des Systems (O', x', y') bzw. (O', x', y', z') im alten System (O, x, y) die Koordinaten $(a; b)$ bzw. $(a; b; c)$ hat.

Für die Koordinaten eines Punktes P gilt

$$x'=x-a, \quad y'=y-b, \quad z'=z-c$$
$$x=x'+a, \quad y=y'+b, \quad z=z'+c$$

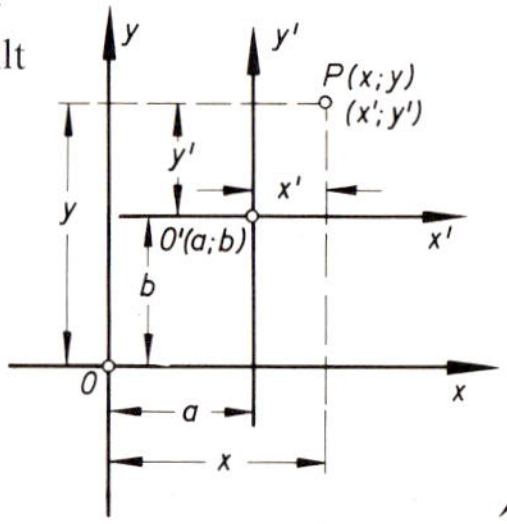

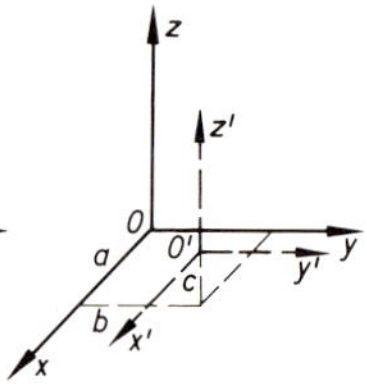

Drehung

(Ebene)

Das Koordinatensystem wird um den Winkel φ im Gegenuhrzeigersinn gedreht, wobei der Ursprung Fixpunkt ist. Für die Koordinaten eines Punktes P gilt:

$$x'=x\cos\varphi+y\sin\varphi; \quad y'=-x\sin\varphi+y\cos\varphi;$$
$$x=x'\cos\varphi-y'\sin\varphi; \quad y=x'\sin\varphi+y'\cos\varphi.$$

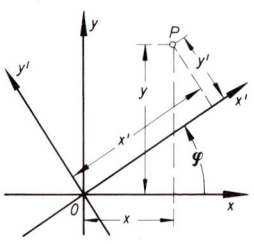

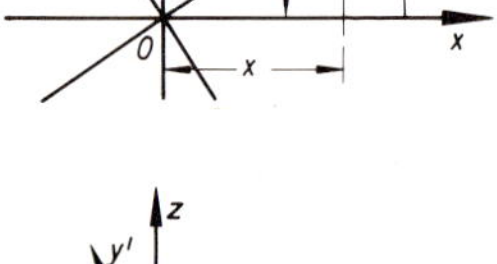

(Raum)

Die Lage des gedrehten Systems (O, x', y', z') gegen das ursprüngliche System (O, x, y, z) mit O als Fixpunkt kann durch

a) die Winkel $\alpha_1, \alpha_2, \alpha_3$
   der x'-Achse gegen x-, y-, z-Achse
   der Winkel $\beta_1, \beta_2, \beta_3$
   der y'-Achse gegen x-, y-, z-Achse
   die Winkel $\gamma_1, \gamma_2, \gamma_3$
   der z'-Achse gegen x-, y-, z-Achse

oder

b) die drei Eulerschen Winkel ϑ, φ, ψ angegeben werden:
   Winkel ϑ (Nutationswinkel) zwischen den positiven z- und z'-Achsen.

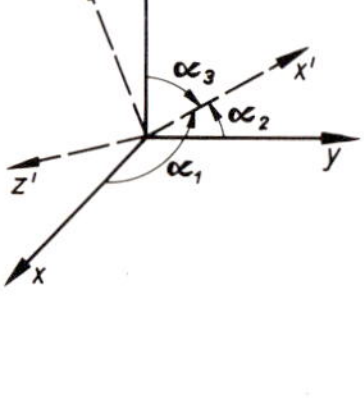

Winkel φ (Drehungswinkel) zwischen der $+x'$-Achse und der Geraden OA als Schnitt der $(x; y)$-Ebene mit der $(x'; y')$-Ebene. Hierbei ist die Richtung von $\overrightarrow{OA}$ so zu wählen, daß $+z$-Achse, $+z'$-Achse und Pfeil $\overrightarrow{OA}$ ein Rechtssystem bilden.

OA ist senkrecht zu z- und z'-Achse.

Winkel ψ (Präzessionswinkel) zwischen der $+x$-Achse und dem Pfeil $\overrightarrow{OA}$.

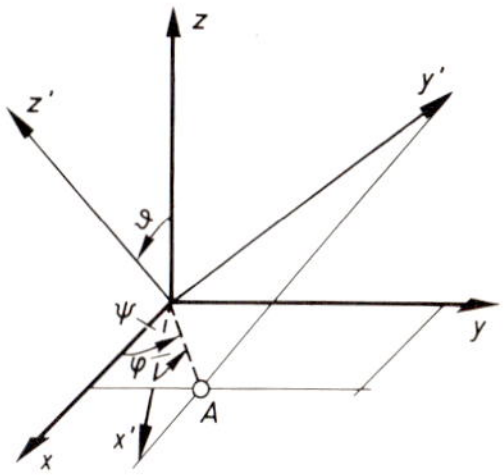

Zu a)

Es gilt:

Richtung der neuen Achse	gegen die alte Achse		
	x	y	z
x'	$\cos\alpha_1 = l_1$	$\cos\alpha_2 = l_2$	$\cos\alpha_3 = l_3$
y'	$\cos\beta_1 = m_1$	$\cos\beta_2 = m_2$	$\cos\beta_3 = m_3$
z'	$\cos\gamma_1 = n_1$	$\cos\gamma_2 = n_2$	$\cos\gamma_3 = n_3$

Zwischen den Richtungskosinus bestehen folgende Beziehungen:

$$l_1^2 + l_2^2 + l_3^3 = 1; \quad m_1^2 + m_2^2 + m_3^2 = 1; \quad n_1^2 + n_2^2 + n_3^2 = 1.$$

$$l_1 m_1 + l_2 m_2 + l_3 m_3 = 0; \quad l_1 n_1 + l_2 n_2 + l_3 n_3 = 0; \quad m_1 n_1 + m_2 n_2 + m_3 n_3 = 0.$$

$$\Delta = \begin{vmatrix} l_1 & l_2 & l_3 \\ m_1 & m_2 & m_3 \\ n_1 & n_2 & n_3 \end{vmatrix} = 1$$

(wird nach der Drehung eine Spiegelung an einer Koordinatenebene vorgenommen, so wird $\Delta = -1$).

$$l_1 = \Delta(m_2 n_3 - m_3 n_2); \quad l_2 = \Delta(m_3 n_1 - m_1 n_3); \quad l_3 = \Delta(m_1 n_2 - m_2 n_1) \text{ usw.}$$

Transformationsformeln:

$$x' = l_1 x + l_2 y + l_3 z \qquad x = l_1 x' + m_1 y' + n_1 z'$$
$$y' = m_1 x + m_2 y + m_3 z \qquad y = l_2 x' + m_2 y' + n_2 z'$$
$$z' = n_1 x + n_2 y + n_3 z \qquad z = l_3 x' + m_3 y' + n_3 z'$$

Zu b)

Es gilt:

$$l_1 = \cos\varphi \cos\psi - \sin\varphi \sin\psi \cos\vartheta$$
$$l_2 = \cos\varphi \sin\psi + \sin\varphi \cos\psi \cos\vartheta$$
$$l_3 = \sin\varphi \sin\vartheta$$
$$m_1 = -\sin\varphi \cos\psi - \cos\varphi \sin\psi \cos\vartheta$$
$$m_2 = -\sin\varphi \sin\psi + \cos\varphi \cos\psi \cos\vartheta$$
$$m_3 = \cos\varphi \sin\vartheta$$
$$n_1 = \sin\psi \sin\vartheta \qquad n_2 = -\cos\psi \sin\vartheta \qquad n_3 = \cos\vartheta.$$

Weitere Formeln wie bei a).

Zu 5.1.2

Parallelverschiebung

1. Welche Koordinaten erhält der Punkt $P(-2;\ 3)$ im $(x';\ y')$-System, das gegenüber dem $(x;\ y)$-System in den Punkt $O'(1;\ -2)$ parallel verschoben ist?

   Es ist $a=1$, $b=-2$, mithin

   $$x'=x-1=-2-1=-3$$
   $$y'=y+2=\quad 3+2=5.$$

   Man schreibt $P(-2;\ 3)_{x,y}$ bzw. $P(-3;\ 5)_{x',y'}$.

Drehung in der Ebene

2. Welche Koordinaten erhält der Punkt $P(3;\ 2)$ in einem gegenüber dem $(x;\ y)$-System um den Winkel $\varphi=135°$ gedrehten $(x';\ y')$-System?

   Die Transformationsgleichungen ergeben

   $$x'=3\cdot\cos 135°+2\cdot\sin 135° \qquad =-\tfrac{3}{2}\sqrt{2}+\tfrac{2}{2}\sqrt{2}=-\tfrac{1}{2}\sqrt{2}$$
   $$y'=-3\sin 135°+2\cos 135°=-\tfrac{3}{2}\sqrt{2}-\tfrac{2}{2}\sqrt{2}=-\tfrac{5}{2}\sqrt{2},$$

   also lautet das Ergebnis

   $$P(-\tfrac{1}{2}\sqrt{2}:\ -\tfrac{5}{2}\sqrt{2})_{x',y'}.$$

Parallelverschiebung und Drehung in der Ebene

3. Der Übergang vom $(x;\ y)$-System zum gedrehten und parallel verschobenen $(x'';\ y'')$-System wird schrittweise vorgenommen, wobei die Reihenfolge der Transformationen gleichgültig ist. Die vollständigen Transformationsgleichungen sind

   $$x''=\quad (x-a)\cos\varphi+(y-b)\sin\varphi$$
   $$y''=-(x-a)\sin\varphi+(y-b)\cos\varphi$$

   und es gilt umgekehrt

   $$x=x''\cos\varphi-y''\sin\varphi+a$$
   $$y=x''\sin\varphi+y''\cos\varphi+b.$$

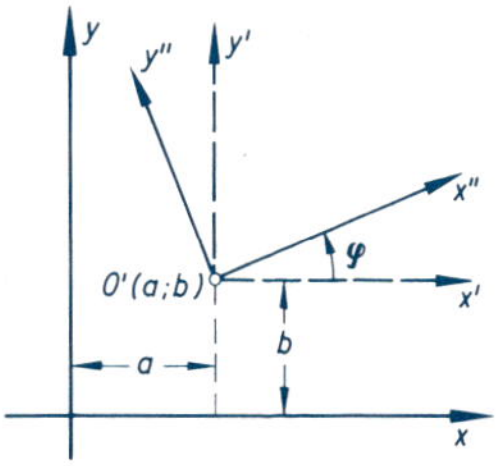

Transformation der Geschwindigkeit eines Körpers

4. Von einem Punkt $A(a_1;\ a_2)$ wird ein Körper mit einer (konstanten) Geschwindigkeit v abgeschossen. Welche Koordinaten (in Abhängigkeit von der Zeit nach dem Abschuß) hat der Körper in einem Koordinatensystem, das sich um O mit der Winkelgeschwindigkeit ω dreht? Wie groß ist die Geschwindigkeit des Körpers im gedrehten Koordinatensystem?

   Ruhendes Koordinatensystem:

   $$x=a_1+vt;\qquad y=a_2.$$

   Bewegtes Koordinatensystem:

   $$x'=\quad x\cdot\cos\omega t+y\cdot\sin\omega t=\quad (a_1+vt)\cos\omega t+a_2\sin\omega t;$$
   $$y'=-x\cdot\sin\omega t+y\cdot\cos\omega t=-(a_1+vt)\sin\omega t+a_2\cos\omega t.$$

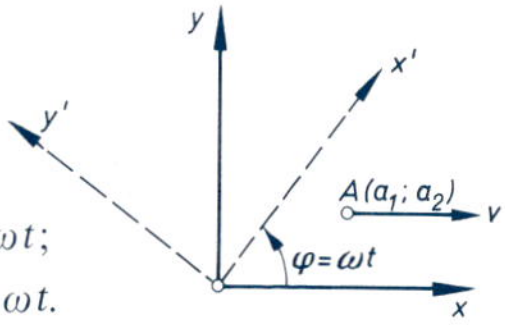

Geschwindigkeit im ruhenden Koordinatensystem:

$$\sqrt{\dot{x}^2+\dot{y}^2}=\sqrt{v^2+0^2}=v \qquad (v>0;\ \dot{}\ \text{Ableitung nach der Zeit}).$$

Geschwindigkeit im bewegten Koordinatensystem:

$$\sqrt{\dot{x}'^2+\dot{y}'^2}$$
$$=\sqrt{(v\cos\omega t-\omega(a_1+vt)\sin\omega t+a_2\omega\cos\omega t)^2+(-v\sin\omega t-\omega(a_1+vt)\cos\omega t-a_2\omega\sin\omega t)^2}$$
$$=\sqrt{(a_2\omega+v)^2+\omega^2(a_1+vt)^2}.$$

Drehung im Raum

5. Die z'-Achse eines neuen $(x';\ y';\ z')$-Systems bilde mit der z-Achse einen Winkel von 60° und mit der positiven y-Achsen einen Winkel von 120°. Ihr Winkel mit der x-Achse sei kleiner als $\frac{\pi}{2}$. Welche Richtungskosinus erhalten die neuen Achsen, wenn außerdem noch die x'-Achse in der xy-Ebene liegen soll?
Es ist

$$n_3=\cos\gamma_3=\cos 60°=\tfrac{1}{2},$$
$$n_2=\cos\gamma_2=\cos 120°=-\tfrac{1}{2},$$

also

$$n_1=\sqrt{1-n_2^2-n_3^2}=\tfrac{1}{2}\sqrt{2}=\cos\gamma_1.$$

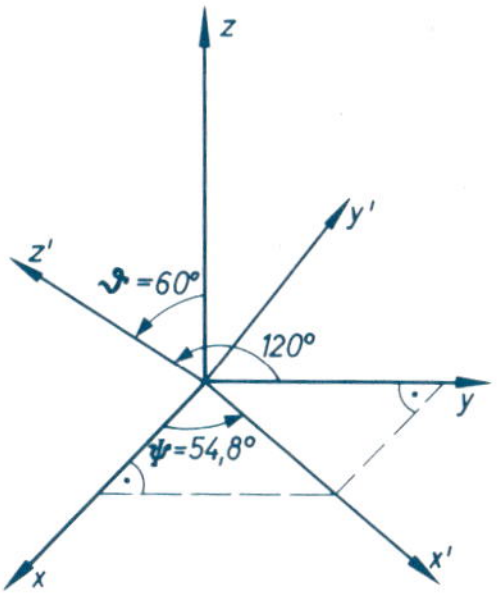

Mit n_3 ist der Nutationswinkel ϑ bekannt:

$$\vartheta=\gamma_3=60°.$$

Dann erhält man ψ aus den Gleichungen für n_1 und n_2 zu

$$n_1=\tfrac{1}{2}\sqrt{2}=\sin\vartheta\sin\psi=\tfrac{1}{2}\sqrt{3}\sin\psi, \quad \sin\psi=\frac{\sqrt{2}}{\sqrt{3}},$$

$$n_2=-\tfrac{1}{2}=-\sin\vartheta\cos\psi=-\tfrac{1}{2}\sqrt{3}\cos\psi, \quad \cos\psi=\frac{1}{\sqrt{3}}.$$

Da x' in der xy-Ebene liegen soll, ist der Drehungswinkel $\varphi=0$. (Es ist $\alpha_3=90°$, $l_3=\cos\alpha_3=0$, also gilt $l_3=\sin\vartheta\sin\varphi=0$, mithin ist $\varphi=0°$). Mit $\vartheta=60°$, $\varphi=0°$ und $\psi=54{,}8°$ erhält man:

$$l_1=\frac{1}{\sqrt{3}} \qquad l_2=\frac{\sqrt{2}}{\sqrt{3}} \qquad l_3=0$$

$$m_1=-\frac{\sqrt{2}}{\sqrt{3}}\frac{1}{2} \qquad m_2=\frac{1}{\sqrt{3}}\frac{1}{2} \qquad m_3=\frac{1}{2}\sqrt{3}$$

$$n_1=\frac{1}{2}\sqrt{3}\frac{\sqrt{2}}{\sqrt{3}}=\frac{1}{2}\sqrt{2} \qquad n_2=-\frac{1}{2}\sqrt{3}\frac{1}{\sqrt{3}}=-\frac{1}{2} \qquad n_3=\frac{1}{2}$$

Kontrolle: Es ist

$$l_1^2+l_2^2+l_3^2=1; \qquad m_1^2+m_2^2+m_3^2=\tfrac{2}{12}+\tfrac{1}{12}+\tfrac{3}{4}=1; \qquad n_1^2+n_2^2+n_3^2=\tfrac{2}{4}+\tfrac{1}{4}+\tfrac{1}{4}=1;$$

ferner ist

$$l_1 m_1 + l_2 m_2 + l_3 m_3 = -\frac{\sqrt{2}}{6} + \frac{\sqrt{2}}{6} + 0 = 0 \text{ usw.}$$

5.1.3 Koordinatengeometrie

Bei Zugrundelegung eines kartesischen Koordinatensystems gilt in Ebene und Raum (für die Ebene ist jeweils die Größe mit Index 3 wegzulassen):

Abstand zweier Punkte

$$P(p_1; p_2; p_3); \quad Q(q_1; q_2; q_3)$$

$$d = \sqrt{(q_1-p_1)^2 + (q_2-p_2)^2 + (q_3-p_3)^2} = \left| \begin{pmatrix} q_1-p_1 \\ q_2-p_2 \\ q_3-p_3 \end{pmatrix} \right| = |\overrightarrow{OQ} - \overrightarrow{OP}|$$

Winkel *PQR*

$$P(p_1; p_2; p_3); \quad Q(q_1; q_2; q_3); \quad R(r_1; r_2; r_3)$$

$$\varphi = \arccos \frac{(p_1-q_1)(r_1-q_1) + (p_2-q_2)(r_2-q_2) + (p_3-q_3)(r_3-q_3)}{\sqrt{(p_1-q_1)^2 + (p_2-q_2)^2 + (p_3-q_3)^2} \cdot \sqrt{(r_1-q_1)^2 + (r_2-q_2)^2 + (r_3-q_3)^2}}$$

$$= \arccos \frac{\overrightarrow{QP} \cdot \overrightarrow{QR}}{|\overrightarrow{QP}| \cdot |\overrightarrow{QR}|} = \arccos \frac{(\overrightarrow{OP} - \overrightarrow{OQ}) \cdot (\overrightarrow{OR} - \overrightarrow{OQ})}{|\overrightarrow{OP} - \overrightarrow{OQ}| \cdot |\overrightarrow{OR} - \overrightarrow{OQ}|}$$

(Skalarprodukt 2.2.4.1, Seite 43).

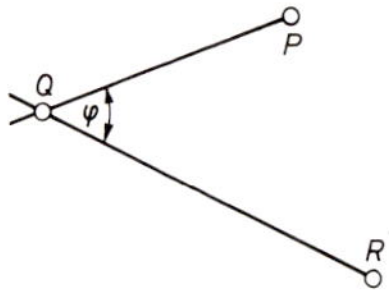

Teilung einer Strecke

Die Strecke $\overline{PQ}$ wird durch Punkt R im Verhältnis λ geteilt; $|\lambda| = \overline{PR} : \overline{RQ}$; λ positiv bei innerem Teilpunkt R; λ negativ bei äußerem Teilpunkt R; $\lambda = 1$ bei Halbierung der Strecke $\overrightarrow{PQ}$; ($\lambda = -1$ ergibt den unendlich fernen Punkt: Definition der projektiven Geometrie).

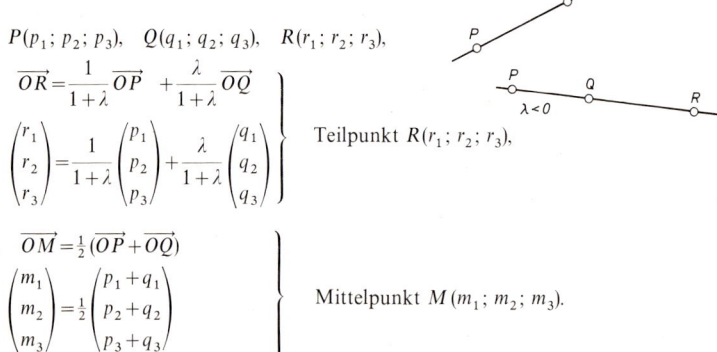

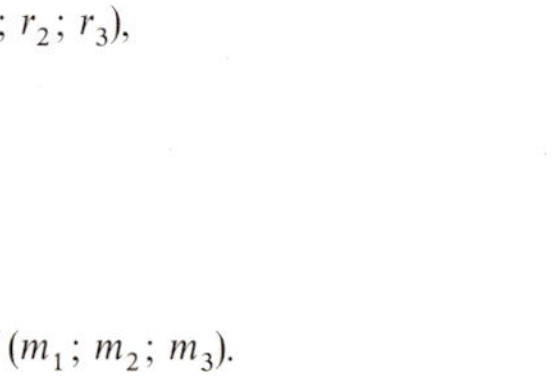

$$P(p_1; p_2; p_3), \quad Q(q_1; q_2; q_3), \quad R(r_1; r_2; r_3),$$

$$\left. \begin{aligned} \overrightarrow{OR} &= \frac{1}{1+\lambda} \overrightarrow{OP} + \frac{\lambda}{1+\lambda} \overrightarrow{OQ} \\ \begin{pmatrix} r_1 \\ r_2 \\ r_3 \end{pmatrix} &= \frac{1}{1+\lambda} \begin{pmatrix} p_1 \\ p_2 \\ p_3 \end{pmatrix} + \frac{\lambda}{1+\lambda} \begin{pmatrix} q_1 \\ q_2 \\ q_3 \end{pmatrix} \end{aligned} \right\} \quad \text{Teilpunkt } R(r_1; r_2; r_3),$$

$$\left. \begin{aligned} \overrightarrow{OM} &= \tfrac{1}{2} (\overrightarrow{OP} + \overrightarrow{OQ}) \\ \begin{pmatrix} m_1 \\ m_2 \\ m_3 \end{pmatrix} &= \tfrac{1}{2} \begin{pmatrix} p_1+q_1 \\ p_2+q_2 \\ p_3+q_3 \end{pmatrix} \end{aligned} \right\} \quad \text{Mittelpunkt } M(m_1; m_2; m_3).$$

Harmonische Teilung einer Strecke

Die Strecke $\overline{PQ}$ wird durch die Punkte R_1 und R_2 harmonisch geteilt, wenn für R_1 das Teilungsverhältnis $\lambda \in \mathbb{R}$, für R_2 das Teilungsverhältnis $-\lambda \in \mathbb{R}$ ist.

Es ist

$$\overrightarrow{OR}_1 = \frac{1}{1+\lambda}\begin{pmatrix} p_1+\lambda q_1 \\ p_2+\lambda q_2 \end{pmatrix}$$

$$\overrightarrow{OR}_2 = \frac{1}{1-\lambda}\begin{pmatrix} p_1-\lambda q_1 \\ p_2-\lambda q_2 \end{pmatrix}$$

Für $\lambda = \pm 1$ werden der Mittelpunkt von $\overline{PQ}$ und der unendlich ferne Punkt der Geraden PQ als harmonische Teilpunkte definiert (projektive Geometrie).

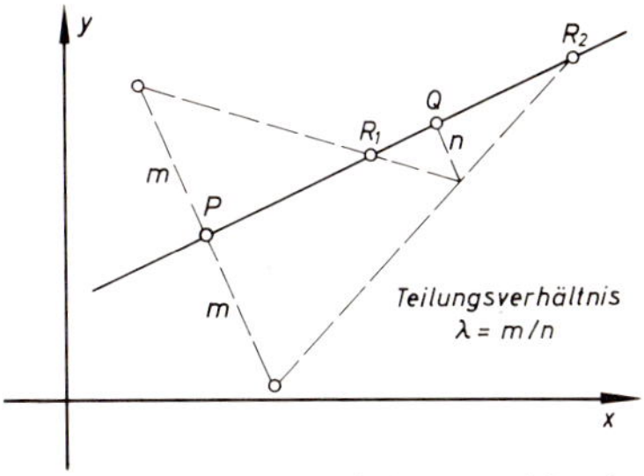

In der Figur ist die geometrische Konstruktion des inneren und des äußeren Teilpunktes angegeben.

Schwerpunkt eines Dreiecks

Der Flächenschwerpunkt eines in der Ebene oder im Raum gelegenen Dreiecks PQR sei S.

$$P(p_1;\, p_2;\, p_3),\quad Q(q_1;\, q_2;\, q_3),\quad R(r_1;\, r_2;\, r_3),\quad S(s_1;\, s_2;\, s_3).$$

$$\overrightarrow{OS} = \tfrac{1}{3}(\overrightarrow{OP} + \overrightarrow{OQ} + \overrightarrow{OR})$$

$$\begin{pmatrix} s_1 \\ s_2 \\ s_3 \end{pmatrix} = \tfrac{1}{3}\begin{pmatrix} p_1+q_1+r_1 \\ p_2+q_2+r_2 \\ p_3+q_3+r_3 \end{pmatrix}.$$

Flächeninhalt eines ebenen Polygons

Das Polygon liege im $\mathbb{R}^2$. Die Eckpunkte P_i haben die Koordinaten $x_i;\, y_i$.

$$A = \tfrac{1}{2}\,|x_1(y_2-y_n) + x_2(y_3-y_1) + x_3(y_4-y_2) + \ldots + x_n(y_1-y_{n-1})|$$

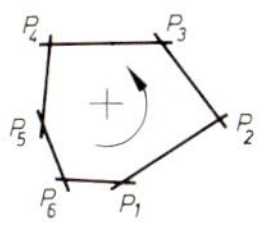

Das Vorzeichen von $x_1(y_2-y_n)+\ldots+x_n(y_1-y_{n-1})$ läßt den Umlaufungssinn des Polygons erkennen.

Flächeninhalt eines Dreiecks (Ebene).

Die Ecken seien $P(p_1;\, p_2)$, $Q(q_1;\, q_2)$, $R(r_1;\, r_2)$.

$$A = \tfrac{1}{2}\,|p_1(q_2-r_2) + q_1(r_2-p_2) + r_1(p_2-q_2)|$$

$$= \tfrac{1}{2}\left|\begin{vmatrix} q_1-p_1 & r_1-p_1 \\ q_2-p_2 & r_2-p_2 \end{vmatrix}\right| = \tfrac{1}{2}\left|\begin{vmatrix} p_1 & p_2 & 1 \\ q_1 & q_2 & 1 \\ r_1 & r_2 & 1 \end{vmatrix}\right|$$

Liegt das ebene Polygon oder das Dreieck im dreidimensionalen Raum, so projiziert man es in eine Koordinatenebene und dividiert den Flächeninhalt der Projektion durch den Kosinus des Winkels zwischen den Normalenvektoren von Flächenebene und Koordinatenebene. Im Fall des Dreiecks PQR gilt für den Flächeninhalt auch die Formel $A = \tfrac{1}{2}\,|\overrightarrow{PQ} \times \overrightarrow{PR}|$.

Zu 5.1.3:

Abstand zweier Punkte

1. Welchen Abstand haben die Punkte $P(4;\ -3;\ 2)$ und $Q(-5;\ 1;\ -6)$?

$$d=\sqrt{(-5-4)^2+(1+3)^2+(-6-2)^2}\approx 12{,}7\ \text{cm}.$$

Abstand von Punkt und Gerade

2. Gegeben sind zwei Punkte $P_1(5;\ 4)$ und $P_2(2;\ 1)$. Gesucht ist der Punkt Q, der von diesen beiden Punkten und von der x-Achse den gleichen Abstand hat.

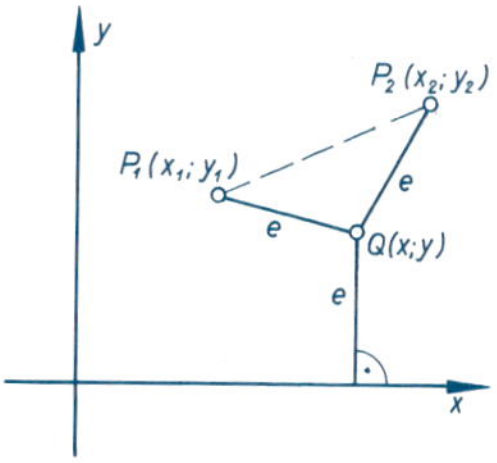

Es muß gleichzeitig gelten

$$e^2=(5-x)^2+(4-y)^2$$
$$e^2=(2-x)^2+(1-y)^2$$
$$e^2=y^2.$$

Aus diesem Gleichungssystem erhält man zunächst

$$y^2=(5-x)^2+(4-y)^2=41+x^2-10x+y^2-8y$$
$$y^2=(2-x)^2+(1-y)^2=5+x^2-4x+y^2-2y$$

und durch Subtraktion beider Gleichungen

$$0=36-6x-6y \quad \text{oder} \quad y=-x+6.$$

Durch Einsetzen findet man die Lösung

$$x_{1,2}=1\pm 2\sqrt{2};\quad y_{1,2}=5\mp 2\sqrt{2}.$$

Die Aufgabe hat zwei Lösungen:

$$Q_1(3{,}83;\ 2{,}17);\quad Q_2(-1{,}83;\ 7{,}83).$$

Winkel

3. Die Punkte $P(4;\ -3;\ 2)$; $Q(-5;\ 1;\ -6)$; $R(0;\ -7;\ -3)$ bilden ein Dreieck im Raum. Wie groß ist der Winkel PQR (Scheitel Q)?

$$\sphericalangle PQR=\arccos\frac{(4+5)\cdot(0+5)+(-3-1)(-7-1)+(2+6)(-3+6)}{\sqrt{(4+5)^2+(-3-1)^2+(2+6)^2}\cdot\sqrt{(0+5)^2+(-7-1)^2+(-3+6)^2}}$$
$$=\arccos\frac{101}{\sqrt{161}\cdot\sqrt{98}}\approx 36{,}5°\approx 0{,}637.$$

Mittelpunkt einer Strecke

4. Es seien zwei Punkte gegeben mit den Koordinaten $P_1(1;\ 0{,}5)$, $P_2(3;\ -0{,}3)$. Für die Koordinaten des Mittelpunktes P_m der Verbindungsstrecke erhält man dann

$$x_m=\frac{1+3}{2}=2,\quad y_m=\frac{0{,}5-0{,}3}{2}=0{,}1.$$

Für die Entfernung der beiden Punkte P_1 und P_2 gilt

$$d=\sqrt{(x_2-x_1)^2+(y_2-y_1)^2}=\sqrt{(3-1)^2+(-0{,}3-0{,}5)^2}\approx 2{,}15\ \text{cm}.$$

Teilung einer Strecke

5. Gesucht sind die Koordinaten des Punktes P, der die Verbindungslinie der Punkte $P_1(2;\ 4)$ und $P_2(-3;\ -2)$ im Verhältnis $\lambda=\frac{3}{4}$ teilt.

$$x_p=\frac{2-\frac{3}{4}\cdot 3}{1+\frac{3}{4}}=-\frac{1}{7};\quad y_p=\frac{4-\frac{3}{4}\cdot 2}{1+\frac{3}{4}}=\frac{10}{7}.$$

Harmonische Teilung einer Strecke

6. Gegeben sind die Punkte $P_1(2;\ -5)$ und $P_2(-3;\ 4)$. Gesucht sind die harmonischen Punkte P_3 und P_4 zum Teilungsverhältnis $\lambda=\frac{1}{2}$. In welchem Verhältnis teilen dann P_1 und P_2 die Strecke $\overline{P_3P_4}$?

   Es ist

$$x_3=\frac{x_1+\lambda x_2}{1+\lambda}=\frac{2-\frac{3}{2}}{1+\frac{1}{2}}=\frac{1}{3};\quad y_3=\frac{y_1+\lambda y_2}{1+\lambda}=\frac{-5+2}{1+\frac{1}{2}}=-2$$

$$x_4=\frac{x_1-\lambda x_2}{1-\lambda}=\frac{2+\frac{3}{2}}{1-\frac{1}{2}}=7;\quad y_4=\frac{-5-2}{1-\frac{1}{2}}=-14.$$

   Das Teilungsverhältnis λ_1, in welchem P_1 die Strecke $\overline{P_3P_4}$ teilt, ist

$$\lambda_1=\frac{x_1-x_3}{x_4-x_1}\,\frac{2-\frac{1}{3}}{7-2}=\frac{1}{3}.$$

   P_2 teilt die Strecke $\overline{P_3P_4}$ im Verhältnis

$$\lambda_2=\frac{x_2-x_3}{x_4-x_2}=\frac{-3-\frac{1}{3}}{7+3}=-\frac{1}{3}.$$

   Die Punkte P_1 und P_2 liegen also auch harmonisch zu den Punkten P_3 und P_4.

Flächeninhalt eines ebenen Polygons

7. Welchen Flächeninhalt hat das 5-Eck: $P_1(-2;\ 3)$, $P_2(-1;\ -1)$, $P_3(1;\ -4)$, $P_4(3;2)$, $P_5(1;1)$?

$$\begin{aligned}2A&=-2(-1-1)-1(-4-3)\\&\quad+1(2+1)+3(1+4)+1(3-2)\\&=4+7+3+15+1=30\ \text{cm}^2\end{aligned}$$

   also ist

$$A=15\ \text{cm}^2.$$

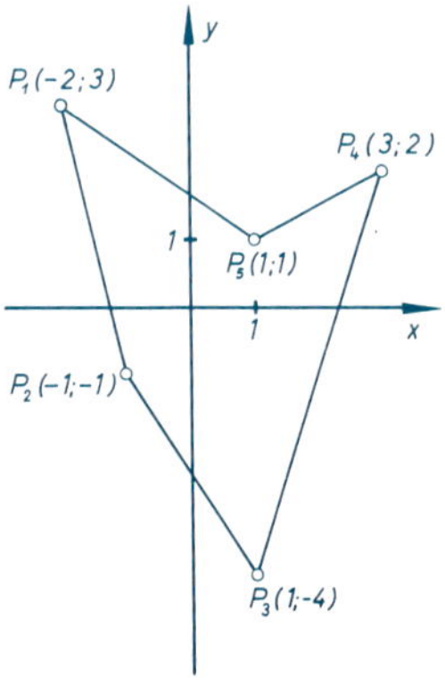

Flächeninhalt eines ebenen Polygons im Raum

8. Durch die Punkte $A(4;\ 1;\ 2)$; $B(6;\ 5;\ 8)$; $C(5;\ 6;\ 11)$; $D(3;\ 5;\ 11)$; $E(3;\ 2;\ 5)$ ist ein ebenes Polygon bestimmt (Beweis!). Wie groß ist sein Flächeninhalt?

A, B, C, D, E liegen in einer Ebene, weil die Vektoren

$$\overrightarrow{AB}=\begin{pmatrix}2\\4\\6\end{pmatrix};\quad \overrightarrow{AC}=\begin{pmatrix}1\\5\\9\end{pmatrix};\quad \overrightarrow{AD}=\begin{pmatrix}-1\\4\\9\end{pmatrix};\quad \overrightarrow{AE}=\begin{pmatrix}-1\\1\\3\end{pmatrix}$$

komplanar sind:

$$\begin{vmatrix}2 & 1 & -1\\4 & 5 & 4\\6 & 9 & 9\end{vmatrix}=\begin{vmatrix}0 & 0 & -1\\12 & 9 & 4\\24 & 18 & 9\end{vmatrix}=-12\cdot 9\begin{vmatrix}1 & 1\\2 & 2\end{vmatrix}=0$$

und

$$\begin{vmatrix}2 & 1 & -1\\4 & 5 & 1\\6 & 9 & 3\end{vmatrix}=\begin{vmatrix}0 & 0 & -1\\6 & 6 & 1\\12 & 12 & 3\end{vmatrix}=0 \quad \text{(2.2.3, Seite 41).}$$

Die Projektion des Polygons in die Grundrißebene liefert die Punkte $A'(4;1)$; $B'(6;5)$; $C'(5;6)$; $D'(3;5)$; $E'(3;2)$. Der Flächeninhalt des Polygons $A'B'C'D'E'$ ist

$$\tfrac{1}{2}|4(5-2)+6(6-1)+5(5-5)+3(2-6)+3(1-5)|=9\text{ cm}^2.$$

Ein Normalenvektor zur Polygonebene ist $\overrightarrow{AB}\times\overrightarrow{AC}=\begin{pmatrix}6\\-12\\6\end{pmatrix}$ (2.2.4.2, Seite 46).

$$\cos\varphi=\frac{\begin{pmatrix}1\\-2\\1\end{pmatrix}\cdot\begin{pmatrix}0\\0\\1\end{pmatrix}}{\sqrt{6}}=\frac{1}{\sqrt{6}};$$

der Flächeninhalt des Polygons $ABCDE$ ist $9\sqrt{6}\text{ cm}^2$.

5.2 Polarkoordinaten

5.2.1 Definition

Koordinatensystem:

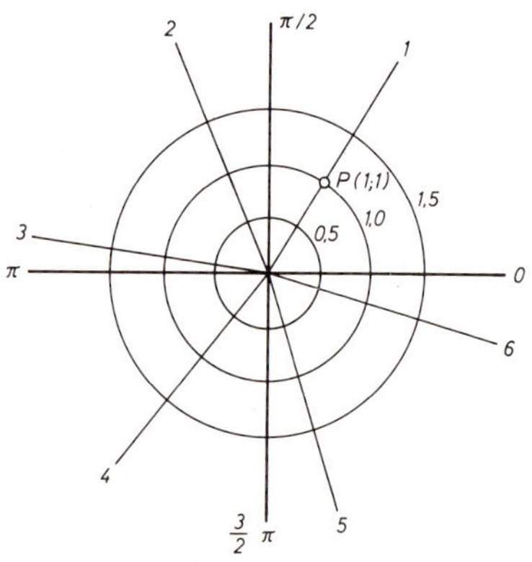

Man wählt willkürlich einen Punkt O (Pol); als Scharen von Koordinatennetzlinien legt man fest:

Konzentrische Kreise um O; jedem Kreis wird die Maßzahl $r>0$ seines Radius zugeordnet.

Von O ausgehende Strahlen; jedem Strahl wird der Winkel φ zugeordnet, den er mit einem willkürlich festgelegten Bezugsstrahl (Polarachse) bildet (positiv gemessen im

Gegenuhrzeigersinn); φ ist nur bis auf ganzzahlige Vielfache von 2π bestimmt (im allgemeinen legt man $0 \leqq \varphi < 2\pi$ oder $-\pi < \varphi \leqq \pi$ fest).

Koordinaten:

Jeder Punkt $P(\neq O)$ ist genau der Schnitt eines Kreises und eines Strahles. Die betreffenden Zahlen heißen in der Reihenfolge (Maßzahl r des Radius; Winkel φ des Strahles) Polarkoordinaten von P, geschrieben $(r;\ \varphi)$. Für O definiert man $r=0$; φ ist in diesem Fall nicht eindeutig festgelegt; jedoch genügt hier die Angabe der einen Polarkoordinate $r=0$.

B

Zu 5.2.1:
Größe des Flächenstücks zwischen Koordinatennetzlinien

1. Wie groß ist der Flächeninhalt des Flächenstückes zwischen je zwei Koordinatennetzlinien ($r=r_1$; $r=r_2$; $\varphi=\varphi_1$; $\varphi=\varphi_2$)?

$$A=\tfrac{1}{2}(r_2^2-r_1^2)\cdot(\varphi_2-\varphi_1)$$
$$=\tfrac{1}{2}(r_2+r_1)\cdot(r_2-r_1)\cdot(\varphi_2-\varphi_1)$$

wenn $r_2>r_1$, $\varphi_2>\varphi_1$.

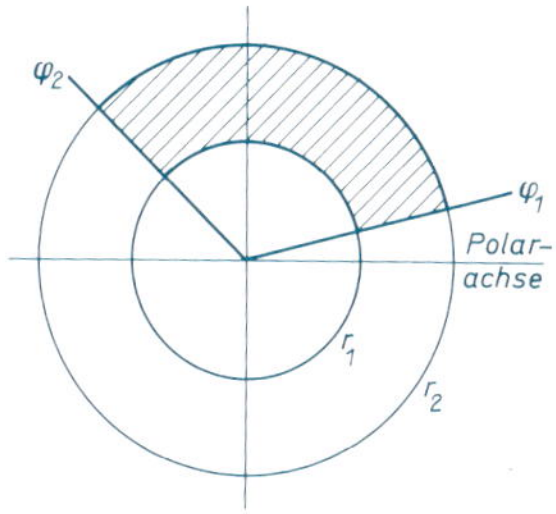

5.2.2 Zusammenhang mit kartesischen Koordinaten

Ist der Pol O des Polarkoordinatensystems zugleich Koordinatenursprung eines kartesischen Koordinatensystems und fällt der Bezugsstrahl mit der $+x$-Achse zusammen, so gelten bei Übereinstimmung der Längeneinheiten in beiden Systemen folgende Umrechnungsformeln zwischen den kartesischen und Polarkoordinaten eines Punktes P:

Polarkoordinaten $\mapsto$ kartesische Koordinaten

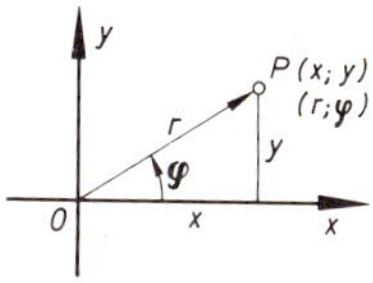

$$(r;\ \varphi) \mapsto x=r\cos\varphi$$
$$\mapsto y=r\sin\varphi$$

kartesische Koordinaten $\mapsto$ Polarkoordinaten

$$(x;\ y) \mapsto r=\sqrt{x^2+y^2}$$

$$\begin{cases} 2\arctan\dfrac{y}{x+\sqrt{x^2+y^2}}+2k\pi \quad (k\in\mathbb{Z}) & \text{für } xy\neq 0 \text{ oder } x>0 \\ \pi+2k\pi \quad (k\in\mathbb{Z}) & \text{für } y=0 \text{ und } x<0 \\ \text{unbestimmt} \quad \text{für } x^2+y^2=0 \end{cases}$$

oder

$$\mapsto \varphi=\begin{cases} \arccos\dfrac{x}{r}+2k\pi \quad (k\in\mathbb{Z}) & \text{für } y\geqq 0;\ r\neq 0 \\ -\arccos\dfrac{x}{r}+2k\pi \quad (k\in\mathbb{Z}) & \text{für } y<0;\ r\neq 0 \\ \text{unbestimmt} \quad \text{für } r=0 \end{cases}$$

Zu 5.2.2:

Umrechnung in Polarkoordinaten

1. Welche Polarkoordinaten erhält der Punkt $P(-3; 4)$?

$$r=\sqrt{(-3)^2+4^2}=5;$$

$$\varphi=\operatorname{sgn}4\cdot\arccos\frac{-3}{5}+\pi(1-\operatorname{sgn}(-3+3+4))+2k\pi$$

$$\approx 2{,}214+2k\pi\approx 126{,}9°+k\cdot 360° \quad (k\in\mathbb{Z}).$$

$P(5; 126{,}9°)$.

5.2.3 Koordinatengeometrie

Abstand zweier Punkte

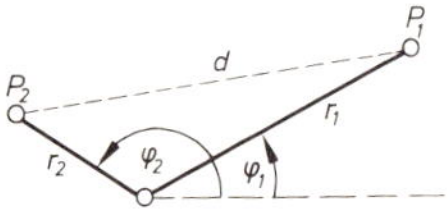

$P_1(r_1; \varphi_1)$, $P_2(r_2; \varphi_2)$.

$$d=\sqrt{r_1^2+r_2^2-2r_1r_2\cos(\varphi_2-\varphi_1)}.$$

Flächeninhalt eines Polygons

Die Eckpunkte P_i haben die Polarkoordinaten r_i; φ_i.

$$A=\tfrac{1}{2}|r_1r_2\sin(\varphi_2-\varphi_1)+r_2r_3\sin(\varphi_3-\varphi_2)+\ldots+r_{n-1}r_n\sin(\varphi_n-\varphi_{n-1})+r_nr_1\sin(\varphi_1-\varphi_n)|.$$

Flächeninhalt eines Dreiecks

Die Ecken seien $P_1(r_1; \varphi_1)$, $P_2(r_2; \varphi_2)$, $P_3(r_3; \varphi_3)$.

$$A=\tfrac{1}{2}|r_1r_2\sin(\varphi_2-\varphi_1)+r_2r_3\sin(\varphi_3-\varphi_2)+r_3r_1\sin(\varphi_1-\varphi_3)|.$$

5.3 Zylinderkoordinaten

5.3.1 Definition

Koordinatensystem:

Man wählt willkürlich eine orientierte Gerade z (z-Achse) und auf dieser einen Punkt O (Koordinatenursprung, Pol); als Scharen von Koordinatennetzflächen legt man fest:

Koaxiale Zylinderflächen mit der z-Achse als Zylinderachse; jeder Zylinderfläche wird die Maßzahl $r>0$ ihres Radius zugeordnet.

Halbebenen des Ebenenbüschels mit der z-Achse als Trägergerade; jeder Halbebene wird der Winkel φ zugeordnet, den sie mit einer willkürlich festgelegten Bezugshalbebene des Büschels bildet; der Winkel wird positiv gemessen, wenn bei Blickrichtung entgegen der z-Achse die Bezugshalbebene im Gegenuhrzeigersinn gedreht wird. φ ist nur bis auf ganzzahlige Vielfache von 2π bestimmt (im allgemeinen legt man $0\leqq\varphi<2\pi$ oder $-\pi<\varphi\leqq\pi$ fest).

Orthogonalebenen zur z-Achse; jeder Ebene wird die Meßzahl z ihres Abstandes von O zugeordnet (mit positivem Vorzeichen, wenn der Schnittpunkt von Ebene und z-Achse von O aus in Richtung der Orientierung der z-Achse erreicht wird, sonst mit negativem Vorzeichen).

Koordinaten:

Jeder Punkt P, der nicht auf der z-Achse liegt, ist genau der Schnittpunkt einer Zylinderfläche, einer Halbebene und einer Orthogonalebene. Die betreffenden Zahlen heißen in der Reihenfolge $(r;\ \varphi;\ z)$ Zylinderkoordinaten von P. Für die Punkte der z-Achse definiert man $r=0$; φ ist in diesem Fall nicht eindeutig festgelegt; jedoch genügt hier die Angabe der beiden Zylinderkoordinaten $r=0$ und z.

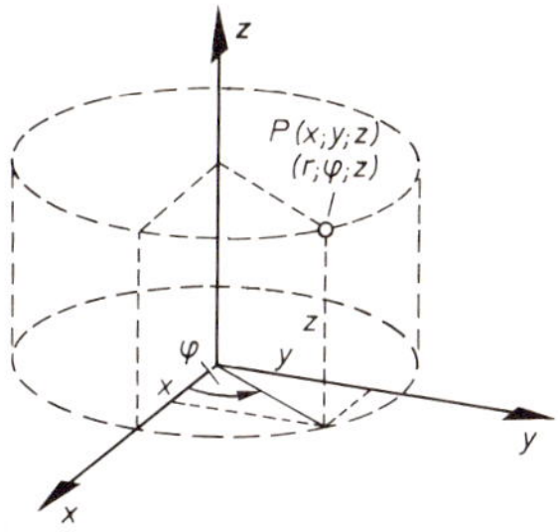

5.3.2 Zusammenhang mit kartesischen Koordinaten

Ist der Pol O zugleich Koordinatenursprung eines kartesischen Koordinatensystems, fallen die z-Achsen beider Systeme zusammen und ist die $+x$-Achse der Schnitt von Bezugshalbebene und der Ebene $z=0$, so gelten bei Übereinstimmung der Längeneinheiten folgende Umrechnungsformeln:

Zylinderkoordinaten $\mapsto$ kartesische Koordinaten

$$(r;\ \varphi;\ z) \mapsto x = r\cos\varphi$$
$$\mapsto y = r\sin\varphi$$
$$\mapsto z = z$$

kartesische Koordinaten $\mapsto$ Zylinderkoordinaten

$$(x;\ y;\ z) \mapsto r = \sqrt{x^2+y^2}$$

$$\mapsto \varphi = \begin{cases} \operatorname{sgn} y \cdot \arccos\frac{x}{r} + \pi(1-\operatorname{sgn}(x+|x|+|y|)) + 2k\pi \\ (k\in\mathbb{Z}) \qquad \text{für } r \neq 0 \\ \text{unbestimmt} \qquad \text{für } r=0 \end{cases}$$

oder

$$\mapsto \varphi = \begin{cases} \arccos\frac{x}{r} + 2k\pi \quad (k\in\mathbb{Z}) & \text{für } y \geqq 0;\ r \neq 0 \\ -\arccos\frac{x}{r} + 2k\pi \quad (k\in\mathbb{Z}) & \text{für } y<0;\ r \neq 0 \\ \text{unbestimmt für } r=0 \end{cases}$$

5.3.3 Koordinatengeometrie

Abstand zweier Punkte

$$P_1(r_1;\ \varphi_1;\ z_1), \quad P_2(r_2;\ \varphi_2;\ z_2)$$

$$d = \sqrt{r_1^2 + r_2^2 - 2r_1 r_2 \cos(\varphi_2 - \varphi_1) + (z_2 - z_1)^2}$$

5.4 Kugelkoordinaten

5.4.1 Definition

Koordinatensystem:

Man wählt willkürlich eine orientierte Gerade z (Zenitlinie) und auf ihr einen Punkt O (Koordinatenursprung); als Scharen von Koordinatennetzflächen legt man fest:

Konzentrische Kugelflächen mit O als Mittelpunkt; jeder Kugelfläche wird die Maßzahl $r>0$ ihres Radius zugeordnet.

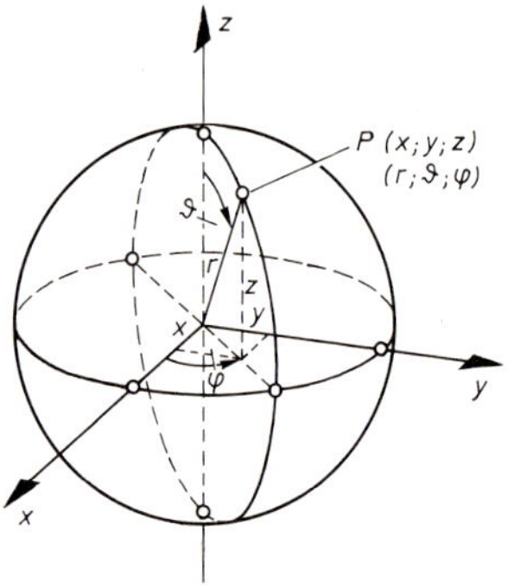

Koaxiale Kegelflächen mit z als Achse; jeder Kegelfläche wird entweder

a) ihr halber Öffnungswinkel ϑ bei Öffnung des Kegels in Richtung der Orientierung von z bzw. der Supplementwinkel ϑ des halben Öffnungswinkels bei Öffnung des Kegels in entgegengesetzter Richtung

oder

b) $\vartheta^* = \frac{\pi}{2} - \vartheta$ zugeordnet.

ϑ heißt Poldistanzwinkel, ϑ^* geographische Breite.

Halbebenen des Ebenenbüschels mit der Zenitlinie z als Trägergerade; jeder Halbebene wird der Winkel φ zugeordnet, den sie mit einer willkürlich festgelegten Bezugshalbebene des Büschels bildet; der Winkel wird positiv gemessen, wenn bei der Blickrichtung entgegen der Orientierung von z die Bezugshalbebene im Gegenuhrzeigersinn gedreht wird. φ ist nur bis auf ganzzahlige Vielfache von 2π bestimmt (im allgemeinen legt man $0 \leqq \varphi < 2\pi$ oder $-\pi < \varphi \leqq \pi$ fest).

Koordinaten

Jeder Punkt P, der nicht auf z oder der zu ihr senkrechten Ebene durch O (Äquatorebene) liegt, ist genau der Schnittpunkt einer Kugelfläche, einer Kegelfläche und einer Halbebene. Die betreffenden Zahlen heißen in der Reihenfolge $(r; \vartheta; \varphi)$ bzw. $(r; \vartheta^*; \varphi)$ Kugelkoordinaten von P. Für den Punkt O ist weder ϑ noch φ festgelegt; hierfür genügt die Angabe $r=0$; für die Punkte der Äquatorebene wird $\vartheta = \frac{\pi}{2}$ bzw. $\vartheta^* = 0$ festgelegt; für die Punkte der Zenitlinie ist φ unbestimmt; hierfür genügt die Angabe von r und von $\vartheta = 0$ (bzw. $\vartheta^* = \frac{\pi}{2}$) wenn P von O aus in Richtung der Orientierung von z erreicht wird, sonst ist $\vartheta = \pi$ (bzw. $\vartheta^* = -\frac{\pi}{2}$).

5.4.2 Zusammenhang mit kartesischen Koordinaten

Stimmen in einem Kugelkoordinaten- und einem kartesischen Koordinatensystem die Punkte O überein, fallen Zenitlinie und z-Achse zusammen und ist der Schnitt der Bezugshalbebene mit der Äquatorebene die $+x$-Achse, so gelten bei Übereinstimmung der Längeneinheiten folgende Umrechnungsformeln:

Kugelkoordinaten ↦ kartesische Koordinaten

$$(r;\ \vartheta;\ \varphi) \mapsto x = r \sin\vartheta \cos\varphi$$
$$\mapsto y = r \sin\vartheta \sin\varphi$$
$$\mapsto z = r \cos\vartheta$$

$$(r;\ \vartheta^*;\ \varphi) \mapsto x = r \cos\vartheta^* \cos\varphi$$
$$\mapsto y = r \cos\vartheta^* \sin\varphi$$
$$\mapsto z = r \sin\vartheta^*$$

kartesische Koordinaten ↦ Kugelkoordinaten

$$(x;\ x;\ z) \mapsto \quad r = \sqrt{x^2+y^2+z^2}$$

$$\mapsto \quad \vartheta = \begin{cases} \arccos\dfrac{z}{r} & \text{für } r \neq 0 \\ \text{unbestimmt} & \text{für } r = 0 \end{cases}$$

$$\mapsto \vartheta^* = \begin{cases} \arcsin\dfrac{z}{r} & \text{für } r \neq 0 \\ \text{unbestimmt} & \text{für } r = 0 \end{cases}$$

$$\mapsto \quad \varphi = \begin{cases} \operatorname{sgn} y \cdot \arccos\dfrac{x}{\sqrt{x^2+y^2}} + \pi(1-\operatorname{sgn}(x+|x|+|y|)) + 2k\pi \quad (k \in \mathbb{Z}) \\ \qquad\qquad\qquad\qquad\qquad\qquad \text{für } x^2+y^2 \neq 0 \\ \text{unbestimmt} \qquad\qquad\qquad\qquad\quad \text{für } x^2+y^2 = 0 \end{cases}$$

oder

$$\mapsto \varphi = \begin{cases} \arccos\dfrac{x}{\sqrt{x^2+y^2}} + 2k\pi \quad (k \in \mathbb{Z}) & \text{für } y \geqq 0;\ x^2+y^2 \neq 0 \\ -\arccos\dfrac{x}{\sqrt{x^2+y^2}} + 2k\pi \quad (k \in \mathbb{Z}) & \text{für } y < 0;\ x^2+y^2 \neq 0 \\ \text{unbestimmt für } x^2+y^2 = 0 \end{cases}$$

B

Zu 5.4.2:

Umrechnung in Kugelkoordinaten

1. Welche Kugelkoordinaten erhält der Punkt $P(1;\ -4;\ 5)$?

$$r = \sqrt{1^2+(-4)^2+5^2} = \sqrt{42} \approx 6{,}48;$$

$$\vartheta = \arccos\frac{5}{\sqrt{42}} \approx 0{,}6896 \approx 39{,}5°;$$

$$\vartheta^* = \arcsin\frac{5}{\sqrt{42}} \approx 0{,}8812 \approx 50{,}5°;$$

$$\varphi = -\arccos\frac{1}{\sqrt{17}} + \pi(1-\operatorname{sgn}(1+1+4)) + 2k\pi$$
$$\approx -1{,}326 + 2k\pi \approx -76{,}0° + k \cdot 360° \quad (k \in \mathbb{Z})$$

5.4.3 Koordinatengeometrie

Abstand zweier Punkte

$$P_1(r_1;\, \vartheta_1;\, \varphi_1);\quad P_2(r_2;\, \vartheta_2;\, \varphi_2)\quad \text{bzw.}\quad P_1(r_1;\, \vartheta_1^*;\, \varphi_1);\quad P_2(r_2;\, \vartheta_2^*;\, \varphi_2)$$

$$d=\sqrt{r_1^2+r_2^2-2r_1 r_2(\cos\vartheta_1 \cos\vartheta_2+\sin\vartheta_1 \sin\vartheta_2 \cos(\varphi_2-\varphi_1))}$$

bzw.

$$d=\sqrt{r_1^2+r_2^2-2r_1 r_2(\sin\vartheta_1^* \sin\vartheta_2^*+\cos\vartheta_1^* \cos\vartheta_2^* \cos(\varphi_2-\varphi_1))}$$

B

Zu 5.4.3

Kraft zweier elektrischer Ladungen

1. Zwei punktförmige Ladungen $Q_1(6\cdot 10^{-10}\,\text{Cb})$ und $Q_2(8\cdot 10^{-10}\,\text{Cb})$ bewegen sich auf Kreisen mit konstanten Poldistanzwinkeln; Q_1 läuft von $P_1(r_1=5\,\text{cm};\ \vartheta_1=30°;\ \varphi_1=210°)$ aus mit 10 Umläufen pro Sekunde; Q_2 läuft von $P_2(r_2=2\,\text{cm};\ \vartheta_2=100°;\ \varphi_2=70°)$ aus mit 15 Umläufen pro Sekunde. Wie hängt die zwischen Q_1 und Q_2 wirkende Kraft $|F|$ von der Zeit t ab?

   Es gilt $|F|=\dfrac{Q_1\cdot Q_2}{4\pi\varepsilon_0 d^2}$;

   Kugelkoordinaten von Q_1: $t\mapsto\varphi_1=210°+360°\cdot\dfrac{10t}{\text{s}}$;

   Kugelkoordinaten von Q_2: $t\mapsto\varphi_2=\ \ 70°+360°\cdot\dfrac{15t}{\text{s}}$;

   $$d^2=25+4-2\cdot 5\cdot 2\left(\cos 30°\cdot\cos 100°+\sin 30°\cdot\sin 100°\cdot\cos\left(-140°+360°\cdot\frac{5t}{\text{s}}\right)\right)\text{cm}^2$$

   $$\approx\left[32-9.85\cdot\cos\left(-140°+1800°\cdot\frac{t}{\text{s}}\right)\right]\cdot 10^{-4}\,\text{m}^2;$$

   $$|F|\approx\frac{0{,}43\cdot 10^{-4}}{32-9{,}85\cdot\cos\left(-140°+1800°\cdot\frac{t}{\text{s}}\right)}\,\text{N}.$$

6 Funktion einer Variablen

6.1 Definitionen

Funktion:

Eine Funktion f einer Variablen ist eine Vorschrift, die jedem Element x der (nicht leeren) Definitionsmenge $\mathbb{D} \subseteqq \mathbb{R}$ genau eine Element $y = f(x)$ der (nicht leeren) Wertemenge $\mathbb{W} \subseteqq \mathbb{R}$ zuordnet:

$$f: x \mapsto y = f(x); \quad \mathbb{W} = f(\mathbb{D}).$$

Abbildung:

f wird auch als eindeutige Abbildung $\mathbb{D} \mapsto \mathbb{W}$ bezeichnet. x heißt in diesem Zusammenhang Original (Urbild), $y = f(x)$ Bild.

Term:

Häufig wird die Zuordnung $x \mapsto f(x)$ durch einen Term (Rechenausdruck) in x vermittelt; der Wert $t(x)$ des Terms wird als Bild y des Originals x festgelegt:

$$f: x \mapsto y = f(x) = t(x).$$

Implizite Angabe einer Funktion:

Ist $T(x, y)$ ein Term in x und y und läßt sich aus der Gleichung $T(x, y) = 0$ zu jedem erlaubten x eindeutig y (bzw. zu jedem erlaubten y eindeutig x) ermitteln, dann definiert die Gleichung $T(x, y) = 0$ eine Funktion $f: x \mapsto y = f(x)$ (bzw. $f: y \mapsto x = f(y)$). Die Gleichung $T(x, y) = 0$ wird dann als implizite Angabe der Funktion f bezeichnet.

Paarmenge:

Die einander zugeordneten Zahlen $x \in \mathbb{D}$ und $y \in \mathbb{W}$ werden zu geordneten Paaren $(x; y)$ zusammengefaßt. Man sagt auch: Eine Funktion f ist eine Menge von Paaren $(x; y)$ mit $x \in \mathbb{D} \subseteqq \mathbb{R}$, $y \in \mathbb{W} \subseteqq \mathbb{R}$, wobei aus $x_1 = x_2 \in \mathbb{D}$ folgt $y_1 = y_2 \in \mathbb{W}$ (das Umgekehrte muß nicht gelten):

$$f \subset \mathbb{D} \times \mathbb{W}; \quad f = \{(x; y) \mid x \in \mathbb{D};\ y \in \mathbb{W};\ x_1 = x_2 \in \mathbb{D} \Rightarrow y_1 = y_2 \in \mathbb{W}\}$$

Graph:

Faßt man x und y als kartesische Koordinaten (5.1.1.1, Seite 116) von Punkten auf, dann bildet die Menge der Punkte mit $(x; y) \in f$ den Graph $\mathbb{G}$ von f.

Kurve:

Unter gewissen Voraussetzungen für f (6.6.2, Seite 151) bezeichnet man den Graphen $\mathbb{G}$ als Kurvenstück oder als Kurve.

B

Zu 6.1
Funktionen

1. Die Vorschrift f, die jedem $x \in \mathbb{D}$ eindeutig den Wert $y = f(x)$ zuordnet, kann sehr unterschiedlich gegeben sein;

z. B.:

Die Gleichung $\alpha - \sin\alpha = u$ ist für jedes $u \in \mathbb{R}$ eindeutig und α auflösbar (11.1.3.2, Seite 511); die Lösung α ist daher von u abhängig und jeder Wert $u \in \mathbb{R}$ führt zu einer Lösung α: $u \mapsto \alpha = f(u)$.

z.B.:

Zu jedem Zeitpunkt t herrscht an einer bestimmten Stelle der Erdoberfläche eine bestimmte Temperatur T; T ist also Bild des Originals t: $t \mapsto f(t) = T$.

z. B.:

$$r\colon\ x \mapsto r(x) = \begin{cases} x & \text{falls } x \in \mathbb{Q} \\ 1-x & \text{falls } x \notin \mathbb{Q} \end{cases}$$

ist eine Funktion, weil zu jedem vorgelegten $x \in \mathbb{R}$ feststeht, ob $x \in \mathbb{Q}$ ist oder nicht (die Untersuchung kann kompliziert sein, z.B. für π; diese Problematik wird hier nicht berührt).

Formel

2. $t(x) = \pm\sqrt{x}$ kann nicht als Funktionswert gelten, weil zu einem $x(>0)$ zwei Werte für $t(x)$ möglich sind.

Implizite Angabe

3. Ist eine Funktion f durch einen Termausdruck $t(x)$ vermittelt, so läßt sich hierzu immer eine implizite Darstellung finden; aus f: $x \mapsto y = t(x)$ ergibt sich $T(x, y) = y - t(x) = 0$.

   Jedoch ist nicht jede Gleichung $T(x, y) = 0$ die implizite Darstellung einer Funktion; aus $T(x, y) = x^2 + y^2 - 4 = 0$ läßt sich nur zu $x = \pm 2$ der Wert $y = 0$ eindeutig ermitteln; allgemein ergibt sich $y = \pm\sqrt{4 - x^2}$, also kein eindeutiger Wert für y.

Bereich der impliziten Angabe

4. Man untersuche, ob die Gleichung $T(x, y) = y^3 x - x^4 y - 5 = 0$ die implizite Darstellung einer Funktion $x \mapsto y$ ist. Das ist genau dann der Fall, wenn die kubische Gleichung eindeutig nach y auflösbar ist. Man erkennt sofort, daß $x \neq 0$ sein muß, weil $-5 \neq 0$ ist. Die Gleichung lautet dann $y^3 - x^3 y - \frac{5}{x} = 0$; sie hat genau dann eine Lösung $y \in \mathbb{R}$, wenn $-\frac{x^9}{27} + \frac{25}{4x^2} > 0$ (11.1.1.3, Seite 501), d.h.

$$x < \sqrt[11]{\frac{25 \cdot 27}{4}} \approx 1{,}594 \quad (x \neq 0).$$

   Es gilt dann

$$y = \sqrt[3]{\frac{5}{2x} + \sqrt{\frac{25}{4x^2} - \frac{x^9}{27}}} + \frac{x^3}{3\sqrt[3]{\frac{5}{2x} + \sqrt{\frac{25}{4x^2} - \frac{x^9}{27}}}}.$$

Definitionsbereich

5. Die Funktion $x \mapsto y = f(x) = \frac{\sqrt{x^2 - 4}}{\sqrt{x - 1}}$ besitzt einen Definitionsbereich, der sich aus

dem Definitionsbereich $|x| \geqq 2$ von $\sqrt{x^2-4}$ und dem Definitionsbereich $x>1$ von $\frac{1}{\sqrt{x-1}}$ als gemeinsamer Durchschnitt zu $x \geqq 2$ bestimmt.

Dagegen besitzt die Funktion $x \mapsto y=\sqrt{\frac{x^2-4}{x-1}}$ den Definitionsbereich

$$-2 \leqq x < 1 \quad \text{oder} \quad x \geqq 2.$$

Kurve

6. Ist $\mathbb{G}_f$ eine Kurve oder ein Kurvenstück, so kann $\mathbb{G}_f$ nach Berechnung einer Wertetabelle durch Verbindung der gezeichneten Punkte (ggf. nach Einschaltung von Zwischenpunkten zur Erhöhung der Genauigkeit) gezeichnet werden.

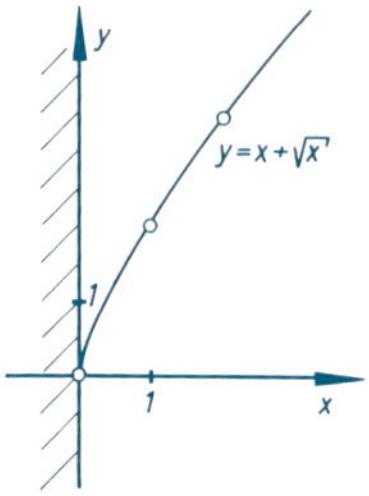

z. B.: $f\colon x \mapsto y=f(x)=x+\sqrt{x}$

(Definitionsbereich $x \geqq 0$).

x	y
0	0
1	2
2	3,41
3	4,72
0,5	1,21

6.2 Algebra der Funktionen

Haben zwei Funktionen f_1 und f_2 einen gemeinsamen Definitionsbereich $\mathbb{D}$, dann definiert man für jedes $x \in \mathbb{D}$:

$$(f_1 \pm f_2)(x)=f_1(x) \pm f_2(x)$$

$$\left(\frac{f_1}{f_2}\right)(x)=\frac{f_1(x)}{f_2(x)} \quad \text{falls } f_2(x) \neq 0.$$

Die Hintereinanderausführung der Abbildungen f_2 und f_1 heißt Verkettung $f_1 \circ f_2$; man definiert

$$(f_1 \circ f_2)(x)=f_1(f_2(x)), \quad \text{wenn } \mathbb{W}_{f_2} \subseteq \mathbb{D}_{f_1}$$

Die Verkettung ist assoziativ, aber nicht kommutativ.

f_2 heißt innere, f_1 äußere Funktion.

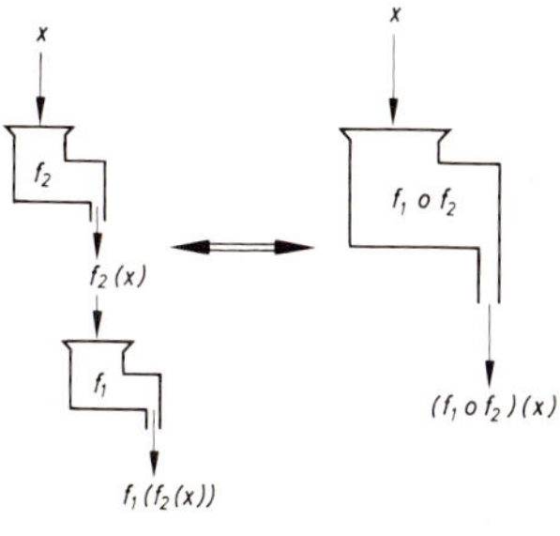

B

Zu 6.2:

Verkettung

1. f_1: $z \mapsto f_1(z)=\frac{1}{5-z}$;

f_2: $u \mapsto f_2(u)=\sqrt{u}$;

$f_1 \circ f_2$: $x \mapsto f_1 \circ f_2(x)=f_1(f_2(x))=\frac{1}{5-\sqrt{x}}$;

$\mathbb{D}_{f_1 \circ f_2}$: $x \geqq 0$ *und* $x \neq 25$.

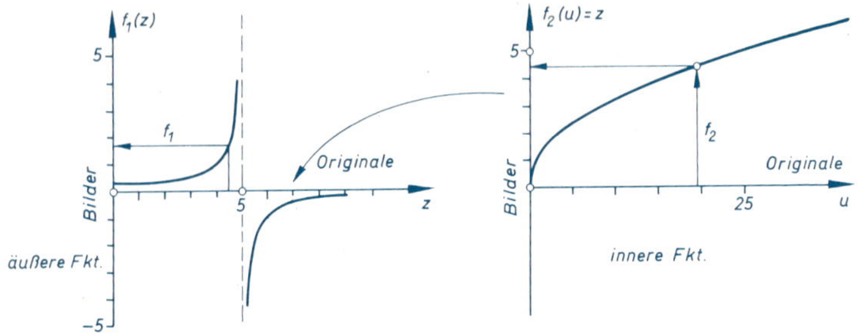

Nichtkommutativität der Verkettung

2. f_1: $\quad z \mapsto f_1(z) = \dfrac{1}{\sqrt{z}}$;

f_2: $\quad x \mapsto f_2(x) = \sin x$;

$f_1 \circ f_2$: $\quad x \mapsto f_1 \circ f_2(x) = f_1(f_2(x)) = \dfrac{1}{\sqrt{\sin x}}$;

$\mathbb{D}_{f_1 \circ f_2}$: $\quad 0 + 2k\pi < x < \pi + 2k\pi \quad (k \in \mathbb{Z})$.

$f_2 \circ f_1$: $\quad z \to f_2 \circ f_1(z) = f_2(f_1(z)) = \sin \dfrac{1}{\sqrt{z}}$;

$\mathbb{D}_{f_2 \circ f_1}$: $\quad z > 0$.

Verkettung ist nicht kommutativ.

6.3 Allgemeine Eigenschaften

6.3.1 Monotonie

Eine Funktion f heißt in einem Intervall streng monoton wachsend (steigend), wenn für alle x_1, x_2 dieses Intervalles aus $x_1 < x_2$ folgt $f(x_1) < f(x_2)$.
Eine Funktion f heißt in einem Intervall streng monoton fallend, wenn für alle x_1, x_2 dieses Intervalles aus $x_1 < x_2$ folgt $f(x_1) > f(x_2)$.

Analog wird die Monotonie in $\mathbb{D}$ definiert.

B

Zu 6.3.1:

Nichtmonotone Funktion

1. $x \mapsto \operatorname{sgn} x$ ist weder streng monoton wachsend in $\mathbb{R}$, noch streng monoton fallend in $\mathbb{R}$; denn für $x_1 = 2{,}7$ und $x_2 = 5{,}1$ gilt $\operatorname{sgn} x_1 = \operatorname{sgn} x_2$.

Beweis der Monotonie

2. $x \mapsto x + \operatorname{int} x$ ist streng monoton wachsend in $\mathbb{R}$, weil aus $x_1 < x_2$ folgt

$$\operatorname{int} x_1 \leqq \operatorname{int} x_2;$$

durch Addition ergibt sich $x_1 + \operatorname{int} x_1 < x_2 + \operatorname{int} x_2$.

Monotonie einer Einschränkung

3. $x \mapsto \tan x$ ist nicht streng monoton wachsend in $\mathbb{D}$, denn für $x_1 = 1$ und $x_2 = 2$ gilt

$$\tan x_1 = \tan 1 \approx 1{,}56 > \tan 2 \approx -2{,}18;$$

$x \mapsto \tan x$ ist nicht streng monoton fallend in $\mathbb{D}$, denn für $x_1 = -1$ und $x_2 = 4$ gilt

$$\tan x_1 = \tan(-1) \approx -1{,}56 < \tan 4 \approx 1{,}16;$$

jedoch ist $x \mapsto \tan x$ für $-\frac{\pi}{2} < x < \frac{\pi}{2}$ streng monoton wachsend.

Monotonie von f und $-f$

4. Ist eine Funktion f: $x \mapsto f(x)$ in einem Intervall streng monoton wachsend, so ist $g: x \mapsto g(x) = -f(x)$ in diesem Intervall streng monoton fallend.

Beweis: $x_1 < x_2 \Rightarrow f(x_1) < f(x_2)$ wegen Voraussetzung;

$$\Rightarrow -f(x_1) > -f(x_2)$$

$$\Rightarrow g(x_1) > g(x_2).$$

Monotonie bei Verkettung

5. Die Verkettung $f_1 \circ f_2$ einer streng monoton wachsenden Funktion f_1 und einer streng monoton fallenden Funktion f_2 ist streng monoton fallend.

Ist nämlich $x_1 < x_2$, so ist $f_2(x_1) > f_2(x_2)$; hieraus folgt $f_1(f_2(x_1)) > f_1(f_2(x_2))$.

6.3.2 Beschränktheit, Unbeschränktheit

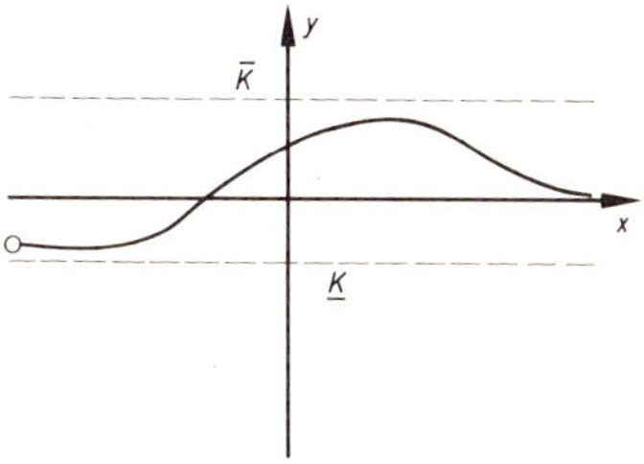

f ist nach oben beschränkt, wenn es ein $\overline{K}$ gibt,
so daß $f(x) < \overline{K}$,
nach unten beschränkt, wenn es ein $\underline{K}$ gibt,
so daß $f(x) > \underline{K}$
beschränkt, wenn es ein $K > 0$ gibt,
so daß $|f(x)| < K$

für alle $x \in \mathbb{D}$.

f ist nach oben unbeschränkt: Es gibt zu beliebigem $\overline{K}$ ein x, so daß $f(x) > \overline{K}$.

f ist nach unten unbeschränkt: Es gibt zu beliebigem $\underline{K}$ ein x, so daß $f(x) < \underline{K}$.

f ist unbeschränkt: Es gibt zu beliebigem positivem K ein x, so daß $|f(x)| > K$.

B

Zu 6.3.2:

Beschränktheit nach unten

1. $x \mapsto \sqrt{x}$ ist nach unten beschränkt, nach oben unbeschränkt.

Es gilt $\sqrt{x} \geqq 0 \Rightarrow \underline{K} = -1$ oder $\underline{K} = -0{,}001$.

Gegeben sei ein $\overline{K}$, dann ist $\sqrt{x} > \overline{K}$, wenn $x > \overline{K}^2$.

Beschränktheit nach oben

2. f: $x \mapsto 1 - e^{-x}$ ist nach oben beschränkt, denn es ist

$$e^{-x} > 0 \quad \Rightarrow \quad -e^{-x} < 0$$

$$\Rightarrow 1 - e^{-x} < 1 \Rightarrow \overline{K} = 1.$$

Beschränktheit

3. f: $x \mapsto \cos x$ ist beschränkt, weil $|\cos x| \leqq 1$, also $K=2$ oder $K=1{,}0001$.

Unbeschränktheit

4. f: $x \mapsto \tan x$ ist unbeschränkt, denn zu jedem $K>0$ gibt es sicher ein x mit $|\tan x| > K$, z. B. $K=1000$; $x=1{,}5698$, weil $\tan 1{,}5698 \approx 1003{,}7$.

6.3.3 Periodizität

f ist periodisch mit Periode $T>0$, wenn mit x auch $x \pm T \in \mathbb{D}$ und wenn $f(x \pm T) = f(x)$ für alle $x \in \mathbb{D}$.

Ist T eine Periode, dann ist nT ($n \in \mathbb{N}^*$) ebenfalls Periode, falls $x + nT \in \mathbb{D}$.

Die kleinste Periode heißt primitive Periode.

B

Zu 6.3.3:

Primitive Periode der trigonometrischen Funktionen

1. Die primitive Periode

von sin und cos ist 2π,

von tan und cot ist π.

Es gilt auch $\tan(x+2\pi) = \tan x$, falls $\tan x$ existiert.

6.3.4 Gerade und ungerade Funktionen

Ist mit x auch $-x \in \mathbb{D}$ und gilt $f(x) = f(-x)$ für alle $x \in \mathbb{D}$, so heißt f gerade.

Ist mit x auch $-x \in \mathbb{D}$ und gilt $f(x) = -f(-x)$ für alle $x \in \mathbb{D}$, so heißt f ungerade.

Die Graphen gerader Funktionen liegen spiegelsymmetrisch zur Bild-(y-)Achse, die Graphen ungerader Funktionen liegen punktsymmetrisch zum Ursprung.

Eine Funktion kann weder gerade noch ungerade sein; jedoch ist

$$f(x) = \tfrac{1}{2}(f(x) + f(-x)) + \tfrac{1}{2}(f(x) - f(-x))$$

eine additive Zerlegung von f in einen geraden und einen ungeraden Anteil, wenn mit x auch $-x \in \mathbb{D}$.

Das Produkt zweier gerader oder zweier ungerader Funktionen ist im gemeinsamen Definitionsbereich eine gerade Funktion; das Produkt einer geraden und einer ungeraden Funktion ist im gemeinsamen Definitionsbereich eine ungerade Funktion.

B

Zu 6.3.4.

Gerade Funktion

1. Die Funktion f: $x \mapsto y = x^4 - \frac{2}{x^2} + \cos x$ ist eine gerade Funktion, denn ersetzt man x durch $-x$, so behält y seinen Wert und das Vorzeichen bei:

$$f(-x) = (-x)^4 - \frac{2}{(-x)^2} + \cos(-x) = x^4 - \frac{2}{x^2} + \cos x = f(x).$$

Die Funktion $f\colon x \mapsto y = x^2 + \sin x$ hingegen ist weder gerade noch ungerade, weil

$$f(-x) = (-x)^2 + \sin(-x) = x^2 - \sin x \;\neq\; f(x), \quad \neq\; -f(x)$$

ist.

Zerlegung in geraden und ungeraden Teil

2. Die Funktion $f\colon x \mapsto y = e^x$ ist weder gerade noch ungerade; jedoch ist

$$f_1\colon x \mapsto f_1(x) = \tfrac{1}{2}(f(x) + f(-x)) = \tfrac{1}{2}(e^x + e^{-x})$$

bzw.

$$f_2\colon x \mapsto f_2(x) = \tfrac{1}{2}(f(x) - f(-x)) = \tfrac{1}{2}(e^x - e^{-x})$$

der gerade bzw. ungerade Anteil von f.

6.4 Umkehrfunktion

6.4.1 Umkehrbarkeit

Falls es bei einer Funktion $f\colon x \mapsto y$ möglich ist, aus jedem Bild y wieder eindeutig das zugehörige Original x zu rekonstruieren, stellt die Zuordnung $y \mapsto x$ ebenfalls eine Funktion dar, die als Umkehrfunktion $\overset{-1}{f}$ von f bezeichnet wird:

Funktion f	Umkehrfunktion $\overset{-1}{f}$
Original x; Bild $y = f(x)$	Original $y = f(x)$; Bild x
$f\colon x \mapsto y$	$\overset{-1}{f}\colon y \mapsto x$
$f\colon x \mapsto f(x)$	$\overset{-1}{f}\colon f(x) \mapsto \overset{-1}{f}(f(x))$
Definitionsbereich $\mathbb{D}_f$	Definitionsbereich $\mathbb{W}_f$
Wertemenge $\mathbb{W}_f$	Wertemenge $\mathbb{D}_f$

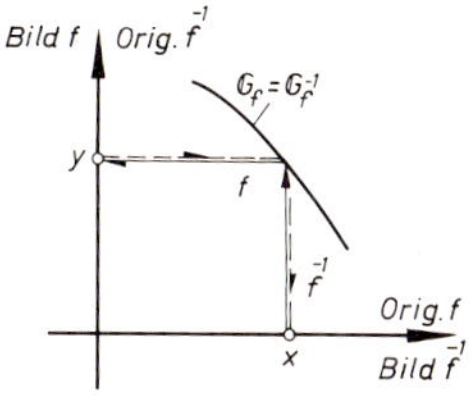

B

Zu 6.4.1:

Umkehrung einer Funktion

1. Die Funktion

$$r\colon x \mapsto y = \begin{cases} x & \text{wenn } x \in \mathbb{Q} \\ 1 - x & \text{wenn } x \notin \mathbb{Q} \end{cases} \quad \text{ist umkehrbar.}$$

Denn wenn $x \in \mathbb{Q}$ ist, gilt $r(x) = x \in \mathbb{Q}$;
wenn $x \notin \mathbb{Q}$ ist, gilt $r(x) = 1 - x \notin \mathbb{Q}$;

ist also $y \in \mathbb{Q}$, so ist das Original $\in \mathbb{Q}$, $\overset{-1}{r}(y) = y$
$y \notin \mathbb{Q}$, so ist das Original $\notin \mathbb{Q}$, $\overset{-1}{r}(y) = 1 - y$

$$\Rightarrow \overset{-1}{r}\colon y \mapsto x = \overset{-1}{r}(y) = \begin{cases} y & \text{falls } y \in \mathbb{Q} \\ 1 - y & \text{falls } y \notin \mathbb{Q} \end{cases}.$$

6.4.2 Graph

Behält man x- und y-Achse bei f und $\overset{-1}{f}$ bei, so ist $\mathbb{G}_f = \mathbb{G}_{\overset{-1}{f}}$; x-Achse ist Originalachse für f und Bildachse für $\overset{-1}{f}$; y-Achse ist Bildachse für f und Originalachse für $\overset{-1}{f}$.

Soll bei f und $\overset{-1}{f}$ das Original die erste Koordinate der Punkte des Graphs sein, so ist $\mathbb{G}_{\overset{-1}{f}}$ das Spiegelbild von $\mathbb{G}_f$ an der Winkelhalbierenden des ersten und dritten Quadranten.

6.4.3 Term

Häufig ist es möglich, die Gleichung $y=f(x)$ eindeutig nach x aufzulösen: $x=T(y)$; dann existiert zu f die Umkehrfunktion $\overset{-1}{f}: y \mapsto x = T(y)$.
Dies ist jedoch nicht die einzige Möglichkeit, die Existenz einer Umkehrfunktion nachzuweisen.

B

Zu 6.4.3:
Umkehrung durch Gleichungslösung

1. $f: x \mapsto y = f(x) = 2e^x + 1$;

   Auflösung der Gleichung $y = 2e^x + 1$ nach x ist eindeutig möglich:

$$y-1=2e^x; \quad e^x=\frac{y-1}{2}; \quad x=\ln\frac{y-1}{2};$$

$$\overset{-1}{f}: y \mapsto x=\overset{-1}{f}(y)=\ln\frac{y-1}{2} \quad \text{oder} \quad \overset{-1}{f}: x \mapsto y=\overset{-1}{f}(x)=\ln\frac{x-1}{2}.$$

Umkehrung durch Gleichungslösung

2. $f: x \mapsto y = f(x) = \dfrac{e^x - e^{-x}}{2}$;

   Auflösung der Gleichung $y = \dfrac{e^x - e^{-x}}{2}$ nach x ist eindeutig möglich:

$$2y = e^x - e^{-x}; \ |\cdot e^x; \quad \text{Substitution } z = e^x; \quad z > 0;$$

$$2yz = z^2 - 1; \quad z^2 - 2yz - 1 = 0; \quad z = \frac{2y \pm \sqrt{4y^2+4}}{2} = y \pm \sqrt{y^2+1};$$

   das untere Vorzeichen entfällt, weil sonst $z < 0$ wäre;

$$x = \ln(y + \sqrt{y^2+1});$$

$$\overset{-1}{f}: y \mapsto x = \overset{-1}{f}(y) = \ln(y+\sqrt{y^2+1}) \quad \text{oder} \quad \overset{-1}{f}: x \mapsto y = \overset{-1}{f}(x) = \ln(x+\sqrt{x^2+1}).$$

6.4.4 Hinreichende Bedingungen für die Existenz

f ist sicher dann umkehrbar, wenn f in $\mathbb{D}$ streng monoton steigend ist.

f ist sicher dann umkehrbar, wenn die Gleichung $y = f(x)$ eindeutig nach x auflösbar ist.

f ist sicher dann nicht umkehrbar, wenn f mehrere b-Stellen (z.B. 0-Stellen) hat.

f ist sicher dann nicht umkehrbar, wenn f gerade ist.

f ist sicher dann nicht umkehrbar, wenn f periodisch ist.

B

Zu 6.4.4:

Streng monotone Funktion

1. Die Funktion $f\colon x \mapsto f(x) = x + \operatorname{int} x$ ist in $\mathbb{R}$ streng monoton steigend (Beispiel 2 zu 6.3.1), daher umkehrbar; ein Termausdruck für $\overset{-1}{f}(y)$ ist jedoch nur schwierig zu finden; durch Zerlegung von $\operatorname{int} x = x - p$ (falls $x \notin \mathbb{Z}$) findet man:

$$\overset{-1}{f}(y) = y - \tfrac{1}{2}\operatorname{int} y; \quad \overset{-1}{f}\colon x \mapsto \overset{-1}{f}(x) = x - \tfrac{1}{2}\operatorname{int} x.$$

Gerade Funktion

2. Die Funktion $f\colon x \mapsto y = f(x) = x^2$ ist in $\mathbb{R}$ gerade, daher sicher nicht umkehrbar.

6.4.5 Umkehrbarkeit einer Einschränkung

Häufig ist eine geeignete Einschränkung einer nicht umkehrbaren Funktion (z.B. eine streng monotone Einschränkung) umkehrbar.

B

Zu 6.4.5:

Umkehrung einer streng monotonen Einschränkung

1. $f\colon x \mapsto y = f(x) = -x^2 + x + 2$ ist nicht umkehrbar, weil f die beiden Nullstellen -1 und 2 besitzt.

   f ist für $x \leqq 0{,}5$ streng monoton steigend,
   für $x \geqq 0{,}5$ streng monoton fallend.

   Beweis:

   Fall $x \leqq 0{,}5$: Sei

$$\begin{aligned}
& x_1 < x_2 \leqq 0{,}5 \\
\Rightarrow\ & x_1 - 0{,}5 < x_2 - 0{,}5 \leqq 0 \\
\Rightarrow\ & (x_1 - 0{,}5)^2 > (x_2 - 0{,}5)^2 \geqq 0 \\
\Rightarrow\ & -(x_1 - 0{,}5)^2 < -(x_2 - 0{,}5)^2 \leqq 0 \\
\Rightarrow\ & -(x_1 - 0{,}5)^2 + 2{,}25 < -(x_2 - 0{,}5)^2 + 2{,}25 \\
\Rightarrow\ & -x_1^2 + x_1 + 2 < -x_2^2 + x_2 + 2 \\
\Rightarrow\ & f(x_1) < f(x_2)
\end{aligned}$$

   Fall $x \geqq 0{,}5$: Sei

$$\begin{aligned}
& 0{,}5 \leqq x_1 < x_2 \\
\Rightarrow\ & 0 \leqq x_1 - 0{,}5 < x_2 - 0{,}5 \\
\Rightarrow\ & 0 \leqq (x_1 - 0{,}5)^2 < (x_2 - 0{,}5)^2 \\
\Rightarrow\ & 0 \geqq -(x_1 - 0{,}5)^2 > -(x_2 - 0{,}5)^2 \\
\Rightarrow\ & -(x_1 - 0{,}5)^2 + 2{,}25 > -(x_2 - 0{,}5)^2 + 2{,}25 \\
\Rightarrow\ & -x_1^2 + x_1 + 2 > -x_2^2 + x_2 + 2 \\
\Rightarrow\ & f(x_1) > f(x_2)
\end{aligned}$$

Schränkt man f auf $x \leqq 0{,}5$ ein, so ist diese Einschränkung umkehrbar:

$$y = -x^2 + x + 2; \quad x \leqq 0{,}5$$

$$x = \frac{1 \overset{(+)}{-} \sqrt{1 - 4(-2+y)}}{2} = \frac{1 \overset{(+)}{-} \sqrt{9 - 4y}}{2}$$

$$\overset{-1}{f}: y \mapsto \overset{-1}{f}(y) = 0{,}5 - \tfrac{1}{2}\sqrt{9 - 4y}$$

oder

$$\overset{-1}{f}: x \mapsto \overset{-1}{f}(x) = 0{,}5 - \tfrac{1}{2}\sqrt{9 - 4x}$$

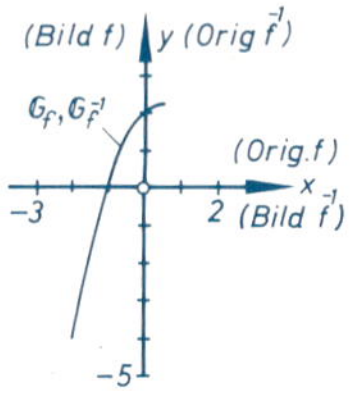

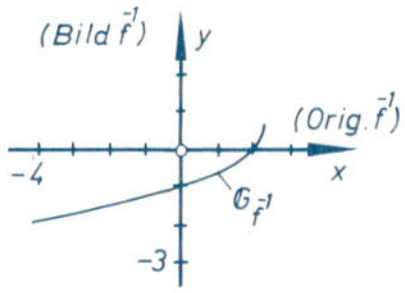

6.5 Grenzwert

6.5.1 Definition

Linksseitiger Grenzwert

$\mathbb{D}$ sei ein offenes oder abgeschlossenes Intervall; a sei ein innerer Punkt oder der rechte Randpunkt von $\mathbb{D}$.

Eine Funktion $f: x \mapsto y = f(x)$, die in $\mathbb{D}$ definiert ist, besitzt an der Stelle $x = a$ den linksseitigen Grenzwert L (geschrieben $\lim\limits_{x \to a-0} f(x)$), wenn $|f(x) - L|$ für alle x, die nahe genug bei a liegen, kleiner als ein beliebig vorgegebener positiver Wert ist; die Ungleichung $|f(x) - L| < \varepsilon$ muß für alle x mit $a - x = |x - a| < \delta(\varepsilon)$ erfüllt sein; ε beliebig positiv, $\delta(\varepsilon)$ im allgemeinen von ε abhängig.

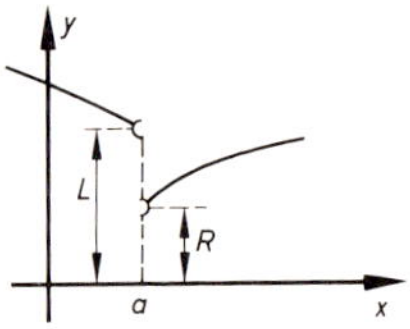

Rechtsseitiger Grenzwert

$\mathbb{D}$ sei ein offenes oder abgeschlossenes Intervall; a sei ein innerer Punkt oder der linke Randpunkt von $\mathbb{D}$.

Eine Funktion $f: x \mapsto y = f(x)$, die in $\mathbb{D}$ definiert ist, besitzt an der Stelle $x = a$ den rechtsseitigen Grenzwert R (geschrieben $\lim\limits_{x \to a+0} f(x)$), wenn $|f(x) - R|$ für alle x, die nahe genug bei a liegen, kleiner als ein beliebig vorgegebener positiver Wert ist; die Ungleichung $|f(x) - R| < \varepsilon$ muß für alle x mit $x - a = |x - a| < \delta(\varepsilon)$ erfüllt sein; ε beliebig positiv; $\delta(\varepsilon)$ im allgemeinen von ε abhängig.

Grenzwert in a

Stimmen bei einer Funktion f die beiden Grenzwerte R und L bei a überein, so heißt die Zahl $R = L = G$ „(eigentlicher) Grenzwert" (geschrieben $\lim\limits_{x \to a} f(x)$).

Existieren R und L und sind sie verschieden, so hat f bei a eine Sprungstelle.

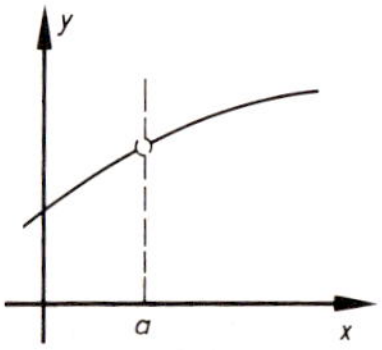

Grenzwert für $x \mapsto \pm\infty$

Eine Funktion $f: x \mapsto y=f(x)$, die in einem Intervall $(-\infty; b)$ bzw. $(b; \infty)$ definiert ist, besitzt den Grenzwert $U=\lim\limits_{x\to-\infty} f(x)$ bzw. $V=\lim\limits_{x\to\infty} f(x)$, wenn die Ungleichung

$$|f(x)-U|<\varepsilon \quad \text{bzw.} \quad |f(x)-V|<\varepsilon$$

für alle x mit $|x|>D(\varepsilon)$ erfüllt ist; ε beliebig positiv; $D(\varepsilon)$ im allgemeinen von ε abhängig.

Bemerkungen

Ein Grenzwert muß nicht der Wertemenge $\mathbb{W}$ angehören. a muß nicht der Definitionsmenge $\mathbb{D}$ angehören.

Bei einer in der Umgebung von a unbeschränkten Funktion f sagt man zuweilen $\lim\limits_{x\to a} f(x)=\infty$ oder $-\infty$.

Da für ∞ keine Rechenoperationen erklärt sind, sollten derartige Sprechweisen vermieden werden. Vor ∞ sollten keine Rechenzeichen ($+$, $-$, $\cdot$, $:$, $=$ etc.) stehen. Man schreibt in diesem Fall sicherer $f(x)\to\infty$ oder $-\infty$ für $x\to a$.

B

Zu 6.5.1:

Linksseitiger und rechtsseitiger Grenzwert

1. $f: x \mapsto y=f(x)=x^2-2x-1$; $\mathbb{D}$: $-3 \leqq x < 4$.

Es sei $a=4$. Man stelle fest, ob f bei $a=4$ einen linksseitigen Grenzwert L besitzt.

Folgende Forderung muß erfüllbar sein:

$$|f(x)-L|<\varepsilon \quad \text{für alle } x \text{ mit } |x-4|<\delta(\varepsilon), \quad x<4;$$

$$|f(4-h)-L|<\varepsilon \quad \text{für alle positiven } h \text{ mit } 0<h<\delta(\varepsilon);$$

$$|(4-h)^2-2(4-h)-1-L|<\varepsilon; \quad |h^2-6h+7-L|<\varepsilon;$$

diese Forderung ist nur erfüllbar, wenn $7-L=0$ und $|h^2-6h|<\varepsilon$, also wenn $L=7$ und

$$|h^2-6h| \leqq |h|^2+6|h|<\varepsilon;$$

letzteres gilt, wenn

$$|h|^2+6|h|+9<\varepsilon+9$$

$$\Rightarrow (|h|+3)^2<\varepsilon+9;$$

$$\Rightarrow |h|<\sqrt{\varepsilon+9}-3=\delta(\varepsilon).$$

Man stelle fest, ob f bei $a=2$ einen rechtsseitigen Grenzwert R besitzt.

$$|f(2+h)-R|<\varepsilon \quad \text{für } 0<h<\delta(\varepsilon);$$

$$|(2+h)^2-2(2+h)-1-R|<\varepsilon; \quad |h^2+2h-1-R|<\varepsilon;$$

erfüllbar wenn $R=-1$ und

$$|h^2+2h| \leqq |h|^2+2|h|<\varepsilon$$

$$\Rightarrow |h|^2+2|h|+1<\varepsilon+1;$$

$$\Rightarrow (|h|+1)^2<\varepsilon+1;$$

$$\Rightarrow |h|<\sqrt{\varepsilon+1}-1=\delta(\varepsilon).$$

Tatsächlich ist für $\varepsilon=0{,}1$ der Wert $\delta(\varepsilon)=\sqrt{1{,}1}-1\approx 0{,}049$; wählt man $h=0{,}04$, so ist

$$|f(2{,}04)-1|=|2{,}04^2-2\cdot 2{,}04+1-1|\approx 0{,}0816<0{,}1=\varepsilon.$$

Sprungstelle

2. Man beweise, daß $f\colon x\mapsto y=f(x)=x+\operatorname{int}x$ bei $x=2$ eine Sprungstelle hat.

Berechnung von R:

$$|f(2+h)-R|<\varepsilon \quad \text{für } 0<h<\delta(\varepsilon);$$

$$|2+h+\operatorname{int}(2+h)-R|<\varepsilon; \quad |2+h+2-R|<\varepsilon;$$

$|h+4-R|<\varepsilon$ nur erfüllbar, wenn $R=4$ und $|h|<\varepsilon=\delta(\varepsilon)$.

Berechnung von L:

$$|f(2-h)-L|<\varepsilon \quad \text{für } 0<h<\delta(\varepsilon);$$

$$|2-h+\operatorname{int}(2-h)-L|<\varepsilon; \quad |2-h+1-L|<\varepsilon;$$

$|h+L-3|<\varepsilon$ nur erfüllbar, wenn $L=3$ und $|h|<\varepsilon=\delta(\varepsilon)$.

Sprunghöhe $|L-R|=1$.

Linksseitiger und rechtsseitiger Grenzwert

3. Die Funktion

$$r\colon x\mapsto y=r(x)=\begin{cases} x & \text{wenn } x\in\mathbb{Q} \\ 1-x & \text{wenn } x\notin\mathbb{Q}\end{cases}$$

hat bei $x_0\neq 0{,}5$ keinen linksseitigen Grenzwert.

Es müßte gelten $|r(x_0-h)-L|<\varepsilon$ für alle h mit $0<h<\delta(\varepsilon)$.

Ist $x_0-h\in\mathbb{Q}$, so ist $|r(x_0-h)-L|=|x_0-h-L|<\varepsilon$ nur erfüllbar durch $L=x_0$ und $|h|<\varepsilon=\delta(\varepsilon)$.

Ist $x_0-h\notin\mathbb{Q}$, so ist $|r(x_0-h)-L|=|1-(x_0-h)-L|<\varepsilon$ nur erfüllbar durch $L=1-x_0$ und $|h|<\varepsilon=\delta(\varepsilon)$.

Beide Ergebnisse $L=x_0$ und $L=1-x_0$ widersprechen sich, wenn $x_0\neq 0{,}5$.

Ist $x_0=0{,}5$, so existiert der linksseitige Grenzwert $L=0{,}5$.

Analog zeigt man, daß r nur bei $x_0=0{,}5$ den rechtsseitigen Grenzwert $R=0{,}5$ besitzt.

Grenzwert in a

4. Man berechne $\lim\limits_{x\to 0}\left(x\cdot\sin\frac{1}{x}\right)$, d.h. den (eigentlichen) Grenzwert der Funktion

$$f\colon x\mapsto y=f(x)=x\cdot\sin\frac{1}{x}.$$

$$|f(0+h)-G|<\varepsilon \quad \text{für } 0<|h|<\delta(\varepsilon);$$

$\left|h\sin\frac{1}{h}-G\right|<\varepsilon$ nur erfüllbar durch $G=0$ und $|h|<\varepsilon=\delta(\varepsilon)$, weil $\left|h\sin\frac{1}{h}\right|\leqq|h|$.

Grenzwert für $x\to\pm\infty$

5. Die Funktion $f\colon x\mapsto y=f(x)=\frac{1}{x}$ besitzt für $x\to\pm\infty$ den Grenzwert

$$\lim_{x\to\pm\infty}\frac{1}{x}=0.$$

Beweis:

$\left|\frac{1}{x}-V\right|<\varepsilon$ ist erfüllbar durch $V=0$ und $|x|=x>\frac{1}{\varepsilon}=D(\varepsilon)$.

$\left|\frac{1}{x}-U\right|<\varepsilon$ ist erfüllbar durch $U=0$ und $|x|=-x=\frac{1}{\varepsilon}=D(\varepsilon)$.

In der Umgebung von $x=0$ ist f unbeschränkt.

Beweis:

$\left|\frac{1}{x}\right|>K$ ist für jedes positive K durch $|x|<\frac{1}{K}$ erfüllbar (6.3.2, Seite 137).

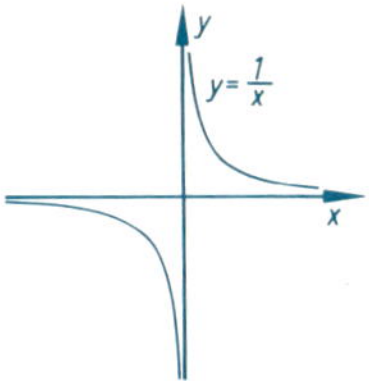

Grenzwert in a

6. $f\colon x \mapsto y=f(x)=\dfrac{x^2-a^2}{x-a}$ besitzt den (eigentlichen) Grenzwert $G=\lim\limits_{x\to a} f(x)=2a$.

Beweis:

$$\left|\frac{(a+h)^2-a^2}{a+h-a}-G\right|=\left|\frac{2ah+h^2}{h}-G\right|=|2a+h-G|<\varepsilon$$

erfüllbar durch $G=2a$ und $|h|<\varepsilon=\delta(\varepsilon)$.

$\mathbb{G}_f$ ist eine Gerade mit einer Lücke bei $(a;\ 2a)$.

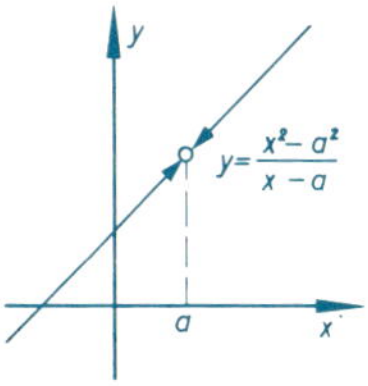

6.5.2 Allgemeine Grenzwertsätze

Falls die (linksseitigen, rechtsseitigen oder eigentlichen) Grenzwerte auf der rechten Seite des Gleichheitszeichens existieren, existieren auch die (linksseitigen, rechtsseitigen oder eigentlichen) Grenzwerte auf der linken Seite des Gleichheitszeichens:

$$\lim\,(f(x)\pm g(x))=\lim f(x)\pm\lim g(x)$$

$$\lim\frac{f(x)}{g(x)}=\frac{\lim f(x)}{\lim g(x)}\quad \text{falls } g(x)\neq 0;\quad \lim g(x)\neq 0$$

Ist $\lim g_1(x)=\lim g_2(x)=G$ und gilt $g_1(x)\leqq f(x)\leqq g_2(x)$ für alle $x\in\mathbb{D}$, so ist $\lim f(x)=G$ (Intervallschachtelung).

Ist $f(x)$ durch algebraische Umformung in einen einfacheren Ausdruck überzuführen, so kann bei diesem die Grenzwertuntersuchung vorgenommen werden.

B

Zu 6.5.2:

Berechnung eines Grenzwertes

1. $\lim\limits_{x\to 0,5}\left[r(x)\cdot\left(1+(x-0{,}5)\cdot\sin\dfrac{1}{x-0{,}5}\right)\right]$ ($r(x)$: Beispiel 3 zu 6.5.1)

$$=\lim_{x\to 0,5} r(x)\cdot\lim_{x\to 0,5}\left(1+(x-0{,}5)\cdot\sin\frac{1}{x-0{,}5}\right)$$

weil diese beiden Grenzwerte existieren (Beispiel 3 zu 6.5.1, Beispiel 4 zu 6.5.1).
Der Grenzwert ist also

$$0{,}5\cdot\left(1+\lim_{x\to 0{,}5}(x-0{,}5)\cdot\sin\frac{1}{x-0{,}5}\right)=0{,}5\cdot\left(1+\lim_{z\to 0} z\cdot\sin\frac{1}{z}\right)=0{,}5\cdot(1+0)=0{,}5.$$

6.5.3 Spezielle Grenzwerte

1. $\lim\limits_{x\to\infty}\sqrt[x]{x}=1;$

2. $\lim\limits_{x\to\infty}\sqrt[x]{a}=1 \quad (a>0);$

3. $\lim\limits_{x\to\infty}\left(1+\frac{1}{x}\right)^x=e\approx 2{,}71828;$

4. $\lim\limits_{x\to\infty}\left(1+\frac{a}{x}\right)^x=e^a;$

5. $\lim\limits_{x\to\infty}\frac{x^n}{e^x}=0$ (die Exponentialfunktion ist von höherer Ordnung unbeschränkt als jede Potenz mit positivem Exponenten; 6.5.5, Seite 147);

6. $\lim\limits_{x\to\infty}\frac{\ln x}{\sqrt[n]{x}}=0$ (der Logarithmus ist von niedrigerer Ordnung unbeschränkt als jede Wurzel mit positivem Wurzelexponenten; 6.5.5, Seite 147);

7. $\lim\limits_{x\to\infty}a^x=\begin{cases}1 & \text{wenn } a=1\\ 0 & \text{wenn } 0<a<1\end{cases}$

   $a^x\to\infty$ für $x\to\infty$ wenn $a>1$;

8. $\lim\limits_{x\to 0}\frac{\sin ax}{x}=a;$

9. $\lim\limits_{x\to 0}\frac{\tan ax}{x}=a;$

10. $\lim\limits_{x\to 0}\frac{e^x-1}{x}=1.$

6.5.4 Asymptotische Annäherung

Die Funktionen f und g heißen asymptotische Annäherung aneinander, wenn gilt

$$\lim_{\substack{x\to\infty\\ \text{oder } x\to-\infty}}(f(x)-g(x))=0$$

oder $|f(x)-g(x)|<\varepsilon$ für alle x mit $|x|>D(\varepsilon)$.

B

Zu 6.5.4:

Asymptotische Annäherung

1. Man zeige, daß $f\colon x\mapsto f(x)=e^x+e^{-x}$ eine asymptotische Annäherung an $g\colon x\mapsto g(x)=e^x-e^{-x}$ für $x\to\infty$ ist.

   $$\lim_{x\to\infty}[f(x)-g(x)]=2\lim_{x\to\infty}e^{-x}=0.$$

Asymptotische Annäherung

2. Man zeige, daß sich die Funktionen

   $$f\colon x\mapsto f(x)=\ln\frac{e^x+e^{-x}}{2} \quad\text{und}\quad g\colon x\mapsto g(x)=x-\ln 2$$

für $x \to \infty$ fast gleich verhalten.

$$\lim_{x\to\infty} [f(x)-g(x)] = \lim_{x\to\infty} [\ln(e^x+e^{-x}) - \ln 2 - x + \ln 2]$$
$$= \lim_{x\to\infty} [\ln(e^x+e^{-x}) - x].$$

Substitution

$$z = e^x + e^{-x}; \quad x > 0 \quad (\text{da } x \to \infty)$$

$$\Rightarrow \quad x = \ln \frac{z+\sqrt{z^2-4}}{2};$$

$$\Rightarrow \quad \lim_{x\to\infty} [f(x)-g(x)] = \lim_{z\to\infty} \left[\ln z - \ln \frac{z+\sqrt{z^2-4}}{2}\right];$$

da für $x \to \infty$ auch $z \to \infty$, weil z.B.

$$\lim_{x\to\infty} \frac{x}{e^x+e^{-x}} = \lim_{x\to\infty} \frac{x/e^x}{1+e^{-2x}} = \frac{0}{1+0}$$ (6.5.5.2, Seite 148 und 6.5.3, Seite 146)

$$\Rightarrow \quad \lim_{x\to\infty} [f(x)-g(x)] = -\lim_{z\to\infty} \ln \frac{z+\sqrt{z^2-4}}{2z} = -\lim_{z\to\infty} \ln\left(\frac{1}{2}+\frac{1}{2}\sqrt{1-\frac{1}{z}}\right) = 0.$$

6.5.5 Größenordnung von Funktionen

6.5.5.1 Größenordnung des Verschwindens

Haben f und g bei $x = a$ eine Nullstelle (bzw. ist $\lim_{x\to\pm\infty} f(x) = \lim_{x\to\pm\infty} g(x) = 0$), dann gilt:

f verschwindet von höherer Ordnung als g, wenn $\lim\limits_{\substack{x\to a \\ \text{oder } x\to\pm\infty}} \frac{f(x)}{g(x)} = 0$

gleicher Ordnung wie g, wenn $\lim\limits_{\substack{x\to a \\ \text{oder } x\to\pm\infty}} \frac{f(x)}{g(x)} = c \neq 0$

niedrigerer Ordnung als g, wenn $\lim\limits_{\substack{x\to a \\ \text{oder } x\to\pm\infty}} \frac{g(x)}{f(x)} = 0$

B

Zu 6.5.5.1:

Nullstellen gleicher Ordnung

1. Die Nullstellen von tan und sin sind von gleicher Ordnung.

   Man kann wegen der Periodizität die Nullstellen bei $x = 0$ untersuchen.

$$\lim_{x\to 0} \frac{\tan x}{\sin x} = \lim_{x\to 0} \frac{1}{\cos x} = \frac{1}{\lim\limits_{x\to 0} \cos x} = \frac{1}{1} = 1$$

   Beweis für $\lim\limits_{x\to 0} \cos x = 1$:

$$|\cos(0+h) - 1| = |\cos h - 1| = |\cos h - \cos 0| = \left|-2 \sin\frac{h+0}{2} \sin\frac{h-0}{2}\right| = 2\left|\sin\frac{h}{2}\right|^2 < \varepsilon$$

$$\text{wenn} \quad \left|\sin\frac{h}{2}\right| < \sqrt{\frac{\varepsilon}{2}}; \quad |h| < 2\arcsin\sqrt{\frac{\varepsilon}{2}}.$$

Nullstellen verschiedener Ordnung

2. Die Funktion $f\colon x \mapsto f(x) = x \cdot \sin\frac{1}{x}$ nähert sich für $x \to +0$ stärker an 0 an als die Funktion $g\colon x \mapsto g(x) = \sqrt{x}$.

$$\lim_{x\to+0} \frac{f(x)}{g(x)} = \lim_{x\to+0} \frac{x\sin\frac{1}{x}}{\sqrt{x}} = \lim_{x\to+0} \sqrt{x}\cdot\sin\frac{1}{x} = 0.$$

Beweis:

$$\left|\sqrt{0+h}\cdot\sin\frac{1}{0+h}\right| \leqq \sqrt{h} < \varepsilon \qquad \text{erfüllbar durch } h < \varepsilon^2 = \delta(\varepsilon).$$

Nullstellen gleicher Ordnung

3. $f\colon x \mapsto f(x) = \ln x$ und $g\colon x \mapsto g(x) = x - 1$ verschwinden bei $x = 1$ von gleicher Ordnung.

$$\lim_{x\to1} \frac{x-1}{\ln x} = \lim_{z\to0} \frac{e^z-1}{z} = 1 \qquad (\text{Substitution } x = e^z,\ x\to1,\ z\to0).$$

6.5.5.2 Größenordnung des Unbeschränktseins

Sind f und g für $x \to a$ (bzw. für $x \to \pm\infty$) unbeschränkt, dann gilt:

f ist unbeschränkt von höherer Ordnung als g wenn $\lim\limits_{\substack{x\to a\\ \text{oder } x\to\pm\infty}} \frac{g(x)}{f(x)} = 0$

gleicher Ordnung wie g, wenn $\lim\limits_{\substack{x\to a\\ \text{oder } x\to\pm\infty}} \frac{g(x)}{f(x)} = c \neq 0$

niedrigerer Ordnung als g, wenn $\lim\limits_{\substack{x\to a\\ \text{oder } x\to\pm\infty}} \frac{f(x)}{g(x)} = 0$

B

Zu 6.5.5.2:

Unbeschränktheit gleicher Ordnung

1. Die Funktion $f\colon x \mapsto f(x) = \tan x$ ist in der Umgebung der Stelle $x = \frac{\pi}{2}$ von gleicher Ordnung unbeschränkt wie

$$g\colon x \mapsto g(x) = \frac{1}{\cos x}, \text{ denn es ist } \lim_{x\to\frac{\pi}{2}} \frac{\tan x}{\frac{1}{\cos x}} = \lim_{x\to\frac{\pi}{2}} \sin x = 1.$$

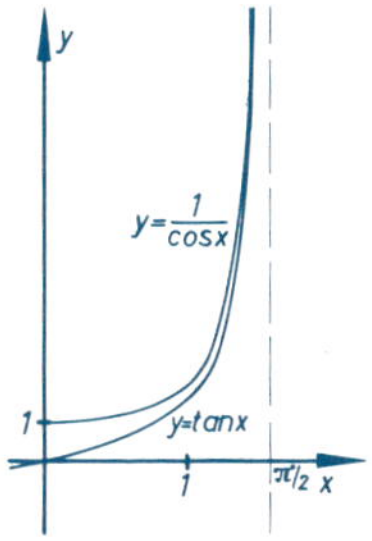

f und g sind asymptotische Annäherungen aneinander, weil

$$\lim_{x \to \frac{\pi}{2}} \left(\tan x - \frac{1}{\cos x}\right) = \lim_{x \to \frac{\pi}{2}} \frac{\sin x - 1}{\sqrt{1 - \sin^2 x}}$$

$$= -\lim_{x \to \frac{\pi}{2}} \frac{\sqrt{1 - \sin x}}{\sqrt{1 + \sin x}} = 0.$$

6.6 Stetigkeit

6.6.1 Definition

Linksseitige Stetigkeit in *a*

Eine Funktion $f\colon x \mapsto y = f(x)$, die in einem Intervall $(b; a]$ mit $b < a$ definiert ist, heißt in a linksseitig stetig, wenn der linksseitige Grenzwert $L = \lim\limits_{x \to a-0} f(x)$ (6.5.1, Seite 142) existiert und $L = f(a)$ ist.

Rechtsseitige Stetigkeit in *a*

Eine Funktion $f\colon x \mapsto y = f(x)$, die in einem Intervall $[a; b)$ mit $a < b$ definiert ist, heißt in a rechtsseitig stetig, wenn der rechtsseitige Grenzwert $R = \lim\limits_{x \to a+0} f(x)$ (6.5.1, Seite 142) existiert und $R = f(a)$ ist.

Stetigkeit in *a*

Existieren bei einer Funktion $f\colon x \mapsto y = f(x)$ die beiden Grenzwerte R und L und stimmen sie mit dem Funktionswert $f(a)$ überein, so heißt f in a stetig; in diesem Fall ist die Ungleichung $|f(x) - f(a)| < \varepsilon$ für beliebige positive ε erfüllt, wenn $|x - a| < \delta(\varepsilon)$ ist. In allen anderen Fällen heißt f in a unstetig; Unstetigkeitsstellen können z.B. Sprungstellen oder Oszillationsstellen sein.

Stetige Behebung einer Definitionslücke

Gehört a nicht zu $\mathbb{D}$, existieren aber $L = \lim\limits_{x \to a-0} f(x)$ und $R = \lim\limits_{x \to a+0} f(x)$ und gilt $R = L$, so kann $f\colon x \mapsto y = f(x)$ durch die Zusatzdefinition $f(x) := L = R$ stetig in a fortgesetzt werden („stetige Behebung einer Definitionslücke").

Stetigkeit in einem Intervall

Die Menge aller x, in denen eine Funktion stetig ist, heißt Stetigkeitsbereich $\mathbb{S}$. Eine Funktion $f\colon x \mapsto y = f(x)$ heißt in einem Intervall stetig, wenn f an jeder Stelle des Intervalls stetig ist. Besteht der Stetigkeitsbereich $\mathbb{S}$ nicht aus einem Intervall, so heißt f stückweise stetig.

Ist f in einem Intervall stetig, so ist f auch in jedem Teilintervall davon stetig.

Gleichmäßige Stetigkeit in einem Intervall

Ist die Ungleichung $|f(x) - f(a)| < \varepsilon$ für jedes a eines Intervalles durch eine von a unabhängige, nur von ε abhängige Bedingung $|x - a| < \delta(\varepsilon)$ erfüllt, so heißt die Funktion $f\colon x \mapsto y = f(x)$ in dem Intervall gleichmäßig stetig.

Zu 6.6.1:
Stetigkeit und Grenzwert

1. Gleichbedeutend mit der Stetigkeit bzw. rechtsseitigen bzw. linksseitigen Stetigkeit der Funktion f an der Stelle a ist das Bestehen der Gleichung

$$\lim_{x\to a} f(x)=f(a) \quad \text{bzw.} \quad \lim_{x\to a+0} f(x)=f(a) \quad \text{bzw.} \quad \lim_{x\to a-0} f(x)=f(a)$$

oder

$$\lim_{x\to a}(f(x)-f(a))=0 \quad \text{bzw.} \quad \lim_{x\to a+0}(f(x)-f(a))=0 \quad \text{bzw.} \quad \lim_{x\to a-0}(f(x)-f(a))=0.$$

Ist nämlich f in a stetig, so ist $L=R=f(a)$, wobei

$$L=\lim_{x\to a-0} f(x); \quad R=\lim_{x\to a+0} f(x).$$

Ist andererseits $\lim\limits_{x\to a} f(x)=f(a)$, so ist $|f(x)-f(a)|<\varepsilon$, wenn $|x-a|<\delta(\varepsilon)$; das bedeutet aber $|f(a+h)-f(a)|<\varepsilon$, wenn $0<h<\delta(\varepsilon)$, und $|f(a-h)-f(a)|<\varepsilon$, wenn $0<h<\delta(\varepsilon)$, d.h. $R=L=f(a)$.

Gleichmäßige Stetigkeit von sin

2. Die Funktion $f\colon x\mapsto y=f(x)=\sin x$ ist an der Stelle $x_0=\frac{\pi}{2}$ stetig, denn es ist

$$\lim_{x\to\frac{\pi}{2}}\left(\sin x-\sin\frac{\pi}{2}\right)=\lim_{x\to\frac{\pi}{2}}\left(2\cos\frac{x+\frac{\pi}{2}}{2}\sin\frac{x-\frac{\pi}{2}}{2}\right)=2\cdot 0\cdot 0=0.$$

Sie ist für alle $x_0\in\mathbb{R}$ stetig; denn es ist

$$|\sin x-\sin x_0|=2\left|\cos\frac{x+x_0}{2}\cdot\sin\frac{x-x_0}{2}\right|\leqq 2\left|\sin\frac{x-x_0}{2}\right|<\varepsilon$$

wenn $|x-x_0|<2\arcsin\frac{\varepsilon}{2}=\delta(\varepsilon)$.

Die Funktion ist in $\mathbb{R}$ gleichmäßig stetig, weil $\delta(\varepsilon)=2\arcsin\frac{\varepsilon}{2}$ nicht von x_0 abhängt.

Stetigkeit von exp

3. Die Funktion $f\colon x\mapsto y=f(x)=e^x$ ist für alle $x_0\in\mathbb{R}$ stetig; es liegt jedoch keine gleichmäßige Stetigkeit in $\mathbb{R}$ vor.

$$|e^x-e^{x_0}|=|e^{x_0+h}-e^{x_0}|=e^{x_0}\cdot|e^h-1|=e^{x_0}\cdot\left|\frac{e^h-1}{h}\right|\cdot|h|\leqq e^{x_0}\cdot 2\cdot|h|,$$

weil $\left|\frac{e^h-1}{h}\right|<2$, wenn $|h|$ hinreichend nahe an 0 liegt (z.B. sicher dann, wenn $|h|<1{,}2$).

Die Forderung $|e^x-e^{x_0}|<\varepsilon$ ist also sicher dann erfüllt, wenn

$$|h|=|x-x_0|<\frac{\varepsilon}{2e^{x_0}}=\delta(\varepsilon) \quad \text{(falls } |h|<1{,}2\text{)}.$$

Weil $\delta(\varepsilon)=\frac{\varepsilon}{2e^{x_0}}$ außer von ε auch noch von x_0 abhängt, ist f in $\mathbb{R}$ nicht gleichmäßig stetig.

f ist jedoch in dem Intervall $-5 \leqq x \leqq 2$ gleichmäßig stetig, weil man für $\delta(\varepsilon)$ den Wert $\frac{\varepsilon}{2e^2}$ nehmen kann.

Stetigkeit

4. Die Funktion $f\colon x \mapsto f(x)=\frac{1}{x}$ ist für alle $x_0 \neq 0$ stetig.

$$\left|\frac{1}{x}-\frac{1}{x_0}\right|=\left|\frac{x-x_0}{x x_0}\right|=\left|\frac{h}{x_0(x_0+h)}\right|=\frac{1}{|x_0|}\cdot\left|\frac{h}{x_0+h}\right|<\varepsilon;$$

$$\frac{|h|}{|x_0+h|}<\varepsilon\cdot|x_0|; \quad \left|\frac{x_0+h}{h}\right|>\frac{1}{\varepsilon|x_0|}; \quad \left|\frac{x_0}{h}+1\right|>\frac{1}{\varepsilon|x_0|};$$

diese Ungleichung ist sicher dann erfüllt, wenn

$$\left|\frac{x_0}{h}\right|-1>\frac{1}{\varepsilon|x_0|}; \quad \left|\frac{x_0}{h}\right|>\frac{1}{\varepsilon|x_0|}+1=\frac{1+\varepsilon|x_0|}{\varepsilon|x_0|}; \quad |h|<\frac{\varepsilon\cdot|x_0|^2}{\varepsilon|x_0|+1}=\delta(\varepsilon).$$

Unstetigkeit

5. Die Funktion $f\colon x \mapsto f(x)=y=e^{-\frac{1}{x}}$ ist an der Stelle $x_0=0$ unstetig. Es ist nämlich ihr rechtsseitiger Grenzwert (x strebt von positiven Werten her gegen Null)

$$\lim_{x\to+0} e^{-\frac{1}{x}}=0;$$

dagegen ist ein linksseitiger Grenzwert nicht vorhanden, weil f unbeschränkt ist:

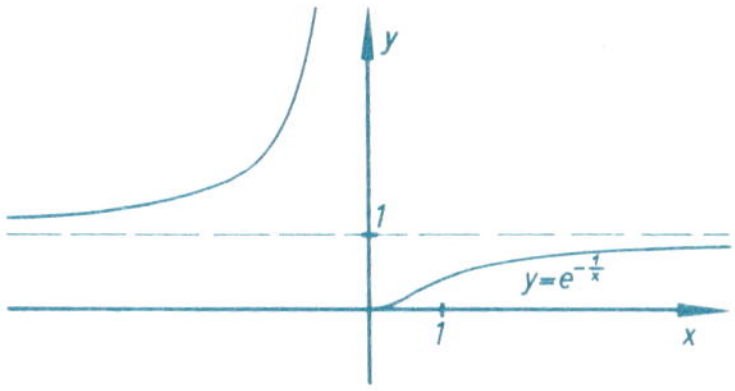

$$e^{-\frac{1}{x}}=e^z$$

mit $z=-\frac{1}{x}>0$ für $x<0$;

$e^z>K$, wenn $z>\ln K$; d.h. $-\frac{1}{x}>\ln K$, $x>-\frac{1}{\ln K}$.

Stetige Behebung einer Definitionslücke

6. Die Funktion $f\colon x \mapsto y=f(x)=\sqrt[3]{x}\cdot\cos\frac{1}{x}$ ist bei $x_0=0$ nicht definiert. Es existiert aber $\lim\limits_{x\to 0}\sqrt[3]{x}\cdot\cos\frac{1}{x}=0$; daher kann f durch die Zusatzdefinition $f(0)=0$ stetig fortgesetzt werden.

Beweis: $\left|\sqrt[3]{x}\cdot\cos\frac{1}{x}\right| \leqq |\sqrt[3]{x}|<\varepsilon$, wenn $|x|<\varepsilon^3=\delta(\varepsilon)$.

6.6.2 Sätze über stetige Funktionen

1. Ist f in a stetig (bzw. linksseitig bzw. rechtsseitig stetig), dann ist $\lim\limits_{x\to a} f(x)$ (bzw. $\lim\limits_{x\to a-0} f(x)$ bzw. $\lim\limits_{x\to a+0} f(x))=f(a)$ (Methode zur Berechnung von Grenzwerten).

2. Sind f und g in a stetig (bzw. linksseitig bzw. rechtsseitig stetig), dann sind auch $f \pm g$ in a stetig (bzw. linksseitig bzw. rechtsseitig stetig); für $\frac{f}{g}$ gilt diese Aussage, wenn $g(a) \neq 0$.
3. Ist g in a und f in $b = g(a)$ stetig, dann ist die Verkettung $f \circ g$ in a stetig.
4. Ist f in einem Intervall definiert, dort stetig und umkehrbar, dann ist $\overset{-1}{f}$ in $\mathbb{W}_f$ stetig.
5. Eine in einem abgeschlossenen Intervall stetige Funktion ist beschränkt.
6. Eine in einem abgeschlossenen Intervall stetige Funktion hat einen größten und einen kleinsten Funktionswert (absolutes Maximum und absolutes Minimum, Satz von *Weierstraß*).
7. Eine in einem abgeschlossenen Intervall stetige Funktion ist dort gleichmäßig stetig.
8. Eine in $[a; b]$ stetige Funktion f hat jede Zahl zwischen $f(a)$ und $f(b)$ mindestens einmal als Funktionswert (Zwischenwertsatz).
9. Ist bei einer in $[a; b]$ stetigen Funktion $f(a) \neq 0$, $f(b) \neq 0$, $\operatorname{sgn} f(a) = -\operatorname{sgn} f(b)$, so liegt zwischen a und b mindestens eine Nullstelle von f (Satz von *Bolzano*).
10. Der Graph einer in $[a; b]$ stetigen Funktion f heißt Kurvenstück.

    Der Graph einer in $(a; b)$ stetigen Funktion f heißt Kurve, wenn der Graph jeder Einschränkung von f auf ein abgeschlossenes Teilintervall ein Kurvenstück ist.

B

Zu 6.6.2:

Stetigkeit der Umkehrfunktion

1. $f\colon x \mapsto f(x) = \sqrt{x}$ ist in $\mathbb{R}_0^+$ stetig; denn f ist die Umkehrfunktion $\overset{-1}{g}$ der auf $\mathbb{R}_0^+$ eingeschränkten Funktion $g\colon x \mapsto g(x) = x^2$. g ist in $\mathbb{R}_0^+$ stetig, $\mathbb{R}_0^+$ ist ein Intervall, g ist umkehrbar (Satz 4).

Stetigkeit der Verkettung

2. $f\colon x \mapsto f(x) = \sqrt{ax+b}$ ist für $x \geqq -\frac{b}{a}$ stetig, weil f eine Verkettung der beiden stetigen Funktionen $g_1\colon x \mapsto g_1(x) = ax+b$ und $g_2\colon z \mapsto g_2(z) = \sqrt{z}$ ist (Satz 3).

Gleichmäßige Stetigkeit

3. Die Funktion $f\colon x \mapsto f(x) = e^x$ ist für $-5 \leqq x \leqq 2$ gleichmäßig stetig (Satz 7 und Beispiel 3 zu 6.6.1).

   Eine in einem offenen Intervall stetige Funktion f kann, muß aber nicht gleichmäßig stetig sein.

Lösung einer Gleichung mit Zwischenwertsatz

4. Man ermittle eine Näherungslösung der Gleichung $x - \sin x - 3 = 0$.

Man definiert die Funktion $f: x \mapsto f(x) = x - \sin x - 3$ und sucht eine Nullstelle von f durch Probieren (bequem mit dialogfähigem Rechner):

x	$f(x)$			
0	−3	Nullstelle zwischen	0 und	5
5	8,96		0	4
4	1,76		3	4
3	−0,14		3	3,5
3,5	0,85		3	3,2
3,2	0,26		3	3,1
3,1	0.06		3,05	3,1
3,05	−0,04		3,07	3,1
3,07	−0,0015		3,07	3,08
3,08	0,018			

Die Nullstelle liegt zwischen 3,07 und 3,08 bei etwa 3,071 (Satz 8 und 9).

6.7 Elementare Funktionen

6.7.1 Algebraische Funktionen

Wenn aus der Gleichung $T(x, y) = \sum_{i=0}^{m} \sum_{k=0}^{n} b_{ik} x^i y^k = 0$ $(b_{ik}, x, y \in \mathbb{R})$ eindeutig zu jedem erlaubten x der Wert y ermittelt werden kann, dann heißt die Zuordnung $f: x \mapsto y$ algebraische Funktion.

6.7.1.1 Polynome (ganze rationale Funktionen)

Für $n = 1$; $b_{01} = 1$; $b_{i1} = 0$ für $1 \leqq i \leqq m$ ergibt sich

$$T(x, y) = b_{00} + 1 \cdot y + \sum_{i=1}^{m} b_{i0} x^i = 0;$$

hieraus folgt

$$y = -b_{00} - \sum_{i=1}^{m} b_{i0} x^i = a_0 + a_1 x + \ldots + a_m x^m.$$

Die Funktion

$$P_m: x \mapsto y = P_m(x) = a_0 + a_1 x + \ldots + a_m x^m$$

heißt Polynom m-ten Grades $(a_m \neq 0)$.

Wichtige Spezialfälle:

$m = 0$: Konstante Funktion $x \mapsto y = a_0$
Graph: Parallele zur x-Achse durch Punkt $(0; a_0)$ auf der y-Achse.

$m = 1$: Lineare (besser: affine) Funktion $x \mapsto y = a_0 + a_1 x = t + mx$.
Graph: Gerade mit Steigung m und Abschnitt t auf y-Achse (7.2.2, Seite 308).

$m=2$: Quadratische Funktion $x \mapsto y=a_0+a_1x+a_2x^2$.

Graph: Parabel mit Scheitel in $\left(-\frac{a_1}{2a_2};\ a_0-\frac{a_1^2}{4a_2}\right)$

nach oben offen, wenn $a_2>0$

nach unten offen, wenn $a_2<0$.

$m=3$: Kubische Funktion $x \mapsto y=a_0+a_1x+a_2x^2+a_3x^3$.

Graph: Kubische Parabel mit mindestens einem Schnittpunkt mit der x-Achse.

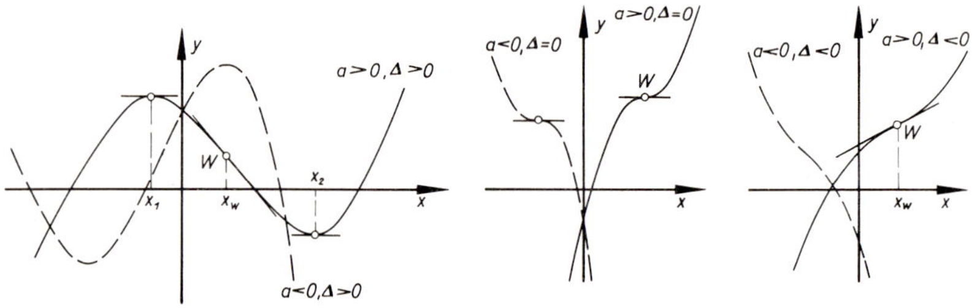

Ist $\Delta=a_2^2-3a_1a_3>0$, besitzt der Graph einen Hoch- bzw. Tiefpunkt bei $x_{1,2}=\frac{1}{3a_3}(-a_2\pm\sqrt{\Delta})$.

Ist $\Delta=0$, besitzt der Graph einen Wendepunkt mit waagrechter Tangente (Terrassenpunkt) bei $x_3=\frac{-a_2}{3a_3}$.

Ist $\Delta<0$, besitzt der Graph weder Hoch- noch Tief- noch Terrassenpunkt. Die Funktion ist für $a_3>0$ streng monoton steigend, für $a_3<0$ streng monoton fallend.

Lehrsätze über Polynome

1. Definitionsbereich $\mathbb{D}$, Stetigkeitsbereich $\mathbb{S}$ und Ableitbarkeitsbereich $\mathbb{A}$ (6.8.2, Seite 187) eines Polynoms ist $\mathbb{R}$.

2. $m+1$ Wertepaare $(x;\ y)$ legen ein Polynom höchstens m-ten Grades eindeutig fest.

3. Jedes Polynom m-ten Grades ($m \in \mathbb{N}^*$) hat in $\mathbb{R}$ höchstens m verschiedene Nullstellen (Folge des Fundamentalsatzes der Algebra von Gauß).

   Ist m ungerade, so hat das Polynom mindestens eine Nullstelle in $\mathbb{R}$.

   (Dieselben Aussagen gelten für b-Stellen.)

4. Jeder Polynomterm $a_0+a_1x+\ldots+a_mx^m$ läßt sich in lineare bzw. quadratische Primfaktoren ($ax+b$ bzw. ax^2+bx+c mit $b^2-4ac<0$) zerlegen.

   Aus den linearen Faktoren sind die Nullstellen ($\in \mathbb{R}$) des Polynoms abzulesen.

5. Jedes Polynom m-ten Grades ($m \in \mathbb{N}^*$) ist für $|x| \to \infty$ unbeschränkt.

Hornerschema

Das Hornerschema ist ein bequemes Hilfsmittel beim praktischen Rechnen mit Polynomen. Gegeben sei das Polynom $x \mapsto P_m(x) = a_0 + a_1 x + \ldots + a_m x^m$; außer a_m dürfen die a_i auch verschwinden.

1. Berechnung von Funktionswert und Ableitungswert an einer Stelle x_0

	a_m	a_{m-1}	a_{m-2}	$\ldots\ a_2$	a_1	a_0
	$+$	$+$	$+$	$+$	$+$	$+$
	0	$a'_m \cdot x_0$	$a'_{m-1} \cdot x_0 \ \ldots$	$\ldots x$	$a'_2 \cdot x_0$	$a'_1 \cdot x_0$
x_0	$a'_m = a_m$	a'_{m-1}	a'_{m-2}	a'_2	a'_1	$a'_0 = P_m(x_0)$
	$+$	$+$	$+$	$+$	$+$	
	0	$a''_m \cdot x_0$	$a''_{m-1} \cdot x_0 \ \ldots$	$\ldots$	$a''_2 \cdot x_0$	
x_0	$a''_m = a_m$	a''_{m-1}	a''_{m-2}	a''_2	$a''_1 = \frac{1}{1!} \cdot P'_m(x_0)$	
	$+$	$+$	$+$	$+$		
	0	$a'''_m \cdot x_0$	$a'''_{m-1} \cdot x_0 \ \ldots$	$\ldots$		
x_0	$a'''_m = a_m$	a'''_{m-1}	a'''_{m-2}	$a'''_2 = \frac{1}{2!} \cdot P''_m(x_0)$		

usw.

2. Division eines Polynomterms durch den Linearfaktor $(x - x_0)$

$$(a_m x^m + a_{m-1} x^{m-1} + \ldots + a_1 x + a_0) : (x - x_0) = a'_m x^{m-1} + a'_{m-1} x^{m-2} + \ldots + a'_1 + \frac{a'_0}{x - x_0}.$$

3. Entwicklung eines Polynomterms nach Potenzen von $x - x_0$

$$a_m x^m + a_{m-1} x^{m-1} + \ldots + a_1 x + a_0 = a_m^{(m+1)}(x - x_0)^m + a_{m-1}^{(m)}(x - x_0)^{m-1} + \ldots$$
$$+ a'''_2 (x - x_0)^2 + a''_1 (x - x_0) + a'_0.$$

B

Zu 6.7.1.1:

Bestimmung eines Polynoms aus Wertepaaren

1. Ein Polynom p_2 zweiten Grades soll die folgenden Funktionswerte besitzen

x	0	-1	2
$p_2(x)$	-1	-6	-3

Man ermittle die Nullstellen von p_2 und den Scheitel des Graphen von p_2.

$$p_2(x) = a_0 + a_1 x + a_2 x^2;$$
$$\left.\begin{array}{ll} x = 0: & -1 = a_0 \\ x = -1: & -6 = a_0 - a_1 + a_2 \\ x = 2: & -3 = a_0 + 2a_1 + 4a_2 \end{array}\right\} \Rightarrow \left.\begin{array}{r} -a_1 + a_2 = -5 \\ 2a_1 + 4a_2 = -2 \end{array}\right\} \Rightarrow 6a_2 = -12;$$
$$a_2 = -2; \quad a_1 = 3; \quad a_0 = -1;$$
$p_2(x) = -2x^2 + 3x - 1$; Nullstellen 0,5 und 1; $S(\frac{3}{4}; \frac{1}{8})$.

Bestimmung eines kubischen Polynoms

2. Man ermittle das kubische Polynom, das an den Stellen $x_1=-2$ und $x_2=1$ relative Extremwerte besitzt und dessen Graph durch den Nullpunkt geht. Die beiden ersten Bedingungen entsprechen den Gleichungen

$$-2=\frac{1}{3a_3}(-a_2-\sqrt{a_2^2-3a_1a_3})$$

$$1=\frac{1}{3a_3}(-a_2+\sqrt{a_2^2-3a_1a_3}).$$

Die dritte Bedingung liefert sofort $a_0=0$.

Das Problem ist nicht eindeutig lösbar, da zur Ermittlung der Unbekannten a_1, a_2, a_3 nur zwei Gleichungen vorhanden sind.

Läßt man a_3 als Parameter frei, so gilt

$$\begin{array}{rl} -6a_3=-a_2-\sqrt{a_2^2-3a_1a_3} & \Big| + \\ 3a_3=-a_2+\sqrt{a_2^2+3a_1a_3} & \\ \hline -3a_3=-2a_2;\quad a_2=\frac{3}{2}a_3; & \end{array}$$

dann folgt z.B. aus der zweiten Gleichung

$$\frac{9}{2}a_3=\sqrt{\frac{9}{4}a_3^2-3a_1a_3};\qquad \frac{81}{4}a_3^2=\frac{9}{4}a_3^2-3a_1a_3;$$
$$3a_1a_3=-18a_3^2;\quad a_1=-6a_3;$$
$$\Rightarrow\ p_3(x)=a_3\cdot x(x^2+\tfrac{3}{2}x-6).$$

Primzerlegung eines Polynoms

3. Man zerlege das Polynom $p_4(x)=2x^4+2x^3+4x^2+8x-16$ in Primfaktoren.
Zur Zerlegung benötigt man die Nullstellen von p_4, d.h. die Lösungen der Gleichung $p_4(x)=2x^4+2x^3+4x^2+8x-16=0$.

Probieren $x=1$:

	2	2	4	8	−16
		2	4	8	16
1	2	4	8	16	0

Division durch $x-1$:

$$\frac{2x^4+2x^3+4x^2+8x-16}{x-1}=2x^3+4x^2+8x+16$$

Nullstellen des Restpolynoms:

Probieren $x=-2$:

	2	4	8	16
		−4	0	−16
−2	2	0	8	0

Division durch $x+2$:

$$\frac{2x^3+4x^2+8x+16}{x+2}=2x^2+8=2(x^2+4)$$

Der Term x^2+4 ist prim.

$\Rightarrow \quad p_4(x)=2(x-1)(x+2)(x^2+4)$.

Das Polynom soll nach Potenzen von $x-2$ entwickelt werden; zur Vereinfachung entwickelt man $\frac{1}{2}p_4(x)=x^4+x^3+2x^2+4x-8$.

	1	1	2	4	−8
		2	6	16	40
2	1	3	8	20	32
		2	10	36	
2	1	5	18	56	
		2	14		
2	1	7	32		
		2			
2	1	9			
2	1				

$p_4(x)=2[(x-2)^4+9(x-2)^3+32(x-2)^2+56(x-2)+32]$.

6.7.1.2 Gebrochene rationale Funktionen

Ist für $n=1$ mindestens eine der Zahlen $b_{11}, \ldots, b_{m1} \neq 0$, so ergibt sich

$$T(x,y)=y\cdot\sum_{i=0}^{m} b_{i1}x^i+\sum_{i=0}^{m} b_{i0}x^i=0$$

hieraus folgt, falls $\sum_{i=0}^{m} b_{i1}x^i \neq 0$:

$$y=-\frac{\sum_{i=0}^{m} b_{i0}x^i}{\sum_{i=0}^{m} b_{i1}x^i}=\frac{\sum_{i=0}^{m} p_i x^i}{\sum_{i=0}^{m} q_i x^i}=\frac{P(x)}{Q(x)}$$

In Zähler und Nenner stehen Polynome; je nach dem Verschwinden einzelner p_i oder q_i kann Grad von $P(x)$ kleiner sein als der Grad von $Q(x)$ oder nicht. Im ersten Fall heißt die Funktion $x \mapsto y=\frac{P(x)}{Q(x)}$ echt gebrochen rational, sonst unecht gebrochen rational.

Lehrsätze über gebrochene rationale Funktionen

1. Definitionsbereich $\mathbb{D}$, Stetigkeitsbereich $\mathbb{S}$ und Ableitbarkeitsbereich $\mathbb{A}$ (6.8.2, Seite 187) einer gebrochenen rationalen Funktion ist $\mathbb{R} \setminus \{\text{Nullstellen von } Q\}$.

2. Manchmal kann eine Definitionslücke (= Nullstelle des Nenners) stetig behoben werden; dies kann beispielsweise nach Primfaktorzerlegung von $P(x)$ und $Q(x)$ (6.7.1.1, Seite 153) durch vollständiges Kürzen geschehen.

3. Liegt die vollständig gekürzte Form nach Ziff. 2 vor, dann sind die Nullstellen z_i des Zählerpolynoms genau die Nullstellen der gebrochenen rationalen Funktion; in der Umgebung der Nullstellen n_i des Nennerpolynoms (Polstellen) ist die gebrochene rationale Funktion unbeschränkt. Der Graph besitzt eine senkrechte Asymptote mit der Gleichung $x - n_i = 0$.

4. Jede unecht gebrochene rationale Funktion läßt sich (z.B. durch Polynomdivision) in die Summe eines Polynoms und einer echt gebrochenen rationalen Funktion zerlegen. $f(x) = p(x) + g(x)$. $y = p(x)$ ist die Gleichung einer asymptotischen Kurve an $\mathbb{G}$.

5. Jede echt gebrochene rationale Funktion hat die konstante Funktion $k\colon x \mapsto y = 0$ als asymptotische Annäherung, d.h. x-Achse ist Asymptote an $\mathbb{G}$ (6.5.4, Seite 146).

Partialbruchzerlegung

Jede echt gebrochene rationale Funktion $x \mapsto y = \dfrac{P(x)}{Q(x)}$ läßt sich auf eindeutige Weise in Partialbrüche zerlegen, deren Nenner die Primfaktoren des Nennerterms $Q(x)$ sind:

Ist $Q(x) = b_n x^n + b_{n-1} x^{n-1} + \ldots + b_1 x + b_0$, so klammert man b_n aus, wodurch die höchste Potenz x^n den Koeffizienten 1 erhält. Es sind dann folgende Fälle zu unterscheiden:

Fall 1: Q besitzt n verschiedene Nullstellen; die Primfaktoren sind linear und verschieden:

$$Q(x) = (x - x_1) \cdot (x - x_2) \cdot \ldots \cdot (x - x_n).$$

Man macht dann den Ansatz

$$\frac{P(x)}{Q(x)} = \frac{A_1}{x - x_1} + \frac{A_2}{x - x_2} + \ldots + \frac{A_n}{x - x_n}.$$

Zur Bestimmung der A_i sucht man rechts des Gleichheitszeichens den Hauptnenner auf und schließt aus der Gleichheit der Zähler links und rechts des Gleichheitszeichens (Zählervergleich) auf die Gleichheit der entsprechenden Polynomkoeffizienten (Koeffizientenvergleich). Hieraus erhält man ein eindeutig lösbares lineares Gleichungssytem (11.2.1, Seite 517) für die A_i.

Andere Methode: Man multipliziert den Ansatz mit $(x - x_1)$, kürzt den links stehenden Ausdruck, setzt $x = x_1$ und erhält

$$A_1 = \frac{P(x_1)}{(x_1 - x_2)(x_1 - x_3) \ldots (x_1 - x_n)}.$$

Die übrigen Konstanten erhält man in analoger Weise nach Multiplikation mit $(x - x_2)$ bzw. $(x - x_3)$ usw. Es ist

$$A_2 = \frac{P(x_2)}{(x_2 - x_1)(x_2 - x_3) \ldots (x_2 - x_n)}; \quad A_3 = \frac{P(x_3)}{(x_3 - x_1)(x_3 - x_2) \ldots (x_3 - x_n)} \quad \text{usw.}$$

Weitere Möglichkeit:

$$A_i = \frac{P(x_i)}{Q'(x_i)}.$$

Fall 2: Q besitzt mehrfache Nullstellen, $Q(x)$ läßt sich jedoch in Linearfaktoren zerlegen:

$$Q(x) = (x - x_1)^\alpha \cdot (x - x_2)^\beta \cdot \ldots \cdot (x - x_m)^\mu \quad \text{mit } \alpha + \beta + \ldots + \mu = n.$$

In diesem Fall lautet der Ansatz:

$$\begin{aligned}\frac{P(x)}{Q(x)} &= \frac{A_\alpha}{(x-x_1)^\alpha} + \frac{A_{\alpha-1}}{(x-x_1)^{\alpha-1}} + \ldots + \frac{A_1}{x-x_1}\\ &+ \frac{B_\beta}{(x-x_2)^\beta} + \frac{B_{\beta-1}}{(x-x_2)^{\beta-1}} + \ldots + \frac{B_1}{x-x_2}\\ &\vdots\\ &+ \frac{M_\mu}{(x-x_m)^\mu} + \frac{M_{\mu-1}}{(x-x_m)^{\mu-1}} + \ldots + \frac{M_1}{x-x_m}.\end{aligned}$$

Die Berechnung der Konstanten $A_\alpha, \ldots, M_1$ erfolgt mit Hilfe des bei Fall 1 erwähnten Zähler- und Koeffizientenvergleichs.

Fall 3: Neben den linearen Primfaktoren treten bei $Q(x)$ nicht weiter zerlegbare quadratische Primfaktoren $x^2 + bx + c$ mit $b^2 < 4c$ auf; sind diese verschieden, so lautet der Ansatz

$$\frac{P(x)}{Q(x)} = \frac{A_1x + B_1}{x^2 + b_1x + c_1} + \frac{A_2x + B_2}{x^2 + b_2x + c_2} + \ldots + \frac{A_kx + B_k}{x^2 + b_kx + c_k}$$
$$+ (\text{Partialbrüche für lineare Primfaktoren nach Fall 1 und 2}).$$

Ermittlung der unbekannten Zahlen in den Zählern durch Zähler- und Koeffizientenvergleich nach Fall 1.

Fall 4: Quadratische Primfaktoren treten in höheren Potenzen auf; die Primfaktorzerlegung des Nennerterms ist dann

$$Q(x) = (x^2 + b_1x + c_1)^\alpha \cdot (x^2 + b_2x + c_2)^\beta \cdot \ldots \cdot (x^2 + b_kx + c_k)^\varkappa \cdot (\text{lineare Primfaktoren}).$$

Ansatz:

$$\begin{aligned}\frac{P(x)}{Q(x)} &= \frac{A_1^{(1)}x + B_1^{(1)}}{x^2 + b_1x + c_1} + \frac{A_1^{(2)}x + B_1^{(2)}}{(x^2 + b_1x + c_1)^2} + \ldots + \frac{A_1^{(\alpha)}x + B_1^{(\alpha)}}{(x^2 + b_1x + c_1)^\alpha}\\ &+ \frac{A_2^{(1)}x + B_2^{(1)}}{x^2 + b_2x + c_2} + \ldots\ldots\\ &+ \ldots \qquad + \ldots + \frac{A_k^{(\varkappa)}x + B_k^{(\varkappa)}}{(x^2 + b_kx + c_k)^\varkappa}\\ &+ (\text{Partialbrüche für lineare Primfaktoren nach Fall 1 und 2}).\end{aligned}$$

Ermittlung der unbekannten Zahlen in den Zählern durch Zähler- und Koeffizientenvergleich nach Fall 1.

Zu 6.7.1.2:

Definitionsbereich und Asymptoten

1. $f\colon x \mapsto f(x) = \dfrac{x^3-2x^2-x+2}{x^2-4}.$

a) Vollständiges Kürzen nach Primzerlegung von Zähler und Nenner:

$Q(x) = x^2 - 4 = (x+2)(x-2)$

$P(x) = x^2(x-2) - (x-2) = (x-2)(x-1)(x+1).$

Gekürzte Form: $f(x) = \dfrac{(x-1)(x+1)}{x+2} = \dfrac{x^2-1}{x+2}.$

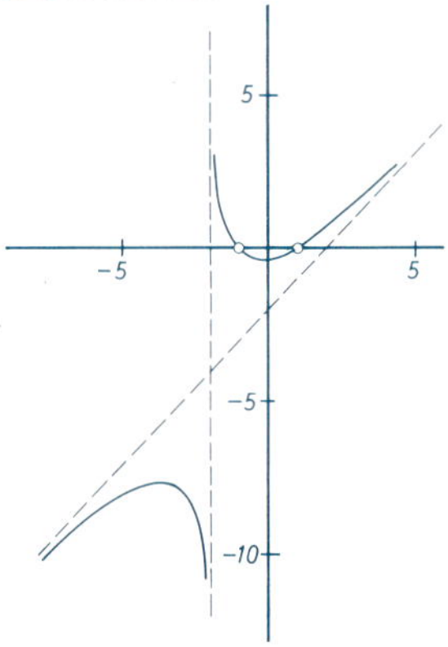

b) f ist unecht gebrochen.

Polynomdivision:

	1	0	−1
		−2	+4
−2	1	−2	3

$\dfrac{x^2-1}{x+2} = x-2+\dfrac{3}{x+2};$

c) Definitionslücken: $x_1 = -2$ (in der ungekürzten Form ist auch $x=2$ eine Definitionslücke, die jedoch stetig behebbar ist).

Senkrechte Asymptoten: bei $x_1 = -2$ mit der Gleichung $x = -2$ für $x \to -2 \pm 0$.

Weitere Asymptoten: $y = x-2$ für $x \to \pm\infty$.

($\mathbb{G}_f$ nähert sich für $x \to +\infty$ von oben an die Asymptote an, weil dann $\dfrac{3}{x+2} > 0$;

$\mathbb{G}_f$ nähert sich für $x \to -\infty$ von unten an die Asymptote an, weil dann $\dfrac{3}{x+2} < 0$;

$\mathbb{G}_f$ schneidet die Asymptote nicht, weil $\dfrac{3}{x+2} \neq 0$.)

d) Nullstellen: $x_{2,3} = \pm 1$.

Asymptote bei gleichem Zähler- und Nennergrad

2. Stimmen die Grade von Zähler- und Nennerpolynom überein, so existiert

$$\lim_{x\to\pm\infty} \frac{P(x)}{Q(x)} = \lim_{x\to\pm\infty} \frac{a_n x^n + \ldots + a_0}{b_n x^n + \ldots + b_0} = \frac{a_n}{b_n};$$

$\mathbb{G}$ hat die (waagrechte) Gerade mit der Gleichung $y = \dfrac{a_n}{b_n}$ als Asymptote.

Zum Beweis kürzt man $\dfrac{P(x)}{Q(x)}$ durch x^n:

$$\lim_{x\to\pm\infty} \frac{a_n + a_{n-1}\cdot\frac{1}{x} + \ldots + a_0\cdot\frac{1}{x^n}}{b_n + b_{n-1}\cdot\frac{1}{x} + \ldots + b_0\cdot\frac{1}{x^n}} = \frac{a_n}{b_n} \quad \text{(6.5.2, Seite 145).}$$

Hyperbel

3. Gesucht ist der Graph der Funktion $f\colon x \mapsto f(x) = y = \frac{a}{x}$.

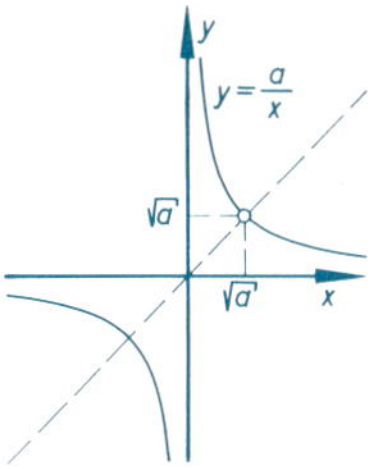

Diese einfachste echt gebrochene rationale Funktion besitzt keine Nullstellen. Sie hat die Achsen $x=0$ als senkrechte und $y=0$ als horizontale Asymptoten. Extremwerte und Wendepunkte sind nicht vorhanden. Der Graph ist eine sog. gleichseitige Hyperbel (7.4.6, Seite 350). Ihre Scheitel liegen auf der Winkelhalbierenden des I. Quadranten $(a>0)$ (II. Quadranten für $a<0$) und es gilt $S(\pm\sqrt{|a|};\ \pm\sqrt{|a|})$.

Graph und Asymptoten

4. Gesucht ist der Graph der Funktion

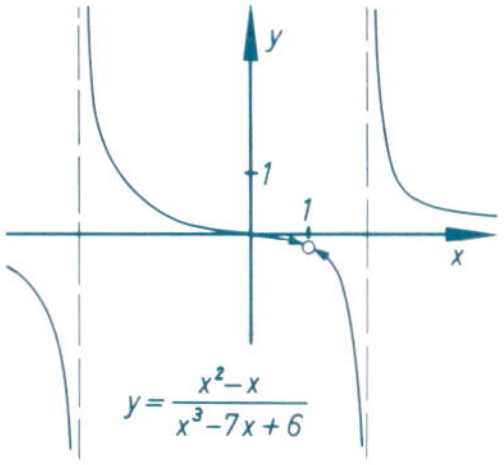

$$f\colon x \mapsto y = f(x) = \frac{x^2 - x}{x^3 - 7x + 6}.$$

a) Primzerlegung von Zähler und Nenner

$P(x) = x^2 - x = x \cdot (x-1)$

$Q(x) = x^3 - 7x + 6 = (x-1)(x-2)(x+3)$.

Bei $x=1$ liegt demnach eine stetig behebbare Definitionslücke von f vor. Durch vollständiges Kürzen wird f stetig fortgesetzt:

$$f\colon x \mapsto f(x) = y = \frac{x}{(x-2)(x+3)}.$$

b) f ist echt gebrochen.

c) Definitionslücken: $x_1 = 2$; $x_2 = -3$.

Senkrechte Asymptoten: $x = 2$; $x = -3$.

Weitere Asymptoten: x-Achse wegen b).

$\mathbb{G}_f$ nähert sich für $x \to +\infty$ von oben an die x-Achse an, weil dann $\frac{x}{(x-2)(x+3)} > 0$; $\mathbb{G}_f$ nähert sich für $x \to -\infty$ von unten an die x-Achse an, weil dann $\frac{x}{(x-2)(x+3)} < 0$; $\mathbb{G}_f$ schneidet die Asymptote, weil $\frac{x}{(x-2)(x+3)} = 0$ für $x = 0$.

d) Nullstellen: $x_3 = 0$.

Graph und Asymptoten

5. Gesucht ist der Graph der unecht gebrochenen rationalen Funktion

$$f\colon x \mapsto y = f(x) = \frac{x^2 - x}{x+1} = \frac{x(x-1)}{x+1} \qquad \text{(gekürzte Form) für } x > -1.$$

Polynomdivision:

	1	−1	0
		−1	2
−1	1	−2	2

$$f(x)=x-2+\frac{2}{x+1}.$$

Der ganze rationale Anteil ist $f_1(x)=x-2$,

der echt gebrochene $f_2(x)=\frac{2}{x+1}$.

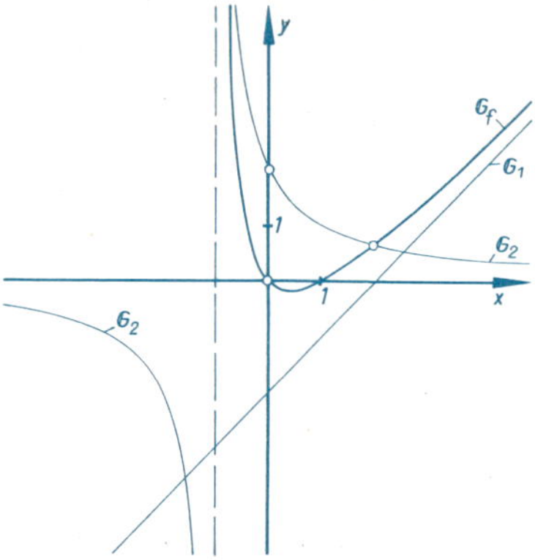

Asymptoten: Senkrechte Asymptote mit Gleichung $x+1=0$
Schräge Asymptote mit Gleichung $y=x-2$

Nullstellen: $x_1=0$; $x_2=1$

Polstellen: $x_3=-1$

Partialbruchzerlegung, Fall 1

6. Man zerlege $f(x)=\frac{x}{x^2-3x+2}$ in Partialbrüche.

Nenner faktorisieren: $f(x)=\frac{x}{(x-1)(x-2)}$;

Ansatz: $\frac{x}{(x-1)(x-2)}=\frac{A}{x-1}+\frac{B}{x-2}$.

Die Multiplikation mit dem Hauptnenner führt zu:

$$x=A(x-2)+B(x-1);$$

aufgelöst und umgeformt ist dann

$$x=x(A+B)-(2A+B).$$

Diese Aussage ist wahr, wenn $(A+B)=1$ und $-(2A+B)=0$.

Aus $\quad A+B=1$

und $\quad \underline{-2A-B=0}$ durch Addition:

$\quad -A \quad =1$ oder $A=-1$; $B=2$.

Demnach ist:

$$\frac{x}{(x-1)(x-2)}=\frac{-1}{(x-1)}+\frac{2}{(x-2)}.$$

Partialbruchzerlegung, Fall 2

7. Man zerlege $f(x)=\frac{x+2}{x^2\cdot(x+1)}$ in Partialbrüche.

Es ist $x_1=0$ eine Doppelnullstelle des Nenners, also ist der Ansatz zu machen:

$$\frac{2+x}{x^2(x+1)}=\frac{A_2}{x^2}+\frac{A_1}{x}+\frac{B}{x+1}=\frac{A_1x(x+1)+A_2(x+1)+Bx^2}{x^2(x+1)}$$

$$=\frac{A_2+(A_1+A_2)x+(A_1+B)x^2}{x^2(x+1)}.$$

Der Koeffizientenvergleich ergibt

$$\left.\begin{array}{l} A_2=2 \\ A_1+A_2=1 \\ A_1+B\;\;=0 \end{array}\right\} A_2=2, \quad A_1=-1, \quad B=1.$$

Also gilt:

$$\frac{x+2}{x^2\cdot(x+1)}=\frac{2}{x^2}-\frac{1}{x}+\frac{1}{x+1}.$$

Partialbruchzerlegung, Fall 3

8. Partialbruchzerlegung von $f(x)=\dfrac{1}{x^3+1}$.

Primzerlegung: $x^3+1=(x+1)\cdot(x^2-x+1)$.

Ansatz:

$$\frac{1}{x^3+1}=\frac{A}{x+1}+\frac{Px+Q}{x^2-x+1}=\frac{A(x^2-x+1)+(Px+Q)(x+1)}{x^3+1}$$

$$=\frac{(A+Q)+x(-A+P+Q)+x^2(A+P)}{x^3+1}.$$

Der Koeffizientenvergleich ergibt

$$\left.\begin{array}{r} A+Q=1 \\ -A+P+Q=0 \\ A+P=0 \end{array}\right\} A=\tfrac{1}{3}, \quad P=-\tfrac{1}{3}, \quad Q=\tfrac{2}{3}.$$

Also gilt:

$$\frac{1}{x^3+1}=\frac{1}{3(x+1)}+\frac{-x+2}{3(x^2-x+1)}.$$

6.7.1.3 Irrationale Funktionen

Ist die eindeutige Auflösung der Gleichung

$$T(x,y)=\sum_{i=0}^{m}\sum_{k=0}^{n} b_{ik}\cdot x^i\cdot x^k=0 \text{ nach } y$$

nur durch Wurzelausdrücke möglich oder allgemein unmöglich, sondern nur durch numerische Verfahren in einem Intervall für x durchführbar, so heißt die Funktion $x \mapsto y$ irrational.

B

Zu 6.7.1.3:

Definitionsbereich

1. Gesucht ist der Definitionsbereich der Funktion

$$f\colon x \mapsto y=\sqrt{4x-1}-\sqrt{x^2-1}.$$

Damit der 1. Summand definiert ist, muß $4x-1 \geqq 0$, d.h. $x \geqq \frac{1}{4}$ sein. Für den 2. Summanden gilt entsprechend $x^2-1>0$, d.h. $|x| \geqq 1$. Der Definitionsbereich besteht in dem Durchschnitt beider Zahlenmengen: $x \geqq 1$.

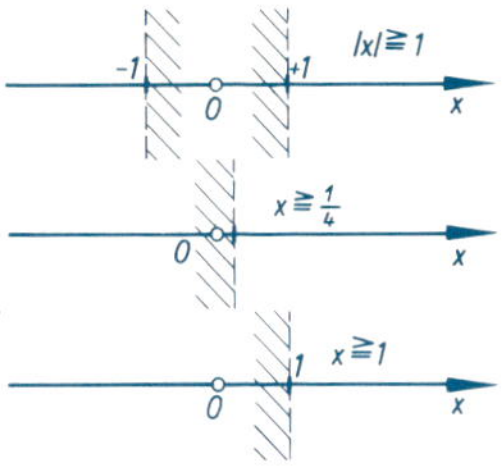

Graph durch Überlagerung

2. Gesucht ist der Graph der Funktion

$$f\colon x \mapsto y = |x| \cdot \sqrt{x^2+1}.$$

Die Funktion ist für alle Werte von x definiert. Ihr Graph entsteht durch multiplikative Überlagerung der Graphen der Funktionen

$$f_1\colon x \mapsto f_1(x) = y_1 = |x|$$

und

$$f_2\colon x \mapsto f_2(x) = y_2 = \sqrt{x^2+1}.$$

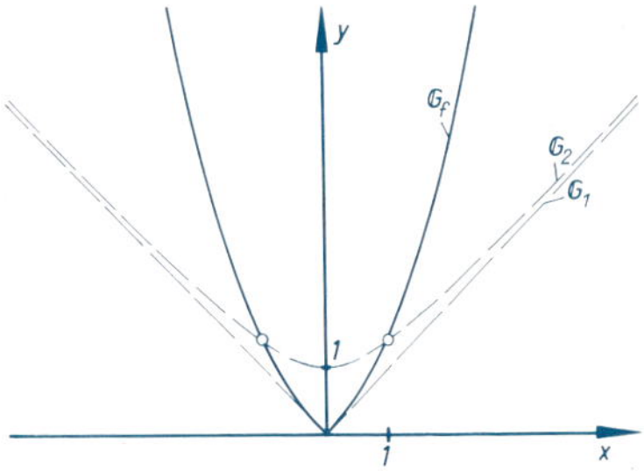

Der Graph von f_2 ergibt sich so:

Durch Quadrieren erhält man $y_2^2 = x^2+1$ oder $-x^2+y_2^2=1$; es handelt sich um eine Hyperbel (7.4.2, Seite 339), die die Geraden mit den Gleichungen $y = \pm x$ als Asymptoten hat und sich in Richtung der $+y$-Achse öffnet.

3. Gesucht ist der Graph der Funktion $f\colon x \mapsto y = \sqrt{\ln x} - \sqrt{x} = f(x)$. Setzt man $f_1(x) = \sqrt{\ln x}$ und $f_2(x) = -\sqrt{x}$, so erhält man $y = f(x) = f_1(x) + f_2(x)$ durch additive Überlagerung von $f_1(x)$ und $f_2(x)$. Die erste Funktion ist nur für $x \geqq 1$, die zweite für $x \geqq 0$, $f(x)$ also für $x \geqq 1$ definiert.

Für $x < e$ ($\ln e = 1$) verläuft der Graph $\mathfrak{G}_1$ von f_1 oberhalb, für $x > e$ unterhalb des Graphen von $f_1^2\colon x \mapsto f_1^2(x) = \ln x$. Das Maximum von f folgt aus der Gleichung

$$\frac{1}{2\sqrt{\ln x}} \cdot \frac{1}{x} - \frac{1}{2\sqrt{x}} = 0$$

oder

$$\ln x = \frac{1}{x} \quad \text{(wegen } f'(x)=0\text{)}.$$

Durch Anwendung des Iterationsverfahrens (11.1.3.3, Seite 513) auf $x = e^{\frac{1}{x}}$ findet man sehr schnell $x \approx 1{,}76$.

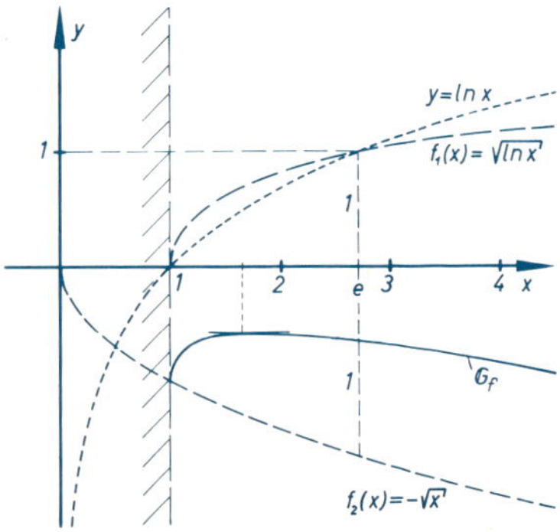

6.7.2 Transzendente Funktionen

Die Bilder werden aus den Originalen nicht durch algebraische Vorschriften, sondern durch sog. transzendente Prozesse (Grenzwertbildungen) berechnet. Tabellen und Rechenmaschinen geben Näherungswerte an.

6.7.2.1 Exponentialfunktion

$$\exp: x \mapsto \exp(x) = e^x = \lim_{k\to\infty}\left(1+\frac{1}{k}\right)^{kx} = \lim_{k\to\infty}\left(1+\frac{x}{k}\right)^k$$

$$e = e^1 = \lim_{k\to\infty}\left(1+\frac{1}{k}\right)^k \approx 2{,}718.$$

Definitionsbereich $\mathbb{D}$, Stetigkeitsbereich $\mathbb{S}$, Ableitbarkeitsbereich $\mathbb{A}$ (6.8.2, Seite 187): $\mathbb{R}$.

Wertemenge: $\mathbb{W} = \mathbb{R}^+$.

exp ist streng monoton steigend (hinreichend für Umkehrbarkeit).

Allgemeine Exponentialfunktion:

$$x \mapsto e^{mx} = (e^m)^x = a^x = \lim_{k\to\infty}\left(1+\frac{m}{k}\right)^{kx}$$

$$(a = e^m > 0).$$

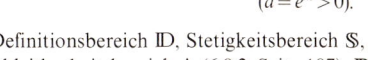

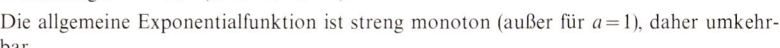

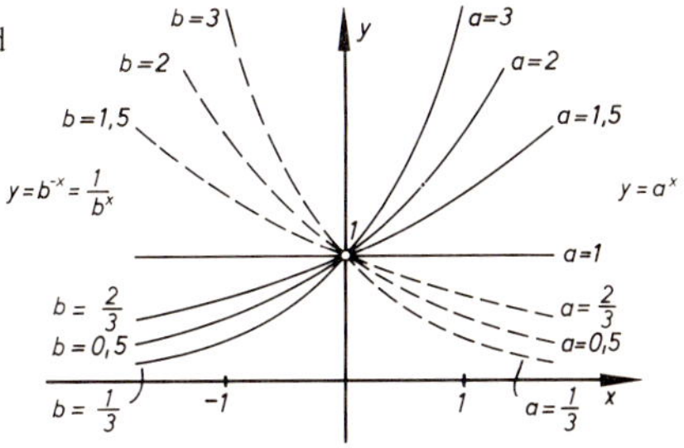

Definitionsbereich $\mathbb{D}$, Stetigkeitsbereich $\mathbb{S}$, Ableitbarkeitsbereich $\mathbb{A}$ (6.8.2, Seite 187): $\mathbb{R}$.

Wertemenge: $\mathbb{W} = \mathbb{R}^+$ (außer für $a = 1$).

Die allgemeine Exponentialfunktion ist streng monoton (außer für $a = 1$), daher umkehrbar.

Die x-Achse ist Asymptote an $\mathbb{G}$.

Rechenregeln: 1.2.5, Seite 11.

6.7.2.2 Logarithmus

Aus

$$f: x \mapsto y = f(x) = a^x \quad (y > 0;\ a > 0;\ a \neq 1)$$

folgt wegen der Umkehrbarkeit von f (6.7.2.1, Seite 165)

$$\overset{-1}{f}: y \mapsto x = {}_a\log y \quad (\mathbb{G}_f = \mathbb{G}_{\overset{-1}{f}}).$$

Vertauschung von x und y liefert: $\overset{-1}{f}: x \mapsto y = {}_a\log x$ mit einem an der Winkelhalbierenden des ersten und dritten Quadranten gespiegelten Graph.

Definitionsbereich $\mathbb{D}$, Stetigkeitsbereich $\mathbb{S}$, Ableitbarkeitsbereich $\mathbb{A}$ (6.8.2, Seite 187): $\mathbb{R}^+$.

Wertemenge: $\mathbb{R}$.

Rechenregeln: 1.2.7, Seite 16).

B

Zu 6.7.2.1 und 6.7.2.2:

e-Funktion und prozentuale Zunahme

1. Die Maßzahl m einer technischen Größe nimmt zwischen zwei Zeitpunkten t_1 und t_2, die um $t_2 - t_1 = \tau$ auseinanderliegen, um jeweils $p\,\%$ der bei t_1 gültigen Maßzahl zu. Für die Funktion $f\colon t \mapsto m = f(t)$ gilt dann $m = m_0 e^{at}$ mit $a = \dfrac{\ln\left(1 + \frac{p}{100}\right)}{\tau}$.

   Beweis:

$$\left.\begin{array}{l} m_1 = m_0 e^{at_1} \\ m_2 = m_0 e^{at_2} \end{array}\right\} \Rightarrow \frac{m_2 - m_1}{m_1} = \frac{p}{100} = \frac{e^{at_2} - e^{at_1}}{e^{at_1}} = e^{a(t_2 - t_1)} - 1;$$

$$e^{a\tau} = 1 + \frac{p}{100}; \quad a = \frac{\ln\left(1 + \frac{p}{100}\right)}{\tau}.$$

Halbwertszeit

2. Der Zusammenhang zwischen der Halbwertszeit t_H und der Konstante a bei einem exponentiellen Zerfallsprozeß nach dem Gesetz $m = m_0 e^{-at}$ ist $t_H = \dfrac{\ln 2}{a}$.

   Beweis:

$$\tfrac{1}{2} m_0 = m_0 e^{-at_H}; \quad e^{at_H} = 2; \quad at_H = \ln 2; \quad t_H = \frac{\ln 2}{a}.$$

6.7.2.3 Trigonometrische Funktionen (Kreisfunktionen)

Allgemeines

Definition von sin, cos, tan, cot am rechtwinkligen Dreieck und am Einheitskreis: 4.1.1, Seite 92.

Definition ohne Zuhilfenahme der Geometrie durch Funktionenreihen: 10.2.7.4, Seite 490.

Definitionsbereich $\mathbb{D}$, Stetigkeitsbereich $\mathbb{S}$, Ableitbarkeitsbereich $\mathbb{A}$ (6.8.2, Seite 187) für

sin: $\mathbb{R}$

cos: $\mathbb{R}$

tan: $\mathbb{R} \setminus \{(2k+1)\cdot\frac{\pi}{2} \mid k \in \mathbb{Z}\}$

cot: $\mathbb{R} \setminus \{k\pi \mid k \in \mathbb{Z}\}$

Wertemenge $\mathbb{W}$ für

sin: $[-1; 1]$

cos: $[-1; 1]$

tan: $\mathbb{R}$

cot: $\mathbb{R}$

sin, cos, tan, cot sind periodisch, daher nicht umkehrbar (primitive Periode bei sin und cos: 2π, bei tan und cot: π).

Graph

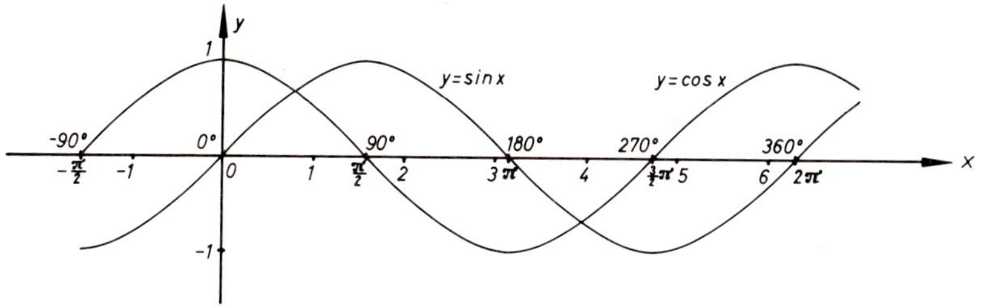

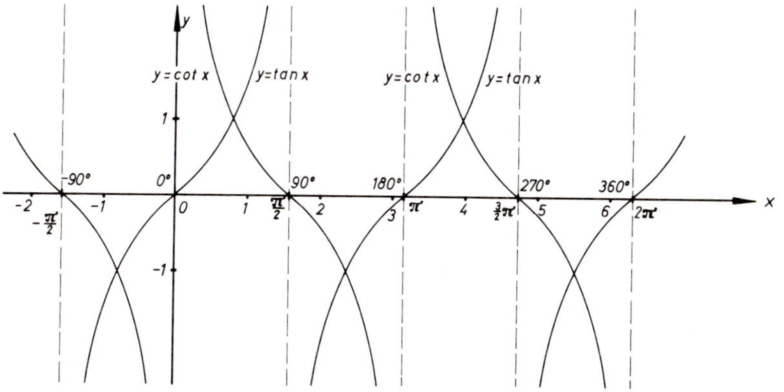

Amplituden- und Periodenänderung

Die Funktionen

$$f: x \mapsto y = A \sin \omega x; \quad g: x \mapsto y = A \cos \omega x$$

haben wegen des Amplitudenfaktors $A > 0$ die Wertemenge $[-A; A]$ und wegen des Kreisfrequenzfaktors $\omega > 0$ die Periode $T = \frac{2\pi}{\omega}$ $\left(\text{der Kehrwert } \frac{1}{T} = \frac{\omega}{2\pi} \text{ wird als Fre-}\right.$ $\left.\text{quenz bezeichnet, wenn } x \text{ die Dimension der Zeit hat}\right)$.

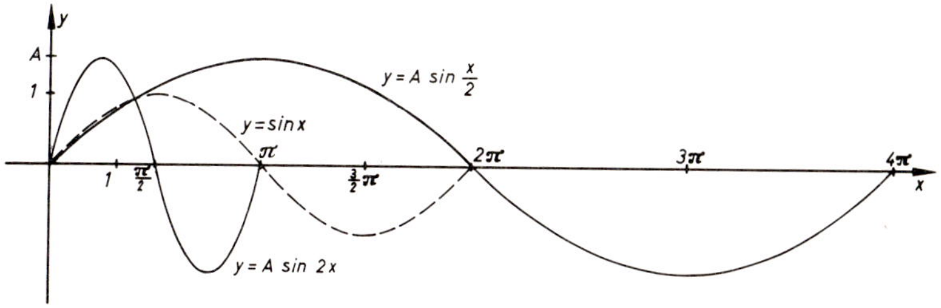

Phasenänderung, Nullniveauänderung

Die Graphen der Funktionen

$$f\colon x \mapsto y = \sin(x - \varphi_0) + y_0; \quad g\colon x \mapsto y = \cos(x - \varphi_0) + y_0$$

sind gegenüber den Graphen von $x \mapsto \sin x$ und $x \mapsto \cos x$ um $+y_0$ nach oben (in Richtung der $+y$-Achse) und um $+\varphi_0$ nach rechts (in Richtung der $+x$-Achse) parallel verschoben. Man beachte die Beispiele 1. und 3., Seite 169.

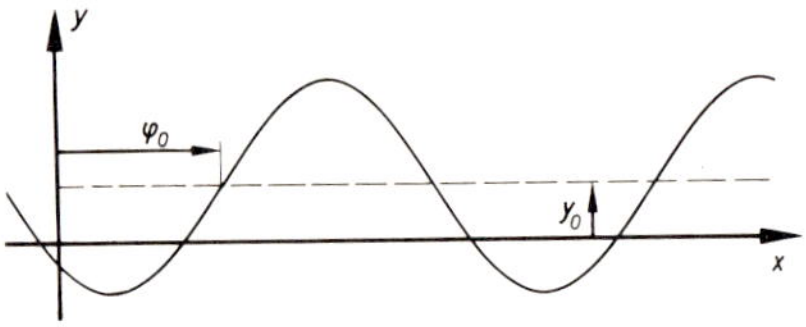

Veranschaulichung von Schwingungen durch Pfeile

Hat x die Bedeutung der Zeit, kann eine Schwingung durch einen Pfeil der Länge A veranschaulicht werden, der im Koordinatenursprung drehbar befestigt gedacht ist. Er rotiert während der Periode T einmal gleichförmig um den Ursprung im Gegenuhrzeigersinn (Pfeildiagramm). Die jeweilige Projektion auf die Senkrechte ist die momentane Schwingungsweite $A \cdot \sin(\omega x + \varphi_0)$. Ein Nullphasenwinkel φ_0 wird durch eine entsprechende Anfangsposition des Pfeils berücksichtigt.

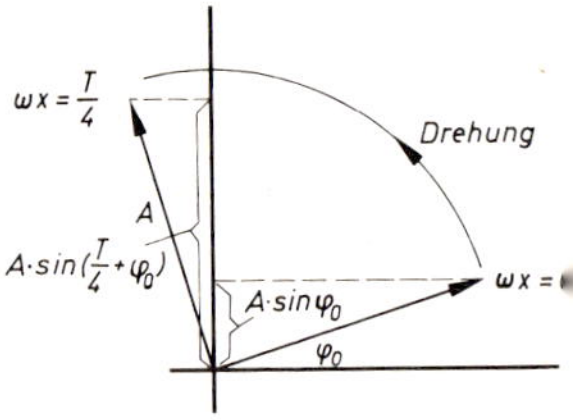

Überlagerung zweier gleichfrequenter Sinus- oder Cosinus-Schwingungen

Die Summe zweier harmonischer Schwingungen mit derselben Kreisfrequenz ist wieder eine harmonische Schwingung derselben Frequenz:

$$a_1 \sin(\omega t + \varphi_1) + a_2 \sin(\omega t + \varphi_2) = a \sin(\omega t + \varphi)$$

mit

$$a = \sqrt{a_1^2 + a_2^2 + 2a_1 a_2 \cos(\varphi_2 - \varphi_1)}$$

$$\cos\varphi = \frac{a_1 \cos\varphi_1 + a_2 \cos\varphi_2}{a}$$

$$\sin\varphi = \frac{a_1 \sin\varphi_1 + a_2 \sin\varphi_2}{a}$$

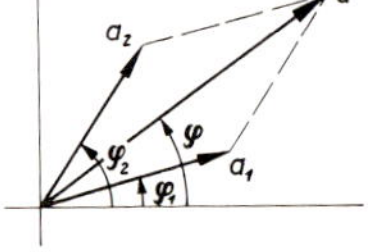

Besonders anschaulich ist die Überlagerung bei Verwendung des Pfeildiagramms.

Rechenregeln

4.1.2, Seite 94.

Zu 6.7.2.3:

Amplituden- und Periodenänderung

1. Gesucht ist der Graph der Funktion $f\colon x \mapsto f(x) = y = \frac{1}{2}\cos(3x-4)$.

   Aus der Form

   $$y = \tfrac{1}{2}\cos 3\left(x - \tfrac{4}{3}\right)$$

   erkennt man, daß die Amplitude der Schwingung $a = \frac{1}{2}$, die Periodenlänge $T = \dfrac{2\pi}{3}$ und der Nullphasenwert $x_0 = -\frac{4}{3} \approx -76{,}3°$ ist, womit sich das Bild sofort angeben läßt.

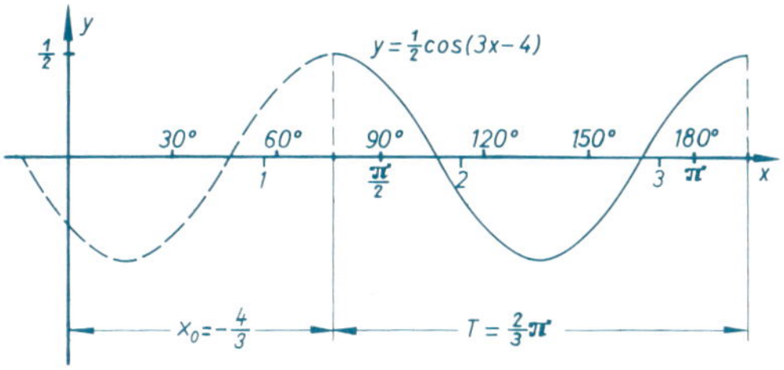

Überlagerung

2. Ist die trigonometrische Funktion noch mit einer anderen (algebraischen) Funktion multipliziert, so erhält man den Graphen durch multiplikative Überlagerung der y-Werte.

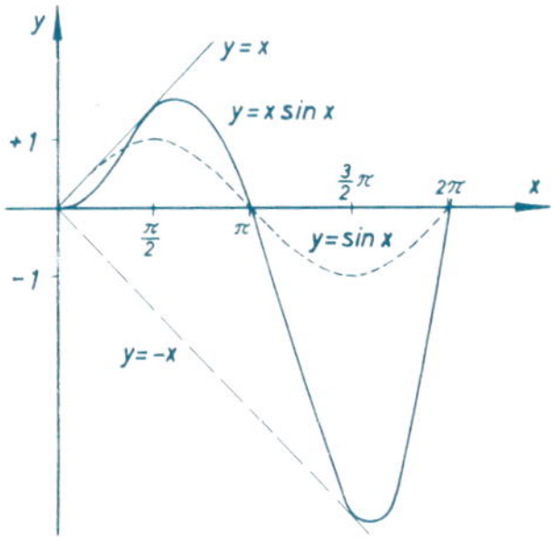

Überlagerung

3. Gesucht ist der Graph der Funktion

   $$f\colon t \mapsto f(t) = y = 2\sin\left(\frac{t}{2} - \frac{\pi}{8}\right) + \cos\left(2t - \frac{\pi}{3}\right)$$

   (harmonische Schwingung).

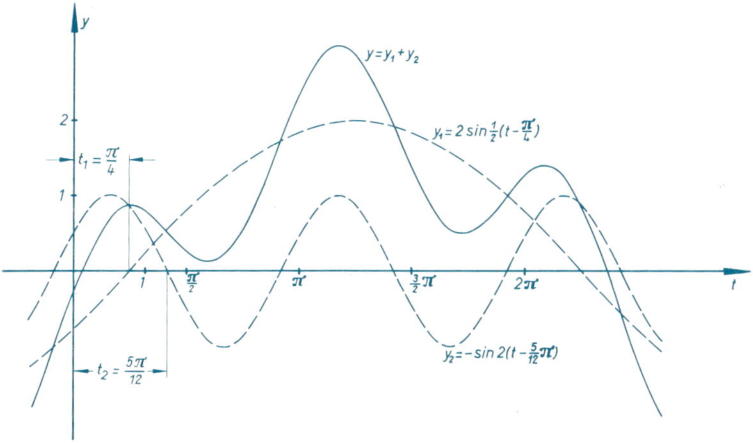

Man formt zweckmäßig den zweiten Summanden auf eine sin-Funktion um:

$$y=2\sin\left(\frac{t}{2}-\frac{\pi}{8}\right)+\sin\left(\frac{\pi}{2}-2t+\frac{\pi}{3}\right)$$
$$=2\sin\left(\frac{t}{2}-\frac{\pi}{8}\right)+\sin 2\left(-t+\frac{5}{12}\pi\right)$$
$$=2\sin\frac{1}{2}\left(t-\frac{\pi}{4}\right)-\sin 2\left(t-\frac{5}{12}\pi\right).$$

Es sind also zu überlagern

$$y_1=2\sin\frac{1}{2}\left(t-\frac{\pi}{4}\right) \quad \text{und} \quad y_2=-\sin 2\left(t-\frac{5\pi}{12}\right).$$

Die erste Schwingung besitzt die Periode $T_1=\frac{2\pi}{1/2}=4\pi$, die zweite die Periode $T_2=\frac{2\pi}{2}=\pi$. Die Überlagerung besitzt demnach eine Periodenlänge T, die sich als kleinstes gemeinsames Vielfaches der einzelnen Perioden ergibt: $T=4\pi$. (Stehen die Perioden in keinem rationalen Verhältnis zueinander, so wird die Überlagerung nicht periodisch, es entstehen sog. fastperiodische Funktionen.)

Vektorielle Überlagerung

4. Für $y=2\sin(2t+30°)+3\cos(2t-30°)$ ist ein einfacher Ausdruck (vektorielle Überlagerung) zu finden:

$$y=2\sin(2t+30°)+3\sin(90°+2t-30°) \qquad \text{weil } \cos\alpha=\sin(90°+\alpha)$$
$$=2\sin(2t+30°)+3\sin(2t+60°)$$
$$=a\sin(2t+\varphi) \quad \text{mit}$$
$$a=\sqrt{4+9+2\cdot2\cdot3\cdot\cos 30°}\approx\sqrt{23{,}39}\approx4{,}84;$$
$$\cos\varphi=\frac{2\cos 30°+3\cos 60°}{4{,}84}\approx0{,}668;$$
$$\sin\varphi=\frac{2\sin 30°+3\sin 60°}{4{,}84}\approx0{,}743;$$
$$\varphi\approx48{,}0°\approx0{,}838;$$
$$y=4{,}84\sin(2t+0{,}838).$$

6.7.2.4 Zyklometrische Funktionen (Arcusfunktionen)

Definition:

Die Einschränkung von sin auf den Definitionsbereich $[-\frac{\pi}{2}; \frac{\pi}{2}]$ ist streng monoton steigend, daher umkehrbar. Die Umkehrfunktion heißt arcsin. $y=\arcsin x$ ist derjenige Winkel aus $[-\frac{\pi}{2}; \frac{\pi}{2}]$, zu dem der Sinuswert x gehört.

Die Einschränkung von cos auf den Definitionsbereich $[0; \pi]$ ist streng monoton fallend, daher umkehrbar. Die Umkehrfunktion heißt arccos. $y=\arccos x$ ist derjenige Winkel aus $[0; \pi]$, zu dem der Kosinuswert x gehört.

Die Einschränkung von tan auf den Definitionsbereich $(-\frac{\pi}{2}; \frac{\pi}{2})$ ist streng monoton steigend, daher umkehrbar. Die Umkehrfunktion heißt arctan. $y = \arctan x$ ist derjenige Winkel aus $(-\frac{\pi}{2}; \frac{\pi}{2})$, zu dem der Tangenswert x gehört.

Die Einschränkung von cot auf den Definitionsbereich $(0; \pi)$ ist streng monoton fallend, daher umkehrbar. Die Umkehrfunktion heißt arccot. $y = \operatorname{arccot} x$ ist derjenige Winkel aus $(0; \pi)$, zu dem der Kotangenswert x gehört.

Definitionsbereich $\mathbb{D}$, Stetigkeitsbereich $\mathbb{S}$, Ableitbarkeitsbereich $\mathbb{A}$ (6.8.2, Seite 187), Wertemenge $\mathbb{W}$:

arcsin: $\mathbb{D} = \mathbb{S} = [-1; 1]$; $\mathbb{W} = [-\frac{\pi}{2}; \frac{\pi}{2}]$; $\mathbb{A} = (-1; 1)$;

arccos: $\mathbb{D} = \mathbb{S} = [-1; 1]$; $\mathbb{W} = [0; \pi]$; $\mathbb{A} = (-1; 1)$;

arctan: $\mathbb{D} = \mathbb{S} = \mathbb{A} = \mathbb{R}$; $\mathbb{W} = (-\frac{\pi}{2}; \frac{\pi}{2})$;

arccot: $\mathbb{D} = \mathbb{S} = \mathbb{A} = \mathbb{R}$; $\mathbb{W} = (0; \pi)$.

Graph:

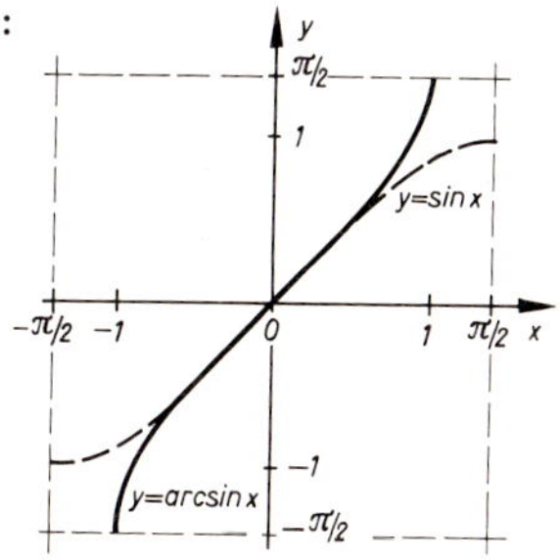

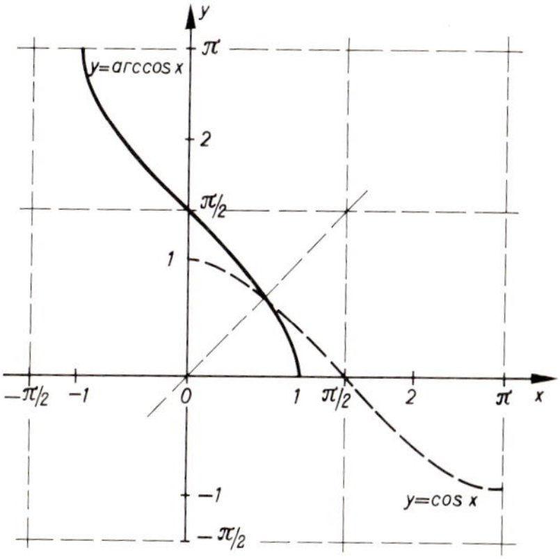

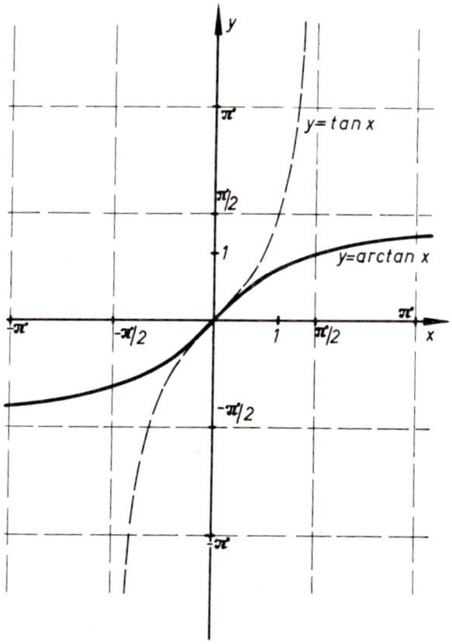

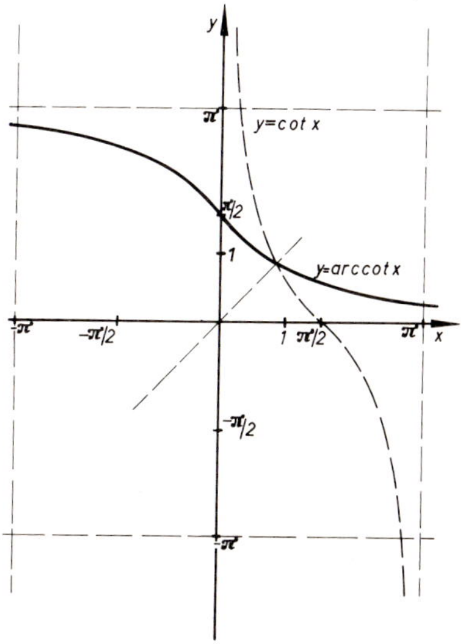

Eigenschaften:

arcsin und arctan sind ungerade Funktionen:

$$\arcsin(-x) = -\arcsin x; \quad \arctan(-x) = -\arctan x;$$

arccos und arccot sind weder gerade noch ungerade.

$$\arcsin 0 = 0; \qquad \arcsin 1 = \frac{\pi}{2};$$

$$\arccos 0 = \frac{\pi}{2}; \qquad \arccos 1 = 0; \qquad \arccos(-1) = \pi$$

$$\arctan 0 = 0; \qquad \arctan 1 = \frac{\pi}{4};$$

$$\operatorname{arccot} 0 = \frac{\pi}{2}; \qquad \operatorname{arccot} 1 = \frac{\pi}{4}; \qquad \operatorname{arccot}(-1) = \tfrac{3}{4}\pi.$$

Verwendung der Arcus-Funktionen zur Winkelermittlung:

Da die arc-Funktionen nur Winkel aus einem bestimmten Intervall als Bild liefern, muß bei Anwendung dieser Funktionen immer geprüft werden, ob $\arcsin x$ (bzw. $\arccos x$ bzw. $\arctan x$ bzw. $\operatorname{arccot} x$) auch den gewünschten richtigen Winkel bedeutet:

α im Quadranten	$\sin\alpha = a$	$\cos\alpha = b$	$\tan\alpha = c$	$\cot\alpha = d$
I $\left(0 \underset{(=)}{<} \alpha \underset{(=)}{<} \frac{\pi}{2}\right)$	$(a \geqq 0)$ $\alpha = \arcsin a$	$(b \geqq 0)$ $\alpha = \arccos b$	$(c \geqq 0)$ $\alpha = \arctan c$	$(d \geqq 0)$ $\alpha = \operatorname{arccot} d$
II $\left(\frac{\pi}{2} \underset{(=)}{<} \alpha \underset{(=)}{<} \pi\right)$	$(a \geqq 0)$ $\alpha = \pi - \arcsin a$	$(b \leqq 0)$ $\alpha = \arccos b$	$(c \leqq 0)$ $\alpha = \pi + \arctan c$	$(d \leqq 0)$ $\alpha = \operatorname{arccot} d$
III $(\pi \underset{(=)}{<} \alpha \underset{(=)}{<} \tfrac{3}{2}\pi)$	$(a \leqq 0)$ $\alpha = \pi - \arcsin a$	$(b \leqq 0)$ $\alpha = 2\pi - \arccos b$	$(c \geqq 0)$ $\alpha = \pi + \arctan c$	$(d \geqq 0)$ $\alpha = \pi + \operatorname{arccot} d$
IV $(\tfrac{3}{2}\pi \underset{(=)}{<} \alpha \underset{(=)}{<} 2\pi)$	$(a \leqq 0)$ $\alpha = 2\pi + \arcsin a$	$(b \geqq 0)$ $\alpha = 2\pi - \arccos b$	$(c \leqq 0)$ $\alpha = 2\pi + \arctan c$	$(d \leqq 0)$ $\alpha = \pi + \operatorname{arccot} d$

Formeln:

1. $\arcsin x + \arccos x = \frac{\pi}{2}; \quad \arctan x + \operatorname{arccot} x = \frac{\pi}{2}.$

2. $\arcsin(-x) = -\arcsin x; \quad \arccos(-x) = \pi - \arccos x;$
   $\arctan(-x) = -\arctan x; \quad \operatorname{arccot}(-x) = \pi - \operatorname{arccot} x.$

3.

$$\arcsin x=\begin{cases}\arccos\sqrt{1-x^2} & (x\geqq 0)\\ -\arccos\sqrt{1-x^2} & (x<0)\end{cases}=\arctan\frac{x}{\sqrt{1-x^2}}=\begin{cases}\operatorname{arccot}\dfrac{\sqrt{1-x^2}}{x} & (x>0)\\ -\operatorname{arccot}\dfrac{\sqrt{1-x^2}}{x} & (x<0)\end{cases}$$

$$(x \neq \pm 1)$$

$$\arccos x=\begin{cases}\arcsin\sqrt{1-x^2} & (x\geqq 0)\\ \pi-\arcsin\sqrt{1-x^2} & (x<0)\end{cases}=\begin{cases}\arctan\dfrac{\sqrt{1-x^2}}{x} & (x>0)\\ \pi+\arctan\dfrac{\sqrt{1-x^2}}{x} & (x<0)\end{cases}=\operatorname{arccot}\frac{x}{\sqrt{1-x^2}}$$

$$(x \neq \pm 1)$$

$$\arctan x=\arcsin\frac{x}{\sqrt{1+x^2}}=\begin{cases}\arccos\dfrac{1}{\sqrt{1+x^2}} & (x\geqq 0)\\ -\arccos\dfrac{1}{\sqrt{1+x^2}} & (x<0)\end{cases}=\begin{cases}\operatorname{arccot}\dfrac{1}{x} & (x>0)\\ -\operatorname{arccot}\dfrac{1}{-x} & (x<0)\end{cases}$$

$$\operatorname{arccot} x=\begin{cases}\arcsin\dfrac{1}{\sqrt{1+x^2}} & (x\geqq 0)\\ \pi-\arcsin\dfrac{1}{\sqrt{1+x^2}} & (x<0)\end{cases}=\arccos\frac{x}{\sqrt{1+x^2}}=\begin{cases}\arctan\dfrac{1}{x} & (x>0)\\ \pi+\arctan\dfrac{1}{x} & (x<0)\end{cases}$$

4. (Additionstheoreme):

$$\begin{aligned}\arcsin x+\arcsin y &=\arcsin\left(x\sqrt{1-y^2}+y\sqrt{1-x^2}\right) && \text{für } xy\leqq 0 \text{ oder } x^2+y^2\leqq 1\\ &=\pi-\arcsin\left(x\sqrt{1-y^2}+y\sqrt{1-x^2}\right) && \text{für } x>0,\ y>0 \text{ und } x^2+y^2>1\\ &=-\pi-\arcsin\left(x\sqrt{1-y^2}+y\sqrt{1-x^2}\right) && \text{für } x<0,\ y<0 \text{ und } x^2+y^2>1\end{aligned}$$

$$\begin{aligned}\arcsin x-\arcsin y &=\arcsin\left(x\sqrt{1-y^2}-y\sqrt{1-x^2}\right) && \text{für } xy\geqq 0 \text{ oder } x^2+y^2\leqq 1\\ &=\pi-\arcsin\left(x\sqrt{1-y^2}-y\sqrt{1-x^2}\right) && \text{für } x>0,\ y<0 \text{ und } x^2+y^2>1\\ &=-\pi-\arcsin\left(x\sqrt{1-y^2}-y\sqrt{1-x^2}\right) && \text{für } x<0,\ y>0 \text{ und } x^2+y^2>1\end{aligned}$$

$$\begin{aligned}\arccos x+\arccos y &=\arccos\left(xy-\sqrt{1-x^2}\sqrt{1-y^2}\right) && \text{für } x+y\geqq 0\\ &=2\pi-\arccos\left(xy-\sqrt{1-x^2}\sqrt{1-y^2}\right) && \text{für } x+y<0\end{aligned}$$

$$\begin{aligned}\arccos x-\arccos y &=-\arccos\left(xy+\sqrt{1-x^2}\sqrt{1-y^2}\right) && \text{für } x\geqq y\\ &=\arccos\left(xy+\sqrt{1-x^2}\sqrt{1-y^2}\right) && \text{für } x<y\end{aligned}$$

$$\arctan x + \arctan y = \arctan \frac{x+y}{1-xy} \qquad \text{für } xy<1$$

$$= \pi + \arctan \frac{x+y}{1-xy} \qquad \text{für } x>0,\ xy>1$$

$$= -\pi + \arctan \frac{x+y}{1-xy} \qquad \text{für } x<0,\ xy>1$$

$$\arctan x - \arctan y = \arctan \frac{x-y}{1+xy} \qquad \text{für } xy>-1$$

$$= \pi + \arctan \frac{x-y}{1+xy} \qquad \text{für } x>0,\ xy<-1$$

$$= -\pi + \arctan \frac{x-y}{1+xy} \qquad \text{für } x<0,\ xy<-1$$

$$\operatorname{arccot} x + \operatorname{arccot} y = \operatorname{arccot} \frac{xy-1}{x+y} \qquad \text{für } x+y>0$$

$$= \pi + \operatorname{arccot} \frac{xy-1}{x+y} \qquad \text{für } x+y<0$$

$$\operatorname{arccot} x - \operatorname{arccot} y = -\operatorname{arccot} \frac{xy+1}{x-y} \qquad \text{für } x>y$$

$$= \pi - \operatorname{arccot} \frac{xy+1}{x-y} \qquad \text{für } x<y$$

5. $$2 \arcsin x = \arcsin (2x\sqrt{1-x^2}) \qquad \text{für } |x| \leqq \frac{1}{\sqrt{2}}$$

$$= \pi - \arcsin (2x\sqrt{1-x^2}) \qquad \text{für } \frac{1}{\sqrt{2}} < x \leqq 1$$

$$= -\pi - \arcsin (2x\sqrt{1-x^2}) \qquad \text{für } -1 \leqq x < -\frac{1}{\sqrt{2}}$$

$$2 \arccos x = \arccos (2x^2-1) \qquad \text{für } 0 \leqq x \leqq 1$$

$$= 2\pi - \arccos (2x^2-1) \qquad \text{für } -1 \leqq x < 0$$

$$2 \arctan x = \arctan \frac{2x}{1-x^2} \qquad \text{für } |x|<1$$

$$= \pi + \arctan \frac{2x}{1-x^2} \qquad \text{für } x>1$$

$$= -\pi + \arctan \frac{2x}{1-x^2} \qquad \text{für } x<-1.$$

Zu 6.7.2.4:

Winkelberechnung

1. Wie groß ist α, wenn $\tan\alpha = -0{,}647 = c$?

   Aus der Tabelle entnimmt man:

$$\frac{\pi}{2} < \alpha_1 \leqq \pi: \quad \alpha_1 = \pi + \arctan c \approx 2{,}567 \approx 147{,}1^\circ$$

$$\tfrac{3}{2}\pi < \alpha_2 \leqq 2\pi: \; \alpha_2 = 2\pi + \arctan c \approx 5{,}708 \approx 327{,}1^\circ.$$

   Da zu diesen Werten noch ganzzahlige Vielfache von $2\pi = 360^\circ$ addiert werden können, gilt:

$$\alpha_1 \approx 2{,}567 + k\pi \approx 147{,}1^\circ + k\cdot 180^\circ \quad (k\in\mathbb{Z})$$

$$\alpha_2 \approx 5{,}708 + k\pi \approx 327{,}1^\circ + k\cdot 180^\circ \quad (k\in\mathbb{Z}).$$

Lösung einer Gleichung

2. Gesucht sind alle Lösungen der Gleichung $\cos 2x = -0{,}5$.

   Aus der Tabelle entnimmt man

$$2x = \begin{cases} \arccos(-0{,}5) \approx 2{,}094 + 2k\pi \approx 120^\circ + k\cdot 360^\circ \\ 2\pi - \arccos(-0{,}5) \approx 4{,}189 + 2k\pi \approx 240^\circ + k\cdot 360^\circ \quad (k\in\mathbb{Z}) \end{cases}$$

$$x = \begin{cases} 1{,}047 + k\pi \approx \;\; 60^\circ + k\cdot 180^\circ \\ 2{,}094 + k\pi \approx 120^\circ + k\cdot 180^\circ \end{cases}$$

Umstellung einer Gleichung

3. Die Gleichung $x = 2\arcsin\frac{y}{\sqrt{y^2+1}}$ ist nach y aufzulösen. Löst man zunächst nach dem Argument der arcsin-Funktion auf, so folgt

$$\frac{y}{\sqrt{y^2+1}} = \sin\frac{x}{2}.$$

   Dann folgt durch Quadrieren und Ordnen

$$y^2 = \sin^2\frac{x}{2} + y^2\sin^2\frac{x}{2}; \quad y^2\left(1 - \sin^2\frac{x}{2}\right) = \sin^2\frac{x}{2}$$

   also

$$y^2 = \frac{\sin^2\frac{x}{2}}{\cos^2\frac{x}{2}}; \qquad\qquad y = \pm\tan\frac{x}{2}.$$

   Weil die Lösung durch Quadrierung gefunden wurde (Wurzelgleichung), ist eine Probe notwendig:

$$2\cdot\arcsin\frac{\pm\tan\frac{x}{2}}{\sqrt{\tan^2\frac{x}{2}+1}} = \pm 2\arcsin\frac{\tan\frac{x}{2}}{\sqrt{\tan^2\frac{x}{2}+1}};$$

da $x=2\arcsin\frac{y}{\sqrt{y^2-1}}$ gilt, liegt x zwischen $-\pi$ und π, $\frac{x}{2}$ also zwischen $-\frac{\pi}{2}$ und $\frac{\pi}{2}$; dort ist aber $\operatorname{sgn}\left(\sin\frac{x}{2}\right)=\operatorname{sgn}\left(\tan\frac{x}{2}\right)$.

Damit kann aus 4.1.2.1, Seite 94 die Formel

$$\frac{\tan\frac{x}{2}}{\sqrt{\tan^2\frac{x}{2}+1}}=\sin\frac{x}{2}$$

hergeleitet werden. Dann ist

$$\pm 2\arcsin\frac{\tan\frac{x}{2}}{\sqrt{\tan^2\frac{x}{2}+1}}=\pm 2\arcsin\left(\sin\frac{x}{2}\right)=\pm x.$$

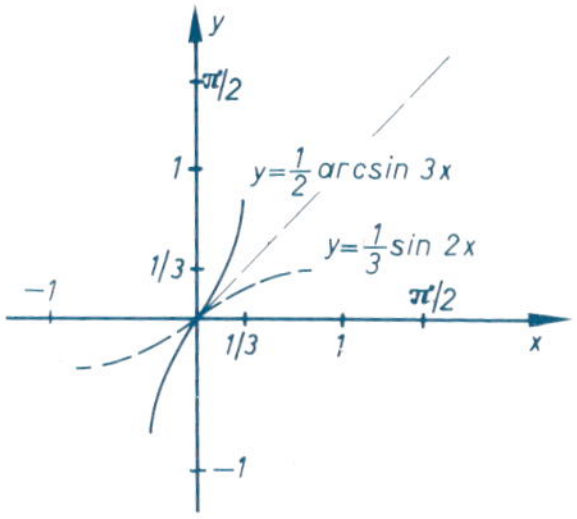

Das untere Vorzeichen liefert keine Lösung der Gleichung.

Graph

4. Gesucht ist der Graph der Funktion

$f\colon x\mapsto y=\frac{1}{2}\arcsin 3x.$

$\arcsin 3x=2y$

$3x=\sin 2y,$

$x=\frac{1}{3}\sin 2y;\quad |y|\leqq\frac{\pi}{4}\approx 0{,}785;$

Graph

5. Gesucht ist der Graph der Funktion $f\colon x\mapsto y=\arcsin\frac{1}{x}$.

$\frac{1}{x}=\sin y;\ \left(|y|\leqq\frac{\pi}{2}\right);$

$x=\frac{1}{\sin y};$

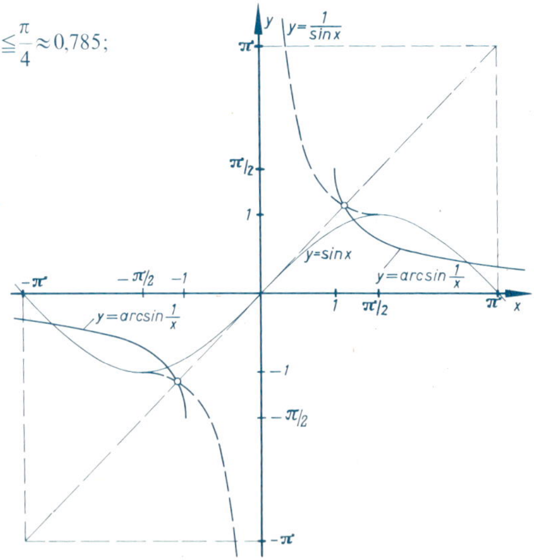

Der Graph der Funktion

$$\varphi\colon x\mapsto y=\varphi(x)=\frac{1}{\sin x}$$

besitzt an den Nullstellen der sin-Funktion senkrechte Asymptoten. Er läßt sich aus dem der sin-Funktion durch Bilden der Reziprokwerte ermitteln. Spiegelung an der Winkelhalbierenden des I. Quadranten liefert dann das gesuchte Bild.

6.7.2.5 Hyperbelfunktionen

Definition:

sinh: $x \mapsto \sinh x = \dfrac{e^x - e^{-x}}{2}$

cosh: $x \mapsto \cosh x = \dfrac{e^x + e^{-x}}{2}$

tanh: $x \mapsto \tanh x = \dfrac{e^x - e^{-x}}{e^x + e^{-x}}$

coth: $x \mapsto \coth x = \dfrac{e^x + e^{-x}}{e^x - e^{-x}} \quad (x \neq 0).$

Üblich sind auch die verkürzten Schreibweisen sh, ch, th, cth.
Definitionsbereich $\mathbb{D}$, Stetigkeitsbereich $\mathbb{S}$, Ableitbarkeitsbereich $\mathbb{A}$ (6.8.2, Seite 187), Wertemenge $\mathbb{W}$:

sinh: $\mathbb{D} = \mathbb{S} = \mathbb{A} = \mathbb{R}$; $\mathbb{W} = \mathbb{R}$
cosh: $\mathbb{D} = \mathbb{S} = \mathbb{A} = \mathbb{R}$; $\mathbb{W} = [1; \infty)$
tanh: $\mathbb{D} = \mathbb{S} = \mathbb{A} = \mathbb{R}$; $\mathbb{W} = (-1; 1)$
coth: $\mathbb{D} = \mathbb{S} = \mathbb{A} = \mathbb{R} \setminus \{0\}$; $\mathbb{W} = \mathbb{R} \setminus [-1; 1]$.

Graph:

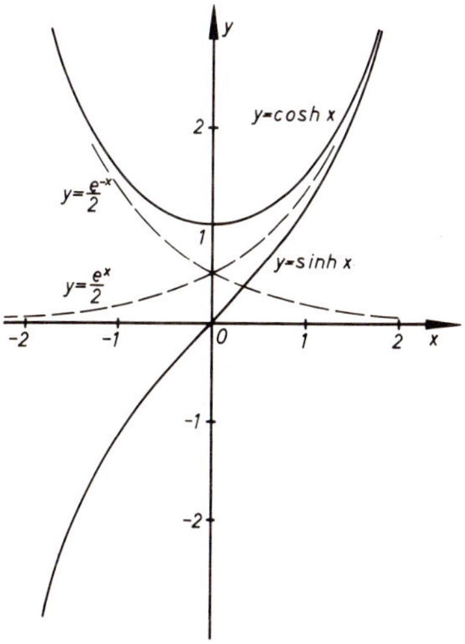

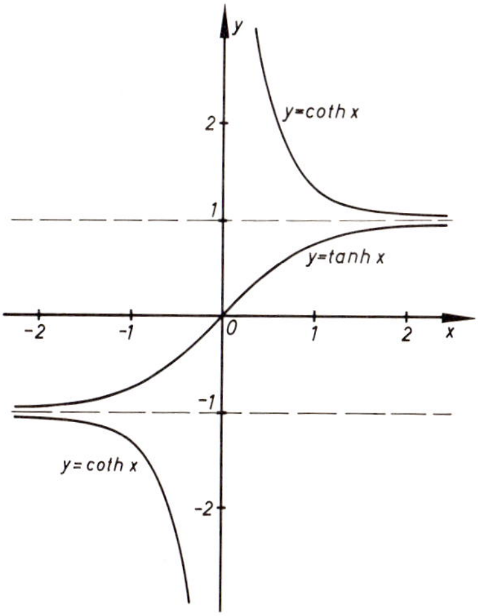

Eigenschaften:

sinh, tanh und coth sind ungerade Funktionen, cosh ist gerade Funktion:

$$\sinh(-x) = -\sinh x;$$
$$\cosh(-x) = \cosh x;$$
$$\tanh(-x) = -\tanh x;$$
$$\coth(-x) = -\coth x.$$

coth ist in der Umgebung von 0 unbeschränkt. Der Graph besitzt eine Asymptote mit der Gleichung $x=0$.

Asymptotisches Verhalten:

$$\lim_{x\to\infty} \frac{\sinh x}{\cosh x} = \lim_{x\to\infty} \frac{e^x/2}{\cosh x} = \lim_{x\to\infty} \frac{\sinh x}{e^x/2} = 1,$$

$$\lim_{x\to\infty} (\cosh x - \sinh x) = \lim_{x\to\infty} \left(\cosh x - \frac{e^x}{2}\right) = \lim_{x\to\infty} \left(\sinh x - \frac{e^x}{2}\right) = 0,$$

d.h. für hinreichend große x gilt: $\sinh x \approx \cosh x \approx \frac{e^x}{2}$

$$\lim_{x\to\infty} \tanh x = \lim_{x\to\infty} \coth x = 1$$

$$\lim_{x\to-\infty} \tanh x = \lim_{x\to-\infty} \coth x = -1.$$

Formeln:

1. $\cosh^2 x - \sinh^2 x = 1$; $\tanh x = \dfrac{\sinh x}{\cosh x}$; $\tanh x \cdot \coth x = 1$ $(x \neq 0)$.

2. Falls die Nenner $\neq 0$ sind, gilt:

	$\sinh x$	$\cosh x$	$\tanh x$	$\coth x$
$\lvert\sinh x\rvert$	–	$\sqrt{\cosh^2 x - 1}$	$\dfrac{\lvert\tanh x\rvert}{\sqrt{1-\tanh^2 x}}$	$\dfrac{1}{\sqrt{\coth^2 x - 1}}$
$\cosh x$	$\sqrt{1+\sinh^2 x}$	–	$\dfrac{1}{\sqrt{1-\tanh^2 x}}$	$\dfrac{\lvert\coth x\rvert}{\sqrt{\coth^2 x - 1}}$
$\lvert\tanh x\rvert$	$\dfrac{\lvert\sinh x\rvert}{\sqrt{1+\sinh^2 x}}$	$\dfrac{\sqrt{\cosh^2 x - 1}}{\cosh x}$	–	$\dfrac{1}{\lvert\coth x\rvert}$
$\lvert\coth x\rvert$	$\dfrac{\sqrt{\sinh^2 x + 1}}{\lvert\sinh x\rvert}$	$\dfrac{\cosh x}{\sqrt{\cosh^2 x - 1}}$	$\dfrac{1}{\lvert\tanh x\rvert}$	–

Ist $x \geqq 0$, kann bei allen Formeln $|\ |$ entfallen.

3. (Additionstheoreme)

$$\sinh(x \pm y) = \sinh x \cosh y \pm \cosh x \sinh y$$
$$\cosh(x \pm y) = \cosh x \cosh y \pm \sinh x \sinh y$$
$$\tanh(x \pm y) = \frac{\tanh x \pm \tanh y}{1 \pm \tanh x \cdot \tanh y}$$
$$\coth(x \pm y) = \frac{1 \pm \coth x \coth y}{\coth x \pm \coth y}.$$

4. (Doppel- und Halbargumentformeln)

$$\sinh 2x = 2 \sinh x \cosh x \qquad \sinh x = 2 \sinh \frac{x}{2} \cosh \frac{x}{2}$$
$$|\sinh x| = \sqrt{\frac{\cosh 2x - 1}{2}}$$
$$\cosh 2x = \cosh^2 x + \sinh^2 x \qquad \cosh x = \cosh^2 \frac{x}{2} + \sinh^2 \frac{x}{2}$$
$$= 2 \sinh^2 x + 1 \qquad = 2 \sinh^2 \frac{x}{2} + 1$$
$$= 2 \cosh^2 x - 1 \qquad = 2 \cosh^2 \frac{x}{2} - 1$$
$$= \sqrt{\frac{\cosh 2x + 1}{2}}$$
$$\tanh 2x = \frac{2 \tanh x}{1 + \tanh^2 x} \qquad \tanh \frac{x}{2} = \frac{\cosh x - 1}{\sinh x} = \frac{\sinh x}{\cosh x + 1}$$
$$\left|\tanh \frac{x}{2}\right| = \sqrt{\frac{\cosh x - 1}{\cosh x + 1}}$$
$$\coth 2x = \frac{1 + \coth^2 x}{2 \coth x}$$

5. (Summenformeln)

$$\sinh x \pm \sinh y = 2 \sinh \frac{x \pm y}{2} \cosh \frac{x \mp y}{2}$$
$$\cosh x + \cosh y = 2 \cosh \frac{x + y}{2} \cosh \frac{x - y}{2}$$
$$\cosh x - \cosh y = 2 \sinh \frac{x + y}{2} \sinh \frac{x - y}{2}$$
$$\tanh x \pm \tanh y = \frac{\sin(x \pm y)}{\cosh x \cosh y}.$$

6. Moivresche Formel

$$(\cosh x \pm \sinh x)^n = \cosh nx \pm \sinh nx = e^{\pm nx} \quad (n \in \mathbb{R}).$$

Analogie zwischen Kreisfunktionen und Hyperbelfunktionen

Analog zur Definition von sin, cos, tan, cot am Einheitskreis (4.1.1, Seite 92) ist die Definition von sinh, cosh, tanh, coth an der Einheitshyperbel möglich.

Gleichung des Kreises: $x^2+y^2=1$ (7.3.1, Seite 329);

Gleichung der Hyperbel: $x^2-y^2=1$ (7.4.2, Seite 339).

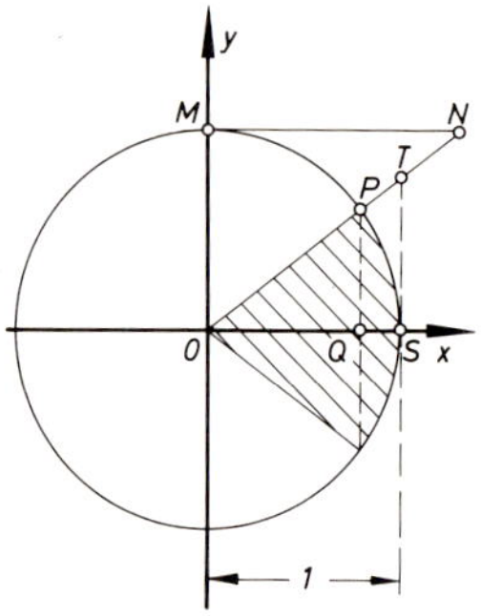

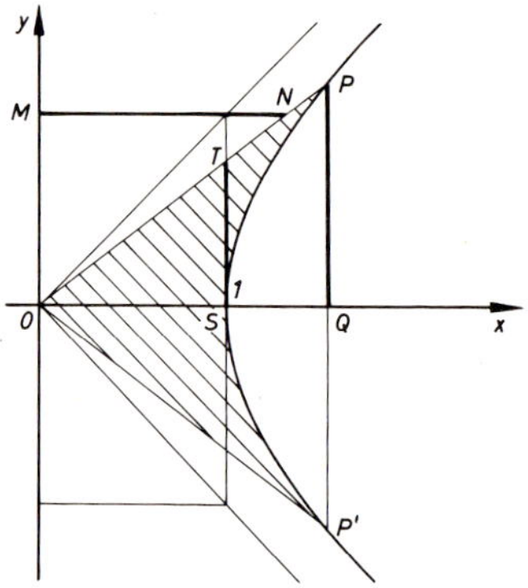

Ist A die Maßzahl des Flächeninhalts der schraffierten Fläche, so gilt (falls $\overline{PQ}$ usw. die Maßzahlen der betreffenden Strecken $\overline{PQ}$ usw. bedeuten):

$\sin A=\overline{PQ}$; $\sinh A=\overline{PQ}$

$\cos A=\overline{OQ}$; $\cosh A=\overline{OQ}$

$\tan A=\overline{ST}$; $\tanh A=\overline{ST}$

$\cot A=\overline{MN}$; $\coth A=\overline{MN}$

6.7.2.6 Areafunktionen

Definition:

sinh und tanh sind streng monoton steigend, daher umkehrbar. Ihre Umkehrfunktionen heißen arsinh und artanh.

Die Einschränkung von cosh auf $x \geqq 0$ ist streng monoton steigend, daher umkehrbar. Die Umkehrfunktion der Einschränkung heißt arcosh.

coth ist nicht streng monoton, trotzdem umkehrbar, weil zu einem negativen Bild das negative Original eindeutig ist, ebenso für positives Bild. Die Umkehrfunktion heißt arcoth.

Definitionsbereich $\mathbb{D}$, Stetigkeitsbereich $\mathbb{S}$, Ableitbarkeitsbereich $\mathbb{A}$ (6.8.2, Seite 187), Wertmenge $\mathbb{W}$:

arsinh: $\mathbb{D}=\mathbb{S}=\mathbb{A}=\mathbb{R}$; $\mathbb{W}=\mathbb{R}$

artanh: $\mathbb{D}=\mathbb{S}=\mathbb{A}=(-1;\,1)$; $\mathbb{W}=\mathbb{R}$

arcosh: $\mathbb{D}=\mathbb{S}=[1;\,\infty)$; $\mathbb{W}=\mathbb{R}_0^+$; $\mathbb{A}=(1;\,\infty)$

arcoth: $\mathbb{D}=\mathbb{S}=\mathbb{A}=\mathbb{R}\setminus[-1;\,1]$; $\mathbb{W}=\mathbb{R}\setminus\{0\}$.

Graph:

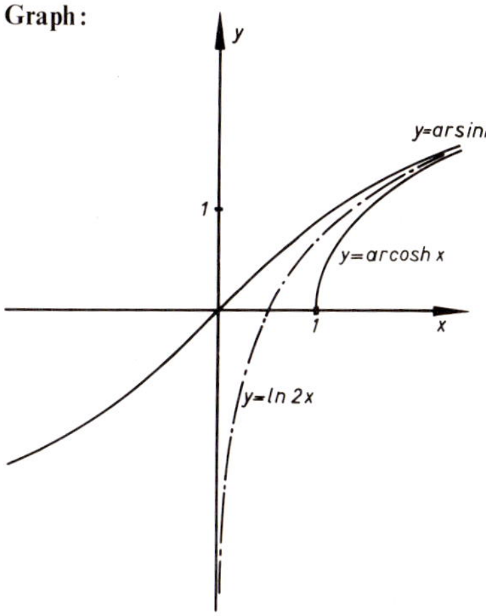

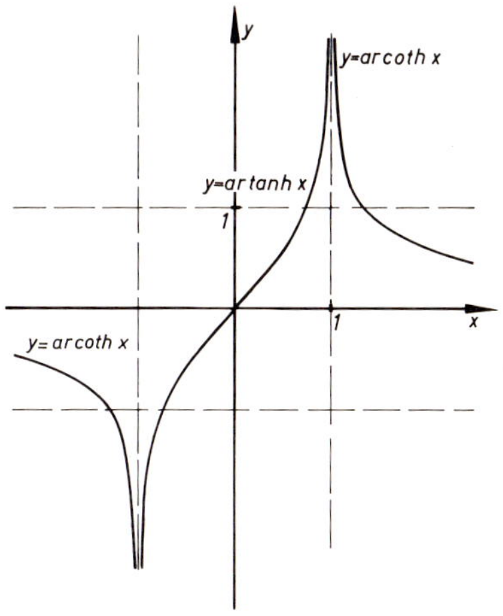

Eigenschaften:

arsinh, artanh und arcoth sind ungerade Funktionen:

$$\operatorname{arsinh}(-x) = -\operatorname{arsinh} x;$$
$$\operatorname{artanh}(-x) = -\operatorname{artanh} x;$$
$$\operatorname{arcoth}(-x) = -\operatorname{arcoth} x.$$

artanh und arcoth sind in der Umgebung von ± 1 unbeschränkt. Der Graph besitzt Asymptoten mit den Gleichungen $x = \pm 1$.

Asymptotisches Verhalten:

$$\lim_{x \to \infty} \frac{\operatorname{arsinh} x}{\operatorname{arcosh} x} = \lim_{x \to \infty} \frac{\operatorname{arsinh} x}{\ln 2x} = \lim \frac{\ln 2x}{\operatorname{arcosh} x} = 1;$$

$$\lim_{x \to \infty} (\operatorname{arsinh} x - \operatorname{arcosh} x) = \lim_{x \to \infty} (\operatorname{arsinh} x - \ln 2x) = \lim_{x \to \infty} (\operatorname{arcosh} x - \ln 2x) = 0;$$

$$\lim_{x \to \pm\infty} \operatorname{arcoth} x = \pm 0.$$

Zusammenhang mit dem Logarithmus:

$$\operatorname{arsinh} x = \ln(x + \sqrt{x^2+1}); \qquad \operatorname{artanh} x = \frac{1}{2} \ln \frac{1+x}{1-x} \quad (|x| < 1);$$

$$\operatorname{arcosh} x = \ln(x + \sqrt{x^2-1}); \quad (x \geqq 1). \qquad \operatorname{arcoth} x = \frac{1}{2} \ln \frac{x+1}{x-1} \quad (|x| > 1)$$

Formeln

1.

	$\operatorname{arsinh} x$	$\operatorname{arcosh} x$	$\operatorname{artanh} x$	$\operatorname{arcoth} x$
$\operatorname{arsinh} x$	–	$\pm\operatorname{arcosh}\sqrt{x^2+1}$	$\operatorname{artanh}\frac{x}{\sqrt{x^2+1}}$	$\operatorname{arcoth}\frac{\sqrt{x^2+1}}{x}$
$\operatorname{arcosh} x$ $(x \geqq 1)$	$\operatorname{arsinh}\sqrt{x^2-1}$	–	$\operatorname{artanh}\frac{\sqrt{x^2-1}}{x}$	$\operatorname{arcoth}\frac{x}{\sqrt{x^2-1}}$
$\operatorname{artanh} x$ $(\lvert x\rvert<1)$	$\operatorname{arsinh}\frac{x}{\sqrt{1-x^2}}$	$\pm\operatorname{arcosh}\frac{1}{\sqrt{1-x^2}}$	–	$\operatorname{arcoth}\frac{1}{x}$
$\operatorname{arcoth} x$ $(\lvert x\rvert>1)$	$\operatorname{arsinh}\frac{1}{\sqrt{x^2-1}}$	$\pm\operatorname{arcosh}\frac{x}{\sqrt{x^2-1}}$	$\operatorname{artanh}\frac{1}{x}$	–

(Die oberen Vorzeichen gelten für $x>0$, die unteren für $x<0$).

2. (Additionstheoreme)

$$\operatorname{arsinh} x \pm \operatorname{arsinh} y = \operatorname{arsinh}\left(x\sqrt{1+y^2} \pm y\sqrt{1+x^2}\right)$$

$$\operatorname{arcosh} x \pm \operatorname{arcosh} y = \operatorname{arcosh}\left(xy \pm \sqrt{x^2-1}\sqrt{y^2-1}\right)$$

$$\operatorname{artanh} x \pm \operatorname{arthan} y = \operatorname{artanh}\frac{x \pm y}{1 \pm xy}$$

$$\operatorname{arcoth} x \pm \operatorname{arcoth} y = \operatorname{arcoth}\frac{1 \pm xy}{x \pm y}.$$

B

Zu 6.7.2.5 und 6.7.2.6:
e-Funktion und Hyperbelfunktion

1. Die Funktion $f\colon x \mapsto y = c_1 e^x + c_2 e^{-x}$ ist durch Hyperbelfunktionen darzustellen. Setzt man die Lösung in der Form an

$$y = K_1 \sinh x + K_2 \cosh x,$$

so erhält man für K_1 und K_2 die Bestimmungsgleichungen:

$$c_1 e^x + c_2 e^{-x} = K_1 \frac{e^x - e^{-x}}{2} + K_2 \frac{e^x + e^{-x}}{2}.$$

Da e^x und e^{-x} die gleichen Koeffizienten haben müssen, folgt

$$c_1 = \frac{K_1}{2} + \frac{K_2}{2}; \quad c_2 = -\frac{K_1}{2} + \frac{K_2}{2}.$$

Auflösung nach K_1 und K_2 ergibt:

$$K_1 = c_1 - c_2; \quad K_2 = c_1 + c_2.$$

Man erhält danach für y die Darstellung

$$y=(c_1-c_2)\sinh x+(c_1+c_2)\cosh x.$$

Dreifachargument

2. Es ist $\cosh 3x$ durch $\cosh x$ und $\sinh x$ auszudrücken:

Man setzt

$$\cosh 3x=\cosh(2x+x)=\cosh 2x\cosh x+\sinh 2x\sinh x.$$

Für die rechte Seite erhält man dann unter Verwendung der Doppelwinkelformeln

$$\begin{aligned}\cosh 3x&=(\cosh^2 x+\sinh^2 x)\cosh x+2\sinh x\cosh x\sinh x\\&=(1+2\sinh^2 x)\cosh x+2\sinh^2 x\cosh x\\&=(1+4\sinh^2 x)\cosh x.\end{aligned}$$

Gleichung mit sinh

3. Gesucht ist die Lösung der Gleichung

$$\sinh\sqrt{1+\frac{1}{x}}=1.$$

$$\sqrt{1+\frac{1}{x}}=\operatorname{arsinh}1=\ln(1+\sqrt{2})\approx 0{,}881.$$

Also ist $1+\frac{1}{x}=0{,}777$ und $x=-4{,}48$.

Gleichung mit arcosh

4. Gesucht ist die Auflösung der Gleichung $y=\operatorname{arcosh}\sqrt{x^2+1}$ nach x.

Es ist $y\geqq 0$;

$$\cosh y=\sqrt{x^2+1};\quad \cosh^2 y=x^2+1;$$

$$x^2=\cosh^2 y-1=\sinh^2 y;\quad x=\sinh y\geqq 0,\quad \text{weil } y\geqq 0.$$

Probe:

$$\operatorname{arcosh}\sqrt{\sinh^2 y+1}=\operatorname{arcosh}(\cosh y)=|y|=y,\quad \text{da } y\geqq 0.$$

Areafunktionen und Logarithmus

5. $$\begin{aligned}\ln(x+\sqrt{x^2+a^2})&=\ln\left(x+|a|\sqrt{\frac{x^2}{a^2}+1}\right)=\ln\left[|a|\left(\frac{x}{|a|}+\sqrt{\frac{x^2}{a^2}+1}\right)\right]\\&=\ln\left(\frac{x}{|a|}+\sqrt{\frac{x^2}{|a|^2}+1}\right)+\ln|a|=\operatorname{arsinh}\frac{x}{|a|}+\ln|a|.\end{aligned}$$

6.8 Differentialrechnung

6.8.1 Ableitungswert

Der Definitionsbereich $\mathbb{D}$ einer Funktion sei ein Intervall. x_1 und $x_2 = x_1 + \Delta x = x_1 + h$ seien Originale aus $\mathbb{D}$.

Differenzenquotient:

$$\frac{f(x_2)-f(x_1)}{x_2-x_1} = \frac{f(x_1+\Delta x)-f(x_1)}{\Delta x} = \frac{f(x_1+h)-f(x_1)}{h} = \frac{\Delta f}{\Delta x} = \frac{\Delta y}{\Delta x}$$

($x_2 - x_1 = \Delta x = h$ positiv oder negativ).

$\frac{\Delta y}{\Delta x}$ ist ein durchschnittliches Maß für das Verhältnis $\frac{\text{Bildänderung}}{\text{Originaländerung}}$ im Teilintervall zwischen x_1 und x_2.

Geometrisch ist der Differenzenquotient $\frac{\Delta y}{\Delta x}$ die Steigung der Sekante zwischen den Punkten $P_1(x_1; f(x_1))$ und $P_2(x_2; f(x_2))$ des Graphs $\mathbb{G}_f$ von f.

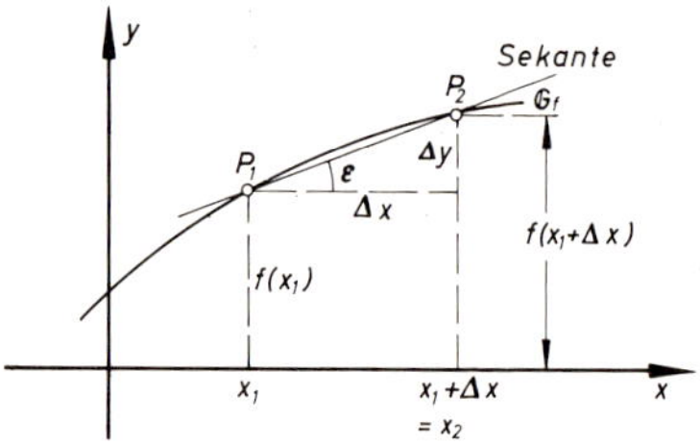

Differentialquotient (Ableitungswert):

Rechtsseitiger Ableitungswert in x_1:

$$A_r = \lim_{x_2 \to x_1+0} \frac{f(x_2)-f(x_1)}{x_2-x_1} \qquad (x_2 > x_1)$$

$$= \lim_{h \to +0} \frac{f(x_1+h)-f(x_1)}{h} \qquad (h > 0)$$

Linksseitiger Ableitungswert in x_1:

$$A_l = \lim_{x_2 \to x_1-0} \frac{f(x_2)-f(x_1)}{x_2-x_1} \qquad (x_2 < x_1)$$

$$= \lim_{h \to -0} \frac{f(x_1+h)-f(x_1)}{h} \qquad (h < 0)$$

Falls diese Grenzwerte existieren, ist f in x_1 rechts- bzw. linksseitig ableitbar. Notwendig für die Existenz von A_l oder A_r ist die links- bzw. rechtsseitige Stetigkeit von f in x_1 (Satz 1 von 6.8.3, Seite 188).

Ist $A_r = A_l$, dann ist f in x_1 ableitbar (=differenzierbar). Der Grenzwert ist der Ableitungswert von f in x_1 (Differentialquotient von f in x_1).

Schreibweisen:

$$\lim_{x_2 \to x_1} \frac{f(x_2)-f(x_1)}{x_2-x_1} = \lim_{\Delta x \to 0} \frac{f(x_1+\Delta x)-f(x_1)}{\Delta x} = \lim_{h \to 0} \frac{f(x_1+h)-f(x_1)}{h}$$

$$= f'(x_1) = \frac{d}{dx} f(x_1) = Df(x_1) = \left.\frac{dy}{dx}\right|_{x=x_1} = \left. y'\right|_{x=x_1}.$$

Geometrisch definiert man durch $f'(x_1)$ die Steigung $m = \tan\varphi$ der Tangente an $\mathfrak{G}_f$ im Punkt $P(x_1; f(x_1))$. Die Steigung des Graphen in P ist definitionsgemäß gleich der Steigung der Tangente in P.

$\frac{dy}{dx} \approx \frac{\Delta y}{\Delta x}$; der Unterschied zwischen $\frac{dy}{dx}$ und $\frac{\Delta y}{\Delta x}$ ist um so geringer, je kleiner $|\Delta x|$ ist.

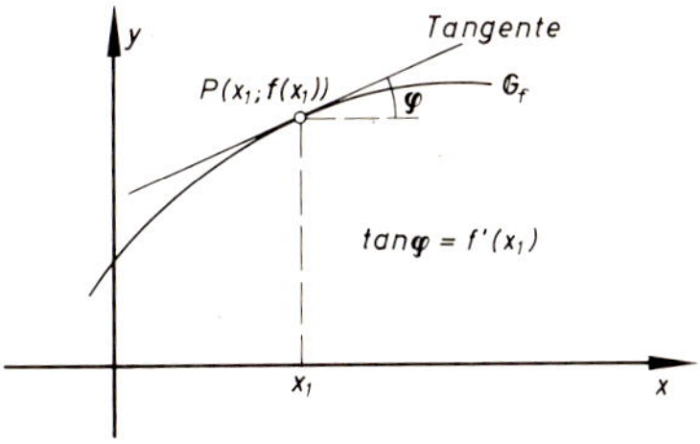

B

Zu 6.8.1:

Differenzenquotient

1. Man bestimme für die Funktion $f: x \mapsto y = f(x) = x^2$ zur Stelle $x_1 = 1$ den Differenzenquotienten $\frac{\Delta y}{\Delta x}$.

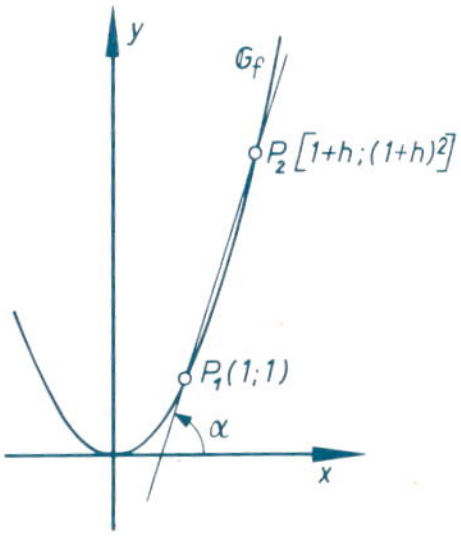

$$\frac{\Delta y}{\Delta x} = \frac{f(x_1+h) - f(x_1)}{h} = \frac{(1+h)^2 - 1^2}{h}$$

$$= \frac{1 + 2h + h^2 - 1}{h} = 2 + h.$$

Ist z.B. $h = 1$, so ergibt sich

$$\frac{\Delta y}{\Delta x} = 3 = \tan\alpha.$$

Für $h = -0{,}6$ ist $\frac{\Delta y}{\Delta x} = 1{,}4$. Im Intervall $0{,}4 \leqq x \leqq 1$ ist das Verhältnis $\frac{\text{Bildänderung}}{\text{Originaländerung}}$ durchschnittlich 1,4. Der Bildzuwachs zwischen $x = 0{,}5$ und $x = 0{,}7$ ist daher ungefähr $1{,}4 \cdot (0{,}7 - 0{,}5) = 0{,}28$ (exakter Wert: $f(0{,}7) - f(0{,}5) = 0{,}49 - 0{,}25 = 0{,}24$).

Differentialquotient

2. Man bestimme für die Funktion f: $x \mapsto y = f(x) = \sin x$ zur Stelle x_1 den Differenzenquotienten $\frac{\Delta y}{\Delta x}$ und den rechts- bzw. linksseitigen Ableitungswert.

$$\frac{\Delta y}{\Delta x} = \frac{\sin(x_1+h) - \sin x_1}{h} = \frac{2\sin\frac{x_1+h-x_1}{2} \cdot \cos\frac{x_1+h+x_1}{2}}{h} = 2\frac{\sin h/2}{h} \cdot \cos\left(x_1 + \frac{h}{2}\right)$$

$$A_r = \lim_{h \to +0} \frac{\Delta y}{\Delta x} = \lim_{h \to +0} \frac{\sin h/2}{h/2} \cdot \cos\left(x_1 + \frac{h}{2}\right)$$

$$= \lim_{h \to +0} \frac{\sin h/2}{h/2} \cdot \lim_{h \to +0} \cos\left(x_1 + \frac{h}{2}\right) \quad \text{(weil beide Grenzwerte existieren)}$$

$$= 1 \cdot \cos x_1 \quad \text{(Satz 1, 6.6.2, Seite 151; 6.5.3, Seite 146; 6.5.2, Seite 145).}$$

Analog ergibt sich $A_l = \cos x_1$, also ist $f = \sin$ an der Stelle $x_1 \in \mathbb{R}$ differenzierbar. Der Ableitungswert (Differentialquotient) ist $\cos x_1$.

Rechts- und linksseitiger Ableitungswert

3. Die Funktion $f\colon x \mapsto y = f(x) = x \cdot \tanh \frac{1}{x}$ hat bei $x_1 = 0$ eine Definitionslücke. Wegen

$$\lim_{x\to 0} f(x) = \lim_{x\to 0} \left[x \cdot \frac{1-e^{-\frac{2}{x}}}{1+e^{-\frac{2}{x}}} \right] = \lim_{x\to 0} x \cdot \lim_{x\to 0} \frac{1-e^{-\frac{2}{x}}}{1+e^{-\frac{2}{x}}} = 0 \cdot 1 = 0$$

ist f stetig fortsetzbar durch die Definition $f(0) = 0$.

Es soll untersucht werden, ob f bei $x_1 = 0$ differenzierbar ist.

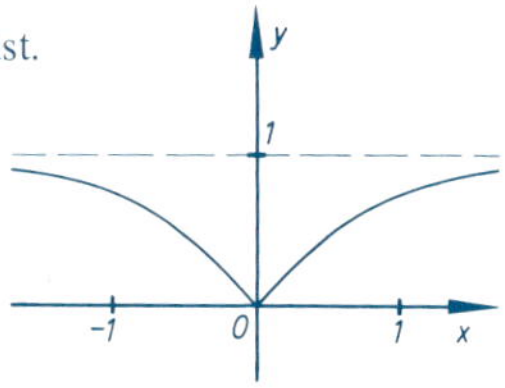

$$A_r = \lim_{h\to +0} \frac{f(h)-f(0)}{h} = \lim_{h\to +0} \frac{h \cdot \tanh \frac{1}{h}}{h}$$

$$= \lim_{h\to +0} \tanh \frac{1}{h} = 1$$

$$A_l = \lim_{h\to -0} \frac{f(h)-f(0)}{h} = \lim_{h\to -0} \frac{h \cdot \tanh \frac{1}{h}}{h} = \lim_{h\to -0} \tanh \frac{1}{h} = -1; \qquad A_l \neq A_r;$$

f ist bei $x_1 = 0$ nicht differenzierbar; f besitzt dort einen linksseitigen und einen rechtsseitigen Ableitungswert (der Graph hat bei $x_1 = 0$ einen Knick).

Notwendigkeit der Stetigkeit

4. Die Funktion $f\colon x \mapsto y = f(x) = \arctan \frac{1}{x}$ hat bei $x_1 = 0$ eine Definitionslücke. Wegen

$$\lim_{x\to +0} \arctan \frac{1}{x} = \frac{\pi}{2} \quad \text{und} \quad \lim_{x\to -0} \arctan \frac{1}{x} = -\frac{\pi}{2}$$

ist f in $x_1 = 0$ nicht stetig fortsetzbar;

f kann bei $x_1 = 0$ nicht ableitbar sein.

Legt man $f(x_1) = -\frac{\pi}{2}$ fest, so existiert ein linksseitiger Ableitungswert $A_l = -1$, aber kein rechtsseitiger Ableitungswert.

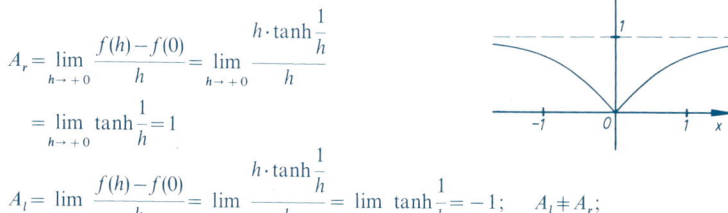

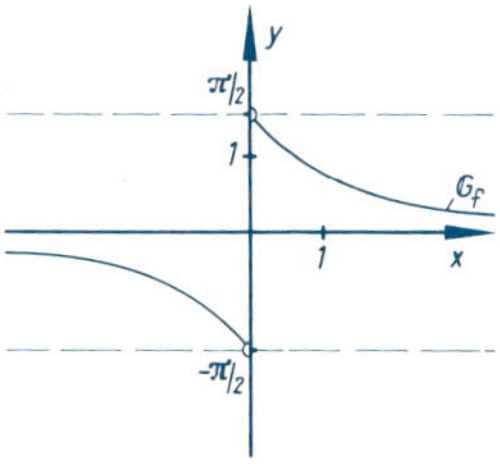

Legt man $f(x_1) = \frac{\pi}{2}$ fest, so existiert ein rechtsseitiger Ableitungswert $A_r = -1$, aber kein linksseitiger Ableitungswert.

Legt man für $f(x_1)$ einen Wert $\neq \pm \frac{\pi}{2}$ fest, so existieren weder A_r noch A_l.

Anwendung des 1. Mittelwertsatzes

5. Ist f in einem Intervall, das x_1 enthält, stetig und gilt $\lim_{x \to x_1} f'(x) = a$, dann ist f in x_1 ableitbar und es ist $f'(x_1) = a$.

Voraussetzung: f stetig in Intervall, das x_1 enthält.

$$\lim_{x \to x_1} f'(x) = a, \quad \text{d.h. } |f'(x_1 + h) - a| < \varepsilon, \text{ wenn } |h| < \delta(\varepsilon).$$

Behauptung:

$$a = \lim_{x \to x_1} \frac{f(x) - f(x_1)}{x - x_1}, \quad \text{d.h. } \left| \frac{f(x_1 + h) - f(x_1)}{h} - a \right| < \varepsilon,$$

wenn $|h|$ hinreichend klein ist.

Beweis: Wegen des 1. Mittelwertsatzes der Differentialrechnung (6.8.3, Seite 188) gibt es ein ϑ mit $0 < \vartheta < 1$, so daß

$$\frac{f(x_1 + h) - f(x_1)}{h} = f'(x_1 + \vartheta h);$$

also ist $\left| \frac{f(x_1 + h) - f(x_1)}{h} - a \right| = |f'(x_1 + \vartheta h) - a| < \varepsilon$ weil $|\vartheta h| < |h| < \delta(\varepsilon)$.

6.8.2 Ableitung(sfunktion)

Ist f in jedem Punkt x eines Intervalles nach 6.8.1 differenzierbar (in den Randpunkten einseitig ableitbar), dann heißt die Funktion $x \mapsto f'(x)$ Ableitung(sfunktion) von f.

Die Menge aller x, in denen f differenzierbar ist, heißt Ableitbarkeitsbereich $\mathbb{A}$. Randpunkte eines Intervalles sind Elemente von $\mathbb{A}$, falls f dort einseitig differenzierbar ist.

B

Zu 6.8.2:

Ableitbarkeitsbereich

1. Der Ableitbarkeitsbereich $\mathbb{A}$ der Funktion $f: x \mapsto y = f(x) = \sqrt{x}$ ist $\mathbb{R}^+$ (bei $x = 0$ ist f nicht ableitbar).

$$\lim_{h \to 0} \frac{\sqrt{x_1 + h} - \sqrt{x_1}}{h} = \lim_{h \to 0} \frac{(\sqrt{x_1 + h} - \sqrt{x_1})(\sqrt{x_1 + h} + \sqrt{x_1})}{h(\sqrt{x_1 + h} + \sqrt{x_1})}$$

$$= \lim_{h \to 0} \frac{x_1 + h - x_1}{h(\sqrt{x_1 + h} + \sqrt{x_1})}$$

$$= \lim_{h \to 0} \frac{1}{\sqrt{x_1 + h} + \sqrt{x_1}} = \frac{1}{2\sqrt{x_1}} \quad (x_1 \neq 0)$$

Untersuchung für $x_1 = 0$:

$\frac{\sqrt{0 + h} - \sqrt{0}}{h} = \frac{\sqrt{h}}{h} = \frac{1}{\sqrt{h}}$ ist in Umgebung von $h = 0$ unbeschränkt.

2. Der Ableitbarkeitsbereich $\mathbb{A}$ der Funktion $f\colon x \mapsto y = f(x) = \sqrt[3]{x}$ ist $\mathbb{R} \setminus \{0\}$.

$$\lim_{h \to 0} \frac{\sqrt[3]{x_1+h} - \sqrt[3]{x_1}}{h} = \lim_{h \to 0} \frac{[\sqrt[3]{x_1+h} - \sqrt[3]{x_1}]\,[\sqrt[3]{(x_1+h)^2} + \sqrt[3]{(x_1+h)\cdot x_1} + \sqrt[3]{x_1^2}]}{h[\sqrt[3]{(x_1+h)^2} + \sqrt[3]{(x_1+h)\,x_1} + \sqrt[3]{x_1^2}]}$$

$$= \lim_{h \to 0} \frac{1}{\sqrt[3]{(x_1+h)^2} + \sqrt[3]{(x_1+h)\,x_1} + \sqrt[3]{x_1^2}}$$

$$= \frac{1}{3 \cdot \sqrt[3]{x_1^2}} \qquad (x_1 \neq 0).$$

Untersuchung für $x_1 = 0$:

$$\frac{\sqrt[3]{0+h} - \sqrt[3]{0}}{h} = \frac{1}{\sqrt[3]{h^2}}$$ ist in Umgebung von $h=0$ unbeschränkt.

6.8.3 Sätze über ableitbare Funktionen

1. Ist f in x_1 differenzierbar, dann ist f in x_1 stetig. (Eine in x_1 stetige Funktion muß in x_1 jedoch nicht differenzierbar sein.)

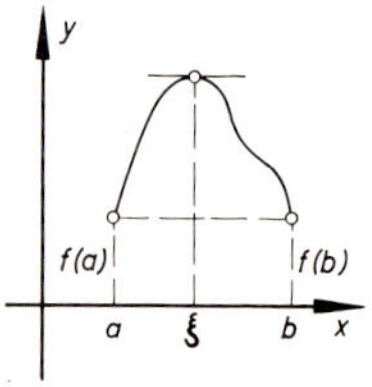

2. Ist f in $[a; b]$ stetig und in $(a; b)$ differenzierbar und ist $f(a) = f(b)$, so gibt es mindestens einen Wert $\xi \in (a; b)$ mit $f'(\xi) = 0$ (Satz von Rolle).

3. Ist f in $[a; b]$ stetig und in $(a; b)$ differenzierbar, so gibt es mindestens einen Wert $\xi \in (a; b)$ mit

$$f'(\xi) = \frac{f(b) - f(a)}{b - a}$$ (1. Mittelwertsatz der Differentialrechnung).

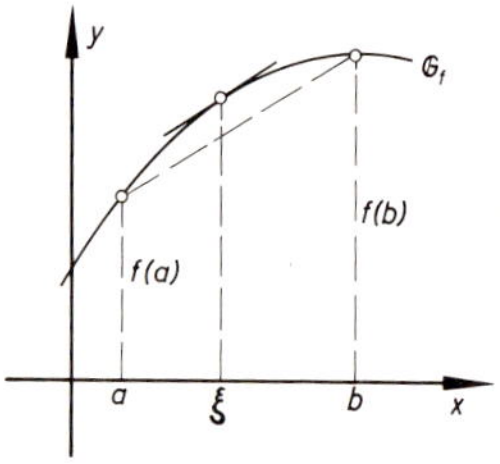

Andere Schreibweise:

$$f(x+h) = f(x) + hf'(x + \vartheta h) \quad \text{mit} \quad 0 < \vartheta < 1.$$

Geometrische Deutung:

Die Sekante durch die Punkte $P_1(a; f(a))$ und $P_2(b; f(b))$ läuft parallel zur Tangente im Punkt $P(\xi; f(\xi))$.

4. Sind f und g in $[a; b]$ stetig und in $(a; b)$ differenzierbar, so gibt es mindestens einen Wert $\xi \in (a; b)$ mit

$$f'(\xi) \cdot [g(b) - g(a)] = g'(\xi) \cdot [f(b) - f(a)].$$

Ist $g(b) - g(a) \neq 0$ und $g'(\xi) \neq 0$ so gilt

$$\frac{f(b) - f(a)}{g(b) - g(a)} = \frac{f'(\xi)}{g'(\xi)}$$ (2. Mittelwertsatz der Differentialrechnung).

Andere Schreibweise:

$$\frac{f(x+h)-f(x)}{g(x+h)-g(x)}=\frac{f'(x+\vartheta h)}{g'(x+\vartheta h)} \text{ mit } 0<\vartheta<1.$$

5. Ist f in $[a; b]$ differenzierbar, so ist f sicher dann in $[a; b]$ streng monoton $\begin{cases}\text{steigend,}\\ \text{fallend,}\end{cases}$

wenn $f'(x)\begin{cases}>0\\ <0\end{cases}$ für alle $x\in[a; b]$.

B

Zu 6.8.3:
Ableitung und Monotonie

1. Die Funktion $f: x\mapsto y=f(x)=x^3$ ist streng monoton steigend in $\mathbb{R}$, weil aus $x_1<x_2$ folgt $x_1^3<x_2^3$. Die Ableitungswerte $f'(x)=3x^2$ sind nicht durchwegs positiv ($f'(0)=0$).

   $f'(x)>0$ ist hinreichend, nicht notwendig für das streng monotone Steigen einer Funktion (!).

   $\frac{f(0,5)-f(-0,3)}{0,5-(-0,3)}=0,19$; der 1. Mittelwertsatz besagt, daß es zwischen $-0,3$ und $0,5$ ein ξ mit $f'(\xi)=3\xi^2=0,19$ geben muß: $\xi=0,252$. Andererseits muß es nicht zu jedem ξ ein a und b mit $f'(\xi)=\frac{f(b)-f(a)}{b-a}$ geben; z.B. ist $f'(0)=0$ und $\frac{f(b)-f(a)}{b-a}>0$.

6.8.4 Ableitungsregeln

6.8.4.1 Allgemeine Regeln

Falls die entsprechenden Ableitungswerte existieren, gilt:

1. $f: x\mapsto f(x)=c \quad \Rightarrow f'=0 \quad \Rightarrow f'(x)=0$

   $$\frac{d}{dx}c=0 \qquad (c \text{ Konstante})$$

2. $f: x\mapsto c\cdot g(x) \quad \Rightarrow f'=c\cdot g' \quad \Rightarrow f'(x)=c\cdot g'(x)$

   $$\frac{d}{dx}(c\,g(x))=c\frac{d}{dx}g(x) \qquad (c \text{ Konstante})$$

3. $f: x\mapsto u(x)\pm v(x) \quad \Rightarrow f'=u'\pm v' \quad \Rightarrow f'(x)=u'(x)\pm v'(x)$

   $$\frac{d}{dx}(u(x)\pm v(x))=\frac{d}{dx}u(x)\pm\frac{d}{dx}v(x)$$

   (Summenregel)

4. $f: x\mapsto u(x)\cdot v(x) \quad \Rightarrow f'=u'v+uv' \quad \Rightarrow f'(x)=u'(x)\cdot v(x)+u(x)\cdot v'(x)$

   $$\frac{d}{dx}(u(x)\cdot v(x))=v(x)\cdot\frac{d}{dx}u(x)+u(x)\cdot\frac{d}{dx}v(x)$$

   (Produktregel)

5. $f: x \mapsto \frac{u(x)}{v(x)} \quad \Rightarrow f' = \frac{u'v - uv'}{v^2} \quad \Rightarrow f'(x) = \frac{u'(x)\,v(x) - u(x)\,v'(x)}{v^2(x)}$

$$\frac{d}{dx}\left(\frac{u(x)}{v(x)}\right) = \frac{v(x)\cdot\frac{d}{dx}u(x) - u(x)\cdot\frac{d}{dx}v(x)}{v^2(x)}$$

(Quotientenregel für $v(x) \neq 0$)

6. $f: x \mapsto u(v(x)) \Rightarrow f' = (u' \circ v)\cdot v' \quad \Rightarrow f'(x) = u'(v(x))\cdot v'(x)$

$$\frac{d}{dx}(u(v(x))) = \frac{d}{dz}u(z)\cdot\frac{d}{dx}v(x); \quad z = v(x)$$

(Kettenregel)

7. $\overset{-1}{f}$ sei die Umkehrfunktion zu f, wobei f' keine Nullstelle hat.

$$\overset{-1}{f}: x \mapsto \overset{-1}{f}(x) \Rightarrow \overset{-1}{f}{}' = \frac{1}{f' \circ \overset{-1}{f}} \quad \Rightarrow \overset{-1}{f}{}'(x) = \frac{1}{f'(\overset{-1}{f}(x))}; \quad \frac{d}{dx}\overset{-1}{f}(x) = \frac{1}{\frac{d}{dz}f(z)}; \quad z = \overset{-1}{f}(x)$$

(Ableitung der Umkehrfunktion)

8. $f: x \mapsto [u(x)]^{v(x)} \quad \Rightarrow f'(x) = f(x)\cdot\left[v'(x)\cdot\ln u(x) + \frac{v(x)}{u(x)}\cdot u'(x)\right]$

$$\frac{d}{dx}[u(x)]^{v(x)} = [u(x)]^{v(x)}\cdot\left[\ln u(x)\cdot\frac{d}{dx}v(x) + \frac{v(x)}{u(x)}\cdot\frac{d}{dx}u(x)\right] \quad (u(x) > 0)$$

(Logarithmische Ableitung)

B

Zu 6.8.4.1:

Ableitung einer konstanten Funktion

1. $f: x \mapsto f(x) = y = 5; \quad f'(x) = 0.$

Ableitung bei multiplikativer Konstante

2. $f: x \mapsto f(x) = y = 5\sin x; \quad f'(x) = 5\cos x.$

Ableitung einer Summe

3. $f: x \mapsto f(x) = y = x + x^2; \quad f'(x) = \frac{d}{dx}(x + x^2) = \frac{d}{dx}x + \frac{d}{dx}x^2 = 1 + 2x.$

Produktregel

4. Es ist

$$(x\sin x)' = x\cdot\cos x + 1\cdot\sin x = x\cos x + \sin x.$$

Entsprechend ist

$$\frac{d}{dx}(e^x\cdot\ln x) = e^x\cdot\frac{1}{x} + e^x\ln x = e^x\left(\frac{1}{x} + \ln x\right).$$

Es ist

$$\frac{d}{dx}(x^2\cdot\sin x\cdot\ln x)=2x\cdot\sin x\cdot\ln x+x^2\cdot\cos x\cdot\ln x+x^2\sin x\cdot\frac{1}{x}$$

$$=x(2\sin x\ln x+x\cos x\ln x+\sin x).$$

Quotientenregel

5. Der Differentialquotient der Funktion $f\colon x\mapsto f(x)=y=\frac{x^2}{\sin x}=\frac{u(x)}{v(x)}$ wird

$$\frac{dy}{dx}=\frac{u'(x)\cdot v(x)-u(x)\cdot v'(x)}{v^2(x)}=\frac{2x\sin x-\cos x\cdot x^2}{\sin^2 x}.$$

Die Ableitung der Funktion $f\colon x\mapsto f(x)=y=\frac{x\cdot\ln x}{e^x\cdot\sin x}$ muß nach der Quotientenregel erfolgen, wobei Zähler- und Nennerfunktion selbst noch als Produkte nach der Produktregel zu differenzieren sind:

$$y'=\frac{1}{e^{2x}\sin^2 x}\left[e^x\cdot\sin x\cdot\left(x\cdot\frac{1}{x}+\ln x\right)-x\cdot\ln x\cdot(e^x\cos x+e^x\sin x)\right]$$

$$=\frac{1}{e^x\sin^2 x}[\sin x+\sin x\ln x-x\ln x(\cos x+\sin x)]$$

$$=\frac{1}{e^x\sin x}[1+\ln x(1-x-x\cot x)]$$

Kettenregel

6. Die Ableitung der Funktion $f\colon x\mapsto y=f(x)=u(v(x))=\sin 2x$ ist nach der Kettenregel zu ermitteln:

$$f'(x)=u'(v(x))\cdot v'(x)=\cos 2x\cdot 2,\text{ weil } z=v(x)=2x;\quad u(z)=\sin z.$$

Für die Funktion $f\colon x\mapsto y=f(x)=u(v(w(x)))=\sin^2 3x=(\sin 3x)^2$.gilt

$$z=w(x)=3x;\qquad z'=w'(x)=3;$$

$$s=v(z)=\sin z;\qquad s'=v'(z)=\cos z;$$

$$t=u(s)=s^2;\qquad t'=u'(s)=2s;$$

$$y'=f'(x)=u'(v(w(x)))\cdot v'(w(x))\cdot w'(x)$$

$$=2\cdot\sin(3x)\cdot\cos(3x)\cdot 3.$$

$$=6\sin 3x\cdot\cos 3x=3\sin 6x.$$

Entsprechend findet man für die Ableitung der Funktion

$$f\colon x\mapsto f(x)=y=\sin^2(2\sqrt{x^2-1})\text{ mit }\sqrt{x^2-1}=(x^2-1)^{\frac{1}{2}}:$$

$$f'(x)=y'=2\sin^1(2\sqrt{x^2-1})\cdot\cos(2\sqrt{x^2-1})\cdot 2\cdot\tfrac{1}{2}(x^2-1)^{-\frac{1}{2}}\cdot 2x$$

$$=\frac{4x\sin(2\sqrt{x^2-1})\cdot\cos(2\sqrt{x^2-1})}{\sqrt{x^2-1}}=\frac{2x\sin(4\sqrt{x^2-1})}{\sqrt{x^2-1}}$$

Hierbei wurde zunächst die Potenz, danach die sin-Funktion, danach die Wurzelfunktion und schließlich der Radikand differenziert.

Ableitung der Umkehrfunktion

7. Die Funktion $\overset{-1}{f}: x \mapsto \overset{-1}{f}(x) = \arcsin x$ ist die Umkehrfunktion der auf $-\frac{\pi}{2} \leqq x \leqq \frac{\pi}{2}$ eingeschränkten Funktion $f: x \mapsto f(x) = \sin x$. $\overset{-1}{f}$ ist im offenen Intervall $(-1; 1)$ differenzierbar:

$$\overset{-1}{f}{}'(x) = \frac{1}{\cos(\arcsin x)} = \frac{1}{\sqrt{1-\sin^2(\arcsin x)}} = \frac{1}{\sqrt{1-x^2}} \qquad (|x|<1).$$

Entsprechend findet man für die Ableitung der Funktion $\overset{-1}{f}: x \mapsto \overset{-1}{f}(x) = \operatorname{arcosh} x$:

$$\overset{-1}{f}{}'(x) = \frac{1}{\sinh(\operatorname{arcosh} x)} = \frac{1}{\sqrt{\cosh^2(\operatorname{arcosh} x)-1}} = \frac{1}{\sqrt{x^2-1}} \qquad (x>1).$$

$\mathbb{A} = \{x \mid x > 1\}$.

Gesucht ist die Ableitung von $f: x \mapsto f(x) = y = \arcsin \frac{x}{\sqrt{x^2+1}}$.

Es ist

$$f'(x) = \underbrace{\frac{1}{\sqrt{1-\left(\frac{x}{\sqrt{x^2+1}}\right)^2}}}_{\text{Ableitung von arcsin...}} \cdot \underbrace{\frac{1}{\sqrt{x^2+1}^2}\left\{\sqrt{x^2+1}\cdot 1 - x\cdot\frac{1}{2\sqrt{x^2+1}}\cdot 2x\right\}}_{\text{Ableitung von } \frac{x}{\sqrt{x^2+1}} \text{ nach der Quotientenregel}}$$

$$= \frac{\sqrt{x^2+1}}{\sqrt{x^2+1-x^2}} \cdot \frac{1}{\sqrt{x^2+1}^2} \cdot \frac{x^2+1-x^2}{\sqrt{x^2+1}} = \frac{1}{x^2+1}.$$

Logarithmische Ableitung

8. Gesucht ist die Ableitung von $y = x^{\sin x}$.

Es ist

$$\ln y = \sin x \cdot \ln x.$$

Dann liefert die Differentiation nach x

$$\frac{d}{dx}(\ln y) = \frac{d}{dy}(\ln y) \cdot \frac{dy}{dx} = \frac{d}{dx}(\sin x \cdot \ln x)$$

$$\frac{y'}{y} = \frac{\sin x}{x} + \ln x \cdot \cos x$$

$$y' = \frac{dy}{dx} = x^{\sin x}\left\{\frac{\sin x}{x} + \ln x \cdot \cos x\right\}.$$

Ebenso ergibt sich für $y = (\sin x)^{x^2}$:

$$y' = x(\sin x)^{x^2} \cdot (2\ln(\sin x) + x \cdot \cot x).$$

6.8.4.2 Besondere Formeln für Variablentransformation

1. Wird in $f\colon x \mapsto y = f(x)$ statt des Originals x ein anderes Original v durch $x = \varphi(v)$, $v = \overset{-1}{\varphi}(x)$ eingeführt, so gilt für die Ableitungen:

$$\frac{dy}{dv} = f'(\varphi(v))\cdot\varphi'(v) = f'(x)\cdot\varphi'(v) = \frac{dy}{dx}\cdot\frac{dx}{dv} \quad \text{(Kettenregel)}$$

Falls $\varphi'(v) \neq 0$:

$$\frac{dy}{dx} = f'(x) = \frac{dy}{dv}\cdot\frac{1}{\varphi'(v)} = \frac{dy}{dv}\cdot\overset{-1}{\varphi'}(x);$$

$$\frac{d^2y}{dx^2} = f''(x) = \frac{1}{\varphi'^3(v)}\left\{\varphi'(v)\cdot\frac{d^2y}{dv^2} - \varphi''(v)\cdot\frac{dy}{dv}\right\}; \quad \text{(höhere Ableitungen s. 6.8.6, Seite 197)}$$

$$\frac{d^3y}{dx^3} = f'''(x) = \frac{1}{\varphi'^5(v)}\left\{\varphi'^2(v)\cdot\frac{d^3y}{dv^3} - 3\varphi'(v)\cdot\varphi''(v)\cdot\frac{d^2y}{dv^2} + (3\varphi''^2(v) - \varphi'(v)\cdot\varphi'''(v))\cdot\frac{dy}{dv}\right\};$$

2. Wird in $f\colon x \mapsto y = f(x)$ statt des Bildes y ein anderes Bild u durch $y = \varphi(u)$, $u = \overset{-1}{\varphi}(y)$ eingeführt, so gilt für die Ableitungen:

$$\frac{dy}{dx} = f'(x) = \varphi'(u)\cdot\frac{du}{dx}$$

$$\frac{d^2y}{dx^2} = f''(x) = \varphi'(u)\cdot\frac{d^2u}{dx^2} + \varphi''(u)\cdot\left(\frac{du}{dx}\right)^2$$

$$\frac{d^3y}{dx^3} = f'''(x) = \varphi'(u)\frac{d^3u}{dx^3} + 3\varphi''(u)\cdot\frac{d^2u}{dx^2}\cdot\frac{du}{dx} + \varphi'''(u)\cdot\left(\frac{du}{dx}\right)^3$$

B

Zu 6.8.4.2:
Variablentransformation

1. Aus einem kegelförmigen Wasserbehälter (Füllvolumen V_0) fließt pro Sekunde q_0 aus. Gesucht ist die Sinkgeschwindigkeit des Wasserspiegels.

$$f\colon t \mapsto V = f(t) = V_0 - q_0 t \quad \text{(Zeit} \mapsto \text{Volumen)}$$

$$\varphi\colon h \mapsto V = \varphi(h) = \tfrac{1}{3} r_0^2 \pi h_0 \cdot \left(\frac{h}{h_0}\right)^3 \quad \text{(Höhe} \mapsto \text{Volumen)}$$

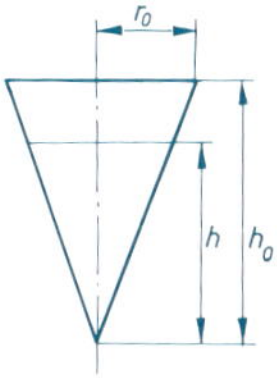

Es gilt:

$$\frac{dV}{dt} = \varphi'(h)\cdot\frac{dh}{dt}; \quad \frac{dh}{dt} = \frac{f'(t)}{\varphi'(h)} = \frac{-q_0}{\pi r_0^2}\cdot\frac{h_0^2}{h^2}.$$

Variablentransformation und Differential

2. Ein zylindrischer Öltank mit horizontaler Achse ist zu $p\,\%$ gefüllt. Wie ändert sich die Füllhöhe h, wenn sich der Prozentsatz um Δp ändert?

$$f\colon \alpha \mapsto f(\alpha) = h = r\left(1-\cos\frac{\alpha}{2}\right)$$

$$\varphi\colon p \mapsto \varphi(p) = \alpha\colon \ \alpha - \sin\alpha = \frac{p\pi}{50}$$

$$\overset{-1}{\varphi}\colon \alpha \mapsto \overset{-1}{\varphi}(\alpha) = p = \frac{50}{\pi}(\alpha - \sin\alpha)$$

Gesucht:

$$\Delta h \approx dh = \frac{dh}{dp}\cdot \Delta p \quad \text{(Differential, 6.8.5, Seite 196)}$$

$$\frac{dh}{dp} = f'(\alpha)\cdot \varphi'(p); \quad \varphi'(p) = \frac{1}{\overset{-1}{\varphi}{}'(\varphi(p))};$$

$$\frac{dh}{dp} = f'(\alpha)\cdot \frac{1}{\overset{-1}{\varphi}{}'(\alpha)} = r\cdot \sin\frac{\alpha}{2}\cdot\frac{1}{2}\cdot\frac{1}{\frac{50}{\pi}(1-\cos\alpha)}$$

$$\Delta h \approx \frac{r\pi}{100}\cdot \sin\frac{\alpha}{2}\cdot\frac{1}{1-\cos\alpha}\cdot \Delta p = \frac{r\pi}{200}\cdot\frac{\Delta p}{\sin\frac{\alpha}{2}} \qquad (a \neq 0;\ \neq 2\pi)$$

6.8.4.3 Höhere Ableitungen der Umkehrfunktion

Ist f umkehrbar, so gilt für die Umkehrfunktion $\overset{-1}{f}$, falls f' keine Nullstelle hat:

$$\overset{-1}{f}{}'(x) = \frac{1}{f'(\overset{-1}{f}(x))}$$

$$\overset{-1}{f}{}''(x) = -\frac{f''(\overset{-1}{f}(x))}{f'^3(\overset{-1}{f}(x))}$$

$$\overset{-1}{f}{}'''(x) = \frac{3f''^2(\overset{-1}{f}(x)) - f'(\overset{-1}{f}(x))\cdot f'''(\overset{-1}{f}(x))}{f'^5(\overset{-1}{f}(x))}$$

B

Zu 6.8.4.3:

2. Ableitung einer Umkehrfunktion

1. Die zweite Ableitung der Funktion $\overset{-1}{f}\colon x \mapsto \overset{-1}{f}(x) = \arctan x$ ist

$$\overset{-1}{f}{}''(x) = -\frac{-2\dfrac{-\sin(\arctan x)}{\cos^3(\arctan x)}}{\left(\dfrac{1}{\cos^2(\arctan x)}\right)^3} = -\frac{\cos^4(\arctan x)\cdot\sin(\arctan x)}{\cos(\arctan x)}$$

$$= -\tan(\arctan x)\cdot\frac{1}{[1+\tan^2(\arctan x)]^2} = \frac{-x}{(1+x^2)^2}.$$

6.8.4.4 Ableitung der elementaren Funktionen

Falls die Funktionen f definiert sind und die auftretenden Nenner $\neq 0$ sind, gilt:

$x \mapsto f(x) =$	$x \mapsto f'(x) =$	$x \mapsto f(x) =$	$x \mapsto f'(x) =$
$x^n \quad (n \in \mathbb{R})$	$n x^{n-1}$	$\frac{1}{\cos x}$	$\frac{\sin x}{\cos^2 x}$
$[g(x)]^n$	$n[g(x)]^{n-1} \cdot g'(x)$	$\sinh x$	$\cosh x$
(gültig für $n \in \mathbb{R}$; für $n \notin \mathbb{N}^*$ beachte man 1.2.5, Seite 11; 1.2.6, Seite 12)		$\cosh x$	$\sinh x$
		$\tanh x$	$\frac{1}{\cosh^2 x}$
$\sqrt{x}$	$\frac{1}{2\sqrt{x}}$	$\coth x$	$-\frac{1}{\sinh^2 x}$
$\frac{1}{x}$	$-\frac{1}{x^2}$	$\arcsin x$	$\frac{1}{\sqrt{1-x^2}}$
$\sqrt{a^2+x^2}$	$\frac{x}{\sqrt{a^2+x^2}}$	$\arccos x$	$-\frac{1}{\sqrt{1-x^2}}$
$e^{nx} \quad (n \in \mathbb{R})$	$n e^{nx}$		
$a^{nx} \quad (n \in \mathbb{R},\ a > 0)$	$n a^{nx} \cdot \ln a$	$\arctan x$	$\frac{1}{1+x^2}$
$\ln x$	$\frac{1}{x}$	$\operatorname{arccot} x$	$-\frac{1}{1+x^2}$
$\ln \lvert x \rvert$	$\frac{1}{x}$	$\arcsin \frac{x}{a} \quad (a > 0)$	$\frac{1}{\sqrt{a^2-x^2}}$
${}_a\log \lvert x \rvert \quad (a \in \mathbb{R}^+,\ a \neq 1)$	$\frac{1}{x \ln a}$	$\arccos \frac{x}{a} \quad (a > 0)$	$-\frac{1}{\sqrt{a^2-x^2}}$
$\ln \lvert \sin x \rvert$	$\cot x$	$\arctan \frac{x}{a}$	$\frac{a}{a^2+x^2}$
$\ln \lvert \cos x \rvert$	$-\tan x$		
$\ln \lvert \tan x \rvert$	$\frac{2}{\sin 2x}$	$\operatorname{arccot} \frac{x}{a}$	$-\frac{a}{a^2+x^2}$
$\ln \lvert \cot x \rvert$	$-\frac{2}{\sin 2x}$	$\operatorname{arsinh} x$	$\frac{1}{\sqrt{x^2+1}}$
$\sin x$	$\cos x$		
$\cos x$	$-\sin x$	$\operatorname{arcosh} x$	$\frac{1}{\sqrt{x^2-1}} \quad (x > 1)$
$\tan x$	$\frac{1}{\cos^2 x}$	$\operatorname{arcosh} \lvert x \rvert$	$\frac{\operatorname{sgn} x}{\sqrt{x^2-1}} \quad (\lvert x \rvert > 1)$
$\cot x$	$-\frac{1}{\sin^2 x}$	$\operatorname{artanh} x$	$\frac{1}{1-x^2} \quad (\lvert x \rvert < 1)$
$\frac{1}{\sin x}$	$-\frac{\cos x}{\sin^2 x}$	$\operatorname{arcoth} x$	$\frac{1}{1-x^2} \quad (\lvert x \rvert > 1)$

6.8.5 Differential

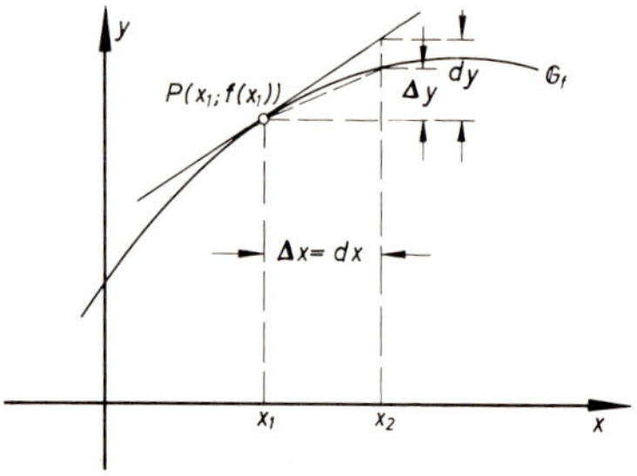

Aus $f'(x_1)=\lim\limits_{x_2\to x_1}\dfrac{f(x_2)-f(x_1)}{x_2-x_1}$ folgt für hinreichend kleinen Wert von $|x_2-x_1|=|\Delta x|=|h|$:

$$f'(x_1)\approx\frac{f(x_2)-f(x_1)}{x_2-x_1} \quad \text{oder}$$

$$f(x_2)-f(x_1)=\Delta f=\Delta y \approx f'(x_1)\cdot(x_2-x_1)$$

$f'(x_1)\cdot(x_2-x_1)$ wird als Differential dy oder $df(x_1, dx)$ bezeichnet ($dy=df(x_1, dx)=f'(x_1)\cdot dx$).

Geometrisch stellt das Differential die Änderung des y-(Ordinaten-)Wertes auf der Tangente dar, wenn sich der x-(Abszissen-)Wert von x_1 auf x_2 ändert. Es ist $\Delta x=x_2-x_1=dx$.

Manchmal wird gesagt, $x_2-x_1=\Delta x$ und das Differential df seien unendlich klein; in der Mathematik gibt es keine unendlich kleine Zahlen (1.1.1, Seite 2). Die Sprechweise bedeutet:
Je kleiner $|\Delta x|=|dx|$ ist, desto kleiner ist der Fehler bei der Ersetzung von $f(x_2)-f(x_1)=\Delta f$ durch das Differential $df=f'(x_1)\cdot(x_2-x_1)=f'(x_1)\cdot dx$.

B

Zu 6.8.5:
Differential

1. Wie groß ist die Schwankung des Volumens einer Kugel, wenn der Radius $r_0=3{,}2\,\text{cm}$ um $\pm 0{,}05\,\text{cm}$ schwankt?

$$v\colon r\mapsto V=v(r)=\tfrac{4}{3}r^3\pi;$$
$$v'(r)=4r^2\pi;$$
$$\Delta V\approx 4\pi\cdot 3{,}2^2\cdot(\pm 0{,}05)\approx \pm 6{,}4\,\text{cm}^3.$$

Differential bei impliziter Angabe der Funktion

2. Um wieviel ändert sich bei einem zylindrischen schwimmenden Baumstamm ($\varnothing=0{,}3\,\text{m}$) die Einsinktiefe, wenn sich infolge von Wasseraufnahme das spezifische Gewicht γ_H des Holzes um $\Delta\gamma_H=0{,}02\cdot 10^4\,\text{N/m}^3$ ändert (vgl. Beispiel 5 zu 3.2.2.1, Seite 87).

$$\varphi-\sin\varphi=\frac{2\pi\gamma_H}{\gamma_w};\qquad \varphi=f(\gamma_H);$$

$$(1-\cos\varphi)\underbrace{f'(\gamma_H)\cdot\Delta\gamma_H}_{\approx\Delta\varphi}=\frac{2\pi}{\gamma_w}\Delta\gamma_H;$$

$$\Delta\varphi\approx\frac{2\pi}{\gamma_w}\cdot\Delta\gamma_H\cdot\frac{1}{1-\cos\varphi}=\frac{2\pi}{10^4}\cdot 0{,}02\cdot 10^4\cdot\frac{1}{1-\cos 3{,}79}\approx 0{,}07;$$

$$h=r\left(1-\cos\frac{\varphi}{2}\right);\qquad \Delta h\approx dh=r\cdot\sin\frac{\varphi}{2}\cdot\frac{1}{2}\cdot\Delta\varphi\approx 0{,}005\ \text{m}.$$

6.8.6 Ableitungen und Differentiale höherer Ordnung

Höhere Ableitung

Ist die Ableitung f' einer differenzierbaren Funktion f nochmals differenzierbar, so nennt man

$$f''(x)=\frac{d}{dx}\left(\frac{df(x)}{dx}\right)=\frac{d^2 f(x)}{dx^2} \qquad \text{2. Ableitung}$$

$$f'''(x)=\frac{d}{dx}\left(\frac{d^2 f(x)}{dx^2}\right)=\frac{d^3 f(x)}{dx^3} \qquad \text{3. Ableitung}$$

$$f^{(n)}(x)=\frac{d^n f(x)}{dx^n} \qquad n.\ \text{Ableitung}$$

Spezielle Ableitungen

Das Bilden der n. Ableitung folgt im allgemeinen keinem einfachen Rechengesetz. Ausnahmen sind die folgenden Formeln:

$$(x^m)^{(n)}=m(m-1)(m-2)\dots(m-n+1)\,x^{m-n}=\binom{m}{n}\,n!\,x^{m-n}$$

$$(e^x)^{(n)}=e^x; \qquad (e^{ax})^{(n)}=a^n\,e^{ax}$$

$$(\ln x)^{(n)}=(-1)^{n-1}(n-1)!\,\frac{1}{x^n}$$

$$(\sin x)^{(n)}=\sin\left(x+\frac{n\pi}{2}\right); \qquad (\cos x)^{(n)}=\cos\left(x+\frac{n\pi}{2}\right)$$

$$(\sinh x)^{(n)}=\begin{cases}\cosh x & n \text{ ungerade}\\ \sinh x & n \text{ gerade}\end{cases}$$

$$(\cosh x)^{(n)}=\begin{cases}\sinh x & n \text{ ungerade}\\ \cosh x & n \text{ gerade.}\end{cases}$$

Für die n. Ableitung eines Produktes $y=u(x)\,v(x)$ gilt

$$(u\,v)^{(n)}=u^{(n)}\,v+\binom{n}{1}u^{(n-1)}\,v'+\binom{n}{2}u^{(n-2)}\,v''+\dots+\binom{n}{n-1}u'\,v^{(n-1)}+u\,v^{(n)}=[u+v]^{(n)}.$$

Hierbei bedeutet die letzte Schreibweise, daß $(u+v)$ wie ein Binom (1.3.4, Seite 22) zu entwickeln ist, wobei die Hochzahlen als Ordnung der Ableitung aufzufassen sind.

Höheres Differential

Unter dem 2. Differential einer Funktion f versteht man das Differential des ersten Differentials $dy=f'(x)\,dx$ und schreibt

$$d^2 y=d(dy)=d(f'(x)\,dx)=d^2 f(x)=f''(x)(dx)^2: \quad \text{Differential 2. Ordnung}$$

Entsprechend werden die Differentiale höherer Ordnung gebildet

$$d^3 y=d(d^2 y)=d^3 f(x)=f'''(x)\,dx^3: \quad \text{Differential 3. Ordnung}$$

$$d^n y=d(d^{n-1} y)=d^n f(x)=f^{(n)}(x)\,dx^n: \quad \text{Differential } n. \text{ Ordnung}$$

Zu 6.8.6:
Höhere Ableitungen und Differentiale

1. Die Funktion $f\colon x \mapsto f(x) = y = x^n$ besitzt die

erste Ableitung $y' = n\,x^{n-1}$
zweite Ableitung $y'' = n(n-1)\,x^{n-2}$
n. Ableitung $y^{(n)} = n(n-1)(n-2)\dots 2\cdot 1 = n!$
alle höheren Ableitungen $y^{(n+1)} = 0.$

Für die Differentiale dieser Funktion gilt

$$\begin{aligned} d(x^n) &= n\,x^{n-1}\,dx \\ d^2(x^n) &= n(n-1)\,x^{n-2}\,dx^2 \\ d^n(x^n) &= n(n-1)(n-2)\cdot\ldots\cdot 2\cdot 1\,dx^n \\ d^{n+1}(x^n) &= 0. \end{aligned}$$

4. Ableitung eines Produkts

2. Gesucht ist die 4. Ableitung der Funktion $f\colon x \mapsto f(x) = y = x^2 \sin x$. Nach der Produktregel findet man mit

$$\begin{aligned} u(x) &= x^2 & v(x) &= \sin x \\ u'(x) &= 2x & v'(x) &= \cos x \\ u''(x) &= 2 & v''(x) &= -\sin x \\ u^{(3)}(x) &= u^{(4)} = 0 & v^{(3)}(x) &= -\cos x \\ & & v^{(4)}(x) &= \sin x \end{aligned}$$

$$\begin{aligned} (x^2 \sin x)^{(4)} &= u^{(4)}(x)\cdot v(x) + \binom{4}{1} u^{(3)}(x)\cdot v'(x) + \binom{4}{2} u''(x)\cdot v''(x) \\ &\quad + \binom{4}{3} u'(x)\cdot v^{(3)}(x) + \binom{4}{4} u(x)\,v^{(4)}(x) \\ &= 0 + 0 + \frac{4\cdot 3}{1\cdot 2}\cdot 2\cdot(-\sin x) + \frac{4\cdot 3\cdot 2}{1\cdot 2\cdot 3}\cdot 2x\cdot(-\cos x) + 1\cdot x^2\cdot \sin x \\ &= -12\sin x - 8x\cos x + x^2 \sin x. \end{aligned}$$

6.8.7 Taylorformel, Mac-Laurin-Formel

Taylorformel:

$$\begin{aligned} f(x_0 + dx) &= f(x_0) + df + \frac{1}{2!} d^2 f + \ldots + \frac{1}{n!} d^n f + R_n \\ &= f(x_0) + f'(x_0)\,dx + \frac{1}{2!} f''(x_0)\,dx^2 + \ldots + \frac{1}{n!} f^{(n)}(x_0)\,dx^n + R_n; \end{aligned}$$

$$f(x) = f(x_0) + f'(x_0)\cdot(x - x_0) + \ldots + \frac{1}{n!} f^{(n)}(x_0)\,(x - x_0)^n + R_n;$$

$$\begin{aligned} R_n &= \frac{f^{(n+1)}(x_0 + \vartheta\,dx)}{(n+1)!}\,dx^{n+1} = \frac{f^{(n+1)}(x_0 + \vartheta(x - x_0))}{(n+1)!}(x - x_0)^{n+1} \qquad (0 < \vartheta < 1) \\ &= \frac{1}{n!}\int_{x_0}^{x} (x - t)^n f^{(n+1)}(t)\,dt \end{aligned}$$

Mac-Laurin-Formel:

$$f(x)=f(0)+f'(0)\cdot x+\ldots+\frac{1}{n!}f^{(n)}(0)\cdot x^n+R_n$$

$$R_n=\frac{f^{(n+1)}(\vartheta x)}{(n+1)!}x^{n+1} \qquad (0<\vartheta<1)$$

$$=\frac{1}{n!}\int_0^x (x-t)^n f^{(n+1)}(t)\,dt$$

B

Zu 6.8.7:

Annäherung durch Polynom 2. Grades, Fehlerschätzung

1. Die Funktion $f\colon x\mapsto f(x)=e^x$ ist an der Stelle $x_0=1$ durch eine ganze rationale Funktion 2. Grades anzunähern.

   Es ist

$$\begin{aligned} f(x)&=e^x & f(1)&=e\\ f'(x)&=e^x & f'(1)&=e\\ f''(x)&=e^x & f''(1)&=e\\ f'''(x)&=e^x & f'''(1)&=e. \end{aligned}$$

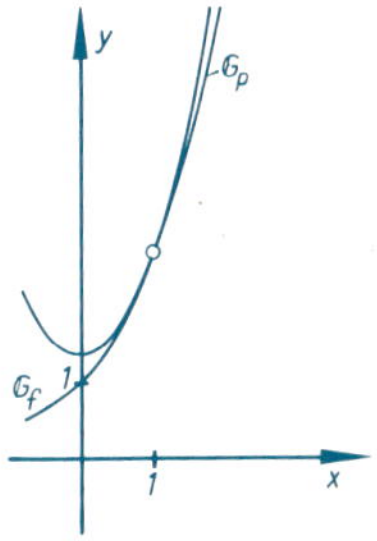

   Gesuchte Annäherungsfunktion:

$$f(x)\approx p(x)=e+e\frac{x-1}{1!}+e\frac{(x-1)^2}{2!}$$

$$=\frac{e}{2}(1+x^2)\approx 1{,}359\,(1+x^2).$$

   Fehlerschätzung:

$$R_2=\frac{f'''(1+\vartheta(x-1))}{3!}(x-1)^3;$$

   für $0\leqq x\leqq 2$ ist daher der Fehler R_2 nicht größer als $\frac{f'''(2)}{6}\cdot 1^3<1{,}3.$

   Will man sichergehen, daß der Fehler den Wert 0,1 nicht überschreitet, muß die Ungleichung $\frac{e^{(1+\vartheta h)}}{3!}h^3<0{,}1$ erfüllt sein; durch Probieren findet man $h\leqq 0{,}5$, d.h. $0{,}5\leqq x\leqq 1{,}5$.

Annäherung bei gegebenem Höchstfehler

2. Die Funktion $f\colon x\mapsto f(x)=\cos(\omega x+\varphi)$ ist an der Stelle $x_0=0$ durch ein Mac-Laurin-Polynom n-ten Grades anzunähern.

   Bildet man die Ableitungen, so erhält man

$$\begin{aligned} f(x)&=\cos(\omega x+\varphi) & f(0)&=\cos\varphi\\ f'(x)&=-\omega\sin(\omega x+\varphi) & f'(0)&=-\omega\sin\varphi\\ f''(x)&=-\omega^2\cos(\omega x+\varphi) & f''(0)&=-\omega^2\cos\varphi\\ f'''(x)&=+\omega^3\sin(\omega x+\varphi) & f'''(0)&=\omega^3\sin\varphi \quad \text{usw.} \end{aligned}$$

Das Mac-Laurin-Polynom p_n an der Stelle $x_0=0$ lautet daher

$$\cos(\omega x+\varphi)\approx p_n(x)=\cos\varphi-\omega\sin\varphi\frac{x}{1!}-\omega^2\cos\varphi\frac{x^2}{2!}+\omega^3\sin\varphi\frac{x^3}{3!}$$

$$+\omega^4\cos\varphi\frac{x^4}{4!}-\ldots+(-1)^{\mathrm{int}\frac{n+1}{2}}\cdot\frac{\omega^n x^n}{n!}\cdot\begin{cases}\cos\varphi & (n \text{ gerade})\\ \sin\varphi & (n \text{ ungerade})\end{cases}$$

Für das Restglied (Fehler) gilt:

$$|R_n|=\left|\frac{\omega^{n+1}\sin(\omega\vartheta x+\varphi)}{(n+1)!}\cdot x^{n+1}\right|\leqq\frac{|\omega x|^{n+1}}{(n+1)!}$$

bzw.

$$|R_n|=\left|\frac{\omega^{n+1}\cdot\cos(\omega\vartheta x+\varphi)}{(n+1)!}\cdot x^{n+1}\right|\leqq\frac{|\omega x|^{n+1}}{(n+1)!}.$$

Soll die Annäherung in einer Periode um $x_0=0$, d.h. für $|\omega x|\leqq\pi$ auf $\pm 0{,}01$ richtig sein, muß gelten

$$\frac{|\omega x|^{n+1}}{(n+1)!}\leqq\frac{\pi^{n+1}}{(n+1)!}<0{,}01.$$

Man findet $n+1\geqq 11$; $n\geqq 10$.

6.8.8 Anwendungen

6.8.8.1 Funktionsdiskussion

f sei in einem Intervall differenzierbar; dann gilt:

1. f ist in dem Intervall genau dann streng monoton steigend, wenn $f'(x)>0$ ist mit Ausnahme von isolierten Punkten, in denen $f'(x)=0$ sein kann.
2. f ist in dem Intervall genau dann streng monoton fallend, wenn $f'(x)<0$ ist mit Ausnahme von isolierten Punkten, in denen $f'(x)=0$ sein kann.
3. f hat in x_0 genau dann ein relatives inneres Extremum, wenn f' in x_0 eine Nullstelle mit Vorzeichenwechsel hat. (Erfolgt der Vorzeichenwechsel von $-$ nach $+$, liegt ein relatives inneres Minimum vor; erfolgt der Vorzeichenwechsel von $+$ nach $-$, liegt ein relatives inneres Maximum vor; hinreichend für den ersten Fall ist $f''(x_0)>0$, für den zweiten Fall $f''(x_0)<0$.)

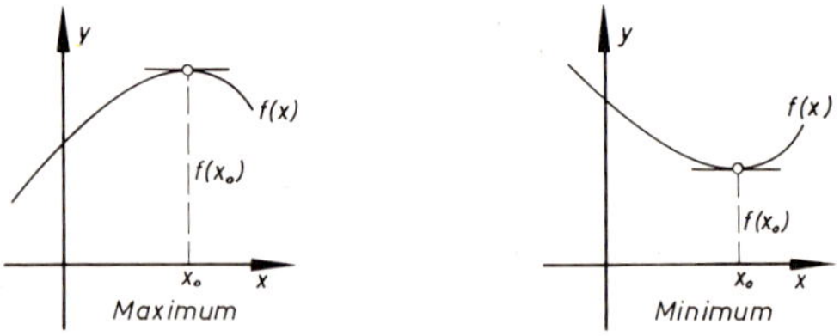

4. Hat die zweite Ableitung f'' an der Stelle x_0 eine Nullstelle mit Vorzeichenwechsel, so heißt der Punkt $(x_0; f(x_0))$ des Graphen Wendepunkt. Im Wendepunkt hat die Steigung der Tangente (Wendetangente) ein Extremum.

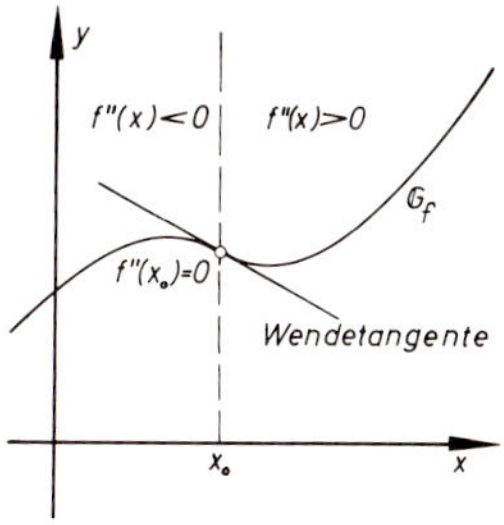

5. Ist f in der Umgebung der Stelle x_0 n-mal ($n \geqq 2$) differenzierbar, und ist

$$f(x_0) = f'(x_0) = \ldots = f^{(n-1)}(x_0) = 0 \quad \text{aber}$$
$$f^{(n)}(x_0) \neq 0,$$

so hat der Graph an der Stelle x_0 für

gerade n:	Extremum $(n-1)$-ter Ordnung	$f^{(n)}(x_0) < 0$ $f^{(n)}(x_0) > 0$	Maximum Minimum
ungerade n:	Wendepunkt mit horizontaler Tangente (Terrassenpunkt)	$f^{(n)}(x_0) < 0$ $f^{(n)}(x_0) > 0$	fallende Kurve steigende Kurve.

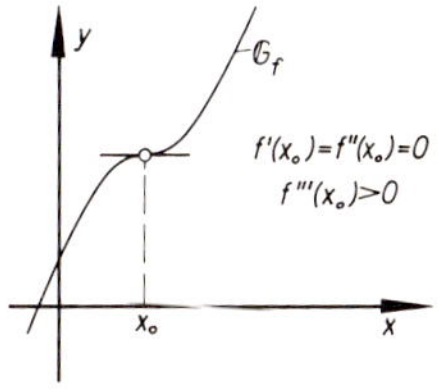

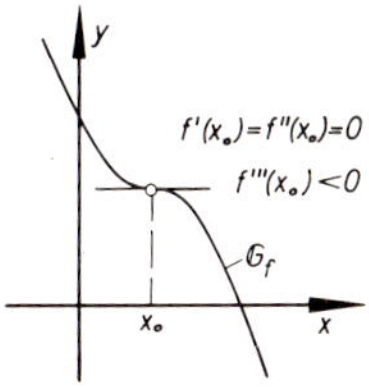

B

Zu 6.8.8.1.

Relative innere Extrema, Wendepunkt

1. Vom Graph der Funktion $f: x \mapsto f(x) = y = x - x^3$ sind Maximum, Minimum und Wendetangenten zu bestimmen.

Die Funktion hat die Ableitungen

$$f'(x) = 1 - 3x^2; \quad f''(x) = -6x.$$

Maximum und Minimum folgen aus der Bedingung

$$f'(x) = 1 - 3x^2 = 0; \quad x^2 = \frac{1}{3}, \; x_1 = +\frac{1}{\sqrt{3}}, \; x_2 = -\frac{1}{\sqrt{3}}.$$

$x_1 = \frac{1}{\sqrt{3}}$ liefert für die zweite Ableitung den Wert $f''\left(\frac{1}{\sqrt{3}}\right) = -\frac{6}{\sqrt{3}}$, die zweite Ableitung ist negativ, d.h. zu $x_1 = \frac{1}{\sqrt{3}}$ gehört ein Maximum.

$x_2 = -\frac{1}{\sqrt{3}}$ liefert für die zweite Ableitung den Wert $f''\left(-\frac{1}{\sqrt{3}}\right) = \frac{6}{\sqrt{3}}$, die zweite Ableitung ist positiv, d.h. zu $x_2 = -\frac{1}{\sqrt{3}}$ gehört ein Minimum.

Der Wendepunkt folgt aus der Bedingung

$$f''(x) = -6x = 0, \qquad x = 0.$$

Die Steigung der Wendetangente ergibt sich durch Einsetzen von $x=0$ in $f'(x)=1-3x^2$ zu $f'(0)=1$. Die Wendetangente bildet mit der positiven Richtung der x-Achse einen Winkel von 45°.

Extrema höherer Ordnung

2. Welche Eigenschaften hat die Funktion $f\colon x \mapsto y = f(x) = (1-x)^4$ an der Stelle $x_0 = 1$?

Es ist

$$\begin{array}{ll} f(x) = (1-x)^4 & f(1) = 0 \\ f'(x) = -4(1-x)^3 & f'(1) = 0 \\ f''(x) = 12(1-x)^2 & f''(1) = 0 \\ f^{(3)}(x) = -24(1-x) & f^{(3)}(1) = 0 \\ f^{(4)}(x) = 24 & f^{(4)}(1) = 24. \end{array}$$

Der Grad der ersten nicht verschwindenden Ableitung ist $n=4$. Da n gerade und $f^{(4)}(1) > 0$ ist, liegt an der Stelle $x_0 = 1$ ein Minimum vor.

Maximales Widerstandsmoment

3. Aus einem Balken von kreisrundem Querschnitt mit dem Radius R ist ein Balken mit rechteckigem Querschnitt so auszuschneiden, daß das Widerstandsmoment für den Querschnitt ein Maximum wird. Wie breit und hoch wird der neue Balken?

Das Widerstandsmoment ist gegeben durch die Formel

$$W = \frac{b\,h^2}{6}.$$

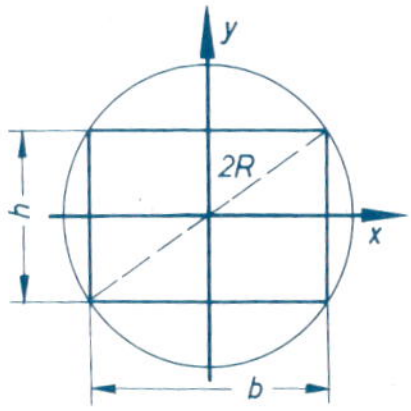

Aus dieser Funktion in den zwei Veränderlichen b und h ist durch Einführung einer sog. Nebenbedingung, einer Beziehung zwischen b und h, eine Funktion von einer Veränderlichen zu machen.

Für b und h gilt die Nebenbedingung

$$b^2 + h^2 = 4R^2; \qquad h^2 = 4R^2 - b^2,$$

so daß sich W als Funktion von b darstellt in der Form

$$W = \frac{b(4R^2 - b^2)}{6} = \frac{2}{3} b R^2 - \frac{b^3}{6}.$$

Der Differentialquotient lautet dann

$$\frac{dW}{db} = \frac{2}{3} R^2 - \frac{b^2}{2}.$$

Man hält daher als Bestimmungsgleichung für b

$$0 = \frac{2}{3} R^2 - \frac{b^2}{2}$$

woraus $b=\frac{2}{\sqrt{3}}R\approx 1{,}155\,R$ und

$$h=\sqrt{4R^2-b^2}=\sqrt{\frac{8}{3}}R\approx 1{,}633\,R$$

folgt. Das maximale Widerstandsmoment ist also

$$W=\frac{1}{6}\cdot\frac{2}{\sqrt{3}}R\cdot\frac{8}{3}R^2=\frac{8}{27}R^3\cdot\sqrt{3}\approx 0{,}5113\,R^3.$$

Funktionsdiskussion

4. Die Funktion $f\colon x\mapsto f(x)=y=\arctan\frac{x}{x-1}$ ist zu untersuchen.

Definitionsbereich: Die Funktion ist für alle $x\neq 1$ definiert, also $\mathbb{D}=\mathbb{R}\setminus\{1\}$.

Nullstellen: $y=0$ liefert $\frac{x}{x-1}=0$, also $x=0$.

Stetigkeitsbereich $\mathbb{S}$: f ist eine Verkettung von stetigen Funktionen; $\mathbb{S}=\mathbb{D}$.
f kann in $x=1$ nicht stetig fortgesetzt werden

$$\lim_{x\to 1+0} f(x)=\lim_{h\to +0}\left(\arctan\frac{1+h}{h}\right)=\frac{\pi}{2};$$

$$\lim_{x\to 1-0} f(x)=\lim_{h\to -0}\left(\arctan\frac{1+h}{h}\right)=-\frac{\pi}{2};$$

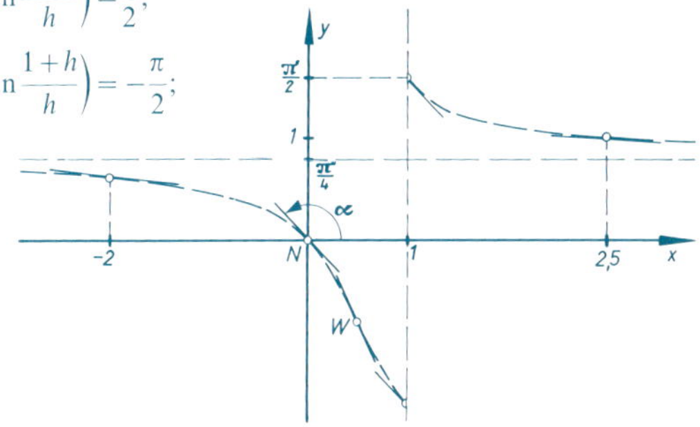

Asymptotisches Verhalten:

$$\lim_{x\to +\infty}\arctan\frac{x}{x-1}=\lim_{x\to +\infty}\arctan\frac{1}{1-\frac{1}{x}}=\frac{\pi}{4};$$

$$\lim_{x\to -\infty}\arctan\frac{x}{x-1}=\lim_{x\to -\infty}\arctan\frac{1}{1-\frac{1}{x}}=\frac{\pi}{4}.$$

Die waagrechte Gerade mit der Gleichung $y=\frac{\pi}{4}$ ist Asymptote an $\mathbb{G}_f$.

Ableitungen: Es ist

$$f'(x)=\frac{1}{1+\left(\frac{x}{x-1}\right)^2}\cdot\frac{1}{(x-1)^2}[(x-1)\cdot 1-x\cdot 1]=\frac{-1}{2x^2-2x+1}$$

Ableitbarkeitsbereich $\mathbb{A}=\mathbb{D}$, weil f' in $\mathbb{D}$ keine Definitionslücken hat.

$$f''(x)=\frac{1}{(2x^2-2x+1)^2}(4x-2).$$

Steigung in der Nullstelle: $f'(0)=-1$; $\alpha=135°$.

Extremwerte: Die Gleichung $f'(x)=0$ hat keine Lösung. Extremwerte sind nicht vorhanden.

Wendepunkte: $f''(x)=0$ liefert $4x-2=0$, also $x=\frac{1}{2}$,

$$f(\tfrac{1}{2})=\arctan(-1)=-\frac{\pi}{4}$$

Steigung der Wendetangente: $f'(\frac{1}{2})=-2$.

Kurvendiskussion

5. Die durch $T(x,y)=y^2-x^2(9-x^2)=0$ gegebene Kurve ist zu diskutieren.

$y^2=x^2(9-x^2)$; da $y^2\geqq 0$ und $x^2\geqq 0$ ist, muß $9-x^2\geqq 0$ sein; $|x|\leqq 3$.

$y=\pm x\sqrt{9-x^2}$; die Kurve liegt spiegelbildlich zur x-Achse; für die Untersuchung genügt $y=x\sqrt{9-x^2}=f(x)$.

Allgemeine Eigenschaften von f:

$\mathbb{D}$: $-3\leqq x\leqq 3$; $f(-x)=-x\cdot\sqrt{9-(-x)^2}=-f(x)$; f ist ungerade, $\mathbb{G}_f$ liegt punktsymmetrisch zum Ursprung.

Stetigkeitsbereich $\mathbb{S}$: Als Produkt von in $\mathbb{D}$ stetigen Funktionen ist f in $\mathbb{D}$ stetig.

Nullstellen: $f(x)=x\cdot\sqrt{9-x^2}=0$ liefert $x=0$ und $x=\pm 3$.

Asymptotisches Verhalten: Entfällt, da weder x noch $f(x)$ unbeschränkt sind.

Ableitungen:

$$f'(x)=\sqrt{9-x^2}+x\cdot\frac{1}{2\sqrt{9-x^2}}\cdot(-2x)=\frac{9-2x^2}{\sqrt{9-x^2}} \qquad (x\neq\pm 3)$$

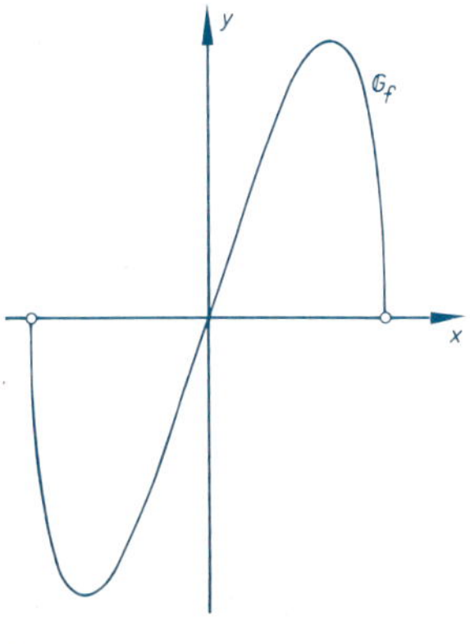

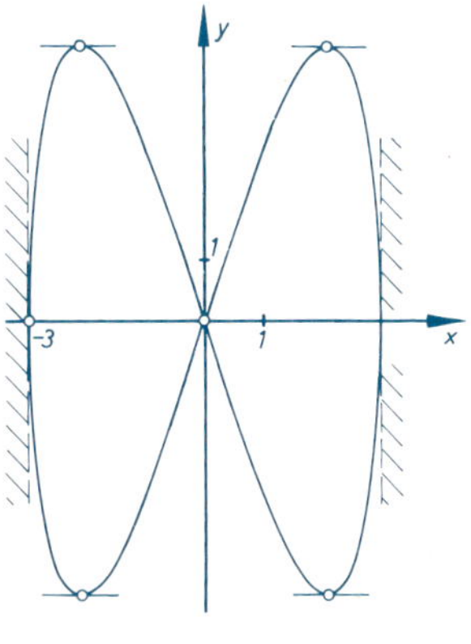

Ableitbarkeitsbereich: $\mathbb{A}=\mathbb{D}\setminus\{\pm 3\}$

Extrema: $f'(x)=0$ liefert $2x^2=9$; $x=\pm\frac{3}{2}\sqrt{2}$; $f(x)=\pm\frac{9}{2}$; $f''(x)=\mp 4$

Wendepunkte:

$$f''(x)=\frac{1}{9-x^2}\left[\sqrt{9-x^2}\cdot(-4x)-(9-2x^2)\cdot\frac{-2x}{2\sqrt{9-x^2}}\right]=\frac{x(2x^2-27)}{\sqrt{9-x^2}^3};$$

$$f''(x)=0 \quad \text{liefert } x=0 \quad \left[\text{und} \quad x=\pm\sqrt{\frac{27}{2}}\notin\mathbb{D}\right].$$

6.8.8.2 Grenzwertbestimmung nach Bernoulli-L'Hospital

Fall 1. Haben zwei Funktionen u und v bei $x=a$ beide eine Nullstelle oder beide eine Unbeschränktheitsstelle, so ist $\frac{u(x)}{v(x)}$ bei a nicht definiert. Jedoch kann unter Umständen der Grenzwert $\lim\limits_{x\to a}\frac{u(x)}{v(x)}$ existieren. (Formales Einsetzen würde die sinnlosen Ausdrücke $\frac{0}{0}$ bzw. $\frac{\infty}{\infty}$ liefern.)

Fall 2. Hat u bei $x=a$ eine Nullstelle und v bei $x=a$ eine Unbeschränktheitsstelle, so ist $u(x)\cdot v(x)$ bei a nicht definiert. Jedoch kann unter Umständen der Grenzwert $\lim\limits_{x\to a} u(x)\cdot v(x)$ existieren. (Formales Einsetzen würde den sinnlosen Ausdruck $0\cdot\infty$ liefern.)

Fall 3. Sind u und v in der Umgebung von a beide nach oben oder beide nach unten unbeschränkt, so ist $u(x)-v(x)$ bei a nicht definiert. Jedoch kann unter Umständen der Grenzwert $\lim\limits_{x\to a}(u(x)-v(x))$ existieren. (Formales Einsetzen würde den sinnlosen Ausdruck $\infty-\infty$ liefern.)

Fall 4. a) $u(a)=v(a)=0$

b) $u(a)=1$; v hat bei a eine Unbeschränktheitsstelle.

c) u hat bei a eine Unbeschränktheitsstelle; $v(a)=0$.

In diesen Fällen ist $[u(x)]^{v(x)}$ bei a nicht definiert. Jedoch kann unter Umständen der Grenzwert $\lim\limits_{x\to a}[u(x)]^{v(x)}$ existieren. (Formales Einsetzen würde die sinnlosen Ausdrücke 0^0 bzw. 1^∞ bzw. ∞^0 liefern.)

Wenn u und v in einer Umgebung von a differenzierbar und im Falle der Beschränktheit in a selbst stetig sind, kann die Berechnung eines vorhandenen Grenzwertes mit Hilfe der Bernoulli-L'Hospitalschen Regel versucht werden. Im einzelnen gilt, falls die auftretenden Nenner $\neq 0$ sind:

Fall 1. Ist $\lim\limits_{x\to a}\frac{u'(x)}{v'(x)}=g$, so ist auch $\lim\limits_{x\to a}\frac{u(x)}{v(x)}=g$.

Fall 2. Ist $\lim\limits_{x\to a}\frac{u'(x)}{\left(\frac{1}{v(x)}\right)'}=g$ oder $\lim\limits_{x\to a}\frac{v'(x)}{\left(\frac{1}{u(x)}\right)'}=g$, so ist auch $\lim\limits_{x\to a} u(x)\cdot v(x)=g$.

Fall 3. Man formt $u(x)-v(x)$ in einen Bruch um, der dem Fall 1 entspricht

$$\left(\text{z.B. } u(x)-v(x)=\frac{\frac{1}{v(x)}-\frac{1}{u(x)}}{\frac{1}{u(x)\cdot v(x)}}\right)$$

Fall 4. Ist $\lim\limits_{x\to a}[v(x)\cdot\ln u(x)]=g$, so ist $\lim\limits_{x\to a}[u(x)]^{v(x)}=e^g$

Anmerkung:

Eventuell führt das Verfahren erst nach mehrmaliger Wiederholung zum Ziel.

Die Aussagen gelten auch für Grenzwerte $\lim\limits_{x\to\pm\infty}$.

B

Zu 6.8.8.2.

Fall 1; $\frac{0}{0}$

1. $f(x)=\dfrac{\sin 2x}{x}$ ist für $x=0$ nicht definiert, weil dort $u(x)=\sin 2x$ und $v(x)=x$ eine Nullstelle haben. u und v sind in der Umgebung von $x=0$ differenzierbar und in $x=0$ stetig.

   Es ist

$$\frac{u'(x)}{v'(x)}=\frac{2\cos x}{1};\qquad \lim_{x\to 0}\frac{u'(x)}{v'(x)}=2\quad\text{(Fall 1).}$$

Nichtanwendbarkeit

2. $f(x)=x\cdot\sin\dfrac{1}{x}$ ist für $x=0$ nicht definiert, weil dort $u(x)=\sin\dfrac{1}{x}$ nicht definiert ist. Die Bernoulli-L'Hospitalsche Regel ist jedoch nicht anwendbar, weil $f(x)=\dfrac{\sin\frac{1}{x}}{\frac{1}{x}}$ nicht die Bedingungen des Falles 1 erfüllt. u ist nicht unbeschränkt, während $v(x)=\dfrac{1}{x}$ in der Umgebung von $x=0$ unbeschränkt ist.

   Trotzdem existiert der Grenzwert $\lim\limits_{x\to 0}\left(x\cdot\sin\dfrac{1}{x}\right)=0$, weil

$$\left|x\cdot\sin\frac{1}{x}-0\right|\leqq|x|<\varepsilon\quad\text{für } |x|<\varepsilon=\delta(\varepsilon).$$

Versagen der Methode im Fall 1

3. $f(x)=\dfrac{x\cdot\sin\frac{1}{x}}{\sqrt{|x|}}=\dfrac{u(x)}{v(x)}$ ist für $x=0$ nicht definiert, weil dort $u(x)$ und $v(x)$ verschwinden.

   u und v sind bei $x=0$ stetig (bzw. stetig fortzusetzen). u und v sind in der Umgebung von $x=0$ differenzierbar (bei $x=0$ selbst nicht!).

Jedoch hat

$$\frac{u'(x)}{v'(x)}=\frac{\sin\frac{1}{x}-\frac{1}{x}\cos\frac{1}{x}}{\frac{\operatorname{sgn} x}{2\sqrt{|x|}}}=2\left(\sqrt{|x|}\cdot\operatorname{sgn} x\cdot\sin\frac{1}{x}-\frac{1}{\sqrt{|x|}}\cos\frac{1}{x}\right)$$

keinen Grenzwert für $x\to 0$ wegen des zweiten Terms. Die Bernoulli-L'Hospitalsche Regel versagt also. Trotzdem existiert $\lim\limits_{x\to 0} f(x)=0$, weil

$$\left|\frac{x\sin\frac{1}{x}}{\sqrt{|x|}}\right|\leqq\left|\frac{x}{\sqrt{|x|}}\right|=\sqrt{|x|}<\varepsilon \qquad \text{für } |x|<\varepsilon^2=\delta(\varepsilon).$$

Fall 1; $\frac{\infty}{\infty}$

4. $f(x)=\frac{x^2}{e^x}=\frac{u(x)}{v(x)}$; u und v sind für $x\to+\infty$ unbeschränkt. u und v sind für $x>K>0$ stetig und differenzierbar.

Es ist $\frac{u'(x)}{v'(x)}=\frac{2x}{e^x}$; für diesen Ausdruck treffen die oben für $\frac{u(x)}{v(x)}$ gemachten Aussagen ebenfalls zu.

Es ist

$$\frac{u''(x)}{v''(x)}=\frac{2}{e^x}; \quad \lim_{x\to+\infty}\frac{2}{e^x}=0 \quad \text{(Fall 1).}$$

Fall 3; $\infty-\infty$

5. $L(x)=\frac{\cosh x}{\sinh x}-\frac{1}{x}=u(x)-v(x)$ ist bei $x=0$ nicht definiert, weil u und v in der Umgebung von $x=0$ unbeschränkt sind.

$$L(x)=\frac{x\cdot\cosh x-\sinh x}{x\cdot\sinh x}=\frac{u^*(x)}{v^*(x)};$$

u^* und v^* sind in $x=0$ stetig und in der Umgebung von $x=0$ differenzierbar.

Es ist

$$\frac{u^{*\prime}(x)}{v^{*\prime}(x)}=\frac{\cosh x+x\sinh x-\cosh x}{\sinh x+x\cosh x};$$ für diesen Ausdruck treffen die oben für $\frac{u^*(x)}{v^*(x)}$ gemachten Aussagen ebenfalls zu.

Es ist

$$\frac{u^{*\prime\prime}(x)}{v^{*\prime\prime}(x)}=\frac{\sinh x+x\cosh x}{\cosh x+\cosh x+x\sinh x}; \qquad \lim_{x\to 0}\frac{u^{*\prime\prime}(x)}{v^{*\prime\prime}(x)}=\frac{0}{2}=0 \qquad \text{(Fall 1).}$$

Fall 4; 0^0

6. $f(x)=x^x=[u(x)]^{v(x)}$ ist bei $x=0$ nicht definiert (Fall 4).

Es ist

$$\ln f(x)=x\cdot\ln x=\frac{\ln x}{\frac{1}{x}}=\frac{u^*(x)}{v^*(x)} \quad \text{(Fall 1)}.$$

Es ist

$$\frac{u^{*\prime}(x)}{v^{*\prime}(x)}=\frac{\frac{1}{x}}{-\frac{1}{x^2}}=-x; \quad \lim_{x\to 0}\frac{u^{*\prime}(x)}{v^{*\prime}(x)}=0;$$

$$\lim_{x\to 0} f(x)=\lim_{x\to 0} x^x=e^0=1.$$

Fall 4; 1^∞

7. $f(x)=\left(\frac{\sin x}{x}\right)^{1/x}=[u(x)]^{v(x)}$ ist bei $x=0$ nicht definiert (Fall 4).

Es ist

$$\ln f(x)=\frac{1}{x}\cdot\ln\left(\frac{\sin x}{x}\right)=\frac{u^*(x)}{v^*(x)}$$

mit $u^*(x)=\ln\left(\frac{\sin x}{x}\right)$ und $v^*(x)=x$.

Es ist

$$\frac{u^{*\prime}(x)}{v^{*\prime}(x)}=\frac{\frac{x}{\sin x}\cdot\frac{x\cos x-\sin x}{x^2}}{1}=\frac{x\cos x-\sin x}{x\cdot\sin x};$$

es ist

$$\frac{u^{*\prime\prime}(x)}{v^{*\prime\prime}(x)}=\frac{\cos x-x\sin x-\cos x}{\sin x+x\cos x}=\frac{-x\sin x}{\sin x+x\cos x};$$

es ist

$$\frac{u^{*\prime\prime\prime}(x)}{v^{*\prime\prime\prime}(x)}=\frac{-\sin x-x\cos x}{\cos x+\cos x-x\sin x}; \quad \lim_{x\to 0}\frac{u^{*\prime\prime\prime}(x)}{v^{*\prime\prime\prime}(x)}=\frac{0}{2}=0;$$

daher ist $\lim\limits_{x\to 0} f(x)=e^0=1$.

6.8.8.3 Fehlerschätzung

Absoluter Fehler:

$$|f(x_1+h)-f(x_1)|=|\Delta f|\approx|df|=|f'(x_1)|\cdot|h| \qquad \text{(wegen 6.8.5, Seite 196).}$$

Relativer Fehler:

$$\left|\frac{f(x_1+h)-f(x_1)}{f(x_1)}\right|=\left|\frac{\Delta f}{f(x_1)}\right|\approx\left|\frac{f'(x_1)}{f(x_1)}\right|\cdot|h| \qquad (f(x_1)\neq 0).$$

Prozentualer Fehler:

$$\left|\frac{f(x_1+h)-f(x_1)}{f(x_1)}\right|\cdot 100\,\% = \left|\frac{\Delta f}{f(x_1)}\right|\cdot 100\,\% \approx \left|\frac{f'(x_1)}{f(x_1)}\right|\cdot |h|\cdot 100\,\%$$

Sonderfall: $f(x)=A\cdot x^q$ (Potenzfunktion; $x>0$ wenn q beliebig).

$$\left|\frac{\Delta f}{f(x_1)}\right| = |q|\cdot\left|\frac{h}{x_1}\right|$$

Der relative Fehler von $f(x_1)$ ist gleich dem Produkt des relativen Fehlers von x_1 mit dem Betrag der Hochzahl.

B

Zu 6.8.8.3.

Absoluter Fehler

1. $f(x)=\dfrac{2}{x-1}+\dfrac{x}{\cos x}$; um wieviel darf x um den Wert $x_0=2{,}1$ höchstens schwanken, damit $f(x)$ um höchstens $\pm 0{,}1$ schwankt?

$$f'(x)=\frac{-2}{(x-1)^2}+\frac{\cos x + x\sin x}{\cos^2 x};\qquad f'(2{,}1)\approx 3{,}48;$$

$$|\Delta f|\approx 3{,}48\cdot|\Delta x|\leqq 0{,}1;\qquad |\Delta x|\leqq\frac{0{,}1}{3{,}48}\approx 0{,}03.$$

Prozentualer Fehler bei Potenzfunktion

2. Die Kante eines Würfels werde mit einem Fehler von $\pm 1{,}5\,\%$ gemessen. Das Würfelvolumen weist dann einen Fehler von etwa $\pm 3\cdot 1{,}5\,\%\approx 4{,}5\,\%$ auf.

Prozentualer Fehler bei Reziprokfunktion

3. Der elektrische Widerstand einer Spule schwankt bei der Fertigung um $\pm 5\,\%$. Dann schwankt der Leitwert um $\mp 5\,\%$.

6.9 Integralrechnung

6.9.1 Unbestimmtes und bestimmtes (Riemannsches) Integral

6.9.1.1 Definition

In einem Intervall sei eine Funktion f gegeben. Unter einer Stammfunktion F zu f versteht man eine in dem Intervall differenzierbare Funktion mit der Eigenschaft $F'=f$.

Existenz- und Eindeutigkeitssatz

Zu jeder in einem Intervall (Integrationsintervall) stetigen Funktion f gibt es (mindestens) eine Stammfunktion F. Die Ermittlung einer Stammfunktion heißt Integration.

Durch die Angabe der sog. Anfangsbedingung $F(a)=b$ (a aus dem Intervall; $b\in\mathbb{R}$ beliebig) wird F eindeutig festgelegt:

$$F(x)=b+\lim_{n\to\infty}\sum_{\nu=1}^{n} f(a+\Delta\tau_1+\ldots+\Delta\tau_\nu)\cdot\Delta\tau_\nu \quad \text{mit } \Delta\tau_\nu>0;\ x=a+\Delta\tau_1+\ldots+\Delta\tau_n$$

oder

$$F(x)=b+\int_a^x f(\tau)\,d\tau$$

wobei

$$\int_a^x f(\tau)\,d\tau=\lim_{n\to\infty}\sum_{\nu=1}^{n} f(a+\Delta\tau_1+\ldots+\Delta\tau_\nu)\cdot\Delta\tau_\nu.$$

B

Zu 6.9.1.1

Integration durch Grenzwertermittlung

1. $f(x)=\frac{1}{3}x+2$; $a=1$; $b=-4$; gesucht ist F mit $F(1)=-4$; $F'(x)=f(x)$.

   f ist in $\mathbb{R}$ stetig, also existiert F eindeutig:

   Man setzt $\Delta\tau_i=\dfrac{x-1}{n}$ für $i=1\ldots n$;

$$\begin{aligned}F(x)&=-4+\lim_{n\to\infty}\sum_{\nu=1}^{n}\left[\frac{1}{3}\left(1+\nu\cdot\frac{x-1}{n}\right)+2\right]\cdot\frac{x-1}{n}\\&=-4+\lim_{n\to\infty}\sum_{\nu=1}^{n}\left[\frac{x-1}{3n}+\nu\frac{(x-1)^2}{3n^2}+\frac{2(x-1)}{n}\right]\\&=-4+\lim_{n\to\infty}\left[\frac{x-1}{3}+\frac{(x-1)^2}{3n^2}\cdot\frac{n(n+1)}{2}+2(x-1)\right]\\&=-4+\tfrac{7}{3}(x-1)+\frac{(x-1)^2}{6};\end{aligned}$$

$$\int_1^x f(\tau)\,d\tau=\int_1^x\left(\tfrac{1}{3}\tau+2\right)d\tau=\tfrac{7}{3}(x-1)+\frac{(x-1)^2}{6};$$

$$F'(x)=\tfrac{7}{3}+\tfrac{1}{3}(x-1)=\tfrac{1}{3}x+2=f(x);$$

$$\int f(x)\,dx=\tfrac{7}{3}(x-1)+\frac{(x-1)^2}{6}+C$$ (6.9.1.4, Seite 213).

6.9.1.2 Allgemeine Eigenschaften

1. $F'(x)=\left(\int_a^x f(\tau)\,d\tau\right)'=\dfrac{d}{dx}\int_a^x f(\tau)\,d\tau=f(x).$
2. $\int_a^x f(\tau)\,d\tau=F(x)-F(a)=:[F(\tau)]_a^x.$
3. $\int_a^x f(\tau)\,d\tau=\int_a^x f(u)\,du$ (die Bezeichnung des Originals im Integranden ist unwesentlich);

$$\int_a^a f(\tau)\,d\tau = 0; \quad \int_a^x f(\tau)\,d\tau = -\int_x^a f(\tau)\,d\tau;$$

$$\int_a^x f(\tau)\,d\tau = \int_a^b f(\tau)\,d\tau + \int_b^x f(\tau)\,d\tau \quad (b \text{ aus demselben Intervall wie } a).$$

4. Sind F_1 und F_2 verschiedene Stammfunktionen zu f, so ist $F_2(x) - F_1(x) = c$.
5. Jede Stammfunktion zu f läßt sich aus einer beliebigen Stammfunktion durch Addition einer geeigneten konstanten Funktion erhalten.
6. Sind F_1 und F_2 verschiedene Stammfunktionen zu f, so ist

$$F_1(x) - F_1(a) = F_2(x) - F_2(a) = \int_a^x f(\tau)\,d\tau,$$

d.h. zur Berechnung von $\int_a^x f(\tau)\,d\tau$ kann irgend eine Stammfunktion zu f benutzt werden.

7. $\int_a^x c f(\tau)\,d\tau = c \int_a^x f(\tau)\,d\tau$; $\int_a^x (f(\tau) \pm g(\tau))\,d\tau = \int_a^x f(\tau)\,d\tau \pm \int_a^x g(\tau)\,d\tau$. (Die Integration ist ein linearer Prozeß.)

6.9.1.3 Mittelwertsätze, Abschätzungen

1. Ist f in $[a; b]$ stetig, so gibt es mindestens einen Wert $\xi \in (a; b)$ mit

$$\int_a^b f(\tau)\,d\tau = (b-a)\,f(\xi) = (b-a)\cdot f(a + \vartheta(b-a)) \quad (0 < \vartheta < 1)$$

(1. Mittelwertsatz der Integralrechnung.)

Geometrische Deutung: Ist $f(x) \geqq 0$, so ist die durch $\int_a^b f(\tau)\,d\tau$ gemessene trapezförmige Fläche gleich groß wie ein Rechteck der Breite $(b-a)$ und der Höhe $f(\xi)$.

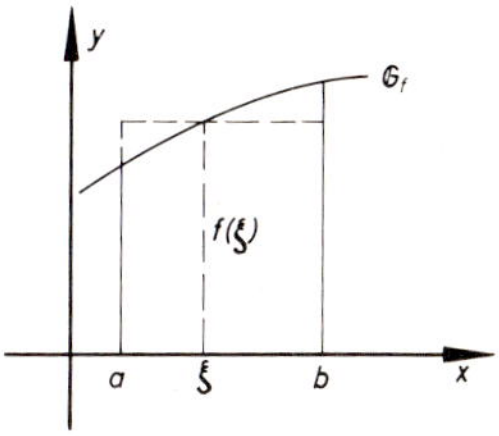

2. Sind f und g in $[a; b]$ stetig und ist $g(x) \geqq 0$ oder $g(x) \leqq 0$ in diesem Intervall, so gibt es mindestens einen Wert $\xi \in (a; b)$ mit

$$\int_a^b f(\tau)\cdot g(\tau)\,d\tau = f(\xi)\cdot \int_a^b g(\tau)\,d\tau$$

(verallgemeinerter 1. Mittelwertsatz der Integralrechnung).

3. Sind f und g in $[a; b]$ stetig und ist f in diesem Intervall streng monoton, so gibt es mindestens einen Wert $\xi \in (a; b)$ mit

$$\int_a^b f(\tau)\cdot g(\tau)\,d\tau = f(a)\int_a^\xi g(\tau)\,d\tau + f(b)\int_\xi^b g(\tau)\,d\tau$$

(2. Mittelwertsatz der Integralrechnung).

4. Sind f und g in $[a;b]$ stetig und ist $f(x)>0$ in diesem Intervall, so gibt es mindestens einen Wert $\xi\in(a;b)$ mit

$$\int_a^b f(\tau)\cdot g(\tau)\,d\tau = f(a)\cdot\int_a^\xi g(\tau)\,d\tau \quad \text{falls } f \text{ streng monoton fallend,}$$

$$\int_a^b f(\tau)\cdot g(\tau)\,d\tau = f(b)\cdot\int_\xi^b g(\tau)\,d\tau \quad \text{falls } f \text{ streng monoton steigend in } [a;b].$$

5. (Arithmetisches Mittel der Funktionswerte):

$$\overline{f(x)} = \frac{1}{b-a}\cdot\int_a^b f(\tau)\,d\tau.$$

6. (Quadratisches Mittel der Funktionswerte):

$$\overline{f^2(x)} = \sqrt{\frac{1}{b-a}\int_a^b f^2(\tau)\,d\tau}.$$

7. Ist f in $[a;b]$ stetig, dann hat f in diesem Intervall einen kleinsten Funktionswert m und einen größten Funktionswert M (6.6.2, Seite 151).

   Es gilt

$$m(b-a) \leqq \int_a^b f(\tau)\,d\tau \leqq M(b-a).$$

8. Ist f in $[a;b]$ stetig und $f(x)\geqq 0$ für alle $x\in[a;b]$, so ist $\int_a^b f(\tau)\,d\tau \geqq 0$.

9. Sind f und g in $[a;b]$ stetig und ist $f(x)\leqq g(x)$ für alle $x\in[a;b]$, so ist

$$\int_a^b f(\tau)\,d\tau \leqq \int_a^b g(\tau)\,d\tau.$$

10. (Dreiecksungleichung):

    Sind f und g in $[a;b]$ stetig, so ist

$$\sqrt{\int_a^b (f(\tau)\pm g(\tau))^2\,d\tau} \leqq \sqrt{\int_a^b f^2(\tau)\,d\tau} + \sqrt{\int_a^b g^2(\tau)\,d\tau}.$$

11. (Schwarzsche Ungleichung):

    Sind f und g in $[a;b]$ stetig, so ist

$$\left[\int_a^b f(\tau)\cdot g(\tau)\,d\tau\right]^2 \leqq \int_a^b f^2(\tau)\,d\tau\cdot\int_a^b g^2(\tau)\,d\tau.$$

B

Zu 6.9.1.3

Arithmetisches Mittel

1. Gesucht ist das arithmetische Mittel aller Funktionswerte der Funktion $f\colon x\mapsto f(x) = y = \sin x$ im Intervall $0\leqq x\leqq\pi$

   Es ist

$$\overline{f(x)} = \frac{1}{\pi}\int_0^\pi \sin x\,dx = -\frac{1}{\pi}[\cos x]_0^\pi = \frac{2}{\pi}.$$

Quadratisches Mittel

2. Eine Wechselspannung $U=u(t)=U_0 \sin \omega t$ erzeugt an einem rein ohmschen Widerstand R eine Stromstärke ($U=I \cdot R$)

$$I=i(t)=\frac{U_0}{R}\sin \omega t,$$

mithin ist die Leistung, die während einer Periode $0 \leqq t \leqq \frac{2\pi}{\omega}$ an dem Widerstand R abfällt ($P=U \cdot I$)

$$P=\int_{t=0}^{2\pi/\omega} U \cdot I\, dt=\frac{U_0^2}{R}\int_0^{2\pi/\omega} \sin^2 \omega t\, dt$$

Gesucht sei nun die Größe einer Gleichspannung $\overline{U}$, die in der Zeit $t=\frac{2\pi}{\omega}$ den gleichen Leistungsabfall an R erzeugt.

Die Leistung $\overline{P}$ der Gleichspannung $\overline{U}$ in der Zeit $t=\frac{2\pi}{\omega}$ ist

$$\overline{P}=\frac{2\pi}{\omega}\overline{U}\,\overline{I}=\frac{2\pi}{\omega}\frac{\overline{U}^2}{R}.$$

Wegen $\overline{P}=P$ gilt also

$$\overline{U}^2=\frac{\omega}{2\pi}U_0^2\int_0^{2\pi/\omega} \sin^2 \omega t\, dt,$$

also ist $\overline{U}$ der quadratische Mittelwert

$$\overline{U}=U_0\sqrt{\frac{\omega}{2\pi}\int_0^{2\pi/\omega} \sin^2 \omega t\, dt}$$

$$=U_0\sqrt{\frac{\omega}{2\pi}\frac{1}{2\omega}[\omega t-\sin \omega t \cos \omega t]_0^{2\pi/\omega}}$$

$$=U_0\sqrt{\frac{\omega}{4\pi}\cdot\frac{2\pi}{\omega}}=\frac{U_0}{2}\sqrt{2}$$

$\overline{U}$ ist der sog. Effektivwert einer Wechselspannung $U=U_0 \sin \omega t$. Er ist unabhängig von der Kreisfrequenz.

6.9.1.4 Bemerkungen

Der Wert $\int_a^b f(\tau)\,d\tau=\int_a^b f(x)\,dx$ heißt bestimmtes (Riemannsches) Integral. Er ist ein Grenzwert, der nach 6.9.1.1 sicher für stetige Funktionen f existiert. Im allgemeinen Fall ist die Existenz in folgender Art nachzuweisen:

Das Intervall werde durch beliebige Teilpunkte τ_ν in n Teilintervalle der nicht notwendig gleich großen Länge $\Delta\tau_\nu = \tau_{\nu+1} - \tau_\nu$ unterteilt. Ist dann g_ν die untere Grenze, G_ν die obere Grenze der Funktionswerte in jedem dieser Teilintervalle, so nennt man

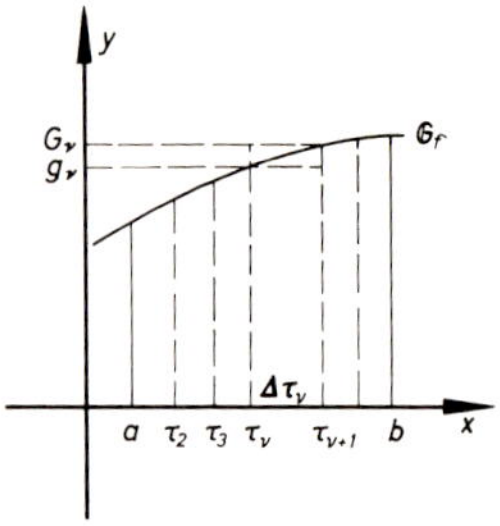

$$\lim_{n\to\infty} \sum_{\nu=1}^{n} g_\nu \Delta\tau_\nu = \underline{I} \text{ inneres Integral (Untersumme)}$$

$$\lim_{n\to\infty} \sum_{\nu=1}^{n} G_\nu \Delta\tau_\nu = \overline{I} \text{ äußeres Integral (Obersumme).}$$

Falls beide Grenzwerte unabhängig von der Art der Einteilung existieren und gleich sind, ist ihr Wert das Integral $\int_a^b f(\tau)\,d\tau$.

Ist von einer Stammfunktion F zu f die Anfangsbedingung (6.9.1.1, Seite 209) nicht bekannt, dann kann F nicht eindeutig angegeben werden. Man schreibt dann

$$F\colon x \mapsto \int f(x)\,dx = \int_a^x f(\tau)\,d\tau + c$$

mit beliebigem a aus dem Integrationsintervall und geeignetem c, das nach Festlegung der Anfangsbedingung ermittelt werden kann. $x \mapsto \int_a^x f(\tau)\,d\tau$ ist dabei eine beliebige Stammfunktion zu f.

$\int f(x)\,dx$ heißt unbestimmtes Integral.

B

Zu 6.9.1.4

Obersummen und Untersummen

1. Für die Funktion $f\colon x \mapsto f(x) = y = x^m$ ($m > 0$, ganzzahlig) sollen inneres und äußeres Integral bestimmt werden. Die Integrationsgrenzen seien $a > 0$ und $x > a$.

   Nimmt man als Teilpunkte die Punkte der geometrischen Folge

   $$a, aq, aq^2, aq^3, \ldots, aq^n = x,$$

   so ist $q = \sqrt[n]{\frac{x}{a}} > 1$.

   Das längste Teilintervall $\Delta\tau_\nu = aq^\nu - aq^{\nu-1}$ ist das letzte

   $$\Delta\tau_n = aq^{n-1}(q-1).$$

   Seine Länge strebt aber, da $\lim\limits_{n\to\infty} q = \lim\limits_{n\to\infty} \sqrt[n]{\frac{x}{a}} = 1$ ist, gegen Null. Das innere Integral wird dann

   $$\begin{aligned}\underline{I} &= \lim_{n\to\infty} \sum_{\nu=1}^{n} g_\nu \Delta\tau_\nu \\ &= \lim_{n\to\infty} [a^m a(q-1) + (aq)^m aq(q-1) + \ldots + (aq^{n-1})^m aq^{n-1}(q-1)] \\ &= \lim_{n\to\infty} a^{m+1}(q-1)\frac{q^{(m+1)n}-1}{q^{m+1}-1}.\end{aligned}$$

Setzt man wieder $q^n = \frac{x}{a}$, so gilt (da $n \to \infty$ zur Folge hat $q \to 1$)

$$\underline{I} = \lim_{q \to 1} (x^{m+1} - a^{m+1}) \frac{q-1}{q^{m+1}-1}$$

$$= (x^{m+1} - a^{m+1}) \lim_{q \to 1} \frac{1}{q^m + q^{m-1} \ldots + q + 1} = \frac{x^{m+1} - a^{m+1}}{m+1}$$

Für das äußere Integral gilt entsprechend

$$\bar{I} = \lim_{n \to \infty} \sum_{\nu=1}^{n} G_\nu \Delta\tau_\nu$$

$$= \lim_{n \to \infty} [(a\,q)^m a(q-1) + (a\,q^2)^m a\,q(q-1) + \ldots + (a\,q^n)^m a\,q^{n-1}(q-1)]$$

$$= \lim_{n \to \infty} q^m [a^m a(q-1) + (a\,q)^m a\,q(q-1) + \ldots + (a\,q^{n-1})^m a\,q^{n-1}(q-1)]$$

$$= \lim_{q \to \infty} q^m \underline{I} = \underline{I}$$

Beide Integrale sind also gleich, die Funktion ist integrierbar, es ist also

$$\int_a^x \tau^m \, d\tau = \frac{1}{m+1} (x^{m+1} - a^{m+1}).$$

6.9.2 Grundintegrale

Zu jeder Differentiationsformel der elementaren Funktionen (6.8.4.4, Seite 195) existiert eine entsprechende Integralformel. Man bezeichnet sie als Grundintegrale (weil Integrale mit anderslautenden Integranden häufig auf derartige Integrale zurückgeführt werden können).

$$\int dx = x + C$$

$$\int x^n \, dx = \frac{x^{n+1}}{n+1} + C \quad (n \in \mathbb{R};\ n \neq -1)$$

$$\int a^x \, dx = \frac{a^x}{\ln a} + C \quad (a \in \mathbb{R}^+,\ a \neq 1)$$

$$\int \sin x \, dx = -\cos x + C$$

$$\int \cos x \, dx = \sin x + C$$

$$\int \frac{dx}{\cos^2 x} = \tan x + C$$

$$\int \frac{dx}{\sin^2 x} = -\cot x + C$$

$$\int \frac{dx}{\sqrt{1-x^2}} = \arcsin x + C_1 = -\arccos x + C_2$$

$$\int \frac{dx}{x} = \ln|x| + C$$

$$\int e^x \, dx = e^x + C$$

$$\int \sinh x \, dx = \cosh x + C$$

$$\int \cosh x \, dx = \sinh x + C$$

$$\int \frac{dx}{\cosh^2 x} = \tanh x + C$$

$$\int \frac{dx}{\sinh^2 x} = -\coth x + C$$

$$\int \frac{dx}{\sqrt{1+x^2}} = \operatorname{arsinh} x + C = \ln(x+\sqrt{x^2+1}) + C$$

$$\int \frac{dx}{\sqrt{x^2-1}} = \operatorname{sgn} x \cdot \operatorname{arcosh}|x| + C = \operatorname{sgn} x \cdot \ln(|x|+\sqrt{x^2-1}) + C$$

$$\int \frac{dx}{1+x^2} = \arctan x + C_1 = -\operatorname{arccot} x + C_2$$

$$\begin{aligned}\int \frac{dx}{1-x^2} &= \tfrac{1}{2}\ln\left|\frac{1+x}{1-x}\right| + C \\ &= \tfrac{1}{2}\ln\frac{1+x}{1-x} + C = \operatorname{artanh} x + C \qquad \text{für } |x|<1 \\ &= \tfrac{1}{2}\ln\frac{x+1}{x-1} + C = \operatorname{arcoth} x + C \qquad \text{für } |x|>1.\end{aligned}$$

B

Zu 6.9.2

Integration mit Hilfe von Grundintegralen

1. $\int 5\sqrt{x}\,dx = 5\int x^{1/2}\,dx = 5\cdot\frac{2}{3}x^{3/2} + C = \frac{10}{3}x\sqrt{x} + C.$

2. $\int (x+\cos x)\,dx = \int x\,dx + \int \cos x\,dx = \dfrac{x^2}{2} + \sin x + C.$

3. $\displaystyle\int \frac{dx}{\sqrt{1-x}\cdot\sqrt{1+x}} = \int \frac{dx}{\sqrt{1-x^2}} = \arcsin x + C.$

6.9.3 Integrationsverfahren

Allgemeingültige Regeln zur Berechnung unbestimmter Integrale lassen sich nicht angeben, was allein schon dadurch bedingt ist, daß das unbestimmte Integral einer elementaren Funktion nicht wieder durch elementare Funktionen ausdrückbar zu sein braucht. Über das Eintreten solcher Fälle gibt es ebenfalls keine allgemeingültigen Kriterien.

Die Integrationstechnik beruht entweder auf einer geschickten Anwendung einer der nachstehenden Regeln, indem man versucht, mit ihrer Hilfe einen gegebenen Integranden auf die Form eines der Grundintegrale (6.9.2, Seite 215) zu transformieren, oder, falls dieser Weg nicht zum Ziel führt, auf der Entwicklung des Integranden in eine Reihe (6.9.3.3, Seite 220) oder auf der Anwendung eines numerischen Näherungsverfahrens (13.3, Seite 588) für bestimmte Integrale.

6.9.3.1 Substitutionsmethode

A. $$\left.\begin{aligned}\int_a^b f(g(x))\cdot g'(x)\,dx &= \int_{g(a)}^{g(b)} f(u)\,du \\ \int f(g(x))\cdot g'(x)\,dx &= \int f(u)\,du\end{aligned}\right\}$$

Substitution: $g(x)=u$, $g'(x)\,dx = du$

(g differenzierbar)

B. $\int_a^b f(g(x))\,dx = \int_{g(a)}^{g(b)} f(u)\cdot\frac{du}{g'(\overset{-1}{g}(u))} = \int_{g(a)}^{g(b)} f(u)\cdot \overset{-1}{g}{}'(u)\,du$

$\int f(g(x))\,dx = \int f(u)\cdot\frac{du}{g'(\overset{-1}{g}(u))} = \int f(u)\cdot \overset{-1}{g}{}'(u)\,du$

Substitution:

$g(x)=u; \quad x=\overset{-1}{g}(u)$

$dx=\frac{du}{g'(\overset{-1}{g}(u))}=\overset{-1}{g}{}'(u)\,du$

(g differenzierbar;
g' ohne Nullstelle in $[a; b]$;
g umkehrbar)

C. $\int_a^b f(x)\,dx = \int_{\overset{-1}{g}(a)}^{\overset{-1}{g}(b)} f(g(u))g'(u)\,du$

$\int f(x)\,dx = \int f(g(u))g'(u)\,du$

Substitution: $x=g(u); \quad u=\overset{-1}{g}(x)$
$dx=g'(u)\,du$

(g differenzierbar; g umkehrbar).

Sonderfälle:

$\int_a^b \frac{g'(x)}{g(x)}\,dx = [\ln|g(x)|]_a^b$

$\int \frac{g'(x)}{g(x)}\,dx = \ln|g(x)| + C$

$(g(x) \neq 0)$

$\int_a^b g^n(x)\,g'(x)\,dx = \frac{1}{n+1}[g^{n+1}(x)]_a^b$

$\int g^n(x)\cdot g'(x)\,dx = \frac{1}{n+1}\cdot g^{n+1}(x) + C$

($n \in \mathbb{R}$; $n \neq -1$;
falls $n \in \mathbb{Z}$, negativ: $g(x) \neq 0$ in $[a; b]$;
falls $n \notin \mathbb{Z}$: $g(x) > 0$).

B

Zu 6.9.3.1

Substitution A.

1. $\int \sin^n x \cdot \cos x\,dx$

$= \int u^n\,du = \frac{u^{n+1}}{n+1} + C$

$= \frac{\sin^{n+1} x}{n+1} + C; \quad (n \neq -1)$

Substitution 6.9.3.1 A

$\sin x = g(x) = u;$

$g'(x) = \cos x;$

$g'(x)\,dx = \cos x\,dx = du.$

Substitution B.

2. $\int \frac{dx}{(2+3x)^2} = \int \frac{du}{3u^2} = \frac{1}{3}\int u^{-2}\,du$

$= -\frac{1}{3}\cdot\frac{1}{u} + C = -\frac{1}{3(2+3x)} + C.$

Substitution 6.9.3.1 B

$2+3x = g(x) = u; \quad x = \overset{-1}{g}(u) = \frac{1}{3}(u-2);$

$g'(x) = 3 \neq 0;$

$dx = \frac{du}{3};$

Substitution C.

3. $\int\sqrt{1-x^2}\,dx$

$$=\int\sqrt{1-\sin^2 u}\cdot\cos u\,du$$
$$=\int\cos u\cdot\cos u\,du$$
$$=\int\frac{1+\cos 2u}{2}\,du$$
$$=\frac{u}{2}+\frac{1}{2}\int\cos 2u\,du$$
$$=\frac{u}{2}+\frac{1}{4}\int\cos v\,dv$$
$$=\frac{u}{2}+\frac{1}{4}\sin v+C$$
$$=\tfrac{1}{2}\arcsin x+\tfrac{1}{4}\sin(2\arcsin x)+C$$
$$=\tfrac{1}{2}\arcsin x+\tfrac{1}{2}\sin(\arcsin x)\cdot\cos(\arcsin x)+C$$
$$=\tfrac{1}{2}\arcsin x+\tfrac{1}{2}x\cdot\sqrt{1-x^2}+C.$$

Substitution 6.9.3.1 C

$x=\sin u=g(u)$

$dx=g'(u)\,du=\cos u\,du$;

g umkehrbar,

wenn $-\frac{\pi}{2}\leqq u\leqq\frac{\pi}{2}$, $\quad -1\leqq x\leqq 1$;

$u=\overset{-1}{g}(x)=\arcsin x$;

$\cos u\geqq 0 \quad$ für $-\frac{\pi}{2}\leqq u\leqq\frac{\pi}{2}$

Substitution 6.9.3.1 B

$2u=v=h(u)$;

$h'(u)=2\neq 0$

$du=\frac{dv}{2}$

6.9.3.2 Partielle Integration (Produktintegration)

$$\left.\begin{aligned}&\int_a^b u'(x)\cdot v(x)\,dx=[u(x)\cdot v(x)]_a^b-\int_a^b u(x)\cdot v'(x)\,dx\\&\int u'(x)\cdot v(x)\,dx=u(x)\cdot v(x)-\int u(x)\cdot v'(x)\,dx\end{aligned}\right\}$$

(u ist irgend eine Stammfunktion von u').

Zuweilen ergibt sich erst nach mehrfacher Anwendung der Produktintegration ein Ergebnis, das sich durch elementare Funktionen ausdrücken läßt.

Ist das rechts stehende Integral (eventuell erst nach mehrmaliger partieller Integration) gleich dem gegebenen, abgesehen von konstanten Faktoren, so ist es mit dem gegebenen Integral zusammenzufassen. Das gesuchte Integral ergibt sich dann nach Division durch den neuen Faktor.

B

Zu 6.9.3.2
Partielle Integration

1. $\int x\cdot\sin x\,dx$ kann durch partielle Integration vereinfacht werden:

1. Möglichkeit

$u'(x)=x;\quad v(x)=\sin x$

$u(x)=\frac{x^2}{2};\quad v'(x)=\cos x$

$$\int x\sin x\,dx=\frac{x^2}{2}\cdot\sin x-\int\frac{x^2}{2}\cos x\,dx;$$

das entstehende Integral ist komplizierter als das gegebene.

2. Möglichkeit

$u'(x)=\sin x;\quad v(x)=x$

$u(x)=-\cos x;\quad v'(x)=1$

$$\int x\sin x\,dx=-x\cos x+\int 1\cdot\cos x\,dx$$
$$=-x\cos x+\sin x+C.$$

Man beachte: Bei der Ermittlung von $u(x)$ ist keine Integrationskonstante notwendig, weil u irgendeine Stammfunktion von u' sein darf.

2. Die partielle Integration von $\int x^2 \sin bx\,dx$ führt mit

$$u'(x)=\sin bx; \qquad v(x)=x^2;$$
$$u(x)=-\frac{1}{b}\cos bx; \quad v'(x)=2x;$$

auf

$$-\frac{x^2}{b}\cos bx+\frac{2}{b}\int x\cdot\cos bx\,dx.$$

Auf dieses einfachere Restintegral wird nochmals die partielle Integration angewendet:

$$u'(x)=\cos bx; \qquad v(x)=x;$$
$$u(x)=\frac{1}{b}\sin bx; \qquad v'(x)-1;$$

Insgesamt ergibt sich:

$$\int x^2\sin bx\,dx=-\frac{x^2}{b}\cos bx+\frac{2}{b}\left(\frac{x}{b}\sin bx-\frac{1}{b}\int \sin bx\,dx\right)$$
$$=-\frac{x^2}{b}\cos bx+\frac{2x}{b^2}\sin bx+\frac{2}{b^3}\cos bx+C.$$

Restintegral identisch mit ursprünglichem Integral

3. Die partielle Integration von $\int e^{ax}\sin bx\,dx$ führt mit

$$u'(x)=e^{ax}; \qquad v(x)=\sin bx;$$
$$u(x)=\frac{1}{a}e^{ax}; \qquad v'(x)=b\cos bx$$

auf

$$\frac{1}{a}e^{ax}\sin bx-\frac{b}{a}\int e^{ax}\cos bx\,dx.$$

Wiederholung des Verfahrens mit

$$u'(x)=e^{ax}; \qquad v(x)=\cos bx;$$
$$u(x)=\frac{1}{a}e^{ax}; \qquad v'(x)=-b\sin bx$$

führt auf

$$\int e^{ax}\sin bx\,dx=\frac{1}{a}e^{ax}\sin bx-\frac{b}{a}\left(\frac{1}{a}e^{ax}\cos bx+\frac{b}{a}\int e^{ax}\sin bx\,dx\right).$$

Durch Zusammenfassung der beiden Integrale ergibt sich:

$$\left(1+\frac{b^2}{a^2}\right)\int e^{ax}\sin bx\,dx=\frac{1}{a^2}e^{ax}(a\sin bx-b\cos bx)+C;$$

$$\int e^{ax}\sin bx\,dx=\frac{e^{ax}}{a^2+b^2}(a\sin bx-b\cos bx)+C^*.$$

6.9.3.3 Integration nach Reihenentwicklung

Man entwickelt den Integranden in eine Potenzreihe (10.2.7.4, Seite 488). Liegt das Integrationsintervall im Innern der Konvergenzstrecke, so ist die Reihe gleichmäßig konvergent, daher termweise integrierbar.

6.9.4 Integration elementarer Funktionen

6.9.4.1 Integration rationaler Funktionen

Rationale Funktionen lassen sich stets in geschlossener Form integrieren (d.h. ihre Stammfunktionen sind elementare Funktionen).

A. Ganze rationale Funktionen (Polynome) $f(x)=a_0+a_1x+a_2x^2+\ldots+a_nx^n$ werden gliedweise integriert.

B. Unecht gebrochene rationale Funktionen werden in die Summe aus einer ganzen rationalen und einer echt gebrochenen rationalen Funktion zerlegt (z.B. durch Polynomdivision).

C. Echt gebrochene rationale Funktionen werden nach einer Partialbruchzerlegung (6.7.1.2, Seite 158) integriert. Hierbei treten vier Fälle auf:

a) $\int \frac{dx}{ax+b}$ mit $a \neq 0$:

$$\int \frac{dx}{ax+b}=\frac{1}{a}\int \frac{du}{u}=\frac{1}{a}\ln|u|+C=\frac{1}{a}\ln|ax+b|+C$$

Substitution:

$$u=g(x)=ax+b$$

$$x=\overset{-1}{g}(u)=\frac{u-b}{a}$$

$$dx=\frac{1}{a}\,du \quad (6.9.3.1\text{ B})$$

b) $\int \frac{dx}{(ax+b)^n}$ mit $a \neq 0$; $n \in \mathbb{N}^*$; $n>1$:

$$\int \frac{dx}{(ax+b)^n}=\frac{1}{a}\int \frac{du}{u^n}=\frac{-1}{a(n-1)u^{n-1}}$$

$$=\frac{-1}{a(n-1)(ax+b)^{n-1}}$$

Substitution:

$$u=g(x)=ax+b$$

$$x=\overset{-1}{g}(u)=\frac{u-b}{a}$$

$$dx=\frac{1}{a}\,du \quad (6.9.3.1\text{ B})$$

c) $\int \frac{px+q}{ax^2+bx+c}\,dx$ mit $a \neq 0$; $b^2<4ac$:

$$\int \frac{px+q}{ax^2+bx+c}\,dx=2\int \frac{p(2ax+b)+2aq-bp}{(2ax+b)^2+4ac-b^2}\,dx$$

$$=\frac{2}{\sqrt{4ac-b^2}}\int \frac{p\cdot\frac{2ax+b}{\sqrt{4ac-b^2}}+\frac{2aq-bp}{\sqrt{4ac-b^2}}}{\left(\frac{2ax+b}{\sqrt{4ac-b^2}}\right)^2+1}\,dx$$

Substitution:

$$u=g(x)=\frac{2ax+b}{\sqrt{4ac-b^2}}$$

$$x=\overset{-1}{g}(u)=\frac{u\sqrt{4ac-b^2}-b}{2a}$$

$$dx=\frac{\sqrt{4ac-b^2}}{2a}\,du \quad (6.9.3.1\text{ B}).$$

Das Integral ist dann

$$\frac{1}{a}\int \frac{pu+\dfrac{2aq-bp}{\sqrt{4ac-b^2}}}{u^2+1}\,du$$

$$=\frac{p}{2a}\int\frac{2u}{u^2+1}\,du+\frac{2aq-bp}{a\sqrt{4ac-b^2}}\int\frac{du}{u^2+1}$$

Substitution:
$v=k(u)=u^2+1>0$
$dv=2u\,du$ (6.9.3.1 A)

$$=\frac{p}{2a}\ln v+\frac{2aq-bp}{a\sqrt{4ac-b^2}}\arctan u+C_1$$

$$=\frac{p}{2a}\ln|ax^2+bx+c|+\frac{2aq-bp}{a\sqrt{4ac-b^2}}\arctan\frac{2ax+b}{\sqrt{4ac-b^2}}+C_2$$

d) $\displaystyle\int\frac{px+q}{(ax^2+bx+c)^n}$ mit $a \neq 0$; $b^2<4ac$; $n\in\mathbb{N}^*$; $n>1$

$$\int\frac{px+q}{(ax^2+bx+c)^n}=\frac{p}{2a}\underbrace{\int\frac{(2ax+b)\,dx}{(ax^2+bx+c)^n}}_{I_1}+\left(q-\frac{bp}{2a}\right)\underbrace{\int\frac{dx}{(ax^2+bx+c)^n}}_{I_2}$$

I_1 geht durch die Substitution $u=g(x)=ax^2+bx+c$
$du=(2ax+b)\,dx$ (6.9.3.1 A)

über in

$$\int\frac{du}{u^n}=\frac{-1}{(n-1)\,u^{n-1}}=\frac{-1}{(n-1)(ax^2+bx+c)^{n-1}}+C_1.$$

I_2 wird $(n-1)$ Male der Rekursionsformel

$$\int\frac{dx}{(ax^2+bx+c)^n}$$
$$=\frac{1}{(n-1)(4ac-b^2)}\left(\frac{2ax+b}{(ax^2+bx+c)^{n-1}}+2a(2n-3)\cdot\int\frac{dx}{(ax^2+bx+c)^{n-1}}\right)$$

unterworfen, was schließlich auf Fall c) mit $p=0$ führt.

B

Zu 6.9.4.1
Unecht gebrochene rationale Funktion, B

1. $\displaystyle\int\frac{x^2}{x+1}dx$; der Integrand ist unecht gebrochen rational.

Umformung des Integranden:

$$\frac{x^2}{x+1}=x-1+\frac{1}{x+1};$$

	1	0	0
		−1	1
−1	1	−1	1

Integration:

$$\int\frac{x^2}{x+1}dx=\frac{x^2}{2}-x+\ln|x+1|+C.$$

Echt gebrochene rationale Funktion, C. a)

2. $\int \frac{x}{x^2-3x+2}\,dx$; der Integrand ist echt gebrochen rational.

Partialbruchzerlegung (6.7.1.2, Seite 158) liefert

$$\frac{x}{x^2-3x+2}=\frac{x}{(x-1)(x-2)}=\frac{A}{x-1}+\frac{B}{x-2}=\frac{-1}{x-1}+\frac{2}{x-2};$$

Integration:

$$\int \frac{x}{x^2-3x+2}\,dx=-\ln|x-1|+2\ln|x-2|+C=\ln\frac{(x-2)^2}{|x-1|}+C.$$

Echt gebrochene rationale Funktion, C. a), b)

3. $\int \frac{x+2}{x^2(x+1)}\,dx$; der Integrand ist echt gebrochen rational.

Partialbruchzerlegung (6.7.1.2, Seite 158) liefert

$$\frac{x+2}{x^2(x+1)}=-\frac{1}{x}+\frac{2}{x^2}+\frac{1}{x+1};$$

Integration:

$$\int \frac{x+2}{x^2(x+1)}\,dx=\int\left(-\frac{1}{x}+\frac{2}{x^2}+\frac{1}{x+1}\right)dx$$

$$=-\ln|x|-\frac{2}{x}+\ln|x+1|+C=\ln\left|\frac{x+1}{x}\right|-\frac{2}{x}+C.$$

Echt gebrochene rationale Funktion C. a), c)

4. $\int \frac{dx}{x^3+1}$; der Integrand ist echt gebrochen rational.

Partialbruchzerlegung (6.7.1.2, Seite 158) liefert

$$\frac{1}{x^3+1}=\frac{1}{(x+1)(x^2-x+1)}=\frac{1}{3}\cdot\frac{1}{x+1}+\frac{1}{3}\cdot\frac{-x+2}{x^2-x+1};$$

Integration:

$$\int \frac{dx}{x^3+1}=\frac{1}{3}\left(\int\frac{dx}{x+1}-\int\frac{x-2}{x^2-x+1}\,dx\right)$$

$$=\frac{1}{3}\ln|x+1|-\frac{1}{3}\cdot\frac{1}{2}\int\frac{2x-4}{x^2-x+1}\,dx$$

$$=\frac{1}{3}\ln|x+1|-\frac{1}{6}\underbrace{\int\frac{2x-1}{x^2-x+1}\,dx}_{\text{Substitution 6.9.3.1 A}}+\frac{1}{2}\int\frac{dx}{x^2-x+1}$$

$$=\frac{1}{3}\ln|x+1|-\frac{1}{6}\ln\underbrace{|x^2-x+1|}_{>0}+\frac{1}{2}\int\frac{dx}{x^2-x+\frac{1}{4}+\frac{3}{4}}$$

$$=\frac{1}{3}\ln\frac{|x+1|}{\sqrt{x^2-x+1}}+\frac{1}{2}\int\frac{dx}{\left(x-\frac{1}{2}\right)^2+\frac{3}{4}}$$

$$=\frac{1}{3}\ln\frac{|x+1|}{\sqrt{x^2-x+1}}+\frac{1}{2}\cdot\frac{4}{3}\int\frac{dx}{\underbrace{\left[\frac{2}{\sqrt{3}}\left(x-\frac{1}{2}\right)\right]^2+1}_{\text{Substitution 6.9.3.1 B}}}$$

$$=\frac{1}{3}\ln\frac{|x+1|}{\sqrt{x^2-x+1}}+\frac{2}{3}\cdot\frac{\sqrt{3}}{2}\arctan\frac{2x-1}{\sqrt{3}}+C$$

$$=\frac{1}{3}\ln\frac{|x+1|}{\sqrt{x^2-x+1}}+\frac{1}{\sqrt{3}}\arctan\frac{2x-1}{\sqrt{3}}+C.$$

6.9.4.2 Integration irrationaler Funktionen

Irrationale Funktionen lassen sich nicht immer in geschlossener Form integrieren. Folgende Fälle sind auf 6.9.4.1 zurückführbar, wenn $R(\ldots)$ einen rationalen Term bedeutet.

A. $\int R\left(x, \sqrt[k]{\frac{ax+b}{cx+d}}\right)dx \quad (k\in\mathbb{N}^*;\ k\geqq 2)$

Substitution $\quad u=\sqrt[k]{\frac{ax+b}{cx+d}};\quad x=-\frac{du^k-b}{cu^k-a};\quad dx=\frac{k(ad-bc)u^{k-1}}{(cu^k-a)^2}du$

B. $\int R\left(x, \sqrt[k_i]{\frac{ax+b}{cx+d}}\right)dx \quad (i=1,\ldots,n;\ k_i\in\mathbb{Z})$

k sei das kleinste gemeinsame Vielfache der $|k_i|$; Substitution $u=\sqrt[k]{\frac{ax+b}{cx+d}}$ wie A.

C. $\int x^{2m+1}\cdot R(\sqrt{ax^2+b})dx \quad (m\in\mathbb{Z};\ a\neq 0)$

„Quadratische" Substitution $\quad u=\sqrt{ax^2+b};\quad x^2=\frac{u^2-b}{a};\quad x\,dx=\frac{u}{a}du.$

$\int x^{2m}\cdot R(\sqrt{ax^2+b})dx$ läßt sich manchmal durch die „reziproke" Substitution $u=\frac{1}{x}$; $x=\frac{1}{u}$; $dx=-\frac{1}{u^2}dx$ auf diesen Fall zurückführen, sonst D.

D. $\int R(x, \sqrt{ax^2+bx+c})\,dx \quad (a \neq 0)$

Die Substitution $u = x + \frac{b}{2a}$; $x = u - \frac{b}{2a}$; $dx = du$ führt zu

$\int R^*\left(u, \sqrt{a\left(u^2 + \frac{4ac-b^2}{4a^2}\right)}\right) du$; je nach dem Wert von a und $4ac-b^2$ ergeben sich für die Wurzel die Fälle

$$\sqrt{a}\cdot\sqrt{u^2+k^2} \qquad \left(a>0;\ 0 \leqq \frac{4ac-b^2}{4a^2} = k^2\right)$$

$$\sqrt{a}\cdot\sqrt{u^2-k^2} \qquad \left(a>0;\ 0 \leqq \frac{b^2-4ac}{4a^2} = k^2;\ k^2 \leqq u^2\right)$$

$$\sqrt{-a}\cdot\sqrt{k^2-u^2} \qquad \left(a<0;\ 0 \leqq \frac{b^2-4ac}{4a^2} = k^2;\ k^2 \geqq u^2\right)$$

Nun kann C. oder F. angewendet werden.

E. $\int x^{\frac{m}{n}} \cdot \left(a + b x^{\frac{k}{l}}\right)^{\frac{p}{q}} dx \quad (m, k, p \in \mathbb{Z}\setminus\{0\};\ n, l, q \in \mathbb{N}^*;\ a, b \neq 0)$

Geschlossene Integration ist möglich, wenn a) $q=1$ oder b) $\frac{l(m+n)}{kn} \in \mathbb{Z}$ oder c) $\frac{l(m+n)}{kn} + \frac{p}{q} \in \mathbb{Z}$.

a) $p>0$: Anwendung der binomischen Formeln (S. 22)

$p<0$: Substitution $\quad u = x^{\frac{1}{nl}}; \quad x = u^{nl}; \quad dx = nl\cdot u^{nl-1}\,du$

b) Substitution $\quad u = (a + b x^{\frac{k}{l}})^{\frac{1}{q}}; \quad x = \left(\frac{u^q - a}{b}\right)^{\frac{l}{k}}; \quad dx = \frac{lq}{bk} u^{q-1} \left(\frac{u^q-a}{b}\right)^{\frac{l}{k}-1} du$

c) Substitution $\quad u = (a x^{-\frac{k}{l}} + b)^{\frac{1}{q}}; \quad x = \left(\frac{u^q - b}{a}\right)^{-\frac{l}{k}}$

$$dx = -\frac{lq}{ak} u^{q-1} \cdot \left(\frac{u^q-b}{a}\right)^{-\frac{l}{k}-1} du$$

F. Einführung von Kreis- oder Hyperbelfunktionen

Ist der Integrand ein rationaler Ausdruck in x und einer der Wurzeln $\sqrt{k^2-x^2}$, $\sqrt{k^2+x^2}$, $\sqrt{x^2-k^2}$, so läßt er sich mit Hilfe der in der folgenden Tabelle angegebenen Substitutionen auf trigonometrische oder hyperbolische Funktionen zurückführen und nach den in 6.9.4.3, Seite 227 angegebenen Methoden integrieren.

Wurzel ($k>0$)	Subst.	oder Subst.
$\sqrt{k^2-x^2}$	$x=k\sin u;\ -\frac{\pi}{2}\leqq u\leqq\frac{\pi}{2}$ $u=\arcsin x;\ dx=k\cos u\,du$ $\sqrt{k^2-x^2}=k\cos u$	$x=k\cdot\tanh u;\ u\in\mathbb{R}$ $u=\operatorname{arctanh}\frac{x}{k};\ dx=\frac{k\,du}{\cosh^2 u}$ $\sqrt{k^2-x^2}=\frac{k}{\cosh u}$
$\sqrt{x^2+k^2}$	$x=k\tan u;\ -\frac{\pi}{2}<u<\frac{\pi}{2}$ $u=\arctan\frac{x}{k};\ dx=\frac{k\,du}{\cos^2 u}$ $\sqrt{x^2+k^2}=\frac{k}{\cos u}$	$x=k\sinh u;\ u\in\mathbb{R}$ $u=\operatorname{arsinh}\frac{x}{k};\ dx=k\cosh u\,du$ $\sqrt{x^2+k^2}=k\cosh u$
$\sqrt{x^2-k^2}$	$x=\frac{k}{\cos u};\ 0\leqq u\leqq\pi;\ u\neq\frac{\pi}{2}$ $u=\arccos\frac{k}{x};\ dx=\frac{k\sin u\,du}{\cos^2 u}$ $\sqrt{x^2-k^2}=k\lvert\tan u\rvert$	$x=k\operatorname{sgn}x\cosh u;\ u\geqq 0$ $u=\operatorname{arcosh}\frac{\lvert x\rvert}{k};$ $dx=k\cdot\operatorname{sgn}x\cdot\sinh u\,du$ $\sqrt{x^2-k^2}=k\sinh u$

B

Zu 6.9.4.2

Fall E

1. Das Integral $\int\frac{dx}{x(1-\sqrt{x})^{3/2}}=\int x^{-1}\cdot(1-x^{1/2})^{-3/2}dx$ ist in geschlossener Form integrierbar, da $m=-1$, $n=1$, $k=1$, $l=2$, $p=-3$, $q=2$ und daher $\frac{l(m+n)}{kn}=0\in\mathbb{Z}$.

   Substitution $u=(1-\sqrt{x})^{1/2}$; $x=\left(\frac{u^2-1}{-1}\right)^2=(u^2-1)^2$;

$$dx=\frac{2\cdot 2}{-1}\cdot u\cdot\left(\frac{u^2-1}{-1}\right)^{2-1}du=4u(u^2-1)\,du$$

$$\int x^{-1}(1-x^{1/2})^{-3/2}dx=\int\frac{4u(u^2-1)\,du}{(u^2-1)^2u^3}=4\int\frac{du}{u^2(u^2-1)}=-4\int\frac{dz}{z^2(1-z^2)}$$

Integration nach Partialbruchzerlegung:

$$-4\int\frac{dz}{z^2(1-z^2)}=-4\left[\frac{1}{2}\int\frac{dz}{1+z}+\frac{1}{2}\int\frac{dz}{1-z}+\int\frac{dz}{z^2}\right]$$

$$=-4\left[\frac{1}{2}\ln|1+z|-\frac{1}{2}\ln|1-z|-\frac{1}{z}\right]+C$$

$$=-4\left[\frac{1}{2}\ln\left|\frac{1+z}{1-z}\right|-\frac{1}{z}\right]+C$$

$$=-4\left[\operatorname{artanh} z-\frac{1}{z}\right]+C$$

$$=-4\left[\operatorname{artanh}\sqrt{1-\sqrt{x}}-\frac{1}{\sqrt{1-\sqrt{x}}}\right]+C.$$

Fall C

2. $\int\frac{dx}{x^2\sqrt{a+bx^2}^{\,3}}$.

(6.9.4.2 C)

$$u=g(x)=\frac{1}{x};\quad x=\overset{-1}{g}(u)=\frac{1}{u};\quad dx=-\frac{1}{u^2}du;$$

$$\int\frac{dx}{x^2\sqrt{a+bx^2}^{\,3}}=-\int\frac{du}{u^2\cdot\frac{1}{u^2}\sqrt{a+\frac{b}{u^2}}^{\,3}}=-\int\frac{|u|^3\,du}{\sqrt{au^2+b}^{\,3}}.$$

(6.9.4.2 B)

$$v=g(u)=\sqrt{au^2+b};\quad u\,du=\frac{v}{a}dv;\quad u^2=\frac{v^2-b}{a};$$

$$-\int\frac{|u|^3\,du}{\sqrt{au^2+b}^{\,3}}=-\operatorname{sgn}u\cdot\int\frac{u^2\cdot u\,du}{\sqrt{au^2+b}^{\,3}}=-\operatorname{sgn}u\cdot\int\frac{v^2-b}{a\cdot v^3}\cdot\frac{v\,dv}{a}$$

$$=-\operatorname{sgn}u\cdot\frac{1}{a^2}\cdot\int\frac{v^2-b}{v^2}dv=-\frac{\operatorname{sgn}u}{a^2}\int\left(1-\frac{b}{v^2}\right)dv$$

$$=-\frac{\operatorname{sgn}u}{a^2}\left(v+\frac{b}{v}\right)+C=-\frac{\operatorname{sgn}x}{a^2}\left(\sqrt{\frac{a}{x^2}+b}+\frac{b}{\sqrt{\frac{a}{x^2}+b}}\right)+C$$

$$=-\frac{\operatorname{sgn}x}{a^2}\left(\frac{1}{|x|}\sqrt{a+bx^2}+\frac{b|x|}{\sqrt{a+bx^2}}\right)+C=-\frac{a+2bx^2}{a^2x\sqrt{a+bx^2}}+C.$$

Fall F

3. $\int\sqrt{x^2-a^2}\,dx$ wird durch Einführung hyperbolischer Funktionen berechnet:

$$\sqrt{x^2-a^2}=a\cdot\sinh u;\quad dx=a\cdot\operatorname{sgn}x\cdot\sinh u\,du;$$

$$\begin{aligned}\int\sqrt{x^2-a^2}\,dx&=\int a\sinh u\cdot a\cdot\operatorname{sgn}x\cdot\sinh u\,du\\&=a^2\cdot\operatorname{sgn}x\int\sinh^2 u\,du\\&=a^2\operatorname{sgn}x\cdot\int\frac{\cosh 2u-1}{2}du\\&=a^2\operatorname{sgn}x\cdot\tfrac{1}{2}(\tfrac{1}{2}\sinh 2u-u)+C\\&=\tfrac{1}{2}a^2\operatorname{sgn}x(\sinh u\cdot\cosh u-u)+C\\&=\tfrac{1}{2}a^2\operatorname{sgn}x\left(\frac{\sqrt{x^2-a^2}}{a}\cdot\frac{x}{a}\operatorname{sgn}x-\operatorname{arcosh}\frac{|x|}{a}\right)+C\\&=\tfrac{1}{2}\left(x\sqrt{x^2-a^2}-a^2\operatorname{sgn}x\cdot\operatorname{arcosh}\frac{|x|}{a}\right)+C.\end{aligned}$$

6.9.4.3 Integration von Kreis- und Hyperbelfunktionen

A. Ist der Integrand ein rationaler Ausdruck $R(\sin x,\cos x)$ oder $R(\sinh x,\cosh x)$ in Kreis- oder Hyperbelfunktionen, so läßt er sich mit Hilfe der nachstehenden Substitutionen immer in einen rationalen Term in u überführen (Integration nach 6.9.4.1, Seite 220).

trigonometrische Funktionen	hyperbolische Funktionen
$u=\tan\frac{x}{2}$; $\sin x=\frac{2u}{1+u^2}$; $\cos x=\frac{1-u^2}{1+u^2}$	$u=e^x$; $\sinh x=\frac{u^2-1}{2u}$; $\cosh x=\frac{u^2+1}{2u}$
$dx=\frac{2du}{1+u^2}$; $\tan x=\frac{2u}{1-u^2}$; $\cot x=\frac{1-u^2}{2u}$	$dx=\frac{du}{u}$; $\tanh x=\frac{u^2-1}{u^2+1}$; $\coth x=\frac{u^2+1}{u^2-1}$

Vereinfachung in besonderen Fällen:

$\int R(\sin x)\cdot\cos x\,dx$ bzw. $\int R(\cos x)\cdot\sin x\,dx$

werden nach der Substitutionsregel (6.9.3.1 A, Seite 216) durch die Substitution $u=g(x)=\sin x$ bzw. $u=g(x)=\cos x$ in eine nach 6.9.4.1, Seite 220 integrierbare Form übergeführt.

$\int(\sin x)^n\,dx$:

Ist $n\in\mathbb{N}^*$ und ungerade $(n=2m+1)$, so ist $\int(\sin x)^n\,dx=\int(1-\cos^2 x)^m\cdot\sin x\,dx$ (Aufspaltung); man substituiert $\cos x=g(x)=u$ (6.9.3.1 A).

Ist $n\in\mathbb{N}^*$ und gerade $(n=2m)$, so ist $\int(\sin x)^n dx=\frac{1}{2^m}\int(1-\cos 2x)^m dx$ (Einführung von Doppelwinkeln); man substituiert $2x=u$ (6.9.3.1 A) und wendet die binomische Formel an.

$\int (\cos x)^n\, dx$:

Ist $n \in \mathbb{N}^*$ und ungerade $(n=2m+1)$, so ist $\int (\cos x)^n\, dx = \int (1-\sin^2 x)^m \cdot \cos x\, dx$ (Aufspaltung); man substituiert $\sin x = u$ (6.9.3.1 A).

Ist $n \in \mathbb{N}^*$ und gerade $(n=2m)$, so ist $\int (\cos x)^n dx = \frac{1}{2^m} \int (1+\cos 2x)^m dx$ (Einführung von Doppelwinkeln); man substituiert $2x=u$ (6.9.3.1 A) und wendet die binomische Formel an.

$\int \tan^n x\, dx$:

$$\int (\tan x)^n\, dx = \int \tan^{n-2} x \cdot \left(\frac{1}{\cos^2 x} - 1\right) dx$$

$$= \int \tan^{n-2} x \cdot \frac{1}{\cos^2 x}\, dx - \int \tan^{n-2} x\, dx \quad (n \in \mathbb{N}^*;\ n>1)$$

Das erste Integral läßt sich nach der Substitution $\tan x = u$ (6.9.3.1 A) sofort integrieren. Das zweite Integral unterwirft man ggf. nochmals derselben Behandlung.

$\int \cot^n x\, dx$:

$$\int (\cot x)^n\, dx = \int \cot^{n-2} x \cdot \left(\frac{1}{\sin^2 x} - 1\right) dx$$

$$= \int \cot^{n-2} x \cdot \frac{1}{\sin^2 x}\, dx - \int \cot^{n-2} x\, dx \quad (n \in \mathbb{N}^*;\ n>1)$$

Das erste Integral läßt sich nach der Substitution $\cot x = u$ (6.9.3.1 A) sofort integrieren. Das zweite Integral unterwirft man ggf. nochmals derselben Behandlung.

B. Enthält der Integrand außer rationalen Funktionen von trigonometrischen oder hyperbolischen Funktionen auch noch rationale Funktionen von x (oder anderen Funktionen), so ist das Integral nur in Ausnahmefällen in geschlossener Form integrierbar. Im allgemeinen lassen sich diese Typen durch partielle Integration vereinfachen, jedoch sind allgemeingültige Integrationsregeln nicht angebbar.

B

Zu 6.9.4.3

Integration von $R(\sin x, \cos x)$

1. Das Integral $\int \frac{\sin x \cdot (1+\cos x)}{1-\sin x}\, dx$ geht mit Hilfe der Substitutionen 6.9.4.3 A über in

$$\int \frac{\frac{2u}{1+u^2} \cdot \left(1+\frac{1-u^2}{1+u^2}\right)}{1-\frac{2u}{1+u^2}} \cdot \frac{2du}{1+u^2} = 4 \int \frac{u(1+u^2)+u(1-u^2)}{(1+u^2-2u)(1+u^2)^2}\, du$$

$$= 8 \int \frac{u}{(1-u)^2(1+u^2)^2}\, du.$$

Partialbruchzerlegung und nachfolgende Integration führt auf

$$\ln \frac{1+u^2}{(1-u)^2} + \frac{2}{1-u} - 2\left(\frac{u}{1+u^2} + \arctan u\right) + C$$

und schließlich auf

$$\tan x - \sin x + \frac{1}{\cos x} - x - \ln(1-\sin x) + C^*.$$

Integration von $R(\sin x)\cdot\cos x$

2. Das Integral $\int \sin^2 x \cos x\,dx$ geht mit der Substitution $\sin x = g(x) = u$, $\cos x\,dx = du$ über in

$$\int \sin^2 x \cos x\,dx = \int u^2\,du = \tfrac{1}{3}\sin^3 x + C.$$

$R(\sin x)\cdot\cos x$ *nach Aufspaltung*

3. Das Integral $\int \sin^2 x \cos^3 dx$ läßt sich aufspalten in

$$\begin{aligned}\int \sin^2 x \cos^3 x\,dx &= \int \sin^2 x(1-\sin^2 x)\cos x\,dx\\ &= \int \sin^2 x \cos x\,dx - \int \sin^4 x \cos x\,dx\end{aligned}$$

und kann wie in Beispiel 2. weiter behandelt werden:

$$\int \sin^2 x \cos^3 x\,dx = \tfrac{1}{3}\sin^3 x - \tfrac{1}{5}\sin^5 x + C.$$

Integration von $(\sin x)^n$ *nach Aufspaltung*

4. Das Integral $\int \sin^3 x\,dx$ läßt sich aufspalten in

$$\begin{aligned}\int \sin^3 x\,dx &= \int (1-\cos^2 x)\sin x\,dx = \int \sin x\,dx - \int \cos^2 x \sin x\,dx\\ &= -\cos x + \tfrac{1}{3}\cos^3 x + C.\end{aligned}$$

Integration nach Einführung von Doppelwinkeln

5. Das Aufspaltungsverfahren versagt, wenn in den Integralen $\int \sin^n x\,dx$ bzw. $\int \sin^n x \cos^m x\,dx$ die Exponenten n und m gerade Zahlen sind. Dann läßt sich durch Einführung von Doppelwinkelfunktionen

$$\sin^2 x = \tfrac{1}{2}(1-\cos 2x),\quad \cos^2 x = \tfrac{1}{2}(1+\cos 2x)$$

der Integrand auf eine zur Aufspaltung geeignete Form überführen:

$$\begin{aligned}\int \sin^2 x \cos^2 x\,dx &= \tfrac{1}{4}\int (1-\cos^2 2x)\,dx = \tfrac{1}{4}x - \tfrac{1}{4}\int \cos^2 2x\,dx\\ &= \tfrac{1}{4}x - \tfrac{1}{8}\int (1+\cos 4x)\,dx = \tfrac{1}{4}\left[\frac{x}{2} - \frac{1}{8}\sin 4x\right] + C.\end{aligned}$$

6.9.4.4 Integration sonstiger transzendenter Funktionen

Die Integrale transzendenter Funktionen sind nur in den Fällen in geschlossener Form angebbar, wo die Funktionsgesetze eine besonders einfache Gestalt haben. Allgemeingültige Integrationsregeln lassen sich nicht angeben, jedoch wird man die Integranden durch geeignete Substitutionen auf rationale Funktionen zu transformieren oder durch partielle Integration zu vereinfachen suchen.

Zu 6.9.4.4

Partielle Integration

1. $\int x \cdot \ln x \, dx$ wird durch partielle Integration (6.9.3.2, Seite 218) ausgewertet:

$$u'(x) = x; \qquad v(x) = \ln x$$

$$u(x) = \frac{x^2}{2}; \quad v'(x) = \frac{1}{x}$$

$$\int x \cdot \ln x \, dx = \frac{x^2}{2} \cdot \ln x - \int \frac{x^2}{2} \cdot \frac{1}{x} dx = \frac{x^2}{2} \cdot \ln x - \frac{1}{4} x^2 + C.$$

Substitution und partielle Integration

2. $\int \sin \sqrt{x} \, dx$ wird durch Substitution (6.9.3.1 B, Seite 217) ausgewertet:

$$\sqrt{x} = g(x) = u > 0; \quad x > 0; \quad x = u^2$$

$$g'(x) = \frac{1}{2\sqrt{x}} \neq 0; \quad dx = \frac{du}{\frac{1}{2\sqrt{u^2}}} = 2u \, du; \quad \text{(auch } u = 0 \text{ erlaubt).}$$

$$\int \sin \sqrt{x} \, dx = \int \sin u \cdot 2u \, du = 2 \int u \sin u \, du.$$

Dieses Integral läßt sich durch partielle Integration auswerten:

$$\begin{aligned} 2 \int u \sin u \, du &= -2u \cos u + 2 \int \cos u \, du \\ &= -2u \cos u + 2 \sin u + C \\ &= 2(\sin \sqrt{x} - \sqrt{x} \cos \sqrt{x}) + C. \end{aligned}$$

Partielle Integration

3. $\int x^2 \cdot \arctan x \, dx$ wird durch partielle Integration ausgewertet:

$$u'(x) = x^2; \qquad v(x) = \arctan x;$$

$$u(x) = \frac{x^3}{3}; \quad v'(x) = \frac{1}{1 + x^2};$$

$$\begin{aligned} \int x^2 \arctan x \, dx &= \frac{x^3}{3} \cdot \arctan x - \frac{1}{3} \int \frac{x^3}{1+x^2} dx \\ &= \frac{x^3}{3} \arctan x - \frac{1}{3} \int \left(x - \frac{x}{1+x^2} \right) dx \\ &= \frac{x^3}{3} \arctan x - \frac{1}{3} \left(\frac{x^2}{2} - \frac{1}{2} \ln(1 + x^2) \right) + C. \end{aligned}$$

Substitution

4. Das Integral $\int \frac{x(1 + \sqrt{1 - x^2})}{(1 - x)\sqrt{1 - x^2}} dx$ wird vereinfacht durch Substitution 6.9.4.2 E, Seite 224;

$$x = g(u) = \sin u; \quad dx = \cos u \, du; \quad -\frac{\pi}{2} \leqq u \leqq \frac{\pi}{2}; \quad u = \arcsin x;$$

es ergibt sich

$$\int \frac{\sin u(1+\cos u)}{1-\sin u}\,du.$$

Weiterbehandlung Beispiel 1 zu 6.9.4.3.

Integrationsformeln

5. $\int r^3 \arcsin\frac{a}{r}\,dr$ $(a>0;\ |r|\geqq a)$ wird nach Formel 344 von 6.9.5.1, Seite 264) mit $k=\frac{1}{a}$ behandelt.

$$\int r^3 \arcsin\frac{a}{r}\,dr=\frac{r^4}{4}\arcsin\frac{a}{r}+\frac{\operatorname{sgn}\frac{a}{r}}{4}\int\frac{r^3\,dr}{\sqrt{\frac{r^2}{a^2}-1}};$$

$\operatorname{sgn}\frac{a}{r}=\operatorname{sgn}\frac{1}{r}=\operatorname{sgn} r$; das Restintegral wird nach Formel 183 von 6.9.5.1, Seite 246 weiterbehandelt:

$$\begin{aligned}\int r^3 \arcsin\frac{a}{r}\,dr&=\frac{r^4}{4}\cdot\arcsin\frac{a}{r}+\frac{a\cdot\operatorname{sgn} r}{4}\int\frac{r^3\,dr}{\sqrt{r^2-a^2}}\\&=\frac{r^4}{4}\arcsin\frac{a}{r}+\frac{a}{4}\cdot\operatorname{sgn} r\cdot\frac{\sqrt{r^2-a^2}}{3}(2a^2+r^2)+C\\&=\frac{r^4}{4}\arcsin\frac{a}{r}+\frac{a}{12}\cdot\operatorname{sgn} r\cdot\sqrt{r^2-a^2}\cdot(2a^2+r^2)+C.\end{aligned}$$

6.9.5 Integraltafel [1])

6.9.5.1 Integrale von rationalen Funktionen

Nr.	$f(x)$	$\int f(x)\,dx$
		Abkürzung: $z=a+bx;\ n\in\mathbb{Z}$
1. [2])	z^n	$\dfrac{z^{n+1}}{b(n+1)}$ $\quad(n \neq -1)$
2.	$\dfrac{1}{z}$	$\dfrac{1}{b}\ln\lvert z\rvert$
3. [2])	$x^m z^n$	$\dfrac{x^{m+1}z^n}{m+1}-\dfrac{bn}{m+1}\int x^{m+1}z^{n-1}\,dx$ $\quad(m\neq -1)\ (m\in\mathbb{R})$ oder $\dfrac{x^m z^{n+1}}{b(n+1)}-\dfrac{m}{b(n+1)}\int x^{m-1}z^{n+1}\,dx$ $\quad(n\neq -1)\ (m\in\mathbb{R})$ Ist $n\in\mathbb{N}^*$, so kann man z^n nach dem binomischen Satz entwickeln und nach Multiplikation mit x^m gliedweise integrieren.
4.	$\dfrac{z}{x}$	$a\ln\lvert x\rvert+bx$
5.	$\dfrac{z}{x^2}$	$-\dfrac{a}{x}+b\ln\lvert x\rvert$
6.	$\dfrac{z^n}{x}$	$a^n\ln\lvert x\rvert+\sum\limits_{\lambda=1}^{n}\dbinom{n}{\lambda}\dfrac{a^{n-\lambda}}{\lambda}(bx)^\lambda$ $\quad(n\in\mathbb{N}^*)$
7.	$\dfrac{x}{z}$	$\dfrac{x}{b}-\dfrac{a}{b^2}\ln\lvert z\rvert$ oder $\dfrac{1}{b^2}(z-a\ln\lvert z\rvert)$
8.	$\dfrac{x}{z^2}$	$\dfrac{1}{b^2}\left(\dfrac{a}{z}+\ln\lvert z\rvert\right)$
9.	$\dfrac{x}{z^3}$	$-\dfrac{1}{2b^2}\,\dfrac{a+2bx}{z^2}$
10. [2])	$\dfrac{x}{z^n}$	$\dfrac{1}{b^2}\left(\dfrac{a}{(n-1)z^{n-1}}-\dfrac{1}{(n-2)z^{n-2}}\right)$ $\quad(n\neq 1, 2)$
11.	$\dfrac{x^2}{z}$	$\dfrac{1}{b^3}\left(\dfrac{1}{2}b^2x^2-abx+a^2\ln\lvert z\rvert\right)$

[1]) Zusammenstellung einiger in den Anwendungen häufig auftretender Integrale. Die Integrationskonstante C ist weggelassen.

[2]) Gilt auch für $n\in\mathbb{R}$, $n\neq 0$.

Nr.	$f(x)$	$\int f(x)\,dx$	*Abkürzung:* $z=a+bx;\ n\in\mathbb{Z}$
12.	$\dfrac{x^2}{z^2}$	$\dfrac{1}{b^3}\left(z-\dfrac{a^2}{z}-2a\ln\lvert z\rvert\right)$	
13.	$\dfrac{x^2}{z^3}$	$\dfrac{1}{b^3}\left(-\dfrac{a^2}{2z^2}+\dfrac{2a}{z}+\ln\lvert z\rvert\right)$	
14.[2]	$\dfrac{x^2}{z^n}$	$\dfrac{1}{b^3}\left(-\dfrac{a^2}{(n-1)z^{n-1}}+\dfrac{2a}{(n-2)z^{n-2}}-\dfrac{1}{(n-3)z^{n-3}}\right)$	$(n\neq 1, 2, 3)$
15.	$\dfrac{x^3}{z}$	$\dfrac{1}{b^4}\left(\dfrac{1}{3}z^3-\dfrac{3}{2}az^2+3a^2z-a^3\ln\lvert z\rvert\right)$	
16.	$\dfrac{x^3}{z^2}$	$\dfrac{1}{b^4}\left(\dfrac{1}{2}z^2-3az+\dfrac{a^3}{z}+3a^2\ln\lvert z\rvert\right)$	
17.	$\dfrac{x^3}{z^3}$	$\dfrac{1}{b^4}\left(z-\dfrac{3a^2}{z}+\dfrac{a^3}{2z^2}-3a\ln\lvert z\rvert\right)$	
18.	$\dfrac{x^3}{z^4}$	$\dfrac{1}{b^4}\left(\dfrac{a^3}{3z^3}-\dfrac{3a^2}{2z^2}+\dfrac{3a}{z}+\ln\lvert z\rvert\right)$	
19.[2]	$\dfrac{x^3}{z^n}$	$\dfrac{1}{b^4}\left(\dfrac{a^3}{(n-1)z^{n-1}}-\dfrac{3a^2}{(n\quad 2)z^{n-2}}+\dfrac{3a}{(n-3)z^{n-3}}-\dfrac{1}{(n-4)z^{n-4}}\right)$	$(n\neq 1, 2, 3, 4)$
20.	$\dfrac{x^m}{z^n}$	$\dfrac{(-1)^{m+1}}{b^{m+1}}\left(\sum\limits_{\lambda=0}^{m}\dbinom{m}{\lambda}\dfrac{a^{m-\lambda}(-1)^{\lambda}}{(n-1-\lambda)\cdot z^{n-1-\lambda}}\right.$	$(n\geqq m+2;\ m\in\mathbb{N}^*)$
		$\dfrac{1}{b^{m+1}}\left(\ln\lvert z\rvert-\sum\limits_{\lambda=1}^{m}\dbinom{m}{\lambda}\cdot\dfrac{1}{\lambda}\cdot(-1)^{\lambda}\cdot\left(\dfrac{a}{z}\right)^{\lambda}\right)$	$(n=m+1;\ m\in\mathbb{N}^*)$
		$\dfrac{1}{b^{m+1}}\left(z-ma\ln\lvert z\rvert-\sum\limits_{\lambda=2}^{m}\dbinom{m}{\lambda}\dfrac{(-a)^{\lambda}}{\lambda-1}\cdot\dfrac{1}{z^{\lambda-1}}\right)$	$(n=m\geqq 2;\ m\in\mathbb{N}^*)$
		$\dfrac{1}{b^{m+1}}\left(\sum\limits_{\substack{\lambda=0\\ \lambda\neq m-n+1}}^{m}\dbinom{m}{\lambda}\dfrac{(-a)^{\lambda}}{m-n-\lambda+1}\cdot z^{m-n-\lambda+1}+\dbinom{m}{m-n+1}(-a)^{m-n+1}\ln\lvert z\rvert\right)$	$(n<m;\ m\in\mathbb{N}^*)$
21.	$\dfrac{1}{xz}$	$\dfrac{1}{a}\ln\left\lvert\dfrac{x}{z}\right\rvert$	

[2]) Gilt auch für $n\in\mathbb{R}$; $n\neq 0$.

Nr.	$f(x)$	$\int f(x)\,dx$ *Abkürzung:* $z=a+bx;\ n\in\mathbb{Z}$	
22.	$\frac{1}{xz^2}$	$\frac{1}{a^2}\left(\frac{a}{z}+\ln\left\|\frac{x}{z}\right\|\right)$	
23.	$\frac{1}{xz^3}$	$\frac{1}{a^3}\left(\frac{a}{z}+\frac{a^2}{2z^2}+\ln\left\|\frac{x}{z}\right\|\right)$	
24.	$\frac{1}{x\cdot z^n}$	$\frac{1}{a^n}\left(\ln\left\|\frac{x}{z}\right\|+\sum_{\lambda=1}^{n-1}\frac{1}{\lambda}\left(\frac{a}{z}\right)^{\lambda}\right)$	$(n\geqq 2)$
25.	$\frac{1}{x^2 z}$	$-\frac{b}{a^2}\left(\frac{a}{bx}+\ln\left\|\frac{x}{z}\right\|\right)$	
26.	$\frac{1}{x^2 z^n}$	$-\frac{b}{a^{n+1}}\left(n\cdot\ln\left\|\frac{x}{z}\right\|+\frac{a}{bx}+\sum_{\lambda=1}^{n-1}\frac{n-\lambda}{\lambda}\left(\frac{a}{z}\right)^{\lambda}\right)$	$(n\geqq 2)$
27.	$\frac{1}{x^3 z}$	$\frac{b^2}{a^3}\left(\ln\left\|\frac{x}{z}\right\|+\frac{a}{bx}-\frac{1}{2}\left(\frac{a}{bx}\right)^2\right)$	
28.	$\frac{1}{x^3 z^2}$	$\frac{b^2}{a^4}\left(3\ln\left\|\frac{x}{z}\right\|+\frac{a}{z}+2\frac{a}{bx}-\frac{1}{2}\left(\frac{a}{bx}\right)^2\right)$	
29.	$\frac{1}{x^3 z^n}$	$\frac{b^2}{a^{n+2}}\left[\frac{n(n+1)}{2}\ln\left\|\frac{x}{z}\right\|+\sum_{\lambda=1}^{n-1}\binom{n+1-\lambda}{2}\frac{1}{\lambda}\left(\frac{a}{z}\right)^{\lambda}\right.$ $\left.+\frac{na}{bx}-\frac{a^2}{2b^2x^2}\right]$	$(n\geqq 2)$
30.	$\frac{1}{x^m z^n}$	$\frac{(-b)^{m-1}}{a^{m+n-1}}\left[\binom{m+n-2}{m-1}\ln\left\|\frac{bx}{z}\right\|\right.$ $\left.+\sum_{\substack{\lambda=0\\ \lambda\neq m-1}}^{m+n-2}\binom{m+n-2}{\lambda}\frac{1}{\lambda-m+1}\left(\frac{-bx}{z}\right)^{\lambda-m+1}\right]$	$(m,n\geqq 2;$ $m\in\mathbb{N}^*)$
		Abkürzung: $z=a+bx;\ \Delta=af-be\neq 0;\ m,n\in\mathbb{N}^*$	
31.	$\frac{(e+fx)^m}{z^n}$	$\frac{1}{b^{m+1}}\left[\sum_{\substack{\lambda=0\\ \lambda\neq m-n+1}}^{m}\binom{m}{\lambda}\frac{(-\Delta)^{\lambda}f^{m-\lambda}}{m-n+1-\lambda}z^{m-n+1-\lambda}\right.$ $\left.+\binom{m}{m-n+1}(-\Delta)^{m-n+1}f^{n-1}\ln\|z\|\right]$	
32.	$\frac{1+x}{1-x}$	$-x-2\ln\|1-x\|$	
33.	$\frac{1-x}{1+x}$	$-x+2\ln\|1+x\|$	

Nr.	$f(x)$	$\int f(x)\,dx$ — *Abkürzung:* s.S. 234
34.	$\frac{(e+fx)^2}{z^2}$	$\frac{1}{b^3}\left(f^2 z-2f\Delta\ln\lvert z\rvert-\frac{\Delta^2}{z}\right)$
35.	$\frac{1}{(e+fx)^m z^n}$	$-\frac{f^{m+n-2}}{\Delta^{m+n-1}}\left[\sum_{\substack{\lambda=0\\ \lambda\neq m-1}}^{m+n-2}\binom{m+n-2}{\lambda}\cdot\left(\frac{-b}{f}\right)^{\lambda}\cdot\frac{1}{m-1-\lambda}\cdot\left(\frac{z}{e+fx}\right)^{m-1-\lambda}\right.$ $\left.+\binom{m+n-2}{m-1}\left(\frac{-b}{f}\right)^{m-1}\ln\left\lvert\frac{z}{e+fx}\right\rvert\right]$
36.	$\frac{1}{(e+fx)z}$	$-\frac{1}{\Delta}\ln\left\lvert\frac{z}{e+fx}\right\rvert$
37.	$\frac{1}{(e+fx)^2 z^2}$	$-\frac{f}{\Delta^3}\left(f\frac{z}{e+fx}-2b\ln\left\lvert\frac{z}{e+fx}\right\rvert-\frac{b^2}{f}\frac{e+fx}{z}\right)$
38.	$\frac{x^p}{(e+fx)^m z^n}$	$\frac{1}{f^p}\sum_{\lambda=0}^{p}\binom{p}{\lambda}(-e)^{p-\lambda}\int\frac{(e+fx)^{\lambda-m}}{z^n}\,dx$ $\quad(p\in\mathbb{N}^*)$ weitere Integration: $\lambda>m$: Nr. 31 $\lambda=m$: Nr. 1 $\lambda<m$: Nr. 35

Abkürzung:

$z=a^2+x^2;$ $\quad(a>0)$

$Z=\arctan\frac{x}{a}$

$z=a^2-x^2;$ $\quad(a>0)$

$$Z=\frac{1}{2}\ln\left\lvert\frac{a+x}{a-x}\right\rvert=\begin{cases}\frac{1}{2}\ln\frac{a+x}{a-x}=\operatorname{artanh}\frac{x}{a}; & \lvert x\rvert<a\\ \frac{1}{2}\ln\frac{x+a}{x-a}=\operatorname{arcoth}\frac{x}{a}; & \lvert x\rvert>a\end{cases}$$

$m,\ n\in\mathbb{N}^*$

In den nachstehenden Formeln gelten die oberen Zeichen für $z=a^2+x^2$, die unteren für $z=a^2-x^2$.

Nr.	$f(x)$	$\int f(x)\,dx$
39.	$\frac{1}{z}$	$\frac{1}{a}Z$
40.	$\frac{1}{z^2}$	$\frac{1}{2a^2}\left(\frac{x}{z}+\frac{1}{a}Z\right)$

Nr.	$f(x)$	$\int f(x)\,dx$ *Abkürzung:* s.S. 235	
41.[2]	$\frac{1}{z^n}$	$\frac{1}{2(n-1)a^2}\left(\frac{x}{z^{n-1}}+(2n-3)\int\frac{dx}{z^{n-1}}\right)$	$(n\neq 1)$
42.	$\frac{1}{xz}$	$\frac{1}{2a^2}\ln\frac{x^2}{\lvert z\rvert}$	
43.	$\frac{1}{xz^2}$	$\frac{1}{2a^4}\left(\frac{a^2}{z}+\ln\frac{x^2}{\lvert z\rvert}\right)$	
44.	$\frac{1}{xz^n}$	$\frac{1}{2a^{2n}}\left(\ln\frac{x^2}{\lvert z\rvert}+\sum_{\lambda=1}^{n-1}\frac{1}{\lambda}\left(\frac{a^2}{z}\right)^{\lambda}\right)$	$(n\geqq 2)$
45.	$\frac{1}{x^2 z}$	$-\frac{1}{a^3}\left(\frac{a}{x}\pm Z\right)$	
46.	$\frac{1}{x^2 z^2}$	$-\frac{1}{a^4}\left(\frac{1}{x}\pm\frac{x}{2z}\pm\frac{3}{2a}Z\right)$	
47.	$\frac{1}{x^{2m+1}\cdot z^n}$	$-\frac{1}{2a^{2(m+n)}}\left[\sum_{\substack{\lambda=0\\ \lambda\neq m}}^{m+n-1}\binom{m+n-1}{\lambda}\frac{(\mp 1)^{\lambda}}{m-\lambda}\left(\frac{z}{x^2}\right)^{m-\lambda}\right.$ $\left.+\binom{m+n-1}{m}(\mp 1)^m\ln\frac{\lvert z\rvert}{x^2}\right]$	
48.[3]	$\frac{1}{x^{2m}z^n}$	$-\frac{1}{(2m-1)x^{2m-1}z^n}\mp\frac{2n}{2m-1}\int\frac{dx}{x^{2m-2}\cdot z^{n+1}}$ $(m\neq\frac{1}{2})$ (Rekursionsformel, führt schließlich auf Nr. 41)	
49.	$\frac{x}{z}$	$\pm\frac{1}{2}\ln\lvert z\rvert$	
50.	$\frac{x^2}{z}$	$a\left(\pm\frac{x}{a}\mp Z\right)$	
51.[2]	$\frac{x^n}{z}$	$a^2\left(\pm\frac{x^{n-1}}{(n-1)a^2}\mp\int\frac{x^{n-2}}{z}\,dx\right)$	$(n\neq 1)$
52.	$\frac{x}{z^2}$	$\mp\frac{1}{2z}$	
53.	$\frac{x^2}{z^2}$	$\mp\frac{x}{2z}\pm\frac{1}{2a}Z$	
54.[4]	$\frac{x^m}{z^n}$	$\frac{1}{a^2}\left(\frac{x^{m+1}}{2(n-1)z^{n-1}}+\frac{2n-m-3}{2(n-1)}\int\frac{x^m}{z^{n-1}}\,dx\right)$	$(n\neq 1)$ ($n=1$: Nr. 51)

[2]) Gilt auch für $n\in\mathbb{R}$; $n\neq 0$.
[3]) Gilt auch für $m, n\in\mathbb{R}$; $m\neq\frac{1}{2}$.
[4]) Gilt auch für $m, n\in\mathbb{R}$; $n\neq 0$.

Nr.	$f(x)$	$\int f(x)\,dx$
		Abkürzung: $z=a^2+x^2$; $Z=\arctan\frac{x}{a}$ $\quad a>0$ $z=a^2-x^2$; $Z=\frac{1}{2}\ln\left\lvert\frac{a+x}{a-x}\right\rvert=\begin{cases}\frac{1}{2}\ln\frac{a+x}{a-x}=\operatorname{artanh}\frac{x}{a}; & \lvert x\rvert<a\\ \frac{1}{2}\ln\frac{x+a}{x-a}=\operatorname{arcoth}\frac{x}{a}; & \lvert x\rvert>a\end{cases}$ $\quad a>0$ $v=b+x$
55.	$\frac{1}{zv}$	$\frac{1}{a^2\pm b^2}\left(\frac{1}{2}\ln\frac{v^2}{\lvert z\rvert}\pm\frac{b}{a}Z\right)$ für $(z=a^2+x^2)$ oder $(z=a^2-x^2$ und $a^2\neq b^2)$ $\frac{\operatorname{sgn} b}{2a^2}\left(Z-\frac{a}{v}\right)$ für $(z=a^2-x^2$ und $a^2=b^2)$
56.	$\frac{1}{zv^2}$	$\pm\frac{b}{(a^2\pm b^2)^2}\ln\frac{v^2}{\lvert z\rvert}+\frac{b^2\mp a^2}{a(a^2\pm b^2)^2}Z-\frac{1}{(a^2\pm b^2)(b+x)}$ für $(z=a^2+x^2)$ oder $(z=a^2-x^2$ und $a^2\neq b^2)$ $\frac{1}{4a^3}\left(Z-\frac{a}{v}-\frac{a^2\operatorname{sgn} b}{v^2}\right)$ für $(z=a^2-x^2$ und $a^2=b^2)$
57.	$\frac{1}{(a^2+x^2)(a+x)^2}$	$\frac{1}{4a^3}\left(\ln\frac{(a+x)^2}{a^2+x^2}-\frac{2a}{a+x}\right)$
58.	$\frac{1}{(a^2-x^2)(a+x)^2}$	$\frac{1}{4a^3}\left(Z-\frac{a}{a+x}-\frac{a^2}{(a+x)^2}\right)$
59.	$\frac{x}{zv}$	$\frac{1}{2(a^2\pm b^2)}\left(b\ln\frac{\lvert z\rvert}{(b+x)^2}+2aZ\right)$ für $(z=a^2+x^2)$ oder $(z=a^2-x^2$ und $a^2\neq b^2)$ $\frac{1}{2a}\left(Z+\frac{a}{v}\right)$ für $(z=a^2-x^2$ und $a^2=b^2)$
60.	$\frac{x}{(a^2+x^2)(a+x)}$	$\frac{1}{4a}\left(\ln\frac{a^2+x^2}{(a+x)^2}+2\arctan\frac{x}{a}\right)$
61.	$\frac{x^2}{(a^2+x^2)(b^2+x^2)}$	$\frac{1}{a^2-b^2}\left(a\arctan\frac{x}{a}-b\arctan\frac{x}{b}\right)$ $\quad (a^2\neq b^2)$ ($a^2=b^2$: Nr. 53)

Nr.	$f(x)$	$\int f(x)\,dx$ **Abkürzung:** s.S. 237
62.	$\dfrac{x^2}{(a^2-x^2)(b^2+x^2)}$	$\dfrac{1}{a^2+b^2}\left(\dfrac{a}{2}\ln\left\|\dfrac{a+x}{a-x}\right\|-b\arctan\dfrac{x}{b}\right)$
63.	$\dfrac{x^2}{(a^2-x^2)(b^2-x^2)}$	$\dfrac{1}{b^2-a^2}\left(\dfrac{a}{2}\ln\left\|\dfrac{a+x}{a-x}\right\|-\dfrac{b}{2}\ln\left\|\dfrac{b+x}{b-x}\right\|\right)$ $(a^2\neq b^2)$ $(a^2=b^2$: Nr. 53)
		Abkürzung: $z=a^3\pm x^3$; $a>0$; $m,n\in\mathbb{R}$
64.	$\dfrac{1}{z}$	$\pm\dfrac{1}{6a^2}\left(\ln\dfrac{(a\pm x)^2}{a^2\mp ax+x^2}\pm 2\sqrt{3}\arctan\dfrac{2x\mp a}{a\sqrt{3}}\right)$
65.	$\dfrac{1}{z^n}$	$\dfrac{1}{3(n-1)a^3}\left(\dfrac{x}{z^{n-1}}+(3n-4)\displaystyle\int\dfrac{dx}{z^{n-1}}\right)$ $(n\neq 1)$
66.	$\dfrac{x}{z}$	$\dfrac{1}{6a}\left(\ln\dfrac{a^2\mp ax+x^2}{(a\pm x)^2}\pm 2\sqrt{3}\arctan\dfrac{2x\mp a}{a\sqrt{3}}\right)$
67.	$\dfrac{x^2}{z}$	$\pm\dfrac{1}{3}\ln\|z\|$
68.	$\dfrac{x^n}{z}$	$\pm\dfrac{x^{n-2}}{n-2}\mp a^3\displaystyle\int\dfrac{x^{n-3}}{z}\,dx$ $(n\neq 2)$
69.	$\dfrac{1}{xz}$	$\dfrac{1}{3a^3}\ln\left\|\dfrac{x^3}{z}\right\|$
70.	$\dfrac{1}{xz^n}$	$\dfrac{1}{a^3}\left(\dfrac{1}{3(n-1)z^{n-1}}+\displaystyle\int\dfrac{dx}{xz^{n-1}}\right)$ $(n\neq 1)$ oder $\dfrac{1}{3a^{3n}}\left(\ln\left\|\dfrac{x^3}{z}\right\|+\displaystyle\sum_{\lambda=1}^{n-1}\dfrac{1}{\lambda}\left(\dfrac{a^3}{z}\right)^{\lambda}\right)$ $(n\in\mathbb{N}^*;\ n\geqq 2)$
71.	$\dfrac{1}{x^2z}$	$-\dfrac{1}{a^3}\left(\dfrac{1}{x}\pm\displaystyle\int\dfrac{x}{z}\,dx\right)$ (Nr. 66)
72.	$\dfrac{1}{x^mz^n}$	$\dfrac{1}{(m-1)a^3}\left(-\dfrac{1}{x^{m-1}z^{n-1}}\mp(m+3n-4)\displaystyle\int\dfrac{dx}{x^{m-3}z^n}\right)$ $(m\neq 1)$

Nr.	$f(x)$	$\int f(x)\,dx$
		Abkürzung: $z=a^4+x^4;\quad a>0;\quad m\in\mathbb{R}$
73.	$\frac{1}{z}$	$\frac{1}{4a^3\sqrt{2}}\left[\ln\frac{x^2+ax\sqrt{2}+a^2}{x^2-ax\sqrt{2}+a^2}+2\arctan\left(\frac{x\sqrt{2}}{a}-1\right)+2\arctan\left(\frac{x\sqrt{2}}{a}+1\right)\right]$
74.	$\frac{x}{z}$	$\frac{1}{2a^2}\arctan\frac{x^2}{a^2}$
75.	$\frac{x^2}{z}$	$\frac{1}{4a\sqrt{2}}\left[\ln\frac{x^2-ax\sqrt{2}+a^2}{x^2+ax\sqrt{2}+a^2}+2\arctan\left(\frac{x\sqrt{2}}{a}-1\right)+2\arctan\left(\frac{x\sqrt{2}}{a}+1\right)\right]$
76.	$\frac{x^3}{z}$	$\frac{1}{4}\ln z$
76a.	$\frac{x^m}{z}$	$\frac{x^{m-3}}{m-3}-a^4\int\frac{x^{m-4}}{z}\,dx \qquad (m\neq 3)$
		Abkürzung: $z=a^4-x^4;\quad a>0;\quad m\in\mathbb{R}$
77.	$\frac{1}{z}$	$\frac{1}{4a^3}\left(\ln\left\|\frac{a+x}{a-x}\right\|+2\arctan\frac{x}{a}\right)$
78.	$\frac{x}{z}$	$\frac{1}{4a^2}\ln\left\|\frac{a^2+x^2}{a^2-x^2}\right\|$
79.	$\frac{x^2}{z}$	$\frac{1}{4a}\left(\ln\left\|\frac{a+x}{a-x}\right\|-2\arctan\frac{x}{a}\right)$
80.	$\frac{x^3}{z}$	$-\frac{1}{4}\ln\|a^4-x^4\|$
81.	$\frac{x^m}{z}$	$-\frac{x^{m-3}}{m-3}+a^4\int\frac{x^{m-4}}{z}\,dx \qquad (m\neq 3)$

6.9.5.2 Integrale von irrationalen Funktionen

Nr.	$f(x)$	$\int f(x)\,dx$	
		Abkürzung: $z=a+b\sqrt{x}$; $b\neq 0$; $m, n\in\mathbb{R}$	
82.	$\frac{1}{z}$	$\frac{2\sqrt{x}}{b}-\frac{2a}{b^2}\ln\lvert z\rvert$	
83.	$\frac{1}{z^2}$	$\frac{2}{b^2}\left(\frac{a}{z}+\ln\lvert z\rvert\right)$	
84.	$\frac{1}{z^n}$	$-\frac{2}{b^2(n-1)(n-2)z^{n-1}}\cdot\left(a+(n-1)b\sqrt{x}\right)$	$(n\neq 1, 2)$
85.	$\frac{\sqrt{x}}{z}$	$\frac{2a^2}{b^3}\ln\lvert z\rvert-\frac{2a\sqrt{x}}{b^2}+\frac{x}{b}$	
86.	$\frac{\sqrt{x}}{z^2}$	$\frac{2\sqrt{x}}{b^2}\,\frac{2a+b\sqrt{x}}{a+b\sqrt{x}}-\frac{4a}{b^3}\ln\lvert z\rvert$	
87.	$\frac{\sqrt{x}}{z^n}$	$2\int\frac{t^2\,dt}{(a+bt)^n}$	$(t=\sqrt{x})$ (Nr. 11, 12, 13, 14)
88.	$\frac{x^{m/2}}{z^n}$	$2\int\frac{t^{m+1}\,dt}{(a+bt)^n}$	$(t=\sqrt{x})$ (Nr. 20)
89.	$\frac{1}{xz}$	$\frac{1}{a}\ln\frac{x}{z^2}$	
90.	$\frac{1}{xz^2}$	$\frac{1}{a^2}\left(\ln\frac{x}{z^2}+\frac{2a}{z}\right)$	
91.	$\frac{1}{z\sqrt{x}}$	$\frac{2}{b}\ln\lvert z\rvert$	
92.	$\frac{1}{z^n\sqrt{x}}$	$-\frac{2}{b(n-1)z^{n-1}}$	$(n\neq 1)$
93.	$\frac{1}{x\cdot z^n}$	$2\int\frac{dt}{t(a+bt)^n}$	$(t=\sqrt{x})$ (Nr. 24)

Abkürzung: $z = a + bx; \quad b \neq 0$

Nr.	$f(x)$	$\int f(x)\,dx$
94.	$\sqrt{z}$	$\frac{2}{3b} z^{3/2}$
95.	$z^{3/2}$	$\frac{2}{5b} z^{5/2}$
96.	$z^{m/n}$	$\frac{1}{b} \frac{n}{m+n} z^{\frac{m+n}{n}}$ $(m \neq -n;\ m, n \in \mathbb{R})$ $(m = -n$: Nr. 2)
97.	$x\sqrt{z}$	$\frac{2}{15b^2}(3bx - 2a)\, z^{3/2}$
98.	$x^2\sqrt{z}$	$\frac{2}{b^3}\left(\frac{1}{7}z^2 - \frac{2}{5}az + \frac{1}{3}a^2\right) z^{3/2}$
99.	$x z^{3/2}$	$\frac{2}{35b^2}(5bx - 2a)\, z^{5/2}$
100.	$x^2 z^{3/2}$	$\frac{2}{b^3}\left(\frac{z^2}{9} - \frac{2}{7}az + \frac{a^2}{5}\right) z^{5/2}$
101.	$x^p z^{n/m}$	$\frac{m}{b(m+n)}\left(x^p z^{\frac{m+n}{m}} \quad p\int x^{p-1} z^{\frac{m+n}{m}}\, dx\right)$ $(m \neq -n)$ $= \frac{1}{p+1}\left(x^{p+1} \cdot z^{n/m} - \frac{n}{m} b \int x^{p+1} \cdot z^{\frac{n-m}{m}}\, dx\right)$ $(p \neq -1)$ $(m, n, p \in \mathbb{R})$ (für $m = -n$ und $p = -1$: Nr. 21)
102.	$\frac{1}{\sqrt{z}}$	$\frac{2}{b}\sqrt{z}$
103.	$\frac{x}{\sqrt{z}}$	$\frac{2}{3b^2}(bx - 2a)\, z^{1/2}$
104.	$\frac{x^2}{\sqrt{z}}$	$\frac{2}{b^3}\left(\frac{1}{5}z^2 - \frac{2}{3}az + a^2\right) z^{1/2}$
105.	$\frac{x}{z^{3/2}}$	$\frac{2}{b^2}(2a + bx)\, z^{-1/2}$
106.	$\frac{x^2}{z^{3/2}}$	$\frac{2}{b^3}\left(\frac{1}{3}z^2 - 2az - a^2\right) z^{-1/2}$
107.	$\frac{\sqrt{z}}{x}$	$2\sqrt{z} + a\int \frac{dx}{x\sqrt{z}}$ (Nr. 110)

Nr.	$f(x)$	$\int f(x)\,dx$ — *Abkürzung:* $z=a+bx;\ b\neq 0$	
108.	$\frac{\sqrt{z}}{x^2}$	$-\frac{\sqrt{z}}{x}+\frac{b}{2}\int\frac{dx}{x\sqrt{z}}$	(Nr. 110)
109.	$\frac{z^{3/2}}{x}$	$\frac{2}{3}z^{3/2}+2a\sqrt{z}+a^2\int\frac{dx}{x\sqrt{z}}$	(Nr. 110)
110.	$\frac{1}{x\sqrt{z}}$	$\frac{1}{\sqrt{a}}\ln\left\lvert\frac{\sqrt{a}-\sqrt{z}}{\sqrt{a}+\sqrt{z}}\right\rvert$ für $a>0$	
		$\frac{2}{\sqrt{\lvert a\rvert}}\arctan\sqrt{\frac{z}{\lvert a\rvert}}$ für $a<0$	
111.	$\frac{1}{x^2\sqrt{z}}$	$-\frac{1}{a}\left(\frac{\sqrt{z}}{x}+\frac{b}{2}\int\frac{dx}{x\sqrt{z}}\right)$	(Nr. 110)
112.	$\frac{1}{x^2 z^{3/2}}$	$-\frac{1}{ax\sqrt{z}}-\frac{3b}{a^2\sqrt{z}}-\frac{3b}{2a^2}\int\frac{dx}{x\sqrt{z}}$	(Nr. 110)
		Abkürzung: $z=\sqrt{a^2-x^2};\quad a>0;\quad n\in\mathbb{R}$	
113.	z	$\frac{1}{2}\left(xz+a^2\arcsin\frac{x}{a}\right)$	
114.	z^3	$\frac{1}{4}\left(xz^3+\frac{3}{2}a^2xz+\frac{3}{2}a^4\arcsin\frac{x}{a}\right)$	
115.	xz	$-\frac{1}{3}z^3$	
116.	x^2z	$-\frac{1}{4}\left(xz^3-\frac{1}{2}a^2xz-\frac{1}{2}a^4\arcsin\frac{x}{a}\right)$	
117.	x^3z	$\frac{1}{5}z^5-\frac{1}{3}a^2z^3$	
118.	$\frac{z}{x}$	$z-a\ln\left\lvert\frac{a+z}{x}\right\rvert=z-\frac{a}{2}\ln\frac{a+z}{a-z}$	
119.	$\frac{z}{x^2}$	$-\frac{z}{x}-\arcsin\frac{x}{a}$	
120.	$\frac{z}{x^3}$	$-\frac{1}{2}\left(\frac{z}{x^2}-\frac{1}{2a}\ln\frac{a+z}{a-z}\right)=-\frac{1}{2}\left(\frac{z}{x^2}-\frac{1}{a}\ln\left\lvert\frac{a+z}{x}\right\rvert\right)$	
121.	$\frac{1}{z}$	$\arcsin\frac{x}{a}=\arctan\frac{x}{z}$	
122.	$\frac{x}{z}$	$-z$	

Nr.	$f(x)$	$\int f(x)\,dx$ **Abkürzung:** $z=\sqrt{a^2-x^2}$; $a>0$; $n\in\mathbb{R}$	
123.	$\frac{x^2}{z}$	$-\frac{1}{2}\left(xz-a^2\arcsin\frac{x}{a}\right)$	
124.	$\frac{x^3}{z}$	$-\frac{z}{3}(2a^2+x^2)$	
125.	$\frac{1}{xz}$	$-\frac{1}{a}\operatorname{arcosh}\frac{a}{\lvert x\rvert}=\frac{1}{a}\ln\frac{\lvert x\rvert}{a+z}$	
126.	$\frac{1}{x^2 z}$	$-\frac{1}{a^2}\frac{z}{x}$	
127.	$\frac{1}{x^3 z}$	$-\frac{1}{2a^2}\left(\frac{z}{x^2}+\frac{1}{2a}\ln\frac{a+z}{a-z}\right)=-\frac{1}{2a^2}\left(\frac{z}{x^2}+\frac{1}{a}\ln\left\lvert\frac{a+z}{x}\right\rvert\right)$	
128.	z^{2n+1}	$a^{2n+2}\int\frac{dt}{(1+t^2)^{n+2}}$	$\left(t=\frac{x}{z}\right)$ (Nr. 41)
129.	$\frac{1}{z^{2n+1}}$	$\frac{1}{a^{2n}}\int(1+t^2)^{n-1}\,dt$	$\left(t=\frac{x}{z}\right)$ (Nr. 41)
130.	xz^{2n+1}	$-\frac{z^{2n+3}}{2n+3}$	$(n\neq-\frac{3}{2})$
131.	$x^2 z^{2n+1}$	$a^{2(n+2)}\int\frac{t^2\,dt}{(1+t^2)^{n+3}}$	$\left(t=\frac{x}{z}\right)$ (Nr. 54)
132.	$x^3 z^{2n+1}$	$\frac{z^{2n+5}}{2n+5}-a^2\frac{z^{2n+3}}{2n+3}$	$(n\neq-\frac{3}{2};\ -\frac{5}{2})$
133.	$\frac{z^{2n+1}}{x}$	$-\int\frac{z^{2(n+1)}\,dz}{a^2-z^2}$	(Nr. 51)
134.	$\frac{z^{2n+1}}{x^2}$	$a^{2n}\int\frac{dt}{t^2(1+t^2)^{n+1}}$	$\left(t=\frac{x}{z}\right)$ (Nr. 48)
135.	$\frac{z^{2n+1}}{x^3}$	$-\int\frac{z^{2(n+1)}\,dz}{(a^2-z^2)^2}$	(Nr. 54)
136.	$\frac{x}{z^{2n+1}}$	$\frac{1}{(2n-1)\,z^{2n-1}}$	$(n\neq\frac{1}{2})$
137.	$\frac{x^2}{z^{2n+1}}$	$\frac{1}{a^{2(n-1)}}\int t^2(1+t^2)^{n-2}\,dt$	$\left(t=\frac{x}{z}\right)$ (Nr. 54)
138.	$\frac{x^3}{z^{2n+1}}$	$\frac{a^2}{(2n-1)\,z^{2n-1}}-\frac{1}{(2n-3)\,z^{2n-3}}$	$(n\neq\frac{1}{2};\ \frac{3}{2})$

Nr.	$f(x)$	$\int f(x)\,dx$ **Abkürzung:** $z=\sqrt{a^2-x^2};\quad a>0;\quad n\in\mathbb{R}$
139.	$\frac{1}{xz^{2n+1}}$	$-\int \frac{dz}{z^{2n}(a^2-z^2)}$ (Nr. 51)
140.	$\frac{1}{x^2 z^{2n+1}}$	$\frac{1}{a^{2(n+1)}}\int \frac{(1+t^2)^n}{t^2}\,dt$ $\left(t=\frac{x}{z}\right)$ (Nr. 48)
141.	$\frac{1}{x^3 z^{2n+1}}$	$-\int \frac{dz}{z^{2n}(a^2-z^2)^2}$ (Nr. 54)
142.	$\frac{1}{(x+b)z}$	$\frac{1}{\sqrt{a^2-b^2}}\ln\left\lvert\frac{bx+(a+z)(a-\sqrt{a^2-b^2})}{bx+(a+z)(a+\sqrt{a^2-b^2})}\right\rvert$ für $a^2>b^2$
		$\frac{-2(a+z)}{bx+a(a+z)}$ für $a^2=b^2$
		$\frac{2}{\sqrt{b^2-a^2}}\arctan\frac{bx+a(a+z)}{(a+z)\sqrt{b^2-a^2}}$ für $a^2<b^2$

Abkürzung: $z=\sqrt{a^2+x^2};\quad a>0;\quad n\in\mathbb{R}$

143.	z	$\frac{1}{2}\left(xz+a^2\ln(x+z)\right)=\frac{1}{2}\left(xz+a^2\operatorname{arsinh}\frac{x}{a}\right)+c$
144.	z^3	$\frac{1}{4}[xz^3+\frac{3}{2}a^2xz+\frac{3}{2}a^4\ln(x+z)]$
145.	xz	$\frac{1}{3}z^3$
146.	x^2z	$\frac{1}{4}[xz^3-\frac{1}{2}a^2xz-\frac{1}{2}a^4\ln(x+z)]$
146a.	x^3z	$\frac{1}{5}z^5-\frac{1}{3}a^2z^3$
147.	$\frac{z}{x}$	$z-a\ln\frac{a+z}{\lvert x\rvert}$
148.	$\frac{z}{x^2}$	$-\frac{z}{x}+\ln(x+z)$
149.	$\frac{z}{x^3}$	$-\frac{1}{2}\left(\frac{z}{x^2}+\frac{1}{a}\ln\frac{a+z}{\lvert x\rvert}\right)$
150.	$\frac{1}{z}$	$\operatorname{arsinh}\frac{x}{a}=\ln(x+z)+c$
151.	$\frac{x}{z}$	z
152.	$\frac{x^2}{z}$	$\frac{1}{2}[xz-a^2\ln(x+z)]$

Abkürzung: $z=\sqrt{a^2+x^2}$; $a>0$; $n\in\mathbb{R}$

Nr.	$f(x)$	$\int f(x)\,dx$	
153.	$\frac{x^3}{z}$	$\frac{z}{3}(x^2-2a^2)=\frac{z^3}{3}-a^2 z$	
154.	$\frac{1}{xz}$	$-\frac{1}{a}\operatorname{arsinh}\frac{a}{\lvert x\rvert}=\frac{1}{a}\ln\frac{\lvert x\rvert}{a+z}$	
155.	$\frac{1}{x^2 z}$	$-\frac{1}{a^2}\frac{z}{x}$	
156.	$\frac{1}{x^3 z}$	$-\frac{1}{2a^2}\left(\frac{z}{x^2}-\frac{1}{a}\ln\frac{a+z}{\lvert x\rvert}\right)$	
157.	z^{2n+1}	$a^{2(n+1)}\int\frac{dt}{(1-t^2)^{n+2}}$	$\left(t=\frac{x}{z}\right)$ (Nr. 41)
158.	$\frac{1}{z^{2n+1}}$	$\frac{1}{a^{2n}}\int(1-t^2)^{n-1}\,dt$	$\left(t=\frac{x}{z}\right)$ (Nr. 41)
159.	xz^{2n+1}	$\frac{z^{2n+3}}{2n+3}$	$(n\neq-\frac{3}{2})$
160.	$x^2 z^{2n+1}$	$a^{2(n+2)}\int\frac{t^2\,dt}{(1-t^2)^{n+3}}$	$\left(t=\frac{x}{z}\right)$ (Nr. 54)
161.	$x^3 z^{2n+1}$	$\frac{z^{2n+5}}{2n+5}\quad a^2\frac{z^{2n+3}}{2n+3}$	$(n\neq-\frac{5}{2},-\frac{3}{2})$
162.	$\frac{z^{2n+1}}{x}$	$\int\frac{z^{2(n+1)}\,dz}{z^2-a^2}$	(Nr. 51)
163.	$\frac{z^{2n+1}}{x^2}$	$a^{2n}\int\frac{dt}{t^2(1-t^2)^{n+1}}$	$\left(t=\frac{x}{z}\right)$ (Nr. 48)
164.	$\frac{z^{2n+1}}{x^3}$	$\int\frac{z^{2(n+1)}\,dz}{(z^2-a^2)^2}$	(Nr. 54)
165.	$\frac{x}{z^{2n+1}}$	$-\frac{1}{(2n-1)z^{2n-1}}$	$(n\neq\frac{1}{2})$
166.	$\frac{x^2}{z^{2n+1}}$	$\frac{1}{a^{2(n-1)}}\int t^2(1-t^2)^{n-2}\,dt$	$\left(t=\frac{x}{z}\right)$ (Nr. 48)
167.	$\frac{x^3}{z^{2n+1}}$	$\frac{a^2}{(2n-1)z^{2n-1}}-\frac{1}{(2n-3)z^{2n-3}}$	$(n\neq\frac{1}{2},\frac{3}{2})$
168.	$\frac{1}{xz^{2n+1}}$	$\int\frac{dz}{z^{2n}(z^2-a^2)}$	(Nr. 51)
169.	$\frac{1}{x^2 z^{2n+1}}$	$\frac{1}{a^{2(n+1)}}\int\frac{(1-t^2)^n\,dt}{t^2}$	$\left(t=\frac{x}{z}\right)$ (Nr. 48)

Nr.	$f(x)$	$\int f(x)\,dx$ — *Abkürzung:* $z=\sqrt{a^2+x^2}$; $a>0$; $n\in\mathbb{R}$
170.	$\frac{1}{x^3 z^{2n+1}}$	$\int \frac{dz}{z^{2n}(z^2-a^2)^2}$ (Nr. 54)
171.	$\frac{1}{(x+b)z}$	$-\frac{1}{\sqrt{a^2+b^2}} \ln \left\lvert \frac{\sqrt{a^2+b^2}\,z-bx+a^2}{x+b} \right\rvert$

Nr.	$f(x)$	$\int f(x)\,dx$ — *Abkürzung:* $z=\sqrt{x^2-a^2}$; $a>0$; $n\in\mathbb{R}$
172.	z	$\frac{1}{2}(xz-a^2\cdot\operatorname{sgn}x\cdot\ln(\lvert x\rvert+z))=\frac{1}{2}\left(xz-a^2\cdot\operatorname{sgn}x\cdot\operatorname{arcosh}\frac{\lvert x\rvert}{a}\right)+C$
173.	z^3	$\frac{1}{4}\left(xz^3-\frac{3}{2}a^2xz+\frac{3a^4}{2}\cdot\operatorname{sgn}x\cdot\ln(\lvert x\rvert+z)\right)$
174.	xz	$\frac{1}{3}z^3$
175.	x^2z	$\frac{1}{4}(xz^3+\frac{1}{2}a^2xz-\frac{1}{2}a^4\cdot\operatorname{sgn}x\cdot\ln(\lvert x\rvert+z))$
176.	x^3z	$\frac{1}{5}z^5+\frac{1}{3}a^2z^3$
177.	$\frac{z}{x}$	$z-a\arccos\frac{a}{\lvert x\rvert}=z+a\arcsin\frac{a}{\lvert x\rvert}+C=z+a\arctan\frac{a}{z}+C$
178.	$\frac{z}{x^2}$	$-\frac{z}{x}+\operatorname{sgn}x\cdot\ln(\lvert x\rvert+z)$
179.	$\frac{z}{x^3}$	$-\frac{1}{2}\left(\frac{z}{x^2}+\frac{1}{a}\arcsin\frac{a}{\lvert x\rvert}\right)$
180.	$\frac{1}{z}$	$\operatorname{sgn}x\cdot\operatorname{arcosh}\frac{\lvert x\rvert}{a}=\operatorname{sgn}x\cdot\ln(\lvert x\rvert+z)+C$
181.	$\frac{x}{z}$	z
182.	$\frac{x^2}{z}$	$\frac{1}{2}[xz+a^2\operatorname{sgn}x\cdot\ln(\lvert x\rvert+z)]$
183.	$\frac{x^3}{z}$	$\frac{z}{3}(2a^2+x^2)$
184.	$\frac{1}{xz}$	$-\frac{1}{a}\arcsin\frac{a}{\lvert x\rvert}$
185.	$\frac{1}{x^2z}$	$\frac{z}{a^2x}$
186.	$\frac{1}{x^3z}$	$\frac{1}{2a^2}\left(\frac{z}{x^2}-\frac{1}{a}\arcsin\frac{a}{\lvert x\rvert}\right)$

Nr.	$f(x)$	$\int f(x)\,dx$	Abkürzung: $z=\sqrt{x^2-a^2}$; $a>0$; $n\in\mathbb{R}$
187.	z^{2n+1}	$(-a^2)^{n+1}\int\frac{dt}{(1-t^2)^{n+2}}$	$\left(t=\frac{x}{z}\right)$ (Nr. 41)
188.	$\frac{1}{z^{2n+1}}$	$\frac{(-1)^n}{a^{2n}}\int(1-t^2)^{n-1}\,dt$	$\left(t=\frac{x}{z}\right)$ (Nr. 41)
189.	$x z^{2n+1}$	$\frac{z^{2n+3}}{2n+3}$	$(n\neq-\frac{3}{2})$
190.	$x^2 z^{2n+1}$	$(-a^2)^{n+2}\int\frac{t^2\,dt}{(1-t^2)^{n+3}}$	$\left(t=\frac{x}{z}\right)$ (Nr. 54)
191.	$x^3 z^{2n+1}$	$\frac{z^{2n+5}}{2n+5}+a^2\frac{z^{2n+3}}{2n+3}$	$(n\neq-\frac{5}{2};\ -\frac{3}{2})$
192.	$\frac{z^{2n+1}}{x}$	$\int\frac{z^{2(n+1)}\,dz}{a^2+z^2}$	(Nr. 51)
193.	$\frac{z^{2n+1}}{x^2}$	$(-a^2)^n\int\frac{dt}{t^2(1-t^2)^{n+1}}$	$\left(t=\frac{x}{z}\right)$ (Nr. 48)
194.	$\frac{z^{2n+1}}{x^3}$	$\int\frac{z^{2(n+1)}\,dz}{(a^2+z^2)^2}$	(Nr. 54)
195.	$\frac{x}{z^{2n+1}}$	$-\frac{1}{(2n-1)z^{2n-1}}$	$(n\neq\frac{1}{2})$
196.	$\frac{x^2}{z^{2n+1}}$	$\frac{1}{(-a^2)^{n-1}}\int t^2(1-t^2)^{n-2}\,dt$	$\left(t=\frac{x}{z}\right)$ (Nr. 48)
197.	$\frac{x^3}{z^{2n+1}}$	$-\left(\frac{a^2}{(2n-1)z^{2n-1}}+\frac{1}{(2n-3)z^{2n-3}}\right)$	$(n\neq\frac{1}{2};\ \frac{3}{2})$
198.	$\frac{1}{x z^{2n+1}}$	$\int\frac{dz}{z^{2n}(a^2+z^2)}$	(Nr. 51)
199.	$\frac{1}{x^2 z^{2n+1}}$	$\frac{1}{(-a^2)^{n+1}}\int\frac{(1-t^2)^n\,dt}{t^2}$	$\left(t=\frac{x}{z}\right)$ (Nr. 54)
200.	$\frac{1}{x^3 z^{2n+1}}$	$\int\frac{dz}{z^{2n}(a^2+z^2)^2}$	(Nr. 54)
201.	$\frac{1}{(x+b)z}$	$\frac{1}{\sqrt{b^2-a^2}}\ln\left\|\frac{z-\sqrt{b^2-a^2}+(x+b)\cdot\operatorname{sgn}x}{z+\sqrt{b^2-a^2}+(x+b)\cdot\operatorname{sgn}x}\right\|$	$(a^2<b^2)$
		$\frac{-2}{z+(x+b)\cdot\operatorname{sgn}x}$	$(a^2=b^2)$
		$\frac{2}{\sqrt{a^2-b^2}}\cdot\arctan\frac{z+(x+b)\cdot\operatorname{sgn}x}{\sqrt{a^2-b^2}}$	$(a^2>b^2)$

Nr.	$f(x)$	$\int f(x)\,dx$	
		Abkürzung: $z=\sqrt{ax^2+bx+c}$; $\Delta=4ac-b^2$	
202.	z	$\frac{1}{4a}\left(z(2ax+b)+\frac{\Delta}{2}\int\frac{dx}{z}\right)$	(Nr. 203)
203.	$\frac{1}{z}$	$\frac{1}{\sqrt{a}}\operatorname{arsinh}\frac{2ax+b}{\sqrt{\Delta}}$	$\Delta>0$, $a>0$
		$\frac{1}{\sqrt{a}}\ln\lvert 2ax+b\rvert\cdot\operatorname{sgn}(2ax+b)$	$\Delta=0$, $a>0$
		$\frac{1}{\sqrt{a}}\operatorname{sgn}(2ax+b)\cdot\operatorname{arcosh}\frac{\lvert 2ax+b\rvert}{\sqrt{\lvert\Delta\rvert}}$	$\Delta<0$, $a>0$
		$-\frac{1}{\sqrt{\lvert a\rvert}}\arcsin\frac{2ax+b}{\sqrt{\lvert\Delta\rvert}}$	$\Delta<0$ $a<0$
204.	xz	$\frac{z^3}{3a}-\frac{b}{8a^2}\left(z(2ax+b)+\frac{\Delta}{2}\int\frac{dx}{z}\right)$	(Nr. 203)
205.	x^2z	$\frac{1}{8a}\left(\frac{6ax-5b}{3a}z^3-\frac{\Delta-4b^2}{2a}\int z\,dx\right)$	(Nr. 202)
206.	$\frac{x}{z}$	$\frac{1}{a}\left(z-\frac{b}{2}\int\frac{dx}{z}\right)$	(Nr. 203)
207.	$\frac{x^2}{z}$	$\frac{1}{2a}\left(\frac{2ax-3b}{2a}z-\frac{\Delta-2b^2}{4a}\int\frac{dx}{z}\right)$	(Nr. 203)
208.	$\frac{1}{xz}$	$-\frac{1}{\sqrt{c}}\operatorname{arsinh}\frac{bx+2c}{x\sqrt{\Delta}}\cdot\operatorname{sgn}x$	$\Delta>0$, $c>0$
		$-\frac{1}{\sqrt{c}}\ln\left\lvert\frac{bx+2c}{x}\right\rvert\cdot\operatorname{sgn}(bx+2c)$	$\Delta=0$, $c>0$
		$-\frac{1}{\sqrt{c}}\operatorname{arcosh}\left\lvert\frac{bx+2c}{x\sqrt{\lvert\Delta\rvert}}\right\rvert\cdot\operatorname{sgn}(bx+2c)$	$\Delta<0$, $c>0$
		$\frac{1}{\sqrt{\lvert c\rvert}}\arcsin\frac{bx+2c}{x\sqrt{\lvert\Delta\rvert}}\cdot\operatorname{sgn}x$	$\Delta<0$ $c<0$
		$-\frac{2}{bx}\sqrt{ax^2+bx}$	$c=0$

Nr.	$f(x)$	$\int f(x)\,dx$ — *Abkürzung:* s.S. 248
209.	$\frac{1}{x^2 z}$	$-\frac{1}{2c}\left(2\frac{z}{x}+b\int\frac{dx}{xz}\right)$ $(c=0)$ (Nr. 208)
		$\frac{2z(2ax-b)}{3b^2x^2}$ $(c=0)$
210.	$\frac{z}{x}$	$z+\frac{b}{2}\int\frac{dx}{z}+c\int\frac{dx}{xz}$ (Nr. 203, 208)
211.	$\frac{z}{x^2}$	$-\frac{z}{x}+a\int\frac{dx}{z}+\frac{b}{2}\int\frac{dx}{xz}$ (Nr. 203, 208)
212.	$\frac{1}{(ex^2+f)\sqrt{ax^2+b}}$	$\frac{1}{\sqrt{f}\sqrt{eb-af}}\arctan\frac{x\sqrt{eb-af}}{\sqrt{f}\sqrt{ax^2+b}}$ $(eb-af>0;\ f>0)$
		$\frac{1}{2}\frac{1}{\sqrt{f}\cdot\sqrt{af-eb}}\cdot\ln\left\|\frac{\sqrt{f(ax^2+b)}+x\sqrt{af-eb}}{\sqrt{f(ax^2+b)}-x\sqrt{af-eb}}\right\|$ $(eb-af<0;\ f>0)$
212 a.	$x^m(ax^n+b)^p$	$\frac{1}{m+pn+1}[x^{m+1}(ax^n+b)^p+bpn\int x^m(ax^n+b)^{p-1}\,dx]$ $(m, n, p\in\mathbb{R};\ m+pn\neq -1)$

6.9.5.3 Integrale von Exponentialfunktionen

Nr.	$f(x)$	$\int f(x)\,dx$
		Man beachte: $c^{ax}=e^{ax\ln c}$, falls $c>0$; $a, b, m, n\in\mathbb{R}$; $a, b\neq 0$
213.	e^{ax}	$\frac{1}{a}e^{ax}$
214.	xe^{ax}	$\frac{1}{a^2}e^{ax}(ax-1)$
215.	$x^n e^{ax}$	$\frac{x^n e^{ax}}{a}-\frac{n}{a}\int x^{n-1}e^{ax}\,dx$
216.	$\frac{e^{ax}}{x}$	Reihenentwicklung: $\ln\|x\|+\frac{ax}{1\cdot 1!}+\frac{(ax)^2}{2\cdot 2!}+\frac{(ax)^3}{3\cdot 3!}+\ldots$ (vgl. 6.9.8.2, S. 300, Exponentialintegral)
217.	$\frac{e^{ax}}{x^n}$	$-\frac{1}{n-1}\left(\frac{e^{ax}}{x^{n-1}}-a\int\frac{e^{ax}}{x^{n-1}}\,dx\right)$ $(n\neq 1)$

Nr.	$f(x)$	$\int f(x)\,dx$ *Man beachte:* s.S. 249
218.	$e^{\pm x^2}$	Reihenentwicklung: $x \pm \frac{x^3}{3\cdot 1!} + \frac{x^5}{5\cdot 2!} \pm \frac{x^7}{7\cdot 3!} + \dots$
	e^{-x^2}	$\frac{\sqrt{\pi}}{2}\,\Phi(x)$ $\Phi(x)$ ist das Wahrscheinlichkeitsintegral $\frac{2}{\sqrt{\pi}}\int_0^x e^{-t^2}\,dt$ mit der Eigenschaft $\Phi(0)=0$ (6.9.8.2, S. 302); Tabellen z.B. in Jahnke-Emde-Lösch, Tafeln höherer Funktionen (Teubner Verlag)
219.	$\frac{1}{me^{ax}+ne^{-ax}}$	$\frac{1}{a\sqrt{mn}}\arctan\left(e^{ax}\sqrt{\frac{m}{n}}\right)$ $(m, n>0)$ $\frac{1}{2an}\sqrt{\left\|\frac{n}{m}\right\|}\ln\left\|\frac{1+\sqrt{\left\|\frac{m}{n}\right\|}e^{ax}}{1-\sqrt{\left\|\frac{m}{n}\right\|}e^{ax}}\right\| = \begin{cases} \frac{1}{an}\sqrt{\left\|\frac{n}{m}\right\|}\operatorname{artanh}\left(e^{ax}\sqrt{\left\|\frac{m}{n}\right\|}\right) \\ \frac{1}{an}\sqrt{\left\|\frac{n}{m}\right\|}\operatorname{arcoth}\left(e^{ax}\sqrt{\left\|\frac{m}{n}\right\|}\right) \end{cases}$ $(m\cdot n<0)$ $\left(ax<\tfrac{1}{2}\ln\left\|\frac{n}{m}\right\|\text{ für artanh}\right)$ $\left(ax>\tfrac{1}{2}\ln\left\|\frac{n}{m}\right\|\text{ für arcoth}\right)$
220.	$e^{ax}\sin bx$	$\frac{e^{ax}}{a^2+b^2}(a\sin bx - b\cos bx)$
221.	$e^{ax}\cos bx$	$\frac{e^{ax}}{a^2+b^2}(a\cos bx + b\sin bx)$
222.	$e^{ax}\sinh bx$	$\frac{e^{ax}}{a^2-b^2}(a\sinh bx - b\cosh bx)$ $(a^2 \neq b^2)$
223.	$e^{ax}\sinh ax$	$\frac{1}{4a}e^{2ax} - \frac{1}{2}x$
224.	$e^{ax}\cosh bx$	$\frac{e^{ax}}{a^2-b^2}(a\cosh bx - b\sinh bx)$ $(a^2 \neq b^2)$
225.	$e^{ax}\cosh ax$	$\frac{1}{4a}e^{2ax} + \frac{1}{2}x$
226.	$e^{ax}\ln x$	$\frac{1}{a}e^{ax}\ln x - \frac{1}{a}\int\frac{e^{ax}}{x}\,dx$ (Nr. 216)

Nr.	$f(x)$	$\int f(x)\,dx$ — Man beachte: s.S. 249	
227.	$\sqrt{m+ne^{ax}}$	$\frac{2}{a}\sqrt{m+ne^{ax}}-\frac{\sqrt{m}}{a}\ln\left\|\frac{\sqrt{m}+\sqrt{m+ne^{ax}}}{\sqrt{m}-\sqrt{m+ne^{ax}}}\right\|$	$(m>0)$
		$\frac{2}{a}\sqrt{m+ne^{ax}}-\frac{2\sqrt{-m}}{a}\arctan\sqrt{\frac{m+ne^{ax}}{-m}}$	$(m<0)$
228.	$\frac{1}{m+ne^{ax}}$	$\frac{x}{m}-\frac{1}{am}\ln\|m+ne^{ax}\|$	$(m\neq 0)$
229.	$e^{ax}\cdot\sin^n bx$	$\frac{e^{ax}\cdot\sin^{n-1}bx}{a^2+n^2b^2}(a\sin bx-nb\cos bx)+\frac{n(n-1)b^2}{a^2+n^2b^2}\int e^{ax}\cdot\sin^{n-2}bx\,dx$	
230.	$e^{ax}\cdot\cos^n bx$	$\frac{e^{ax}\cos^{n-1}bx}{a^2+n^2b^2}(a\cos bx+nb\sin bx)+\frac{n(n-1)b^2}{a^2+n^2b^2}\int e^{ax}\cos^{n-2}bx\,dx$	
231.	$xe^{ax}\sin bx$	$\frac{xe^{ax}}{a^2+b^2}(a\sin bx-b\cos bx)$	
		$-\frac{e^{ax}}{(a^2+b^2)^2}[(a^2-b^2)\sin bx-2ab\cos bx]$	
232.	$xe^{ax}\cos bx$	$\frac{xe^{ax}}{a^2+b^2}(a\cos bx+b\sin bx)$	
		$-\frac{e^{ax}}{(a^2+b^2)^2}[(a^2-b^2)\cos bx+2ab\sin bx]$	

6.9.5.4 Integrale von Logarithmenfunktionen

Man beachte: ${}_c\log x=\ln x\cdot{}_c\log e$, falls $c>0$; $m, n, a\in\mathbb{R}$; $a>0$

Nr.	$f(x)$	$\int f(x)\,dx$	
233.	$\ln x$	$x(\ln x-1)$	
234.	$\ln\|x\|$	$x(\ln\|x\|-1)$	
235.	$(\ln x)^n$	$x(\ln x)^n-n\int(\ln x)^{n-1}\,dx$ oder	
		$\frac{x(\ln x)^{n+1}}{n+1}-\frac{1}{n+1}\int(\ln x)^{n+1}\,dx$	$(n\neq -1)$

Nr.	$f(x)$	$\int f(x)\,dx$	*Man beachte:* s.S. 251
236.	$\dfrac{1}{\ln x}$	Substitution $z=\ln x$ führt auf $\int \dfrac{e^z}{z}\,dz$	(Nr. 216)
237.	$x\ln x$	$\frac{1}{2}x^2(\ln x-\frac{1}{2})$	
238.	$x^m \ln x$	$\dfrac{x^{m+1}}{m+1}\left(\ln x-\dfrac{1}{m+1}\right)$	$(m \neq -1)$
239.	$\dfrac{\ln x}{x}$	$\frac{1}{2}(\ln x)^2$	
240.	$x^m\cdot(\ln x)^n$	$\dfrac{x^{m+1}}{m+1}(\ln x)^n-\dfrac{n}{m+1}\int x^m(\ln x)^{n-1}\,dx$	$(m \neq -1)$
		oder	
		$\dfrac{x^{m+1}}{n+1}(\ln x)^{n+1}-\dfrac{m+1}{n+1}\int x^m(\ln x)^{n+1}\,dx$	$(n \neq -1)$
241.	$\dfrac{(\ln x)^n}{x}$	$\dfrac{(\ln x)^{n+1}}{n+1}$	$(n \neq -1)$
242.	$\dfrac{1}{x\ln x}$	$\ln\lvert\ln x\rvert$	
243.	$\dfrac{x^m}{\ln x}$	Substitution $z=(1-m)\ln x$ führt auf $\int \dfrac{e^z}{z}\,dz$	$(m \neq -1)$ (Nr. 216)
244.	$x^m \ln(x+\sqrt{x^2\pm a^2})$	$\dfrac{x^{m+1}}{m+1}\ln(x+\sqrt{x^2\pm a^2})-\dfrac{1}{m+1}\int \dfrac{x^{m+1}}{\sqrt{x^2\pm a^2}}\,dx$	$(m \neq -1)$
245.	$\dfrac{\ln(x+\sqrt{x^2\pm a^2})}{x}$	$\ln a\cdot\ln\lvert x\rvert+\dfrac{x}{a}-\dfrac{1}{2\cdot 3^2}\left(\dfrac{x}{a}\right)^3+\dfrac{1\cdot 3}{2\cdot 4\cdot 5^2}\left(\dfrac{x}{a}\right)^5-+\dots$	
		$=\ln a\cdot\ln\lvert x\rvert+\int \dfrac{1}{x}\,\mathrm{arsinh}\,\dfrac{x}{a}\,dx$	(für Vorzeichen +)
		$\ln a\cdot\ln\lvert x\rvert+\dfrac{1}{2}\left(\ln\dfrac{2x}{a}\right)^2+\dfrac{1}{2^3}\left(\dfrac{a}{x}\right)^2+$ $+\dfrac{1\cdot 3}{2\cdot 4^3}\left(\dfrac{a}{x}\right)^4+\dfrac{1\cdot 3\cdot 5}{2\cdot 4\cdot 6^3}\left(\dfrac{a}{x}\right)^6+\dots$	
		$=\ln a\cdot\ln\lvert x\rvert+\int \dfrac{1}{x}\,\mathrm{arcosh}\,\dfrac{x}{a}\,dx$	(für Vorzeichen −)
246.	$\ln(x^2+a^2)$	$x\ln(x^2+a^2)+2a\cdot\arctan\dfrac{x}{a}-2x$	
247.	$\dfrac{\ln(\ln x)}{x}$	$\ln x\cdot(\ln(\ln x)-1)$	

6.9.5.5 Integrale von trigonometrischen Funktionen

Abkürzung: $m, n, k \in \mathbb{R}$; $k \neq 0$

Nr.	$f(x)$	$\int f(x)\,dx$	
248.	$\sin kx$	$-\frac{1}{k}\cos kx$	
249.	$\sin^2 kx$	$\frac{1}{2}\left(x-\frac{1}{2k}\sin 2kx\right)$	
250.	$\sin^3 kx$	$-\frac{1}{k}\cos kx+\frac{1}{3k}\cos^3 kx$	
251.	$\sin^4 kx$	$\frac{3}{8k}(kx-\frac{2}{3}\sin 2kx+\frac{1}{12}\sin 4kx)$	
252.	$\sin^n kx$	$-\frac{\cos kx\sin^{n-1}kx}{kn}+\frac{n-1}{n}\int\sin^{n-2}kx\,dx$	$(n\neq 0)$
		oder	
		$\frac{\cos kx\sin^{n+1}kx}{k(n+1)}+\frac{n+2}{n+1}\int\sin^{n+2}kx\,dx$	$(n\neq -1)$
253.	$\frac{1}{\sin kx}$	$\frac{1}{k}\ln\left\lvert\tan\frac{kx}{2}\right\rvert=\frac{1}{2k}\ln\frac{1-\cos kx}{1+\cos kx}$	
254.	$\frac{1}{\sin^2 kx}$	$-\frac{1}{k}\cot kx$	
255.	$\frac{1}{\sin^3 kx}$	$\frac{1}{2k}\left(-\frac{\cos kx}{\sin^2 kx}+\ln\left\lvert\tan\frac{kx}{2}\right\rvert\right)$	
256.	$\frac{1}{\sin^4 kx}$	$-\frac{\cot kx}{3k}\left(2+\frac{1}{\sin^2 kx}\right)$	
257.	$x\sin kx$	$\frac{1}{k^2}\sin kx-\frac{1}{k}x\cos kx$	
258.	$x^2\sin kx$	$\frac{2}{k^2}x\sin kx-\frac{1}{k^3}(k^2x^2-2)\cos kx$	
259.	$x^n\sin kx$	$-\frac{1}{k}x^n\cos kx+\frac{n}{k}\int x^{n-1}\cos kx\,dx$	
		oder	
		$\frac{1}{n+1}[x^{n+1}\cdot\sin kx-k\int x^{n+1}\cos kx\,dx]$	$(n\neq -1)$

Nr.	$f(x)$	$\int f(x)\,dx$ — *Abkürzung:* $m, n, k \in \mathbb{R}$; $k \neq 0$
260.	$\dfrac{\sin kx}{x}$	$Si(kx)$ $Si(x)$ ist der Integralsinus $\int\limits_0^x \dfrac{\sin t}{t}\,dt$ mit der Eigenschaft $Si(0) = 0$ (6.9.8.2, S. 298). Tabellen z.B. Jahnke-Emde-Lösch, Tafeln höherer Funktionen (Teubner Verlag)
261.	$\dfrac{\sin kx}{x^2}$	$-\dfrac{\sin kx}{x} + k\displaystyle\int \dfrac{\cos kx}{x}\,dx$ (Nr. 286)
262.	$x^n \sin^m kx$	$\dfrac{nx^{n-1}}{m^2k^2}\sin^m kx - \dfrac{x^n}{mk}\sin^{m-1} kx \cos kx - \dfrac{n(n-1)}{m^2k^2}\displaystyle\int x^{n-2}\sin^m kx\,dx + \dfrac{m-1}{m}\displaystyle\int x^n \sin^{m-2} kx\,dx$ $(m \neq 0)$ oder $\dfrac{-nx^{n-1}}{(m+1)(m+2)k^2}\cdot\sin^{m+2} kx + \dfrac{x^n}{(m+1)k}\cdot\sin^{m+1} kx\cdot\cos kx + \dfrac{n(n-1)}{(m+1)(m+2)k^2}\cdot\displaystyle\int x^{n-2}\cdot\sin^{m+2} kx\,dx + \dfrac{m+2}{m+1}\cdot\displaystyle\int x^n\cdot\sin^{m+2} kx\,dx$ $(m \neq -1;\ -2)$ oder $\dfrac{x^{n+1}}{n+1}\sin^m kx - \dfrac{mkx^{n+2}}{(n+1)(n+2)}\sin^{m-1} kx\cos kx + \dfrac{m(m-1)k^2}{(n+1)(n+2)}\displaystyle\int x^{n+2}\sin^{m-2} kx\,dx - \dfrac{m^2k^2}{(n+1)(n+2)}\displaystyle\int x^{n+2}\sin^m kx\,dx$ $(n \neq -1;\ -2)$
263.	$\dfrac{x}{\sin kx}$	$\dfrac{1}{k^2}\left(kx + \dfrac{(kx)^3}{3\cdot 3!} + \dfrac{7(kx)^5}{3\cdot 5\cdot 5!} + \dfrac{31(kx)^7}{3\cdot 7\cdot 7!} + \dfrac{127(kx)^9}{3\cdot 5\cdot 9!} + \ldots + \dfrac{2(2^{2n-1}-1)}{(2n+1)!}\lvert B_{2n}\rvert\cdot(kx)^{2n+1} + \ldots\right)$ $(\lvert x\rvert < \pi/k)$ (B_{2n}: Bernoullische Zahlen, 10.2.7.4, Nr. (44), S. 492)
264.	$\dfrac{x}{\sin^2 kx}$	$-\dfrac{x}{k}\cot kx + \dfrac{1}{k^2}\ln\lvert\sin kx\rvert$

Nr.	$f(x)$	$\int f(x)\,dx$ — Abkürzung: $m, n, k \in \mathbb{R}$; $k \neq 0$
265.	$x \sin^m kx$	$\frac{1}{m^2k^2}\sin^m kx - \frac{x}{mk}\cos kx \sin^{m-1} kx + \frac{m-1}{m}\int x \sin^{m-2} kx\,dx \qquad (m \neq 0)$
		oder
		$\frac{x}{(m+1)k}\cos kx \sin^{m+1} kx - \frac{\sin^{m+2} kx}{(m+1)(m+2)k^2} + \frac{m+2}{m+1}\int x \sin^{m+2} kx\,dx \qquad (m \neq -1, -2)$
266.	$\frac{1}{a+b\sin kx}$	$\frac{2}{k\sqrt{a^2-b^2}}\arctan\frac{a\cdot\tan\frac{kx}{2}+b}{\sqrt{a^2-b^2}} \qquad (a>0;\ a^2>b^2)$
		$\frac{1}{k\sqrt{b^2-a^2}}\ln\left\|\frac{a\cdot\tan\frac{kx}{2}+b-\sqrt{b^2-a^2}}{a\cdot\tan\frac{kx}{2}+b+\sqrt{b^2-a^2}}\right\| \qquad (a>0;\quad a^2<b^2)$
		$\frac{-2}{ak\left(\tan\frac{kx}{2}+\operatorname{sgn} b\right)} \qquad (a>0;\quad a^2=b^2)$
267.	$\frac{\sin kx}{a+b\sin kx}$	$\frac{x}{b}-\frac{a}{b}\int\frac{dx}{a+b\sin kx}$ (Nr. 266)
268.	$\frac{1}{\sin kx(a+b\sin kx)}$	$\frac{1}{ak}\ln\left\|\tan\frac{kx}{2}\right\|-\frac{b}{a}\int\frac{dx}{a+b\sin kx}$ (Nr. 266)
269.	$\frac{x}{1\pm\sin kx}$	$-\frac{x}{k}\cdot\frac{1\mp\tan\frac{kx}{2}}{\tan\frac{kx}{2}\pm 1}+\frac{2}{k^2}\ln\left\|\sin\frac{kx}{2}\pm\cos\frac{kx}{2}\right\|$
270.	$\frac{1}{a+b\sin^2 kx}$	$\frac{1}{k\sqrt{a(a+b)}}\arctan\left(\sqrt{\frac{a+b}{a}}\tan kx\right) \qquad (a>0;\ a+b>0)$
		$\frac{1}{ak}\cdot\tan kx \qquad (a>0;\ a+b=0)$
		$\frac{1}{2k\sqrt{-a(a+b)}}\cdot\ln\left\|\frac{\sqrt{a}+\sqrt{-(a+b)}\tan kx}{\sqrt{a}-\sqrt{-(a+b)}\tan kx}\right\| \qquad (a>0;\ a+b<0)$

Nr.	$f(x)$	$\int f(x)\,dx$ — *Abkürzung:* $m, n, k \in \mathbb{R};\quad k \neq 0$
271.	$\frac{1}{(a+b\sin kx)^2}$	$\frac{b\cos kx}{k(a^2-b^2)(a+b\sin kx)}+\frac{a}{a^2-b^2}\int\frac{dx}{a+b\sin kx}$ $\quad(a^2 \neq b^2)$
		$\frac{2}{ka^2}\left(\frac{-1}{\tan\frac{kx}{2}+\operatorname{sgn} b}+\frac{\operatorname{sgn} b}{\left(\tan\frac{kx}{2}+\operatorname{sgn} b\right)^2}-\frac{2}{3\left(\tan\frac{kx}{2}+\operatorname{sgn} b\right)^3}\right)$ $\quad(a^2=b^2;\ a>0)$
272.	$\frac{\sin kx}{(a+b\sin kx)^2}$	$\frac{1}{b}\int\frac{dx}{a+b\sin kx}-\frac{a}{b}\int\frac{dx}{(a+b\sin kx)^2}$
273.	$\sin kx\cdot\sin lx$	$\frac{\sin(k-l)x}{2(k-l)}-\frac{\sin(k+l)x}{2(k+l)}$ $\quad(k^2 \neq l^2$; für $k^2=l^2$: Nr. 249)
274.	$\cos kx$	$\frac{1}{k}\sin kx$
275.	$\cos^2 kx$	$\frac{1}{2}\left(x+\frac{1}{2k}\sin 2kx\right)$
276.	$\cos^3 kx$	$\frac{1}{k}\sin kx-\frac{1}{3k}\sin^3 kx$
277.	$\cos^4 kx$	$\frac{3}{8k}\left(kx+\frac{2}{3}\sin 2kx+\frac{1}{12}\sin 4kx\right)$
278.	$\cos^n kx$	$\frac{\sin kx\cos^{n-1}kx}{nk}+\frac{n-1}{n}\int\cos^{n-2}kx\,dx$ $\quad(n \neq 0)$
		oder
		$-\frac{\sin kx\cdot\cos^{n+1}kx}{k(n+1)}+\frac{n+2}{n+1}\int\cos^{n+2}kx\,dx$ $\quad(n \neq -1)$
279.	$\frac{1}{\cos kx}$	$\frac{1}{k}\ln\left\lvert\tan\frac{1}{2}\left(kx+\frac{\pi}{2}\right)\right\rvert$
280.	$\frac{1}{\cos^2 kx}$	$\frac{1}{k}\tan kx$
281.	$\frac{1}{\cos^3 kx}$	$\frac{1}{2k}\left(\frac{\sin kx}{\cos^2 kx}+\ln\left\lvert\tan\frac{1}{2}\left(kx+\frac{\pi}{2}\right)\right\rvert\right)$
282.	$\frac{1}{\cos^4 kx}$	$\frac{\tan kx}{3k}\left(2+\frac{1}{\cos^2 kx}\right)$
283.	$x\cos kx$	$\frac{1}{k^2}\cos kx+\frac{x}{k}\sin kx$

Nr.	$f(x)$	$\int f(x)\,dx$ — *Abkürzung:* $m, n, k \in \mathbb{R}$; $k \neq 0$
284.	$x^2 \cos kx$	$\frac{2x}{k^2}\cos kx + \left(\frac{x^2}{k} - \frac{2}{k^3}\right)\sin kx$
285.	$x^n \cos kx$	$\frac{1}{k}x^n \sin kx - \frac{n}{k}\int x^{n-1}\sin kx\,dx$ oder $\frac{1}{n+1}[x^{n+1}\cdot\cos kx + k\int x^{n+1}\sin kx\,dx]$ $\qquad (n \neq -1)$
286.	$\frac{\cos kx}{x}$	$ci(kx)$ $ci(x)$ ist der Integralkosinus $-\int_x^\infty \frac{\cos t}{t}\,dt$ (6.9.8.2, Seite 299). Tabellen z.B. Jahnke-Emde-Lösch, Tafeln höherer Funktionen (Teubner Verlag)
287.	$\frac{\cos kx}{x^2}$	$-\frac{\cos kx}{x} - k\int\frac{\sin kx}{x}\,dx$
288.	$x^n \cos^m kx$	$\frac{nx^{n-1}}{m^2k^2}\cos^m kx + \frac{x^n}{mk}\sin kx\cdot\cos^{m-1}kx$ $-\frac{n(n-1)}{m^2k^2}\int x^{n-2}\cos^m kx\,dx + \frac{m-1}{m}\int x^n\cos^{m-2}kx\,dx$ oder $\frac{-nx^{n-1}}{(m+1)(m+2)k^2}\cos^{m+2}kx - \frac{x^n}{(m+1)k}\sin kx\cos^{m+1}kx$ $+\frac{n(n-1)}{(m+1)(m+2)k^2}\int x^{n-2}\cos^{m+2}kx\,dx$ $+\frac{m+2}{m+1}\int x^n\cos^{m+2}kx\,dx$ $\qquad (m \neq -1, -2)$ oder $\frac{x^{n+1}}{n+1}\cos^m kx + \frac{mkx^{n+2}}{(n+1)(n+2)}\sin kx\cos^{m-1}kx$ $+\frac{m(m-1)k^2}{(n+1)(n+2)}\int x^{n+2}\cos^{m-2}kx\,dx$ $-\frac{m^2k^2}{(n+1)(n+2)}\int x^{n+2}\cos^m kx\,dx$ $\qquad (n \neq -1; -2)$

Nr.	$f(x)$	$\int f(x)\,dx$ — Abkürzung: $m, n, k \in \mathbb{R}$; $k \neq 0$
289.	$\dfrac{x}{\cos kx}$	$\dfrac{1}{k^2}\left(\dfrac{(kx)^2}{2\cdot 0!}+\dfrac{(kx)^4}{4\cdot 2!}+\dfrac{5(kx)^6}{6\cdot 4!}+\dots+\dfrac{\lvert E_{2n}\rvert (kx)^{2n+2}}{(2n+2)\cdot(2n)!}+\dots\right)$ $\quad\left(\lvert x\rvert<\dfrac{\pi}{2k}\right)$ (E_{2n}: Eulersche Zahlen, 10.2.7.4, Nr. (43), Seite 491)
290.	$\dfrac{x}{\cos^2 kx}$	$\dfrac{x}{k}\tan kx+\dfrac{1}{k^2}\ln\lvert\cos kx\rvert$
291.	$x\cdot\cos^m kx$	$\dfrac{1}{m^2k^2}\cos^m kx+\dfrac{x}{mk}\sin kx\cos^{m-1}kx+\dfrac{m-1}{m}\int x\cos^{m-2}kx\,dx$ $\quad(m\neq 0)$ oder $-\dfrac{x}{(m+1)k}\sin kx\cos^{m+1}kx-\dfrac{\cos^{m+2}kx}{(m+1)(m+2)k^2}+\dfrac{m+2}{m+1}\int x\cos^{m+2}kx\,dx$ $\quad(m\neq -1;\ -2)$
292.	$\dfrac{1}{a+b\cos kx}$	$\dfrac{1}{ak}\tan\dfrac{kx}{2}$ $\quad(a=b)$ $-\dfrac{1}{ak}\cot\dfrac{kx}{2}$ $\quad(a=-b)$ $\dfrac{2\,\mathrm{sgn}(a-b)}{k\sqrt{a^2-b^2}}\arctan\left(\dfrac{\lvert a-b\rvert}{\sqrt{a^2-b^2}}\tan\dfrac{kx}{2}\right)$ $\quad(a^2>b^2)$ $\dfrac{\mathrm{sgn}(b-a)}{k\sqrt{b^2-a^2}}\ln\left\lvert\dfrac{\sqrt{b^2-a^2}+\lvert b-a\rvert\tan\frac{kx}{2}}{\sqrt{b^2-a^2}-\lvert b-a\rvert\tan\frac{kx}{2}}\right\rvert$ $\quad(a^2<b^2)$
293.	$\dfrac{\cos kx}{a+b\cos kx}$	$\dfrac{x}{b}-\dfrac{a}{b}\int\dfrac{dx}{a+b\cos kx}$ $\quad$ (Nr. 292)
294.	$\dfrac{1}{\cos kx(a+b\cos kx)}$	$\dfrac{1}{ak}\ln\left\lvert\tan\dfrac{1}{2}\left(kx+\dfrac{\pi}{2}\right)\right\rvert-\dfrac{b}{a}\int\dfrac{dx}{a+b\cos kx}$ $\quad$ (Nr. 292)
295.	$\dfrac{x}{1+\cos kx}$	$\dfrac{x}{k}\tan\dfrac{kx}{2}+\dfrac{2}{k^2}\ln\left\lvert\cos\dfrac{kx}{2}\right\rvert$
296.	$\dfrac{x}{1-\cos kx}$	$-\dfrac{x}{k}\cot\dfrac{kx}{2}+\dfrac{2}{k^2}\ln\left\lvert\sin\dfrac{kx}{2}\right\rvert$

Nr.	$f(x)$	$\int f(x)\,dx$ **Abkürzung:** $m, n, k \in \mathbb{R}$; $k \neq 0$
297.	$\dfrac{1}{a+b\cos^2 kx}$	$\dfrac{1}{k\sqrt{a(a+b)}}\arctan\left(\sqrt{\dfrac{a}{a+b}}\tan kx\right)$ $(a>0;\ a+b>0)$
		$-\dfrac{1}{ak}\cot kx$ $(a>0;\ a+b=0)$
		$\dfrac{1}{2k\sqrt{-a(a+b)}}\ln\left\|\dfrac{\sqrt{-(a+b)}-\sqrt{a}\tan kx}{\sqrt{-(a+b)}+\sqrt{a}\tan kx}\right\|$ $(a>0;\ a+b<0)$
298.	$\dfrac{1}{(a+b\cos kx)^2}$	$\dfrac{b\sin kx}{k(b^2-a^2)(a+b\cos kx)}-\dfrac{a}{b^2-a^2}\displaystyle\int\dfrac{dx}{a+b\cos kx}$ $(a^2 \neq b^2)$ (Nr. 292)
		$\dfrac{1}{2a^2k}\left(\tan\dfrac{kx}{2}+\dfrac{1}{3}\tan^3\dfrac{kx}{2}\right)$ $(a=b)$
		$-\dfrac{1}{2a^2k}\left(\cot\dfrac{kx}{2}+\dfrac{1}{3}\cot^3\dfrac{kx}{2}\right)$ $(a=-b)$
299.	$\dfrac{\cos kx}{(a+b\cos kx)^2}$	$\dfrac{1}{b}\displaystyle\int\dfrac{dx}{a+b\cos kx}-\dfrac{a}{b}\int\dfrac{dx}{(a+b\cos kx)^2}$ (Nr. 292, 298)
300.	$\cos kx\cdot\cos lx$	$\dfrac{\sin(k+l)x}{2(k+l)}+\dfrac{\sin(k-l)x}{2(k-l)}$ $(k^2 \neq l^2$; für $k^2=l^2$: Nr. 275)
301.	$\sin^m kx\cos kx$	$\dfrac{1}{k(m+1)}\sin^{m+1} kx$ $(m \neq -1)$
		$\dfrac{1}{k}\ln\|\sin kx\|$ $(m=-1)$
302.	$\cos^n kx\sin kx$	$-\dfrac{1}{k(n+1)}\cos^{n+1} kx$ $(n \neq -1)$
		$-\dfrac{1}{k}\ln\|\cos kx\|$ $(n=-1)$
303.	$\sin^m kx\cos^n kx$	$-\dfrac{\sin^{m-1} kx\cdot\cos^{n+1} kx}{(m+n)k}+\dfrac{m-1}{m+n}\displaystyle\int\sin^{m-2} kx\cos^n kx\,dx$ $(m \neq -n$; für $m=-n$: Nr. 317)
		oder
		$\dfrac{\sin^{m+1} kx\cdot\cos^{n-1} kx}{(m+n)k}+\dfrac{n-1}{m+n}\displaystyle\int\sin^m kx\cos^{n-2} kx\,dx$ $(m \neq -n$; für $m=-n$: Nr. 317)
		oder
		$\dfrac{\sin^{m+1} kx\cdot\cos^{n+1} kx}{(m+1)k}$
		$+\dfrac{m+n+2}{m+1}\displaystyle\int\sin^{m+2} kx\ \cos^n kx\,dx$ $(m \neq -1)$

Nr.	$f(x)$	$\int f(x)\,dx$ **Abkürzung:** $m, n, k \in \mathbb{R}$; $k \neq 0$	
		oder	
		$-\dfrac{\sin^{m+1} kx \cdot \cos^{n+1} kx}{(n+1)k} + \dfrac{m+n+2}{n+1} \int \sin^m kx \cos^{n+2} kx\,dx$	$(n \neq -1)$
		$\dfrac{1}{2^m} \int \sin^m 2kx\,dx$	$(m=n)$ (Nr. 252)
304.	$\dfrac{\cos^n kx}{\sin kx}$	$\dfrac{\cos^{n-1} kx}{k(n-1)} + \int \dfrac{\cos^{n-2} kx}{\sin kx}\,dx$	$(n \neq 1)$
		$\dfrac{1}{k} \ln \lvert \sin kx \rvert$	$(n=1)$
		oder	
		$-\dfrac{\cos^{n+1} kx}{k(n+1)} + \int \dfrac{\cos^{n+2} kx}{\sin kx}\,dx$	$(n \neq -1)$
		$\dfrac{1}{k} \ln \lvert \tan kx \rvert$	$(n=-1)$
305.	$\dfrac{\sin^m kx}{\cos kx}$	$-\dfrac{\sin^{m-1} kx}{k(m-1)} + \int \dfrac{\sin^{m-2} kx}{\cos kx}\,dx$	$(m \neq 1)$
		$-\dfrac{1}{k} \ln \lvert \cos kx \rvert$	$(m=1)$
		oder	
		$\dfrac{\sin^{m+1} kx}{k(m+1)} + \int \dfrac{\sin^{m+2} kx}{\cos kx}\,dx$	$(m \neq -1)$
		$\dfrac{1}{k} \ln \lvert \tan kx \rvert$	$(m=-1)$
306.	$\sin kx \cdot \cos lx$	$-\dfrac{\cos(k+l)x}{2(k+l)} - \dfrac{\cos(k-l)x}{2(k-l)}$	$(k^2 \neq l^2)$
		$-\dfrac{1}{4k} \cos 2kx$	$(k^2 = l^2)$
307.	$\dfrac{1}{a \sin kx + b \cos kx}$	$\dfrac{1}{k\sqrt{a^2+b^2}} \ln \left\lvert \dfrac{a - b \tan \frac{kx}{2} - \sqrt{a^2+b^2}}{a - b \tan \frac{kx}{2} + \sqrt{a^2+b^2}} \right\rvert$	$(b>0)$

Nr.	$f(x)$	$\int f(x)\,dx$	*Abkürzung:* $m, n, k \in \mathbb{R}$; $k \neq 0$
308.	$\dfrac{1}{\sin kx(a+b\cos kx)}$	$\dfrac{1}{k(a^2-b^2)}\left(a\ln\left\|\tan\dfrac{kx}{2}\right\|+b\ln\left\|\dfrac{a+b\cos kx}{\sin kx}\right\|\right)$	$(a^2 \neq b^2)$
		$\dfrac{1}{2ak}\left(\ln\left\|\tan\dfrac{kx}{2}\right\|+\dfrac{1}{2}\tan^2\dfrac{kx}{2}\right)$	$(a=b)$
		$\dfrac{1}{2ak}\left(\ln\left\|\tan\dfrac{kx}{2}\right\|-\dfrac{1}{2}\cot^2\dfrac{kx}{2}\right)$	$(a=-b)$
309.	$\dfrac{1}{\cos kx(a+b\sin kx)}$	$\dfrac{1}{k(a^2-b^2)}\left(a\ln\left\|\tan\left(\dfrac{kx}{2}+\dfrac{\pi}{4}\right)\right\|+b\ln\left\|\dfrac{\cos kx}{a+b\sin kx}\right\|\right)$	$(a^2 \neq b^2)$
		$\dfrac{1}{2ak}\left(\ln\left\|\tan\left(\dfrac{kx}{2}+\dfrac{\pi}{4}\right)\right\|-\dfrac{1}{2}\cot^2\left(\dfrac{kx}{2}+\dfrac{\pi}{4}\right)\right)$	$(a=b)$
		$\dfrac{1}{2ak}\left(\ln\left\|\tan\left(\dfrac{kx}{2}+\dfrac{\pi}{4}\right)\right\|+\dfrac{1}{2}\tan^2\left(\dfrac{kx}{2}+\dfrac{\pi}{4}\right)\right)$	$(a=-b)$
310.	$\dfrac{\sin kx}{a+b\cos kx}$	$-\dfrac{1}{bk}\ln\|a+b\cos kx\|$	
311.	$\dfrac{\cos kx}{a+b\sin kx}$	$\dfrac{1}{bk}\ln\|a+b\sin kx\|$	
312.	$\dfrac{\sin kx}{a\sin kx+b\cos kx}$	$\dfrac{1}{k(a^2+b^2)}[akx-b\ln\|a\sin kx+b\cos kx\|]$	
313.	$\dfrac{\cos kx}{a\sin kx+b\cos kx}$ $=\dfrac{1}{a\tan kx+b}$	$\dfrac{1}{k(a^2+b^2)}[bkx+a\ln\|a\sin kx+b\cos kx\|]$	
314.	$\tan kx$	$-\dfrac{1}{k}\ln\|\cos kx\|$	
315.	$\tan^2 kx$	$\dfrac{1}{k}\tan kx-x$	
316.	$\tan^3 kx$	$\dfrac{1}{2k}\tan^2 kx+\dfrac{1}{k}\ln\|\cos kx\|$	
317.	$\tan^n kx$	$\dfrac{\tan^{n-1} kx}{k(n-1)}-\int\tan^{n-2} kx\,dx$	$(n \neq 1)$
		oder	
		$\dfrac{\tan^{n+1} kx}{k(n+1)}-\int\tan^{n+2} kx\,dx$	$(n \neq -1)$

Nr.	$f(x)$	$\int f(x)\,dx$ — *Abkürzung:* $m, n, k \in \mathbb{R};\quad k \neq 0$
318.	$x \tan kx$	$\frac{1}{k^2}\left(\frac{(kx)^3}{3}+\frac{(kx)^5}{15}+\frac{2(kx)^7}{105}+\ldots + \frac{2^{2n}(2^{2n}-1)\lvert B_{2n}\rvert}{(2n+1)!}(kx)^{2n+1}+\ldots\right) \quad \left(\lvert x\rvert<\frac{\pi}{2k}\right)$ (B_{2n} Bernoullische Zahlen, 10.2.7.4, Nr. (44), Seite 492)
319.	$\frac{\tan kx}{x}$	$kx+\frac{(kx)^3}{9}+\frac{2(kx)^5}{75}+\frac{17(kx)^7}{2205}+\ldots + \frac{2^{2n}(2^{2n}-1)\lvert B_{2n}\rvert}{(2n)!\,(2n-1)}(kx)^{2n-1}+\ldots \quad \left(\lvert x\rvert<\frac{\pi}{2k}\right)$ (B_{2n} Bernoullische Zahlen, 10.2.7.4, Nr. (44), Seite 492)
320.	$\cot kx$	$\frac{1}{k}\ln\lvert\sin kx\rvert$
321.	$\cot^2 kx$	$-\frac{1}{k}\cot kx - x$
322.	$\cot^3 kx$	$-\frac{1}{2k}\cot^2 kx-\frac{1}{k}\ln\lvert\sin kx\rvert$
323.	$\cot^n kx$	$-\frac{\cot^{n-1}kx}{k(n-1)}-\int \cot^{n-2}kx\,dx \quad (n \neq 1)$ oder $-\frac{\cot^{n+1}kx}{k(n+1)}-\int \cot^{n+2}kx\,dx \quad (n \neq -1)$
324.	$x \cot kx$	$\frac{1}{k^2}\left(kx-\frac{(kx)^3}{9}-\frac{(kx)^5}{225}-\frac{2(kx)^7}{6615}-\ldots-\frac{2^{2n}\lvert B_{2n}\rvert}{(2n+1)!}(kx)^{2n+1}-\ldots\right)$ (B_{2n}: Bernoullische Zahlen, 10.2.7.4, Nr. (44), Seite 492) $(\lvert kx\rvert<\pi)$
325.	$\frac{\cot kx}{x}$	$-\frac{1}{kx}-\frac{kx}{3}-\frac{(kx)^3}{135}-\frac{2(kx)^5}{4725}-\ldots-\frac{2^{2n}\lvert B_{2n}\rvert(kx)^{2n-1}}{(2n)!\,(2n-1)}-\ldots$ (B_{2n}: Bernoullische Zahlen, 10.2.7.4, Nr. (44), Seite 492) $(0<\lvert kx\rvert<\pi)$

6.9.5.6 Integrale von zyklometrischen Funktionen

Nr.	$f(x)$	$\int f(x)\,dx$	
		Abkürzung: $n, k \in \mathbb{R};\ k \neq 0$	
326.	$\arcsin kx$	$x \arcsin kx + \frac{1}{k}\sqrt{1-k^2x^2}$	
327.	$\arccos kx$	$x \arccos kx - \frac{1}{k}\sqrt{1-k^2x^2}$	
328.	$\arctan kx$	$x \arctan kx - \frac{1}{2k}\ln(1+k^2x^2)$	
329.	$\operatorname{arccot} kx$	$x \operatorname{arccot} kx + \frac{1}{2k}\ln(1+k^2x^2)$	
330.	$x \arcsin kx$	$\frac{1}{2}\left(x^2 - \frac{1}{2k^2}\right)\arcsin kx + \frac{1}{4k}x\sqrt{1-k^2x^2}$	
331.	$x \arccos kx$	$\frac{1}{2}\left(x^2 - \frac{1}{2k^2}\right)\arccos kx - \frac{1}{4k}x\sqrt{1-k^2x^2}$	
332.	$x \arctan kx$	$\frac{1}{2}\left[\left(x^2 + \frac{1}{k^2}\right)\arctan kx - \frac{x}{k}\right]$	
333.	$x \operatorname{arccot} kx$	$\frac{1}{2}\left[\left(x^2 + \frac{1}{k^2}\right)\operatorname{arccot} kx + \frac{x}{k}\right]$	
334.	$x^n \arcsin kx$	$\frac{x^{n+1}}{n+1}\arcsin kx - \frac{k}{n+1}\int \frac{x^{n+1}}{\sqrt{1-k^2x^2}}\,dx$	$(n \neq -1)$
335.	$x^n \arccos kx$	$\frac{x^{n+1}}{n+1}\arccos kx + \frac{k}{n+1}\int \frac{x^{n+1}}{\sqrt{1-k^2x^2}}\,dx$	$(n \neq -1)$
336.	$x^n \arctan kx$	$\frac{x^{n+1}}{n+1}\arctan kx - \frac{k}{n+1}\int \frac{x^{n+1}}{1+k^2x^2}\,dx$	$(n \neq -1)$
337.	$x^n \operatorname{arccot} kx$	$\frac{x^{n+1}}{n+1}\operatorname{arccot} kx + \frac{k}{n+1}\int \frac{x^{n+1}}{1+k^2x^2}\,dx$	$(n \neq -1)$
338.	$\frac{1}{x}\arcsin kx$	$(kx) + \frac{1}{2\cdot 3^2}(kx)^3 + \frac{3}{2\cdot 4\cdot 5^2}(kx)^5$ $+\frac{3\cdot 5}{2\cdot 4\cdot 6\cdot 7^2}(kx)^7 + \ldots$	$(\lvert kx\rvert < 1)$
339.	$\frac{1}{x}\arccos kx$	$\frac{\pi}{2}\ln\lvert x\rvert - \int \frac{\arcsin kx}{x}\,dx$	(Nr. 338)

Nr.	$f(x)$	$\int f(x)\,dx$	Abkürzung: $n, k \in \mathbb{R};\quad k \neq 0$
340.	$\frac{1}{x}\arctan kx$	$kx - \frac{1}{3^2}(kx)^3 + \frac{1}{5^2}(kx)^5 - \frac{1}{7^2}(kx)^7 \pm \ldots$	für $\lvert kx\rvert < 1$
		$\frac{\pi}{2}\ln\lvert x\rvert + \frac{1}{kx} - \frac{1}{3^2(kx)^3} + \frac{1}{5^2(kx)^5} - \frac{1}{7^2(kx)^7} \pm \ldots$	für $\lvert kx\rvert \geqq 1$
341.	$\frac{1}{x}\operatorname{arccot} kx$	$\frac{\pi}{2}\ln\lvert x\rvert - \int \frac{\arctan kx}{x}\,dx$	(Nr. 340)
342.	$\arcsin\frac{1}{kx}$	$x\arcsin\frac{1}{kx} + \frac{1}{k}\operatorname{arcosh}\lvert kx\rvert$	
343.	$\arccos\frac{1}{kx}$	$x\arccos\frac{1}{kx} - \frac{1}{k}\operatorname{arcosh}\lvert kx\rvert$	
344.	$x^n\arcsin\frac{1}{kx}$	$\frac{x^{n+1}}{n+1}\arcsin\frac{1}{kx} + \frac{\operatorname{sgn}(kx)}{n+1}\int \frac{x^n\,dx}{\sqrt{k^2x^2-1}}$	$(n \neq -1)$
345.	$\frac{1}{x}\arcsin\frac{1}{kx}$	Substitution $t = \frac{1}{kx}$ führt auf $-\int \frac{\arcsin t}{t}\,dt$	(Nr. 338)

6.9.5.7 Integrale von Hyperbelfunktionen

Nr.	$f(x)$	$\int f(x)\,dx$	
			Abkürzung: $n, k \in \mathbb{R};\quad k \neq 0$
346.	$\sinh kx$	$\frac{1}{k}\cosh kx$	
347.	$\sinh^2 kx$	$\frac{1}{4k}(\sinh 2kx - 2kx)$	
348.	$\sinh^n kx$	$\frac{1}{kn}\sinh^{n-1} kx\cosh kx - \frac{n-1}{n}\int \sinh^{n-2} kx\,dx$	$(n \neq 0)$
		oder	
		$\frac{1}{k(n+1)}\sinh^{n+1} kx\cosh kx - \frac{n+2}{n+1}\int \sinh^{n+2} kx\,dx$	$(n \neq -1)$
349.	$\frac{1}{\sinh kx}$	$\frac{1}{k}\ln\left\lvert\tanh\frac{kx}{2}\right\rvert$	
350.	$\frac{1}{a + b\sinh kx}$	$\frac{1}{k\sqrt{a^2+b^2}}\ln\left\lvert\frac{\sqrt{a^2+b^2} - (a + b\,e^{kx})}{\sqrt{a^2+b^2} + (a + b\,e^{kx})}\right\rvert$	$(b > 0)$

Nr.	$f(x)$	$\int f(x)\,dx$ — *Abkürzung: $n, k \in \mathbb{R}$; $k \neq 0$*
351.	$\dfrac{\sinh kx}{a+b\sinh kx}$	$\dfrac{x}{b}-\dfrac{a}{b}\int\dfrac{dx}{a+b\sinh kx}$ (Nr. 350)
352.	$x\sinh kx$	$\dfrac{x}{k}\cosh kx-\dfrac{1}{k^2}\sinh kx$
353.	$x^n\sinh kx$	$\dfrac{1}{k}x^n\cosh kx-\dfrac{n}{k}\int x^{n-1}\cosh kx\,dx$ (Nr. 366) oder $\dfrac{x^{n+1}}{n+1}\sinh kx-\dfrac{k}{n+1}\int x^{n+1}\cosh kx\,dx$ $(n\neq -1)$ (Nr. 366)
354.	$\dfrac{\sinh kx}{x}$	$\dfrac{1}{2}\left(\int\dfrac{e^{kx}}{x}dx-\int\dfrac{e^{-kx}}{x}dx\right)=\mathrm{Shi}(kx)$ (Nr. 216) oder $kx+\dfrac{(kx)^3}{3\cdot 3!}+\dfrac{(kx)^5}{5\cdot 5!}+\ldots+\dfrac{(kx)^{2n+1}}{(2n+1)(2n+1)!}+\ldots$ Shi(x) ist der hyperbolische Integralsinus $\int\limits_0^x\dfrac{\sinh t}{t}dt$ mit der Eigenschaft Shi(0)=0 (6.9.8.2, Seite 299).
355.	$x\cdot\sinh^m kx$	$\dfrac{x}{mk}\sinh^{m-1}kx\cosh kx-\dfrac{1}{m^2k^2}\sinh^m kx$ $-\dfrac{m-1}{m}\int x\sinh^{m-2}kx\,dx$ $(m\neq 0)$ oder $\dfrac{x}{(m+1)k}\sinh^{m+1}kx\cosh kx-\dfrac{\sinh^{m+2}kx}{(m+1)(m+2)k^2}$ $-\dfrac{m+2}{m+1}\int x\sinh^{m+2}kx\,dx$ $(m\neq -1;\ -2)$
356.	$\dfrac{x}{\sinh kx}$	$\dfrac{1}{k^2}\left(kx-\dfrac{1}{18}(kx)^3+\dfrac{7}{1800}(kx)^5-\dfrac{31}{105840}(kx)^7+-\ldots\right.$ $\left.+\dfrac{(-1)^n(2^{2n}-2)\lvert B_{2n}\rvert}{(2n+1)!}(kx)^{2n+1}+-\ldots\right)$ (B_{2n}: Bernoullische Zahlen, 10.2.7.4, Nr. (44), Seite 492)
357.	$\dfrac{x}{\sinh^2 kx}$	$-\dfrac{x}{k}\coth kx+\dfrac{1}{k^2}\ln\lvert\sinh kx\rvert$

Nr.	$f(x)$	$\int f(x)\,dx$ **Abkürzung:** $n, k \in \mathbb{R}; \quad k \neq 0$
358.	$x^n \sinh^m kx$	$-\frac{nx^{n-1}}{m^2k^2}\sinh^m kx + \frac{x^n}{mk}\sinh^{m-1} kx \cosh kx$ $+\frac{n(n-1)}{m^2k^2}\int x^{n-2}\sinh^m kx\,dx$ $-\frac{m-1}{m}\int x^n \sinh^{m-2} kx\,dx \qquad (m \neq 0)$ oder $-\frac{nx^{n-1}}{(m+1)(m+2)k^2}\sinh^{m+2} kx$ $+\frac{x^n}{(m+1)k}\sinh^{m+1} kx \cosh kx$ $+\frac{n(n-1)}{(m+1)(m+2)k^2}\int x^{n-2}\sinh^{m+2} kx\,dx$ $-\frac{m+2}{m+1}\int x^n \sinh^{m+2} kx\,dx \qquad (m \neq -1;\ -2)$ oder $\frac{x^{n+1}}{n+1}\sinh^m kx - \frac{mkx^{n+2}}{(n+1)(n+2)}\sinh^{m-1} kx \cosh kx$ $+\frac{m(m-1)k^2}{(n+1)(n+2)}\int x^{n+2}\sinh^{m-2} kx\,dx$ $+\frac{m^2k^2}{(n+1)(n+2)}\int x^{n+2}\sinh^m kx\,dx \qquad (n \neq -1;\ -2)$
359.	$\cosh kx$	$\frac{1}{k}\sinh kx$
360.	$\cosh^2 kx$	$\frac{1}{4k}(\sinh 2kx + 2kx)$
361.	$\cosh^n kx$	$\frac{1}{kn}\cosh^{n-1} kx \sinh kx + \frac{n-1}{n}\int \cosh^{n-2} kx\,dx \qquad (n \neq 0)$ oder $-\frac{1}{k(n+1)}\cosh^{n+1} kx \sinh kx$ $+\frac{n+2}{n+1}\int \cosh^{n+2} kx\,dx \qquad (n \neq -1)$
362.	$\frac{1}{\cosh kx}$	$\frac{2}{k}\arctan(e^{kx})$

Nr.	$f(x)$	$\int f(x)\,dx$ **Abkürzung: $m, n, k \in \mathbb{R}$; $k \neq 0$**
363.	$\dfrac{1}{a+b\cosh kx}$	$\dfrac{1}{k\sqrt{a^2-b^2}}\ln\left\|\dfrac{be^{kx}+a-\sqrt{a^2-b^2}}{be^{kx}+a+\sqrt{a^2-b^2}}\right\|$ $(b>0;\; a^2>b^2)$
		$\dfrac{-2}{k(a+be^{kx})}$ $(a^2=b^2)$
		$\dfrac{2}{k\sqrt{b^2-a^2}}\arctan\dfrac{a+be^{kx}}{\sqrt{b^2-a^2}}$ $(a^2<b^2)$
364.	$\dfrac{\cosh kx}{a+b\cosh kx}$	$\dfrac{x}{b}-\dfrac{a}{b}\int\dfrac{dx}{a+b\cosh kx}$ (Nr. 363)
365.	$x\cosh kx$	$\dfrac{x}{k}\sinh kx-\dfrac{1}{k^2}\cosh kx$
366.	$x^n\cosh kx$	$\dfrac{1}{k}x^n\sinh kx-\dfrac{n}{k}\int x^{n-1}\sinh kx\,dx$
		oder
		$\dfrac{x^{n+1}}{n+1}\cosh kx-\dfrac{k}{n+1}\int x^{n+1}\sinh kx\,dx$ $(n\neq -1)$
367.	$\dfrac{\cosh kx}{x}$	$\dfrac{1}{2}\left(\int\dfrac{e^{kx}}{x}dx+\int\dfrac{e^{-kx}}{x}dx\right)=\mathrm{Chi}(kx)$ (Nr. 216)
		oder
		$\ln\|x\|+\dfrac{(kx)^2}{2\cdot 2!}+\dfrac{(kx)^4}{4\cdot 4!}+\ldots+\dfrac{(kx)^{2n}}{2n\cdot(2n)!}+\ldots$
		$\mathrm{Chi}(x)$ ist der hyperbolische Integralkosinus (6.9.8.2, Seite 299)
368.	$x\cdot\cosh^m kx$	$\dfrac{x}{mk}\cosh^{m-1}kx\sinh kx-\dfrac{1}{m^2k^2}\cosh^m kx$
		$+\dfrac{m-1}{m}\int x\cosh^{m-2}kx\,dx$ $(m\neq 0)$
		oder
		$-\dfrac{x}{(m+1)k}\cosh^{m+1}kx\sinh kx+\dfrac{\cosh^{m+2}kx}{(m+1)(m+2)k^2}$
		$+\dfrac{m+2}{m+1}\int x\cosh^{m+2}kx\,dx$ $(m\neq -1;\; -2)$
369.	$\dfrac{x}{\cosh kx}$	$\dfrac{1}{k^2}\left(\dfrac{(kx)^2}{2}-\dfrac{(kx)^4}{4\cdot 2!}+\dfrac{5(kx)^6}{6\cdot 4!}-\dfrac{61(kx)^8}{8\cdot 6!}\right.$
		$\left.+-\ldots+\dfrac{(-1)^n\|E_{2n}\|}{(2n+2)(2n)!}(kx)^{2n+2}+-\ldots\right)$ $\left(\|kx\|<\dfrac{\pi}{2}\right)$
		(E_{2n}: Eulersche Zahlen, 10.2.7.4, Nr. (43), Seite 491)

Nr.	$f(x)$	$\int f(x)\,dx$ — *Abkürzung:* $n, k \in \mathbb{R}; \quad k \neq 0$
370.	$\dfrac{x}{\cosh^2 kx}$	$\dfrac{x}{k}\tanh kx - \dfrac{1}{k^2}\ln\cosh kx$
371.	$x^n \cosh^m kx$	$\dfrac{-nx^{n-1}}{m^2k^2}\cosh^m kx + \dfrac{x^n}{mk}\cosh^{m-1} kx \sinh kx + \dfrac{n(n-1)}{m^2k^2}\int x^{n-2}\cosh^m kx\,dx + \dfrac{m-1}{m}\int x^n \cosh^{m-2} kx\,dx$ $\quad (m \neq 0)$
		oder
		$\dfrac{nx^{n-1}}{(m+1)(m+2)k^2}\cosh^{m+2} kx - \dfrac{x^n}{(m+1)k}\cosh^{m+1} kx \sinh kx - \dfrac{n(n-1)}{(m+1)(m+2)k^2}\int x^{n-2}\cosh^{m+2} kx\,dx + \dfrac{m+2}{m+1}\int x^n \cosh^{m+2} kx\,dx$ $\quad (m \neq -1;\ -2)$
		oder
		$\dfrac{x^{n+1}}{n+1}\cosh^m kx - \dfrac{mkx^{n+2}}{(n+1)(n+2)}\cosh^{m-1} kx \sinh kx - \dfrac{m(m-1)k^2}{(n+1)(n+2)}\int x^{n+2}\cosh^{m-2} kx\,dx + \dfrac{m^2k^2}{(n+1)(n+2)}\int x^{n+2}\cosh^m kx\,dx$ $\quad (n \neq -1;\ -2)$
372.	$\sinh kx \cosh kx$	$\dfrac{1}{4k}\cosh 2kx$
373.	$\sinh kx \cosh^m kx$	$\dfrac{1}{(m+1)k}\cosh^{m+1} kx$ $\quad (m \neq -1)$
		$\dfrac{1}{k}\ln\cosh kx$ $\quad (m = -1)$
374.	$\sinh^m kx \cosh kx$	$\dfrac{1}{(m+1)k}\sinh^{m+1} kx$ $\quad (m \neq -1)$
		$\dfrac{1}{k}\ln\lvert\sinh kx\rvert$ $\quad (m = -1)$

Nr.	$f(x)$	$\int f(x)\,dx$ — Abkürzung: $n, k \in \mathbb{R}$; $k \neq 0$
375.	$\sinh^m kx \cdot \cosh^n kx$	$\frac{\sinh^{m-1} kx \cosh^{n+1} kx}{(m+n)k} - \frac{m-1}{m+n} \int \sinh^{m-2} kx \cosh^n kx\,dx$ ($m \neq -n$; für $m=-n$: Nr. 378)
		oder
		$\frac{\sinh^{m+1} kx \cosh^{n-1} kx}{(m+n)k} + \frac{n-1}{m+n} \int \sinh^m kx \cosh^{n-2} kx\,dx$ ($m \neq -n$; für $m=-n$: Nr. 378)
		oder
		$\frac{1}{(m+1)k} \sinh^{m+1} kx \cosh^{n+1} kx - \frac{m+n+2}{m+1} \int \sinh^{m+2} kx \cosh^n kx\,dx$ $(m \neq -1)$
		oder
		$-\frac{\sinh^{m+1} kx \cosh^{n+1} kx}{(n+1)k} + \frac{m+n+2}{n+1} \int \sinh^m kx \cosh^{n+2} kx\,dx$ $(n \neq -1)$
		$\frac{1}{2^m} \int \sinh^m 2kx\,dx$ $(m=n)$
376.	$\frac{1}{\sinh kx \cosh kx}$	$\frac{1}{k} \ln \lvert \tanh kx \rvert$
377.	$\tanh kx$	$\frac{1}{k} \ln \cosh kx$
378.	$\tanh^n kx$	$-\frac{\tanh^{n-1} kx}{(n-1)k} + \int \tanh^{n-2} kx\,dx$ $(n \neq 1)$
		oder
		$\frac{\tanh^{n+1} kx}{(n+1)k} + \int \tanh^{n+2} kx\,dx$ $(n \neq -1)$
379.	$x \tanh kx$	$\frac{1}{k^2} \left(\frac{1}{3}(kx)^3 - \frac{1}{15}(kx)^5 + \frac{2}{105}(kx)^7 - + \ldots + \frac{(-1)^{n+1} 2^{2n}(2^{2n}-1) \lvert B_{2n} \rvert}{(2n+1)!}(kx)^{2n+1} + \ldots \right)$ $\left(\lvert kx \rvert \leq \frac{\pi}{2} \right)$
		(B_{2n}: Bernoullische Zahlen, 10.2.7.4, Nr. (44), Seite 492)

Nr.	$f(x)$	$\int f(x)\,dx$ — *Abkürzung: $n, k \in \mathbb{R}$; $k \neq 0$*
380.	$\frac{\tanh kx}{x}$	$kx - \frac{1}{9}(kx)^3 + \frac{2}{75}(kx)^5 - \frac{17}{2205}(kx)^7 + - \dots$ $+ \frac{(-1)^{n+1} 2^{2n}(2^{2n}-1)\lvert B_{2n}\rvert}{(2n)!(2n-1)}(kx)^{2n-1} + \dots$ (B_{2n}: Bernoullische Zahlen, 10.2.7.4, Nr. (44), Seite 492)
381.	$\coth kx$	$\frac{1}{k} \ln \lvert \sinh kx \rvert$
382.	$\coth^n kx$	$-\frac{\coth^{n-1} kx}{(n-1)k} + \int \coth^{n-2} kx\,dx \qquad (n \neq 1)$ oder $\frac{\coth^{n+1} kx}{(n+1)k} + \int \coth^{n+2} kx\,dx \qquad (n \neq -1)$
383.	$x \coth kx$	$\frac{1}{k^2}\Big(kx + \frac{1}{9}(kx)^3 - \frac{1}{225}(kx)^5 + \frac{2}{6615}(kx)^7 - + \dots$ $+ \frac{(-1)^{n+1} 2^{2n} \lvert B_{2n}\rvert}{(2n+1)!}(kx)^{2n+1} + \dots\Big) \qquad (\lvert kx\rvert < \pi)$ (B_{2n}: Bernoullische Zahlen, 10.2.7.4, Nr. (44), Seite 492)
384.	$\frac{\coth kx}{x}$	$-\frac{1}{kx} + \frac{1}{3}kx - \frac{1}{135}(kx)^3 + \frac{2}{4725}(kx)^5 - + \dots$ $+ \frac{(-1)^{n+1} 2^{2n} \lvert B_{2n}\rvert}{(2n)!(2n-1)}(kx)^{2n-1} + \dots \qquad (0 < \lvert kx\rvert < \pi)$ (B_{2n}: Bernoullische Zahlen, 10.2.7.4, Nr. (44), Seite 492)

6.9.5.8 Integrale von Areafunktionen

Abkürzung: $n, k \in \mathbb{R}$; $k \neq 0$

Nr.	$f(x)$	$\int f(x)\,dx$
385.	$\operatorname{arsinh} kx$	$x \operatorname{arsinh} kx - \frac{1}{k}\sqrt{k^2x^2+1}$
386.	$\operatorname{arcosh} kx$	$x \operatorname{arcosh} kx - \frac{1}{k}\sqrt{k^2x^2-1}$
387.	$\operatorname{artanh} kx$	$x \operatorname{artanh} kx + \frac{1}{2k}\ln(1-k^2x^2) \qquad (\lvert kx\rvert < 1)$

Nr.	$f(x)$	$\int f(x)\,dx$	*Abkürzung:* $n, k \in \mathbb{R};\quad k \neq 0$
388.	$\operatorname{arcoth} kx$	$x \operatorname{arcoth} kx + \frac{1}{2k} \ln(k^2x^2-1)$	$(\|kx\|>1)$
389.	$x \operatorname{arsinh} kx$	$\frac{1}{2}\left(x^2+\frac{1}{2k^2}\right)\operatorname{arsinh} kx - \frac{1}{4k} x\sqrt{k^2x^2+1}$	
390.	$x \operatorname{arcosh} kx$	$\frac{1}{2}\left(x^2-\frac{1}{2k^2}\right)\operatorname{arcosh} kx - \frac{1}{4k} x\sqrt{k^2x^2-1}$	
391.	$x \operatorname{artanh} kx$	$\frac{1}{2}\left(x^2-\frac{1}{k^2}\right)\operatorname{artanh} kx + \frac{x}{2k}$	$(\|kx\|<1)$
392.	$x \operatorname{arcoth} kx$	$\frac{1}{2}\left(x^2-\frac{1}{k^2}\right)\operatorname{arcoth} kx + \frac{x}{2k}$	$(\|kx\|>1)$
393.	$x^n \operatorname{arsinh} kx$	$\frac{x^{n+1}}{n+1}\operatorname{arsinh} kx - \frac{k}{n+1}\int \frac{x^{n+1}}{\sqrt{k^2x^2+1}}\,dx$	$(n \neq -1)$
394.	$x^n \operatorname{arcosh} kx$	$\frac{x^{n+1}}{n+1}\operatorname{arcosh} kx - \frac{k}{n+1}\int \frac{x^{n+1}}{\sqrt{k^2x^2-1}}\,dx$	$(n \neq -1)$
395.	$x^n \operatorname{artanh} kx$	$\frac{x^{n+1}}{n+1}\operatorname{artanh} kx - \frac{k}{n+1}\int \frac{x^{n+1}}{1-k^2x^2}\,dx$	$(n \neq -1;\ \|kx\|<1)$
396.	$x^n \operatorname{arcoth} kx$	$\frac{x^{n+1}}{n+1}\operatorname{arcoth} kx + \frac{k}{n+1}\int \frac{x^{n+1}}{k^2x^2-1}\,dx$	$(n \neq -1;\ \|kx\|>1)$
397.	$\frac{\operatorname{arsinh} kx}{x}$	$kx - \frac{1}{2\cdot 3^2}(kx)^3 + \frac{3}{2\cdot 4\cdot 5^2}(kx)^5 - \frac{3\cdot 5}{2\cdot 4\cdot 6\cdot 7^2}(kx)^7 + - \ldots$	$(\|kx\| \leqq 1)$
		$\frac{1}{2}(\ln 2kx)^2 - \frac{1}{2^3(kx)^2} + \frac{3}{2\cdot 4^3(kx)^4} - \frac{3\cdot 5}{2\cdot 4\cdot 6^3(kx)^6} + - \ldots$	$(\|kx\|>1)$
398.	$\frac{\operatorname{arcosh} kx}{x}$	$\frac{1}{2}(\ln 2kx)^2 + \frac{1}{2^3(kx)^2} + \frac{3}{2\cdot 4^3(kx)^4} + \frac{3\cdot 5}{2\cdot 4\cdot 6^3(kx)^6} + \ldots$	$(kx \geqq 1)$
399.	$\frac{\operatorname{artanh} kx}{x}$	$kx + \frac{(kx)^3}{3^2} + \frac{(kx)^5}{5^2} + \frac{(kx)^7}{7^2} + \ldots$	$(\|kx\|<1)$
400.	$\frac{\operatorname{arcoth} kx}{x}$	$-\frac{1}{kx} - \frac{1}{3^2(kx)^3} - \frac{1}{5^2(kx)^5} - \ldots$	$(\|kx\|>1)$

6.9.6 Anwendungen auf Geometrie und Mechanik

Es sei eine ebene Kurve gegeben durch

(Form *EKF*) $x \mapsto y = f(x)$

(Form *EKP*) $\tau \mapsto x = f_1(\tau); \quad \tau \mapsto y = f_2(\tau)$

(Form *EPF*) $\varphi \mapsto r = f(\varphi) \geqq 0$

(Form *EPP*) $\tau \mapsto r = f_1(\tau) \geqq 0; \quad \tau \mapsto \varphi = f_2(\tau)$ (7.1, Seite 305)

Die betrachteten Funktionen sollen alle in den Formeln benötigten Eigenschaften (Stetigkeit, Differenzierbarkeit usw.) besitzen. Auftretende Nenner sollen $\neq 0$ sein. Die Untergrenzen der Integrale sollen kleiner als die Obergrenzen sein.

6.9.6.1 Flächeninhalt

A. Trapezoide Flächenstücke mit Begrenzungen parallel zur y-Achse, wenn die Kurve von jeder Parallelen zur y-Achse höchstens ein Mal getroffen wird.

EKF: $A = \int_a^b |f(x)|\, dx = \int_a^b |y|\, dx$

Bemerkung: $\int_a^b f(x)\, dx$ ist positiv, wenn das Flächenstück bei Durchlaufung der Kurve mit wachsenden x-Werten rechts liegt, sonst negativ.

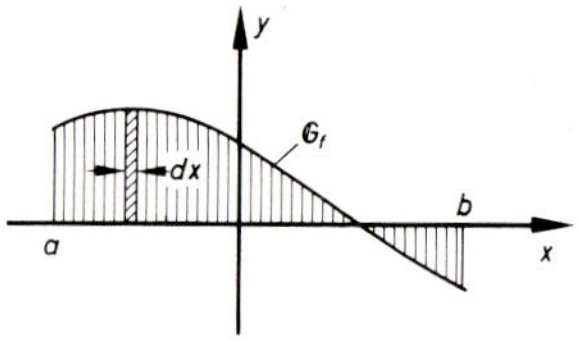

EKP: $A = \int_{\tau_1}^{\tau_2} |f_2(\tau) \cdot f_1'(\tau)|\, d\tau = \int_{\tau_1}^{\tau_2} |y\, x'|\, d\tau$

Bemerkung: $\int_{\tau_1}^{\tau_2} y x'\, d\tau$ ist positiv, wenn das Flächenstück bei Durchlaufung der Kurve mit wachsenden τ-Werten rechts liegt, sonst negativ.

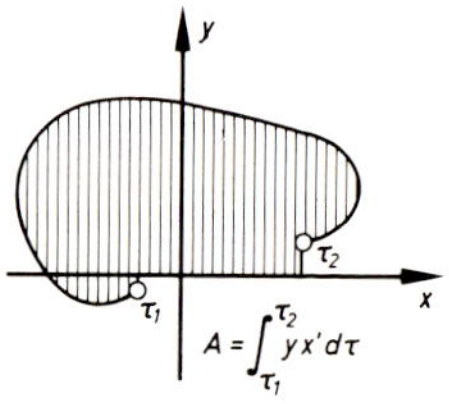

EPF: $A = \int_{\varphi_1}^{\varphi_2} f(\varphi) \cdot |f'(\varphi) \sin\varphi \cos\varphi - f(\varphi) \sin^2\varphi|\, d\varphi$

$= \int_{\varphi_1}^{\varphi_2} r |r' \sin\varphi \cos\varphi - r \sin^2\varphi|\, d\varphi$

Bemerkung:

$\int_{\varphi_1}^{\varphi_2} r \sin\varphi (r' \cos\varphi - r \sin\varphi)\, d\varphi$ ist positiv, wenn das Flächenstück bei Durchlaufung der Kurve mit wachsendem φ rechts liegt, sonst negativ.

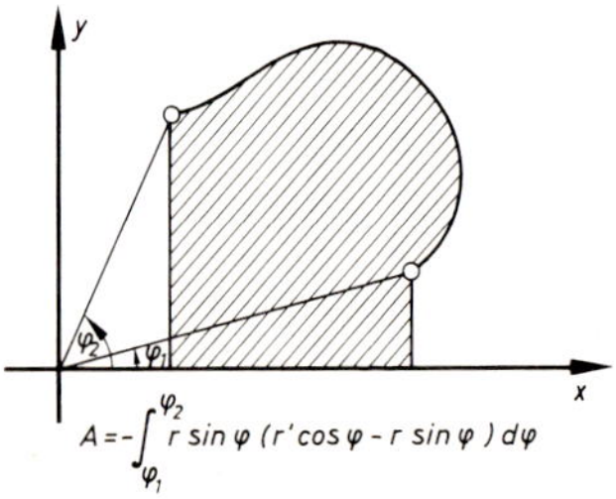

$$EPP:\quad A=\int_{\tau_1}^{\tau_2} f_1(\tau)\cdot|\sin f_2(\tau)\cdot(f_1'(\tau)\cos f_2(\tau)-f_1(\tau)\cdot f_2'(\tau)\cdot\sin f_2(\tau))|\,d\tau$$

$$=\int_{\tau_1}^{\tau_2} r\cdot|\sin\varphi(r'\cos\varphi-r\varphi'\sin\varphi)|\,d\tau$$

Bemerkung:

$\int_{\tau_1}^{\tau_2} r\sin\varphi\cdot(r'\cos\varphi-r\varphi'\sin\varphi)\,d\tau$ ist positiv, wenn das Flächenstück bei Durchlaufung mit wachsendem Parameter rechts liegt, sonst negativ.

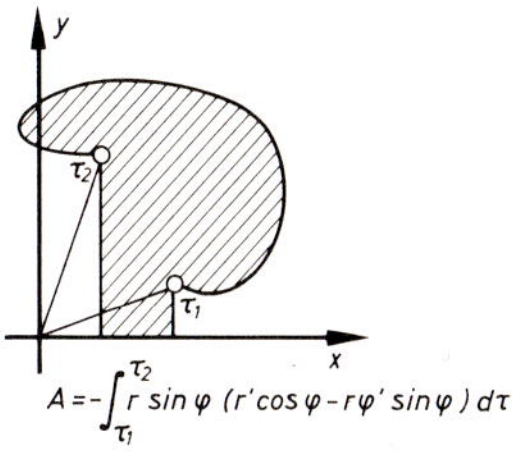

B. Trapezoide Flächenstücke mit Begrenzungen parallel zur x-Achse, wenn die Kurve von jeder Parallelen zur x-Achse höchstens ein Mal getroffen wird.

$$EKF:\quad A=\int_p^q |g(y)|\,dy=\int_p^q |x|\,dy \qquad (\text{falls } x=g(y))$$

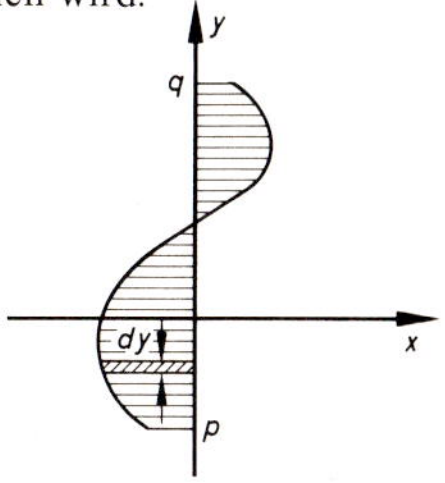

Bemerkung: $\int_p^q x\,dy$ ist positiv, wenn das Flächenstück bei Durchlaufung der Kurve mit wachsenden y-Werten links liegt, sonst negativ.

Ist $g=\overset{-1}{f}$ Umkehrfunktion von $f\colon x\mapsto y$, so gilt:

$$A=\int_{f(a)}^{f(b)} |\overset{-1}{f}(y)|\,dy=\int_a^b |x\cdot f'(x)|\,dx$$

(falls $\overset{-1}{f'}$ keine Nullstelle hat)

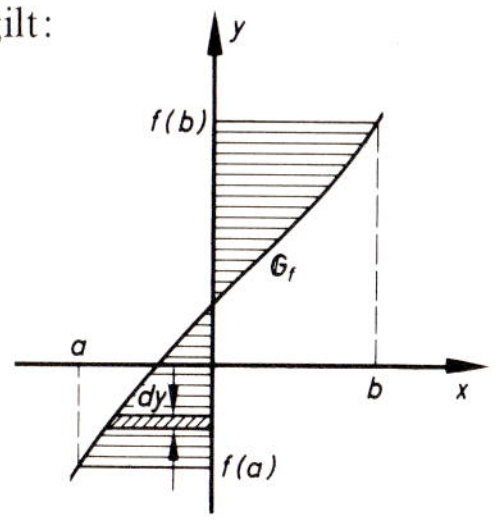

$$EKP:\quad A=\int_{\tau_1}^{\tau_2} |f_1(\tau)\cdot f_2'(\tau)|\,d\tau$$

$$=\int_{\tau_1}^{\tau_2} |x\,y'|\,d\tau$$

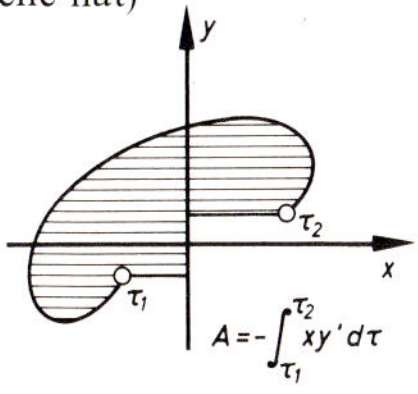

Bemerkung: $\int_{\tau_1}^{\tau_2} x\,y'\,d\tau$ ist positiv, wenn das Flächenstück bei Durchlaufung der Kurve mit wachsendem Parameter links liegt, sonst negativ.

$$EPF:\quad A=\int_{\varphi_1}^{\varphi_2} f(\varphi)\cdot|f'(\varphi)\sin\varphi\cos\varphi+f(\varphi)\cos^2\varphi|\,d\varphi$$

$$=\int_{\varphi_1}^{\varphi_2} r\cdot|r'\sin\varphi\cos\varphi+r\cos^2\varphi|\,d\varphi$$

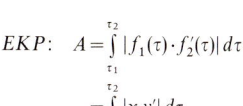

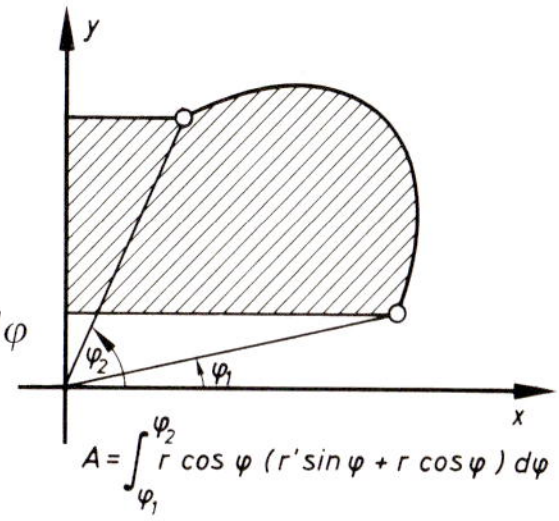

Bemerkung: $\int\limits_{\varphi_1}^{\varphi_2} r\cos\varphi(r'\sin\varphi + r\cos\varphi)\,d\varphi$ ist positiv, wenn das Flächenstück bei Durchlaufung der Kurve mit wachsendem φ links liegt, sonst negativ.

EPP: $A = \int\limits_{\tau_1}^{\tau_2} f_1(\tau)\cdot|\cos f_2(\tau)\cdot(f_1'(\tau)\sin f_2(\tau) + f_1(\tau)f_2'(\tau)\cos f_2(\tau))|\,d\tau$

$= \int\limits_{\tau_1}^{\tau_2} r|\cos\varphi(r'\sin\varphi + r\varphi'\cos\varphi)|\,d\tau$

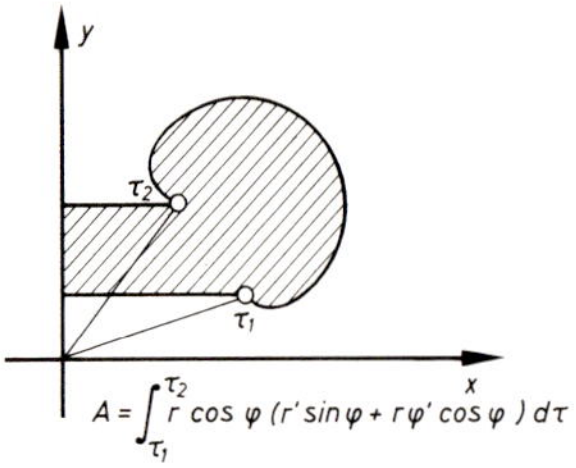

Bemerkung: $\int\limits_{\tau_1}^{\tau_2} r\cos\varphi(r'\sin\varphi + r\varphi'\cos\varphi)\,d\tau$ ist positiv, wenn das Flächenstück bei Durchlaufung der Kurve mit wachsendem τ links liegt, sonst negativ.

C. Sektoren, wenn die Begrenzungskurve von jedem Strahl durch O höchstens ein Mal getroffen wird.

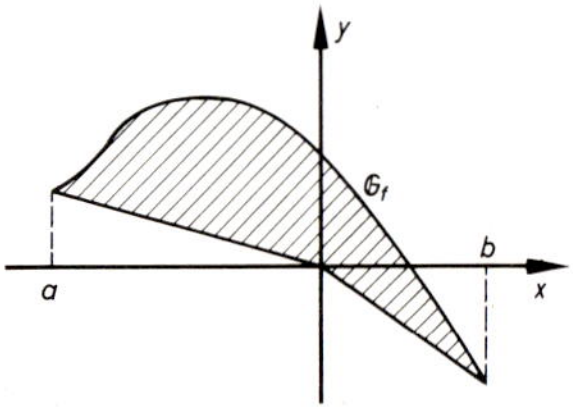

EKF: $A = \left|\int\limits_a^b f(x)\,dx - \frac{1}{2}[x\cdot f(x)]_a^b\right|$

$= \frac{1}{2}\left|\int\limits_a^b (f(x) - xf'(x))\,dx\right|$

(falls f differenzierbar ist)

Bemerkung: $\int\limits_a^b f(x)\,dx - \frac{1}{2}[x\cdot f(x)]_a^b = \frac{1}{2}\int\limits_a^b (f(x) - xf'(x))\,dx$ ist positiv, wenn der Sektor bei Durchlaufung der Kurve mit wachsenden x-Werten rechts liegt, sonst negativ.

EKP: $A = \frac{1}{2}\left|\int\limits_{\tau_1}^{\tau_2} (f_2(\tau)f_1'(\tau) - f_2'(\tau)f_1(\tau))\,d\tau\right|$

$= \frac{1}{2}\left|\int\limits_{\tau_1}^{\tau_2} (yx' - y'x)\,d\tau\right|$

(Leibnizsche Sektorformel)

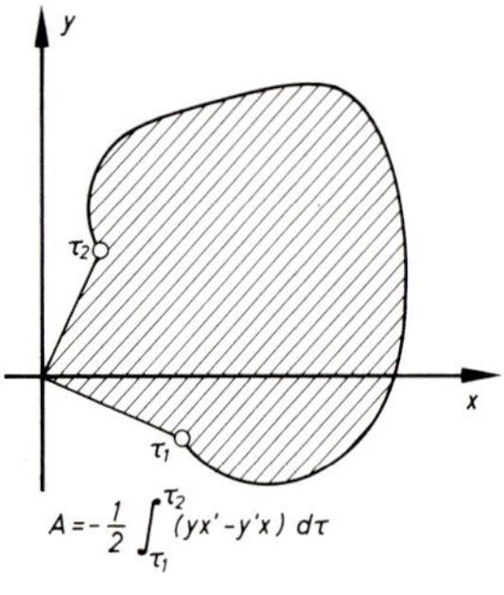

Bemerkung: $\frac{1}{2}\int\limits_{\tau_1}^{\tau_2} (yx' - y'x)\,d\tau$ ist positiv, wenn der Sektor bei Durchlaufung der Kurve mit wachsenden τ-Werten rechts liegt, sonst negativ.

EPF: $A = \frac{1}{2}\int\limits_{\varphi_1}^{\varphi_2} f^2(\varphi)\,d\varphi = \frac{1}{2}\int\limits_{\varphi_1}^{\varphi_2} r^2\,d\varphi \geqq 0$

EPP: $A=\frac{1}{2}\int\limits_{\tau_1}^{\tau_2} f_1^2(\tau)\cdot|f_2'(\tau)|\,d\tau$

$=\frac{1}{2}\int\limits_{\tau_1}^{\tau_2} r^2|\varphi'|\,d\tau$

Bemerkung: $\frac{1}{2}\int\limits_{\tau_1}^{\tau_2} r^2\varphi'\,d\tau$ ist positiv, wenn der Sektor bei Durchlaufung der Kurve mit wachsenden τ-Werten links liegt, sonst negativ.

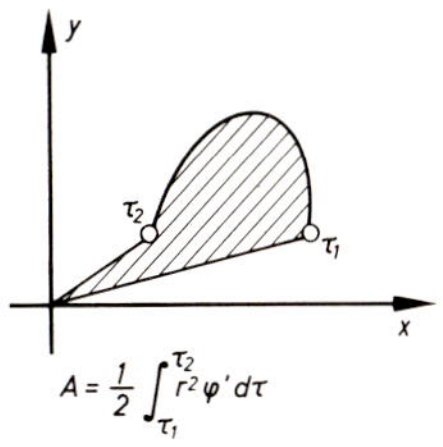

B

Zu 6.9.6.1:

Fall A, Form EKF

1. Die x-Achse und der Graph der Funktion $f\colon x\mapsto y=f(x)=x^3+2x^2-5x-6$ schließen ein Flächenstück ein. Der Flächeninhalt ist $\int\limits_a^b |f(x)|\,dx$.

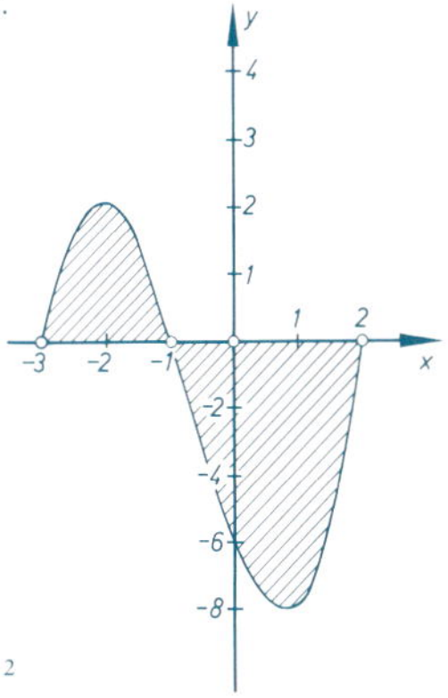

Nullstellen von f:

Probieren $x_1=2$:

	1	2	−5	−6
		2	8	6
2	1	4	3	0

Nullstellen des Restpolynoms $p_2(x)=x^2+4x+3$:

$$x_{2,3}=\frac{-4\pm\sqrt{16-12}}{2}=-2\pm 1;\quad x_2=-1;\quad x_3=-3$$

$$A=\int\limits_{-3}^{2}|f(x)|\,dx=\int\limits_{-3}^{-1}f(x)\,dx+\int\limits_{-1}^{2}-f(x)\,dx$$

$$=\left[\frac{x^4}{4}+\frac{2}{3}x^3-\frac{5}{2}x^2-6x\right]_{-3}^{-1}-\left[\frac{x^4}{4}+\frac{2}{3}x^3-\frac{5}{2}x^2-6x\right]_{-1}^{2}$$

	$\frac{1}{4}$	$\frac{2}{3}$	$-\frac{5}{2}$	-6	0
		$-\frac{3}{4}$	$\frac{1}{4}$	$\frac{27}{4}$	$-\frac{9}{4}$
-3	$\frac{1}{4}$	$-\frac{1}{12}$	$-\frac{9}{4}$	$\frac{3}{4}$	$-\frac{9}{4}$

	$\frac{1}{4}$	$\frac{2}{3}$	$-\frac{5}{2}$	-6	0
		$-\frac{1}{4}$	$-\frac{5}{12}$	$\frac{35}{12}$	$\frac{37}{12}$
-1	$\frac{1}{4}$	$\frac{5}{12}$	$-\frac{35}{12}$	$-\frac{37}{12}$	$\frac{37}{12}$

	$\frac{1}{4}$	$\frac{2}{3}$	$-\frac{5}{2}$	-6	0
		$\frac{1}{2}$	$\frac{7}{3}$	$-\frac{1}{3}$	$-\frac{38}{3}$
2	$\frac{1}{4}$	$\frac{7}{6}$	$-\frac{1}{6}$	$-\frac{19}{3}$	$-\frac{38}{3}$

$$A=\frac{37}{12}+\frac{9}{4}-\left(-\frac{38}{3}-\frac{37}{12}\right)=\frac{253}{12}\approx 21{,}08\ \text{cm}^2.$$

Fall B, Form EKF

2. Der Flächeninhalt einer Ellipse mit den Halbachsen a und b soll ermittelt werden.

Gleichung der Ellipse $\frac{x^2}{a^2}+\frac{y^2}{b^2}=1.$

Eine Parallele zur x-Achse kann die Kurve in mehr als einem Punkt treffen. Daher wird z.B. nur linke Halbellipse verwendet $x=-a\sqrt{1-\frac{y^2}{b^2}}=g(y)$.

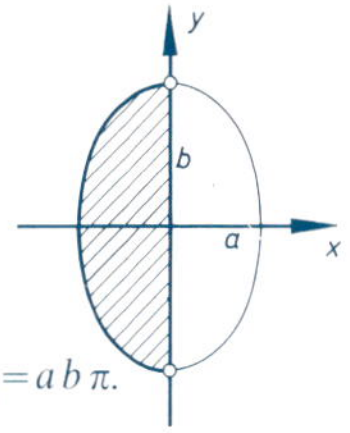

$$A=\int_{-b}^{b}\left|-a\sqrt{1-\frac{y^2}{b^2}}\right|dy=\frac{a}{b}\int_{-b}^{b}\sqrt{b^2-y^2}\,dy$$

$$=\frac{a}{b}\cdot\frac{1}{2}\left[y\sqrt{b^2-y^2}+b^2\arcsin\frac{y}{b}\right]_{-b}^{b}=\frac{a}{2b}\cdot b^2\,\pi=\frac{ab\pi}{2};\quad A_{\text{Ellipse}}=a\,b\,\pi.$$

Fall A, Form EKP

3. $\tau\mapsto x=f_1(\tau)=\tau-\frac{a\tau}{\sqrt{b^2+\tau^2}};\quad y=f_2(\tau)=\frac{ab}{\sqrt{b^2+\tau^2}};\quad (a>b>0)$

Es soll der Inhalt der von der Kurve mit obiger Parameterdarstellung umschlossenen Fläche festgestellt werden.

Parameterwert für $x=0$: $\tau\left(1-\frac{a}{\sqrt{b^2+\tau^2}}\right)=0;\quad \tau_1=0;\quad \tau_{2,3}=\pm\sqrt{a^2-b^2};$

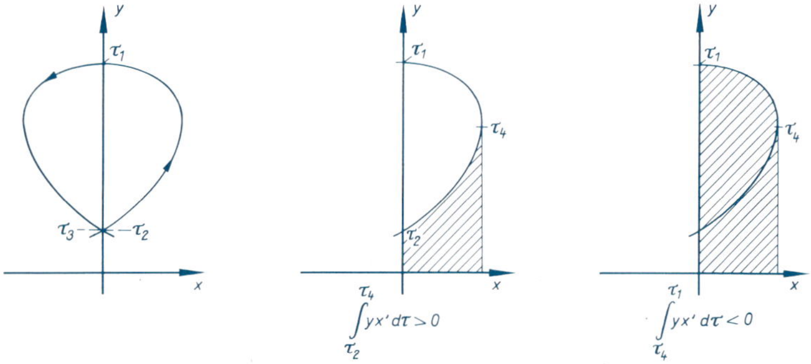

da die Kurve geschlossen ist, treffen Parallele zur y-Achse die Kurve mehr als ein Mal. Aus der Skizze geht hervor:

$$A=-2\left(\int_{\tau_2}^{\tau_4}yx'\,d\tau+\int_{\tau_4}^{\tau_1}yx'\,d\tau\right)=-2\int_{\tau_2}^{\tau_1}yx'\,d\tau=-2\int_{\tau_2}^{\tau_1}\frac{ab}{\sqrt{b^2+\tau^2}}\cdot\left(1-\frac{ab^2}{\sqrt{b^2+\tau^2}^{\,3}}\right)d\tau$$

$$=-2ab\int_{\tau_2}^{\tau_1}\frac{d\tau}{\sqrt{b^2+\tau^2}}+2a^2b^3\int_{\tau_2}^{\tau_1}\frac{d\tau}{(b^2+\tau^2)^2}$$

$$=-2ab\left[\operatorname{arsinh}\frac{\tau}{b}\right]_{\tau_2}^{\tau_1}+2a^2b^3\cdot\frac{1}{2b^2}\left[\frac{\tau}{b^2+\tau^2}+\frac{1}{b}\arctan\frac{\tau}{b}\right]_{\tau_2}^{\tau_1}$$

$$=-2ab\left[-\operatorname{arsinh}\frac{-\sqrt{a^2-b^2}}{b}\right]+a^2b\left[-\frac{-\sqrt{a^2-b^2}}{a^2}-\frac{1}{b}\arctan\frac{-\sqrt{a^2-b^2}}{b}\right]$$

$$=b\sqrt{a^2-b^2}+a^2\arctan\frac{\sqrt{a^2-b^2}}{b}-2ab\operatorname{arsinh}\frac{\sqrt{a^2-b^2}}{b}.$$

Fall A, Form EPF

4. Ein Kreis um O hat die Gleichung in der Form EPF: $r=f(\varphi)=R$. Man bestätige die Formel für den Flächeninhalt des Segmentes.

$$\begin{aligned} A &= -\int_{-\varphi_0/2}^{\varphi_0/2} R\sin\varphi(0\cdot\cos\varphi - R\sin\varphi)\,d\varphi \\ &= R^2\int_{-\varphi_0/2}^{\varphi_0/2}\sin^2\varphi\,d\varphi \\ &= \frac{R^2}{2}\left[\varphi-\tfrac{1}{2}\sin 2\varphi\right]_{-\varphi_0/2}^{\varphi_0/2} \\ &= \frac{R^2}{2}[\varphi_0-\sin\varphi_0]. \end{aligned}$$

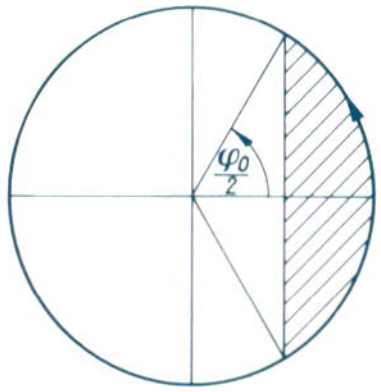

Fall C, Form EPF

5. Das Segment von Beispiel 4 kann als sektorförmiges Flächenstück bei anderer Lage des Kreises aufgefaßt werden. Die Gleichung des Kreises in der Form EPF ist dann:

$$\varphi \mapsto r=f(\varphi)=2R\cdot\sin\varphi$$

$$\begin{aligned} A &= \tfrac{1}{2}\int_0^{\varphi_0} 4R^2\sin^2\varphi\,d\varphi \\ &= 2R^2\cdot\tfrac{1}{2}\left[\varphi-\tfrac{1}{2}\sin 2\varphi\right]_0^{\varphi_0} \\ &= R^2\left[\varphi_0-\tfrac{1}{2}\sin 2\varphi_0\right] \\ &= R^2\left(\frac{\alpha}{2}-\frac{1}{2}\sin\alpha\right) \\ &= \frac{R^2}{2}(\alpha-\sin\alpha). \end{aligned}$$

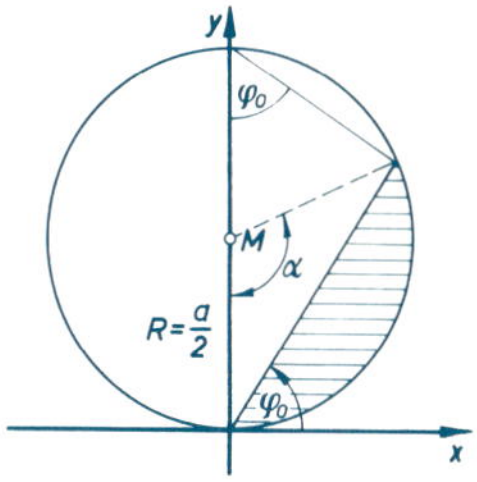

2 Kurven, Fall A, Form EKF

6. Der Inhalt A der schraffierten Fläche ist

$$A=\int_a^b |f(x)-g(x)|\,dx$$

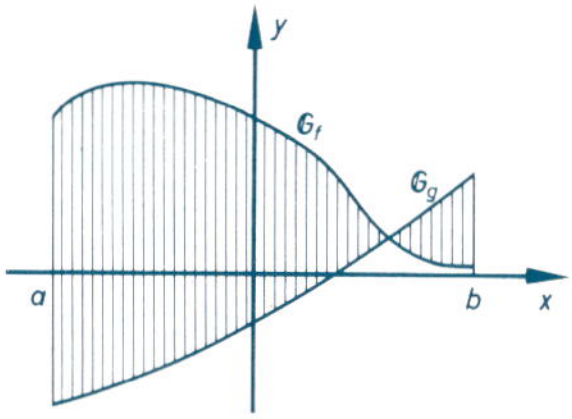

2 Kurven, Fall C, Form EPF

7. Der Inhalt A der schraffierten Fläche ist

$$\begin{aligned} A &= \tfrac{1}{2}\int_{\varphi_1}^{\varphi_2} |f_2^2(\varphi)-f_1^2(\varphi)|\cdot d\varphi \\ &= \tfrac{1}{2}\int_{\varphi_1}^{\varphi_2} |r_2^2-r_1^2|\cdot d\varphi. \end{aligned}$$

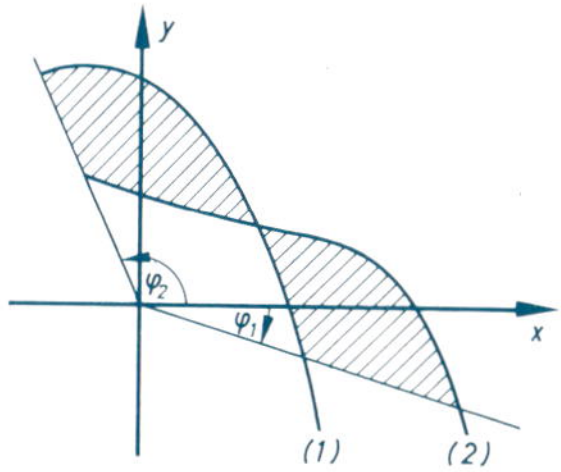

6.9.6.2 Bogenlänge

Falls die Integrale existieren (z.B. wenn der Integrand stetig ist), heißt die Kurve rektifizierbar.

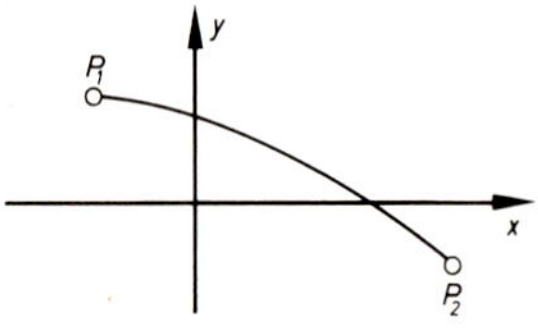

$$EKF:\quad s=\int_a^b \sqrt{1+f'^2(x)}\,dx$$

$$EKP:\quad s=\int_{\tau_1}^{\tau_2} \sqrt{f_1'^2(\tau)+f_2'^2(\tau)}\,d\tau=\int_{\tau_1}^{\tau_2} \sqrt{x'^2+y'^2}\,d\tau$$

$$EPF:\quad s=\int_{\varphi_1}^{\varphi_2} \sqrt{f^2(\varphi)+f'^2(\varphi)}\,d\varphi=\int_{\varphi_1}^{\varphi_2} \sqrt{r^2+r'^2}\,d\varphi$$

$$EPP:\quad s=\int_{\tau_1}^{\tau_2} \sqrt{f_1^2(\tau)\cdot f_2'^2(\tau)+f_1'^2(\tau)}\,d\tau=\int_{\tau_1}^{\tau_2} \sqrt{r^2\varphi'^2+r'^2}\,d\tau$$

B

Zu 6.9.6.2:

Form EKP

1. Gesucht ist die Länge eines Bogens der gemeinen Zykloide. Die gemeine Zykloide hat die Gleichung (7.6.1, Seite 358)

$x=r(\tau-\sin\tau);\quad y=r(1-\cos\tau);$

Mit $x'=r(1-\cos\tau)$; $y'=r\sin\tau$ folgt

$$s=\int_0^{2\pi} \sqrt{r^2(1-\cos\tau)^2+r^2\sin^2\tau}\,d\tau$$

$$=2r\int_0^{2\pi}\sqrt{\frac{1-\cos\tau}{2}}\,d\tau=2r\int_0^{2\pi}\left|\sin\frac{\tau}{2}\right|d\tau$$

$$=2r\int_0^{2\pi}\sin\frac{\tau}{2}\,d\tau\qquad\left(\text{weil }\sin\frac{\tau}{2}\geqq 0\text{ für }0\leqq\tau\leqq 2\pi\right)=-4r\left[\cos\frac{\tau}{2}\right]_0^{2\pi}=8r.$$

Form EKF

2. Die Koordinaten der Punkte einer frei hängenden Kette genügen der Gleichung $y=\frac{1}{a}\cosh(ax+b)+c=f(x)$. Die Kettenlänge zwischen den Punkten $P\ (x_1;y_1)$ und $Q\,(x_2;y_2)$ ist

$$s=\int_{x_1}^{x_2}\sqrt{1+f'^2(x)}\,dx=\int_{x_1}^{x_2}\sqrt{1+\sinh^2(ax+b)}\,dx$$

$$=\int_{x_1}^{x_2}\cosh(ax+b)\,dx=\frac{1}{a}[\sinh(ax+b)]_{x_1}^{x_2}$$

$$=\frac{1}{a}[\sinh(ax_2+b)-\sinh(ax_1+b)].$$

6.9.6.3 Volumen von Rotationskörpern

Rotiert eine Kurve (Erzeugende, Meridian) um die x- oder um die y-Achse, so überstreicht sie den Mantel eines Rotationskörpers. Mit V_x bzw. V_y werde dessen Volumen bezeichnet. Die Kurve darf von jeder Senkrechten zur Rotationsachse höchstens ein Mal getroffen werden.

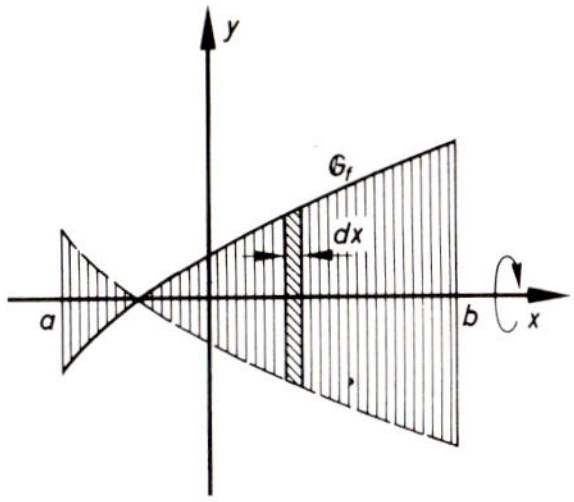

EKF: $V_x = \pi \int\limits_a^b f^2(x)\,dx = \pi \int\limits_a^b y^2\,dx$

$V_y = \pi \int\limits_p^q g^2(y)\,dy = \pi \int\limits_p^q x^2\,dy$

(falls $x = g(y)$)

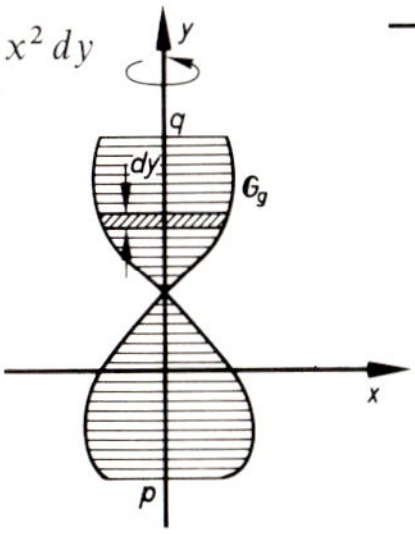

Ist $g = \overset{-1}{f}$ Umkehrfunktion von $f\colon x \mapsto y$, so gilt

$V_y = \pi \int\limits_{f(a)}^{f(b)} [\overset{-1}{f}(y)]^2\,dy$

$= \pi \int\limits_a^b x^2 \cdot |f'(x)|\,dx$

(falls $\overset{-1}{f}{}'$ keine Nullstelle hat).

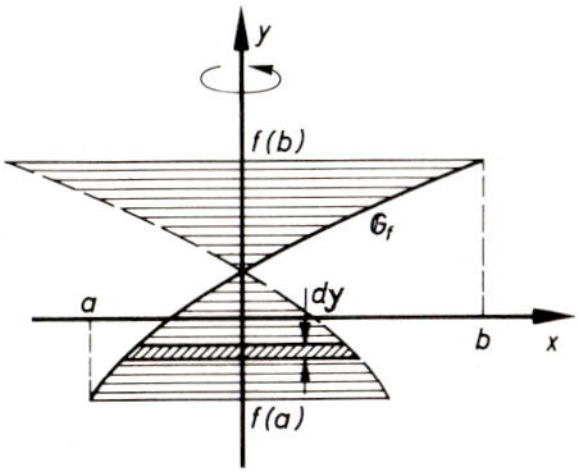

$V_y^* = 2\pi \int\limits_a^b x \cdot f(x)\,dx$

(falls $x \geqq 0$, $f(x) \geqq 0$)

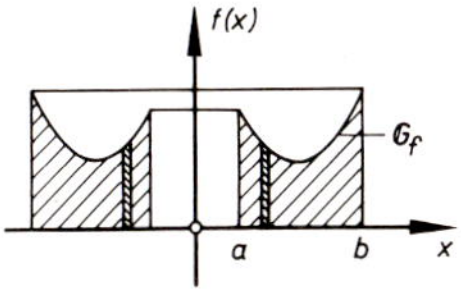

EKP: $V_x = \pi \int\limits_{\tau_1}^{\tau_2} f_2^2(\tau)\,|f_1'(\tau)|\,d\tau$

$= \pi \int\limits_{\tau_1}^{\tau_2} y^2 |x'|\,d\tau$

Bemerkung: $\pi \int\limits_{\tau_1}^{\tau_2} y^2 x'\,d\tau$ ist positiv, wenn bei Durchlaufung der Kurve mit wachsenden τ-Werten die x-Werte zunehmen, sonst negativ.

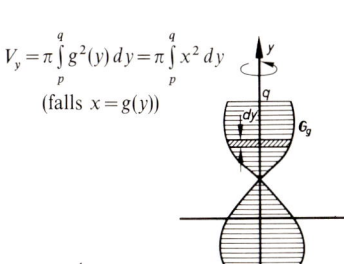

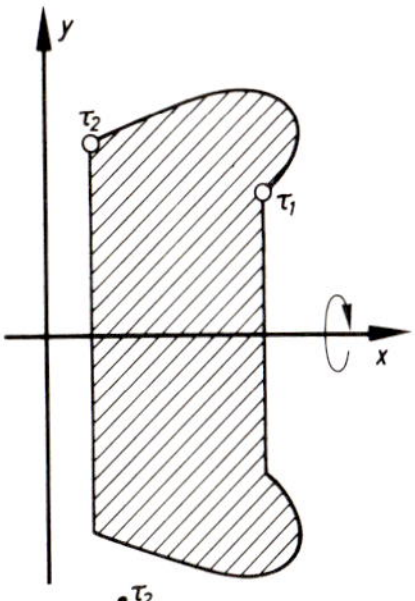

$V_x = -\int\limits_{\tau_1}^{\tau_2} y^2 x'\,d\tau$

$$V_y=\pi\int_{\tau_1}^{\tau_2} f_1^2(\tau)\,|f_2'(\tau)|\,d\tau=\pi\int_{\tau_1}^{\tau_2} x^2|y'|\,d\tau$$

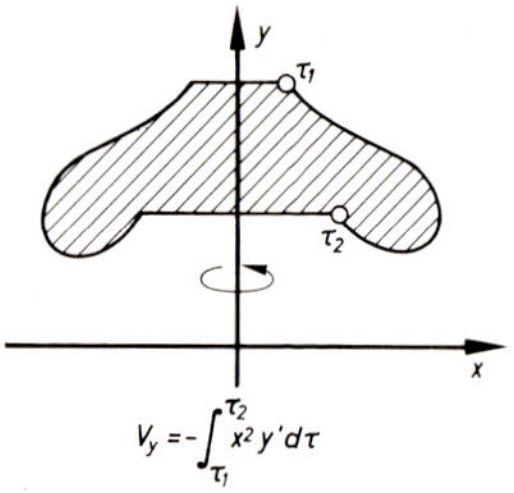

Bemerkung: $\pi\int_{\tau_1}^{\tau_2} x^2 y' d\tau$ ist positiv, wenn bei Durchlaufung der Kurve mit wachsenden τ-Werten die y-Werte zunehmen, sonst negativ.

$$V_y^*=2\pi\int_{\tau_1}^{\tau_2} f_1(\tau)\cdot f_2(\tau)\cdot|f_1'(\tau)|\,d\tau$$

$$=2\pi\int_{\tau_1}^{\tau_2} x\cdot y\cdot|x'|\,d\tau$$

Bemerkung: $2\pi\int_{\tau_1}^{\tau_2} xyx'd\tau$ ist positiv, wenn bei Durchlaufung der Kurve mit wachsenden τ-Werten die x-Werte zunehmen, sonst negativ ($x\geqq 0$; $y\geqq 0$).

EPF: $$V_x=\pi\int_{\varphi_1}^{\varphi_2} f^2(\varphi)\sin^2\varphi\cdot|f'(\varphi)\cos\varphi-f(\varphi)\sin\varphi|\,d\varphi$$

$$=\pi\int_{\varphi_1}^{\varphi_2} r^2\sin^2\varphi\cdot|r'\cos\varphi-r\sin\varphi|\,d\varphi$$

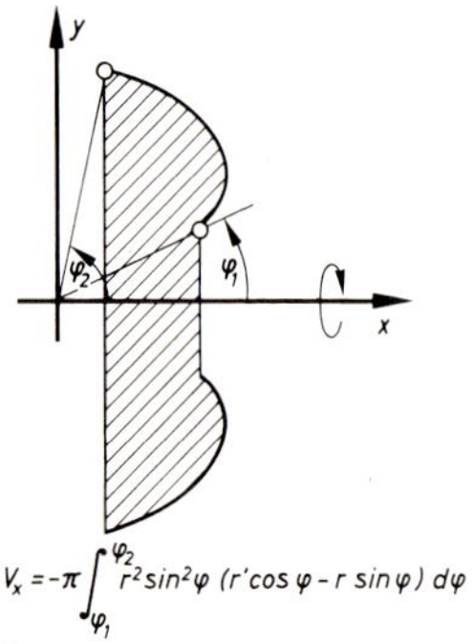

Bemerkung: $\pi\int_{\varphi_1}^{\varphi_2} r^2\sin^2\varphi\,(r'\cos\varphi-r\sin\varphi)\,d\varphi$ ist positiv, wenn bei Durchlaufung der Kurve mit wachsenden φ-Werten die x-Werte zunehmen, sonst negativ.

$$V_y=\pi\int_{\varphi_1}^{\varphi_2} f^2(\varphi)\cdot\cos^2\varphi\cdot|f'(\varphi)\sin\varphi+f(\varphi)\cos\varphi|\,d\varphi$$

$$=\pi\int_{\varphi_1}^{\varphi_2} r^2\cdot\cos^2\varphi\cdot|r'\sin\varphi+r\cos\varphi|\,d\varphi$$

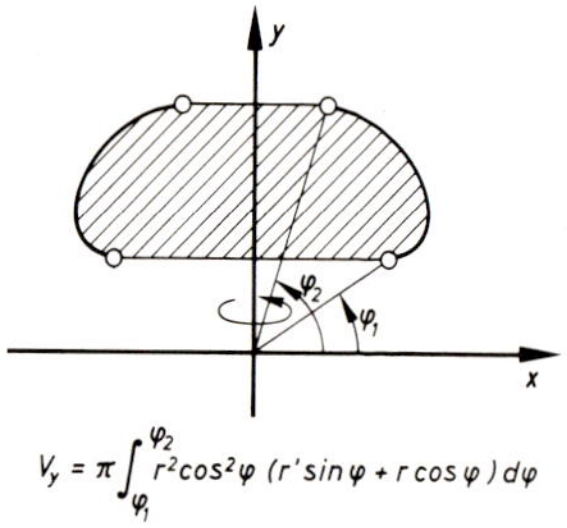

Bemerkung:

$\pi\int_{\varphi_1}^{\varphi_2} r^2\cos^2\varphi(r'\sin\varphi+r\cos\varphi)\,d\varphi$

ist positiv, wenn bei Durchlaufung der Kurve mit wachsenden φ-Werten die y-Werte zunehmen, sonst negativ.

$$V_y^*=2\pi\int_{\varphi_1}^{\varphi_2} f^2(\varphi)\cdot\cos\varphi\cdot\sin\varphi\cdot|f'(\varphi)\cos\varphi-f(\varphi)\sin\varphi|\,d\varphi$$

$$=2\pi\int_{\varphi_1}^{\varphi_2} r^2\cos\varphi\sin\varphi\cdot|r'\cos\varphi-r\sin\varphi|\,d\varphi.$$

Bemerkung: $2\pi \int\limits_{\varphi_1}^{\varphi_2} r^2 \cdot \cos\varphi \cdot \sin\varphi \;\; (r' \cos\varphi - r \sin\varphi)\, d\varphi$ ist positiv, wenn bei Durchlaufung der Kurve mit wachsenden φ-Werten die x-Werte zunehmen, sonst negativ $\left(0 \leqq \varphi \leqq \frac{\pi}{2}\right)$.

EPP:
$$V_x = \pi \int\limits_{\tau_1}^{\tau_2} f_1^2(\tau) \sin^2 f_2(\tau) \cdot |f_1'(\tau) \cos f_2(\tau) - f_1(\tau) f_2'(\tau) \sin f_2(\tau)|\, d\tau$$
$$= \pi \int\limits_{\tau_1}^{\tau_2} r^2 \sin^2\varphi \cdot |r' \cos\varphi - r\varphi' \sin\varphi|\, d\tau$$

Bemerkung: $\pi \int\limits_{\tau_1}^{\tau_2} r^2 \sin^2\varphi \cdot (r' \cos\varphi - r\varphi' \sin\varphi)\, d\tau$ ist positiv, wenn bei Durchlaufung der Kurve mit wachsenden τ-Werten die x-Werte zunehmen, sonst negativ.

$$V_y = \pi \int\limits_{\tau_1}^{\tau_2} f_1^2(\tau) \cos^2 f_2(\tau) \cdot |f_1'(\tau) \sin f_2(\tau) + f_1(\tau) f_2'(\tau) \cos f_2(\tau)|\, d\tau$$
$$= \pi \int\limits_{\tau_1}^{\tau_2} r^2 \cos^2\varphi \cdot |r' \sin\varphi + r\varphi' \cos\varphi|\, d\tau$$

Bemerkung: $\pi \int\limits_{\tau_1}^{\tau_2} r^2 \cos^2\varphi \cdot (r' \sin\varphi + r\varphi' \cos\varphi)\, d\tau$ ist positiv, wenn bei Durchlaufung der Kurve mit wachsenden τ-Werten die y-Werte zunehmen, sonst negativ.

$$V_y^* = 2\pi \int\limits_{\tau_1}^{\tau_2} r^2 \cos\varphi \sin\varphi \cdot |r' \cos\varphi - r\varphi'|\, d\tau$$

Bemerkung: $2\pi \int\limits_{\tau_1}^{\tau_2} r^2 \cos\varphi \sin\varphi \cdot (r' \cos\varphi - r\varphi')\, d\tau$ ist positiv, wenn bei Durchlaufung der Kurve mit wachsenden τ-Werten die x-Werte zunehmen, sonst negativ ($x \geqq 0$; $y \geqq 0$).

1. Guldinsche Regel:

Das Volumen eines Rotationskörpers ist das Produkt aus dem Inhalt der erzeugenden rotierenden Fläche (auf einer Seite der Drehachse) und der Länge des Weges des Flächenschwerpunktes.

Kreisringtorus

Volumen: $V = 2\pi^2 R r^2$.

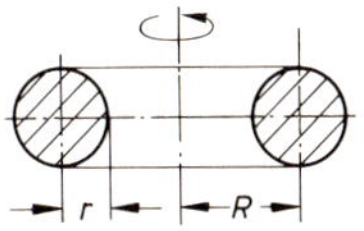

Rotationsellipsoid

Volumen: $V=\frac{4}{3}\pi a^2 b$
(Drehachse: Durchmesser $2b$)

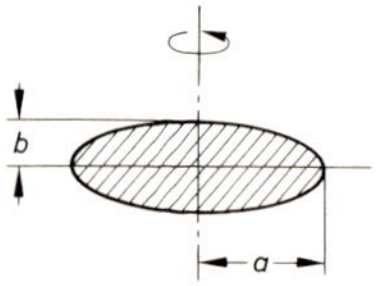

$V=\frac{4}{3}\pi a b^2$
(Drehachse: Durchmesser $2a$)

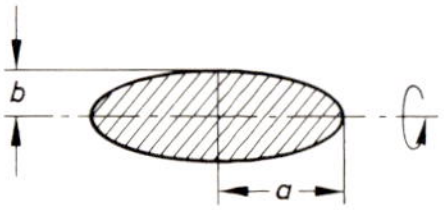

Rotationsparaboloid

$$V=\frac{\pi}{2} R^2 h$$

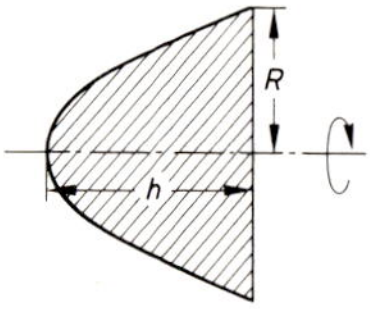

Abgestumpftes Rotationsparaboloid

$$V=\frac{\pi}{2}(R^2+r^2)\,h$$

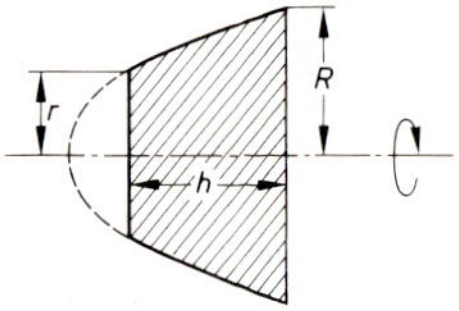

Faß

bei parabelförmigen Dauben als Erzeugenden:

Volumen: $V=\frac{\pi h}{15}\left(2D^2+Dd+\frac{3}{4}d^2\right)$

bei kreisförmigen Dauben als Erzeugenden:

Volumen: $V=\frac{\pi h}{12}(2D^2+d^2)$.

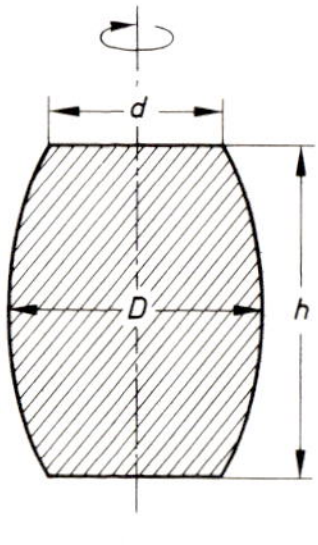

Cavalierisches Prinzip

Ist der Flächeninhalt A von Parallelschnitten durch einen Körper abhängig vom Abstand x der Schnittebenen von einem Punkt O: $x \mapsto A=f(x)$, so ist

$$V=\int_a^b f(x)\,dx=\int_a^b A\cdot dx$$

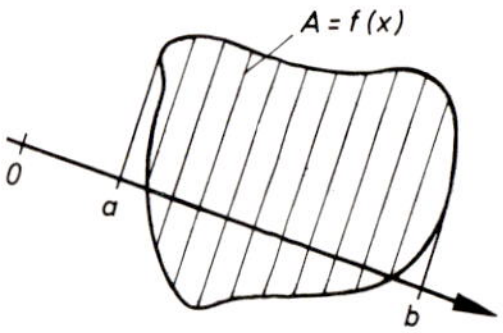

Zu 6.9.6.3:

V_x, Form EKF

1. Die Kurve mit der Gleichung $y=f(x)=\frac{1}{\sqrt{1+x^2}}$ rotiert um die x-Achse. Wie groß ist das zwischen den auf der x-Achse gemessenen Werten $a=-2$ und $b=5$ liegende Volumen?

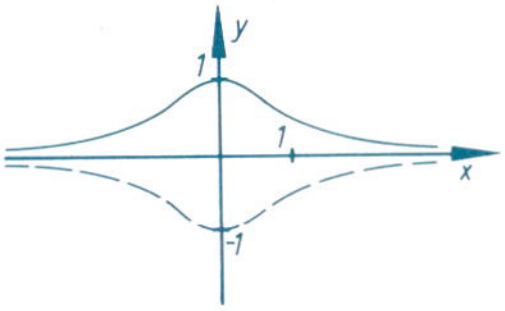

$$V_x=\pi\int_{-2}^{5}\frac{dx}{1+x^2}=\pi\,[\arctan x]_{-2}^{5}\approx 7{,}79\ \text{cm}^3.$$

V_x, V_y, V_y^*, Form EKF

2. Die in Beispiel 5 zu 6.8.8.1 durch die Gleichung $y=f(x)=x\cdot\sqrt{9-x^2}$ gegebene Kurve rotiert um die x-Achse.

$$V_x=\pi\int_{-3}^{3}x^2(9-x^2)\,dx=\pi\int_{-3}^{3}(9x^2-x^4)\,dx$$
$$=\pi\left[3x^3-\frac{x^5}{5}\right]_{-3}^{3}=2\pi\left[3x^3-\frac{x^5}{5}\right]_{0}^{3}=64{,}8\,\pi\approx 203{,}6\ \text{cm}^3.$$

Bei Rotation um die y-Achse ist zu beachten, daß Senkrechte zur Rotationsachse die Kurve in mehr als einem Punkt treffen können.

1. Möglichkeit

$$y=f(x)=x\sqrt{9-x^2};$$
$$y^2=x^2(9-x^2)=9(x^2)-(x^2)^2;$$
$$x^2=\frac{9\pm\sqrt{81-4y^2}}{2};$$

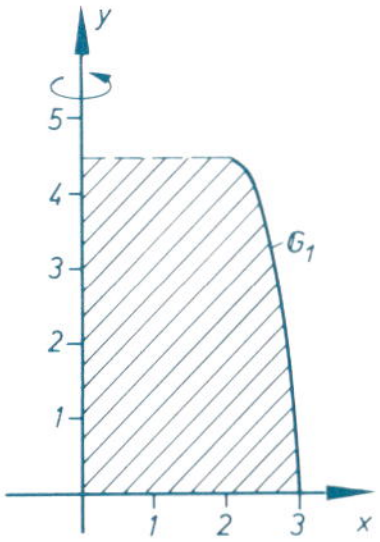

$g_1(y)=\sqrt{\frac{9+\sqrt{81-4y^2}}{2}}$

$$V_y=\pi\int_{0}^{4,5}\left(\frac{9+\sqrt{81-4y^2}}{2}-\frac{9-\sqrt{81-4y^2}}{2}\right)dy$$
$$=\pi\int_{0}^{4,5}\sqrt{81-4y^2}\,dy=2\pi\int_{0}^{4,5}\sqrt{\frac{81}{4}-y^2}\,dy$$
$$=\pi\left[y\sqrt{\frac{81}{4}-y^2}+\frac{81}{4}\arcsin\frac{y}{4{,}5}\right]_{0}^{4,5}$$
$$=\frac{81}{8}\pi^2\ \text{cm}^3.$$

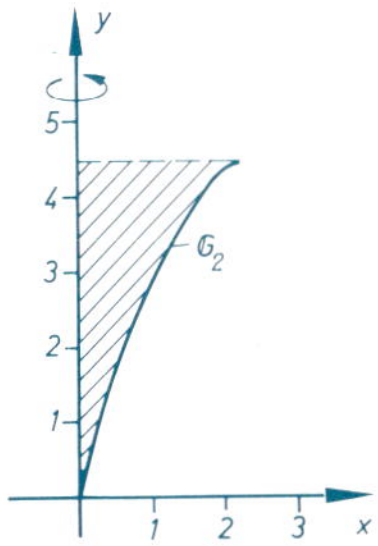

$g_2(y)=\sqrt{\frac{9-\sqrt{81-4y^2}}{2}}$

2. Möglichkeit

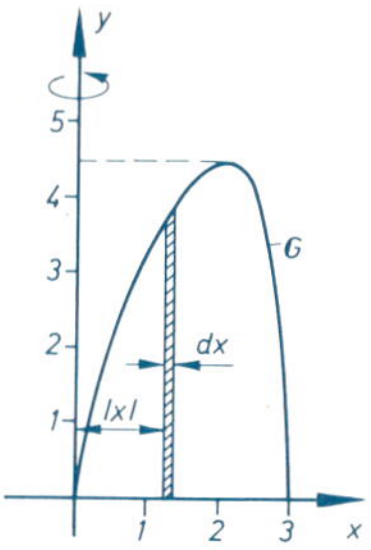

$f(x) = x\sqrt{9-x^2}$

$$V_y^* = \int_0^3 2\pi\, x\, y\, dx = 2\pi \int_0^3 x^2 \sqrt{9-x^2}\, dx$$

$$= -\frac{2\pi}{4}\left[x\sqrt{9-x^2}^{\,3} - \frac{1}{2}\cdot 9x\sqrt{9-x^2} - \frac{81}{2}\arcsin\frac{x}{3}\right]_0^3$$

$$= \frac{81}{8}\pi^2\,\mathrm{cm}^3.$$

V_y^*, V_y, Form EPF, Form EKF

3. Der Kreis mit der Gleichung $x^2+(y-R)^2=R^2$ (7.3.1, Seite 329) oder $\varphi \mapsto r=f(\varphi)=2R\sin\varphi$ rotiert um die y-Achse. Man berechne das in der Skizze markierte Volumen.

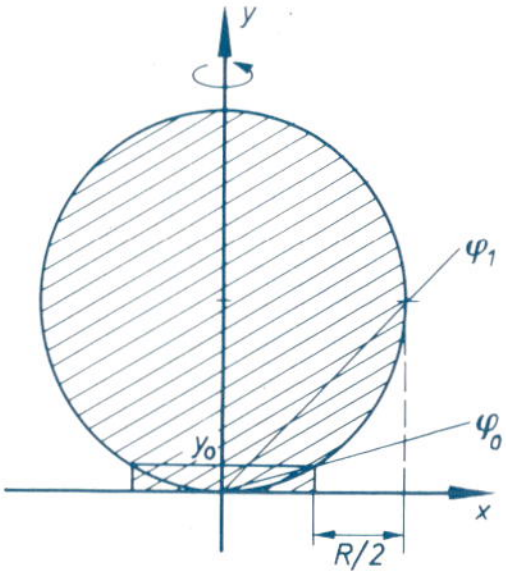

Für φ_0 gilt:

$$\frac{R}{2} = x_0 = r\cos\varphi_0 = f(\varphi_0)\cdot\cos\varphi_0$$

$$= 2R\sin\varphi_0\cdot\cos\varphi_0; \qquad 2\sin\varphi_0\cos\varphi_0 = 0{,}5;$$

$$\sin 2\varphi_0 = 0{,}5; \quad 2\varphi_0 = 30°; \quad \varphi_0 = 15°.$$

Für y_0 gilt:

$$\frac{R^2}{4} + (y_0-R)^2 = R^2; \qquad y_0 = R(1\,(\pm)\,\tfrac{1}{2}\sqrt{3}).$$

Das gesuchte Volumen V kann mit der Formel für V_y^* berechnet werden, wobei wegen der Vorzeichenregelung beachtet werden muß:

$$V = -2\pi \int_{\varphi_0}^{\varphi_1} r^2\cos\varphi\sin\varphi(r'\cos\varphi - r\sin\varphi)\,d\varphi$$

$$+\left(-2\pi \int_{\varphi_1}^{90°} r^2\cos\varphi\sin\varphi\cdot(r'\cos\varphi - r\sin\varphi)\,d\varphi\right)$$

$$= -2\pi \int_{15°}^{90°} r^2\cos\varphi\sin\varphi\,(r'\cos\varphi - r\sin\varphi)\,d\varphi$$

$$= -2\pi \int_{15°}^{90°} 4R^2\sin^3\varphi\cos\varphi(2R\cos^2\varphi - 2R\sin^2\varphi)\,d\varphi$$

$$= 16\pi R^3 \int_{15°}^{90°} (2\sin^5\varphi\cos\varphi - \sin^3\varphi\cos\varphi)\,d\varphi$$

$$= 16\pi R^3\left[\tfrac{1}{3}\sin^6\varphi - \tfrac{1}{4}\sin^4\varphi\right]_{15°}^{90°}$$

$$= 16\pi R^3\left(\tfrac{1}{3} - \tfrac{1}{4} - \tfrac{1}{3}\sin^6 15° + \tfrac{1}{4}\sin^4 15°\right)$$

$$\approx 4{,}24\,R^3.$$

Ebenso kann V mit der Formel für V_y berechnet werden, wobei zu diesem Resultat noch das Volumen des Zylinders mit Radius $\frac{R}{2}$ und Höhe y_0 addiert werden muß:

$$
\begin{aligned}
V &= \frac{R^2}{4}\pi y_0 + \pi \int_{y_0}^{2R} [R^2 - (y-R)^2]\,dy \\
&= \frac{R^2}{4}\pi \cdot R(1-\tfrac{1}{2}\sqrt{3}) + \pi\left[-\frac{y^3}{3} + R y^2\right]_y^{2R} \\
&= \frac{R^3\pi}{4}(1-\tfrac{1}{2}\sqrt{3}) + \pi\left[4R^3 - \frac{8R^3}{3}\right] - \pi[R^3(1-\tfrac{1}{2}\sqrt{3})^2 - \tfrac{1}{3}R^3(1-\tfrac{1}{2}\sqrt{3})^2] \\
&= \tfrac{4}{3}R^3\pi - \tfrac{5}{12}R^3\pi + \tfrac{1}{4}\sqrt{3}\cdot R^3\pi \approx 4{,}24\,R^3.
\end{aligned}
$$

1. Guldinsche Regel

4. Man ermittle die Lage des Schwerpunktes der Halbkreisfläche.

   Man benützt die 1. Guldinsche Regel:

$$\tfrac{4}{3}R^3\pi = \frac{R^2\pi}{2}\cdot 2\pi y_s;$$

$$y_s = \frac{4}{3\pi}R$$

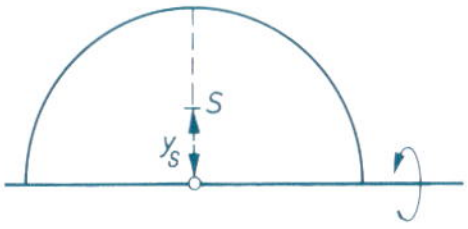

Drehachse parallel zur x-Achse

5. Der Graph $\mathbb{G}_f$ der Funktion $f\colon x \mapsto y = f(x)$ rotiert um eine zur x-Achse parallele Achse mit der Gleichung $x = c$. Dann ist

$$V_c = \pi \int_a^b (f(x) - c)^2\,dx.$$

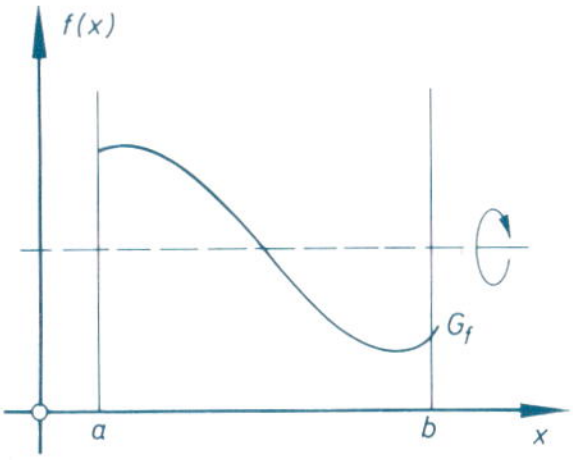

6.9.6.4 Mantelfläche von Rotationskörpern

Die rotierende Kurve soll von jeder Senkrechten zur Rotationsachse höchstens ein Mal getroffen werden.

$$EKF\colon\quad S_x = 2\pi \int_a^b |f(x)|\sqrt{1+f'^2(x)}\,dx = 2\pi \int_a^b |y|\sqrt{1+y'^2}\,dx$$

$$S_y = 2\pi \int_p^q |g(y)|\cdot\sqrt{1+g'^2(y)}\,dy \quad \text{(falls } x = g(y))$$

Ist $g = \overset{-1}{f}$ Umkehrfunktion von $f\colon x \mapsto y$, so gilt

$$S_y = 2\pi \int_{f(a)}^{f(b)} |\overset{-1}{f}(y)|\cdot\sqrt{1+[\overset{-1}{f}{}'(y)]^2}\,dy = 2\pi \int_a^b |x|\cdot\sqrt{1+f'^2(x)}\,dx$$

$$EKP: \quad S_x = 2\pi \int_{\tau_1}^{\tau_2} |f_2(\tau)| \cdot \sqrt{f_1'^2(\tau) + f_2'^2(\tau)}\, d\tau = 2\pi \int_{\tau_1}^{\tau_2} |y| \cdot \sqrt{x'^2 + y'^2}\, d\tau$$

$$S_y = 2\pi \int_{\tau_1}^{\tau_2} |f_1(\tau)| \cdot \sqrt{f_1'^2(\tau) + f_2'^2(\tau)}\, d\tau = 2\pi \int_{\tau_1}^{\tau_2} |x| \cdot \sqrt{x'^2 + y'^2}\, d\tau$$

$$EPF: \quad S_x = 2\pi \int_{\varphi_1}^{\varphi_2} f(\varphi) \cdot |\sin\varphi| \cdot \sqrt{f^2(\varphi) + f'^2(\varphi)}\, d\varphi = 2\pi \int_{\varphi_1}^{\varphi_2} r \cdot |\sin\varphi| \cdot \sqrt{r^2 + r'^2}\, d\varphi$$

$$S_y = 2\pi \int_{\varphi_1}^{\varphi_2} f(\varphi) \cdot |\cos\varphi| \cdot \sqrt{f^2(\varphi) + f'^2(\varphi)}\, d\varphi = 2\pi \int_{\varphi_1}^{\varphi_2} r \cdot |\cos\varphi| \cdot \sqrt{r^2 + r'^2}\, d\varphi$$

$$EPP: \quad S_x = 2\pi \int_{\tau_1}^{\tau_2} f_1(\tau) \cdot |\sin f_2(\tau)| \cdot \sqrt{f_1^2(\tau) \cdot f_2'^2(\tau) + f_1'^2(\tau)}\, d\tau$$

$$= 2\pi \int_{\tau_1}^{\tau_2} r \cdot |\sin\varphi| \cdot \sqrt{r^2 \varphi'^2 + r'^2}\, d\tau$$

$$S_y = 2\pi \int_{\tau_1}^{\tau_2} f_1(\tau) \cdot |\cos f_2(\tau)| \cdot \sqrt{f_1^2(\tau) \cdot f_2'^2(\tau) + f_1'^2(\tau)}\, d\tau$$

$$= 2\pi \int_{\tau_1}^{\tau_2} r \cdot |\cos\varphi| \cdot \sqrt{r^2 \varphi'^2 + r'^2}\, d\tau.$$

2. Guldinsche Regel

Die Mantelfläche eines Rotationskörpers ist das Produkt aus der Länge des erzeugenden rotierenden Meridians (auf einer Seite der Drehachse) und der Länge des Weges des Linienschwerpunktes.

Kreisringtorus (6.9.6.3, Seite 281)

$$S = 4\pi^2 R r$$

Zu 6.9.6.4 **B**

S_x, Form EKF

1. Der Graph der Funktion $f\colon x \mapsto f(x) = y = \cos x$ mit $0 \leqq x \leqq \frac{2}{3}\pi$ rotiert um die x-Achse. Er überstreicht dabei eine Drehfläche. Man berechne deren Flächeninhalt.

$$S_x = 2\pi \int_0^{\frac{2}{3}\pi} |\cos x| \sqrt{1 + \sin^2 x}\, dx$$

$$= 2\pi \int_0^{\pi/2} \cos x \sqrt{1 + \sin^2 x}\, dx - 2\pi \int_{\pi/2}^{\frac{2}{3}\pi} \cos x \sqrt{1 + \sin^2 x}\, dx$$

$$= 2\pi \int_{\sin 0}^{\sin \pi/2} \sqrt{1 + u^2}\, du - 2\pi \int_{\sin \pi/2}^{\sin \frac{2}{3}\pi} \sqrt{1 + u^2}\, du$$

(Substitution 6.9.3.1 A: $\sin x = g(x) = u$; $\cos x\, dx = g'(x)\, dx = du$)

$$= \frac{2\pi}{2} \left[u \cdot \sqrt{1 + u^2} + \operatorname{arsinh} u\right]_0^1 - \frac{2\pi}{2} \left[u \cdot \sqrt{1 + u^2} + \operatorname{arsinh} u\right]_1^{\frac{1}{2}\sqrt{3}}$$

$$= \pi\left[\sqrt{2} + \operatorname{arsinh} 1 - \tfrac{1}{2}\sqrt{3} \cdot \sqrt{1{,}75} - \operatorname{arsinh} \tfrac{1}{2}\sqrt{3} + \sqrt{2} + \operatorname{arsinh} 1\right] \approx 2{,}66\,\text{cm}^2.$$

6.9.6.5 Momente 1. Ordnung (statische Momente) von Kurven- und Flächenstücken

ϱ sei die konstante Flächendichte in $\mathrm{kg/m^2}$, g die Erdbeschleunigung.

A. Trapezoide Flächenstücke mit Begrenzungen parallel zur y-Achse, wenn die Kurve von jeder Parallelen zur y-Achse höchstens ein Mal getroffen wird.

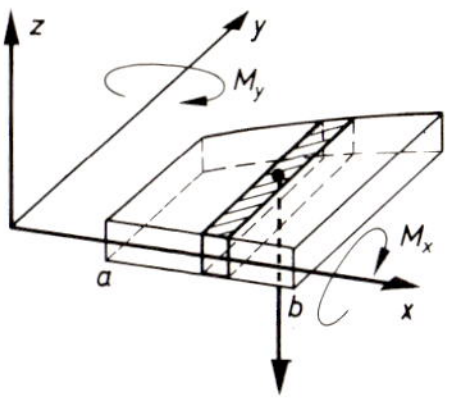

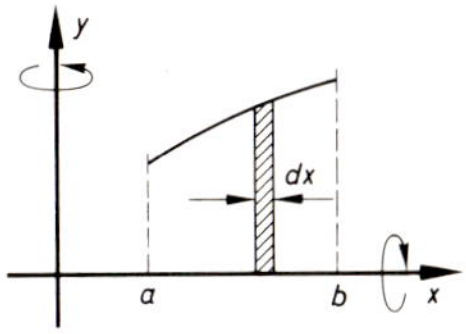

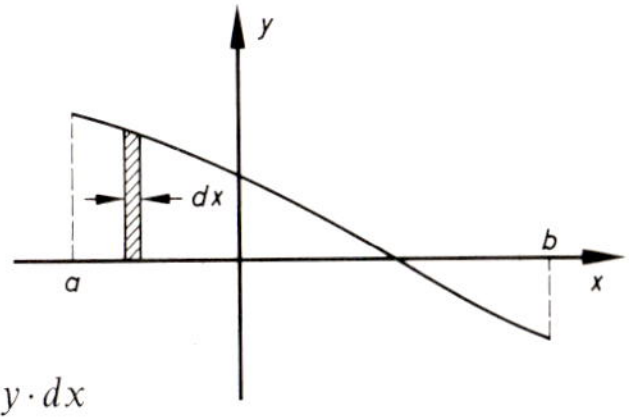

EKF: $$M_x = \tfrac{1}{2}\varrho g \cdot \int_a^b f(x) \cdot |f(x)|\, dx$$
$$= \tfrac{1}{2}\varrho g \int_a^b f^2(x) \cdot \operatorname{sgn}(f(x))\, dx$$
$$= \tfrac{1}{2}\varrho g \int_a^b y \cdot |y|\, dx = \tfrac{1}{2}\varrho g \int_a^b y^2 \cdot \operatorname{sgn} y \cdot dx$$
$$M_y = \varrho g \int_a^b x \cdot |f(x)|\, dx = \varrho g \int_a^b x \cdot |y|\, dx$$

EKP: $$M_x = \tfrac{1}{2}\varrho g \int_{\tau_1}^{\tau_2} f_2(\tau) \cdot |f_2(\tau) \cdot f_1'(\tau)|\, d\tau = \tfrac{1}{2}\varrho g \int_{\tau_1}^{\tau_2} y \cdot |y \cdot x'|\, d\tau$$
$$M_y = \varrho g \int_{\tau_1}^{\tau_2} f_1(\tau)\, |f_2(\tau) \cdot f_1'(\tau)|\, d\tau = \varrho g \int_{\tau_1}^{\tau_2} x \cdot |y \cdot x'|\, d\tau$$

EPF: $$M_x = \tfrac{1}{2}\varrho g \int_{\varphi_1}^{\varphi_2} f^2(\varphi) \sin\varphi \cdot |\sin\varphi\,(f'(\varphi)\cos\varphi - f(\varphi)\sin\varphi)|\, d\varphi$$
$$= \tfrac{1}{2}\varrho g \int_{\varphi_1}^{\varphi_2} r^2 \sin\varphi \cdot |\sin\varphi \cdot (r'\cos\varphi - r\sin\varphi)|\, d\varphi$$
$$M_y = \varrho g \int_{\varphi_1}^{\varphi_2} f^2(\varphi) \cdot \cos\varphi \cdot |\sin\varphi\,(f'(\varphi)\cos\varphi - f(\varphi)\sin\varphi)|\, d\varphi$$
$$= \varrho g \int_{\varphi_1}^{\varphi_2} r^2 \cdot \cos\varphi \cdot |\sin\varphi \cdot (r'\cos\varphi - r\sin\varphi)|\, d\varphi$$

$$EPP: \quad M_x = \tfrac{1}{2} \varrho\, g \int_{\tau_1}^{\tau_2} f_1^2(\tau) \cdot \sin f_2(\tau) \cdot |\sin f_2(\tau) \cdot (f_1'(\tau) \cos f_2(\tau) - f_1(\tau) f_2'(\tau) \cdot \sin f_2(\tau))| \, d\tau$$

$$= \tfrac{1}{2} \varrho\, g \int_{\tau_1}^{\tau_2} r^2 \sin \varphi \cdot |\sin \varphi \cdot (r' \cos \varphi - r\, \varphi' \sin \varphi)| \, d\tau$$

$$M_y = \varrho\, g \int_{\tau_1}^{\tau_2} f_1^2(\tau) \cdot \cos f_2(\tau) \cdot |\sin f_2(\tau) \cdot (f_1'(\tau) \cos f_2(\tau) - f_1(\tau) f_2'(\tau) \sin f_2(\tau))| \, d\tau$$

$$= \varrho\, g \int_{\tau_1}^{\tau_2} r^2 \cdot \cos \varphi \cdot |\sin \varphi \cdot (r' \cos \varphi - r\, \varphi' \sin \varphi)| \, d\tau$$

B. Sektoren, wenn die Kurve von jedem Strahl durch O höchstens ein Mal getroffen wird.

$$EPF: \quad M_x = \tfrac{1}{3} \varrho\, g \int_{\varphi_1}^{\varphi_2} f^3(\varphi) \cdot \sin \varphi \, d\varphi$$

$$= \tfrac{1}{3} \varrho\, g \int_{\varphi_1}^{\varphi_2} r^3 \cdot \sin \varphi \, d\varphi$$

$$M_y = \tfrac{1}{3} \varrho\, g \int_{\varphi_1}^{\varphi_2} f^3(\varphi) \cdot \cos \varphi \, d\varphi$$

$$= \tfrac{1}{3} \varrho\, g \int_{\varphi_1}^{\varphi_2} r^3 \cdot \cos \varphi \, d\varphi$$

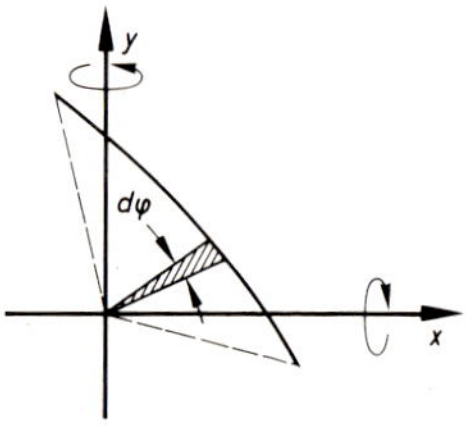

$$EPP: \quad M_x = \tfrac{1}{3} \varrho\, g \int_{\tau_1}^{\tau_2} f_1^3(\tau) \cdot |f_2'(\tau)| \cdot \sin f_2(\tau) \, d\tau = \tfrac{1}{3} \varrho\, g \int_{\tau_1}^{\tau_2} r^3 \cdot |\varphi'| \cdot \sin \varphi \, d\tau$$

$$M_y = \tfrac{1}{3} \varrho\, g \int_{\tau_1}^{\tau_3} f_1^3(\tau) \cdot |f_2'(\tau)| \cdot \cos f_2(\tau) \, d\tau = \tfrac{1}{3} \varrho\, g \int_{\tau_1}^{\tau_3} r^3 \cdot |\varphi'| \cdot \cos \varphi \, d\tau$$

C. Kurvenstücke (ϱ sei die konstante Liniendichte in kg/m)

$$EKF: \quad M_x = \varrho\, g \int_a^b f(x) \sqrt{1 + f'^2(x)} \, dx$$

$$M_y = \varrho\, g \int_a^b x \cdot \sqrt{1 + f'^2(x)} \, dx$$

$$EKP: \quad M_x = \varrho\, g \int_{\tau_1}^{\tau_2} f_2(\tau) \sqrt{f_1'^2(\tau) + f_2'^2(\tau)} \, d\tau = \varrho\, g \int_{\tau_1}^{\tau_2} y \cdot \sqrt{x'^2 + y'^2} \, d\tau$$

$$M_y = \varrho\, g \int_{\tau_1}^{\tau_2} f_1(\tau) \sqrt{f_1'^2(\tau) + f_2'^2(\tau)} \, d\tau = \varrho\, g \int_{\tau_1}^{\tau_2} x \cdot \sqrt{x'^2 + y'^2} \, d\tau$$

$$EPF: \quad M_x = \varrho\, g \int_{\varphi_1}^{\varphi_2} f(\varphi) \sin \varphi \sqrt{f^2(\varphi) + f'^2(\varphi)} \, d\varphi = \varrho\, g \int_{\varphi_1}^{\varphi_2} r \sin \varphi \sqrt{r^2 + r'^2} \, d\varphi$$

$$M_y = \varrho\, g \int_{\varphi_1}^{\varphi_2} f(\varphi) \cos \varphi \sqrt{f^2(\varphi) + f'^2(\varphi)} \, d\varphi = \varrho\, g \int_{\varphi_1}^{\varphi_2} r \cos \varphi \sqrt{r^2 + r'^2} \, d\varphi$$

$$EPP: \quad M_x = \varrho g \int_{\tau_1}^{\tau_2} f_1(\tau) \sin f_2(\tau) \cdot \sqrt{f_1^2(\tau) f_2'^2(\tau) + f_1'^2(\tau)}\, d\tau$$

$$= \varrho g \int_{\tau_1}^{\tau_2} r \sin\varphi \sqrt{r^2 \varphi'^2 + r'^2}\, d\tau$$

$$M_y = \varrho g \int_{\tau_1}^{\tau_2} f_1(\tau) \cos f_2(\tau) \cdot \sqrt{f_1^2(\tau) f_2'^2(\tau) + f_1'^2(\tau)}\, d\tau$$

$$= \varrho g \int_{\tau_1}^{\tau_2} r \cos\varphi \sqrt{r^2 \varphi'^2 + r'^2}\, d\tau$$

B

Zu 6.9.6.5:

Fall A, Form EKF

1. Gesucht ist das statische Moment eines Halbkreises vom Radius r. Es ist $y = f(x) = \sqrt{r^2 - x^2}$ die Gleichung eines Viertelbogens, folglich ist z.B. das Moment bezüglich der y-Achse

$$M_y = 2\varrho g \int_0^r x \sqrt{r^2 - x^2}\, dx \qquad \left(\text{nicht } \varrho g \int_{-r}^{+r} x \sqrt{r^2 - x^2}\, dx\,!\right)$$

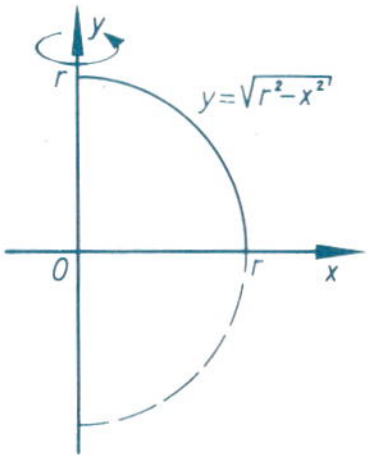

Nach Nr. 115 der Integraltafel 6.9.5.2 gilt dann

$$M_y = \left[-\frac{2\varrho g}{3} (\sqrt{r^2 - x^2})^3 \right]_0^r = \frac{2}{3} \varrho g r^3.$$

6.9.6.6 Momente 2. Ordnung (Trägheitsmomente) von Kurven- und Flächenstücken

A. Trapezoide Flächenstücke mit Begrenzungen parallel zur y-Achse, wenn die Kurve von jeder Parallelen zur y-Achse höchstens ein Mal getroffen wird.

ϱ sei die konstante Flächendichte in kg/m^2.

$$EKF: \quad I_x = \tfrac{1}{3} \varrho \int_a^b |f(x)|^3\, dx$$

$$I_y = \varrho \int_a^b x^2 \cdot |f(x)|\, dx$$

$$EKP: \quad I_x = \tfrac{1}{3} \varrho \int_{\tau_1}^{\tau_2} |f_2(\tau)|^3 \cdot |f_1'(\tau)|\, d\tau = \tfrac{1}{3} \varrho \int_{\tau_1}^{\tau_2} |y^3 x'|\, d\tau$$

$$I_y = \varrho \int_{\tau_1}^{\tau_2} f_1^2(\tau) \cdot |f_2(\tau) \cdot f_1'(\tau)|\, d\tau = \varrho \int_{\tau_1}^{\tau_2} x^2 \cdot |y x'|\, d\tau$$

$$EPF: \quad I_x=\tfrac{1}{3}\varrho\int\limits_{\varphi_1}^{\varphi_2} f^3(\varphi)\cdot|\sin^3\varphi(f'(\varphi)\cos\varphi-f(\varphi)\sin\varphi)|\,d\varphi$$

$$=\tfrac{1}{3}\varrho\int\limits_{\varphi_1}^{\varphi_2} r^3\cdot|\sin^3\varphi\cdot(r'\cos\varphi-r\sin\varphi)|\,d\varphi$$

$$I_y=\varrho\int\limits_{\varphi_1}^{\varphi_2} f^3(\varphi)\cdot\cos^2\varphi\cdot|\sin\varphi\cdot(f'(\varphi)\cos\varphi-f(\varphi)\sin\varphi)|\,d\varphi$$

$$=\varrho\int\limits_{\varphi_1}^{\varphi_2} r^3\cdot\cos^2\varphi\cdot|\sin\varphi\cdot(r'\cos\varphi-r\sin\varphi)|\,d\varphi$$

$$EPP: \quad I_x=\tfrac{1}{3}\varrho\int\limits_{\tau_1}^{\tau_2} f_1^3(\tau)|\sin^3 f_2(\tau)\cdot(f_1'(\tau)\cos f_2(\tau)-f_1(\tau)f_2'(\tau)\sin f_2(\tau))|\,d\tau$$

$$=\tfrac{1}{3}\varrho\int\limits_{\tau_1}^{\tau_2} r^3\cdot|\sin^3\varphi(r'\cos\varphi-r\varphi'\sin\varphi)|\,d\tau$$

$$I_y=\varrho\int\limits_{\tau_1}^{\tau_2} f_1^2(\tau)\cos^2 f_2(\tau)\cdot|f_1(\tau)\sin f_2(\tau)\cdot(f_1'(\tau)\cos f_2(\tau)-f_1(\tau)f_2'(\tau)\sin f_2(\tau))|\,d\tau$$

$$=\varrho\int\limits_{\tau_1}^{\tau_2} r^3\cos^2\varphi\,|\sin\varphi(r'\cos\varphi-r\varphi'\sin\varphi)|\,d\tau$$

B. Sektoren, wenn die Kurve von jedem Strahl durch O höchstens ein Mal getroffen wird. ϱ sei die konstante Flächendichte in kg/m^2.

$$EPF: \quad I_x=\tfrac{1}{4}\varrho\int\limits_{\varphi_1}^{\varphi_2} f^4(\varphi)\sin^2\varphi\,d\varphi=\tfrac{1}{4}\varrho\int\limits_{\varphi_1}^{\varphi_2} r^4\sin^2\varphi\,d\varphi$$

$$I_y=\tfrac{1}{4}\varrho\int\limits_{\varphi_1}^{\varphi_2} f^4(\varphi)\cos^2\varphi\,d\varphi=\tfrac{1}{4}\varrho\int\limits_{\varphi_1}^{\varphi_2} r^4\cos^2\varphi\,d\varphi$$

$$EPP: \quad I_x=\tfrac{1}{4}\varrho\int\limits_{\tau_1}^{\tau_2} f_1^4(\tau)|f_2'(\tau)|\sin^2 f_2(\tau)\,d\tau=\tfrac{1}{4}\varrho\int\limits_{\tau_1}^{\tau_2} r^4|\varphi'|\sin^2\varphi\,d\tau$$

$$I_y=\tfrac{1}{4}\varrho\int\limits_{\tau_1}^{\tau_2} f_1^4(\tau)\cdot|f_2'(\tau)|\cdot\cos^2 f_2(\tau)\,d\tau=\tfrac{1}{4}\varrho\int\limits_{\tau_1}^{\tau_2} r^4|\varphi'|\cos^2\varphi\,d\tau$$

C. Kurvenstücke (ϱ sei die konstante Liniendichte in kg/m).

$$EKF: \quad I_x=\varrho\int\limits_a^b f^2(x)\cdot\sqrt{1+f'^2(x)}\,dx$$

$$I_y=\varrho\int\limits_a^b x^2\cdot\sqrt{1+f'^2(x)}\,dx$$

$$EKP: \quad I_x=\varrho\int\limits_{\tau_1}^{\tau_2} f_2^2(\tau)\cdot\sqrt{f_1'^2(\tau)+f_2'^2(\tau)}\,d\tau=\varrho\int\limits_{\tau_1}^{\tau_2} y^2\cdot\sqrt{x'^2+y'^2}\,d\tau$$

$$I_y=\varrho\int\limits_{\tau_1}^{\tau_2} f_1^2(\tau)\sqrt{f_1^2(\tau)+f_2^2(\tau)}\,d\tau=\varrho\int\limits_{\tau_1}^{\tau_2} x^2\cdot\sqrt{x'^2+y'^2}\,d\tau$$

$$EPF: \quad I_x = \varrho \int_{\varphi_1}^{\varphi_2} f^2(\varphi) \sin^2 \varphi \sqrt{f^2(\varphi) + f'^2(\varphi)}\, d\varphi = \varrho \int_{\varphi_1}^{\varphi_2} r^2 \sin^2 \varphi \sqrt{r^2 + r'^2}\, d\varphi$$

$$I_y = \varrho \int_{\varphi_1}^{\varphi_2} f^2(\varphi) \cos^2 \varphi \sqrt{f^2(\varphi) + f'^2(\varphi)}\, d\varphi = \varrho \int_{\varphi_1}^{\varphi_2} r^2 \cos^2 \varphi \sqrt{r^2 + r'^2}\, d\varphi$$

$$EPP: \quad I_x = \varrho \int_{\tau_1}^{\tau_2} f_1^2(\tau) \sin^2 f_2(\tau) \sqrt{f_1^2(\tau) f_2'^2(\tau) + f_1'^2(\tau)}\, d\tau = \varrho \int_{\tau_1}^{\tau_2} r^2 \sin^2 \varphi \sqrt{r^2 \varphi'^2 + r'^2}\, d\tau$$

$$I_y = \varrho \int_{\tau_1}^{\tau_1} f_1^2(\tau) \cos^2 f_2(\tau) \sqrt{f_1^2(\tau) f_2'^2(\tau) + f_1'^2(\tau)}\, d\tau = \varrho \int_{\tau_1}^{\tau_2} r^2 \cos^2 \varphi \sqrt{r^2 \varphi'^2 + r'^2}\, d\tau$$

B

Zu 6.9.6.6:

Fall A, Form EKF, EKP Fall B, Form EPF

1. Gesucht sind die Trägheitsmomente eines Halbkreises in bezug auf die Koordinatenachsen.

Es ist

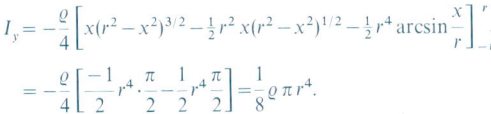

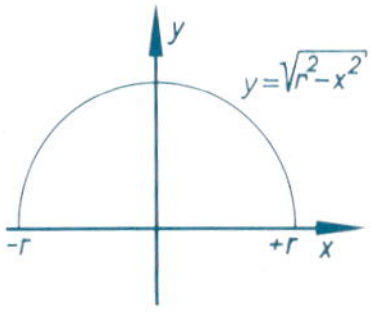

$$y = \sqrt{r^2 - x^2}$$

und somit

$$I_y = \varrho \int_{-r}^{r} x^2 \sqrt{r^2 - x^2}\, dx.$$

Nach Nr. 116 der Integraltafel 6.9.5.2 ist

$$I_y = -\frac{\varrho}{4} \left[x(r^2 - x^2)^{3/2} - \tfrac{1}{2} r^2 x (r^2 - x^2)^{1/2} - \tfrac{1}{2} r^4 \arcsin \frac{x}{r} \right]_{-r}^{r}$$

$$= -\frac{\varrho}{4} \left[\frac{-1}{2} r^4 \cdot \frac{\pi}{2} - \frac{1}{2} r^4 \frac{\pi}{2} \right] = \frac{1}{8} \varrho \pi r^4.$$

Entsprechend gilt

$$I_x = \frac{\varrho}{3} \int_{-r}^{r} (r^2 - x^2) \sqrt{r^2 - x^2}\, dx = \frac{\varrho}{3} \int_{-r}^{r} (r^2 - x^2)^{3/2}\, dx.$$

Nach Nr. 114 der Integraltafel 6.9.5.2 ist

$$I_x = \frac{\varrho}{24} \left[2x(r^2 - x^2)^{3/2} + 3r^2 (r^2 - x^2)^{1/2} + 3r^4 \arcsin \frac{x}{r} \right]_{-r}^{r}$$

$$= \frac{\varrho}{24} \left[3r^4 \frac{\pi}{2} + 3r^4 \frac{\pi}{2} \right] = \tfrac{1}{8} \varrho \pi r^4.$$

Ebenso erhält man in der Form EKF: $x = r \cos \tau$; $y = r \sin \tau$. Somit ist

$$I_y = \varrho \int_0^{\pi} r^2 \cos^2 \tau \cdot |r^2 \sin^2 \tau|\, d\tau = \varrho r^4 \int_0^{\pi} \cos^2 \tau \cdot \sin^2 \tau\, d\tau = \frac{\varrho r^4}{4} \int_0^{\pi} \sin^2 2\tau\, d\tau = \tfrac{1}{8} \varrho r^4 \pi.$$

$$I_x=\frac{\varrho}{3}\int_0^{\pi} r^3\cdot|\sin^3\tau\cdot r\sin\tau|\,d\tau=\frac{\varrho}{3}r^4\int_0^{\pi}\sin^4\tau\,d\tau=\tfrac{1}{8}\varrho r^4\pi.$$

Analog ergibt sich für den Sektor in der Form EPF: $r=f(\varphi)=r$.
Somit ist

$$I_y=\frac{\varrho}{4}\int_0^{\pi} r^4\cos^2\varphi\,d\varphi=\tfrac{1}{4}\varrho r^4\int_0^{\pi}\cos^2\varphi\,d\varphi=\tfrac{1}{8}\varrho r^4\pi.$$

$$I_x=\frac{\varrho}{4}\int_0^{\pi} r^4\sin^2\varphi\,d\varphi=\tfrac{1}{8}\varrho r^4\pi.$$

6.9.6.7 Schwerpunktskoordinaten von Kurven- und Flächenstücken

A. Trapezoide Flächenstücke mit Begrenzungen parallel zur y-Achse, wenn die Kurve von jeder Parallelen zur y-Achse höchstens ein Mal getroffen wird.

$$EKF:\quad x_s=\frac{M_y}{\varrho g A}=\frac{\int_a^b x\cdot|f(x)|\,dx}{\int_a^b |f(x)|\,dx}$$

$$y_s=\frac{M_x}{\varrho g A}=\frac{\frac{1}{2}\int_a^b f(x)\cdot|f(x)|\,dx}{\int_a^b |f(x)|\,dx}$$

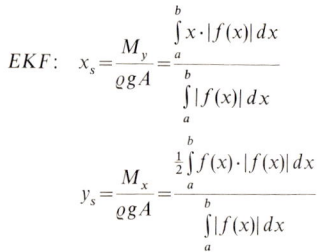

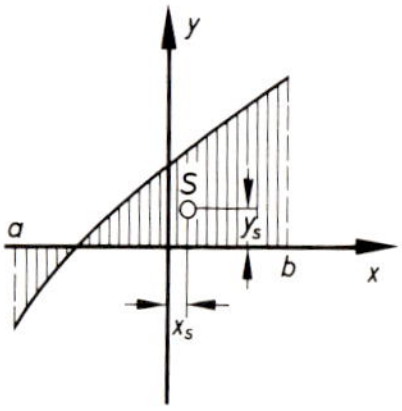

Analog erhält man für die Kurvendarstellungen *EKP*, *EPF* und *EPP* die Schwerpunktskoordinaten $x_s=\dfrac{M_y}{\varrho g A}$; $y_s=\dfrac{M_x}{\varrho g A}$, indem man nach 6.9.6.5, Seite 287 die Momente M_y bzw. M_x und nach 6.9.6.1, Seite 272 die Flächeninhalte berechnet.

B. Sektoren, wenn die Kurve von jedem Strahl durch O höchstens ein Mal getroffen wird.

$$x_s=\frac{M_y}{\varrho g A};\qquad y_s=\frac{M_x}{\varrho g A}\qquad \text{(6.9.6.5, Seite 288 und 6.9.6.1, Seite 274).}$$

C. Kurvenstücke

$$x_s=\frac{M_y}{\varrho g s};\qquad y_s=\frac{M_x}{\varrho g s}\qquad \text{(6.9.6.5, Seite 288 und 6.9.6.2, Seite 278).}$$

B

Fall A; 2 Kurven, Form EKF

1. Gesucht ist der Schwerpunkt des von den Parabeln mit den Gleichungen $y^2=2x$ und $y^2=4x-1$ begrenzten Flächenstückes.

Da wegen der Symmetrie der Schwerpunkt auf der x-Achse liegen muß, ist $y_s=0$. Für x_s des oberhalb der x-Achse gelegenen Flächenstückes gilt:

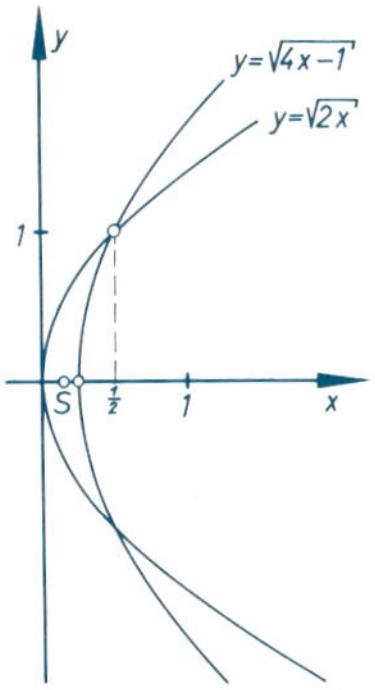

$$x_s=\frac{M_{y1}-M_{y2}}{\varrho\, g(A_1-A_2)}=\frac{\int\limits_0^{1/2} x\sqrt{2x}\,dx-\int\limits_{1/4}^{1/2} x\sqrt{4x-1}\,dx}{\int\limits_0^{1/2}\sqrt{2x}\,dx-\int\limits_{1/4}^{1/2}\sqrt{4x-1}\,dx},$$

wobei die Grenzen durch die Schnittpunkte der Parabeln miteinander bzw. mit der x-Achse gegeben sind. Wegen der Symmetrie der Figur ist die x-Koordinate des Gesamtschwerpunktes gleich x_s.

$$\int\limits_0^{1/2} x\sqrt{2x}\,dx=\sqrt{2}\int\limits_0^{1/2} x^{3/2}\,dx=\sqrt{2}\cdot\tfrac{2}{5}\left[x^{5/2}\right]_0^{1/2}=\tfrac{1}{10};$$

$$\int\limits_{1/4}^{1/2} x\sqrt{4x-1}\,dx=\frac{2}{15\cdot 16}\left[(3\cdot 4x+2)\sqrt{4x-1}^{\,3}\right]_{1/4}^{1/2}=\tfrac{1}{15},$$

$$\int\limits_0^{1/2}\sqrt{2x}\,dx=\sqrt{2}\cdot\tfrac{2}{3}\left[x^{3/2}\right]_0^{1/2}=\tfrac{1}{3};$$

$$\int\limits_{1/4}^{1/2}\sqrt{4x-1}\,dx=\frac{2}{3\cdot 4}\left[\sqrt{4x-1}\right]_{1/4}^{1/2}=\tfrac{1}{6};$$

$$x_s=\frac{\frac{1}{10}-\frac{1}{15}}{\frac{1}{3}-\frac{1}{6}}=\tfrac{1}{5}.$$

2. Für den Schwerpunkt der schraffierten Fläche gilt

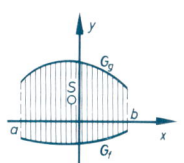

$$x_s=\frac{\int\limits_a^b x\cdot|f(x)-g(x)|\,dx}{\int\limits_a^b |f(x)-g(x)|\,dx}\qquad y_s=\frac{\frac{1}{2}\int\limits_a^b (f(x)+g(x))\cdot|f(x)-g(x)|\,dx}{\int\limits_a^b |f(x)-g(x)|\,dx}$$

6.9.7 Uneigentliche Integrale

6.9.7.1 Integrale mit unbeschränkten Integrationsgrenzen.

Definition:

$\lim\limits_{b\to\infty}\int\limits_a^b f(x)\,dx=\int\limits_a^\infty f(x)\,dx$, falls dieser Grenzwert existiert (uneigentliches Integral).

(Sprechweise: $\int\limits_a^b f(x)\,dx$ konvergiert für $b\to\infty$.)

$\lim\limits_{c \to -\infty} \int\limits_c^a f(x)\,dx = \int\limits_{-\infty}^a f(x)\,dx$, falls dieser Grenzwert existiert (uneigentliches Integral).

(Sprechweise: $\int\limits_c^a f(x)\,dx$ konvergiert für $c \to -\infty$.)

$\lim\limits_{c \to -\infty} \int\limits_c^a f(x)\,dx + \lim\limits_{b \to \infty} \int\limits_a^b f(x)\,dx = \int\limits_{-\infty}^{\infty} f(x)\,dx$, falls beide Grenzwerte existieren.

Haben $\int\limits_a^b f(x)\,dx$ für $b \to \infty$ und $\int\limits_c^a f(x)\,dx$ für $c \to -\infty$ keinen Grenzwert, existiert aber $\lim\limits_{b \to \infty} \int\limits_{-b}^{b} f(x)\,dx$, so heißt dieser Grenzwert Cauchyscher Hauptwert des uneigentlichen Integrals $\int\limits_{-\infty}^{\infty} f(x)\,dx$.

Konvergenzkriterien:

1. Konvergiert $\int\limits_a^b |f(x)|\,dx$ für $b \to \infty$, so konvergiert auch $\int\limits_a^b f(x)\,dx$ für $b \to \infty$.

2. Sind $f(x)$ und $g(x)$ in $[a, \infty)$ positiv und ist $f(x) \leqq g(x)$ so konvergiert $\int\limits_a^b f(x)\,dx$ für $b \to \infty$ sicher dann, wenn $\int\limits_a^b g(x)\,dx$ für $b \to \infty$ konvergiert (1. Vergleichskriterium).

3. Ist für $x > D > 0$ und $n > 1$ der Betrag $|f(x) \cdot x^n|$ beschränkt, so konvergieren $\int\limits_a^b |f(x)|\,dx$ und $\int\limits_a^b f(x)\,dx$ für $b \to \infty$ (Sprechweise: $\int\limits_a^b f(x)\,dx$ konvergiert absolut für $b \to \infty$, wenn $\frac{1}{|f(x)|}$ von höherer Ordnung unbeschränkt ist als x).

   Ist für $x > 0$ und $n \leqq 1$ der Betrag $|f(x) \cdot x^n|$ unbeschränkt, so divergiert das Integral $\int\limits_a^b |f(x)|\,dx$ (2. Vergleichskriterium).

B

Zu 6.9.7.1:

Konvergenz u. Berechnung eines uneigentl. Integrals

1. Das uneigentliche Integral $\int\limits_1^{\infty} \frac{dx}{x^2}$ existiert. Denn für $|f(x) \cdot x^n| = \left|\frac{x^n}{x^2}\right| = |x^{n-2}|$ gibt es sicher ein $n > 1$, so daß $|x^{n-2}|$ für $x > D > 0$ beschränkt ist; jedes $n < 2$ erfüllt diese Bedingung, z.B. $n = 1{,}5$. Wählt man etwa $K = 5$ so ist $|x^{1,5-2}| = |x^{-0,5}| = \frac{1}{\sqrt{x}} < 5$ für alle $x > 0{,}04 = D$.

   Es ist

   $$\int\limits_1^{\infty} \frac{dx}{x^2} = \lim_{b \to \infty} \int\limits_1^b \frac{dx}{x^2} = \lim_{b \to \infty} \left[-\frac{1}{x}\right]_1^b = \lim_{b \to \infty} \left(1 - \frac{1}{b}\right) = 1.$$

   Dasselbe gilt für $\int\limits_1^{\infty} \frac{dx}{x^m}$, wenn $m > 1$.

Für $m \leqq 1$ existiert kein entsprechender Grenzwert, weil $|f(x) \cdot x^n| = |x^{n-m}|$ unbeschränkt ist, wenn $n > 1$ und $m \leqq 1$ ist.

Konvergenz u. Berechnung eines uneigentl. Integrals

2. Das uneigentliche Integral $\int\limits_{-\infty}^{\infty} \frac{dx}{1+x^2}$ existiert. Weil die Funktion $f: x \mapsto f(x) = \frac{1}{1+x^2}$ gerade ist, genügt die Untersuchung von $\int\limits_0^{\infty} \frac{dx}{1+x^2}$:

$$|f(x) \cdot x^n| = \frac{x^n}{1+x^2} = \frac{x^{n-2}}{\frac{1}{x^2}+1} < x^{n-2}$$

bleibt für jedes $n < 2$, z.B. für $n = 1{,}5$ und $x > D > 0$ beschränkt.

$$\int\limits_{-\infty}^{\infty} \frac{dx}{1+x^2} = 2\int\limits_0^{\infty} \frac{dx}{1+x^2} = 2 \lim_{b \to \infty} \int\limits_0^b \frac{dx}{1+x^2} = 2 \lim_{b \to \infty} (\arctan b) = 2 \cdot \frac{\pi}{2} = \pi.$$

Divergenz

3. Das Integral $\int\limits_a^b \frac{dx}{\ln x}$ hat für $b \to \infty$ $(a > 0)$ keinen Grenzwert. Denn es ist

$$|f(x) \cdot x^n| = \left|\frac{x^n}{\ln x}\right| \geqq \frac{x}{\ln x} \qquad \text{für } x \geqq 1;$$

nun ist aber $\frac{x}{\ln x}$ für hinreichend große x beliebig groß; denn $f_1: x \mapsto f_1(x) = x$ ist von höherer Ordnung unbeschränkt als $f: x \mapsto f(x) = \ln x$ (6.5.5.2, Seite 148); es gilt ja

$$\lim_{x \to \infty} \frac{f(x)}{f_1(x)} = \lim_{x \to \infty} \frac{\ln x}{x} = 0.$$

6.9.7.2 Integrale nicht beschränkter Funktionen

Definition:

Ist f in der Umgebung von a unbeschränkt und existiert

$$\lim_{\varepsilon_1 \to +0} \int\limits_{a+\varepsilon_1}^{b} f(x)\,dx \qquad (a < b;\ \varepsilon_1 > 0)$$

bzw.

$$\lim_{\varepsilon_2 \to +0} \int\limits_{c}^{a-\varepsilon_2} f(x)\,dx \qquad (a > c;\ \varepsilon_2 > 0),$$

so werden diese Grenzwerte als uneigentliche Integrale

$$\int\limits_a^b f(x)\,dx \text{ bzw. } \int\limits_c^a f(x)\,dx$$

bezeichnet.

$\lim\limits_{\varepsilon_2 \to +0} \int\limits_c^{a-\varepsilon_2} f(x)\,dx + \lim\limits_{\varepsilon_1 \to +0} \int\limits_{a+\varepsilon_1}^{b} f(x)\,dx = \int\limits_c^b f(x)\,dx$ falls diese Grenzwerte existieren; $c < a < b$, a Unbeschränktheitsstelle von f.

Existieren $\lim\limits_{\varepsilon_2 \to +0} \int\limits_c^{a-\varepsilon_2} f(x)\,dx$ und $\lim\limits_{\varepsilon_1 + \to 0} \int\limits_{a+\varepsilon_1}^{b} f(x)\,dx$ nicht, existiert aber

$$\lim_{\varepsilon \to 0} \left(\int_c^{a-\varepsilon} f(x)\,dx + \int_{a+\varepsilon}^{b} f(x)\,dx \right),$$

so heißt dieser Grenzwert Cauchyscher Hauptwert des uneigentlichen Integrals $\int\limits_c^b f(x)\,dx$.

Konvergenzkriterien:

Ist f in der Umgebung von a unbeschränkt und ist $|f(x)\cdot(x-a)^n|$ für $n<1$ beschränkt, so konvergieren die Integrale

$$\int_{a+\varepsilon_1}^{b} |f(x)|\,dx \text{ und } \int_{a+\varepsilon_1}^{b} f(x)\,dx \text{ für } \varepsilon_1 \to 0$$

sowie

$$\int_c^{a-\varepsilon_2} |f(x)|\,dx \text{ und } \int_c^{a-\varepsilon_2} f(x)\,dx \text{ für } \varepsilon_2 \to 0.$$

(Sprechweise: $\int\limits_{a+\varepsilon_1}^{b} f(x)\,dx$ und $\int\limits_c^{a-\varepsilon_2} f(x)\,dx$ sind absolut konvergent, wenn $|f(x)|$ von niedrigerer Ordnung unbeschränkt ist als $\dfrac{1}{x-a}$).

Ist $|f(x)\cdot(x-a)^n|$ für $n \geqq 1$ unbeschränkt, so divergieren die Integrale

$$\int_{a+\varepsilon_1}^{b} |f(x)|\,dx \text{ und } \int_c^{a-\varepsilon_2} |f(x)|\,dx \quad \text{für } \varepsilon_1 \to 0 \text{ bzw. } \varepsilon_2 \to 0.$$

B

Zu 6.9.7.2:
Konvergenz u. Berechnung eines uneigentl. Integrals

1. $\int\limits_0^1 \dfrac{dx}{\sqrt{x}}$ existiert, obwohl $f(x) = \dfrac{1}{\sqrt{x}}$ in der Umgebung von 0 unbeschränkt ist:

$$|f(x)\cdot(x-0)^n| = \frac{x^n}{\sqrt{x}} = x^{n-\frac{1}{2}}$$

bleibt für $n<1$ beschränkt (wenn $n > \frac{1}{2}$ gewählt wird, z.B. $n=0{,}6$). $f(x)$ ist von niedriger Ordnung unbeschränkt als $\dfrac{1}{x}$, weil

$$\lim_{x \to 0} \frac{\dfrac{1}{\sqrt{x}}}{\dfrac{1}{x}} = \lim_{x \to 0} \sqrt{x} = 0.$$

Es ist

$$\int_0^1 \frac{dx}{\sqrt{x}} = \lim_{\varepsilon_1 \to +0} \int_{\varepsilon_1}^1 \frac{dx}{\sqrt{x}} = \lim_{\varepsilon_1 \to +0} \left[2\sqrt{x}\right]_{\varepsilon_1}^1 = \lim_{\varepsilon_1 \to +0} \left[2 - 2\sqrt{\varepsilon_1}\right] = 2.$$

6.9.8 Spezielle uneigentliche und bestimmte Integrale, höhere Funktionen

6.9.8.1 Integrale

(1) $$\int_a^\infty \frac{dx}{x^n} = \begin{cases} \dfrac{1}{(n-1)\,a^{n-1}} & \text{für } n > 1 \\ \text{divergent} & \text{für } n \leqq 1 \end{cases} \qquad (a>0)$$

(2) $$\int_0^a \frac{dx}{x^n} = \begin{cases} \text{divergent} & \text{für } n \geqq 1 \\ -\dfrac{1}{(n-1)\,a^{n-1}} & \text{für } n < 1 \end{cases} \qquad (a>0)$$

(3) $$\int_0^\infty \frac{dx}{a+bx^2} = \frac{\pi}{2\sqrt{ab}} \qquad (a, b > 0)$$

(4) $$\int_0^1 \frac{dx}{\sqrt{1-x^2}} = \frac{\pi}{2}$$

(5) $$\int_0^1 \frac{x\,dx}{\sqrt{1-x^2}} = 1$$

(6) $$\int_0^1 \frac{x^{2n}}{\sqrt{1-x^2}}\,dx = \frac{1\cdot 3\cdot 5\ldots(2n-1)}{2\cdot 4\cdot 6\ldots 2n}\cdot\frac{\pi}{2} \qquad (n \in \mathbb{N}^*)$$

(7) $$\int_0^\infty e^{-ax}\,dx = \frac{1}{a} \qquad (a>0)$$

(8) $$\int_0^\infty e^{-ax^2}\,dx = \int_{-\infty}^0 e^{-ax^2}\,dx = \tfrac{1}{2}\sqrt{\frac{\pi}{a}} \qquad (a>0)$$

(9) $$\int_0^\infty x^n e^{-x}\,dx = \Gamma(n+1) \qquad (n > -1)$$ (Gammafunktion, 6.9.8.2, Seite 300).

(10) $$\int_0^\infty e^{-ax}\cos bx\,dx = \int_0^\infty e^{-bx}\sin ax\,dx = \frac{a}{a^2+b^2} \qquad (a, b > 0)$$

(11) $$\int_0^\infty e^{-ax^2}\cos bx\,dx = \frac{1}{2}\sqrt{\frac{\pi}{a}}\,e^{-\frac{b^2}{4a}} \qquad (a>0)$$

(12) $$\int_0^\infty e^{-x}\ln x\,dx = -C_E = \lim_{n\to\infty}\left(\ln n - 1 - \frac{1}{2} - \frac{1}{3} - \ldots - \frac{1}{n}\right) \approx -0{,}577215665$$

(Eulersche Konstante)

(13) $$\int_0^1 \frac{\ln x}{x-1}\,dx = \frac{\pi^2}{6}$$

(14) $$\int_0^1 \frac{\ln x}{x+1} = -\frac{\pi^2}{12}$$

(15) $\int_0^{\pi/2} \ln \sin x\,dx = \int_0^{\pi/2} \ln \cos x\,dx = -\frac{\pi}{2} \ln 2$

(16) $\int_0^{\pi/2} \ln \tan x\,dx = 0$

(17) $\int_0^{2\pi} \sin(ax)\sin(bx)\,dx = \begin{cases} \pi & \text{für } a=b \\ 0 & \text{für } a \neq b \end{cases}$ $(a, b\text{: ganzzahlig} > 0)$

(18) $\int_0^{2\pi} \cos(ax)\cos(bx)\,dx = \begin{cases} \pi & \text{für } a=b \\ 0 & \text{für } a \neq b \end{cases}$ $(a, b\text{: ganzzahlig} > 0)$

(19) $\int_0^{2\pi} \sin(ax)\cos(bx)\,dx = 0$ $(a, b\text{: ganzzahlig})$

(17)–(19): Orthogonalitätsrelationen

(20) $\int_0^{\pi/2} \sin^{2n} x\,dx = \int_0^{\pi/2} \cos^{2n} x\,dx = \frac{1\cdot 3\cdot 5\ldots(2n-1)}{2\cdot 4\cdot 6\ldots(2n)}\cdot\frac{\pi}{2}$ $(n>0\text{, ganzzahlig})$

(21) $\int_0^{\pi/2} \sin^{2n+1} x\,dx = \int_0^{\pi/2} \cos^{2n+1} x\,dx = \frac{2\cdot 4\cdot 6\ldots(2n)}{3\cdot 5\cdot 7\ldots(2n+1)}$ $(n>0\text{, ganzzahlig})$

(22) $\int_0^{\infty} \frac{\sin mx \sin nx}{x}\,dx = \frac{1}{2}\ln\frac{m+n}{m-n}$ $(m>n\geqq 0)$

(23) $\int_0^{\infty} \frac{\sin mx \cos nx}{x}\,dx = \begin{cases} 0 & \text{für } m<n \\ \pi/4 & \text{für } m=n \\ \pi/2 & \text{für } m>n \end{cases}$ $(m, n>0)$

(24) $\int_0^{\infty} \frac{\sin ax}{x}\,dx = \frac{\pi}{2}$ $(a>0)$

6.9.8.2 Höhere Funktionen[1])

Integralsinus und Integralkosinus

$$Si(x) = \int_0^x \frac{\sin t}{t}\,dt = \frac{\pi}{2} - \int_x^{\infty} \frac{\sin t}{t}\,dt$$

$$= \sum_{k=0}^{\infty} \frac{(-1)^k \cdot x^{2k+1}}{(2k+1)\cdot(2k+1)!} = x - \frac{x^3}{3\cdot 3!} + \frac{x^5}{5\cdot 5!} - + \ldots \quad (x\in\mathbb{R});$$

$$si(x) = -\int_x^{\infty} \frac{\sin t}{t}\,dt;$$

$$Si(x) - si(x) = \frac{\pi}{2}; \quad Si(-x) = -Si(x); \quad \lim_{x\to\infty} Si(x) = \int_0^{\infty} \frac{\sin t}{t}\,dt = \frac{\pi}{2}$$

---

[1]) Die numerischen Werte dieser Funktionen können aus Tafeln (z.B. Jahnke-Emde: Tafeln höherer Funktionen) entnommen werden.
Weiterführende Formeln mit ausführlichen Literaturangaben finden sich in I.S. Gradshteyn, I.M. Ryzhik, Table of Integrals, Series, and Products (Academic Press, New York and London) und in M. Abramowitz, I.A. Stegun, Handbook of Mathematical Functions (Dover Publications, New York).

$$ci(x) = -\int_x^\infty \frac{\cos t}{t}\,dt = C_E + \ln x - \int_0^x \frac{1-\cos t}{t}\,dt$$
$$= C_E + \ln x + \sum_{k=1}^\infty \frac{(-1)^k x^{2k}}{(2k)\cdot(2k)!}$$
$$= C_E + \ln x - \frac{x^2}{2\cdot 2!} + \frac{x^4}{4\cdot 4!} - + \ldots \qquad (x > 0)$$

(C_E Eulersche Konstante, 6.9.8.1, Seite 297)

Für $x<0$ kann $ci(x)$ durch den Cauchyschen Hauptwert

$$-\lim_{\varepsilon\to+0}\left(\int_x^{-\varepsilon}\frac{\cos t}{t}\,dt + \int_\varepsilon^\infty \frac{\cos t}{t}\,dt\right) = -\int_x^\infty \frac{\cos t}{t}\,dt$$

definiert werden.

Dann ist $ci(-x) = ci(x)$; Reihenentwicklung:

$$ci(x) = C_E + \ln|x| - \int_0^x \frac{1-\cos t}{t}\,dt$$
$$= C_E + \ln|x| + \sum_{k=1}^\infty \frac{(-1)^k \cdot x^{2k}}{(2k)\cdot(2k)!} \qquad (|x|>0)$$

Hyperbolischer Integralsinus und Integralkosinus

$$Shi(x) = \int_0^x \frac{\sinh t}{t}\,dt = \sum_{k=0}^\infty \frac{x^{2k+1}}{(2k+1)\cdot(2k+1)!} = x + \frac{x^3}{3\cdot 3!} + \frac{x^5}{5\cdot 5!} + \ldots \qquad (x \in \mathbb{R})$$

$Shi(-x) = -Shi(x)$;

$Shi(x) = \frac{1}{2}(Ei(x) - Ei(-x))$ ($Ei(x)$ Exponentialintegral, s.u.)

$$Chi(x) = C_E + \ln x + \int_0^x \frac{\cosh t - 1}{t}\,dt$$
$$= C_E + \ln x + \sum_{k=1}^\infty \frac{x^{2k}}{(2k)\cdot(2k)!}$$
$$= C_E + \ln x + \frac{x^2}{2\cdot 2!} + \frac{x^4}{4\cdot 4!} + \ldots \qquad (x>0)$$

(C_E Eulersche Konstante, 6.9.8.1, Seite 297).

Für $x<0$ kann $Chi(x)$ durch $Chi(x) = C_E + \ln|x| + \int_0^x \frac{\cosh t - 1}{t}\,dt$ definiert werden. Dann ist $Chi(-x) = Chi(x)$; Reihenentwicklung:

$$Chi(x) = C_E + \ln|x| + \sum_{k=1}^\infty \frac{x^{2k}}{(2k)\cdot(2k)!};$$

$Chi(x) = \frac{1}{2}(Ei(x) + Ei(-x))$ ($Ei(x)$ Exponentialintegral, s.u.)

Exponentialintegral

$$Ei(x)=\begin{cases}\int\limits_{-\infty}^{x}\frac{e^t}{t}\,dt & \text{für } x<0\\ \lim\limits_{\varepsilon\to+0}\left(\int\limits_{-\infty}^{-\varepsilon}\frac{e^t}{t}\,dt+\int\limits_{\varepsilon}^{x}\frac{e^t}{t}\,dt\right)=\int\limits_{-\infty}^{x}\frac{e^t}{t}\,dt & \text{für } x>0\end{cases}$$ (Cauchyscher Hauptwert, oft mit $\overline{Ei}(x)$ bezeichnet)

$$Ei(x)=C_E+\ln|x|+\sum_{k=1}^{\infty}\frac{x^k}{k\cdot k!}=C_E+\ln|x|+\frac{x}{1\cdot 1!}+\frac{x^2}{2\cdot 2!}+\ldots \qquad (|x|>0)$$

(C_E Eulersche Konstante, 6.9.8.1, Seite 297)

$$Ei(-x)=-\int\limits_{x}^{\infty}\frac{e^{-t}}{t}\,dt$$ (falls $x<0$ Cauchyscher Hauptwert)

$$Ei(x)=Chi(x)+Shi(x)=li(e^x)$$ ($li(x)$ Integrallogarithmus, s. u.)

Integrallogarithmus

$$li(x)=\int\limits_{0}^{x}\frac{dt}{\ln t}=C_E+\ln|\ln x|+\sum_{k=1}^{\infty}\frac{(\ln x)^k}{k\cdot k!}$$
$$=C_E+\ln|\ln x|+\frac{\ln x}{1\cdot 1!}+\frac{(\ln x)^2}{2\cdot 2!}+\ldots$$

($x>0$; $x\neq 1$; für $x>1$ Cauchyscher Hauptwert)

(C_E Eulersche Konstante 6.9.8.1, Seite 297)

$$li(x)=Ei(\ln x)$$

Gammafunktion und *Pi*-Funktion

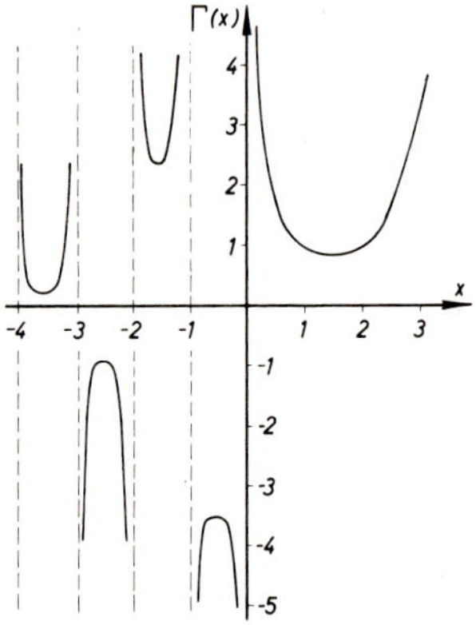

$$\Gamma(x)=\int\limits_{0}^{\infty}e^{-t}\cdot t^{x-1}\,dt=\Pi(x-1)$$
$$=\lim_{n\to\infty}\frac{n^x\cdot n!}{x(x+1)(x+2)\cdot\ldots\cdot(x+n)} \qquad (x>0)$$

$$\Gamma(1)=1;\qquad \Gamma(x+1)=x! \qquad (x\in\mathbb{N})$$

$$\Gamma(x+1)=x\cdot\Gamma(x) \qquad (x>0)$$

$$\Gamma(-x)=-\frac{\pi}{x\cdot\sin\pi x}\cdot\frac{1}{\Gamma(x)} \qquad (x\in\mathbb{R}\setminus\mathbb{Z})$$

$$\Gamma(x)\cdot\Gamma(1-x)=\frac{\pi}{\sin\pi x} \qquad (x\in\mathbb{R}\setminus\mathbb{Z})$$

$$\Gamma(\tfrac{1}{2})=2\int\limits_{0}^{\infty}e^{-t^2}\,dt=\sqrt{\pi}$$

$$\Gamma(n+\tfrac{1}{2})=\frac{(2n)!\sqrt{\pi}}{n!\cdot 2^{2n}} \qquad (n\in\mathbb{N})$$

Für große x gilt:

$$\Gamma(x+1) \approx \sqrt{2\pi x} \cdot x^x \cdot e^{-x+\frac{\vartheta}{12x}} \qquad (0<\vartheta<1)$$

$$\leqq \sqrt{2\pi x} \cdot x^x \cdot e^{-x} \cdot \left(1+\frac{1}{12x}+\frac{1}{288x^2}+\ldots\right);$$

$$\Gamma(x+1) \approx \sqrt{2\pi x} \cdot x^x \cdot e^{-x} \text{ (Stirlingsche Formel)}$$

$$\Rightarrow n! \approx \sqrt{2\pi n} \cdot n^n \cdot e^{-n} \text{ (Berechnung der Fakultät für große } n).$$

Elliptische Integrale

Integrale der Form $\int\limits_a^b R(x, \sqrt{P(x)})\, dx$, in denen R ein rationaler Term ist, der x und die Wurzel aus einem Polynom 3. oder 4. Grades in x enthält, heißen elliptische Integrale. Ist das Polynom vom 2. Grad, so ist das Integral durch elementare Funktionen auszudrücken (6.9.4.2 D, Seite 224); in Ausnahmefällen kann das auch für Polynome 4. Grades gelten (sog. pseudoelliptische Integrale).

Elliptische Integrale lassen sich mit Hilfe einer geeigneten Substitution[1]) auf sog. Legendresche Normalintegrale transformieren:

Normalintegral 1. Gattung:

$$I_1(k, x_1) = \int\limits_0^{x_1} \frac{dx}{\sqrt{(1-x^2)(1-k^2 x^2)}} = F(k, \varphi_1) = \int\limits_0^{\varphi_1} \frac{d\varphi}{\sqrt{1-k^2 \sin^2 \varphi}} \qquad (0<k<1)$$

Normalintegral 2. Gattung:

$$I_2(k, x_1) = \int\limits_0^{x_1} \sqrt{\frac{1-k^2 x^2}{1-x^2}}\, dx = E(k, \varphi_1) = \int\limits_0^{\varphi_1} \sqrt{1-k^2 \sin^2 \varphi}\, d\varphi \qquad (0<k<1)$$

Normalintegral 3. Gattung:

$$I_3(k, \lambda, x_1) = \int\limits_0^{x_1} \frac{dx}{(1+\lambda x^2)\sqrt{(1-x^2)(1-k^2 x^2)}}$$

$$= \Pi(k, \lambda, \varphi_1) = \int\limits_0^{\varphi_1} \frac{d\varphi}{(1+\lambda \sin^2 \varphi)\sqrt{1-k^2 \sin^2 \varphi}} \qquad (0<k<1)$$

Ist die Obergrenze $\varphi_1 = \frac{\pi}{2}$, heißen die Normalintegrale vollständig:

Vollst. ell. Normalintegral 1. Gattung:

$$F\left(k, \frac{\pi}{2}\right) = \int\limits_0^{\pi/2} \frac{d\varphi}{\sqrt{1-k^2 \sin \varphi}}$$

$$= \frac{\pi}{2}\left[1+\left(\frac{1}{2}\right)^2 k^2+\left(\frac{1 \cdot 3}{2 \cdot 4}\right)^2 k^4+\left(\frac{1 \cdot 3 \cdot 5}{2 \cdot 4 \cdot 6}\right)^2 k^6+\ldots\right]$$

[1]) Die Durchführung derartiger Substitutionen s. z.B. bei F. Tricomi: Elliptische Funktionen; Meyer z. Capellen: Integraltafeln.

Vollst. ell. Normalintegral 2. Gattung:

$$E\left(k, \frac{\pi}{2}\right) = \int_0^{\pi/2} \sqrt{1-k^2 \sin^2 \varphi}\, d\varphi$$

$$= \frac{\pi}{2}\left[1 - \left(\frac{1}{2}\right)^2 \frac{k^2}{1} - \left(\frac{1\cdot 3}{2\cdot 4}\right)^2 \cdot \frac{k^4}{3} - \left(\frac{1\cdot 3\cdot 5}{2\cdot 4\cdot 6}\right)^2 \cdot \frac{k^6}{5} - \ldots\right]$$

Wahrscheinlichkeitsintegral

$$\Phi(x) = \frac{2}{\sqrt{\pi}} \int_0^x e^{-t^2}\, dt = \frac{1}{\sqrt{\pi}} \int_0^{x^2} \frac{e^{-t}}{\sqrt{t}}\, dt$$

$$= \frac{2}{\sqrt{\pi}} \sum_{k=0}^{\infty} \frac{(-1)^{k+1} \cdot x^{2k-1}}{(2k-1)\cdot(k-1)!}$$

$$\lim_{x\to\infty} \Phi(x) = \frac{2}{\sqrt{\pi}} \int_0^{\infty} e^{-t^2}\, dt = 1; \; \Phi(-x) = -\Phi(x)$$

$$\operatorname{erf}(x) = \frac{2}{\sqrt{\pi}} \int_0^{x\sqrt{2}} e^{-t^2}\, dt = \Phi(x\cdot\sqrt{2})^{*)}$$

Gaußsche Normalverteilungsfunktion:

$$GNV(x) = \frac{1}{\sqrt{2\pi}} \int_{-\infty}^{x} e^{-u^2/2}\, du = \tfrac{1}{2}\left(1 + \Phi\left(\frac{x}{\sqrt{2}}\right)\right)$$

$$\lim_{x\to\infty} GNV(x) = \frac{1}{\sqrt{2\pi}} \int_{-\infty}^{\infty} e^{-u^2/2}\, du = 1$$

Fresnelintegrale

$$S(x) = \frac{2}{\sqrt{2\pi}} \int_0^x \sin t^2\, dt = \frac{1}{\sqrt{2\pi}} \int_0^{x^2} \frac{\sin t}{\sqrt{t}}\, dt$$

$$= \frac{2}{\sqrt{2\pi}} \sum_{k=0}^{\infty} \frac{(-1)^k \cdot x^{4k+3}}{(4k+3)\cdot(2k+1)!}$$

$$C(x) = \frac{2}{\sqrt{2\pi}} \int_0^x \cos t^2\, dt = \frac{1}{\sqrt{2\pi}} \int_0^{x^2} \frac{\cos t}{\sqrt{t}}\, dt$$

$$= \frac{2}{\sqrt{2\pi}} \sum_{k=0}^{\infty} \frac{(-1)^k \cdot x^{4k+1}}{(4k+1)(2k)!}$$

$$\lim_{x\to\infty} S(x) = \lim_{x\to\infty} C(x) = \tfrac{1}{2}$$

---

*) Häufig wird auch Φ mit erf bezeichnet.

Zu 6.9.8.2: **B**

Ellipsenumfang

1. Es soll die Bogenlänge des Viertelbogens der Ellipse mit der Gleichung $\frac{x^2}{a^2}+\frac{y^2}{b^2}=1$ berechnet werden (a sei die größere Halbachse!).

Es ist

$$y=f(x)=b\sqrt{1-\frac{x^2}{a^2}};\qquad f'(x)=-\frac{bx}{a\sqrt{a^2-x^2}};$$

$$\frac{U}{4}=\lim_{\varepsilon_1\to 0}\int_0^{a-\varepsilon_1}\sqrt{1+\frac{b^2x^2}{a^2(a^2-x^2)}}\,dx$$

$$\lim_{\varepsilon_2\to 0}\int_0^{\frac{\pi}{2}-\varepsilon_2}\sqrt{1+\frac{b^2a^2\sin^2 u}{a^4\cos^2 u}}\cdot a\cdot\cos u\,du$$

Substitution 6.9.3.1 *C*, Seite 217:
$x=g(u)=a\sin u;\ 0\leqq\frac{x}{a}\leqq 1;$
$dx=a\cos u\,du;$
$u=\overset{-1}{g}(x)=\arcsin\frac{x}{a};\ \sin u\geqq 0;\ \cos u\geqq 0.$

$$=\int_0^{\pi/2}\sqrt{a^2\cos^2 u+b^2\sin^2 u}\,du$$

$$=\int_0^{\pi/2}\sqrt{a^2(1-\sin^2 u)+b^2\sin^2 u}\,du$$

$$=\int_0^{\pi/2}\sqrt{a^2-(a^2-b^2)\sin^2 u}\,du$$

$$=a\int_0^{\pi/2}\sqrt{1-\left(1-\frac{b^2}{a^2}\right)\sin^2 u}\,du.$$

Definiert man $k=\sqrt{1-\frac{b^2}{a^2}}<1$, so ist

$$\frac{U}{4}=a\int_0^{\pi/2}\sqrt{1-k^2\sin^2 u}\,du=a\cdot E\left(k,\frac{\pi}{2}\right).$$

$E\left(k;\frac{\pi}{2}\right)$ ist ein vollständiges elliptisches Normalintegral 2. Gattung. In Tabellen wird häufig statt k der Wert $\alpha=\arcsin k$ verwendet.

6.9.9 Parameterabhängige Integrale

Hängt ein Funktionswert $y=f(x,\alpha)$ außer von x noch von einem Parameter α ab, so ist das Integral

$$\int_a^b f(x,\alpha)\,dx=F(\alpha)$$

von α abhängig. Bezüglich Ableitung und Integration von $F(\alpha)$ nach α gilt:

Ist $f: x \mapsto f(x, \alpha)$ in $\alpha_1 \leqq \alpha \leqq \alpha_2$ und in $a \leqq x \leqq b$ stetig und hat f dort eine stetige partielle Ableitung nach α, so ist

$$\frac{d}{d\alpha}\int_a^b f(x, \alpha)\, dx = \int_a^b \frac{\partial}{\partial\alpha} f(x, \alpha)\, dx.$$

Ist eine oder sind beide Integrationsgrenzen unbeschränkt, so gilt die obige Formel entsprechend, wenn das uneigentliche Integral für alle $\alpha \in [\alpha_1, \alpha_2]$ konvergiert („gleichmäßig" konvergiert); (hinreichend hierfür ist die absolute Konvergenz für alle α, 6.9.7.1, Seite 293).

Hängen auch die Integrationsgrenzen von α ab, so gilt

$$\frac{d}{d\alpha}\int_{a(\alpha)}^{b(\alpha)} f(x, \alpha)\, d\alpha = \int_{a(\alpha)}^{b(\alpha)} \frac{\partial}{\partial\alpha} f(x, \alpha)\, dx + f(b(\alpha), \alpha) \cdot \frac{db(\alpha)}{d\alpha} - f(a(\alpha), \alpha) \cdot \frac{da(\alpha)}{d\alpha}$$

sofern neben den obigen Voraussetzungen über f noch $a: \alpha \mapsto a(\alpha)$ und $b: \alpha \mapsto b(\alpha)$ differenzierbar sind (Leibnizsche Regel).

Ist f in $\alpha_1 \leqq \alpha \leqq \alpha_2$ und $a \leqq x \leqq b$ stetig, so gilt

$$\int_{\alpha_1}^{\alpha_2}\left(\int_a^b f(x, \alpha)\, dx\right) d\alpha = \int_a^b \left(\int_{\alpha_1}^{\alpha_2} f(x, \alpha)\, d\alpha\right) dx$$

Ist eine oder sind beide Integrationsgrenzen (a, b) unbeschränkt, so gilt obige Formel entsprechend, wenn das Integral $\int_a^b f(x, \alpha)\, dx$ für alle $\alpha \in [\alpha_1; \alpha_2]$ konvergiert („gleichmäßig" konvergiert); (hinreichend hierfür ist die absolute Konvergenz für alle α, 6.9.7.1, Seite 293); dann ist auch die rechte Seite gleichmäßig konvergent.

B

Zu 6.9.9.:

Ableitung eines parameterabhängigen Integrals

1. $$\frac{d}{dy}\int_0^1 \frac{dx}{x+y} = \int_0^1 \frac{\partial}{\partial y}\left(\frac{1}{x+y}\right) dx = -\int_0^1 \frac{dx}{(x+y)^2}$$

$$= \left[\frac{1}{x+y}\right]_0^1 = \frac{1}{1+y} - \frac{1}{y}.$$

Da $f(x, y) = \frac{1}{x+y}$ außer bei $y = -x$ überall die stetigen Ableitungen $\frac{\partial}{\partial y}\frac{1}{x+y} = -\frac{1}{(x+y)^2}$ besitzt, ist obige Rechnung richtig, wenn $y \notin [0; +1]$.

Probe:

$$\int_0^1 \frac{dx}{x+y} = [\ln(x+y)]_0^1 = \ln(1+y) - \ln y.$$

$$\frac{d}{dy}(\ln(1+y) - \ln y) = \frac{1}{1+y} - \frac{1}{y}.$$

7 Analytische Geometrie der Kurven

Eine Kurve ist das stetige (homöomorphe, topologische) Bild eines Intervalles von $\mathbb{R}$.

7.1 Kurvengleichungen

Kurvengleichungen ermöglichen die Berechnung der Koordinaten der Kurvenpunkte. Häufig benutzte Gleichungsformen:

Ebene Kurven:

Kartesische Koordinaten:

Form *EKF*: Die Kurve ist Graph einer Funktion f.

Form *EKT*: Die Koordinaten $(x; y)$ der Kurvenpunkte erfüllen die Gleichung $T(x, y) = 0$; T ist Term in x und y (implizite Darstellung).

Form *EKP*: Die Koordinaten $(x; y)$ der Kurvenpunkte sind jeweils Funktionswerte eines Parameters $\tau \in \mathbb{R}$ (Parameterdarstellung):

$$x = x_1 = f_1(\tau); \quad y = x_2 = f_2(\tau)$$

$$\vec{r} = \begin{pmatrix} x \\ y \end{pmatrix} = \begin{pmatrix} f_1(\tau) \\ f_2(\tau) \end{pmatrix} \quad (\vec{r} \text{ Ortsvektor}).$$

Polarkoordinaten:

Form *EPF*: Die Koordinaten r der Kurvenpunkte sind Funktionswerte von φ:

$$\varphi \mapsto r = f(\varphi)$$

Form *EPT*: Die Koordinaten $(r; \varphi)$ der Kurvenpunkte erfüllen die Gleichung $T(r; \varphi) = 0$; T ist Term in r und φ (implizite Darstellung).

Form *EPP*: Die Koordinaten $(r; \varphi)$ der Kurvenpunkte sind jeweils Funktionswerte eines Parameters $\tau \in \mathbb{R}$ (Parameterdarstellung):

$$r = f_1(\tau); \quad \varphi = f_2(\tau)$$

Raumkurven:

Kartesische Koordinaten:

Form *RKP*: Die Koordinaten $(x; y; z)$ der Kurvenpunkte sind jeweils Funktionswerte eines Parameters $\tau \in \mathbb{R}$:

$$x = x_1 = f_1(\tau); \quad y = x_2 = f_2(\tau); \quad z = x_3 = f_3(\tau)$$

$$\vec{r} = \begin{pmatrix} x \\ y \\ z \end{pmatrix} = \begin{pmatrix} f_1(\tau) \\ f_2(\tau) \\ f_3(\tau) \end{pmatrix} \quad (\vec{r} \text{ Ortsvektor}).$$

Zu 7.1:

Gleichungsformen EKT und EPF

1. Man gebe die Gleichungsform *EKT* der Kurve an, die in der Form *EPF* durch die Gleichung $\varphi \mapsto r = f(\varphi) = a(\sin\varphi - \cos\varphi)$ gegeben ist.

   Umrechnungsformeln in 5.2.2, Seite 127.

$$\sqrt{x^2+y^2} = a\left(\frac{y}{\sqrt{x^2+y^2}} - \frac{x}{\sqrt{x^2+y^2}}\right); \quad x^2+y^2 = a(y-x);$$

$$\left(x+\frac{a}{2}\right)^2 + \left(y-\frac{a}{2}\right)^2 = \frac{a^2}{2}; \quad \text{Kreis um } M\left(-\frac{a}{2}; \frac{a}{2}\right) \text{ mit Radius } \frac{a}{2}\sqrt{2}.$$

Zykloide in Gleichungsform EKT

2. Man gebe von der gewöhnlichen Zykloiden (7.6.1, Seite 358) die Gleichung in der Form *EKT* an.

$$x = r(\tau - \sin\tau) \qquad \sin\tau = \tau - \frac{x}{r};$$

$$y = r(1-\cos\tau) \qquad \cos\tau = 1 - \frac{y}{r};$$

$$\tau = \begin{cases} \arccos\left(1-\dfrac{y}{r}\right); \\ 2\pi - \arccos\left(1-\dfrac{y}{r}\right); \end{cases}$$

$$1 = \left(\frac{x}{r} - \tau\right)^2 + \left(\frac{y}{r} - 1\right)^2; \quad \left[\frac{x}{r} - \arccos\left(1-\frac{y}{r}\right)\right]^2 + \left[\frac{y}{r} - 1\right]^2 - 1 = 0$$

$$\left[\frac{x}{r} - 2\pi + \arccos\left(1-\frac{y}{r}\right)\right]^2 + \left[\frac{y}{r} - 1\right]^2 - 1 = 0.$$

Kreis in Gleichungsform EPF

3. Welche Gleichung hat der Kreis um O mit dem Radius 5 cm in der Form *EPF*?

$$\varphi \mapsto r = f(\varphi) = 5.$$

Kreis in Gleichungsform EKP

4. Der Kreis um $M(m; n)$ mit Radius r hat in der Form *EKP* die Gleichung

$$\tau \mapsto x = f_1(\tau) = m + r\cos\tau$$
$$y = f_2(\tau) = n + r\sin\tau$$
$$\tau \mapsto \vec{r} = \begin{pmatrix} m \\ n \end{pmatrix} + r\begin{pmatrix} \cos\tau \\ \sin\tau \end{pmatrix}$$

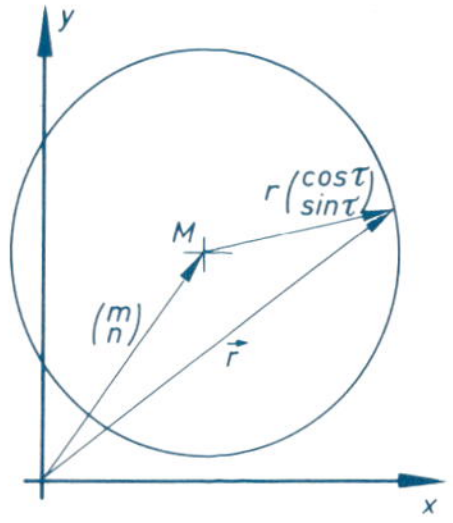

Ellipse und Hyperbel in Gleichungsform EKP

5. Die Ellipse in Parallellage (7.4.2, Seite 339) hat in der Form EKP die Gleichung

$$\tau \mapsto \vec{r} = \begin{pmatrix} m \\ n \end{pmatrix} + \begin{pmatrix} a\cos\tau \\ b\sin\tau \end{pmatrix}.$$

Die Hyperbel in Parallellage (7.4.2, Seite 339) hat in der Form EKP die Gleichung

$$\tau \mapsto \vec{r} = \begin{pmatrix} m \\ n \end{pmatrix} + \begin{pmatrix} a\cosh\tau \\ b\sinh\tau \end{pmatrix}$$

7.2 Geraden im kartesischen Koordinatensystem

7.2.1 Richtung, Steigung

Ebene:

Steigungswinkel φ:

Gemessen gegen positive Richtung der x-Achse (positiv bei Drehung der x-Achse in die Richtung der Geraden im Uhrzeigergegensinn, sonst negativ). Meist wird $+\pi < \varphi \leqq \pi$ verwendet; jedoch genügt die Einschränkung $-\frac{\pi}{2} < \varphi \leqq \frac{\pi}{2}$.

Steigung m:

$$m = \tan\varphi \quad (\text{falls } \varphi \neq \pm\tfrac{\pi}{2});$$

$$m = \frac{q_2 - p_2}{q_1 - p_1} \quad (\text{Gerade durch } P(p_1; p_2) \text{ und } Q(q_1; q_2);\ q_1 \neq p_1);$$

$$\varphi = \arctan m.$$

Richtungsvektor $\vec{u}$:

$$\vec{u} = \begin{pmatrix} q_1 - p_1 \\ q_2 - p_2 \end{pmatrix} \quad (\text{Richtung von } P(p_1; p_2) \text{ nach } Q(q_1; q_2))$$

$$\vec{u} = \begin{pmatrix} 1 \\ m \end{pmatrix}$$

Raum:

Richtungswinkel γ_i:

γ_1, γ_2, γ_3 gemessen gegen die positiven Richtungen der x-, y-, z-Achse; $0 \leqq \gamma_i \leqq \pi$.

Richtungsvektor $\vec{u}$:

$$\vec{u} = \begin{pmatrix} \cos\gamma_1 \\ \cos\gamma_2 \\ \cos\gamma_3 \end{pmatrix}$$

$$\vec{u} = \begin{pmatrix} q_1 - p_1 \\ q_2 - p_2 \\ q_3 - p_3 \end{pmatrix} \quad (\text{Richtung von } P(p_1; p_2; p_3) \text{ nach } Q(q_1; q_2; q_3))$$

Richtungskosinus:

$$\cos\gamma_i = \frac{q_i - p_i}{\sqrt{\sum_{i=1}^{3}(q_i - p_i)^2}} \quad \text{(Richtung von } P(p_1;\, p_2;\, p_3) \text{ nach } Q(q_1;\, q_2;\, q_3)\text{)}.$$

B

Zu 7.2.1:

Richtungsangabe bei einer Geraden der Ebene

1. Eine Gerade der Ebene bildet mit der positiven Richtung der x-Achse den Winkel $\varphi = 61°$. Die Steigung ist $m = \tan 61° \approx 1{,}80$; ein Richtungsvektor ist $\vec{u} = \begin{pmatrix} 1 \\ 1{,}80 \end{pmatrix}$.

2. Eine Gerade der Ebene hat einen Richtungsvektor $\vec{u} = \begin{pmatrix} 0 \\ 1 \end{pmatrix}$; der Winkel gegen die positive Richtung der x-Achse ist $\varphi = \frac{\pi}{2} = 90°$ (eine Steigung m ist nicht definiert).

Richtungswinkel

3. Eine Gerade des Raumes hat einen Richtungsvektor $\vec{u} = \begin{pmatrix} 4 \\ 3 \\ -5 \end{pmatrix}$; die Richtungswinkel sind dann

$$\gamma_1 = \arccos\frac{4}{\sqrt{50}} \approx 0{,}97 \approx 55{,}6°,$$

$$\gamma_2 = \arccos\frac{3}{\sqrt{50}} \approx 1{,}13 \approx 64{,}9°,$$

$$\gamma_3 = \arccos\frac{-5}{\sqrt{50}} \approx 2{,}36 \approx 135{,}0°.$$

7.2.2 Gleichungsformen

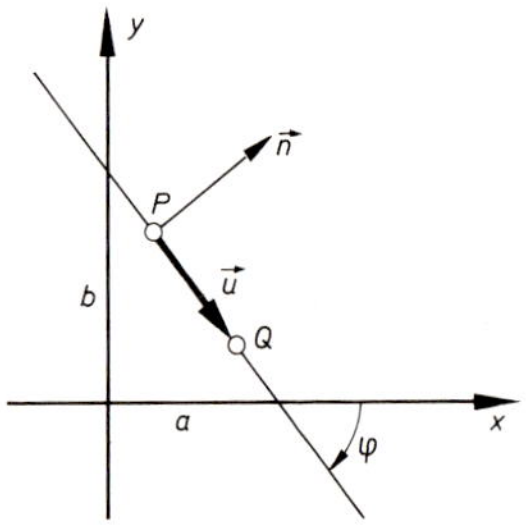

Die Ortsvektoren der Punkte $P(p_1;\, p_2)$ bzw. $P(p_1;\, p_2;\, p_3)$ und $Q(q_1;\, q_2)$ bzw. $Q(q_1;\, q_2;\, q_3)$ sind mit $\vec{p} = \begin{pmatrix} p_1 \\ p_2 \end{pmatrix}$ bzw. $\vec{p} = \begin{pmatrix} p_1 \\ p_2 \\ p_3 \end{pmatrix}$ und $\vec{q} = \begin{pmatrix} q_1 \\ q_2 \end{pmatrix}$ bzw. $\vec{q} = \begin{pmatrix} q_1 \\ q_2 \\ q_3 \end{pmatrix}$ bezeichnet.

Bezeichnung	skalare Form (Ebene)	vektorielle Form (Ebene, Raum)
1. Funktionsform	$x \mapsto f(x) = y = mx + t$ (*EKF*)	–
2. Zwei-Punkte-Form	$(q_2 - p_2)(x - p_1) - (q_1 - p_1)(y - p_2) = 0$ (*EKT*)	$\vec{r} = \vec{p} + \tau(\vec{q} - \vec{p})$; $\tau \in \mathbb{R}$ (*EKP, RKP*)
3. Punkt-Richtungs-Form	$y = p_2 + m(x - p_1)$ (*EKF*)	$\vec{r} = \vec{p} + \tau\vec{u}$; $\tau \in \mathbb{R}$ (*EKP, RKP*)
4. Achsenabschnittsform	$\frac{x}{a} + \frac{y}{b} - 1 = 0$ (*EKT*)	–
5. Normalenform Linearform	$Ax + By + C = 0$ (*EKT*)	nur Ebene: $\vec{r} \cdot \vec{n} - \vec{p} \cdot \vec{n} = (\vec{r} - \vec{p}) \cdot \vec{n} = 0$
6. Hessesche Normalenform (HNF)	$\frac{Ax + By + C}{-\operatorname{sgn} C \cdot \sqrt{A^2 + B^2}} = 0 \quad (C \neq 0)$ $\frac{Ax + By}{\sqrt{A^2 + B^2}} = 0 \quad (C = 0)$	nur Ebene: $\frac{\vec{r} \cdot \vec{n} - \vec{p} \cdot \vec{n}}{\lvert\vec{n}\rvert \cdot \operatorname{sgn}(\vec{p} \cdot \vec{n})} = 0 \quad (\vec{p} \cdot \vec{n} \neq 0)$ $\frac{\vec{r} \cdot \vec{n}}{\lvert\vec{n}\rvert} = 0 \quad (\vec{p} \cdot \vec{n} = 0)$

Nr. 6 kann in der Form $x \cos\alpha + y \sin\alpha - p = 0$ geschrieben werden, was sofort anschaulich ist: $|p| = |x \cos\alpha + y \sin\alpha|$ ist der Abstand der Geraden vom Ursprung; für x und y dürfen die Koordinaten eines beliebigen Geradenpunktes M eingesetzt werden.

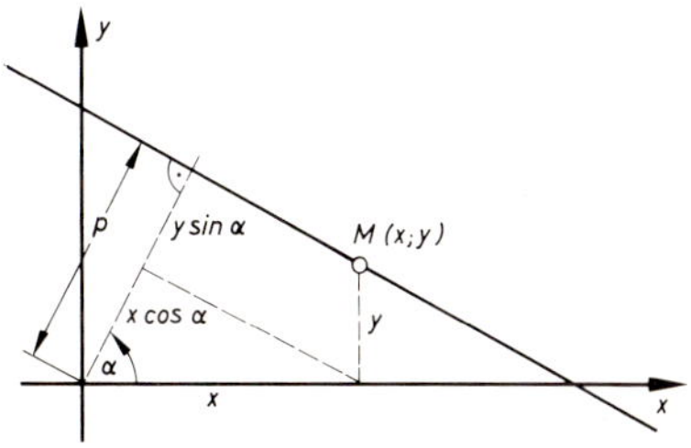

B

Zu 7.2.2:
Formen der Geradengleichung in der Ebene

1. Eine Gerade der Ebene verläuft durch die Punkte $P(-1; -3)$ und $Q(-2; 5)$.
   Skalare Formen der Geradengleichung:

   Zwei-Punkte-Form: $(5+3)(x+1) - (-2+1)(y+3) = 0$;

   Linearform: $8x + y + 11 = 0$;

HNF: $\dfrac{8x+y+11}{-\sqrt{65}}=0;$

Abstand der Geraden vom Ursprung: $\dfrac{11}{\sqrt{65}} \approx 1{,}36\,\text{cm};$

Funktionsform: $x \mapsto y=f(x)=-8x-11;$ $m=-8;$ $t=-11;$

Achsenabschnittsform: $\dfrac{x}{-\frac{11}{8}}+\dfrac{y}{-11}=1;$ $a=-\dfrac{11}{8};$ $b=-11.$

Vektorielle Formen der Geradengleichung:

Zwei-Punkte-Form: $\vec{r}=\begin{pmatrix}-1\\-3\end{pmatrix}+\tau\begin{pmatrix}-1\\8\end{pmatrix}$

Normalform: $\vec{r}\cdot\begin{pmatrix}8\\1\end{pmatrix}-\begin{pmatrix}-1\\-3\end{pmatrix}\cdot\begin{pmatrix}8\\1\end{pmatrix}=\tau\underbrace{\begin{pmatrix}-1\\8\end{pmatrix}\cdot\begin{pmatrix}8\\1\end{pmatrix}}_{=0};$ $\begin{pmatrix}8\\1\end{pmatrix}\cdot\vec{r}+11=0;$

HNF: $\dfrac{\begin{pmatrix}8\\1\end{pmatrix}\cdot\vec{r}+11}{-\sqrt{65}}=0.$

2. Durch die Punkte $P(2;\,3)$ und $Q(-2;\,1)$ soll eine Gerade gelegt werden. Gesucht ist ihre Gleichung und der Winkel, den sie mit der x-Achse bildet.

   Nach der Zweipunkteform gilt

   $$(1-3)(x-2)=(-2-2)\cdot(y-3).$$

   Die Funktionsform lautet also

   $$x \mapsto y=\tfrac{1}{2}(x-2)+3=\tfrac{1}{2}x+2,$$

   mithin gilt für die Steigung

   $$m=\tan\varphi=\tfrac{1}{2},\quad \varphi=\arctan m\approx 26{,}6°.$$

   Der Ordinatenabschnitt ist $t=2$.

3. Man zeichne die Gerade mit der Gleichung $2y=3x-4$.

   1. Lösungsweg:

      Man formt die Gleichung um in $y=\frac{3}{2}x-2$ und zeichnet die Gerade mittels Steigung $m=\frac{3}{2}$ und Ordinatenabschnitt $t=-2$.

   2. Lösungsweg:

      Man bestimmt die Achsenabschnittsform. Hierzu muß das konstante Glied der Gleichung gleich 1 gemacht werden

      $3x-2y=4\quad |:4,$

      $\dfrac{x}{4/3}-\dfrac{y}{4/2}=1;$ es ist also $a=\frac{4}{3}$, $b=-2$.

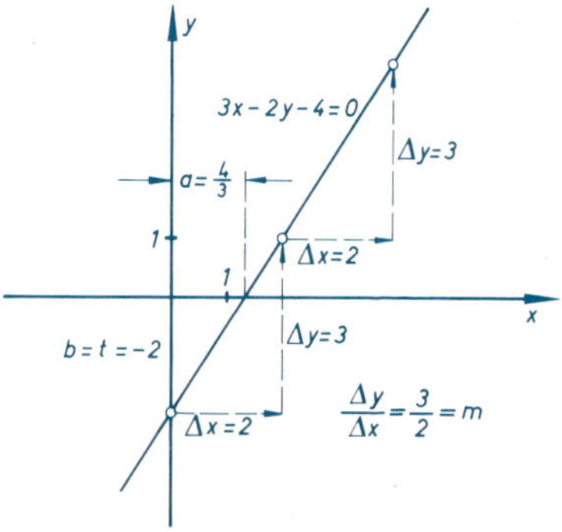

4. Wie lautet die Gleichung der Geraden, die durch den Punkt $P(2;\,-1)$ geht und mit der positiven Richtung der x-Achse einen Winkel von 150° bildet?

Zum Winkel $\varphi=150°$ gehört die Steigung $m=\tan\varphi=-\frac{1}{3}\sqrt{3}$, also folgt für die Gleichung der Geraden nach der Punkt-Richtungs-Form

$$\frac{y+1}{x-2}=-\tfrac{1}{3}\sqrt{3} \quad \text{oder} \quad y=-\tfrac{1}{3}\sqrt{3}\,x+\left(\tfrac{2}{3}\sqrt{3}-1\right).$$

5. Zu der Linearform $3x-2y+2=0$ sind die Funktionsform und Achsenabschnittsform gesucht.

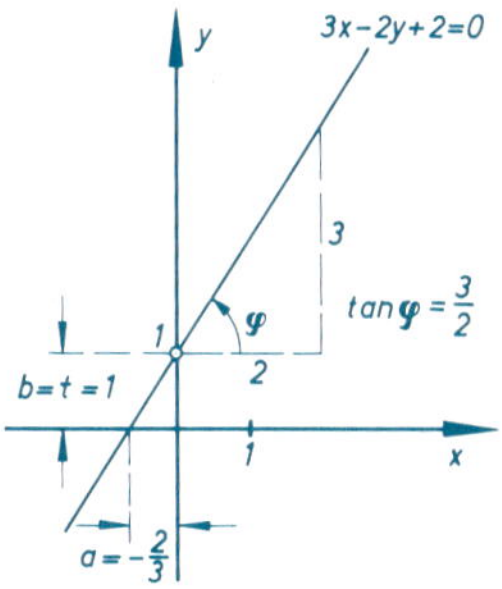

Durch Auflösen nach y erhält man die Funktionsform $x\mapsto y=\frac{3}{2}x+1$

$$m=\tfrac{3}{2}=\tan\varphi, \quad \varphi\approx 56{,}4°, \quad t=1.$$

Die Achsenabschnittsform erhält man, indem man das konstante Glied allein auf die rechte Seite bringt und durch Division gleich 1 macht:

$$3x-2y=-2 \quad |:(-2)$$

$$-\tfrac{3}{2}x+y=1 \quad \text{oder} \quad \frac{x}{-\frac{2}{3}}+\frac{y}{1}=1.$$

Es ist also $a=-\frac{2}{3}$, $b=1$.

Formen der Geradengleichung im Raum

6. Eine Gerade des Raumes verläuft durch den Punkt $P(1;\,-2;\,3)$ und bildet mit den positiven Richtungen der Koordinatenachsen die Richtungswinkel 40°; 110°; $\gamma_3>90°$.

$$\cos\gamma_3=-\sqrt{1-\cos^2 40°-\cos^2 110°}\approx -0{,}544; \quad \gamma_3\approx 123°;$$

$$\text{Richtungsvektor } \vec{u}=\begin{pmatrix}\cos 40°\\ \cos 110°\\ \cos 123°\end{pmatrix}=\begin{pmatrix}0{,}766\\ -0{,}342\\ -0{,}544\end{pmatrix};$$

$$\text{Punkt-Richtungs-Form der Geradengleichung:} \quad \vec{r}=\begin{pmatrix}1\\ -2\\ 3\end{pmatrix}+\tau\begin{pmatrix}0{,}766\\ -0{,}342\\ -0{,}544\end{pmatrix}.$$

7. Wo schneidet die Gerade durch die Punkte $P(1;\,-2;\,3)$ und $Q(4;\,2;\,-3)$ die Grundrißebene (x-y-Ebene) und welchen Winkel bildet die Projektion in die y-z-Ebene mit der positiven Richtung der y-Achse?

$$\text{Zwei-Punkte-Form:} \quad \vec{r}=\begin{pmatrix}1\\ -2\\ 3\end{pmatrix}+\tau\begin{pmatrix}3\\ 4\\ -6\end{pmatrix};$$

Schnittpunkt mit x-y-Ebene: $z=3-6\tau=0$; $\tau=\frac{1}{2}$;

$$\vec{r}=\begin{pmatrix}1\\ -2\\ 3\end{pmatrix}+\tfrac{1}{2}\begin{pmatrix}3\\ 4\\ -6\end{pmatrix}=\begin{pmatrix}2{,}5\\ 0\\ 0\end{pmatrix}$$

Der Schnittpunkt liegt auf der x-Achse; Koordinaten (2,5; 0; 0).

Projektion in y-z-Ebene: $\vec{r}=\begin{pmatrix}0\\-2\\3\end{pmatrix}+\tau\begin{pmatrix}0\\4\\-6\end{pmatrix}=\begin{pmatrix}0\\-2\\3\end{pmatrix}+\tau^*\begin{pmatrix}0\\2\\-3\end{pmatrix}$;

Winkelberechnung entweder mit Skalarprodukt:

$$|\varphi|=\arccos\frac{\left|\begin{pmatrix}0\\1\\0\end{pmatrix}\cdot\begin{pmatrix}0\\2\\-3\end{pmatrix}\right|}{1\cdot\sqrt{13}}\approx 56{,}3°;\quad \varphi\approx-56{,}3°$$

oder durch Funktionsform:

$$\left.\begin{array}{l}y=-2+2\tau^*\\ z=3-3\tau^*\end{array}\right\}\quad z=3-\tfrac{3}{2}(y+2);\quad m=-\tfrac{3}{2};\quad \varphi=-\arctan\tfrac{3}{2}\approx-56{,}3°.$$

7.2.3 Besondere Eigenschaften und geometrische Größen

7.2.3.1 Parallelität zweier Geraden

Gleichungsform	Geraden	g_1 und g_2 genau dann parallel oder identisch, wenn
1. Funktionsform	g_1: $y=m_1x+t_1$ g_2: $y=m_2x+t_2$	$m_1=m_2$
2. Zwei-Punkte-Form	g_1 durch P und Q g_2 durch S und T	$(q_1-p_1)(t_2-s_2)-(q_2-p_2)(t_1-s_1)=0$ (Ebene) $(q_2-p_2)(t_3-s_3)-(q_3-p_3)(t_2-s_2)=0$ $(q_3-p_3)(t_1-s_1)-(q_1-p_1)(t_3-s_3)=0$ $(q_1-p_1)(t_2-s_2)-(q_2-p_2)(t_1-s_1)=0$ (Raum)
3. Punkt-Richtungs-Form	Ebene: g_1 durch P, Neigungswinkel φ_1 oder Richtungsvektor $\vec{u}$ g_2 durch S, Neigungswinkel φ_2 oder Richtungsvektor $\vec{v}$	$\varphi_1=\varphi_2$ $m_1=m_2$ (falls $\varphi_1, \varphi_2 \neq \frac{\pi}{2}$) oder $u_1v_2-u_2v_1=0$

Gleichungs-form	Geraden	g_1 und g_2 genau dann parallel oder identisch, wenn
	Raum: g_1 durch P, Richtungswinkel γ_i oder Richtungsvektor $\vec{u}$; g_2 durch S, Richtungswinkel δ_i oder Richtungsvektor $\vec{v}$	$\cos\gamma_2\cdot\cos\delta_3-\cos\gamma_3\cdot\cos\delta_2=0$ $\cos\gamma_3\cdot\cos\delta_1-\cos\gamma_1\cdot\cos\delta_3=0$ $\cos\gamma_1\cdot\cos\delta_2-\cos\gamma_2\cdot\cos\delta_1=0$ oder $u_2v_3-u_3v_2=0$ $u_3v_1-u_1v_3=0$ $u_1v_2-u_2v_1-0$ oder $(\vec{u}\cdot\vec{v})^2-\vec{u}^2\cdot\vec{v}^2=0$ (d.h. $\vec{u}$ und $\vec{v}$ kollinear; Seite 41)
4. Achsen-abschnitts-form	g_1: Abschnitte a_1, b_1 g_2: Abschnitte a_2, b_2	$a_2b_1-a_1b_2=0$
5. Normalen-form 6. HNF	g_1 durch P mit Normalenvektor $\vec{n}$ g_2 durch S mit Normalenvektor $\vec{m}$ bzw. g_1: $A_1x+B_1y+C_1=0$ g_2: $A_2x+B_2y+C_2=0$	$\vec{n}$ und $\vec{m}$ kollinear (2.2.3, Seite 41) $(\vec{m}\cdot\vec{n})^2-\vec{m}^2\cdot\vec{n}^2=0$ $A_1B_2-A_2B_1=0$

B

Zu 7.2.3.1:

Parallele Geraden in der Ebene

1. Die Geraden g_1: $y=2x-5$ und g_2 durch $P(4;\,1)$, $Q(-3;\,-13)$ sind parallel.

$$m_1=2;\quad m_2=\frac{q_2-p_2}{q_1-p_1}=\frac{-13-1}{-3-4}=2.$$

2. Durch den Punkt $P_1(-2;\,1)$ soll eine Gerade gelegt werden, die parallel zur Geraden mit der Gleichung $2x-3y-5=0$ verläuft.

   Die Steigung m_1 der gegebenen Geraden ist $m_1=\frac{2}{3}$, also findet man mittels der Punkt-Richtungs-Form

$$\frac{y-1}{x+2}=\frac{2}{3}\quad\text{oder}\quad y=\frac{2}{3}x+\frac{7}{3}.$$

3. Eine Gerade mit der Gleichung $y=e$ ist parallel zur y-Achse.
   Eine Gerade mit der Gleichung $x=d$ ist parallel zur y-Achse.

4. Die Gerade g_1 durch $P(4; -2; 1)$ mit den Richtungswinkeln 81,1°; 51,9°; 140,5° ist parallel zur Geraden g_2 durch $Q(2; 7; -3)$ und $R(1; 3; 2)$.

$$\text{Richtungsvektor } \vec{u} = \begin{pmatrix} \cos\gamma_1 \\ \cos\gamma_2 \\ \cos\gamma_3 \end{pmatrix} = \begin{pmatrix} 0{,}155 \\ 0{,}617 \\ -0{,}772 \end{pmatrix};$$

$$\text{Richtungsvektor } \vec{v} = \begin{pmatrix} -1 \\ -4 \\ 5 \end{pmatrix};$$

$$0{,}617 \cdot 5 - 0{,}772 \cdot 4 = -0{,}003 \approx 0$$
$$0{,}772 \cdot 1 - 0{,}155 \cdot 5 = -0{,}003 \approx 0$$
$$-0{,}155 \cdot 4 + 0{,}617 \cdot 1 = -0{,}003 \approx 0.$$

5. Die beiden Geraden g_1 durch $P(2; 1; 4)$ und $Q(-1; 5; 3)$
bzw. g_2 durch $S(-3; 2; 1)$ und $T(4; 2; 5)$
sind nicht parallel, weil

$$(q_2 - p_2)(t_3 - s_3) - (q_3 - p_3)(t_2 - s_2) = (5-1)\cdot(5-1) - (3-4)\cdot(2-2) = 16 \neq 0.$$

7.2.3.2 Orthogonalität zweier Geraden

Gleichungs-form	Geraden	g_1 und g_2 genau dann orthogonal, wenn
1. Funktions-form	g_1: $y = m_1 x + t_1$ g_2: $y = m_2 x + t_2$	$m_1 \cdot m_2 = -1$
2. Zwei-Punkte-Form	g_1 durch P und Q g_2 durch S und T	$(q_1 - p_1)(t_1 - s_1) + (q_2 - p_2)(t_2 - s_2) = 0$ (Ebene) $(q_1 - p_1)(t_1 - s_1) + (q_2 - p_2)(t_2 - s_2)$ $+ (q_3 - p_3)(t_3 - s_3) = 0$ (Raum)
3. Punkt-Richtungs-Form	Ebene: g_1 durch P, Neigungswinkel φ_1 oder Richtungsvektor $\vec{u}$ g_2 durch S, Neigungswinkel φ_2 oder Richtungsvektor $\vec{v}$	$\lvert\varphi_1 - \varphi_2\rvert = \frac{\pi}{2}$ $m_1 \cdot m_2 = -1$ (falls $\varphi_1, \varphi_2 \neq \frac{\pi}{2}$) oder $u_1 v_1 + u_2 v_2 = 0$

Gleichungs-form	Geraden	g_1 und g_2 genau dann orthogonal, wenn
	Raum: g_1 durch P, Richtungswinkel γ_i oder Richtungsvektor $\vec{u}$ g_2 durch S, Richtungswinkel δ_i oder Richtungsvektor $\vec{v}$	$\cos\gamma_1\cdot\cos\delta_1+\cos\gamma_2\cdot\cos\delta_2+\cos\gamma_3\cdot\cos\delta_3=0$ oder $u_1v_1+u_2v_2+u_3v_3=0$
4. Achsen-abschnitts-form	g_1: Abschnitte a_1, b_1 g_2: Abschnitte a_2, b_2	$a_1\cdot a_2+b_1\cdot b_2=0$
5. Normalen-form 6. HNF	g_1 durch P mit Normalenvektor $\vec{n}$ g_2 durch S mit Normalenvektor $\vec{m}$ bzw. g_1: $A_1x+B_1y+C_1=0$ g_2: $A_2x+B_2y+C_2=0$	$\vec{m}\cdot\vec{n}=0$ $A_1A_2+B_1B_2=0$

B

Zu 7.2.3.2:
Orthogonale Geraden in der Ebene

1. Gesucht ist die Gleichung der Höhe zur Seite P_1P_3 des Dreiecks $P_1(2;2)$, $P_2(-3;4)$, $P_3(-1;-3)$.

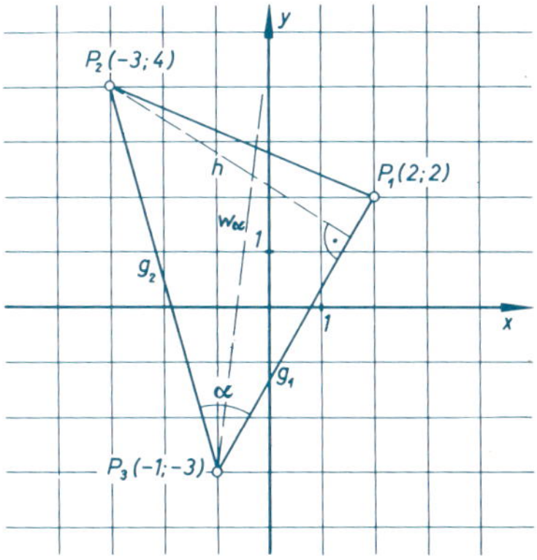

Die Gerade durch P_1 und P_3 hat die Gleichung

$$\frac{y-2}{x-2}=\frac{2+3}{2+1}=\frac{5}{3},\quad y=\frac{5}{3}x-\frac{4}{3}.$$

Die Höhe h muß die Steigung $m_h=-\frac{3}{5}$ erhalten, ihre Gleichung ist

$$\frac{y-4}{x+3}=-\frac{3}{5},\quad y=-\frac{3}{5}x+\frac{11}{5}.$$

2. Die Gerade g_1 mit der Gleichung $\vec{r}=\begin{pmatrix}2\\1\end{pmatrix}+\tau\begin{pmatrix}4\\3\end{pmatrix}$ ist orthogonal zur Geraden g_2 durch $P(5;1)$ mit Winkel $\varphi_2=-53{,}1°$ gegen die positive Richtung der x-Achse.

$m_2 = \tan\varphi_2 = -1{,}33$; Richtungsvektor von g_2: $\vec{v} = \begin{pmatrix} 1 \\ -1{,}33 \end{pmatrix}$.

$u_1 v_1 + u_2 v_2 = 4 - 3 \cdot 1{,}33 = 0{,}01 \approx 0.$

Orthogonale Geraden im Raum

3. Das im Raum gelegene Dreieck ABC hat die Ecken $A(5;\ -1;\ 2)$, $B(6;\ 0;\ 4)$, $C(8;\ 3;\ -5)$. Man ermittle die Gleichung der Höhe h_c.

Richtungsvektor von A nach B: $\vec{u} = \begin{pmatrix} 1 \\ 1 \\ 2 \end{pmatrix}$.

Für den Richtungsvektor $\vec{v}$ der Höhe gilt $v_1 + v_2 + 2v_3 = 0$.

Außerdem ist $\vec{v}$ komplanar mit den Vektoren $\overrightarrow{AB}$ und $\overrightarrow{AC}$, d.h.

$$\begin{vmatrix} 1 & 3 & v_1 \\ 1 & 4 & v_2 \\ 2 & -7 & v_3 \end{vmatrix} = 0 \qquad \text{(2.2.3, Seite 41).}$$

Es besteht also das Gleichungssystem

I. $-15v_1 + 13v_2 + v_3 = 0;$

II. $v_1 + v_2 + 2v_3 = 0;$

Die Lösungen sind:

$v_2 = \frac{31}{25} v_1$; $v_3 = -\frac{28}{25} v_1$ mit beliebigem $v_1 \in \mathbb{R}$.

Für $v_1 = 25$ ergibt sich $\vec{v} = \begin{pmatrix} 25 \\ 31 \\ -28 \end{pmatrix}$.

Gleichung der Höhe: $\vec{r} = \begin{pmatrix} 8 \\ 3 \\ -5 \end{pmatrix} + \tau \begin{pmatrix} 25 \\ 31 \\ -28 \end{pmatrix}$.

7.2.3.3 Winkel zwischen zwei Geraden

Gleichungsform	Geraden	Winkel α $(0 \leqq \alpha \leqq \frac{\pi}{2})$
1. Funktionsform	g_1: $y = m_1 x + t_1$ g_2: $y = m_2 x + t_2$	$\arctan \left\lvert \frac{m_2 - m_1}{1 + m_1 m_2} \right\rvert$ (Nenner $\neq 0$, sonst g_1 und g_2 orthogonal)
2. Zwei-Punkte-Form	g_1 durch P und Q g_2 durch S und T	Ebene: $\arctan \left\lvert \frac{(q_1 - p_1)(t_2 - s_2) - (q_2 - p_2)(t_1 - s_1)}{(q_1 - p_1)(t_1 - s_1) + (q_2 - p_2)(t_2 - s_2)} \right\rvert$ (Nenner $\neq 0$, sonst g_1, und g_2 orthogonal)

Gleichungsform	Geraden	Winkel α $(0\leqq\alpha\leqq\frac{\pi}{2})$
		Raum: $\arccos\dfrac{\left\|\sum\limits_{i=1}^{3}(q_i-p_i)(t_i-s_i)\right\|}{\sqrt{\sum\limits_{i=1}^{3}(q_i-p_i)^2}\cdot\sqrt{\sum\limits_{i=1}^{3}(t_i-s_i)^2}}$
3. Punkt-Richtungs-Form	Ebene: g_1 durch P, Neigungswinkel φ_1 oder Richtungsvektor $\vec{u}$ g_2 durch S, Neigungswinkel φ_2 oder Richtungsvektor $\vec{v}$	$\|\varphi_1-\varphi_2\|$ oder $\arccos\dfrac{\|u_1v_1+u_2v_2\|}{\sqrt{u_1^2+u_2^2}\cdot\sqrt{v_1^2+v_2^2}}$ $=\arctan\dfrac{\|u_1v_2-u_2v_1\|}{\|u_1v_1+u_2v_2\|}$ (Nenner $\neq 0$, sonst g_1 und g_2 orthogonal)
	Raum: g_1 durch P, Richtungswinkel γ_i oder Richtungsvektor $\vec{u}$ g_2 durch S, Richtungswinkel δ_i oder Richtungsvektor $\vec{v}$	$\arccos\left\|\sum\limits_{i=1}^{3}\cos\gamma_i\cdot\cos\delta_i\right\|$ bzw. $\arccos\dfrac{\|u_1v_1+u_2v_2+u_3v_3\|}{\sqrt{u_1^2+u_2^2+u_3^2}\cdot\sqrt{v_1^2+v_2^2+v_3^2}}$
4. Achsenabschnittsform	g_1: Abschnitte a_1, b_1 g_2: Abschnitte a_2, b_2	$\arctan\left\|\dfrac{a_1b_2-a_2b_1}{a_1a_2+b_1b_2}\right\|$ (Nenner $\neq 0$, sonst g_1 und g_2 orthogonal)
5. Normalenform 6. HNF	g_1 durch P mit Normalenvektor $\vec{n}$ g_2 durch S mit Normalenvektor $\vec{m}$ bzw. $g_1: A_1x+B_1y+C_1=0$ $g_2: A_2x+B_2y+C_2=0$	$\arccos\dfrac{\|\vec{n}\cdot\vec{m}\|}{\|\vec{n}\|\cdot\|\vec{m}\|}$ bzw. $\arccos\dfrac{\|A_1A_2+B_1B_2\|}{\sqrt{A_1^2+B_1^2}\cdot\sqrt{A_2^2+B_2^2}}$ $=\arctan\left\|\dfrac{A_1B_2-A_2B_1}{A_1A_2+B_1B_2}\right\|$ (Nenner $\neq 0$, sonst g_1 und g_2 orthogonal)

Zu 7.2.3.3:

Winkel zwischen Geraden in der Ebene

1. $g_1\colon x \mapsto y = 5x - 2; \quad m_1 = 5$

   $g_2\colon x \mapsto y = -2x + 3; \quad m_2 = -2$

   $$\alpha = \arctan\left|\frac{-2-5}{1-10}\right| = \arctan\frac{10}{9} \approx 48°.$$

2. Durch den Punkt $P_1(2; 1)$ soll eine Gerade gelegt werden, die mit der Geraden $y = -\frac{1}{2}x + 1$ einen Winkel $\varphi = 45°$ bildet. Aus der Formel für den Schnittwinkel gewinnt man für die unbekannte Steigung m_2 die Gleichung

   $$\tan 45° = 1 = \left|\frac{m_2 + \frac{1}{2}}{1 - \frac{1}{2}m_2}\right| \quad \text{weil } m_1 = -\tfrac{1}{2};$$

   $$|1 - \tfrac{1}{2}m_2| = |m_2 + \tfrac{1}{2}|; \quad 1 - \tfrac{1}{2}m_2 = \pm(m_2 + \tfrac{1}{2});$$

   $$1 - \tfrac{1}{2}m_2 = m_2 + \tfrac{1}{2} \quad \text{oder} \quad 1 - \tfrac{1}{2}m_2 = -m_2 - \tfrac{1}{2};$$

   $$m_2 = \tfrac{1}{3} \quad \text{oder} \quad m_2 = -3;$$

   $$g_2\colon \frac{y-1}{x-2} = \tfrac{1}{3} \quad \text{oder} \quad \frac{y-1}{x-2} = -3;$$

   $$g_2\colon y = \tfrac{1}{3}x + \tfrac{1}{3} \quad \text{oder} \quad y = -3x + 7.$$

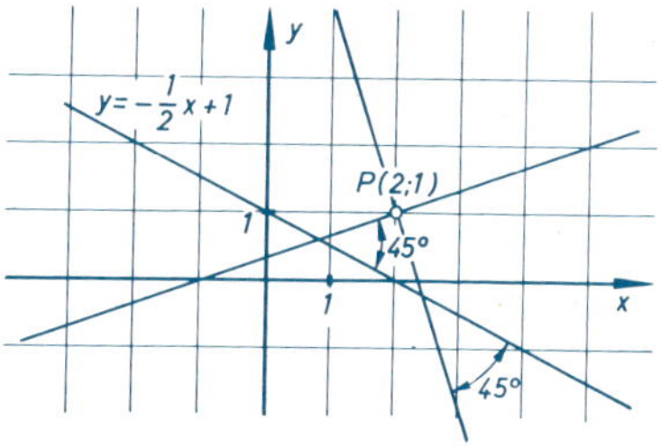

Winkel zwischen Geraden im Raum

3. Unter welchen Winkeln schneiden sich die Geraden g_1 durch $P(2; 7; 1)$ und $Q(4; 3; 5)$ bzw. g_2 durch $S(3; 5; 3)$ und $T(4; -3; 1)$?

   $$\alpha = \arccos\frac{(4-2)(4-3) + (3-7)(-3-5) + (5-1)(1-3)}{\sqrt{(4-2)^2 + (3-7)^2 + (5-1)^2} \cdot \sqrt{(4-3)^2 + (-3-5)^2 + (1-3)^2}}$$

   $$\approx 58{,}6° \approx 1{,}02.$$

4. Auf die spiegelnde x-y-Ebene fällt vom Punkt $A(0; 0; 3)$ ein Lichtstrahl zum Punkt $B(2; 5; 0)$. Man ermittle die Gleichung des reflektierten Strahls.

   1. Lösungsweg:

      Richtungsvektor $\overrightarrow{BA} = \vec{u} = \begin{pmatrix} -2 \\ -5 \\ 3 \end{pmatrix}$

      Richtungsvektor des Einfallslotes $\begin{pmatrix} 0 \\ 0 \\ 1 \end{pmatrix}$

      Richtungsvektor des reflektierten Strahles $\vec{v} = \begin{pmatrix} v_1 \\ v_2 \\ v_3 \end{pmatrix}$

      Komplanaritätsbedingung $\begin{vmatrix} 0 & -2 & v_1 \\ 0 & -5 & v_2 \\ 1 & 3 & v_3 \end{vmatrix} = \begin{vmatrix} -2 & v_1 \\ -5 & v_2 \end{vmatrix} = -2v_2 + 5v_1 = 0;$

$$\text{Reflexionsbedingung } \alpha=\beta; \quad \frac{\begin{pmatrix}-2\\-5\\3\end{pmatrix}\cdot\begin{pmatrix}0\\0\\1\end{pmatrix}}{\sqrt{38}\cdot\sqrt{1}}=\frac{\begin{pmatrix}0\\0\\1\end{pmatrix}\cdot\begin{pmatrix}v_1\\v_2\\v_3\end{pmatrix}}{\sqrt{1}\cdot\sqrt{v_1^2+v_2^2+v_3^2}};$$

Legt man willkürlich $|\vec{v}|=\sqrt{v_1^2+v_2^2+v_3^2}=1$ fest, so ergibt sich das Gleichungssystem

I. $5v_1-2v_2=0$

II. $v_3=\dfrac{3}{\sqrt{38}}$

III. $v_1^2+v_2^2+v_3^2=1$

Hieraus erhält man

$v_1=\pm 0{,}3244$

$v_2=0{,}8111$

$v_3=0{,}4867$

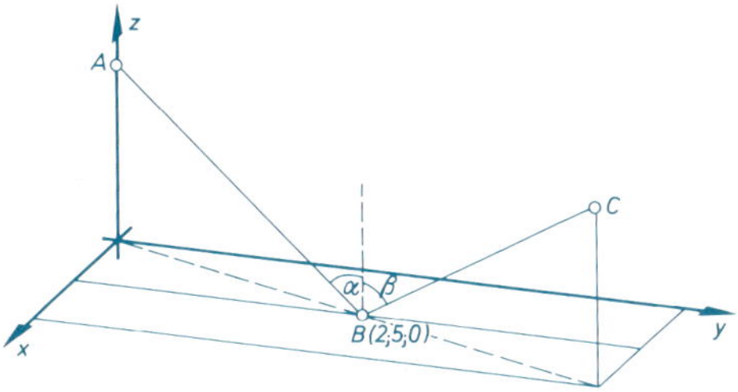

Gleichung des reflektierten Strahls $\vec{r}=\begin{pmatrix}2\\5\\0\end{pmatrix}+\tau\begin{pmatrix}0{,}3244\\0{,}8111\\0{,}4867\end{pmatrix}$.

2. Lösungsweg:

Man sucht die Koordinaten eines Punktes C, durch den der reflektierte Strahl sicher verlaufen muß. Hat C die z-Koordinate $c_3=3$, so ist $c_1=4$, $c_2=10$.

$$\vec{r}=\begin{pmatrix}2\\5\\0\end{pmatrix}+\tau^*\begin{pmatrix}2\\5\\3\end{pmatrix}$$

7.2.3.4 Schnittpunkt zweier Geraden

Gleichungsform	Geraden	Schnittpunkt Z
1. Funktionsform	g_1: $y=m_1x+t_1$ g_2: $y=m_2x+t_2$	$z_1=-\dfrac{t_2-t_1}{m_2-m_1}$; $z_2=\dfrac{m_2t_1-m_1t_2}{m_2-m_1}$ (Nenner $\neq 0$, sonst g_1 und g_2 parallel oder identisch)
2. Zwei-Punkte-Form	g_1 durch P und Q g_2 durch S und T	Ebene: $z_1=p_1+\tau(q_1-p_1)$; $z_2=p_2+\tau(q_2-p_2)$ mit $\tau=\dfrac{\begin{vmatrix}s_1-p_1 & t_1-s_1\\ s_2-p_2 & t_1-s_1\end{vmatrix}}{\begin{vmatrix}q_1-p_1 & t_1-s_1\\ q_2-p_2 & t_2-s_2\end{vmatrix}}$ (Nenner $\neq 0$, sonst g_1 und g_2 parallel oder identisch)

Gleichungsform	Geraden	Schnittpunkt Z
		Raum: Bedingung für Schnitt: $\begin{vmatrix} q_1-p_1 & t_1-s_1 & s_1-p_1 \\ q_2-p_2 & t_2-s_2 & s_2-p_2 \\ q_3-p_3 & t_3-s_3 & s_3-p_3 \end{vmatrix}=0$ sonst g_1 und g_2 windschief $z_1=p_1+\tau(q_1-p_1)$ $z_2=p_2+\tau(q_2-p_2)$ $z_3=p_3+\tau(q_3-p_3)$ mit $\tau=\dfrac{\begin{vmatrix} s_1-p_1 & t_1-s_1 \\ s_2-p_2 & t_2-s_2 \end{vmatrix}}{\begin{vmatrix} q_1-p_1 & t_1-s_1 \\ q_2-p_2 & t_2-s_2 \end{vmatrix}}$ oder $\tau=\dfrac{\begin{vmatrix} s_2-p_2 & t_2-s_2 \\ s_3-p_3 & t_3-s_3 \end{vmatrix}}{\begin{vmatrix} q_2-p_2 & t_2-s_2 \\ q_3-p_3 & t_3-s_3 \end{vmatrix}}$ oder $\tau=\dfrac{\begin{vmatrix} s_3-p_3 & t_3-s_3 \\ s_1-p_1 & t_1-s_1 \end{vmatrix}}{\begin{vmatrix} q_3-p_3 & t_3-s_3 \\ q_1-p_1 & t_1-s_1 \end{vmatrix}}$ (mindestens ein Nenner $\neq 0$, sonst g_1 und g_2 parallel oder identisch)
3. Punkt-Richtungs-Form	Ebene: g_1 durch P, Neigungswinkel φ_1 oder Richtungsvektor $\vec{u}$ g_2 durch S, Neigungswinkel φ_2 oder Richtungsvektor $\vec{v}$	$z_1=\dfrac{(s_2-s_1\tan\varphi_2)-(p_2-p_1\tan\varphi_1)}{\tan\varphi_1-\tan\varphi_2}$ $z_2=\dfrac{\tan\varphi_1}{\tan\varphi_1-\tan\varphi_2}(s_2-s_1\tan\varphi_2)$ $-\dfrac{\tan\varphi_2}{\tan\varphi_1-\tan\varphi_2}(p_2-p_1\tan\varphi_1)$ (Nenner $\neq 0$, sonst g_1 und g_2 parallel oder identisch) oder $z_1=p_1+\tau u_1;\quad z_2=p_2+\tau u_2$ mit $\tau=\dfrac{(s_1-p_1)v_2-(s_2-p_2)v_1}{u_1v_2-u_2v_1}$ (Nenner $\neq 0$, sonst g_1 und g_2 parallel oder identisch)

Gleichungsform	Geraden	Schnittpunkt Z
	Raum g_1 durch P mit Richtungswinkeln γ_i oder Richtungsvektor $\vec{u}$ g_2 durch S mit Richtungswinkeln δ_i oder Richtungsvektor $\vec{v}$	Bedingung für Schnitt: $\begin{vmatrix} \cos\gamma_1 & \cos\delta_1 & s_1-p_1 \\ \cos\gamma_2 & \cos\delta_2 & s_2-p_2 \\ \cos\gamma_3 & \cos\delta_3 & s_3-p_3 \end{vmatrix}=0$ oder $\begin{vmatrix} u_1 & v_1 & s_1-p_1 \\ u_2 & v_2 & s_2-p_2 \\ u_3 & v_3 & s_3-p_3 \end{vmatrix}=0$ sonst g_1 und g_2 windschief. $z_1=p_1+\tau\cos\gamma_1;\quad z_1=p_1+\tau^*u_1$ $z_2=p_2+\tau\cos\gamma_2;\quad z_2=p_2+\tau^*u_2$ $z_3=p_3+\tau\cos\gamma_3;\quad z_3=p_3+\tau^*u_3$ mit $\tau=\frac{(s_1-p_1)\cos\delta_2-(s_2-p_2)\cos\delta_1}{\cos\gamma_1\cos\delta_2-\cos\gamma_2\cos\delta_1}$ oder $\tau=\frac{(s_1-p_1)\cos\delta_3-(s_3-p_3)\cos\delta_1}{\cos\gamma_1\cos\delta_3-\cos\gamma_3\cos\delta_1}$ oder $\tau=\frac{(s_2-p_2)\cos\delta_3-(s_3-p_3)\cos\delta_2}{\cos\gamma_2\cos\delta_3-\cos\gamma_3\cos\delta_2}$ bzw. $\tau^*=\frac{(s_1-p_1)v_2-(s_2-p_2)v_1}{u_1v_2-u_2v_1}$ oder $\tau^*=\frac{(s_1-p_1)v_3-(s_3-p_3)v_1}{u_1v_3-u_3v_1}$ oder $\tau^*=\frac{(s_2-p_2)v_3-(s_3-p_3)v_2}{u_2v_3-u_3v_2}$ (mindestens ein Nenner ist jeweils $\neq 0$, sonst g_1 und g_2 parallel oder identisch)
4. Achsenabschnittsform	g_1: Abschnitte a_1, b_1 g_2: Abschnitte a_2, b_2	$z_1=-\frac{a_1a_2(b_2-b_1)}{a_2b_1-a_1b_2};\quad z_2=\frac{b_1b_2(a_2-a_1)}{a_2b_1-a_1b_2}$ (Nenner $\neq 0$, sonst g_1 und g_2 parallel oder identisch)
5. Normalenform 6. HNF	g_1 durch P mit Normalenvektor $\vec{n}$ g_2 durch S mit Normalenvektor $\vec{m}$ g_1: $A_1x+B_1y+C_1=0$ g_2: $A_2x+B_2y+C_2=0$	$\overrightarrow{OZ}=\lambda\vec{n}+\mu\vec{m}$ mit $\lambda=\frac{\vec{m}^2\cdot(\vec{p}\cdot\vec{n})-(\vec{m}\cdot\vec{n})(\vec{s}\cdot\vec{m})}{\vec{m}^2\cdot\vec{n}^2-(\vec{m}\cdot\vec{n})^2}$ $\mu=\frac{\vec{n}^2\cdot(\vec{s}\cdot\vec{m})-(\vec{m}\cdot\vec{n})(\vec{p}\cdot\vec{n})}{\vec{m}^2\cdot\vec{n}^2-(\vec{m}\cdot\vec{n})^2}$ $z_1=\frac{B_1C_2-B_2C_1}{A_1B_2-A_2B_1};\quad z_2=\frac{A_2C_1-A_1C_2}{A_1B_2-A_2B_1}$ (Nenner $\neq 0$, sonst g_1 und g_2 parallel oder identisch)

Zu 7.2.3.4:

Schnittpunkt von Geraden in der Ebene

1. Gesucht ist der Schnittpunkt der Geraden $g_1\colon x \mapsto y = 2x - 1$ und $g_2\colon x \mapsto y = -\frac{1}{3}x + 5$.

$$z_1 = -\frac{5+1}{-\frac{1}{3}-2} = \frac{6\cdot 3}{7} = \frac{18}{7}$$

$$z_2 = \frac{-\frac{1}{3}\cdot(-1) - 2\cdot 5}{-\frac{1}{3}-2} = \frac{29}{7};\quad Z\left(\frac{18}{7};\frac{29}{7}\right)$$

Schnittpunkt von Geraden im Raum

2. Wie muß t_3 gewählt werden, damit sich die Geraden $g_1\colon \vec{r} = \begin{pmatrix}4\\0\\1\end{pmatrix} + \tau\begin{pmatrix}2\\1\\3\end{pmatrix}$ und g_2 durch $S(5;\,-2;\,-1)$ und $T(2;\,3;\,t_3)$ schneiden? Man ermittle den Schnittpunkt. Man wählt auf g_1 willkürlich $P(4;\,0;\,1)$ und $Q(6;\,1;\,4)$ und hat die Bedingung

$$0 = \begin{vmatrix}2 & -3 & 1\\ 1 & 5 & -2\\ 3 & t_3+1 & -2\end{vmatrix} = \begin{vmatrix}2 & -3 & 1\\ 5 & -1 & 0\\ 7 & t_3-5 & 0\end{vmatrix} = \begin{vmatrix}5 & -1\\ 7 & t_3-5\end{vmatrix} = 5t_3 - 25 + 7;\quad t_3 = 3{,}6;$$

$$\tau = \frac{\begin{vmatrix}1 & -3\\ -2 & 5\end{vmatrix}}{\begin{vmatrix}2 & -3\\ 1 & 5\end{vmatrix}} = \frac{5-6}{10+3} = -\frac{1}{13};\quad Z(3{,}846;\ -0{,}077;\ 0{,}769).$$

7.2.3.5 Abstand zweier Geraden

Gleichungsform	Geraden	Abstand $d =$
1. Funktionsform	$g_1\colon y = m_1x + t_1$ $g_2\colon y = m_2x + t_2$	$\dfrac{\lvert t_2 - t_1\rvert}{\sqrt{1+m_1^2}} = \dfrac{\lvert t_2 - t_1\rvert}{\sqrt{1+m_2^2}}$ ($m_1 = m_2$, sonst Schnitt von g_1 und g_2)
2. Zwei-Punkte-Form	g_1 durch P und Q g_2 durch S und T	Ebene: $\dfrac{\lvert(q_1-p_1)(s_2-p_2)-(q_2-p_2)(s_1-p_1)\rvert}{\sqrt{(q_1-p_1)^2+(q_2-p_2)^2}}$ (gültig, wenn g_1 und g_2 parallel oder identisch, 7.2.3.1, Seite 312, sonst Schnitt von g_1 und g_2)

Gleichungsform	Geraden	Abstand $d=$
		Raum: g_1 und g_2 windschief: $\frac{\lvert(\vec{q}-\vec{p},\ \vec{t}-\vec{s},\ \vec{s}-\vec{p})\rvert}{\lvert(\vec{q}-\vec{p})\times(\vec{t}-\vec{s})\rvert}$ (im Zähler Spatprodukt 2.2.4.3, Seite 47; Nenner $\neq 0$, sonst g_1 und g_2 parallel oder identisch) g_1 und g_2 parallel oder identisch: $\frac{\lvert(\vec{q}-\vec{p})\times(\vec{s}-\vec{q})\rvert}{\lvert\vec{q}-\vec{p}\rvert}$
3. Punkt-Richtungs-Form	Ebene: g_1 durch P, Neigungswinkel φ_1 oder Richtungsvektor $\vec{u}$ g_2 durch S, Neigungswinkel φ_2 oder Richtungsvektor $\vec{v}$	$\frac{(s_2-p_2)-(s_1-p_1)\cdot\tan\varphi_1}{\sqrt{1+\tan^2\varphi_1}}$ ($\varphi_1=\varphi_2$, sonst Schnitt von g_1 und g_2) $\frac{\lvert(s_1-p_1)u_2-(s_2-p_2)u_1\rvert}{\sqrt{u_1^2+u_2^2}}$ ($u_1v_2-u_2v_1=0$, sonst Schnitt von g_1 und g_2)
	Raum: g_1 durch P mit Richtungswinkeln γ_i oder Richtungsvektor $\vec{u}$ g_2 durch S mit Richtungswinkeln δ_i oder Richtungsvektor $\vec{v}$	g_1 und g_2 windschief: $\frac{\begin{vmatrix}\cos\gamma_1 & \cos\delta_1 & s_1-p_1\\ \cos\gamma_2 & \cos\delta_2 & s_2-p_2\\ \cos\gamma_3 & \cos\delta_3 & s_3-p_3\end{vmatrix}}{\sqrt{\begin{vmatrix}\cos\gamma_2 & \cos\delta_2\\ \cos\gamma_3 & \cos\delta_3\end{vmatrix}^2+\begin{vmatrix}\cos\gamma_3 & \cos\delta_3\\ \cos\gamma_1 & \cos\delta_1\end{vmatrix}^2+\begin{vmatrix}\cos\gamma_1 & \cos\delta_1\\ \cos\gamma_2 & \cos\delta_2\end{vmatrix}^2}}$ oder $\frac{\begin{vmatrix}u_1 & v_1 & s_1-p_1\\ u_2 & v_2 & s_2-p_2\\ u_3 & v_3 & s_3-p_3\end{vmatrix}}{\sqrt{\begin{vmatrix}u_2 & v_2\\ u_3 & v_3\end{vmatrix}^2+\begin{vmatrix}u_3 & v_3\\ u_1 & v_1\end{vmatrix}^2+\begin{vmatrix}u_1 & v_1\\ u_2 & v_2\end{vmatrix}^2}}$ g_1 und g_2 parallel oder identisch: $\left\lvert\begin{pmatrix}\cos\delta_1\\ \cos\delta_2\\ \cos\delta_3\end{pmatrix}\times\begin{pmatrix}s_1-p_1\\ s_2-p_2\\ s_3-p_3\end{pmatrix}\right\rvert=\left\lvert\begin{pmatrix}\cos\gamma_1\\ \cos\gamma_2\\ \cos\gamma_3\end{pmatrix}\times\begin{pmatrix}s_1-p_1\\ s_2-p_2\\ s_3-p_3\end{pmatrix}\right\rvert$

Gleichungsform	Geraden	Abstand $d=$
		oder $\dfrac{\left\|\begin{pmatrix}v_1\\v_2\\v_3\end{pmatrix}\times\begin{pmatrix}s_1-p_1\\s_2-p_2\\s_3-p_3\end{pmatrix}\right\|}{\sqrt{v_1^2+v_2^2+v_3^2}}=\dfrac{\left\|\begin{pmatrix}u_1\\u_2\\u_3\end{pmatrix}\times\begin{pmatrix}s_1-p_1\\s_2-p_2\\s_3-p_3\end{pmatrix}\right\|}{\sqrt{u_1^2+u_2^2+u_3^2}}$
4. Achsenabschnittsform	g_1: Abschnitte a_1, b_1 g_2: Abschnitte a_2, b_2	$\dfrac{\|b_1(a_2-a_1)\|}{\sqrt{a_1^2+b_1^2}}$
5. Normalenform 6. HNF	g_1 durch P mit Normalenvektor $\vec{n}$ g_2 durch S mit Normalenvektor $\vec{m}$ $g_1: A_1x+B_1y+C_1=0$ $g_2: A_2x+B_2y+C_2=0$	$\dfrac{\|\vec{n}\cdot(\vec{s}-\vec{p})\|}{\|\vec{n}\|}=\dfrac{\vec{m}\cdot(\vec{s}-\vec{p})}{\|\vec{m}\|}$ $\dfrac{\|B_2C_1-B_1C_2\|}{\|B_2\|\sqrt{A_1^2+B_1^2}}\quad(B_1\cdot B_2\neq 0)$ $\left\|\dfrac{C_1}{A_1}-\dfrac{C_2}{A_2}\right\|\quad(B_1\cdot B_2=0)$ $(A_1B_2-A_2B_1=0$, sonst Schnitt von g_1 und $g_2)$

B

Zu 7.2.3.5:

Abstand von Geraden im Raum

1. Welchen Abstand haben die beiden Geraden g_1 und g_2 mit den Gleichungen

$$\vec{r}=\begin{pmatrix}1\\2\\3\end{pmatrix}+\tau\begin{pmatrix}2\\1\\0\end{pmatrix}\quad\text{und}\quad\vec{r}=\begin{pmatrix}4\\0\\1\end{pmatrix}+\sigma\begin{pmatrix}1\\0\\3\end{pmatrix}.$$

$$\vec{u}=\begin{pmatrix}2\\1\\0\end{pmatrix};\quad\vec{v}=\begin{pmatrix}1\\0\\3\end{pmatrix};$$

g_1 und g_2 sind nicht parallel, da $u_2v_3-u_3v_2=1\cdot 3-0=3\neq 0$.

$$d=\frac{\left|\begin{vmatrix}2&1&3\\1&0&-2\\0&3&-2\end{vmatrix}\right|}{\sqrt{\begin{vmatrix}1&0\\0&3\end{vmatrix}^2+\begin{vmatrix}0&3\\2&1\end{vmatrix}^2+\begin{vmatrix}2&1\\1&0\end{vmatrix}^2}}=\frac{\left|2\begin{vmatrix}0&-2\\3&-2\end{vmatrix}-\begin{vmatrix}1&3\\3&-2\end{vmatrix}\right|}{\sqrt{3^2+(-6)^2+(-1)^2}}$$

$$=\frac{|2\cdot 6-(-2-9)|}{\sqrt{46}}=\frac{23}{\sqrt{46}}\approx 3{,}39\text{ cm}.$$

2. Gesucht ist eine zur Geraden g_1 durch $P(4;3;1)$ und $Q(0;2;5)$ windschiefe Gerade g_2, die zur Geraden g_3: $\vec{r}=\begin{pmatrix}1\\1\\1\end{pmatrix}+\varrho\begin{pmatrix}2\\7\\3\end{pmatrix}$ parallel ist, die z-Achse schneidet und von g_1 den Abstand 5 cm hat.

$$g_1\colon\ \vec{r}=\begin{pmatrix}4\\3\\1\end{pmatrix}+\tau\begin{pmatrix}-4\\-1\\4\end{pmatrix};$$

$$g_2\colon\ \vec{r}=\begin{pmatrix}0\\0\\z_3\end{pmatrix}+\sigma\begin{pmatrix}2\\7\\3\end{pmatrix};$$

$$\pm 5=\frac{\begin{vmatrix}-4 & 2 & -4\\ -1 & 7 & -3\\ 4 & 3 & z_3-1\end{vmatrix}}{\sqrt{\begin{vmatrix}-1 & 7\\ 4 & 3\end{vmatrix}^2+\begin{vmatrix}4 & 3\\ -4 & 2\end{vmatrix}^2+\begin{vmatrix}-4 & 2\\ -1 & 7\end{vmatrix}^2}}=\frac{-2\begin{vmatrix}2 & -1 & 2\\ -1 & 7 & -3\\ 0 & 5 & z_3-5\end{vmatrix}}{\sqrt{961+400+676}}$$

$$=\frac{-2}{\sqrt{2037}}\begin{vmatrix}0 & 13 & 4\\ -1 & 7 & -3\\ 0 & 5 & z_3-5\end{vmatrix}=\frac{2}{\sqrt{2037}}\begin{vmatrix}13 & 4\\ 5 & z_3-5\end{vmatrix}=\frac{2}{\sqrt{2037}}(13z_3-85);$$

$$13z_3-85=\pm\frac{5\sqrt{2037}}{2}\approx\pm 112{,}8;$$

$$z_3=15{,}2 \quad \text{oder} \quad z_3=-2{,}1$$

$$g_2\colon\ \vec{r}=\begin{pmatrix}0\\0\\15{,}2\end{pmatrix}+\sigma\begin{pmatrix}2\\7\\3\end{pmatrix} \quad \text{oder} \quad \vec{r}=\begin{pmatrix}0\\0\\-2{,}1\end{pmatrix}+\sigma\begin{pmatrix}2\\7\\3\end{pmatrix}.$$

7.2.3.6 Abstand Gerade – Punkt *H*

Gleichungs-form	Gerade	Abstand $d=$
1. Funktions-form	$g\colon\ y=mx+t$	$\dfrac{\lvert mh_1-h_2+t\rvert}{\sqrt{1+m^2}}$
2. Zwei-Punkte-Form	g durch P und Q	Ebene: $\dfrac{\lvert(q_1-p_1)(h_2-p_2)-(q_2-p_2)(h_1-p_1)\rvert}{\sqrt{(q_1-p_1)^2+(q_2-p_2)^2}}$

Gleichungsform	Gerade	Abstand $d=$
		Raum: $\dfrac{\left\lvert \begin{pmatrix} q_1-p_1 \\ q_2-p_2 \\ q_3-p_3 \end{pmatrix} \times \begin{pmatrix} h_1-p_1 \\ h_2-p_2 \\ h_3-p_3 \end{pmatrix} \right\rvert}{\sqrt{\sum_{i=1}^{3} (q_i-p_i)^2}}$
3. Punkt-Richtungs-Form	Ebene: g durch P mit Neigungswinkel φ oder Richtungsvektor $\vec{u}$	$\dfrac{\lvert(h_2-p_2)-(h_1-p_1)\tan\varphi\rvert}{\sqrt{1+\tan^2\varphi}}$ oder $\dfrac{\lvert(h_2-p_2)u_1-(h_1-p_1)u_2\rvert}{\sqrt{u_1^2+u_2^2}}$
	Raum: g durch P mit Richtungswinkeln γ_i oder Richtungsvektor $\vec{u}$	$\left\lvert \begin{pmatrix} \cos\gamma_1 \\ \cos\gamma_2 \\ \cos\gamma_3 \end{pmatrix} \times \begin{pmatrix} h_1-p_1 \\ h_2-p_2 \\ h_3-p_3 \end{pmatrix} \right\rvert$ oder $\dfrac{\left\lvert \begin{pmatrix} u_1 \\ u_2 \\ u_3 \end{pmatrix} \times \begin{pmatrix} h_1-p_1 \\ h_2-p_2 \\ h_3-p_3 \end{pmatrix} \right\rvert}{\sqrt{u_1^2+u_2^2+u_3^2}}$
4. Achsenabschnittsform	g: Abschnitte a, b	$\dfrac{\lvert bh_1+ah_2-ab\rvert}{\sqrt{a^2+b^2}}$
5. Normalenform	g durch P mit Normalenvektor $\vec{n}$	$\dfrac{\lvert(\vec{h}-\vec{p})\cdot\vec{n}\rvert}{\lvert\vec{n}\rvert}$;
6. HNF	g: $Ax+By+C=0$	$\dfrac{\lvert Ah_1+Bh_2+C\rvert}{\sqrt{A^2+B^2}}$ Vorzeichen von $\dfrac{(\vec{h}-\vec{p})\cdot\vec{n}}{\operatorname{sgn}(\vec{p}\cdot\vec{n})}$ bzw. $\dfrac{Ah_1+Bh_2+C}{-\operatorname{sgn} C}$ gibt an, ob H und O auf verschiedenen Seiten (+) oder auf der gleichen Seite (−) von g liegen ($C \neq 0$).

Zu 7.2.3.6:

Punkt und Gerade in der Ebene

1. Der Punkt $A(4; 5)$ hat von der Geraden g mit der Gleichung $x \mapsto y = 3x + 2$ den Abstand $\dfrac{|3 \cdot 4 - 1 \cdot 5 + 2|}{\sqrt{3^3 + 1^2}} \approx 2{,}85$ cm.

   A und O liegen auf derselben Seite von g.

Punkt und Gerade im Raum

2. Gesucht ist der Abstand des Punktes $H(2; 3; 2)$ von der Geraden mit der Gleichung

$$\vec{r} = \begin{pmatrix} 2 \\ 3 \\ -1 \end{pmatrix} + \tau \begin{pmatrix} 6 \\ 7 \\ -10 \end{pmatrix}.$$

$$d = \frac{\left| \begin{pmatrix} 6 \\ 7 \\ -10 \end{pmatrix} \times \begin{pmatrix} 0 \\ 0 \\ 3 \end{pmatrix} \right|}{\sqrt{36 + 49 + 100}} = \frac{\left| \begin{pmatrix} 21 \\ -18 \\ 0 \end{pmatrix} \right|}{\sqrt{185}} = \frac{3\sqrt{49 + 36}}{\sqrt{185}} \approx 2{,}03 \text{ cm}.$$

3. Der Flächeninhalt des im Raum liegenden Dreiecks ABC mit $A(5; 1; 3)$, $B(7; 2; 3)$, $C(6; 2; 4)$ soll ermittelt werden.

   $\overline{AB} = \sqrt{(7-5)^2 + (2-1)^2 + (3-3)^2} = \sqrt{5}$ cm.

   Abstand des Punktes C von der Geraden durch A und B:

$$d = \frac{\left| \begin{pmatrix} 2 \\ 1 \\ 0 \end{pmatrix} \times \begin{pmatrix} 1 \\ 1 \\ 1 \end{pmatrix} \right|}{\sqrt{5}} = \frac{\left| \begin{pmatrix} 1 \\ -2 \\ 1 \end{pmatrix} \right|}{\sqrt{5}} = \sqrt{\frac{6}{5}} \text{ cm}.$$

   Inhalt: $\frac{1}{2}\sqrt{\frac{6}{5}} \cdot \sqrt{5} = \frac{1}{2}\sqrt{6} \approx 1{,}22 \text{ cm}^2$.

   Dasselbe Ergebnis erhält man direkt aus der Definition des Kreuzproduktes (2.2.4.2, Seite 46).

7.2.4 Winkelhalbierende

Schneiden sich g_1 (Richtungsvektor $\vec{u}$) und g_2 (Richtungsvektor $\vec{v}$) im Punkt K (7.2.3.4, Seite 319), so sind die Gleichungen der beiden Winkelhalbierenden w_1, w_2:

$$\vec{r} = \vec{k} + \tau(\vec{u}^0 \pm \vec{v}^0) \quad \tau \in \mathbb{R} \qquad \text{(gültig für Ebene und Raum).}$$

(+ liefert die Halbierende des von $\vec{u}$ und $\vec{v}$ aufgespannten Winkelfeldes, − die Halbierende des Nebenwinkels.)

Nur für die Ebene gültig ist die Form, die sich aus der HNF ergibt; sei g_1: $\text{HNF}_1 = 0$; g_2: $\text{HNF}_2 = 0$, so ist

$$w_1, w_2{:}\ \text{HNF}_1 \pm \text{HNF}_2 = 0.$$

Verlaufen weder g_1 noch g_2 durch O, dann liefert das Zeichen + die Winkelhalbierende des Winkelraums, in dem O nicht liegt, das Zeichen − die Winkelhalbierende des Winkelraums, in dem O liegt.

B

Zu 7.2.4:

Inkreismittelpunkt eines Dreiecks in der Ebene

1. Man ermittle den Inkreismittelpunkt und den Inkreisradius im Dreieck ABC mit $A(2;1)$, $B(5;-3)$, $C(-4;1)$.

   Man benötigt den Schnittpunkt von zwei Winkelhalbierenden.

   Gerade durch A und B: $-4(x-2)-3(y-1)=0;$

   A und C: $0-(-6)(y-1)=0;$

   B und C: $4(x-5)+9(y+3)=0;$

   Hessesche Normalformen: $\dfrac{4x+3y-11}{\sqrt{25}}=0;$

   $\dfrac{y-1}{1}=0;$

   $\dfrac{4x+9y+7}{-\sqrt{97}}=0;$

   w_α: $\dfrac{4x+3y-11}{5}-y+1=0;$

   w_γ: $y-1+\dfrac{4x+9y+7}{\sqrt{97}}=0;$

   Normalformen: w_α: $2x-y-3=0;$

   w_γ: $4x+(9+\sqrt{97})y+7-\sqrt{97}=0;$

   Schnittpunkt: $z_1=\dfrac{(-1)\cdot(7-\sqrt{97})-(9+\sqrt{97})(-3)}{2\cdot(9+\sqrt{97})-4\cdot(-1)}\approx 1{,}42$

   $z_2=\dfrac{4\cdot(-3)-2\cdot(7-\sqrt{97})}{2\cdot(9+\sqrt{97})-4\cdot(-1)}\approx -0{,}15$

   Radius (Abstand des Mittelpunktes von einer der Geraden durch A und B oder A und C oder B und C): $\dfrac{|-0{,}15-1|}{1}=1{,}15$ cm.

7.2.5 Geradenbüschel

Schneiden sich g_1 und g_2 (Geraden der Ebene) im Punkt K, so ist für alle durch K laufende Geraden:

$$\lambda NF_1 + \mu NF_2 = 0 \quad (\lambda, \mu \in \mathbb{R}),$$

wenn g_1: $NF_1 = 0$, g_2: $NF_2 = 0$ die Normalformen nach 7.2.2, Ziff. 5, Seite 309 sind.

7.2.6 Geraden durch einen Punkt

Drei Geraden g_i mit den Gleichungen $A_i x + B_i y - C_i = 0$ ($i = 1, 2, 3$) verlaufen genau dann durch einen Punkt, wenn

$$\begin{vmatrix} A_1 & B_1 & C_1 \\ A_2 & B_2 & C_2 \\ A_3 & B_3 & C_3 \end{vmatrix} = 0.$$

7.3. Kreis im ebenen kartesischen Koordinatensystem

7.3.1 Mittelpunktsgleichungen

Der Kreis ist der geometrische Ort aller Punkte $P(x; y)$, die von einem festen Punkt $M(m; n)$ den Abstand r haben:

$$|\overrightarrow{MP}| = r; \quad |\overrightarrow{MP}|^2 = r^2; \quad |\overrightarrow{OP} - \overrightarrow{OM}|^2 = r^2;$$

$$(x-m)^2 + (y-n)^2 - r^2 = 0 \text{ (Form } EKT\text{, 7.1, Seite 305).}$$

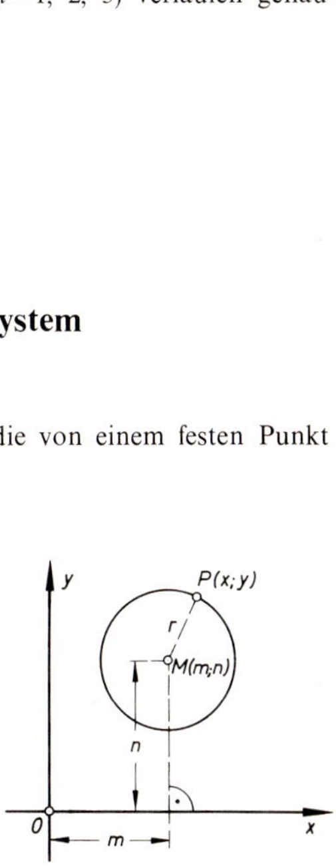

Form EKF (7.1, Seite 305) ist beim Kreis (als geschlossener Kurve) nicht möglich. Für oberen (bzw. unteren) Halbkreis gilt jedoch

$$f_1: x \mapsto y = f_1(x) = n + \sqrt{r^2 - (x-m)^2}$$

$$f_2: x \mapsto y = f_2(x) = n - \sqrt{r^2 - (x-m)^2}$$

(Form EKF, 7.1, Seite 305)

B

Zu 7.3.1:

Kreis durch drei Punkte

1. Gesucht ist die Gleichung des Kreises, der durch die drei Punkte $P_1(5; -3)$, $P_2(2; 6)$ und $P_3(-3; 1)$ geht. – Die Koordinaten dieser Punkte müssen die Kreisgleichung $(x-m)^2 + (y-n)^2 = r^2$ erfüllen. Man erhält also das Gleichungssystem

$$\left.\begin{aligned} (5-m)^2 &+ (-3-n)^2 = r^2 \\ (2-m)^2 &+ (6-n)^2 = r^2 \\ (-3-m)^2 &+ (1-n)^2 = r^2 \end{aligned}\right\} \text{mit der Lösung } m = 2;\ n = 1;\ r^2 = 25.$$

Die Kreisgleichung lautet also $(x-2)^2 + (y-1)^2 = 25$.

Apollonischer Kreis

2. Gesucht ist die Gleichung der Kurve (geometrischer Ort), die ein Punkt P beschreibt, für den das Verhältnis λ ($\lambda>0$; $\lambda \neq 1$) seiner Abstände von zwei festen Punkten F_1 und F_2 konstant ist ($\overline{F_1F_2}=2e$).

   Legt man zweckmäßig einen Punkt, z.B. F_1 in den Nullpunkt, so ist F_2 $(2e; 0)$. Die Bedingung $\frac{\overline{PF_1}}{\overline{PF_2}}=\lambda$ führt auf die Gleichung

$$\frac{\overline{PF_1}}{\overline{PF_2}}=\frac{\sqrt{x^2+y^2}}{\sqrt{(x-2e)^2+y^2}}=\lambda,$$

   die nach Quadrieren übergeht in

$$x^2+y^2+\frac{4e\lambda^2}{1-\lambda^2}x-\frac{4e^2\lambda^2}{1-\lambda^2}=0.$$

   Dies ist die Gleichung eines Kreises mit dem Mittelpunkt $M\left(\frac{-2e\lambda^2}{1-\lambda^2}; 0\right)$ und dem Radius $r=\frac{2e\lambda}{|1-\lambda^2|}$ (Apollonischer Kreis).

7.3.2 Allgemeine quadratische Form

Ein Term $T(x, y)=Ax^2+Bxy+Cy^2+Dx+Ey+F$ heißt allgemeine quadratische Form, wenn mindestens eine der Größen A, B, $C \neq 0$ ist.

Genügen die Koordinaten einer Punktmenge der Gleichung $T(x, y)=0$ (Form *EKT*, 7.1, Seite 305), so heißt die Punktmenge allgemeiner Kegelschnitt (7.4, Seite 334). Ist speziell

$$1.\ A=C\neq 0; \quad 2.\ B=0; \quad 3.\ D^2+E^2-4AF>0,$$

so ist die Punktmenge eine Kreislinie mit

$$m=-\frac{D}{2A}, \quad n=-\frac{E}{2A}, \quad r=\frac{\sqrt{D^2+E^2-4AF}}{2|A|}$$

B

Zu 7.3.2:
Quadratische Form und Kreisgleichung

1. Welche Kurve ist durch die Gleichung $T(x, y)=x^2+y^2-3x+4y=0$ bestimmt?

$$A=C=1; \quad B=0; \quad D=-3; \quad E=4; \quad F=0;$$

   Kurve ist Kreislinie mit Mittelpunktskoordinaten $m=\frac{3}{2}=1{,}5$; $n=-\frac{4}{2}=-2$; der Radius ist $r=\frac{\sqrt{9+16-0}}{2}=2{,}5$.

   Dasselbe Ergebnis erhält man durch quadratische Ergänzung:

$$x^2-3x+1{,}5^2-1{,}5^2+y^2+4y+4-4=0;$$

$$(x-1{,}5)^2+(y+2)^2-6{,}25=0; \quad m=1{,}5; \quad n=-2; \quad r=\sqrt{6{,}25}=2{,}5.$$

7.3.3 Schnitt von Kreis und Gerade

Der Kreis k mit der Gleichung $(x-m)^2+(y-n)^2=r^2$ wird von der Geraden g mit der Gleichung $Ax+By+C=0$ geschnitten, wenn $\frac{|Am+Bn+C|}{\sqrt{A^2+B^2}}<r$, und berührt, wenn $\frac{|Am+Bn+C|}{\sqrt{A^2+B^2}}=r$.

Koordinaten der beiden Schnittpunkte:

$$x_{1,2}=\frac{1}{A^2+B^2}\left[B^2m-ABn-AC\pm B\sqrt{r^2(A^2+B^2)-(Am+Bn+C)^2}\right]$$

$$y_{1,2}=\frac{1}{A^2+B^2}\left[A^2n-ABm-BC\mp A\sqrt{r^2(A^2+B^2)-(Am+Bn+C)^2}\right]$$

Koordinaten des Berührpunktes:

$$x=\frac{1}{A^2+B^2}(B^2m-ABn-AC)$$

$$y=\frac{1}{A^2+B^2}(A^2n-ABm-BC)$$

B

Zu 7.3.3:

Schnitt von Gerade und Kreis

1. Der Kreis mit der Gleichung $(x+2)^2+(y+4)^2=26$ soll mit der Geraden mit der Gleichung $3x-2y-15=0$ geschnitten werden.

$$m=-2;\quad n=-4;\quad r=\sqrt{26};\quad A=3;\quad B=-2;\quad C=-15.$$

$$\frac{|Am+Bn+C|}{\sqrt{A^2+B^2}}=\sqrt{13}<\sqrt{26}, \text{ also gibt es zwei Schnittpunkte.}$$

$$x_{1,2}==\tfrac{1}{13}(-4\cdot 2-24+45\mp 2\sqrt{26\cdot 13-13\cdot 13})$$

$$=\tfrac{1}{13}(13\mp 26)=\begin{cases}-1\\ 3\end{cases}.$$

$$y_{1,2}=\tfrac{1}{13}(-9\cdot 4-12-30\mp 3\cdot 13)=\begin{cases}-9\\ -3\end{cases}.$$

Die Schnittpunkte sind $S_1(-1;\,-9)$ und $S_2(3;\,-3)$.

Dasselbe Ergebnis erhält man durch Lösung des Gleichungssystems

I. $(x+2)^2+(y+4)^2-26=0$

II. $3x-2y-15=0$.

7.3.4 Tangente und Normale

Berührpunkt	$Q(q_1; q_2)$
Kreis	$(x-m)^2+(y-n)^2=r^2$
Tangente in Q:	$(q_1-m)\cdot(x-m)+(q_2-n)(y-n)=r^2$
Normale in Q:	$(q_2-n)\cdot(x-m)-(q_1-m)\cdot(y-n)=0$

B

Zu 7.3.4:

Tangenten des Kreises

1. Gesucht sind die Gleichungen der Tangenten an den Kreis mit der Gleichung $(x-1)^2+(y-3)^2-13=0$ in den beiden Punkten mit $x=4$. Zu $x=4$ gehört $y=3\pm\sqrt{13-9}=\begin{cases}5\\1\end{cases}$. Die beiden Berührpunkte haben die Koordinaten (4; 5) bzw. (4; 1).

   Die Gleichungen der Tangenten sind dann:

   $$(4-1)(x-1)+(5-3)(y-3)-13=0$$

   bzw. $$(4-1)(x-1)+(1-3)(y-3)-13=0$$

   oder

   $$3x+2y-22=0$$

   bzw. $$3x-2y-10=0.$$

7.3.5 Pol und Polare

Die Polare ist die Verbindungslinie der Berührpunkte der beiden Tangenten, die man von einem außerhalb des Kreises gelegenen Punkt $P(p_1; p_2)$ an den Kreis legen kann.

Bei allen Kegelschnitten geht die Gleichung der Polaren aus der Tangentengleichung hervor, wenn man die Koordinaten des Berührpunktes $Q(q_1; q_2)$ durch diejenigen des Pols $P(p_1; p_2)$ ersetzt:

Polare zum Pol $P(p_1; p_2)$:
$(p_1-m)(x-m)+(p_2-n)(y-n)=r^2$.

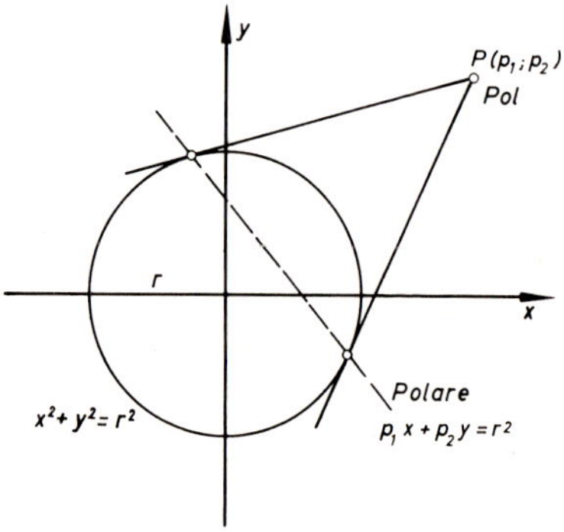

B

Zu 7.3.5:

Tangenten des Kreises mit Hilfe der Polaren

1. Vom Punkt $P(-2; 8)$ sollen an den Kreis mit der Gleichung $(x-3)^2+(y-1)^2=25$ die Tangenten gelegt werden. Wie lauten ihre Gleichungen?

   Die Berührungspunkte ergeben sich durch Schnitt der Polaren zum Pol P mit dem Kreis. Die Polarengleichung lautet

   $$(x-3)(-2-3)+(y-1)(8-1)=25 \quad \text{oder} \quad y=\tfrac{5}{7}x+\tfrac{17}{7}.$$

Durch Einsetzen in die Kreisgleichung folgt die quadratische Gleichung
$x^2-2{,}62x=9{,}24$

mit den Lösungen $x_1=-2 \quad x_2=4{,}62$
$y_1=\ \ 1 \quad y_2=5{,}73.$

Also lauten die Tangentengleichungen

$(x-3)(-2-3)+(y-1)(1-1)=25$ oder $x=-2$

bzw. $(x-3)(4{,}62-3)+(y-1)(5{,}73-1)=25$ oder $y=-0{,}342x+7{,}31$

7.3.6 Konzentrische Kreise

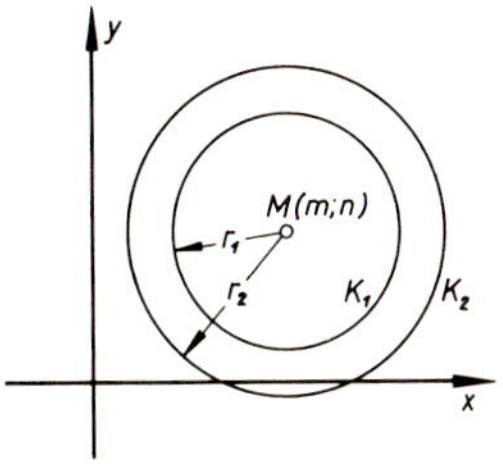

Zwei Kreise $k_1\colon x^2+y^2+D_1x+E_1y+F_1=0$
$k_2\colon x^2+y^2+D_2x+E_2y+F_2=0$

sind konzentrisch, wenn $D_1=D_2$; $E_1=E_2$ ist.

7.3.7 Kreisbüschel, Potenzlinie

Sind $k_1=0$ und $k_2=0$ die Gleichungen zweier sich schneidender Kreise, so ist $\lambda_1 k_1+\lambda_2 k_2=0$ ($\lambda_1, \lambda_2 \in \mathbb{R}$) die Gleichung aller durch die beiden Schnittpunkte laufenden Kreise (Kreisbüschel).

Für $\lambda_1=-\lambda_2$ ergibt sich kein Kreis, sondern die sog. Potenzlinie (Chordale). Die von einem Punkt der Chordalen an alle Kreise des Büschels gelegten Tangenten sind gleich lang.

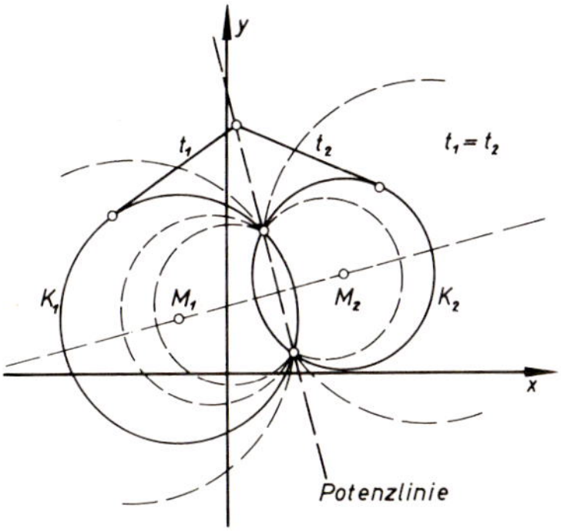

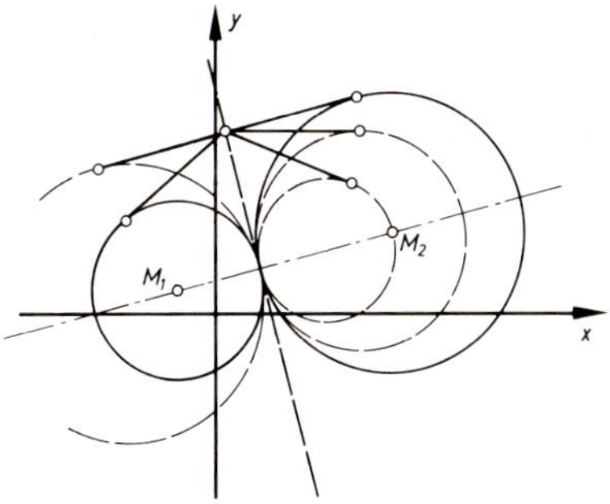

Berühren sich die beiden Kreise, so haben alle Kreise, die die beiden gegebenen Kreise an deren gemeinsamem Berührpunkt berühren, eine Gleichung der Form $\lambda_1 K_1+\lambda_2 K_2=0$ mit geeignetem $\lambda_1, \lambda_2 \in \mathbb{R}$.

Für $\lambda_1=-\lambda_2$ ergibt sich die gemeinsame Tangente (diese ist Potenzlinie = Chordale). Alle Tangenten, die von einem Punkt der Chordalen an die Kreise gelegt werden, sind gleich lang.

Haben beide Kreise keine gemeinsamen Punkte, sind aber nicht konzentrisch, so lassen sich weitere Kreise mit folgenden Eigenschaften finden:

a) Die Mittelpunkte liegen auf der Geraden durch M_1 und M_2,

b) die Gerade mit der Gleichung $K_1 - K_2 = 0$ ist ihre Chordale, d.h. alle von einem Punkt der Chordalen an die Kreise gezogenen Tangenten sind gleich lang.

Die Gleichungen der durch a) und b) festgelegten Kreise sind $\lambda_1 K_1 + \lambda_2 K_2 = 0$ mit geeigneten $\lambda_1, \lambda_2 \in \mathbb{R}$.

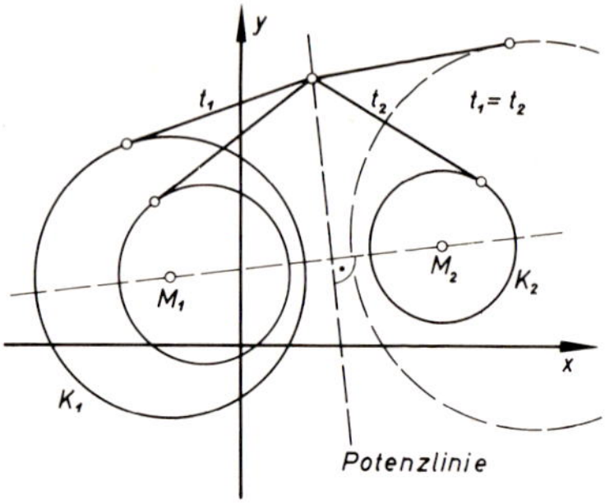

7.3.8 Parameterdarstellung

Form *EKP* (7.1, Seite 305): $\vec{r} = \vec{m} + r\begin{pmatrix}\cos\tau\\ \sin\tau\end{pmatrix} = \begin{pmatrix}m\\ n\end{pmatrix} + r\begin{pmatrix}\cos\tau\\ \sin\tau\end{pmatrix}$ $(0 \leq \tau < 2\pi)$.

7.4 Kegelschnitte im ebenen kartesischen Koordinatensystem

7.4.1 Implizite Gleichung eines allgemeinen Kegelschnittes

Sind bei der allgemeinen quadratischen Form $T(x, y) = Ax^2 + Bxy + Cy^2 + Dx + Ey + F$ die Bedingungen 1., 2., 3. (7.3.2, Seite 330) nicht erfüllt, so ist die Menge aller Punkte, deren Koordinaten die Gleichung $T(x, y) = 0$ erfüllen, ein allgemeiner Kegelschnitt. Die Art des Kegelschnittes geht aus folgender Aufstellung hervor:

I. $B = 0$ Parallellage; Symmetrieachse(n) parallel zu den (einer) Koordinatenachse(n).

1. $A = 0$; $C \neq 0$

(a) $D = 0$

(α) $E^2 - 4FC < 0$ $T(x, y) = 0$ durch kein $x, y \in \mathbb{R}$ erfüllbar

(β) $E^2 - 4FC = 0$ Gerade mit der Gleichung $y = -\dfrac{E}{2C}$

(γ) $E^2 - 4FC > 0$ 2 Geraden mit den Gleichungen $y = \dfrac{-E \pm \sqrt{E^2 - 4FC}}{2C}$

(b) $D \neq 0$ Parabel mit Scheitel $\left(\dfrac{E^2 - 4FC}{4CD};\ -\dfrac{E}{2C}\right)$

Brennpunkt $\left(\dfrac{E^2 - D^2 - 4FC}{4CD};\ -\dfrac{E}{2C}\right)$

Parameter $\left|\dfrac{D}{2C}\right|$

2. $A \neq 0; \quad C = 0$

(a) $E = 0$

(α) $D^2 - 4AF < 0$ $\quad T(x, y) = 0$ durch kein $x, y \in \mathbb{R}$ erfüllbar

(β) $D^2 - 4AF = 0$ $\quad$ Gerade mit der Gleichung $x = -\frac{D}{2A}$

(γ) $D^2 - 4AF > 0$ $\quad$ 2 Geraden mit den Gleichungen $x = \frac{-D \pm \sqrt{D^2 - 4AF}}{2A}$

(b) $E \neq 0$ $\quad$ Parabel mit Scheitel $\left(-\frac{D}{2A}; \frac{D^2 - 4AF}{4AE}\right)$

Brennpunkt $\left(-\frac{D}{2A}; \frac{D^2 - 4AF - E^2}{4AE}\right)$

Parameter $\left|\frac{E}{2A}\right|$

3. $A = C \neq 0$

$$K = \frac{D^2}{4A^2} + \frac{E^2}{4AC} - \frac{F}{A}$$

(a) $K < 0$ $\quad T(x, y) = 0$ durch kein $x, y \in \mathbb{R}$ erfüllbar

(b) $K = 0$ $\quad$ Punkt $\left(-\frac{D}{2A}; -\frac{E}{2C}\right)$

(c) $K > 0$ $\quad$ Kreis mit $M\left(-\frac{D}{2A}; -\frac{E}{2C}\right)$ und $r = \sqrt{K}$

4. $A \neq C$; $\operatorname{sgn} A = \operatorname{sgn} C$

$$K = \frac{D^2}{4A^2} + \frac{E^2}{4AC} - \frac{F}{A}$$

$$L = \frac{D^2}{4AC} + \frac{E^2}{4C^2} - \frac{F}{C}$$

(a) $K < 0$ $\quad T(x, y) = 0$ durch kein $x, y \in \mathbb{R}$ erfüllbar

(b) $K = 0$ $\quad$ Punkt $\left(-\frac{D}{2A}; -\frac{E}{2C}\right)$

(c) $K > 0$ $\quad$ Ellipse

Mittelpunkt: $M\left(-\frac{D}{2A}; -\frac{E}{2C}\right)$

Halbachse in x-Richtung: $a = \sqrt{K}$

Halbachse in y-Richtung: $b = \sqrt{L}$

Brennpunkte: $a > b$: $F_{1,2}\left(-\frac{D}{2A} \pm \sqrt{a^2 - b^2}; -\frac{E}{2C}\right)$

$a < b$: $F_{1,2}\left(-\frac{D}{2A}; -\frac{E}{2C} \pm \sqrt{b^2 - a^2}\right)$

5. $\operatorname{sgn} A = -\operatorname{sgn} C$

$$K = \frac{D^2}{4A^2} + \frac{E^2}{4AC} - \frac{F}{A}$$

$$L = \frac{D^2}{4AC} + \frac{E^2}{4C^2} - \frac{F}{C}$$

(a) $K < 0$ Hyperbel

Mittelpunkt: $M\left(-\frac{D}{2A};\ -\frac{E}{2C}\right)$

Halbachse in x-Richtung: $a = \sqrt{|K|}$

Halbachse in y-Richtung: $b = \sqrt{|L|}$

Brennpunkte: $F_{1,2}\left(-\frac{D}{2A};\ -\frac{E}{2C} \pm \sqrt{a^2 + b^2}\right)$

Asymptoten: $y = -\frac{E}{2C} \pm \frac{b}{a}\left(x + \frac{D}{2A}\right)$

(b) $K = 0$ 2 Geraden mit den Gleichungen

$$y = -\frac{E}{2C} \pm \sqrt{-\frac{A}{C}} \cdot \left(x + \frac{D}{2A}\right)$$

(c) $K > 0$ Hyperbel

Mittelpunkt: $M\left(-\frac{D}{2A};\ -\frac{E}{2C}\right)$

Halbachse in x-Richtung: $a = \sqrt{|K|}$

Halbachse in y-Richtung: $b = \sqrt{|L|}$

Brennpunkte: $F_{1,2}\left(-\frac{D}{2A} \pm \sqrt{a^2 + b^2};\ -\frac{E}{2C}\right)$

Asymptoten: $y = -\frac{E}{2C} \pm \frac{b}{a}\left(x + \frac{D}{2A}\right)$

II. $B \neq 0$ Symmetrieachse(n) nicht parallel zu den (einer) Koordinatenachse(n).
Drehung des Koordinatensystems um

$$\varphi = \begin{cases} \frac{1}{2} \arctan \dfrac{B}{A - C} & \text{für } A \neq C \\ \dfrac{\pi}{4} & \text{für } A = C \end{cases}$$

liefert die Gleichung

$$A'x'^2 + C'y'^2 + D'x' + E'y' + F' = 0$$

$$\text{mit } A' = \begin{cases} \dfrac{A + C}{2} + \dfrac{\operatorname{sgn}(A - C)}{2}\sqrt{(A - C)^2 + B^2} & \text{für } A \neq C \\ \dfrac{A + B + C}{2} & \text{für } A = C \end{cases}$$

$$C' = \begin{cases} \dfrac{A+C}{2} - \dfrac{\operatorname{sgn}(A-C)}{2}\sqrt{(A-C)^2+B^2} & \text{für } A \neq C \\ \dfrac{A-B+C}{2} & \text{für } A = C \end{cases}$$

$$D' = \begin{cases} \dfrac{D}{\sqrt{2}} \cdot \sqrt{1 + \dfrac{|A-C|}{\sqrt{(A-C)^2+B^2}}} + \dfrac{E}{\sqrt{2}} \cdot \sqrt{1 - \dfrac{|A-C|}{\sqrt{(A-C)^2+B^2}}} \cdot \operatorname{sgn} \dfrac{B}{A-C} & \text{für } A \neq C \\ \dfrac{D+E}{\sqrt{2}} & \text{für } A = C \end{cases}$$

$$E' = \begin{cases} -\dfrac{D}{\sqrt{2}} \cdot \sqrt{1 - \dfrac{|A-C|}{\sqrt{(A-C)^2+B^2}}} \cdot \operatorname{sgn} \dfrac{B}{A-C} + \dfrac{E}{\sqrt{2}} \cdot \sqrt{1 + \dfrac{|A-C|}{\sqrt{(A-C)^2+B^2}}} & \text{für } A \neq C \\ \dfrac{-D+E}{\sqrt{2}} & \text{für } A = C \end{cases}$$

$F' = F.$

weiter bei I.

B

Zu 7.4.1:

Allgemeine Kegelschnitte in der Form EKT

1. Welche Kurve wird durch die Gleichung $T(x, y) = 4x^2 + 9y^2 - 12x - 24y - 144 = 0$ dargestellt?

   $A = 4$; $B = 0$; $C = 9$; $D = -12$; $E = -24$; $F = -144$.

   $B = 0$: Parallellage.

   $A \neq C$; $\operatorname{sgn} A = \operatorname{sgn} C = 1$; $K = \dfrac{144}{4 \cdot 16} + \dfrac{24^2}{4 \cdot 4 \cdot 9} + \dfrac{144}{4} = 42{,}25 > 0$: Ellipse.

   $L = \dfrac{144}{16 \cdot 9} + \dfrac{24^2}{4 \cdot 81} + \dfrac{144}{9} = 18{,}78$;

   $M(1{,}5; \frac{4}{3})$; $a = \sqrt{K} = 6{,}5$; $b = \sqrt{L} \approx 4{,}33$.

2. Welche Kurve wird durch die Gleichung

   $T(x, y) = 8x^2 + 12xy + 17y^2 - 44x - 58y - 7 = 0$

   dargestellt?

   $A = 8$; $B = 12$; $C = 17$; $D = -44$; $E = -58$;

   $F = -7$.

   $B \neq 0$; $A - C = -9$; $\varphi \approx -26{,}6°$;

   $A' = 5$; $C' = 20$; $D' \approx -13{,}42$; $E' \approx -71{,}55$;

   $F' = -7$.

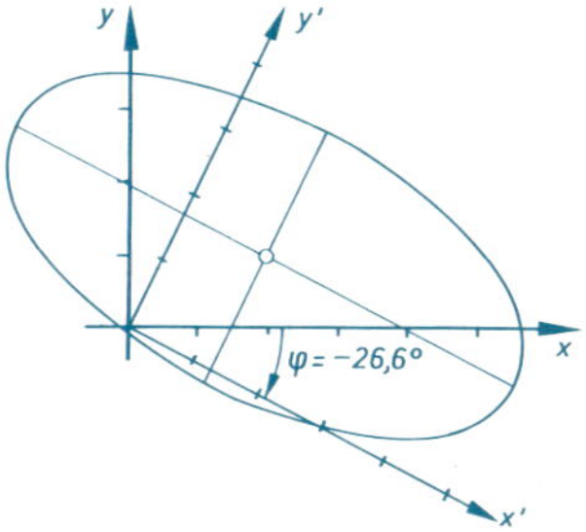

Hieraus ergibt sich die Gleichung

$5x'^2+20y'^2-13{,}42x'-71{,}55y'-7=0$ oder

$$\frac{(x'-1{,}342)^2}{16}+\frac{(y'-1{,}789)^2}{4}=1.$$

Die Kurve ist eine Ellipse mit $M(1{,}342;\ 1{,}789)$, $a=4$; $b=2$ im gedrehten Koordinatensystem (I.4.(c)).

3. Welche Kurve wird durch die Gleichung $T(x,y)=6xy+2x-4y-\frac{4}{3}=0$ dargestellt?

   $A=0;\quad B=6;\quad C=0;\quad D=2;\quad E=-4;\quad F=-\frac{4}{3}.$

   $B\neq 0;\quad A-C=0;\quad \varphi=\frac{\pi}{4};$

   $A'=3;\quad C'=-3;\quad D'=-\sqrt{2};\quad E'=-3\sqrt{2};\quad F'=-\frac{4}{3}.$

   Hieraus ergibt sich die Gleichung $3x'^2-3y'^2-x'\sqrt{2}-3y'\sqrt{2}-\frac{4}{3}=0.$

   Sie stellt zwei Geraden mit den Gleichungen $y'=-\frac{1}{2}\sqrt{2}\pm(x'-\frac{1}{6}\sqrt{2})$ im gedrehten Koordinatensystem dar (I.5.(b)).

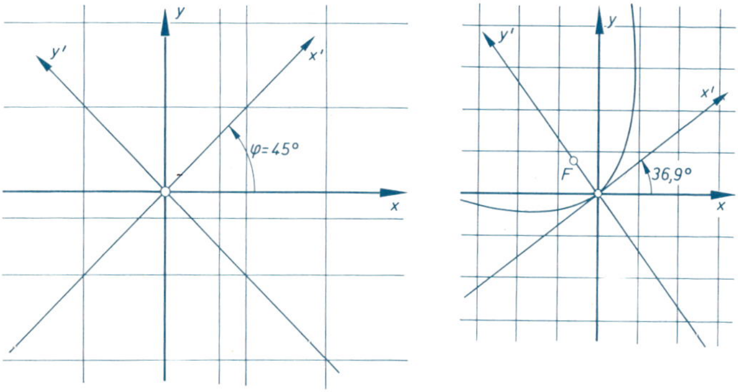

4. Welche Kurve wird durch die Gleichung $T(x,y)=16x^2+24xy+9y^2+60x-80y=0$ dargestellt?

   $A=16;\quad B=24;\quad C=9;\quad D=60;\quad E=-80;\quad F=0.$

   $B\neq 0;\quad A-C=7;\quad \varphi\approx 36{,}9°;$

   $A'=25;\quad C'=0;\quad D'=0;\quad E'=-100;\quad F'=0.$

   Hieraus ergibt sich die Gleichung $25x'^2-100y'=0.$

   Die Kurve ist eine Parabel mit Scheitel $(0;\ 0)$, Parameter $\frac{100}{50}=2$, Brennpunkt $(1;\ 0)$ im gedrehten Koordinatensystem.

7.4.2 Kegelschnitte in Normal- und Parallellage

Normallage:

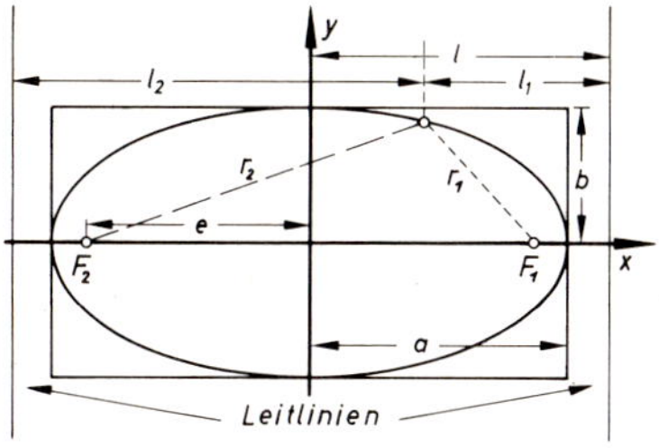

Zu (1)

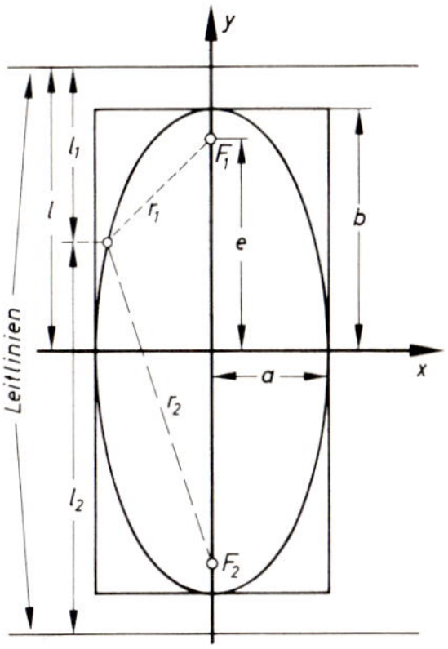

Zu (2)

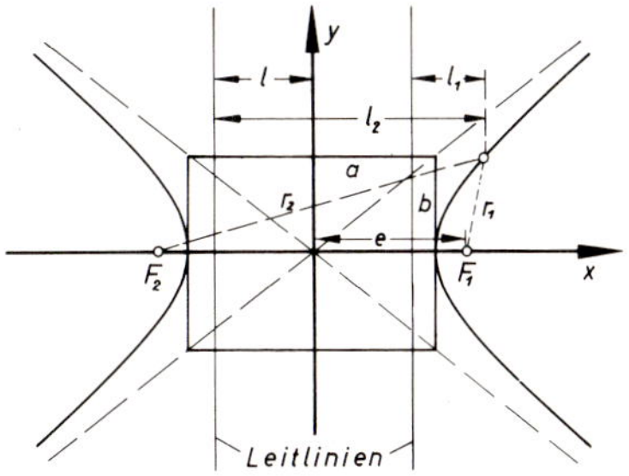

Zu (3)

Normallage	(1)	(2)	(3)
Gleichung	$\frac{x^2}{a^2}+\frac{y^2}{b^2}=1$	$\frac{x^2}{a^2}+\frac{y^2}{b^2}=1$	$\frac{x^2}{a^2}-\frac{y^2}{b^2}=1$
lineare Exzentrizität e	$e=\sqrt{a^2-b^2}$	$e=\sqrt{b^2-a^2}$	$e=\sqrt{a^2+b^2}$
numerische Exzentrizität ε	$\varepsilon=\frac{e}{a}<1$	$\varepsilon=\frac{e}{b}<1$	$\varepsilon=\frac{e}{a}>1$
Brennpunkt(e)	$(\pm e;\ 0)$	$(0;\ \pm e)$	$(\pm e;\ 0)$
Halbparameter p	$p=\frac{b^2}{a}$	$p=\frac{a^2}{b}$	$p=\frac{b^2}{a}$
Leitlinien	$l=\frac{a^2}{e}$ $x=\pm\frac{a^2}{e}$	$l=\frac{b^2}{e}$ $y=\pm\frac{b^2}{e}$	$l=\frac{a^2}{e}$ $x=\pm\frac{a^2}{e}$
Asymptoten	–	–	$y=\pm\frac{b}{a}x$

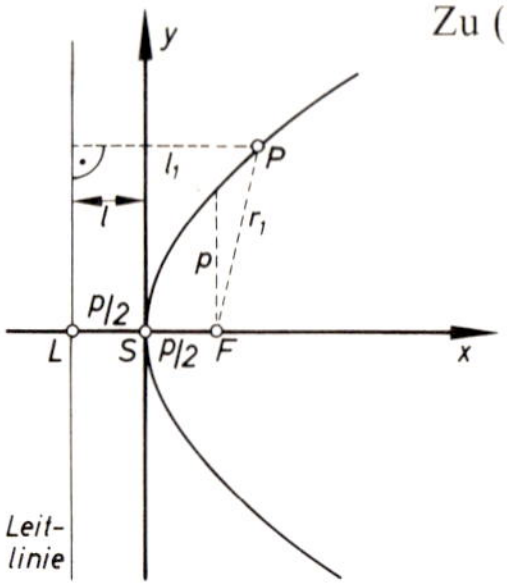

Zu (5)

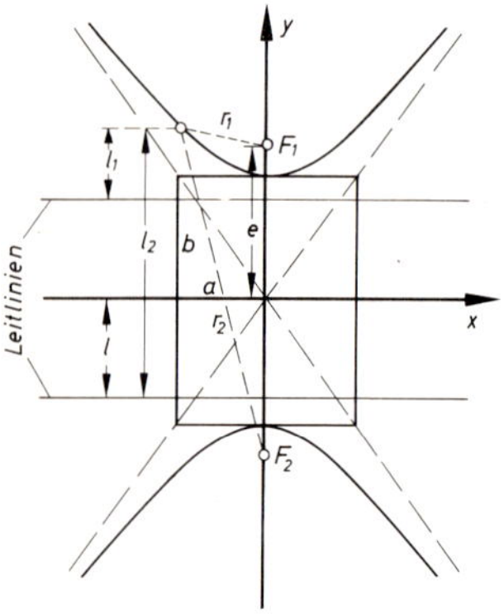

Zu (4)

Zu (6)

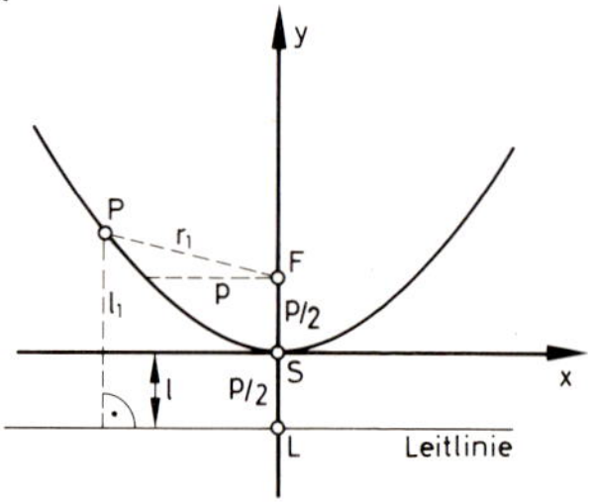

Normallage	(4)	(5)	(6)
Gleichung	$-\frac{x^2}{a^2}+\frac{y^2}{b^2}=1$	$2px-y^2=0 \ (p>0)$	$2py-x^2=0 \ (p>0)$
lineare Exzentrizität e	$e=\sqrt{a^2+b^2}$	–	–
numerische Exzentrizität ε	$\varepsilon=\frac{e}{b}>1$	$\varepsilon=1$	$\varepsilon=1$
Brennpunkt(e)	$(0; \ \pm e)$	$\left(\frac{p}{2}; \ 0\right)$	$\left(0; \ \frac{p}{2}\right)$
Halbparameter p	$p=\frac{a^2}{b}$	p	p
Leitlinie(n)	$l=\frac{b^2}{e}$ $y=\pm\frac{b^2}{e}$	$l=\frac{p}{2}$ $x=-\frac{p}{2}$	$l=\frac{p}{2}$ $y=-\frac{p}{2}$
Asymptoten	$y=\pm\frac{b}{a}x$	–	–

Bemerkung zu (5), (6), (11), (12): Wird das Vorzeichen des Terms, der x enthält, geändert, dann wird die Kurve an der Scheiteltangente gespiegelt.

Parallellage

e, ε, p, l wie in Normallage

Zu (7)

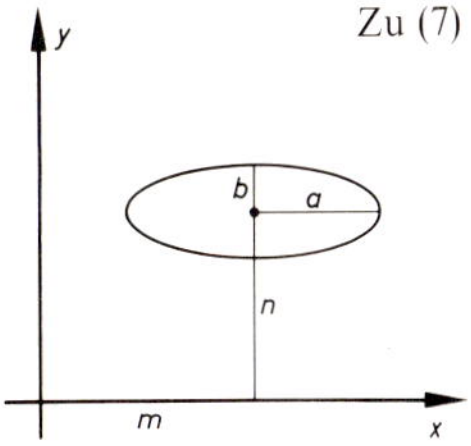

Zu (8)

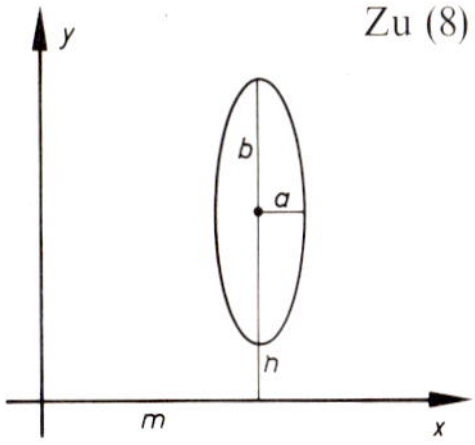

Zu (9)

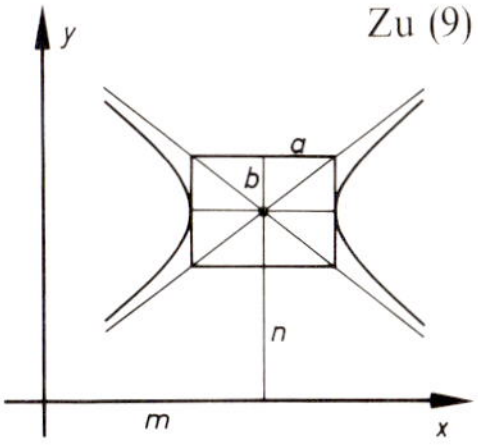

Parallellage	(7)	(8)	(9)
Gleichung	$\frac{(x-m)^2}{a^2}+\frac{(y-n)^2}{b^2}=1$	$\frac{(x-m)^2}{a^2}+\frac{(y-n)^2}{b^2}=1$	$\frac{(x-m)^2}{a^2}-\frac{(y-n)^2}{b^2}=1$
Brennpunkt(e)	$(m\pm e;\ n)$	$(m;\ n\pm e)$	$(m\pm e;\ n)$
Leitlinie(n)	$x=m\pm l$	$y=n\pm l$	$x=m\pm l$
Asymptoten	–	–	$y=n\pm\frac{b}{a}(x-m)$

Zu (10)

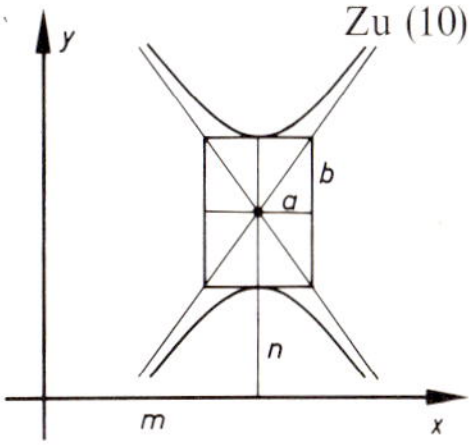

Zu (11)

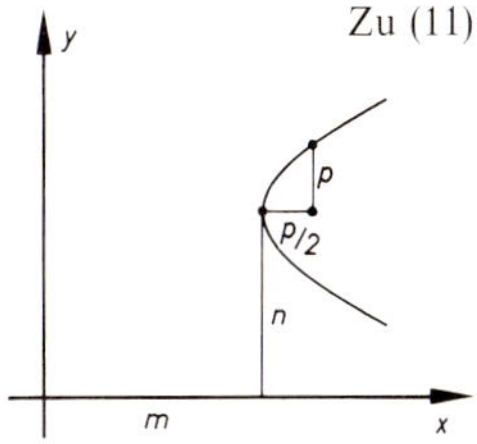

Zu (12)

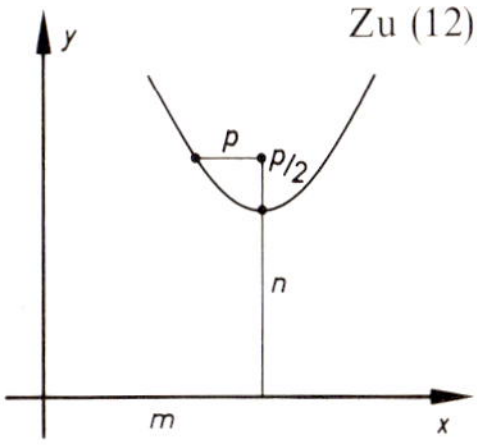

Parallellage	(10)	(11)	(12)
Gleichung	$-\frac{(x-m)^2}{a^2}+\frac{(y-n)^2}{b^2}=1$	$2p(x-m)-(y-n)^2=0$ $(p>0)$	$2p(y-n)-(x-m)^2=0$ $(p>0)$
Brennpunkt(e)	$(m;\ n\pm e)$	$\left(m+\frac{p}{2};\ n\right)$	$\left(m;\ n+\frac{p}{2}\right)$
Leitlinie(n)	$y=n\pm l$	$x=m-\frac{p}{2}$	$y=n-\frac{p}{2}$
Asymptoten	$y=n\pm\frac{b}{a}(x-m)$	–	–

Zu 7.4.2:

Halbachsen aus Perihel und Aphel

1. Gesucht sind die Längen der Halbachsen einer Ellipse, wenn der kleinste und der größte Abstand der Ellipsenpunkte von einem Brennpunkt (im Perihel bzw. Aphel) gegeben sind.

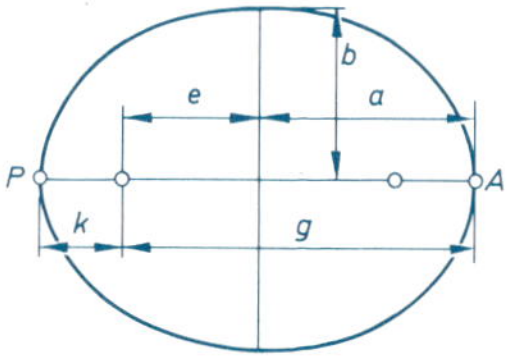

$$a=\frac{k+g}{2};$$

$$b^2=a^2-e^2=a^2-(a-k)^2=a^2-a^2+2ak-k^2$$
$$=k(2a-k)=k\cdot g;$$
$$b=\sqrt{k\cdot g}.$$

Gleichung der Hyperbel in Parallellage

2. Gesucht ist die Gleichung einer Hyperbel in der Parallellage (10), wenn der Mittelpunkt $M(3;\,-4)$ und die Halbachsen $a=6$ und $b=5$ sind.

$$-\frac{(x-3)^2}{36}+\frac{(y+4)^2}{25}=1.$$

3. Wie lautet die Gleichung der Hyperbel in Parallellage (9) oder (10), wenn sie durch den Punkt $P(4;\,2)$ verläuft und Asymptoten mit den Gleichungen $y=\pm\frac{2}{3}x$ besitzt?

Der Schnittpunkt $O(0;\,0)$ der Asymptoten ist Mittelpunkt der Hyperbel. Sie hat daher die Gleichung $\frac{x^2}{a^2}-\frac{y^2}{b^2}=\pm1$; da P auf der Hyperbel liegen soll, gilt $\frac{16}{a^2}-\frac{4}{b^2}=\pm1$; außerdem ist $\frac{b}{a}=\frac{2}{3}$; das Gleichungssystem

I. $\frac{16}{a^2}-\frac{4}{b^2}=\pm1$

II. $\frac{b}{a}=\frac{2}{3}$

geht durch $a=1{,}5b$ über in $b^2=\pm\frac{7}{2{,}25}$; da das untere Vorzeichen unmöglich ist, scheidet die Lage (10) aus; $a^2=7$.

Gleichung der Hyperbel: $\frac{x^2}{7}-\frac{2{,}25\,y^2}{7}=1.$

Parabolspiegel

4. Ein Parabolspiegel besitzt einen Durchmesser $\varnothing=2{,}5$ m bei einer Länge $l=0{,}5$ m.

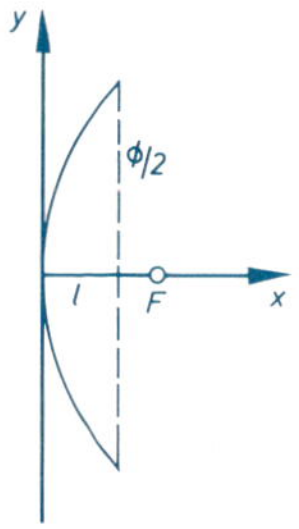

Normallage (5): $2px-y^2=0$; $2pl=\frac{\varnothing^2}{4}$; $p=\frac{\varnothing^2}{8l}\approx1{,}56$ m;

Brennweite $f=\frac{p}{2}\approx0{,}78$ m.

Mechanische Ellipsenkonstruktion

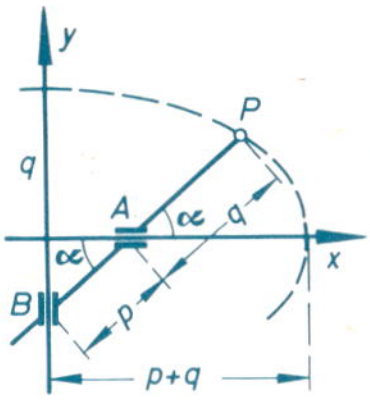

5. Auf zwei senkrecht aufeinander stehenden Schienen gleiten die Führungen A und B einer Stange mit $\overline{AB}=p$.

Welche Kurve beschreibt der Endpunkt P der Stange?

Legt man das Koordinatensystem in die Gleitschienen, so hat P bei einem Neigungswinkel α zwischen Stange und X-Achse die Koordinaten

$$x=p\cos\alpha+q\cos\alpha, \quad y=q\sin\alpha.$$

Dies ist eine Parameterdarstellung der Kurve für den veränderlichen Winkel α (Form *EKP*).

Die Gleichung der Kurve in der Form *EKT* wird erhalten, indem man den Parameter α eliminiert. Errechnet man aus der oberen Gleichung $\cos\alpha$ und aus der unteren $\sin\alpha$, so folgt:

$$\cos\alpha=\frac{x}{p+q} \qquad \sin\alpha=\frac{y}{q}.$$

Aus der Gleichung $\cos^2\alpha+\sin^2\alpha=1$ ergibt sich dann

$$\frac{x^2}{(p+q)^2}+\frac{y^2}{q^2}=1.$$

Dies ist die Gleichung einer Ellipse mit den Halbachsen $a=p+q$ und $b=q$. Der Punkt P beschreibt also eine Ellipse.

(Diese Apparatur zum Zeichnen von Ellipsen wurde von Thales (600 v. Chr.) erfunden.)

Gleichung der Parabel in Parallellage

6. Gesucht ist die Gleichung einer Parabel in Parallellage (11) oder (12), wenn die Punkte $P_1(3;-2)$, $P_2(0;4)$, $P_3(-1;2)$ auf der Parabel liegen sollen.

Für die Parallellage (11) ergibt sich das Gleichungssystem

$$(-2-n)^2=2p(3-m)$$
$$(4-n)^2=2p(0-m)$$
$$(2-n)^2=2p(-1-m)$$

mit der Lösung $n=2$, $m=-1$, $p=2$. Die Parabelgleichung lautet

$$(y-2)^2=4(x+1).$$

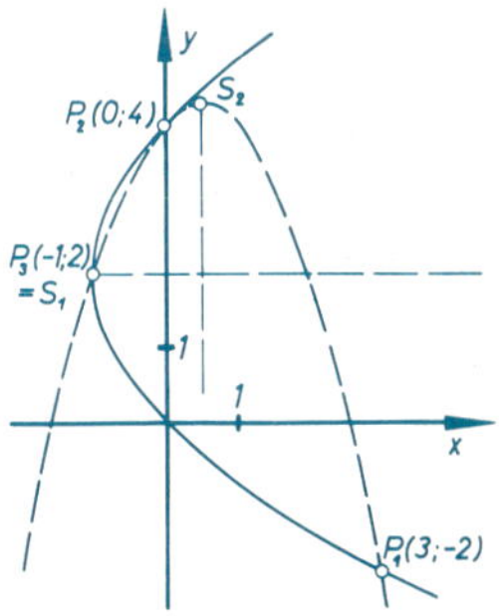

Für die Parallellage (12) ergibt sich das Gleichungssystem

$$(3-m)^2=2p(-2-n)$$
$$(0-m)^2=2p(4-n)$$
$$(-1-m)^2=2p(2-n)$$

mit der Lösung

$m=\frac{1}{2}$, $n=\frac{17}{4}$, $p=-\frac{1}{2}$; da sich p negativ ergibt, ist die Gleichung (12) in der Form $2p(y-n)+(x-m)^2=0$ zu schreiben.

Die Parabelgleichung lautet

$$(x-\tfrac{1}{2})^2=-(y-\tfrac{17}{4}).$$

7.4.3 Tangente, Normale, Polare bei Kegelschnitten in Normal- und Parallellage

Normallage	(1)	(2)	(3)
Tangente in $Q(q_1;q_2)$	$\frac{q_1x}{a^2}+\frac{q_2y}{b^2}=1$	$\frac{q_1x}{a^2}+\frac{q_2y}{b^2}=1$	$\frac{q_1x}{a^2}-\frac{q_2y}{b^2}=1$
Normale in $Q(q_1;q_2)$	$\frac{q_2(x-q_1)}{b^2}=\frac{q_1(y-q_2)}{a^2}$	$\frac{q_2(x-q_1)}{b^2}=\frac{q_1(y-q_2)}{a^2}$	$\frac{q_2}{b^2}(x-q_1)=-\frac{q_1}{a^2}(y-q_2)$
Polare zum Pol $P(p_1;p_2)$	$\frac{p_1x}{a^2}+\frac{p_2y}{b^2}=1$	$\frac{p_1x}{a^2}+\frac{p_2y}{b^2}=1$	$\frac{p_1x}{a^2}-\frac{p_2y}{b^2}=1$

Normallage	(4)	(5)	(6)
Tangente in $Q(q_1;q_2)$	$\frac{-q_1x}{a^2}+\frac{q_2y}{b^2}=1$	$q_2y=p(x+q_1)$	$q_1x=p(y+q_2)$
Normale in $Q(q_1;q_2)$	$\frac{q_2}{b^2}(x-q_1)=-\frac{q_1}{a^2}(y-q_2)$	$q_2(x-q_1)=-p(y-q_2)$	$p(x-q_1)=-q_1(y-q_2)$
Polare zum Pol $P(p_1;p_2)$	$\frac{-p_1x}{a^2}+\frac{p_2y}{b^2}=1$	$p_2y=p(x+p_1)$	$p_1x=p(y+p_2)$

Parallellage	(7) (8)	(9)
Tangente in $Q(q_1;q_2)$	$\frac{(q_1-m)(x-m)}{a^2}+\frac{(q_2-n)(y-n)}{b^2}=1$	$\frac{(q_1-m)(x-m)}{a^2}-\frac{(q_2-n)(y-n)}{b^2}=1$
Normale in $Q(q_1;q_2)$	$\frac{q_2-n}{b^2}(x-q_1)=\frac{q_1-m}{a^2}(y-q_2)$	$\frac{q_2-n}{b^2}(x-q_1)=-\frac{q_1-m}{a^2}(y-q_2)$
Polare zum Pol $P(p_1;p_2)$	$\frac{(p_1-m)(x-m)}{a^2}+\frac{(p_2-n)(y-n)}{b^2}=1$	$\frac{(p_1-m)(x-m)}{a^2}-\frac{(p_2-n)(y-n)}{b^2}=1$

Parallellage	(10)	(11)	(12)
Tangente in $Q(q_1; q_2)$	$\frac{-(q_1-m)(x-m)}{a^2}+\frac{(q_2-n)(y-n)}{b^2}=1$	$(q_2-n)(y-n)$ $=p(x+q_1-2m)$	$(q_1-m)(x-m)$ $=p(y+q_2-2n)$
Normale in $Q(q_1; q_2)$	$\frac{q_2-n}{b^2}(x-q_1)=-\frac{q_1-m}{a^2}(y-q_2)$	$(q_2-n)(x-q_1)$ $=-p(y-q_2)$	$p(x-q_1)$ $=-(q_1-m)(y-q_2)$
Polare zum Pol $P(p_1; p_2)$	$\frac{-(p_1-m)(x-m)}{a^2}+\frac{(p_2-n)(y-n)}{b^2}=1$	$(p_2-n)(y-n)$ $=p(x+p_1-2m)$	$(p_1-m)(x-m)$ $=p(y+p_2-2n)$

Bemerkung zu (5), (6), (11), (12): Wird das Vorzeichen des Terms, der x enthält, geändert, dann gelten die Gleichungen für Kurven, die an der Scheiteltangente gespiegelt sind.

B

Zu 7.4.3:
Tangenten an Ellipse

1. Parallel zur Geraden mit der Gleichung $y=-2x-1$ sollen an die Ellipse mit der Gleichung

$$\frac{(x+2)^2}{4}+\frac{(y+1)^2}{16}=1$$

die Tangenten gelegt werden. Gesucht sind deren Gleichungen.

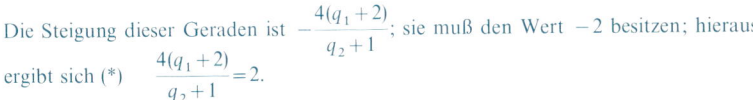

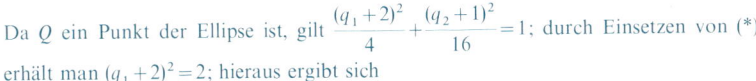

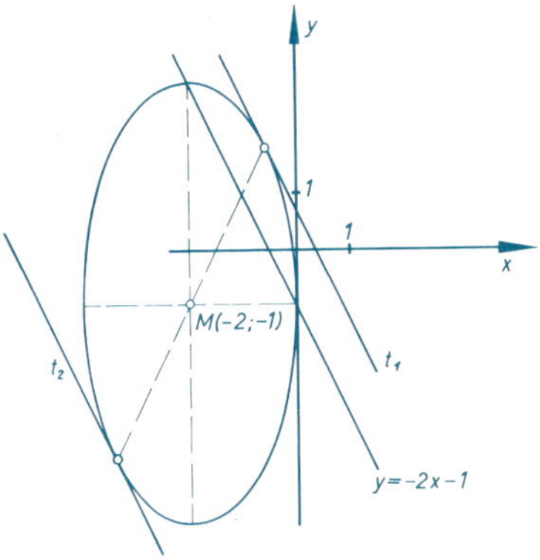

Die Tangentengleichungen müssen die Form haben

$$\frac{(q_1+2)(x+2)}{4}+\frac{(q_2+1)(y+1)}{16}=1,$$

wenn $Q(q_1; q_2)$ der Berührungspunkt ist.

Die Steigung dieser Geraden ist $-\frac{4(q_1+2)}{q_2+1}$; sie muß den Wert -2 besitzen; hieraus ergibt sich (*) $\frac{4(q_1+2)}{q_2+1}=2.$

Da Q ein Punkt der Ellipse ist, gilt $\frac{(q_1+2)^2}{4}+\frac{(q_2+1)^2}{16}=1$; durch Einsetzen von (*) erhält man $(q_1+2)^2=2$; hieraus ergibt sich

$$q_1=\begin{cases}-2+\sqrt{2}\\-2-\sqrt{2}\end{cases};\quad q_2=\begin{cases}-1+2\sqrt{2}\\-1-2\sqrt{2}\end{cases};$$

Tangentengleichung:

$$t_1: \quad \frac{\sqrt{2}}{4}(x+2)+\frac{2\sqrt{2}}{16}(y+1)=1 \quad \text{oder} \quad y=-2x-(5-4\sqrt{2})$$

$$t_2: \quad -\frac{\sqrt{2}}{4}(x+2)-\frac{2\sqrt{2}}{16}(y+1)=y \quad \text{oder} \quad y=-2x-(5+4\sqrt{2})$$

Tangenten an Parabel

2. Gegeben ist die Parabel mit der Gleichung $y^2=2px$.

   Wo liegen alle Pole, von denen aus man je zwei orthogonale Tangenten an die Parabel ziehen kann?

   Die Parabel hat die Normallage (5).

   Allgemeine Überlegung: Hat eine Tangente die Gleichung $y=mx+t$, so gehen durch Vergleich mit der Gleichung $q_2 y=p(x+q_1)$ für die Tangente und mit der Gleichung $q_2^2=2pq_1$ die Beziehungen $m=\frac{p}{q_2}$, $t=\frac{q_2}{2}$, $p=2mt$, $t=\frac{p}{2m}$ hervor.

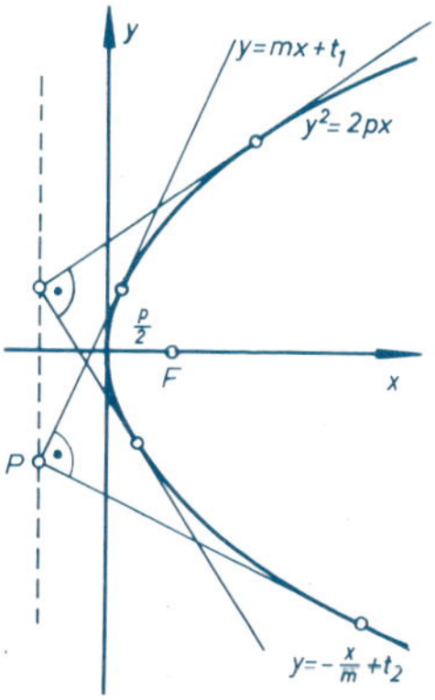

   Für das vorliegende Problem ist:

   Tangente $\qquad y=mx+t_1=mx+\frac{p}{2m}$;

   senkrechte Tangente $\quad y=-\frac{1}{m}x+t_2=-\frac{x}{m}-\frac{mp}{2}$;

   Schnittpunkte: $\quad mx+\frac{p}{2m}=-\frac{x}{m}-\frac{mp}{2}$;

   $$x=-\frac{p}{2}; \quad y=\frac{p}{2m}(1-m^2);$$

   Parameterelimination von m ist hier nicht notwendig, da x unabhängig von m. Die Pole liegen auf der Leitlinie mit der Gleichung $x=-\frac{p}{2}$.

3. Wie groß ist der kleinste Abstand zwischen der Geraden mit der Gleichung $5x-3y-15=0$ und der Parabel mit der Gleichung $y=\frac{1}{2}x^2$. Der kleinste Abstand ist durch den Punkt der Parabel bestimmt, in welchem die Tangente parallel zur Geraden ist.

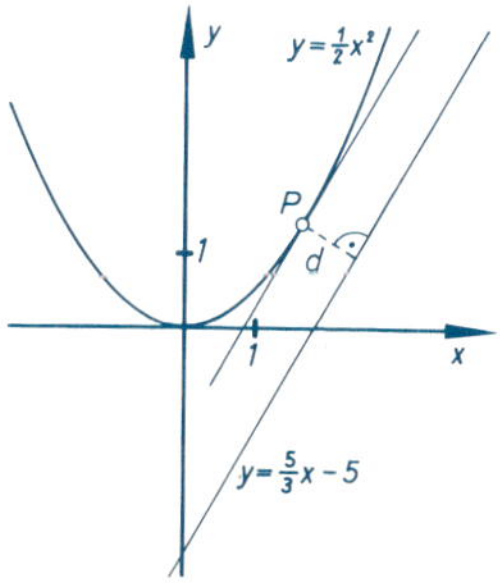

   Tangentengleichung: $q_1x=y+q_2$; Steigung $m=q_1=\frac{5}{3}$; $q_2=\frac{1}{2}q_1^2=\frac{25}{18}$.

   Der Abstand des Punktes $P(\frac{5}{3};\ \frac{25}{18})$ von der Geraden ergibt sich durch die Hessesche Normalform:

   $$d=\frac{|5\cdot\frac{5}{3}-3\cdot\frac{25}{18}-15|}{\sqrt{25+9}}=\frac{195}{18\sqrt{34}}\approx 1{,}86\ \text{cm}.$$

7.4.4 Durchmesser, konjugierte Durchmesser

Durchmesser sind bei Ellipse und Hyperbel durch den Mittelpunkt gezogene Sehnen. Der zu einem Durchmesser D_1 konjugierte Durchmesser D_2 ist der geometrische Ort der Mittelpunkte aller Sehnen, die zu D_1 parallel sind.

Zu (1), (2)

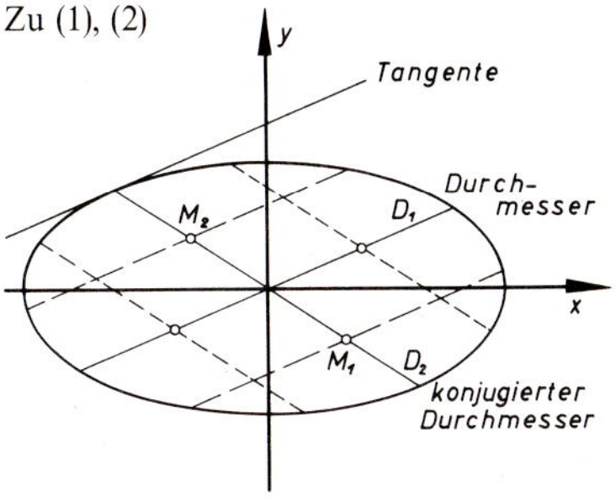

Zu (3)

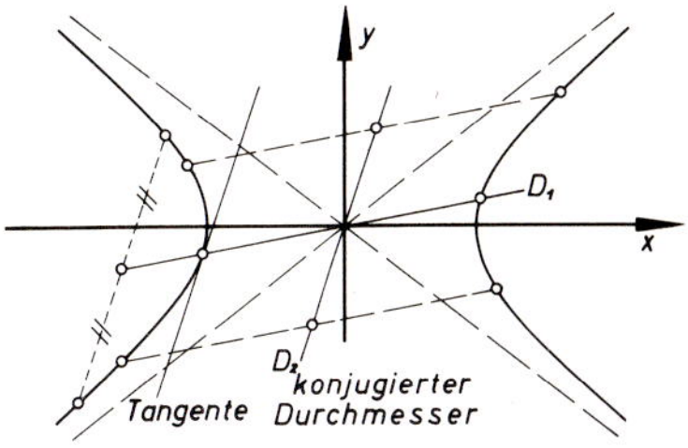

Normallage	Ellipse (1) (2)	Hyperbel (3)
D_1 (Ausgangsdurchm.):	$Ax+By=0$	
D_2 (konj. Durchm.):	$\frac{Bx}{a^2}-\frac{Ay}{b^2}=0$	$\frac{Bx}{a^2}+\frac{Ay}{b^2}=0$
D_1 (Ausgangsdurchm.):	$y=mx$	
D_2 (konj. Durchm.):	$y=-\frac{b^2}{a^2}\frac{1}{m}x$	$y=\frac{b^2}{a^2}\frac{1}{m}x$

Der zu einer Schar paralleler Sehnen zugeordnete Durchmesser geht durch die Berührungspunkte der zu den Sehnen parallelen Tangenten.

Zwischen den Hauptachsen a und b und den durch konjugierte Durchmesser bestimmten Halbachsen a_1 und b_1 besteht die Beziehung

$$a_1^2+b_1^2=a^2+b^2 \quad \text{bzw.} \quad a_1^2-b_1^2=a^2-b^2$$

Bezieht man die Kurvengleichung auf konjugierte Durchmesser als schiefwinkliges $(\bar{x};\bar{y})$-System, so gilt

$$\frac{\bar{x}^2}{a_1^2}+\frac{\bar{y}^2}{b_1^2}=1 \quad \text{bzw.} \quad \frac{\bar{x}^2}{a_1^2}-\frac{\bar{y}^2}{b_1^2}=1$$

Der Pol zu einer Sehne als Polaren liegt auf dem der Sehne zugeordneten konjugierten Durchmesser.

Bei der Parabel wird jede Sehne als Durchmesser bezeichnet. Der zu einer Sehne D_1 konjugierte Durchmesser D_2 ist parallel zur Symmetrieachse und geht durch den Berührpunkt Q der zu der Sehne D_1 parallelen Tangente und durch den Pol P, zu dem die Sehne D_1 Polare ist.

Die Parabel halbiert den Abschnitt des Durchmessers D_2, der vom Pol P und der Polaren D_1 begrenzt wird: $\overline{PQ} = \overline{QM}$.

Normallage	Parabel (5)
D_1 (Sehne):	$Ax+By+C=0$
D_2 (konj. Durchm.):	$y=-\frac{Bp}{A}$
D_1 (Sehne):	$y=mx+t$
D_2 (konj. Durchm.):	$y=\frac{p}{m}$

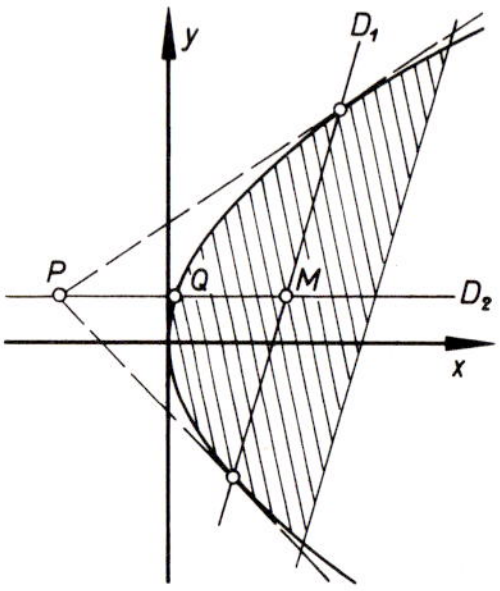

B

Zu 7.4.4:

Durchmesser der Parabel

1. Gesucht ist die Gleichung der Geraden durch den Punkt P (2; 1), die als Sehne der Parabel mit der Gleichung $y^2=8x$ von P halbiert wird.

   Der zur Sehne s_1 mit der unbekannten Steigung m zugehörige Durchmesser hat die Gleichung

   $$y=\frac{p}{m}=\frac{4}{m}.$$

   Da P auf ihm liegen soll, muß gelten

   $$1=\frac{4}{m}, \quad \text{also} \quad m=4.$$

   Die Sehnengleichung lautet also nach der Punkt-Richtungs-Formel

   $$\frac{y-1}{x-2}=4 \quad \text{oder} \quad y=4x-7.$$

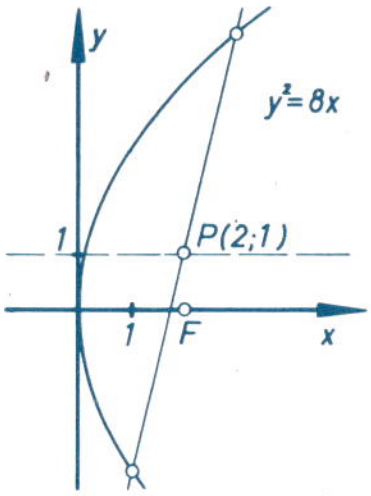

7.4.5 Krümmungskreise

Normallage	Ellipse (1)	Hyperbel (3)	Parabel (5)
Radius des Krümmungskreises in $Q(q_1; q_2)$	$a^2 b^2 \left(\frac{q_1^2}{a^4}+\frac{q_2^2}{b^4}\right)^{3/2}$	$a^2 b^2 \left(\frac{q_1^2}{a^4}+\frac{q_2^2}{b^4}\right)^{3/2}$	$\frac{(p+2q_1)^{3/2}}{\sqrt{p}}$
Scheitelkrümmungsradius und Scheitelkrümmungsmittelpunkt	$\frac{b^2}{a}$ $M\left(\pm\frac{e^2}{a}; 0\right)$ Hauptscheitel $\frac{a^2}{b}$ $M\left(0; \pm\frac{e^2}{b}\right)$ Nebenscheitel	$\frac{b^2}{a}$ $M\left(\pm\frac{e^2}{a}; 0\right)$	p $M(p; 0)$

7.4.6 Allgemeine Eigenschaften der Kegelschnitte

Erste Brennpunkteigenschaft:

Ellipse, Hyperbel, Parabel ist der geometrische Ort aller Punkte X mit folgender Eigenschaft:

$$\text{Das Verhältnis } \frac{\text{Abstand } r_1 \text{ des Punktes } X \text{ vom Brennpunkt } F_1}{\text{Abstand } l_1 \text{ des Punktes } X \text{ von der Leitlinie } L} \text{ ist konstant } = \varepsilon \begin{cases} <1 \\ >1 \\ =1 \end{cases}$$

(Abb. in 7.4.2, Seite 339)

Zweite Brennpunkteigenschaft:

Ellipse, Hyperbel ist der geometrische Ort aller Punkte X mit folgender Eigenschaft:

Die $\begin{cases} \text{Summe } r_1 + r_2 \\ \text{Differenz } r_2 - r_1 \text{ bzw. } r_1 - r_2 \end{cases}$ ist konstant $2a$ (bei (1) und (3) von 7.4.2, Seite 339).

Dritte Brennpunkteigenschaft:

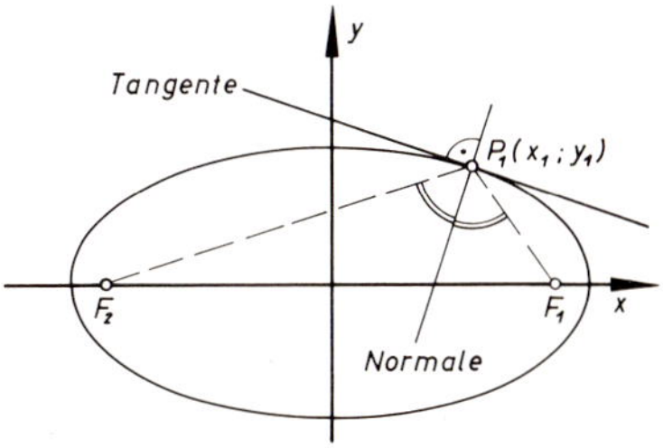

Ellipse: Die Normale in jedem Ellipsenpunkt halbiert den Winkel, den die beiden Brennstrahlen bilden.

Hyperbel: Die Tangente in jedem Hyperbelpunkt halbiert den Winkel, den die beiden Brennstrahlen bilden. Die Normale halbiert ihren Nebenwinkel.

Parabel: Die Normale in jedem Parabelpunkt halbiert den Winkel zwischen Brennstrahl und der durch den Parabelpunkt laufenden Parallelen zur Symmetrieachse.

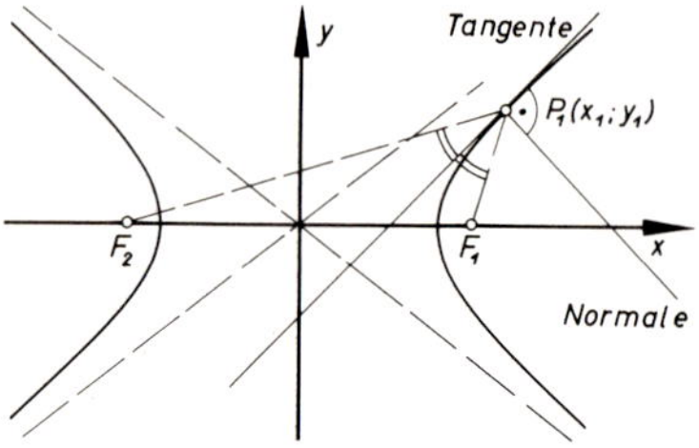

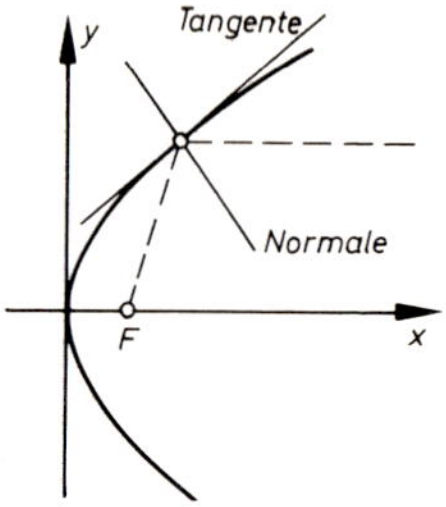

Asymptoteneigenschaften der Hyperbel

Zur Hyperbel mit der Gleichung

$$\frac{x^2}{a^2}-\frac{y^2}{b^2}=1$$

gehören die Asymptoten mit den Gleichungen

$$y=\pm\frac{b}{a}x.$$

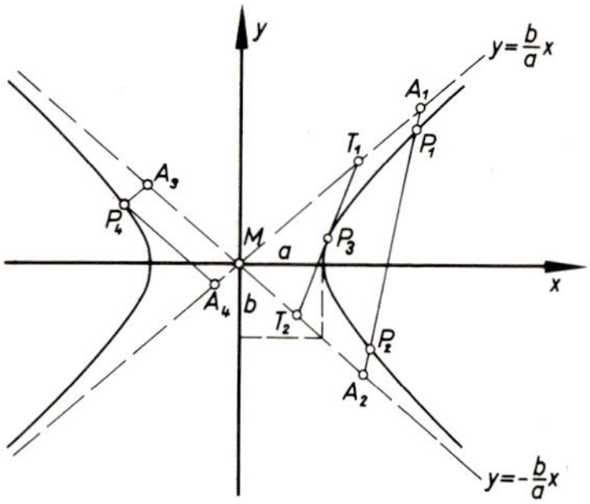

Die Abschnitte auf einer Schnittgeraden zwischen Hyperbel und Asymptoten sind gleich:

$$\overline{P_1A_1}=\overline{P_2A_2}.$$

Der Berührungspunkt einer Hyperbeltangente halbiert den Abschnitt, den die Asymptoten aus der Tangente herausschneiden: $\overline{P_3T_1}=\overline{P_3T_2}$.

Das von einer Hyperbeltangente und den Asymptoten gebildete Dreieck ($\triangle MT_1T_2$) hat den Flächeninhalt $A=ab$.

Legt man durch einen Hyperbelpunkt die Parallelen zu den Asymptoten, so hat das entstehende Parallelogramm ($P_4A_3MA_4$) den Inhalt $A=\frac{1}{2}ab$.

Bezieht man die Gleichung der Hyperbel $\frac{x^2}{a^2}-\frac{y^2}{b^2}=1$ auf ihre Asymptoten als schiefwinkliges $(\bar{x};\bar{y})$-System, so gilt:

$$\bar{x}\bar{y}=\frac{e^2}{4}.$$

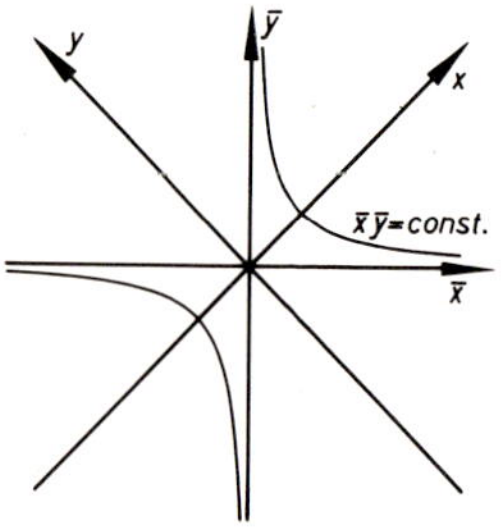

Für die gleichseitige Hyperbel $x^2-y^2=a^2$, deren Asymptoten die Winkelhalbierenden des I. und II.

Quadranten sind und somit senkrecht aufeinander stehen, gilt

$$\bar{x}\bar{y}=\frac{a^2}{2}=\text{const} \qquad \text{(Mittelpunkt } M(0;\,0))$$

$$(\bar{x}-\bar{h})(\bar{y}-\bar{k})=\frac{a^2}{2}=\text{const} \qquad \text{(Mittelpunkt } M(\bar{h};\,\bar{k}))$$

Die letzte Asymptotengleichung läßt sich auf die Form bringen

$$\bar{y}=\frac{A\bar{x}+B}{C\bar{x}+D}.$$

Umgekehrt ist der Graph jedes derartigen Quotienten zweier Funktionen eine gleichseitige Hyperbel, wenn

$$C \neq 0 \quad \text{und} \quad AD-BC \neq 0$$

ist. Der zugehörige Mittelpunkt ist $M\left(-\frac{D}{C};\,\frac{A}{C}\right)$. $\left(\text{Ist } AD-BC=0, \text{ so liegt ein Geradenpaar } \bar{x}=-\frac{D}{C},\ \bar{y}=\frac{A}{C} \text{ vor}\right)$.

Tangentengleichungen:

Zu $\bar{x}\bar{y}=\text{const}$ gehört $\frac{\bar{x}}{2\bar{x}_1}+\frac{\bar{y}}{2\bar{y}_1}=1.$

Zu $(\bar{x}-\bar{h})(\bar{y}-\bar{k})=\text{const}$ gehört $\frac{\bar{x}-\bar{h}}{2(\bar{x}_1-\bar{h})}+\frac{\bar{y}-\bar{k}}{2(\bar{y}_1-\bar{k})}=1.$

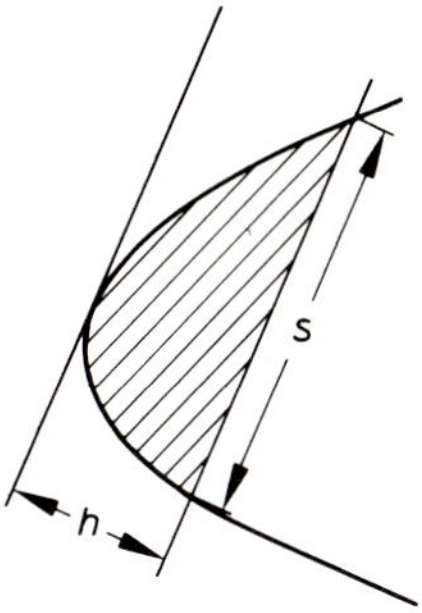

Flächeninhalte

Ellipse: $A=ab\pi$

Parabelsegment: $A=\frac{2}{3}sh.$

B

Zu 7.4.6:

Hyperbel im Asymptotensystem

1. Im kartesischen Koordinatensystem hat eine Kurve die Gleichung $(x-2)(y+1)=-2$. Man zeichne die Kurve.

   Die Gleichung ist eine auf die Asymptoten bezogene Hyperbelgleichung. Da das Koordinatensystem rechtwinklig ist, sind die Asymptoten ebenfalls orthogonal, die Hyperbel ist gleichseitig. Ihr Mittelpunkt ist $M(2;\,-1)$. Da das Produkt $(x-h)\cdot(y-k)<0$ ist, liegt die Kurve im zweiten und vierten Quadranten des Asymptotensystems. Die Halbachsen sind gegeben durch $\frac{a^2}{2}=|-2|=2;\ a=2.$

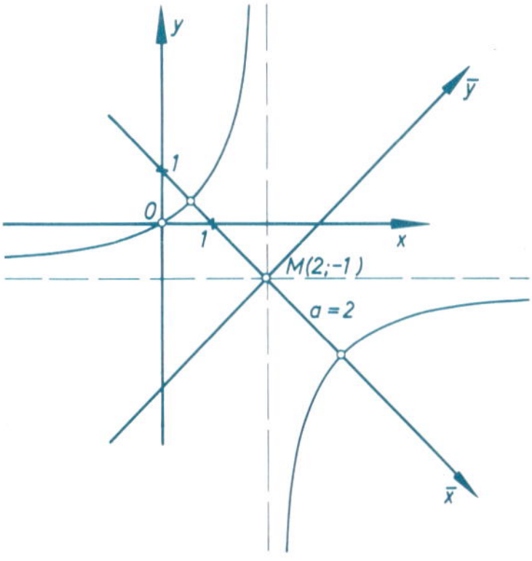

Parabelsegmente

2. Eine Abflußöffnung wird durch zwei Parabelbögen mit nebenstehenden Maßen begrenzt.

   Wie lauten die Gleichungen der Parabelbögen und wie groß ist der Flächeninhalt der Abflußöffnung?

   Die Parabeln liegen in Parallellage (12) vor:

   Obere Parabel: $2p(y-0{,}12)+x^2=0$; für $y=0$ ist $x=0{,}2$; hieraus ergibt sich $-2p\cdot 0{,}12=-0{,}04$; $p=\frac{1}{6}$; $y-0{,}12+3x^2=0$;

   Untere Parabel: $2p(y+0{,}30)-x^2=0$; für $y=0$ ist $x=0{,}2$; hieraus ergibt sich $2p\cdot 0{,}30=0{,}04$; $p=\frac{1}{15}$; $y+0{,}30-7{,}5x^2=0$.

   Flächeninhalt: $A=\frac{2}{3}(0{,}4\cdot 0{,}30+0{,}4\cdot 0{,}12)\,\text{m}^2=0{,}112\,\text{m}^2$.

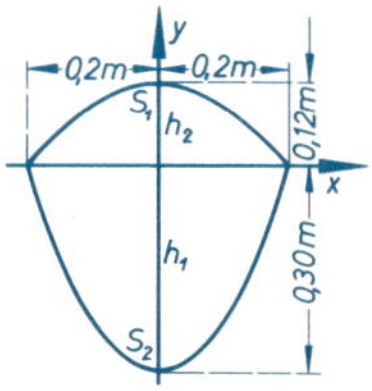

Interferenzhyperbeln

3. Zwei Wellenzentren im Abstand 1 m emittieren kohärente Wellen der Länge $\lambda=1{,}2$ m. An welchen Stellen findet Interferenzauslöschung statt?

   Es gilt $2e=1$ m; $e=0{,}5$ m; Bedingung für Auslöschung $|d_1-d_2|=2a=(2n+1)\cdot\lambda/2$ mit $n\in\mathbb{N}$; $b=\sqrt{e^2-a^2}=\sqrt{0{,}25-(2n+1)^2\cdot 0{,}09}$ m; für $n=0$ erhält man $b=0{,}4$ m; die Interferenzhyperbel hat die Gleichung $\dfrac{x^2}{0{,}3^2\,\text{m}^2}-\dfrac{y^2}{0{,}4^2\,\text{m}^2}=1$.

   Notwendig für das Auftreten einer Löschung ist $\lambda<4e$.

7.4.7 Konstruktionen

Konstruktion von Kurvenpunkten

Konstruktion aus Kreisen bei gegebenen Halbachsen a und b.

Für einen Punkt der Ellipse (Hyperbel) hat man zwei geometrische Örter:

1. Den Kreis um F_1 [F_2] mit beliebigem Radius $r_1<2a$, ($r_1>2a$).
2. Den Kreis um F_2 [F_1] mit dem Radius $r_2=2a-r_1$, ($r_2=r_1-2a$).

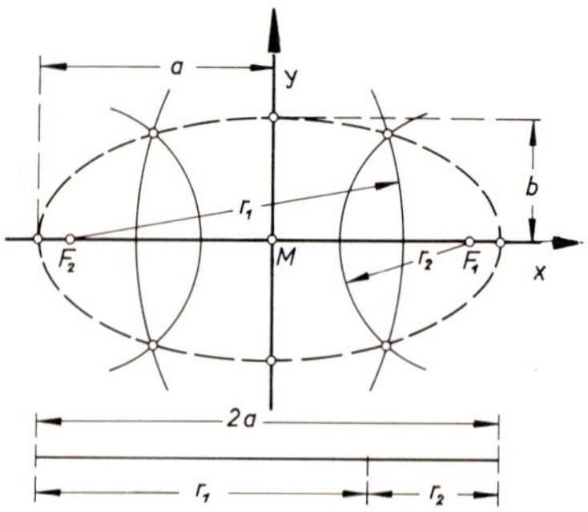

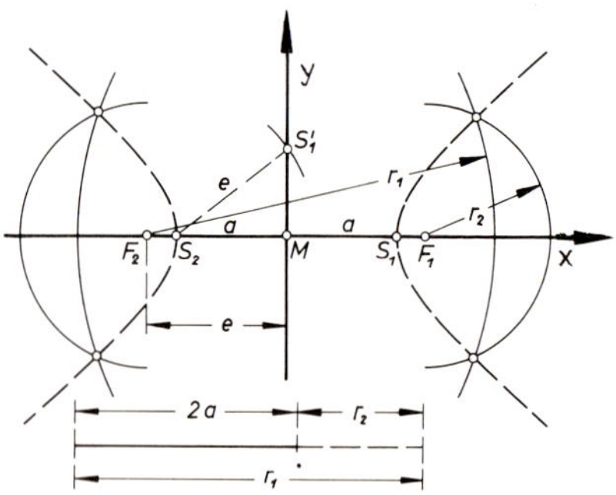

Konstruktion mittels Haupt- und Nebenkreis.

Legt man durch die Schnittpunkte eines beliebigen Durchmessers mit dem Hauptkreis ($x^2+y^2=a^2$) und dem Nebenkreis ($x^2+y^2=b^2$) die Parallelen zu den Achsen, so schneiden sich diese in einem Ellipsenpunkt.

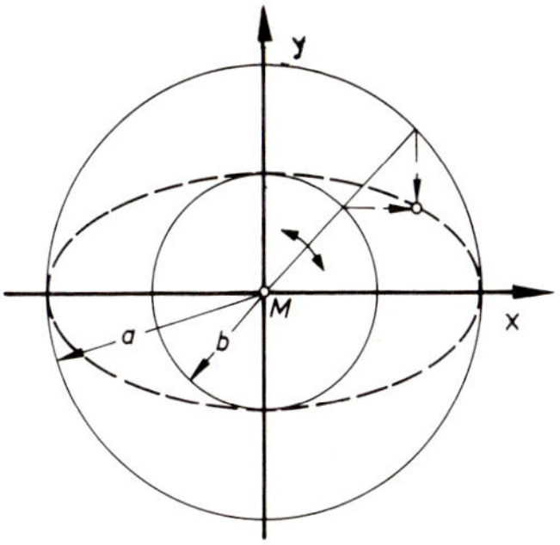

Man legt an den Hauptkreis ($x^2+y^2=a^2$) in einem beliebigen Punkt H die Tangente und errichtet in ihrem Schnittpunkt P' mit der x-Achse die Senkrechte. Die Länge dieser Senkrechten ist durch die Strecke $\overline{QP'} = \overline{P'P} = y$ bestimmt.

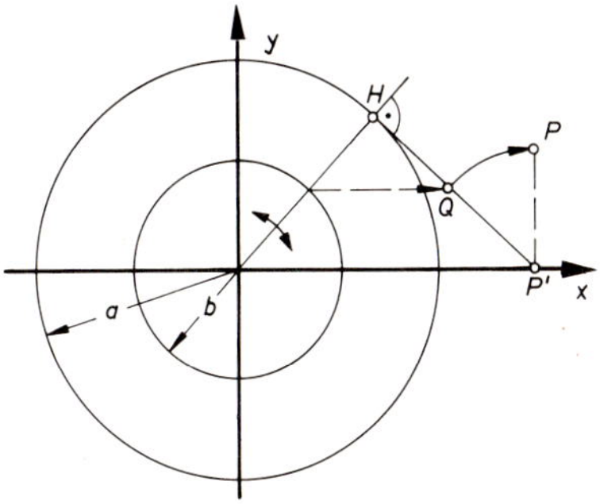

Konstruktion mittels Leitlinie und Brennpunkt

Man zieht im beliebigen Abstand d eine Parallele zur Leitlinie l und beschreibt mit d einen Kreis um F. Die beiden Schnittpunkte P und P' sind Punkte der Parabel.

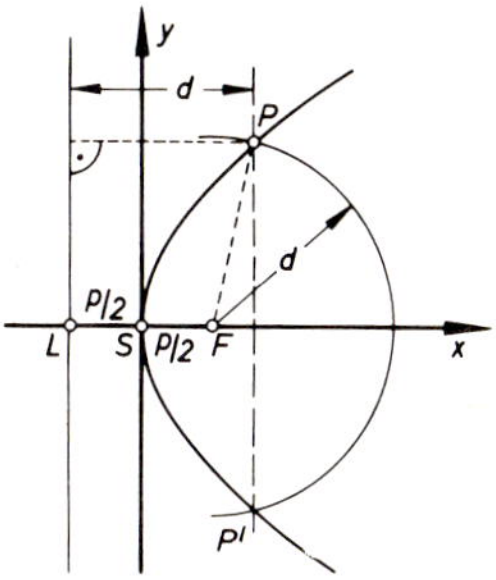

Konstruktion der Leitlinien

Man errichtet im Brennpunkt das Lot und bringt es zum Schnitt (Punkt H) mit dem Hauptkreis. Die Tangente in H schneidet die x-Achse im Fußpunkt der Leitlinie.

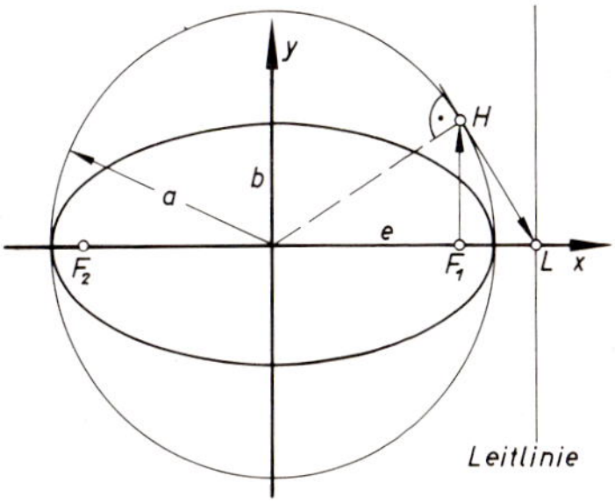

Man legt vom Brennpunkt die Tangente an den Hauptkreis. Das Lot zur x-Achse durch den Berührungspunkt H ist die Leitlinie.

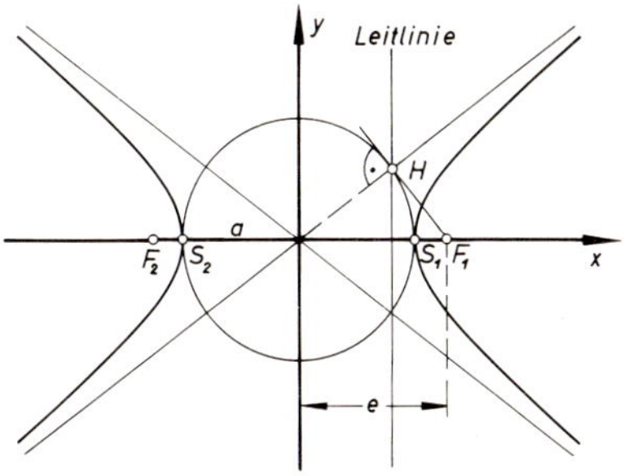

Schnitt mit einer Geraden

Gegeben seien *a* und *b* sowie eine Gerade *g*. Gesucht ist der Schnittpunkt zwischen Ellipse und *g*. Man trägt vom Schnittpunkt *D* der Geraden *g* mit der *x*-Achse die Strecken *a* und *b* ab, errichtet in den Endpunkten *A* und *B* die Senkrechten und legt durch *G* eine Parallele zur *x*-Achse. Durch *G'* und *D* läuft eine Gerade *g'*, mit der man nach dem Haupt- und Nebenkreis-Verfahren den Ellipsenpunkt auf *g* findet.

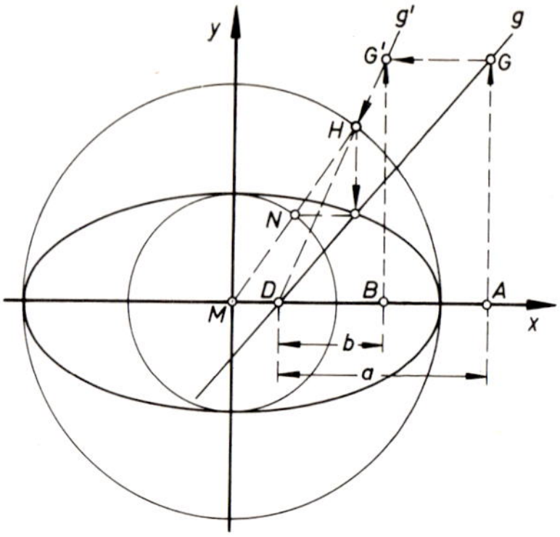

Konstruktion der Tangenten

Tangenten in einem Kurvenpunkt:

Die Tangente in einem Ellipsenpunkt schneidet die *x*-Achse im gleichen Punkt, wie die Tangente im zugeordneten Hauptkreispunkt.

Die Tangente halbiert den Winkel, den die Brennstrahlen zum Berührungspunkt miteinander bilden.

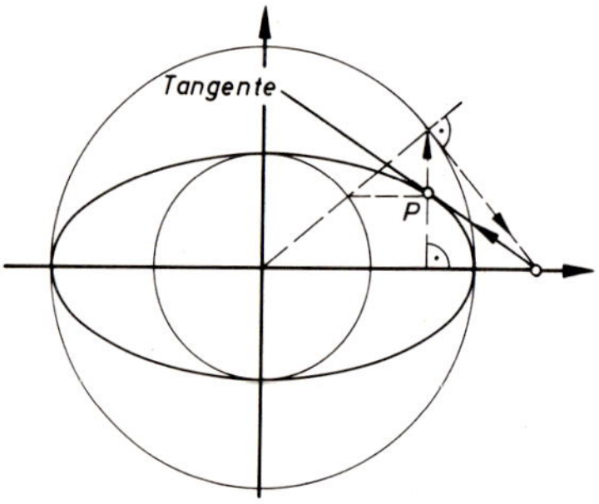

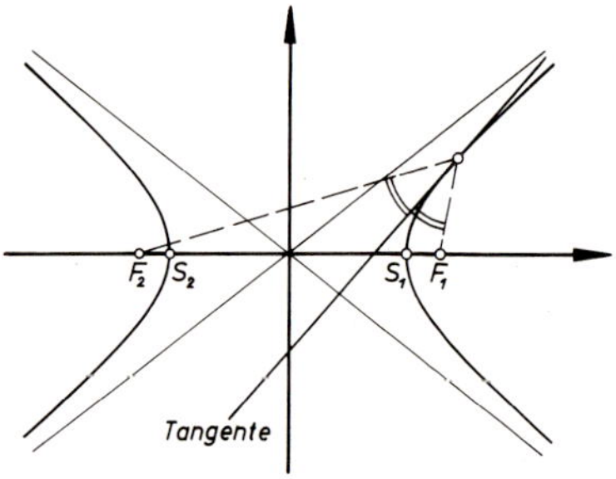

Man trägt die *x*-Koordinate des Berührpunktes vom Scheitel aus auf der Symmetrieachse ab. *T* ist Punkt der Tangente.

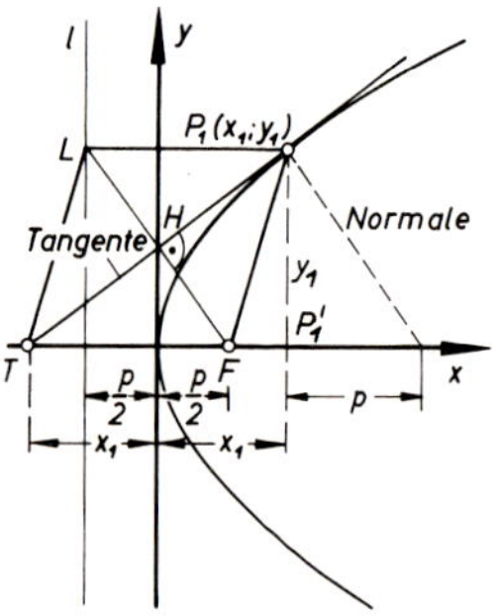

Tangenten von einem außerhalb gelegenen Punkt.

Man errichtet über der Verbindungslinie des Punktes P_0 mit einem Brennpunkt den Halbkreis. Dieser schneidet den Hauptkreis in Punkten T_1 und T_2 der Tangenten t_1 und t_2.

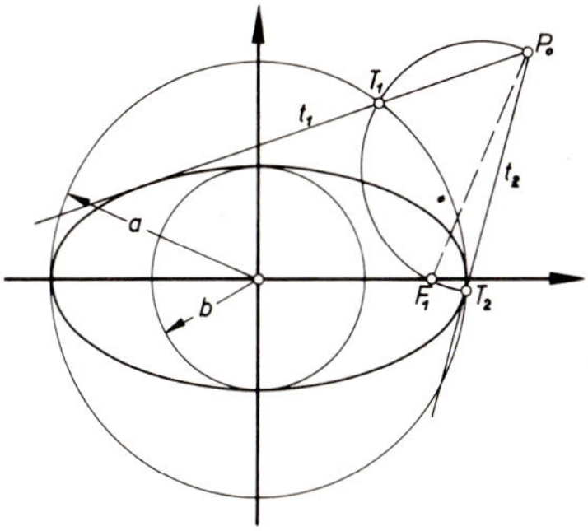

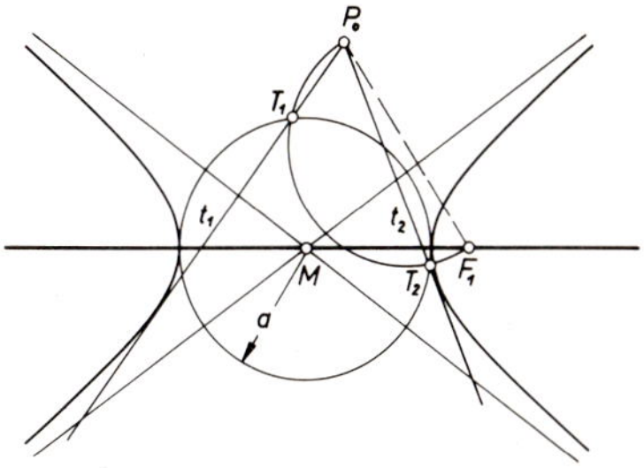

Man schlägt über der Verbindung P_0F als Durchmesser einen Kreis. Dieser schneidet die Scheiteltangente in Punkten der Tangenten. Die Berührungspunkte der Tangenten erhält man durch die negativ genommenen Abszissen der Durchstoßpunkte der Tangenten durch die x-Achse.

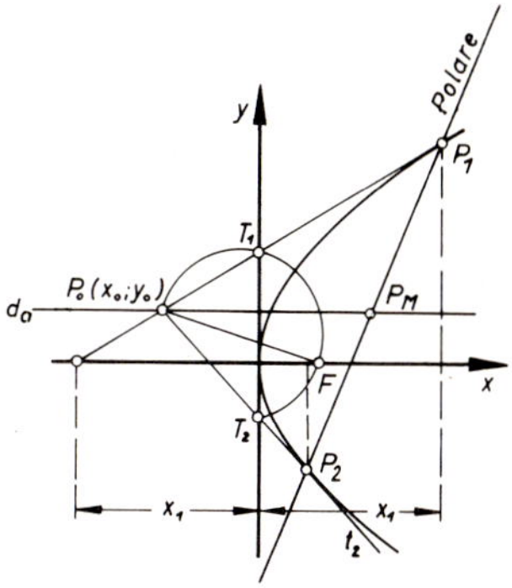

(d_0 zur Polare konjugierter Durchmesser.)

Konstruktion konjugierter Durchmesser

Man bringt den Durchmesser d_1 mit der Ellipse zum Schnitt. Das Lot von P_1 auf die Hauptachse schneidet den Hauptkreis in H_1. Das Lot auf $\overline{H_1M}$ in M schneidet den Haupt- und Nebenkreis in den Punkten H_2 und N_2, durch die ein Punkt P_2 des konjugierten Durchmessers bestimmt ist.

Man bringt d_1 mit den Asymptoten zum Schnitt und halbiert die Strecke A_1A_2 in D_2. Durch die Verbindung D_2M ist die konjugierte Richtung bestimmt.

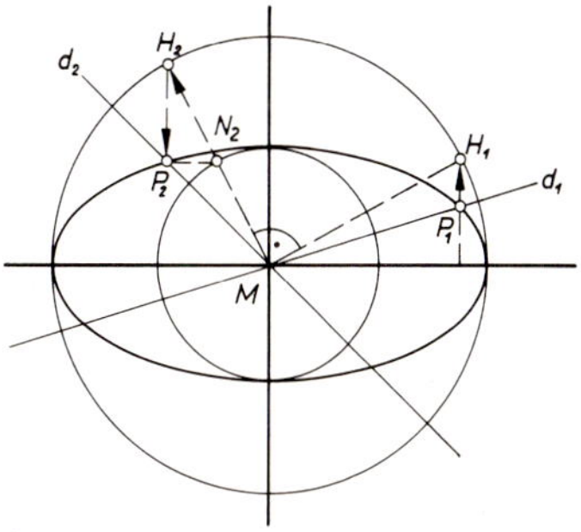

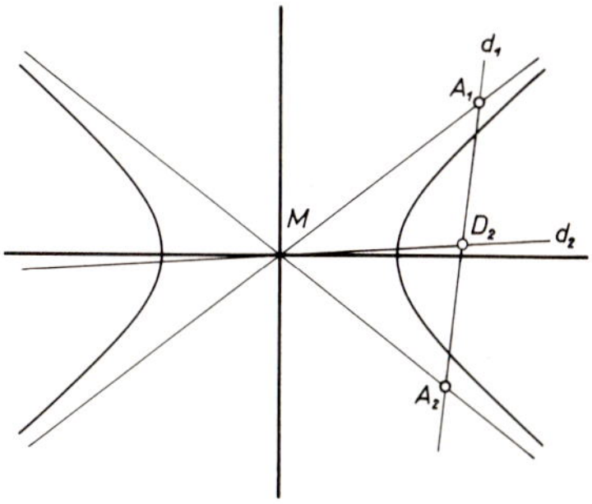

Konstruktion der Krümmungskreise in den Scheiteln

Man zeichnet das der Ellipse umbeschriebene Rechteck und dessen Diagonale. Fällt man dann von einem Eckpunkt das Lot auf die Diagonale, so schneidet dieses die Haupt- und Nebenachse in den Mittelpunkten der Scheitelkrümmungskreise.

Man bringt die Scheiteltangente im Hauptscheitel mit der Asymptote zum Schnitt und errichtet im Schnittpunkt das Lot, das die x-Achse im Mittelpunkt des Krümmungskreises schneidet.

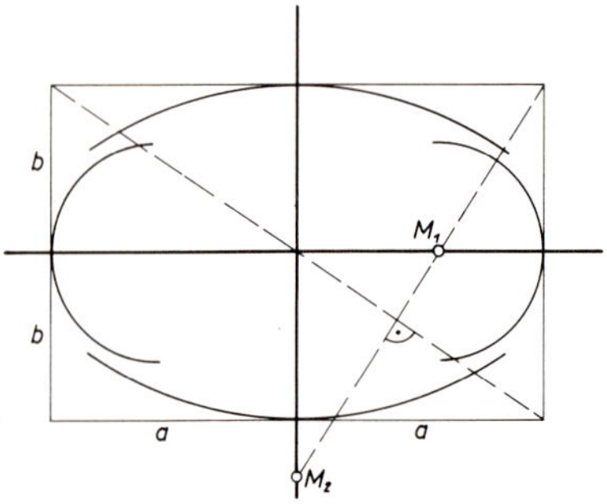

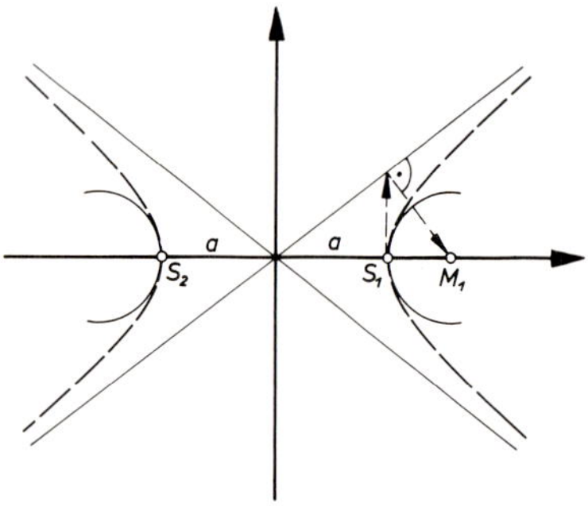

Konstruktion der Hauptachsen aus konjugierten Durchmessern

Man errichtet in M eine Normale zum kleinen konj. Halbmesser im stumpfen Winkelraum und trägt auf diesem den kleinen Halbmesser ab (Endpunkt N). N mit Endpunkt A des großen Halbmessers verbinden; Kreis um Mittelpunkt P der Verbindungsstrecke von $\overline{AN}$ mit Radius $\overline{MN}$ schneidet die Gerade durch A und N in Q und R. Gerade durch M und Q bzw. M und R sind Hauptachsenrichtungen; Längen der Hauptachsen: $\overline{AQ}$ und $\overline{AR}$ (Methode von Frézier-Rytz).

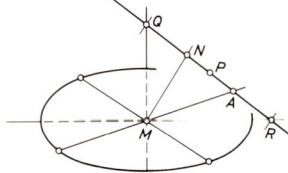

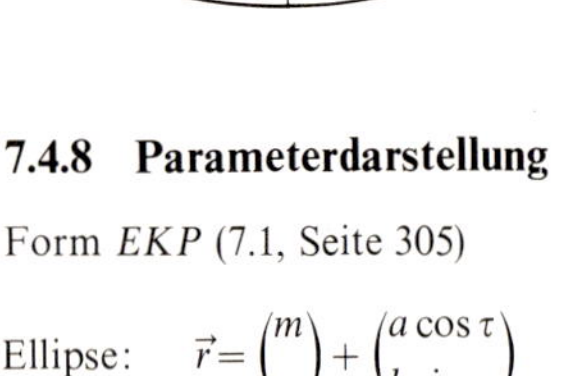

7.4.8 Parameterdarstellung

Form EKP (7.1, Seite 305)

Ellipse: $\vec{r} = \begin{pmatrix} m \\ n \end{pmatrix} + \begin{pmatrix} a\cos\tau \\ b\sin\tau \end{pmatrix} \qquad (0 \leqq \tau < 2\pi)$

Hyperbel: $\vec{r} = \begin{pmatrix} m \\ n \end{pmatrix} + \begin{pmatrix} a\cosh\tau \\ b\sinh\tau \end{pmatrix} \qquad (\tau \in \mathbb{R}) \qquad$ (rechter Ast);

$\vec{r} = \begin{pmatrix} m \\ n \end{pmatrix} + \begin{pmatrix} -a\cosh\tau \\ b\sinh\tau \end{pmatrix} \qquad (\tau \in \mathbb{R}) \qquad$ (linker Ast);

Parabel: $\vec{r} = \begin{pmatrix} s_1 \\ s_2 \end{pmatrix} + \begin{pmatrix} \tau^2/2p \\ \tau \end{pmatrix} \qquad (\tau \in \mathbb{R}) \qquad$ Scheitel $S(s_1; s_2)$, nach rechts offen.

7.5 Kegelschnitte im Polarkoordinatensystem

Brennpunkt des Kegelschnitts ist Pol O (Form *EPF*, 7.1, Seite 305).

Ellipse:

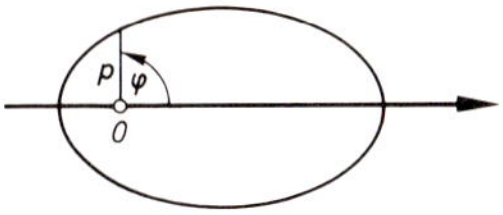

$$r = \frac{p}{1 - \varepsilon \cos \varphi} \quad (0 < \varepsilon < 1)$$

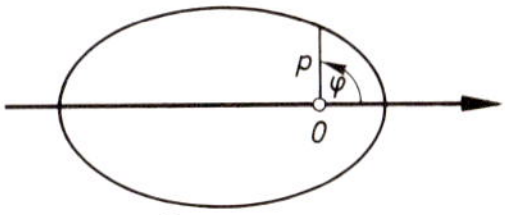

$$r = \frac{p}{1 + \varepsilon \cos \varphi} \quad (0 < \varepsilon < 1)$$

Hyperbel:

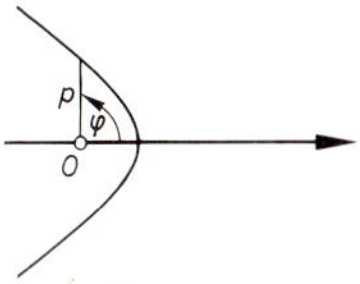

$$r = \frac{p}{1 + \varepsilon \cos \varphi} \quad (\varepsilon > 1)$$

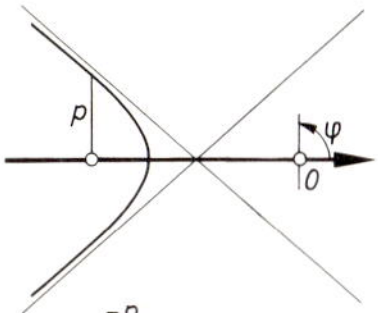

$$r = \frac{-p}{1 + \varepsilon \cos \varphi} \quad (\varepsilon > 1)$$

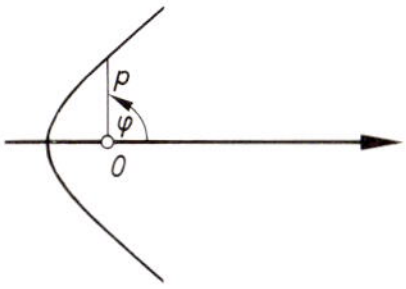

$$r = \frac{p}{1 - \varepsilon \cos \varphi} \quad (\varepsilon > 1)$$

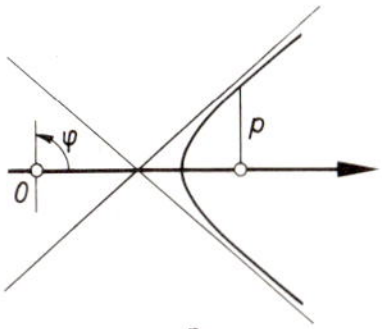

$$r = \frac{p}{\varepsilon \cos \varphi - 1} \quad (\varepsilon > 1)$$

Parabel:

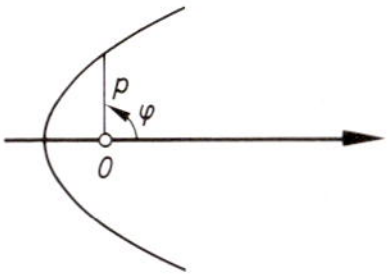

$$r = \frac{p}{1 - \cos \varphi}$$

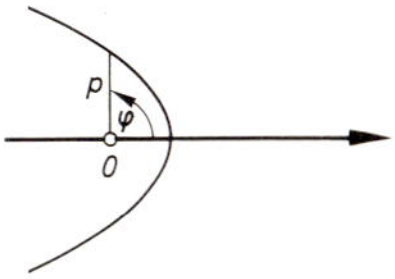

$$r = \frac{p}{1 + \cos \varphi}$$

Mittelpunkt des Kegelschnitts ist Pol O (Form *EPF*, 7.1, Seite 305).

Ellipse:

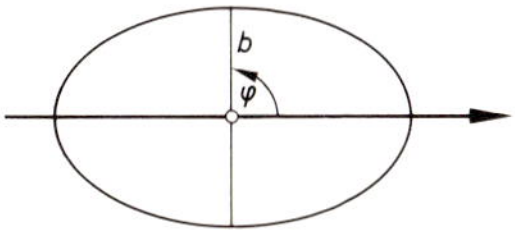

$$r = \frac{b}{\sqrt{1 - \varepsilon^2 \cos^2 \varphi}} \quad (0 < \varepsilon < 1)$$

Hyperbel:

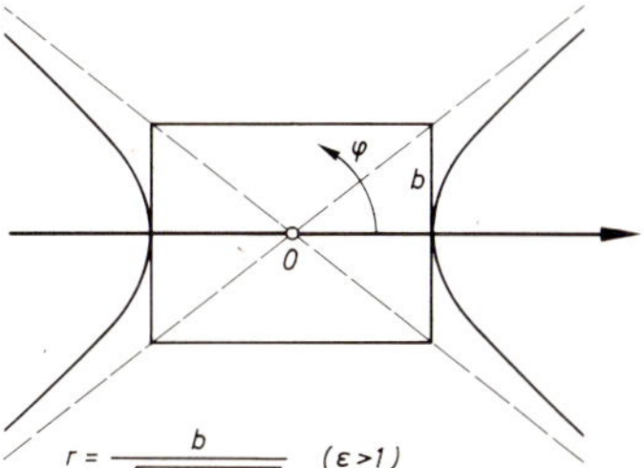

$$r = \frac{b}{\sqrt{\varepsilon^2 \cos^2 \varphi - 1}} \quad (\varepsilon > 1)$$

7.6 Rollkurven im ebenen kartesischen Koordinatensystem

7.6.1 Zykloide

Rollt ein Kreis vom Radius r auf einer Geraden, so beschreibt ein fest mit dem Kreis verbundener Punkt P, dessen Abstand vom Mittelpunkt des Kreises a ist, eine

gewöhnliche Zykloide, wenn $a=r$
gestreckte Zykloide, wenn $a<r$
verschlungene Zykloide, wenn $a>r$ ist.

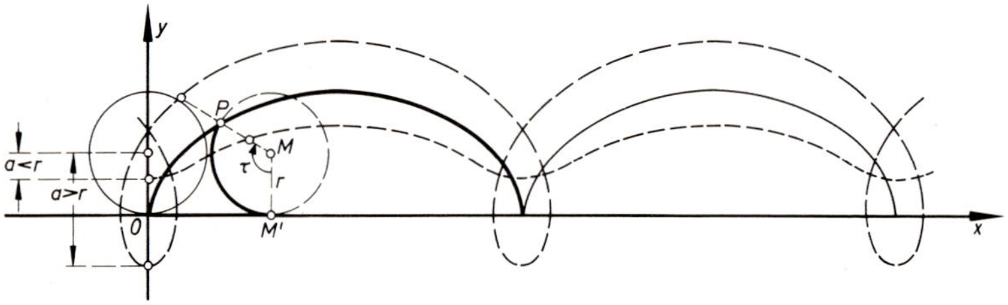

Rollbedingung $\overline{OM'}=\widehat{M'P}$

Parameterdarstellung (Form *EKP*, 7.1, Seite 305):

$$x=r\tau-a\sin\tau=r\,(\tau-\lambda\sin\tau)$$
$$y=r\;-a\cos\tau=r\,(1-\lambda\cos\tau)\qquad\left(\lambda=\frac{a}{r};\ \tau\in\mathbb{R}\right)$$

$$\left.\begin{array}{ll}\lambda<1 & \text{gestreckte}\\ \lambda=1 & \text{gewöhnliche}\\ \lambda>1 & \text{verschlungene}\end{array}\right\}\text{Zykloide}$$

Eigenschaften:

Relative (zugleich absolute) Hochpunkte: $x=(2n+1)\pi r;\ y=(1+\lambda)r$,

relative (zugleich absolute) Tiefpunkte: $x=2n\pi r;\ y=(1-\lambda)r\quad(n\in\mathbb{Z})$.

Die Normale in jedem Kurvenpunkt verläuft durch M' (Berührpunkt zwischen Rollkreis und Geraden).

Wendepunkte der gestreckten Zykloiden: $\tau=\pm\arccos\lambda+2n\pi\ (n\in\mathbb{Z})$.

Knotenpunkte (eigentl. Doppelpunkte, Selbstüberschneidungspunkte) der verschlungenen Zykloiden: $x=2n\pi r\ (n\in\mathbb{Z})$; der zugeordnete Parameterwert τ genügt der Gleichung

$$\tau-2n\pi=\lambda\sin\tau\ (\tau\neq 2n\pi,\ n\in\mathbb{Z}).$$

Krümmungsradius (7.8.1.2, Seite 380):

$$\varrho=r\cdot\frac{(1-2\lambda\cos\tau+\lambda^2)^{3/2}}{\lambda|\cos\tau-\lambda|}\quad\text{(falls Nenner}\neq 0)$$

im Maximum: $\varrho = r\dfrac{(1+\lambda)^2}{\lambda} \quad (\tau=\pi)$

im Minimum: $\varrho = \dfrac{r}{\lambda}(1-\lambda)^2 \quad (\tau=0;\ \lambda \neq 1)$

Speziell für gewöhnliche Zykloide: $\varrho = 4r \cdot \left|\sin\dfrac{\tau}{2}\right| = 2\sqrt{2ry} \quad (\tau \neq 2n\pi,\ n\in\mathbb{Z};\ y\neq 0)$;
im Maximum: $\varrho = 4r$.

Bogenlänge:

Gewöhnliche Zykloide: $s = 4r\left(\cos\dfrac{\tau_1}{2} - \cos\dfrac{\tau_2}{2}\right) \quad (0 \leqq \tau_1 < \tau_2 \leqq 2\pi)$

ganzer Bogen: $s = 8r$

7.6.2 Epizykloide, Hypozykloide

Rollt ein Kreis vom Radius r_2 außen bzw. innen auf einem Kreis vom Radius r_1, so beschreibt ein fest mit dem Rollkreis verbundener Punkt P, dessen Abstand vom Mittelpunkt des Rollkreises a ist, eine $\left.\begin{array}{l}\text{gewöhnliche}\\ \text{gestreckte}\\ \text{verschlungene}\end{array}\right\}$ Epi- bzw. Hypozykloide, wenn $a\begin{cases} = r_2 \\ < r_2 \\ > r_2 \end{cases}$ ist. Man setzt $\lambda = \dfrac{a}{r_2}$; $k = \dfrac{r_1}{r_2}$.

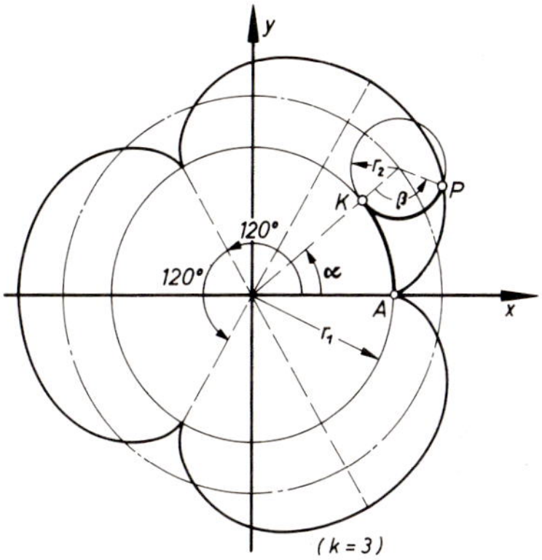

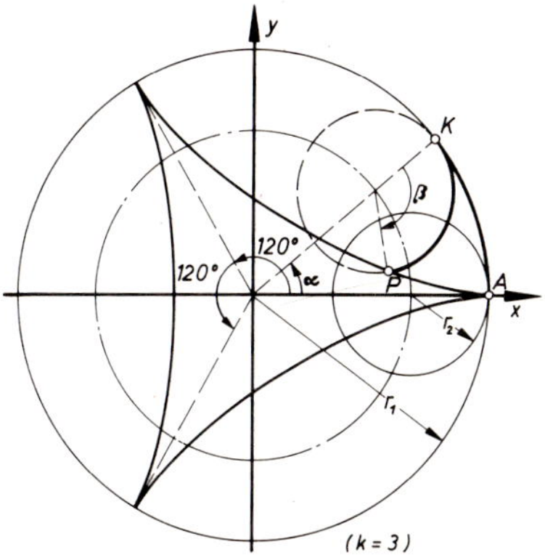

Rollbedingung: $\widehat{AK} = \widehat{KP}$; $r_1\alpha = r_2\beta$; $\dfrac{r_1}{r_2} = \dfrac{\beta}{\alpha} = k \quad (\alpha, \beta \neq 0)$

Ist das Verhältnis k der beiden Kreisradien r_1 und r_2 eine ganze Zahl, so entsteht eine sich nicht überschneidende geschlossene Kurve, die aus k Bögen besteht. Ist k eine rationale Zahl, so entsteht eine sich überschneidende Kurve, jedoch kommen die einzelnen Bögen nach einer endlichen Anzahl von Umläufen wieder zur Deckung.

Ist k eine irrationale Zahl, so kommt kein Bogen mit einem späteren wieder zur Deckung.

Parameterdarstellungen der Epizykloide (Form *EKP*, 7.1, Seite 305)

α beim festen Kreis als Parameter

$$\begin{cases} x=(r_1+r_2)\cos\alpha - a\cos\dfrac{r_1+r_2}{r_2}\alpha \\ \quad =(k+1)\,r_2\cos\alpha - \lambda\,r_2\cos(k+1)\,\alpha \\ \quad =\left(1+\dfrac{1}{k}\right) r_1\cos\alpha - \dfrac{\lambda}{k} r_1\cos(k+1)\,\alpha \\ y=(r_1+r_2)\sin\alpha - a\sin\dfrac{r_1+r_2}{r_2}\alpha \\ \quad =(k+1)\,r_2\sin\alpha - \lambda\,r_2\sin(k+1)\,\alpha \\ \quad =\left(1+\dfrac{1}{k}\right) r_1\sin\alpha - \dfrac{\lambda}{k} r_1\sin(k+1)\,\alpha \end{cases}$$

β beim rollenden Kreis als Parameter

$$\begin{cases} x=(r_1+r_2)\cos\dfrac{r_2}{r_1}\beta - a\cos\dfrac{r_1+r_2}{r_1}\beta \\ \quad =(k+1)\,r_2\cos\dfrac{\beta}{k} - \lambda\,r_2\cos\left(1+\dfrac{1}{k}\right)\beta \\ \quad =\left(1+\dfrac{1}{k}\right) r_1\cos\dfrac{\beta}{k} - \dfrac{\lambda}{k} r_1\cos\left(1+\dfrac{1}{k}\right)\beta \\ y=(r_1+r_2)\sin\dfrac{r_2}{r_1}\beta - a\sin\dfrac{r_1+r_2}{r_1}\beta \\ \quad =(k+1)\,r_2\sin\dfrac{\beta}{k} - \lambda\,r_2\sin\left(1+\dfrac{1}{k}\right)\beta \\ \quad =\left(1+\dfrac{1}{k}\right) r_1\sin\dfrac{\beta}{k} - \dfrac{\lambda}{k} r_1\sin\left(1+\dfrac{1}{k}\right)\beta \end{cases}$$

Parameterdarstellungen der Hypozykloide (Form *EKP*, 7.1, Seite 305)

α beim festen Kreis als Parameter

$$\begin{cases} x=(r_1-r_2)\cos\alpha + a\cos\dfrac{r_1-r_2}{r_2}\alpha \\ \quad =(k-1)\,r_2\cos\alpha + \lambda\,r_2\cos(k-1)\,\alpha \\ \quad =\left(1-\dfrac{1}{k}\right) r_1\cos\alpha + \dfrac{\lambda}{k} r_1\cos(k-1)\,\alpha \\ y=(r_1-r_2)\sin\alpha - a\sin\dfrac{r_1-r_2}{r_2}\alpha \\ \quad =(k-1)\,r_2\sin\alpha - \lambda\,r_2\sin(k-1)\,\alpha \\ \quad =\left(1-\dfrac{1}{k}\right) r_1\sin\alpha - \dfrac{\lambda}{k} r_1\sin(k-1)\,\alpha \end{cases}$$

β beim rollenden Kreis als Parameter

$$\begin{cases} x = (r_1 - r_2)\cos\dfrac{r_2}{r_1}\beta + a\cos\dfrac{r_1 - r_2}{r_1}\beta \\ \quad = (k-1)\,r_2\cos\dfrac{\beta}{k} + \lambda\,r_2\cos\left(1 - \dfrac{1}{k}\right)\beta \\ \quad = \left(1 - \dfrac{1}{k}\right) r_1\cos\dfrac{\beta}{k} + \dfrac{\lambda}{k} r_1\cos\left(1 - \dfrac{1}{k}\right)\beta \\ y = (r_1 - r_2)\sin\dfrac{r_2}{r_1}\beta - a\sin\dfrac{r_1 - r_2}{r_1}\beta \\ \quad = (k-1)\,r_2\sin\dfrac{\beta}{k} - \lambda\,r_2\sin\left(1 - \dfrac{1}{k}\right)\beta \\ \quad = \left(1 - \dfrac{1}{k}\right) r_1\sin\dfrac{\beta}{k} - \dfrac{\lambda}{k} r_1\sin\left(1 - \dfrac{1}{k}\right)\beta \end{cases}$$

Für jede Epizykloide bzw. Hypozykloide gilt (falls die Brüche existieren und sinnvoll sind)

	Epizykloide	Hypozykloide
Steigung der Tangente	$\dfrac{\cos\dfrac{\beta}{k} - \lambda\cos\left(1 + \dfrac{1}{k}\right)\beta}{-\sin\dfrac{\beta}{k} + \lambda\sin\left(1 + \dfrac{1}{k}\right)\beta}$	$\dfrac{-\cos\dfrac{\beta}{k} + \lambda\cos\left(1 - \dfrac{1}{k}\right)\beta}{\sin\dfrac{\beta}{k} + \lambda\sin\left(1 - \dfrac{1}{k}\right)\beta}$
Kehrwert d. Krümmung	$r_2(k+1)\dfrac{\sqrt{1 + \lambda^2 - 2\lambda\cos\beta}^{\,3}}{1 + \lambda^2(k+1) - \lambda(k+2)\cos\beta}$	$r_2(k-1)\dfrac{\sqrt{1 + \lambda^2 - 2\lambda\cos\beta}^{\,3}}{1 - \lambda^2(k-1) + \lambda(k+2)\cos\beta}$

Für die gewöhnliche Epi- bzw. Hypozykloide ($\lambda = 1$; $a = r_2$) gilt

	Epizykloide	Hypozykloide
Steigung der Tangente	$\dfrac{dy}{dx} = \tan\dfrac{r_1 + 2r_2}{2r_1}\beta$	$\dfrac{dy}{dx} = -\tan\dfrac{r_1 - 2r_2}{2r_1}\beta$
Kehrwert d. Krümmung	$4r_2\dfrac{r_1 + r_2}{r_1 + 2r_2}\sin\dfrac{\beta}{2}$	$-4r_2\dfrac{r_1 - r_2}{r_1 - 2r_2}\sin\dfrac{\beta}{2}$
Bogenlänge $\widehat{AP}$	$4\dfrac{r_2}{r_1}(r_1 + r_2)\left(1 - \cos\dfrac{\beta}{2}\right)$	$4\dfrac{r_2}{r_1}(r_1 - r_2)\left(1 - \cos\dfrac{\beta}{2}\right)$
Länge eines vollen Bogens ($\beta = 2\pi$)	$8\dfrac{r_2}{r_1}(r_1 + r_2)$.	$8\dfrac{r_2}{r_1}(r_1 - r_2)$

Spezielle Epi- bzw. Hypozykloiden sind:

Kardioide (Herzkurve), Sie ist eine gewöhnliche Epizykloide, bei der die Kreisradien gleich sind: $r_1 = r_2 = r$ bzw. $k=1$; $\lambda=1$.

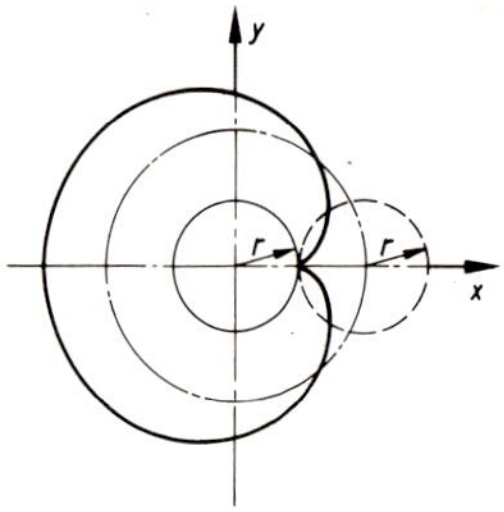

Parameterdarstellung (Form EKP):

$$x = r\,(2\cos\alpha - \cos 2\alpha)$$
$$y = r\,(2\sin\alpha - \sin 2\alpha).$$

Gleichung in rechtwinkligen Koordinaten (Form EKT):

$$(y^2 + x^2 - r^2)^2 = 4r^2[(x-r)^2 + y^2].$$

Gleichung in Polarkoordinaten (Form EPF):

$$\varphi \mapsto R = f(\varphi) = 2r(1 - \cos\varphi) \quad \text{(Pol 0 in der Spitze.)}$$

Flächeninhalt: $A = 6r^2\pi$

Bogenlänge: $s = 16r$.

Astroide (Sternkurve). Sie ist eine gewöhnliche Hypozykloide, bei der $r_2 = \frac{r_1}{4}$; $k=4$; $\lambda=1$ ist.

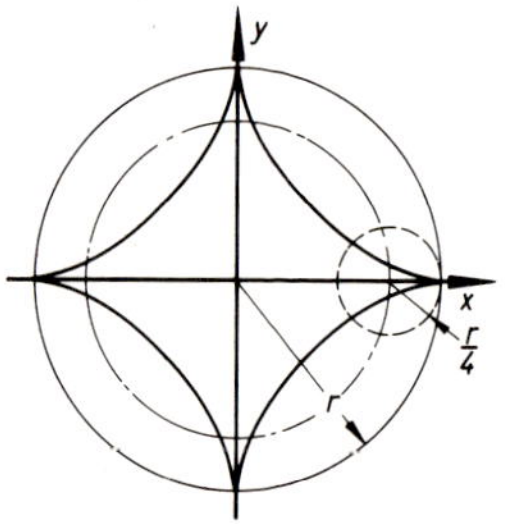

Parameterdarstellung (Form EKP):

$$x = r\cos^3\alpha, \quad y = r\sin^3\alpha.$$

Gleichung in rechtwinkligen Koordinaten (Form EKT):

$$x^{\frac{2}{3}} + y^{\frac{2}{3}} - r^{\frac{2}{3}} = 0$$

Flächeninhalt: $A = \frac{3\pi r^2}{8}$

Bogenlänge: $s = 6r$.

7.7 Spiralen und weitere wichtige Kurven

Je nach Bedarf werden kartesische oder Polarkoordinaten verwendet; die Kurvengleichungen haben die Form EKP, EKT oder EPF (7.1, Seite 305).

Archimedische Spirale:

Der Abstand eines Kurvenpunktes P vom Pol ist proportional zum Polwinkel.

$\varphi \mapsto r = f(\varphi) = a \cdot \varphi \quad (a > 0;$ Form *EPF*).

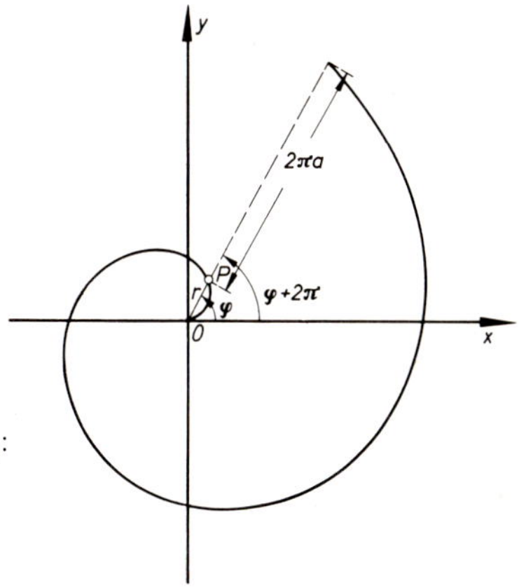

Auf einem Strahl mit dem Polwinkel φ haben die Kurvenpunkte den Abstand $a \cdot 2\pi$.

Steigung: $m = \frac{dy}{dx} = \frac{\sin\varphi + \varphi\cos\varphi}{\cos\varphi - \varphi\sin\varphi}$

(Nenner $\neq 0$; falls Nenner $= 0$, senkrechte Tangente)

Krümmungsradius: $\varrho = a\frac{(1+\varphi^2)^{3/2}}{2+\varphi^2}$

Flächeninhalt des Sektors zwischen φ_1 und φ_2:

$A = \frac{a^2}{6}(\varphi_2^3 - \varphi_1^3)$

Bogenlänge zwischen φ_1 und φ_2:

$s = \frac{a}{2}\left[\varphi\sqrt{1+\varphi^2} + \operatorname{arsinh}\varphi\right]_{\varphi_1}^{\varphi_2}$

Hyperbolische Spirale:

Der Abstand eines Kurvenpunktes P vom Pol ist umgekehrt proportional zum Polwinkel.

$\varphi \mapsto r = f(\varphi) = \frac{a}{\varphi} \quad (a > 0;$ Form *EPF*).

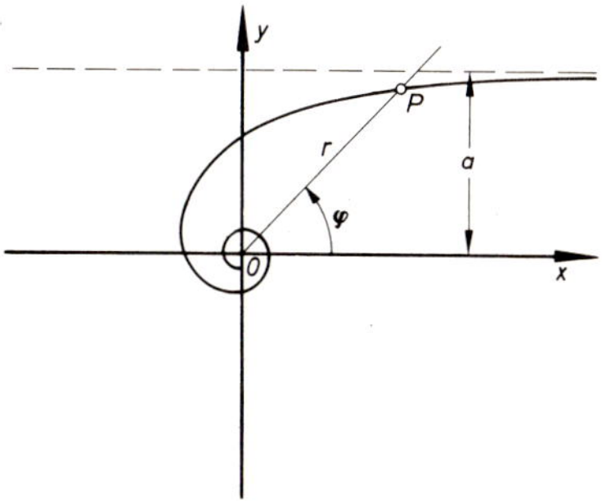

Die Gerade mit der Gleichung $y = a$ ist horizontale Asymptote. Der Pol ist asymptotischer Punkt.

Steigung: $m = \frac{dy}{dx} = \frac{\sin\varphi - \varphi\cos\varphi}{\cos\varphi + \varphi\sin\varphi}$

(Nenner $\neq 0$; falls Nenner $= 0$, senkrechte Tangente)

Krümmungsradius: $\varrho = \frac{a}{\varphi^4}(1+\varphi^2)^{3/2}$

Flächeninhalt des Sektors zwischen φ_1 und φ_2: $A = \frac{a^2}{2}\left(\frac{1}{\varphi_1} - \frac{1}{\varphi_2}\right)$

Bogenlänge zwischen φ_1 und φ_2: $s = a\left[\operatorname{arsinh}\varphi - \frac{\sqrt{1+\varphi^2}}{\varphi}\right]_{\varphi_1}^{\varphi_2}$

Logarithmische Spirale:

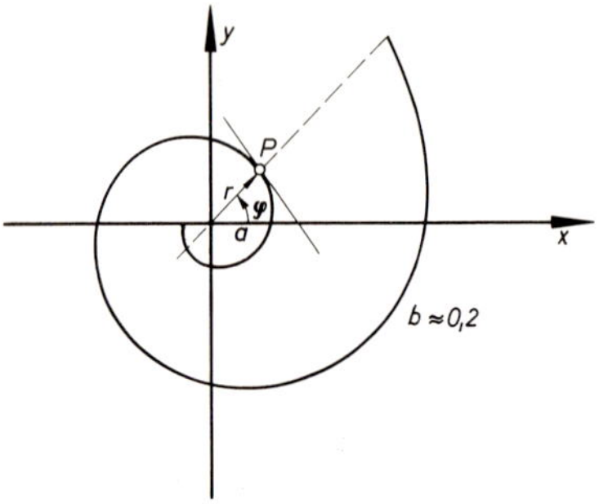

$\varphi \mapsto r = a\,e^{b\varphi}$ $(a>0;\ \varphi\in\mathbb{R};$ Form $EPF)$.
Der Pol ist asymptotischer Punkt.

Steigung: $m=\frac{dy}{dx}=\frac{b\sin\varphi+\cos\varphi}{b\cos\varphi-\sin\varphi}$
(Nenner $\neq 0$; falls Nenner $=0$, senkrechte Tangente)

Jede Tangente bildet mit dem zugehörigen Ortsvektor den festen Winkel $\arctan\frac{1}{b}$

Krümmungsradius: $\varrho = r\sqrt{1+b^2}$

Flächeninhalt des Sektors zwischen φ_1 und φ_2: $A=\frac{r_2^2-r_1^2}{4b}$

Bogenlänge zwischen φ_1 und φ_2: $s=\frac{\sqrt{1+b^2}}{|b|}(r_2-r_1)$

Lemniskate (Schleifenkurve):

Die Lemniskate ist der geometrische Ort aller Punkte P, für die das Produkt ihrer Abstände d_1, d_2 von zwei festen Punkten F_1, F_2 $(\overline{F_1F_2}=2e)$ konstant e^2 ist.

$\overline{OS_1}=\overline{OS_2}=e\sqrt{2}$

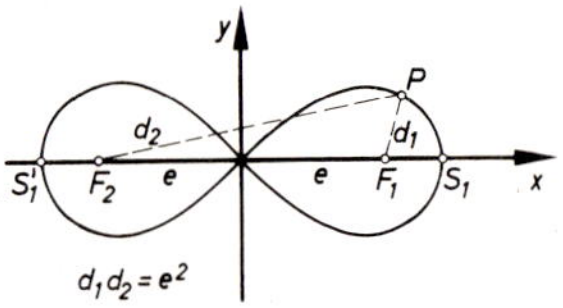

$\varphi\mapsto r=e\sqrt{2\cos 2\varphi}$ (Form EPF)

$(x^2+y^2)^2-2e^2(x^2-y^2)=0$ (Form EKT)

Gleichungen der Tangenten im Knotenpunkt (Koordinatenursprung):

$y=\pm x$

Absolute Hoch- bzw. Tiefpunkte: $x=\pm\frac{e}{2}\sqrt{3}$; $y=\pm\frac{e}{2}$.

Cassinische Kurve:

Die Cassinische Kurve ist eine verallgemeinerte Lemniskate:
Auf ihr liegen genau alle Punkte P, für die das Produkt ihrer Abstände d_1, d_2 von zwei festen Punkten F_1, F_2 $(\overline{F_1F_2}=2e)$ konstant $c^2 \neq e^2$ ist.

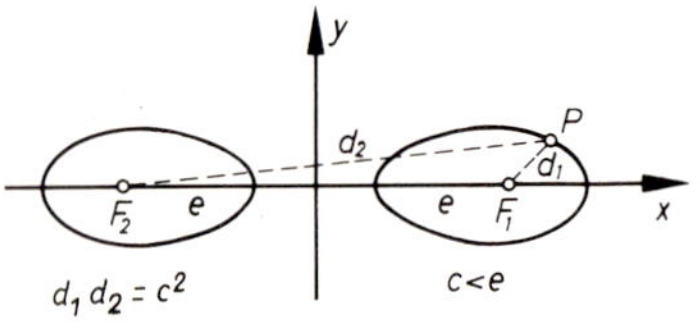

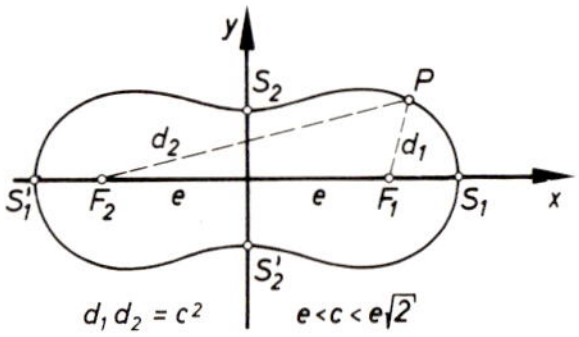

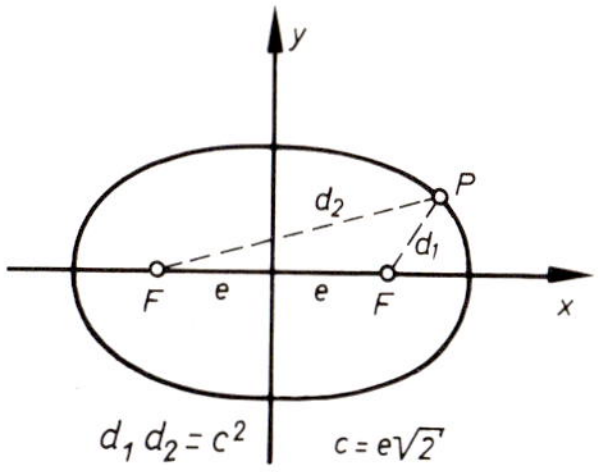

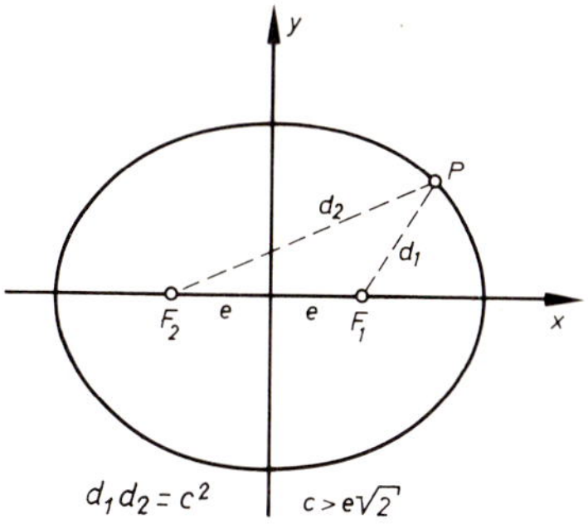

$r^4 - 2e^2 r^2 \cos 2\varphi - c^4 + e^4 = 0$ (Form *EPT*)

$(x^2 + y^2)^2 - 2e^2(x^2 - y^2) - c^2 + e^4 = 0$ (Form *EKT*)

Schnittpunkte mit x-Achse:

$c < e$: $x = \pm\sqrt{e^2 \pm c^2}$

$c > e$: $x = \pm\sqrt{e^2 + c^2}$

Schnittpunkte mit y-Achse: $y = \pm\sqrt{c^2 - e^2}$ $(c > e)$

Absolute Hoch- bzw. Tiefpunkte:

$c < e\sqrt{2}$: $x = \pm\dfrac{1}{2e}\sqrt{4e^4 - c^4}$; $y = \pm\dfrac{c^2}{2e}$

$c \geqq e\sqrt{2}$: $x = 0$; $y = \pm\sqrt{c^2 - e^2}$

7.8 Differentialgeometrie

7.8.1 Ebene Kurven

7.8.1.1 Steigung und davon abhängige Eigenschaften

Steigung einer Kurve:

$$m = \lim_{\Delta x \to 0} \frac{\Delta y}{\Delta x} = \frac{dy}{dx}$$

Form *EKF*: $m = f'(x)$ (f' unbeschränkt in Umgebung von x: senkrechte Tangente)

Form *EKT*: $m = -\dfrac{T_x(x, y)}{T_y(x, y)}$ ($T_y(x, y) = 0$ und $T_x(x, y) \neq 0$: senkrechte Tangente)

Form *EKP*: $m = \dfrac{f_2'(\tau)}{f_1'(\tau)} = \dfrac{y'}{x'}$ ($x' = 0$ und $y' \neq 0$: senkrechte Tangente)

Form EPF: $$m=\frac{f'(\varphi)\sin\varphi+f(\varphi)\cos\varphi}{f'(\varphi)\cos\varphi-f(\varphi)\sin\varphi}=\frac{r'\sin\varphi+r\cos\varphi}{r'\cos\varphi-r\sin\varphi}$$

(Nenner $=0$ und Zähler $\neq 0$: senkrechte Tangente)

Form EPP: $$m=\frac{f_1'(\tau)\sin f_2(\tau)+f_1(\tau)\cdot f_2'(\tau)\cos f_2(\tau)}{f_1'(\tau)\cos f_2(\tau)-f_1(\tau)\cdot f_2'(\tau)\sin f_2(\tau)}=\frac{r'\sin\varphi+r\varphi'\cos\varphi}{r'\cos\varphi-r\varphi'\sin\varphi}$$

(Nenner $=0$ und Zähler $\neq 0$: senkrechte Tangente).

Singuläre Punkte:

Form EKT:

Ist $T_x(x, y)=T_y(x, y)=0$ und verschwindet wenigstens eine partielle Ableitung $T_{xx}(x, y)$; $T_{xy}(x, y)$ oder $T_{yy}(x, y)$ nicht, so heißt der Punkt $P(x; y)$ singulär.

Die Steigung m der Kurve genügt dann der Gleichung

$$T_{xx}(x, y)+2\,T_{xy}(x, y)\cdot m+T_{yy}(x, y)\cdot m^2=0.$$

Fallunterscheidung:

1. $T_{xx}(x, y)\neq 0$;

$\Delta - T_{xy}^2(x, y)-T_{xx}(x, y)\cdot T_{yy}(x, y)$
$\begin{cases} >0: & \text{Knotenpunkt (eigentlicher Doppelpunkt)} \\ =0: & \text{Spitze oder Selbstberührungspunkt (mit zusammenfallenden Tangenten)} \\ <0: & \text{Einsiedlerpunkt (isolierter Punkt)} \end{cases}$

Für die beiden ersten Fälle ist $m=\dfrac{-T_{xy}(x, y)\pm\sqrt{\Delta}}{T_{yy}(x, y)}$

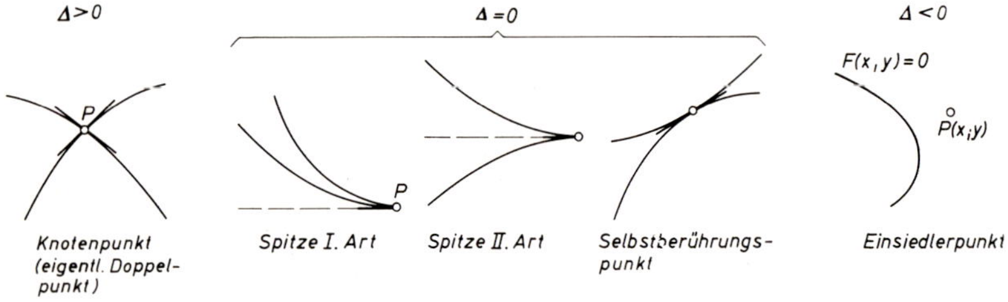

2. $T_{xx}(x, y)=0$: $m=0$ und $m=-\dfrac{2\,T_{xy}(x, y)}{T_{yy}(x, y)}$ falls $T_{yy}(x, y)\neq 0$

$m=0$ falls $T_{yy}(x, y)=0$

Form EKP:

Ist $f_1'(\tau)=x'=f_2'(\tau)=y'=0$ und ist wenigstens eine der zweiten Ableitungen $f_1''(\tau)$ oder $f_2''(\tau)$ nicht 0, so ist $m=\dfrac{f_2''(\tau)}{f_1''(\tau)}$ falls $f_1''(\tau)\neq 0$; sonst hat die Kurve eine senkrechte Tangente.

Form *EPF*:

Man setzt $x=f(\varphi)\cos\varphi=:f_1(\varphi)$

$$y=f(\varphi)\sin\varphi=:f_2(\varphi)$$

und verfährt wie bei der Form *EKP*.

Form *EPP*:

Man setzt $x=f_1(\tau)\cos f_2(\tau)=:f_1^*(\tau)$

$$y=f_2(\tau)\sin f_2(\tau)=:f_2^*(\tau)$$

und verfährt mit den Funktionen f_1^* und f_2^* wie bei der Form *EKP*.

Singuläre Punkte höherer Ordnung:

Form *EKT*:

Verschwinden auch sämtliche partiellen Ableitungen zweiter Ordnung von T, so heißt der Punkt $P(x, y)$ von höherer Ordnung singulär; man bildet das Differential dritter Ordnung von T und erhält unter Beachtung von $m=\frac{dy}{dx}$ die Gleichung

$$T_{xxx}(x,y)+3\,T_{xxy}(x,y)\cdot m+3\,T_{xyy}(x,y)\cdot m^2+T_{yyy}(x,y)\cdot m^3=0$$

Falls nicht alle Ableitungen verschwinden, erhält man Aufschluß über m. Sonst müßte man das Verfahren mit dem Differential der nächsthöheren Ordnung fortsetzen.

Form *EKP*:

Verschwinden auch $f_1''(\tau)$ und $f_2''(\tau)$, so fährt man analog mit $f_1'''(\tau)$ und $f_2'''(\tau)$ fort.

Form *EPF* und Form *EPP*:

Man stellt wie oben die Form *EKP* her und untersucht diese.

Vektor in Tangentenrichtung:

Form *EKF*: $\vec{t}=\begin{pmatrix}1\\ f'(x)\end{pmatrix}$

Form *EKT*: $\vec{t}=\begin{pmatrix}-T_y(x,y)\\ T_x(x,y)\end{pmatrix}$

Form *EKP*: $\vec{t}=\begin{pmatrix}f_1'(\tau)\\ f_2'(\tau)\end{pmatrix}=\begin{pmatrix}x'\\ y'\end{pmatrix}$

Form *EPF*: $\vec{t}=\begin{pmatrix}f'(\varphi)\cos\varphi-f(\varphi)\sin\varphi\\ f'(\varphi)\sin\varphi+f(\varphi)\cos\varphi\end{pmatrix}=\begin{pmatrix}r'\cos\varphi-r\sin\varphi\\ r'\sin\varphi+r\cos\varphi\end{pmatrix}$

Form *EPP*: $\vec{t}=\begin{pmatrix}r'\cos\varphi-r\,\varphi'\sin\varphi\\ r'\sin\varphi+r\,\varphi'\cos\varphi\end{pmatrix}$

$\vec{t}$ zeigt die Durchlaufungsrichtung der Kurve mit wachsenden Originalwerten an (Ausnahme: Form *EKT*).

Gleichung der Tangente:

Punkt-Richtungs-Form 7.2.2, Seite 308.

Winkel zwischen Ortsvektor und Tangente:

Form *EKF*: $\psi = \arccos \dfrac{x + m \cdot f(x)}{\sqrt{x^2 + f^2(x)} \cdot \sqrt{1 + m^2}}$

Form *EKP*: $\psi = \arccos \dfrac{f_1(\tau) \cdot f_1'(\tau) + f_2(\tau) f_2'(\tau)}{\sqrt{f_1^2(\tau) + f_2^2(\tau)} \cdot \sqrt{f_1'^2(\tau) + f_2'^2(\tau)}} = \arccos \dfrac{x x' + y y'}{\sqrt{x^2 + y^2}\sqrt{x'^2 + y'^2}}$

(Punkt nicht singulär)

Form *EPF*: $\psi = \arccos \dfrac{|f'(\varphi)|}{\sqrt{f^2(\varphi) + f'^2(\varphi)}} = \arccos \dfrac{|r'|}{\sqrt{r^2 + r'^2}} = \arctan \dfrac{r}{|r'|}$ $\quad (r' = 0{:}\ \psi = \frac{\pi}{2})$

Relative Hoch- und Tiefpunkte:

Notwendig: $m = 0$ mit Vorzeichenwechsel des Wertes m von $+$ nach $-$ (Hochpunkt) bzw. von $-$ nach $+$ (Tiefpunkt) bei anwachsendem x.

Hinreichend für den Vorzeichenwechsel ist:

Form *EKF*: $f''(x) \lesseqgtr 0$

Form *EKT*: $\dfrac{2T_{xy} \cdot T_x \cdot T_y - T_{yy} \cdot T_x^2 - T_{xx} \cdot T_y^2}{T_y^3} \lesseqgtr 0$

(die Angabe der Originale x, y ist der Übersichtlichkeit halber unterblieben).

Form *EKP*: $\dfrac{f_1'(\tau) f_2''(\tau) - f_2'(\tau) f_1''(\tau)}{f_1'^3(\tau)} = \dfrac{x' y'' - y' x''}{x'^3} \lesseqgtr 0$

Form *EPF*: $\dfrac{f^2(\varphi) - f(\varphi) f''(\varphi) + 2f'^2(\varphi)}{(f'(\varphi)\cos\varphi - f(\varphi)\sin\varphi)^3} = \dfrac{r^2 - r r'' + 2r'^2}{(r'\cos\varphi - r\sin\varphi)^3} \lesseqgtr 0$

Form *EPP*: $\dfrac{r^2 \varphi'^3 - r r'' \varphi' + r r' \varphi'' + 2r'^2 \varphi'}{(r'\cos\varphi - r\varphi'\sin\varphi)^3} \lesseqgtr 0 \qquad (r = f_1(\tau),\ \varphi = f_2(\tau))$

Berührung zweier Kurven:

Zwei Kurven berühren sich in einem Punkt, wenn dort die Steigungen übereinstimmen. (Falls außer $m = \dfrac{dy}{dx}$ auch $\dfrac{d^2 y}{dx^2}, \ldots \dfrac{d^n y}{dx^n}$ übereinstimmen und $\dfrac{d^{n+1} y}{dx^{n+1}}$ verschieden ist, spricht man von Berührung n-ter Ordnung; ist die Berührung mit einer Geraden von gerader Ordnung, so liegt die Kurve auf einer Seite der Geraden; ist die Berührung von ungerader Ordnung, so durchsetzt die Kurve die Gerade.)

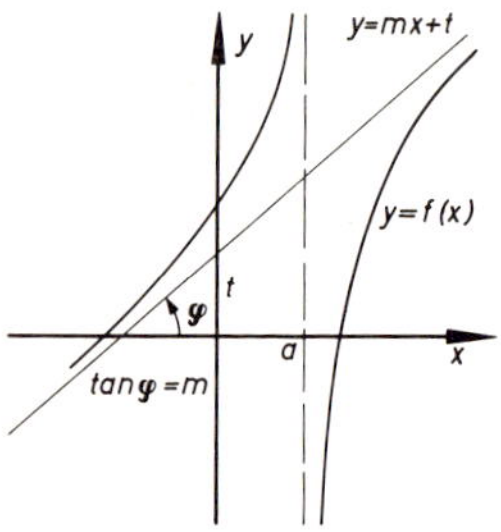

Asymptoten:

Form *EKF*:

Falls die Grenzwerte $\lim\limits_{x \to \pm\infty} \dfrac{f(x)}{x} = m$ oder $\lim\limits_{x \to \pm\infty} f'(x) = m$ und $\lim\limits_{x \to \pm\infty} (f(x) - mx) = t$ existieren, ist die Gerade mit der Gleichung $y = mx + t$ Asymptote an $\mathfrak{G}_f$.

Form EKT:

Eine allgemeine Methode zur Auffindung einer Asymptote ist nicht anzugeben. Man kann in der Gleichung $T(x, y)=0$ die Substitution $y=mx+t$ vornehmen und (z.B. nach Division durch x) untersuchen, ob die Gleichung $\lim\limits_{x\to\pm\infty} T(x, mx+t)=0$ für einen bestimmten Wert von m richtig ist. Ebenso kann man in $-\dfrac{T_x(x, y)}{T_y(x, y)}$ die Substitution $y=mx+t$ vornehmen und untersuchen, ob $-\lim\limits_{x\to\pm\infty} \dfrac{T_x(x, mx+t)}{T_y(x, mx+t)}=m$ für einen bestimmten Wert von m richtig ist.

Sodann kann man auch t aus der Gleichung $\lim\limits_{x\to\pm\infty} T(x, mx+t)=0$ zu ermitteln suchen; die Gerade mit der Gleichung $y=mx+t$ ist Asymptote an die Kurve.

Dieselbe Untersuchung wird nach der Substitution $x=a$ mit $\lim\limits_{y\to\pm\infty} T(a, y)=0$ durchgeführt. Existiert a, so ist die Gerade mit der Gleichung $x=a$ Asymptote an die Kurve.

Ist speziell $T(x, y)=\sum\limits_{i,k=0}^{n} a_{ik} x^i y^k=0$, so ersetzt man y durch $mx+t$ und setzt die Koeffizienten der höchsten und der zweithöchsten Potenz von x gleich 0. Aus beiden entstehenden Gleichungen kann m und t errechnet werden, falls eine Asymptote mit der Gleichung $y=mx+t$ existiert.

Form EKP:

Man stellt fest, ob und in der Nähe welcher Parameterwerte τ_1 gilt: $x\to\pm\infty$ und (oder) $y\to\pm\infty$. Fallunterscheidung:

$|x|\to\infty$; $y\to b$: Waagrechte Asymptote; Gleichung $y=b$.

$|y|\to\infty$; $x\to a$: Senkrechte Asymptote; Gleichung $x=a$

$|x|\to\infty$; $|y|\to\infty$: Falls $\lim\limits_{\tau\to\tau_1} \dfrac{y}{x}=m$ und $\lim\limits_{\tau\to\tau_1} (y-mx)=t$ existieren, ist die Gerade mit der Gleichung $y=mx+t$ Asymptote.

Form EPF:

Man stellt fest, ob f in der Nähe eines Wertes φ_1 unbeschränkt ist; dann ist die Gerade mit der Gleichung $y=mx+t$ $(m=\tan\varphi_1)$ bzw. $x=a$ (falls $\varphi_1=\pm\frac{\pi}{2}$) Asymptote, falls $t=\lim\limits_{\varphi\to\varphi_1} [r(\sin\varphi-m\cdot\cos\varphi)]$ bzw. $a=\lim\limits_{\varphi\to\varphi_1} (r\cdot\cos\varphi)$ existieren.

Der Abstand der Asymptote vom Ursprung ist $\lim\limits_{\varphi\to\varphi_1} \dfrac{r^2}{|r'|}$.

Enveloppe:

Enthält die Kurvengleichung (bzw. die Kurvengleichungen) einen (Schar-)Parameter p, so ist dadurch eine (einparametrige) Kurvenschar bestimmt.

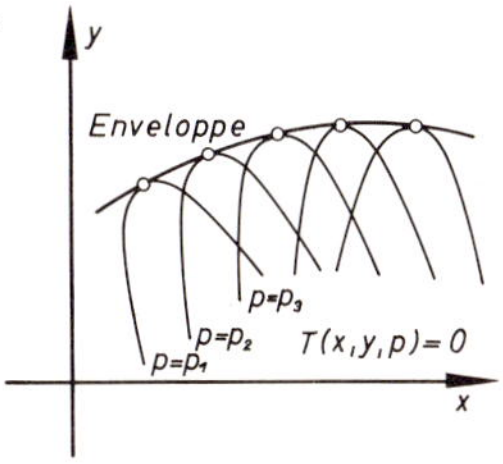

Diese kann eine oder mehrere Enveloppen (Einhüllende) besitzen. Die Enveloppe hat mit jeder Kurve der Schar einen Punkt und die Steigung in diesem Punkt gemeinsam.

Gleichung der Enveloppe: Elimination von p aus:

Form EKF: $y=f(x, p)$; $f_p(x, p)=0$.

Form EKT: $T(x, y, p)=0$; $T_p(x, y, p)=0$.

Form *EKP*: $x=f_1(\tau,p);\ y=f_2(\tau,p);\ \dfrac{\partial f_1(\tau,p)}{\partial\tau}\cdot\dfrac{\partial f_2(\tau,p)}{\partial p}=\dfrac{\partial f_1(\tau,p)}{\partial p}\cdot\dfrac{\partial f_2(\tau,p)}{\partial\tau}$

(auch Elimination von τ möglich).

Form *EPF*: $r=f(\varphi,p);\ f_p(\varphi,p)=0$

Bogenelement:

Form *EKF*: $ds=\sqrt{1+f'^2(x)}\,dx$

Form *EKP*: $ds=\sqrt{f_1'^2(\tau)+f_2'^2(\tau)}\,d\tau=\sqrt{x'^2+y'^2}\,d\tau$

Form *EPF*: $ds=\sqrt{f^2(\varphi)+f'^2(\varphi)}\,d\varphi=\sqrt{r^2+r'^2}\,d\varphi$

Form *EPP*: $ds=\sqrt{f_1^2(\tau)f_2'^2(\tau)+f_1'^2(\tau)}\,d\tau=\sqrt{r^2\,\varphi'^2+r'^2}\,d\tau$

Bogenlänge als Parameter:

Eine in der Form *EKP* gegebene Kurve besitze in jedem Punkt eine stetige Tangente; sie ist dann rektifizierbar, d.h. es existiert die Bogenlänge $s=\int\limits_{\tau_1}^{\tau_2}\sqrt{x'^2+y'^2}\,d\tau$. Man führt als neuen Parameter (natürlichen Parameter) die von einem beliebigen, aber festgehaltenen Punkt P aus gemessene Bogenlänge s ein:

$$s\mapsto x=f_1^*(s)$$
$$y=f_2^*(s).$$

Die Ableitungen nach s sollen mit dem Symbol ` gekennzeichnet werden. Dann ist

$$x^{\backprime 2}+y^{\backprime 2}=1;\ \vec{t}^{\,0}=\begin{pmatrix}x^{\backprime}\\ y^{\backprime}\end{pmatrix}.$$

B

Zu 7.8.1.1:

Singuläre Punkte, Form EKT

1. Durch die Gleichung $T(x,y)=y^2-x^2-x^3=0$ ist eine Kurve gegeben.

   Gesucht sind die Punkte mit waagrechter und senkrechter Tangente sowie die Gleichungen der Tangenten im singulären Punkt.

   $T_x(x,y)=-2x-3x^2;\quad T_y(x,y)=2y$

   $T_x(x,y)=0$ wenn $x=0$ oder $x=-\frac{2}{3}$

   $T_y(x,y)=0$ wenn $y=0.$

   $T_{xx}(x,y)=-2-6x;\quad T_{xy}(x,y)=0;\quad T_{yy}(x,y)=2$

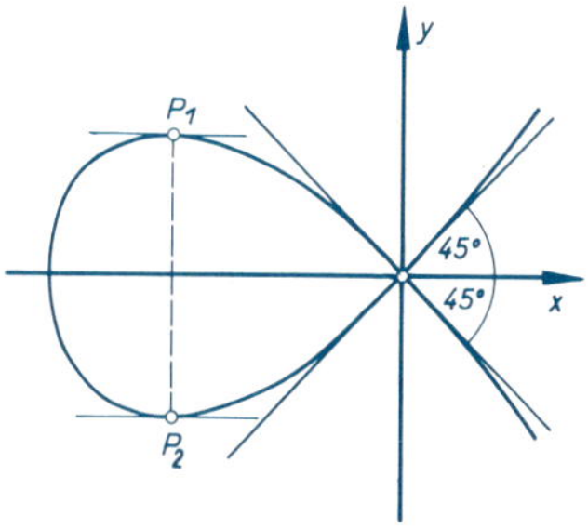

   Im Punkt $O(0;\,0)$ ist $T_x(0,0)=T_y(0,0)=0$,
   $T_{xx}(0,0)=-2,\ T_{yy}(0,0)=2.$
   Der Punkt O ist singulär;
   $\Delta=T_{xy}^2(0,0)-T_{xx}(0,0)\cdot T_{yy}(0,0)=4>0;$

   O ist Knotenpunkt mit $m=\pm\dfrac{2}{-2}=\mp 1.$

   Tangentengleichungen: $y=\mp x.$

Punkte mit waagrechten Tangenten: $m = \frac{2x + 3x^2}{2y} = 0$;

$x = 0$ scheidet als Lösung aus (singulärer Punkt):

für $x = -\frac{2}{3}$; $y = \pm\sqrt{\frac{4}{9} - \frac{8}{27}} = \pm\frac{2}{3\sqrt{3}} \approx \pm 0{,}38$ ergeben sich waagrechte Tangenten.

$(-\frac{2}{3}; 0{,}38)$ ist Hochpunkt, weil $\dfrac{2 \cdot 0 - 2 \cdot 0 - (-2+4) \cdot 4 \cdot \frac{4}{27}}{\frac{8}{27 \cdot 3\sqrt{3}}} < 0$;

$(-\frac{2}{3}; -0{,}38)$ ist Tiefpunkt, weil $\dfrac{2 \cdot 0 - 2 \cdot 0 - (-2+4) \cdot 4 \cdot \frac{4}{27}}{-\frac{8}{27 \cdot 3\sqrt{3}}} > 0$;

Punkte mit senkrechten Tangenten: $T_y(x, y) = 2y = 0$; $y = 0$; hieraus ergibt sich $x^2(x+1) = 0$; $x = 0$ scheidet aus (singulärer Punkt); im Punkt $(-1; 0)$ liegt eine senkrechte Tangente vor.

Die Kurve ist spiegelsymmetrisch zur x-Achse, weil mit $y^2 - x^2 - x^3 = 0$ auch $(-y)^2 - x^2 - x^3 = 0$ gilt.

2. Man stelle fest, ob die durch $T(x, y) = y^2 + x^2 - x^3 = 0$ gegebene Kurve singuläre Punkte besitzt.

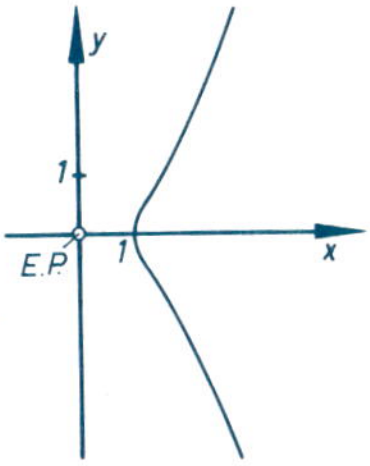

$T_x(x, y) = 2x - 3x^2$; $T_y(x, y) = 2y$

$T_x(x, y) = 0$ für $x = 0$ oder $x = \frac{2}{3}$;

$T_y(x, y) = 0$ für $y = 0$;

$T_{xx}(x, y) = 2 - 6x$; $T_{xy}(x, y) = 0$; $T_{yy}(x, y) = 2$

Im Punkt $O(0; 0)$ ist $T_x(0, 0) = T_y(0, 0) = 0$, $T_{xx}(0, 0) = 2$, $T_{yy}(0, 0) = 2$.

Der Punkt O ist singulär;

$\Delta = T_{xy}^2(0, 0) - T_{xx}(0, 0) \cdot T_{yy}(0, 0) = -4 < 0$.

O ist isolierter Punkt.

Kurvendiskussion, Form EKP

3. Durch die Parameterdarstellung (Form EKP) $\tau \mapsto \vec{r} = \begin{pmatrix} \sin\tau \cdot (1 - \cos\tau) \\ \cos\tau \cdot (1 - \sin\tau \end{pmatrix}$ ist eine Kurve gegeben.

Man ermittle ihre Schnittpunkte mit den Koordinatenachsen, Hoch- und Tiefpunkte, Punkte mit senkrechten Tangenten, sowie die Steigung in den Schnittpunkten mit den Koordinatenachsen.

Schnittpunkte mit y-Achse: $x = \sin\tau \cdot (1 - \cos\tau) = 0$;

$\sin\tau = 0$ oder $\cos\tau = 1$

$\tau = 0°$: $x = 0$; $y = 1$;

$\tau = 180°$: $x = 0$; $y = -1$;

$(0; 1)$, $(0; -1)$ sind die gesuchten Schnittpunkte.

Schnittpunkte mit x-Achse: $y=\cos\tau\cdot(1-\sin\tau)=0$

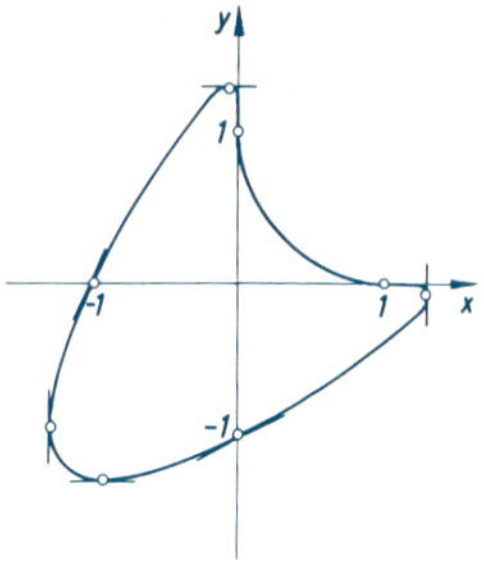

$\cos\tau=0$ oder $\sin\tau=1$

$\tau=90°$: $x=1$; $y=0$;

$\tau=270°$: $x=-1$; $y=0$;

(1; 0), (−1, 0) sind die gesuchten Schnittpunkte.

Singuläre Punkte:

$$x'=\cos\tau(1-\cos\tau)+\sin^2\tau=-(2\cos^2\tau-\cos\tau-1);$$

$$y'=-\sin\tau(1-\sin\tau)-\cos^2\tau=2\sin^2\tau-\sin\tau-1;$$

$$m=\frac{y'}{x'}=-\frac{2\sin^2\tau-\sin\tau-1}{2\cos^2\tau-\cos\tau-1};$$

$x'=0$ wenn $2\cos^2\tau-\cos\tau-1=0$; $\cos\tau=\dfrac{1\pm\sqrt{1+8}}{4}$;

$\cos\tau=1$ oder $\cos\tau=-0{,}5$

$\tau=0°$ $\quad\tau=\begin{cases}120°\\240°\end{cases}$

$y'=0$ wenn $2\sin^2\tau-\sin\tau-1=0$; $\sin\tau=\dfrac{1\pm\sqrt{1+8}}{4}$;

$\sin\tau=1$ oder $\sin\tau=-0{,}5$

$\tau=90°$ $\quad\tau=\begin{cases}210°\\330°\end{cases}$

Es gibt keine singulären Punkte.

Punkte mit waagrechten Tangenten:

$\tau=\ 90°$: $x=\ 1$; $y=\ 0$; $\dfrac{x'y''-y'x''}{x'^3}=\dfrac{y''}{x'^2}=0;$

$\tau=210°$: $x\approx-0{,}93$; $y\approx-1{,}30$; $\dfrac{x'y''-y'x''}{x'^3}=\dfrac{y''}{x'^2}\approx\dfrac{2{,}60}{x'^2}>0;$

$\tau=330°$: $x\approx-0{,}07$; $y\approx\ 1{,}30$; $\dfrac{x'y''-y'x''}{x'^3}=\dfrac{y''}{x'^2}\approx\dfrac{-2{,}60}{x'^2}<0;$

$x''=\sin\tau(4\cos\tau-1)$; $y''=\cos\tau(4\sin\tau-1)$;

(−0,93; −1,30) ist Tiefpunkt;

(−0,07; 1,30) ist Hochpunkt;

(1; 0) ist Terrassenpunkt, weil die Krümmung (7.8.1.2, Seite 378) das Vorzeichen wechselt.

Punkte mit senkrechten Tangenten:

$\tau=\ 0°$: $x=\ 0$; $y=\ 1$

$\tau=120°$: $x\approx\ 1{,}30$; $y\approx-0{,}07$

$\tau=240°$: $x\approx-1{,}30$; $y\approx-0{,}93$

Steigung in den Schnittpunkten mit den Koordinatenachsen.

$(0;\ 1)$ $\quad m$ nicht definiert, Tangente senkrecht.

$(0;\ -1)$: $\quad m = \dfrac{1}{2+1-1} = 0{,}5;$

$(1;\ 0)$: $\quad m = -\dfrac{2-1-1}{-1} = 0;$

$(-1;\ 0)$: $\quad m = -\dfrac{2+1-1}{-1} = 2.$

Kurvendiskussion, Form EPF

4. Durch die Gleichung $\varphi \mapsto r = f(\varphi) = 2a\sqrt{\cos\varphi}$ ist für $a > 0$ die Gleichung einer Kurve in der Form *EPF* gegeben.

   Man ermittle eventuell vorhandene singuläre Punkte, Hoch- und Tiefpunkte, Schnittpunkte mit den Koordinatenachsen, Asymptoten.

Definitionsbereich: $\cos\varphi \geqq 0;\ -\frac{\pi}{2} + 2k\pi \leqq \varphi \leqq \frac{\pi}{2} + 2k\pi\ (k \in \mathbb{Z});$

die Kurve liegt in der rechten Halbebene.

Schnittpunkt mit x-Achse: $\varphi = 0$: $r = 2a$

y-Achse: $\varphi = \pm\frac{\pi}{2}$: $r = 0$ (Koordinatenursprung).

Asymptote: r ist beschränkt, daher keine Asymptote.

Singuläre Punkte: $x = 2a\sqrt{\cos\varphi}\cdot\cos\varphi;\quad y = 2a\sqrt{\cos\varphi}\,\sin\varphi$

$$x' = -2\dot{a}\cdot\tfrac{3}{2}\sqrt{\cos\varphi}\cdot\sin\varphi; \qquad y' = 2a\left(\frac{-\sin^2\varphi}{2\sqrt{\cos\varphi}} + \sqrt{\cos\varphi}\cdot\cos\varphi\right)$$

$x' = 0$ wenn $\varphi = 0$ oder $\varphi = \pm\frac{\pi}{2}$;

$y' = 0$ wenn $\cos\varphi = \underset{(-)}{+}\dfrac{1}{\sqrt{3}}$, d.h. $\varphi \approx \pm 54{,}7°$;

es gibt keine singulären Punkte.

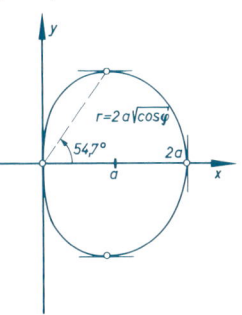

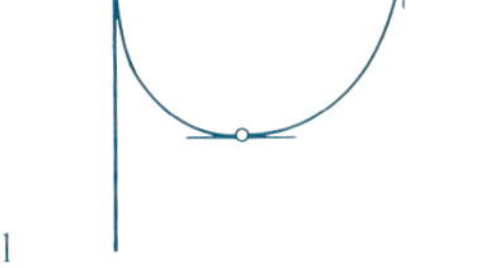

Punkte mit waagrechten Tangenten:

$\varphi \approx \pm 54{,}7°;\quad r \approx 1{,}52a;\quad x \approx 0{,}88a;\quad y \approx \pm 1{,}24a;$

$$y'' = -a\sin\varphi\left(5\sqrt{\cos\varphi} + \frac{\sin^2\varphi}{2\cos\varphi\cdot\sqrt{\cos\varphi}}\right);$$

$\operatorname{sgn}\dfrac{x'y'' - y'x''}{x'^3} = \operatorname{sgn}\dfrac{y''}{x'^2} = \operatorname{sgn} y'' = -\operatorname{sgn}(\sin\varphi)$, weil

$5\sqrt{\cos\varphi} + \dfrac{\sin^2\varphi}{2\cos\varphi\sqrt{\cos\varphi}} > 0$ wegen $\cos\varphi > 0$.

$\varphi = 54{,}7°;\quad -\operatorname{sgn}(\sin\varphi) = -1;$ Hochpunkt;

$\varphi = -54{,}7°;\quad -\operatorname{sgn}(\sin\varphi) = 1$: Tiefpunkt.

5. $T(x,y)=xy\cdot\tanh y-2x^2-3x-\sin\frac{1}{y}+4=0$ ist die Gleichung einer Kurve. Man untersuche, ob Asymptoten vorhanden sind.

$$x(mx+t)\cdot\tanh(mx+t)-2x^2-3x-\sin\frac{1}{mx+t}+4=0 \qquad \Big|: x^2\cdot\tanh(mx+t)$$

$$\lim_{x\to\pm\infty}\left[m+\frac{t}{x}-\frac{2}{\tanh(mx+t)}-\frac{3}{x\cdot\tanh(mx+t)}-\frac{1}{x^2}\cdot\frac{\sin\frac{1}{mx+t}}{\tanh(mx+t)}+\frac{4}{x^2\cdot\tanh(mx+t)}\right]=0$$

$$m\mp 2=0;\quad m=\pm 2;$$

$$t=\lim_{x\to\pm\infty}\left[\mp 2x+\frac{2x}{\tanh(\pm 2x+t)}+\frac{3}{\tanh(\pm 2x+t)}+\frac{\frac{1}{x}\sin\frac{1}{\pm 2x+t}}{\tanh(\pm 2x+t)}\right.$$

$$\left.-\frac{4}{x\cdot\tanh(\pm 2x+t)}\right]=\pm 3$$

Asymptoten: $y=\pm 2x\pm 3$.

6. $T(x,y)=y\cdot\sinh y-x\cdot\cosh\left(x+\frac{1}{x}\right)-\sin\frac{1}{x}=0$ ist die Gleichung einer Kurve. Man untersuche, ob Asymptoten vorhanden sind.

$$(mx+t)\cdot\sinh(mx+t)-x\cosh\left(x+\frac{1}{x}\right)-\sin\frac{1}{x}=0 \quad \Big|: x\cdot\cosh\left(x+\frac{1}{x}\right)$$

$$\left(m+\frac{t}{x}\right)\frac{\sinh(mx+t)}{\cosh\left(x+\frac{1}{x}\right)}-1-\frac{\sin\frac{1}{x}}{x\cdot\cosh\left(x+\frac{1}{x}\right)}=0;$$

$$\lim_{x\to\pm\infty}\left[\left(m+\frac{t}{x}\right)\frac{\sinh(mx+t)}{\cosh\left(x+\frac{1}{x}\right)}-1-\frac{\sin\frac{1}{x}}{x\cdot\cosh\left(x+\frac{1}{x}\right)}\right]$$

$$=\begin{cases}|m|-1 & \text{für } |m|=1,\ x\to+\infty\\ -|m|-1 & \text{für } |m|=1,\ x\to-\infty\\ -1 & \text{für } |m|<1.\end{cases}$$

Da dieser Grenzwert 0 sein soll, ist nur $m=\pm 1$ für $x\to+\infty$ möglich.

$$m=\pm 1;\quad t=\lim_{x\to\infty}\left[\frac{x\cosh\left(x+\frac{1}{x}\right)+\sin\frac{1}{x}}{\sinh(\pm x+t)}\mp x\right]$$

$$=\lim_{x\to\infty}\left[\frac{x\cosh\left(x+\frac{1}{x}\right)+\sin\frac{1}{x}\mp x\sinh(\pm x+t)}{\sinh(\pm x+t)}\right]$$

$$= \lim_{x\to\infty} \frac{x\left[\cosh\left(x+\frac{1}{x}\right)-\sinh(x\pm t)\right]}{\sinh(\pm x+t)} + \lim_{x\to\infty} \frac{\sin\frac{1}{x}}{\sinh(\pm x+t)}$$

$$= \lim_{x\to\infty} \frac{x}{\sinh(\pm x+t)} \cdot \lim_{x\to\infty} \left[\cosh\left(x+\frac{1}{x}\right)-\sinh(x+1)\right]-0$$

$$=0\cdot 0=0$$

Asymptoten: $y=\pm x$.

Da für $y=\frac{1}{kx}$ ($|k|>1$, $x>0$) gilt

$$\lim_{x\to 0}\left[\frac{1}{kx}\cdot\sinh\frac{1}{kx}-x\cdot\cosh\left(x+\frac{1}{x}\right)-\sin\frac{1}{x}\right]=0,$$

ist die y-Achse ($x=0$) eine weitere Asymptote.

7. Man untersuche, ob die durch $T(x,y)=\tanh xy-1+e^{y-x}=0$ gegebene Kurve Asymptoten hat.
   Man formt die Kurvengleichung in $T^*(x,y)=xy-\operatorname{artanh}(1-e^{y-x})=0$ um.

$$-\frac{T_x^*(x,y)}{T_y^*(x,y)}=-\frac{y-\frac{1}{2-e^{y-x}}}{x+\frac{1}{2-e^{y-x}}};$$

$$-\lim_{x\to\infty}\frac{T_x^*(x,mx+t)}{T_y^*(x,mx+t)}=-\lim_{x\to\infty}\frac{mx+t-\frac{1}{2-e^{(m-1)x+t}}}{x+\frac{1}{2-e^{(m-1)x+t}}}=-m;$$

$$-m=m;\quad m=0.$$

$$t=\lim_{x\to\infty}\frac{\operatorname{artanh}(1-e^{t-x})}{x}=\lim_{x\to\infty}\frac{\ln\frac{1+1-e^{t-x}}{1-1+e^{t-x}}}{2x}$$

$$=\lim_{x\to\infty}\frac{\ln(2-e^{t-x})}{2x}-\lim_{x\to\infty}\frac{t-x}{2x}=0+\tfrac{1}{2}.$$

Asymptote: $y=\frac{1}{2}$.

Da die durch $T(x,y)=0$ gegebene Kurve bzgl. der Geraden mit der Gleichung $y=-x$ symmetrisch ist, liegt noch die Asymptote mit der Gleichung $x=-\frac{1}{2}$ vor.

Asymptoten, Form EKP

8. Eine Kurve sei durch die Form *EKP* gegeben:

$$x=f_1(\tau)=\frac{\tau^2+1}{1-\tau};\quad y=f_2(\tau)=\frac{\tau}{\tau+1}$$

$x \to \pm\infty$ für $\tau \to \pm\infty$; $y \to 1 \pm 0$: Asymptote $y=1$

$x \to \pm\infty$ für $\tau \to 1 \mp 0$; $y \to \frac{1}{2} \mp 0$: Asymptote $y=\frac{1}{2}$

$y \to \pm\infty$ für $\tau \to -1 \mp 0$; $x \to 1 \pm 0$: Asymptote $x=1$.

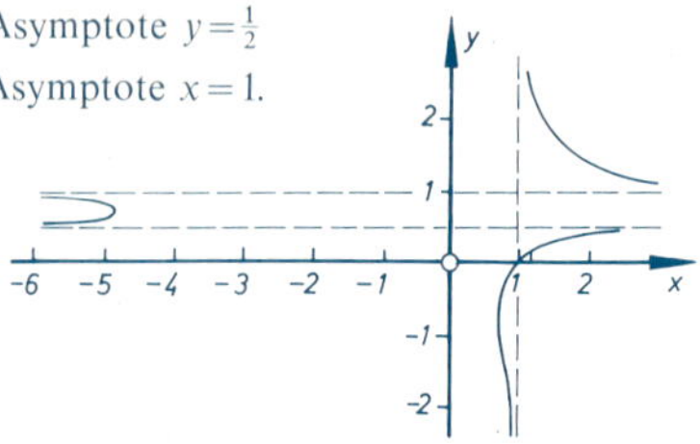

Asymptoten, Form EPF

9. Die durch die Gleichung $\varphi \mapsto r=f(\varphi)=\dfrac{p}{\varepsilon\cos\varphi-1}$ gegebene Hyperbel hat die Geraden mit den Gleichungen $y=\mp\dfrac{p\varepsilon}{\sqrt{\varepsilon^2-1}} \pm x\sqrt{\varepsilon^2-1}$ als Asymptoten. r ist in der Umgebung von $\varphi=\pm\arccos\dfrac{1}{\varepsilon}$ unbeschränkt.

$$m=\tan\left(\pm\arccos\frac{1}{\varepsilon}\right)=\pm\tan\left(\arccos\frac{1}{\varepsilon}\right)=$$

$$\pm\frac{\sqrt{1-\cos^2\left(\arccos\frac{1}{\varepsilon}\right)}}{\cos\left(\arccos\frac{1}{\varepsilon}\right)}=\pm\sqrt{\varepsilon^2-1};$$

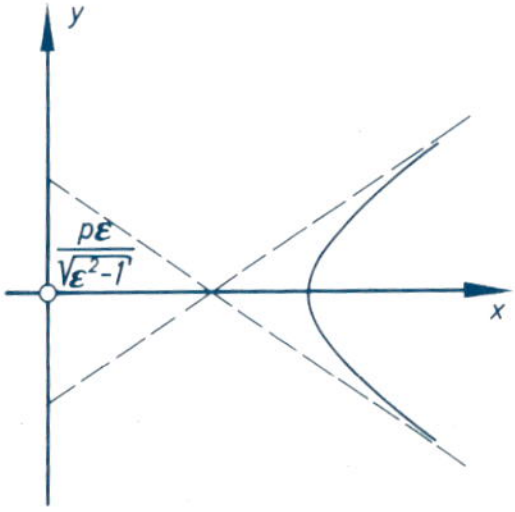

$$t=\lim_{\varphi\to\pm\arccos\frac{1}{\varepsilon}}\left[\frac{p}{\varepsilon\cos\varphi-1}(\sin\varphi\mp\sqrt{\varepsilon^2-1}\cdot\cos\varphi)\right]$$

$$=p\cdot\lim_{\varphi\to\pm\arccos\frac{1}{\varepsilon}}\frac{\sin\varphi\mp\sqrt{\varepsilon^2-1}\cos\varphi}{\varepsilon\cos\varphi-1};$$

Es ist (Regel von Bernoulli-L'Hospital)

$$p\cdot\lim_{\varphi\to\pm\arccos\frac{1}{\varepsilon}}\frac{\cos\varphi\pm\sqrt{\varepsilon^2-1}\sin\varphi}{-\varepsilon\sin\varphi}=p\cdot\frac{\frac{1}{\varepsilon}+\sqrt{\varepsilon^2-1}\cdot\sqrt{1-\frac{1}{\varepsilon^2}}}{\mp\varepsilon\sqrt{1-\frac{1}{\varepsilon^2}}}=\mp\frac{p\varepsilon}{\sqrt{\varepsilon^2-1}}.$$

Abstand der Asymptoten vom Brennpunkt mit Hessescher Normalenform:

$$d=\frac{p}{\sqrt{\varepsilon^2-1}}=b.$$

10. $\varphi \mapsto r=f(\varphi)=\coth\varphi$ ist eine Kurvengleichung in der Form *EPF*. r ist in der Nähe von $\varphi_1=0$ unbeschränkt.

Asymptote: $y=\tan 0 \cdot x+t=t$ mit

$$t=\lim_{\varphi\to 0}(\coth\varphi\cdot\sin\varphi)=\lim_{\varphi\to 0}\left(\frac{\cosh\varphi}{\sinh\varphi}\cdot\sin\varphi\right)=1\cdot\lim_{\varphi\to 0}\frac{\sin\varphi}{\sinh\varphi}=1\cdot 1=1$$

weil $\lim_{\varphi\to 0}\frac{\cos\varphi}{\cosh\varphi}=\frac{1}{1}=1$ (Regel von Bernoulli-L'Hospital).

Enveloppe, Form EKF

11. Ein Schenkel eines rechten Winkels verläuft durch den Punkt $F\left(\frac{p}{2};0\right)$, sein Scheitel bewege sich auf der y-Achse. Welches ist die Enveloppe der durch den zweiten Schenkel bestimmten Geradenschar?

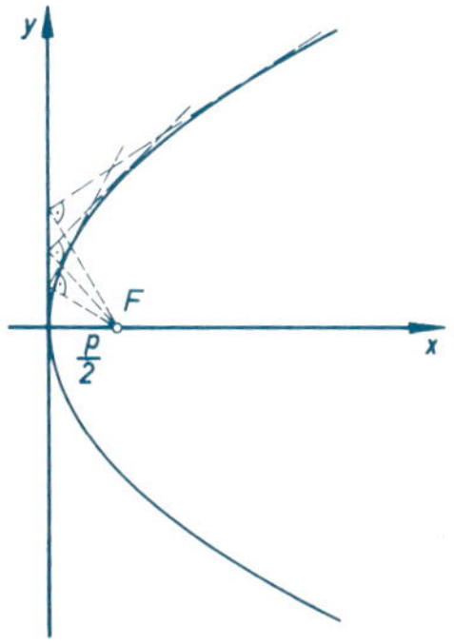

Der Schenkel durch F hat, wenn m eine beliebige Steigung (Parameter) ist, die Gleichung

$$\frac{y}{x-\frac{p}{2}}=m.$$

Er schneidet die y-Achse im Punkt $y=-\frac{p}{2}m$.

Der zweite Schenkel hat also die Gleichung

$$\frac{y+\frac{p}{2}m}{x}=-\frac{1}{m},\quad \text{so daß}\quad y=-\frac{1}{m}x-\frac{p}{2}m$$

die Gleichung der Geradenschar ist (mit m als Scharparameter!)

Enveloppe: $f_m(x,m)=\frac{x}{m^2}-\frac{p}{2}=0;\quad m=\pm\sqrt{\frac{2x}{p}};$

$$y=\mp\frac{x\sqrt{p}}{\sqrt{2x}}\mp\frac{p}{2}\sqrt{\frac{2x}{p}}=\mp 2\sqrt{\frac{px}{2}};$$

$$y^2=2px\ \text{(Parabel)}.$$

Enveloppe, Form EKP

12. In einen Kugelspiegel falle ein Parallellichtbündel ein. Die Schar der reflektierten Strahlen ist durch die Gleichung (Form EKP)

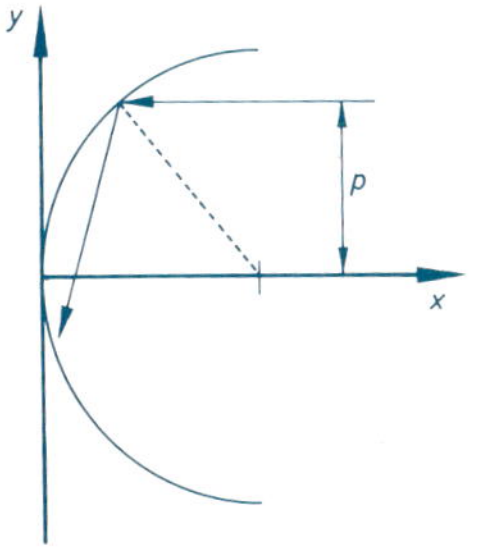

$$\tau\mapsto x=f_1(\tau,p)=-\sqrt{r^2-p^2}+\tau\left(\frac{r^2}{2}-p^2\right);$$

$$y=f_2(\tau,p)=p-\tau p\sqrt{r^2-p^2};$$

gegeben. Man ermittle die Gleichung der Enveloppe (Kaustik).

$$\frac{\partial f_1(\tau,p)}{\partial \tau}=\frac{r^2}{2}-p^2; \qquad \frac{\partial f_1(\tau,p)}{\partial p}=\frac{p}{\sqrt{r^2-p^2}}-2\tau p;$$

$$\frac{\partial f_2(\tau,p)}{\partial \tau}=-p\sqrt{r^2-p^2}; \qquad \frac{\partial f_2(\tau,p)}{\partial p}=1-\tau\left(\sqrt{r^2-p^2}-\frac{p^2}{\sqrt{r^2-p^2}}\right);$$

$$\frac{r^2}{2}-p^2-\tau\left(\frac{r^2}{2}-p^2\right)\frac{1}{\sqrt{r^2-p^2}}(r^2-2p^2)=-p^2+2\tau p^2\sqrt{r^2-d^2};$$

hieraus ergibt sich durch einfache Umformungen

$$r^2\tau=\sqrt{r^2-p^2}; \quad \tau=\frac{\sqrt{r^2-p^2}}{r^2}$$

und für die Enveloppe: $\vec{r}=\begin{pmatrix}-\sqrt{r^2-p^2}\\ p\end{pmatrix}+\frac{\sqrt{r^2-p^2}}{r^2}\begin{pmatrix}\frac{r^2}{2}-p^2\\ -p\sqrt{r^2-p^2}\end{pmatrix}.$

7.8.1.2 Krümmung und davon abhängige Eigenschaften

Normalenvektor

Der Normalenvektor kann auf zwei Arten definiert werden:

1. $\vec{n}^0$ geht aus $\vec{t}^0$ durch Drehung im Gegenuhrzeigersinn hervor; $\vec{n}^0$ weist nach links, wenn man in Richtung von $\vec{t}^0$ blickt.

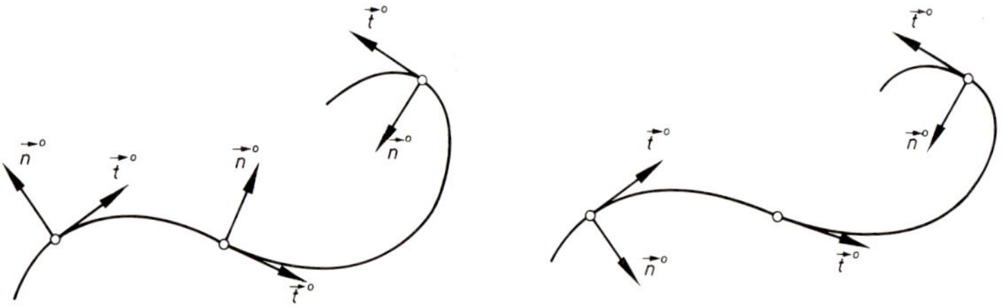

2. $\vec{n}^0=\frac{\vec{t}^{0\prime}}{|\vec{t}^{0\prime}|}$ (natürlicher Parameter s).

   $\vec{n}^0$ weist immer in Richtung der konkaven Seite der Kurve. Ist $\vec{t}^{0\prime}=\vec{o}$ (z.B. Wendepunkt, Geradenstück), so ist $\vec{n}^0$ nicht definiert.

Krümmung

Die Krümmung k einer Kurve in einem Kurvenpunkt kann auf zwei Arten definiert werden:

1. $k = \lim_{\Delta s \to 0} \frac{\Delta\alpha}{\Delta s} = \frac{d\alpha}{ds} \begin{cases} >0 & \text{bei Linkskrümmung} \\ =0 & \text{Wendepunkt, Geradenstück} \\ <0 & \text{bei Rechtskrümmung,} \end{cases}$

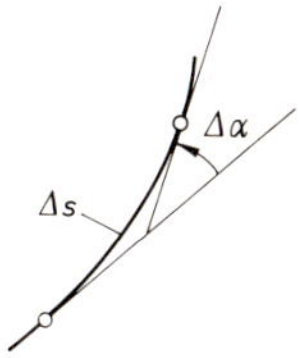

jeweils bei Durchlaufung der Kurve mit wachsendem Originalwert.

2. $k = |\vec{t}^{0\cdot}| = \frac{|\vec{t}^{0\prime}|}{\sqrt{x'^2 + y'^2}} = \left|\frac{d\alpha}{ds}\right| \geqq 0$

Für beide Definitionen weisen $k\vec{n}^0$ und $\frac{1}{k}\vec{n}^0$ in Richtung der konkaven Seite der Kurve.

Für die Definition 1 von $\vec{n}^0$ und k gilt:

Form	$\vec{n}^0$	k
EKF	$\frac{1}{\sqrt{1+f'^2(x)}} \begin{pmatrix} -f'(x) \\ 1 \end{pmatrix}$	$\frac{f''(x)}{\sqrt{1+f'^2(x)}^3}$
EKT	$\frac{1}{\sqrt{T_x^2 + T_y^2}} \begin{pmatrix} T_x \\ T_y \end{pmatrix}$	$-\frac{T_{xx} T_y^2 - 2 T_{xy} T_x T_y + T_{yy} T_x^2}{\sqrt{T_x^2 + T_y^2}^3}$
	Der Einfachheit halber sind die Originale x, y weggelassen. Vorzeichenregelung für Links- und Rechtskrümmung ungültig.	
EKP	$\frac{1}{\sqrt{f_1'^2(\tau)+f_2'^2(\tau)}} \begin{pmatrix} -f_2'(\tau) \\ f_1'(\tau) \end{pmatrix}$ $= \frac{1}{\sqrt{x'^2+y'^2}} \begin{pmatrix} -y' \\ x' \end{pmatrix}$	$\frac{f_1'(\tau) f_2''(\tau) - f_1''(\tau) f_2'(\tau)}{\sqrt{f_1'^2(\tau)+f_2'^2(\tau)}^3}$ $= \frac{x' y'' - x'' y'}{\sqrt{x'^2+y'^2}^3}$
EPF	$\frac{1}{\sqrt{f^2(\varphi)+f'^2(\varphi)}} \begin{pmatrix} -f'(\varphi) \sin\varphi - f(\varphi)\cos\varphi \\ f'(\varphi)\cos\varphi - f(\varphi)\sin\varphi \end{pmatrix}$ $= \frac{1}{\sqrt{r^2+r'^2}} \begin{pmatrix} -r'\sin\varphi - r\cos\varphi \\ r'\cos\varphi - r\sin\varphi \end{pmatrix}$	$\frac{f^2(\varphi)+2f'^2(\varphi)-f(\varphi)f''(\varphi)}{\sqrt{f^2(\varphi)+f'^2(\varphi)}^3}$ $= \frac{r^2+2r'^2-r r''}{\sqrt{r^2+r'^2}^3}$
EPP	$\frac{\operatorname{sgn}(\varphi')}{\sqrt{r^2\varphi'^2+r'^2}} \begin{pmatrix} -r'\sin\varphi - r\varphi'\cos\varphi \\ r'\cos\varphi - r\varphi'\sin\varphi \end{pmatrix}$ $r = f_1(\tau)$ $\varphi = f_2(\tau)$	$\frac{r^2\varphi'^3 + 2r'^2\varphi' - r r''\varphi' + r r'\varphi''}{\sqrt{r^2\varphi'^2+r'^2}^3}$ $\cdot \operatorname{sgn}(\varphi')$ $r = f_1(\tau)$ $\varphi = f_2(\tau)$

Frenetsche Formeln

$\vec{t}^{0\cdot} = k\vec{n}^0; \qquad \vec{t}^{0\prime} = k\sqrt{x'^2+y'^2}\,\vec{n}^0$

$\vec{n}^{0\cdot} = -k\vec{t}^0; \qquad \vec{n}^{0\prime} = -k\sqrt{x'^2+y'^2}\,\vec{t}^0$

Krümmungsradius, Krümmungsmittelpunkt, Krümmungskreis

Ist $k \neq 0$, so ist $\frac{1}{|k|} = \varrho$ der Krümmungsradius.

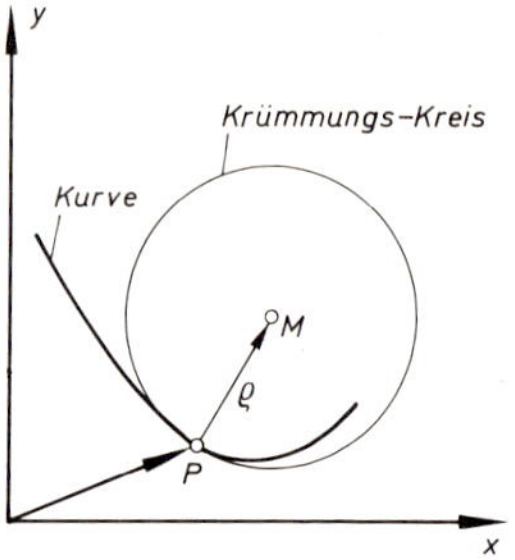

Der Krümmungsmittelpunkt M liegt auf der Kurvennormalen nach der konkaven Kurvenseite im Abstand $\varrho = \frac{1}{|k|}$.

Für den Ortsvektor des Krümmungsmittelpunktes gilt:

$$\overrightarrow{OM} = \overrightarrow{OP} + \frac{1}{k}\vec{n}^0.$$

Der Kreis mit Radius ϱ um M ist der Krümmungskreis.

Evolute

Der geometrische Ort aller Krümmungsmittelpunkte einer Kurve K heißt Evolute von K.

Parameterdarstellung der Evolute:

$\vec{r}_{\text{Evolute}} = \vec{r}_K + \frac{1}{k}\vec{n}^0$ (k und $\vec{n}^0$ von Seite 379).

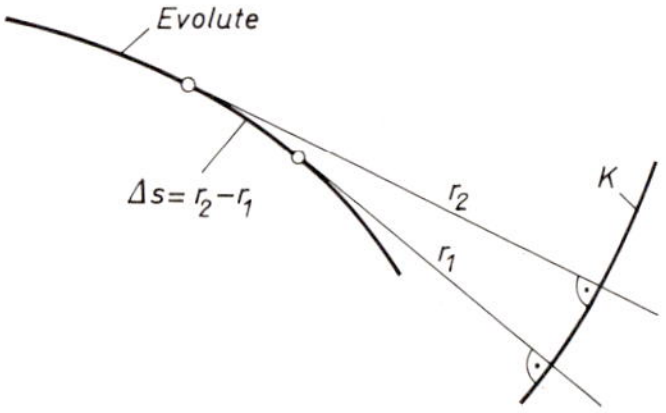

Ein Bogenstück zwischen zwei Punkten auf der Evolute ist so lange wie die Differenz der zugehörigen Krümmungsradien.

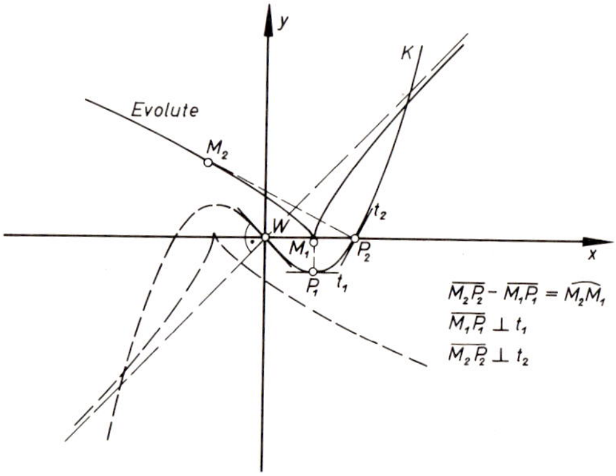

Hat K einen Scheitel (Punkt mit relativem inneren Extremum der Krümmung), so ist der zugehörige Evolutenpunkt singulär.

Hat K einen Wendepunkt, so ist die Normale von K Asymptote der Evolute.

Jede Normale von K ist Tangente der Evolute. K ist also normal zu den Tangenten der Evolute.

Evolvente

Jede Kurve, die zu den Tangenten einer gegeben Kurve K^* normal ist, heißt (Filar-, Faden-) Evolvente von K^*. Unter den Evolventen der Evolute einer Kurve K muß also K selbst sein.

Parameterdarstellung der Evolvente: $\vec{r}_{\text{Evolvente}} = \vec{r}_{K^*} + (c-s)\vec{t}^0 \quad (c \in \mathbb{R})$.

Konstruktion von Evolventenstücken ohne Scheitel: Man legt um K^* einen Faden beliebiger Länge und wickelt ihn so ab, daß das freie Ende stets in Tangentenrichtung von K^* straff gespannt ist, der Rest auf K^* aufliegt. Jeder Punkt des Fadens bewegt sich dann auf einer Evolventen zu K^*.

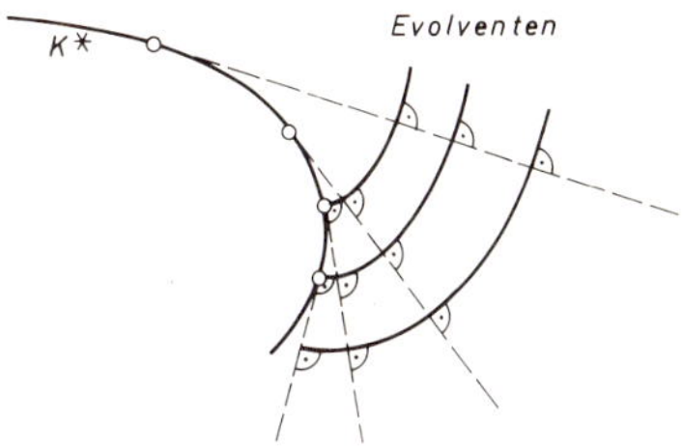

B

Zu 7.8.1.2

Evolute, Form EKF

1. Gesucht ist die Gleichung der Evolute zur Kurve mit der Gleichung

$$x \mapsto y = f(x) = \sqrt{x}.$$

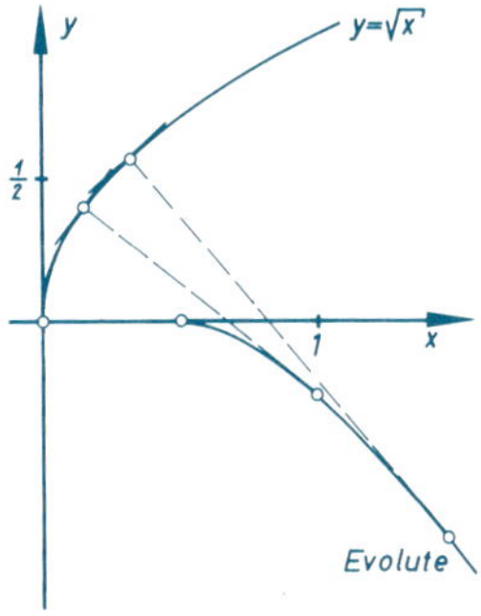

$$f'(x) = \frac{1}{2\sqrt{x}}; \quad f''(x) = -\frac{1}{4x\sqrt{x}} \quad (x>0).$$

$$k = -\frac{1}{4x\sqrt{x}\cdot\sqrt{1+\frac{1}{4x}}^{\,3}};$$

$$\vec{n}^0 = \frac{1}{\sqrt{1+\frac{1}{4x}}}\begin{pmatrix} -\frac{1}{2\sqrt{x}} \\ 1 \end{pmatrix};$$

$$\text{Evolute: } x \mapsto \vec{r} = \begin{pmatrix} x \\ \sqrt{x} \end{pmatrix} - 4x\sqrt{x}\left(1+\frac{1}{4x}\right)\begin{pmatrix} -\frac{1}{2\sqrt{x}} \\ 1 \end{pmatrix} = \begin{pmatrix} 3x+\frac{1}{2} \\ -4x\sqrt{x} \end{pmatrix}.$$

Der Parameter ist die x-Koordinate des entsprechenden Punktes auf der Ausgangskurve.

Evolute, Form EKP

2. Gesucht ist die Evolute der gewöhnlichen Zykloiden, die durch

$$\tau \mapsto x = 4(\tau - \sin\tau)$$
$$y = r(1-\cos\tau) \text{ gegeben ist.}$$

$$x' = r(1-\cos\tau); \quad x'' = r\sin\tau;$$
$$y' = r\sin\tau; \quad y'' = r\cos\tau;$$

$$k=\frac{r^2(1-\cos\tau)\cos\tau-r^2\sin^2\tau}{\sqrt{r^2(1-\cos\tau)^2+r^2\sin^2\tau}^3}=\frac{1}{r}\cdot\frac{\cos\tau-1}{\sqrt{2-2\cos\tau}^3}=-\frac{1}{2r\sqrt{2}\sqrt{1-\cos\tau}};$$

$$\vec{n}^0=\frac{1}{r\sqrt{2}\sqrt{1-\cos\tau}}\begin{pmatrix}-r\sin\tau\\ r(1-\cos\tau)\end{pmatrix}=\frac{1}{\sqrt{2}\cdot\sqrt{1-\cos\tau}}\begin{pmatrix}-\sin\tau\\ 1-\cos\tau\end{pmatrix}$$

Evolute: $\vec{r}=r\begin{pmatrix}\tau-\sin\tau\\ 1-\cos\tau\end{pmatrix}-2r\begin{pmatrix}-\sin\tau\\ 1-\cos\tau\end{pmatrix}=r\begin{pmatrix}\tau+\sin\tau\\ -1+\cos\tau\end{pmatrix}$

$$=r\begin{pmatrix}-\pi+\tau+\pi+\sin(\tau+\pi-\pi)\\ -2+1+\cos(\tau+\pi-\pi)\end{pmatrix}=r\begin{pmatrix}-\pi\\ -2\end{pmatrix}+r\begin{pmatrix}\tau^*-\sin\tau^*\\ 1-\cos\tau^*\end{pmatrix}$$

Die Evolute geht aus der ursprünglichen Zykloiden durch Verschiebung um den Vektor $\begin{pmatrix}-r\pi\\ -2r\end{pmatrix}$ hervor.

7.8.2 Raumkurven

7.8.2.1 Tangente und davon abhängige Eigenschaften

Vektor in Tangentenrichtung

Form *RKP*: $\vec{t}=\vec{r}'=\begin{pmatrix}f_1'(\tau)\\ f_2'(\tau)\\ f_3'(\tau)\end{pmatrix}=\begin{pmatrix}x'\\ y'\\ z'\end{pmatrix}$; $\qquad \vec{t}^0=\frac{\vec{r}'}{|\vec{r}'|}$.

Für $f_1'(\tau)=f_2'(\tau)=f_3'(\tau)=0$ ist der Kurvenpunkt singulär. $\vec{t}$ zeigt die Durchlaufungsrichtung der Kurve mit wachsenden Parameterwerten an.

Gleichung der Tangente

Punkt-Richtungs-Form 7.2.2, Seite 309

Bogenlänge

$$s=\int_{\tau_1}^{\tau_2}\sqrt{f_1'^2(\tau)+f_2'^2(\tau)+f_3'^2(\tau)}\,d\tau=\int_{\tau_1}^{\tau_2}\sqrt{x'^2+y'^2+z'^2}\,d\tau=\int_{\tau_1}^{\tau_2}|\vec{t}|\,d\tau$$

Natürlicher Parameter

Wird die von einem beliebigen Kurvenpunkt einer rektifizierbaren Kurve gezählte Bogenlänge s als Parameter verwendet, entsteht die natürliche Parameterdarstellung der Kurve; dann ist $\dot{x}^2+\dot{y}^2+\dot{z}^2=1$; $\vec{t}^0=\begin{pmatrix}\dot{x}\\ \dot{y}\\ \dot{z}\end{pmatrix}=\dot{\vec{r}}$.

Normalebene

Die zu $\vec t$ senkrechte Ebene heißt Normalebene der Kurve in dem betreffenden Kurvenpunkt (Ortsvektor $\vec r_0$).

Gleichung: $(\vec r - \vec r_0)\cdot\vec t = 0.$

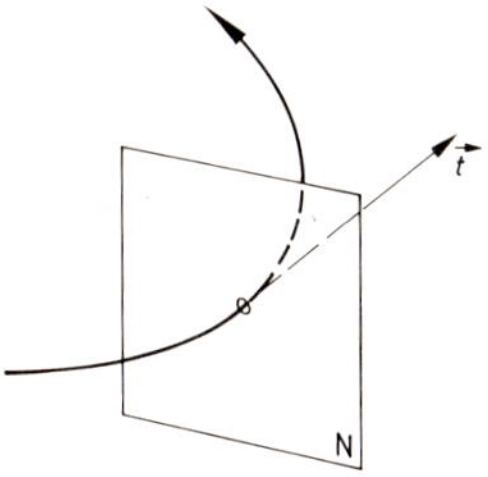

Normalen

Jede Gerade der Normalebene durch den Kurvenpunkt heißt Normale.

7.8.2.2 Krümmung und davon abhängige Eigenschaften.

Krümmung

$$k = |\vec t^{0\backprime}| = |\vec r^{\backprime\backprime}| = |\vec t^{0} \times \vec t^{0\backprime}| = |\vec r^{\backprime} \times \vec r^{\backprime\backprime}| = \sqrt{\vec r^{\backprime 2}\cdot\vec r^{\backprime\backprime 2} - (\vec r^{\backprime}\cdot\vec r^{\backprime\backprime})^2}$$

$$= \frac{|\vec r' \times \vec r''|}{|\vec r'|^3} = \frac{\sqrt{\vec r'^2\cdot\vec r''^2 - (\vec r'\cdot\vec r'')^2}}{|r'|^3} = \frac{\sqrt{(x'^2+y'^2+z'^2)(x''^2+y''^2+z''^2)-(x'x''+y'y''+z'z'')^2}}{\sqrt{x'^2+y'^2+z'^2}^{\,3}}$$

Schmiegebene

Die von $\vec r' = \vec t = \begin{pmatrix} x' \\ y' \\ z' \end{pmatrix}$ und $\vec r'' = \vec t' = \begin{pmatrix} x'' \\ y'' \\ z'' \end{pmatrix}$ aufgespannte Ebene heißt Schmiegebene der Kurve in dem betreffenden Kurvenpunkt (Ortsvektor $\vec r_0$).

Gleichung: $\vec r = \vec r_0 + \lambda\vec r' + \mu\vec r''$ $(\lambda, \mu \in \mathbb{R})$;
$(\vec r - \vec r_0, \vec r', \vec r'') = 0$ (Spatprodukt, Seite 47).

Hauptnormalenvektor

$$\vec n^0 = \frac{\vec t^{0\backprime}}{|\vec t^{0\backprime}|} = \frac{\vec r^{\backprime\backprime}}{|\vec r^{\backprime\backprime}|} \quad \text{(natürlicher Parameter)}$$

$$= \frac{\vec r'^2\vec r'' - (\vec r'\cdot\vec r')\vec r'}{|\vec r'|\cdot\sqrt{\vec r'^2\vec r''^2 - (\vec r'\cdot\vec r'')^2}}$$

$\vec n^0$ ist orthogonal zu $\vec t^0$; $\vec n^0$ liegt in der Normalebene und in der Schmiegebene.

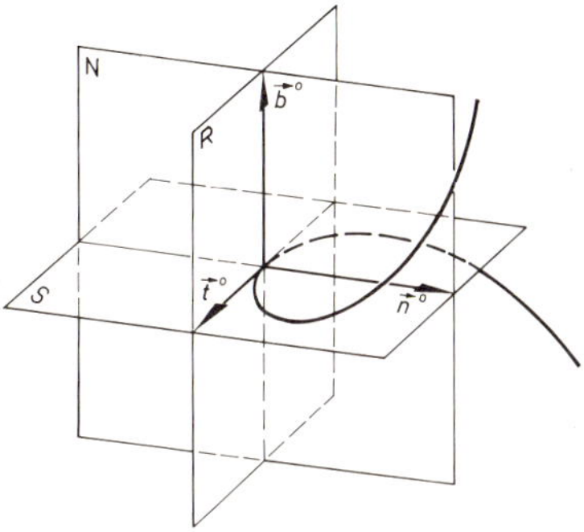

Binormalenvektor

$$\vec b^0 = \vec t^0 \times \vec n^0$$

$\vec b^0$ liegt in der Normalebene und spannt mit dem Tangentenvektor die Streckebene (rektifizierende Ebene) auf.

Schmiegebene: aufgespannt von $\vec{t}^0$ und $\vec{n}^0$

Normalebene: $\vec{n}^0$ und $\vec{b}^0$

Rektifiz. Ebene: $\vec{b}^0$ und $\vec{t}^0$.

7.8.2.3 Windung (Torsion) und davon abhängige Eigenschaften

Windung (Torsion)

$$w = -\vec{b}^{0\cdot} \cdot \vec{n}^0 \quad \text{(oft auch mit } \tau \text{ oder } t \text{ bezeichnet).}$$

$$= \frac{(\dot{\vec{r}}, \ddot{\vec{r}}, \dddot{\vec{r}})}{\ddot{\vec{r}}^2} = \frac{(\vec{r}', \vec{r}'', \vec{r}''')}{(\vec{r}' \times \vec{r}'')^2} \quad \text{(Spatprodukte)}$$

$$= \frac{\begin{vmatrix} x' & x'' & x''' \\ y' & y'' & y''' \\ z' & z'' & z''' \end{vmatrix}}{(y'z''-z'y'')^2+(z'x''+x'z'')^2+(x'y''-y'x'')^2}.$$

Darbouxscher Vektor, Gesamtkrümmung

$$\vec{d} = w\,\vec{t}^0 + k\,\vec{b}^0 \quad (\vec{d} \text{ Darbouxscher Vektor, parallel zur Streckebene})$$

$$|\vec{d}| = \sqrt{w^2+k^2} \quad \text{(Gesamtkrümmung, Lancretsche Krümmung)}$$

$$= \lim_{\Delta s \to 0} \frac{\Delta\beta}{\Delta s} \quad (\Delta\beta \text{ Winkel der Hauptnormalen in zwei Kurvenpunkten).}$$

Frenetsche Formeln

$$\vec{t}^{0\cdot} = k\,\vec{n}^0; \qquad \vec{t}^{0\prime} = k\,\vec{n}^0 \sqrt{x'^2+y'^2+z'^2};$$

$$\vec{n}^{0\cdot} = w\,\vec{b}^0 - k\,\vec{t}^0; \qquad \vec{n}^{0\prime} = (w\,\vec{b}^0 - k\,\vec{t}^0)\sqrt{x'^2+y'^2+z'^2};$$

$$\vec{b}^{0\cdot} = -w\,\vec{n}^0; \qquad \vec{b}^{0\prime} = -w\,\vec{n}^0 \sqrt{x'^2+y'^2+z'^2}.$$

	$\vec{t}^0$	$\vec{n}^0$	$\vec{b}^0$
$\vec{t}^{0\cdot}$	0	k	0
$\vec{n}^{0\cdot}$	$-k$	0	w
$\vec{b}^{0\cdot}$	0	$-w$	0

Begleitendes Dreibein

Die Vektoren $\vec{t}^0$, $\vec{n}^0$, $\vec{b}^0$ bilden ein lokales kartesisches Koordinatensystem. Es wird als begleitendes Dreibein der Kurve bezeichnet.

Hauptgleichungen

Existieren in jedem Punkt einer Raumkurve die benötigten Ableitungen und führt man das begleitende Dreibein als Koordinatensystem im Punkt P (Ortsvektor $\vec{r}$) ein, so gilt:

$$\vec{r}\,' = \frac{d\vec{r}}{ds} = \vec{t}^0$$

$$\vec{r}\,'' = \frac{d^2\vec{r}}{ds^2} = k\,\vec{n}^0$$

$$\vec{r}\,''' = \frac{d^3\vec{r}}{ds^3} = -k^2\,\vec{t}^0 + k'\,\vec{n}^0 + k\,w\,\vec{b}^0$$

$$\vec{r}\,'''' = \frac{d^4\vec{r}}{ds^4} = -3k\,k'\,\vec{t}^0 + (k'' - k^3 - k\,w^2)\,\vec{n}^0 + (k\,w' + 2w\,k')\,\vec{b}^0$$

(Anwendung der Frenetschen Formeln).

B

Zu 7.8.2
Schraubenlinie

1. Ein Punkt bewegt sich mit gleichbleibender Winkelgeschwindigkeit ω auf einem Kreis mit Radius r. Die Kreisebene bewegt sich gleichzeitig mit der Geschwindigkeit v senkrecht zur Kreisebene; der Punkt beschreibt dann eine gewöhnliche Schraubenlinie.

Die Kurve ist in der Form *RKP* gegeben durch:

$$\tau \mapsto x = f_1(\tau) = r\cos\omega\tau;$$
$$y = f_2(\tau) = r\sin\omega\tau;$$
$$z = f_3(\tau) = v\tau;$$

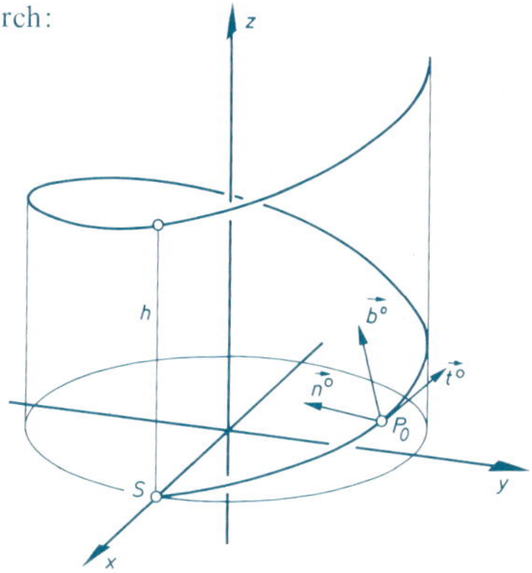

τ hat die Bedeutung der Zeit, die von dem Zeitpunkt verstreicht, an dem der Punkt bei S startet.

Ganghöhe: $h = v \cdot T = v \cdot \frac{2\pi}{\omega}$.

Tangentenvektor: $\vec{t} = \begin{pmatrix} -r\omega\sin\omega\tau \\ r\omega\cos\omega\tau \\ v \end{pmatrix}$;

$$\vec{t}^0 = \frac{1}{\sqrt{r^2\omega^2 + v^2}} \begin{pmatrix} -r\omega\sin\omega\tau \\ r\omega\cos\omega\tau \\ v \end{pmatrix};$$

Bogenlänge: $s = \int_0^{\tau_2} \sqrt{r^2\omega^2 + v^2}\,d\tau = \sqrt{r^2\omega^2 + v^2} \cdot \tau_2$.

Parameterdarstellung mit natürlichem Parameter:

$$\tau = \frac{s}{\sqrt{r^2\omega^2 + v^2}}; \quad s \mapsto \vec{r} = \begin{pmatrix} r\cos\dfrac{\omega s}{\sqrt{r^2\omega^2 + v^2}} \\ r\sin\dfrac{\omega s}{\sqrt{r^2\omega^2 + v^2}} \\ \dfrac{v s}{\sqrt{r^2\omega^2 + v^2}} \end{pmatrix}$$

$$\vec{r}' = \begin{pmatrix} \dfrac{-r\,\omega}{\sqrt{r^2\,\omega^2+v^2}} \cdot \sin\dfrac{\omega\, s}{\sqrt{r^2\,\omega^2+v^2}} \\ \dfrac{r\,\omega}{\sqrt{r^2\,\omega^2+v^2}} \cdot \cos\dfrac{\omega\, s}{\sqrt{r^2\,\omega^2+v^2}} \\ \dfrac{v}{\sqrt{r^2\,\omega^2+v^2}} \end{pmatrix} = \vec{t}^0;$$

Normalebene:

$$\left[\begin{pmatrix} x \\ y \\ z \end{pmatrix} - \begin{pmatrix} r\cos\omega\,\tau_0 \\ r\sin\omega\,\tau_0 \\ v\,\tau_0 \end{pmatrix}\right] \cdot \begin{pmatrix} -r\,\omega\sin\omega\,\tau_0 \\ r\,\omega\cos\omega\,\tau_0 \\ v \end{pmatrix} = 0;$$

$$\left[\begin{pmatrix} x \\ y \\ z \end{pmatrix} - \begin{pmatrix} x_0 \\ y_0 \\ z_0 \end{pmatrix}\right] \cdot \begin{pmatrix} -r\,\omega\sin\omega\,\tau_0 \\ r\,\omega\cos\omega\,\tau_0 \\ v \end{pmatrix} = 0;$$

$$-r\,\omega(x-x_0)\sin\omega\,\tau_0 + r\,\omega(y-y_0)\cos\omega\,\tau_0 + v(z-z_0) = 0;$$

$$-\omega(x-x_0)\,y_0 + \omega(y-y_0)\,x_0 + v(z-z_0) = 0;$$

Krümmung:

$$\vec{t}^{0\,\prime} = \begin{pmatrix} \dfrac{-r\,\omega^2}{r^2\,\omega^2+v^2}\cos\dfrac{\omega\, s}{\sqrt{r^2\,\omega^2+v^2}} \\ -\dfrac{r\,\omega^2}{r^2\,\omega^2+v^2}\sin\dfrac{\omega\, s}{\sqrt{r^2\,\omega^2+v^2}} \\ 0 \end{pmatrix}; \quad k = |\vec{t}^{0\,\prime}| = \frac{r\,\omega^2}{r^2\,\omega^2+v^2};$$

Schmiegebene:

$$(\vec{r}-\vec{r}_0, \vec{r}\,', \vec{r}\,'') = 0;$$

$$\begin{vmatrix} x-x_0 & -r\,\omega\sin\omega\,\tau_0 & -r\,\omega^2\cos\omega\,\tau_0 \\ y-y_0 & r\,\omega\cos\omega\,\tau_0 & -r\,\omega^2\sin\omega\,\tau_0 \\ z-z_0 & v & 0 \end{vmatrix} = 0$$

$$-\cos\omega\,\tau_0 \begin{vmatrix} y-y_0 & r\,\omega\cos\omega\,\tau_0 \\ z-z_0 & v \end{vmatrix} + \sin\omega\,\tau_0 \begin{vmatrix} x-x_0 & -r\,\omega\sin\omega\,\tau_0 \\ z-z_0 & v \end{vmatrix} = 0;$$

$$v\sin\omega\,\tau_0 \cdot (x-x_0) - v\cos\omega\,\tau_0(x-x_0) + r\,\omega(z-z_0) = 0.$$

Hauptnormalenvektor:

$$\vec{n}^0 = -\begin{pmatrix} \cos\dfrac{\omega\, s}{\sqrt{r^2\,\omega^2+v^2}} \\ \sin\dfrac{\omega\, s}{\sqrt{r^2\,\omega^2+v^2}} \\ 0 \end{pmatrix} = -\begin{pmatrix} \dfrac{x}{r} \\ \dfrac{y}{r} \\ 0 \end{pmatrix}$$

Binormalenvektor:

$$\vec{b}^0 = \vec{t}^0 \times \vec{n}^0 = \frac{1}{\sqrt{r^2\,\omega^2 + v^2}} \begin{pmatrix} -r\,\omega \sin\omega\,\tau \\ r\,\omega \cos\omega\,\tau \\ v \end{pmatrix} \times \begin{pmatrix} -\cos\omega\,\tau \\ -\sin\omega\,\tau \\ 0 \end{pmatrix}$$

$$= \frac{1}{\sqrt{r^2\,\omega^2 + v^2}} \begin{pmatrix} v \sin\omega\,\tau \\ -v \cos\omega\,\tau \\ r\,\omega \end{pmatrix}$$

Windung (Torsion):

$$w = \frac{\begin{vmatrix} -r\,\omega \sin\omega\,\tau & -r\,\omega^2 \cos\omega\,\tau & r\,\omega^3 \sin\omega\,\tau \\ r\,\omega \cos\omega\,\tau & -r\,\omega^2 \sin\omega\,\tau & -r\,\omega^3 \cos\omega\,\tau \\ v & 0 & 0 \end{vmatrix}}{\left[\begin{pmatrix} -r\,\omega \sin\omega\,\tau \\ r\,\omega \cos\omega\,\tau \\ v \end{pmatrix} \times \begin{pmatrix} -r\,\omega^2 \cos\omega\,\tau \\ -r\,\omega^2 \sin\omega\,\tau \\ 0 \end{pmatrix}\right]^2}$$

$$= \frac{-v\,r^2\,\omega^5 \begin{vmatrix} \cos\omega\,\tau & \sin\omega\,\tau \\ \sin\omega\,\tau & -\cos\omega\,\tau \end{vmatrix}}{r^2\,\omega^4 (v^2 + r^2\,\omega^2)} = \frac{v\,\omega}{v^2 + r^2\,\omega^2};$$

Gesamtkrümmung:

$$\sqrt{k^2 + w^2} = \sqrt{\frac{r^2\,\omega^4}{(r^2\,\omega^2 + v^2)^2} + \frac{v^2\,\omega^2}{(v^2 + r^2\,\omega^2)^2}} = \frac{\omega}{\sqrt{v^2 + r^2\,\omega^2}};$$

Bestätigung einer Frenetschen Formel:

$$\vec{b}^0 = \frac{1}{\sqrt{r^2\,\omega^2 + v^2}} \begin{pmatrix} v \sin\dfrac{\omega\,s}{\sqrt{r^2\,\omega^2 + v^2}} \\ -v \cos\dfrac{\omega\,s}{\sqrt{r^2\,\omega^2 + v^2}} \\ r\,\omega \end{pmatrix};$$

$$\vec{b}^{0\,\prime} = \frac{\omega\,v}{r^2\,\omega^2 + v^2} \begin{pmatrix} \cos\dfrac{\omega\,s}{\sqrt{r^2\,\omega^2 + v^2}} \\ \sin\dfrac{\omega\,s}{\sqrt{r^2\,\omega^2 + v^2}} \\ 0 \end{pmatrix} = -w\,\vec{n}^0.$$

8 Funktionen mehrerer Veränderlicher

8.1 Definitionen, allgemeine Eigenschaften

Funktion:

Eine Vorschrift f, die jedem geordneten n-tupel $(x_1, x_2, \ldots, x_n)$ reeller Zahlen aus einer (nicht leeren) Definitionsmenge $\mathbb{D} \subseteqq \mathbb{R}^n$ genau eine reelle Zahl z der (nicht leeren) Wertemenge $\mathbb{W} \subseteqq \mathbb{R}$ zuordnet, heißt Funktion von n Veränderlichen:

$$f\colon (x_1, x_2, \ldots, x_n) \mapsto z = f(x_1, x_2, \ldots, x_n); \quad \mathbb{W} = f(\mathbb{D}).$$

Abbildung, Feld:

f wird auch als eindeutige Abbildung $\mathbb{D} \mapsto \mathbb{W}$ oder als skalares n-dimensionales Feld bezeichnet. Das n-tupel heißt in diesem Zusammenhang Original (Urbild) oder Aufpunkt, $z = f(x_1, x_2, \ldots, x_n)$ Bild oder Feldgröße.

Term:

Häufig wird die Zuordnung $(x_1, x_2, \ldots, x_n) \mapsto z$ durch einen Term (Rechenausdruck) in $x_1, x_2, \ldots, x_n$ vermittelt; der Wert des Terms wird als Bild z des Originals $(x_1, x_2, \ldots, x_n)$ festgelegt.

Implizite Angabe einer Funktion:

Ist $T(x_1, x_2, \ldots, x_n, z)$ ein Term in $x_1, x_2, \ldots, x_n, z$ und läßt sich aus der Gleichung $T(x_1, x_2, \ldots, x_n, z) = 0$ zu jedem erlaubten n-tupel $(x_1, x_2, \ldots, x_n)$ eindeutig z ermitteln, dann definiert die Gleichung $T(x_1, x_2, \ldots, x_n, z) = 0$ eine Funktion $f\colon (x_1, x_2, \ldots, x_n) \mapsto z$. Die Gleichung $T(x_1, x_2, \ldots, x_n, z) = 0$ wird dann als implizite Angabe der Funktion f bezeichnet.

Graph:

Eine einfache geometrische Veranschaulichung des Zusammenhangs zwischen dem Original-n-tupel und dem Bild z ist nur für $n = 2$ möglich: Man deutet $x_1 = x$, $x_2 = y$ und $z = f(x, y)$ als räumliche (dreidimensionale) kartesische Koordinaten eines Punktes P; P gehört dem Graphen $\mathbb{G}$ von f an.

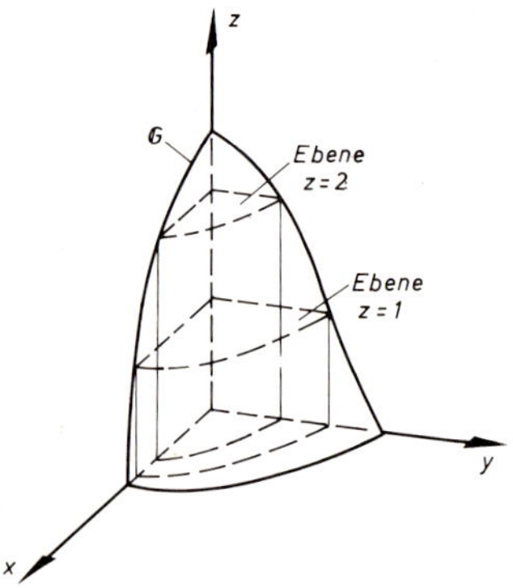

Ist $\mathbb{D}$ abgeschlossen und f in $\mathbb{D}$ stetig (8.2.3, Seite 391), so wird $\mathbb{G}$ als (i.allg. krummes) Flächenstück bezeichnet. Ist f in jedem abgeschlossenen Teilbereich von $\mathbb{D}$ stetig, so heißt $\mathbb{G}$ Fläche.

Eine andere Möglichkeit besteht in der kotierten Projektion („Karte"): Die Projektion der Schnitte des Graphs mit Ebenen parallel zur x-y-(Grundriß-)Ebene (Gleichung $z = \text{const}$) werden in der x-y-Ebene dargestellt (in Analogie zu den Höhenlinien = Isohypsen einer topographischen Landkarte).

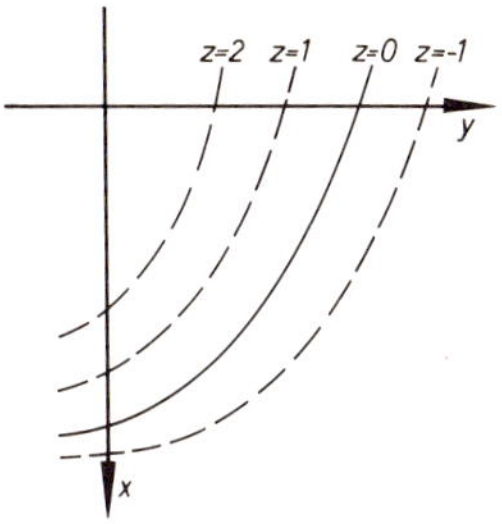

Algebra:

Haben zwei Funktionen f_1 und f_2 einen gemeinsamen Definitionsbereich $\mathbb{D}$, dann definiert man für jedes n-tupel aus $\mathbb{D}$:

$$(f_1 \pm f_2)(x_1, x_2, \ldots, x_n) = f_1(x_1, x_2, \ldots, x_n) \pm f_2(x_1, x_2, \ldots, x_n),$$

$$\left(\frac{f_1}{f_2}\right)(x_1, x_2, \ldots, x_n) = \frac{f_1(x_1, x_2, \ldots, x_n)}{f_2(x_1, x_2, \ldots, x_n)} \quad \text{falls } f_2(x_1, x_2, \ldots, x_n) \neq 0.$$

Sind m Funktionen $u_1, \ldots, u_m$ mit gemeinsamem Definitionsbereich gegeben und ist f in $u_1(x_1, \ldots, x_n), \ldots, u_m(x_1, \ldots, x_n)$ definiert, so heißt $(x_1, \ldots, x_n) \mapsto f(u_1(x_1, \ldots, x_n), \ldots, u_m(x_1, \ldots, x_n))$ Verkettung von f mit den u_i. Sie stellt eine Hintereinanderausführung von Abbildungen dar.

Beschränktheit, Unbeschränktheit:

f ist nach oben beschränkt, wenn es ein $\overline{K}$ gibt, so daß $f(x_1, \ldots, x_n) < \overline{K}$
unten beschränkt, wenn es ein $\underline{K}$ gibt, so daß $f(x_1, \ldots, x_n) > \underline{K}$
beschränkt, wenn es ein $K > 0$ gibt, so daß $|f(x_1, \ldots, x_n)| < K$

für alle n-tupel aus $\mathbb{D}$.

f nach oben unbeschränkt:	Zu beliebigem $\overline{K}$ gibt es ein n-tupel aus $\mathbb{D}$, so daß $f(x_1, \ldots, x_n) > \overline{K}$.
f nach unten unbeschränkt:	Zu beliebigem $\underline{K}$ gibt es ein n-tupel aus $\mathbb{D}$, so daß $f(x_1, \ldots, x_n) < \underline{K}$.
f unbeschränkt:	Zu beliebigem $K > 0$ gibt es ein n-tupel aus $\mathbb{D}$, so daß $|f(x_1, \ldots, x_n)| > K$.

8.2 Grenzwert, Stetigkeit

8.2.1 Umgebung

Als offene bzw. abgeschlossene (δ-)Umgebung eines n-tupels $(x_{10}, x_{20}, \ldots, x_{n0})$ wird die Menge aller n-tupel $(x_1, x_2, \ldots, x_n)$ bezeichnet, für welche gilt

$0 < \sqrt{(x_1 - x_{10})^2 + \ldots + (x_n - x_{n0})^2} < \delta$ bzw. $\leq \delta$.

Anschaulich bedeutet der Wert der Wurzel die Maßzahl des Abstandes der beiden durch $(x_1, \ldots, x_n)$ und $(x_{10}, \ldots, x_{n0})$ repräsentierten Punkte.

Für $n = 2$ ist durch obige Bedingung eine offene oder abgeschlossene Kreisscheibe, für $n = 3$ eine offene oder abgeschlossene Kugel, jeweils ohne Mittelpunkt festgelegt.

8.2.2 Grenzwert

Liegen in jeder Umgebung von $(x_{10}, \ldots, x_{n0})$ n-tupel aus dem Definitionsbereich einer Funktion f und existiert eine Zahl G so, daß $|f(x_1, \ldots, x_n) - G|$ kleiner als jede beliebig vorgegebene positive Zahl ε ist, wenn das Original einer entsprechenden Umgebung von $(x_{10}, \ldots, x_{n0})$ angehört, dann besitzt f den Grenzwert G für $(x_1, \ldots, x_n) \to (x_{10}, \ldots, x_{n0})$.

Schreibweise:

$$\lim_{\substack{(x_1, \ldots, x_n) \\ \to \\ (x_{10}, \ldots, x_{n0})}} f(x_1, \ldots, x_n) = G,$$

wenn $|f(x_1, \ldots, x_n) - G| < \varepsilon$ für alle $(x_1, \ldots, x_n)$ erfüllt ist, die der Bedingung $\sqrt{(x_1 - x_{10})^2 + \ldots + (x_n - x_{0n})^2} < \delta(\varepsilon)$ genügen; ε beliebig positiv, $\delta(\varepsilon)$ i. allg. von ε abhängig. G muß unabhängig von der Art existieren, in der man den Ausdruck $\sqrt{(x_1 - x_{10})^2 + \ldots + (x_n - x_{0n})^2}$ hinreichend klein macht.

Anschauliche Deutung für $n = 2$.

$|f(x, y) - G| < \varepsilon$ muß erfüllt sein, sofern der Punkt $(x; y)$ in einem Kreis um den Punkt $(x_0; y_0)$ mit Radius $\delta(\varepsilon)$ liegt. G ist unabhängig von der Art, in der man $(x; y)$ auswählt.

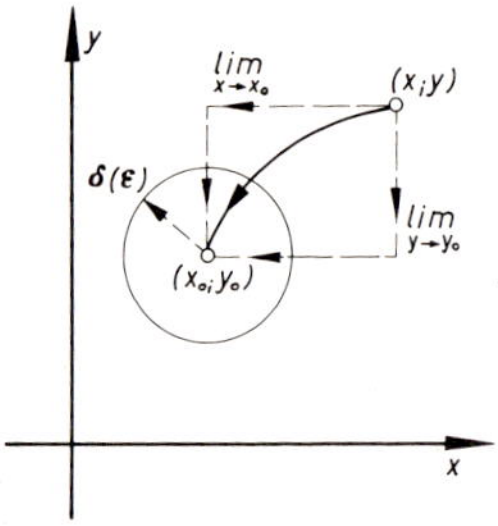

Im Gegensatz zu $\lim\limits_{(x, y) \to (x_0, y_0)} f(x, y) = G$ unterscheidet man $\lim\limits_{y \to y_0} (\lim\limits_{x \to x_0} f(x, y)) = G_1$ und $\lim\limits_{x \to x_0} (\lim\limits_{y \to y_0} f(x, y)) = G_2$, bei denen jeweils eine Variable festgehalten wird.

Es gilt:

1. Existiert G und G_1 (bzw. G und G_2), so existiert auch G_2 (bzw. G_1); es ist $G = G_1 = G_2$.
2. Aus der Existenz von G_1 und G_2 folgt nicht die Existenz von G.
3. Aus der Existenz von G folgt nicht die Existenz von G_1 und G_2.

B

Zu 8.2.2:

Existenz von G_1 und G_2

1. Die Funktion $f: (x, y) \mapsto z = f(x, y) = \dfrac{x - y}{x + y}$ besitzt die Grenzwerte

   $G_1 = \lim\limits_{y \to 0} (\lim\limits_{x \to 0} f(x, y)) = \lim\limits_{y \to 0} (-1) = -1$

   und

   $G_2 = \lim\limits_{x \to 0} (\lim\limits_{y \to 0} f(x, y)) = \lim\limits_{x \to 0} 1 = 1;$

   hingegen existiert $\lim\limits_{(x, y) \to (0, 0)} f(x, y)$ nicht.

   Denn setzt man z. B. $y = mx$, so erhält man

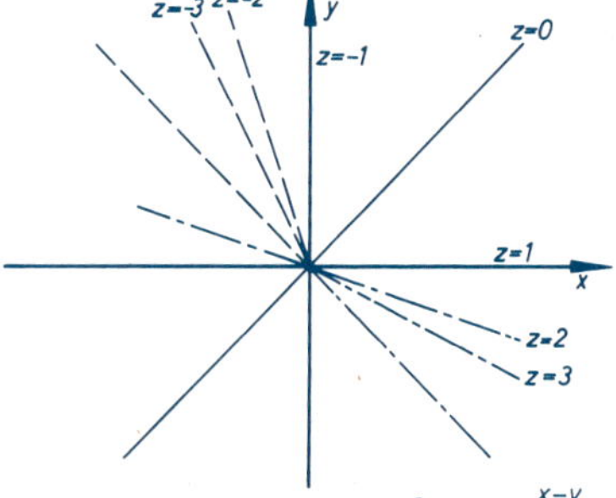

Karte für die Funktion $(x, y) \mapsto f(x, y) = z = \dfrac{x-y}{x+y}$

$\lim\limits_{x\to 0} f(x, mx) = \lim\limits_{x\to 0} \frac{(1-m)x}{(1+m)x} = \frac{1-m}{1+m}$ abhängig von m, also von der Art, wie man $(x; y)$ auswählt; für $m=-1$ existiert überhaupt kein Grenzwert (Beispiel für Aussage 2 von 8.2.2, Seite 390).

Existenz von G

2. Die Funktion $f\colon (x, y) \mapsto z = f(x, y) = (x+y)\cdot \sin \frac{1}{xy}$ besitzt den Grenzwert $G = \lim\limits_{(x,y)\to(0,0)} f(x, y) = 0$, weil $|f(x, y)| \leqq |x+y| \leqq |x| + |y| < \varepsilon$ durch $|x| < \frac{\varepsilon}{2}$, $|y| < \frac{\varepsilon}{2}$ möglich ist. Jedoch existiert $\lim\limits_{y\to 0}(\lim\limits_{x\to 0} f(x, y))$ nicht, weil $\lim\limits_{x\to 0} y\cdot\sin\frac{1}{xy}$ nicht existiert. Ebenso existiert $\lim\limits_{x\to 0}(\lim\limits_{y\to 0} f(x, y))$ nicht (Beispiel für Aussage 3 von 8.2.2, Seite 390).

8.2.3 Stetigkeit

Eine Funktion f heißt in $(x_{10}, \ldots, x_{n0})$ stetig, wenn $\lim\limits_{(x_1, \ldots, x_n) \to (x_{10}, \ldots, x_{n0})} f(x_1, \ldots, x_n) = f(x_{10}, \ldots, x_{n0})$.

Die Sätze über stetige Funktionen einer Veränderlichen (6.6.2, Seite 151) gelten analog auch für Funktionen mehrerer Veränderlicher.

f ist in einem Bereich stetig, wenn f an jeder Stelle des Bereiches stetig ist. Hinreichend hierfür ist die Existenz und Beschränktheit der partiellen Ableitungen (8.3.1.1, Seite 391) in dem Bereich.

8.3 Differentialrechnung

8.3.1 Partielle Ableitung

8.3.1.1 Partielle Ableitung erster Ordnung

Ist f eine Funktion von n Veränderlichen $x_1, \ldots, x_n$, so versteht man unter der partiellen Ableitung erster Ordnung nach einer dieser Veränderlichen x_i an der Stelle $x_{10}, \ldots, x_{i0}, \ldots, x_{n0}$ den Grenzwert

$$\lim_{h_i\to 0} \frac{f(x_{10}, \ldots, x_{i0}+h_i, \ldots, x_{n0}) - f(x_{10}, \ldots, x_{i0}, \ldots, x_{n0})}{h_i}$$

Bei der Grenzwertbildung wird also nur x_i als veränderlich betrachtet.

Schreibweisen: $\frac{\partial f}{\partial x_i}(x_{10}, \ldots, x_{n0}) = f_{x_i}(x_{10}, \ldots, x_{n0}) = \frac{\partial z}{\partial x_i}$.

Das Bilden der partiellen Ableitungen geschieht nach den gewöhnlichen Differentiationsregeln für Funktionen von einer Veränderlichen.

Bei Funktionen von zwei Veränderlichen hat der Wert der partiellen Ableitung in (x_0, y_0) folgende anschauliche Bedeutung: Der Schnitt zwischen $\mathfrak{G}_f$ und der Parallelebene zur x-z-Ebene mit der Gleichung $y = y_0$ bzw. der Parallelebene zur y-z-Ebene mit der Gleichung $x = x_0$ ist i. allg. eine Kurve parallel zur x-z-Ebene bzw. y-z-Ebene. Falls die partielle Ableitung $f_x(x_0, y_0)$ bzw. $f_y(x_0, y_0)$ existiert, ist ihr Wert die Steigung der Tangente an die Schnittkurve im Punkt $(x_0; y_0; f(x_0; y_0))$.

Die Werte der partiellen Ableitung sind Funktionswerte der Original-n-tupel:

$$f_{x_i}\colon (x_1, \dots, x_n) \mapsto f_{x_i}(x_1, \dots, x_n).$$

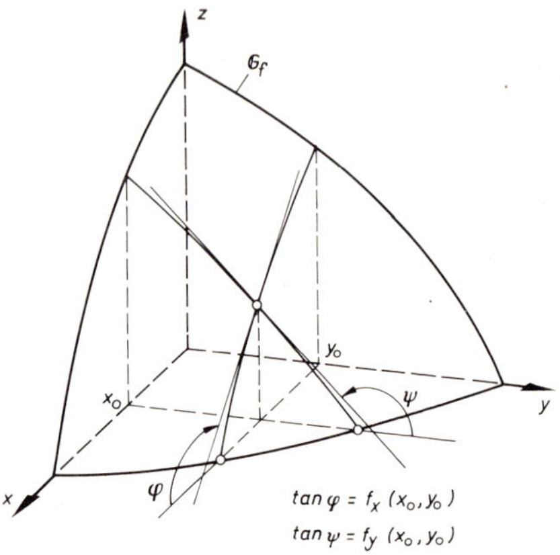

8.3.1.2 Partielle Ableitung höherer Ordnung

Sind die partiellen Ableitungen selbst wieder partiell ableitbar, ergeben sich höhere partielle Ableitungen:

$$(f_{x_i})_{x_k}(x_1, \dots, x_i, \dots, x_k, \dots, x_n) = \frac{\partial f_{x_i}}{\partial x_k}(x_1, \dots, x_i, \dots, x_k, \dots, x_n)$$

$$= f_{x_i x_k}(x_1, \dots, x_n) = \frac{\partial^2 f}{\partial x_i \, \partial x_k}(x_1, \dots, x_n).$$

Satz von Schwarz: Ist eine partielle Ableitung $f_{x_i x_k}$ in einem Bereich stetig, so existiert dort auch $f_{x_k x_i}$; $f_{x_k x_i}$ ist in dem Bereich ebenfalls stetig und es gilt $f_{x_i x_k} = f_{x_k x_i}$; die Reihenfolge der partiellen Differentiation darf vertauscht werden; z. B. ist für Funktionen zweier Veränderlicher $f_{xxy} = f_{xyx} = f_{yxx}$.

B

Zu 8.3.1.1 und 8.3.1.2:

Berechnung von partiellen Ableitungen

1. Gegeben ist die Funktion $f\colon (x, y) \mapsto z = f(x, y) = \dfrac{x}{1+y}$. Gesucht sind die partiellen Ableitungen erster und zweiter Ordnung.

$$f_x(x, y) = \frac{\partial f(x, y)}{\partial x} = \frac{1}{1+y};$$

$$f_y(x, y) = \frac{\partial f(x, y)}{\partial y} = \frac{-x}{(1+y)^2};$$

$$f_{xx}(x, y) = \frac{\partial^2 f(x, y)}{\partial x^2} = 0;$$

$$f_{xy}(x, y) = \frac{\partial^2 f(x, y)}{\partial x \partial y} = \frac{-1}{(1+y)^2} = f_{yx}(x, y);$$

$$f_{yy}(x, y) = \frac{\partial^2 f(x, y)}{\partial y^2} = \frac{2x}{(1+y)^3}.$$

8.3.1.3 Verkettung

Bei der Funktion $g:(u_1,\ldots,u_m)\mapsto z=g(u_1,\ldots,u_m)$ seien die Originale u_i $(i=1,\ldots,m)$ mit Hilfe der Gleichungen

$$(*)\qquad \begin{aligned} u_1&=U_1(x_1,\ldots,x_n)\\ &\vdots\\ u_m&=U_m(x_1,\ldots,x_n) \end{aligned}$$

durch die Originale x_k $(k=1,\ldots,n)$ ersetzt:

$$z=g(u_1,\ldots,u_m)=g(U_1(x_1,\ldots,x_n),\ldots,U_m(x_1,\ldots,x_n))=f(x_1,\ldots,x_n).$$

Fall $m=n$

Umrechnung $(x_i)\leftrightarrow(u_i)$

Wenn das Gleichungssystem $(*)$ eindeutig nach x_k auflösbar ist, so hat man

$$(**)\qquad \begin{aligned} x_1&=X_1(u_1,\ldots,u_n)\\ &\vdots\\ x_n&=X_n(u_1,\ldots,u_n). \end{aligned}$$

Hinreichende Bedingung für die Auflösbarkeit:

$$D=\frac{\partial(u_1,\ldots,u_n)}{\partial(x_1,\ldots,x_n)}=\begin{vmatrix} \dfrac{\partial u_1}{\partial x_1} & \cdots & \dfrac{\partial u_n}{\partial x_1}\\ \vdots & & \vdots\\ \dfrac{\partial u_1}{\partial x_n} & \cdots & \dfrac{\partial u_n}{\partial x_n} \end{vmatrix}\neq 0$$

D heißt Jacobische Funktionaldeterminante.

Falls $D\neq 0$, so ist auch

$$\Delta=\frac{\partial(x_1,\ldots,x_n)}{\partial(u_1,\ldots,u_n)}=\begin{vmatrix} \dfrac{\partial x_1}{\partial u_1} & \cdots & \dfrac{\partial x_n}{\partial u_1}\\ \vdots & & \vdots\\ \dfrac{\partial x_1}{\partial u_n} & \cdots & \dfrac{\partial x_n}{\partial u_n} \end{vmatrix}\neq 0$$

und $D\cdot\Delta=1$.

Wenn das Gleichungssystem $(*)$ eindeutig in das Gleichungssystem $(**)$ überzuführen ist, so genügen die partiellen Ableitungen den beiden Gleichungssystemen

$$(***)\qquad \frac{\partial u_i}{\partial x_1}\cdot\frac{\partial x_1}{\partial u_k}+\ldots+\frac{\partial u_i}{\partial x_n}\cdot\frac{\partial x_n}{\partial u_k}=\delta_{ik}$$

bzw.

$$(****)\qquad \frac{\partial x_i}{\partial u_1}\cdot\frac{\partial u_1}{\partial x_k}+\ldots+\frac{\partial x_i}{\partial u_n}\cdot\frac{\partial u_n}{\partial x_k}=\delta_{ik}.$$

Diese Systeme können zur Berechnung der partiellen Ableitungen $\frac{\partial u_i}{\partial x_k}$ bzw. $\frac{\partial x_i}{\partial u_k}$ verwendet werden. Eine eindeutige Auflösung der Gleichungssysteme (***) bzw. (****) ist genau dann möglich, wenn $D=\frac{1}{\Delta}\neq 0$.

Sonderfall $m=n=2$

$u=U(x,y);\quad v=V(x,y)$

$x=X(u,v);\quad y=Y(u,v)$

$$\Delta=\frac{\partial(x,y)}{\partial(u,v)}=\begin{vmatrix}\frac{\partial x}{\partial u} & \frac{\partial y}{\partial u}\\ \frac{\partial x}{\partial v} & \frac{\partial y}{\partial v}\end{vmatrix},\qquad D=\frac{\partial(u,v)}{\partial(x,y)}=\begin{vmatrix}\frac{\partial u}{\partial x} & \frac{\partial v}{\partial x}\\ \frac{\partial u}{\partial y} & \frac{\partial v}{\partial y}\end{vmatrix}.$$

$$\frac{\partial u}{\partial x}=\frac{1}{\Delta}\frac{\partial y}{\partial v},\quad \frac{\partial u}{\partial y}=-\frac{1}{\Delta}\frac{\partial x}{\partial v},\quad \frac{\partial v}{\partial x}=-\frac{1}{\Delta}\frac{\partial y}{\partial u},\quad \frac{\partial v}{\partial y}=\frac{1}{\Delta}\frac{\partial x}{\partial u}$$

$$\frac{\partial x}{\partial u}=\frac{1}{D}\frac{\partial v}{\partial y},\quad \frac{\partial x}{\partial v}=-\frac{1}{\Delta}\frac{\partial u}{\partial y},\quad \frac{\partial y}{\partial u}=-\frac{1}{D}\frac{\partial v}{\partial x},\quad \frac{\partial y}{\partial v}=\frac{1}{D}\frac{\partial u}{\partial x}$$

Funktion $z=g(u_i)=f(x_i)$

Es gilt das Gleichungssystem

$$\frac{\partial g(u_1,\ldots,u_n)}{\partial u_1}\cdot\frac{\partial U_1(x_1,\ldots,x_n)}{\partial x_1}+\ldots+\frac{\partial g(u_1,\ldots,u_n)}{\partial u_n}\cdot\frac{\partial U_n(x_1,\ldots,x_n)}{\partial x_1}=\frac{\partial f(x_1,\ldots,x_n)}{\partial x_1}$$
$$\vdots$$
$$\frac{\partial g(u_1,\ldots,u_n)}{\partial u_1}\cdot\frac{\partial U_1(x_1,\ldots,x_n)}{\partial x_n}+\ldots+\frac{\partial g(u_1,\ldots,u_n)}{\partial u_n}\cdot\frac{\partial U_n(x_1,\ldots,x_n)}{\partial x_n}=\frac{\partial f(x_1,\ldots,x_n)}{\partial x_n}.$$

Hieraus erhält man als Lösungen

$$\frac{\partial g(u_1,\ldots,u_n)}{\partial u_i}=\frac{\partial z}{\partial u_i}=\frac{1}{D}\begin{vmatrix}\frac{\partial U_1(x_1,\ldots,x_n)}{\partial x_1} & \ldots & \frac{\partial f(x_1,\ldots,x_n)}{\partial x_1} & \ldots & \frac{\partial U_n(x_1,\ldots,x_n)}{\partial x_1}\\ \vdots & & \vdots & & \vdots\\ \frac{\partial U_1(x_1,\ldots,x_n)}{\partial x_n} & \ldots & \frac{\partial f(x_1,\ldots,x_n)}{\partial x_n} & \ldots & \frac{\partial U_n(x_1,\ldots,x_n)}{\partial x_n}\end{vmatrix}$$

↑ *i*-te Spalte

Analog gilt das Gleichungssystem

$$\frac{\partial f(x_1,\ldots,x_n)}{\partial x_1}\cdot\frac{\partial X_1(u_1,\ldots,u_n)}{\partial u_1}+\ldots+\frac{\partial f(x_1,\ldots,x_n)}{\partial x_n}\cdot\frac{\partial X_n(u_1,\ldots,u_n)}{\partial u_1}=\frac{\partial g(u_1,\ldots,u_n)}{\partial u_1}$$
$$\vdots$$
$$\frac{\partial f(x_1,\ldots,x_n)}{\partial x_1}\cdot\frac{\partial X_1(u_1,\ldots,u_n)}{\partial u_n}+\ldots+\frac{\partial f(x_1,\ldots,x_n)}{\partial x_n}\cdot\frac{\partial X_n(u_1,\ldots,u_n)}{\partial u_n}=\frac{\partial g(u_1,\ldots,u_n)}{\partial u_n}$$

Hieraus erhält man als Lösungen

$$\frac{\partial f(x_1,\dots,x_n)}{\partial x_i}=\frac{\partial z}{\partial x_i}=\begin{vmatrix} \frac{\partial X_1(u_1,\dots,u_n)}{\partial u_1} & \dots & \frac{\partial g(u_1,\dots,u_n)}{\partial u_1} & \dots & \frac{\partial X_n(u_1,\dots,u_n)}{\partial u_1} \\ \\ \frac{\partial X_1(u_1,\dots,u_n)}{\partial u_n} & \dots & \frac{\partial g(u_1,\dots,u_n)}{\partial u_n} & \dots & \frac{\partial X_n(u_1,\dots,u_n)}{\partial u_n} \end{vmatrix}$$

↑ i-te Spalte

Sonderfall $m=n=2$

$z=f(x,y)=g(u,v)$

$u=U(x,y);\quad v=V(x,y);\quad x=X(u,v);\quad y=Y(u,v);$

$$\left.\begin{aligned} \frac{\partial z}{\partial x}&=\frac{1}{\Delta}\begin{vmatrix} \frac{\partial z}{\partial u} & \frac{\partial y}{\partial u} \\ \frac{\partial z}{\partial v} & \frac{\partial y}{\partial v} \end{vmatrix} \\ \frac{\partial z}{\partial y}&=\frac{1}{\Delta}\begin{vmatrix} \frac{\partial x}{\partial u} & \frac{\partial z}{\partial u} \\ \frac{\partial x}{\partial v} & \frac{\partial z}{\partial v} \end{vmatrix} \end{aligned}\right\}\ \text{als Lösung des Gleichungssystems}\ \left\{\begin{aligned} \frac{\partial z}{\partial u}&=\frac{\partial z}{\partial x}\frac{\partial x}{\partial u}+\frac{\partial z}{\partial y}\frac{\partial y}{\partial u} \\ \frac{\partial z}{\partial v}&=\frac{\partial z}{\partial x}\frac{\partial x}{\partial v}+\frac{\partial z}{\partial y}\frac{\partial y}{\partial v} \end{aligned}\right.$$

mit der Funktionaldeterminante $\Delta=\begin{vmatrix} \frac{\partial x}{\partial u} & \frac{\partial y}{\partial u} \\ \frac{\partial x}{\partial v} & \frac{\partial y}{\partial v} \end{vmatrix}\neq 0.$

Die höheren partiellen Ableitungen findet man, indem man diese Formeln entsprechend auf die für $\frac{\partial z}{\partial x}$ bzw. $\frac{\partial z}{\partial y}$ ermittelten Funktionen von u und v anwendet statt auf z. So gilt z.B.

$$\frac{\partial^2 z}{\partial x^2}=\frac{1}{\Delta}\begin{vmatrix} \frac{\partial}{\partial u}\left(\frac{\partial z}{\partial x}\right) & \frac{\partial y}{\partial u} \\ \frac{\partial}{\partial v}\left(\frac{\partial z}{\partial x}\right) & \frac{\partial y}{\partial v} \end{vmatrix}=\frac{1}{\Delta}\left[\frac{\partial y}{\partial v}\cdot\frac{\partial}{\partial u}\left(\frac{\partial z}{\partial x}\right)-\frac{\partial y}{\partial u}\,\frac{\partial}{\partial v}\left(\frac{\partial z}{\partial x}\right)\right].$$

Fall $m\neq n$

Umrechnung $(u_i)\leftrightarrow(x_k)$

Eine derartige Umrechnung ist i.allg. nicht möglich.

Funktion $z=g(u_1,\dots,u_m)=f(x_1,\dots,x_n)$

Es gilt $\quad \frac{\partial z}{\partial x_k}=\frac{\partial z}{\partial u_1}\cdot\frac{\partial u_1}{\partial x_k}+\frac{\partial z}{\partial u_2}\cdot\frac{\partial u_2}{\partial x_k}+\dots+\frac{\partial z}{\partial u_m}\cdot\frac{\partial u_m}{\partial x_k}$

und $\quad \frac{\partial z}{\partial u_i}=\frac{\partial z}{\partial x_1}\cdot\frac{\partial x_1}{\partial u_i}+\frac{\partial z}{\partial x_2}\cdot\frac{\partial x_2}{\partial u_i}+\dots+\frac{\partial z}{\partial x_n}\cdot\frac{\partial x_n}{\partial u_i}$

Sonderfall $m=2,\ n=1$.

$$z=g(u,v);\quad u=U(x);\quad v=V(x);\quad z=f(x).$$

$$\frac{df(x)}{dx}=g_u(U(x),V(x))\cdot U'(x)+g_v(U(x),V(x))\cdot V'(x).$$

Sonderfall $m=2,\ n=3$.

$$z=g(u,v);\quad u=U(x_1,x_2,x_3);\quad v=V(x_1,x_2,x_3);$$
$$z=g(U(x_1,x_2,x_3),V(x_1,x_2,x_3))=f(x_1,x_2,x_3).$$
$$\frac{\partial z}{\partial x_k}=g_u(U(x_1,x_2,x_3),V(x_1,x_2,x_3))\cdot\frac{\partial U(x_1,x_2,x_3)}{\partial x_k}+$$
$$+g_v(U(x_1,x_2,x_3),V(x_1,x_2,x_3))\cdot\frac{\partial V(x_1,x_2,x_3)}{\partial x_k}.$$

B

Zu 8.3.1.3:
Funktionensystem

1. Gegeben ist das Funktionensystem ($m=n=2$):

$$u=U(x,y)=y+x^2;\quad v=V(x,y)=y-x^2\quad (*)$$

Es ist $D=\frac{\partial(u,v)}{\partial(x,y)}=\begin{vmatrix}u_x & v_x\\ u_y & v_y\end{vmatrix}=\begin{vmatrix}2x & -2x\\ 1 & 1\end{vmatrix}=4x$; $D\neq 0$ wenn $x\neq 0$; das Funktionensystem ist daher sicher beispielsweise für $x<0$ umkehrbar; es ist

$$x=-\sqrt{\frac{u-v}{2}};\quad y=\frac{u+v}{2}\quad (**);$$

es ist $\Delta=\frac{\partial(x,y)}{\partial(u,v)}=\begin{vmatrix}-\frac{1}{4}\sqrt{\frac{2}{u-v}} & \frac{1}{2}\\ \frac{1}{4}\sqrt{\frac{2}{u-v}} & \frac{1}{2}\end{vmatrix}=-\frac{1}{4}\sqrt{\frac{2}{u-v}}=\frac{1}{4x}$; $D\cdot\Delta=1$.

Schreibt man $u_1=u;\ u_2=v;\ x_1=x;\ x_2=y$ so ist

für $i=1;\ k=1$: $\frac{\partial u}{\partial x}\cdot\frac{\partial x}{\partial u}+\frac{\partial u}{\partial y}\cdot\frac{\partial y}{\partial u}=-2x\cdot\frac{1}{4}\sqrt{\frac{2}{u-v}}+1\cdot\frac{1}{2}=\frac{x}{2x}+\frac{1}{2}=1=\delta_{11}$;

für $i=1;\ k=2$: $\frac{\partial u}{\partial x}\cdot\frac{\partial x}{\partial v}+\frac{\partial u}{\partial y}\cdot\frac{\partial y}{\partial v}=\ 2x\cdot\frac{1}{4}\sqrt{\frac{2}{u-v}}+1\cdot\frac{1}{2}=\frac{-x}{2x}+\frac{1}{2}=0=\delta_{12}$;

System $(***)$.

für $i=2;\ k=1$: $\frac{\partial v}{\partial x}\cdot\frac{\partial x}{\partial u}+\frac{\partial v}{\partial y}\cdot\frac{\partial y}{\partial u}=\ 2x\cdot\frac{1}{4}\sqrt{\frac{2}{u-v}}+1\cdot\frac{1}{2}=\frac{-x}{2x}+\frac{1}{2}=0=\delta_{21}$;

für $i=2;\ k=2$: $\frac{\partial v}{\partial x}\cdot\frac{\partial x}{\partial v}+\frac{\partial v}{\partial y}\cdot\frac{\partial y}{\partial v}=-2x\cdot\frac{1}{4}\sqrt{\frac{2}{u-v}}+1\cdot\frac{1}{2}=\frac{x}{2x}+\frac{1}{2}=1=\delta_{22}$;

Das vorliegende Funktionensystem kann als Vorschrift zur Koordinatentransformation (kartesische Koordinaten x, y) $\mapsto$(Parabelkoordinaten u, v) gedeutet werden. Die Lage eines Punktes P kann auch eindeutig durch seine Lage auf zwei Parabeln mit den Gleichungen $y=-x^2+u$ bzw. $y=x^2+v$ ($u \geqq v$) angegeben werden, wenn man sich auf die linke (oder rechte) Halbebene beschränkt.

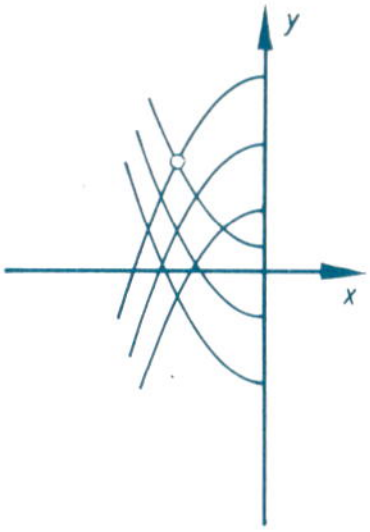

Kartesische und Polarkoordinaten

2. Die Polarkoordinaten sind durch die Gleichungen $x=r\cos\varphi$; $y=r\sin\varphi$ mit den kartesischen Koordinaten verbunden (5.2.2, Seite 127).

   Wegen $\Delta=\dfrac{\partial(x,y)}{\partial(r,\varphi)}=\begin{vmatrix}\cos\varphi & -r\sin\varphi\\ \sin\varphi & r\cos\varphi\end{vmatrix}=r$ sind die Gleichungen umkehrbar (außer für $r=0$). Die Umrechnungsformeln sind kompliziert. Trotzdem kann z.B. $\dfrac{\partial\varphi}{\partial x}$ und $\dfrac{\partial\varphi}{\partial y}$ einfach berechnet werden: Aus dem Gleichungssystem

(****) $$\frac{\partial x}{\partial r}\cdot\frac{\partial r}{\partial x}+\frac{\partial x}{\partial\varphi}\cdot\frac{\partial\varphi}{\partial x}=1; \qquad \text{ergibt sich} \quad \frac{\partial r}{\partial x}=\frac{1}{r}\frac{\partial y}{\partial\varphi}=\frac{r\cos\varphi}{r}=\cos\varphi;$$

$$\frac{\partial y}{\partial r}\cdot\frac{\partial r}{\partial x}+\frac{\partial y}{\partial\varphi}\cdot\frac{\partial\varphi}{\partial x}=0; \qquad \text{und} \quad \frac{\partial\varphi}{\partial x}=-\frac{1}{r}\frac{\partial y}{\partial r}=-\frac{1}{r}\sin\varphi=-\frac{\sin\varphi}{r};$$

bzw.

(****) $$\frac{\partial x}{\partial r}\cdot\frac{\partial r}{\partial y}+\frac{\partial x}{\partial\varphi}\cdot\frac{\partial\varphi}{\partial y}=0; \qquad \text{ergibt sich} \quad \frac{\partial r}{\partial y}=\frac{1}{r}r\sin\varphi=\sin\varphi;$$

$$\frac{\partial y}{\partial r}\cdot\frac{\partial r}{\partial y}+\frac{\partial y}{\partial\varphi}\cdot\frac{\partial\varphi}{\partial y}=1; \qquad \frac{\partial\varphi}{\partial y}=\frac{1}{r}\cdot\cos\varphi=\frac{\cos\varphi}{r}.$$

Elliptische Koordinaten

3. Statt der kartesischen Koordinaten im zweidimensionalen Raum können die sog. elliptischen Koordinaten (k,φ) mit Hilfe der Gleichungen $x=ka\cos\varphi$, $y=kb\sin\varphi$ ($k\geqq 0$) eingeführt werden.

   Man untersuche, wo diese Koordinatentransformation nicht umkehrbar ist. Man berechne $\dfrac{\partial k}{\partial x}$.

$$\Delta=\frac{\partial(x,y)}{\partial(k,\varphi)}=\begin{vmatrix}a\cos\varphi & b\sin\varphi\\ -ka\sin\varphi & kb\cos\varphi\end{vmatrix}=kab;$$

   $\Delta\neq 0$ für $k\neq 0$; nur im Koordinatenursprung läßt sich die Koordinatentransformation nicht umkehren, was sich darin manifestiert, daß für $x=y=0$ der Winkel φ nicht definiert ist.

(****) $$\frac{\partial x}{\partial k}\cdot\frac{\partial k}{\partial x}+\frac{\partial x}{\partial\varphi}\cdot\frac{\partial\varphi}{\partial x}=1$$

$$\frac{\partial y}{\partial k}\cdot\frac{\partial k}{\partial x}+\frac{\partial y}{\partial\varphi}\cdot\frac{\partial\varphi}{\partial x}=0$$

liefert die Lösung $\dfrac{\partial k}{\partial x}=\dfrac{1}{kab}\,kb\cos\varphi=\dfrac{\cos\varphi}{a}$.

Einführung neuer Variabler

4. Es ist $z=f(x,y)=\dfrac{x+y}{x-y}$; durch Einführung von Polarkoordinaten wird $z=g(r,\varphi)$.

Es gilt dann $$\frac{\partial z}{\partial r}=\frac{\partial z}{\partial x}\cdot\frac{\partial x}{\partial r}+\frac{\partial z}{\partial y}\cdot\frac{\partial y}{\partial r}=\frac{-2y}{(x-y)^2}\cdot\cos\varphi+\frac{2x}{(x-y)^2}\sin\varphi$$
$$=\frac{4\sin\varphi\cos\varphi}{r(\cos\varphi-\sin\varphi)^2}.$$

Andrerseits ist $$\frac{\partial g(r,\varphi)}{\partial x}=\frac{1}{r}\begin{vmatrix}\dfrac{\partial z}{\partial r} & \sin\varphi\\ \dfrac{\partial z}{\partial\varphi} & r\cos\varphi\end{vmatrix};$$

ist z.B. $z=re^{\varphi}$, so gilt $$\frac{\partial z}{\partial x}=\frac{1}{r}\begin{vmatrix}e^{\varphi} & \sin\varphi\\ re^{\varphi} & r\cos\varphi\end{vmatrix}=e^{\varphi}(\cos\varphi-\sin\varphi).$$

Transformation des Laplace-Operators

5. Der sogenannte Laplace-Operator (8.5.4, Seite 441) $\dfrac{\partial^2}{\partial x^2}+\dfrac{\partial^2}{\partial y^2}$ soll auf Polarkoordinaten transformiert werden.

Man hat $\dfrac{\partial^2 z}{\partial x^2}+\dfrac{\partial^2 z}{\partial y^2}$ zu berechnen, wenn $z=g(r,\varphi)$ ist.

$$\frac{\partial z}{\partial x}=\frac{1}{r}\begin{vmatrix}z_r & \sin\varphi\\ z_{\varphi} & r\cos\varphi\end{vmatrix}=z_r\cos\varphi-\frac{z_{\varphi}}{r}\sin\varphi;$$

$$\frac{\partial^2 z}{\partial x^2}=\frac{1}{r}\begin{vmatrix}\dfrac{\partial}{\partial r}\left(z_r\cos\varphi-\dfrac{z_{\varphi}}{r}\sin\varphi\right) & \sin\varphi\\ \dfrac{\partial}{\partial\varphi}\left(z_r\cos\varphi-\dfrac{z_{\varphi}}{r}\sin\varphi\right) & r\cos\varphi\end{vmatrix}$$

$$=\frac{1}{r}\begin{vmatrix}z_{rr}\cos\varphi-\dfrac{rz_{\varphi r}-z_{\varphi}}{r^2}\sin\varphi & \sin\varphi\\ z_{r\varphi}\cos\varphi-z_r\sin\varphi-\dfrac{z_{\varphi\varphi}\sin\varphi+z_{\varphi}\cos\varphi}{r} & r\cos\varphi\end{vmatrix}$$

$$=\frac{1}{r}\left\{rz_{rr}\cos^2\varphi-z_{\varphi r}\cos\varphi\sin\varphi+\frac{z_{\varphi}}{r}\cos\varphi\sin\varphi-z_{r\varphi}\cos\varphi\sin\varphi\right.$$
$$\left.+z_r\sin^2\varphi+\frac{z_{\varphi\varphi}}{r}\sin^2\varphi+\frac{z_{\varphi}}{r}\sin\varphi\cos\varphi\right\};$$

$$\frac{\partial z}{\partial y}=\frac{1}{r}\begin{vmatrix}\cos\varphi & z_r\\ -r\sin\varphi & z_{\varphi}\end{vmatrix}=\frac{z_{\varphi}}{r}\cos\varphi+z_r\sin\varphi;$$

$$\frac{\partial^2 z}{\partial y^2}=\frac{1}{r}\begin{vmatrix}\cos\varphi & \frac{\partial}{\partial r}\left(\frac{z_\varphi}{r}\cos\varphi+z_r\sin\varphi\right)\\ -r\sin\varphi & \frac{\partial}{\partial\varphi}\left(\frac{z_\varphi}{r}\cos\varphi+z_r\sin\varphi\right)\end{vmatrix}=$$

$$=\frac{1}{r}\begin{vmatrix}\cos\varphi & \frac{r z_{\varphi r}-z_\varphi}{r^2}\cos\varphi+z_{rr}\sin\varphi\\ -r\sin\varphi & \frac{z_{\varphi\varphi}\cos\varphi-z_\varphi\sin\varphi}{r}+z_{r\varphi}\sin\varphi+z_r\cos\varphi\end{vmatrix}$$

$$=\frac{1}{r}\left\{\frac{z_{\varphi\varphi}}{r}\cos^2\varphi-\frac{z_\varphi}{r}\sin\varphi\cos\varphi+z_{r\varphi}\sin\varphi\cos\varphi+z_r\cos^2\varphi+z_{\varphi r}\sin\varphi\cos\varphi\right.$$
$$\left.-\frac{z_\varphi}{r}\sin\varphi\cos\varphi+r z_{rr}\sin^2\varphi\right\}.$$

Damit erhält man

$$\frac{\partial^2 z}{\partial x^2}+\frac{\partial^2 z}{\partial y^2}=\frac{1}{r}\left\{r z_{rr}+z_r+\frac{z_{\varphi\varphi}}{r}\right\}=z_{rr}+\frac{1}{r^2}z_{\varphi\varphi}+\frac{1}{r}z_r=\frac{\partial^2 z}{\partial r^2}+\frac{1}{r^2}\frac{\partial^2 z}{\partial\varphi^2}+\frac{1}{r}\frac{\partial z}{\partial r}.$$

8.3.2 Differenzierbarkeit

Bei Funktionen mehrerer Variabler existiert keine Ableitung wie bei Funktionen einer Variablen, weil ein Verhältnis von Bildänderung zu Originaländerung nicht sinnvoll ist.

8.3.2.1 Definition

f heißt in einem Bereich differenzierbar, wenn dort alle partiellen Ableitungen existieren und stetig sind.

8.3.2.2 Richtungsableitung

Die partiellen Ableitungen beschreiben das Änderungsverhalten der Funktionswerte bei Änderung einer Variablen und Konstanthaltung aller andern (anschaulich: bei Änderung des Aufpunktes parallel zu einer Koordinatenachse). Eine Änderung des Aufpunktes in beliebiger Richtung $\vec{s}$ wird durch die Richtungswinkel γ_i (2.2.2, Seite 39) angegeben.

Falls der Grenzwert

$$\lim_{h\to 0}\frac{f(x_{10}+h\cos\gamma_1,\ldots,x_{n0}+h\cos\gamma_n)-f(x_{10},\ldots,x_{n0})}{h}$$

existiert, wird er als Richtungsableitung in Richtung $\vec{s}$ bezeichnet:

$$D_s f(x_{10}, \dots, x_{n0}) = f_s(x_{10}, \dots, x_{n0}) = \sum_{i=1}^{n} f_{x_i}(x_{10}, \dots, x_{n0}) \cdot \cos \gamma_i$$

$$= \begin{pmatrix} f_{x_1}(x_{10}, \dots, x_{n0}) \\ \vdots \\ f_{x_n}(x_{10}, \dots, x_{n0}) \end{pmatrix} \cdot \begin{pmatrix} \cos \gamma_1 \\ \vdots \\ \cos \gamma_n \end{pmatrix} = \operatorname{grad} f(x_{10}, \dots, x_{n0}) \cdot \vec{s}^{\,0}.$$

Funktionen zweier Variabler: Ist α der Winkel der Richtung s mit der Richtung der x-Achse, so gilt $D_\alpha f(x_0, y_0) = f_x(x_0, y_0) \cos \alpha + f_y(x_0, y_0) \sin \alpha$.

B

Zu 8.3.2.2:

Richtungsableitung

1. Gesucht ist für die Funktion $f\colon (x, y, z) \mapsto f(x, y, z) = xy + ze^y$ die Richtungsableitung in Richtung des Vektors $\vec{s} = \begin{pmatrix} 1 \\ 2 \\ 3 \end{pmatrix}$.

$$D_s f(x, y, z) = \begin{pmatrix} y \\ x + ze^y \\ e^y \end{pmatrix} \cdot \begin{pmatrix} 1 \\ 2 \\ 3 \end{pmatrix} \frac{1}{\sqrt{14}} = \frac{1}{\sqrt{14}} (y + 2x + 2ze^y + 3e^y).$$

Geht man vom Aufpunkt $(0; 2; -3)$ um 0,1 in Richtung von $\vec{s}$ zum Aufpunkt $(0{,}027;\ 2{,}053;\ -2{,}920)$, so ändert sich der Funktionswert um etwa $D_s\, f(0;\ 2\colon\ -3) \cdot 0{,}1 \approx -0{,}54$.

8.3.2.3 Vollständiges (totales) Differential erster Ordnung

Ist $f\colon (x_1, \dots, x_n) \mapsto f(x_1, \dots, x_n)$ in einem Bereich differenzierbar, so gilt bei einer Änderung des Original-n-tupels von $(x_{10}, \dots, x_{n0})$ zu $(x_{10} + h_1, \dots, x_{n0} + h_n)$:

$$\Delta z \approx dz = f_{x_1}(x_{10}, \dots, x_{n0}) \cdot h_1 + \dots + f_{x_n}(x_{10}, \dots, x_{n0}) \cdot h_n = \sum_{i=1}^{n} f_{x_i}(x_{10}, \dots, x_{n0}) \cdot h_i.$$

Die Näherung $\Delta z \approx dz$ ist umso genauer, je kleiner das größte der $|h_i|$ ist.

dz heißt vollständiges (totales) Differential; es ist vom Aufpunkt und den Differentialen $dx_1 = h_1$, $dx_2 = h_2, \dots, dx_n = h_n$ abhängig:

$$(x_1, \dots, x_n, dx_1, \dots, dx_n) \mapsto dz = \frac{\partial f(x_1, \dots, x_n)}{\partial x_1} dx_1 + \dots + \frac{\partial f(x_1, \dots, x_n)}{\partial x_n} dx_n.$$

Formale Schreibweisen:

1. $dz = \begin{pmatrix} \dfrac{\partial f(x_1, \dots, x_n)}{\partial x_1} \\ \vdots \\ \dfrac{\partial f(x_1, \dots, x_n)}{\partial x_n} \end{pmatrix} \cdot \begin{pmatrix} dx_1 \\ \vdots \\ dx_n \end{pmatrix}$ (Skalarprodukt)

Der erste vektorielle Faktor heißt Gradient von f:

$$\begin{pmatrix} \dfrac{\partial f(x_1, \ldots, x_n)}{\partial x_1} \\ \vdots \\ \dfrac{\partial f(x_1, \ldots, x_n)}{\partial x_n} \end{pmatrix} = \operatorname{grad} f(x_1, \ldots, x_n) = \nabla f(x_1, \ldots, x_n)$$

2. $dz = \left(\dfrac{\partial}{\partial x_1} dx_1 + \ldots + \dfrac{\partial}{\partial x_n} dx_n\right) f(x_1, \ldots, x_n)$.

$\dfrac{\partial}{\partial x_1} dx_1 + \ldots + \dfrac{\partial}{\partial x_n} dx_n$ wird als Differentialoperator d bezeichnet, mit dem $f(x_1, \ldots, x_n)$ formal unter Verwendung des Distributivgesetzes multipliziert wird.

Für $n=2$ definiert man durch die Gleichung

$$z - z_0 = f_x(x_0, y_0) \cdot (x - x_0) + f_y(x_0, y_0) \cdot (y - y_0)$$

die Tangentialebene an $\mathfrak{G}_f$ im Punkt $(x_0; y_0; z_0)$ mit $z_0 = f(x_0, y_0)$.

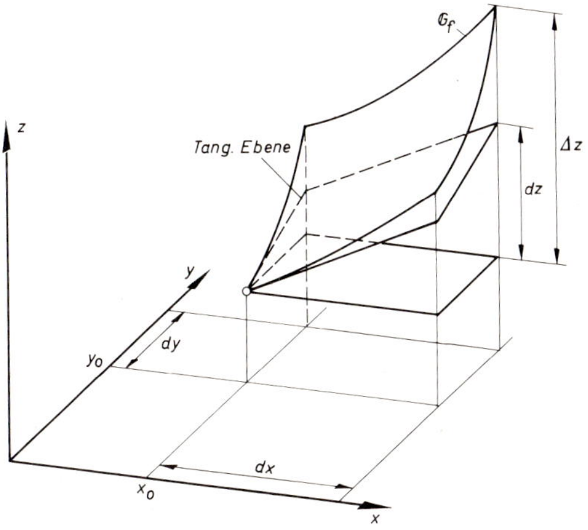

Das vollständige Differential stellt die Änderung des z-Wertes auf der Tangentialebene dar, wenn in der Grundrißebene der Originalaufpunkt $(x_0; y_0)$ zum Originalaufpunkt $(x_0 + dx; y_0 + dy)$ verändert wird. Je kleiner $|dx|$ und $|dy|$ sind (Sprechweise: dx und dy sind unendlich klein), desto genauer ist diese Änderung gleich der Änderung des z-Wertes auf $\mathfrak{G}_f$.

Zu 8.3.2.3:

Tangentialebene

1. Man gebe die Gleichung der Tangentialebene an den Graphen der Funktion

$$f\colon (x, y) \mapsto f(x, y) = z = (x+y)\sin\frac{5}{\sqrt{x^2+y^2}} \text{ in Punkt } (3;\, 4;\, f(3,4)) \text{ an.}$$

$$f(3,4) = 7\sin 1 \approx 5{,}9;$$

$$f_x(x,y) = \sin\frac{5}{\sqrt{x^2+y^2}} - \frac{5x(x+y)}{\sqrt{x^2+y^2}^{\,3}}\cdot\cos\frac{5}{\sqrt{x^2+y^2}}; \quad f_x(3,4) \approx 0{,}39;$$

$$f_y(x,y) = \sin\frac{5}{\sqrt{x^2+y^2}} - \frac{5y(x+y)}{\sqrt{x^2+y^2}^{\,3}}\cdot\cos\frac{5}{\sqrt{x^2+y^2}}; \quad f_y(3,4) \approx 0{,}24;$$

Tangentialebene: $z - 5{,}9 = 0{,}39(x-3) + 0{,}24(y-4)$.

Totales Differential

2. Beim schrägen Wurf gilt für die Wurfweite s die Formel $s = S(v,\alpha) = \dfrac{v^2\sin 2\alpha}{g}$ (v Abwurfgeschwindigkeit, α Abwurfwinkel, g Erdbeschleunigung).

Wie ändert sich die Wurfweite, wenn v von 30 m/s auf 30,1 m/s und α von 30° auf 30,5° erhöht wird?

$$\begin{aligned}\Delta s \approx ds &= \frac{\partial S}{\partial v}(30, 30°)\cdot 0{,}1 + \frac{\partial S}{\partial \alpha}(30, 30°)\cdot\frac{0{,}5°\cdot\pi}{180°}\\ &= \frac{2\cdot 30\sin 60°}{9{,}81}\cdot 0{,}1 + \frac{900\cdot 2\cos 60°}{9{,}81}\cdot\frac{0{,}5°\cdot\pi}{180°}\\ &\approx 0{,}5 + 0{,}8 = 1{,}3 \text{ m.}\end{aligned}$$

Die Wurfweite ändert sich von 79,4 m auf etwa 80,7 m.

Schätzung des Höchstfehlers mit totalem Differential

3. Zur Errechnung der Brechzahl n eines Glases werden Einfalls- und Ausfallswinkel α und β gemessen: $\alpha = 45{,}7° \pm 10'$, $\beta = 33{,}2° \pm 10'$. Welchen relativen Höchstfehler weist $n = \dfrac{\sin\alpha}{\sin\beta}$ auf?

$$\begin{aligned}|\Delta n| \approx |dn| &= \left|\frac{\partial n}{\partial \alpha}\cdot d\alpha + \frac{\partial n}{\partial \beta}\, d\beta\right| \le \left|\frac{\partial n}{\partial \alpha}\, d\alpha\right| + \left|\frac{\partial n}{\partial \beta}\, d\beta\right|\\ &= \left|\frac{\cos\alpha}{\sin\beta}\, d\alpha\right| + \left|-\frac{\sin\alpha}{\sin^2\beta}\cdot\cos\beta\, d\beta\right|\\ &\approx (1{,}3 + 2{,}0)\cdot\frac{1}{6}\cdot\frac{\pi}{180} \approx 0{,}01;\end{aligned}$$

$$n = 1{,}31 \pm 0{,}01 = 1{,}31 \pm 0{,}8\,\%.$$

8.3.2.4 Vollständige Differentiale höherer Ordnung

Unter dem vollständigen Differential zweiter Ordnung versteht man das vollständige Differential des vollständigen Differentials erster Ordnung:

$$d^2 z = d(dz) = d\left(\frac{\partial f(x_1,\dots,x_n)}{\partial x_1}dx_1 + \dots + \frac{\partial f(x_1,\dots,x_n)}{\partial x_n}dx_n\right)$$

$$= \frac{\partial^2 f(x_1,\dots,x_n)}{\partial x_1 \partial x_1}dx_1\,dx_1 + \dots + \frac{\partial^2 f(x_1,\dots,x_n)}{\partial x_n \partial x_1}dx_n\,dx_1$$

$$\vdots$$

$$+ \frac{\partial^2 f(x_1,\dots,x_n)}{\partial x_n \partial x_1}dx_n\,dx_1 + \dots + \frac{\partial^2 f(x_1,\dots,x_n)}{\partial x_n \partial x_n}dx_n\,dx_n$$

$$= \frac{\partial^2 f(x_1,\dots,x_n)}{\partial x_1^2}dx_1^2 + \dots + \frac{\partial^2 f(x_1,\dots,x_n)}{\partial x_n^2}dx_n^2$$

$$+ 2\frac{\partial^2 f(x_1,\dots,x_n)}{\partial x_1 \partial x_2}dx_1\,dx_2 + \dots + 2\frac{\partial^2 f(x_1,\dots,x_n)}{\partial x_{n-1} \partial x_n}\,dx_{n-1}\,dx_n.$$

Formal entsteht dieser Term, indem man den Differentialoperator

$$d^2 = \left(\frac{\partial}{\partial x_1}dx_1 + \dots + \frac{\partial}{\partial x_n}dx_n\right)^2$$

nach dem binomischen Satz (1.3.4, Seite 22) entwickelt und mit $f(x_1,\dots,x_n)$ multipliziert.

Analog entstehen Terme für Differentiale der Ordnung k durch formale Entwicklung von $d^k = \left(\frac{\partial}{\partial x_1}dx_1 + \dots + \frac{\partial}{\partial x_n}dx_n\right)^k$.

Sonderfall: $n=2$; $z=f(x,y)$

$$d^2 z = f_{xx}(x,y)\,dx^2 + 2f_{xy}(x,y)\,dx\,dy + f_{yy}(x,y)\,dy^2$$

$$d^k z = \binom{k}{0}\frac{\partial^k f(x,y)}{\partial x^k}dx^k + \binom{k}{1}\frac{\partial^k f(x,y)}{\partial x^{k-1}\partial y}dx^{k-1}\,dy + \dots + \binom{k}{k}\frac{\partial^k f(x,y)}{\partial y^k}\,dy^k.$$

8.3.2.5 Taylorformel

$$f(x_1+dx_1,\dots,x_n+dx_n) = f(x_1,\dots,x_n) + \frac{1}{1!}df + \frac{1}{2!}d^2 f + \dots + \frac{1}{k!}d^k f + R_k$$

(als Original ist jeweils $x_1,\dots,x_n$ zu nehmen).

$$R_k = \frac{1}{(k+1)!}d^{k+1} f \text{ mit Original } x_1+\vartheta\,dx_1,\dots,x_n+\vartheta\,dx_n;\quad 0<\vartheta<1.$$

8.3.2.6 Ableitung bei impliziter Angabe der Funktion

Ist durch die Gleichung $T(x_1,\dots,x_n,z)=0$ eine Funktion $f\colon(x_1,\dots,x_n)\mapsto z=f(x_1,\dots,x_n)$ implizit gegeben (8.1, Seite 388), so ergibt sich der Wert der partiellen Ableitung

$f_{x_i}(x_1, \ldots, x_n)$ aus der Gleichung

$$T_{x_i}(x_1, \ldots, x_n, z) + T_z(x_1, \ldots, x_n, z) \cdot f_{x_i}(x_1, \ldots, x_n) = 0:$$

$$f_{x_i}(x_1, \ldots, x_n) = -\frac{T_{x_i}(x_1, \ldots, x_n, z)}{T_z(x_1, \ldots, x_n, z)} \quad (\text{Nenner} \neq 0).$$

Analog erhält man höhere partielle Ableitungen durch nochmaliges Ableiten (die Originale sind der Übersichtlichkeit halber weggelassen):

$$T_{x_i x_k} + T_{z x_k} f_{x_i} + T_z f_{x_i x_k} + T_{x_i z} \cdot f_{x_k} + T_{zz} \cdot f_{x_i} \cdot f_{x_k} = 0.$$

Hieraus folgt:

$$f_{x_i x_k} = -\frac{T_z^2 T_{x_i x_k} + T_{zz} T_{x_i} T_{x_k} - T_{x_k z} T_{x_i} T_z - T_{x_i z} T_{x_k} T_z}{T_z^3} \quad (\text{Nenner} \neq 0).$$

Sonderfall: Implizite Angabe einer Funktion $f: x \mapsto y = f(x)$ einer Veränderlichen:

$$f'(x) = -\frac{T_x(x, y)}{T_y(x, y)}$$

$$f''(x) = -\frac{T_{xx}(x, y) \cdot T_y^2(x, y) - 2 T_{xy}(x, y) \cdot T_x(x, y) \cdot T_y(x, y) + T_{yy}(x, y) \cdot T_x^2(x, y)}{T_y^3(x, y)}$$

(Nenner $\neq 0$)

B

Zu 8.3.2.6:
Ableitungen bei impliziter Angabe einer Funktion

1. Durch die Gleichung $T(x, y) = \frac{x^2}{a^2} + \frac{y^2}{b^2} - 1 = 0$ ist eine Funktion $f: x \mapsto y = f(x) \leqq 0$ gegeben. Man ermittle $f'(x)$ und $f''(x)$.

$$T_x(x, y) = \frac{2x}{a^2}; \quad T_y(x, y) = \frac{2y}{b^2}; \quad T_{xx}(x, y) = \frac{2}{a^2}; \quad T_{xy}(x, y) = 0; \quad T_{yy}(x, y) = \frac{2}{b^2};$$

$$f'(x) = -\frac{2xb^2}{a^2 \cdot 2y} = -\frac{b^2}{a^2} \cdot \frac{x}{y} = -\frac{b^2}{a^2} \frac{x}{f(x)}; \qquad (f \text{ für } y = 0 \text{ nicht differenzierbar}).$$

$$f''(x) = -\frac{\frac{2}{a^2} \cdot \frac{4y^2}{b^4} + \frac{2}{b^2} \cdot \frac{4x^2}{a^4}}{\frac{8y^3}{b^6}} = -\frac{b^4}{a^2 y^3} = -\frac{b^4}{a^2 f^3(x)}; \quad (y \neq 0).$$

8.3.3 Extremwerte

8.3.3.1 Freie Extrema

Eine Funktion f besitzt an einer Stelle $(x_{10}, \ldots, x_{n0})$ ein freies relatives Maximum (bzw. Minimum), wenn die Funktionswerte für alle Stellen $(x_1, \ldots, x_n)$ in der Umgebung von $(x_{10}, \ldots, x_{n0})$ kleiner (bzw. größer) sind als $f(x_{10}, \ldots, x_{n0})$.

Für eine differenzierbare Funktion f ist notwendig für ein freies relatives Extremum:

$$\operatorname{grad} f(x_{10}, \ldots, x_{n0}) = \vec{o}, \quad \text{d.h.}$$

$$\frac{\partial f}{\partial x_1}(x_{10}, \ldots, x_{n0}) = \ldots = \frac{\partial f}{\partial x_n}(x_{10}, \ldots, x_{n0}) = 0.$$

Eine Entscheidung darüber, ob diese Bedingung hinreicht, ist i.allg. schwer zu treffen. Man untersucht z.B., ob das vollständige Differential zweiter Ordnung $d^2 f(x_{10}, \ldots, x_{n0})$ negativ definit für Maximum (bzw. positiv definit für Minimum) ist.

Sonderfall: $n=2$; $f\colon (x, y) \mapsto f(x, y)$.

Notwendige Bedingung: $f_x(x_0, y_0) = f_y(x_0, y_0) = 0$.

(Anschauliche Bedeutung: Tangentialebene an $\mathbb{G}_f$ muß parallel zur x-y-Ebene sein.)

Zur Fallunterscheidung bildet man:

$$A = f_{xx}(x_0, y_0), \; B = f_{xy}(x_0, y_0), \; C = f_{yy}(x_0, y_0), \; \Delta = AC - B^2.$$

$A \neq 0$:

<table>
<tr><td colspan="2">$\Delta > 0$</td><td>$\Delta < 0$</td><td>$\Delta = 0$</td></tr>
<tr><td colspan="2">ellipt. Pkt.</td><td>hyperbol. Pkt.</td><td>parabol. Pkt.</td></tr>
<tr><td>$A < 0$</td><td>$A > 0$</td><td rowspan="2">Sattelpunkt</td><td rowspan="2">nicht entscheidbarer Fall</td></tr>
<tr><td>Max.</td><td>Min.</td></tr>
</table>

$A = 0$:

$B \neq 0$: Sattelpunkt.

$B = 0$: Nicht entscheidbarer Fall.

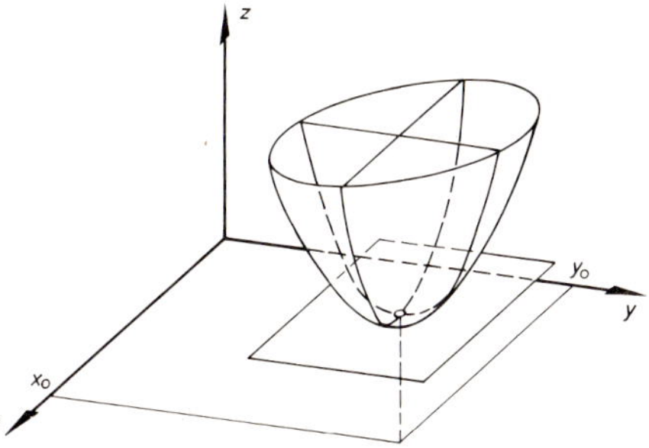

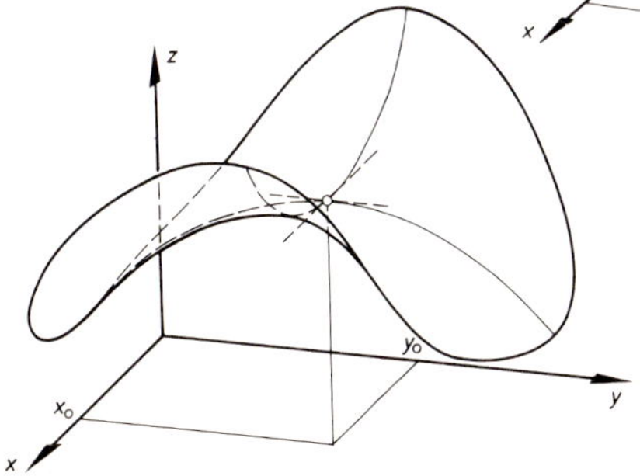

Zu 8.3.3.1:

1. Die Extremwerte der Funktion

$$f\colon (x, y) \mapsto f(x, y) = xy - 2x^2y - 2xy^2 = xy(1-2x-2y)$$

sind zu ermitteln.

Es ist zu setzen

$$\frac{\partial f(x, y)}{\partial x} = y - 4xy - 2y^2 = y(1-4x-2y) = 0$$

$$\frac{\partial f(x, y)}{\partial y} = x - 2x^2 - 4xy = x(1-2x-4y) = 0.$$

Aus der ersten Gleichung folgt zunächst $y_1 = 0$, so daß nach der zweiten Gleichung

$x(1-2x) = 0$, also $x_{11} = 0$, $x_{12} = \frac{1}{2}$ sein muß.

Entsprechend folgt aus der zweiten Gleichung $x_2 = 0$, so daß

$y(1-2y) = 0$, also $y_{21} = 0$, $y_{22} = \frac{1}{2}$ sein muß.

Schließlich hat das System

$$\left.\begin{aligned} 4x + 2y &= 1 \\ 2x + 4y &= 1 \end{aligned}\right\} \text{ die Lösung } x = \tfrac{1}{6},\ y = \tfrac{1}{6}.$$

Wegen $\dfrac{\partial^2 f(x, y)}{\partial x^2} = -4y$, $\dfrac{\partial^2 f(x, y)}{\partial x \partial y} = 1 - 4x - 4y$, $\dfrac{\partial^2 f(x, y)}{\partial y^2} = -4x$

erhält man für die einzelnen Stellen folgende Tabelle:

(x, y)	$(0; 0)$	$(\frac{1}{2}; 0)$	$(0; \frac{1}{2})$	$(\frac{1}{6}; \frac{1}{6})$
A	0	0	-2	$-\frac{2}{3}$
C	0	-2	0	$-\frac{2}{3}$
AC	0	0	0	$+\frac{4}{9}$
B	1	-1	-1	$-\frac{1}{3}$
B^2	1	1	1	$\frac{1}{9}$
$\Delta = AC - B^2$	-1	-1	-1	$+\frac{1}{3}$
	kein Extremum			Max.

8.3.3.2 Extrema mit Nebenbedingungen

Sollen bei einer Funktion $f\colon (x_1, \dots, x_n) \mapsto f(x_1, \dots, x_n)$ die Originale die k $(<n)$ Nebenbedingungen

$$\begin{aligned} \varphi_1(x_1, \dots, x_n) &= 0 \\ &\vdots \\ \varphi_k(x_1, \dots, x_n) &= 0 \end{aligned}$$

erfüllen, so stehen zur Extremwertermittlung von f zwei Wege offen:

1. Lassen sich aus den k Nebenbedingungen k Variable durch die restlichen $n-k$ Variablen ausdrücken, so kann man deren Terme in den Term für $f(x_1, \ldots, x_n)$ einsetzen und die freien Extrema der entstehenden Funktion von $n-k$ Variablen aufsuchen.
2. Im allgemeinen Fall bildet man die Funktion

$$(x_1, \ldots, x_n) \mapsto F(x_1, \ldots, x_n) = f(x_1, \ldots, x_n) - \lambda_1 \varphi_1(x_1, \ldots, x_n) \\ \vdots \\ - \lambda_k \varphi_k(x_1, \ldots, x_n)$$

und ermittelt die freien Extrema von F (Multiplikatormethode von Lagrange).

Notwendige Bedingung: $\dfrac{\partial F(x_{10}, \ldots, x_{n0})}{\partial x_1} = \ldots = \dfrac{\partial F(x_{10}, \ldots, x_{n0})}{\partial x_n} = 0.$

Mit diesen n Gleichungen und den k Nebenbedingungen hat man $n+k$ Gleichungen für die Unbekannten $x_{10}, \ldots, x_{n0}, \lambda_1, \ldots, \lambda_k$.

Sonderfall: $n=2$, $k=1$.

Anschauliche Bedeutung der Multiplikatormethode von Lagrange: Entlang der Kurve mit der (impliziten) Darstellung $\varphi(x, y)=0$ soll in der x-y-Ebene ein Extremum von $z=f(x, y)$ gesucht werden.

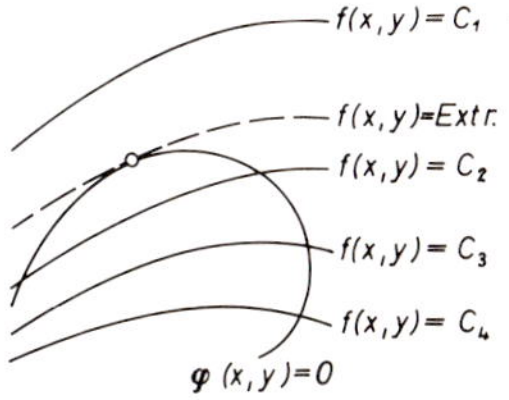

B

Zu 8.3.3.2:

Multiplikatormethode von Lagrange

1. Die Funktion f: $(x, y) \mapsto f(x, y) = z = 4xy$ soll unter der Nebenbedingung

$$\varphi(x, y) = x^2 + y^2 - 1 = 0$$

zum Extremum gemacht werden.

(Es handelt sich also geometrisch um die Aufgabe, in einen Kreis vom Radius 1 ein möglichst großes Rechteck einzubeschreiben. Das dem Kreis einbeschriebene Rechteck mit der größten Fläche ist ein Quadrat mit $a = r\sqrt{2}$, $A = 2r^2$)

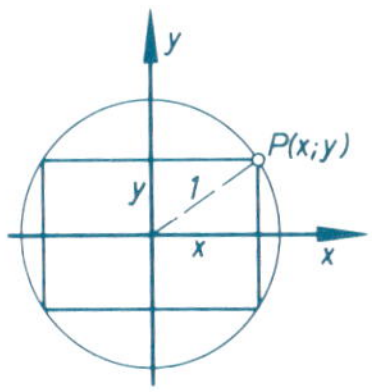

Es ist

$$F(x, y) = 4xy - \lambda(x^2 + y^2 - 1) = 0;$$

also gelten für die Extrema die Bedingungsgleichungen

$$\left.\begin{aligned} \frac{\partial F(x, y)}{\partial x} &= 4y - 2\lambda x = 0 \\ \frac{\partial F(x, y)}{\partial y} &= 4x - 2\lambda y = 0 \end{aligned}\right\} \frac{y}{x} = \frac{x}{y} \rightarrow x^2 = y^2$$

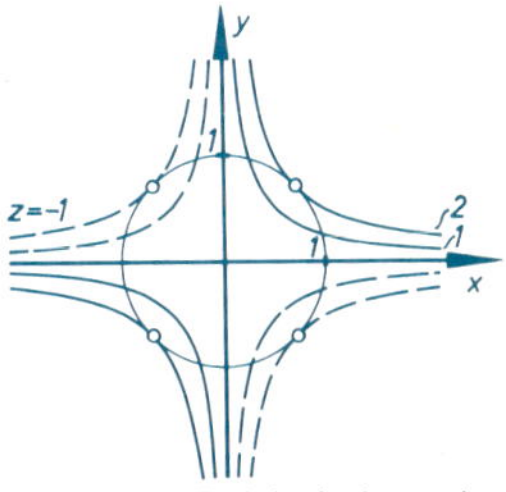

Karte für die Funktion $(x,y) \mapsto z=4xy$

Durch Einsetzen dieser Bedingung $x^2 = y^2$ in $\varphi(x, y)$ folgt $2x^2 = 2y^2 = 1$ mit der Lösung:

$$x = \pm\tfrac{1}{2}\sqrt{2},\ y = \pm\tfrac{1}{2}\sqrt{2}.$$

In den Punkten $P_1(\tfrac{1}{2}\sqrt{2};\ \tfrac{1}{2}\sqrt{2})$ und $P_2(-\tfrac{1}{2}\sqrt{2};\ -\tfrac{1}{2}\sqrt{2})$ liegen Maxima vor, in den beiden übrigen Punkten Minima.

2. Welchen Mindestwert hat die Summe der Richtungswinkel $S = \gamma_1 + \gamma_2 + \gamma_3$;

$$\text{Nebenbedingung } \varphi(\gamma_1, \gamma_2, \gamma_3) = \cos^2\gamma_1 + \cos^2\gamma_2 + \cos^2\gamma_3 - 1 = 0;$$

$$F(\gamma_1, \gamma_2, \gamma_3) = \gamma_1 + \gamma_2 + \gamma_3 - \lambda(\cos^2\gamma_1 + \cos^2\gamma_2 + \cos^2\gamma_3 - 1);$$

$$\frac{\partial F(\gamma_1, \gamma_2, \gamma_3)}{\partial \gamma_i} = 1 + 2\lambda \cos\gamma_i \sin\gamma_i = 1 + \lambda \sin 2\gamma_i;$$

hieraus folgen die Bedingungen $\sin 2\gamma_1 = -\dfrac{1}{\lambda}$;

$$\sin 2\gamma_2 = -\frac{1}{\lambda};$$

$$\sin 2\gamma_3 = -\frac{1}{\lambda}.$$

Die Nebenbedingung kann auch so formuliert werden:

$$1 + \cos 2\gamma_1 + 1 + \cos 2\gamma_2 + 1 + \cos 2\gamma_3 = 2;$$

$$\cos 2\gamma_1 + \cos 2\gamma_2 + \cos 2\gamma_3 = -1;$$

$$\pm\sqrt{1 - \frac{1}{\lambda^2}} \pm \sqrt{1 - \frac{1}{\lambda^2}} \pm \sqrt{1 - \frac{1}{\lambda^2}} = -1;$$

(wobei die Vorzeichen beliebig variiert werden).

Mindestens zwei Vorzeichen müssen negativ sein, woraus sich ergibt

$$\sqrt{1 - \frac{1}{\lambda^2}} = \frac{1}{3} \quad \text{oder} \quad \sqrt{1 - \frac{1}{\lambda^2}} = 1 \quad \text{(scheidet aus).}$$

$$\frac{1}{\lambda} = \pm\frac{2\sqrt{2}}{3}; \quad \sin 2\gamma_1 = \mp\frac{2\sqrt{2}}{3}.$$

Es verbleiben die beiden Möglichkeiten

$$\gamma_1 = \gamma_2 = \gamma_3 \approx 54{,}74° \quad \text{und} \quad \gamma_1 = \gamma_2 = \gamma_3 \approx 125{,}27°.$$

Hiermit ist $0{,}91\pi < \sum_{i=1}^{3} \gamma_i < 2{,}09\pi$.

8.4 Integralrechnung

8.4.1 Gebietsintegrale

Die Dimension des Integrationsbereiches stimmt mit der Dimension des Definitionsbereiches des Integranden überein.

8.4.1.1 Doppelintegrale

Definition

f sei eine Funktion von zwei Variablen:

$$f\colon (x, y) \mapsto f(x, y).$$

$\mathbb{B}$ sei ein abgeschlossener beschränkter Teilbereich des Definitionsbereiches $\mathbb{D}$ von f. Falls sich für jede Einteilung von $\mathbb{B}$ in n Flächenstücke der Größe ΔA_i die Summe $\sum_{i=1}^{n} f(x_i, y_i) \cdot \Delta A_i$ (x_i, y_i sind die Koordinaten eines beliebigen Punktes des i-ten Flächenstückes) von einem festen Wert g beliebig wenig unterscheidet, wenn man die Einteilung durch Vergrößerung von n entsprechend verfeinert, so ist g der Grenzwert

$$\lim_{\substack{\Delta A_i \to 0 \\ n \to \infty}} \sum_{i=1}^{n} f(x_i, y_i) \cdot \Delta A_i,$$

g wird als Doppelintegral $\iint\limits_{\mathbb{B}} f(x, y)\, dA$ bezeichnet.

Existenz

Hinreichend für die Existenz von $\iint\limits_{\mathbb{B}} f(x, y)\, dA$ ist die Stetigkeit von f in $\mathbb{B}$.

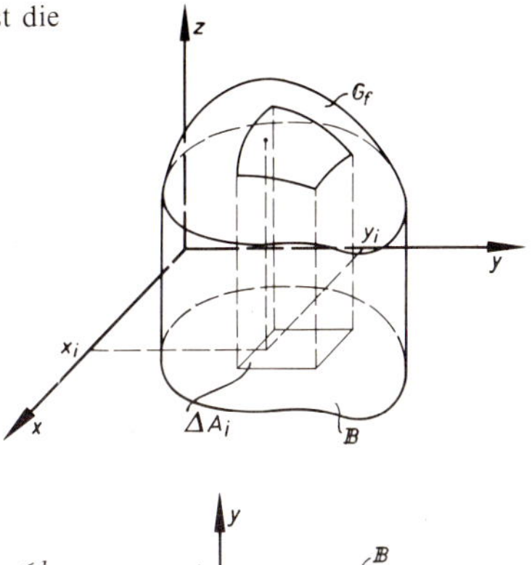

Geometrische Bedeutung

$\iint\limits_{\mathbb{B}} |f(x, y)|\, dA$ ist die Volumenmaßzahl eines zylindrischen Körpers, dessen Erzeugende parallel zur z-Achse die Randkurve von $\mathbb{B}$ durchlaufen und der von $\mathbb{G}_f$ und der x-y-Ebene begrenzt wird.

Berechnung

1. $\mathbb{B}$ ist Rechtecksbereich mit $a_1 \leqq x \leqq a_2$, $b_1 \leqq y \leqq b_2$ (d.h. $\mathbb{B}$ wird durch Koordinatennetzlinien begrenzt).

$$\iint\limits_{\mathbb{B}} f(x, y)\, dA = \iint\limits_{\mathbb{B}} f(x, y)\, dx\, dy = \int_{a_1}^{a_2} \left(\int_{b_1}^{b_2} f(x, y)\, dy \right) dx$$

$$= \int_{b_1}^{b_2} \left(\int_{a_1}^{a_2} f(x, y)\, dx \right) dy$$

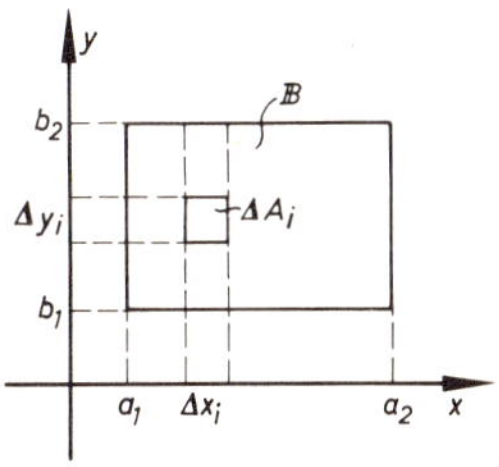

2. $\mathbb{B}$ ist durch zwei Kurven mit den Gleichungen $x \mapsto y=\varphi_1(x)$ und $x \mapsto y=\varphi_2(x)$ (Form *EKF*, 7.1, Seite 305) sowie durch Parallele zur y-Achse begrenzt, wobei $a_1 \leqq x \leqq a_2$, $\varphi_1(x) \leqq \varphi_2(x)$ ist.

$$\iint_{\mathbb{B}} f(x, y) \cdot dA = \int_{a_1}^{a_2} \left(\int_{\varphi_1(x)}^{\varphi_2(x)} f(x, y)\, dy \right) dx$$

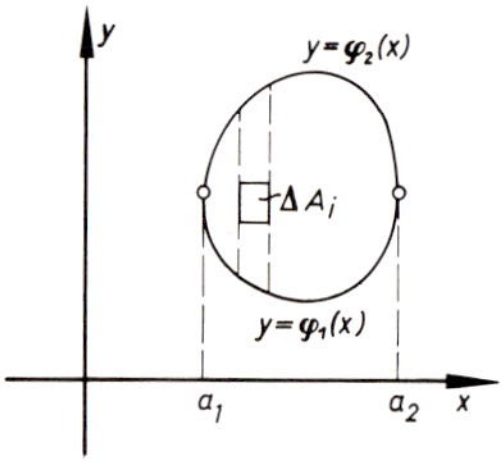

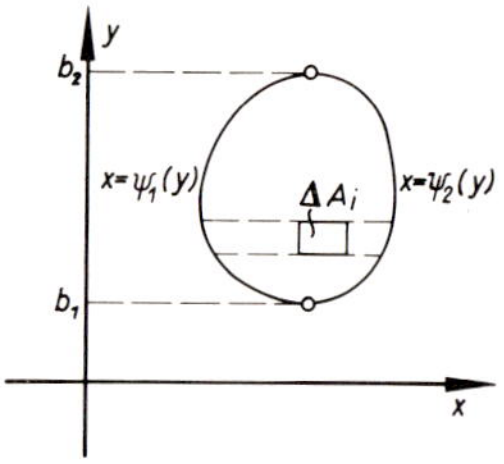

3. $\mathbb{B}$ ist durch zwei Kurven mit den Gleichungen $y \mapsto x=\psi_1(y)$ und $y \mapsto x-\psi_2(x)$ (Form *EKF*, 7.1, Seite 305) begrenzt, wobei $b_1 \leqq y \leqq b_2$, $\psi_1(y) \leqq \psi_2(y)$ ist.

$$\iint_{\mathbb{B}} f(x, y)\, dA = \int_{b_1}^{b_2} \left(\int_{\psi_1(y)}^{\psi_2(y)} f(x, y)\, dx \right) dy.$$

Gegebenenfalls kann $\mathbb{B}$ in mehrere Bereiche $\mathbb{B}_1, \ldots, \mathbb{B}_k$ der obigen Art zerlegt werden.

Variablentransformation

Werden die Variablen x und y durch u und v mit Hilfe der Formeln $x=X(u, v)$, $y=Y(u, v)$, $(u, v) \in \mathbb{B}^*$, $\frac{\partial(x, y)}{\partial(u, v)} \neq 0$ in $\mathbb{B}^*$ (bis auf höchstens Rand-Paare (u, v), in denen $\frac{\partial(x, y)}{\partial(u, v)} = 0$ ohne Vorzeichenwechsel) ersetzt, so gilt:

$$\iint_{\mathbb{B}} f(x, y)\, dA = \iint_{\mathbb{B}} f(x, y)\, dx\, dy = \iint_{\mathbb{B}^*} f(X(u, v),\ Y(u, v))\, \frac{\partial(x, y)}{\partial(u, v)}\, du\, dv$$

(Substitutionsregel).

Hieraus ergibt sich z.B. für Polarkoordinaten r, φ (5.2.2, Seite 127):

$$x = r \cdot \cos\varphi; \quad y = r \cdot \sin\varphi;$$

$$\frac{\partial(x, y)}{\partial(r, \varphi)} = \begin{vmatrix} \cos\varphi & \sin\varphi \\ -r\sin\varphi & r\cos\varphi \end{vmatrix} = r;$$

$$\iint_{\mathbb{B}} f(x, y)\, dA = \iint_{\mathbb{B}^*} f(r\cos\varphi, r\sin\varphi)\, r\, dr\, d\varphi.$$

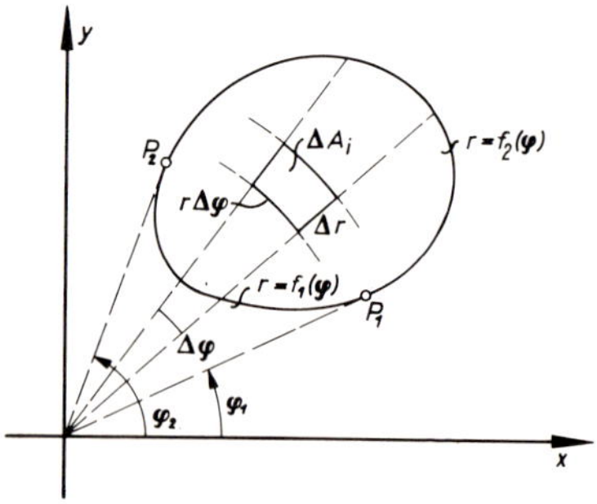

Ist $\mathbb{B}$ durch zwei Kurven mit den Gleichungen $\varphi \mapsto r=f_1(\varphi)$ und $\varphi \mapsto r=f_2(\varphi)$ (Form

EPF, 7.1, Seite 305) begrenzt, wobei $\varphi_1 \leqq \varphi \leqq \varphi_2$, $f_1(\varphi) \leqq f_2(\varphi)$ ist, so gilt

$$\iint\limits_{\mathbb{B}} f(x, y)\, dA = \iint\limits_{\mathbb{B}^*} f(r\cos\varphi, r\sin\varphi)\, r\, dr\, d\varphi = \int\limits_{\varphi_1}^{\varphi_2} \left(\int\limits_{f_1(\varphi)}^{f_2(\varphi)} f(r\cos\varphi, r\sin\varphi) \cdot r\, dr \right) d\varphi.$$

Häufig kann durch Einführung angepaßter Variablen erreicht werden, daß $\mathbb{B}^*$ durch Koordinatennetzlinien begrenzt wird (Berechnung nach Ziff. 1).

B

Zu 8.4.1.1:

Doppelintegral, Berechnung nach Ziff. 2

1. Gesucht ist der Wert des Doppelintegrals $\iint\limits_{\mathbb{B}} x y^2\, dA$; $\mathbb{B}$ wird von den beiden Parabeln mit den Gleichungen $x \mapsto y = \frac{x^2}{4}$ und $x \mapsto y = \sqrt{x}$ begrenzt.

   Beide Kurven schneiden sich in den Punkten $O(0; 0)$ und $P(2 \cdot \sqrt[3]{2}; \sqrt[3]{4})$.

$$\iint\limits_{\mathbb{B}} x y^2\, dA = \int\limits_0^{2\sqrt[3]{2}} dx \int\limits_{x^2/4}^{\sqrt{x}} x y^2\, dy = \int\limits_0^{2\sqrt[3]{2}} \left[\frac{x y^3}{3} \right]_{y = x^2/4}^{\sqrt{x}} dx$$

$$= \tfrac{1}{3} \int\limits_0^{2\sqrt[3]{2}} \left(x^2 \sqrt{x} - \frac{x^7}{64} \right) dx$$

$$= \frac{1}{3} \left[\frac{2}{7} \sqrt{x}^7 - \frac{x^8}{8 \cdot 64} \right]_0^{2\sqrt[3]{2}} = \frac{6}{7} \cdot \sqrt[3]{4};$$

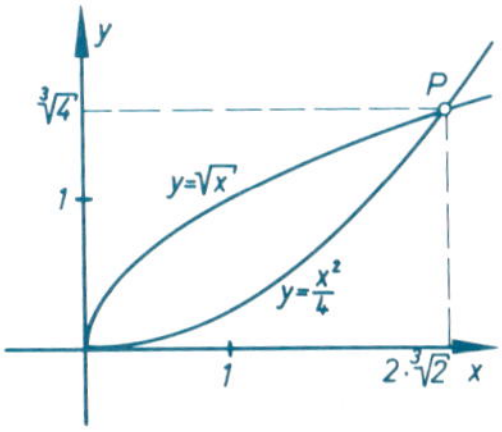

oder

$$\iint\limits_{\mathbb{B}} x y^2\, dA = \int\limits_0^{\sqrt[3]{4}} dy \int\limits_{y^2}^{2\sqrt{y}} x y^2\, dx = \tfrac{1}{2} \int\limits_0^{\sqrt[3]{4}} \left[x^2 y^2 \right]_{x = y^2}^{2\sqrt{y}} dy$$

$$= \tfrac{1}{2} \int\limits_0^{\sqrt[3]{4}} (4y^3 - y^6)\, dy = \tfrac{1}{2} \left[y^4 - \frac{y^7}{7} \right]_0^{\sqrt[3]{4}} = \frac{6}{7} \cdot \sqrt[3]{4}.$$

Doppelintegral, Berechnung nach Ziff. 1, Variablentransformation

2. Gesucht ist der Wert des Doppelintegrals $\iint\limits_{\mathbb{B}} x y\, dA$; $\mathbb{B}$ ist der in der Skizze schraffierte Bereich.

   $\mathbb{B}_1$ sei der Rechtecksbereich $\{(x, y) | 0 \leqq x \leqq x_0; 0 \leqq y \leqq y_0\}$

   $\mathbb{B}_2$ sei die Viertelellipsenfläche.

$$\iint\limits_{\mathbb{B}_1} x y\, dA = \int\limits_0^{x_0} dx \int\limits_0^{y_0} x y\, dy = \int\limits_0^{x_0} x\, dx \cdot \int\limits_0^{y_0} y\, dy = \tfrac{1}{4} x_0^2 y_0^2.$$

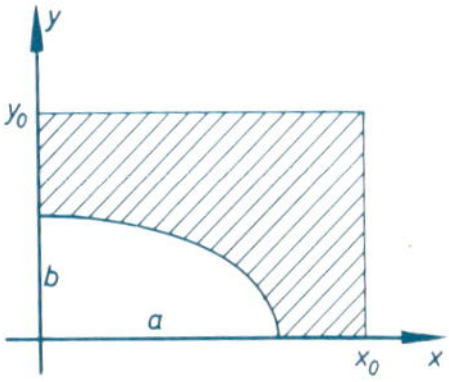

   Zur Berechnung von $\iint\limits_{\mathbb{B}_2} x y\, dA$ können die aus Beispiel 3 zu 8.3.1.3, Seite 397 bekannten Ellipsenkoordinaten (k, φ) verwendet werden.

$$x = k a \cos\varphi; \quad y = k b \sin\varphi; \quad 0 \leqq k \leqq 1; \quad 0 \leqq \varphi \leqq \tfrac{\pi}{2}.$$

$$\Delta = \frac{\partial(x,y)}{\partial(k,\varphi)} = \begin{vmatrix} a\cos\varphi & b\sin\varphi \\ -k a \sin\varphi & k b \cos\varphi \end{vmatrix} = k a b; \quad (k \neq 0)$$

$$\iint_{\mathbb{B}_2} x y\, dA = a^2 b^2 \iint_{\mathbb{B}_2^*} \cos\varphi \sin\varphi \cdot k^3\, dk\, d\varphi = \frac{a^2 b^2}{2} \int_0^{\pi/2} \sin 2\varphi\, d\varphi \cdot \lim_{\varepsilon\to 0} \int_\varepsilon^1 k^3\, dk$$

$$= \frac{a^2 b^2}{2} \cdot \frac{1}{2} \cdot 2 \cdot \frac{1}{4} = \frac{a^2 b^2}{8}.$$

Dasselbe erhält man natürlich durch

$$\int_0^a dx \int_0^{b\sqrt{1-\frac{x^2}{a^2}}} x y\, dy = \tfrac{1}{2} \int_0^a dx \cdot x \cdot \Big[y^2 \Big]_0^{b\sqrt{1-\frac{x^2}{a^2}}} = \frac{b^2}{2} \int_0^a x \left(1 - \frac{x^2}{a^2}\right) dx$$

$$= \frac{b^2}{2} \left[\frac{x^2}{2} - \frac{x^4}{4a^2} \right]_0^a = \frac{a^2 b^2}{2} \left(\frac{1}{2} - \frac{1}{4} \right) = \frac{a^2 b^2}{8}.$$

$$\iint_{\mathbb{B}} x y\, dA = \frac{x_0^2 y_0^2}{4} - \frac{a^2 b^2}{8} = \frac{1}{8} \quad (2 x_0^2 y_0^2 - a^2 b^2).$$

Kraftwirkung einer Flächenladung

3. Eine Kreisfläche sei mit der elektrischen Ladungsdichte D aufgeladen. Man ermittle die Kraft, die auf eine Punktladung Q wirkt.

$$\vec{F} = \frac{1}{4\pi\varepsilon_0} Q \iint_{\mathbb{B}} \frac{D\, dA}{x^2 + y^2 + a^2} \underbrace{\begin{pmatrix} -x \\ -y \\ a \end{pmatrix} \frac{1}{\sqrt{x^2 + y^2 + a^2}}}_{\vec{r}^0}$$

$$= \frac{QD}{4\pi\varepsilon_0} \iint_{\mathbb{B}} \begin{pmatrix} -x \\ -y \\ a \end{pmatrix} \frac{dA}{\sqrt{x^2 + y^2 + a^2}^3};$$

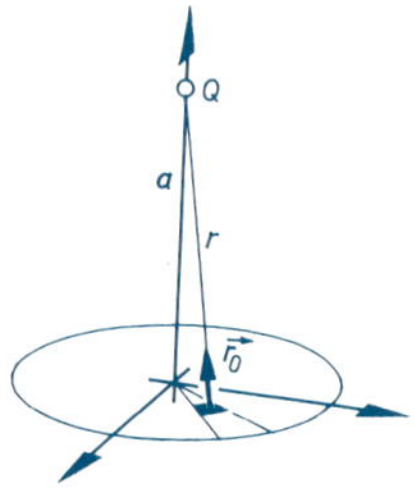

Einführung von Polarkoordinaten, Berechnung jeder einzelnen Kraftkomponente.

$$F_1 = \frac{QD}{4\pi\varepsilon_0} \iint_{\mathbb{B}^*} -r\cos\varphi \frac{r\, dr\, d\varphi}{\sqrt{r^2 + a^2}^3} = \frac{-QD}{4\pi\varepsilon_0} \int_0^{2\pi} \cos\varphi\, d\varphi \cdot \int_0^R \frac{r^2\, dr}{\sqrt{r^2 + a^2}^3} = 0;$$

$$F_2 = \frac{QD}{4\pi\varepsilon_0} \iint_{\mathbb{B}^*} -r\sin\varphi \frac{r\, dr\, d\varphi}{\sqrt{r^2 + a^2}^3} = -\frac{QD}{4\pi\varepsilon_0} \int_0^{2\pi} \sin\varphi\, d\varphi \cdot \int_0^R \frac{r^2\, dr}{\sqrt{r^2 + a^2}^3} = 0;$$

$$F_3 = \frac{QDa}{4\pi\varepsilon_0} \iint_{\mathbb{B}^*} \frac{r\, dr\, d\varphi}{\sqrt{r^2 + a^2}} = \frac{QDa}{4\pi\varepsilon_0} \cdot 2\pi \cdot \left[\frac{-1}{\sqrt{r^2 + a^2}} \right]_0^R$$

$$= \frac{2\pi QDa}{4\pi\varepsilon_0} \left(\frac{1}{a} - \frac{1}{\sqrt{R^2 + a^2}} \right) = \frac{2\pi QD}{4\pi\varepsilon_0} \left(1 - \frac{a}{\sqrt{R^2 + a^2}} \right),$$

$$\vec{F}=\frac{2\pi QD}{4\pi\varepsilon_0}\begin{pmatrix}0\\0\\1-\dfrac{a}{\sqrt{R^2+a^2}}\end{pmatrix}.$$

Es wirkt nur eine Kraft in z-Richtung.

Untersuchung für $R\to 0$ (Scheibe wird zu Punkt): Die Gesamtladung $Q_s=DR^2\pi$ der Scheibe muß erhalten bleiben:

$$F_3=\frac{2\pi QDR^2}{4\pi\varepsilon_0}\cdot\frac{1}{R^2}\left(1-\frac{a}{\sqrt{R^2+a^2}}\right)=\frac{2QQ_s}{4\pi\varepsilon_0}\cdot\frac{1-\dfrac{a}{\sqrt{R^2+a^2}}}{R^2};$$

$$\lim_{R\to 0}F_3=\frac{2QQ_s}{4\pi\varepsilon_0}\cdot\lim_{R\to 0}\frac{1-\dfrac{a}{\sqrt{R^2+a^2}}}{R^2};$$

Es ist $\lim\limits_{R\to 0}\dfrac{a\cdot\dfrac{R}{\sqrt{R^2+a^2}^3}}{2R}=\lim\limits_{R\to 0}\dfrac{a}{2\sqrt{R^2+a^2}^3}=\dfrac{1}{2a^2}$.

Hiermit ist $\lim\limits_{R\to 0}F_3=\dfrac{2Q\cdot Q_s}{4\pi\varepsilon_0}\cdot\dfrac{1}{2a^2}=\dfrac{1}{4\pi\varepsilon_0}\cdot\dfrac{Q\cdot Q_s}{a^2}$ (Coulombsches Gesetz).

8.4.1.2 Dreifachintegrale

Definition

f sei eine Funktion von drei Variablen:

$$f\colon (x,y,z)\mapsto f(x,y,z).$$

$\mathbb{B}$ sei ein abgeschlossener beschränkter Teilbereich des Definitionsbereiches $\mathbb{D}$ von f. Falls sich für jede Einteilung von $\mathbb{B}$ in n Raumteilbereiche der Größe ΔV_i die Summe

$\sum\limits_{i=1}^{n} f(x_i,y_i,z_i)\cdot\Delta V_i$ $(x_i, y_i, z_i$ sind die Koordinaten eines beliebigen Punktes des i-ten Raumteilbereiches) von einem festen Wert g beliebig wenig unterscheidet, wenn man die Einteilung durch Vergrößerung von n entsprechend verfeinert, so ist g der Grenzwert

$$\lim_{\substack{\Delta V_i\to 0\\ n\to\infty}}\sum_{i=1}^{n} f(x_i,y_i,z_i)\cdot\Delta V_i.$$

g wird als Dreifachintegral $\iiint\limits_{\mathbb{B}} f(x,y,z)\,dV$ bezeichnet.

Existenz

Hinreichend für die Existenz von $\iiint\limits_{\mathbb{B}} f(x,y,z)\,dV$ ist die Stetigkeit von f in $\mathbb{B}$.

Geometrische Bedeutung

$\iiint\limits_{\mathbb{B}} f(x, y, z)\, dV$ besitzt i.allg. keine einfache geometrische Bedeutung.

$\iiint\limits_{\mathbb{B}} dV$ ist die Maßzahl des Volumens von $\mathbb{B}$.

Berechnung

1. $\mathbb{B}$ ist Quaderbereich mit $a_1 \leqq x \leqq a_2$, $b_1 \leqq y \leqq b_2$, $c_1 \leqq z \leqq c_2$ (d.h. $\mathbb{B}$ wird durch Koordinatennetzflächen begrenzt).

   $$\iiint\limits_{\mathbb{B}} f(x, y, z)\, dV = \int\limits_{a_1}^{a_2} dx \int\limits_{b_1}^{b_2} dy \int\limits_{c_1}^{c_2} f(x, y, z)\, dz;$$

   die Reihenfolge der Integrationen darf sicher dann vertauscht werden, wenn f in $\mathbb{B}$ stetig ist.

2. $\mathbb{B}$ ist durch zwei Flächen mit den Gleichungen (Form *KF*, 9.1, Seite 446) $(x, y) \mapsto z_1 = \psi_1(x, y)$ und $(x, y) \mapsto z_2 = \psi_2(x, y)$ mit $\psi_1(x, y) \leqq \psi_2(x, y)$ und einen allgemeinen Zylindermantel parallel zur z-Achse begrenzt; die Projektion von $\mathbb{B}$ in die x-y-Ebene parallel zur z-Achse sei durch zwei Kurven mit den Gleichungen (Form *EKF*, 7.1, Seite 305) $x \mapsto y_1 = \varphi_1(x)$ und $x \mapsto y_2 = \varphi_2(x)$ mit $\varphi_1(x) \leqq \varphi_2(x)$ sowie durch Parallele zur y-Achse begrenzt. Dann ist

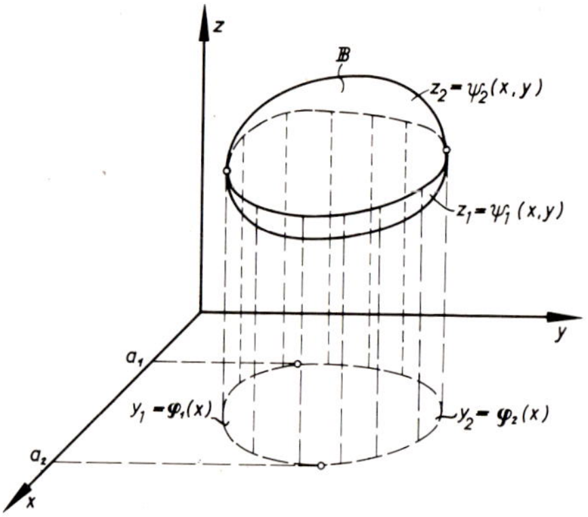

   $$\iiint\limits_{\mathbb{B}} f(x, y, z)\, dV = \int\limits_{a_1}^{a_2} dx \int\limits_{\varphi_1(x)}^{\varphi_2(x)} dy \int\limits_{\psi_1(x,y)}^{\psi_2(x,y)} f(x, y, z)\, dz.$$

   Gegebenenfalls kann $\mathbb{B}$ in mehrere Bereiche $\mathbb{B}_1, \ldots, \mathbb{B}_k$ der obigen Art zerlegt werden.

Variablentransformation

Werden die Variablen x, y, z durch u, v, w mit Hilfe der Formeln $x = X(u, v, w)$, $y = Y(u, v, w)$, $z = Z(u, v, w)$, $(u, v, w) \in \mathbb{B}^*$, $\dfrac{\partial(x, y, z)}{\partial(u, v, w)} \neq 0$ in $\mathbb{B}^*$ (bis auf höchstens Rand-Tripel (u, v, w), in denen $\dfrac{\partial(x, y, z)}{\partial(u, v, w)} = 0$ ohne Vorzeichenwechsel) ersetzt, so gilt:

$$\iiint\limits_{\mathbb{B}} f(x, y, z)\, dV = \iiint\limits_{\mathbb{B}} f(x, y, z)\, dx\, dy\, dz$$

$$= \iiint\limits_{\mathbb{B}^*} f(X(u, v, w),\ Y(u, v, w),\ Z(u, v, w))\, \frac{\partial(x, y, z)}{\partial(u, v, w)}\, du\, dv\, dw.$$

Hieraus ergibt sich für Zylinderkoordinaten r, φ, z (5.3.2, Seite 129):

$$x = r\cos\varphi; \quad y = r\sin\varphi; \quad z = z; \quad \frac{\partial(x, y, z)}{\partial(r, \varphi, z)} = \begin{vmatrix} \cos\varphi & \sin\varphi & 0 \\ -r\sin\varphi & r\cos\varphi & 0 \\ 0 & 0 & 1 \end{vmatrix} = r;$$

$$\iiint\limits_{\mathbb{B}} f(x, y, z)\, dV = \iiint\limits_{\mathbb{B}^*} f(r\cos\varphi, r\sin\varphi, z)\, r\, dr\, d\varphi\, dz$$

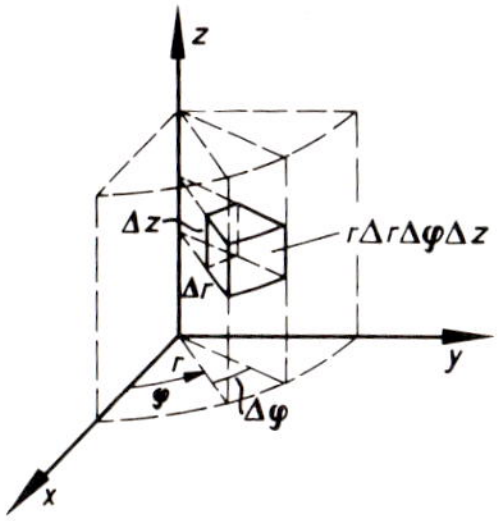

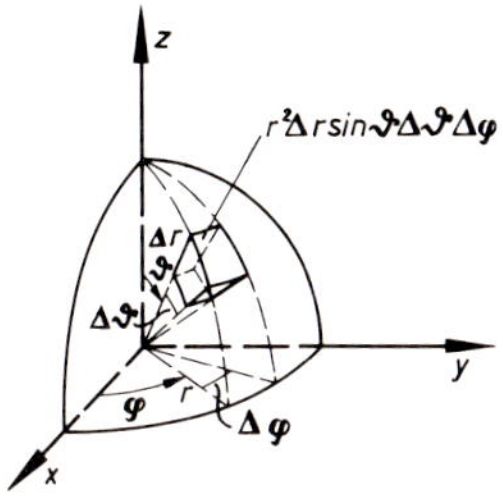

Analog ergibt sich für Kugelkoordinaten r, ϑ, φ bzw. r, ϑ^*, φ (5.4.2, Seite 131)

$$\frac{\partial(x, y, z)}{\partial(r, \vartheta, \varphi)} = r^2 \sin\vartheta \quad \text{bzw.} \quad \frac{\partial(x, y, z)}{\partial(r, \vartheta^*, \varphi)} = -r^2\cos\vartheta^*.$$

$$\iiint\limits_{\mathbb{B}} f(x, y, z)\, dV = \iiint\limits_{\mathbb{B}^*} f\ (r\sin\vartheta\cos\varphi, r\sin\vartheta\sin\varphi, r\cos\vartheta)\cdot r^2\sin\vartheta\, dr\, d\vartheta\, d\varphi \quad \text{bzw.}$$

$$\iiint\limits_{\mathbb{B}} f(x, y, z)\, dV = -\iiint\limits_{\mathbb{B}^*} f\ (r\cos\vartheta^*\cos\varphi, r\cos\vartheta^*\sin\varphi, r\sin\vartheta^*)\, r^2\cos^2\vartheta^*\, dr\, d\vartheta^*\, d\varphi.$$

Häufig kann durch Einführung angepaßter Variablen erreicht werden, daß $\mathbb{B}^*$ durch Koordinatennetzflächen begrenzt wird (Berechnung nach Ziff. 1).

B

Zu 8.4.1.2:

Volumen als Dreifachintegral, Variablentransformation

1. Gesucht ist die Größe des Volumens eines Ellipsoids (9.3, Seite 454) mit den Halbachsen a, b, c.

   $V = \iiint\limits_{\mathbb{B}} dV$. Man führt spezielle, dem Problem angepaßte Koordinaten ein:

$$\begin{aligned} x &= k\,a\sin\vartheta\cos\varphi \quad && \text{mit } 0 \leqq k \leqq 1 \\ y &= k\,b\sin\vartheta\sin\varphi && 0 \leqq \vartheta \leqq \pi \\ z &= k\,c\cos\vartheta && 0 \leqq \varphi \leqq 2\pi \end{aligned}$$

Für $k=1$ ergibt sich die Gleichung der Oberfläche des Ellipsoids: $\frac{x^2}{a^2}+\frac{y^2}{b^2}+\frac{z^2}{c^2}=1$.

$$\Delta=\frac{\partial(x,y,z)}{\partial(k,\vartheta,\varphi)}=\begin{vmatrix} a\sin\vartheta\cos\varphi & b\sin\vartheta\sin\varphi & c\cos\vartheta \\ k\,a\cos\vartheta\cos\varphi & k\,b\cos\vartheta\sin\varphi & -k\,c\sin\vartheta \\ -k\,a\sin\vartheta\sin\varphi & k\,b\sin\vartheta\cos\varphi & 0 \end{vmatrix}=k^2\,a\,b\,c\sin\vartheta$$

$$V=a\,b\,c\cdot\lim_{\varepsilon\to 0}\int_{\varepsilon}^{1}k^2\,dk\cdot\lim_{\delta\to 0}\int_{\delta}^{\pi-\delta}\sin\vartheta\,d\vartheta\cdot\int_{0}^{2\pi}d\varphi$$
$$=a\,b\,c\cdot\tfrac{1}{3}\cdot 2\cdot 2\pi=\tfrac{4}{3}\pi\,a\,b\,c.$$

Dreifachintegral, Kugelkoordinaten

2. Man berechne das Integral $\iiint\limits_{\mathbb{B}}\frac{dV}{b}$, wobei $\mathbb{B}$ ein Kugelbereich (Radius R) und b der Abstand zwischen einem festen Aufpunkt P und einem Kugelpunkt sein soll.

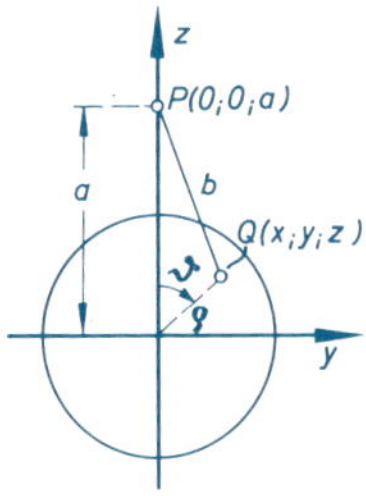

Es ist $b=\sqrt{a^2+r^2-2ar\cos\vartheta}$.

Man führt Kugelkoordinaten mit $\frac{\partial(x,y,z)}{\partial(r,\vartheta,\varphi)}=r^2\sin\vartheta$ ein.

$$\iiint\limits_{\mathbb{B}}\frac{dV}{b}=\iiint\limits_{\mathbb{B}^*}\frac{r^2\sin\vartheta}{\sqrt{a^2+r^2-2ar\cos\vartheta}}\,dr\,d\vartheta\,d\varphi$$
$$=\int_0^{2\pi}d\varphi\cdot\lim_{\varepsilon\to 0}\int_{\varepsilon}^{R}dr\cdot\lim_{\delta\to 0}\int_0^{\pi-\delta}\frac{r^2\sin\vartheta}{\sqrt{a^2+r^2-2ar\cos\vartheta}}\,d\vartheta$$
$$=2\pi\lim_{\varepsilon\to 0}\int_{\varepsilon}^{R}r^2\,dr\cdot\lim_{\delta\to 0}\left[\sqrt{a^2+r^2-2ar\cos\vartheta}\right]_0^{\pi-\delta}\cdot\frac{1}{ar}$$
$$=2\pi\lim_{\varepsilon\to 0}\int_{\varepsilon}^{R}\frac{r}{a}\left(\sqrt{a^2+r^2+2ar}-\sqrt{a^2+r^2-2ar}\right)dr$$
$$=\frac{2\pi}{a}\lim_{\varepsilon\to 0}\int_{\varepsilon}^{R}r(a+r-a+r)\,dr=\frac{4\pi}{a}\cdot\frac{R^3}{3}=\frac{V}{a}.$$

Das Integral ist bis auf Faktoren das im Aufpunkt P vorhandene Gravitationspotential der homogen mit Masse belegten Kugel.

8.4.1.3 Mehrfachintegrale

Für Funktionen von n Variablen ($n>3$; $n\in\mathbb{N}$) ist ein n-faches Integral durch eine zu 8.4.1.1 und 8.4.1.2 analoge Grenzwertbildung definiert. Die Berechnung ist am einfachsten , wenn $\mathbb{B}$ ein n-dimensionaler Quader ist.

8.4.2 Flächenintegrale

Die Dimension des Integrationsbereiches ist 2, die Dimension des Definitionsbereiches des Integranden ist >2.

8.4.2.1 Flächenintegrale 1. Art

Definition

f sei eine Funktion von drei Variablen:

$$f\colon (x, y, z) \mapsto f(x, y, z).$$

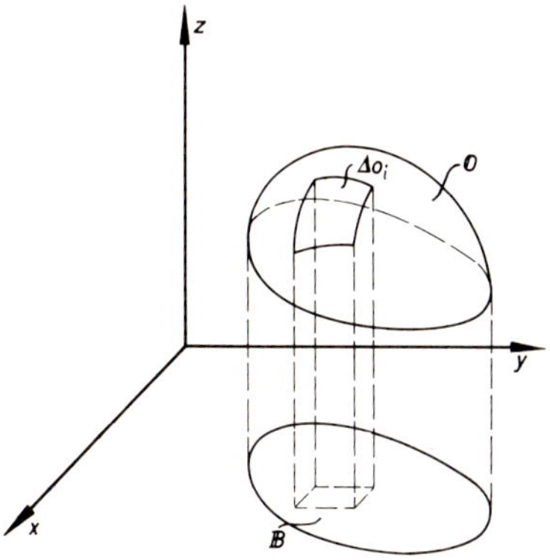

$\mathbb{O}$ sei ein im dreidimensionalen anschaulichen Raum gelegenes Flächenstück. Falls sich für jede Einteilung von $\mathbb{O}$ in n Flächenstücke der Größe ΔO_i die Summe $\sum_{i=1}^{n} f(x_i, y_i, z_i) \cdot \Delta O_i$ (x_i, y_i, z_i sind die Koordinaten eines beliebigen Punktes des i-ten Flächenstückes) von einem festen Wert g beliebig wenig unterscheidet, wenn man die Einteilung durch Vergrößerung von n entsprechend verfeinert, so ist g der Grenzwert

$$\lim_{\substack{\Delta O_i \to 0 \\ n \to \infty}} \sum_{i=1}^{n} f(x_i, y_i, z_i)\, \Delta O_i .$$

g wird als Flächenintegral $\iint\limits_{\mathbb{O}} f(x, y, z)\, dO$ bezeichnet.

Ist $\mathbb{O}$ eine geschlossene Fläche, so schreibt man $\oiint f(x, y, z)\, dO$.

Existenz

Hinreichend für die Existenz von $\iint\limits_{\mathbb{O}} f(x, y, z)\, dO$ sind die Stetigkeit von f in allen Punkten von $\mathbb{O}$ und die Stetigkeit der Fundamentalgrößen E, F, G des Flächenstückes (9.4.3, Seite 463).

Geometrische Bedeutung

$\iint\limits_{\mathbb{O}} f(x, y, z)\, dO$ besitzt i. allg. keine einfache geometrische Bedeutung. $\iint\limits_{\mathbb{O}} dO$ ist die Maßzahl des Flächeninhaltes von $\mathbb{O}$.

Berechnung

Man drückt alle in $\iint\limits_{\mathbb{O}} f(x, y, z)\, dO$ vorkommenden Größen durch zwei Originale aus und führt das Integral auf ein Doppelintegral (8.4.1.1, Seite 409) zurück.

1. $\mathbb{O}$ ist als Graph einer Funktion $\varphi\colon (x, y) \mapsto z = \varphi(x, y)$ mit $(x, y) \in \mathbb{B}$ gegeben (Form KF, 9.1, Seite 446).

$$\iint\limits_{\mathbb{O}} f(x, y, z)\, dO = \iint\limits_{\mathbb{B}} f(x, y, \varphi(x, y)) \cdot \sqrt{1 + \varphi_x^2(x, y) + \varphi_y^2(x, y)}\, dx\, dy.$$

2. Φ ist durch Parameterdarstellung

$$(\sigma, \tau) \mapsto x = \varphi_1(\sigma, \tau)$$
$$y = \varphi_2(\sigma, \tau)$$
$$z = \varphi_3(\sigma, \tau)$$

mit $(\sigma, \tau) \in \mathbb{B}$ gegeben (Form *KP*, 9.1, Seite 446).

$$\iint_{\Phi} f(x, y, z)\, dO = \iint_{\mathbb{B}} f(\varphi_1(\sigma, \tau), \varphi_2(\sigma, \tau), \varphi_3(\sigma, \tau)) \cdot \sqrt{EG - F^2}\, d\sigma\, d\tau$$

(*E*, *F*, *G* Fundamentalgrößen, 9.4.3, Seite 463).

B

Zu 8.4.2.1:

Berechnung nach Ziff. 1

1. Man berechne das Oberflächenintegral $\iint_{\Phi} x\,y\,z\,dO$ über die obere Halbkugelfläche mit der Gleichung $x^2 + y^2 + z^2 = R^2$.

$$z = \underset{(-)}{+} \sqrt{R^2 - x^2 - y^2} = \varphi(x, y).$$

$$dO = \sqrt{1 + \varphi_x^2(x, y) + \varphi_y^2(x, y)}\, dx\, dy = \sqrt{1 + \frac{x^2}{R^2 - x^2 - y^2} + \frac{y^2}{R^2 - x^2 - y^2}}\, dx\, dy$$

$$= \frac{R}{\sqrt{R^2 - x^2 - y^2}}\, dx\, dy.$$

$$\iint_{\Phi} x\,y\,z\,dO = \iint_{\mathbb{B}} x\,y \sqrt{R^2 - x^2 - y^2}\, \frac{R\,dx\,dy}{\sqrt{R^2 - x^2 - y^2}} = R \iint_{\mathbb{B}} x\,y\,dx\,dy = R \int_{-R}^{R} dx \cdot x \cdot \int_{-\sqrt{R^2 - x^2}}^{\sqrt{R^2 - x^2}} y\,dy$$

$$= R \int_{-R}^{R} dx \cdot x \cdot (R^2 - x^2) = R \left[\frac{R^2 x^2}{2} - \frac{x^4}{4}\right]_{-R}^{R} = 0;$$

wobei $\mathbb{B} = \{(x, y) | x^2 + y^2 \leqq R^2\}$.

8.4.2.2 Flächenintegrale 2. Art

Definition

f sei eine Funktion von drei Variablen:

$$f\colon (x, y, z) \mapsto f(x, y, z).$$

Φ sei ein im dreidimensionalen anschaulichen Raum gelegenes Flächenstück. Man orientiert Φ, indem man auf Φ die Richtung des Normalenvektors $\vec{n}$ festlegt (9.4.3, Seite 462). Φ wird in n Flächenstücke der Größe ΔO_i eingeteilt; dem i-ten Flächenstück ordnet man den Vektor $\Delta \vec{O}_i = \Delta O_i \cdot \vec{n}_i^0$ mit den Komponenten ΔO_{1i}, ΔO_{2i}, ΔO_{3i} zu:

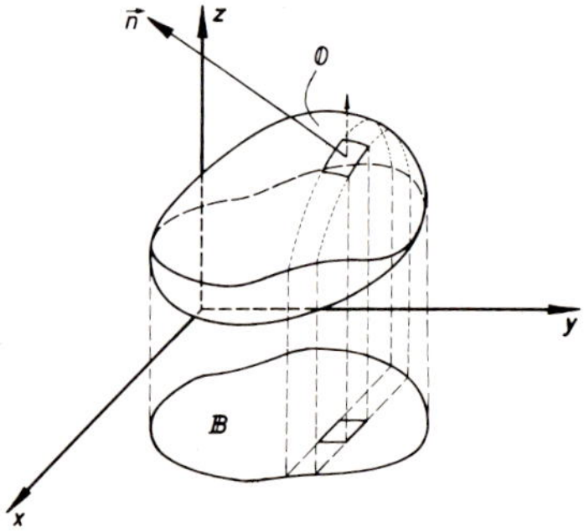

$\Delta\vec{O}_i = \begin{pmatrix} \Delta O_{1i} \\ \Delta O_{2i} \\ \Delta O_{3i} \end{pmatrix}$. ($\vec{n}_i^0$ ist der Normaleneinheitsvektor in irgend einem Punkt des i-ten Flächenstückes.)

Man untersucht die Summen

$$\sum_{i=1}^{n} f(x_i, y_i, z_i)\cdot \Delta O_{1i}, \quad \sum_{i=1}^{n} f(x_i, y_i, z_i)\cdot \Delta O_{2i}, \quad \sum_{i=1}^{n} f(x_i, y_i, z_i)\cdot \Delta O_{3i}$$

in derselben Weise wie in 8.4.2.1, Seite 417.

Falls die Grenzwerte g_1, g_2, g_3 für feiner werdende Einteilung existieren, so werden diese mit $\iint\limits_{\Phi} f(x, y, z)\,dO_1$, $\iint\limits_{\Phi} f(x, y, z)\,dO_2$, $\iint\limits_{\Phi} f(x, y, z)\,dO_3$ bezeichnet.

Ferner legt man fest $\iint\limits_{\Phi} f(x, y, z)\,d\vec{O} = \begin{pmatrix} \iint\limits_{\Phi} f(x, y, z)\,dO_1 \\ \iint\limits_{\Phi} f(x, y, z)\,dO_2 \\ \iint\limits_{\Phi} f(x, y, z)\,dO_3 \end{pmatrix}$.

Existenz

Hinreichend für die Existenz der Integrale sind dieselben Bedingungen wie bei 8.4.2.1, Seite 417.

Geometrische Bedeutung

Die Integrale besitzen i. allg. keine einfache geometrische Bedeutung. $\iint\limits_{\Phi} dO_1$, $\iint\limits_{\Phi} dO_2$ bzw. $\iint\limits_{\Phi} dO_3$ kann unter gewissen Voraussetzungen (jede Senkrechte zu den Koordinatenebenen trifft Φ in höchstens einem Punkt) als Flächeninhalt der Projektion von Φ auf die y-z-, x-z- bzw. x-y-Ebene gedeutet werden.

Berechnung

Man drückt alle in den Integralen vorkommenden Größen durch zwei Originale aus und führt die Integrale auf Doppelintegrale zurück (8.4.1.1, Seite 409).

8.4.2.3 Flächenintegrale von Skalarprodukten

Ist $(x, y, z) \mapsto \vec{v} = \begin{pmatrix} V_1(x, y, z) \\ V_2(x, y, z) \\ V_3(x, y, z) \end{pmatrix}$ ein Vektorfeld und Φ ein orientiertes Flächenstück (8.4.2.2, Seite 418), so kann man

$$\iint\limits_{\Phi} \vec{v}\cdot d\vec{O} = \iint\limits_{\Phi} \begin{pmatrix} V_1(x, y, z) \\ V_2(x, y, z) \\ V_3(x, y, z) \end{pmatrix} \cdot \begin{pmatrix} dO_1 \\ dO_2 \\ dO_3 \end{pmatrix} = \iint\limits_{\Phi} V_1(x, y, z)\,dO_1 + \iint\limits_{\Phi} V_2(x, y, z)\,dO_2$$

$$+ \iint\limits_{\Phi} V_3(x, y, z)\,dO_3$$

nach 8.4.2.2, Seite 419 berechnen.

$\iint\limits_{\Phi} \vec{v}\cdot d\vec{O}$ heißt Fluß des Feldes $\vec{v}$ durch die Fläche Φ.

8.4.3 Linienintegrale

Die Dimension des Integrationsgebietes ist 1, die Dimension des Definitionsbereiches des Integranden ist >1.

8.4.3.1 Linienintegrale 1. Art

Definition

f sei eine Funktion von zwei bzw. drei Variablen:

$$f\colon (x, y) \mapsto f(x, y) \quad \text{bzw.} \quad f\colon (x, y, z) \mapsto f(x, y, z).$$

$\mathbb{C}$ sei ein ebenes bzw. räumliches Kurvenstück. Falls sich für jede Einteilung von $\mathbb{C}$ in n Kurvenstücke der Länge Δs_i die Summe $\sum\limits_{i=1}^{n} f(x_i, y_i) \cdot \Delta s_i$ bzw. $\sum\limits_{i=1}^{n} f(x_i, y_i, z_i) \cdot \Delta s_i$ (x_i, y_i bzw. x_i, y_i, z_i sind die Koordinaten eines beliebigen Punktes des i-ten Kurvenstückes) von einem festen Wert g beliebig wenig unterscheidet, wenn man die Einteilung durch Vergrößerung von n entsprechend fein macht, so ist g der Grenzwert

$$\lim_{\substack{\Delta s_i \to 0 \\ n \to \infty}} \sum_{i=1}^{n} f(x_i, y_i) \cdot \Delta s_i \quad \text{bzw.} \quad \lim_{\substack{\Delta s_i \to 0 \\ n \to \infty}} \sum_{i=1}^{n} f(x_i, y_i, z_i) \cdot \Delta s_i.$$

g wird als Linienintegral $\int\limits_{\mathbb{C}} f(x, y)\, ds$ bzw. $\int\limits_{\mathbb{C}} f(x, y, z)\, ds$ bezeichnet.

Ist $\mathbb{C}$ eine geschlossene Kurve, so schreibt man $\oint f(x, y)\, ds$ bzw. $\oint f(x, y, z)\, ds$.

Existenz

Hinreichend für die Existenz des Linienintegrals ist die Stetigkeit von f in allen Punkten von $\mathbb{C}$ und die Rektifizierbarkeit von $\mathbb{C}$ (7.8.1.1, Seite 370).

Geometrische Bedeutung

Das Linienintegral besitzt i. allg. keine einfache geometrische Bedeutung. $\int\limits_{\mathbb{C}} ds$ ist die Bogenlänge des Kurvenstückes.

Berechnung

Man drückt alle vorkommenden Größen durch ein Original aus und führt das Kurvenintegral auf ein gewöhnliches Integral (6.9, Seite 209) zurück.

B

Zu 8.4.3.1:

1. Man berechne $\int\limits_{\mathbb{C}} x y z\, ds$ wobei $\mathbb{C}$ ein Viertelgang der Schraubenlinie mit der Gleichung $\tau \mapsto \vec{r} = \begin{pmatrix} r \cos \tau \\ r \sin \tau \\ v \tau \end{pmatrix}$ ist (Beispiel 1 zu 7.8.2, Seite 385).

$$\int_{\mathbb{C}} x\,y\,z\,ds = \int_0^{\pi/2} r\cos\tau\cdot r\sin\tau\cdot v\tau\sqrt{r^2\sin^2\tau + r^2\cos^2\tau + v^2}\,d\tau$$

$$= r^2 v\cdot\sqrt{r^2+v^2}\int_0^{\pi/2}\tau\cos\tau\sin\tau\,d\tau = \frac{r^2 v}{2}\sqrt{r^2+v^2}\int_0^{\pi/2}\tau\sin 2\tau\,d\tau$$

$$= \frac{r^2 v}{8}\pi\sqrt{r^2+v^2}.$$

8.4.3.2 Linienintegrale 2. Art

Definition

f sei eine Funktion von zwei bzw. drei Variablen:

$$f\colon (x, y)\mapsto f(x, y) \quad \text{bzw.} \quad f\colon (x, y, z)\mapsto f(x, y, z).$$

$\mathbb{C}$ sei ein ebenes bzw. räumliches Kurvenstück. Man orientiert $\mathbb{C}$, indem die Richtung des Tangentenvektors $\vec{t}$ festlegt (7.8.1.1, Seite 367). $\mathbb{C}$ wird in n Kurvenstücke der Länge Δs_i eingeteilt; dem i-ten Kurvenstück ordnet man den Vektor

$$\Delta\vec{s}_i = \Delta s_i\cdot\vec{t}_i^{\,0} = \begin{pmatrix} dx_i \\ dy_i \end{pmatrix} \quad \text{bzw.} \quad \begin{pmatrix} dx_i \\ dy_i \\ dz_i \end{pmatrix}$$

zu, wobei $\vec{t}_i^{\,0}$ der Tangenteneinheitsvektor in irgend einem Punkt des i-ten Kurvenstückes ist.

Man untersucht die Summen

$$\sum_{i=1}^{n} f(x_i, y_i)\,dx_i, \quad \sum_{i=1}^{n} f(x_i, y_i)\,dy_i$$

$$\text{bzw.} \quad \sum_{i=1}^{n} f(x_i, y_i, z_i)\,dx_i, \quad \sum_{i=1}^{n} f(x_i, y_i, z_i)\,dy_i, \quad \sum_{i=1}^{n} f(x_i, y_i, z_i)\,dz_i$$

in derselben Weise wie in 8.4.3.1. Falls die Grenzwerte der Summen für feiner werdende Einteilung existieren, so werden diese mit $\int_{\mathbb{C}} f(x, y)\,dx$, $\int_{\mathbb{C}} f(x, y)\,dy$ bzw. $\int_{\mathbb{C}} f(x, y, z)\,dx$, $\int_{\mathbb{C}} f(x, y, z)\,dy$, $\int_{\mathbb{C}} f(x, y, z)\,dz$ bezeichnet.

Ferner legt man fest

$$\int_{\mathbb{C}} f(x, y)\,d\vec{r} = \begin{pmatrix} \int_{\mathbb{C}} f(x, y)\,dx \\ \int_{\mathbb{C}} f(x, y)\,dy \end{pmatrix} \quad \text{bzw.} \quad \int_{\mathbb{C}} f(x, y, z)\,d\vec{r} = \begin{pmatrix} \int_{\mathbb{C}} f(x, y, z)\,dx \\ \int_{\mathbb{C}} f(x, y, z)\,dy \\ \int_{\mathbb{C}} f(x, y, z)\,dz \end{pmatrix}.$$

Existenz

Hinreichend für die Existenz der Linienintegrale sind dieselben Bedingungen wie bei 8.4.3.1.

Geometrische Bedeutung

Die Integrale besitzen i. allg. keine einfache geometrische Bedeutung.

Berechnung

Man drückt alle vorkommenden Größen durch ein Original aus und führt die Integrale auf gewöhnliche Integrale zurück (6.9, Seite 209).

8.4.3.3 Linienintegrale von Skalarprodukten

Ist $(x, y) \mapsto \vec{v} = \begin{pmatrix} V_1(x, y) \\ V_2(x, y) \end{pmatrix}$ bzw. $(x, y, z) \mapsto \vec{v} = \begin{pmatrix} V_1(x, y, z) \\ V_2(x, y, z) \\ V_3(x, y, z) \end{pmatrix}$ ein zwei- bzw. dreidimensionales Vektorfeld und $\mathbb{C}$ ein orientiertes Kurvenstück (8.4.3.2, Seite 421), so kann man

$$\int_{\mathbb{C}} \vec{v} \cdot d\vec{r} = \int_{\mathbb{C}} \begin{pmatrix} V_1(x, y) \\ V_2(x, y) \end{pmatrix} \begin{pmatrix} dx \\ dy \end{pmatrix} = \int_{\mathbb{C}} V_1(x, y)\, dx + \int_{\mathbb{C}} V_2(x, y)\, dy$$

$$\text{bzw.} \quad = \int_{\mathbb{C}} \begin{pmatrix} V_1(x, y, z) \\ V_2(x, y, z) \\ V_3(x, y, z) \end{pmatrix} \cdot \begin{pmatrix} dx \\ dy \\ dz \end{pmatrix} = \int_{\mathbb{C}} V_1(x, y, z)\, dx + \int_{\mathbb{C}} V_2(x, y, z)\, dy + \int_{\mathbb{C}} V_2(x, y, z)\, dz$$

nach 8.4.3.2, Seite 421 berechnen.

Sätze über Linienintegrale von Skalarprodukten.

1. $\int_{\mathbb{C}} \vec{v} \cdot d\vec{r}$ ist i. allg. außer von $\vec{v}$ und dem Anfangs- und Endpunkt des Kurvenstückes $\mathbb{C}$ noch zusätzlich vom Verlauf des Kurvenstücks zwischen Anfangs- und Endpunkt abhängig.

2. (Hauptsatz für Linienintegrale). $\mathbb{B}$ sei ein einfach zusammenhängendes Gebiet, d.h. man kann jede geschlossene, in $\mathbb{B}$ verlaufende Kurve stetig auf einen Punkt von $\mathbb{B}$ zusammenziehen, ohne daß die Kurve dabei durch Punkte außerhalb von $\mathbb{B}$ verläuft.

   $\vec{v}$ sei in $\mathbb{B}$ stetig; $\mathbb{C}$ sei ein in $\mathbb{B}$ rektifizierbares Kurvenstück. Dann gilt:

   $\int_{\mathbb{C}} \vec{v} \cdot d\vec{r}$ ist genau dann nicht vom Verlauf des Kurvenstückes $\mathbb{C}$ zwischen Anfangspunkt A und Endpunkt E abhängig, wenn $\vec{v} = \nabla U = \operatorname{grad} U$ (8.3.2.3, Seite 400), wobei U eine in $\mathbb{B}$ differenzierbare Funktion ist; es ist dann

   $$\int_{\mathbb{C}} \vec{v} \cdot d\vec{r} = U(\vec{r}_E) - U(\vec{r}_A); \quad \oint \vec{v} \cdot d\vec{r} = 0;$$

   U heißt Potential von $\vec{v}$.

3. Hinreichend und notwendig für die Existenz von U mit $\vec{v} = \nabla U$ ist die sog. Integrabilitätsbedingung

   $$\frac{\partial V_2(x, y)}{\partial x} - \frac{\partial V_1(x, y)}{\partial y} = 0 \quad \text{(Ebene), wenn die Ableitungen stetig sind.}$$

bzw. $\operatorname{rot}\vec{v}=\nabla\times\vec{v}=\begin{pmatrix}\frac{\partial V_3(x,y,z)}{\partial y}-\frac{\partial V_2(x,y,z)}{\partial z}\\ \frac{\partial V_1(x,y,z)}{\partial z}-\frac{\partial V_3(x,y,z)}{\partial x}\\ \frac{\partial V_2(x,y,z)}{\partial x}-\frac{\partial V_1(x,y,z)}{\partial y}\end{pmatrix}=\vec{o}$, wenn die Ableitungen stetig sind.

4. Ist ein Integral in $\mathbb{B}$ ($\mathbb{B}$ wie in Ziff. 2) wegunabhängig, dann hat das Integral über jeden geschlossenen Weg den Wert 0.

5. Ist $\vec{v}$ ein radialsymmetrisches Feld (Zentralfeld):

$$(x,y)\mapsto\vec{v}=f(r)\cdot\vec{r}^{\,0}\quad\text{mit}\quad r=\sqrt{x^2+y^2},\ \vec{r}=\begin{pmatrix}x\\y\end{pmatrix}$$

bzw. $(x,y,z)\mapsto\vec{v}=f(r)\cdot\vec{r}^{\,0}$ mit $r=\sqrt{x^2+y^2+z^2},\ \vec{r}=\begin{pmatrix}x\\y\\z\end{pmatrix}$,

das für alle $\vec{r}$ (höchstens mit Ausnahme von $\vec{r}=\vec{o}$) stetig ist, so ist $\int_{\mathbb{C}}\vec{v}\cdot d\vec{r}$ wegunabhängig. Es gilt $U(r)=\int f(r)\,dr$ und $\int_{\mathbb{C}}\vec{v}\cdot d\vec{r}=U(\vec{r}_E)-U(\vec{r}_A)$. (Falls $\vec{v}$ bei $\vec{r}=\vec{o}$ nicht definiert ist, darf $\mathbb{C}$ nicht durch den Ursprung verlaufen.)

B

Zu 8.4.3.3:
Anwendung des Hauptsatzes

1. Das Feld $(x,y)\mapsto\vec{v}=\begin{pmatrix}\frac{1}{\sqrt{y^2-x^2}}\\ -\frac{x}{y\sqrt{y^2-x^2}}\end{pmatrix}$ ist für $|y|>|x|$ stetig.

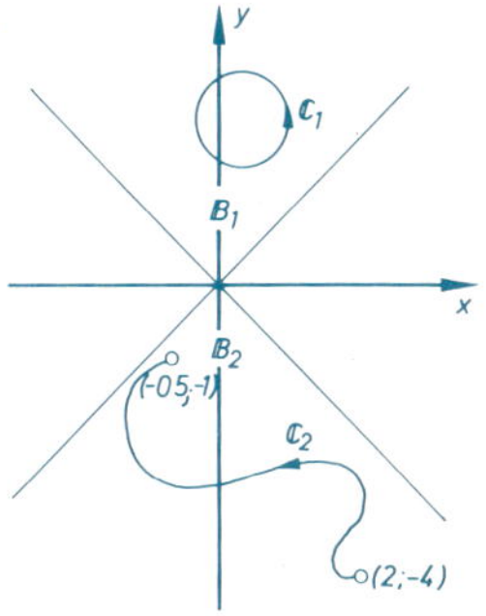

In den Teilbereichen $\mathbb{B}_1$ und $\mathbb{B}_2$ ist das Feld stetig, $\mathbb{B}_1$ und $\mathbb{B}_2$ sind je einfach zusammenhängend. Also sind die Voraussetzungen für den Hauptsatz der Linienintegrale erfüllt.

Es existiert ein Potential, weil mit

$$\frac{\partial v_2}{\partial x}=-\frac{1}{y}\cdot\frac{\sqrt{y^2-x^2}+\frac{x^2}{\sqrt{x^2-y^2}}}{y^2-x^2}=-\frac{y}{\sqrt{y^2-x^2}^{\,3}}$$

und $\frac{\partial v_1}{\partial y}=-\frac{y}{\sqrt{y^2-x^2}^{\,3}}$ die Integrabilitätsbedingung erfüllt ist.

Das Potential ist $U=\arcsin\frac{x}{y}+c$.

$$\oint_{\mathbb{C}_1}\vec{v}\cdot d\vec{r}=0;\quad \int_{\mathbb{C}_2}\vec{v}\cdot d\vec{r}=\arcsin\frac{-0{,}5}{-1}-\arcsin\frac{2}{-4}=2\arcsin 0{,}5\approx 1{,}05.$$

Kurve in mehrfach zusammenhängendem Bereich

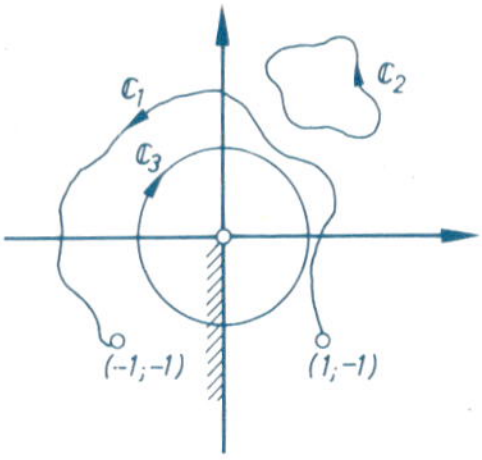

2. Das Feld $(x, y) \mapsto \vec{v} = \frac{1}{x^2+y^2}\begin{pmatrix} -y \\ x \end{pmatrix}$ ist mit Ausnahme von $O(0;0)$ stetig. Man sorgt durch geeignete Festlegung, daß der zweidimensionale Raum ohne Ursprung einfach zusammenhängend ist: man „schlitzt" die Ebene z.B. entlang der y-Achse mit $y \leqq 0$ auf, so daß diese Linie nicht überschritten werden darf.

$$\text{Dann ist ein Potential } U = \begin{cases} \arctan\frac{y}{x} & \text{für } x>0 \\ \frac{\pi}{2} & \text{für } x=0 \quad \text{und} \quad y>0 \\ \pi + \arctan\frac{y}{x} & \text{für } x<0 \end{cases}$$

U ist in der geschlitzten Ebene stetig.

Dann ist $\int\limits_{\mathfrak{C}_1} \vec{v}\cdot d\vec{r} = \pi + \arctan 1 - \arctan(-1) = \frac{3}{2}\pi$; $\oint\limits_{\mathfrak{C}_2} \vec{v}\cdot d\vec{r} = 0$.

Überschreitet die Kurve den Schlitz, so muß das Integral ohne Zuhilfenahme des Hauptsatzes berechnet werden:

$$\mathfrak{C}_3\colon \ \tau \mapsto \vec{r} = 1{,}6\begin{pmatrix} \cos\tau \\ -\sin\tau \end{pmatrix} \quad 0 \leqq \tau \leqq 2\pi.$$

$$\oint\limits_{\mathfrak{C}_3} \vec{v}\cdot d\vec{r} = \int\limits_0^{2\pi} \frac{1}{1{,}6^2}\begin{pmatrix} 1{,}6\sin\tau \\ 1{,}6\cos\tau \end{pmatrix}\cdot\begin{pmatrix} -1{,}6\sin\tau \\ -1{,}6\cos\tau \end{pmatrix} d\tau = -\int\limits_0^{2\pi} d\tau = -2\pi.$$

Vektorfeld ohne Potential

3. Das Feld $(x, y) \mapsto \vec{v} = \begin{pmatrix} -y \\ x \end{pmatrix}$ ist zwar überall stetig, erfüllt aber nicht die Integrabilitätsbedingung. Es gibt kein Potential mit $U_x = -y$; $U_y = x$.

$\mathfrak{C}$ sei die durch $\tau \mapsto \vec{r} = 1{,}6\begin{pmatrix} \cos\tau \\ -\sin\tau \end{pmatrix}$ gegebene Kurve $(0 \leqq \tau \leqq 2\pi)$.

$$\oint \vec{v}\cdot d\vec{r} = \int\limits_0^{2\pi} \begin{pmatrix} 1{,}6\sin\tau \\ 1{,}6\cos\tau \end{pmatrix}\cdot\begin{pmatrix} -1{,}6\sin\tau \\ -1{,}6\cos\tau \end{pmatrix} d\tau = 1{,}6^2\cdot 2\pi.$$

8.4.4 Anwendungen

$\mathbb{B}$ sei ein dreidimensionaler beschränkter Bereich (Körper).

Masse des Körpers:

$$m = \iiint\limits_{\mathbb{B}} \varrho\, dV$$

(ϱ ist die Dichte, die ortsabhängig sein kann; ist ϱ konstant, so heißt der Körper homogen).

Statisches Moment des homogenen Körpers:

g ist die Erdbeschleunigung.

$$M_{yz} = \varrho g \iiint_{\mathbb{B}} x\,dV \quad \text{(bzgl. } y\text{-}z\text{-Ebene)}$$

$$M_{zx} = \varrho g \iiint_{\mathbb{B}} y\,dV \quad \text{(bzgl. } z\text{-}x\text{-Ebene)}$$

$$M_{xy} = \varrho g \iiint_{\mathbb{B}} z\,dV \quad \text{(bzgl. } x\text{-}y\text{-Ebene)}$$

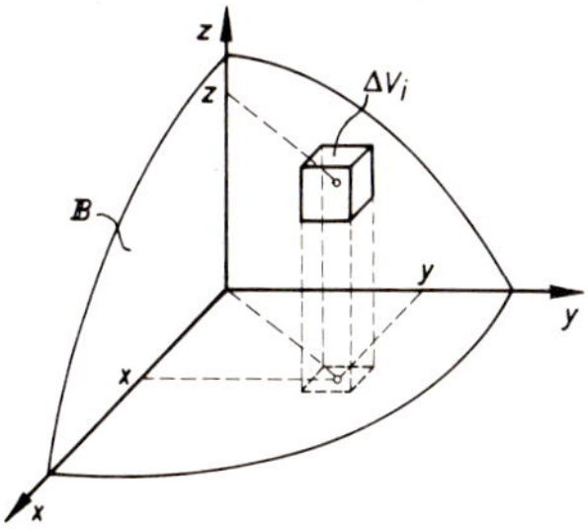

Schwerpunktkoordinaten des homogenen Körpers:

$$x_s = \frac{\iiint_{\mathbb{B}} x\,dV}{\iiint_{\mathbb{B}} dV}; \quad y_s = \frac{\iiint_{\mathbb{B}} y\,dV}{\iiint_{\mathbb{B}} dV}; \quad z_s = \frac{\iiint_{\mathbb{B}} z\,dV}{\iiint_{\mathbb{B}} dV}$$

Statisches Moment des inhomogenen Körpers:

g ist die Erdbeschleunigung.

$$M_{yz} = g \iiint_{\mathbb{B}} \varrho\, x\,dV \quad \text{(bzgl. } y\text{-}z\text{-Ebene)}$$

$$M_{zx} = g \iiint_{\mathbb{B}} \varrho\, y\,dV \quad \text{(bzgl. } z\text{-}x\text{-Ebene)}$$

$$M_{xy} = g \iiint_{\mathbb{B}} \varrho \cdot z \cdot dV \quad \text{(bzgl. } x\text{-}y\text{-Ebene)}$$

Schwerpunktkoordinaten des inhomogenen Körpers:

$$x_s = \frac{\iiint_{\mathbb{B}} \varrho\, x\,dV}{m}; \quad y_s = \frac{\iiint_{\mathbb{B}} \varrho\, g\,dV}{m}; \quad z_s = \frac{\iiint_{\mathbb{B}} \varrho\, z\,dV}{m}.$$

Trägheitsmomente des inhomogenen Körpers:

$$I_x = \iiint_{\mathbb{B}} (y^2 + z^2) \cdot \varrho \cdot dV \quad \text{(bzgl. } x\text{-Achse)}$$

$$I_y = \iiint_{\mathbb{B}} (x^2 + z^2) \cdot \varrho \cdot dV \quad \text{(bzgl. } y\text{-Achse)}$$

$$I_z = \iiint_{\mathbb{B}} (x^2 + y^2) \cdot \varrho \cdot dV \quad \text{(bzgl. } z\text{-Achse)}$$

Trägheitsmoment eines ebenen Bereiches:

Drehachse senkrecht zum ebenen Bereich durch $O(0; 0)$:

$$I = \varrho \cdot \iint_{\mathbb{B}} (x^2 + y^2)\,dA$$

(ϱ Flächendichte).

Massenanziehung:

Anziehungskraft $\vec{F}$ auf eine punktförmige Masse m_1 im Aufpunkt $P(p_1; p_2; p_3)$:

$$\vec{F} = G m_1 \cdot \iiint_{\mathbb{B}} \frac{\varrho \cdot (\vec{r} - \vec{p})\, dV}{|\vec{r} - \vec{p}|^3}$$

$$= G m_1 \cdot \iiint_{\mathbb{B}} \frac{\varrho}{\sqrt{(x-p_1)^2 + (y-p_2)^2 + (z-p_3)^2}^{\,3}} \begin{pmatrix} x - p_1 \\ y - p_2 \\ z - p_3 \end{pmatrix} dV.$$

Gravitationspotential $V = -G \iiint_{\mathbb{B}} \frac{\varrho\, dV}{|\vec{r} - \vec{p}|} = -G \iiint_{\mathbb{B}} \frac{\varrho \cdot dV}{\sqrt{(x-p_1)^2 + (y-p_2)^2 + (z-p_3)^2}}$

(G Gravitationskonstante)

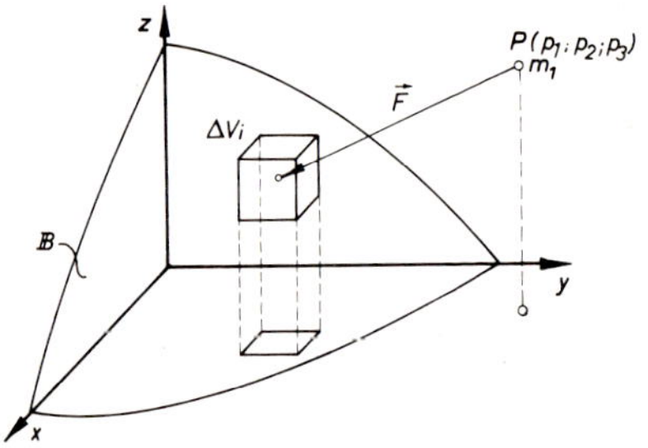

B

Zu 8.4.4:

Masse und Trägheitsmoment einer inhomogenen Kugel

1. Die Dichte ϱ der Erde nehme vom Erdmittelpunkt (Dichte ϱ_M) bis zum Rand (Radius R, Dichte ϱ_R) quadratisch ab. Man berechne die Masse der Erde, die mittlere Dichte und das Trägheitsmoment um die Figurenachse.

$$\varrho = a_0 + a_2 r^2; \quad a_0 = \varrho_M; \quad \varrho_R = \varrho_M + a_2 R^2; \quad a_2 = -\frac{\varrho_M - \varrho_R}{R^2}; \qquad \varrho = \varrho_M - \frac{\varrho_M - \varrho_R}{R^2} \cdot r^2.$$

Einführung von Kugelkoordinaten:

$$m = \iiint_{\mathbb{B}} \varrho\, dV = \iiint_{\mathbb{B}^*} \left(\varrho_M - \frac{\varrho_M - \varrho_R}{R^2} r^2\right) r^2 \sin\vartheta\, dr\, d\vartheta\, d\varphi$$

$$= 2\pi \cdot \lim_{\varepsilon \to 0} \int_{\varepsilon}^{\pi - \varepsilon} \sin\vartheta\, d\vartheta \cdot \lim_{\delta \to 0} \int_{\delta}^{R} \left(\rho_M - \frac{\rho_M - \rho_R}{R^2} r^2\right) r^2\, dr$$

$$= 2\pi \cdot 2 \cdot \lim_{\delta \to 0} \left[\varrho_M \cdot \frac{r^2}{3} - \frac{\varrho_M - \varrho_R}{R^2} \cdot \frac{r^5}{5}\right]_{\delta}^{R}$$

$$= 4\pi R^3 \left(\frac{\varrho_M}{3} - \frac{\varrho_M}{5} + \frac{\varrho_R}{5}\right) = \frac{4\pi R^3}{15} (2\varrho_M + 3\varrho_R);$$

$$\bar{\varrho} = \frac{m}{V} = \frac{2\varrho_M + 3\varrho_R}{5};$$

$$I_z = \iiint\limits_{\mathbb{B}} (x^2+y^2)\varrho\, dV = \iiint\limits_{\mathbb{B}^*} r^2 \sin^2\vartheta \left(\varrho_M - \frac{\varrho_M - \varrho_R}{R^2} r^2\right) r^2 \sin\vartheta\, dr\, d\vartheta\, d\varphi$$

$$= 2\pi \cdot \lim_{\varepsilon\to 0} \int_{\varepsilon}^{\pi-\varepsilon} \sin^3\vartheta\, d\vartheta \cdot \lim_{\delta\to 0} \int_{\delta}^{R} \left(\varrho_M - \frac{\varrho_M-\varrho_R}{R^2} r^2\right) r^4\, dr$$

$$= 2\pi \cdot \lim_{\varepsilon\to 0} \left[-\cos\vartheta + \tfrac{1}{3}\cos^3\vartheta\right]_{\varepsilon}^{\pi-\varepsilon} \cdot \lim_{\delta\to 0}\left[\varrho_M \cdot \frac{r^5}{5} - \frac{\varrho_M-\varrho_R}{R^2}\frac{r^7}{7}\right]_{\delta}^{R}$$

$$= 2\pi \cdot \tfrac{4}{3} \cdot R^5 \left(\frac{\varrho_M}{5} - \frac{\varrho_M}{7} + \frac{\varrho_R}{7}\right) = \frac{8}{105}\pi R^5 (2\varrho_M + 5\varrho_R).$$

Trägheitsmoment eines ebenen Bereiches

2. Eine Kreisfläche ist durch zwei parallele Sehnen (im Abstand $+a$ und $-a$ vom Mittelpunkt aus) verkleinert. Gesucht ist eine allgemein gültige Formel für das Trägheitsmoment der Restfläche.

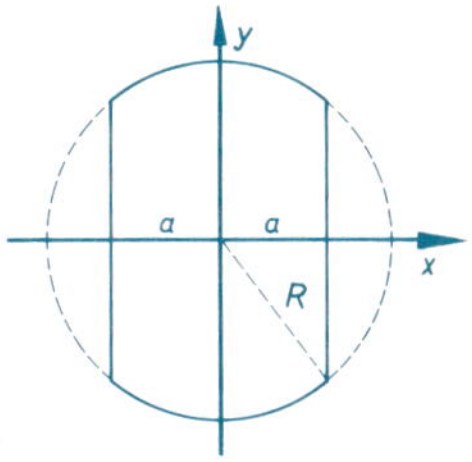

Die Integrationsgrenzen für y sind bei gegebenem x durch $y = -\sqrt{R^2-x^2}$ und $y = \sqrt{R^2-x^2}$ bestimmt.

$$I = \varrho \cdot \int_{-a}^{a} \int_{-\sqrt{R^2-x^2}}^{\sqrt{R^2-x^2}} (x^2+y^2)\, dy\, dx$$

Die Integration über y liefert

$$\int_{-\sqrt{R^2-x^2}}^{\sqrt{R^2-x^2}} (x^2+y^2)\, dy = \left[x^2 y + \frac{y^3}{3}\right]_{-\sqrt{R^2-x^2}}^{\sqrt{R^2-x^2}} = 2x^2\sqrt{R^2-x^2} + \frac{2\sqrt{R^2-x^2}^{\,3}}{3}$$

$$= \sqrt{R^2-x^2}\,(2x^2 + \tfrac{2}{3}R^2 - \tfrac{2}{3}x^2) = \tfrac{2}{3}\sqrt{R^2-x^2}\,(2x^2+R^2).$$

Die Integration über x liefert dann das Trägheitsmoment I:

$$I = \varrho \cdot \int_{-a}^{a} \tfrac{2}{3}\sqrt{R^2-x^2}\,(2x^2+R^2)\, dx.$$

Nach Aufspaltung gewinnt man die Teilintegrale

$$\tfrac{4}{3}\int_{-a}^{+a} x^2\sqrt{R^2-x^2}\, dx = \tfrac{1}{6}\left[-2x(R^2-x^2)^{3/2} + R^2 x\sqrt{R^2-x^2} + R^4 \arcsin\frac{x}{R}\right]$$

und

$$\tfrac{2}{3}R^2 \int_{-a}^{a} \sqrt{R^2-x^2}\, dx = \tfrac{1}{3}R^2\left[x\sqrt{R^2-x^2} + R^2 \arcsin\frac{x}{R}\right],$$

so daß

$$I = \tfrac{1}{6}\varrho \cdot \left[-2x(R^2-x^2)^{3/2} + 3R^2 x\sqrt{R^2-x^2} + 3R^4 \arcsin\frac{x}{R}\right]_{-a}^{a}$$

$$= \varrho\left[\tfrac{1}{3}\sqrt{R^2-a^2}\,(2a^3 - R^2 a) + R^4 \arcsin\frac{a}{R}\right]$$

wird.

8.5 Vektoranalysis

8.5.1 Skalares Feld

8.5.1.1 Definition

Funktionen von zwei bzw. drei Variablen können als skalare Feldfunktionen gedeutet werden, wenn man das Original-n-tupel mit den kartesischen Koordinaten des sog. Aufpunktes im anschaulichen zwei- bzw. dreidimensionalen Raum identifiziert. Der Bildwert $F=f(x,y)$ bzw. $f(x,y,z)$ ist der Wert der Feldgröße im Aufpunkt.

Schreibweise: $f\colon\ (x,y)\mapsto F=f(x,y)$
bzw. $f\colon\ (x,y,z)\mapsto F=f(x,y,z)$ oder $f\colon\ \vec{r}\mapsto F=f(\vec{r})$.

Das Feld heißt stetig, wenn f stetig ist (8.2.3, Seite 391).

B

Zu 8.5.1.1:
Skalare Felder

1. Beispiele für skalare Felder sind: Dichtefeld einer inhomogenen Materieverteilung, Potentialfeld eines elektrischen oder Gravitationsfeldes, Temperaturfeld in einem Ofen.

Räumliches Temperaturfeld

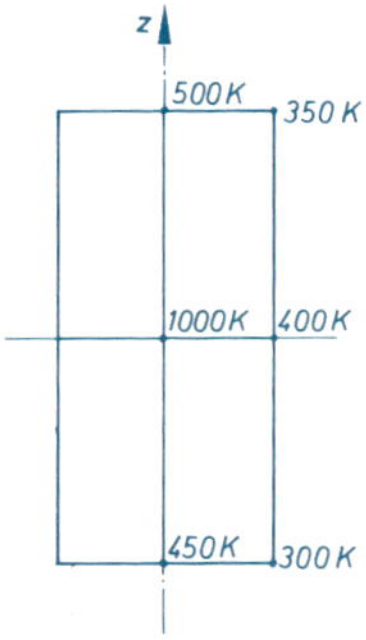

2. Bei einem zylindrischen Heizofen ($\varnothing=2\,\text{m}$; $h=4\,\text{m}$) werden an verschiedenen Stellen die Temperaturen gemessen.

   Man gebe einen Term für T in Abhängigkeit vom Ort an; man nehme in jeder Höhe einen exponentiellen Temperaturabfall nach außen hin und in der Achse und den Mantellinien einen kubischen Zusammenhang zwischen Höhe und Temperatur an. Der kubische Zusammenhang ist der einfachste Zusammenhang, bei welchem das Maximum in der Mitte des Ofens sein kann, obwohl die Temperaturen in gleicher Entfernung von der Mitte verschieden sind.

$r=0$: $T=a_0+a_1 z+a_2 z^2+a_3 z^3$;
$a_1=0$, wenn bei $z=0$ Maximum sein soll;
$a_0=1000$;
$500=1000+4a_2+8a_3$;
$450=1000+4a_2-8a_3$;
$a_2\approx-131$; $a_3\approx 3$;
$T=1000-131z^2+3z^2$;

$r=1$: $T=a_0+a_1 z+a_2 z^2+a_3 z^3$;
$a_1=0$, wenn bei $z=0$ Maximum sein soll;
$a_0=400$;
$350=400+4a_2+8a_3$;
$300=400+4a_2-8a_3$;
$a_2\approx-19$; $a_3\approx 3$;
$T=400-19z^2+3z^3$;

Fester z-Wert: $T=(1000-131z^2+3z^3)e^{-ar}$; $\quad e^{-a}=\dfrac{400-19z^2+3z^3}{1000-131z^2+3z^3}$;

$$(r,\varphi,z)\mapsto T=\frac{(400-19z^2+3z^3)^r}{(1000-131z^2+3z^3)^{r-1}}\quad\text{(Zylinderkoordinaten).}$$

8.5.1.2 Niveaulinien bzw. -flächen

Die Menge aller Aufpunkte P, in denen f denselben Funktionswert besitzt, ist bei stetigen Feldern ein Kurven- bzw. Flächenstück (Niveaulinie bzw. -fläche).

B

Zu 8.5.1.2:
Technisch wichtige Niveaulinien bzw. -flächen

1. Linien bzw. Flächen gleicher Temperatur heißen Isothermen;
   Linien bzw. Flächen gleichen Druckes heißen Isobaren;
   Linien bzw. Flächen gleichen Potentials heißen Äquipotentiallinien bzw. -flächen.

8.5.1.3 Differentialrechnung

Gradient:

Ist f ableitbar (8.3.2.1, Seite 399), so ist

$$\nabla F = \operatorname{grad} F = \operatorname{grad} f(x, y) = \begin{pmatrix} f_x(x, y) \\ f_y(x, y) \end{pmatrix}$$

$$\text{bzw.} \quad \operatorname{grad} f(x, y, z) = \begin{pmatrix} f_x(x, y, z) \\ f_y(x, y, z) \\ f_z(x, y, z) \end{pmatrix}$$

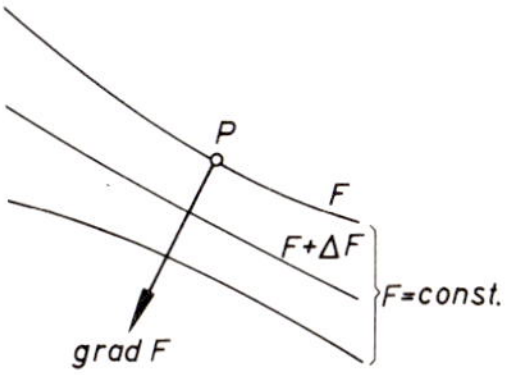

ein Vektor, der in jedem Aufpunkt in Richtung des größten Anwachsens von F zeigt; der Gradient steht somit in jedem Aufpunkt P senkrecht auf der Niveaulinie bzw. -fläche. Der Betrag des Gradienten ist gleich dem Betrag der Richtungsableitung senkrecht zur Niveaulinie bzw. -fläche (8.3.2.2, Seite 399), d.h. $|\nabla F| = \frac{dF}{dn} \approx \frac{|f(\vec{r}_2) - f(\vec{r}_1)|}{|\vec{r}_2 - \vec{r}_1|}$, wenn $\vec{r}_2 - \vec{r}_1$ senkrecht zur Niveaulinie bzw. -fläche ist ($|\vec{r}_2 - \vec{r}_1|$ hinreichend klein).

Je größer (kleiner) der Betrag $|\nabla F|$ ist, desto kleiner (größer) ist der Abstand der Niveaulinien bzw. -flächen.

Der Gradient kann als sog. Inhaltsableitung (Flächen- bzw. Volumenableitung) des skalaren Feldes angesehen werden:

$$\operatorname{grad} f(x_0, y_0) = \lim_{A \to 0} \frac{1}{A} \oint f(x, y)\, d\vec{n} \qquad (8.4.3.2, \text{ Seite } 421)$$

$$\text{bzw. } \operatorname{grad} f(x_0, y_0, z_0) = \lim_{V \to 0} \frac{1}{V} \oiint f(x, y, z)\, d\vec{O} \quad (8.4.2.2, \text{ Seite } 418)$$

Gradient in Polarkoordinaten:

Feld F: $\quad (r, \varphi) \mapsto F = f(r, \varphi)$

$$\text{Gradient: } \operatorname{grad} F = \begin{pmatrix} F_r \cos\varphi - \frac{F_\varphi}{r} \sin\varphi \\ F_r \sin\varphi + \frac{F_\varphi}{r} \cos\varphi \end{pmatrix}$$

Gradient in Zylinderkoordinaten:

Feld F: $(r, \varphi, z) \mapsto F = f(r, \varphi, z)$

$$\text{Gradient: } \operatorname{grad} F = \begin{pmatrix} F_r \cos\varphi - \dfrac{F_\varphi}{r} \sin\varphi \\ F_r \sin\varphi + \dfrac{F_\varphi}{r} \cos\varphi \\ F_z \end{pmatrix}$$

Gradient in Kugelkoordinaten:

Feld F: $(r, \vartheta, \varphi) \mapsto F = f(r, \vartheta, \varphi)$

$$\text{Gradient: } \operatorname{grad} F = \begin{pmatrix} F_r \sin\vartheta \cos\varphi + \dfrac{F_\vartheta}{r} \cos\vartheta \cos\varphi - \dfrac{F_\varphi}{r \sin\vartheta} \sin\varphi \\ F_r \sin\vartheta \sin\varphi + \dfrac{F_\vartheta}{r} \cos\vartheta \sin\varphi + \dfrac{F_\varphi}{r \sin\vartheta} \cos\varphi \\ F_r \cos\vartheta - \dfrac{F_\vartheta}{r} \sin\vartheta \end{pmatrix}$$

Vollständiges Differential:

$$df(x_0, y_0) = \operatorname{grad} f(x_0, y_0) \cdot d\vec{r}$$

bzw. $df(x_0, y_0, z_0) = \operatorname{grad} f(x_0, y_0, z_0) \cdot d\vec{r}$ (8.3.2.3, Seite 400)

Richtungsableitung:

$$F_s = \lim_{\varepsilon \to 0} \frac{f(\vec{r} + \varepsilon \vec{s}^0) - f(\vec{r})}{\varepsilon} = \cos\gamma_1 \cdot \frac{\partial f(x, y)}{\partial x} + \cos\gamma_2 \cdot \frac{\partial f(x, y)}{\partial y}$$

$$= \begin{pmatrix} \cos\gamma_1 \\ \cos\gamma_2 \end{pmatrix} \cdot \begin{pmatrix} \dfrac{\partial}{\partial x} \\ \dfrac{\partial}{\partial y} \end{pmatrix} f(x, y) = (\vec{s}^0 \cdot \nabla)\, f(x, y)$$

bzw.

$$= \cos\gamma_1 \cdot \frac{\partial f(x, y, z)}{\partial x} + \cos\gamma_2 \cdot \frac{\partial f(x, y, z)}{\partial y} + \cos\gamma_3 \cdot \frac{\partial f(x, y, z)}{\partial z}$$

$$= \begin{pmatrix} \cos\gamma_1 \\ \cos\gamma_2 \\ \cos\gamma_3 \end{pmatrix} \cdot \begin{pmatrix} \dfrac{\partial}{\partial x} \\ \dfrac{\partial}{\partial y} \\ \dfrac{\partial}{\partial z} \end{pmatrix} f(x, y, z) = (\vec{s}^0 \cdot \nabla)\, f(x, y, z)$$

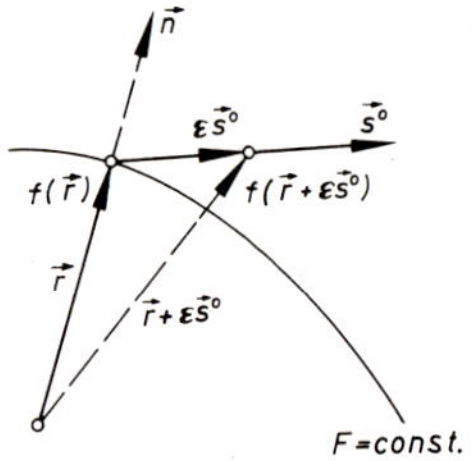

(γ_i Richtungswinkel, 2.2.2, Seite 39)

Feldlinien:

Die Kurven, die auf den Niveaulinien bzw. -flächen senkrecht stehen (Orthogonaltrajektorien), heißen Feldlinien. Ihr Tangentenvektor $\vec{t}$ ist kollinear mit dem Gradienten, ihr Normalenvektor $\vec{n}$ senkrecht zum Gradienten; also gilt $\nabla F \times \vec{t} = \vec{o}$ (in der Ebene $\nabla F \cdot \vec{n} = 0$).

B

Zu 8.5.1.3:

Gradient in Zylinderkoordinaten

1. In welcher Richtung ändert sich die Temperatur bei Beispiel 2 zu 8.5.1.1, Seite 428 am stärksten?

$$T_r = \frac{(400 - 19z^2 + 3z^3)^r}{(1000 - 131z^2 + 3z^3)^{r-1}} \cdot \ln \frac{400 - 19z^2 + 3z^3}{1000 - 131z^2 + 3z^3};$$

$$T_\varphi = 0;$$

$$T_z = r(9z^2 - 38z) \cdot \left(\frac{400 - 19z^2 + 3z^3}{1000 - 131z^2 + 3z^3}\right)^{r-1} - (r-1)(9z^2 - 262z) \cdot \left(\frac{400 - 19z^2 + 3z^3}{1000 - 131z^2 + 3z^3}\right)^r$$

Ist der Aufpunkt in 3 m Höhe ($z = 1$) 0,5 m von der Zylinderachse entfernt ($r = 0{,}5$), so gilt: $\operatorname{grad} T = \begin{pmatrix} -474\cos\varphi \\ -474\sin\varphi \\ -106 \end{pmatrix}$; die stärkste Temperaturzunahme erfolgt nicht in Richtung auf die Mitte zu, die durch $\begin{pmatrix} -\cos\varphi \\ -\sin\varphi \\ -1 \end{pmatrix}$ gekennzeichnet ist; sie ist ca. 4,8 K/cm.

Niveaulinien und Feldlinien

2. Gesucht ist die Gleichung der Orthogonaltrajektorien der Niveaulinien des Skalarfeldes $(x, y) \mapsto V = x^2 - y^2$.

$$\operatorname{grad} V = \begin{pmatrix} 2x \\ -2y \end{pmatrix}; \quad \vec{n} = \begin{pmatrix} -f'(x) \\ 1 \end{pmatrix}$$

wenn $x \mapsto y = f(x)$ die Gleichung der gesuchten Kurven ist.

Also gilt

$$\begin{pmatrix} x \\ -y \end{pmatrix} \cdot \begin{pmatrix} -f'(x) \\ 1 \end{pmatrix} = -y - x f'(x) = 0;$$

$f'(x) = -\dfrac{y}{x}$; die Lösung dieser Differentialgleichung (12.2.2.2, Seite 529) liefert

$$y = f(x) = \frac{c}{x}.$$

Die Feldlinien sind gleichseitige Hyperbeln.

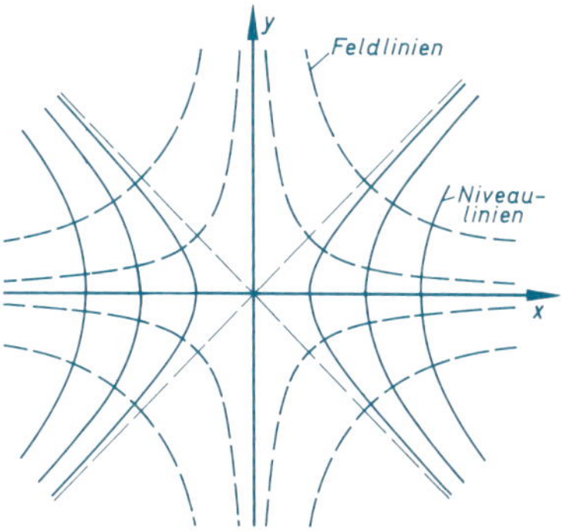

Niveauflächen und Gradient

3. Ist $f: (x, y, z) \mapsto F = f(x, y, z) = \sqrt{x^2 + y^2 + z^2}$ ein skalares Feld, so ist

$$\nabla F = \frac{1}{\sqrt{x^2 + y^2 + z^2}} \begin{pmatrix} x \\ y \\ z \end{pmatrix} = \vec{r}^{\,0}.$$

Die Niveauflächen sind konzentrische Kugelflächen um den Koordinatenursprung.

Gradient im Zentralfeld

4. In jedem Zentralfeld $f: r \mapsto F = f(r)$ ist der Gradient kollinear mit dem Ortsvektor.

$$\text{Es ist } \nabla F = \begin{pmatrix} F_r \sin\vartheta \cos\varphi \\ F_r \sin\vartheta \sin\varphi \\ F_r \cos\vartheta \end{pmatrix} = f'(r) \begin{pmatrix} \sin\vartheta \cos\vartheta \\ \sin\vartheta \sin\varphi \\ \cos\vartheta \end{pmatrix} = f'(r)\,\vec{r}^{\,0}.$$

Tangentialebene an eine Fläche, Form KT

5. Die Gleichung der Tangentialebene an eine Fläche mit der Gleichung $T(x, y, z) = 0$ läßt sich durch folgende Überlegung gewinnen.

   Man faßt die Fläche als Niveaufläche des Skalarfeldes $(x, y, z) \mapsto T(x, y, z)$ auf. Der Gradient im Aufpunkt $A(x_0; y_0, z_0)$ steht senkrecht auf dieser, die Tangentialebene ist senkrecht zum Gradienten:

$$(\vec{r} - \vec{r}_0) \cdot \operatorname{grad} T(x_0, y_0, z_0) = 0.$$

   Für das Ellipsoid mit der Gleichung $T(x, y, z) = \frac{x^2}{a^2} + \frac{y^2}{b^2} + \frac{z^2}{c^2} - 1 = 0$ erhält man:

$$\left[\begin{pmatrix} x \\ y \\ z \end{pmatrix} - \begin{pmatrix} x_0 \\ y_0 \\ z_0 \end{pmatrix}\right] \cdot \begin{pmatrix} \frac{2x_0}{a^2} \\ \frac{2y_0}{b^2} \\ \frac{2z_0}{c^2} \end{pmatrix} = 0 \quad \text{oder} \quad (x - x_0)\frac{x_0}{a^2} + (y - y_0)\frac{y_0}{b^2} + (z - z_0)\frac{z_0}{c^2} = 0.$$

8.5.2 Vektorfunktion

8.5.2.1 Definition

Sind die Komponenten v_1, v_2, (v_3) eines Vektors $\vec{v}$ Funktionswerte der Funktionen V_1, $V_2, (V_3)$ von einer Variablen $\tau \in \mathbb{R}$, so ist $\vec{v}$ von τ in eindeutiger Weise abhängig: $\vec{V}: \tau \mapsto \vec{v}$

$$= \vec{V}(\tau) = \begin{pmatrix} V_1(\tau) \\ V_2(\tau) \\ (V_3(\tau)) \end{pmatrix}.$$

$\vec{V}$ heißt stetig, wenn die V_i stetig sind. Ist $\vec{v}$ Ortsvektor, so liegen die zugehörigen Punkte auf einer Kurve (Form *RKP*, 7.1, Seite 305).

8.5.2.2 Differentialrechnung

$\vec{V}$ heißt differenzierbar, wenn die V_i differenzierbar sind. Man legt fest:

$$\vec{v}' = \vec{V}'(\tau) = \lim_{\Delta\tau \to 0} \frac{1}{\tau}(\vec{V}(\tau + \Delta\tau) - \vec{V}(\tau)) = \begin{pmatrix} V_1'(\tau) \\ V_2'(\tau) \\ (V_3'(\tau)) \end{pmatrix}.$$

$\vec{V}'(\tau)$ ist wieder in eindeutiger Weise von τ abhängig. Ist $\vec{v}$ Ortsvektor, so weist $\vec{V}'(\tau)$ in Richtung der Tangente der Kurve (7.8.2.1, Seite 382).

Ableitungsregeln:

$(\vec{u} \pm \vec{v})' = \vec{u}' \pm \vec{v}'$

$(\vec{u} \cdot \vec{v})' = \vec{u}' \cdot \vec{v} + \vec{u} \cdot \vec{v}'$

$(\lambda \vec{v})' = \lambda' \vec{v} + \lambda \vec{v}'$

$(\vec{u} \times \vec{v})' = \vec{u}' \times \vec{v} + \vec{u} \times \vec{v}'$

$(\vec{u}, \vec{v}, \vec{w})' = (\vec{u}', \vec{v}, \vec{w}) + (\vec{u}, \vec{v}', \vec{w}) + (\vec{u}, \vec{v}, \vec{w}')$ } (Reihenfolge der Faktoren darf nicht vertauscht werden.)

$(\vec{V}(\varphi(\tau)))' = \vec{V}'(\varphi(\tau)) \cdot \varphi'(\tau)$ (Kettenregel)

$(\vec{v}^2)' = 2\vec{v} \cdot \vec{v}'$; ist $\vec{v}^2 = \text{const}$, so ist $\vec{v} \cdot \vec{v}' = 0$, d.h. $\vec{v} \perp \vec{v}'$.

B

Zu 8.5.2:

Bewegung eines Körpers entlang einer Bahnkurve

1. $\tau \mapsto \vec{r}$ sei die Parameterdarstellung einer Kurve, die ein Körper durchläuft (geometrische Aussage). Der Parameter τ sei von der Zeit t abhängig: $t \mapsto \tau = f(t)$ (dynamische Aussage).

   Man berechne Geschwindigkeitsvektor $\vec{v} = \dot{\vec{r}}$, Bahngeschwindigkeit $v = |\vec{v}| \cdot \operatorname{sgn} \dot{\tau}$ (manchmal auch $v = |\vec{v}|$), Beschleunigungsvektor $\vec{a} = \ddot{\vec{r}}$ sowie dessen Tangential- und Normalkomponente.

$$\vec{v} = \dot{\vec{r}} = \dot{\tau}\vec{r}'; \quad v = \dot{\tau}|\vec{r}'|; \quad \vec{a} = \dot{\tau}^2 \vec{r}'' + \ddot{\tau}\vec{r}';$$

$$a_t = \vec{a} \cdot \vec{r}'^0 = (\dot{\tau}^2 \vec{r}'' + \ddot{\tau}\vec{r}') \cdot \frac{\vec{r}'}{|\vec{r}'|} = \dot{\tau}^2 \frac{\vec{r}' \cdot \vec{r}''}{|\vec{r}'|} + \ddot{\tau}|\vec{r}'|;$$

$$\vec{a}_t = a_t \vec{r}'^0 = \left(\dot{\tau}^2 \frac{\vec{r}' \cdot \vec{r}''}{\vec{r}'^2} + \ddot{\tau}\right)\vec{r}'; \qquad \vec{a}_n = \vec{a} - \vec{a}_t = \dot{\tau}^2 \left(\vec{r}'' - \frac{\vec{r}' \cdot \vec{r}''}{\vec{r}'^2}\vec{r}'\right).$$

   Die Zeitableitung $\dot{v}$ der Bahngeschwindigkeit ist genau die skalare Tangentialkomponente a_t des Beschleunigungsvektors:

$$\dot{v} = \ddot{\tau}\sqrt{\vec{r}'^2} + \dot{\tau}\frac{\vec{r}' \cdot \vec{r}''}{\sqrt{\vec{r}'^2}}\dot{\tau} = \ddot{\tau}|\vec{r}'| + \dot{\tau}^2 \frac{\vec{r}' \cdot \vec{r}''}{|\vec{r}'|}.$$

   Bewegt sich ein Körper auf einer Kreisbahn mit Radius R, so gilt

$$\vec{r} = R\begin{pmatrix} \cos\tau \\ \sin\tau \end{pmatrix}; \quad \vec{r}' = R\begin{pmatrix} -\sin\tau \\ \cos\tau \end{pmatrix}; \quad \vec{r}'' = R\begin{pmatrix} -\cos\tau \\ -\sin\tau \end{pmatrix}; \quad \vec{r}' \cdot \vec{r}'' = 0.$$

Ist die Bewegung gleichförmig, so gilt $\tau=\omega t$; $\dot{\tau}=\omega$; $\ddot{\tau}=0$.

$$\vec{v}=R\omega\begin{pmatrix}-\sin\tau\\ \cos\tau\end{pmatrix};\quad v=R\omega;\quad \dot{v}=0;\quad \vec{a}=R\omega^2\begin{pmatrix}-\cos\tau\\ -\sin\tau\end{pmatrix};$$

$$a_t=0;\quad \vec{a}_t=\vec{o};\quad \vec{a}_n=-R\omega^2\begin{pmatrix}\cos\tau\\ \sin\tau\end{pmatrix};\quad |\vec{a}_n|=R\omega^2.$$

Erfolgt die Bewegung beschleunigt nach dem Gesetz $\tau=\Omega t^2$; $\dot{\tau}=2\Omega t$; $\ddot{\tau}=2\Omega$, so ist:

$$\vec{v}=2\Omega t R\begin{pmatrix}-\sin\tau\\ \cos\tau\end{pmatrix};\quad v=2\Omega t R;\quad \dot{v}=2\Omega R;$$

$$\vec{a}=-4\Omega^2 R t^2\begin{pmatrix}-\cos\tau\\ -\sin\tau\end{pmatrix}+2\Omega R\begin{pmatrix}-\sin\tau\\ \cos\tau\end{pmatrix};$$

$$a_t=2\Omega R;\quad \vec{a}_t=2\Omega R\begin{pmatrix}-\sin\tau\\ \cos\tau\end{pmatrix};\quad \vec{a}_n=4\Omega^2 R t^2\begin{pmatrix}-\cos\tau\\ -\sin\tau\end{pmatrix};\quad |\vec{a}_n|=4\Omega^2 R t^2.$$

8.5.3 Vektorfeld

8.5.3.1 Definition

Felder:

Ist jedem Punkt $P(x;y)$ bzw. $P(x;y;z)$ des zwei- bzw. dreidimensionalen anschaulichen Raumes ein Vektor $\vec{v}$ zugeordnet, so spricht man von einem Vektorfeld $\vec{v}$:

$$\begin{pmatrix}x\\ y\end{pmatrix}=\vec{r}\mapsto\vec{v}=\begin{pmatrix}V_1(x,y)\\ V_2(x,y)\end{pmatrix}$$

bzw. $$\begin{pmatrix}x\\ y\\ z\end{pmatrix}=\vec{r}\mapsto\vec{v}=\begin{pmatrix}V_1(x,y,z)\\ V_2(x,y,z)\\ V_3(x,y,z)\end{pmatrix}.$$

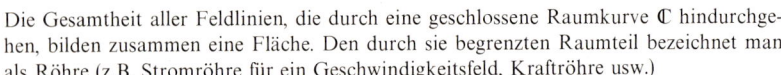

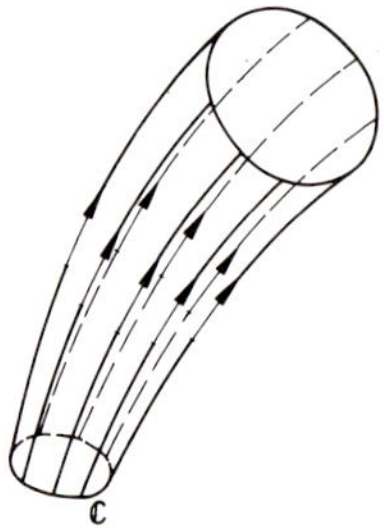

Feldlinien:

Unter den Feldlinien versteht man diejenigen Kurven, deren Tangentenrichtung in jedem Aufpunkt mit der Richtung des Feldvektors $\vec{v}$ übereinstimmt. Sie genügen der Gleichung

$$\vec{t}\times\vec{v}=\vec{o}\quad\text{bzw.}\quad \vec{n}\cdot\vec{v}=0.$$

Die Gesamtheit aller Feldlinien, die durch eine geschlossene Raumkurve ℭ hindurchgehen, bilden zusammen eine Fläche. Den durch sie begrenzten Raumteil bezeichnet man als Röhre (z.B. Stromröhre für ein Geschwindigkeitsfeld, Kraftröhre usw.)

8.5.3.2 Differentialrechnung

Vollständiges Differential:

Sind die Funktionen V_1, V_2 (V_3) differenzierbar (8.3.2.1, Seite 399), so kann das vollständige Differential

$$d\vec{v}=\begin{pmatrix} dv_1 \\ dv_2 \\ (dv_3) \end{pmatrix}=\begin{pmatrix} v_{1x}dx+v_{1y}dy+(v_{1z}dz) \\ v_{2x}dx+v_{2y}dy+(v_{2z}dz) \\ (v_{3x}dx+v_{3y}dy+v_{3z}dz) \end{pmatrix}$$

$$=\left(dx\frac{\partial}{\partial x}+dy\frac{\partial}{\partial y}+\left(dz\frac{\partial}{\partial z}\right)\right)\begin{pmatrix} v_1 \\ v_2 \\ (v_3) \end{pmatrix}=\left(d\vec{r}\cdot\begin{pmatrix} \frac{\partial}{\partial x} \\ \frac{\partial}{\partial y} \\ \left(\frac{\partial}{\partial z}\right) \end{pmatrix}\right)\vec{v}$$

berechnet werden.

Es ist in erster Näherung gleich der Änderung $\Delta\vec{v}$ des Feldvektors, wenn der Aufpunkt um den Vektor $d\vec{r}$ verschoben wird.

Richtungsableitung:

Ist $d\vec{r}=\vec{s}^0 ds$, wobei $\vec{s}^0$ der Einheitsvektor einer bestimmten Richtung ist, so gilt

$$d\vec{v}=\left(\vec{s}^0 ds\cdot\begin{pmatrix} \frac{\partial}{\partial x} \\ \frac{\partial}{\partial y} \\ \left(\frac{\partial}{\partial z}\right) \end{pmatrix}\right)\vec{v}=ds\begin{pmatrix} \cos\gamma_1 \\ \cos\gamma_2 \\ (\cos\gamma_3) \end{pmatrix}\cdot\begin{pmatrix} \frac{\partial}{\partial x} \\ \frac{\partial}{\partial y} \\ \left(\frac{\partial}{\partial z}\right) \end{pmatrix}\vec{v};$$

hieraus folgt

$$\frac{d\vec{v}}{ds}=\begin{pmatrix} \cos\gamma_1 \\ \cos\gamma_2 \\ (\cos\gamma_3) \end{pmatrix}\cdot\begin{pmatrix} \frac{\partial}{\partial x} \\ \frac{\partial}{\partial y} \\ \left(\frac{\partial}{\partial z}\right) \end{pmatrix}\vec{v}=\vec{s}^0\cdot\begin{pmatrix} \frac{\partial}{\partial x} \\ \frac{\partial}{\partial y} \\ \left(\frac{\partial}{\partial z}\right) \end{pmatrix}\vec{v} \qquad \text{(Richtungsableitung).}$$

Fluß:

Für dreidimensionale Vektorfelder ist $\iint\limits_{\mathbb{O}} \vec{v}\cdot d\vec{O}$ (8.4.3.2, Seite 419) der Fluß des Vektorfeldes $\vec{v}$ durch die Fläche $\mathbb{O}$. Mit $\oiint \vec{v}\cdot d\vec{O}$ wird der Fluß durch eine geschlossene Fläche bezeichnet.

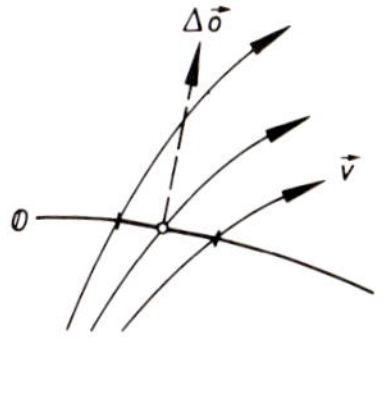

Quellen, Senken:

Der Fluß $\oiint \vec{v}\cdot d\vec{O}$ durch eine geschlossene Fläche $\mathbb{O}$ wird als *Ergiebigkeit* des Vektorfeldes im zugehörigen Raumgebiet $\mathbb{V}$ bezeichnet. Ist die Ergiebigkeit nicht Null, sondern positiv, so sind in $\mathbb{V}$ sog. *Quellen* vorhanden (in denen z.B. bei einer Flüssigkeitsströmung dauernd Flüssigkeit entsteht), ist sie negativ, so treten an die Stelle von Quellen die sog. *Senken* (in denen dauernd Flüssigkeit verschwindet).

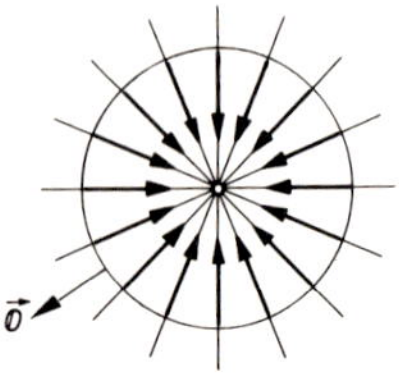

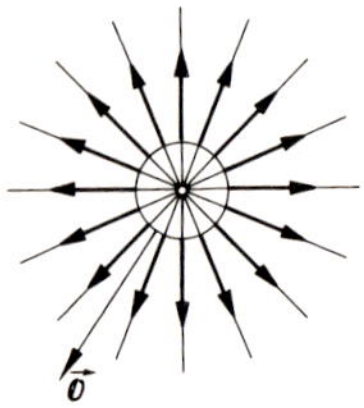

Sind die Quellen und Senken über ein Raumgebiet kontinuierlich verteilt, so stellt der Ausdruck

$$\frac{1}{V}\oiint \vec{v}\cdot d\vec{O}$$

die *mittlere Quelldichte* im Raumgebiet $\mathbb{V}$ dar.

Divergenz:

Existiert der Grenzwert $\lim\limits_{V\to 0}\frac{1}{V}\oiint \vec{v}\cdot d\vec{O}$, so wird er als Divergenz $\operatorname{div}\vec{v}$ des Vektorfeldes $\vec{v}$ bezeichnet; $\operatorname{div}\vec{v}$ ist also die lokale Quelldichte. In der Umgebung jeder isoliert liegenden punktförmigen Quelle oder Senke ist die Divergenz unbeschränkt.

Divergenz in kartesischen Koordinaten:

Feld: $(x, y, z)\mapsto\vec{v}=\begin{pmatrix}v_1\\ v_2\\ v_3\end{pmatrix}$.

Divergenz:

$$\operatorname{div}\vec{v}=\frac{\partial v_1}{\partial x}+\frac{\partial v_2}{\partial y}+\frac{\partial v_3}{\partial z}=\begin{pmatrix}\frac{\partial}{\partial x}\\ \frac{\partial}{\partial y}\\ \frac{\partial}{\partial z}\end{pmatrix}\cdot\begin{pmatrix}v_1\\ v_2\\ v_3\end{pmatrix}.$$

Divergenz in Zylinderkoordinaten:

Feld: $(r, \varphi, z)\mapsto\vec{v}=\begin{pmatrix}v_1\\ v_2\\ v_3\end{pmatrix}$

Divergenz:

$$\operatorname{div}\vec{v}=\frac{\partial}{\partial r}(v_1\cdot\cos\varphi+v_2\sin\varphi)-\frac{1}{r}\left(\frac{\partial v_1}{\partial\varphi}\sin\varphi-\frac{\partial v_2}{\partial\varphi}\cos\varphi\right)+\frac{\partial v_3}{\partial z}.$$

Divergenz in Kugelkoordinaten:

Feld: $(r, \vartheta, \varphi) \mapsto \vec{v} = \begin{pmatrix} v_1 \\ v_2 \\ v_3 \end{pmatrix}$

Divergenz:

$$\begin{aligned}\operatorname{div} \vec{v} = & \frac{\partial}{\partial r}(v_1 \sin\vartheta \cos\varphi + v_2 \sin\vartheta \sin\varphi + v_3 \cos\vartheta) \\ & + \frac{1}{r}\left(\frac{\partial v_1}{\partial\vartheta} \cos\vartheta \cos\varphi + \frac{\partial v_2}{\partial\vartheta} \cos\vartheta \sin\varphi - \frac{\partial v_3}{\partial\vartheta} \sin\vartheta\right) \\ & - \frac{1}{r \sin\vartheta}\left(\frac{\partial v_1}{\partial\varphi} \sin\varphi - \frac{\partial v_2}{\partial\varphi} \cos\varphi\right).\end{aligned}$$

Zirkulation:

Im dreidimensionalen Raum sei $\mathbb{D}$ ein orientiertes Flächenstück und $\mathbb{C}$ seine Randkurve*); für ein Vektorfeld $\vec{v}$ ist $\Gamma = \oint \vec{v} \cdot d\vec{r}$ (8.4.3.3, Seite 422) die Zirkulation des Vektorfeldes $\vec{v}$ längs der geschlossenen Kurve $\mathbb{C}$.

Ist $\vec{v}$ ein Kraftfeld, so bedeutet Γ die längs $\mathbb{C}$ vom Feld verrichtete Arbeit.

Rotation:

Existiert $\lim\limits_{A \to 0} \vec{n}^0 \cdot \frac{1}{A} \cdot \oint \vec{v} \cdot d\vec{r}$, wobei A die Größe einer Teilfläche von $\mathbb{D}$ und $\vec{n}^0$ der Normaleneinheitsvektor eines beliebigen Punktes dieser Teilfläche ist, so wird dieser Vektor als Rotation $\operatorname{rot} \vec{v}$ des Vektorfeldes $\vec{v}$ bezeichnet.

Rotation in kartesischen Koordinaten:

Feld $\vec{v}$: $(x, y, z) \mapsto \vec{v} = \begin{pmatrix} v_1 \\ v_2 \\ v_3 \end{pmatrix}$

Rotation:

$$\operatorname{rot} \vec{v} = \begin{pmatrix} \dfrac{\partial v_3}{\partial y} - \dfrac{\partial v_2}{\partial z} \\[2ex] \dfrac{\partial v_1}{\partial z} - \dfrac{\partial v_3}{\partial x} \\[2ex] \dfrac{\partial v_2}{\partial x} - \dfrac{\partial v_1}{\partial y} \end{pmatrix} = \begin{pmatrix} \dfrac{\partial}{\partial x} \\[2ex] \dfrac{\partial}{\partial y} \\[2ex] \dfrac{\partial}{\partial z} \end{pmatrix} \times \begin{pmatrix} v_1 \\ v_2 \\ v_3 \end{pmatrix}$$

*) diese sei so orientiert, daß $\mathbb{D}$ links von der Kurve liegt.

Rotation in Zylinderkoordinaten:

$$\text{Feld } \vec{v}\colon\ (r, \varphi, z) \mapsto \vec{v} = \begin{pmatrix} v_1 \\ v_2 \\ v_3 \end{pmatrix}$$

Rotation:

$$\operatorname{rot} \vec{v} = \begin{pmatrix} \dfrac{\partial v_3}{\partial r} \sin\varphi + \dfrac{1}{r} \dfrac{\partial v_3}{\partial \varphi} \cos\varphi - \dfrac{\partial v_2}{\partial z} \\ \dfrac{\partial v_1}{\partial z} - \dfrac{\partial v_3}{\partial r} \cos\varphi + \dfrac{1}{r} \dfrac{\partial v_3}{\partial \varphi} \sin\varphi \\ \dfrac{\partial v_2}{\partial r} \cos\varphi - \dfrac{\partial v_1}{\partial r} \sin\varphi - \dfrac{1}{r} \left(\dfrac{\partial v_2}{\partial \varphi} \sin\varphi + \dfrac{\partial v_1}{\partial \varphi} \cos\varphi \right) \end{pmatrix}$$

Rotation in Kugelkoordinaten:

$$\text{Feld } \vec{v}\colon\ (r, \vartheta, \varphi) \mapsto \vec{v} = \begin{pmatrix} v_1 \\ v_2 \\ v_3 \end{pmatrix}$$

Rotation:

$$\operatorname{rot} \vec{v} = \begin{pmatrix} \dfrac{\partial v_3}{\partial r} \sin\vartheta \sin\varphi - \dfrac{\partial v_2}{\partial r} \cos\vartheta + \dfrac{1}{r} \left(\dfrac{\partial v_3}{\partial \vartheta} \cos\vartheta \sin\varphi + \dfrac{\partial v_2}{\partial \vartheta} \sin\vartheta \right) + \dfrac{1}{r \sin\vartheta} \dfrac{\partial v_3}{\partial \varphi} \cos\varphi \\ \dfrac{\partial v_1}{\partial r} \cos\vartheta - \dfrac{\partial v_3}{\partial r} \sin\vartheta \cos\varphi - \dfrac{1}{r} \left(\dfrac{\partial v_1}{\partial \vartheta} \sin\vartheta + \dfrac{\partial v_3}{\partial \vartheta} \cos\vartheta \cos\varphi \right) + \dfrac{1}{r \sin\vartheta} \dfrac{\partial v_3}{\partial \varphi} \sin\varphi \\ \dfrac{\partial v_2}{\partial r} \sin\vartheta \cos\varphi - \dfrac{\partial v_1}{\partial r} \sin\vartheta \sin\varphi + \dfrac{1}{r} \left(\dfrac{\partial v_2}{\partial \vartheta} \cos\vartheta \cos\varphi - \dfrac{\partial v_1}{\partial \vartheta} \cos\vartheta \sin\varphi \right) \\ \qquad - \dfrac{1}{r \sin\vartheta} \left(\dfrac{\partial v_2}{\partial \varphi} \sin\varphi + \dfrac{\partial v_1}{\partial \varphi} \cos\varphi \right) \end{pmatrix}$$

B

Zu 8.5.3:

Beispiele für Vektorfelder

1. Durch Gradientenbildung wird jedem Aufpunkt eines skalaren Feldes ein Vektor zugeordnet; Kraftfelder; Magnetfelder.

Feldlinien

2. Gegeben ist das ebene Vektorfeld $\vec{r} \mapsto \vec{v}$ durch

$$\vec{v} = \begin{pmatrix} y \\ -x \end{pmatrix}.$$

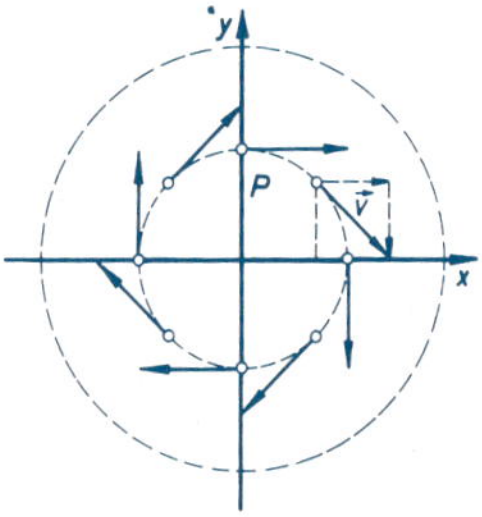

Die Feldlinien genügen der Gleichung

$$\begin{pmatrix} -f_2'(\tau) \\ f_1'(\tau) \end{pmatrix} \cdot \begin{pmatrix} y \\ -x \end{pmatrix} = \begin{pmatrix} -f_2'(\tau) \\ f_1'(\tau) \end{pmatrix} \cdot \begin{pmatrix} f_2(\tau) \\ -f_1(\tau) \end{pmatrix}$$

$$= -f_2(\tau) f_2'(\tau) - f_1(\tau) f_1'(\tau) = 0;$$

Die Gleichung

$$f_1'(\tau)\,f_1(\tau)+f_2'(\tau)\,f_2(\tau)=0; \qquad x'\cdot x+y'\cdot y=0;$$

hat die Lösung $f_1^2(\tau)+f_2^2(\tau)=C,\ x^2+y^2=C$

Die Feldlinien sind also konzentrische Kreise.

Richtungsableitung

3. Gesucht ist die Ableitung des Vektorfeldes $\vec{r}\mapsto\vec{v}=\begin{pmatrix} y^2 \\ x^2 \\ x^2-y^2 \end{pmatrix}$ in Richtung des Vektors $\vec{s}=\begin{pmatrix} 2 \\ -3 \\ 4 \end{pmatrix}$. Es ist $\vec{s}^{\,0}=\dfrac{1}{\sqrt{29}}\begin{pmatrix} 2 \\ -3 \\ 4 \end{pmatrix}$, mithin ist

$$\frac{d\vec{v}}{ds}=\frac{1}{\sqrt{29}}\begin{pmatrix} 2 \\ -3 \\ 4 \end{pmatrix}\cdot\begin{pmatrix} \dfrac{\partial}{\partial x} \\ \dfrac{\partial}{\partial y} \\ \dfrac{\partial}{\partial z} \end{pmatrix}\begin{pmatrix} y^2 \\ x^2 \\ x^2-y^2 \end{pmatrix}=\frac{1}{\sqrt{29}}\left(2\frac{\partial}{\partial x}-3\frac{\partial}{\partial y}+4\frac{\partial}{\partial z}\right)\begin{pmatrix} y^2 \\ x^2 \\ x^2-y^2 \end{pmatrix}$$

$$=\frac{1}{\sqrt{29}}\begin{pmatrix} -6y \\ 4x \\ 0 \end{pmatrix}=\frac{2}{\sqrt{29}}\begin{pmatrix} -3y \\ 2x \\ 0 \end{pmatrix}.$$

Divergenz

4. Gesucht ist $\operatorname{div}\vec{r}=\operatorname{div}\begin{pmatrix} x \\ y \\ z \end{pmatrix}$.

$\operatorname{div}\vec{r}=1+1+1=3.$

5. Bei einer Gasströmung $\vec{v}=\begin{pmatrix} v_1 \\ 0 \\ 0 \end{pmatrix}$ soll $\operatorname{div}\vec{v}=c$ sein. Dann ist $\dfrac{\partial v_1}{\partial x}=c$ oder $v_1=c\,x+\varphi(y,z)$ mit beliebigem $\varphi(y,z)$.

Anschaulich strömt das Gas parallel zur x-Achse, wobei an jeder Stelle pro Sekunde ein Gasvolumen c pro m^3 neu entsteht (z.B. durch Druckverminderung). Daher muß die Fließgeschwindigkeit anwachsen.

Rotation in Kugelkoordinaten

6. Ein differenzierbares Zentralfeld hat die Form

$$\vec{v}=f(r)\cdot\vec{r}^{\,0}=f(r)\cdot\begin{pmatrix} \sin\vartheta\cdot\cos\varphi \\ \sin\vartheta\cdot\sin\varphi \\ \cos\vartheta \end{pmatrix} \qquad \text{in Kugelkoordinaten.}$$

Es gilt dann $\operatorname{rot}\vec{v}=\vec{0}$, weil $f'(r)\cos\vartheta\sin\vartheta\sin\varphi-f'(r)\sin\vartheta\sin\varphi\cos\vartheta$

$$+\frac{1}{r}\Big(-f(r)\sin\vartheta\cos\vartheta\sin\varphi+f(r)\cos\vartheta\sin\varphi\sin\vartheta\Big)$$

$$+\frac{1}{r\sin\vartheta}\cdot 0\cdot\cos\varphi=0 \quad \text{usw.}$$

8.5.4 Operatorenrechnung

Die Ableitungsbildungen grad F, div $\vec{v}$, rot $\vec{v}$ können formal bequem mit dem sog. Nabla-Operator behandelt werden. Dabei wird $\nabla = \begin{pmatrix} \frac{\partial}{\partial x} \\ \frac{\partial}{\partial y} \\ \frac{\partial}{\partial z} \end{pmatrix}$ formal als Vektor aufgefaßt; es gilt dann

$$\operatorname{grad} F = \nabla F \quad \text{(S-Multiplikation)}$$
$$\operatorname{div} \vec{v} = \nabla \cdot \vec{v} \quad \text{(Skalarprodukt)}$$
$$\operatorname{rot} \vec{v} = \nabla \times \vec{v} \quad \text{(Vektorprodukt, Kreuzprodukt).}$$

Rechenregeln:

1. Eine Konstante c kann stets vor das ∇-Zeichen gezogen werden.
2. Steht ∇ vor einem Produkt von skalaren und (oder) vektoriellen Faktoren, so ist ∇ der Reihe nach auf die einzelnen Faktoren anzuwenden, geschrieben in der Form

   z.B. $\nabla(ABC) = \nabla(\overset{\downarrow}{A}BC) + \nabla(A\overset{\downarrow}{B}C) + \nabla(AB\overset{\downarrow}{C})$,

   wobei anschließend die einzelnen Produkte nach den Gesetzen der Vektoralgebra (2.2.4, Seite 43) so umzuformen sind, daß ∇ vor den durch einen $\downarrow$ gekennzeichneten Faktor kommt. (Man beachte, daß ∇ formal ein Vektor ist!)

Es gilt stets (für alle Felder)

$$\nabla \times (\nabla F) = \operatorname{rot} \operatorname{grad} F = \vec{o}$$
$$\nabla \cdot (\nabla \times \vec{v}) = \operatorname{div} \operatorname{rot} \vec{v} = 0.$$

∇c	$= \vec{o}$	$\operatorname{grad} c = \vec{o}$	$(c = \text{const})$
$\nabla(F_1 \pm F_2)$	$= \nabla F_1 \pm \nabla F_2$	$\operatorname{grad}(F_1 \pm F_2)$	$= \operatorname{grad} F_1 \pm \operatorname{grad} F_2$
$\nabla(F_1 \cdot F_2)$	$= F_1(\nabla F_2) + F_2(\nabla F_1)$	$\operatorname{grad}(F_1 \cdot F_2)$	$= F_1(\operatorname{grad} F_2) + F_2(\operatorname{grad} F_1)$
$\nabla(cF)$	$= c(\nabla F)$	$\operatorname{grad}(cF)$	$= c(\operatorname{grad} F) \quad (c = \text{const})$
$\nabla \cdot \vec{c} = 0$		$\operatorname{div} \vec{c} = 0$	($\vec{c}$ konstanter Vektor)
$\nabla \cdot (\vec{u} \pm \vec{v})$	$= \nabla \cdot \vec{u} \pm \nabla \cdot \vec{v}$	$\operatorname{div}(\vec{u} \pm \vec{v})$	$= \operatorname{div} \vec{u} \pm \operatorname{div} \vec{v}$
$\nabla \cdot (c\vec{v})$	$= c\nabla \cdot \vec{v}$	$\operatorname{div}(c\vec{v})$	$= c \operatorname{div} \vec{v} \quad (c = \text{const})$
$\nabla \cdot (F\vec{v})$	$= (\nabla F) \cdot \vec{v} + F(\nabla \cdot \vec{v})$	$\operatorname{div}(F\vec{v})$	$= \vec{v} \cdot \operatorname{grad} F + F \operatorname{div} \vec{v}$
$\nabla \times (\vec{u} \pm \vec{v})$	$= \nabla \times \vec{u} \pm \nabla \times \vec{v}$	$\operatorname{rot}(\vec{u} \pm \vec{v})$	$= \operatorname{rot} \vec{u} \pm \operatorname{rot} \vec{v}$
$\nabla \times (c\vec{v})$	$= c\nabla \times \vec{v}$	$\operatorname{rot}(c\vec{v})$	$= c \operatorname{rot} \vec{v} \quad (c = \text{const})$
$\nabla \times (F\vec{v})$	$= (\nabla F) \times \vec{v} + F(\nabla \times \vec{v})$	$\operatorname{rot}(F\vec{v})$	$= \operatorname{grad} F \times \vec{v} + F \operatorname{rot} \vec{v}$
$\nabla \times (\vec{u} \times \vec{v})$	$= (\vec{v} \cdot \nabla)\vec{u} - (\vec{u} \cdot \nabla)\vec{v} + \vec{u}(\nabla \cdot \vec{v}) - \vec{v}(\nabla \cdot \vec{u})$	$\operatorname{rot}(\vec{u} \times \vec{v})$	$= (\vec{v} \operatorname{grad})\vec{u} - (\vec{u} \operatorname{grad})\vec{v} + \vec{u} \operatorname{div} \vec{v} - \vec{v} \operatorname{div} \vec{u}$

(Richtungsableitung, 8.5.3.2, Seite 435)

Die doppelte Anwendung des ∇-Operators führt auf den sog. *Laplace-Operator*

$$\nabla \cdot \nabla = \Delta = \frac{\partial^2}{\partial x^2} + \frac{\partial^2}{\partial y^2} + \frac{\partial^2}{\partial z^2}$$

Es gilt

$$\Delta U = \nabla \cdot \nabla\, U = \operatorname{div}\operatorname{grad} U = \frac{\partial^2 U}{\partial x^2} + \frac{\partial^2 U}{\partial y^2} + \frac{\partial^2 U}{\partial z^2}$$

$$\Delta \vec{v} = (\nabla \cdot \nabla)\, \vec{v} = \nabla (\nabla \vec{v}) - \nabla \times (\nabla \times \vec{v}) = \operatorname{grad}\operatorname{div}\vec{v} - \operatorname{rot}\operatorname{rot}\vec{v} = \begin{pmatrix} \Delta v_1 \\ \Delta v_2 \\ \Delta v_3 \end{pmatrix}$$

$$\Delta (U V) = U \Delta V + V \Delta U + 2 \operatorname{grad} U \operatorname{grad} V.$$

B

Zu 8.5.4:
Rechnen mit ∇

1. $\operatorname{div}(F\vec{v}) = \nabla \cdot (F\vec{v}) = \nabla \cdot (\overset{\downarrow}{F}\vec{v}) + \nabla \cdot (F\overset{\downarrow}{\vec{v}}) = (\nabla F) \cdot \vec{v} + F\nabla \cdot \vec{v} = \vec{v} \cdot \operatorname{grad} F + F \operatorname{div} \vec{v}$

2. $\operatorname{rot}(\vec{u} \times \vec{v}) = \nabla \times (\vec{u} \times \vec{v}) = \nabla \times (\overset{\downarrow}{\vec{u}} \times \vec{v}) + \nabla \times (\vec{u} \times \overset{\downarrow}{\vec{v}})$

$$= (\nabla \cdot \vec{v})\overset{\downarrow}{\vec{u}} - \vec{v}(\nabla \cdot \overset{\downarrow}{\vec{u}}) + (\nabla \cdot \overset{\downarrow}{\vec{v}})\vec{u} - (\nabla \cdot \vec{u})\overset{\downarrow}{\vec{v}}$$

$$= (\vec{v} \cdot \nabla)\vec{u} - \vec{v}(\operatorname{div}\vec{u}) + \vec{u}(\operatorname{div}\vec{v}) - (\vec{u} \cdot \nabla)\vec{v}.$$

$(\vec{v} \cdot \nabla)\vec{u}$ bzw. $(\vec{u} \cdot \nabla)\vec{v}$ sind Richtungsableitungen in Richtung $\vec{v}$ bzw. $\vec{u}$ (8.5.3.2, Seite 453).

Weitere Anwendungen z.B. Lagally, Vorlesungen über Vektorrechnung; Leipzig.

8.5.5 Integralsätze

8.5.5.1 Satz von Gauß

Ist $\mathbb{O}$ ein geschlossenes orientiertes Flächenstück, $\mathbb{B}$ der von $\mathbb{O}$ begrenzte Raumbereich und ist $\vec{v}$ ein in $\mathbb{B}$ stetig differenzierbares Vektorfeld, so gilt

$$\iiint_{\mathbb{B}} \operatorname{div} \vec{v}\, dV = \oint\!\!\oint \vec{v} \cdot d\vec{O}$$

$$\iiint_{\mathbb{B}} \nabla \cdot \vec{v}\, dV = \oint\!\!\oint \vec{v} \cdot d\vec{O}$$

Folgerungen:

$$\iiint_{\mathbb{B}} \operatorname{grad} F\, dV = \oint\!\!\oint F\, d\vec{O};$$

$$\iiint_{\mathbb{B}} \operatorname{rot} \vec{v}\, dV = -\oint\!\!\oint \vec{v} \times d\vec{O};$$

8.5.5.2 Satz von Stokes

Ist $\mathbb{O}$ ein orientiertes einfach zusammenhängendes Flächenstück, $\mathbb{C}$ seine Begrenzungskurve (so orientiert, daß die Kurvenorientierung mit der Flächenorientierung eine

Rechtsschraube bildet) und ist $\vec{v}$ ein auf $\mathbb{O}$ stetig differenzierbares Vektorfeld, so gilt

$$\iint_{\mathbb{O}} \operatorname{rot} \vec{v} \cdot d\vec{O} = \oint_{\mathbb{C}} \vec{v} \cdot d\vec{r}$$

$$\iint_{\mathbb{O}} \nabla \times \vec{v} \cdot d\vec{O} = \oint_{\mathbb{C}} \vec{v} \cdot d\vec{r}$$

Folgerungen:

$$\iint_{\mathbb{O}} \operatorname{grad} F \times d\vec{O} = -\oint F\, d\vec{r}.$$

Ist $\mathbb{O}$ geschlossene Fläche, so ist

$$\oiint \operatorname{rot} \vec{v} \cdot d\vec{O} = 0$$

$$\oiint \operatorname{grad} F \times d\vec{O} = \vec{o}$$

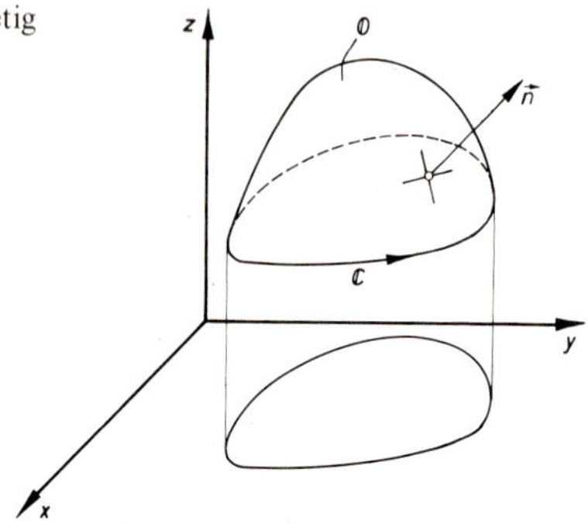

8.5.5.3 Sätze von Green

Unter denselben Voraussetzungen für $\mathbb{O}$ und $\mathbb{B}$ wie in 8.5.5.1, Seite 441. gilt für zwei in $\mathbb{B}$ zweimal stetig differenzierbare Felder F und G:

$$\iiint_{\mathbb{B}} (F \cdot \Delta G + \operatorname{grad} F \cdot \operatorname{grad} G)\, dV = \oiint_{\mathbb{O}} F \operatorname{grad} G \cdot d\vec{O}$$

$$\iiint_{\mathbb{B}} (F \cdot \Delta G - G \cdot \Delta F)\, dV = \oiint_{\mathbb{O}} (F \operatorname{grad} G - G \operatorname{grad} F) \cdot d\vec{O}$$

(Δ Laplace-Operator, 8.5.4, Seite 441).

Für den Sonderfall $F \equiv 1$ ergibt sich $\iiint_{\mathbb{B}} \Delta G\, dV = \oiint_{\mathbb{O}} \operatorname{grad} G \cdot d\vec{O}$.

8.5.6 Besondere Felder

8.5.6.1 Quellenfreie Felder

Ein Vektorfeld heißt quellenfrei, wenn für jeden Aufpunkt

$$\operatorname{div} \vec{v} = 0$$

ist. Es ist dann als Rotation eines Vektorfeldes, des sog. *Vektorpotentials* $\vec{u}$, darstellbar

$$\vec{v} = \operatorname{rot} \vec{u}.$$

Das Vektorfeld $\vec{u}$ ist nur bis auf den Gradienten einer skalaren Funktion bestimmbar. Zur Berechnung von $\vec{u}$ kann man daher zusätzliche Bedingungen stellen. Die Feldlinien quellenfreier Felder sind geschlossene Kurven.

B

Zu 8.5.6.1

Berechnung eines quellenfreien Feldes und des Vektorpotentials

1. Wie muß die Funktion $f\colon (x, y, z) \mapsto f(x, y, z)$ beschaffen sein, damit das Feld

$$(x, y, z) \mapsto \vec{v} = \begin{pmatrix} x - y \\ -x^2 + y^2 \\ f(x, y, z) \end{pmatrix}$$ quellenfrei wird? Man bestimme ein Vektorpotential $\vec{u}$.

$$\operatorname{div}\vec{v} = 1 + 2y + \frac{\partial f(x,y,z)}{\partial z} = 0;$$

als Lösung dieser partiellen Differentialgleichung findet man

$$f(x,y,z) = -(1+2y)\cdot z + \varphi(x,y)$$

mit beliebigem $\varphi(x,y)$.

$$\operatorname{rot}\vec{u} = \operatorname{rot}\begin{pmatrix} u_1 \\ u_2 \\ u_3 \end{pmatrix} = \begin{pmatrix} \dfrac{\partial u_3}{\partial y} - \dfrac{\partial u_2}{\partial z} \\ \dfrac{\partial u_1}{\partial z} - \dfrac{\partial u_3}{\partial x} \\ \dfrac{\partial u_2}{\partial x} - \dfrac{\partial u_1}{\partial y} \end{pmatrix} = \begin{pmatrix} x-y \\ -x^2+y^2 \\ -(1+2y)\,z + \varphi(x,y) \end{pmatrix}.$$

Zur Lösung des Systems von partiellen Differentialgleichungen versucht man einen

Ansatz: $u_1 = M(x,y)\cdot z + \chi(x,y);$
$u_2 = N(x,y)\cdot z + \psi(x,y);$
$u_3 = P(z);$

durch Einsetzen in die Differentialgleichungen sucht man einen Beweis für die Richtigkeit dieses Ansatzes und evtl. Hinweise auf die Form von $M(x,y)$, $N(x,y)$, $P(z)$, $\chi(x,y)$, $\psi(x,y)$:

$$N(x,y) = -x+y; \qquad N_x(x,y) = -1;$$
$$M(x,y) = -x^2+y^2; \qquad M_y(x,y) = 2y;$$
$$z\cdot M_y(x,y) + \chi_y(x,y) - z\cdot N_x(x,y) - \psi_x(x,y) = (1+2y)\,z - \varphi(x,y).$$

Die dritte Gleichung ist richtig für $\chi_y(x,y) - \psi_x(x,y) = -\varphi(x,y)$, wobei diese Terme ebenso wie $P(z)$ beliebig sind.

Wählt man z.B. $P(z)=0$; $\chi_y(x,y) = \psi_x(x,y) = \varphi(x,y) = 0$, so hat man als Vektorpotential

$$\vec{u} = \begin{pmatrix} -z(-y^2+x^2) + \chi(x) \\ -z(x-y) + \psi(y) \\ 0 \end{pmatrix}.$$

Ebenso könnte man $P(z)=e^z$, $\chi(x,y) = \psi(x,y) = \varphi(x,y) = 0$ wählen und hätte als Vektorpotential

$$\vec{u} = \begin{pmatrix} -z(-y^2+x^2) \\ -z(x-y) \\ e^z \end{pmatrix};$$

tatsächlich ist $\operatorname{rot}\vec{u} = \begin{pmatrix} x-y \\ y^2-x^2 \\ -2yz-z \end{pmatrix} = \vec{v}.$

8.5.6.2 Wirbelfreie Felder

Ein Vektorfeld $\vec{v}$ heißt wirbelfrei, wenn in jedem Aufpunkt

$$\operatorname{rot}\vec{v}=\vec{o}$$

ist. Es ist dann als Gradient eines skalaren Feldes darstellbar

$$\vec{v}=\operatorname{grad}F \qquad \text{(Gradientenfeld)}$$

d.h. es gilt

$$\operatorname{rot}\operatorname{grad}F=\vec{o}.$$

Wegen $\vec{v}=\operatorname{grad}F$ ist $\vec{v}\cdot d\vec{r}=dF$ ein vollständiges Differential (8.5.1.3, Seite 430).
Die Potentialfunktion F bestimmt sich daher durch ein Linienintegral

$$F=\int\limits_{\mathfrak{C}}\vec{v}\cdot d\vec{r}$$

unabhängig vom Integrationsweg. Die *Äquipotentialflächen* sind durch die Gleichung

$$F=\text{const}$$

bestimmt. Sie werden von den Feldlinien orthogonal geschnitten und heißen daher auch *Orthogonalflächen*. Die Bedingung dafür, daß ein Feld Orthogonalflächen besitzt, lautet

$$\vec{v}\cdot\operatorname{rot}\vec{v}=0$$

B

Zu 8.5.6.2:
Wirbelfreies Feld und Hauptsatz für Linienintegrale

1. Das Vektorfeld $\vec{r}\mapsto\vec{v}=\begin{pmatrix}x\\y\\z\end{pmatrix}$ ist im ganzen dreidimensionalen Raum wirbelfrei, weil es überall definiert ist und $\operatorname{rot}\vec{v}=\vec{0}$.
   Für das Feld trifft der Hauptsatz für Linienintegrale (8.4.3.3, Seite 422) zu.
   Das Feld hat das Potential $U=\frac{1}{2}(x^2+y^2+z^2)$.

Divergenz und Rotation beim Zentralfeld

2. Für ein Zentralfeld $\vec{r}\mapsto\vec{v}=f(r)\cdot\vec{r}^{\,0}$ gilt:

$$\operatorname{div}\vec{v}=\operatorname{div}(f(r)\cdot\vec{r}^{\,0})=\vec{r}^{\,0}\cdot\operatorname{grad}f(r)+f(r)\operatorname{div}\vec{r}^{\,0}$$

$$=\vec{r}^{\,0}\cdot\begin{pmatrix}f'(r)\sin\vartheta\cos\varphi\\ f'(r)\sin\vartheta\sin\varphi\\ f'(r)\cos\vartheta\end{pmatrix}+f(r)\cdot\frac{2}{r}=f'(r)+\frac{2}{r}f(r),\quad\text{denn es ist}$$

$$\operatorname{div}\vec{r}^{\,0}=\operatorname{div}\begin{pmatrix}\sin\vartheta\cos\varphi\\ \sin\vartheta\sin\varphi\\ \cos\varphi\end{pmatrix}=\frac{1}{r}(\cos^2\vartheta\cos^2\varphi+\cos^2\vartheta\sin^2\varphi+\sin^2\vartheta)$$

$$-\frac{1}{r\sin\vartheta}(-\sin\vartheta\sin^2\varphi-\sin\vartheta\cos^2\varphi)=\frac{2}{r};$$

$$\operatorname{rot}\vec{v}=\operatorname{rot}(f(r)\cdot\vec{r}^{\,0})=\operatorname{grad}f(r)\times\vec{r}^{\,0}+f(r)\operatorname{rot}\vec{r}^{\,0}=f'(r)\vec{r}^{\,0}\times\vec{r}^{\,0}+f(r)\vec{o}=\vec{o},$$

denn es ist

$$\operatorname{rot}\vec{r}^0 = \operatorname{rot}\begin{pmatrix}\sin\vartheta\cos\varphi\\ \sin\vartheta\sin\varphi\\ \cos\vartheta\end{pmatrix} = \begin{pmatrix}\frac{1}{r}(-\sin\vartheta\cos\vartheta\sin\varphi+\cos\vartheta\sin\varphi\sin\vartheta)\\ -\frac{1}{r}(\cos\vartheta\cos\varphi\sin\vartheta-\sin\vartheta\cos\vartheta\cos\varphi)\\ \frac{1}{r}(\cos\vartheta\sin\varphi\cos\varphi-\cos\vartheta\cos\varphi\sin\varphi)\end{pmatrix} = \vec{o}.$$

8.5.6.3 Laplacesche Felder

Ist ein Vektorfeld $\vec{v}$ in einem endlichen Gebiet gleichzeitig quellen- und wirbelfrei,

$$\operatorname{div}\vec{v}=0 \quad \text{und} \quad \operatorname{rot}\vec{v}=\vec{o},$$

so ist $\vec{v}$ Gradient skalaren Feldes F

$$\vec{v}=\operatorname{grad}F=\nabla F,$$

das der sog. Laplaceschen Gleichung

$$\Delta F=0 \quad \left(\Delta=\frac{\partial^2}{\partial x^2}+\frac{\partial^2}{\partial y^2}+\frac{\partial^2}{\partial z^2},\ \text{8.5.4, Seite 441}\right)$$

genügen muß. F wird Laplacesches Feld genannt.

Die Berechnung von F unter Berücksichtigung von Bedingungen, daß F bzw. die Ableitung $\partial F/\partial n$ in Richtung der Flächennormalen auf dem Rande bestimmte Werte annehmen müssen, führt auf die 1. bzw. 2. Randwertaufgabe der Potentialtheorie.

Beispiele für Laplacesche Felder sind: Gravitationsfeld im Außenraum der Massen, elektrische und magnetische Felder außerhalb der Gebiete, in denen sich Ladungsträger befinden.

B

Zu 2.5.6.3:

1. Ein skalares dreidimensionales Zentralfeld $U=f(r)$ ist ein Laplacefeld, wenn $f(r)=\frac{1}{r}$:

$$\operatorname{grad}f(r)=f'(r)\vec{r}^0;$$

$$\operatorname{div}\operatorname{grad}f(r)=\operatorname{div}(f'(r)\vec{r}^0)=\vec{r}^0\cdot\operatorname{grad}f'(r)+f'(r)\operatorname{div}\vec{r}^0$$

$$=\vec{r}^0\cdot f''(r)\vec{r}^0+\frac{2}{r}f'(r) \quad \text{(Beispiel 2 zu 8.5.6.2, Seite 444)}$$

$$=f''(r)+\frac{2}{r}f'(r)=0,$$

denn es ist $f'(r)=-\frac{1}{r^2}$; $f''(r)=\frac{2}{r^3}$.

9 Analytische Geometrie der Flächen

Ein Flächenstück ist das stetige (homöomorphe, topologische) Bild eines abgeschlossenen einfach zusammenhängenden Bereiches $\in \mathbb{R}^2$.

Ist der einfach zusammenhängende Bereich offen, aber das Bild jedes abgeschlossenen einfach zusammenhängenden Teilbereichs ein Flächenstück, so spricht man von einer Fläche.

9.1 Flächengleichungen

Flächengleichungen ermöglichen die Berechnung der Koordinaten der Flächenpunkte.

Häufig benutzte Gleichungsformen in kartesischen Koordinaten:

Form KF: Die Fläche ist Graph einer Funktion f von zwei Variablen.

Form KT: Die Koordinaten $(x; y; z)$ der Flächenpunkte erfüllen die Gleichung $T(x, y, z) = 0$. T ist Term in x, y und z (implizite Darstellung).

Form KP: Die Koordinaten $(x; y; z)$ der Flächenpunkte sind jeweils Funktionswerte zweier Parameter $(\sigma; \tau) \in \mathbb{R}^2$:

$$(\sigma, \tau) \mapsto x = x_1 = f_1(\sigma, \tau); \quad y = x_2 = f_2(\sigma, \tau); \quad z = x_3 = f_3(\sigma, \tau); \qquad \vec{r} = \begin{pmatrix} x \\ y \\ z \end{pmatrix} = \begin{pmatrix} f_1(\sigma, \tau) \\ f_2(\sigma, \tau) \\ f_3(\sigma, \tau) \end{pmatrix} \quad (\vec{r} \text{ Ortsvektor})$$

Eine Form KF: $(x, y) \mapsto z = f(x, y)$ kann sofort in die Form KP übergeführt werden: $(\sigma, \tau) \mapsto \vec{r} = \begin{pmatrix} \sigma \\ \tau \\ f(\sigma, \tau) \end{pmatrix}$.

B

Zu 9.1:

Umrechnung der Form KF in Form KP

1. Die durch $(x, y) \mapsto z = f(x, y) = x^2 - y^2$ gegebene Fläche hat z.B. die Parameterdarstellung $(\sigma, \tau) \mapsto \vec{r} = \begin{pmatrix} \sigma \\ \tau \\ \sigma^2 - \tau^2 \end{pmatrix}$.

Umrechnung der Form KT in Form KF und KP

2. Die durch $T(x, y, z) = x^2 - 2x + y - z^3 + 5 = 0$ gegebene Fläche kann auch in folgenden Gleichungsformen angegeben werden:

   Form KF: $(x, y) \mapsto z = f(x, y) = \sqrt[3]{(x-1)^2 + y + 4}$; $(x, y) \in \mathbb{R}^2$.

   Form KP: $(\sigma, \tau) \mapsto \vec{r} = \begin{pmatrix} \sigma \\ \tau \\ \sqrt[3]{(\sigma-1)^2 + \tau + 4} \end{pmatrix}$; $(\sigma, \tau) \in \mathbb{R}^2$.

9.2 Ebenen im kartesischen Koordinatensystem

9.2.1 Gleichungsformen

Die Ortsvektoren der Punkte $P(p_1; p_2; p_3)$ bzw. $Q(q_1; q_2; q_3)$ bzw. $S(s_1, s_2, s_3)$ sind mit $\vec{p}=\begin{pmatrix}p_1\\p_2\\p_3\end{pmatrix}$ bzw. $\vec{q}=\begin{pmatrix}q_1\\q_2\\q_3\end{pmatrix}$ bzw. $\vec{s}=\begin{pmatrix}s_1\\s_2\\s_3\end{pmatrix}$ bezeichnet.

Erklärung	skalare Form	vektorielle Form
1. Funktionsform	$(x, y)\mapsto z=f(x, y)=mx+ny+t$ (KF)	–
2. Ebene durch drei Punkte P, Q, S (Drei-Punkte-) Form)	$\begin{vmatrix}x-p_1 & y-p_2 & z-p_3\\q_1-p_1 & q_2-p_2 & q_3-p_3\\s_1-p_1 & s_2-p_2 & s_3-p_3\end{vmatrix}=0$ (KT) $\begin{vmatrix}1 & x & y & z\\1 & p_1 & p_2 & p_3\\1 & q_1 & q_2 & q_3\\1 & s_1 & s_2 & s_3\end{vmatrix}=0$ (KT)	$\vec{r}=\vec{p}+\sigma(\vec{q}-\vec{p})+\tau(\vec{s}-\vec{p})$ (KP)
3. Ebene durch zwei Punkte P, Q, parallel zu einer Geraden mit Richtungsvektor $\vec{u}=\begin{pmatrix}u_1\\u_2\\u_3\end{pmatrix}$	$\begin{vmatrix}x-p_1 & y-p_2 & z-p_3\\q_1-p_1 & q_2-p_2 & q_3-p_3\\u_1 & u_2 & u_3\end{vmatrix}=0$ (KT)	$\vec{r}=\vec{p}+\sigma(\vec{q}-\vec{p})+\tau\vec{u}$ (KP)
4. Ebene durch Punkt P, parallel zu zwei Geraden mit Richtungsvektoren $\vec{u}=\begin{pmatrix}u_1\\u_2\\u_3\end{pmatrix}$ bzw. $\vec{v}=\begin{pmatrix}v_1\\v_2\\v_3\end{pmatrix}$	$\begin{vmatrix}x-p_1 & y-p_2 & z-p_3\\u_1 & u_2 & u_3\\v_1 & v_2 & v_3\end{vmatrix}=0$ (KT)	$\vec{r}=\vec{p}+\sigma\vec{u}+\tau\vec{v}$ (KP)

Erklärung	skalare Form	vektorielle Form
5. Ebene durch Punkt P, senkrecht zu einer Geraden mit Richtungsvektor $\vec{n}=\begin{pmatrix} n_1 \\ n_2 \\ n_3 \end{pmatrix}$	$(x-p_1)n_1+(y-p_2)n_2+(z-p_3)n_3=0$ (KT)	$(\vec{r}-\vec{p})\cdot\vec{n}=0$ (KT)
6. Achsenabschnittsform	$\frac{x}{a}+\frac{y}{b}+\frac{z}{c}-1=0$ (KT)	–
7. Normalenform Linearform	$Ax+By+Cz+D=0$ (KT) Sonderfälle: $A=0$ Ebene parallel x-Achse; $B=0$ Ebene parallel y-Achse; $C=0$ Ebene parallel z-Achse; $D=0$ Ebene durch $O(0;0;0)$	$\begin{pmatrix} A \\ B \\ C \end{pmatrix}\cdot\vec{r}+D=0$ (KT)
8. Hessesche Normalenform (HNF)	$\frac{Ax+By+Cz+D}{-\operatorname{sgn} D\cdot\sqrt{A^2+B^2+C^2}}=0 \quad (D\neq 0)$ $\frac{Ax+By+Cz}{\sqrt{A^2+B^2+C^2}}=0 \quad (D=0)$ (KT)	$\frac{\begin{pmatrix} A \\ B \\ C \end{pmatrix}\cdot\vec{r}+D}{-\operatorname{sgn} D\cdot\sqrt{A^2+B^2+C^2}}=0 \quad (D\neq 0)$ $\frac{\begin{pmatrix} A \\ B \\ C \end{pmatrix}\cdot\vec{r}}{\sqrt{A^2+B^2+C^2}}=0 \quad (D=0)$

B

Zu 9.2.1:

Ebene durch drei Punkte, Normalenform

1. Durch die Punkte $P(2;0;-1)$; $Q(-3;4;2)$; $S(3;1;4)$ ist eine Ebene gegeben. Ihre

$$\text{Gleichung ist } \vec{r}=\begin{pmatrix} 2 \\ 0 \\ -1 \end{pmatrix}+\sigma\begin{pmatrix} -5 \\ 4 \\ 3 \end{pmatrix}+\tau\begin{pmatrix} 1 \\ 1 \\ 5 \end{pmatrix}.$$

Ein Normalenvektor ist $\vec{n}=\begin{pmatrix}-5\\4\\3\end{pmatrix}\times\begin{pmatrix}1\\1\\5\end{pmatrix}=\begin{pmatrix}17\\28\\-9\end{pmatrix}$.

Normalenform: $\left[\vec{r}-\begin{pmatrix}2\\0\\-1\end{pmatrix}\right]\cdot\begin{pmatrix}17\\28\\-9\end{pmatrix}=0.$

HNF: $\dfrac{17x+28y-9z-43}{\sqrt{1154}}=0.$

Spuren, Achsenabschnittsform

2. Eine Ebene soll die x-y-Ebene in der sog. Spurgeraden mit der Gleichung $y=-2x+3$, die y-z-Ebene in der Spurgeraden mit der Gleichung $y=-5z+3$ schneiden. Wie lautet ihre Gleichung?

Beide Spurgeraden müssen die y-Achse im gleichen Punkt $(0;3;0)$ schneiden; also ist $b=3$. Die übrigen Achsenabschnitte findet man durch Schnitt der Spurgeraden mit der x-z-Ebene $(y=0)$ zu

$$a=\tfrac{3}{2},\quad c=\tfrac{3}{5}.$$

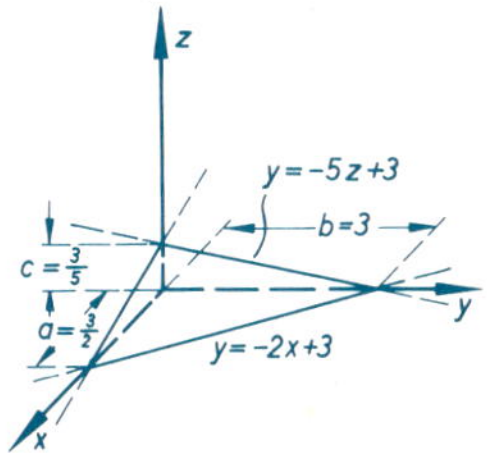

Also lautet die Ebenengleichung

$$\frac{x}{3/2}+\frac{y}{3}+\frac{z}{3/5}=1 \quad \text{oder} \quad 2x+y+5z-3=0.$$

Ebene durch Gerade und Punkt

3. Durch die in der x-y-Ebene liegende Spurgerade der Ebene mit der Gleichung $(\sigma,\tau)\mapsto\vec{r}=\begin{pmatrix}2\\1\\7\end{pmatrix}+\sigma\begin{pmatrix}4\\3\\1\end{pmatrix}+\tau\begin{pmatrix}2\\2\\5\end{pmatrix}$ soll eine Ebene gelegt werden, die durch Punkt $S(5;6;7)$ verläuft.

Spurgerade: $z=0=7+\sigma+5\tau;\ \sigma=-7-5\tau;$

$$\tau\mapsto\vec{r}=\begin{pmatrix}2\\1\\7\end{pmatrix}+(-7-5\tau)\begin{pmatrix}4\\3\\1\end{pmatrix}+\tau\begin{pmatrix}2\\2\\5\end{pmatrix}=\begin{pmatrix}-26\\-20\\0\end{pmatrix}+\tau\begin{pmatrix}-18\\-13\\0\end{pmatrix}.$$

Ebene durch $P(-26;-20;0)$ und $S(5;6;7)$, parallel zur Geraden mit Richtungsvektor $\vec{u}=\begin{pmatrix}-18\\-13\\0\end{pmatrix}$:

$$(\sigma,\tau)\mapsto\vec{r}=\begin{pmatrix}-26\\-20\\0\end{pmatrix}+\sigma\begin{pmatrix}31\\26\\7\end{pmatrix}+\tau\begin{pmatrix}-18\\-13\\0\end{pmatrix}.$$

9.2.2 Orientierung im Raum

Die Orientierung der Ebene wird festgelegt durch einen Normalenvektor $\vec{n}$.

Nr. von 9.2.1	1.	2.
$\vec{n}=$	$\begin{pmatrix} m \\ n \\ -1 \end{pmatrix}$	$\overrightarrow{PQ}\times\overrightarrow{PS}=\begin{pmatrix} (q_2-p_2)(s_3-p_3)-(q_3-p_3)(s_2-p_2) \\ (q_3-p_3)(s_1-p_1)-(q_1-p_1)(s_3-p_3) \\ (q_1-p_1)(s_2-p_2)-(q_2-p_2)(s_1-p_1) \end{pmatrix}$

Nr. von 9.2.1	3.	4.
$\vec{n}=$	$\overrightarrow{PQ}\times\vec{u}=\begin{pmatrix} u_3(q_2-p_2)-u_2(q_3-p_3) \\ u_1(q_3-p_3)-u_3(q_1-p_1) \\ u_2(q_1-p_1)-u_1(q_2-p_2) \end{pmatrix}$	$\vec{u}\times\vec{v}=\begin{pmatrix} u_2v_3-u_3v_2 \\ u_3v_1-u_1v_3 \\ u_1v_2-u_2v_1 \end{pmatrix}$

Nr. von 9.2.1	5.	6.	7. und 8.
$\vec{n}=$	$\begin{pmatrix} n_1 \\ n_2 \\ n_3 \end{pmatrix}$	$\begin{pmatrix} bc \\ ac \\ ab \end{pmatrix}$	$\begin{pmatrix} A \\ B \\ C \end{pmatrix}$

9.2.3 Besondere Eigenschaften und geometrische Größen

9.2.3.1 Parallelität zweier Ebenen, Abstand

E_1: Normalenvektor $\vec{n}=\begin{pmatrix} n_1 \\ n_2 \\ n_3 \end{pmatrix}$; Punkt $P(p_1;p_2;p_3)$ der Ebene E_1.

E_2: Normalenvektor $\vec{m}=\begin{pmatrix} m_1 \\ m_2 \\ m_3 \end{pmatrix}$, Punkt $Q(q_1;q_2;q_3)$ der Ebene E_2.

E_1 und E_2 sind genau dann parallel oder identisch, wenn $\vec{n}\times\vec{m}=\vec{o}$, d.h. $\begin{pmatrix} n_2m_3-n_3m_2 \\ n_3m_1-n_1m_3 \\ n_1m_2-n_2m_1 \end{pmatrix}=\vec{o}$ oder $(\vec{m}\cdot\vec{n})^2-\vec{m}^2\vec{n}^2=0$.

Abstand paralleler Ebenen:

$$d=\frac{|(\vec{p}-\vec{q})\cdot\vec{n}|}{|\vec{n}|}=\frac{|n_1(p_1-q_1)+n_2(p_2-q_2)+n_3(p_3-q_3)|}{\sqrt{n_1^2+n_2^2+n_3^2}}$$

9.2.3.2 Orthogonalität zweier Ebenen

E_1: Normalenvektor $\vec{n}=\begin{pmatrix} n_1 \\ n_2 \\ n_3 \end{pmatrix}$.

E_2: Normalenvektor $\vec{m}=\begin{pmatrix} m_1 \\ m_2 \\ m_3 \end{pmatrix}$

E_1 und E_2 sind genau dann orthogonal, wenn $\vec{n}\cdot\vec{m}=n_1 m_1+n_2 m_2+n_3 m_3=0$.

9.2.3.3 Winkel zwischen zwei Ebenen

E_1: Normalenvektor $\vec{n}=\begin{pmatrix} n_1 \\ n_2 \\ n_3 \end{pmatrix}$

E_2: Normalenvektor $\vec{m}=\begin{pmatrix} m_1 \\ m_2 \\ m_3 \end{pmatrix}$.

$$\varphi=\arccos\frac{|\vec{n}\cdot\vec{m}|}{|\vec{n}|\cdot|\vec{m}|}=\arccos\frac{|n_1 m_1+n_2 m_2+n_3 m_3|}{\sqrt{n_1^2+n_2^2+n_3^2}\cdot\sqrt{m_1^2+m_2^2+m_3^2}}.$$

9.2.3.4 Schnittgerade zweier Ebenen

E_1: Normalenvektor $\vec{n}=\begin{pmatrix} n_1 \\ n_2 \\ n_3 \end{pmatrix}$, Punkt $P(p_1; p_2; p_3)$ der Ebene E_1.

E_2: Normalenvektor $\vec{m}=\begin{pmatrix} m_1 \\ m_2 \\ m_3 \end{pmatrix}$, Punkt $Q(q_1; q_2; q_3)$ der Ebene E_2.

$$\text{Schnittgerade } \vec{r}=\frac{(\vec{p}\cdot\vec{n})(\vec{m}\cdot\vec{n})-(\vec{q}\cdot\vec{m})\,\vec{n}^2}{(\vec{m}\cdot\vec{n})^2-\vec{m}^2\vec{n}^2}\,\vec{m}+\frac{(\vec{q}\cdot\vec{m})(\vec{m}\cdot\vec{n})-(\vec{p}\cdot\vec{n})\,\vec{m}^2}{(\vec{m}\cdot\vec{n})^2-\vec{m}^2\vec{n}^2}\,\vec{n}+\lambda\vec{m}\times\vec{n}$$

(Form *RKP*).

(Nenner $\neq 0$, sonst sind die Ebenen parallel oder identisch).

9.2.3.5 Schnittpunkt und Schnittwinkel von Ebene und Gerade

E: Normalenvektor $\vec{n}=\begin{pmatrix} n_1 \\ n_2 \\ n_3 \end{pmatrix}$, Punkt $P(p_1; p_2; p_3)$ der Ebene E.

g: Richtungsvektor $\vec{v}=\begin{pmatrix} v_1 \\ v_2 \\ v_3 \end{pmatrix}$, Punkt $Q(q_1; q_2; q_3)$ der Geraden g.

$\vec{r}_s=\vec{q}+\dfrac{\vec{n}\cdot(\vec{p}-\vec{q})}{\vec{n}\cdot\vec{v}}\,\vec{v}$ ($\vec{r}_s$ Ortsvektor des Schnittpunktes)

E parallel zu g genau dann wenn $\vec{n}\cdot\vec{v}=n_1v_1+n_2v_2+n_3v_3=0$.
E orthogonal zu g genau dann wenn $\vec{n}\times\vec{v}=\vec{o}$.

Schnittwinkel:

$$\varphi=\frac{\pi}{2}-\arccos\frac{|\vec{n}\cdot\vec{v}|}{|\vec{n}||\vec{v}|}=\frac{\pi}{2}-\arccos\frac{|n_1v_1+n_2v_2+n_3v_3|}{\sqrt{n_1^2+n_2^2+n_3^2}\cdot\sqrt{v_1^2+v_2^2+v_3^2}}.$$

9.2.3.6 Abstand zwischen Ebene und Gerade

E: Normalenvektor $\vec{n}=\begin{pmatrix}n_1\\n_2\\n_3\end{pmatrix}$, Punkt $P(p_1;p_2;p_3)$ der Ebene E.

g: Richtungsvektor $\vec{v}=\begin{pmatrix}v_1\\v_2\\v_3\end{pmatrix}$, Punkt $Q(q_1;q_2;q_3)$ der Geraden g.

$$d=\frac{|(\vec{p}-\vec{q})\cdot\vec{n}|}{|\vec{n}|}=\frac{|n_1(p_1-q_1)+n_2(p_2-q_2)+n_3(p_3-q_3)|}{\sqrt{n_1^2+n_2^2+n_3^2}}$$

wenn $\vec{n}\cdot\vec{v}=n_1v_1+n_2v_2+n_3v_3=0$.

9.2.3.7 Abstand zwischen Ebene und Punkt Q

E: Normalenvektor $\vec{n}=\begin{pmatrix}n_1\\n_2\\n_3\end{pmatrix}$, Punkt $P(p_1;p_2;p_3)$ der Ebene E

oder $Ax+By+Cz+D=0$.

$Q(q_1;q_2;q_3)$.

$$d=\frac{|Aq_1+Bq_2+Cq_3+D|}{\sqrt{A^2+B^2+C^2}}=\frac{|(\vec{q}-\vec{p})\cdot\vec{n}|}{|\vec{n}|}.$$

Bei positivem Vorzeichen von $\dfrac{Aq_1+Bq_2+Cq_3+D}{-\operatorname{sgn}D\cdot\sqrt{A^2+B^2+C^2}}=\dfrac{(\vec{q}-\vec{p})\cdot\vec{n}}{\operatorname{sgn}(\vec{p}\cdot\vec{n})\cdot|\vec{n}|}$ liegen Q und O auf verschiedenen Seiten der Ebene, bei negativem Vorzeichen auf derselben Seite der Ebene.

B

Zu 9.2.3

Abstand paralleler Ebenen

1. Zur Ebene E_1 mit der Gleichung $(x,y)\mapsto z=f(x,y)=2x+3y+5$ sollen Parallelebenen E_2 im Abstand $d=7$ cm gefunden werden. Welche Achsenabschnitte haben sie?

   E_1: Normalenvektor $\vec{n}=\begin{pmatrix}2\\3\\-1\end{pmatrix}$, Punkt $P(0;0;-5)$.

E_2: Normalenvektor $\vec{m}=\vec{n}=\begin{pmatrix}2\\3\\-1\end{pmatrix}$;

Punkt Q: $\vec{q}=\vec{p}\pm 7\vec{n}^0=\begin{pmatrix}0\\0\\-5\end{pmatrix}\pm\frac{7}{\sqrt{14}}\begin{pmatrix}2\\3\\1\end{pmatrix}=\begin{pmatrix}\pm\sqrt{14}\\ \pm\frac{21}{\sqrt{14}}\\ -5\pm\frac{7}{\sqrt{14}}\end{pmatrix}$,

denn es ist $(\vec{q}-\vec{p})\cdot\vec{n}^0=\pm 7$.

Es gibt zwei verschiedene Möglichkeiten für E_2:

$$\left[\vec{r}-\begin{pmatrix}\sqrt{14}\\ \frac{21}{\sqrt{14}}\\ -5+\frac{7}{\sqrt{14}}\end{pmatrix}\right]\cdot\begin{pmatrix}2\\3\\-1\end{pmatrix}=0 \quad\text{und}\quad \left[\vec{r}-\begin{pmatrix}-\sqrt{14}\\ -\frac{21}{\sqrt{14}}\\ -5-\frac{7}{\sqrt{14}}\end{pmatrix}\right]\cdot\begin{pmatrix}2\\3\\-1\end{pmatrix}=0.$$

Schnittgerade, Schnittwinkel

2. In welcher Geraden und unter welchem Winkel schneiden sich die beiden Ebenen

$$E_1: \vec{r}=\begin{pmatrix}2\\1\\1\end{pmatrix}+\sigma\begin{pmatrix}4\\3\\1\end{pmatrix}+\tau\begin{pmatrix}2\\2\\1\end{pmatrix},$$

$$E_2: -2x+3y-4y+5=0.$$

$$E_1: P(2;1;1); \qquad \vec{n}=\begin{pmatrix}4\\3\\1\end{pmatrix}\times\begin{pmatrix}2\\2\\1\end{pmatrix}=\begin{pmatrix}1\\-2\\2\end{pmatrix}.$$

$$E_2: Q(2{,}5;0;0); \quad \vec{m}=\begin{pmatrix}-2\\3\\-4\end{pmatrix}.$$

$$\vec{p}\cdot\vec{n}=2;\ \vec{m}\cdot\vec{n}=-16;\ \vec{q}\cdot\vec{m}=-5;\ \vec{n}^2=9;\ \vec{m}^2=29;\ \vec{m}\times\vec{n}=\begin{pmatrix}-2\\0\\1\end{pmatrix}.$$

Schnittgerade: $$\vec{r}=\frac{2\cdot(-16)-(-5)\cdot 9}{(-16)^2-9\cdot 29}\begin{pmatrix}-2\\3\\-4\end{pmatrix}+\frac{-5\cdot(-16)-2\cdot 29}{(-16)^2-9\cdot 29}\begin{pmatrix}1\\-2\\2\end{pmatrix}+\lambda\begin{pmatrix}-2\\0\\1\end{pmatrix}.$$

$$\vec{r}=\begin{pmatrix}4/5\\1\\8/5\end{pmatrix}+\lambda\begin{pmatrix}-2\\0\\1\end{pmatrix}.$$

Schnittwinkel: $$\varphi=\arccos\frac{\left|\begin{pmatrix}1\\-2\\2\end{pmatrix}\cdot\begin{pmatrix}-2\\3\\-4\end{pmatrix}\right|}{\sqrt{9}\cdot\sqrt{29}}\approx 8^0.$$

Abstand einer Ebene von O

3. Welchen Abstand hat die Ebene mit der Gleichung $2x-3y+4z+2=0$ vom Ursprung $O(0; 0; 0)$?

$$d=\frac{|2\cdot 0-3\cdot 0+4\cdot 0+2|}{\sqrt{29}}=\frac{2}{\sqrt{29}}\approx 0{,}37 \text{ cm}.$$

9.2.4 Winkelhalbierende Ebene

Die Ebenen E_1 und E_2 seien durch ihre Hesseschen Normalformen gegeben:

$$E_1\colon\ HNF_1=0;\quad E_2\colon\ HNF_2=0.$$

Falls E_1 und E_2 nicht parallel sind, so sind die Gleichungen der winkelhalbierenden Ebenen $HNF_1 \pm HNF_2=0$.

Verlaufen weder E_1 noch E_2 durch den Koordinatenursprung O, dann liefert das Zeichen + die Winkelhalbierende des Winkelraums, in dem O nicht liegt, das Zeichen − die Winkelhalbierende des Winkelraums, in dem O liegt.

9.2.5 Ebenenbüschel

Schneiden sich E_1 und E_2 in einer Geraden g, so gilt für alle Ebenen, die g enthalten:

$$\lambda NF_1+\mu NF_2=0 \quad (\lambda, \mu\in\mathbb{R}),$$

wenn E_1: $NF_1=0$, E_2: $NF_2=0$ die Normalformen nach 9.2.1, Ziff. 7, Seite 448 sind.

9.3 Flächen zweiter Ordnung

Die kartesischen Koordinaten $(x; y; z)$ der Punkte von Flächen 2. Ordnung genügen der Gleichung

$$\begin{aligned}T(x, y, z)=a_{11}x^2+a_{22}y^2+a_{33}z^2+a_{12}xy+a_{13}xz+a_{23}yz\\ +a_{14}x+a_{24}y+a_{34}z+a_{44}=0.\end{aligned}$$

$T(x, y, z)$ heißt quadratische Form.

Die wichtigsten Flächen 2. Ordnung und ihre Gleichungen sind:

Dreiachsiges Ellipsoid

Gleichung: Form KT: $\quad \frac{x^2}{a^2}+\frac{y^2}{b^2}+\frac{z^2}{c^2}-1=0$

Form KP: $(\vartheta^*, \varphi)\mapsto$

$$\begin{aligned}x&=a\cos\vartheta^*\cos\varphi\\ y&=b\cos\vartheta^*\sin\varphi\\ z&=c\sin\vartheta^*\end{aligned}$$

$$\left(-\tfrac{\pi}{2}\leqq\vartheta^*\leqq\tfrac{\pi}{2};\ 0\leqq\varphi<2\pi\right)$$

Volumen: $V=\frac{4}{3}\pi abc$.

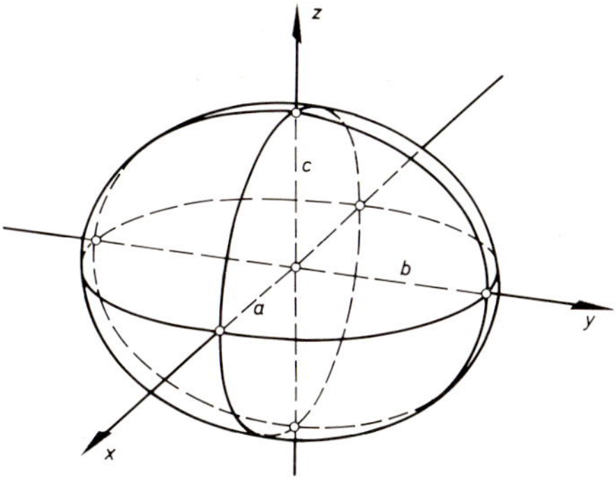

Rotationsellipsoid

Es wird erhalten durch Drehung der Ellipse mit der Gleichung $\frac{x^2}{a^2}+\frac{z^2}{c^2}=1$ um die z-Achse.

Für $a<c$ entsteht ein gestrecktes Rotationsellipsoid,
für $a>c$ entsteht ein abgeplattetes Rotationsellipsoid

Gleichung: Form KT: $\frac{x^2}{a^2}+\frac{y^2}{a^2}+\frac{z^2}{c^2}-1=0;$

Form KP: $(\vartheta^*, \varphi) \mapsto$ $x=a\cos\vartheta^*\cos\varphi$

$y=a\cos\vartheta^*\sin\varphi$

$z=c\sin\vartheta^*$

$(-\frac{\pi}{2}\leqq\vartheta^*\leqq\frac{\pi}{2};\ 0\leqq\varphi<2\pi)$.

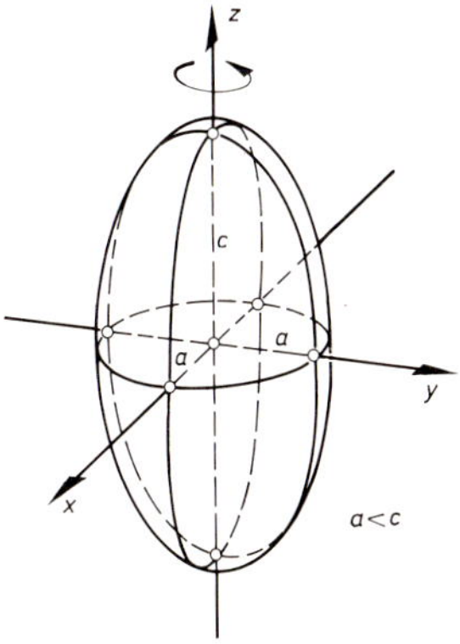

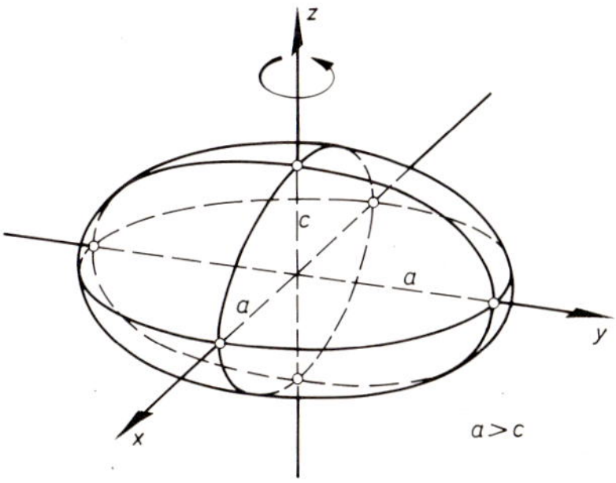

Kugel

Gleichung: Form KT: $x^2+y^2+z^2-R^2=0$

Form KP: $(\vartheta^*, \varphi) \mapsto$ $x=R\cos\vartheta^*\cos\varphi$

$y=R\cos\vartheta^*\sin\varphi$

$z=R\sin\vartheta^*$

$(-\frac{\pi}{2}\leqq\vartheta^*\leqq\frac{\pi}{2};\ 0\leqq\varphi<2\pi)$.

Kegel

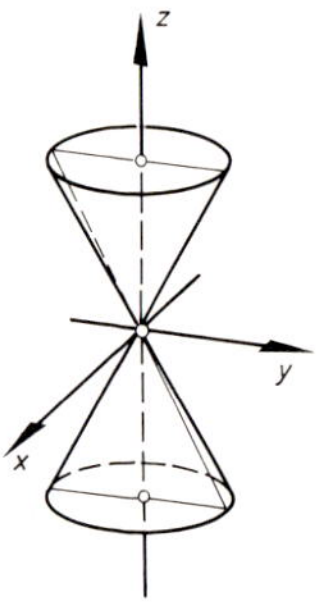

Gleichung: Form KT: $\frac{x^2}{a^2}+\frac{y^2}{b^2}-\frac{z^2}{c^2}=0$

Form KP: $(\tau, \varphi) \mapsto$ $x=a\cdot\tau\cdot\cos\varphi$

$y=b\cdot\tau\cdot\sin\varphi$

$z=c\tau$

$(\tau\in\mathbb{R};\ 0\leqq\varphi<2\pi)$

Schnitte parallel x-y-Ebene ergeben Ellipsen $(z\neq 0)$

x-z-Ebene ergeben Hyperbeln $(y\neq 0)$

y-z-Ebene ergeben Hyperbeln $(x\neq 0)$

Kreiskegel $(a=b)$: $\frac{x^2}{a^2}+\frac{y^2}{a^2}-\frac{z^2}{c^2}=0$.

Elliptischer Zylinder

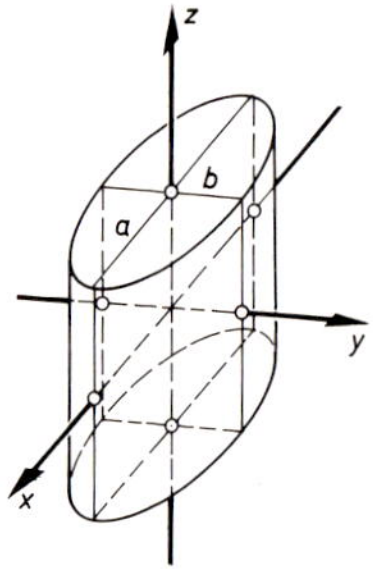

Gleichung: Form KT: $\frac{x^2}{a^2}+\frac{y^2}{b^2}-1=0$

Form KP: $(\tau, \varphi) \mapsto$ $x=a\cos\varphi$

$y=b\sin\varphi$

$z=\tau$

$(\tau\in\mathbb{R};\ 0\leqq\varphi<2\pi)$

Jede Ebene parallel zur x-y-Ebene schneidet den Zylinder in kongruenten Ellipsen.

Kreiszylinder $(a=b)$: $x^2+y^2-a^2=0$.

Hyperbolischer Zylinder

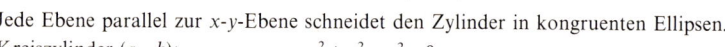

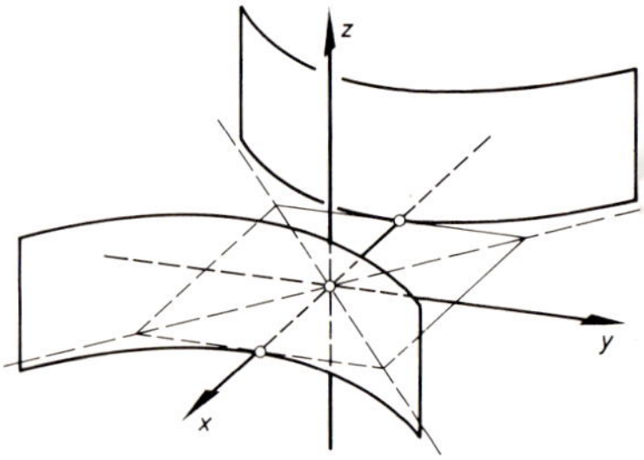

Gleichung: Form KT: $\frac{x^2}{a^2}-\frac{y^2}{b^2}-1=0$

Form KP: $(\sigma, \tau) \mapsto$ $x=\pm a\cosh\sigma$

$y=b\sinh\sigma$

$z=\tau$

$(\tau, \sigma\in\mathbb{R})$

Jede Ebene parallel zur x-y-Ebene schneidet den Zylinder in kongruenten Hyperbeln.

Parabolischer Zylinder

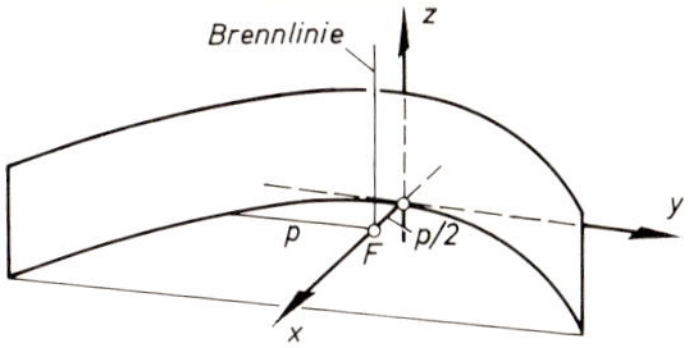

Gleichung: Form KT: $y^2-2px=0$

Form KP: $(\sigma,\tau)\mapsto$ $x=\dfrac{\tau^2}{2p}$

$y=\tau$

$z=\sigma$

$(\sigma,\tau\in\mathbb{R})$

Jede Ebene parallel zur x-y-Ebene schneidet den Zylinder in kongruenten Parabeln.

Einschaliges Hyperboloid

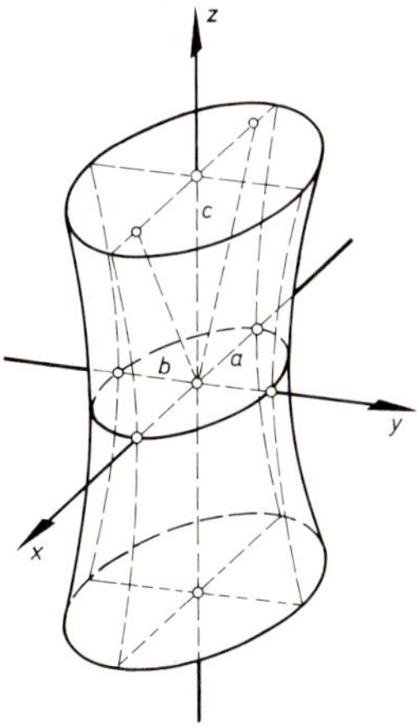

Gleichung: Form KT: $\dfrac{x^2}{a^2}+\dfrac{y^2}{b^2}-\dfrac{z^2}{c^2}-1=0$

Form KP: $(\tau,\varphi)\mapsto$ $x=a\cdot\cosh\tau\cdot\cos\varphi$

$y=b\cdot\cosh\tau\cdot\sin\varphi$

$z=c\cdot\sinh\tau$

$(\tau\in\mathbb{R};\ 0\leqq\varphi<2\pi)$.

Schnitte parallel zur x-y-Ebene ergeben Ellipsen,
x-z-Ebene ergeben Hyperbeln,
y-z-Ebene ergeben Hyperbeln.

Auf der Fläche liegen zwei Geradenscharen.

Bei Rotation der Hyperbel mit der Gleichung $\dfrac{x^2}{a^2}-\dfrac{z^2}{c^2}=1$ um die z-Achse entsteht ein einschaliges Rotationshyperboloid mit der Gleichung $\dfrac{x^2}{a^2}+\dfrac{y^2}{a^2}-\dfrac{z^2}{c^2}-1=0$ $(a=b)$.

Zweischaliges Hyperboloid

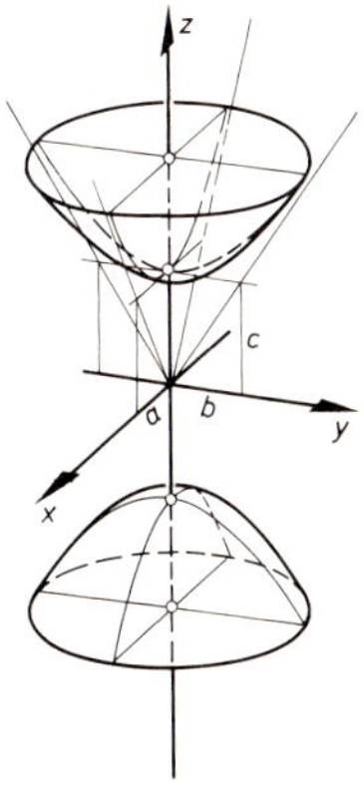

Gleichung: Form KT: $\dfrac{x^2}{a^2}+\dfrac{y^2}{b^2}-\dfrac{z^2}{c^2}+1=0$

Form KP: $(\tau,\varphi)\mapsto$ $x=a\sinh\tau\cdot\cos\varphi$

$y=b\sinh\tau\cdot\sin\varphi$

$z=c\cosh\tau$

$(\tau\in\mathbb{R}_0^+;\ 0\leqq\varphi<2\pi$ für obere Fläche$)$

Schnitte parallel x-y-Ebene ergeben Ellipsen $(|z|>c)$,
x-z-Ebene ergeben Hyperbeln,
y-z-Ebene ergeben Hyperbeln.

Bei Rotation der Hyperbel mit der Gleichung $\frac{z^2}{c^2}-\frac{x^2}{a^2}=1$ um die z-Achse entsteht ein zweischaliges Rotationshyperboloid mit der Gleichung $\frac{x^2}{a^2}+\frac{y^2}{a^2}-\frac{z^2}{c^2}-1=0$ $(a=b)$.

Elliptisches Paraboloid

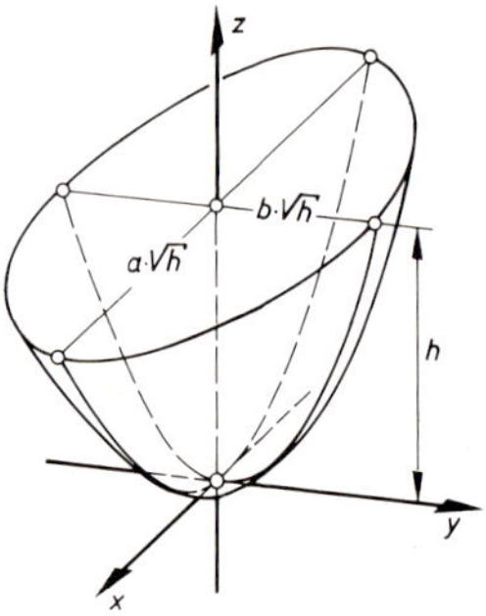

Gleichung: Form KT: $\quad \frac{x^2}{a^2}+\frac{y^2}{b^2}-z=0$

Form KP: $(\tau, \varphi) \mapsto$

$$x=a\cdot\tau\cdot\cos\varphi$$
$$y=b\cdot\tau\cdot\sin\varphi$$
$$z=\tau^2$$
$$(\tau\in\mathbb{R}_0^+;\ 0\leqq\varphi<2\pi)$$

Schnitte parallel x-y-Ebene ergeben Ellipsen, $(z>0)$
x-z-Ebene ergeben Parabeln,
y-z-Ebene ergeben Parabeln.

Volumen: $V=\frac{1}{2}\pi\,\mathrm{abh}$.

Bei Rotation der Parabel mit der Gleichung $\frac{x^2}{a^2}-z=0$ um die z-Achse entsteht ein Rotationsparaboloid mit der Gleichung $\frac{x^2}{a^2}+\frac{y^2}{a^2}-z=0$ $(a=b)$.

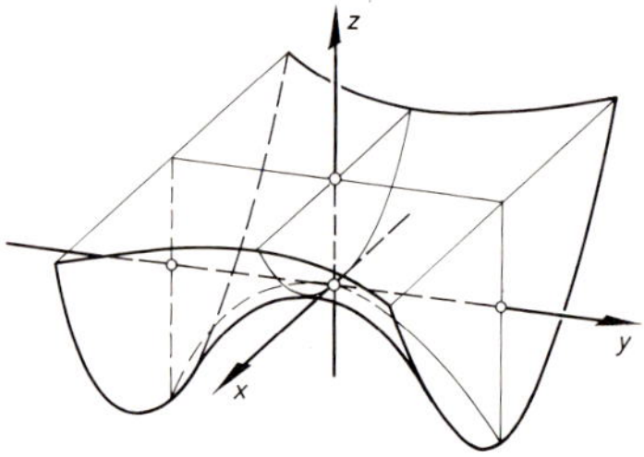

Hyperbolisches Paraboloid

Gleichung: Form KT: $\quad \frac{x^2}{a^2}-\frac{y^2}{b^2}-z=0$

Form KP: $(\sigma, \tau) \mapsto$

$x=\pm a\cdot\tau\cdot\cosh\sigma$	$x=\ \ a\cdot\tau\cdot\sinh\sigma$	$x=\pm a\cdot\sigma$
$y=\ \ b\cdot\tau\cdot\sinh\sigma$	$y=\pm b\cdot\tau\cdot\cosh\sigma$	$y=\ \ b\cdot\sigma$
$z=\ \ \tau^2$	$z=-\tau^2$	$z=\ \ 0$
$(\tau\in\mathbb{R}_0^+;\ \sigma\in\mathbb{R})$	$(\tau\in\mathbb{R}_0^+;\ \sigma\in\mathbb{R})$	$(\sigma\in\mathbb{R})$

Schnitte parallel x-y-Ebene ergeben Hyperbeln (für $z\neq 0$) oder Geraden (für $z=0$),
x-z-Ebene ergeben Parabeln,
y-z-Ebene ergeben Parabeln.

Zu 9.3:
Schnittkurve zweier Kreiszylinder

1. Die Achsen zweier zylindrischer Rohre mit dem Radius R und r treffen senkrecht aufeinander. Wie lautet die Gleichung der Schnittkurve?

Legt man die Achse des ersten Rohres in die z-Achse, so lautet die Gleichung der Zylinderfläche für das erste Rohr: $x^2+y^2=R^2$. Legt man die Achse des zweiten Rohres in die x-Achse, so lautet die Gleichung der Zylinderfläche für das zweite Rohr $y^2+z^2=r^2$. Die Koordinaten der Punkte der Schnittkurve müssen den beiden Gleichungen

$$T_1(x, y, z)=x^2+y^2-R^2=0$$
$$T_2(x, y, z)=y^2+z^2-r^2=0 \quad \text{genügen.}$$

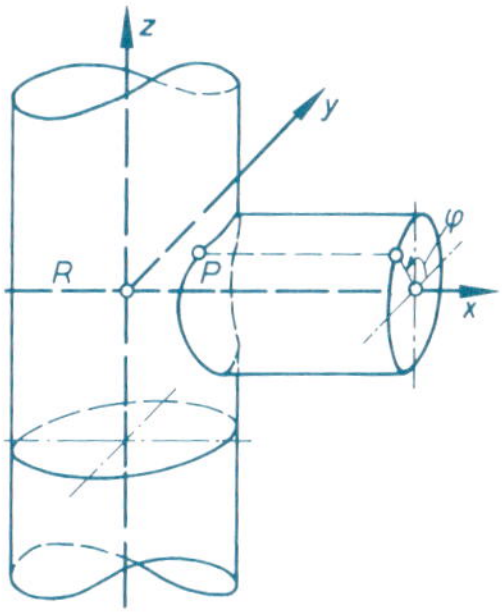

Setzt man z.B. $\varphi \mapsto y=r\cos\varphi$, so ist

$$x^2=R^2-r^2\cos^2\varphi; \qquad x=_{(\pm)}\sqrt{R^2-r^2\cos^2\varphi} \quad (\text{weil } x>0)$$
$$z^2=r^2-r^2\cos^2\varphi=r^2\sin^2\varphi; \quad z=_{(\pm)}r\sin\varphi \quad (\text{weil } \operatorname{sgn} z=\operatorname{sgn}(\sin\varphi)).$$

Parameterdarstellung der Schnittkurve:

$$\varphi \mapsto \vec{r}=\begin{pmatrix}\sqrt{R^2-r^2\cos^2\varphi}\\ r\cos\varphi\\ r\sin\varphi\end{pmatrix}$$

9.4 Differentialgeometrie

9.4.1 Krummlinige Koordinaten

Ein Flächenstück enthalte keine singulären Punkte (9.4.3, Seite 462).

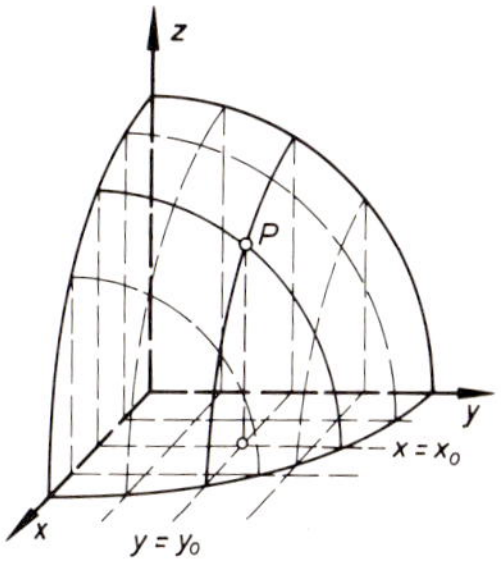

Form KF: Setzt man $y=y_0$ bzw. $x=x_0$, so sind $x \mapsto z=f(x, y_0)$ bzw. $y \mapsto z=f(x_0, y)$ die Gleichungen von auf dem Flächenstück liegenden Kurven, die sich im Punkt $P(x_0; y_0; f(x_0, y_0))$ schneiden. Die Kurven sind eben und parallel zur x-z- bzw. y-z-Ebene.

Form KT: Setzt man $y=y_0$ bzw. $x=x_0$, so sind $T(x, y_0, z)=0$ bzw. $T(x_0, y, z)=0$ die Gleichungen von auf dem Flächenstück liegenden Kurven, die sich im Punkt $P(x_0, y_0, z_0)$ schneiden. (Die Koordinaten von P erfüllen die Gleichung $T(x, y, z)=0$.) Die Kurven sind eben und parallel zur x-z- bzw. y-z-Ebene.

Form KP: Setzt man $\sigma=\sigma_0$ bzw. $\tau=\tau_0$, so sind

$\tau\mapsto\vec{r}=\begin{pmatrix}f_1(\sigma_0,\tau)\\ f_2(\sigma_0,\tau)\\ f_3(\sigma_0,\tau)\end{pmatrix}$ bzw. $\sigma\mapsto\vec{r}=\begin{pmatrix}f_1(\sigma,\tau_0)\\ f_2(\sigma,\tau_0)\\ f_3(\sigma,\tau_0)\end{pmatrix}$ die Gleichungen von auf dem Flächenstück liegenden Kurven, die sich im Punkt $P(f_1(\sigma_0,\tau_0);\ f_2(\sigma_0,\tau_0);\ f_3(\sigma_0,\tau_0))$ schneiden.

σ_0, τ_0 heißen Gaußsche Koordinaten des Punktes P.

Die Kurven heißen (krummlinige) Koordinatenlinien. Falls die entsprechenden Ableitungen existieren, sind ihre Tangentenvektoren in ihrem Schnittpunkt P:

Form KF: $\begin{pmatrix}1\\ 0\\ f_x(x_0,y_0)\end{pmatrix}$ und $\begin{pmatrix}0\\ 1\\ f_y(x_0,y_0)\end{pmatrix}$

Form KT: $\begin{pmatrix}-T_z(x_0,y_0,z_0)\\ 0\\ T_x(x_0,y_0,z_0)\end{pmatrix}$ und $\begin{pmatrix}0\\ -T_z(x_0,y_0,z_0)\\ T_y(x_0,y_0,z_0)\end{pmatrix}$

Form KP: $\begin{pmatrix}\dfrac{\partial f_1}{\partial\tau}(\sigma_0,\tau_0)\\ \dfrac{\partial f_2}{\partial\tau}(\sigma_0,\tau_0)\\ \dfrac{\partial f_3}{\partial\tau}(\sigma_0,\tau_0)\end{pmatrix}$ und $\begin{pmatrix}\dfrac{\partial f_1}{\partial\sigma}(\sigma_0,\tau_0)\\ \dfrac{\partial f_2}{\partial\sigma}(\sigma_0,\tau_0)\\ \dfrac{\partial f_3}{\partial\sigma}(\sigma_0,\tau_0)\end{pmatrix}$

9.4.2 Beliebige Kurven auf der Fläche

Ist eine Fläche in der Form KP durch die Gleichung $(\sigma,\tau)\mapsto\vec{r}=\begin{pmatrix}f_1(\sigma,\tau)\\ f_2(\sigma,\tau)\\ f_3(\sigma,\tau)\end{pmatrix}$ gegeben, so wird durch die Festlegung $\sigma=p(\tau)$ bzw. $\tau=q(\sigma)$ auf der Fläche eine Kurve definiert. Ihre Gleichung ist:

$$\tau\mapsto\vec{r}=\begin{pmatrix}f_1(p(\tau),\tau)\\ f_2(p(\tau),\tau)\\ f_3(p(\tau),\tau)\end{pmatrix}\quad\text{bzw.}\quad\sigma\mapsto\vec{r}=\begin{pmatrix}f_1(\sigma,q(\sigma))\\ f_2(\sigma,q(\sigma))\\ f_3(\sigma,q(\sigma))\end{pmatrix}$$

B

Zu 9.4.1 und 9.4.2:

Breiten- und Längenkreise, Kurven auf der Kugel

1. Die Parameterdarstellung der Kugelfläche ist

$$(\vartheta^*,\varphi)\mapsto\vec{r}=R\begin{pmatrix}\cos\vartheta^*\cos\varphi\\ \cos\vartheta^*\sin\varphi\\ \sin\vartheta^*\end{pmatrix};\ -\tfrac{\pi}{2}\leqq\vartheta^*\leqq\tfrac{\pi}{2};\ 0\leqq\varphi<2\pi.$$

Durch $\vartheta^* = \vartheta_0^* = \text{const}$ entsteht auf der Kugelfläche eine Kurve mit der Gleichung

$$\varphi \mapsto \vec{r} = R \begin{pmatrix} \cos\vartheta_0^* \cos\varphi \\ \cos\vartheta_0^* \sin\varphi \\ \sin\vartheta_0^* \end{pmatrix};$$

sie verläuft parallel zur x-y-Ebene (wegen $z = R\sin\vartheta_0^* = \text{const}$); die Kurve ist ein Kreis mit Radius $R\cos\vartheta_0^*$ (geographischer Breitenkreis).

Analog ist $\vartheta^* \mapsto R \begin{pmatrix} \cos\vartheta^* \cdot \cos\varphi_0 \\ \cos\vartheta^* \sin\varphi_0 \\ \sin\vartheta^* \end{pmatrix}$ für festes φ_0 die Parameterdarstellung eines Kreises vom Radius R (geographischer Längenkreis).

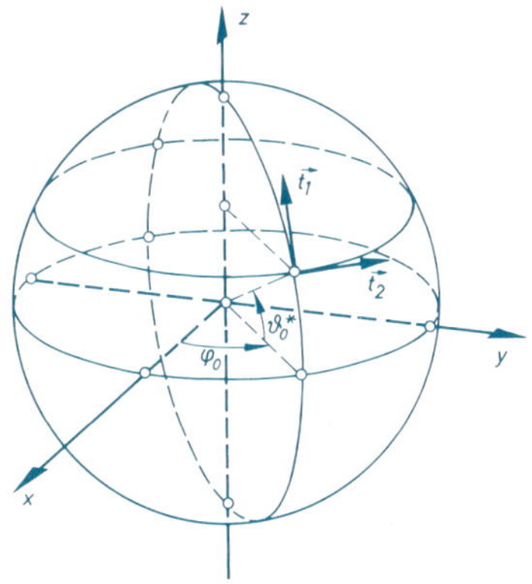

Im Punkt P_0 mit den Gaußschen Koordinaten ϑ_0^*, φ_0 sind die Tangentenvektoren an die Koordinatenlinien

$$\vec{t}_1 = R \begin{pmatrix} -\sin\vartheta_0^* \cos\varphi_0 \\ -\sin\vartheta_0^* \sin\varphi_0 \\ \cos\vartheta_0^* \end{pmatrix}, \quad \vec{t}_2 = R \begin{pmatrix} -\cos\vartheta_0^* \sin\varphi_0 \\ \cos\vartheta_0^* \cos\varphi_0 \\ 0 \end{pmatrix}.$$

Durch die Festlegung $\vartheta^* = p(\varphi) = \varphi$ für $0 \leqq \varphi \leqq \frac{\pi}{2}$ wird auf der Kugelfläche eine Kurve mit der Gleichung

$$\varphi \mapsto \vec{r} = R \begin{pmatrix} \cos^2\varphi \\ \cos\varphi \sin\varphi \\ \sin\varphi \end{pmatrix} \text{ definiert.}$$

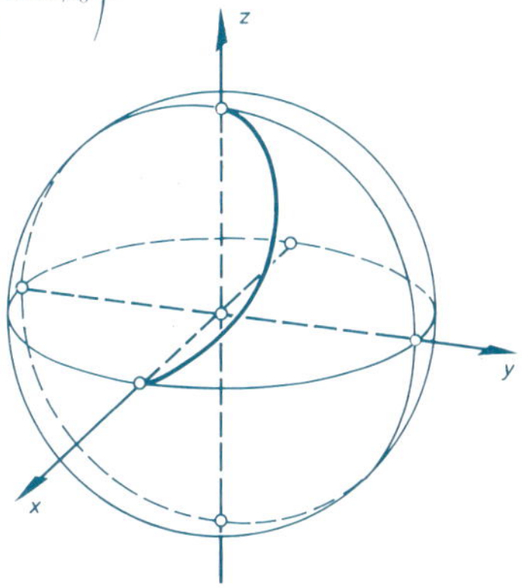

9.4.3 Normalenvektor und damit zusammenhängende Eigenschaften

Normalenvektor

Falls in einem Flächenpunkt die entsprechenden Ableitungen existieren, gilt:

Form KF: $\vec{n} = \begin{pmatrix} f_x(x,y) \\ f_y(x,y) \\ -1 \end{pmatrix}$ Form KT: $\vec{n} = \begin{pmatrix} T_x(x,y,z) \\ T_y(x,y,z) \\ T_z(x,y,z) \end{pmatrix}$

$$\text{Form } KP: \quad \vec{n} = \vec{r}_\sigma(\sigma, \tau) \times \vec{r}_\tau(\sigma, \tau) = \begin{pmatrix} \frac{\partial f_1}{\partial \sigma}(\sigma, \tau) \\ \frac{\partial f_2}{\partial \sigma}(\sigma, \tau) \\ \frac{\partial f_3}{\partial \sigma}(\sigma, \tau) \end{pmatrix} \times \begin{pmatrix} \frac{\partial f_1}{\partial \tau}(\sigma, \tau) \\ \frac{\partial f_2}{\partial \tau}(\sigma, \tau) \\ \frac{\partial f_3}{\partial \tau}(\sigma, \tau) \end{pmatrix}$$

Falls $\vec{n} \neq \vec{o}$, heißt der Flächenpunkt regulär.

Singuläre Punkte

Falls $\vec{n} = \vec{o}$ ist, heißt der betreffende Flächenpunkt singulär.

Singuläre Punkte können z.B. isolierte Punkte, konische Punkte (Spitzen der Fläche), Punkte auf einer isolierten Kurve, Selbstdurchschneidungspunkte, Punkte einer Selbstdurchschneidungskurve oder Selbstberührungspunkte sein.

Tangentialebene

In jedem regulären Punkt $P_0(x_0; y_0; z_0)$ hat die Fläche eine Tangentialebene.

Form KF: $(x-x_0)\cdot f_x(x_0, y_0) + (y-y_0)\cdot f_y(x_0, y_0) - (z - f(x_0, y_0)) = 0;$

Form KT: $(x-x_0)\cdot T_x(x_0, y_0, z_0) + (y-y_0)\cdot T_y(x_0, y_0, z_0) + (z-z_0)\cdot T_z(x_0, y_0, z_0) = 0;$

Form KP: $(\vec{r} - \vec{r}(\sigma_0, \tau_0), \vec{r}_\sigma(\sigma_0, \tau_0), \vec{r}_\tau(\sigma_0, \tau_0)) = 0$
(Spatprodukt, 2.2.4.3, Seite 47)

$$\begin{vmatrix} x - f_1(\sigma_0, \tau_0) & \frac{\partial f_1}{\partial \sigma}(\sigma_0, \tau_0) & \frac{\partial f_1}{\partial \tau}(\sigma_0, \tau_0) \\ y - f_2(\sigma_0, \tau_0) & \frac{\partial f_2}{\partial \sigma}(\sigma_0, \tau_0) & \frac{\partial f_2}{\partial \tau}(\sigma_0, \tau_0) \\ z - f_3(\sigma_0, \tau_0) & \frac{\partial f_3}{\partial \sigma}(\sigma_0, \tau_0) & \frac{\partial f_3}{\partial \tau}(\sigma_0, \tau_0) \end{vmatrix} = 0$$

Allgemein gilt für jede Form: $(\vec{r} - \vec{p})\cdot\vec{n}_p = 0$, wenn $\vec{n}_p$ der Normalenvektor in P ist.

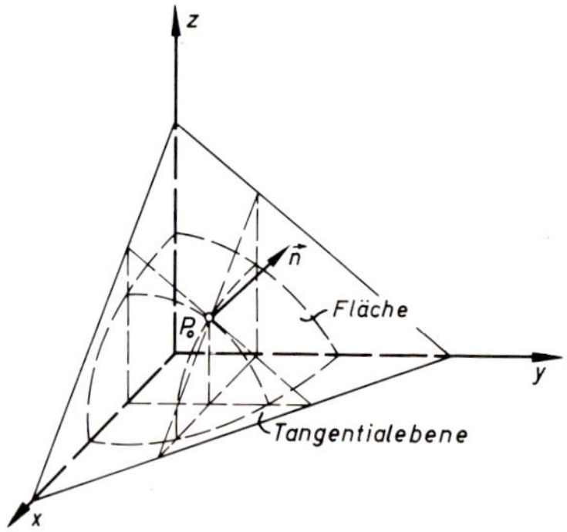

Fundamentalgrößen 1. Ordnung

Form KF: $E=1+f_x^2(x,y)$;

$F=f_x(x,y)\cdot f_y(x,y)$;

$G=1+f_y^2(x,y)$.

Form KP: $E=\left(\frac{\partial f_1}{\partial\sigma}(\sigma,\tau)\right)^2+\left(\frac{\partial f_2}{\partial\sigma}(\sigma,\tau)\right)^2+\left(\frac{\partial f_3}{\partial\sigma}(\sigma,\tau)\right)^2=x_\sigma^2+y_\sigma^2+z_\sigma^2=\vec{r}_\sigma^{\,2}$;

$$F=\frac{\partial f_1}{\partial\sigma}(\sigma,\tau)\cdot\frac{\partial f_1}{\partial\tau}(\sigma,\tau)+\frac{\partial f_2}{\partial\sigma}(\sigma,\tau)\cdot\frac{\partial f_2}{\partial\tau}(\sigma,\tau)+\frac{\partial f_3}{\partial\sigma}(\sigma,\tau)\cdot\frac{\partial f_3}{\partial\tau}(\sigma,\tau)$$
$$=x_\sigma\cdot x_\tau+y_\sigma\cdot y_\tau+z_\sigma\cdot z_\tau=\vec{r}_\sigma\cdot\vec{r}_\tau;$$

$$G=\left(\frac{\partial f_1}{\partial\tau}(\sigma,\tau)\right)^2+\left(\frac{\partial f_2}{\partial\tau}(\sigma,\tau)\right)^2+\left(\frac{\partial f_3}{\partial\tau}(\sigma,\tau)\right)^2=x_\tau^2+y_\tau^2+z_\tau^2=\vec{r}_\tau^{\,2}.$$

$W=\sqrt{EG-F^2}$.

Bogenelement

Form KF: $ds=\sqrt{E\,dx^2+2F\,dx\,dy+G\,dy^2}$.

Form KP: $ds=\sqrt{E\,d\sigma^2+2F\,d\sigma\,d\tau+G\,d\tau^2}$.

Flächenelement

Form KF: $dO=W\,dx\,dy$.

Form KP: $dO=W\,d\sigma\,d\tau$.

Schnittwinkel krummliniger Koordinatenlinien

$$\alpha=\arccos\frac{|F|}{\sqrt{EG}}$$

Ist $F=0$, so sind die Koordinatenlinien orthogonal.

Abbildung von Flächen

Zwei Flächen heißen Abbildungen voneinander, wenn jedem Punkt der einen Fläche genau ein Punkt der anderen und umgekehrt zugeordnet ist.

Werden die Originale der zweiten Fläche von denen der ersten Fläche durch Überstreichung unterschieden, so gilt bei einer Abbildung:

Form KF: $\bar{x}=\bar{p}(x,y)$; $\bar{y}=\bar{q}(x,y)$;

$x=p(\bar{x},\bar{y})$; $y=q(\bar{x},\bar{y})$.

Form KP: $\bar{\sigma}=\bar{p}(\sigma,\tau)$; $\bar{\tau}=\bar{q}(\sigma,\tau)$;

$\sigma=p(\bar{\sigma},\bar{\tau})$; $\tau=q(\bar{\sigma},\bar{\tau})$.

Flächentreue Abbildung

In jedem Punkt gilt $dO = d\overline{O}$.

Hieraus folgt Form KT: $\frac{W}{\overline{W}} = \left|\frac{\partial(\overline{x}, \overline{y})}{\partial(x, y)}\right|$; $\frac{\overline{W}}{W} = \left|\frac{\partial(x, y)}{\partial(\overline{x}, \overline{y})}\right|$.

Form KP: $\frac{W}{\overline{W}} = \left|\frac{\partial(\overline{\sigma}, \overline{\tau})}{\partial(\sigma, \tau)}\right|$; $\frac{\overline{W}}{W} = \left|\frac{\partial(\sigma, \tau)}{\partial(\overline{\sigma}, \overline{\tau})}\right|$.

Längentreue Abbildung

In jedem Punkt gilt $ds = d\overline{s}$.
Ist speziell $x = \overline{x}$; $y = \overline{y}$ bzw. $\sigma = \overline{\sigma}$; $\tau = \overline{\tau}$, so gilt $E = \overline{E}$; $F = \overline{F}$; $G = \overline{G}$.

Theorema egregium von Gauß: Sind zwei Flächen mit stetiger Krümmung längentreu aufeinander abbildbar, so besitzen sie in je einander zugeordneten Punkten gleiche Gaußsche Krümmung K (9.4.4, Seite 469). Aus der Gleichheit von K folgt jedoch nicht notwendig die Möglichkeit einer längentreuen Abbildung. Sind zwei Flächen aufeinander abwickelbar, so lassen sie sich längentreu aufeinander abbilden. Aus der längentreuen Abbildung folgt jedoch nicht notwendig die Abwickelbarkeit. Flächen, die sich in eine Ebene abwickeln lassen, heißen Torsen. Eine Fläche ist sicher dann eine Torse, wenn in jedem Flächenpunkt $K = 0$ ist.

Winkeltreue (konforme) Abbildung

Die Winkel entsprechender sich schneidender Kurve sind gleich.

Ist speziell $x = \overline{x}$; $y = \overline{y}$ bzw. $\sigma = \overline{\sigma}$; $\tau = \overline{\tau}$, so gilt $\frac{\overline{E}}{E} = \frac{\overline{F}}{F} = \frac{\overline{G}}{G}$.

Tangentenrichtung beliebiger Flächenkurven

Tangentenvektor einer Flächenkurve (9.4.2, Seite 460):

$$\vec{t} = \begin{pmatrix} \frac{\partial f_1}{\partial \sigma}(\sigma, \tau) \cdot \frac{dp(\tau)}{d\tau} + \frac{\partial f_1}{\partial \tau}(\sigma, \tau) \\ \frac{\partial f_2}{\partial \sigma}(\sigma, \tau) \cdot \frac{dp(\tau)}{d\tau} + \frac{\partial f_2}{\partial \tau}(\sigma, \tau) \\ \frac{\partial f_3}{\partial \sigma}(\sigma, \tau) \cdot \frac{dp(\tau)}{d\tau} + \frac{\partial f_3}{\partial \tau}(\sigma, \tau) \end{pmatrix} = \begin{pmatrix} x_\sigma \cdot \sigma' + x_\tau \\ y_\sigma \cdot \sigma' + y_\tau \\ z_\sigma \cdot \sigma' + z_\tau \end{pmatrix} = \vec{r}_\sigma \cdot \sigma' + \vec{r}_\tau$$

bzw.
$$\vec{t} = \begin{pmatrix} \frac{\partial f_1}{\partial \sigma}(\sigma, \tau) + \frac{\partial f_1}{\partial \tau}(\sigma, \tau) \cdot \frac{dq(\sigma)}{d\sigma} \\ \frac{\partial f_2}{\partial \sigma}(\sigma, \tau) + \frac{\partial f_2}{\partial \tau}(\sigma, \tau) \cdot \frac{dq(\sigma)}{d\sigma} \\ \frac{\partial f_3}{\partial \sigma}(\sigma, \tau) + \frac{\partial f_3}{\partial \tau}(\sigma, \tau) \cdot \frac{dq(\sigma)}{d\sigma} \end{pmatrix} = \begin{pmatrix} x_\sigma + x_\tau \cdot \tau' \\ y_\sigma + y_\tau \cdot \tau' \\ z_\sigma + z_\tau \cdot \tau' \end{pmatrix} = \vec{r}_\sigma + \vec{r}_\tau \cdot \tau'$$

Zu 9.4.3:

Normalenvektor und singuläre Punkte

1. Das einschalige Hyperboloid mit der Gleichung $T(x,y,z)=\frac{x^2}{a^2}+\frac{y^2}{b^2}+\frac{z^2}{c^2}-1=0$ besitzt keine singulären Punkte, weil $\vec{n}=\begin{pmatrix}\frac{2x}{a^2}\\ \frac{2y}{b^2}\\ \frac{2z}{c^2}\end{pmatrix}\neq\vec{o}$; denn $x=y=z=0$ kann nicht vorkommen.

Selbstdurchschneidungskurve

2. Die Fläche mit der Gleichung $T(x,y,z)=x\,y=0$ besitzt eine Selbstdurchschneidungskurve.

   Die Fläche ist nämlich die y-z-Ebene und die x-z-Ebene. Die z-Achse enthält genau die singulären Punkte, denn dort ist $\vec{n}=\begin{pmatrix}y\\x\\0\end{pmatrix}=\begin{pmatrix}0\\0\\0\end{pmatrix}=\vec{o}$.

Selbstberührungspunkt

3. Die Fläche mit der Gleichung $[(x-1)^2+y^2+z^2-4]\cdot[x^2+y^2+z^2-1]=0$ besteht aus den beiden Kugelflächen um den Punkt $M_1(1;0;0)$ mit Radius 2 und um den Punkt $M_1(0;0;0)$ mit Radius 1. Der singuläre Punkt $S(-1;0;0)$ ist ein Selbstberührungspunkt. Es gilt

$$\vec{n}=\begin{pmatrix}2(x-1)[x^2+y^2+z^2-1]+2x[(x-1)^2+y^2+z^2-4]\\ 2y[x^2+y^2+z^2-1+(x-1)^2+y^2+z^2-4]\\ 2z[x^2+y^2+z^2-1+(x-1)^2+y^2+z^2-4]\end{pmatrix};$$

   in S ist $\vec{n}=\vec{o}$.

Fundamentalgrößen 1. Ordnung

4. Die Fundamentalgrößen 1. Ordnung bei der Kugelfläche sind:

$$E=\vec{r}_{\vartheta^*}^{\,2}=R^2\begin{pmatrix}-\sin\vartheta^*\cos\varphi\\ -\sin\vartheta^*\sin\varphi\\ \cos\vartheta^*\end{pmatrix}^2=R^2;$$

$$F=\vec{r}_{\vartheta^*}\cdot\vec{r}_{\varphi}=R^2\begin{pmatrix}-\sin\vartheta^*\cos\varphi\\ -\sin\vartheta^*\sin\varphi\\ \cos\vartheta^*\end{pmatrix}\cdot\begin{pmatrix}-\cos\vartheta^*\sin\varphi\\ \cos\vartheta^*\cos\varphi\\ 0\end{pmatrix}=0;$$

$$G=\vec{r}_{\varphi}^{\,2}=R^2\begin{pmatrix}-\cos\vartheta^*\sin\varphi\\ \cos\vartheta^*\cos\varphi\\ 0\end{pmatrix}^2=R^2\cdot\cos^2\vartheta^*;$$

$$W=\sqrt{EG-F^2}=\sqrt{R^4\cos^2\vartheta^*}=R^2|\cos\vartheta^*|.$$

   Kugeloberfläche: $O=\iint\limits_{\mathbb{B}}dO=R^2\cdot\int\limits_{-\pi/2}^{\pi/2}\cos\vartheta^*\,d\vartheta^*\cdot\lim\limits_{\varepsilon\to0}\int\limits_{0}^{2\pi-\varepsilon}d\varphi=4\pi R^2.$

Das Bogenelement für die Kurve des Beispiels 1 zu 9.4.1 und 9.4.2, Seite 461 ist:

$$ds=\sqrt{R^2\,d\vartheta^{*2}+R^2\cos^2\vartheta^*\,d\varphi^2}=R\sqrt{1+\cos^2\varphi}\,d\varphi \quad \text{wegen} \quad \vartheta^*=\varphi,\, d\vartheta^*=d\varphi.$$

Die Bogenlänge ist

$$s=R\int_0^{\pi/2}\sqrt{1+\cos^2\varphi}\,d\varphi=R\int_0^{\pi/2}\sqrt{2-\sin^2\varphi}\,d\varphi$$

$$=R\sqrt{2}\int_0^{\pi/2}\sqrt{1-\tfrac{1}{2}\sin^2\varphi}\,d\varphi=R\sqrt{2}\cdot E(k,\tfrac{\pi}{2})$$

(vollständiges elliptisches Normalintegral 2. Gattung, 6.9.8.2, Seite 301).

$$k^2=\tfrac{1}{2};\quad k=\frac{1}{\sqrt{2}};\quad \alpha=\arcsin k=45°;\quad s\approx R\sqrt{2}\cdot 1{,}3506\approx 1{,}9100\,R.$$

Der Winkel der Kurve gegen den Äquator im Punkt $(R;0;0)$ läßt sich aus den Tangentenrichtungen der Flächenkurven ermitteln:

Äquator: $$\vec{t}=R\begin{pmatrix}-\cos 0\cdot\sin 0\\ \cos 0\cdot\cos 0\\ 0\end{pmatrix}=R\begin{pmatrix}0\\1\\0\end{pmatrix}$$

Kurve: $$\vec{t}=R\begin{pmatrix}-\sin 0\cdot\cos 0\\ -\sin 0\cdot\sin 0\\ \cos 0\end{pmatrix}\cdot 1+R\begin{pmatrix}-\cos 0\cdot\sin 0\\ \cos 0\cdot\cos 0\\ 0\end{pmatrix}=R\begin{pmatrix}0\\1\\1\end{pmatrix}$$

$$\beta=\arccos\frac{\begin{pmatrix}0\\1\\0\end{pmatrix}\cdot\begin{pmatrix}0\\1\\1\end{pmatrix}}{1\cdot\sqrt{2}}=45°.$$

9.4.4 Krümmung und damit zusammenhängende Eigenschaften

Fundamentalgrößen 2. Ordnung

Falls die entsprechenden Ableitungen existieren, definiert man L, M, N:

Form KF: $$L=\frac{f_{xx}(x,y)}{W};$$

$$M=\frac{f_{xy}(x,y)}{W};$$

$$N=\frac{f_{yy}(x,y)}{W}.$$

Form KP: $L = \frac{1}{W} \begin{vmatrix} x_{\sigma\sigma} & y_{\sigma\sigma} & z_{\sigma\sigma} \\ x_\sigma & y_\sigma & z_\sigma \\ x_\tau & y_\tau & z_\tau \end{vmatrix} = \vec{r}_{\sigma\sigma} \cdot \vec{n}^0 = -\vec{r}_\sigma \cdot (\vec{n}^0)_\sigma;$

$$M = \frac{1}{W} \begin{vmatrix} x_{\sigma\tau} & y_{\sigma\tau} & z_{\sigma\tau} \\ x_\sigma & y_\sigma & z_\sigma \\ x_\tau & y_\tau & z_\tau \end{vmatrix} = \vec{r}_{\sigma\tau} \cdot \vec{n}^0 = -\tfrac{1}{2}[\vec{r}_\sigma \cdot (\vec{n}^0)_\tau + \vec{r}_\tau \cdot (\vec{n}^0)_\sigma]$$

$$N = \frac{1}{W} \begin{vmatrix} x_{\tau\tau} & y_{\tau\tau} & z_{\tau\tau} \\ x_\sigma & y_\sigma & z_\sigma \\ x_\tau & y_\tau & z_\tau \end{vmatrix} = \vec{r}_{\tau\tau} \cdot \vec{n}^0 = -\vec{r}_\tau \cdot (\vec{n}^0)_\tau.$$

Normalschnitt

Ein Normalschnitt einer Fläche ist eine ebene Kurve, die durch Schnitt der Fläche mit einer Ebene entsteht, die die Flächennormale enthält.

Normalkrümmung

Ist auf einer Fläche eine Kurve nach 9.4.2, Seite 460 bestimmt, so ist durch ihre Tangentenrichtung und die Flächennormale eine Schnittebene festgelegt, die einen Normalschnitt definiert.

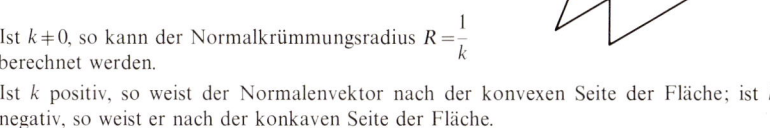

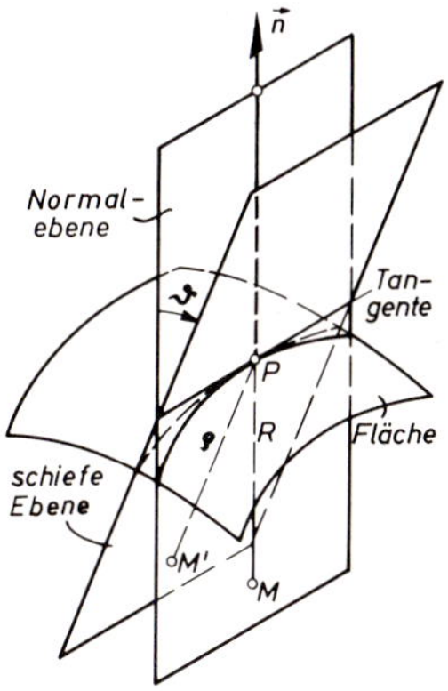

Dessen Krümmung (Normalkrümmung) ist

$$k = \frac{Lp'^2(\tau) + 2Mp'(\tau) + N}{Ep'^2(\tau) + 2Fp'(\tau) + G} = \frac{L\sigma'^2 + 2M\sigma' + N}{E\sigma'^2 + 2F\sigma' + G}$$

bzw. $$k = \frac{L + 2Mq'(\sigma) + Nq'^2(\sigma)}{E + 2Fq'(\sigma) + Gq'^2(\sigma)} = \frac{L + 2M\tau' + N\tau'^2}{E + 2F\tau' + G\tau'^2}.$$

Ist $k \neq 0$, so kann der Normalkrümmungsradius $R = \frac{1}{k}$ berechnet werden.

Ist k positiv, so weist der Normalenvektor nach der konvexen Seite der Fläche; ist k negativ, so weist er nach der konkaven Seite der Fläche.

Krümmung eines schiefen Schnittes

Für die Krümmung $\varkappa$ eines schiefen Schnittes gilt der Satz von Meusnier

$$\varkappa = \frac{k}{\cos\vartheta} \quad (\vartheta \neq \tfrac{\pi}{2}).$$

Ist $k \neq 0$, so kann der Krümmungsradius $\varrho = \frac{1}{\varkappa}$ des schiefen Schnittes berechnet werden:

$$\varrho = R \cdot \cos\vartheta \quad \text{(Satz von Meusnier).}$$

ϱ ist die Projektion von R auf die Ebene des schiefen Schnittes.

Flachpunkte

Ein Punkt P einer Fläche mit $L=M=N=0$ heißt Flachpunkt. Jeder durch P verlaufende Normalschnitt hat in P die Krümmung 0.

Nabelpunkte

Ein Punkt P einer Fläche mit $\frac{L}{E}=\frac{M}{F}=\frac{N}{G}\neq 0$ heißt Nabelpunkt. Jeder durch P verlaufende Normalschnitt hat in P dieselbe Krümmung $k\neq 0$.

Hauptnormalschnitte

Ein Punkt P einer Fläche sei weder Flach- noch Nabelpunkt. Dann gibt es einen Normalschnitt mit maximaler Normalkrümmung K_1 und einen Normalschnitt mit minimaler Normalkrümmung K_2.

Falls $K_1 \neq 0$, definiert man den Hauptkrümmungsradius $R_1=\frac{1}{K_1}$,

falls $K_2 \neq 0$, definiert man den Hauptkrümmungsradius $R_2=\frac{1}{K_2}$.

Es gilt

$$K_1+K_2=\frac{LG-2MF+NE}{EG-F^2}; \quad K_1 \cdot K_2=\frac{LN-M^2}{EG-F^2}.$$

Die Tangentenvektoren an die beiden Hauptnormalschnitte sind senkrecht zueinander.

Die Hauptnormalschnitte erhält man als Kurven auf der Fläche nach 9.4.2, Seite 460, wobei gilt

$$\sigma'=\begin{cases} \dfrac{(GL-EN)\pm\sqrt{(GL-EN)^2-4(FN-GM)(EM-FL)}}{2(EM-LF)} & \text{falls } EM-LF\neq 0 \\[2ex] \dfrac{FN-GM}{GL-EN} & \text{falls } EM-LF=0 \end{cases}$$

bzw. $$\tau'=\begin{cases} \dfrac{(GL-EN)\pm\sqrt{(GL-EN)^2-4(FN-GM)(EM-FL)}}{2(FN-GM)} & \text{falls } FN-GM\neq 0 \\[2ex] \dfrac{EM-FL}{GL-EN} & \text{falls } FN-GM=0 \end{cases}$$

Schließt ein Normalschnitt mit dem zur Hauptkrümmung K_1 gehörenden Hauptnormalschnitt den Winkel α ein, so gilt für seine Krümmung k:

$$k=K_1\cos^2\alpha+K_2\sin^2\alpha$$

(Satz von Euler).

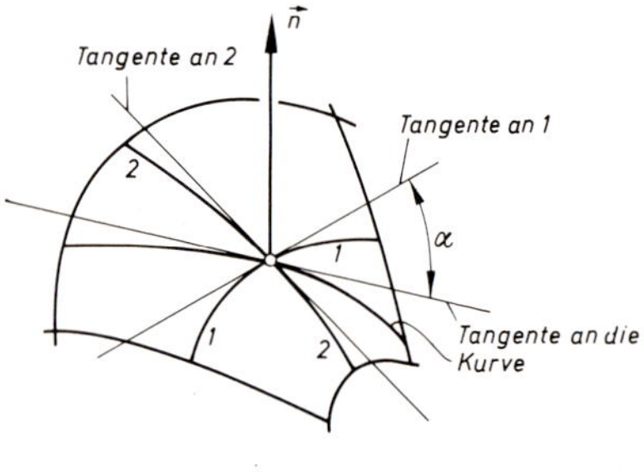

Mittlere Krümmung

$$H=\tfrac{1}{2}(K_1+K_2)=\frac{LG-2MF+NE}{2(EG-F^2)}.$$

Gaußsche Krümmung

$$K = K_1 \cdot K_2 = \frac{LN - M^2}{EG - F^2}.$$

Minimalflächen

Ist in jedem Punkt einer Fläche $H=0$, d.h. $K_1 = -K_2$, so heißt die Fläche Minimalfläche.

Torsen

Ist in jedem Punkt einer Fläche $K=0$, so heißt die Fläche Torse. (Jede Ebene ist eine Torse.) Die Fläche ist auf eine Ebene abwickelbar.

Elliptische, parabolische, hyperbolische Punkte

Eine Fläche heißt in einem Punkt

$$\left.\begin{array}{l}\text{elliptisch}\\ \text{parabolisch}\\ \text{hyperbolisch}\end{array}\right\}\text{gekrümmt, wenn } K \begin{cases} >0 \\ =0, \\ <0 \end{cases} \text{d.h. wenn } LN - M^2 \begin{cases} >0 \\ =0 \\ <0 \end{cases}$$

B

Zu 9.4.4:

Krümmung und Hauptnormalschnitte

1. Durch die Gleichung $(x, y) \mapsto z = f(x, y) = xy$ ist eine Fläche bestimmt. Gesucht sind die Hauptnormalkrümmungen im Punkt $P(0; 0; 0)$ und die dazugehörigen Hauptnormalschnitte. Ist die Fläche in die Ebene abwickelbar?

   Am bequemsten stellt man die Parameterdarstellung KP her:

$$(\sigma, \tau) \mapsto \vec{r} = \begin{pmatrix} \sigma \\ \tau \\ \sigma\tau \end{pmatrix}.$$

   Fundamentalgrößen:

$$\vec{r}_\sigma = \begin{pmatrix} 1 \\ 0 \\ \tau \end{pmatrix}; \quad \vec{r}_{\sigma\sigma} = \vec{o}; \quad \vec{r}_{\sigma\tau} = \begin{pmatrix} 0 \\ 0 \\ 1 \end{pmatrix}; \qquad \vec{r}_\tau = \begin{pmatrix} 0 \\ 1 \\ \sigma \end{pmatrix}; \quad \vec{r}_{\tau\tau} = \vec{o}; \quad \vec{n} = \vec{r}_\sigma \times \vec{r}_\tau = \begin{pmatrix} -\tau \\ -\sigma \\ 0 \end{pmatrix};$$

$$\vec{n}^0 = \frac{1}{\sqrt{1 + \sigma^2 + \tau^2}} \begin{pmatrix} -\tau \\ -\sigma \\ 1 \end{pmatrix};$$

$$E = \vec{r}_\sigma^{\,2} = 1 + \tau^2; \quad F = \vec{r}_\sigma \cdot \vec{r}_\tau = \sigma\tau; \quad G = \vec{r}_\tau^{\,2} = 1 + \sigma^2;$$

$$L = \vec{r}_{\sigma\sigma} \cdot \vec{n}^0 = 0; \quad M = \vec{r}_{\sigma\tau} \cdot \vec{n}^0 = \frac{1}{\sqrt{1 + \sigma^2 + \tau^2}}; \quad N = \vec{r}_{\tau\tau} \cdot \vec{n}^0 = 0.$$

Hauptkrümmungen:

$$K_1+K_2=\frac{-2\sigma\tau}{\sqrt{1+\sigma^2+\tau^2}\,(1+\sigma^2+\tau^2+\sigma^2\tau^2-\sigma^2\tau^2)}=\frac{-2\sigma\tau}{\sqrt{1+\sigma^2+\tau^2}^{\,3}}$$

$$K_1\cdot K_2=\frac{-1}{\sqrt{1+\sigma^2+\tau^2}^{\,3}}$$

Speziell ist im Punkt P: $\sigma=\tau=0$; $K_1+K_2=0$; $K_1\cdot K_2=-1$;

Hieraus ergeben sich für die Hauptkrümmungen $K_1=1$; $K_2=-1$.

Die mittlere Krümmung ist $H=0$, die Gaußsche Krümmung ist $K=-1$. Die Fläche ist nicht in eine Ebene abwickelbar, weil es mindestens einen Punkt mit $K=-1\neq 0$ gibt. Sie ist in P und wegen $K=\dfrac{-1}{\sqrt{1+\sigma^2+t^2}^{\,3}}<0$ in jedem Flächenpunkt hyperbolisch gekrümmt (Sattelfläche).

Die Fläche ist keine Minimalfläche, da wegen $K_1+K_2=2H=\dfrac{-2\sigma\tau}{\sqrt{1+\sigma^2+\tau^2}}\neq 0$ für $\sigma\neq 0$ und $\tau\neq 0$.

Hauptnormalschnitte:

$$\sigma'=\frac{\pm\sqrt{-4\left(-\dfrac{1+\sigma^2}{\sqrt{1+\sigma^2+\tau^2}}\right)\left(\dfrac{1+\tau^2}{\sqrt{1+\sigma^2+\tau^2}}\right)}}{2\cdot\dfrac{1+\tau^2}{\sqrt{1+\sigma^2+\tau^2}}}=\pm\sqrt{\frac{1+\sigma^2}{1+\tau^2}};$$

die Lösung dieser Differentialgleichung (12.2.2.2, Seite 529) ist $\sigma=\pm\tau$.

Für $\sigma=\tau$ ergibt sich der Normalschnitt: $\vec{r}=\begin{pmatrix}\tau\\ \tau\\ \tau^2\end{pmatrix}$,

für $\sigma=-\tau$ ergibt sich der Normalschnitt: $\vec{r}=\begin{pmatrix}-\tau\\ \tau\\ \tau^2\end{pmatrix}$

Diese haben die Tangentenvektoren

$$\vec{t}=\begin{pmatrix}1\\0\\ \tau\end{pmatrix}\cdot 1+\begin{pmatrix}0\\1\\ \tau\end{pmatrix}=\begin{pmatrix}1\\1\\2\tau\end{pmatrix}=\begin{pmatrix}1\\1\\0\end{pmatrix}\qquad\text{für } \sigma=\tau=0.$$

und $$\vec{t}=\begin{pmatrix}1\\0\\ \tau\end{pmatrix}(-1)+\begin{pmatrix}0\\1\\-\tau\end{pmatrix}=\begin{pmatrix}-1\\1\\-2\tau\end{pmatrix}=\begin{pmatrix}-1\\1\\0\end{pmatrix}\qquad\text{für } \sigma=-\tau=0.$$

Hauptnormalschnitte

2. Ein Kreiszylinder sei durch die Gleichung

$$(\sigma,\tau)\mapsto \vec{r}=\begin{pmatrix} r\cos\sigma \\ r\sin\sigma \\ \tau \end{pmatrix} \quad \text{gegeben.}$$

Fundamentalgrößen:

$$\vec{r}_\sigma=\begin{pmatrix} -r\sin\sigma \\ r\cos\sigma \\ 0 \end{pmatrix}; \quad \vec{r}_\tau=\begin{pmatrix} 0 \\ 0 \\ 1 \end{pmatrix}; \quad \vec{r}_{\sigma\sigma}=\begin{pmatrix} -r\cos\sigma \\ -r\sin\sigma \\ 0 \end{pmatrix}$$

$$\vec{r}_{\sigma\tau}=\vec{o}; \quad \vec{r}_{\tau\tau}=\vec{o}; \quad \vec{n}=\vec{r}_\sigma\times\vec{r}_\tau=\begin{pmatrix} r\cos\sigma \\ r\sin\sigma \\ 0 \end{pmatrix}; \qquad \vec{n}^0=\begin{pmatrix} \cos\sigma \\ \sin\sigma \\ 0 \end{pmatrix};$$

$$E=r^2; \quad F=0; \quad G=1;$$

$$L=-r; \quad M=0; \quad N=0.$$

Die Hauptnormalschnitte erhält man durch

$$\sigma'=0; \quad \sigma=\text{const};$$

$$\tau'=0; \quad \tau=\text{const}.$$

Dies sind die Schnittkreise senkrecht zur Zylinderachse bzw. die Mantellinien.

Für die Hauptkrümmungen gilt

$$K_1=0; \quad K_2=-\frac{1}{r}.$$

$$K_1+K_2=\frac{-r}{r^2}=-\frac{1}{r}; \qquad K_1\cdot K_2=0.$$

Die Fläche ist in eine Ebene abwickelbar.

Flachpunkt

3. Die durch f: $(x,y)\mapsto z=f(x,y)=\sqrt{x^2+y^2}^{\,3}$ gegebene Fläche hat bei $O(0;0;0)$ einen Flachpunkt, wie man aus

$$W=\sqrt{EG-F^2}=\sqrt{1+9(x^2+y^2)}\neq 0 \quad \text{und}$$

$$f_{xx}(x,y)=3\sqrt{x^2+y^2}+\frac{3x^2}{\sqrt{x^2+y^2}}$$

$$f_{xy}(x,y)=\frac{3xy}{\sqrt{x^2+y^2}}$$

$$f_{yy}(x,y)=3\sqrt{x^2+y^2}+\frac{3y^2}{\sqrt{x^2+y^2}}$$

erkennt; denn es ist

$$\lim_{(x,y)\to(0;0)} f_{xx}(x,y) = \lim_{(x,y)\to(0;0)} f_{xy}(x,y) = \lim_{(x,y)\to(0;0)} f_{yy}(x,y) = 0.$$

Der Grenzwert ist z.B. für $f_{xx}(x, y)$ durch $x = r\cos\varphi$, $y = r\sin\varphi$ zu berechnen:

$$\left|\frac{x^2}{\sqrt{x^2+y^2}}\right| = \frac{r^2\cos^2\varphi}{r} = r\cos^2\varphi \leqq r < \varepsilon.$$

Daher ist auch $L = M = N = 0$.

Nabelpunkte

4. Die durch die Gleichung $T(x, y, z) = x^2 + y^2 + z^2 - R^2 = 0$ gegebene Fläche (Kugelfläche) hat nur Nabelpunkte.

   Beschränkt man sich zum Beweis auf die Punkte mit $z > 0$, so hat man:

$$z = \sqrt{R^2 - x^2 - y^2}; \quad z_x = \frac{-x}{z}; \quad z_y = \frac{-y}{z};$$

$$z_{xx} = -\frac{z^2 + x^2}{z^3}; \quad z_{xy} = \frac{-xy}{z^3}; \quad z_{yy} = -\frac{z^2 + y^2}{z^3};$$

$$\frac{L}{E} = \frac{z_{xx}}{WE} = -\frac{1}{Wz};$$

$$\frac{M}{F} = \frac{z_{xy}}{WF} = -\frac{1}{Wz};$$

$$\frac{N}{G} = \frac{z_{yy}}{WG} = -\frac{1}{Wz}.$$

10 Unendliche Folgen und Reihen

10.1 Unendliche Folgen

10.1.1 Definitionen

Folge

Eine unendliche Folge f ist eine Funktion mit $\mathbb{D} = \mathbb{N}$ oder $\mathbb{D} = \mathbb{N}^*$; $f\colon n \mapsto a_n = f(n)$.

Monotonie

f heißt monoton steigend, wenn aus $n_1 < n_2$ folgt $f(n_1) \leqq f(n_2)$.
f heißt monoton fallend, wenn aus $n_1 < n_2$ folgt $f(n_1) \geqq f(n_2)$.

Beschränktheit, Unbeschränktheit

f heißt nach oben beschränkt, wenn es ein $\overline{K}$ gibt, so daß $f(n) < \overline{K}$ für alle n.
f heißt nach unten beschränkt, wenn es ein $\underline{K}$ gibt, so daß $f(n) > \underline{K}$ für alle n.
f heißt beschränkt wenn es ein $K > 0$ gibt, so daß $|f(n)| < K$ für alle n.
f heißt nach oben unbeschränkt, wenn es zu jedem $\overline{K}$ ein $f(n)$ mit $f(n) > \overline{K}$ gibt.
f heißt nach unten unbeschränkt, wenn es zu jedem $\underline{K}$ ein $f(n)$ mit $f(n) < \underline{K}$ gibt.
f heißt unbeschränkt, wenn es zu jedem $K > 0$ ein $f(n)$ mit $|f(n)| > K$ gibt.

Häufungswert

A heißt Häufungswert von f, wenn es in jeder beliebigen Umgebung von A noch $f(n)$ gibt.
Eine Folge kann mehrere Häufungswerte besitzen. A muß kein Funktionswert $f(n)$ sein.

Konvergenz, Grenzwert

Besitzt f genau einen Häufungswert A, so heißt A Grenzwert von f: $A = \lim\limits_{n \to \infty} f(n)$.
f heißt konvergent, sonst divergent. Es gilt $\lim\limits_{n \to \infty} f(n) = A$ genau dann, wenn zu jedem $\varepsilon > 0$ für alle hinreichend großen n gilt $|A - f(n)| < \varepsilon$.

Nullfolge

Ist $\lim\limits_{n \to \infty} f(n) = 0$, so heißt f Nullfolge.

10.1.2 Allgemeine Sätze

1. Jede beschränkte Folge besitzt mindestens einen Häufungswert; Satz von *Bolzano-Weierstraß*.
2. Jede monoton $\left\{\begin{matrix}\text{steigende, nach oben}\\ \text{fallende, nach unten}\end{matrix}\right\}$ beschränkte Folge besitzt genau einen Häufungswert, den Grenzwert.

3. f hat genau dann einen Grenzwert, wenn die Forderung $|f(m)-f(n)|<\varepsilon$ für beliebige positive ε durch alle hinreichend großen m, n (d.h. $m, n>N$) erfüllbar ist. (Satz von Cauchy).

4. Ist $\lim\limits_{n\to\infty} f(n)=A$ und $\lim\limits_{n\to\infty} g(n)=B$, so ist

$$\lim_{n\to\infty} (af(n)\pm b\,g(n))=aA\pm bB \quad \text{und} \quad \lim_{n\to\infty} \frac{f(n)}{g(n)}=\frac{A}{B} \quad (\text{falls } g(n)\neq 0;\ B\neq 0).$$

5. Ist $f(n)\leqq g(n)\leqq h(n)$ und $\lim\limits_{n\to\infty} f(n)=\lim\limits_{n\to\infty} h(n)$, so ist auch $\lim\limits_{n\to\infty} g(n)=\lim\limits_{n\to\infty} f(n)$ (Anwendung bei der Intervallschachtelung).

6. Ist f monoton steigend und nach oben beschränkt, h monoton fallend und nach unten beschränkt, $\lim\limits_{n\to\infty} (h(n)-f(n))=0$, so ist $\lim\limits_{n\to\infty} f(n)=\lim\limits_{n\to\infty} h(n)$.

B

Zu 10.1.1 u. 10.1.2:
Monotonie, Beschränktheit

1. $f\colon n\mapsto f(n)=n^2$, $(n\in\mathbb{N}^*)$ ist monoton steigend, weil aus $n_1<n_2$ folgt $n_1^2<n_2^2$.
   f ist nach oben unbeschränkt, da für beliebiges $\overline{K}$ gilt: Ist $\overline{K}\leqq 0$, so ist $f(1)=1>\overline{K}$; ist $\overline{K}>0$, so ist $f(n)>\overline{K}$, wenn $n>\sqrt{\overline{K}}$.
   f ist nach unten beschränkt, denn für $\underline{K}=0$ gilt $f(n)>\underline{K}$.
   f besitzt keinen Häufungswert.

Häufungswerte

2. $f\colon n\mapsto f(n)=(-1)^n+\frac{1}{n}$, $(n\in\mathbb{N}^*)$

   $f(1)=0$; $f(2)=\frac{3}{2}$; $f(3)=-\frac{2}{3}$; $f(4)=\frac{5}{3}$;

   f ist nicht monoton. Jedoch ist f beschränkt, weil $|f(n)|=\left|(-1)^n+\frac{1}{n}\right|\leqq 1+\frac{1}{n}\leqq 2$.

   f besitzt zwei Häufungswerte $A_1=1$; $A_2=-1$.

   Denn es ist $|f(n)-A_1|=|f(n)-1|=\left|(-1)^n+\frac{1}{n}-1\right|<\frac{1}{n}$ für gerade n;

   $|f(n)-A_2|=|f(n)+1|=\left|(-1)^n+\frac{1}{n}+1\right|<\frac{1}{n}$ für ungerade n.

   Die Häufungswerte sind nicht Funktionswerte, da $\frac{1}{n}\neq 0$.

Grenzwert

3. $f\colon n\mapsto f(n)=(-1)^n\cdot\frac{1}{n}$, $(n\in\mathbb{N}^*)$ hat den Grenzwert $\lim\limits_{n\to\infty} f(n)=0$;

   f ist Nullfolge. Denn es ist $|f(n)|=\frac{1}{n}<\varepsilon$, wenn $n>\frac{1}{\varepsilon}$.

Satz von Cauchy

4. Auf die Folge $f\colon n \mapsto f(n) = (-1)^n \cdot \frac{1}{n}$ soll der Satz von Cauchy angewendet werden, wobei $m > n$ vorausgesetzt werden soll.

$$|f(m) - f(n)| = \left|(-1)^m \cdot \frac{1}{m} - (-1)^n \cdot \frac{1}{n}\right| \leqq \frac{1}{m} + \frac{1}{n} = \frac{1}{n}\left(1 + \frac{n}{m}\right) < \frac{1}{n} \cdot 2 < \varepsilon \quad \text{wenn } n > \frac{2}{\varepsilon};$$

also kann $N = \operatorname{int}\left(\frac{2}{\varepsilon}\right) + 1$ genommen werden.

Tatsächlich gilt etwa für $\varepsilon = \frac{1}{10}$: $N = 21$ und für $n = 22$, m beliebig $> n$ (z.B. $m = 30$);

$$\left|\frac{1}{m} - \frac{1}{n}\right| = \left|\frac{1}{30} - \frac{1}{22}\right| \approx 0{,}012 < \frac{1}{10}.$$

Anwendung der Grenzwertsätze

5. $$\lim_{n\to\infty} \frac{4n^2 + 2n - 4}{5n^2 - 8n + 1} = \lim_{n\to\infty} \frac{4 + \frac{2}{n} - \frac{4}{n^2}}{5 - \frac{8}{n} + \frac{1}{n^2}} = \frac{4}{5}, \quad \text{weil} \quad \lim_{n\to\infty} \frac{2}{n} = \lim_{n\to\infty} \frac{4}{n^2} = \lim_{n\to\infty} \frac{8}{n} = \lim_{n\to\infty} \frac{1}{n^2} = 0.$$

Intervallschachtelung für e

6. Die Ungleichung $(1+k)^n > 1 + nk$ kann für $-1 < k < 0$ und für $k > 0$ durch vollständige Induktion nach n für $n \geqq 2$ bewiesen werden.

Für $k = \frac{1}{n^2 - 1}$ $(n \geqq 2)$ folgt $\left(1 + \frac{1}{n-1}\right)^n > \left(1 + \frac{1}{n}\right)^{n+1}$, d.h. die Folge $h\colon n \mapsto h(n) = \left(1 + \frac{1}{n}\right)^{n+1}$ ist streng monoton fallend.

Für $k = -\frac{1}{n^2}$ folgt $\left(1 + \frac{1}{n}\right)^n > \left(1 + \frac{1}{n-1}\right)^{n-1}$, d.h. die Folge $f\colon n \mapsto f(n) = \left(1 + \frac{1}{n}\right)^n$ ist streng monoton steigend.

$$f(m) = \left(1 + \frac{1}{n}\right)^n < \left(1 + \frac{1}{n}\right)^{n+1} = h(n) < h(1) = (1+1)^2 = 4; \qquad f \text{ ist nach oben beschränkt.}$$

$$h(n) = \left(1 + \frac{1}{n}\right)^{n+1} > \left(1 + \frac{1}{n}\right)^n = f(n) > f(1) = (1+1)^1 = 2; \qquad h \text{ ist nach unten beschränkt.}$$

$$|h(n) - f(n)| = \left|\left(1 + \frac{1}{n}\right)^{n+1} - \left(1 + \frac{1}{n}\right)^n\right| = \left(1 + \frac{1}{n}\right)^n \cdot \frac{1}{n} < 4 \cdot \frac{1}{n} < \varepsilon \text{ wenn } n > \frac{4}{\varepsilon}.$$

Also ist $\lim\limits_{n\to\infty} [h(n) - f(n)] = 0$ und $\lim\limits_{n\to\infty} f(n) = \lim\limits_{n\to\infty} h(n)$.

Man hat also die Intervallschachtelung

$$f(1) < f(2) < \ldots < f(n) < \ldots < \lim_{n\to\infty} f(n) = \lim_{n\to\infty} h(n) < \ldots < h(n) < \ldots < h(1).$$

Der Grenzwert wird mit e bezeichnet; er ist nicht rational. Will man den Grenzwert auf $\frac{1}{100}$ genau kennen, so muß gelten: $h(n)-f(n)<\frac{4}{n}<\frac{1}{100}$, d.h. $n>400$.

Ist $n=500$, so ergibt sich $f(500)\approx 2{,}716$;

$h(500)\approx 2{,}721$.

$e\approx 2{,}718\pm 0{,}003$.

10.2 Unendliche Reihen

10.2.1 Definitionen

Reihe

Ist $s\colon n\mapsto s(n)=\sum_{k=1}^{n} g(k)$ eine Funktion mit $\mathbb{D}=\mathbb{N}^*$, so heißt s eine unendliche Reihe.

Partialsumme

$s(n)=\sum_{k=1}^{n} g(k)$ heißt n-te Partialsumme.

Alternierende Reihen

Ist $\operatorname{sgn}(g(k))=-\operatorname{sgn}(g(k+1))$, so heißt s alternierend.

Konvergenz, Reihensumme

Existiert $\lim\limits_{n\to\infty} s(n)=\lim\limits_{n\to\infty}\sum_{k=1}^{n} g(k)$, so heißt die Reihe konvergent, sonst divergent.

Der Grenzwert wird als Reihensumme bezeichnet und mit $\sum_{k=1}^{\infty} g(k)$ oder $g(1)+g(2)+\ldots$ geschrieben.

Man beachte: Der Grenzwert $\sum_{k=1}^{\infty} g(k)$ ist keine Summe, sondern der Grenzwert einer Summe. Name und Schreibweise mit $\sum$ sind irreführend.

Absolute und bedingte Konvergenz

Ist $S(n)=\sum_{k=1}^{n} |g(k)|$ konvergent, so heißt $s(n)=\sum_{k=1}^{n} g(k)$ absolut konvergent, sonst bedingt konvergent.

10.2.2 Allgemeine Sätze

1. Notwendig, aber nicht hinreichend für die Konvergenz der Reihe $s\colon s(n)=\sum_{k=1}^{n} g(k)$ ist $\lim\limits_{k\to\infty} g(k)=0$; g muß also eine Nullfolge sein.

2. Hinreichend für die Divergenz der Reihe $s\colon s(n)=\sum_{k=1}^{n} g(k)$ ist, daß g nicht Nullfolge ist.

3. Ist g monoton fallend und $g(k)>0$, so ist notwendig, aber nicht hinreichend für die Konvergenz der Reihe $s\colon s(n)=\sum_{k=1}^{n} g(k)$, daß $\lim_{k\to\infty} k\cdot g(k)=0$ (Satz von Olivier).

4. $s\colon s(n)=\sum_{k=1}^{n} g(k)$ ist genau dann konvergent, wenn es zu jedem $\varepsilon>0$ ein N gibt, so daß $|s(m)-s(n)|<\varepsilon$ sind, wenn $m, n>N$ (Satz von Cauchy).

5. Reihenvergleich zum Beweis der Konvergenz. Ist $M\colon M(n)=\sum_{k=1}^{n} G(k)$ konvergent und ist von einem bestimmten n_0 ab für eine Reihe $s\colon s(n)=\sum_{k=1}^{n} g(k)$ die Bedingung $|g(k)|\leqq G(k)$ erfüllt, so ist s absolut konvergent; die Reihe $\sum_{k=1}^{n} |g(k)|$ ist ebenfalls konvergent. M heißt Majorante von s.

6. Reihenvergleich zum Beweis der Divergenz. Ist $g(k)>0$ und $m\colon m(n)=\sum_{k=1}^{n} G(k)$ divergent und ist von einem bestimmten n_0 ab für eine Reihe $s\colon s(n)=\sum_{k=1}^{n} g(k)$ die Bedingung $g(k)\geqq G(k)$ erfüllt, so ist s divergent; m heißt Minorante von s.

7. Reihenverdichtung. Es sei g monoton fallend und $g(k)>0$; dann folgt aus der Konvergenz bzw. Divergenz der Reihe $\sum_{k=1}^{n} 2^k\cdot g(2^k)=2g(2)+4g(4)+8g(8)+\ldots+2^n g(2^n)$ die Konvergenz bzw. Divergenz der Reihe $\sum_{k=1}^{n} g(k)$ und umgekehrt.

8. Leibnizsche Regel. Ist s alternierend, $|g(k)|$ monoton fallend und g eine Nullfolge, so ist s konvergent. Der Unterschied zwischen Grenzwert und n-ter Partialsumme ist nicht größer als $|g(n+1)|$.

9. Quotientenvergleich zum Beweis der Konvergenz. Ist $M\colon M(n)=\sum_{k=1}^{n} G(k)$ konvergent, $G(k)>0$ und ist von einem bestimmten n_0 ab für eine Reihe $s\colon s(n)=\sum_{k=1}^{n} g(k)$ die Bedingung $g(k)>0$ und $\frac{g(k+1)}{g(k)}\leqq\frac{G(k+1)}{G(k)}$ erfüllt, so konvergiert auch s (Satz von d'Alembert).

10. Quotienten- und Wurzelkriterium zum Beweis der Konvergenz. Ist bei der Reihe $s\colon s(n)=\sum_{k=1}^{n} g(k)$ die Bedingung $g(k)>0$ und $\lim_{k\to\infty}\frac{g(k+1)}{g(k)}=q<1$ oder $\lim_{k\to\infty}\sqrt[k]{g(k)}=q<1$ erfüllt, so ist s konvergent; s hat eine geometrische Reihe als konvergente Majorante.

    Für $q=1$ ist eine Aussage über Konvergenz oder Divergenz nicht möglich. Ist $q>1$, so ist s divergent.

11. Ist eine Reihe $s: s(n)=\sum_{k=1}^{n} g(k)$ konvergent, so bleibt sie durch Hinzufügung oder Wegnahme endlich vieler Summanden bei $s(n)$ konvergent (der Grenzwert ändert sich natürlich i.allg.). Der Grenzwert ändert sich nicht bei beliebiger assoziativer Zusammenfassung der $g(k)$.

Konvergenzverhalten und Grenzwert ändern sich i.allg. bei Vertauschung der Reihenfolge der $g(k)$ (Ausnahme: absolut konvergente Reihen, 10.2.3, Seite 481).

12. Ist $\lim\limits_{n\to\infty} s(n)=\lim\limits_{n\to\infty} \sum_{k=1}^{n} g(k)=\sum_{k=1}^{\infty} g(k)=A$

und $\lim\limits_{n\to\infty} t(n)=\lim\limits_{n\to\infty} \sum_{k=1}^{n} h(k)=\sum_{k=1}^{\infty} h(k)=B,$ so ist

$$\lim_{n\to\infty} (a\,s(n)\pm b\,t(n))=\lim_{n\to\infty}\left(\sum_{k=1}^{n} a\,g(k)\pm\sum_{k=1}^{n} b\,h(k)\right)=\lim_{n\to\infty}\sum_{k=1}^{n}(a\,g(k)\pm b\,h(k))=aA+bB.$$

B

Zu 10.2.1 und 10.2.2:

Konvergenzbeweis durch Untersuchung der Partialsummenfolge

1. $s: n\mapsto s(n)=\sum_{k=1}^{n}\frac{1}{k}-\ln n;$

   1. Partialsumme $s(1)=\frac{1}{1}-\ln 1$

   2. Partialsumme $s(2)=\frac{1}{1}+\frac{1}{2}-\ln 2$

   3. Partialsumme $s(3)=\frac{1}{1}+\frac{1}{2}+\frac{1}{3}-\ln 3$

   Die Partialsumme sind Folgen (10.1, Seite 473); daher können alle Aussagen über Folgen verwendet werden.
   s ist monoton fallend:
   Von Beispiel 6. zu 10.1.1 und 10.1.2, Seite 475, ist bekannt

$$\left(1+\frac{1}{n}\right)^n<e<\left(1+\frac{1}{n}\right)^{n+1}; \qquad n\ln\left(1+\frac{1}{n}\right)<1<(n+1)\ln\left(1+\frac{1}{n}\right) \quad |:\ln\left(1+\frac{1}{n}\right)>0$$

$$n<\frac{1}{\ln\frac{n+1}{n}}<n+1; \qquad \frac{1}{n}>\ln(n+1)-\ln n>\frac{1}{n+1} \quad (*);$$

   hieraus entnimmt man:

$$a_n=\frac{1}{n+1}-\ln(n+1)+\ln n<0; \quad a_1=\frac{1}{2}-\ln 2+\ln 1<0 \quad a_2=\frac{1}{3}-\ln 3+\ln 2<0 \quad \text{usw.}$$

$$s(n)=1+a_1+a_2+\ldots+a_{n-1}=1+\frac{1}{2}+\ldots+\frac{1}{n}-\ln n$$

   s ist monoton fallend, weil die a_n negativ sind.
   s ist nach unten beschränkt:

Aus (*) entnimmt man

$$b_n = \frac{1}{n} - \ln(n+1) + \ln n > 0; \qquad b_1 + \ldots + b_n + \frac{1}{n} = \frac{1}{1} + \frac{1}{2} + \ldots + \frac{1}{n-1} + \frac{1}{n} - \ln n = s(n) > 0.$$

Daher existiert $\lim\limits_{n \to \infty} s(n) = \lim\limits_{n \to \infty} \left(\sum\limits_{k=1}^{n} \frac{1}{k} - \ln n \right)$. Der Grenzwert wird mit C_E bezeichnet; er heißt Euler-Mascheronische Konstante; $C_E \approx 0{,}577$.

Divergenz einer Reihe

2. Die Reihe $s: n \mapsto s(n) = \sum\limits_{k=1}^{n} \frac{k}{3}$ konvergiert nicht, da $g: k \mapsto g(k) = \frac{k}{3}$ keine Nullfolge ist; g ist unbeschränkt.

Divergenz der harmonischen Reihe

3. Die Reihe $s: n \mapsto s(n) = \sum\limits_{k=1}^{n} \frac{1}{k}$ konvergiert nicht, obwohl $\lim\limits_{k \to \infty} g(k) = 0$ (harmonische Reihe $s(n) = 1 + \frac{1}{2} + \frac{1}{3} + \ldots + \frac{1}{n}$).

   Denn es ist, falls $m > n$ ist:

$$|s(m) - s(n)| = \sum_{k=n+1}^{m} \frac{1}{k} = \frac{1}{n+1} + \frac{1}{n+2} + \ldots + \frac{1}{m} > (m-n) \cdot \frac{1}{m} = 1 - \frac{n}{m}.$$

   Dieser Wert kann für jedes n durch geeignetes m größer als z.B. $\frac{1}{2}$ gemacht werden ($m > 2n$); nach dem Satz von Cauchy ist die Reihe divergent.

   Das Quotientenkriterium (Satz 10) liefert $\lim\limits_{k \to \infty} \frac{g(k+1)}{g(k)} = \lim\limits_{k \to \infty} \frac{k}{k+1} = 1$. Es ist also keine Aussage über Konvergenz oder Divergenz mit Hilfe dieses Kriteriums möglich. Dasselbe gilt für das Wurzelkriterium.

Leibnizsche Reihe

4. Die Reihe $s: n \mapsto s(n) = \sum\limits_{k=1}^{n} (-1)^{k+1} \cdot \frac{1}{k} = 1 - \frac{1}{2} + \frac{1}{3} - + \ldots + (-1)^n \cdot \frac{1}{n}$ ist konvergent nach der Leibnizschen Regel (Satz 8). Da $\sum\limits_{k=1}^{n} \left| (-1)^{k+1} \cdot \frac{1}{k} \right|$ nicht konvergiert (Beispiel 3), ist die Reihe nicht absolut, sondern nur bedingt konvergent.

   Soll der Grenzwert auf $\pm 0{,}2 = \pm \frac{1}{5}$ genau ermittelt werden, kann man als Näherungswert $s(5)$ nehmen, weil $\frac{1}{6} < 0{,}02$.

   $\sum\limits_{k=1}^{\infty} (-1)^{k+1} \cdot \frac{1}{k} \approx 0{,}8 \pm 0{,}2$ (besserer Wert 0,693).

   Es sei $A = \lim\limits_{n \to \infty} \sum\limits_{k=1}^{n} (-1)^{k+1} \cdot \frac{1}{k} = \lim\limits_{n \to \infty} s(n)$ und $t(n) = \sum\limits_{k=1}^{n} h(k)$ mit

$$h(k) = \begin{cases} 0 & \text{für } k \text{ ungerade;} \\ (-1)^{\frac{k}{2}+1} \cdot \frac{1}{k} & \text{für } k \text{ gerade;} \end{cases}$$

$$\lim_{n\to\infty} t(n)=\frac{A}{2}.$$

$$s(n)=1-\tfrac{1}{2}+\tfrac{1}{3}-\tfrac{1}{4}+\tfrac{1}{5}-+\ldots+(-1)^n\cdot\frac{1}{n}$$

$$t(n)=0+\tfrac{1}{2}+0-\tfrac{1}{4}+0-+\ldots+h(n)$$

$$s(n)+t(n)=1+\tfrac{1}{3}-\tfrac{1}{2}+\tfrac{1}{5}+\tfrac{1}{7}-\tfrac{1}{4}++-\ldots+(-1)^n\cdot\frac{1}{n}+h(n)$$

Wegen Satz 12 ist $\lim\limits_{n\to\infty}[s(n)+t(n)]=\frac{3}{2}A$.

Die Terme von $s+t$ entsprechen den Termen von s in geänderter Reihenfolge. Trotzdem ist $s+t$ nicht dieselbe Reihe wie s. Man erhält also durch Umordnung einen anderen Grenzwert.

Schätzung des Abbruchfehlers mit Hilfe der Majorante

5. $s\colon n\mapsto s(n)=\sum\limits_{k=1}^{n}\dfrac{(-1)^k+2}{2^{k-1}}=1+\frac{3}{2}+\frac{1}{4}+\frac{3}{8}+\ldots+\dfrac{(-1)^n+2}{2^{n-1}}$.

Das Quotientenkriterium versagt; denn $\lim\limits_{k\to\infty}\dfrac{g(k+1)}{g(k)}=\lim\limits_{k\to\infty}\dfrac{(-1)^{n+1}+2}{(-1)^n+2}\cdot\dfrac{1}{2}$ existiert nicht, weil sich für gerade n der Häufungswert $\frac{1}{6}$, für ungerade n der Häufungswert $\frac{3}{2}$ ergibt.

Das Wurzelkriterium hingegen liefert $\lim\limits_{k\to\infty}\sqrt[k]{g(k)}=\lim\limits_{k\to\infty}\sqrt[k]{\dfrac{(-1)^k+2}{2^{k+1}}}=\dfrac{1}{2}<1$. Daher ist s (absolut) konvergent. s hat eine geometrische Reihe als konvergente Majorante:

$$|g(k)|=\left|\frac{(-1)^k+2}{2^{k-1}}\right|\leqq\frac{3}{2^{k-1}}.$$

Durch Vergleich mit 1.3.7.2, Seite 32 erhält man mit $a=3$; $q=\frac{1}{2}$:

Geom. Reihe: $3+3\cdot\frac{1}{2}+3\cdot\dfrac{1}{2^2}+\ldots+3\cdot\dfrac{1}{2^{n-1}}$;

$s(n)$: $1+\ \frac{3}{2}\ +\ \frac{1}{4}\ +\ldots+\dfrac{(-1)^n+2}{2^{n-1}}$.

$|$Abbruchfehler bei $s|\leqq|$Abbruchfehler bei geom. Reihe$|=\dfrac{|1.\text{ vernachlässigter Term}|}{1-q}$.

Soll der Grenzwert auf $\frac{1}{10}$ genau sein, so muß $3\cdot\dfrac{1}{2^n}<\dfrac{1}{10}$, d.h. $n>4$; der erste vernachlässigte Term darf also $\dfrac{(-1)^6+2}{2^5}$ sein. Der Grenzwert $\approx 3{,}2\pm 0{,}1$.

Beweis der Divergenz durch Minorante

6. Die durch $s(n)=\sum\limits_{k=1}^{n}\dfrac{1}{\sqrt{k(k-1)}}$ gegebene Reihe ist divergent, weil

$$g(k)=\frac{1}{\sqrt{k(k-1)}}>\frac{1}{\sqrt{k\cdot k}}=\frac{1}{k}.$$

Die harmonische Reihe ist eine divergente Minorante (Satz 6).

Reihenverdichtung

7. Die durch $s(n)=\sum_{k=2}^{n}\frac{1}{k\ln k}$ gegebene Reihe ist divergent, weil die verdichtete Reihe $\sum_{k=1}^{n}\frac{2^k}{2^k\cdot\ln 2^k}=\frac{1}{\ln 2}\sum_{k=1}^{n}\frac{1}{k}$ divergiert.

10.2.3 Spezielle Sätze über absolut konvergente Reihen

1. Ist eine Reihe absolut konvergent, so ändert sich der Grenzwert bei Vertauschung der $g(k)$ nicht.

2. Sind $s\colon s(n)=\sum_{k=1}^{n} g(k)$ und $t\colon t(n)=\sum_{k=1}^{n} h(k)$ zwei absolut konvergente Reihen mit den Grenzwerten A und B, so ist

$$\begin{aligned} s\cdot t\colon n\mapsto s(n)\cdot t(n)&=[g(1)+g(2)+\ldots+g(n)]\cdot[h(1)+h(2)+\ldots+h(n)]\\ &=\quad g(1)\cdot h(1)+g(1)\cdot h(2)+\ldots+g(1)\cdot h(n)\\ &\quad+g(2)\cdot h(1)+g(2)\cdot h(2)+\ldots+g(2)\cdot h(n)\\ &\quad\vdots\\ &\quad+g(n)\cdot h(1)+g(n)\cdot h(2)+\ldots+g(n)\cdot h(n)\end{aligned}$$

wieder eine absolut konvergente Reihe mit dem Grenzwert $A\cdot B$.

10.2.4 Spezielle numerische Reihen

(1) $\lim\limits_{n\to\infty}\left(1+\frac{1}{2}+\ldots+\frac{1}{n}-\ln n\right)=C_E$ (C_E Eulersche Konstante, $C_E\approx 0{,}5772$)

(2) $\sum_{n=1}^{\infty}(-1)^{n+1}\frac{1}{n}=1-\frac{1}{2}+\frac{1}{3}-\frac{1}{4}+-\ldots=\ln 2$

(3) $\sum_{n=0}^{\infty}\frac{1}{2^n}=1+\frac{1}{2}+\frac{1}{4}+\frac{1}{8}+\ldots=2$

(4) $\sum_{n=0}^{\infty}(-1)^n\frac{1}{2^n}=1-\frac{1}{2}+\frac{1}{4}-\frac{1}{8}+-\ldots=\frac{2}{3}$

(5) $\sum_{n=0}^{\infty}\frac{1}{n!}=1+\frac{1}{1!}+\frac{1}{2!}\ldots=e$

(6) $\sum_{n=0}^{\infty}(-1)^n\frac{1}{n!}=1-\frac{1}{1!}+\frac{1}{2!}-\frac{1}{3!}+-\ldots=\frac{1}{e}$

(7) $\sum_{n=1}^{\infty}\frac{1}{n(n+1)}=\frac{1}{1\cdot 2}+\frac{1}{2\cdot 3}+\frac{1}{3\cdot 4}+\ldots=1$

(8) $\sum_{n=1}^{\infty}\frac{1}{(2n-1)(2n+1)}=\frac{1}{1\cdot 3}+\frac{1}{3\cdot 5}+\frac{1}{5\cdot 7}+\ldots=\frac{1}{2}$

(9) $\sum_{n=1}^{\infty} \frac{1}{n(n+1)(n+2)} = \frac{1}{1\cdot 2\cdot 3} + \frac{1}{2\cdot 3\cdot 4} + \ldots = \frac{1}{4}$

(10) $\sum_{n=1}^{\infty} \frac{1}{n^2} = \frac{1}{1^2} + \frac{1}{2^2} + \frac{1}{3^2} + \ldots = \frac{\pi^2}{6}$

(11) $\sum_{n=1}^{\infty} (-1)^{n+1} \frac{1}{n^2} = \frac{1}{1^2} - \frac{1}{2^2} + \frac{1}{3^2} - + \ldots = \frac{\pi^2}{12}$

(12) $\sum_{n=0}^{\infty} \frac{1}{(2n+1)^2} = \frac{1}{1^2} + \frac{1}{3^2} + \frac{1}{5^2} + \ldots = \frac{\pi^2}{8}$

(13) $\sum_{n=1}^{\infty} \frac{1}{n^{2k}} = \frac{1}{1^{2k}} + \frac{1}{2^{2k}} + \frac{1}{3^{2k}} + \ldots = \frac{\pi^{2k} 2^{2k-1}}{(2k)!} |B_{2k}|$

(14) $\sum_{n=1}^{\infty} (-1)^{n+1} \frac{1}{n^{2k}} = \frac{1}{1^{2k}} - \frac{1}{2^{2k}} + \frac{1}{3^{2k}} + - \ldots = \frac{\pi^{2k}(2^{2k-1}-1)}{(2k)!} |B_{2k}|$

(15) $\sum_{n=0}^{\infty} \frac{1}{(2n+1)^{2k}} = \frac{1}{1^{2k}} + \frac{1}{3^{2k}} + \frac{1}{5^{2k}} + \ldots = \frac{\pi^{2k}(2^{2k}-1)}{2\cdot(2k)!} |B_{2k}|$

(B_k: Bernoullische Zahlen, 10.2.7.4, Nr. (44), Seite 492)

(16) $\sum_{n=1}^{\infty} (-1)^{n+1} \frac{1}{(2n-1)^{2k+1}} = \frac{1}{1^{2k+1}} - \frac{1}{3^{2k+1}} + \frac{1}{5^{2k+1}} - + \ldots = \frac{\pi^{2k+1}}{(2k)!\, 2^{2k+2}} |E_{2k}|$

(E_k: Eulersche Zahlen, 10.2.7.4, Nr. (43), Seite 491)

10.2.5 Funktionsreihen

10.2.5.1 Definitionen

Funktionsreihe

Ist in der Reihe s: $n \mapsto s(n) = \sum_{k=1}^{n} g(k)$ der Wert $g(k)$ außer von k noch von einer weiteren Größe x abhängig, so ist das Konvergenzverhalten der Reihe und ihr Grenzwert i. allg. ebenfalls von x abhängig:

$$x \mapsto \lim_{n \to \infty} \sum_{k=1}^{n} g(k, x) = \sum_{k=1}^{\infty} g(k, x).$$

Die Reihe s wird als Funktionsreihe bezeichnet; es gelten für sie als spezielle Reihe die allgemeinen Sätze von 10.2.2, Seite 476.

Gleichmäßige Konvergenz

Ist die Forderung $\left| \sum_{k=1}^{\infty} g(k,x) - s_n \right| = \left| \lim_{n\to\infty} \sum_{k=1}^{n} g(k,x) - \sum_{k=1}^{n} g(k,x) \right| < \varepsilon$ bei beliebigem ε für alle n von einem bestimmten n_0 ab erfüllt und kann n_0 in einem Intervall $a \leqq x \leqq b$ nur von ε, nicht aber von x abhängig angegeben werden, so heißt die Reihe in diesem Intervall gleichmäßig konvergent. Das Konvergenzverhalten ist also von x unabhängig; der Grenzwert selbst wird i. allg. von x abhängen.

10.2.5.2 Sätze über gleichmäßig konvergente Funktionsreihen

1. Ist eine numerische Reihe M: $n \mapsto M(n) = \sum_{k=1}^{n} h(k)$ mit $h(k) > 0$ konvergent und ist für eine Funktionsreihe $s: n \mapsto s(n) = \sum_{k=1}^{n} g(k,x)$ von einem bestimmten n_0 ab die Bedingung $|g(k,x)| < h(k)$ in einem Intervall $a \leqq x \leqq b$ erfüllt, so konvergiert s gleichmäßig (und absolut) in dem Intervall $a \leqq x \leqq b$ (Satz von Weierstraß).

2. Konvergiert die Funktionsreihe s in einem Intervall gleichmäßig, und sind die $g(k,x)$ in diesem Intervall stetige Funktionen von x, so hängt der Grenzwert der Reihe ebenfalls stetig von x ab.

   Ist die Konvergenz nicht gleichmäßig, so kann trotz Stetigkeit der $g(k,x)$ der Grenzwert unstetig von x abhängen.

3. Gilt f: $x \mapsto \sum_{k=1}^{\infty} g(k,x) = f(x)$ und ist die Reihe in einem Intervall $a \leqq x \leqq b$ gleichmäßig konvergent, so ist $\int f(x)\,dx = \sum_{k=1}^{\infty} \int g(k,x)\,dx$; man kann termweise integrieren, falls die $g(k,x)$ integrierbar sind.

4. Gilt f: $x \mapsto \sum_{k=1}^{\infty} g(k,x) = f(x)$ und ist die bei termweiser Ableitung entstehende Reihe $\sum_{k=1}^{\infty} g'(k,x)$ in einem Intervall gleichmäßig konvergent, so ist auch $\sum_{k=1}^{\infty} g(k,x)$ in diesem Intervall gleichmäßig konvergent und es gilt dort $f'(x) = \sum_{k=1}^{\infty} g'(k,x)$.

B

Zu 10.2.5

Absolut, aber nicht gleichmäßig konvergente Reihe

1. $s: n \mapsto s(n) = \sum_{k=1}^{n} \frac{x^2}{(1+x^2)^{k-1}}$.

   s ist für $x \neq 0$ eine geometrische Reihe mit $q = \frac{1}{1+x^2}$.

   $$\lim_{n \to \infty} s(n) = \sum_{k=1}^{\infty} \frac{x^2}{(1+x^2)^{k-1}} = \frac{x^2}{1 - \frac{1}{1+x^2}} = 1 + x^2$$

   s ist für $x = 0$ konvergent mit dem Grenzwert 0.

   Also ist durch $\sum_{k=1}^{\infty} \frac{x^2}{(1+x^2)^{k-1}} = \begin{cases} 1+x^2 & \text{für } x \neq 0 \\ 0 & \text{für } x = 0 \end{cases}$ eine Funktion $x \mapsto f(x)$ definiert.

   Die Reihe s ist zwar absolut, aber nicht gleichmäßig konvergent. Denn der Abbruchfehler bei Abbruch hinter dem Term $\frac{x^2}{(1+x^2)^{n-1}}$ ist $\frac{x^2}{(1+x^2)^n} \cdot \frac{1}{1 - \frac{1}{1+x^2}} = \frac{1}{(1+x^2)^{n-1}}$.

Die Bedingung $\frac{1}{(1+x^2)^{n-1}} < \varepsilon$ führt zu $n > \frac{\ln\frac{1}{\varepsilon}}{\ln(1+x^2)} + 1$.

Ist $|x| \geqq |x_0| \neq 0$, so kann n unabhängig von x gleichmäßig für alle x gewählt werden: $n > \frac{\ln\frac{1}{\varepsilon}}{\ln(1+x_0^2)} + 1$; d.h. für $|x| \geqq |x_0| \neq 0$ konvergiert die Reihe gleichmäßig.

Läßt man beliebig nahe an 0 gelegene x zu, so ist n nicht mehr unabhängig von x anzugeben.

Leitet man die einzelnen Terme der Reihe s ab, so ergibt sich

$$\sum_{k=1}^{n} \frac{2x(1+x^2)^{k-1} - x^2(k-1)(1+x^2)^{k-2} \cdot 2x}{(1+x^2)^{2k-2}} = 2x \sum_{k=1}^{n} \frac{1}{(1+x^2)^{k-1}} - 2x^3 \sum_{k=1}^{n} \frac{k-1}{(1+x^2)^{k-1}}.$$

Die erste Reihe ist wieder geometrisch mit $a=1$, $q=\frac{1}{1+x^2}$; daher ist ihr Grenzwert $2x \cdot \frac{1}{1-\frac{1}{1+x^2}} = \frac{2}{x} + 2x$.

Der Grenzwert der zweiten Reihe wird mit Hilfe einer Integration ermittelt.

Die zweite Reihe ist sicher für $|x| \geqq |x_0| \neq 0$ (nach den Quotientenkriterium) absolut und gleichmäßig konvergent, weil

$$\lim_{k\to\infty} \frac{k \cdot (1+x^2)}{(1+x^2)^{k+1}(k-1)} = \frac{1}{1+x^2} \cdot \lim_{k\to\infty} \frac{k}{k-1} = \frac{1}{1+x^2} < 1.$$

Daher darf man termweise integrieren und erhält die Stammfunktion des Grenzwertes der Reihe. Die Substitution $u = \frac{1}{1+x^2}$ führt auf die integrierten Terme $-\frac{1}{u^{k-1}}$

$-\sum_{k=1}^{\infty} \frac{1}{u^{k-1}} = -\frac{1}{1-\frac{1}{u}} = -\frac{u}{u-1}$; daher ist $\sum_{k=1}^{\infty} \frac{k-1}{(1+x^2)^k} = -\left(\frac{u}{u-1}\right)' = \frac{1}{(u-1)^2} = \frac{1}{x^4}$.

Daher hat man für die Ableitung des Grenzwertes der ursprünglich gegebenen Reihe s:

$$\left[\sum_{k=1}^{\infty} \frac{x^2}{(1+x^2)^{k-1}}\right]' = \frac{2}{x} + 2x - 2x^3 \cdot \frac{1}{x^4} = 2x \quad (x \neq 0).$$

Satz von Weierstraß

2. Die Reihe $s\colon n \mapsto s(n) = \sum_{k=1}^{n} \frac{\sin kx}{k^2}$ ist in $\mathbb{R}$ absolut und gleichmäßig konvergent, denn es ist $|g(k,x)| = \left|\frac{\sin kx}{k^2}\right| \leqq \frac{1}{k^2}$. Die Reihe $\sum_{k=1}^{n} \frac{1}{k^2}$ ist jedoch konvergent (10.2.4, Nr. (10), Seite 482); Anwendung von Satz 1 (Weierstraß).

3. Die aus der Reihe von Beispiel 2 durch termweises Ableiten entstehende Reihe ist jedoch nicht überall in $\mathbb{R}$ konvergent. Denn $\sum_{k=1}^{n} \frac{\cos kx}{k}$ gibt für $x=0+2p\pi (p\in\mathbb{Z})$ die harmonische Reihe, die nicht konvergiert.

Für $x=\pi+2p\pi (p\in\mathbb{Z})$ ist die Konvergenz sofort mit der Leibnizschen Regel zu erkennen.

Für andere x wird der Beweis der absoluten und gleichmäßigen Konvergenz mit Hilfe des Satzes von Cauchy geführt:

$$|s(m)-s(n)| = \left|\frac{\cos(n+1)x}{n+1)} + \frac{\cos(n+2)x}{n+2} + \ldots + \cos\frac{mx}{m}\right|$$

$$= \frac{1}{\left|\sin\frac{x}{2}\right|} \cdot \left|\frac{\sin\frac{x}{2}\cdot\cos(n+1)x}{n+1} + \frac{\sin\frac{x}{2}\cdot\cos(n+2)x}{n+2} + \ldots + \frac{\sin\frac{x}{2}\cos mx}{m}\right|$$

$$= \frac{1}{2\left|\sin\frac{x}{2}\right|} \left|\frac{-\sin(n+\frac{1}{2})x}{n+1} + \frac{\sin(n+\frac{3}{2})x}{n+1} - \frac{\sin(n+\frac{3}{2})x}{n+2} + \frac{\sin(n+\frac{5}{2})x}{n+2} - + \ldots \right.$$

$$\left. - \frac{\sin(m-\frac{1}{2})x}{m} + \frac{\sin(m+\frac{1}{2})x}{m}\right|$$

$$= \frac{1}{2\left|\sin\frac{x}{2}\right|} \left| -\frac{\sin(n+\frac{1}{2})x}{n+1} + \left(\frac{1}{n+1} - \frac{1}{n+2}\right)\sin\left(n+\frac{3}{2}\right)x + \ldots \right.$$

$$\left. + \left(\frac{1}{m} - \frac{1}{m-1}\right)\sin\left(m-\frac{1}{2}\right)x + \frac{\sin(m+\frac{1}{2})x}{m}\right|$$

$$\leqq \frac{1}{2\left|\sin\frac{x}{2}\right|} \left|\frac{1}{n+1} + \frac{1}{(n+1)(n+2)} + \ldots + \frac{1}{(m-1)\cdot m} + \frac{1}{m}\right| < \frac{1}{2a}\cdot\varepsilon$$

denn es ist $\left|\sin\frac{x}{2}\right| \geqq a$, weil $x \neq 0;\ \neq \pi$; der zweite Term kann $<\varepsilon$ gemacht werden, weil auf die konvergente Reihe $\sum_{k=1}^{n} \frac{1}{k(k+1)}$ der Satz von Cauchy anwendbar ist.

Aus der gleichmäßigen Konvergenz der Ausgangsreihe braucht also nicht die Konvergenz der abgeleiteten Reihe im gleichen Intervall zu folgen (Satz 4).

Die aus der Reihe von Beispiel 2 durch termweises Integrieren entstehende Reihe $-\sum_{k=1}^{n} \frac{\cos kx}{k^3}$ ist dagegen in $\mathbb{R}$ gleichmäßig und absolut konvergent (Satz 3).

10.2.6 Riemannsche Zetafunktion

$$g(k,x)=\frac{1}{k^x};\quad s(n)=\sum_{k=1}^{n}\frac{1}{k^x}=\frac{1}{1^x}+\frac{1}{2^x}+\ldots+\frac{1}{n^x}.$$

s ist für $x>1$ gleichmäßig konvergent

$$\zeta(x)=\lim_{n\to\infty} s(n)=\sum_{k=1}^{\infty}\frac{1}{k^x}.$$

10.2.7 Potenzreihen

10.2.7.1 Definitionen

Potenzreihe

Eine Potenzreihe ist eine spezielle Funktionenreihe (10.2.5, Seite 482) mit

$$g(k,x)=a_k(x-x_0)^k.$$

Ihr Grenzwert ist von x abhängig:

$$f\colon x\mapsto f(x)=\lim_{n\to\infty}\sum_{k=0}^{n} a_k(x-x_0)^k=\sum_{k=0}^{\infty} a_k(x-x_0)^k.$$

Zusammenhang mit Taylorreihe

Ist bei einer Taylorreihe $\lim\limits_{n\to\infty} R_n=0$ (6.8.7, Seite 198), so ist sie eine konvergente Potenzreihe.

10.2.7.2 Sätze über Potenzreihen

1. Ist eine Potenzreihe für einen Wert x_k konvergent, so ist sie für jedes x mit $|x-x_0|<|x_k-x_0|$ konvergent.
2. Das gesamte Intervall, in dem eine Potenzreihe konvergiert, heißt Konvergenzstrecke.

   Es gilt:

   Eine Potenzreihe ist sicher für $|x-x_0|<r=\lim\limits_{n\to\infty}\left|\frac{a_n}{a_{n+1}}\right|$ oder $=\frac{1}{\lim\limits_{n\to\infty}\sqrt[n]{|a_n|}}$ konvergent; ist $\left|\frac{a_n}{a_{n+1}}\right|$ unbeschränkt oder $\lim\limits_{n\to\infty}\sqrt[n]{|a_n|}=0$, so ist die Potenzreihe für alle $x\in\mathbb{R}$ konvergent.

   Die Konvergenz an den Randpunkten x mit $|x-x_0|=r$ ist gesondert zu untersuchen.

   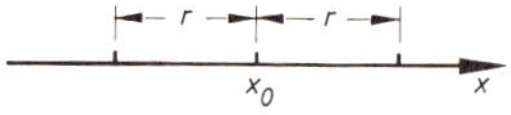

3. Die Potenzreihe konvergiert jedem abgeschlossenen Teilintervall der Konvergenzstrecke absolut und gleichmäßig; die Funktion $f\colon x\mapsto\sum\limits_{k=0}^{\infty} a_k(x-x_0)^k$ ist dort gleichmäßig stetig.
4. Potenzreihen sind in jedem inneren Punkt der Konvergenzstrecke beliebig oft termweise integrierbar und differenzierbar. Ableitungen und Stammfunktionen haben dieselbe Konvergenzstrecke wie die ursprüngliche Potenzreihe.

10.2.7.3 Rechenregeln für Potenzreihen

1. Eine Potenzreihe $\sum\limits_{k=0}^{n} a_k(x-x_0)^k$ mit Konvergenzstrecke r_0 kann in $\sum\limits_{k=0}^{\infty} b_k(x-x_1)^k$ umgeschrieben werden, wenn $|x_1-x_0|<r_0$. Es ist

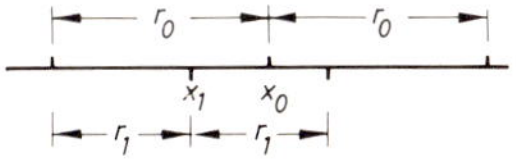

$$b_k=\sum_{\lambda=0}^{\infty}\binom{\lambda+k}{k}\cdot a_{\lambda+k}\cdot(x_1-x_0)^{\lambda}.$$

Für die Konvergenzstrecken gilt $r_1<r_0-|x_1-x_0|$.

2. Produkt: Konvergente Potenzreihen dürfen wie Polynome multipliziert werden:

$$\begin{aligned}&(a_0+a_1x+a_2x^2+\ldots)(b_0+b_1x+b_1x+b_2x^2+\ldots)\\&\quad=a_0b_0+(a_0b_1+a_1b_0)x+(a_0b_2+a_1b_1+a_2b_0)x^2\\&\quad\quad+(a_0b_3+a_1b_2+a_2b_1+a_3b_0)x^3+\ldots\end{aligned}$$

(Die Summe der Indizes eines Produktes in jeder Klammer ist gleich dem Exponenten von x). Speziell gilt:

$$(a_0+a_1x+a_2x^2+\ldots)^2=b_0+b_1x+b_2x^2+\ldots$$

mit

$$\begin{aligned}b_0&=a_0^2 & b_1&=2a_0a_1\\ b_2&=a_1^2+2a_0a_2 & b_3&=2(a_0a_3+a_1a_2)\\ b_4&=a_2^2+2a_0a_4+2a_1a_3 & b_5&=2(a_0a_5+a_1a_4+a_2a_3)\end{aligned}$$

3. Quotient: Der Quotient

$$\frac{a_0+a_1x+a_2x^2+\ldots}{b_0+b_1x+b_2x^2+\ldots}\quad(b_0\neq 0)$$

zweier konvergenter Potenzreihen wird gebildet, indem man

a) den Ansatz

$$\frac{a_0+a_1x+a_2x^2+\ldots}{b_0+b_1x+b_2x^2+\ldots}=c_0+c_1x+c_2x^2+\ldots$$

mit dem Nenner erweitert und durch Koeffizientenvergleich der Potenzen von x die Koeffizienten c_λ bestimmt.

b) die Reihen wie Polynome dividiert:

$$\begin{aligned}&a_0(1+\alpha_1x+\alpha_2x^2+\ldots):b_0(1+\beta_1x+\beta_2x^2+\ldots)\\&\underline{-1-\beta_1x-\beta_2x^2-\ldots}\\&\quad(\alpha_1-\beta_1)x+(\alpha_2-\beta_2)x^2+\ldots\\&\underline{-(\alpha_1-\beta_1)x-(\alpha_1\beta_1-\beta_1^2)x^2-\ldots}\\&\quad\quad(\alpha_2-\alpha_1\beta_1+\beta_1^2-\beta_2)x^2+\ldots\\&\qquad\qquad\text{usw.}\end{aligned}$$

$$=\frac{a_0}{b_0}[1+(\alpha_1-\beta_1)x+(\alpha_2-\alpha_1\beta_1+\beta_1^2-\beta_2)x^2+\ldots].$$

Speziell gilt:

$$\frac{1}{a_0+a_1x+a_2x^2+\dots}=b_0+b_1x+b_2x^2+\dots$$

mit $b_0=\frac{1}{a_0}$ $\qquad b_1=\frac{-1}{a_0^2}a_1$

$$b_2=\frac{1}{a_0^3}(a_1^2-a_0a_2) \qquad b_3=\frac{1}{a_0^4}(-a_1^3+2a_0a_1a_2-a_0^2a_3)$$

$$b_4=\frac{1}{a_0^5}\left[a_1^4-3a_0a_1^2a_2+a_0^2(2a_1a_3+a_2^2)-a_0^3a_4\right]$$

10.2.7.4 Spezielle Potenzreihen

Funktion	Potenzreihe	Konvergenz-Bereich
	Binomische Reihen:	
(1) $(1\pm x)^n$	$1\pm\binom{n}{1}x+\binom{n}{2}x^2\pm\binom{n}{3}x^3+\dots(n>0)$	$\lvert x\rvert\leqq 1$
(2) $(1\pm x)^{1/2}$	$1\pm\frac{1}{2}x-\frac{1\cdot1}{2\cdot4}x^2\pm\frac{1\cdot1\cdot3}{2\cdot4\cdot6}x^3-\frac{1\cdot1\cdot3\cdot5}{2\cdot4\cdot6\cdot8}x^4\pm\dots$	$\lvert x\rvert\leqq 1$
	$=1\pm\frac{1}{2}x-\frac{1}{8}x^2\pm\frac{1}{16}x^3-\frac{5}{128}x^4\pm\frac{7}{256}x^5-\frac{21}{1024}x^6\pm\dots$	
(3) $(1\pm x)^{1/3}$	$1\pm\frac{1}{3}x-\frac{1\cdot2}{3\cdot6}x^2\pm\frac{1\cdot2\cdot5}{3\cdot6\cdot9}x^3-\frac{1\cdot2\cdot5\cdot8}{3\cdot6\cdot9\cdot12}x^4\pm\dots$	$\lvert x\rvert\leqq 1$
	$=1\pm\frac{1}{3}x-\frac{1}{9}x^2\pm\frac{5}{81}x^3-\frac{10}{243}x^4\pm\frac{22}{729}x^5-\frac{154}{6561}x^6\pm\dots$	
(4) $(1\pm x)^{1/4}$	$1\pm\frac{1}{4}x-\frac{1\cdot3}{4\cdot8}x^2\pm\frac{1\cdot3\cdot7}{4\cdot8\cdot12}x^3-\frac{1\cdot3\cdot7\cdot11}{4\cdot8\cdot12\cdot16}x^4\pm\dots$	$\lvert x\rvert\leqq 1$
	$=1\pm\frac{1}{4}x-\frac{3}{32}x^2\pm\frac{7}{128}x^3-\frac{77}{2048}x^4\pm\frac{231}{8192}x^5-\dots$	
(5) $(1\pm x)^{3/2}$	$1\pm\frac{3}{2}x+\frac{3\cdot1}{2\cdot4}x^2\mp\frac{3\cdot1\cdot1}{2\cdot4\cdot6}x^3+\frac{3\cdot1\cdot1\cdot3}{2\cdot4\cdot6\cdot8}x^4\mp\dots$	
	$=1\pm\frac{3}{2}x+\frac{3}{8}x^2\mp\frac{1}{16}x^3+\frac{3}{128}x^4\mp\frac{3}{256}x^5+\frac{7}{1024}x^6\mp\dots$	$\lvert x\rvert\leqq 1$
(6) $\sqrt[q]{(1\pm x)^p}$	$1\pm\frac{p}{q}x+\frac{p(p-q)}{q\cdot2q}x^2\pm\frac{p(p-q)(p-2q)}{q\cdot2q\cdot3q}x^3+\dots$	$\lvert x\rvert\leqq 1$
(7) $\frac{1}{(1\pm x)^n}$	$1\mp\frac{n}{1}x+\frac{n(n+1)}{1\cdot2}x^2\mp\frac{n(n+1)(n+2)}{1\cdot2\cdot3}x^3+\dots\quad(n>0)$	$\lvert x\rvert<1$

Funktion	Potenzreihe	Konvergenz-Bereich
(8) $\frac{1}{(1\pm x)^{1/4}}$	$1\mp\frac{1}{4}x+\frac{1\cdot 5}{4\cdot 8}x^2\mp\frac{1\cdot 5\cdot 9}{4\cdot 8\cdot 12}x^3+\frac{1\cdot 5\cdot 9\cdot 13}{4\cdot 8\cdot 12\cdot 16}x^4\mp\ldots$	$\lvert x\rvert<1$
	$=1\mp\frac{1}{4}x+\frac{5}{32}x^2\mp\frac{15}{128}x^3+\frac{195}{2048}x^4\mp\frac{663}{8192}x^5+\ldots$	
(9) $\frac{1}{(1\pm x)^{1/3}}$	$1\mp\frac{1}{3}x+\frac{1\cdot 4}{3\cdot 6}x^2\mp\frac{1\cdot 4\cdot 7}{3\cdot 6\cdot 9}x^3+\frac{1\cdot 4\cdot 7\cdot 10}{3\cdot 6\cdot 9\cdot 12}x^4\mp\ldots$	$\lvert x\rvert<1$
	$=1\mp\frac{1}{3}x+\frac{2}{9}x^2\mp\frac{14}{81}x^3+\frac{35}{243}x^4\mp\frac{91}{729}x^5+\frac{728}{6561}x^6\mp\ldots$	
(10) $\frac{1}{(1\pm x)^{1/2}}$	$1\mp\frac{1}{2}x+\frac{1\cdot 3}{2\cdot 4}x^2\mp\frac{1\cdot 3\cdot 5}{2\cdot 4\cdot 6}x^3+\frac{1\cdot 3\cdot 5\cdot 7}{2\cdot 4\cdot 6\cdot 8}x^4\mp\ldots$	$\lvert x\rvert<1$
	$=1\mp\frac{1}{2}x+\frac{3}{8}x^2\mp\frac{5}{16}x^3+\frac{35}{128}x^4\mp\frac{63}{256}x^5+\frac{231}{1024}x^6\mp\ldots$	
(11) $\frac{1}{(1\pm x)^{3/2}}$	$1\mp\frac{3}{2}x+\frac{3\cdot 5}{2\cdot 4}x^2\mp\frac{3\cdot 5\cdot 7}{2\cdot 4\cdot 6}x^3+\frac{3\cdot 5\cdot 7\cdot 9}{2\cdot 4\cdot 6\cdot 8}x^4\mp\ldots$	$\lvert x\rvert<1$
	$=1\mp\frac{3}{2}x+\frac{15}{8}x^2\mp\frac{35}{16}x^3+\frac{315}{128}x^4\mp\frac{693}{256}x^5+\ldots$	
(12) $\frac{1}{\sqrt[q]{1\pm x^p}}$	$1\mp\frac{p}{q}x+\frac{p(p+q)}{q\cdot 2q}x^2\mp\frac{p(p+q)(p+2q)}{q\cdot 2q\cdot 3q}x^3+\ldots$	$\lvert x\rvert<1$
(13) $\frac{1}{1\pm x}$	$1\mp x+x^2\mp x^3+x^4\mp\ldots$	$\lvert x\rvert<1$
(14) $\frac{1}{(1\pm x)^2}$	$1\mp 2x+3x^2\mp 4x^3+5x^4\mp\ldots$	$\lvert x\rvert<1$
(15) $\frac{1}{(1\pm x)^3}$	$1\mp\frac{3}{1}x+\frac{3\cdot 4}{1\cdot 2}x^2\mp\frac{3\cdot 4\cdot 5}{1\cdot 2\cdot 3}x^3+\ldots$	$\lvert x\rvert<1$
	Reihen der elementaren Funktionen	
(16) e^x	$1+\frac{x}{1!}+\frac{x^2}{2!}+\frac{x^3}{3!}+\ldots$	$\lvert x\rvert<\infty$
(17) e^{-x}	$1-\frac{x}{1!}+\frac{x^2}{2!}-\frac{x^3}{3!}+\ldots$	$\lvert x\rvert<\infty$
(18) a^x	$1+\frac{\ln a}{1!}x+\frac{(\ln a)^2}{2!}x^2+\ldots$	$\lvert x\rvert<\infty$
(19) $\ln(1+x)$	$x-\frac{x^2}{2}+\frac{x^3}{3}-\frac{x^4}{4}+\ldots$	$-1<x\leqq 1$

Funktion	Potenzreihe	Konvergenz-Bereich
(20) $\ln(1-x)$	$-\left[x+\frac{x^2}{2}+\frac{x^3}{3}+\frac{x^4}{4}+\ldots\right]$	$-1\leqq x<1$
(21) $\ln\frac{1+x}{1-x}$	$2\left[x+\frac{x^3}{3}+\frac{x^5}{5}+\frac{x^7}{7}+\ldots\right]$	$\|x\|<1$
(22) $\ln x$	$2\left[\frac{x-1}{x+1}+\frac{1}{3}\left(\frac{x-1}{x+1}\right)^3+\frac{1}{5}\left(\frac{x-1}{x+1}\right)^5+\ldots\right]$	$x>0$
(23) $\ln x$	$(x-1)-\frac{1}{2}(x-1)^2+\frac{1}{3}(x-1)^3-\frac{1}{4}(x-1)^4+-\ldots$	$0<x\leqq 2$
(24) $\ln\|\sin x\|$	$\ln\|x\|-\frac{x^2}{6}-\frac{x^4}{180}-\frac{x^6}{2835}-\ldots-\frac{2^{2n-1}\|B_{2n}\|}{n(2n)!}x^{2n}-\ldots$ [1]	$0<\|x\|<\pi$
(25) $\ln\cos x$	$-\left[\frac{x^2}{2}+\frac{x^4}{12}+\frac{x^6}{45}+\frac{17}{2520}x^8+\ldots\right.$	$-\frac{\pi}{2}<x<\frac{\pi}{2}$
	$\left.+\frac{2^{2n-1}(2^{2n}-1)\|B_{2n}\|}{n(2n)!}x^{2n}+\ldots\right]$ [1]	
(26) $\ln\|\tan x\|$	$\ln\|x\|+\frac{1}{3}x^2+\frac{7}{90}x^4+\frac{62}{2835}x^6+\ldots$	$0<\|x\|<\frac{\pi}{2}$
	$+\frac{2^{2n}(2^{2n-1}-1)\|B_{2n}\|}{n(2n)!}x^{2n}+\ldots$ [1]	
(27) $\sin x$	$x-\frac{x^3}{3!}+\frac{x^5}{5!}-\frac{x^7}{7!}+\ldots$	$\|x\|<\infty$
(28) $\cos x$	$1-\frac{x^2}{2!}+\frac{x^4}{4!}-\frac{x^6}{6!}+\ldots$	$\|x\|<\infty$
(29) $\tan x$	$x+\frac{x^3}{3}+\frac{2x^5}{3\cdot 5}+\frac{17x^7}{3^2\cdot 5\cdot 7}+\frac{62x^9}{3^2\cdot 5\cdot 7\cdot 9}+\ldots$	
	$+\frac{2^{2n}(2^{2n}-1)\|B_{2n}\|}{(2n)!}x^{2n-1}+\ldots$ [1]	$\|x\|<\frac{\pi}{2}$
(30) $\cot x$	$\frac{1}{x}-\frac{x}{3}-\frac{x^3}{3^2\cdot 5}-\frac{2x^5}{3^3\cdot 5\cdot 7}-\frac{x^7}{3^3\cdot 5^2\cdot 7}-\ldots$	$0<\|x\|<\pi$
	$-\frac{2^{2n}\|B_{2n}\|}{(2n)!}x^{2n-1}+\ldots$ [1]	
(31) $\arcsin x$	$x+\frac{x^3}{2\cdot 3}+\frac{1\cdot 3\cdot x^5}{2\cdot 4\cdot 5}+\frac{1\cdot 3\cdot 5\cdot x^7}{2\cdot 4\cdot 6\cdot 7}+\ldots$	$\|x\|<1$
(32) $\arccos x$	$\frac{\pi}{2}-\arcsin x$	

[1] B_n sind die Bernoullischen Zahlen s. Nr. (44).

Funktion	Potenzreihe	Konvergenz-Bereich
(33) $\arctan x$	$x-\frac{x^3}{3}+\frac{x^5}{5}-\frac{x^7}{7}+\dots$	$\|x\|<1$
(34) $\operatorname{arccot} x$	$\frac{\pi}{2}-\arctan x$	
(35) $\sinh x$	$x+\frac{x^3}{3!}+\frac{x^5}{5!}+\frac{x^7}{7!}+\dots$	$\|x\|<\infty$
(36) $\cosh x$	$1+\frac{x^2}{2!}+\frac{x^4}{4!}+\frac{x^6}{6!}+\dots$	$\|x\|<\infty$
(37) $\tanh x$	$x-\frac{x^3}{3}+\frac{2x^5}{3\cdot 5}-\frac{17x^7}{3^2\cdot 5\cdot 7}+\frac{62x^9}{3^2\cdot 5\cdot 7\cdot 9}-+\dots$ $+\frac{2^{2n}(2^{2n}-1)B_{2n}}{(2n)!}\cdot x^{2n-1}+\dots$ [1]	$\|x\|<\frac{\pi}{2}$
(38) $\coth x$	$\frac{1}{x}+\frac{x}{3}-\frac{x^3}{3^2\cdot 5}+\frac{2x^5}{3^3\cdot 5\cdot 7}-\frac{x^7}{3^3\cdot 5^2\cdot 7}+\dots$ $+\frac{2^{2n}\cdot B_{2n}}{(2n)!}x^{2n-1}+\dots$ [1]	$0<x<\pi$
(39) $\operatorname{arsinh} x$	$x-\frac{x^3}{2\cdot 3}+\frac{1\cdot 3\cdot x^5}{2\cdot 4\cdot 5}-\frac{1\cdot 3\cdot 5\cdot x^7}{2\cdot 4\cdot 6\cdot 7}+-\dots$	$\|x\|<1$
(40) $\operatorname{arcosh} x$	$\ln(2x)-\frac{1}{2\cdot 2x^2}-\frac{1\cdot 3}{2\cdot 4\cdot 4x^4}-\frac{1\cdot 3\cdot 5}{2\cdot 4\cdot 6\cdot 6x^6}-\dots$	$x>1$
(41) $\operatorname{artanh} x$	$x+\frac{x^3}{3}+\frac{x^5}{5}+\frac{x^7}{7}+\dots$	$\|x\|<1$
(42) $\operatorname{arcoth} x$	$\frac{1}{x}+\frac{1}{3x^3}+\frac{1}{5x^5}+\frac{1}{7x^7}+\dots$	$\|x\|>1$
(43) $\frac{1}{\cos x}$	$1+\|E_2\|\frac{x^2}{2!}+\|E_4\|\frac{x^4}{4!}+\|E_6\|\frac{x^6}{6!}+\dots$ $=\sum_{\lambda=0}^{\infty}\frac{\|E_{2\lambda}\|x^{2\lambda}}{(2\lambda)!}$ Hierin sind E_n die *Eulerschen Zahlen.* Sie genügen der Rekursionsformel $(E+1)^n+(E-1)^n=0 \quad n\geqq 1, \quad E_0=1$ (die Klammern sind wie Binome zu entwickeln und die Hochzahlen von E als Indizes aufzufassen)	$\|x\|<\frac{\pi}{2}$

[1] B_n sind die Bernoullischen Zahlen s. Nr. (44).

Funktion	Potenzreihe	Konvergenz-Bereich

Es ist $E_{2n-1} = 0$ für $n \geqq 1$

n	E_n	n	E_n
2	-1	12	$2\,702\,765$
4	5	14	$-199\,360\,981$
6	-61	16	$19\,391\,512\,145$
8	$1\,385$		
10	$-50\,521$		

(44) $\dfrac{x}{e^x - 1}$

$B_0 + B_1 x + B_2 \dfrac{x^2}{2!} + B_4 \dfrac{x^4}{4!} + \ldots$

$|x| < 2\pi$

Hierin sind B_λ die *Bernoullischen Zahlen*. Sie genügen der Rekursionsformel

$$B_0 = 1, \quad B_n = (B+1)^n, \quad n \geqq 2$$

(die Klammer ist wie ein Binom zu entwickeln und die Hochzahlen von B sind dann als Indizes aufzufassen)

Es ist $B_{2n+1} = 0$ für $n \geqq 1$

n	B_n	n	B_n	n	B_n[1]
1	$-\dfrac{1}{2}$	8	$-\dfrac{1}{30}$	16	$-\dfrac{3617}{510}$
2	$\dfrac{1}{6}$	10	$\dfrac{5}{66}$	18	$\dfrac{43\,867}{798}$
4	$-\dfrac{1}{30}$	12	$-\dfrac{691}{2730}$	20	$-\dfrac{174\,611}{330}$
6	$\dfrac{1}{42}$	14	$\dfrac{7}{6}$		

Die Bernoullischen Zahlen bilden eine stark wachsende Zahlenfolge. Es gilt

$$\lim_{n \to \infty} \left| \frac{B_{2n}}{B_{2n+2}} \right| = 0$$

$$\frac{2^2 (2n)!}{(2\pi)^{2n}} > |B_{2n}| > \frac{2 (2n)!}{(2\pi)^{2n}}$$

10.2.7

Taylorreihe als Potenzreihe

1. Die Funktion $f(x)=\cos(\omega x+\varphi)$ ist an der Stelle $x_0=0$ in eine Taylor-Reihe zu entwickeln.

Bildet man die Ableitungen, so erhält man

$$\begin{aligned} & & f(0) &= \cos\varphi \\ f'(x) &= -\omega \sin(\omega x+\varphi) & f'(0) &= -\omega \sin\varphi \\ f''(x) &= -\omega^2 \cos(\omega x+\varphi) & f''(0) &= -\omega^2 \cos\varphi \\ f'''(x) &= +\omega^3 \sin(\omega x+\varphi) & f'''(0) &= \omega^3 \sin\varphi \quad \text{usw.} \end{aligned}$$

Die Taylorsche (Mac Laurinsche) Reihe an der Stelle $x_0=0$ lautet daher

$$\cos(\omega x+\varphi)=\cos\varphi-\omega\sin\varphi\frac{x}{1!}-\omega^2\cos\varphi\frac{x^2}{2!}+\omega^3\sin\varphi\frac{x^3}{3!}+\omega^4\cos\varphi\frac{x^4}{4!}-+\dots.$$

Für $\varphi=0$ und $\omega=1$ erhält man die Reihenentwicklung für $\cos x$:

$$\cos x=1-\frac{x^2}{2!}+\frac{x^4}{4!}-\dots$$

Ist n gerade, so gilt für das Restglied $|R_n|=\left|\frac{\omega^{n+1}\sin(\omega\vartheta x+\varphi)}{(n+1)!}x^{n+1}\right|<\frac{(\omega x)^{n+1}}{(n+1)!}$,

für ungerade n ist $|R_n|=\left|\frac{\omega^{n+1}\cos(\omega\vartheta x+\varphi)}{(n+1)!}x^{n+1}\right|\leqq\frac{(\omega x)^{n+1}}{(n+1)!}$,

so daß

$$\lim_{n\to\infty}R_n=\lim_{n\to\infty}\frac{(\omega x)^{n+1}}{(n+1)!}=0 \quad \text{wird für alle } x.$$

Die Reihe ist also in $\mathbb{R}$ konvergent.

Integration durch Reihenentwicklung

2. Gesucht ist das unbestimmte Integral $\int\frac{\sin x}{x}dx$.

Das Integral ist nicht in geschlossener Form integrierbar. Man integriert daher die zugehörige Potenzreihe.

Es ist nach 10.2.7.4, Nr. (27)

$$\sin x=x-\frac{x^3}{3!}+\frac{x^5}{5!}-\frac{x^7}{7!}\pm\dots \quad |x|<\infty$$

$$\frac{\sin x}{x}=1-\frac{x^2}{3!}+\frac{x^4}{5!}-\frac{x^6}{7!}\pm\dots \quad |x|<\infty.$$

Diese Reihe ist für alle x gleichmäßig konvergent. Sie darf daher gliedweise integriert werden:

$$\int\frac{\sin x}{x}dx=c+x-\frac{x^3}{3\cdot 3!}+\frac{x^5}{5\cdot 5!}-\frac{x^7}{7\cdot 7!}+-\dots+\frac{(-1)^n}{(2n+1)\cdot(2n+1)!}x^{2n+1}+-\dots.$$

Multiplikation von Potenzreihen

3. Gesucht ist die Potenzreihe für $\sin x \cdot \sinh x$.

Da die Reihen für $\sin x$ und $\sinh x$ absolut konvergent sind, dürfen sie gliedweise multipliziert werden: Aus

$$\sinh x = x + \frac{x^3}{3!} + \frac{x^5}{5!} + \frac{x^7}{7!} + \ldots \quad \text{und} \quad \sin x = x - \frac{x^3}{3!} + \frac{x^5}{5!} - \frac{x^7}{7!} + - \ldots$$

folgt durch nacheinanderfolgende Multiplikation der Summanden der $\sinh x$-Reihe in die $\sin x$-Reihe (Multiplikation von Polynomen)

$$\begin{aligned}
\sin x \cdot \sinh x = x^2 & - \frac{x^4}{3!} + \frac{x^6}{5!} - \frac{x^8}{7!} + \frac{x^{10}}{9!} - \frac{x^{12}}{11!} + - \ldots \\
& + \frac{x^4}{3!} - \frac{x^6}{3! \cdot 3!} + \frac{x^8}{3! \cdot 5!} - \frac{x^{10}}{3! \cdot 7!} + \frac{x^{12}}{3! \cdot 9!} - + \ldots \\
& + \frac{x^6}{5!} - \frac{x^8}{5! \cdot 3!} + \frac{x^{10}}{5! \cdot 5!} - \frac{x^{12}}{5! \cdot 7!} + - \ldots \\
& + \frac{x^8}{7!} - \frac{x^{10}}{7! \cdot 3!} + \frac{x^{12}}{7! \cdot 5!} - + \ldots \\
& + \frac{x^{10}}{9!} - \frac{x^{12}}{9! \cdot 3!} + - \ldots \\
& + \frac{x^{12}}{11!} - + \ldots \\
= x^2 & + x^6 \left(\frac{2}{5!} - \frac{1}{3! \cdot 3!} \right) + x^{10} \left(\frac{2}{9!} - \frac{2}{3! \cdot 7!} + \frac{1}{5! \cdot 5!} \right) - + \ldots \\
= x^2 & - \frac{1}{90} x^6 + \frac{1}{113400} x^{10} - + \ldots
\end{aligned}$$

Bildungsgesetz der Eulerschen Zahlen

4. Es ist für

$n = 1 \quad (E+1)^1 + (E-1)^1 = E_1 + 1 + E_1 - 1 = 0, \quad E_1 = 0,$

$n = 2 \quad (E+1)^2 + (E-1)^2 = E_2 + 2E_1 + 1 + E_2 - 2E_1 + 1 = 0, \quad E_2 = -1,$

$n = 3 \quad (E+1)^3 + (E-1)^3 = E_3 + 3E_2 + 3E_1 + 1 + E_3 - 3E_2 + 3E_1 - 1 = 0, \quad E_3 = 0$

usw; dabei ist die Klammer wie ein Binom zu entwickeln und die Hochzahlen von E sind dann als Indices aufzufassen. Die Indices werden in der Literatur nicht einheitlich verwendet.

Bildungsgesetz der Bernoullischen Zahlen

5. Es gilt für

$n=0 \quad B_0=(B+1)^0=1, \quad B_0=1,$

$n=2 \quad B_2=(B+1)^2=B_2+2B_1+1, \quad B_1=-\frac{1}{2},$

$n=3 \quad B_3=(B+1)^3=B_3+3B_2+3B_1+1, \quad B_2=\frac{1}{6},$

usw; dabei ist die Klammer wie ein Binom zu entwickeln und die Hochzahlen von E sind dann als Indices aufzufassen. Die Indices werden in der Literatur nicht einheitlich verwendet.

10.2.8 Fourierreihen

10.2.8.1 Definitionen

Fourierreihe

Ist f eine periodische Funktion mit der Periodenlänge T, so wird der Funktion f eine Funktionsreihe TR: $x \mapsto TR(x)=\frac{a_0}{2}+\sum_{k=1}^{n}(a_k \cos k\omega x+b_k \sin k\omega x)$ mit $\omega=\frac{2\pi}{T}$ zugeordnet.

Fourierkoeffizienten

$$a_k=\frac{2}{T}\int_0^T f(x)\cos k\omega x\,dx=\frac{2}{T}\int_{x_0}^{x_0+T} f(x)\cos k\omega x\,dx \quad (k=0, 1, 2, \ldots)$$

$$b_k=\frac{2}{T}\int_0^T f(x)\sin k\omega x\,dx=\frac{2}{T}\int_{x_0}^{x_0+T} f(x)\sin k\omega x\,dx \quad (k=1, 2, \ldots).$$

Fourieramplituden

$$A_k=\sqrt{a_k^2+b_k^2}.$$

10.2.8.2 Eigenschaften der Fourierreihen

Mittlerer quadratischer Fehler

Von allen Reihen $s(x)=\frac{a_0^*}{2}+\sum_{k=1}^{n}(a_k^* \cos k\omega x+b_k^* \sin k\omega x)$ macht $TR(x)$ den mittleren quadratischen Fehler $\frac{1}{T}\int_0^T [f(x)-s(x)]^2\,dx$ zum Minimum.

Konvergenz

Ist f in $\mathbb{R}$ stetig und ist f' dort beschränkt und stückweise stetig, so ist TR für alle $x \in \mathbb{R}$ gleichmäßig konvergent; es gilt $f(x)=\lim_{n\to\infty} TR(x)$.

Sind f und f' beschränkt und stückweise stetig, so konvergiert TR gleichmäßig in jedem abgeschlossenen Intervall, das keine Unstetigkeitsstelle von f enthält; dort gilt

$f(x) = \lim_{n \to \infty} TR(x)$. An jeder Sprungstelle x_0 ist

$$\lim_{n \to \infty} TR(x_0) = \tfrac{1}{2}\left[\lim_{x \to x_0 - 0} f(x) + \lim_{x \to x_0 + 0} f(x)\right];$$ (Satz von Dirichlet).

Beide Konvergenzsätze gelten auch, wenn die Voraussetzung für f' abgeändert wird in die Bedingung, daß $\int_0^T |f'(x)|\,dx$ existiert.

Besselsche Ungleichung

$$\frac{2}{T}\int_0^T f^2(x)\,dx \geq \frac{a_0^2}{2} + \sum_{k=1}^{n} (a_k^2 + b_k^2)$$

Parsevalsche Gleichung

$$\frac{2}{T}\int_0^T f^2(x)\,dx = \frac{a_0^2}{2} + \sum_{k=1}^{\infty} (a_k^2 + b_k^2)$$

Gerade Funktionen

Ist f gerade oder gilt $f(x) - f(-x) = c$, so ist $b_k = 0$ $(k = 1, 2, \ldots)$

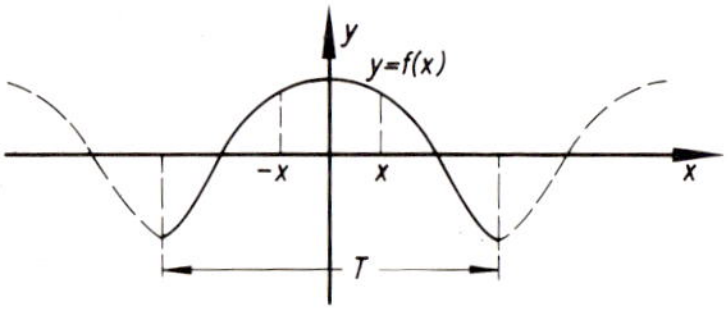

Ungerade Funktionen

Ist f ungerade oder gilt $f(x) + f(-x) = c \neq 0$, so ist $a_k = 0$ $(k = 0, 1, 2, \ldots$ bzw. $k = 1, 2, \ldots)$

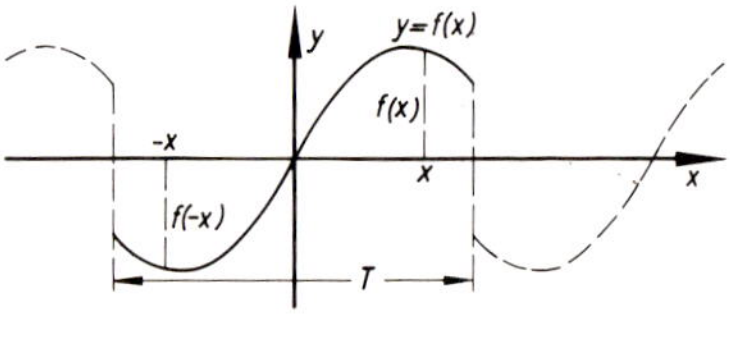

10.2.8.3 Spezielle Fourierreihen

(1) $f(x) = x$ für $-\pi < x < \pi$;

$T = 2\pi$; $f(-x) = -f(x)$;

$$TR(x) = 2\left(\frac{\sin x}{1} - \frac{\sin 2x}{2} + \frac{\sin 3x}{3} - + \ldots\right)$$

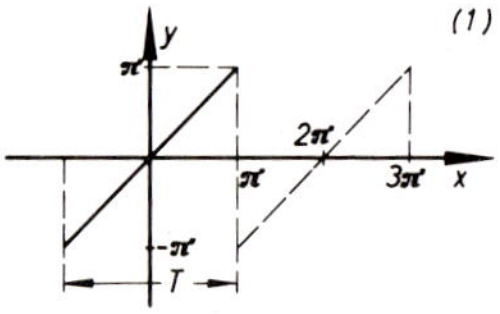

(2) $f(x) = x$ für $0 < x < 2\pi$;

$T = 2\pi$; $f(x) + f(-x) = 2\pi$

$$TR(x) = \pi - 2\left(\frac{\sin x}{1} + \frac{\sin 2x}{2} + \frac{\sin 3x}{3} + \ldots\right)$$

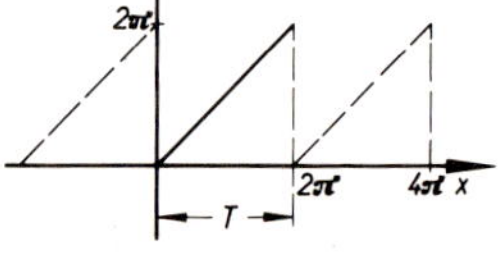

(3) $f(x)=\begin{cases} x & \text{für } 0 \leqq x \leqq \pi \\ 2\pi - x & \text{für } \pi \leqq x \leqq 2\pi \end{cases}$

$T=2\pi;\quad f(-x)=f(x);$

$$TR(x)=\frac{\pi}{2}-\frac{4}{\pi}\left(\cos x+\frac{\cos 3x}{3^2}+\frac{\cos 5x}{5^2}+\dots\right)$$

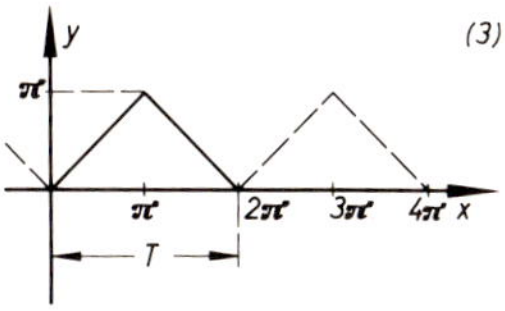

(4) $f(x)=\begin{cases} x & \text{für } 0 \leqq x \leqq \frac{\pi}{2} \\ \pi - x & \text{für } \frac{\pi}{2} \leqq x \leqq \frac{3}{2}\pi \\ x-2\pi & \text{für } \frac{3}{2}\pi \leqq x \leqq 2\pi \end{cases}$

$T=2\pi;\quad f(-x)=-f(x);$

$$TR(x)=\frac{4}{\pi}\left(\sin x-\frac{\sin 3x}{3^2}+\frac{\sin 5x}{5^2}-+\dots\right)$$

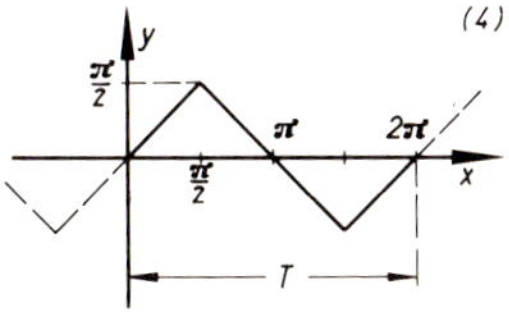

(5) $f(x)=\begin{cases} a & \text{für } 0 < x < \pi \\ -a & \text{für } \pi < x < 2\pi \end{cases}$

$T=2\pi;\quad f(-x)=-f(x);$

$$TR(x)=\frac{4a}{\pi}\left(\sin x+\frac{\sin 3x}{3}+\frac{\sin 5x}{5}+\dots\right)$$

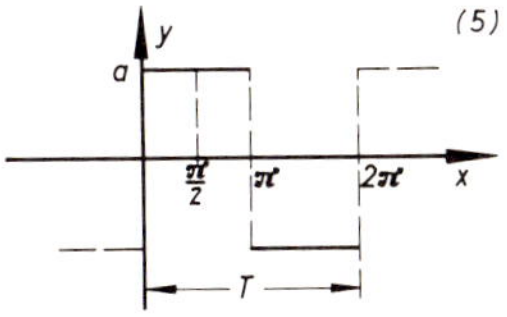

(6) $f(x)=\begin{cases} a & \text{für } x_0 < x < \pi - x_0 \\ -a & \text{für } \pi + x_0 < x < 2\pi - x_0 \\ 0 & \text{sonst für } x \in [0;\, 2\pi] \end{cases}$

$T=2\pi;\quad f(-x)=-f(x)$

$$TR(x)=\frac{4a}{\pi}\left(\cos x_0 \sin x+\frac{1}{3}\cos 3x_0 \sin 3x\right.$$
$$\left.+\frac{1}{5}\cos 5x_0 \sin 5x+\dots\right)$$

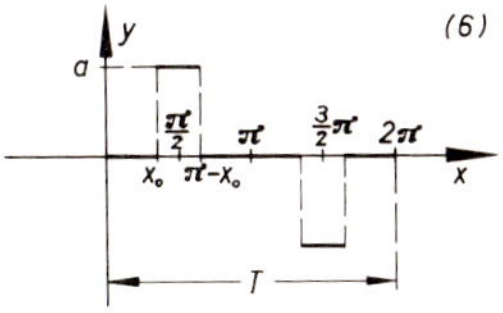

(7) $f(x)=\begin{cases} \frac{b}{a}x & \text{für } 0 \leqq x \leqq a \\ b & \text{für } a \leqq x \leqq \pi - a \\ \frac{b}{a}(\pi - x) & \text{für } \pi - a \leqq x \leqq \pi + a \\ -b & \text{für } \pi + a \leqq x \leqq 2\pi - a \\ \frac{b}{a}(x-2\pi) & \text{für } 2\pi - a \leqq x \leqq 2\pi \end{cases}$

$T=2\pi;\quad f(-x)=-f(x);$

$$TR(x)=\frac{4}{\pi}\cdot\frac{b}{a}\left(\frac{1}{1^2}\sin a \sin x+\frac{1}{3^2}\sin 3a \sin 3x\right.$$
$$\left.+\frac{1}{5^2}\sin 5a \sin 5x+\dots\right)$$

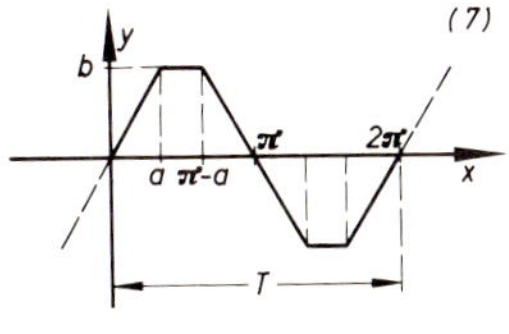

(8) $f(x)=x^2$ für $-\pi \leqq x \leqq \pi$;

$T=2\pi$; $f(-x)=f(x)$;

$$TR(x)=\frac{\pi^2}{3}-4\left(\frac{\cos x}{1^2}-\frac{\cos 2x}{2^2}+\frac{\cos 3x}{3^2}-+\dots\right)$$

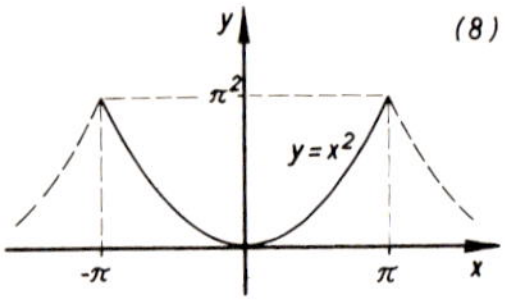

(9) $f(x)=\sin x$ für $0 \leqq x \leqq \pi$ (kommutierte Sinuskurve);

$T=\pi$; $f(-x)=f(x)$

$$TR(x)=\frac{2}{\pi}-\frac{4}{\pi}\left(\frac{\cos 2x}{1\cdot 3}+\frac{\cos 4x}{3\cdot 5}+\frac{\cos 6x}{5\cdot 7}+\dots\right)$$

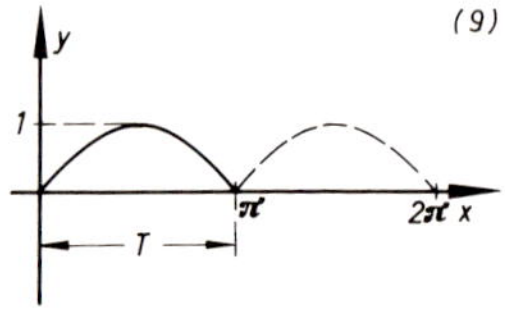

(10) $f(x)=\cos x$ für $0<x<\pi$;

$T=\pi$; $f(-x)=-f(x)$;

$$TR(x)=\frac{4}{\pi}\left(\frac{2\sin 2x}{1\cdot 3}+\frac{4\sin 4x}{3\cdot 5}+\frac{6\sin 6x}{5\cdot 7}+\dots\right)$$

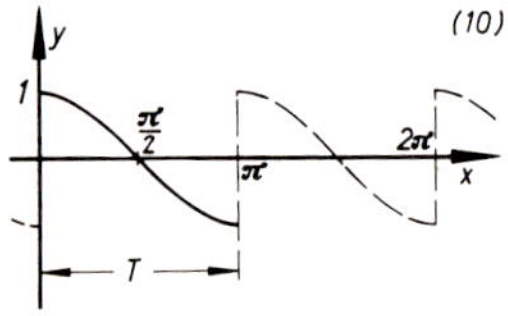

(11) $f(x)=\sin mx$ für $-\pi<x<\pi$ $(m \neq 0, \pm 1, \pm 2, \dots)$;

$T=2\pi$; $f(-x)=-f(x)$;

$$TR(x)=-\frac{2\sin m\pi}{\pi}\left(\frac{\sin x}{m^2-1^2}-\frac{2\sin 2x}{m^2-2^2}+\frac{3\sin 3x}{m^2-3^2}-+\dots\right)$$

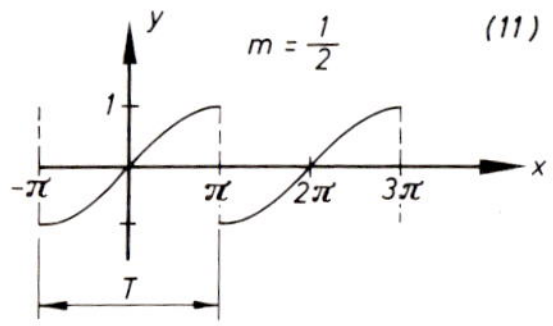

(12) $f(x)=\cos mx$ für $-\pi<x<\pi$ $(m \neq 0, \pm 1, \pm 2, \dots)$;

$T=2\pi$; $f(-x)=f(x)$;

$$TR(x)=\frac{\sin m\pi}{\pi}\left(\frac{1}{m}-\frac{2m}{m^2-1^2}\cos x+\frac{2m}{m^2-2^2}\cos 2x-+\dots\right)$$

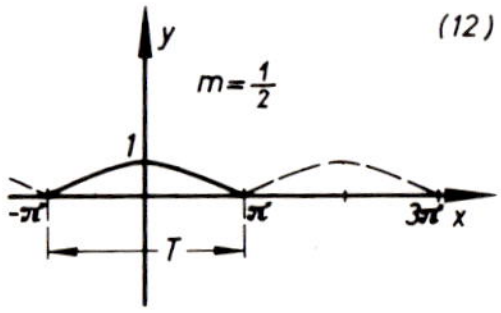

B

Zu 10.2.8:

Fourieranalyse

1. Die Funktion f habe den nebenstehenden Graphen. Gesucht ist ihre Fourierreihe.

   Für $0 \leqq x < 2\pi$ gilt $f(x)=x$. Für die anderen Werte von x wird sie durch die Vorschrift erhalten, daß sie mit der Periodenlänge $T=2\pi$ periodisch ist.

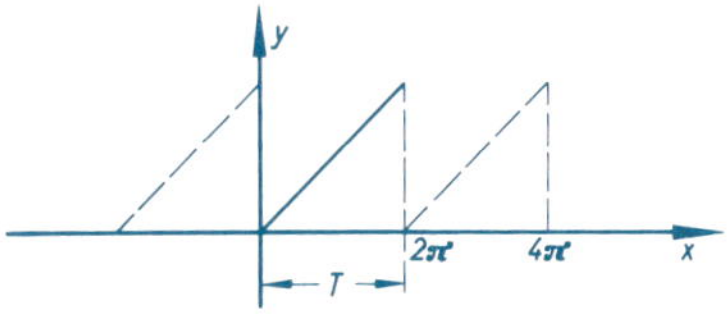

Es ist $f(x)+f(-x)=2\pi$, also sind alle $a_k=0$ mit Ausnahme von a_0.

$$a_0=\frac{1}{\pi}\int_0^{2\pi} x\,dx=\frac{1}{\pi}\left[\frac{x^2}{2}\right]_0^{2\pi}=2\pi$$

$$b_k=\frac{1}{\pi}\int_0^{2\pi} x\sin kx\,dx=\frac{1}{\pi}\left[-\frac{x}{k}\cos kx+\frac{1}{k^2}\sin kx\right]_0^{2\pi}=\frac{1}{\pi}\left[-\frac{2\pi}{k}\cdot 1\right]=-\frac{2}{k}.$$

Die Fourierreihe lautet daher:

$$TR(x)=\pi-\tfrac{2}{1}\sin x-\tfrac{2}{2}\sin 2x-\tfrac{2}{3}\sin 3x-\ldots=\pi-2\sum_{n=1}^{n=\infty}\frac{\sin nx}{n}$$

Nach dem Dirichletschen Satz ist die Reihe in jedem abgeschlossenen Intervall, das $2k\pi$ $(k\in\mathbb{Z})$ nicht enthält, konvergent mit dem Grenzwert $f(x)$. Für $x=2k\pi$ $(k\in\mathbb{Z})$ konvergiert die Reihe ebenfalls mit dem Grenzwert π.

Die Reihe ist in $\mathbb{R}$ nicht gleichmäßig konvergent, wohl aber in jedem abgeschlossenen Intervall, das $2k\pi$ $(k\in\mathbb{Z})$ nicht enthält.

2. Gesucht ist die Fourierreihe der Funktion f, die folgendermaßen erklärt ist:

$$f(x)=\begin{cases}0 & \text{für } 0<x<x_0\\ a & \text{für } x_0\leqq x\leqq \pi-x_0\\ 0 & \text{für } \pi-x_0<x<\pi+x_0\\ a & \text{für } \pi+x_0\leqq x\leqq 2\pi-x_0\\ 0 & \text{für } 2\pi-x_0<x<2\pi\end{cases}$$

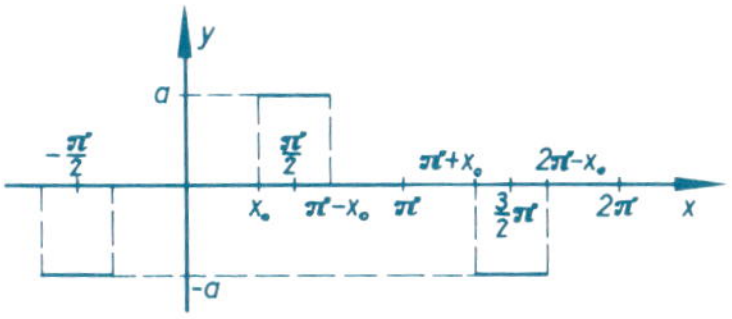

f ist ungerade, also ist $a_k=0$ für $k=0,1,2\ldots$.

$$b_k=\frac{2}{2\pi}\int_0^{2\pi} f(x)\sin kx\,dx=\frac{a}{\pi}\int_{x_0}^{\pi-x_0}\sin kx\,dx-\frac{a}{\pi}\int_{\pi+x_0}^{2\pi-x_0}\sin kx\,dx$$

$$=\frac{-a}{k\pi}\left(\left[\cos kx\right]_{x_0}^{\pi-x_0}-\left[\cos kx\right]_{\pi+x_0}^{2\pi-x_0}\right)$$

$$=-\frac{a}{k\pi}\left(\cos k(\pi-x_0)-\cos kx_0-\cos k(2\pi-x_0)+\cos k(\pi+x_0)\right)$$

$$=-\frac{a}{k\pi}\left((-1)^k\cos kx_0-\cos kx_0-\cos kx_0+(-1)^k\cos kx_0\right)$$

$$=-\frac{2a\cos kx_0}{k\pi}\left((-1)^k-1\right)=\begin{cases}0 & \text{wenn } k \text{ gerade}\\ \dfrac{4a}{k\pi}\cos kx_0 & \text{wenn } k \text{ ungerade,}\end{cases}$$

Hieraus ergibt sich

$$TR(x)=\frac{4a}{\pi}\left(\frac{\cos x_0}{1}\cdot\sin x+\frac{\cos 3x_0}{3}\cdot\sin 3x+\ldots\right)=\frac{4a}{\pi}\sum_{k=1}^{\infty}\frac{\cos(2k-1)x_0}{2k-1}\cdot\sin(2k-1)x.$$

11 Gleichungen

11.1 Gleichungen mit einer Unbekannten

11.1.1 Algebraische Gleichungen

p sei ein Polynom n-ten Grades (6.7.1.1, Seite 153): $p\colon x \mapsto p(x) = \sum_{i=0}^{n} a_i x^i$. Die Bestimmungsgleichung für die Nullstellen von p heißt algebraische Gleichung $p(x)=0$.

Reelle algebraische Gleichung ($a_i, x \in \mathbb{R}$): $p(x)=0$ hat höchstens n Lösungen.

Komplexe algebraische Gleichung ($a_i, x \in \mathbb{C}$): $p(x)=0$ hat mindestens eine Lösung; zählt man mehrfache Lösungen entsprechend oft, so hat $p(x)=0$ genau n Lösungen.

Gilt $a_i \in \mathbb{R}$, $x \in \mathbb{C}$, so sind die Lösungen mit nicht verschwindendem Imaginärteil konjugiert komplex.

Satz von Viëta. Zwischen den Lösungen $x_1, x_2, \dots, x_n$ und den Koeffizienten a_i bestehen die Beziehungen:

$$x_1 + x_2 + \dots + x_n = \sum_{\nu=1}^{n} x_\nu = -\frac{a_{n-1}}{a_n}$$

$$\left.\begin{array}{r} x_1x_2 + x_1x_3 + \dots + x_1x_n \\ +x_2x_3 + \dots + x_2n_n \\ \dots\dots \\ +x_{n-1}x_n \end{array}\right\} = \sum_{\substack{\nu,\lambda=1\\ \nu<\lambda}}^{n} x_\nu x_\lambda = \frac{a_{n-2}}{a_n}$$

$$\left.\begin{array}{r} x_1x_2x_3 + x_1x_2x_4 + \dots + x_1x_2x_n \\ +x_1x_3x_4 + \dots + x_1x_3x_n \\ \dots\dots \\ +x_{n-2}x_{n-1}x_n \end{array}\right\} = \sum_{\substack{\nu,\lambda,\varkappa=1\\ \nu<\lambda<\varkappa}}^{n} x_\nu x_\lambda x_\varkappa = -\frac{a_{n-3}}{a_n}$$

$$\dots\dots\dots$$

$$x_1 \cdot x_2 \cdot \ldots \cdot x_n = (-1)^n \frac{a_0}{a_n}$$

11.1.1.1 Gleichung ersten Grades (lineare Gleichung)

$$a_1 x + a_0 = 0; \quad x = -\frac{a_0}{a_1}.$$

11.1.1.2 Gleichung zweiten Grades (quadratische Gleichung)

$$a_2x^2 + a_1x + a_0 = 0;$$

Für $a_i \in \mathbb{R}$, $x \in \mathbb{R}$ oder $x \in \mathbb{C}$ gilt:

$$x_{1,2} = \frac{-a_1 \pm \sqrt{a_1^2 - 4a_0a_2}}{2a_2} \qquad \text{(2.3.6, Seite 54)}$$

Diskriminante $D = a_1^2 - 4a_0a_2$ entscheidet über den Charakter der Lösungen:

$D > 0$: $x_1 \neq x_2$; $x_1, x_2 \in \mathbb{R}$

$D = 0$: $x_1 = x_2 \in \mathbb{R}$

$D < 0$: $x_1 = \bar{x}_2 \in \mathbb{C}$.

11.1.1.3 Gleichung dritten Grades (kubische Gleichung)

$$a_3x^3+a_2x^2+a_1x+a_0=0.$$

Für $a_i\in\mathbb{R}$, $x\in\mathbb{R}$ oder $x\in\mathbb{C}$ gilt:

Substitution $x=z-\frac{a_2}{3a_3}$ führt zur sog. reduzierten kubischen Gleichung

$$a_3\cdot(z^3+3pz+2q)=0$$

mit

$$p=\frac{a_1}{3a_3}-\left(\frac{a_2}{3a_3}\right)^2; \quad q=\left(\frac{a_2}{3a_3}\right)^3-\frac{a_1a_2}{6a_3^2}+\frac{a_0}{2a_3}.$$

Für p^3+q^2

- >0 gibt es eine reelle und zwei konjugierte komplexe Lösungen
- $=0$ gibt es eine Dreifachlösung $x=0$, wenn $p=q=0$, sonst eine reelle Doppellösung und eine weitere reelle Lösung.
- <0 gibt es drei verschiedene reelle Lösungen.

Lösung der reduzierten Gleichung (Cardanische Formeln):

$p^3+q^2\geqq 0$, $p>0$	$p^3+q^2\geqq 0$, $p<0$	$p^3+q^2<0$
$r=\operatorname{sgn} q\cdot\sqrt{p}$	$r=\operatorname{sgn} q\cdot\sqrt{-p}$	$r=\operatorname{sgn} q\cdot\sqrt{\lvert p\rvert}$
$\tan\varphi=\frac{r^3}{q}$	$\sin\varphi=\frac{r^3}{q}$	$\cos\varphi=\frac{q}{r^3}$
$\tan\psi=\sqrt[3]{\tan\frac{\varphi}{2}}$	$\tan\psi=\sqrt[3]{\tan\frac{\varphi}{2}}$	
$z_1=-2r\cot 2\psi$	$z_1=-2r\cdot\frac{1}{\sin 2\psi}$	$z_1=-2r\cos\frac{\varphi}{3}$
$z_2=r\left(\cot 2\psi+j\frac{\sqrt{3}}{\sin 2\psi}\right)$	$z_2=r\left(\frac{1}{\sin 2\psi}+j\sqrt{3}\cot 2\psi\right)$	$z_2=2r\cos\left(60°+\frac{\varphi}{3}\right)$
$z_3=r\left(\cot 2\psi-j\frac{\sqrt{3}}{\sin 2\psi}\right)$	$z_3=r\left(\frac{1}{\sin 2\psi}-j\sqrt{3}\cot 2\psi\right)$	$z_3=2r\cos\left(60°-\frac{\varphi}{3}\right)$
oder $w_1=\frac{1}{2}(-1+j\sqrt{3})$; $w_2=\frac{1}{2}(-1-j\sqrt{3})$ $u=\sqrt[3]{-q+\sqrt{p^3+q^2}}$ $v=\sqrt[3]{-q-\sqrt{p^3+q^2}}$ $z_1=u+v$; $z_2=w_1u+w_2v$; $z_3=w_2u+w_1v$		–

Aus z_i errechnet man $x_i=z_i-\frac{a_2}{3a_3}$.

Zu 11.1.1.3:

Kubische Gleichung

1. Man löse die Gleichung $2x^3-3x^2-11x+6=0$.

$$a_3=2;\ a_2=-3;\ a_1=-11;\ a_0=6.$$
$$x=z+0{,}5;\ p=\tfrac{1}{3}(-\tfrac{11}{2})-\tfrac{1}{9}(-\tfrac{3}{2})^2=-\tfrac{25}{12};\ q=\tfrac{1}{27}(-\tfrac{3}{2})^3-\tfrac{1}{6}(-\tfrac{3}{2})(-\tfrac{11}{2})+\tfrac{1}{2}\cdot\tfrac{6}{2}=0,$$

mithin ist die reduzierte kubische Gleichung

$$z^3-\tfrac{25}{4}z=0=z(z^2-\tfrac{25}{4})$$

Lösung: $z_1=0,\quad z_2=\tfrac{5}{2},\quad z_3=-\tfrac{5}{2};$

$x_1=\tfrac{1}{2},\quad x_2=3,\quad x_3=-2.$

Reduzierte kubische Gleichung

2. Die Lösung der Gleichung $x^3+4x-7=0$ ergibt sich nach folgenden Rechnungen:

$$p=\tfrac{4}{3};\ q=-\tfrac{7}{2};\ p^3+q^2\approx 14{,}62;$$
$$r=-\sqrt{\tfrac{4}{3}}\approx-1{,}155;\ \varphi\approx 23{,}76^0;\ \psi\approx 30{,}74^0$$
$$x_1\approx 1{,}255;\ x_2\approx-0{,}628-2{,}277j;\ x_3\approx-0{,}628+2{,}277j.$$

Kontrolle: $x_1+x_2+x_3=-0{,}001\approx 0$

$x_1\cdot x_2\cdot x_3\approx 7{,}002$ (Satz von Vieta).

11.1.1.4 Gleichung vierten Grades

Aus der Gleichung $a_4x^4+a_3x^3+a_2x^2+a_1x+a_0=0$ bildet man die kubische Gleichung

$$a_4^3y^3-a_2a_4^2y^2+(a_1a_3a_4-4a_0a_4^2)\,y+4a_0a_2a_4-a_0a_3^2-a_1^2a_4=0.$$

Man ermittelt eine reelle Lösung y_1 dieser Gleichung (11.1.1.3, Seite 501) und setzt

$$N_{1,2}=\pm\sqrt{4y_1+\frac{a_3^2}{a_4^2}-\frac{4a_2}{a_4}}.$$

Hiermit bildet man die quadratischen Gleichungen

$$x^2+\frac{\dfrac{a_3}{a_4}+N_{1,2}}{2}x+\frac{1}{2}\left(y_1+\frac{\dfrac{a_3}{a_4}y_1-\dfrac{2a_1}{a_4}}{N_{1,2}}\right)=0.$$

Die Lösungen dieser Gleichungen sind die Lösungen der ursprünglichen Gleichung.

Sonderfälle

1. Ist $a_3=a_1=0$, so erhält man die Form

$$a_4x^4+a_2x^2+a_0=0,$$

die durch die Substitution $x^2=z$ in die quadratische Gleichung

$$a_4z^2+a_2z+a_0=0$$

übergeht und nach 11.1.1.2, Seite 500 zu lösen ist. Sind z_1 und z_2 ihre Lösungen, so gilt

$$x_{1,2} = \pm\sqrt{z_1}, \quad x_{3,4} = \pm\sqrt{z_2}.$$

2. Ist $a_4 = a_0$, $a_3 = a_1$, so erhält man die Form

$$a_4 x^4 + a_3 x^3 + a_2 x^2 + a_3 x + a_4 = 0.$$

Sind $y_{1,2}$ die Lösungen der quadratischen Gleichung

$$y^2 + \frac{a_3}{a_4} y + \left(\frac{a_2}{a_4} - 2\right) = 0,$$

so berechnet man die Lösungen $x_{1,2,3,4}$ aus den quadratischen Gleichungen

$$x^2 - y_{1,2} x + 1 = 0.$$

B

Zu 11.1.1.4:

Allgemeine Gleichung vierten Grades

1. $x^4 - x^3 + 7x^2 - 9x - 18 = 0$

$a_4 = 1;\ a_3 = -1;\ a_2 = 7;\ a_1 = -9;\ a_0 = -18;$

$y^3 - 7y^2 + 81y - 567 = 0;\ y = z + \frac{7}{3};$

$a_3^* = 1;\ a_2^* = -7;\ a_1^* = 81;\ a_0^* = -567$

$p^* = 21{,}556;\ q^* = -201{,}7$

$r = -4{,}643;\ z_1 = 4{,}667;\ y = 7;\ N_{1,2} = \pm\sqrt{28 + 1 - 28} = \pm 1.$

$$x^2 + \frac{1 \pm 1}{2} x + \frac{1}{2}\left(7 + \frac{-1 \cdot 7 + 18}{\pm 1}\right) = 0;$$

$x^2 + 9 = 0;\ x_{1,2} = \pm 3j$

$$x^2 - x - 2 = 0;\ x_{3,4} = \frac{1 \pm 3}{2};\ x_3 = 2;\ x_4 = -1.$$

2. Gesucht sind die Lösungen der Gleichung $x^4 - 4x^3 + 3x - 2 = 0$.

$a_4 = 1;\ a_3 = -4;\ a_2 = 0;\ a_1 = 3;\ a_0 = -2.$

$y^3 + (-12 + 8)\,y + 23 = 0;$

$y^3 - 4y + 23 = 0;$

$p = -\frac{4}{3};\ q = 11{,}5;\ r \approx 1{,}155;\ y_1 = -3{,}31.$

$N_{1,2} = \pm\sqrt{-4 \cdot 3{,}31 + 16} \approx \pm 1{,}661.$

$$x^2 + \frac{-4 + 1{,}661}{2} \times + \frac{1}{2}\left(-3{,}31 + \frac{4 \cdot 3{,}31 - 6}{1{,}661}\right) = 0;$$

$$x^2 - 1{,}17x + 0{,}524 = 0;\ x_{1,2} = \frac{1{,}17 \pm \sqrt{1{,}17^2 - 4 \cdot 0{,}524}}{2} \approx \frac{1{,}17 \pm 0{,}853j}{2}$$

$$\approx 0{,}585 \pm 0{,}426j.$$

$$x^2+\frac{-4-1{,}661}{2}x+\frac{1}{2}\left(-3{,}31+\frac{4\cdot 3{,}31-6}{-1{,}661}\right)=0;$$

$$x^2-2{,}83x-3{,}830=0;\ x_{3,4}=\frac{2{,}83\pm\sqrt{2{,}83^2+4\cdot 3{,}830}}{2}\approx\frac{2{,}83\pm 4{,}83}{2};$$

$$x_3=3{,}83;\ x_4=-1.$$

Biquadratische Gleichung

3. Die sog. biquadratische Gleichung $x^4-2x^2-8=0$ geht durch die Substitution $x^2=y$ über in $y^2-2y-8=0$ mit den Lösungen $y_1=4$; $y_2=-2$; $x_{1,2}=\pm 2$; $x_{3,4}=\pm j\sqrt{2}$.

11.1.1.5 Allgemeiner Fall

Für $n>4$ läßt sich eine allgemeine algebraische Gleichung $p(x)=\sum_{i=0}^{n} a_i x^i=0$ nicht mehr durch Formeln lösen.

Cartesische (Harriotsche) Zeichenregel

Die Regel erlaubt es, aus den Vorzeichen der $a_i\in\mathbb{R}$ auf die Zahl der reellen Lösungen der Gleichung zu schließen.

Es sei $a_0\neq 0$ (im Fall $a_0=0$ liegt eine mindestens einfache Lösung 0 vor).

Die Anzahl der Vorzeichenwechsel der Koeffizientenfolge $a_n, a_{n-1}, \ldots, a_0$ ist gleich der Anzahl der positiven Nullstellen oder übertrifft sie um eine gerade Zahl. Hierbei werden die Nullstellen mit ihrer Vielfachheit gezählt. Ist ein Koeffizient 0, so ist für ihn das Vorzeichen so festzulegen, daß sich die größte Zahl von Vorzeichenwechseln ergibt.

Analog erhält man durch die Anzahl der Zeichenwechsel der Koeffizientenfolge $a_n\cdot(-1)^n$, $a_{n-1}\cdot(-1)^{n-1}, \ldots, -a_1, a_0$ die Anzahl der negativen Nullstellen.

Sturmsche Kette

Zu dem Polynom $p(x)$ bildet man $p'(x)$,

$r_1(x)$ als negativen Rest der Division $\dfrac{p(x)}{p'(x)}=q_1(x)-\dfrac{r_1(x)}{p'(x)}$,

$r_2(x)$ als negativen Rest der Division $\dfrac{p'(x)}{r_1(x)}=q_2(x)-\dfrac{r_2(x)}{r_1(x)}$,

$r_3(x)$ als negativen Rest der Division $\dfrac{r_1(x)}{r_2(x)}=q_3(x)-\dfrac{r_3(x)}{r_2(x)}$,

$\vdots$

$r_n(x)$ als negativen Rest der Division $\dfrac{r_{n-2}(x)}{r_{n-1}(x)}=q_n(x)-\dfrac{r_n(x)}{r_{n-1}(x)}$; $r_n(x)=\text{const}$.

Geht die Division ohne Rest mit einem Divisor $r_k(x)$ auf, so ist $r_k(x)$ gemeinsamer Faktor von $p(x)$ und $p'(x)$. Man zerlegt dann $p(x)=r_k(x)\cdot p^*(x)$ und löst die Gleichungen $r_k(x)=0$ bzw. $p^*(x)=0$.

Ist $p(a) \neq 0$ und $p(b) \neq 0$, so bildet man die Tabelle

	p	p'	r_1	...	r_n	Zahl der Vorzeichenwechsel
a	$\operatorname{sgn} p(a)$	$\operatorname{sgn} p'(a)$	$\operatorname{sgn} r_1(a)$		$\operatorname{sgn} r_n(a)$	$W(a)$
b	$\operatorname{sgn} p(b)$	$\operatorname{sgn} p'(b)$	$\operatorname{sgn} r_1(b)$		$\operatorname{sgn} r_n(b)$	$W(b)$

$W(a) - W(b)$ ist die Anzahl der Nullstellen in $[a, b]$. Ein Wert 0 wird übersprungen.

Graeffeverfahren

$$p(x) = a_n x^n + a_{n-1} x^{n-1} + \ldots + a_1 x + a_0 = 0$$

Aus dem Polynom $p(x)$ bildet man das Graeffepolynom $G_1(x^2)$ mit den Koeffizienten $a'_n, a'_{n-1}, \ldots, a'_0$ nach dem Schema

$p(x)$	a_n	a_{n-1}	a_{n-2}	a_{n-3}	$a_{n-4} \cdots$
	a_n^2	a_{n-1}^2	a_{n-2}^2	a_{n-3}^2	$a_{n-4}^2 \cdots$
		$-2a_n a_{n-2}$	$-2a_{n-1} a_{n-3}$	$-2a_{n-2} a_{n-4}$	$-2a_{n-3} a_{n-5}$
			$+2a_n a_{n-4}$	$+2a_{n-1} a_{n-5}$	$+2a_{n-2} a_{n-6}$
				$-2a_n a_{n-6}$	$-2a_{n-1} a_{n-7}$
				.....	
	$+\downarrow$	$+\downarrow$	$+\downarrow$	$+\downarrow$	$+\downarrow$
$G_1(x^2)$	a'_n	a'_{n-1}	a'_{n-2}	a'_{n-3}	$a'_{n-4} \cdots$

Nach k analogen Schritten sind folgende zwei Fälle erkennbar:

Fall 1. Die doppelten Produkte sind vernachlässigbar gegen die Quadrate. Die Gleichung $p(x) = 0$ hat dann n verschiedene reelle Lösungen, für welche gilt

$$|x_1|^{2^k} = \frac{a_{n-1}^{(k)}}{a_n^{(k)}}; \ |x_2|^{2^k} = \frac{a_{n-2}^{(k)}}{a_{n-1}^{(k)}}; \ \ldots; \ |x_n|^{2^k} = \frac{a_0^{(k)}}{a_1^{(k)}}.$$

Die Beträge $|x_1|, \ldots, |x_n|$ erhält man durch Ziehen der 2^k-ten Wurzel; die Vorzeichen werden durch Einsetzen oder nach dem Satz von Viëta bestimmt.

Fall 2. Einzelne doppelte Produkte verbleiben in der Größenordnung der Quadrate. Die Gleichung $p(x) = 0$ hat dann mehrfache reelle oder konjugiert komplexe Lösungen.

Ist $a_\lambda^{(k)}$ ein Koeffizient, über dem im Schema ein doppeltes Produkt bestehen bleibt, so wird bei der Berechnung der Lösungen dieser Koeffizient nicht beachtet und aus dem vorhergehenden $a_{\lambda-1}^{(k)}$ und dem nachfolgenden $a_{\lambda+1}^{(k)}$ der Betrag $(|x_\lambda|^{2^k})^2 = \dfrac{a_{\lambda+1}^{(k)}}{a_{\lambda-1}^{(k)}}$ ermittelt.

Trifft das Nichtverschwinden auf zwei aufeinanderfolgende $a_\lambda^{(k)}$ und $a_{\lambda+1}^{(k)}$ zu, so gilt entsprechend $(|x_\lambda|^{2^k})^3 = \dfrac{a_{\lambda+2}^{(k)}}{a_{\lambda-1}^{(k)}}$.

Von evtl. vorhandenen komplexen Lösungen erhält man also nur den Betrag. Die Lösung selbst ist nur durch Probieren oder durch Reduktion des Gleichungsgrades nach Abspaltung der reellen Lösungen zu ermitteln.

Praxisgerechter wird ein allgemeines Näherungsverfahren sein (11.1.3, Seite 511).

B

Zu 11.1.1.5:

Cartesische Regel, Sturmsche Kette, Regel von Budan-Fourier

1. Es soll über die Lage und Anzahl der Nullstellen von $p(x)=x^5-3x^4-x^3+11x^2-12x+4$ eine Aussage gemacht werden.

   Die Cartesische Regel liefert:

   $+ - - + - +$: 4 Zeichenwechsel, d.h. 4 oder 2 oder keine pos. Nullstellen.

   $- - + + + +$: 1 Zeichenwechsel, d.h. 1 negative Nullstelle.

   Sturmsche Kette:

p'		5	−12	−3	22	−12			
p	1	−3	−1	11	−12	4	0,2	−0,12	q_1
	0	−0,6	−0,4	6,6	−9,6	4			
$(-)r_1$		0	(∓)1,84	(±) 6,24	(∓) 6,96	(±) 2,56			
p'		5	−12	−3	22	−12	2,72	2,69	q_2
		0	4,956	−21,91	28,96	−12			
$(-)r_2$			0	(∓) 5,10	(±) 10,21	(∓) 5,10			
r_1			1,84	−6,24	6,96	−2,56	0,361	−0,5	q_3
			0	−2,56	5,12	−2,56			
				0	0	0			

   $p(x)$ und $p'(x)$ enthalten $r_2(x)=5{,}10\,(x^2-2x+1)$ als gemeinsamen Faktor:

   $p(x)=r_2(x)\cdot p^*(x)$

r_2				1	−2	1					
p	1	−3	−1	11	−12	4	1	−1	−4	4	p^*
	0	−1	−2	11	−12	4					
		0	−4	12	−12	4					
			0	4	−8	4					
				0	0	0					

   $p(x)=(x^3-x^2-4x+4)(x^2-2x+1)$

   Man bildet die Sturmsche Kette für $p^*(x)=x^3-x^2-4x+4$.

$p^{*\prime}$		3	-2	-4			
p^*	1	-1	-4	4	$\frac{1}{3}$	$-\frac{1}{9}$	q_1
	0	$-\frac{1}{3}$	$-2{,}67$	4			
$(-)r_1$		0	$(\mp)2{,}89$	$(\pm)3{,}555$			
$p^{*\prime}$		3	-2	-4	1,03	0,58	q_2
		0	1,69	-4			
$(-)r_2$			0	$(\mp)1{,}92$			

x	$\operatorname{sgn} p^*(x)$	$\operatorname{sgn} p^{*\prime}(x)$	$\operatorname{sgn} r_1(x)$	$\operatorname{sgn} r_2(x)$	Zahl der Zeichenwechsel
-3	$-$	$+$	$-$	$+$	3
0	$+$	$-$	$-$	$+$	2
3	$+$	$+$	$+$	$+$	0

Im Intervall $[-3; 0]$ liegt eine Nullstelle,

im Intervall $[0; 3]$ liegen zwei Nullstellen.

Der vorher abgespaltene Faktor r_2 hat bei $x=1$ eine doppelte Nullstelle.

Daher hat man in Übereinstimmung mit der Cartesischen Regel vier positive und eine negative Nullstelle.

Die für beliebige Gleichungen anwendbare Regel von Budan-Fourier (11.1.3.1, Seite 511) liefert:

x	$\operatorname{sgn} p(x)$	$\operatorname{sgn} p'(x)$	$\operatorname{sgn} p''(x)$	$\operatorname{sgn} p'''(x)$	$\operatorname{sgn} p^{(4)}(x)$	$\operatorname{sgn} p^{(5)}(x)$	Zahl der Zeichenwechsel
-3	$-$	$+$	$-$	$+$	$-$	$+$	5
0	$+$	$-$	$+$	$-$	$-$	$+$	4
3	$+$	$+$	$+$	$+$	$+$	$+$	0

Es gibt keine Nullstellen für $x \geqq 3$; zwischen -3 und 0 liegt eine Nullstelle; zwischen 0 und 3 können vier, zwei oder keine Nullstelle liegen.

2. Man ermittle Lage und Anzahl der Lösungen der Gleichung

$$f(x)=x^5-2x^4+3x^3-6x^2-4x+8=0.$$

Regel von Budan-Fourier (11.1.3.1, Seite 511):

$$f(x)=x^5-2x^4+3x^3-6x^2-4x+8$$
$$f'(x)=5x^4-8x^3+9x^2-12x-4$$
$$f''(x)=20x^3-24x^2+18x-12$$
$$f^{(3)}(x)=60x^2-48x+18$$
$$f^{(4)}(x)=120x-48$$
$$f^{(5)}(x)=120$$

das Vorzeichen-Schema:

x	$f(x)$	$f'(x)$	$f''(x)$	$f^{(3)}(x)$	$f^{(4)}(x)$	$f^{(5)}(x)$	Anzahl der Wechsel
$x\to-\infty$	−	+	−	+	−	+	5
0	+	−	−	+	−	+	4 } 1 reelle Lösung
1,5	−	−	+	+	+	+	1 } 1 reelle Lösung
3	+	+	+	+	+	+	0 } 1 reelle Lösung

Also liegen im Intervall $-\infty<x<0$ eine reelle Lösung, im Intervall $0<x<1{,}5$ entweder 3 reelle oder 1 reelle und 2 konjugierte Lösungen und im Intervall $1{,}5<x<3$ eine reelle Lösung. Oberhalb von $x=3$ gibt es keine Lösungen mehr.

Cartesische Regel:
$+-+--+$: 4, 2 oder keine positiven Lösungen.
$----++$: 1 negative Lösung.

Sturmsche Kette:

$$f(x)=x^5-2x^4+3x^3-6x^2-4x+8$$
$$f'(x)=5x^4-8x^3+9x^2-12x-4$$
$$r_1(x)=-0{,}56x^3+2{,}88x^2+4{,}16x-7{,}68$$
$$r_2(x)=-137{,}24x^2-51{,}02x+246{,}94$$
$$r_3(x)=-2{,}00x+2{,}12$$
$$r_4(x)=-38.7.$$

Hierzu gehört das Vorzeichen-Schema:

x	$f(x)$	$f'(x)$	$r_1(x)$	$r_2(x)$	$r_3(x)$	$r_4(x)$	Anzahl der Wechsel
$x\to-\infty$	−	+	+	−	+	−	4
0	+	−	−	+	+	−	3 } 1 Lösung
1,5	−	−	+	−	−	−	2 } 1 Lösung
3	+	+	+	−	−	−	1 } 1 Lösung
$x\to\infty$	+	+	−	−	−	−	1

Graeffe-Verfahren

3. Die Lösungen der Gleichung

$$x^4-4x^3+5x^2-4x+4=0$$

sind mit dem Graeffe-Verfahren zu ermitteln.

Da beim fortgesetzten Quadrieren und Multiplizieren sehr große Zahlen auftreten, schreibt man diese als Produkt mit entsprechenden Zehnerpotenzen, meistens wird nur der Exponent dieser Potenz angegeben. Dann erhält man folgendes Schema:

$k=0$	1	-4	$+5$	-4	$+4$	$(=G_0(x))$
	1	$+16$ -10	$+25$ -32 $+8$	$+16$ -40	$+16$	
$k=1$	1	$+6$	$+1$	-24	$+16$	$(=G_1(x^2))$
	1	$-3{,}6^1$ $-0{,}2^1$	$+0{,}01^2$ $+2{,}88^2$ $+0{,}32^2$	$+5{,}76^2$ $-0{,}32^2$	$+2{,}56^2$	
$k=2$	1	$+3{,}4^1$	$+3{,}21^2$	$+5{,}44^2$	$+2{,}56^2$	$(=G_2(x^4))$
	1	$+1{,}156^3$ $-0{,}642^3$	$+1{,}03041^5$ $-0{,}36992^5$ $+0{,}00512^5$	$+2{,}95936^5$ $-1{,}64352^5$	$+6{,}5536^4$	
$k=3$	1	$+0{,}514^3$	$+0{,}66561^5$	$+1{,}31584^5$	$+6{,}5536^4$	$(=G_3(x^8))$
	1	$-2{,}64196^5$ $-1{,}33122^5$	$+4{,}43037^9$ $-0{,}13527^9$ $+0{,}00013^9$	$+1{,}73143^9$ $-8{,}72428^9$	$+4{,}29497^9$	
$k=4$	1	$+1{,}31074^5$	$+4{,}29523^9$	$-6{,}99285^9$	$+4{,}29497^9$	$(=G_4(x^{16}))$
	1	$-1{,}71804^{10}$ $-0{,}85905^{10}$	$+1{,}84490^{19}$ $+0{,}00018^{19}$	$+4{,}89000^{19}$ $-3{,}68958^{19}$	$+1{,}84468^{19}$	
$k=5$	1	$+0{,}85899^{10}$	$+1{,}84508^{19}$	$+1{,}20042^{19}$	$+1{,}84468^{19}$	$(=G_5(x^{32}))$

Die letzte Zeile zeigt, daß mit dem Verschwinden des gemischten Koeffizienten in der zweiten und der vierten Spalte nicht mehr zu rechnen ist. Man bricht daher das Schema ab.

Man erhält:

$$|x|^{32\cdot 2}=1{,}84508\cdot 10^{19};\ |x|\approx 2; \qquad |x|^{32\cdot 2}=\frac{1{,}84468\cdot 10^{19}}{1{,}84508\cdot 10^{19}};\ |x|\approx 1.$$

Die Cartesische Regel liefert:

$+-+-+$: 4, 2 oder keine positive Lösung.

$+++++$: keine negative Lösung.

$x_1=2$ ist Lösung; es muß sogar Doppellösung sein, da zwei oder vier positive Lösungen vorliegen, die Zahl 1 aber keine Lösung ist.

$$(x^4-4x^3+5x^2-4x+4):(x^2-4x+4)=x^2+1.$$

Weitere Lösungen: $x=\pm j$; $|x|=1$.

11.1.2 Auf algebraische Gleichungen zurückzuführende Gleichungen

Oft kann eine Gleichung durch geeignete Umformung oder Substitution in eine algebraische Gleichung übergeführt werden. Dabei ist zu beachten, daß die Lösungsmengen der Gleichungen nicht immer identisch sind. Speziell können Wurzelgleichungen keine Lösung besitzen, obwohl die daraus hervorgehenden algebraischen Gleichungen Lösungen haben.

B

Zu 11.1.2:

Wurzelgleichung

1. $\sqrt{-x-7}=3$ wird gelöst durch Quadrieren:

$$-x-7=9;\ x=-16;$$

Probe: $\sqrt{16-7}=\sqrt{9}=3.$

Wurzelgleichung ohne Lösung

2. $\sqrt{x+7}=-3$ besitzt keine Lösung; zwar liefert Quadrieren $x+7=9;\ x=2.$

Probe: $\sqrt{x+7}=\sqrt{9}=3 \neq -3.$

Bruchgleichung

3. $\frac{1}{x^2}-\frac{1}{x}=1$; Erweitern der Gleichung mit $x^2 \neq 0$ liefert:

$$1-x=x^2;\ x^2+x-1=0;\ x_{1,2}=\frac{-1\pm\sqrt{5}}{2}.$$

Exponentialgleichung

4. $2^x+4^{x-1}=5;\ 2^x+(2^2)^{x-1}=5;$

$2^x+2^{2x-2}=5;\ 2^x+\frac{1}{4}(2^x)^2=5;$

Substitution $y=2^x$ ergibt $y^2+4y-20=0;$

$$y_{1,2}=\frac{-4\pm\sqrt{16+80}}{2}\approx -2\pm 4{,}90;\ y_1=2{,}90;$$

$y_2=-6{,}90$ scheidet aus, da $y=2^x>0$ sein soll.

$$2^x=2{,}90;\ x\ln 2=\ln 2{,}90;\ x\approx 1{,}54.$$

Umkehrfunktion von sinh

5. Die Gleichung $\sinh x=a$ soll nach x aufgelöst werden.

$$e^x-e^{-x}=2a;\ e^{2x}-2ae^x-1=0;$$

Substitution $y=e^x$ liefert $y^2-2ay-1=0$;

$$y_{1,2}=\frac{2a\pm\sqrt{4a^2+4}}{2}=a\pm\sqrt{a^2+1};$$

$$y_1=e^x=a+\sqrt{a^2+1};\quad x=\ln(a+\sqrt{a^2+1}).$$

Die andere Lösung scheidet aus wegen $y<0$.

11.1.3 Allgemeine Gleichungen

11.1.3.1 Anzahl der Nullstellen

Regel von Budan-Fourier

Die Gleichung $f(x)=0$ kann im Intervall $a\leqq x\leqq b$, wo a und b nicht Nullstellen von f sein dürfen, Lösungen besitzen, wenn die beiden Funktionsfolgen

$$f(a), f'(a), f''(a), \ldots, f^{(n)}(a)$$

und $$f(b), f'(b), f''(b), \ldots, f^{(n)}(b)$$

eine unterschiedliche Anzahl von Vorzeichenwechseln haben und $f^{(n)}(x)$ keine Nullstellen hat. Die Differenz in der Anzahl der Vorzeichenwechsel (die sog. verlorengehenden Vorzeichenwechsel) ist gleich der Anzahl der im Intervall $a\leqq x\leqq b$ liegenden Lösungen oder übertrifft sie um eine gerade Zahl. (Die Anzahl der in der Funktionsfolge überhaupt auftretenden Zeichenwechsel wird mit größer werdendem x immer kleiner. Hat also die Folge für $x=c$ nur gleichartige Vorzeichen, so kann es für $x>c$ keine Lösungen mehr geben.)

11.1.3.2 Graphische Lösung

Die Lösungen der Gleichung $f(x)=0$ sind die Nullstellen der Funktion f. Man entnimmt sie aus dem Graphen von f.

Eine andere Möglichkeit ist die Umformung der Gleichung in $f_1(x)=f_2(x)$; man zeichnet von beiden Funktionen f_1 und f_2 die Graphen und ermittelt die x-Koordinaten der Schnittpunkte.

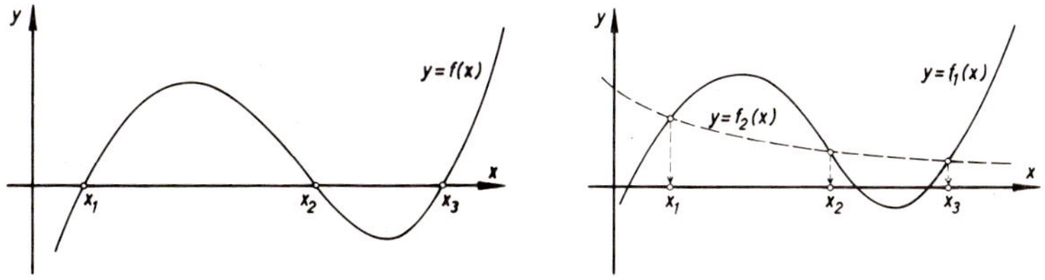

11.1.3.3 Numerische Näherungsverfahren

Lineares Eingabeln (Regula falsi)

x_1 und x_2 seien zwei Näherungswerte für die Lösung x_N der Gleichung $f(x)=0$; außerdem sei $y_1=f(x_1)$, $y_2=f(x_2)$ mit $\operatorname{sgn} y_1=-\operatorname{sgn} y_2$; falls $f\colon x\mapsto f(x)$ stetig ist, gilt:

Ein besserer Näherungswert x_3 ist dann

$$x_3 = x_2 - \Delta x_2 = x_2 - y_2 \cdot \frac{x_1 - x_2}{y_1 - y_2}.$$

Für den Fehler gilt

$$|x_3 - x_N| \leqq |x_2 - x_1| \cdot \frac{\mathrm{Max}(|y_1|, |y_2|)}{|y_1| + |y_2|}.$$

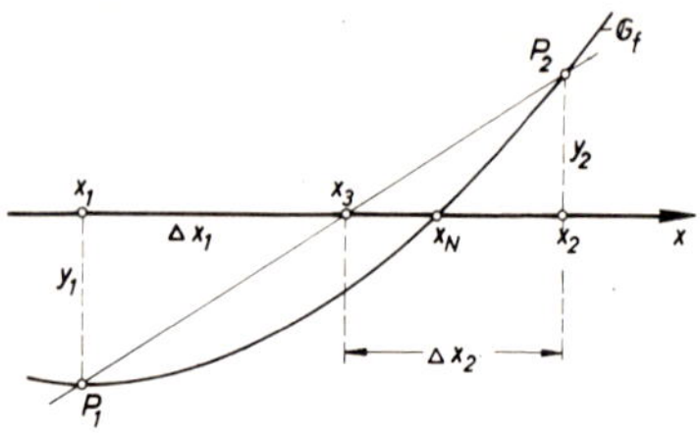

Geometrische Deutung: Der Graph $\mathbb{G}_f$ wird durch eine Sekante zwischen den Punkten $P_1(x_1; y_1)$ und $P_2(x_2; y_2)$ ersetzt; man ermittelt den Schnittpunkt der Sekante mit der x-Achse.

Quadratisches Eingabeln

x_1, x_2, x_3 seien drei Näherungswerte für die Lösung x_N der Gleichung $f(x)=0$, wobei $x_3 - x_2 = x_2 - x_1 = h$ gelte; außerdem sei $y_1 = f(x_1)$, $y_2 = f(x_2)$, $y_3 = f(x_3)$ mit $\operatorname{sgn} y_1 = -\operatorname{sgn} y_3$; falls $f\colon x \mapsto f(x)$ stetig ist, erhält man einen besseren Näherungswert x_4 durch folgende Methode.

Differenzenschema: y_1

$\Delta y_1 = y_2 - y_1$

y_2 $\qquad \Delta^2 y_1 = \Delta y_2 - \Delta y_1$

$\Delta y_2 = y_3 - y_2$

y_3

Gleichung: $\Delta^2 y_1 \cdot t^2 + (\Delta y_1 + \Delta y_2)t + 2y_2 = 0;$

Lösung: t mit $|t| < 1$;

Verbesserung: $x_4 = x_2 + th$.

Fehler: $|x_4 - x_N| \leqq \mathrm{Max}(|t|; 1-|t|) \cdot h$.

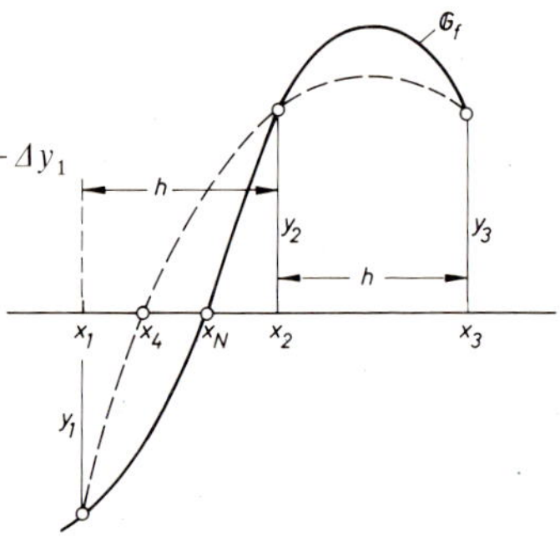

Geometrische Deutung: Der Graph $\mathbb{G}_f$ wird durch eine Interpolationsparabel durch die Punkte $P_1(x_1; y_1)$, $P_2(x_2; y_2)$, $P_3(x_3; y_3)$ ersetzt; man ermittelt den Schnittpunkt der Parabel mit der x-Achse.

Verfahren von Newton-Raphson

x_0 sei ein Näherungswert für die Lösung x_N der Gleichung $f(x)=0$, wobei x_0 und x_N im Intervall $[a, b]$ liegen sollen.

Sicher dann, wenn $\left|\frac{f(x)\cdot f''(x)}{f'^2(x)}\right| < 1$ für alle $x \in [a, b]$

ist, erhält man mit $x_1 = x_0 - \frac{f(x_0)}{f'(x_0)}$ einen besseren Näherungswert für x_N.

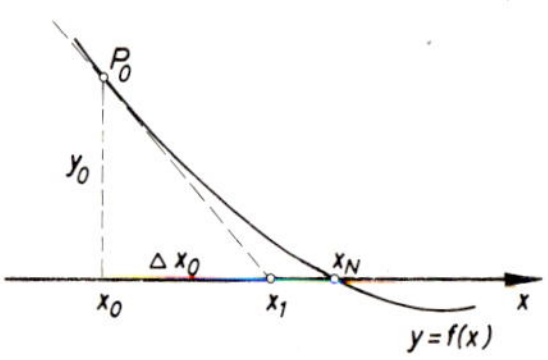

Geometrische Deutung: Der Graph $\mathbb{G}_f$ wird durch die Tangente an $\mathbb{G}_f$ im Punkt $P(x_0; f(x_0))$ ersetzt; man ermittelt den Schnittpunkt der Tangente mit der x-Achse.

Die Wiederholung des Verfahrens liefert eine Folge von Näherungswerten $x_1, x_2, \ldots$ mit $\lim\limits_{n\to\infty} x_n = x_N$.

Die Konvergenz ist mindestens quadratisch, d.h.

$$|x_n - x_N| \approx \tfrac{1}{2}|x_{n-1} - x_N|^2 \cdot \left|\frac{f'^2(x_N)\cdot f''(x_N) + f(x_N)\cdot f'(x_N) f'''(x_N) - 2f(x_N) f''^2(x_N)}{f'^3(x_N)}\right|.$$

Ist $L = \max\limits_{a \leqq x \leqq b} \left|\dfrac{f(x)\cdot f''(x)}{f'^2(x)}\right|$ die sog. Lipschitzkonstante, so gilt $|x_N - x_n| \leqq \dfrac{L^n}{1-L}|x_2 - x_1|$; hiermit kann die Anzahl n der für eine bestimmte Genauigkeit notwendigen Wiederholungen abgeschätzt werden.

Ist $f(x)\cdot f''(x) > 0$, so ist die Folge $x_1, x_2, \ldots$ monoton, ist $f(x)\cdot f''(x) < 0$, so liegt x_N zwischen je zwei aufeinanderfolgenden Werten x_n und x_{n+1} (Möglichkeit der Fehlerschätzung).

Bei einer m-fachen Lösung x_N ist $x_1 = x_0 - m\dfrac{f(x_0)}{f'(x_0)}$ zu setzen.

Iterationsverfahren

Man bringt die Gleichung $f(x) = 0$ in die Form $x = g(x)$. x_1 sei ein Näherungswert für die Lösung x_N, wobei x_1 und x_N im Intervall $[a, b]$ liegen sollen.

Sicher dann, wenn $|g'(x)| < 1$ für alle $x \in [a, b]$ ist, erhält man mit

$$\begin{aligned} x_2 &= g(x_1) \\ x_3 &= g(x_2) \\ &\vdots \\ x_{n+1} &= g(x_n) \end{aligned}$$

eine Folge mit der Eigenschaft $\lim\limits_{n\to\infty} x_n = x_N$.

Die Konvergenz ist für $g'(x_N) \neq 0$ linear, d.h. $|x_n - x_N| \approx |x_{n-1} - x_N| \cdot |g'(x_N)|$; die Konvergenz ist für $g'(x_N) = 0$ mindestens quadratisch, d.h. $|x_N - x_n| \approx \frac{1}{2}|x_{n-1} - x_N| \cdot |g''(x_N)|$.

Ist $L = \max\limits_{a \leqq x \leqq b} |g'(x)|$, so gilt $|x_N - x_n| \leqq \dfrac{L^n}{1-L}|x_2 - x_1|$; hiermit kann die Anzahl n der für eine bestimmte Genauigkeit notwendigen Wiederholungen abgeschätzt werden.

Ist $g'(x) > 0$, so ist die Folge $x_1, x_2, \ldots$ monoton, ist $g'(x) < 0$, so liegt x_N zwischen je zwei aufeinanderfolgenden Werten x_n und x_{n+1} (Möglichkeit der Fehlerschätzung).

Konvergenzverbesserung:

1. Man berechnet aus den ersten beiden Iterationen den Wert

$$K \approx \frac{g(x_2) - x_2}{g(x_1) - x_1} = \frac{x_3 - x_2}{x_2 - x_1}$$

und verwendet dann die Verbesserung

$$x^*_{n+1} = g(x_n) + \underbrace{\frac{K}{1-K}[g(x_n) - x_n]}_{\text{Korrekturglied } \Delta x}.$$

Nach zwei Schritten läßt sich ein neuer Wert für K ermitteln, usw.

2. Da sich der Korrekturfaktor K im allgemeinen nicht sehr stark ändert, kann man ihn auch zur näherungsweisen Vorausberechnung der nachfolgenden Änderungen $[g(x_3)-g(x_2)]$ usw. verwenden:

$$\Delta g_3 = g(x_3) - x_3 \approx K[g(x_2) - x_2]$$
$$\Delta g_4 = g(x_4) - x_4 \approx K[g(x_3) - x_3].$$

Durch Aufsummieren von einigen derart berechneten Änderungen erhält man einen Näherungswert für einen entsprechend späteren Iterationsschritt, z. B.

$$x_5 \approx x_3 + \Delta g_3 + \Delta g_4.$$

Erst dann wird wieder zweimal die allgemeine Iterationsvorschrift angewandt, usw.

B

Zu 11.1.3.2 und 11.1.3.3:

Graphische Lösung, lineares Eingabeln

1. Gesucht ist eine graphische Lösung der Gleichung

$$y = \cos\left(x - \frac{\pi}{6}\right) - \ln x + 1 = 0.$$

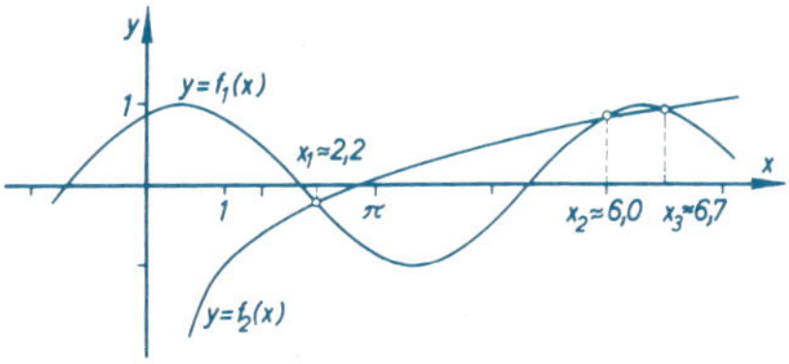

Man formt zweckmäßig um auf

$$\underbrace{\cos\left(x - \frac{\pi}{6}\right)}_{f_1(x)} = \underbrace{\ln x - 1}_{f_2(x)}$$

und erhält die Lösungen:

$$x_1 \approx 2{,}2;\ x_2 \approx 6{,}0;\ x_3 \approx 6{,}7.$$

Die Lösung x_1 soll verbessert werden.

x	y
2,2	0,107
2,3	−0,037
2,274	−0,001
2,273	+0,002

Es gilt bei linearem Eingabeln:

$$x = 2{,}274 - (-0{,}001)\frac{2{,}273 - 2{,}274}{0{,}002 + 0{,}001} = 2{,}27367.$$

$$\text{Fehler} \leqq 0{,}001 \cdot \frac{0{,}002}{0{,}003} \approx 0{,}0007;$$

$$x = 2{,}2737 \pm 0{,}0007.$$

Graphische Lösung, Verfahren von Newton-Raphson

2. Man bestimme alle Lösungen der Gleichung

$$1{,}2x^4 - 0{,}8x^3 + 0{,}8x - 1{,}1 = 0;$$
$$f(x) = 1{,}2x^4 - 0{,}8x^3 + 0{,}8x - 1{,}1;$$
$$f'(x) = 4{,}8x^3 - 2{,}4x^2 + 0{,}8;$$
$$f''(x) = 14{,}4x^2 - 4{,}8x.$$
$$f(0) = -1{,}1$$
$$f(1) = 0{,}1 \Rightarrow \text{zwischen 0 und 1 liegt eine Nullstelle.}$$

Verbesserung dieser Lösung nach Newton-Raphson:

x_1	$f(x)$	$f'(x)$	$f''(x)$	$\dfrac{f(x)\cdot f''(x)}{f'^2(x)}$	x_2
1	0,1	3,2	9,6	0,09 <1	0,97
0,97	0,008	2,92	8,9	0,008 <1	0,9673

Reduktion des Polynoms:

$$f_r(x)=(1{,}2x^4-0{,}8x^3+0{,}8x-1{,}1):(x-0{,}97)=1{,}2x^3+0{,}364x^2+0{,}353x+1{,}142.$$

	1,2	−0,8	0	0,8	−1,1
		1,164	0,353	0,342	1,1
0,97	1,2	0,364	0,353	1,142	0

$f_r(0) \quad = \quad 1{,}142$

$f_r(-2)=-7{,}708 \Rightarrow$ zwischen -2 und 0 liegt eine Nullstelle.

Verbesserung dieser Lösung durch lineares Eingabeln

$$x_3=-2+7{,}708\cdot\frac{0+2}{1{,}142+7{,}708}\approx-0{,}25.$$

Verbesserung dieser Lösung nach Newton-Raphson:

$f_r'(x)=3{,}6x^2+0{,}728x+0{,}353$

$f_r''(x)=7{,}2x+0{,}728$

x_1	$f_r(x)$	$f_r'(x)$	$f_r''(x)$	$\left\lvert\dfrac{f_r(x)\cdot f_r''(x)}{f_r'^2(x)}\right\rvert$	x_2
−0,25	1,06	0,396	−1,072	7,18 >1	Konvergenz nicht gesichert
−0,5	0,91				
−0,9	0,24	2,61	−5,75	0,2	−0,99
−0,99	−0,015	3,16	−6,40	0,1	−0,985

$$(1{,}2x^3+0{,}364x^2+0{,}353x+1{,}142):(x+0{,}985)=1{,}2x^2-0{,}818x+1{,}159$$

	1,2	0,364	0,353	1,142
		−1,182	0,806	−1,142
−0,985	1,2	−0,818	1,159	0

Lösung: $x=\dfrac{0{,}818\pm\sqrt{0{,}818^2-4\cdot1{,}2\cdot1{,}159}}{2\cdot1{,}2}=0{,}341\pm0{,}922j.$

3. Die Gleichung

$$\arctan x = e^x - 1{,}2$$

soll durch Iteration gelöst werden. Näherungen $x \approx 1{,}3$; $x \approx -0{,}7$.

Umformung zur Iteration:

$$x = \ln(\arctan x + 1{,}2) = \varphi(x) \quad \text{oder} \quad x = \tan(e^x - 1{,}2) = \psi(x).$$

$$\varphi'(x) = \frac{1}{\arctan x + 1{,}2} \cdot \frac{1}{1 + x^2}; \quad \psi'(x) = \frac{e^x}{\cos^2(e^x - 1{,}2)}.$$

Die Näherung $x \approx 1{,}3$ kann durch $x_{n+1} = \varphi(x_n)$ iterativ verbessert werden:

x_n	$\|\varphi'(x)\|$	$\varphi(x)$
1,3	0,31	0,75
0,75	0,35	0,61
0,61	0,42	0,56
0,56	0,45	0,537
0,537	0,46	0,526
0,526	0,47	0,521

Fehlerschätzung $L \approx 0{,}5$

$$|x_N - 0{,}526| \leqq \frac{0{,}5^5}{1 - 0{,}5} \cdot |1{,}3 - 0{,}75| \approx 0{,}03.$$

Soll der Fehler kleiner als 0,001 sein, so sind von dem Wert 0,526 aus noch 5 Iterationen durchzuführen, weil gilt: $|x_N - x_n| \leqq \frac{0{,}5^n}{0{,}5} \cdot |0{,}005| < 0{,}001$; $n > 4$; es ergibt sich $x = 0{,}517$ mit einem Fehler von höchstens 0,001.

Für die Näherung $x \approx -0{,}7$ ist die Iteration $x_{n+1} = \varphi(x_n)$ nicht möglich, da $|\varphi'(-0{,}7)| \approx 1{,}1 > 1$. Hier ist die Iteration $x_{n+1} = \psi(x_n)$ möglich:

x_n	$\|\psi'(x_n)\|$	$\psi(x_n)$
−0,7	0,85	−0,85
−0,85	0,83	−0,97
−0,97	0,81	−1,08
−1,08	0,80	−1,16
	27 Iterationen	
		$-1{,}431_6$

Für $|\psi'(x)| < 0{,}8 = L$ ist

$$|x_N - 1{,}08| \leqq \frac{0{,}8^n}{0{,}2} |0{,}08| \leqq 0{,}001$$

wenn der Fehler höchstens 0,001 sein soll; hieraus ergibt sich $n = 27$.

Die Methode der Konvergenzverbesserung liefert für die langsam konvergierende Lösung −1,432:

x_1	$x_2 = \psi(x_1)$	$x_3 = \psi(x_2)$	K	x_3^*
−0,7	−0,85	−0,97	0,8	−1,45
−1,450	−1,445	−1,441	0,8	−1,425
−1,425	−1,427	−1,428	0,5	−1,429

Für die Näherung 1,3 soll die zweite Methode verwendet werden:

x	$\varphi(x)$	Δx	
1,3 0,749	0,749 0,611	−0,551 −0,138	$K=\frac{-0{,}138}{-0{,}551}\approx 0{,}25$
	$-0{,}138\cdot 0{,}25\approx$ $-0{,}035\cdot 0{,}25\approx$ $-0{,}009\cdot 0{,}25\approx$	−0,035 −0,009 −0,002	$0{,}611-0{,}046=0{,}565$ (Vorausberechnung)
0,565 0,539	0,539 0,527	−0,026 −0,012	$K=\frac{-12}{-26}\approx 0{,}46$
	$-0{,}012\cdot 0{,}46$ $-0{,}006\cdot 0{,}46$ $-0{,}003\cdot 0{,}46$	−0,006 −0,003 −0,001	$0{,}527-0{,}010=0{,}517$ $x_1=0{,}517$

11.2 Gleichungssysteme

11.2.1 Lineare Gleichungssysteme

11.2.1.1 Definitionen

Homogene und inhomogene lineare Gleichungssysteme:

Das lineare Gleichungssystem

$$\begin{aligned} a_{11}\cdot x_1+a_{12}\cdot x_2+\ldots+a_{1n}\cdot x_n&=a_1\\ &\vdots\\ a_{m1}\cdot x_1+a_{m2}\cdot x_2+\ldots+a_{mn}\cdot x_n&=a_m \end{aligned}$$

besteht aus m linearen Gleichungen für n Unbekannte $x_1,\ldots,x_n$ $(m\leqq n)$.

Das System heißt homogen, wenn $a_1=a_2=\ldots=a_m=0$,
inhomogen, wenn wenigstens ein $a_i\neq 0$.

Matrizenschreibweise:

$$\begin{pmatrix} a_{11} & a_{12} & \cdots & a_{1n}\\ & & & \\ a_{m1} & a_{m2} & \cdots & a_{mn}\end{pmatrix}\begin{pmatrix} x_1\\ \vdots\\ x_n\end{pmatrix}=\begin{pmatrix} a_1\\ \vdots\\ a_m\end{pmatrix} \quad\text{oder}\quad A\vec{x}=\vec{a}.$$

Rang r einer Matrix:

r ist die Maximalzahl linear unabhängiger Zeilenvektoren; es gibt mindestens eine r-reihige Unterdeterminante $\neq 0$ (1.3.6, Seite 25), jede $(r+1)$-reihige Unterdeterminante ist 0.

11.2.1.2 Existenz von Lösungen

1. Das Gleichungssystem ist nur lösbar, wenn der Rang r der Koeffizientenmatrix (a_{ik}) mit dem Rang der Matrix (a_{ik}, a_i) übereinstimmt.
2. Ist $r<n$ der Rang der Koeffizientenmatrix A, so sind $n-r$ Unbekannte frei wählbar, die restlichen r Unbekannten hängen eindeutig von diesen ab.
3. Ist $r=n$ der Rang der Koeffizientenmatrix, so gibt es genau ein Lösungs-n-tupel des Gleichungssystems. Bei homogenem Gleichungssystem ist es die sogenannte Triviallösung $x_1=x_2=\ldots=x_n=0$.
4. Die Menge aller Lösungs-n-tupel eines homogenen Gleichungssystems ist ein linearer Vektorraum (2.1, Seite 35).
5. Man erhält alle Lösungs-n-tupel eines homogenen Gleichungssystems als Linearkombination von $n-r$ geeigneten Basis-n-tupeln.
6. Man erhält alle Lösungs-n-tupel eines inhomogenen Gleichungssystems, wenn man zu irgend einem speziellen Lösungs-n-tupel jedes Lösungs-n-tupel des entsprechenden homogenen Gleichungssystems addiert.

11.2.1.3 Lösungsverfahren

Cramersche Regel

Ist $m=n=r$, so ist $\det(a_{ik})=D\neq 0$. Es gilt

$$x_i=\frac{1}{D}\cdot\begin{vmatrix} a_{11} & \ldots & a_1 & \ldots & a_{1n} \\ \vdots & & \vdots & & \vdots \\ a_{n1} & & a_n & & a_{nn} \end{vmatrix}.$$

$\uparrow$ i-te Spalte

Das Verfahren ist nur empfehlenswert für $n\leqq 3$.

Eliminationsverfahren

Man führt das gegebene System von m Gleichungen mit n Unbekannten in ein System von $m-1$ Gleichungen mit $n-1$ Unbekannten über, indem man eine Unbekannte eliminiert. Dies kann z.B. geschehen durch Multiplikation einer Gleichung mit einem geeigneten Faktor derart, daß sich bei Addition zu einer anderen Gleichung die Terme mit einer Unbekannten wegheben. Dieses Verfahren wird so lange wiederholt, bis schließlich eine Gleichung übrigbleibt.

Gaußscher Algorithmus

Es sei $a_{11}\neq 0$, was durch geeignete Vertauschung von Gleichungen immer erreichbar ist. Zur Vereinfachung wird nur das Koeffizientenschema angeschrieben.

Prinzip:

Aus dem Schema

$$\begin{array}{cccc:c} a_{11} & a_{12} & \ldots & a_{1n} & a_1 \\ a_{21} & a_{22} & \ldots & a_{2n} & a_2 \\ \vdots & & & & \\ a_{m1} & a_{m2} & \ldots & a_{mn} & a_m \end{array}$$

erhält man durch Multiplikation

der ersten Zeile mit $-\frac{a_{21}}{a_{11}}$ und Addition zur zweiten Zeile,

der ersten Zeile mit $-\frac{a_{31}}{a_{11}}$ und Addition zur dritten Zeile,

$\vdots$

der ersten Zeile mit $-\frac{a_{m1}}{a_{11}}$ und Addition zur m-ten Zeile

das umgeformte Schema

$$\begin{array}{cccc|c} a_{11} & a_{12} & \dots & a_{1n} & a_1 \\ 0 & a'_{22} & \dots & a'_{2n} & a'_2 \\ \vdots & & & & \\ 0 & a'_{m2} & \dots & a'_{mn} & a'_m \end{array}.$$

$(r-1)$-malige Wiederholung dieses Verfahrens liefert das gestaffelte Schema

$$\begin{array}{cccccc|c} a_{11} & a_{12} & \dots & a_{1,r+1} & \dots & a_{1n} & a_1 \\ & a'_{22} & \dots & a'_{2,r+1} & \dots & a'_{2n} & a'_2 \\ & & & \vdots & & \vdots & \\ & & a^{(r-1)}_{r,r} & a^{(r-1)}_{r,r+1} & \dots & a^{(r-1)}_{r,n} & a^{(r-1)}_r \\ & & & 0 & \dots & 0 & 0 \\ & & & 0 & \dots & 0 & 0 \end{array}$$

Ist ein $a^{(k)}_{ii}=0$, so wird die betreffende Gleichung übersprungen und die folgende Gleichung herangezogen.

Willkürliche Wahl von $x_{r+1}, x_{r+2}, \dots, x_n$ gestattet die Auflösung der r-ten (letzten) Gleichung

$$a^{(r-1)}_{r,r} x_r = a^{(r-1)}_r - a^{(r-1)}_{r,r+1} \cdot x_{r+1} - \dots - a^{(r-1)}_{r,n} \cdot x_n .$$

Die Lösung ist

$$x_r = \frac{1}{a^{(r-1)}_{r,r}} \left[a^{(r-1)}_r - a^{(r-1)}_{r,r+1} \cdot x_{r+1} - \dots - a^{(r-1)}_{r,n} \cdot x_n\right].$$

Einsetzen dieser Lösung in die $(r-1)$-te (vorletzte) Gleichung liefert analog x_{r-1}. Die Wiederholung des Verfahrens ergibt schließlich alle Unbekannten $x_1, \dots, x_r$ ausgedrückt durch $x_{r+1}, \dots, x_n$.

Praktisches Vorgehen:

Man bevorzugt den verketteten Gaußschen Algorithmus mit Zeilensummen- und Spaltensummenprobe:

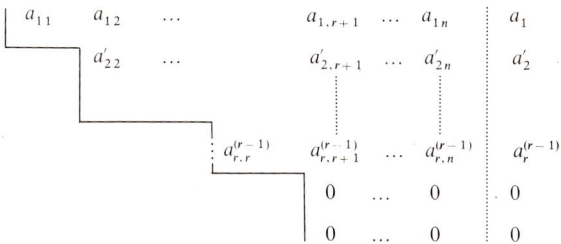

Aus dem Schema

$$\begin{array}{cccc:c|c}
a_{11} & a_{12} & \dots & a_{1n} & a_1 & ZS_1 \\
a_{21} & a_{22} & \dots & a_{2n} & a_2 & ZS_2 \\
\vdots & & & & & \\
a_{m1} & a_{m2} & & a_{mn} & a_n & ZS_m \\
\hline
SS_1 & SS_2 & & SS_n & SS_b & SS_z
\end{array}$$

entsteht durch die Regeln

$$c_{ik} = -\frac{1}{b_{kk}}(a_{ik} + \text{skalares Produkt } i\text{-te Zeile, } k\text{-te Spalte}),$$

$$b_{ik} = \qquad a_{ik} + \text{skalares Produkt } i\text{-te Zeile, } k\text{-te Spalte}$$

das gestaffelte Schema

$$\begin{array}{ccccc:c|c}
a_{11} & a_{12} & & \dots & a_{1n} & a_1 & ZS_1 \\
c_{21} & b_{22} & & \dots & b_{2n} & b_2 & ZS_2 \\
c_{31} & c_{32} & b_{33} & \dots & b_{3n} & b_3 & ZS_3 \\
 & & \vdots & & & &
\end{array}$$

Wird ein Element $b_{kk} = 0$ oder sehr klein im Vergleich zur Größenordnung der übrigen b_{ik}, so wird die k-te Zeile übersprungen. Im Fall $m = n = r$ kann durch Einsetzen die Probe gemacht werden. Ergibt sich $A\vec{x} - \vec{a} = \vec{r}$ statt $A\vec{x} - \vec{a} = \vec{o}$, so kann man aus dem Gleichungssystem $A\vec{z} = \vec{r}$ eine Korrektur $\vec{z}$ gewinnen und erhält die verbesserte Lösung $\vec{x}_v = \vec{x} - \vec{z}$.

Iteration

Gegeben sei das inhomogene System

$$\begin{aligned}
&a_{11}x_1 + a_{12}x_2 + a_{13}x_3 + \dots + a_{1n}x_n = a_1 \\
&a_{21}x_1 + a_{22}x_2 + a_{23}x_3 + \dots + a_{2n}x_n = a_2 \\
&\dots\dots\dots\dots\dots\dots\dots\dots\dots\dots\dots\dots \\
&a_{n1}x_1 + a_{n2}x_2 + a_{n3}x_3 + \dots + a_{nn}x_n = a_n, \quad A\vec{x} = \vec{a} \quad \text{mit } \det(a_{ik}) \neq 0.
\end{aligned}$$

Die Lösung $\vec{x}_N$ läßt sich sicher dann nach dem Gesamtschrittverfahren von Gauß-Jacobi iterativ finden, wenn

entweder $L_1 = \underset{1 \le k \le n}{\operatorname{Max}} \sum_{\substack{i=1 \\ i \neq k}}^{n} \left| \frac{a_{ik}}{a_{ii}} \right| < 1$

oder $L_2 = \underset{1 \le i \le n}{\operatorname{Max}} \sum_{\substack{k=1 \\ k \neq i}}^{n} \left| \frac{a_{ik}}{a_{ii}} \right| < 1$

oder $L_3 = \sum_{\substack{i,k=1 \\ i \neq k}}^{n} \left(\frac{a_{ik}}{a_{ii}} \right)^2 < 1$ erfüllt ist.

Das ist sicher dann der Fall, wenn die Beträge der Diagonalelemente hinreichend groß im Vergleich zu den Beträgen der anderen Elemente der Koeffizientenmatrix sind.

Man schreibt

$$\begin{aligned}
x_1 &= \frac{a_1}{a_{11}} \qquad\qquad - \frac{a_{12}}{a_{11}} x_2 - \frac{a_{13}}{a_{11}} x_3 - \ldots - \frac{a_{1n}}{a_{11}} x_n \\
x_2 &= \frac{a_2}{a_{22}} - \frac{a_{21}}{a_{22}} x_1 \qquad\qquad - \frac{a_{23}}{a_{22}} x_3 - \ldots - \frac{a_{2n}}{a_{22}} x_n \\
&\ldots\ldots\ldots\ldots\ldots\ldots \\
x_n &= \frac{a_n}{a_{nn}} - \frac{a_{n1}}{a_{nn}} x_1 - \frac{a_{n2}}{a_{nn}} x_2 - \ldots
\end{aligned}$$

und setzt auf den rechten Seiten eine Näherungslösung $\vec{x}_1$ ein und erhält eine verbesserte Lösung $\vec{x}_2$. Als erste Näherungswerte werden beliebige Zahlen $\in \mathbb{R}$ gewählt, jedoch nimmt man zweckmäßig

$$x_1 = \frac{a_1}{a_{11}}, \quad x_2 = \frac{a_2}{a_{22}} - \frac{a_{21}}{a_{22}} x_1, \quad x_3 = \frac{a_3}{a_{33}} - \frac{a_{31}}{a_{33}} x_1 - \frac{a_{32}}{a_{33}} x_2$$

$$x_n = \frac{a_n}{a_{nn}} - \frac{a_{n1}}{a_{nn}} x_1 - \ldots - \frac{a_{n,n-1}}{a_{nn}} x_{n-1}.$$

Ist L_1 oder L_2 oder L_3 die sog. Lipschitzkonstante $L<1$, so gilt

$$|\vec{x}_N - \vec{x}_n| \leqq \frac{L^n}{1-L} |\vec{x}_2 - \vec{x}_1|;$$

hiermit kann die Anzahl n der für eine bestimmte Genauigkeit notwendigen Wiederholungen der Iteration abgeschätzt werden.

Für $|\vec{x}_N - \vec{x}_n|$ kann entweder die übliche (euklidische) Norm $\sqrt{(x_N - x_n)^2 + (y_N - y_n)^2 + \ldots}$ oder hier bequemer die Tschebyschew-Norm $\mathrm{Max}(|x_N - x_n|, |y_N - y_n|, \ldots)$ verwendet werden.

Eine raschere Konvergenz wird erreicht, wenn für die Berechnung der Unbekannten die bereits iterativ verbesserten Werte der andern Unbekannten verwendet werden (Einzelschrittverfahren von Gauß-Seidel).

B

Zu 11.2.1.3:

Verketteter Gaußscher Algorithmus

1. Zu lösen sei das Gleichungssystem:

$$\begin{aligned}
10x + y - 2z + 3u &= -10 \\
2x - 9y + z - u &= 27 \\
-3x - y + 12z + 2u &= 27 \\
2y + 2z - 7u &= 30
\end{aligned}$$

10	1	−2	3	−10	2
2	−9	1	−1	27	20
−3	−1	12	2	27	37
0	2	2	−7	30	27
9	−7	13	−3	74	86
10	1	−2	3	−10	2
−0,2	−9,2	1,4	−1,6	29	19,6
0,3	−0,0761	11,293	3,022	21,793	36,108
0	0,2174	−0,204	−7,964	31,859	23,895
−0,9	−0,8587	−1,2041	−7,965	31,857	23,892

Oberhalb der Treppenlinie steht das gestaffelte Gleichungssystem.

Lösung: $x = 1{,}000$
$y = -2{,}000$
$z = 3{,}000$
$u = -4{,}000$

$r = 4$.

Homogenes Gleichungssystem

2. Zu lösen ist das homogene Gleichungssystem

$$\begin{aligned} 3x-2y+3z-2u&=0\\ -x+3y+z-2u&=0\\ -2x+y-4z+3u&=0\\ x-y-z+u&=0 \end{aligned}$$

3	−2	3	−2	0	2
−1	3	1	−2	0	1
−2	1	−4	3	0	−2
1	−1	−1	1	0	0
1	1	−1	0	0	1
3	−2	3	−2	0	2
$\frac{1}{3}$	$\frac{7}{3}$	2	$-\frac{8}{3}$	0	$\frac{5}{3}$
$\frac{2}{3}$	$\frac{1}{7}$	−1,714	1,286	0	−0,428
$-\frac{1}{3}$	$\frac{1}{7}$	−1	0	0	0
$-\frac{1}{3}$	$-\frac{5}{7}$	−2	0	0	0

u ist frei wählbar; $r=3$

$$-1{,}714z=-1{,}286u; \qquad z=0{,}75u$$
$$\tfrac{7}{3}y=-2z+\tfrac{8}{3}u; \qquad y=0{,}50u$$
$$3x=2y-3z+2u; \qquad x=0{,}25u$$

$$\vec{x}=\begin{pmatrix}0{,}25\\0{,}50\\0{,}75\\1{,}00\end{pmatrix}u; \qquad \text{Basis-}n\text{-tupel der Lösung ist} \begin{pmatrix}0{,}25\\0{,}50\\0{,}75\\1{,}00\end{pmatrix}.$$

Gleichungssystem mit $n>m>r$

3. $$\begin{aligned}3x+2y-4z+2u&=1\\-4x+9y-23z-21u&=12\\2x-y+3z+5u&=-2\end{aligned}$$

3	2	−4	2	1	4	
−4	9	−23	−21	12	−27	
2	−1	3	5	−2	7	
1	10	−24	−14	11	−16	
3	2	−4	2	1	4	
$\frac{4}{3}$	11,67	−28,33	−18,33	13,33	−21,67	
$-\frac{2}{3}$	0,20	0	0	0	0	$r=2$
$-\frac{1}{3}$	−0,799	−0,03 ≈ 0	−0,02 ≈ 0	0,01 ≈ 0	−0,02 ≈ 0	

z und u können frei gewählt werden:

$$11{,}67y=13{,}33+28{,}33z+18{,}33u; \quad y=1{,}14+2{,}43z+1{,}57u$$
$$3x+2y-4z+2u=1; \quad x=-0{,}43-0{,}29z-1{,}71u$$

$$\vec{x}=\begin{pmatrix}-0{,}43\\1{,}14\\0\\0\end{pmatrix}+z\begin{pmatrix}-0{,}29\\2{,}43\\1\\0\end{pmatrix}+u\begin{pmatrix}-1{,}71\\1{,}57\\0\\1\end{pmatrix}.$$

Verketteter Gaußscher Algorithmus, $a_{ii}^{(k)}=0$

4. $$\begin{aligned}-2x-4y-6z+3u+2v&=1\\x+2y-3z+4u+5v&=6\\6x+5y+4z+3u+2v&=1\\5x+3y+z-u+3v&=-5\\4x+5y+6z+u+2v&=3\end{aligned}$$

−2	−4	−6	3	2	1	−6	
1	2	−3	4	5	6	15	
6	5	4	3	2	1	21	
5	3	1	−1	3	−5	6	
4	5	6	1	2	3	21	
14	11	2	10	14	6	57	
−2	−4	−6	3	2	1	−6	
0,5	0						Zeile 2 überspringen
3	−7	−14	12	8	4	3	
2,5	−1	0					Zeile 4 überspringen
2	−0,428	0					Zeile 5 überspringen
0,5	0	−6	5,5	6	6,5	12	Zeile 2
2,5	−1	0	−5,5	0	−6,5	−12	Zeile 4
2	−0,428	0	0,339	2,576	1,084	3,648	Zeile 5
7	−2,428	−1	−0,661	−1	0	0	

$v=0{,}421;\quad u=1{,}182;\quad z=0{,}421;\quad y=1{,}094;\quad x=-1{,}757.$

Iteration

5. Das Gleichungssystem

$$\begin{aligned} 10x+\ y-\ 2z+3u&=-10\\ 2x-9y+\ z-\ u&=\ 27\\ -3x-\ y+12z+2u&=\ 27\\ 2y+\ 2z-7u&=\ 30 \end{aligned}$$

soll durch Iteration gelöst werden.

Es gilt
$$\begin{aligned} L_3=&\left(\tfrac{1}{10}\right)^2+\left(\tfrac{2}{10}\right)^2+\left(\tfrac{3}{10}\right)^2\\ &+\left(\tfrac{2}{9}\right)^2+\left(\tfrac{1}{9}\right)^2+\left(\tfrac{1}{9}\right)^2\\ &+\left(\tfrac{3}{12}\right)^2+\left(\tfrac{1}{12}\right)^2+\left(\tfrac{2}{12}\right)^2\\ &+\left(\tfrac{0}{7}\right)^2+\left(\tfrac{2}{7}\right)^2+\left(\tfrac{2}{7}\right)^2\approx 0{,}7<1. \end{aligned}$$

Also ist mit beliebigen Anfangswerten Konvergenz gesichert.

Das aufgelöste System erhält die Form

$$\begin{aligned} x&=-1{,}000 &&-0{,}100y+0{,}200z-0{,}300u\\ y&=-3{,}000+0{,}222x &&+0{,}111z-0{,}111u\\ z&=\ 2{,}250+0{,}250x+0{,}083y &&-0{,}167u\\ u&=-4{,}286 &&+0{,}286y+0{,}286z \end{aligned}$$

Die Rechnung erfolgt zweckmäßig in folgendem Schema:

x	y	z	u
−1,000	−3,222	1,733	−4,711
1,082	−2,044	3,139	−3,973
1,023	−1,983	3,004	−3,994
0,997	−2,000	3,001	−4,000
1,000	(−2,000	3,000	−4,000)

Die Lösung lautet

$$x=1, \quad y=-2, \quad z=3, \quad u=-4.$$

Man erhält $|\vec{x}_1-\vec{x}_2|=\mathrm{Max}(2{,}082;\ 1{,}178;\ 1{,}406;\ 0{,}738)=2{,}082\approx 2$. Soll jede Unbekannte auf mindestens 0,001 genau sein, so muß gelten

$$|\vec{x}_N-\vec{x}_n|\leqq\frac{0{,}7^n}{1-0{,}7}\cdot 2\leqq 0{,}001; \quad n\geqq 25.$$

Tatsächlich ist die exakte Lösung schon bei $n=4$ erreicht.

11.2.2 Nichtlineare Gleichungssysteme

Ein nichtlineares Gleichungssystem besteht aus m Gleichungen für n Unbekannte ($n\geqq m$)

$$\begin{aligned} y_1 &= f_1(x_1,\dots,x_n)=0\\ &\vdots\\ y_m &= f_m(x_1,\dots,x_n)=0. \end{aligned}$$

Ist $r\leqq m$ der Rang der Funktionalmatrix

$$\begin{pmatrix} \frac{\partial y_1}{\partial x_1} & \frac{\partial y_1}{\partial x_2} & \cdots & \frac{\partial y_1}{\partial x_n}\\ \vdots & & & \\ \frac{\partial y_m}{\partial x_1} & & & \frac{\partial y_m}{\partial x_n} \end{pmatrix}$$

so sind r Unbekannte durch die restlichen $n-r$ Unbekannten auszudrücken.

Ist $m=n=r$, so ist die Jacobische Funktionaldeterminante $\frac{\partial(y_1,\dots,y_n)}{\partial(x_1,\dots,x_n)}\neq 0$ und das Gleichungssystem hat genau ein Lösungs-n-tupel $\vec{x}_N$.

Allgemeine Lösungsverfahren lassen sich nicht angeben.

Fall $m=n=r$:

Ist $\vec{x}_1$ ein Näherungs-n-tupel und sind die Funktionen $f_1, \ldots, f_n$ differenzierbar (8.3.2.1, Seite 399) so gilt $\vec{x}_N = \vec{x}_1 + \Delta\vec{x}$ und

$$\begin{matrix} \frac{\partial f_1}{\partial x_1}(\vec{x}_1)\,\Delta x_1 + \frac{\partial f_1}{\partial x_2}(\vec{x}_1)\,\Delta x_2 + \ldots + \frac{\partial f_1}{\partial x_n}(\vec{x}_1)\,\Delta x_n = -f_1(\vec{x}_1) \\ \vdots \\ \frac{\partial f_n}{\partial x_1}(\vec{x}_1)\,\Delta x_1 + \ldots \qquad\qquad + \frac{\partial f_n}{\partial x_n}(\vec{x}_1)\,\Delta x_n = -f_n(\vec{x}_1) \end{matrix}$$

hieraus kann $\Delta x_1, \ldots, \Delta x_n$ berechnet werden (11.2.1, Seite 517).

B

Zu 11.2.2:

Verbesserung einer Näherungslösung

1. Das Gleichungssystem $y_1 = f_1(x_1, x_2) = x_1^2 + \sin x_1 \cdot x_2 - 3 = 0;$

$$y_2 = f_2(x_1, x_2) = \cos x_2 - \frac{x_1}{x_2} + 2 = 0,$$

hat $x_1 = 1{,}5$; $x_2 = 0{,}5$ als Näherungslösung.

Es ist $\frac{\partial f_1}{\partial x_1}(x_1, x_2) \approx 3{,}36$; $\quad \frac{\partial f_1}{\partial x_2}(x_1, x_2) \approx 1{,}10$;

$\frac{\partial f_2}{\partial x_1}(x_1, x_2) \approx -2{,}00$; $\quad \frac{\partial f_2}{\partial x_2}(x_1, x_2) \approx 5{,}52$;

$f_1(x_1, x_2) \approx -0{,}07$; $\quad f_2(x_1, x_2) \approx -0{,}12$.

Hieraus erhält man

$$3{,}36\,\Delta x_1 + 1{,}10\,\Delta x_2 = 0{,}07;$$
$$-2{,}00\,\Delta x_1 + 5{,}52\,\Delta x_2 = 0{,}12;$$

die Lösung dieses Gleichungssystems ist $\Delta x_1 \approx 0{,}012$; $\Delta x_2 \approx 0{,}026$;

also ist $x_1 = 1{,}5 + 0{,}012 = 1{,}512$; $x_2 = 0{,}5 + 0{,}026 = 0{,}526$.

Eine Wiederholung des Verfahrens ergibt $x_1 = 1{,}5114$; $x_2 = 0{,}5277$.

12 Gewöhnliche Differentialgleichungen

12.1 Allgemeines

Definition

Eine Bestimmungsgleichung der Form $F(x, y, y', \ldots, y^{(n)}) = 0$ zur Ermittlung einer mindestens n-mal differenzierbaren Funktion $f\colon x \mapsto y = f(x)$ heißt gewöhnliche Differentialgleichung.

m Bedingungsgleichungen der Form

$$\begin{aligned}
&F_1(x, y_1, \ldots, y_1^{(n)}, y_2, \ldots, y_2^{(n)}, \ldots, y_m, \ldots, y_m^{(n)}) = 0,\\
&F_2(x, y_1, \ldots, y_1^{(n)}, y_2, \ldots, y_2^{(n)}, \ldots, y_m, \ldots, y_m^{(n)}) = 0,\\
&\vdots\\
&F_m(x, y_1, \ldots, y_1^{(n)}, y_2, \ldots, y_2^{(n)}, \ldots, y_m, \ldots, y_m^{(n)}) = 0
\end{aligned}$$

zur Ermittlung von m entsprechend oft differenzierbaren Funktionen $f_i\colon x \mapsto y_i = f_i(x)$ heißt System von m gekoppelten (simultanen) Differentialgleichungen.

Ordnung

Die Differentialgleichung $F(x, y, \ldots, y^{(n)}) = 0$ ist von n-ter Ordnung, weil $y^{(n)}$ die höchste auftretende Ableitung ist.

Grad

Enthält die Differentialgleichung $F(x, y, \ldots, y^{(n)}) = 0$ die höchste Ableitung $y^{(n)}$ nur in Form von Potenzen mit natürlicher Hochzahl und tritt $y^{(n)}$ bis zur p-ten Potenz auf, so ist die Differentialgleichung vom p-ten Grad.

Lösungsmenge

Die Menge aller Funktionen, die in einem bestimmten Intervall die Differentialgleichung erfüllen, besteht aus der sog. allgemeinen Lösung (die Lösungsfunktionen dieser Teilmenge unterscheiden sich voneinander durch einen oder mehrere Parameter) und der Teilmenge der sog. singulären Lösungen.

Jede einzelne Lösungsfunktion heißt partikuläre Lösung. Die Lösungsfunktionen der allgemeinen Lösung einer Differentialgleichung n-ter Ordnung enthalten n unabhängige Parameter $c_1, \ldots, c_n$. Bisweilen liefert ein Lösungsverfahren für eine Differentialgleichung eine Beziehung $G(x, y, c_1, \ldots, c_n) = 0$, aus der der Zusammenhang $f\colon x \mapsto y = f(x)$ oder $\overset{-1}{f}\colon y \mapsto x = \overset{-1}{f}(y)$ entnommen werden kann.

B

Zu 12.1:
Ordnung und Grad einer Differentialgleichung

1. Die Gleichung $y''^3 + \sqrt{y'} - \sin xy = 0$ ist eine gewöhnliche Differentialgleichung 2. Ordnung und 3. Grades.

$y' \cdot \sin y' - x = 0$ ist eine gewöhnliche Differentialgleichung 1. Ordnung. Ein Grad ist hier nicht definiert.

$y_1' + y_2 - x = 0$;
$y_1 + y_2' + x = 0$; ist ein System von zwei Differentialgleichungen 1. Ordnung.

12.2 Gewöhnliche Differentialgleichungen 1. Ordnung

12.2.1 Existenz von Lösungen

Eine gewöhnliche Differentialgleichung 1. Ordnung hat die Form $F(x, y, y') = 0$.

Falls sie sich in die Form $y' = g(x, y)$ bringen läßt, gelten folgende Sätze:

Existenzsatz von Cauchy: Ist g in $(x_0; y_0)$ und in der Umgebung von $(x_0; y_0)$ stetig, so besitzt die Differentialgleichung

$$y' = g(x, y)$$

wenigstens eine Lösung $y = f(x)$ mit der Eigenschaft $y_0 = f(x_0)$.

Die Bedingung $y_0 = f(x_0)$ wird Anfangsbedingung genannt.

Eindeutigkeitssatz: Gilt in $(x_0; y_0)$ und in der Umgebung von $(x_0; y_0)$ die sog. Lipschitzbedingung $|g(x, y + \Delta y) - g(x, y)| \leq M \cdot |\Delta y|$ mit einer festen Zahl $M > 0$, so besitzt die Differentialgleichung

$$y' = g(x, y)$$

genau eine Lösung $y = f(x)$ mit $y_0 = f(x_0)$.

Hinreichend für die Erfüllung der Lipschitzbedingung ist, daß in (x_0, y_0) und in der Umgebung von $(x_0; y_0)$ die Ableitung $g_y(x, y) = \frac{\partial g(x, y)}{\partial y}$ existiert.

Geometrische Veranschaulichung:

Durch die Gleichung $y' = g(x, y)$ wird jedem Punkt der Definitionsmenge von g (echte oder unechte Teilmenge der Ebene) eine Zahl als Steigung (Richtung der Lösungskurve) zugeordnet (Richtungsfeld).

Jede Kurve (Graph einer differenzierbaren Funktion), die in jedem Punkt die durch das Richtungsfeld vorgegebene Steigung besitzt, ist Lösungskurve. Ausgehend von einem Punkt $P_0(x_0; y_0)$ kann man eine partikuläre Lösung mit der Bedingung $y_0 = f(x_0)$ finden.

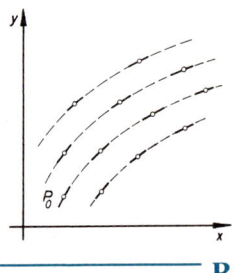

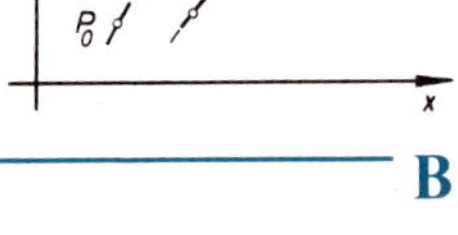

B

Zu 12.2.1:
Lipschitzbedingung

1. $F(x, y, y') = x \cdot \sqrt[3]{y} - y' = 0$ läßt sich auf die Form $y' = x \cdot \sqrt[3]{y}$ bringen.

   $g(x, y) = x \cdot \sqrt[3]{y}$ ist für alle $(x; y)$ stetig; $g_y(x, y) = \frac{x}{\sqrt[3]{y^2}}$ ist außer für $y = 0$ überall definiert.

   Durch jeden Punkt, der nicht der x-Achse angehört, verläuft genau eine Lösungskurve.

Für $y=0$ ist die Lipschitzbedingung nicht erfüllt: $\frac{|g(x,\Delta y)-g(x,0)|}{|\Delta y|}=\frac{|x|}{\sqrt[3]{\Delta y^2}}$ kann beliebig groß werden.

Daher verlaufen durch jeden Punkt der x-Achse mehrere Lösungskurven.

Tatsächlich ist z.B. $y=0$ und $y=\sqrt{\left(\frac{x^2}{3}+C\right)^3}$ für beliebiges C eine Lösung.

12.2.2 Lösungsverfahren für Gleichungen 1. Grades

12.2.2.1 Quadrierbare Gleichung $y'=g(x)$

Die Lösung kann durch sog. Quadratur (direktes Integrieren) erhalten werden:

$$y=f(x)=\int g(x)\,dx.$$

Es gibt keine singulären Lösungen.

Die partikuläre Lösung mit der Anfangsbedingung $y_0=f(x_0)$ ergibt sich aus

$$f(x)=y_0+\int_{x_0}^{x} g(u)\,du.$$

12.2.2.2 Separierbare Gleichung $y'=g_1(x)\cdot g_2(y)$

Man löst die Gleichung durch Trennung (Separation) von x und y:

$$\int\frac{dy}{g_2(y)}=\int g_1(x)\,dx.$$

Außerdem ist aus der Gleichung $g_2(y)=0$ eine weitere Lösung $y=c=\text{const}$ zu ermitteln; diese ist manchmal eine singuläre Lösung.

Die partikuläre Lösung mit der Anfangsbedingung $y_0=f(x_0)$ ergibt sich aus

$$\left.\begin{array}{lll}\displaystyle\int_{y_0}^{y}\frac{dv}{g_2(v)}=\int_{x_0}^{x} g_1(u)\,du, & \text{wenn} & g_2(y_0)\neq 0\\ y=y_0, & \text{wenn} & g_2(y_0)=0\end{array}\right\}\ \text{falls Lipschitzbedingung erfüllt ist.}$$

Sonderfall: $y'=g(y)$ hat die Lösungen $x=\int\frac{dy}{g(y)}$ und die aus $g(y)=0$ folgende Lösung $y=c=\text{const}$.

B

Zu 12.2.2.2:

Separierbare Gleichung ohne singuläre Lösung

1. Die Gleichung $y'=y$ hat die Lösungen $y=0$ und die aus $\int\frac{dy}{y}=\int dx$ folgenden Lösungen $\ln|y|=x+C$; $y=Ae^x$ mit $A\in\mathbb{R}\setminus\{0\}$.

   Läßt man $A=0$ zu, so ist die Lösung $y=0$ enthalten. Es gibt keine singuläre Lösung.

Separierbare Gleichung mit singulärer Lösung

2. Die Gleichung $y'=\sqrt{y}$ hat die Lösungen $y=0$ und die aus $\int \frac{dy}{\sqrt{y}}=\int dx$ folgenden Lösungen $y=\left(\frac{x+C}{2}\right)^2$ mit $C\in\mathbb{R}$. Für keinen Wert von C ergibt sich die Lösung $y=0$; diese ist also singulär.

Separierbare Gleichung mit Anfangsbedingung

3. Die Differentialgleichung $\dot{v}=A-Bv^2$ $(A, B>0)$ für die Funktion $t\mapsto v$ ist mit der Anfangsbedingung $t=0$, $v=0$ zu lösen.

$$\int_0^v \frac{dw}{A-Bw^2}=\int_0^t dt;\quad t=\frac{1}{\sqrt{AB}}\operatorname{artanh}\sqrt{\frac{B}{A}}\,v;\quad v=\sqrt{\frac{A}{B}}\tanh(t\sqrt{AB}).$$

12.2.2.3 Transformation der Veränderlichen

Häufig läßt sich eine Differentialgleichung

$$y'=g(x, y)$$

durch geeignete Substitutionen auf eine der in 12.2.2.1 oder 12.2.2.2 behandelten Formen bringen.

Ist z.B. $y'=g(ax+by+c)$, so substituiert man $z=ax+by+c$, $z'=a+by'$ und erhält die Gleichung $z'=a+b\cdot g(z)$; diese ist durch Separation lösbar (12.2.2.2, Seite 529).

Die Lösungen sind aus den Beziehungen

$$\int \frac{dz}{a+b\cdot g(z)}=\int dx$$

und $a+b\cdot g(z)=0$, $z=z_0=\text{const}$ zu entnehmen.

Aus z kann man $y=\frac{z-ax-c}{b}$ ermitteln.

B

Zu 12.2.2.3:
Lineare Substitution

1. $y'=(1+x+y)^2$;
   Substitution $z=1+x+y$, $z'=1+y'$ ergibt $z'-1=z^2$; $z'=1+z^2$; $\int \frac{dz}{1+z^2}=\int dx$;
   $\arctan z=x+C$; $z=\tan(x+C)$; $y=\tan(x+C)-1-x$.

12.2.2.4 Gleichungen mit homogenen Faktoren

Sind in der Gleichung $P(x, y)+Q(x, y)\cdot y'=0$ die Terme $P(x, y)$ und $Q(x, y)$ homogen vom gleichen Grad m, d.h. gilt

$$P(ax, ay)=a^m\cdot P(x, y)$$
$$Q(ax, ay)=a^m\cdot Q(x, y),$$

so substituiert man $y=xz$, $y'=z+xz'$ und erhält eine separierbare Gleichung (12.2.2.2,

Seite 529). Man unterscheide diesen Homogenitätsbegriff von dem in 12.2.2.7, Seite 534 definierten.

Alle Integralkurven dieser Differentialgleichung können durch eine Ähnlichkeitstransformation mit dem Nullpunkt als Zentrum aus einer partikulären Lösung erzeugt werden. Die Tangenten in den Schnittpunkten der Integralkurven mit einer beliebigen Geraden durch den Nullpunkt bilden mit der Geraden konstante Winkel α.

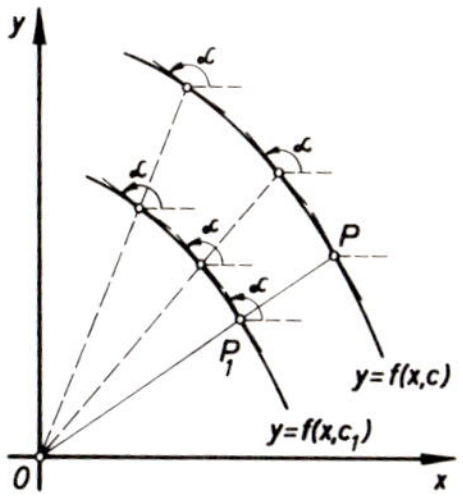

Sonderfall:

Die zunächst nicht homogene Differentialgleichung der Form

$$(a_1 x+b_1 y+c_1)+(a_2 x+b_2 y+c_2) y'=0$$

läßt sich durch die Substitution

$$x=u+x_1, \quad y=v+y_1,$$

wo x_1 und y_1 Lösungen des Gleichungssystems

$$\begin{aligned} a_1 x_1+b_1 y_1+c_1&=0 \\ a_2 x_1+b_2 y_1+c_2&=0 \end{aligned} \qquad D=\begin{vmatrix} a_1 & b_1 \\ a_2 & b_2 \end{vmatrix} \neq 0$$

sind, überführen in die homogene Gleichung

$$(a_1 u+b_1 v)+(a_2 u+b_2 v)v'=0 \text{ für die Funktion } u \mapsto v=f^*(u).$$

Ist $D=0$, so ist $a_2=\lambda a_1$ und $b_2=\lambda b_1$ und man erhält durch die Substitution

$$u=a_1 x+b_1 y, \quad y'=\frac{1}{b_1}(u'-a_1)$$

die in x und u trennbare Differentialgleichung

$$b_1(u+c_1)+(\lambda u+c_2)(u'-a_1)=0 \text{ für die Funktion } x \mapsto u=f^*(x).$$

B

Zu 12.2.2.4:

Gleichung mit homogenen Faktoren

1. $y(y+x)-x^2 y'=0;$

   $P(x, y)=y(y+x); \; Q(x, y)=x^2; \qquad P(ax, ay)=a^2 y(y+x); \; Q(ax, ay)=a^2 x^2;$

   $P(x, y)$ und $Q(x, y)$ sind vom 2. Grad homogen.

   Substitution $y=xz,\ y'=z+xz'$ liefert $xz(xz+x)-x^2(z+xz')=0;$

   $x^2(z^2-xz')=0.$

   Diese Gleichung ist durch $x=0$ erfüllt, was allerdings keine Funktion $x \mapsto y$ sein kann. Außerdem gilt

   $$z^2-xz'=0, \; z'=\frac{z^2}{x} \; (x \neq 0);$$

   $$\int \frac{dz}{z^2}=\int \frac{dx}{x}; \quad -\frac{1}{z}=\ln|x|+C; \quad z=-\frac{1}{\ln|x|+C}; \quad y=\frac{-x}{\ln|x|+C};$$

außerdem ist $z=0$, $y=0$ eine Lösung (singuläre Lösung, da sie durch kein $C\in\mathbb{R}$ aus $y=\dfrac{-x}{\ln|x|+C}$ hervorgeht.

Gleichung mit linearen Faktoren

2. $(2x+3y-2)\,y'=4x+6y+3$

$\begin{vmatrix} 2 & 3 \\ 4 & 6 \end{vmatrix}=0$, Substitution $u=2x+3y$, $u'=2+3y'$ liefert

$$(u-2)\cdot\frac{u'-2}{3}=2u+3;\qquad u'-2=\frac{3(2u+3)}{u-2};\ u'=\frac{6u+9+2u-4}{u-2}=\frac{8u+5}{u-2};$$

$$\int\frac{du(u-2)}{8u+5}=\int dx;\ \frac{1}{8}\int\frac{u+\frac{5}{8}-\frac{21}{8}}{u+\frac{5}{8}}\,du=x+C;$$

$$\frac{1}{8}\int\left(1-\frac{21}{8}\cdot\frac{1}{u+\frac{5}{8}}\right)du=\frac{1}{8}\left(u-\frac{21}{8}\ln\left|u+\frac{5}{8}\right|\right)=x+C;$$

$$x+C=\frac{1}{8}(2x+3y)-\frac{21}{64}\ln\left|2x+3y+\frac{5}{8}\right|;$$

$$G(x,y,C)=\frac{3}{4}x-\frac{3}{8}y+\frac{21}{64}\ln\left|2x+3y+\frac{5}{8}\right|+C=0.$$

12.2.2.5 Vollständige (exakte) Differentialgleichung

Ist in der Differentialgleichung

$$P(x,y)+Q(x,y)\,y'=0 \quad \text{mit} \quad Q(x,y)\neq 0$$

die Beziehung $P_y(x,y)=Q_x(x,y)$ erfüllt, so heißt die Gleichung vollständig (exakt).

Sie kann in der Form $\operatorname{grad} U(x,y)\cdot\begin{pmatrix}1\\ y'\end{pmatrix}=0$ geschrieben werden, wobei

$$\operatorname{grad} U(x,y)=\begin{pmatrix}P(x,y)\\ Q(x,y)\end{pmatrix} \text{ ist.}$$

Die Lösungskurven sind senkrecht zu grad $U(x,y)$, d.h. sie sind Höhenlinien der Funktion $U:(x,y)\mapsto U(x,y)=\int\limits_{x_0}^{x} P(\xi,y_0)\,d\xi+\int\limits_{y_0}^{y} Q(x,\eta)\,d\eta$, wenn (x_0,y_0) und (x,y) in einer einfach zusammenhängenden Teilmenge des $\mathbb{R}^2$ liegen. Die Lösungen $y=f(x)$ genügen der Gleichung $U(x,y)=\text{const}$.

Die Gleichung besitzt keine singulären Lösungen.

B

Zu 12.2.2.5:

Exakte Differentialgleichung

1. $y'=-\dfrac{2xy+y^2}{x^2+2xy}$; $2xy+y^2+(x^2+2xy)\,y'=0$;

$P(x,y)=2xy+y^2$; $Q(x,y)=x^2+2xy$;

$P_y(x,y)=2x+2y$; $Q_x(x,y)=2x+2y$;

die Gleichung ist exakt.

$$U(x,y)=\int\limits_{x_0}^{x}(2\xi y_0+y_0^2)\,d\xi+\int\limits_{y_0}^{y}(x^2+2x\eta)\,d\eta=x^2y+xy^2-x_0^2y_0-x_0y_0^2;$$

Lösung $x^2y+xy^2=C$.

12.2.2.6 Integrierender Faktor

Ist die Differentialgleichung

$$P(x,y)+Q(x,y)\cdot y'=0$$

nicht exakt (12.2.2.5, Seite 532), so kann ein sog. integrierender Faktor $\mu(x,y)$ so bestimmt werden, daß $[\mu(x,y)\cdot P(x,y)]_y=[\mu(x,y)\cdot Q(x,y)]_x$ gilt.

Dann genügen die Lösungen $y=f(x)$ der Gleichung

$$U(x,y)=\int\mu(x,y)\cdot P(x,y)\,dx+\int\mu(x,y)\cdot Q(x,y)\,dy=c=\text{const} \qquad \text{(12.2.2.5, Seite 532).}$$

Bestimmung von $\mu(x,y)$:

$\mu(x,y)$ genügt der Gleichung $\mu_x(x,y)\cdot Q(x,y)-\mu_y(x,y)\cdot P(x,y)=\mu(x,y)\cdot[P_y(x,y)-Q_x(x,y)]$.
Die Lösung dieser Gleichung ist i.allg. schwieriger als die der ursprünglichen Gleichung.

Ist jedoch $\dfrac{P_y(x,y)-Q_x(x,y)}{Q(x,y)}$ nur von x abhängig, so läßt sich ein integrierender Faktor finden, der ebenfalls nur von x abhängt. Es gilt

$$\ln|\mu(x)|=\int\frac{P_y(x,y)-Q_x(x,y)}{Q(x,y)}\,dx.$$

Analog gibt es einen nur von y abhängenden integrierenden Faktor mit

$$\ln|\mu(y)|=\int\frac{P_y(x,y)-Q_x(x,y)}{P(x,y)}\,dy,$$

wenn der Bruch im Integranden nur von y abhängt.

Sind $\mu_1(x,y)$ und $\mu_2(x,y)$ zwei unabhängige integrierende Faktoren, so erfüllt jede Lösungsfunktion der Differentialgleichung $P(x,y)+Q(x,y)\cdot y'=0$ die Beziehung $\mu_1(x,y)=C\cdot\mu_2(x,y)$ mit beliebigen $C\in\mathbb{R}$.

Hinreichend für die Unabhängigkeit von μ_1 und μ_2 ist $\dfrac{\partial(\mu_1,\mu_2)}{\partial(x,y)}\neq 0$ (Jacobische Funktionaldeterminante, 8.3.1.3, Seite 393).

B

Zu 12.2.2.6:
Integrierender Faktor

1. Die Gleichung $y-xy'=0$ ist nicht exakt.

   $P(x,y)=y$; $Q(x,y)=-x$; $\dfrac{P_y(x,y)-Q_x(x,y)}{Q(x,y)}=\dfrac{1+1}{-x}=-\dfrac{2}{x}$ ist nur von x abhängig; man erhält $\ln|\mu(x)|=-\int\dfrac{2}{x}\,dx=-2\ln|x|+C_1$; da $\mu(x)$ irgend eine Funktion sein darf, setzt man $C_1=0$: $|\mu(x)|=\dfrac{1}{|x|^2}$; man wählt $\mu(x)=\dfrac{1}{x^2}$.

Durch Multiplikation mit $\mu(x)$ wird die Differentialgleichung exakt:

$$\frac{y}{x^2}-\frac{y'}{x}=0;$$

$$U(x, y)=-\frac{y}{x}-\frac{y}{x}+C=-2\cdot\frac{y}{x}+C;$$

Lösung: $-\frac{y}{x}=-\frac{C}{2}$; $y=\frac{C}{2}x$.

Die Gleichung wäre auch durch Separation nach 12.2.2.2, Seite 529 zu lösen.

12.2.2.7 Lineare Differentialgleichungen

Eine lineare Differentialgleichung hat die Form

$$y'+P(x)\cdot y=Q(x).$$

$Q(x)$ heißt Störterm.

Ist $Q(x)=\text{const}=0$, so ist die Gleichung homogen, sonst inhomogen. Man unterscheide diesen Homogenitätsbegriff von dem in 12.2.2.4, Seite 531 definierten.

A. Homogene Gleichung: Separierung, 12.2.2.2, Seite 529:

$$y=e^{-\int P(x)dx}$$

und

$$y=0.$$

B Inhomogene Gleichung:

1. Schritt: Allgemeine Lösung der sog. verkürzten (homogenen) Gleichung

$$u'+P(x)\cdot u=0: \qquad u=e^{-\int P(x)dx}$$

$$\text{und} \quad u=0.$$

2. Schritt:

1. Möglichkeit: Kennt man (z.B. durch Probieren) eine partikuläre Lösung y_p der inhomogenen Gleichung, dann ist $y=y_p+u$ die allgemeine Lösung der inhomogenen Gleichung.

2. Möglichkeit: Produktansatz von Lagrange (Variation der Konstanten):

Man macht den Ansatz $y=z(x)\cdot u$,

$$y'=z'(x)\cdot u+z(x)\cdot u',$$

der zur Gleichung $z'(x)=Q(x)\cdot e^{\int P(x)dx}=Q(x)/u$ führt. ($u=0$ ergibt keine Lösung der inhomogenen Gleichung.)

Hieraus ergibt sich $z(x)=\int Q(x)\cdot e^{\int P(x)dx}\,dx$.

Die allgemeine Lösung der inhomogenen Gleichung ist dann

$$y=e^{-\int P(x)dx}\cdot\int Q(x)\cdot e^{\int P(x)dx}\cdot dx.$$

Kennt man zwei unabhängige partikuläre Lösungen y_1 und y_2 der inhomogenen Gleichung, so ist die allgemeine Lösung

$$y = y_1 + C \cdot (y_2 - y_1) \quad \text{mit beliebigem } C \in \mathbb{R}.$$

Singuläre Lösungen existieren nicht.

Zur Anfangsbedingung $y_0 = f(x_0)$ ergibt sich die partikuläre Lösung

$$y = f(x) = \exp\left(-\int_{x_0}^{x} P(v)\,dv\right) \cdot \left[y_0 + \int_{x_0}^{x} dv \cdot Q(v) \cdot \exp \int_{x_0}^{v} P(w)\,dw\right].$$

Sind $y_1 = f_1(x)$, $y_2 = f_2(x)$, $y_3 = f_3(x)$ drei partikuläre Lösungen, so gilt

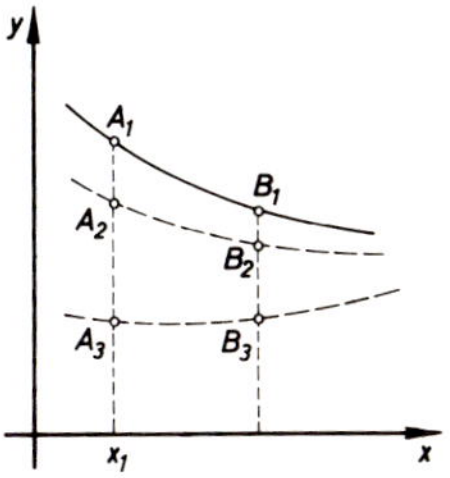

$$\frac{f_1(x) - f_2(x)}{f_2(x) - f_3(x)} = \text{const.}$$

Für jedes x stehen also die Ordinatendifferenzen in einem konstanten, von x unabhängigen Verhältnis zueinander:

$$\frac{\overline{A_2 A_1}}{\overline{A_3 A_2}} = \frac{\overline{B_2 B_1}}{\overline{B_3 B_2}}.$$

Die Tangenten in A_1, A_2, A_3 sind entweder parallel oder schneiden sich in einem Punkt. Dasselbe gilt für die Tangenten in B_1, B_2, B_3.

B

Zu 12.2.2.7:

Inhomogene lineare Gleichung

1. $y' + \dfrac{y}{\sin x} - \cos \dfrac{x}{2} = 0; \qquad P(x) = \dfrac{1}{\sin x}; \; Q(x) = \cos \dfrac{x}{2};$

$$\int P(x)\,dx = \int \frac{dx}{\sin x} = \ln \left|\tan \frac{x}{2}\right| + C_1; \qquad e^{\int P(x)\,dx} = e^{C_1} \cdot \left|\tan \frac{x}{2}\right| = A_1 \tan \frac{x}{2} \text{ mit } A_1 \in \mathbb{R}.$$

$$y = \frac{1}{A_1 \tan \frac{x}{2}} \int Q(x) \cdot A_1 \tan \frac{x}{2}\,dx = \frac{1}{\tan \frac{x}{2}} \int \cos \frac{x}{2} \cdot \tan \frac{x}{2}\,dx$$

$$= \frac{1}{\tan \frac{x}{2}} \int \sin \frac{x}{2}\,dx = \frac{1}{\tan \frac{x}{2}} \left(-2 \cos \frac{x}{2} + C\right).$$

12.2.2.8 Bernoullische Differentialgleichung

Die Bernoullische Differentialgleichung stellt eine Verallgemeinerung der linearen Differentialgleichung (12.2.2.7, Seite 534) dar. Sie hat die Form

$$y' + P(x)\,y + Q(x)\,y^m = 0 \quad (m \neq 0, 1;\; m \in \mathbb{R}).$$

Eine Lösung ist $y = 0$; weitere Lösungen findet man durch die Substitution

$$y = u^{\frac{1}{1-m}}; \; y' = \frac{1}{1-m} \cdot u^{\frac{m}{1-m}} \cdot u';$$

man erhält die lineare Differentialgleichung (12.2.2.7, Seite 534)

$$u' + (1-m) \cdot P(x) \cdot u + (1-m) \cdot Q(x) = 0.$$

Zu 12.2.2.8:
Bernoullische Differentialgleichung

1. $xy' + y = y^2 \ln x$ ist eine Bernoullische Differentialgleichung, wenn man durch $x \neq 0$ dividiert:

$$y' + \frac{y}{x} - \frac{\ln x}{x} \cdot y^2 = 0, \ m = 2, \ x > 0 \text{ (wegen } \ln x)$$

Substitution $y = u^{-1}$; $y' = -u^{-2} \cdot u' = -\frac{u'}{u^2}$ führt auf

$$u' - \frac{1}{x} u + \frac{\ln x}{x} = 0; \qquad P^*(x) = -\frac{1}{x}; \ Q^*(x) = -\frac{\ln x}{x};$$

$$\int -\frac{1}{x} dx = -\ln x + C_1;$$

$$u = e^{\ln x - C_1} \cdot \int -\frac{\ln x}{x} \cdot e^{-\ln x + C_1} dx = -x \cdot e^{-C_1} \cdot \int \frac{\ln x}{x} \cdot \frac{1}{x} \cdot e^{C_1} dx = -x \int \frac{\ln x}{x^2} dx$$

$$= x \cdot \left(\frac{1}{x}(\ln x + 1) + C\right) = \ln x + 1 + Cx;$$

$$y = \frac{1}{\ln x + 1 + Cx}; \qquad \text{eine singuläre Lösung ist } y = 0.$$

12.2.2.9 Riccatische Differentialgleichung

Die Riccatische Differentialgleichung hat die Form

$$y' + P(x)\,y + Q(x) \cdot y^2 + R(x) = 0.$$

Die Substitution $z = \exp(\int Q(x) \cdot y \cdot dx)$ führt auf die lineare Differentialgleichung 2. Ordnung (12.3.2.8, Seite 550)

$$Q(x) \cdot z'' + [P(x) \cdot Q(x) - Q'(x)]\,z' + Q^2(x) \cdot R(x) \cdot z = 0.$$

Ist jedoch eine partikuläre Lösung y_1 der Riccatischen Differentialgleichung bekannt, so läßt sie sich durch die Substitution

$$y = y_1 + \frac{1}{z}, \quad y' = y_1' - \frac{z'}{z^2}$$

in die lineare Differentialgleichung (12.2.2.7, Seite 534)

$$z' - z \cdot (P(x) + 2Q(x) \cdot y_1) = Q(x)$$

überführen.

Sind zwei partikuläre Lösungen y_1 und y_2 der Riccatischen Differentialgleichung bekannt, so ist $z_1 = \frac{1}{y_2 - y_1}$ eine partikuläre Lösung der letzten linearen Differentialgleichung für z. Hiermit läßt sich in 12.2.2.7, Seite 534 beim 2. Schritt die erste Möglichkeit benützen.

Zu 12.2.2.9:

Riccatische Differentialgleichung

1. $2x^2y' = (x-1)(y^2-x^2) + 2xy$

Es handelt sich um eine Riccatische Differentialgleichung der Form

$$y' - \frac{1}{x}y - \frac{(x-1)}{2x^2}y^2 + \frac{x-1}{2} = 0 \quad \text{mit} \quad x \neq 0;$$

$$P(x) = -\frac{1}{x}; \; Q(x) = -\frac{x-1}{2x^2}; \; R(x) = \frac{x-1}{2}.$$

Durch Probieren erkennt man, daß $y_1 = x$ eine partikuläre Lösung ist.

Substitution $y = y_1 + \frac{1}{z} = x + \frac{1}{z}$; $y' = 1 - \frac{1}{z^2} \cdot z'$ führt zur linearen Gleichung

$$z' - z \cdot \left(-\frac{1}{x} - \frac{2(x-1)}{2x^2} \cdot x\right) = -\frac{x-1}{2x^2}; \qquad z' + z = -\frac{x-1}{2x^2};$$

$$P^*(x) = 1; \; Q^*(x) = -\frac{x-1}{2x^2};$$

$$\int P^*(x)\,dx = x + C_1;$$

$$z = \frac{1}{e^{x+C_1}} \int -\frac{x-1}{2x^2} e^{x+C_1} dx = -\frac{1}{2e^x} \int \left(\frac{e^x}{x} - \frac{e^x}{x^2}\right) dx$$

$$= -\frac{1}{2e^x} \left(\int \frac{e^x}{x} dx + \frac{e^x}{x} + C - \int \frac{e^x}{x} dx\right) = -\frac{1}{2x} - \frac{C}{2e^x}.$$

Also ist $y = x + \dfrac{1}{-\dfrac{1}{2x} - \dfrac{C}{2e^x}} = x - \dfrac{2x}{Cxe^{-x} + 1}$.

12.2.3 Lösungsverfahren für Gleichungen nicht 1. Grades

12.2.3.1 Nach y' auflösbare Gleichungen

Diese Gleichungen werden nach Abschnitt 12.2.2, Seite 529 gelöst.

12.2.3.2 Nach y auflösbare Gleichungen

Es ergibt sich $y = g(x, y')$.

Man substituiert $y' = p$ und leitet die Gleichung nach x ab; die Gleichung lautet dann

$$p = g_x(x, p) + g_p(x, p) \cdot p'.$$

Hat man nach einem in 12.2.2, Seite 529 erwähnten Verfahren eine Lösung gefunden, so kann man entweder $p = y' = k(x)$ nach 12.2.2.1, Seite 529 lösen, oder man faßt in den Beziehungen $G(x, p, C) = 0$ und $y = g(x, p)$ p als Parameter auf; durch Elimination von p entsteht eine Beziehung f zwischen x und y.

Sonderfall $y = g(y')$. Die Substitution $y' = p$ führt zu $x = \int \frac{g'(p)}{p} dp$; zusammen mit $y = g(p)$ ist die Elimination von p möglich; eine weitere Lösung ist $y = g(0) = \text{const}$.

12.2.3.3 Nach x auflösbare Gleichungen

Es ergibt sich $x=g(y, y')$.

Man faßt y als Original und x als Bild auf und sucht die Lösungsfunktion $\overset{-1}{f}: y \mapsto x = \overset{-1}{f}(y)$ statt der Funktion $f: x \mapsto y=f(x)$; dann ist $x' = \overset{-1}{f}{}'(y) = \frac{1}{f'(\overset{-1}{f}(y))} = \frac{1}{f'(x)} = \frac{1}{y'}$.
Man substituiert $p=y'$ und leitet die Gleichung nach y ab:

$$\frac{1}{p} = g_y(y, p) + g_p(y, p) \cdot \frac{dp}{dy}.$$

Hat man nach einem in 12.2.2, Seite 529 erwähnten Verfahren eine Lösung gefunden, so kann man entweder $p=y'=k(y)$ nach 12.2.2.2, Seite 529 lösen, oder man faßt in den Beziehungen $G(y, p, C)$ und $x=g(y, p)$ p als Parameter auf; durch Elimination von p entsteht eine Beziehung f oder $\overset{-1}{f}$ zwischen x und y.

Sonderfall: $x=g(y')$. Die Substitution $y'=p$ führt zu $y=\int p \cdot g'(p)\,dp$; zusammen mit $x=g(p)$ ist die Elimination von p möglich.

B

Zu 12.2.3.1, 12.2.3.2, 12.2.3.3:
Auflösung nach x, y, y'

1. $x y'^2 = y$

   Die Gleichung ist nach y aufgelöst.

   Substitution $y'=p$ ergibt $xp^2=y$; durch Differentiation nach x erhält man

   $$p^2 + 2xpp' = p \quad \text{oder} \quad pp' = \frac{p(1-p)}{2x} \quad \text{mit } x \neq 0.$$

   Hieraus ergibt sich $p=y'=0$, $y=c=0$ (durch Einsetzen) und $p' = \frac{1-p}{2x}$ (separierbarer Fall 12.2.2.2, Seite 529) mit der Lösung $\int \frac{dp}{1-p} = \frac{1}{2}\int \frac{dx}{x}$ und der Lösung $p=1$.

   Der erste Fall liefert $-\ln|1-p| = \frac{1}{2}\ln|x| + C$; $|1-p| = \frac{1}{e^C} \cdot \frac{1}{\sqrt{|x|}}$;

   läßt man $A \in \mathbb{R}$ zu, so ist $1-p = \frac{A}{\sqrt{|x|}}$, was auch den Fall $p=1$ beinhaltet.

   Durch Elimination von p ergibt sich $y = \left(1 - \frac{A}{\sqrt{|x|}}\right)^2 \cdot x = \operatorname{sgn} x \cdot (\sqrt{|x|} - A)^2$.

   Löst man die Differentialgleichung nach y' auf, so erhält man $y' = \pm\sqrt{\frac{y}{x}}$; die Gleichung kann z.B. durch Separation (12.2.2.2, Seite 529) oder nach 12.2.2.4, Seite 530 gelöst werden:

   $$\int \frac{dy}{\sqrt{|y|}} = \pm \int \frac{dx}{\sqrt{|x|}} \quad \text{wobei } \operatorname{sgn} y = \operatorname{sgn} x$$

   $\operatorname{sgn} y \cdot \sqrt{|y|} = \pm\sqrt{|x|} + C$; $|y| = (\pm\sqrt{|x|} + C)^2 = (\sqrt{|x|} \pm C)^2$; weitere Lösung: $y=0$.

Löst man die Differentialgleichung nach x auf, so erhält man $x=\frac{y}{y'^2}=\frac{y}{p^2}$ und $y'=0$, $y=c=0$ (durch Einsetzen).

Hieraus folgt durch Ableiten nach y:

$$\frac{1}{p}=\frac{1}{p^2}-\frac{2y}{p^3}\cdot\frac{dp}{dy} \quad \text{oder} \quad 2y\frac{dp}{dy}=p-p^2;$$

durch Separation (12.2.2.2, Seite 529) ergibt sich

$$\int\frac{dp}{p(1-p)}=\int\frac{dy}{2y} \quad \text{oder} \quad p=y'=0 \quad \text{oder} \quad p=y'=1;$$

man erhält $\frac{p}{1-p}=A\sqrt{|y|}$ oder $y=c=0$ oder $y=x$; hieraus ergibt sich $p=\frac{A\sqrt{|y|}}{1+A\sqrt{|y|}}$

oder $x=\frac{y\cdot(1+A\sqrt{|y|})^2}{A^2|y|}=\operatorname{sgn} y\cdot\left(\frac{1}{A}+\sqrt{|y|}\right)^2$; dies ist nur möglich, wenn $\operatorname{sgn} x=\operatorname{sgn} y$.

Daher ist $|x|=\left(\frac{1}{A}+\sqrt{|y|}\right)^2$ oder $|y|=\left(\sqrt{|x|}-\frac{1}{A}\right)^2$; setzt man $\frac{1}{A}=C$, so ergibt sich $|y|=(\sqrt{|x|}-C)^2$.

Läßt man nachträglich auch $C=0$ zu, so ist die Lösung $y=x$ enthalten.

12.2.3.4 Von y freie Gleichungen

Die Gleichungen haben die Form $F(x, y')=0$.

Ist die Auflösung in die Form $y'=g(x)$ möglich, so erfolgt die Lösung nach 12.2.2.1, Seite 529.

Ist die Auflösung in die Form $x=g(y')$ möglich, so erfolgt die Lösung nach 12.2.3.3, Seite 538, Sonderfall.

B

Zu 12.2.3.4:

Gleichung ohne y

1. $2x^3=y'^2 \; (x\geqq 0)$

Auflösung nach y': $y'=\pm\sqrt{2}\cdot x^{3/2}$

$y=\pm\frac{2}{5}\cdot\sqrt{2}\,x^{5/2}+C$ (Quadratur 12.2.2.1, Seite 529)

Auflösung nach x: $x=\frac{1}{\sqrt[3]{2}}(y')^{2/3}=g(y')$; nach 12.2.3.3, Seite 538, Sonderfall ist

$$y=\int p\cdot\frac{1}{\sqrt[3]{2}}\cdot\frac{2}{3}p^{-1/3}dp=\frac{2}{3\cdot\sqrt[3]{2}}\cdot\frac{3}{5}p^{5/3}+C=\frac{\sqrt[3]{4}}{5}p^{5/3}+C; \text{ zusammen mit}$$

$x=\frac{1}{\sqrt[3]{2}}p^{2/3}$ erhält man den Zusammenhang zwischen x und y durch Elimination von p:

$$p=\pm\sqrt{2}\cdot\sqrt{x^3}; \quad y=\pm\frac{\sqrt[3]{4}}{5}\cdot\sqrt[3]{4\sqrt{2}\cdot x^{15/2}}+C=\pm\frac{2\sqrt{2}}{5}\cdot x^{5/2}+C.$$

12.2.3.5 Von x freie Gleichungen

Die Gleichungen haben die Form $F(y, y')=0$.

Ist die Auflösung in die Form $y'=g(y)$ möglich, so erfolgt die Lösung nach 12.2.2.2, Seite 529, Sonderfall.

Ist die Auflösung in die Form $y=g(y')$ möglich, so erfolgt die Lösung nach 12.2.3.2, Seite 537, Sonderfall.

12.2.3.6 Gleichungen 2. Grades mit homogenen Faktoren

Sind in der Gleichung $P(x, y)\cdot y'^2+Q(x, y)\,y'+R(x, y)=0$ die Terme $P(x, y)$, $Q(x, y)$, $R(x, y)$ homogen vom gleichen Grad m, d.h. gilt

$$P(ax, ay)=a^m\cdot P(x, y)$$
$$Q(ax, ay)=a^m\cdot Q(x, y)$$
$$R(ax, ay)=a^m\cdot Q(x, y),$$

so substituiert man $y=x\cdot z$, $y'=z+xz'$; hierdurch geht die Gleichung in eine in $(z+xz')$ quadratische Form über, die nach einem der vorstehenden Verfahren lösbar sein kann.

Für Gleichungen höheren Grades mit homogenen Faktoren gilt eine entsprechende Aussage.

B

Zu 12.2.3.6:

1. In der Differentialgleichung

$$(1-k^2)\,y^2\cdot y'^2+2xyy'+x^2-k^2y^2=0 \quad \text{mit} \quad k\geqq 0,\ k\neq 1,$$

sind $P(x, y)=(1-k^2)\cdot y^2$; $Q(x, y)=2xy$; $R(x, y)=x^2-k^2y^2$ homogen vom Grad $m=2$. Substitution $y=z\cdot x$; $y'=z'x+z$ liefert

$$(z+xz')^2+\frac{2}{z(1-k^2)}\cdot(z+xz')+\frac{1-k^2z^2}{z^2(1-k^2)}=0 \quad \text{und} \quad z=0, \text{ d.h. } y=0.$$

Die Lösung der quadratischen Gleichung nach $z+xz'$ ergibt:

$$z+xz'=\frac{1}{z(k^2-1)}\cdot\left[1\pm\sqrt{1+(k^2-1)(1-k^2z^2)}\right],$$

sodaß $xz'=\dfrac{1}{z(k^2-1)}\left[1-z^2(k^2-1)\pm k\sqrt{1-z^2(k^2-1)}\right]$ ist.

Die weitere Substitution $v=\sqrt{1-z^2(k^2-1)}$, $v^2=1-z^2(k^2-1)$, $2vv'=-2zz'(k^2-1)$ liefert

$$xvv'=-(v^2\pm kv) \quad \text{oder} \quad xv'=-(v\pm k) \quad \text{und} \quad v=0;$$

durch Separierung (12.2.2.2, Seite 529) erhält man als Lösung

$$\int\frac{dv}{v\pm k}=-\int\frac{dx}{x} \quad \text{oder} \quad \ln|v\pm k|=-\ln|x|+C,$$

woraus sofort $v\pm k=\dfrac{A}{x}$ mit $A\in\mathbb{R}$ folgt.

Hieraus ergibt sich $x(v \pm k) = A$ oder nach Rücksubstitution

$$x\left(\sqrt{1-\frac{y^2}{x^2}(k^2-1)} \pm k\right) = A,$$

woraus die Beziehung $x^2 + y^2 \pm \frac{2Ak}{1-k^2}x = \frac{A^2}{1-k^2}$ folgt (Gleichung einer Kreisschar).

Die Lösung $v=0$ bedeutet $1-\frac{y^2}{x^2}(k^2-1)=0$ oder $\frac{y^2}{x^2}(k^2-1)=1$, woraus sich die Geradengleichungen $y = \pm\frac{1}{\sqrt{k^2-1}}x$ ergeben. (Enveloppen der Kreisschar.)

12.2.4 Singuläre Lösungen

Ist bei einer Differentialgleichung $F(x, y, y')=0$ für (x_0, y_0) und für ein der Gleichung $F(x, y, y')=0$ genügendes y' die partielle Ableitung $F_{y'}(x, y, y')=0$ oder ist bei der Differentialgleichung $y'=g(x, y)$ für $(x_0; y_0)$ die Lipschitzbedingung (12.2.1, Seite 528) nicht erfüllt, so ist die Eindeutigkeit der partikulären Lösung mit der Bedingung $y_0=f(x_0)$ nicht garantiert. Durch den Punkt $P(x_0, y_0)$ können mehrere Lösungskurven verlaufen.

Die betreffenden Lösungsfunktionen sind eventuell von den übrigen Lösungsfunktionen nicht nur durch einen Parameterwert unterschieden. Sie heißen dann singuläre Lösungen.

Singuläre Lösungen können auftreten, wenn $F(x, y, y')=0$ und $F_{y'}(x, y, y')=0$ (durch Elimination von y' erhält man die Gleichung für die singuläre Kurve) oder wenn durch einen Term mit y' oder y dividiert wird (Nullsetzen des Terms liefert die singuläre Lösung).

Beispielsweise kann die Enveloppe einer Schar von Lösungskurven einer Differentialgleichung selbst Lösungskurve der Differentialgleichung sein (Kontrolle durch Einsetzen).

B

Zu 12.2.4:

Singuläre Lösungen

1. Die Differentialgleichung

$$y^2(1+y'^2)=a^2 \quad (a>0)$$

soll auf singuläre Lösungen untersucht werden.

$F(x, y, y')=y^2(1+y'^2)-a^2=0;$

$F_{y'}(x, y, y')=y^2\cdot 2y'=0$ wenn $y=0$ oder $y'=0;$

$y=0$ ist keine Lösung der Gleichung, wie man durch Einsetzen erkennt.

$y'=0$ liefert $y=\pm a$ als Lösungen.

Man findet die singulären Lösungen auch während des Lösungsganges:

$$1+y'^2=\frac{a^2}{y^2} \quad (y=0 \text{ ist keine Lösung})$$

$$y' = \pm\sqrt{\frac{a^2}{y^2} - 1} = \pm\frac{1}{y}\sqrt{a^2 - y^2};$$ Separation (12.2.2.2, Seite 529) liefert

$$\int \frac{y\,dy}{\sqrt{a^2 - y^2}} = \pm\int dx; \quad -\sqrt{a^2 - y^2} = \pm x + C \quad \text{oder} \quad a^2 = (x \pm C)^2 + y^2;$$

hierzu kommt noch $\sqrt{a^2 - y^2} = 0$ oder $y = \pm a$ als Lösung.

12.2.5 Spezielle Anwendungen aus der Geometrie

12.2.5.1 Differentialgleichung einer Kurvenschar

Ist die Gleichung einer Kurvenschar in der Form *EKT* (7.1, Seite 305) durch $T(x, y, C) = 0$ gegeben, so ergibt sich die Differentialgleichung, deren Lösungskurven die Kurven der Schar sind, durch Elimination von C aus

$$T(x, y, C) = 0; \quad T_x(x, y, C) + T_y(x, y, C) \cdot y' = 0.$$

B

Zu 12.2.5.1:
Differentialgleichung einer Kreisschar

1. Gesucht ist die zur Kreisschar mit der Gleichung $(x-m)^2 + y^2 = r^2$ gehörende Differentialgleichung (Scharparameter m)

   $$T_x(x, y, m) + T_y(x, y, m) \cdot y' = 2(x-m) + 2yy' = 0; \quad x - m = -yy' \Rightarrow$$
   $$y^2 y'^2 + y^2 = r^2; \quad y^2(1 + y'^2) = r^2.$$

12.2.5.2 Orthogonale Trajektorien einer Kurvenschar

Die orthogonalen Trajektorien einer Kurvenschar sind Kurven, die jedes Exemplar der Schar rechtwinklig schneiden.

Ist die Kurvenschar in der Form *EKT* (7.1, Seite 305) durch $T(x, y, C) = 0$ gegeben, so ergibt sich die Differentialgleichung der Orthogonaltrajektorien durch Elimination von C aus

$$T(x, y, C) = 0; \quad y' \cdot T_x(x, y, C) - T_y(x, y, C) = 0.$$

B

Zu 12.2.5.2:
Orthogonaltrajektorien einer Parabelschar

1. Gesucht sind die zur Parabelschar mit der Gleichung $y = ax^2$ gehörigen Orthogonaltrajektorien.

   $$y' \cdot T_x(x, y, a) - T_y(x, y, a) = -y' \cdot 2ax - 1 = 0; \quad ax = \frac{-1}{2y'}.$$

Differentialgleichung der Orthogonaltrajektorien:

$$y = \frac{-x}{2y'}.$$

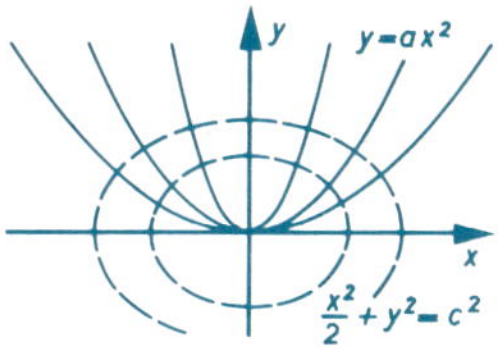

Separation liefert $\int y\,dy = -\frac{1}{2}\int x\,dx$ oder

$$\frac{x^2}{2} + y^2 = c^2.$$

12.2.5.3 Isogonale Trajektorien einer Kurvenschar

Die isogonalen Trajektorien einer Kurvenschar sind Kurven, die jedes Exemplar der Schar unter dem festen Winkel $\alpha \neq \frac{\pi}{2}, \neq \frac{3}{2}\pi$ schneiden.

Ist die Kurvenschar in der Form *EKT* (7.1, Seite 305) durch $T(x, y, C) = 0$ gegeben, so ergibt sich die Differentialgleichung der Isogonaltrajektorien durch Elimination von C aus

$$T(x, y, C) = 0;$$
$$y'[T_y(x, y, C) + T_x(x, y, C)\cdot\tan\alpha] + T_x(x, y, C) - T_y(x, y, C)\cdot\tan\alpha = 0.$$

12.3 Gewöhnliche Differentialgleichungen 2. Ordnung

12.3.1 Existenz von Lösungen

Die Differentialgleichung $y'' = g(x, y, y')$ für die mindestens zweimal differenzierbare Funktion $f\colon x \mapsto f(x) = y$ hat sicher dann eine eindeutige Lösung mit den Anfangsbedingungen $y_0 = f(x_0)$, $y'_0 = f'(x_0)$, wenn g in der Umgebung von (x_0, y_0, y'_0) stetig ist und die Lipschitzbedingung

$$|g(x_0, y_0 + \Delta y, y'_0 + \Delta y') - g(x_0, y_0, y'_0)| < M\cdot(|\Delta y| + |\Delta y'|)$$

mit einer festen Zahl $M > 0$ erfüllt ist.

Hinreichend für die Erfüllung der Lipschitzbedingung ist die Existenz von $\frac{\partial g(x, y, y')}{\partial y}$ und $\frac{\partial g(x, y, y')}{\partial y'}$.

Die Funktionen der allgemeinen Lösung unterscheiden sich voneinander durch zwei willkürliche Parameter.

12.3.2 Lösungsverfahren

12.3.2.1 Quadrierbare Gleichung $y'' = g(x)$

Die Lösung ergibt sich durch zweimalige Integration (Quadratur)

$$y = \int\left(\int g(x)\,dx\right)dx.$$

Zu 12.3.2.1:
Biegelinie

1. Bei geringer Durchbiegung eines Balkens gilt die Biegeliniengleichung

$$y'' = \frac{1}{EI} \cdot M(x)$$

mit E als Elastizitätsmodul, I als Flächenträgheitsmoment der Querschnittsfläche bzgl. neutraler Faser und $M(x)$ als Biegemoment.

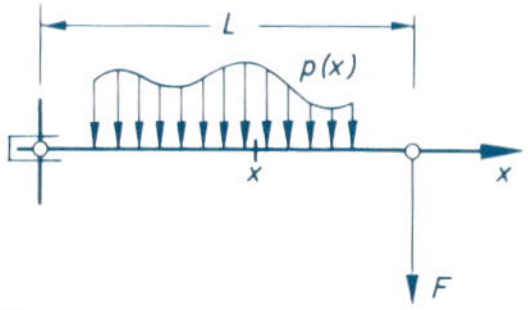

Es ist $M(x) = \int_x^L p(\xi) \cdot (\xi - x)\, d\xi + F \cdot (L - x)$.

Gilt speziell $p(x) = \text{const} = 0$, so ist $M(x) = F(L - x)$.

Für die Biegelinie gilt dann

$$y'' = \frac{F}{EI}(L - x); \qquad y = \int \left[-\frac{F}{2EI}(L - x)^2 + C_1 \right] dx = \frac{F}{6EI}(L - x)^3 + C_1 x + C_2.$$

Es gilt $x = 0$; $y = 0$; $y' = 0$. woraus $C_1 = \frac{FL^2}{2EI}$ und $C_2 = -\frac{FL^3}{6EI}$ folgt. Hiermit ist

$$y = \frac{Fx^2}{6EI}(3L - x).$$

Die maximale Durchbiegung bei $x = L$ ist $\frac{FL^3}{3EI}$.

12.3.2.2 Typ $y'' = g(y)$

Durch Multiplikation mit $2y'$ erhält man

$$2y'y'' = 2g(y) \cdot y' \quad \text{oder} \quad (y'^2)' = 2\left[\int g(y)\, dy\right]',$$

woraus $y' = \pm\sqrt{2} \cdot \sqrt{\int g(y)\, dy}$ folgt.

Die Lösung erfolgt durch Separierung (12.2.2.2, Seite 529, Sonderfall)

$$x = \pm \frac{1}{\sqrt{2}} \int \frac{dy}{\sqrt{\int g(y)\, dy}};$$

weitere Lösung ist die aus der Gleichung $g(y) = 0$ folgende Funktion $y = c = \text{const}$.

12.3.2.3 Typ $y'' = g(y')$

Die Substitution $y' = p$, $y'' = p'$ führt zur Differentialgleichung 1. Ordnung

$$p' = g(p),$$

die durch Separation (12.2.2.2, Seite 529, Sonderfall) mit dem Ergebnis

$$p = y' = k(x)$$

bzw. $p = y' = c = \text{const}$ (aus $g(p) = 0$) gelöst wird.

Für beide Fälle erhält man die Lösung durch Quadratur (12.2.2.1, Seite 529).

Eine andere Möglichkeit ist die Berechnung von

$$x=\int \frac{dp}{g(p)} \quad \text{und} \quad y=\int \frac{p\,dp}{g(p)},$$

was durch Elimination von p als Parameter zu einer Beziehung zwischen x und y führt. Daneben ist die aus $g(y')=0$, d.h. $y'=c=\text{const}$ folgende Lösung zu berücksichtigen.

B

Zu 12.3.2.3:
Substitution $y'=p$

1. $y''=y'^2$ läßt sich durch die Substitution $p=y'$, $p'=y''$ überführen in

$$p'=p^2.$$

Durch Separation ergibt sich $\int \frac{dp}{p^2}=\int dx$ oder $-\frac{1}{p}=x+C_1$;

Rücksubstitution ergibt $y'=-\frac{1}{x+C_1}$ oder $y=-\ln|x+C_1|+C_2$.

Außerdem ist $p=y'=0$; $y=C_3=\text{const}$ eine Lösung.

12.3.2.4 Typ $y''=g(x, y')$

Die Substitution $y'=p$, $y''=p'$ führt zur Differentialgleichung 1. Ordnung

$$p'=g(x, p),$$

die nach einer der in 12.2.2, Seite 529 erwähnten Methoden zu lösen ist.

B

Zu 12.3.2.4:
Starke Durchbiegung eines Balkens

1. Kann die Durchbiegung eines Balkens nicht mehr als klein betrachtet werden, gilt

$$\frac{y''}{\sqrt{1+y'^2}^3}=\frac{M(x)}{EI}.$$

Liegen dieselben Verhältnisse wie in Beispiel 1 zu 12.3.2.1 (Seite 544) vor, so gilt

$$y''=\frac{F}{EI}\cdot(L-x)\cdot\sqrt{1+y'^2}^3.$$

Substitution $p=y'$, $p'=y''$ liefert

$$p'=\frac{F}{EI}(L-x)\sqrt{1+p^2}^3;$$

Separation (12.2.2.2, Seite 529) ergibt

$$\int \frac{dp}{\sqrt{1+p^2}^3}=\frac{F}{EI}\int(L-x)\,dx;$$

$$\frac{p}{\sqrt{1+p^2}}=\frac{-F}{2EI}(L-x)^2+C_1.$$

Hieraus erhält man $p = \pm \frac{\frac{-F}{2EI}(L-x)^2 + C_1}{\sqrt{1 - \left(\frac{-F}{2EI}(L-x)^2 + C_1\right)^2}}$.

Diese Gleichung muß durch ein numerisches Verfahren gelöst werden.

12.3.2.5 Typ $y'' = g(y, y')$

Die Substitution $y' = p$; $y'' = \frac{dp}{dy} \cdot p$ führt zu einer Gleichung 1. Ordnung.

12.3.2.6 In y, y', y'' homogene Gleichung $F(y, y', y'') = 0$

Die Gleichung heißt in y, y', y'' homogen, wenn $F(a\,y, a\,y', a\,y'') = a^m F(y, y', y'')$ gilt. (Man unterscheide diesen Homogenitätsbegriff von dem in 12.3.2.7, Seite 547 definierten.)

Sie geht durch die Substitution $y' = u\,y$, $y'' = u'\,y + u\,y' = (u' + u^2)\,y$ in eine Differentialgleichung 1. Ordnung für u über die nach einem der in 12.2.2, Seite 529 erwähnten Verfahren zu lösen ist.

Die Funktion $y = 0$ ist ebenfalls Lösung der Gleichung.

B

Zu 12.3.2.6:
In y, y', y'' homogene Gleichung

1. Die Differentialgleichung $y'^2 + 2yy'' + y^2 = 0$ ist homogen vom Grade 2.

   Die Substitution $y' = u\,y$, $y'' = (u' + u^2)\,y$ ergibt

   $3u^2 + 2u' + 1 = 0$ und $y = 0$ (ebenfalls Lösung der Gleichung).

   Hieraus folgt $u' = -\frac{3u^2 + 1}{2}$, was nach Separation (12.2.2.2, Seite 529)

   $$\int \frac{du}{3u^2 + 1} = -\frac{1}{2} \int dx \quad \text{ergibt.}$$

   Die Lösung ist $\frac{1}{\sqrt{3}} \arctan u\sqrt{3} = -\frac{x}{2} + C_1$ oder $u = -\frac{1}{\sqrt{3}} \tan\left(\frac{x\sqrt{3}}{2} + C_1^*\right) = \frac{y'}{y}$.

   Nochmalige Separation ergibt

   $$\int \frac{dy}{y} = -\frac{1}{\sqrt{3}} \int \tan\left(\frac{x\sqrt{3}}{2} + C_1^*\right) dx \quad \text{oder} \quad \ln|y| = \tfrac{2}{3} \ln\left|\cos\left(\frac{x\sqrt{3}}{2} + C_1^*\right)\right| + C_2;$$

   $$y = \pm\left[e^{C_2} \cdot \cos\left(\frac{x\sqrt{3}}{2} + C_1^*\right)\right]^{2/3} = A \cdot \cos^{2/3}\left(\frac{x\sqrt{3}}{2} + C_1^*\right).$$

12.3.2.7 Lineare Differentialgleichung mit konstanten Koeffizienten

Die Gleichung hat die Form

$$y'' + p \cdot y' + q \cdot y = R(x) \quad (q \neq 0).$$

p, q sind reelle Zahlen; $R(x)$ heißt Störterm.

Ist $R(x) = \text{const} = 0$, so heißt die Gleichung homogen, sonst inhomogen (man unterscheide diesen Homogenitätsbegriff von dem in 12.3.2.6, Seite 546 definierten).

A. Homogene Gleichung:

Sätze über die Lösungsmenge:

Zu jeder Anfangsbedingung $y_0 = f(x_0)$, $y'_0 = f'(x_0)$ existiert eine partikuläre Lösung. Jede Linearkombination von partikulären Lösungen ist ebenfalls Lösung der Gleichung. Die allgemeine Lösung ist die Menge aller Linearkombinationen von zwei unabhängigen partikulären Lösungen (sog. Basislösungen).

Hinreichend für die Unabhängigkeit von zwei Lösungen y_1 und y_2 in einem Intervall ist, daß die sog. Wronskideterminante

$$W(x) = \begin{vmatrix} y_1 & y_2 \\ y'_1 & y'_2 \end{vmatrix}$$

keine Nullstellen hat.

Lösung

Man macht den Ansatz $y = e^{sx}$ und erhält die sog. charakteristische Gleichung

$$s^2 + ps + q = 0.$$

Fall 1: Die Gleichung hat die reellen Lösungen s_1 und $s_2 \neq s_1$.
Dann sind $y_1 = e^{s_1 x}$ und $y_2 = e^{s_2 x}$ Basislösungen.

Fall 2: Die Gleichung hat die reelle Doppellösung s.
Dann sind $y_1 = e^{sx}$ und $y_2 = x \cdot e^{sx}$ Basislösungen.

Fall 3: $p^2 - 4q < 0$; die Gleichung hat die konjugiert komplexen Lösungen

$$s_{1,2} = -\frac{p}{2} \pm j\sqrt{q - \frac{p^2}{4}}.$$

Dann sind $y_1 = e^{-\frac{p}{2}x} \cdot \cos\left[\sqrt{q - \frac{p^2}{4}} \cdot x\right] = \frac{1}{2}(e^{s_1 x} + e^{s_2 x})$

und $y_2 = e^{-\frac{p}{2}x} \cdot \sin\left[\sqrt{q - \frac{p^2}{4}} \cdot x\right] = \frac{1}{2}(e^{s_1 x} - e^{s_2 x})$

Basislösungen. (Auch $y_1 = e^{s_1 x}$ und $y_2 = e^{s_2 x}$ allein wären Basislösungen, die aber komplexe Bildwerte besitzen, was bei reellen Differentialgleichungen nicht möglich ist; man wählt daher geeignete Linearkombinationen mit reellen Bildwerten.)

Zusammenfassung:

$$y''+py'+qy=0;\quad s_1=-\frac{p}{2}+\sqrt{\frac{p^2}{4}-q};\quad s_2=-\frac{p}{2}-\sqrt{\frac{p^2}{4}-q};\quad s=-\frac{p}{2};$$

$$\omega=\sqrt{q-\frac{p^2}{4}}.$$

$p^2-4q>0$: $y=C_1 e^{s_1 x}+C_2 e^{s_2 x}$

$p^2-4q=0$: $y=e^{sx}(C_1+C_2 x)$

$p^2-4q<0$: $y=e^{-\frac{p}{2}x}(C_1\cos\omega x+C_2\sin\omega x)$

B. Inhomogene Gleichung

Fall 1: $R(x)=\text{const}=b\neq 0$.
Die Gleichung geht durch die Substitution $y=u+\frac{b}{q}$, $y'=u'$, $y''=u''$ in die homogene Gleichung $u''+pu'+qu=0$ über (12.3.2.7 A, Seite 547).

Fall 2: $R(x)\neq\text{const}$.

1. Schritt: Allgemeine Lösung der sog. verkürzten (homogenen) Gleichung $u''+pu'+qu=0$ nach 12.3.2.7 A, Seite 547.

2. Schritt:

1. Möglichkeit: Man ermittelt (z.B. durch Probieren oder einen geeigneten Ansatz mit Einsetzen in die inhomogene Gleichung) eine partikuläre Lösung y_p der gegebenen inhomogenen Gleichung. Dann ist

$$y=y_p+u$$

die allgemeine Lösung der inhomogenen Gleichung. Ein geeigneter Ansatz zur Ermittlung einer Lösung y_p ist für spezielle, häufig vorkommende Störterme $R(x)$ nach folgender Tabelle möglich (s_1, s_2, s von A):

$R(x)$	y_p	Bemerkung
$a_0+a_1x+\ldots+a_nx^n$	$b_0+b_1x+\ldots+b_nx^n$	
ae^{kx} $ae^{kx}(a_0+\ldots+a_nx^n)$	$b\cdot x^r\cdot e^{kx}$ $x^r\cdot e^{kx}\cdot(b_0+\ldots+b_nx^n)$	$r=0$, wenn $k\neq s_1$, $k\neq s_2$ $r=1$, wenn $k=s_1$, $k\neq s_2$ oder $k\neq s_1$, $k=s_2$ $r=2$, wenn $k=s=s_1=s_2$

$R(x)$	y_p	Bemerkung
$a_1 \cos\omega^* x + a_2 \sin\omega^* x$	$x^r \cdot (b_1 \cos\omega^* x + b_2 \sin\omega^* x)$	$r=0$, wenn $j\omega^* \neq s_1$, $j\omega^* \neq s_2$
$(a_0 + \ldots + a_n x^n) \cos\omega^* x + (a_0^* + \ldots + a_m^* x^m) \sin\omega^* x$	$x^r (b_0 + \ldots + b_\varkappa x^\varkappa) \cos\omega^* x + x^r (b_0^* + \ldots + b_\varkappa^* x^\varkappa) \sin\omega^* x$, $\varkappa = \mathrm{Max}(m, n)$	$r=1$, wenn $j\omega^* = s_1$ oder $j\omega^* = s_2$
$e^{kx}(a_1 \cos\omega^* x + a_2 \sin\omega^* x)$	$x^r \cdot e^{kx} \cdot (b_1 \cos\omega^* x + b_2 \sin\omega^* x)$	$r=0$, wenn $k + j\omega^* \neq s_1$ und $k + j\omega^* \neq s_2$
$e^{kx}(a_0 + \ldots + a_n x^n) \cos\omega^* x + e^{kx}(a_0^* + \ldots + a_m^* x^m) \sin\omega^* x$	$x^r e^{kx} (b_0 + \ldots + b_\varkappa x^\varkappa) \cos\omega^* x + x^r e^{kx} (b_0^* + \ldots + b_\varkappa^* x^\varkappa) \sin\omega^* x$, $\varkappa = \mathrm{Max}(m, n)$	$r=1$, wenn $k + j\omega^* = s_1$ oder $k + j\omega^* = s_2$

2. Möglichkeit: Ansatz von Lagrange (Variation der Konstanten).
Man macht den Ansatz

$$y = C_1(x) \cdot u_1 + C_2(x) \cdot u_2$$

und ermittelt $C_1'(x)$ und $C_2'(x)$ aus dem Gleichungssystem

$$C_1'(x) \cdot u_1 + C_2'(x) \cdot u_2 = 0,$$
$$C_1'(x) \cdot u_1' + C_2'(x) \cdot u_2' = R(x).$$

Sodann ermittelt man $C_1(x)$ und $C_2(x)$ durch Quadratur (12.2.2.1, Seite 529).

B

Zu 12.3.2.7:

Homogene lineare Differentialgleichung mit konstanten Koeffizienten

1. Die Gleichung

$$y'' + 2y' + y = 0$$

ist homogen. Die charakteristische Gleichung ist

$$s^2 + 2s + 1 = 0$$

mit der Doppellösung $s = -1$.

$$y = C_1 e^{-x} + C_2 x e^{-x} = e^{-x}(C_1 + C_2 x).$$

Inhomogene lineare Differentialgleichung mit konstanten Koeffizienten

2. Die Gleichung

$$y'' - 4y = \sin x$$

ist inhomogen. Die verkürzte Gleichung ist

$$u'' - 4u = 0.$$

Die charakteristische Gleichung $s^2 - 4 = 0$ hat die Lösungen $s = \pm 2$.

$$u = C_1 e^{2x} + C_2 e^{-2x}.$$

Für y_p gilt der Ansatz $y_p = b_1 \cos x + b_2 \sin x$, weil $j\omega = j \neq s_{1,2}$.

$$y'_p = -b_1 \sin x + b_2 \cos x; \quad y''_p = -b_1 \cos x - b_2 \sin x.$$

Einsetzen ergibt:

$$-b_1 \cos x - b_2 \sin x - 4b_1 \cos x - 4b_2 \sin x = \sin x.$$

Hieraus folgt $-5b_1 = 0;\quad b_1 = 0;$

$-5b_2 = 1;\quad b_2 = -\frac{1}{5}.$

Man erhält $y = -\frac{1}{5}\sin x + C_1 e^{2x} + C_2 e^{-2x}$.

Nach dem Ansatz von Lagrange ergibt sich:

$$y = C_1(x)\, e^{2x} + C_2(x)\, e^{-2x}$$

wobei gilt $C'_1(x) \cdot e^{2x} + C'_2(x)\, e^{-2x} = 0$

$2C'_1(x)\, e^{2x} - 2C'_2(x)\, e^{-2x} = \sin x.$

Hieraus folgt $C'_1(x) = \frac{1}{4} e^{-2x} \cdot \sin x$; $C'_2(x) = -\frac{1}{4} e^{2x} \cdot \sin x$.

Durch Integration ergibt sich:

$$C_1(x) = -\tfrac{1}{20} e^{-2x}(\cos x + 2\sin x) + A_1;$$
$$C_2(x) = -\tfrac{1}{20}(e^{2x}(2\sin x - \cos x) + A_2.$$

Hieraus ergibt sich:

$$y = -\tfrac{1}{20}(\cos x + 2\sin x) + A_1 e^{2x} - \tfrac{1}{20}(2\sin x - \cos x) + A_2 e^{-2x}$$
$$= -\tfrac{1}{5}\sin x + A_1 e^{2x} + A_2 e^{-2x} \quad \text{wie vorher.}$$

12.3.2.8 Lineare Differentialgleichung mit variablen Koeffizienten

Die Gleichung hat die Form

$$y'' + P(x) \cdot y' + Q(x) \cdot y = R(x).$$

Ist $R(x) = \text{const} = 0$, so heißt die Gleichung homogen, sonst inhomogen.

Zur Lösung beachte man auch die in 12.4.2, Seite 552 erwähnten Methoden. Speziell gilt:

A. Homogene Gleichungen

Sätze über die Lösungsmenge:

Es gelten dieselben Sätze wie in 12.3.2.7 A, Seite 547.

Lösung

Falls die Gleichung nicht nach einer der in 12.3.2 erwähnten Methoden lösbar ist, muß man durch Probieren eine partikuläre Lösung y_1 erraten; hieraus erhält man eine weitere Lösung y_2 durch

$$y_2 = y_1 \cdot \int z\, dx.$$

Hierbei ist $z = \dfrac{e^{-\int P(x)\,dx}}{y_1^2}$ eine partikuläre Lösung der Gleichung

$$y_1 z' + (2y'_1 + P(x) \cdot y_1) \cdot z = 0.$$

B. Inhomogene Gleichung

1. Schritt: Allgemeine Lösung der sog. verkürzten (homogenen) Gleichung

$$u'' + P(x) \cdot u' + Q(x) \cdot u = 0$$

nach 12.3.2.8 A, Seite 550.

2. Schritt:

1. Möglichkeit: Man ermittelt (z.B. durch Probieren) eine partikuläre Lösung y_p der inhomogenen Gleichung; dann ist $y = y_p + u$ die allgemeine Lösung der inhomogenen Gleichung.

2. Möglichkeit: Ansatz von Lagrange (Variation der Konstanten).

Man geht genau so vor wie in 12.3.2.7 B, Fall 2, 2. Schritt, 2. Möglichkeit, Seite 549 vor.

B

Zu 12.3.2.8:

Inhomogene lineare Differentialgleichung mit variablen Koeffizienten

1. Die Gleichung $x^2 y'' - x y' + y = 2x$ ist inhomogen.

Man kann die Lösung $u_1 = x$ der verkürzten Gleichung

$$x^2 u'' - x u' + u = 0$$

erraten.

Zweite Basislösung:

$$u_2 = x \cdot \int \frac{e^{+\int \frac{1}{x} dx}}{x^2} dx = x \cdot \int \frac{|x|}{x^2} dx = x \cdot \int \frac{1}{|x|} dx = x \ln|x| \cdot \operatorname{sgn} x = |x| \ln|x|.$$

Damit ist die allgemeine Lösung der verkürzten Gleichung

$$u = C_1 x + C_2 |x| \cdot \ln|x|.$$

Die Variation der Konstanten liefert:

$$C_1'(x) \cdot x + C_2'(x) \cdot |x| \cdot \ln|x| = 0,$$

$$C_1'(x) \quad + C_2'(x)(\ln|x| + 1) \cdot \operatorname{sgn} x = \frac{2}{x},$$

was zu $C_1'(x) = -\frac{2\ln|x|}{x}$, $C_2'(x) = \frac{2}{|x|}$ führt.

Hieraus ergibt sich durch Integration

$$C_1(x) = -(\ln|x|)^2 + A_1$$
$$C_2(x) = 2\ln|x| \cdot \operatorname{sgn} x + A_2.$$

Die Lösung der Gleichung ist daher

$$y = -(\ln|x|)^2 \cdot x + A_1 x + 2\ln|x| \cdot x \ln|x| + A_2 x \ln|x|$$
$$= x(\ln|x|)^2 + A_1 x + A_2 |x| \ln|x|.$$

12.4 Gewöhnliche Differentialgleichungen höherer Ordnung

12.4.1 Allgemeines

Die Differentialgleichung n-ter Ordnung für die mindestens n-mal differenzierbare Funktion $f\colon x \mapsto f(x) = y$

$$y^{(n)} = g(x, y, y', \ldots, y^{(n-1)})$$

läßt sich durch die Substitution

$$y' = y_1, \quad y'' = y_2, \ldots, \quad y^{(n-1)} = y_{n-1}$$

in ein System von n Differentialgleichungen 1. Ordnung überführen (12.5, Seite 558).

Die Gleichung hat sicher dann eine eindeutige Lösung mit den Anfangsbedingungen

$$y_0 = f(x_0), \; y'_0 = f'(x_0), \ldots, \; y_0^{(n-1)} = f^{(n-1)}(x_0),$$

wenn g in der Umgebung von $(x_0, y_0, \ldots, y_0^{(n-1)})$ stetig ist und die Lipschitzbedingung

$$|g(x_0, y_0 + \Delta y, \ldots, y_0^{(n-1)} + \Delta y^{(n-1)}) - g(x_0, y_0, \ldots, y_0^{(n-1)})|$$
$$< M(|\Delta y| + \ldots + |\Delta y^{(n-1)}|)$$

mit $M > 0$ erfüllt ist.

Hinreichend für die Erfüllung der Lipschitzbedingung ist die Existenz von

$$\frac{\partial g(x_0, y_0, \ldots, y_0^{(n-1)})}{\partial y}, \ldots, \frac{\partial g(x_0, y_0, \ldots, y_0^{(n-1)})}{\partial y^{(n-1)}}.$$

Die Lösungsfunktionen der allgemeinen Lösung unterscheiden sich voneinander durch n willkürliche Parameter.

12.4.2 Lösungsverfahren

12.4.2.1 Typ $y^{(n)} = g(x)$

Die Lösung ergibt sich durch n-malige Integration (Quadratur) von g:

$$y = C_1 x^{n-1} + C_2 x^{n-2} + \ldots + C_n + \frac{1}{(n-1)!} \int_0^x (x-\xi)^{n-1} \cdot g(\xi)\, d\xi.$$

12.4.2.2 Typ $y^{(n)} = g(y, y', \ldots, y^{(n-1)})$

Die Substitution $y' = p$; $y'' = \frac{dp}{dy} \cdot p$; $\quad y''' = \frac{d^2 p}{dy^2} \cdot p^2 + \left(\frac{dp}{dy}\right)^2 \cdot p$;

$$y^{(4)} = \frac{d^3 p}{dy^3} \cdot p^3 + 4 \frac{d^2 p}{dy^2} \cdot \frac{dp}{dy} p^2 + \left(\frac{dp}{dy}\right)^3 \cdot p \quad \text{usw.}$$

erniedrigt die Ordnung der Gleichung um 1.

B

Zu 12.4.2.2:

Erniedrigung der Ordnung

1. $y' \cdot y''' = 3y''^2$; gesucht ist die partikuläre Lösung mit den Anfangsbedingungen $x=1$, $y=1$, $y'=1$, $k=1$ (k Krümmung des Graphs der Lösung).

   Durch die Substitution erhält man

$$p \cdot \left(\frac{d^2p}{dy^2} \cdot p^2 + \left(\frac{dp}{dy}\right)^2 \cdot p\right) = 3\left(\frac{dp}{dy}\right)^2 \cdot p^2.$$

   Hieraus erhält man $p=0$, d.h. $y=\text{const}$ und $\frac{d^2p}{dy^2} \cdot p = 2\left(\frac{dp}{dy}\right)^2$; wird y als Original aufgefaßt, p als Bild, dann ist die Gleichung von der Form $p'' \cdot p = 2p'^2$ oder $p'' = \frac{2p'^2}{p}$ (12.3.2.5, Seite 546).

   Man substituiert $p' = q$; $p'' = \frac{dq}{dp} \cdot q$ und erhält $\frac{dq}{dp} \cdot q = \frac{2q^2}{p}$, woraus $\int \frac{dq}{q} = 2\int \frac{dp}{p}$ folgt; man erhält durch Separation (12.2.2.2, Seite 529) $q = C_1 p^2$, worin auch die Lösung $q=0$ enthalten ist.

   Hiermit hat man $\frac{dp}{dy} = C_1 p^2$ oder nach Separation $\int \frac{dp}{p^2} = C_1 \int dy$, woraus sich

$$-\frac{1}{p} = C_1 y + C_2 \quad \text{oder} \quad p = -\frac{1}{C_1 y + C_2} \text{ ergibt.}$$

   Durch abermalige Separation hat man

$$\int dy(C_1 y + C_2) = -\int dx \quad \text{oder} \quad x = -\left(\frac{C_1}{2} y^2 + C_2 y + C_3\right).$$

   Die oben gewonnene singuläre Lösung $y=\text{const}$ erfüllt die Anfangsbedingung $y'=1$ nicht.

   Daher ist die gesuchte partikuläre in der Menge der allgemeinen Lösung enthalten:

   Es gilt $1 = -\left(\frac{C_1}{2} + C_2 + C_3\right) \quad (x=1;\, y=1)$

$$1 = -\frac{1}{C_1 + C_2} \qquad (x=1;\, y'=1)$$

$$k = \frac{y''}{\sqrt{1+y'^2}^3} = \frac{dp}{dy} \cdot p \cdot \frac{1}{\sqrt{1+p^2}^3} = \frac{qp}{\sqrt{1+p^2}^3}; \quad 1 = \frac{C_1 \cdot 1^2 \cdot 1}{\sqrt{1+1^2}^3},$$

   so daß sich ergibt:

$$C_1 = 2\sqrt{2}; \quad C_2 = -1 - 2\sqrt{2}; \quad C_3 = 2\sqrt{2} - \sqrt{2} = \sqrt{2};$$

   Hieraus ergibt sich $x = -[\sqrt{2}y^2 - (1+2\sqrt{2})y + \sqrt{2}] = -\sqrt{2} \cdot y^2 + (1+2\sqrt{2})y - \sqrt{2}$.

12.4.2.3 Typ $y^{(n)}=g(x, y', \ldots, y^{(n-1)})$

Die Substitution $y'=p,\ y''=p', \ldots, y^{(n-1)}=p^{(n-2)}$ erniedrigt die Ordnung der Gleichung um 1.

12.4.2.4 Typ $y^{(n)}=g(x, y^{(\lambda)}, \ldots, y^{(n-1)})$ mit $\lambda \geqq 2$

Die Substitution $y^{(\lambda)}=p,\ y^{(\lambda+1)}=p', \ldots, y^{(n-1)}=p^{(n-\lambda)}$ erniedrigt die Ordnung der Gleichung um λ.

12.4.2.5 In $y, y', \ldots, y^{(n)}$ homogene Gleichung $F(y, \ldots, y^{(n)})=0$

Die Gleichung heißt in $y, y', \ldots, y^{(n)}$ homogen, wenn

$$F(a\,y, \ldots, a\,y^{(n)})=a^m \cdot F(y, \ldots, y^{(n)}) \quad \text{gilt.}$$

Sie geht durch die Substitution $y'=u\,y$ in eine Gleichung von einer um 1 erniedrigten Ordnung über; $y=0$ ist Lösung.

B

Zu 12.4.2.5:

Homogene Gleichung

1. Die Gleichung

$$y\,y'''-y'\,y''=0$$

ist in y, y', y'', y''' homogen vom 2. Grad.

Die Substitution $y'=u\,y,\ y''=(u'+u^2)\,y,\ y'''=(u''+2u\,u')\,y+(u'+u^2)\,u\,y$ liefert

$$y^2(u''+3u\,u'+u^3)-u\,y^2(u'+u^2)=0.$$

Die Funktion $y=\text{const}=0$ ist Lösung; außerdem ergibt sich

$$u''+2u\,u'=0.$$

Die Substitution $u'=p,\ u''=\dfrac{dp}{du}\cdot p$ (12.3.2.5, Seite 546) liefert

$$\frac{dp}{du}\cdot p+2u\,p=0;$$

$p=0$ ergibt mit $y=\text{const}$ ebenfalls eine Lösung.

$\dfrac{dp}{du}=-2u$ läßt sich separieren (12.2.2.2, Seite 529), die Lösung ist $p=-u^2+C_1$;

$u'=-u^2+C_1$ läßt sich ebenfalls separieren (12.2.2.2, Seite 529):

$$\int \frac{du}{u^2-C_1}=-\int dx.$$

Fall 1: $C_1=A^2>0,\ A>0$:

$$\int \frac{du}{A^2-u^2}=x+B^*;$$

$$\frac{1}{2A}\ln\left|\frac{A+u}{A-u}\right|=x+B^*;$$

hieraus ergibt sich je nachdem $|u| < A$ oder $|u| > A$ ist:

$$\operatorname{artanh}\frac{u}{A} = Ax + B \quad \text{oder} \quad \operatorname{arcoth}\frac{u}{A} = Ax + B;$$

$$\frac{y'}{y} = u = A\tanh(Ax+B) \quad \text{oder} \quad \frac{y'}{y} = u = A\coth(Ax+B);$$

abermalige Separation (12.2.2.2, Seite 529) ergibt

$$y = C\cosh(Ax+B) \quad \text{oder} \quad y = C\sinh(Ax+B)$$

Fall 2: $C_1 = 0$:

$$\frac{1}{u} = x + B; \quad \frac{y'}{y} = \frac{1}{x+B}; \quad y = C(x+B)$$

Fall 3: $C_1 = -A^2 < 0$; $A > 0$:

$$\int \frac{du}{u^2 + A^2} = -\int dx; \quad \frac{1}{A}\arctan\frac{u}{A} = -x + B^*;$$

hieraus ergibt sich $u = -A\tan(Ax+B)$ oder nach Rücksubstitution $u = \frac{y'}{y}$ und Separation (12.2.2.2, Seite 529):

$$y = C\cos(Ax+B).$$

12.4.2.6 Lineare Differentialgleichungen mit konstanten Koeffizienten

Die Gleichung hat die Form

$$y^{(n)} + p_{n-1} \cdot y^{(n-1)} + \ldots + p_0 y = R(x).$$

$p_{n-1}, \ldots, p_0$ sind reelle Zahlen. $R(x)$ heißt Störterm; ist $R(x) = \text{const} = 0$, so heißt die Gleichung homogen, sonst inhomogen.

A. Homogene Gleichungen

Sätze über die Lösungsmenge:

Jede Linearkombination von partikulären Lösungen ist ebenfalls Lösung der Gleichung. Die allgemeine Lösung ist die Menge aller Linearkombinationen von n unabhängigen partikulären Lösungen (sog. Basislösungen). Hinreichend für die Unabhängigkeit von n Lösungen $y_1, \ldots, y_n$ ist, daß die sog. Wronskideterminante

$$W(x) = \begin{vmatrix} y_1 & \cdots & y_n \\ y_1' & \cdots & y_n' \\ \vdots & & \\ y_1^{(n-1)} & \cdots & y_n^{(n-1)} \end{vmatrix}$$

keine Nullstellen besitzt.

Lösung:

Man macht den Ansatz $y=e^{sx}$ und erhält die sog. charakteristische Gleichung

$$s^n+p_{n-1}s^{n-1}+\ldots+p_0=0$$

Fall 1: Die Gleichung hat n verschiedene reelle Nullstellen $s_1,\ldots,s_n$.
Dann sind $y_i=e^{s_i x}$ $(i=1,\ldots,n)$ Basislösungen.

Fall 2: Die Gleichung hat reelle Mehrfachlösungen;
ist s_1 eine r_1-fache Lösung,
s_2 eine r_2-fache Lösung,
$\vdots$
s_m eine r_m-fache Lösung,
so sind $y_1=e^{s_1 x}$, $y_2=x\,e^{s_1 x},\ldots,y_{r_1}=x^{r_1-1}\cdot e^{s_1 x}$,

$$y_{r_1+1}=e^{s_2 x},\ y_{r_1+2}=x\,e^{s_2 x},\ldots,y_{r_1+r_2}=x^{r_2-1}\cdot e^{s_2 x},$$

$$\vdots$$

$$y_{n-r_m}=e^{s_m x},\ldots,\qquad y_n=x^{r_m-1}\cdot e^{s_m x}$$

Basislösungen.

Fall 3: Die Gleichung hat einfache reelle und konjugiert komplexe Lösungen $s_1,\ldots,\alpha_1+j\beta_1,\ldots$.
Dann sind $y_1=e^{s_1 x},\ldots$

$$y_k=e^{\alpha_1 x}\cdot\cos\beta_1 x,\ y_{k+1}=e^{\alpha_1 x}\cdot\sin\beta_1 x$$

$$\vdots$$

Basislösungen.

Fall 4: Die Gleichung hat mehrfache reelle und konjugiert komplexe Lösungen.
Analog zu Fall 2 sind Potenzen bis x^{r_i-1} als Zusatzfaktoren anzufügen.

B. Inhomogene Gleichungen.

1. Schritt: Allgemeine Lösung der sog. verkürzten (homogenen) Gleichung

$$u^{(n)}+p_{n-1}u^{(n-1)}+\ldots+p_0 u=0 \qquad \text{nach } A.$$

2. Schritt:

1. Möglichkeit: Man geht wie bei 12.3.2.7 B, Seite 548 vor.

2. Möglichkeit: Ansatz von Lagrange (Variation der Konstanten).

Man macht den Ansatz

$$y=C_1(x)\,u_1+\ldots+C_n(x)\,u_2$$

und ermittelt $C_i'(x)$ aus dem Gleichungssystem

$$C_1'(x) \cdot u_1 + \ldots + C_n'(x)\, u_n = 0$$

$$C_1'(x)\, u_1' + \ldots + C_n'(x)\, u_n' = 0$$

$$\vdots$$

$$C_1'(x)\, u_1^{(n-2)} + \ldots + C_n'(x)\, u_n^{(n-2)} = 0$$

$$C_1'(x)\, u_1^{(n-1)} + \ldots + C_n'(x)\, u_n^{(n-1)} = R(x).$$

Sodann ermittelt man $C_1(x) \ldots C_n(x)$ durch Quadraturen (12.2.2.1, Seite 529).

B

Zu 12.4.2.6:
Lineare inhomogene Gleichung mit konstanten Koeffizienten

1. Gesucht ist die allgemeine Lösung von

$$y^{(4)} - 2y'' + y = x \sin x.$$

1. Schritt:

Verkürzte Gleichung: $u^{(4)} - 2u'' + u = 0;$

Ansatz: $u = e^{sx}$

charakterist. Gleichung: $s^4 - 2s^2 + 1 = 0;$

$(s^2 - 1)^2 = 0;$

$s_{1,2} = 1;\ s_{3,4} = -1.$

Allgemeine Lösung: $u = (C_1 + C_2 x)\, e^x + (C_3 + C_4 x)\, e^{-x}.$

2. Schritt:

$y_p = (b_0 + b_1 x) \cos x + (b_0^* + b_1^* x) \sin x.$

Nach Berechnung y_p', y_p'', y_p''', $y_p^{(4)}$ und Einsetzen in die gegebene Differentialgleichung ergibt sich:

$$-8b_1^* \cos x + 3(b_0^* + b_1^* x) \sin x + 8b_1 \sin x$$
$$+ 3(b_0 + b_1 x) \cos x + (b_0^* + b_1^* x) \sin x + (b_0 + b_1 x) \cos x = x \sin x.$$

Durch Koeffizientenvergleich erhält man ein lineares Gleichungssystem für b_0, b_1, b_0^*, b_1^* mit den Lösungen

$b_0^* = b_1 = 0;\ b_1^* = \frac{1}{4};\ b_0 = \frac{1}{2}.$

Lösung: $y = (C_1 + C_2 x)\, e^x + (C_3 + C_4 x)\, e^{-x} + \frac{1}{4}\, x \sin x + \frac{1}{2} \cos x.$

12.4.2.7 Lineare Differentialgleichungen mit variablen Koeffizienten

Die Gleichung hat die Form

$$y^{(n)} + P_{n-1}(x) \cdot y^{(n-1)} + \ldots + P_0(x) \cdot y = R(x).$$

Ist $R(x) = \text{const} = 0$, so heißt die Gleichung homogen, sonst inhomogen.

A. Homogene Gleichungen

Sätze über die Lösungsmenge:

Es gelten dieselben Sätze wie in 12.4.2.6 A, Seite 555.

Lösung:

Falls die Gleichung nicht nach einer der in 12.4.2 erwähnten Methoden lösbar ist, muß man durch Probieren eine partikuläre Lösung y_1 erraten. Sodann läßt sich durch den Ansatz $y=y_1 \cdot \int z\,dx$ die Ordnung der Gleichung um 1 erniedrigen (Reduktionsverfahren von d'Alembert). Durch Wiederholung gewinnt man einen Satz von Basislösungen.

B. Inhomogene Gleichungen

1. Schritt: Allgemeine Lösung der sog. verkürzten (homogenen) Gleichung

$u^{(n)}+P_{n-1}(x)\,u^{(n-1)}+\ldots+P_0(x)\,u=0$ nach 12.4.2.7 A, Seite 558.

2. Schritt:

1. Möglichkeit: Man ermittelt (z.B. durch Probieren) eine partikuläre Lösung y_p der inhomogenen Gleichung; dann ist $y=y_p+u$ die allgemeine Lösung der inhomogenen Gleichung.

2. Möglichkeit: Ansatz von Lagrange (Variation der Konstanten). Man geht ebenso vor wie in 12.4.2.6 B, 2. Möglichkeit, Seite 556.

3. Möglichkeit: Verfahren von Cauchy.

Man bestimmt bei

$u_s=C_1 u_1+\ldots+C_n u_n$. (allg. Lösung des 1. Schrittes)

die Konstanten $C_1, \ldots, C_n$ so, daß für $x=\eta$ gilt:

$u_s(\eta)=0;\quad u_s'(\eta)=0;\quad \ldots \quad u_s^{(n-2)}(\eta)=0;\quad u_s^{(n-1)}(\eta)=R(\eta)$, wobei η ein willkürlicher Parameter ist.

Sodann ist $\int\limits_{x_1}^{x} u_s(x,\eta)\,d\eta$ mit beliebigem x_1 eine partikuläre Lösung der inhomogenen Gleichung; weiter wie bei 1. Möglichkeit.

12.5 Systeme von gewöhnlichen Differentialgleichungen

In einem System von n Differentialgleichungen sind n Funktionen f_i: $x \mapsto f_i(x)=y_i$ aus ihren Ableitungen zu bestimmen.

Die Ordnung der Differentialgleichungen läßt sich durch Hinzunahme neuer Funktionen, die man statt der höheren Ableitungen einführt, erniedrigen; allerdings steigt damit die Zahl der Gleichungen und der gesuchten Funktionen.

12.5.1 Systeme von linearen Differentialgleichungen 1. Ordnung mit konstanten Koeffizienten

Das System hat die Form

$$\begin{aligned} y_1' &= a_{11}\,y_1+a_{12}\,y_2+\ldots+a_{1n}\,y_n=g_1(y_1,\ldots,y_n) \\ &\vdots \\ y_n' &= a_{n1}\,y_1+a_{n2}\,y_2+\ldots+a_{nn}\,y_n=g_n(y_1,\ldots,y_n) \qquad \text{mit } a_{ik}\in\mathbb{R}. \end{aligned}$$

12.5.1.1 Existenz von Lösungen

Das System besitzt zu den Anfangsbedingungen $y_{i0}=f_i(x_0)$ stets ein eindeutig bestimmtes Lösungssystem.

12.5.1.2 Lösungsverfahren

Man macht den Ansatz $y_i = C_i e^{sx}$, was zur sog. charakteristischen Gleichung

$$\begin{vmatrix} a_{11}-s & a_{12} & \dots & a_{1n} \\ a_{21} & a_{22}-s \dots & & a_{2n} \\ & & & \\ a_{n1} & a_{n2} & & a_{nn}-s \end{vmatrix} = 0 \quad \text{führt.}$$

Man hat bei der Lösung dieser algebraischen Gleichung folgende Fälle zu unterscheiden.

Fall 1: Man erhält n verschiedene reelle Lösungen $s_1, s_2, \dots, s_n$.

Die allgemeine Lösung ist dann

$$\begin{aligned} y_1 &= C_{11} e^{s_1 x} + C_{12} e^{s_2 x} + \dots + C_{1n} e^{s_n x} \\ &\vdots \qquad\qquad\qquad\qquad\qquad\qquad (*) \\ y_n &= C_{n1} e^{s_1 x} + C_{n2} e^{s_2 x} + \dots + C_{nn} e^{s_n x}. \end{aligned}$$

Die Koeffizienten C_{ik} lassen sich für jedes s_ν aus dem Gleichungssystem

$$\begin{aligned} (a_{11}-s_\nu) C_{1\nu} + a_{12} C_{2\nu} + \dots + a_{1n} C_{n\nu} &= 0 \\ \dots\dots\dots\dots\dots\dots\dots\dots\dots\dots\dots\dots \\ a_{n1} C_{1\nu} + \quad \dots + (a_{nn}-s_\nu) C_{n\nu} &= 0 \end{aligned}$$

durch jeweils einen Koeffizienten ausdrücken.

Fall 2: Man erhält reelle Mehrfachlösungen.

Dann sind die beim Term $e^{s_\nu x}$ in $(*)$ stehenden Koeffizienten durch ein Polynom zu ersetzen, dessen Grad um 1 niedriger ist als die Vielfachheit von s_ν. Durch Einsetzen in das Differentialgleichungssystem erhält man Bestimmungsgleichungen für die Koeffizienten.

Fall 3: Man erhält konjugiert komplexe Lösungen.

Dann sind die beim Term $e^{s_\nu x}$ in $(*)$ stehenden Koeffizienten analog zu 12.4.2.6 A, Fall 3 und 4, Seite 556 zu ersetzen.

B

Zu 12.5.1.2:

Lineares System mit konstanten Koeffizienten

1. Gesucht ist die allgemeine Lösung des Systems von Differentialgleichungen 1. Ordnung

$$\begin{aligned} \dot{x} &= y + z \\ \dot{y} &= x + z \qquad (\dot{x}\text{: Ableitung nach } t \text{ usw.}) \\ \dot{z} &= x + y \end{aligned}$$

Zu dem System gehört die charakteristische Gleichung

$$\begin{vmatrix} -s & 1 & 1 \\ 1 & -s & 1 \\ 1 & 1 & -s \end{vmatrix} = -s^3+3s+2=0$$

mit den Lösungen $s_1=s_2=-1$, $s_3=2$.

Zu $s_3=2$ gehören die partikulären Lösungen

$$x=C_1e^{2t}, \quad y=C_2e^{2t}, \quad z=C_3e^{2t}$$

wobei für C_1, C_2 und C_3 das Gleichungssystem

$$\begin{aligned} -2C_1+C_2+C_3&=0 \\ C_1-2C_2+C_3&=0 \quad \text{mit der Lösung } C_1=C_2=C_3 \\ C_1+C_2-2C_3&=0 \end{aligned}$$

gilt. Damit ist

$$x=y=z=C_1e^{2t}$$

eine erste partikuläre Lösung.

Für die Doppelwurzel $s_1=s_2=-1$ macht man den Ansatz

$$x=(P_1t+Q_1)e^{-t}, \quad y=(P_2t+Q_2)e^{-t}, \quad z=(P_3t+Q_3)e^{-t}$$

und erhält durch Einsetzen in das gegebene System mit anschließendem Koeffizientenvergleich die Gleichungssysteme

$$P_1+P_2+P_3=0 \qquad Q_1+Q_2+Q_3=P_1=P_2=P_3.$$
(3 mal)

Aus der ersten Gleichung folgt wegen $P_1=P_2=P_3$ nur $P_1=P_2=P_3=0$. Aus der zweiten Gleichung folgt

$$Q_3=-(Q_1+Q_2),$$

so daß

$$x=Q_1e^{-t}, \quad y=Q_2e^{-t}, \quad z=-(Q_1+Q_2)e^{-t}$$

eine zweite partikuläre Lösung und

$$x=C_1e^{2t}+Q_1e^{-t}, \quad y=C_1e^{2t}+Q_2e^{-t}, \quad z=C_1e^{2t}-(Q_1+Q_3)e^{-t}$$

die allgemeine Lösung ist.

12.5.2 Allgemeines System von Differentialgleichungen 1. Ordnung

Das System hat die Form

$$\begin{aligned} y_1' &= g_1(x, y_1, \ldots, y_n) \\ y_2' &= g_2(x, y_1, \ldots, y_n) \\ &\vdots \\ y_n' &= g_n(x, y_1, \ldots, y_n) \end{aligned}$$

12.5.2.1 Existenz von Lösungen

Das System besitzt sicher dann eine eindeutige Lösung mit den Anfangsbedingungen $y_{i0}=f_i(x_0)$, wenn die g_i in einer Umgebung von $(x_0, y_{10}, \ldots, y_{n0})$ stetig sind und wenn die Lipschitzbedingungen

$$|g_i(x_0, y_{10}+\Delta y_1, y_{20}+\Delta y_2, \ldots)-g_i(x_0, y_{10}, y_{20}, \ldots)|<M_i(|\Delta y_1|+\ldots)$$

mit $M_i>0$ erfüllt sind.

Hinreichend für die Erfüllung der Lipschitzbedingungen ist Existenz der partiellen Ableitungen $\dfrac{\partial g_i(x, y_1, \ldots, y_n)}{\partial y_k}$.

12.5.2.2 Lösungsverfahren

Die Lösung des Systems versucht man im allgemeinen dadurch, daß man durch geeignete Linearkombinationen zu einer lösbaren Gleichung und damit zu einer Reduktion der Anzahl unbekannter Funktionen kommt.

In manchen Fällen kann man auch durch Elimination geeigneter y_i und durch Differentiation zu Gleichungssystemen, manchmal zu einer einzigen Differentialgleichung höherer Ordnung kommen, die einfacher zu lösen sind.

Falls eine Funktion g_k nur von x und y_k abhängt, gelingt manchmal eine einfache Lösung durch Separation (12.2.2.2, Seite 529).

B

Zu 12.5.2.2:

Überführung in eine Gleichung höherer Ordnung

1. Das System

I. $\dot{x}=2x-y+t$

II. $\dot{y}=\ \ x+2y$ (Original t)

wird in eine Differentialgleichung 2. Ordnung übergeführt.

Aus I: $y=2x-\dot{x}+t$; $\dot{y}=2\dot{x}-\ddot{x}+1$.

Einsetzen in II: $2\dot{x}-\ddot{x}+1=x+4x-2\dot{x}+2t$; $\ddot{x}-4\dot{x}+5x=1-2t$.

Diese Gleichung wird nach 12.3.2.7B, Fall 2, Seite 548 gelöst.

Verkürzte Gleichung: $\ddot{u}-4\dot{u}+5u=0$;

charakterist. Gleichung: $s^2-4s+5=0$; $s_{1,2}=2\pm j$;

Lösung: $u=e^{2t}(C_1 \cos t+C_2 \sin t)$.

Partikuläre Lösung der inhomogenen Gleichung:

$x_p=b_0+b_1 t$; $\dot{x}_p=b_1$; $\ddot{x}_p=0$;

$-4b_1+5b_0+5b_1 t=1-2t$;

$b_1=-\frac{2}{5}$; $b_0=-\frac{3}{25}$.

$x_p=-\frac{3}{25}-\frac{2}{5}t$;

allgemeine Lösung der inhomogenen Gleichung:

$$x = -\tfrac{3}{25} - \tfrac{2}{5}t + e^{2t}(C_1 \cos t + C_2 \sin t).$$

Hieraus ergibt sich für $y = 2x - \dot{x} + t$:

$$y = e^{2t}(C_1 \sin t - C_2 \cos t) + \frac{t}{5} + \frac{4}{25}.$$

Reduktion der Anzahl unbekannter Funktionen

2. Gegeben ist das System

I. $y_1' = \dfrac{y_1}{x}$; II. $y_2' = \dfrac{y_1}{y_2}$.

Die erste Gleichung kann durch Separierung gelöst werden:

$$\int \frac{dy_1}{y_1} = \int \frac{dx}{x};$$

in der allgemeinen Lösung $y_1 = C_1 x$ ist auch die partikuläre Lösung $y_1 = \text{const} = 0$ enthalten.

Setzt man dieses Ergebnis in II ein, so erhält man:

$y_2' = \dfrac{C_1 x}{y_2}$ (ebenfalls durch Separierung lösbar); es ergibt sich:

$$\int y_2 dy_2 = C_1 \int x\,dx; \quad y_2^2 = C_1 x^2 + C_2; \quad y_2 = \pm\sqrt{C_1 x^2 + C_2}.$$

12.6 Numerische Integration von gewöhnlichen Differentialgleichungen

12.6.1 Differentialgleichungen 1. Ordnung

12.6.1.1 Graphische Isoklinenmethode

Durch eine Differentialgleichung 1. Ordnung

$$F(x, y, y') = 0 \quad \text{oder} \quad y' = g(x, y)$$

wird jedem Punkt des Bereiches $\mathbb{B} = \{(x, y)\}$, in welchem F oder g definiert sind, eine Richtung y' zugeordnet. Die gesuchte Integralkurve muß an jeder Stelle die gegebene Richtung besitzen. Um über den Verlauf der Gesamtheit aller Integralkurven einen Überblick zu bekommen, zeichnet man ein möglichst dichtes Richtungsfeld. In diesem Richtungsfeld existieren Kurven, die sog. Isoklinen, entlang derer die Richtung konstant ist. Ihre Gleichungen sind durch die Isoklinengleichung $F(x, y, p) = 0$ bzw. $g(x, y) = p$ (p: Parameter) bestimmt.

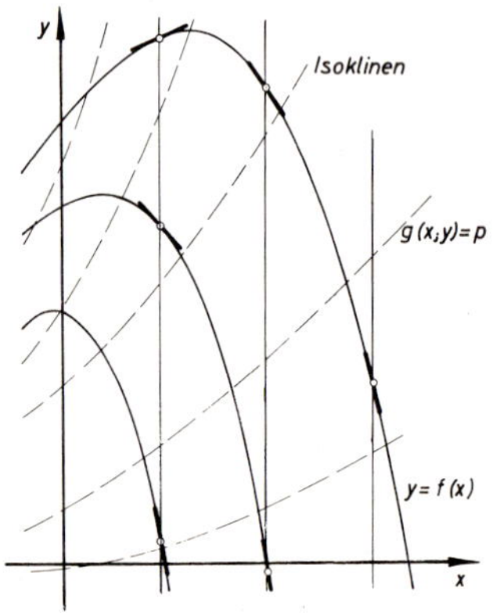

Bei gegebener Anfangsbedingung $y_0 = f(x_0)$ geht man vom Anfangspunkt P_0 mit der (evtl. interpolierten) Steigung bis zur nächsten Isokline weiter, ändert die Steigung des nächsten Geradenstückes auf den zugeordneten Wert usw. Zur Erhöhung der Genauigkeit können bei größeren Isoklinen-Abständen noch Zwischenpunkte eingeschaltet werden. Die Lösungskurve schmiegt sich den Tangentenstücken in den Schnittpunkten mit den Isoklinen an.

Die Genauigkeit des Verfahrens hängt, abgesehen von der allgemeinen Zeichengenauigkeit, stark von dem Isoklinen-Abstand ab. Der grundsätzliche Vorteil des Verfahrens liegt darin, daß man sofort einen Überblick über die Gesamtheit aller Integralkurven erhält, während alle übrigen Methoden immer nur ein durch die Anfangsbedingung festgelegtes partikuläres Integral liefern.

Ist F oder g kompliziert, so kann der Aufwand zur Herstellung der Isoklinen beträchtlich werden.

B

Zu 12.6.1.1:
Isoklinenmethode

1. Gesucht ist die Integralkurvenschar der Differentialgleichung

$$y' = x^2 + y^2$$

nach dem Isoklinen-Verfahren. Die Isoklinengleichungen

$$x^2 + y^2 = p$$

ergeben konzentrische Kreise um den Nullpunkt.

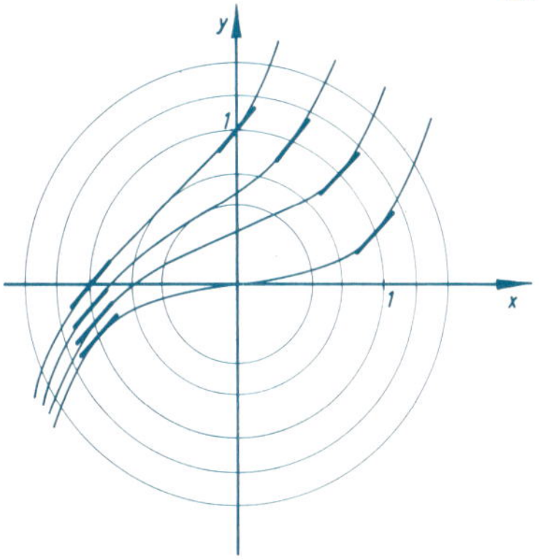

12.6.1.2 Euler-Cauchy-Verfahren

Dieses Verfahren überträgt das Prinzip des Isoklinenverfahrens in die numerische Rechnung.

Ist $y' = g(x, y)$ die gegebene Differentialgleichung und $P_0(x_0; y_0)$ ein Punkt der Lösungskurve (d.h. ist $y_0 = f(x_0)$ die Anfangsbedingung), so sind Näherungswerte für die Koordinaten der Lösungskurve:

x_0	y_0
$x_1 = x_0 + h$	$y_1 = y_0 + h \cdot g(x_0, y_0)$
$x_2 = x_1 + h$	$y_2 = y_1 + h \cdot g(x_1, y_1)$
	usw.

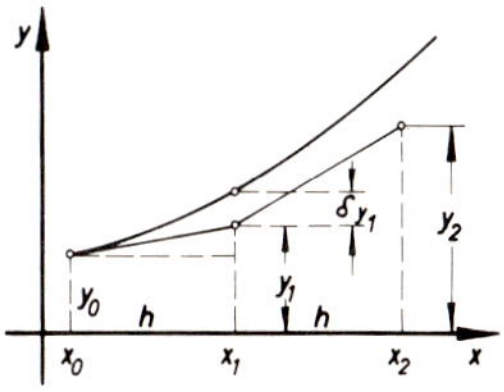

Der Fehler δy_n hängt stark von der verwendeten Schrittweite h ab. Es gilt näherungsweise

$$\delta y_{n+1} \approx \tfrac{1}{2}[g_x(x_n, y_n) + g_y(x_n, y_n) \cdot g(x_n, y_n)] \cdot h^2.$$

Zusätzlich zu diesem Ordinatenfehler kommt noch der Steigungsfehler

$$|\delta y_n'| \approx \left|\frac{\partial g(x_{n-1}, y_{n-1})}{\partial y}\right| \cdot |\delta y_n| \leqq K \cdot |\delta y_n|$$

mit K als oberer Schranke für $\left|\frac{\partial g(x, y)}{\partial y}\right|$, so daß am Ende des n-ten Schrittes der durch den Steigungsfehler verursachte Fehler δy_{n+1} durch $|\delta y_{n+1}| \approx (1 + Kh)|\delta y_n|$ ist.

Dadurch können sich bei geringem Isoklinenabstand in Richtung der y-Achse bereits nach wenigen Schritten die errechneten y-Werte von den wahren Werten auch bei kleinen Schrittwerten erheblich abweichen.

Für praktische Zwecke ist das Verfahren nur in Verbindung mit der Iteration (12.6.1.3, Seite 564) geeignet.

B

Zu 12.6.1.2:

Euler-Cauchy-Verfahren

1. Zu integrieren ist die Differentialgleichung

$$y' = y + x$$

mit der Anfangsbedingung $x_0 = y_0 = 0$; exakte Lösung: $y = e^x - x - 1$.

Wählt man als Schrittweite $h = 0,1$, so liefert das grobe Euler-Cauchy-Verfahren:

x_λ	y_λ	y'_λ	hy'_λ	$y_{\lambda+1}$	exakter Wert	Fehler $\cdot 10^4$
0	0,0000	0,0000	0,0000	0,0000	0,0000	0
0,1	0,0000	0,1000	0,0100	0,0100	0,0052	48
0,2	0,0100	0,2100	0,0210	0,0310	0,0214	96
0,3	0,0310	0,3310	0,0331	0,0641	0,0499	142
0,4	0,0641	0,4641	0,0464	0,1105	0,0918	187
0,5	0,1105	0,6105	0,0611	0,1716	0,1487	229
0,6	0,1716	0,7716	0,0772	0,2488	0,2221	267

12.6.1.3 Iterationsverfahren

Man verschafft sich mit dem Euler-Cauchy-Verfahren, angewandt auf wenige h-Schritte eine Näherungslösung y_1 der gegebenen Differentialgleichung

$$y' = g(x, y).$$

Dann erhält man durch numerische Integration aus der Gleichung

$$y_2 = y_0 + \int_{x_0}^{x} g(u, y_1)\, du$$

bessere Werte für die gesuchte Lösung, sofern nur

$$K \cdot |x - x_0| < 1 \quad \left(K\text{: obere Schranke für } \left|\frac{\partial g(x, y)}{\partial y}\right| \text{ im Intervall } x_0 \leqq u \leqq x\right)$$

ist. Durch wiederholte Anwendung des Verfahrens erhält man eine Folge von Werten

$y_1, y_2, \ldots, y_n$, die gegen die Lösung konvergiert, wenn K beschränkt ist. Der nach dem n-ten Schritt noch vorhandene Fehler ist

$$|\delta y_n| = |y_n - y| \leqq K^{n-1} |\delta y_1| \frac{|x - x_0|^{n-1}}{(n-1)!}.$$

Bei beschränkter partieller Ableitung $g_y(x, y)$ ist das Verfahren stets konvergent. Es konvergiert um so schneller, je weniger sich y' in Abhängigkeit von y ändert. Die praktische Durchführung geschieht zweckmäßig so, daß man mittels der einfach zu handhabenden Simpson-Regel (13.3.1, Seite 587) die Integralkurve der in der Schrittweite h gegebenen 1. Näherung $y_1' = g(x, y_1)$ ermittelt. Da das Ergebnis in der Schrittweite $2h$ erscheint, werden entweder mit quadratischer Interpolation die Zwischenwerte eingerechnet, oder es wird ein allg. Ersatzpolynom ermittelt.

Man erhält so die verbesserten y_2-Werte, mit denen in gleicher Weise verfahren wird, usw., bis innerhalb der Rechengenauigkeit keine Änderungen mehr auftreten.

B

Zu 12.6.1.3:

Iterationsverfahren

1. Wie die Fehlerspalte im Beispiel 1 zu 12.6.1.2 ausweist, weichen die erhaltenen Werte schon nach wenigen Schritten erheblich von den wahren Werten ab, so daß das Verfahren unbrauchbar ist.

1. Iteration

x	y_1	$y' = g(x, y_1)$	Simpson	y_2	Fehler $\cdot 10^4$
0	0,0000	0,0000	0	0,0000	0
0,1	0,0000	0,1000	+	(0,0044)	(− 8)
0,2	0,0100	0,2100	$\frac{1}{30} \cdot 0{,}6100 =$	0,0203	− 11
0,3	0,0310	0,3310	+	(0,0466)	(− 33)
0,4	0,0641	0,4641	$\frac{1}{30} \cdot 1{,}9981 =$	0,0869	− 49
0,5	0,1105	0,6105		(0,1412)	(− 75)
0,6	0,1716	0,7716	$\frac{1}{30} \cdot 3{,}6777 =$	0,2095	−126

Durch quadratische Interpolation mittels der berechneten y_2-Werte, oder durch Interpolation des Fehlers werden die in Klammern angegebenen Werte ermittelt.

2. Iteration

x	y_2	$y' = g(x, y_2)$	Simpson	y_3	Fehler $\cdot 10^4$
0	0,0000	0,0000	0	0,0000	0
0,1	0,0044	0,1044	+		
0,2	0,0203	0,2203	$\frac{1}{30} \cdot 0{,}6379 =$	0,0213	− 1
0,3	0,0466	0,3466	+		
0,4	0,0869	0,4869	$\frac{1}{30} \cdot 2{,}0936 =$	0,0911	− 7
0,5	0,1412	0,6412	+		
0,6	0,2095	0,8095	$\frac{1}{30} \cdot 3{,}8612 =$	0,2198	−23

Die erreichte Genauigkeit erkennt man während des Rechenganges durch Betrachtung der Korrekturen der y-Werte: $y_2 - y_1 = \Delta y_1$; $y_3 - y_2 = \Delta y_2$ usw.

x	y_1	$\Delta y_1 \cdot 10^4$	y_2	$\Delta y_2 \cdot 10^4$	y_3
0	0,0000	0	0,0000	0	0,0000
0,2	0,0100	+103	0,0203	+ 10	0,0213
0,4	0,0641	+228	0,0869	+ 42	0,0911
0,6	0,1716	+379	0,2095	+105	0,2198

Die iterative Verbesserung wirkt zunächst auf den Anfang des Integrations-Intervalles stärker. Erst nach weiteren Schritten nähern sich auch die Werte am Ende des Intervalles den wahren Werten.

Das vorliegende Beispiel $y' = y + x$ ist nicht besonders zur iterativen Behandlung geeignet, da $K = \left|\dfrac{\partial g(x, y)}{\partial y}\right| = 1$ ist, so daß nach der Fehlerformel für die Rechengüte allein $\dfrac{1}{(n-1)!}$ maßgebend ist, die Schrittzahl somit groß werden muß (insbesondere bei Ausdehnung der Integration über längere Intervalle).

12.6.1.4 Runge-Kutta-Verfahren

Ist die Differentialgleichung

$$y' = g(x, y)$$

mit der Anfangsbedingung $P_0(x_0, y_0)$ zu integrieren, so berechnet man der Reihe nach die Werte

$$\begin{aligned}
x_I &= x_0, & y_I &= y_0, & k_I &= g(x_I, y_I) \cdot h \\
x_{II} &= x_0 + \tfrac{1}{2}h, & y_{II} &= y_0 + \tfrac{1}{2}k_I, & k_{II} &= g(x_{II}, y_{II}) \cdot h \\
x_{III} &= x_0 + \tfrac{1}{2}h, & y_{III} &= y_0 + \tfrac{1}{2}k_{II}, & k_{III} &= g(x_{III}, y_{III}) \cdot h \\
x_{IV} &= x_0 + h, & y_{IV} &= y_0 + k_{III}, & k_{IV} &= g(x_{IV}, y_{IV}) \cdot h
\end{aligned}$$

$$k = \tfrac{1}{6}(k_I + 2k_{II} + 2k_{III} + k_{IV});$$
$$x_1 = x_0 + h, \qquad y_1 = y_0 + k.$$

Zweckmäßige Wahl von h: es sei $\left|\dfrac{\partial g(x, y)}{\partial y}\right| \leqq K$; dann wählt man $\dfrac{0{,}1}{K} \leqq h \leqq \dfrac{0{,}2}{K}$.

Das Verfahren läuft zweckmäßig in folgender Tabelle ab:

x_λ	y_λ	k_λ
x_0	y_0	$k_I = h \cdot g(x_0, y_0)$
$x_0 + \frac{h}{2}$	$y_0 + \frac{1}{2} k_I$	k_{II}
$x_0 + \frac{h}{2}$	$y_0 + \frac{1}{2} k_{II}$	k_{III}
$x_0 + h$	$y_0 + k_{III}$	k_{IV}
$x_1 = x_0 + h$	$y_1 = y_0 + k$	$k = \frac{1}{6}(k_I + 2k_{II} + 2k_{III} + k_{IV})$

Der Fehler des Runge-Kutta-Verfahrens ist von der Größenordnung h^5, nimmt also mit Verkleinerung der Schrittweite h stark ab. Eine genaue, einfach zu handhabende Fehlerabschätzung ist nicht angebbar.

Eine ständige Kontrolle der erreichten Genauigkeit, und damit eine Überprüfung der notwendigen Schrittweite h erreicht man, wenn neben der sog. Feinrechnung mit der Schrittweite h noch eine Grobrechnung mit der Schrittweite $2h$ geführt wird. Hierbei darf aber $2h$ nicht zu groß werden $\left(\leq \frac{0,3}{K} \cdots \frac{0,5}{K}\right)$. Dann gilt näherungsweise für die Abweichung δy der erhaltenen y-Weite

$$\delta y \approx \tfrac{1}{15}[y_{(h)} - y_{(2h)}].$$

Diese Abschätzung kann auch verwendet werden zur Ermittlung des voraussichtlichen Fehlers, der sich bei Anwendung der Schrittweite $\frac{h}{2}$ ergeben würde. Sie hat somit den Charakter eines Korrekturgliedes.

B

Zu 12.6.1.4:

Runge-Kutta-Verfahren

1. Die Gleichung $y' = y + x$ soll mit dem Runge-Kutta-Verfahren behandelt werden.

   Es werde zunächst mit der Schrittweite $h = 0,1$ gerechnet

x_λ	y_λ	$g(x_\lambda, y_\lambda) = x_\lambda + y_\lambda$	k_λ	k	exakter Wert
0	0,00000	0,0000	0,00000		0,00000
0,05	0,00000	0,0500	0,00500		
0,05	0,00250	0,0525	0,00525		
0,1	0,00525	0,1052	0,01052	$\frac{1}{6} \cdot 0,03102$	
0,1	0,00517	0,1052	0,01052		0,00517
0,15	0,01043	0,1604	0,01604		
0,15	0,01319	0,1632	0,01632		
0,2	0,02149	0,2215	0,02215	$\frac{1}{6} \cdot 0,09739$	

x_λ	y_λ	$g(x_\lambda, y_\lambda) = x_\lambda + y_\lambda$	k_λ	k	exakter Wert
0,2	0,02140	0,2214	0,02214		0,02140
0,25	0,03247	0,2825	0,02825		
0,25	0,03552	0,2855	0,02855		
0,3	0,04995	0,3500	0,03500	$\frac{1}{6} \cdot 0{,}17074$	
0,3	0,04986	0,3499	0,03499		0,04996
0,35	0,06736	0,4174	0,04174		
0,35	0,07073	0,4207	0,04207		
0,4	0,09193	0,4919	0,04919	$\frac{1}{6} \cdot 0{,}25180$	
0,4	0,09183				0,09182

Die errechneten Werte stimmen mit den exakten Werten sehr gut überein.

Führt man parallel eine Rechnung mit der doppelten Schrittweite, so folgt:

x_λ	y_λ	k_λ	k
0	0,00000	0,0000	
0,1	0,00000	0,0200	
0,1	0,01000	0,0220	
0,2	0,02200	0,0444	$\frac{1}{6} \cdot 0{,}1284$
0,2	0,02140	0,04428	
0,3	0,04354	0,06871	
0,3	0,05575	0,07115	
0,4	0,09255	0,09851	$\frac{1}{6} \cdot 0{,}42251$
0,4	0,09182		

Da sich gegenüber der Feinrechnung keine Änderung ergeben hat, hätte man bereits nach dem 2. Schritt mit der Grobrechnung als Feinrechnung fortfahren können. Dann wäre zur Kontrolle eine neue Grobrechnung mit $h = 0{,}4$ zu führen.

Hätte man gleich zu Beginn mit der Schrittweite $h = 0{,}2$ gerechnet, so hätte die Grobrechnung geliefert:

x_λ	y_λ	k_λ	k
0	0,00000	0,0000	
0,2	0,00000	0,0800	
0,2	0,04000	0,0960	
0,4	0,09600	0,1984	$\frac{1}{6} \cdot 0{,}55040$
0,4	0,09173		

Hier tritt eine Abweichung um $\delta y = 9 \cdot 10^{-5}$ auf. Damit ist der Fehler der Feinrechnung näherungsweise

$$\frac{9}{15} \cdot 19^{-5} \approx 6 \cdot 10^{-6},$$

die Feinrechnung ist also innerhalb der Rechengenauigkeit noch richtig. Wäre hier ein Wert erschienen, der noch die 5. Dezimalstelle beeinflußt hätte, so hätte diese Stelle entsprechend korrigiert werden können.

12.6.1.5 Verfahren von Adams

Das Adams-Verfahren setzt voraus, daß die Differentialgleichung $y' = g(x, y)$ mit der Anfangsbedingung (x_0, y_0) bereits für eine gewisse Anzahl äquidistanter Stützstellen $x_1 = x_0 + h$, $x_2 = x_0 + 2h, \dots$ integriert sei. Diese Werte verschafft man sich mittels der unten beschriebenen sog. Anlaufrechnung.

Durch diese bekannten Stützstellen wird mittels der Stirling-Formel (13.1.4.2, Seite 583) ein Ersatzpolynom $S(x)$ gelegt und der nächste Funktionswert durch Integration

$$y^{(0)}_{n+1} = y_n + \int_{x_n}^{x_{n+1}} S(x)\,dx$$

gewonnen (Extrapolationsverfahren). Mit diesem Wert $y^{(0)}_{n+1}$, der wegen der verwendeten Extrapolation nur einen Näherungswert darstellt, läßt sich aus der Differentialgleichung $g(x_{n+1}, y^{(0)}_{n+1}) =: g^{(0)}_{n+1}$ berechnen. Nunmehr kann ein neues Ersatzpolynom $S(x)$ unter Verwendung von $g^{(0)}_{n+1}$ ermittelt werden (Interpolationsverfahren) und eine erneute Integration über den gleichen Bereich angeschlossen werden, die einen um so stärker verbesserten neuen Wert für $y^{(1)}_{n+1}$ liefert, je kleiner $\left|\frac{\partial g(x_{n+1}, y^0_{n+1})}{\partial y}\right|$ ist, je weniger sich also $g^{(0)}_{n+1}$ mit y_{n+1} ändert. Dieses Iterationsverfahren kann fortgesetzt werden, bis die gewünschte Genauigkeit erreicht ist. Als integrierte Ersatzpolynome werden verwendet

Extrapolation:

$$y'^{(0)}_{n+1} = y_{n-1} + h[2g_n + \tfrac{1}{3}\delta^2 g_{n+1}(-\tfrac{1}{90}\delta^4 g_n + \dots)] \text{ (Stirling)}$$

oder

$$y^{(0)}_{n+1} = y_n + h[g_n + \tfrac{1}{2}\nabla g_n + \tfrac{5}{12}\nabla^2 g_n + \tfrac{3}{8}\nabla^3 g_n + \tfrac{251}{720}\nabla^4 g_n + \dots] \text{ (Newton)}$$

Interpolation:

$$y^{(\lambda+1)}_{n+1} = y^{(\lambda)}_n + h[g^{(\lambda)}_{n+1} - \tfrac{1}{2}\nabla g^{(\lambda)}_{n+1} - \tfrac{1}{12}\nabla^2 g^{(\lambda)}_{n+1} - \tfrac{1}{24}\nabla^3 g^{(\lambda)}_{n+1} - \tfrac{19}{720}\nabla^4 g^{(\lambda)}_{n+1} - \dots]$$

mit $\lambda = 0, 1, \dots$ (Iteration)

Schema:

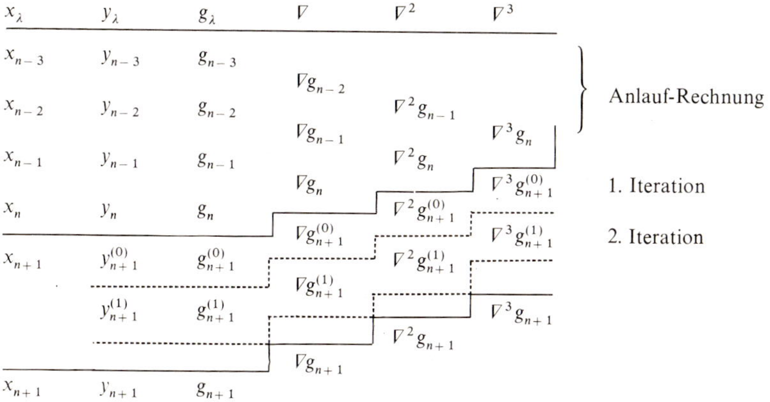

Anlaufrechnung

Die Ausgangswerte verschafft man sich entweder mit einem der vorhergehenden Verfahren, insbesondere nach Runge-Kutta, oder man verwendet eine Anfangsiteration unter Beibehaltung der letzten Extrapolationsformel nach folgendem (ausführlich geschriebenen) Schema:

x_0	y_0	g_0			
			$\nabla g_1^{(0)}$		
x_1	$y_1^{(0)}$	$g_1^{(0)}$			
			$\nabla g_1^{(1)}$		
	$y_1^{(1)}$	$g_1^{(1)}$			

Anfangswert:

a) $y_1^{(0)} = y_0 + h g_0$

Verbesserung:

b) $y_1^{(1)} = y_0 + h(g_0 + \frac{1}{2} \nabla g_1^{(0)})$

$(\nabla g_1^{(1)} = g_1^{(1)} - g_0)$

x_0	y_0	g_0			
			$\nabla g_1^{(1)}$		
x_1	$y_1^{(1)}$	$g_1^{(1)}$		$\nabla^2 g_2^{(0)}$	
			$\nabla g_2^{(0)}$		
x_2	$y_2^{(0)}$	$g_2^{(0)}$			

Anfangswert:

c) $y_2^{(0)} = y_0 + 2h g_1^{(1)}$

x_0	y_0	g_0			
			$\nabla g_1^{(2)}$		
x_1	$y_1^{(2)}$	$g_1^{(2)}$		$\nabla^2 g_2^{(1)}$	
			$\nabla g_2^{(1)}$		$\nabla^3 g_3^{(0)}$
x_2	$y_2^{(1)}$	$g_2^{(1)}$		$\nabla^2 g_3^{(0)}$	
			$\nabla g_3^{(0)}$		
x_3	$y_3^{(0)}$	$g_3^{(0)}$			

Verbesserung:

d) $y_1^{(2)} = y_0 + h(g_0 + \frac{1}{2} \nabla g_1^{(1)} - \frac{1}{12} \nabla^2 g_2^{(0)})$

e) $y_2^{(1)} = y_0 + h(2 g_1^{(1)} + \frac{1}{3} \nabla^2 g_2^{(0)})$

Anfangswert:

f) $y_3^{(0)} = y_1^{(2)} + h(2 g_2^{(1)} + \frac{1}{3} \nabla^2 g_2^{(1)})$

x_0	y_0	g_0
x_1	$y_1^{(3)}$	
x_2	$y_2^{(2)}$	
x_3	$y_3^{(1)}$	

Verbesserung:

g) $y_1^{(3)} = y_0 + h(g_0 + \frac{1}{2} \nabla g_1^{(2)} - \frac{1}{12} \nabla^2 g_2^{(1)} + \frac{1}{24} \nabla^3 g_3^{(0)})$

h) $y_2^{(2)} = y_0 + h(2 g_1^{(2)} + \frac{1}{3} \nabla^2 g_2^{(1)})$

i) $y_3^{(1)} = y_1^{(3)} + h(2 g_2^{(1)} + \frac{1}{3} \nabla^2 g_3^{(0)})$

Unter den gestrichelt gezeichneten Linien stehen die jeweils neu zu berechnenden Größen.

Der letzte Schritt kann wiederholt werden, bis die erforderliche Genauigkeit erreicht ist.

Die Anlaufrechnung wird zweckmäßig mit der halben Schrittweite ausgeführt, für die die Weiterrechnung vorgesehen ist.

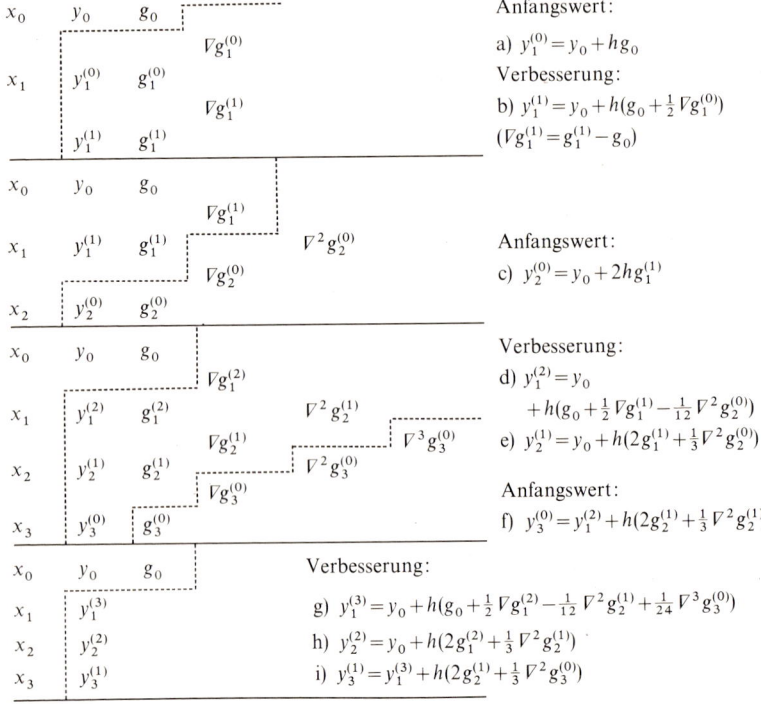

Zu 12.6.1.5:

Anlaufrechnung

1. Bei der Differentialgleichung $y' = y + x$ soll für den Anfangswert $x_0 = y_0 = 0$ die Anlauf-Rechnung mit der Schrittweite $h = 0{,}05$ durchgeführt werden.

x	y	g	∇	∇^2	Formel
0,00	0,00000	0,00000			
			0,05000		
0,05	0,00000	0,05000			a)
			0,05125		
	0,00125	0,05125			b)
0,00	0,00000	0,00000			
			0,05125		
0,05	0,00125	0,05125		0,00262	
			0,05387		
0,10	0,00512	0,10512			c)
0,00	0,00000	0,00000			
			0,05127		
0,05	0,00127	0,05127		0,00263	d)
			0,05390		
0,10	0,00517	0,10517		0,00276	e)
			0,05666		
0.15	0,01183	0,16183			f)
0,00	0,00000	0,00000			
0,05	0,00127	0,05127			g)
0,10	0,00517	0,10517			h)
0,15	0,01183	0,16183			i)

Die iterative Verbesserung nach g) – i) hat keine Änderung mehr gebracht. Also sind die Werte innerhalb der mitgeführten Stellenzahl genau.

Damit sind 4 Wertepaare zum Beginn des allgemeinen Adams-Verfahrens gewonnen. Man wird dieses zunächst mit der Schrittweite $h = 0{,}05$ bis $x = 0{,}3$ fortsetzen und dann zu einem neuen Schema mit der Schrittweite $h = 0{,}1$ übergehen.

12.6.2 Differentialgleichungen 2. Ordnung

12.6.2.1 Nyström-Verfahren

Das Nyström-Verfahren entsteht durch Übertragung des Runge-Kutta-Verfahrens auf Differentialgleichungen 2. Ordnung.

Ist die Differentialgleichung

$$y'' = g(x, y, y')$$

mit der Anfangsbedingung

$$x_0, \; y_0 = f(x_0), \; y'_0 = f'(x_0)$$

zu integrieren, so gilt folgende Rechenvorschrift:

x_λ	y_λ	y'_λ	y''_λ	k_λ
$x_I\ =x_0$	$y_I\ =y_0$	$y'_I\ =y'_0$	$g(x_I, y_I, y'_I)$	k_I
$x_{II}\ =x_0+\frac{h}{2}$	$y_{II}\ =y_0+\frac{1}{2}hy'_0+\frac{1}{4}k_I$	$y'_{II}\ =y'_0+k_I/h$	$g(x_{II}, y_{II}, y'_{II})$	k_{II}
$x_{III}=x_0+\frac{h}{2}$	$y_{III}=y_{II}$	$y'_{III}=y'_0+k_{II}/h$	$g(x_{III}, y_{III}, y'_{III})$	k_{III}
$x_{IV}\ =x_0+h$	$y_{IV}\ =y_0+hy'_0+k_{III}$	$y'_{IV}\ =y'_0+2k_{III}/h$	$g(x_{IV}, y_{IV}, y'_{IV})$	k_{IV}
$x_1=x_0+h$	$y_1\ =y_0+hy'_0+k$	$y'_1\ =y'_0+2k'/h$		

wobei

$$k_I\ =\frac{h^2}{2}\,g(x_I, y_I, y'_I)$$

$$k_{II}=\frac{h^2}{2}\,g(x_{II}, y_{II}, y'_{II}) \qquad k=\frac{1}{3}(k_I+k_{II}+k_{III})$$

$$k_{III}=\frac{h^2}{2}\,g(x_{III}, y_{III}, y'_{III}) \qquad 2k'=\frac{1}{3}(k_I+2k_{II}+2k_{III}+k_{IV})$$

$$k_{IV}\ =\frac{h^2}{2}\,g(x_{IV}, y_{IV}, y'_{IV}).$$

Die Wahl der Schrittweite h geschieht nach denselben Gesichtspunkten wie bei Differentialgleichungen 1. Ordnung durch Vergleich mit doppelter Schrittweite.

12.6.2.2 Störmer-Verfahren

Das Störmer-Verfahren stellt die Abwandlung des Verfahrens von Adams für Differentialgleichungen 1. Ordnung auf solche 2. Ordnung dar.

Voraussetzung ist, daß die Anlaufrechnung schon erfolgt ist. Danach läuft der Rechengang in folgendem Schema ab:

x_λ	y_λ	$y'_\lambda=z_\lambda$	y''_λ	∇	∇^2	∇^3
x_{n-2}	y_{n-2}	z_{n-2}	g_{n-2}			
				∇g_{n-1}		
x_{n-1}	y_{n-1}	z_{n-1}	g_{n-1}		$\nabla^2 g_n$	
				∇g_n		
x_n	y_n	z_n	g_n		$\nabla^2 g_{n+1}^{(0)}$	
				$\nabla g_{n+1}^{(0)}$		
x_{n+1}	$y_{n+1}^{(0)}$	$z_{n+1}^{(0)}$	$g_{n+1}^{(0)}$		$\nabla^2 g_{n+1}^{(1)}$	
				$\nabla g_{n+1}^{(1)}$		
	$y_{n+1}^{(1)}$	$z_{n+1}^{(1)}$	$g_{n+1}^{(1)}$			
	…					
x_{n+1}	y_{n+1}	z_{n+1}	g_{n+1}			

wobei zunächst durch Extrapolation $y_{n+1}^{(0)}$ und $z_{n+1}^{(0)}$ bestimmt werden:

$$y_{n+1}^{(0)} = y_n + h z_n + h^2(\tfrac{1}{2} g_n + \tfrac{1}{6} \nabla g_n + \tfrac{1}{8} \nabla^2 g_n + \tfrac{19}{180} \nabla^3 g_n + \ldots)$$
$$z_{n+1}^{(0)} = z_n + h(g_n + \tfrac{1}{2} \nabla g_n + \tfrac{5}{12} \nabla^2 g_n + \tfrac{3}{8} \nabla^3 g_n + \ldots)$$

Durch Integration von interpolierenden Ersatzpolynomen folgt dann

$$y_{n+1}^{(1)} = y_n + h z_n + h^2(\tfrac{1}{2} g_{n+1}^{(0)} - \tfrac{1}{3} \nabla g_{n+1}^{(0)} - \tfrac{1}{24} \nabla^2 g_{n+1}^{(0)} - \ldots)$$
$$z_{n+1}^{(1)} = z_n + h(g_{n+1}^{(0)} - \tfrac{1}{2} \nabla g_{n+1}^{(0)} - \tfrac{1}{12} \nabla^2 g_{n+1}^{(0)} - \ldots)$$

Hiernach werden $g_{n+1}^{(1)}$, $\nabla g_{n+1}^{(1)}$, $\nabla^2 g_{n+1}^{(1)}$ bestimmt und die nächsten Näherungswerte $y_{n+1}^{(2)}$, $z_{n+1}^{(2)}$ nach den letzten beiden Formeln berechnet, bis keine Änderungen mehr eintreten. Danach beginnt das Verfahren für x_{n+2} mit dem ersten Formelsatz von neuem.

Anlaufrechnung

Für die Ermittlung von wenigstens 3 Anfangswerten verwendet man zweckmäßig das Nyström-Verfahren mit halber Schrittweite.

Es kann auch ähnlich wie beim Verfahren von Adams eine Anfangsiteration angewandt werden.

12.6.3 Systeme von Differentialgleichungen

Die Verfahren von Runge-Kutta und Nyström lassen sich ohne weiteres auf Systeme von Differentialgleichungen übertragen.

Ist das System 1. Ordnung mit den Anfangsbedingungen

$$y' = g_1(x, y, z) \qquad y_0 = f_1(x_0),$$
$$z' = g_2(x, y, z) \qquad z_0 = f_2(x_0)$$

und der Schrittweite h numerisch zu integrieren, so ist das zugehörige Rechenschema:

x	y	k	z	l
$x_I = x_0$	$y_I = y_0$	k_I	$z_I = z_0$	l_I
$x_{II} = x_0 + \frac{h}{2}$	$y_{II} = y_0 + \frac{1}{2} k_I$	k_{II}	$z_{II} = z_0 + \frac{1}{2} l_I$	l_{II}
$x_{III} = x_0 + \frac{h}{2}$	$y_{III} = y_0 + \frac{1}{2} k_{II}$	k_{III}	$z_{III} = z_0 + \frac{1}{2} l_{II}$	l_{III}
$x_{IV} = x_0 + h$	$y_{IV} = y_0 + k_{III}$	k_{IV}	$z_{IV} = z_0 + l_{III}$	l_{IV}
$x_1 = x_0 + h$	$y_1 = y_0 + k$		$z_1 = z_0 + l$	

mit

$$k_I = h g_1(x_I, y_I, z_I) \qquad l_I = h g_2(x_I, y_I, z_I)$$
$$k_{II} = h g_1(x_{II}, y_{II}, z_{II}) \qquad l_{II} = h g_2(x_{II}, y_{II}, z_{II})$$
$$k_{III} = h g_1(x_{III}, y_{III}, z_{III}) \qquad l_{III} = h g_2(x_{III}, y_{III}, z_{III})$$
$$k_{IV} = h g_1(x_{IV}, y_{IV}, z_{IV}) \qquad l_{IV} = h g_2(x_{IV}, y_{IV}, z_{IV})$$

$$k = \tfrac{1}{6}(k_I + 2k_{II} + 2k_{III} + k_{IV}) \qquad l = \tfrac{1}{6}(l_I + 2l_{II} + 2l_{III} + l_{IV})$$

Für die Bemessung der Schrittweite gilt das Gleiche wie bei dem einfachen Runge-Kutta-Verfahren (12.6.1.4, Seite 566).

Das Nyström-Verfahren läßt sich in analoger Weise übertragen. Wie das obige Schema zeigt, besteht die Erweiterung darin, praktisch zwei Rechnungen in gleichartigen Schemata abwechselnd zu führen.

Nach diesem allgemeinen Gesichtspunkt können auch die iterativ arbeitenden Verfahren von Adams und Störmer verwendet werden.

B

Zu 12.6.3:

Verfahren von Runge-Kutta bei einem System

1. Das Gleichungssystem $y'=x+y+z;\ z'=x-y-z$ hat zu den Anfangsbedingungen $x=y=z=0$ die Lösung

$$y=\frac{x^3}{3}+\frac{x^2}{2};\quad z=-\frac{x^3}{3}+\frac{x^2}{2}.$$

Das Verfahren von Runge-Kutta liefert mit $h=0{,}2$:

x	y	k	z	l	exakte Werte	
0	0	0	0	0	0	0
0,1	0	0,0200	0	0,0200		
0,1	0,010	0,0240	0,010	0,0160		
0,2	0,024	0,0480	0,016	0,0320		
		0,0227		0,0173		
0,2	0,0227	0,0480	0,0173	0,0320	0,0230	0,0170
0,3	0,0467	0,0760	0,0333	0,0440		
0,3	0,0607	0,0800	0,0393	0,0400		
0,4	0,0627	0,1000	0,0373	0,0600		
		0,0767		0,0433		
0,4	0,0994	0,1120	0,0606	0,0480	0,1010	0,0590
0,5	0,1554	0,1480	0,0846	0,0520		
0,5	0,1734	0,1520	0,0866	0,0480		
0,6	0,1754	0,1720	0,0846	0,0680		
		0,1473		0,0527		
0,6	0,2467		0,1133		0,2520	0,1080

13 Interpolation, numerische Differentiation und Integration

13.1 Interpolation

13.1.1 Definition

Unter Interpolation versteht man die Ermittlung eines Polynoms n-ten Grades (6.7.1.1, Seite 153), dessen Graph durch $n+1$ gegebene Punkte P_i (x_i, y_i), $i=0, \ldots, n$, verläuft. Zuweilen interessiert der Wert des Polynoms nur an einer einzelnen Stelle.

Die gegebenen Punkte P_i heißen Stützstellen. Diese werden als äquidistant bezeichnet, wenn bei

$$x_0 < x_1 < \ldots < x_n \text{ gilt}$$

$$x_1 - x_0 = x_2 - x_1 = \ldots = x_n - x_{n-1} = h.$$

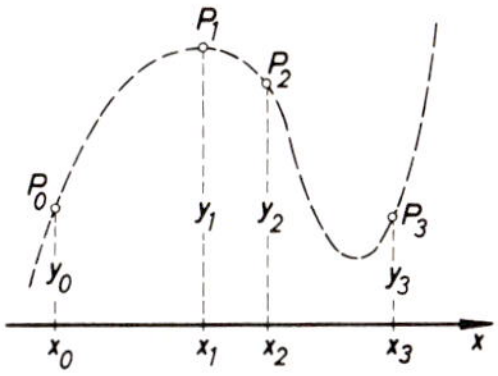

Ein Sonderfall für $n=1$ ist für die Näherungsberechnung von Tabellenzwischenwerten in 1.3.3, Seite 19 erwähnt.

13.1.2 Direkter Polynomansatz

Man macht den Ansatz

$$p_n(x) = a_0 + a_1 x + \ldots + a_n x^n$$

und setzt die $n+1$ Zahlenpaare (x_i, y_i) nacheinander ein. Hieraus ergibt sich ein lineares Gleichungssystem von $n+1$ Gleichungen für die $n+1$ Unbekannten $a_0, \ldots, a_n$.

Es ist stets lösbar, wenn die Stützstellen verschieden sind.

Der direkte Polynomansatz wird nur für kleines n und auch nur in Sonderfällen angewandt, da der Arbeitsaufwand groß ist und andere Verfahren eleganter sind.

B

Zu 13.1.2:

Polynomansatz bei linearer Funktion

1. Es soll die Abhängigkeit $y \mapsto r$ bei einem Kegelstumpf ermittelt werden.

   Wegen des Strahlensatzes besteht ein linearer Zusammenhang $r = a_0 + a_1 y$.

   Einsetzen liefert $r_1 = a_0 + a_1 \cdot 0 \Rightarrow a_0 = r_1$

   $$r_2 = a_0 + a_1 \cdot h \Rightarrow a_1 = \frac{r_2 - r_1}{h}.$$

   $$r = r_1 + (r_2 - r_1) \cdot \frac{y}{h}.$$

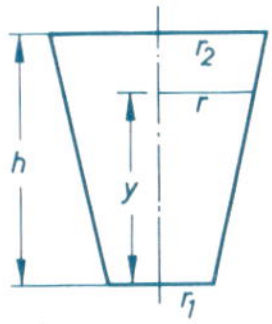

13.1.3 Lagrangesche Interpolation

13.1.3.1 Allgemeiner Fall

Man macht den Ansatz

$$p_n(x) = L_0(x) \cdot y_0 + \ldots + L_n(x) \cdot y_n,$$

wobei die sog. Lagrangeschen Polynome $L_i(x)$ durch folgende Gleichungen definiert sind:

$$L_0(x) = \frac{(x-x_1)(x-x_2)(x-x_3)\ldots(x-x_n)}{(x_0-x_1)(x_0-x_2)(x_0-x_3)\ldots(x_0-x_n)}$$

$$L_1(x) = \frac{(x-x_0)(x-x_2)(x-x_3)\ldots(x-x_n)}{(x_1-x_0)(x_1-x_2)(x_1-x_3)\ldots(x_1-x_n)}$$

$$L_2(x) = \frac{(x-x_0)(x-x_1)(x-x_3)\ldots(x-x_n)}{(x_2-x_0)(x_2-x_1)(x_2-x_3)\ldots(x_2-x_n)}$$

$$L_n(x) = \frac{(x-x_0)(x-x_1)(x-x_2)\ldots(x-x_{n-1})}{(x_n-x_0)(x_n-x_1)(x_n-x_2)\ldots(x_n-x_{n-1})}$$

Im Zähler von $L_i(x)$ fehlt genau der Faktor $(x-x_i)$;
Der Nenner entsteht aus dem Zähler, wenn $x = x_i$ gesetzt wird.

B

Zu 13.1.3.1:
Interpolation nach Lagrange

1. Man gebe das Polynom an, das folgender Wertetabelle genügt:

x	0	2	3	−1	4
y	5	−3	2	7	4

$$L_0(x) = \frac{(x-2)(x-3)(x+1)(x-4)}{(0-2)(0-3)(0+1)(0-4)} = -\frac{1}{24}(x^4 - 8x^3 + 17x^2 + 2x - 24)$$

$$L_1(x) = \frac{(x-0)(x-3)(x+1)(x-4)}{(2-0)(2-3)(2+1)(2-4)} = \frac{1}{12}(x^4 - 6x^3 + 5x^2 + 12x)$$

$$L_2(x) = \frac{(x-0)(x-2)(x+1)(x-4)}{(3-0)(3-2)(3+1)(3-4)} = -\frac{1}{12}(x^4 - 5x^3 + 2x^2 + 8x)$$

$$L_3(x) = \frac{(x-0)(x-2)(x-3)(x-4)}{(-1-0)(-1-2)(-1-3)(-1-4)} = \frac{1}{60}(x^4 - 4x^3 + x^2 + 6x)$$

$$L_4(x) = \frac{(x-0)(x-2)(x-3)(x+1)}{(4-0)(4-2)(4-3)(4+1)} = \frac{1}{40}(x^4 - 4x^3 + x^2 + 6x).$$

$$p(x) = -\frac{5}{24}(x^4 - 8x^3 + 17x^2 + 2x - 24)$$
$$-\frac{3}{12}(x^4 - 6x^3 + 5x^2 + 12x)$$
$$-\frac{2}{12}(x^4 - 5x^3 + 2x^2 + 8x)$$
$$+\frac{7}{60}(x^4 - 9x^3 + 26x^2 - 24x)$$
$$+\frac{4}{40}(x^4 - 4x^3 + x^2 + 6x)$$
$$= -\frac{49}{120}x^4 + \frac{51}{20}x^3 - \frac{239}{120}x^2 - \frac{139}{20}x + 5.$$

13.1.3.2 Sonderfall äquidistanter Stützstellen

Man substituiert $t = \dfrac{x - x_0}{h}$ und braucht dann die Lagrangeschen Polynome nur einmal zu berechnen. Es ist

$$p_n(t) = L_0(t) \cdot y_0 + \ldots + L_n(t)\, y_n$$

mit $$L_0(t) = \frac{(t-1)(t-2)\ldots(t-n)}{(0-1)(0-2)\ldots(0-n)}$$

$$L_1(t) = \frac{(t-0)(t-2)\ldots(t-n)}{(1-0)(1-2)\ldots(1-n)}$$

$$L_2(t) = \frac{(t-0)(t-1)(t-3)\ldots(t-n)}{(2-0)(2-1)(2-3)\ldots(2-n)}$$

usw.

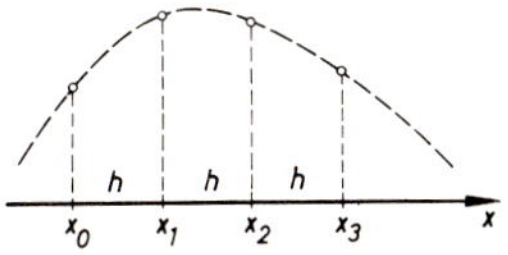

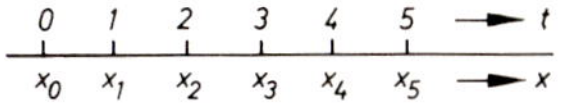

Speziell ist

für $n = 2$ (quadratische Interpolation)

$L_0(t) = \frac{1}{2}(t-1)(t-2)$
$L_1(t) = -t(t-2)$
$L_2(t) = \frac{1}{2}t(t-1)$

für $n = 3$ (kubische Interpolation)

$L_0(t) = -\frac{1}{6}(t-1)(t-2)(t-3)$
$L_1(t) = \frac{1}{2}t(t-2)(t-3)$
$L_2(t) = -\frac{1}{2}t(t-1)(t-3)$
$L_3(t) = \frac{1}{6}t(t-1)(t-2).$

Die Lagrangesche Interpolation ist besonders geeignet zur Einschaltung weiterer Werte in eine Tabelle.

Man errechnet sich die Werte der Polynome $L_i(t)$ in den gewünschten Zwischenstellen (z.B. $t = 0{,}2$; $0{,}4$; usw.) und multipliziert diese Werte mit y_i.

Speziell ist

für $n=2$ (quadratische Interpolation)

t	$L_0(t)$	$L_1(t)$	$L_2(t)$
0,0	1	0	0
0,2	0,72	0,36	−0,08
0,4	0,48	0,64	−0,12
0,5	0,375	0,75	−0,125
0,6	0,28	0,84	−0,12
0,8	0,12	0,96	−0,08
1,0	0	1	0
1,2	−0,08	0,96	0,12
1,4	−0,12	0,84	0,28
1,5	−0,125	0,75	0,375
1,6	−0,12	0,64	0,48
1,8	−0,08	0,36	0,72
2,0	0	0	1

für $n=3$ (kubische Interpolation)

t	$L_0(t)$	$L_1(t)$	$L_2(t)$	$L_3(t)$
0,0	1	0	0	0
0,2	0,672	0,504	−0,224	0,048
0,4	0,416	0,832	−0,312	0,064
0,5	0,3125	0,9375	−0,3125	0,0625
0,6	0,224	1,008	−0,288	0,056
0,8	0,088	1,056	−0,176	0,032
1,0	0	1	0	0
1,2	−0,048	0,864	0,216	−0,032
1,4	−0,064	0,672	0,448	−0,056
1,5	−0,0625	0,5625	0,5625	−0,0625
1,6	−0,056	0,448	0,672	−0,064
1,8	−0,032	0,216	0,864	−0,048
2,0	0	0	1	0

B

Zu 13.1.3.2:

Verdichtung einer Tabelle

1. Die Tabelle

α	$\sin\alpha$
40°	0,64279
42°	0,66913
44°	0,69466
46°	0,71934

soll durch kubische Interpolation so verdichtet werden, daß eine Schrittweite von $0{,}4° = 24'$ entsteht. $h = 2°$.

Es ist z.B.

$$\begin{aligned}\sin 42{,}4° = &-0{,}048\cdot 0{,}64279\\ &+0{,}864\cdot 0{,}66913\\ &+0{,}216\cdot 0{,}69466\\ &-0{,}032\cdot 0{,}71934 = 0{,}67430 \quad (t=1{,}2).\end{aligned}$$

Analog erhält man

α	$\sin\alpha$
40,0°	0,64279
40,4°	0,64812
40,8°	0,65342
41,2°	0,65869
41,6°	0,66392
42,0°	0,66913
	usw.

13.1.4 Newtonsche Interpolation

13.1.4.1 Allgemeiner Fall

Man macht den Ansatz

$$p_n(x) = a_0 + a_1(x-x_0) + a_2(x-x_0)(x-x_1) + \ldots + a_n(x-x_0)\ldots(x-x_{n-1}).$$

(Man beachte: x_n geht formal in den Ansatz nicht ein; die Reihenfolge der Stützstellen ist ohne Belang).

Hierbei gilt

$$a_0 = y_0$$

$$a_1 = \frac{y_1 - y_0}{x_1 - x_0} =: [x_1 x_0]$$

$$a_2 = \frac{[x_2 x_1] - [x_1 x_0]}{x_2 - x_0} =: [x_2 x_1 x_0]$$

$$a_3 = \frac{[x_3 x_2 x_1] - [x_2 x_1 x_0]}{x_3 - x_0} =: [x_3 x_2 x_1 x_0]$$

...

Diese Werte lassen sich zweckmäßig aus dem folgenden, sogenannten Steigungsschema bestimmen:

Diff.	Diff.	Diff.	x	y	Diff.	Quot.	Diff.	Quot.
			x_0	$\boxed{y_0}$				
		$x_1 - x_0$			$y_1 - y_0$	$\boxed{[x_1 x_0]}$		
	$x_2 - x_0$		x_1	y_1			$[x_2 x_1] - [x_1 x_0]$	$\boxed{[x_2 x_1 x_0]}$
$x_3 - x_0$		$x_2 - x_1$			$y_2 - y_1$	$[x_2 x_1]$		
	$x_3 - x_1$		x_2	y_2			$[x_3 x_2] - [x_2 x_1]$	$[x_3 x_2 x_1]$
		$x_3 - x_2$			$y_3 - y_2$	$[x_3 x_2]$		
			x_3	y_3				
...	...	...	...	...	...	...	...	...

An den eingerahmten Stellen stehen die Koeffizienten des Newtonschen Interpolationspolynoms.

Man kann nachträglich durch Hinzufügung weiterer (x_i, y_i) den Grad des Polynoms erhöhen; das Schema braucht nur unten ergänzt zu werden.

B

Zu 13.1.4.1:

Interpolation nach Newton

1. Durch die Punkte mit den Koordinaten $(x; y)$ ist der Graph eines Polynoms zu legen (vgl. Beispiel 1 zu 13.1.3.1)

x	0	2	3	-1	4
y	5	-3	2	7	4

Diff.	Diff.	Diff.	Diff.	x	y	Diff.	Quot.	Diff.	Quot.	Diff.	Quot.	Diff.	Quot.
				0	[5]								
			2			−8	[−4]						
		3		2	−3			9	[3]				
	−1		1			5	5			−0,92	[0,92]		
4		−3		3	2			−6,25	2,08			−1,64	[−0,41]
	2		−4			5	−1,25			−1,43	−0,72		
		1		−1	7			0,65	0,65				
			5			−3	−0,6						
				4	4								

Man beachte, daß links die Differenzen aus der Spalte für x jeweils nach Überspringen von $0, 1, 2 \ldots$ Zwischenwerten gebildet werden. Rechts werden die Differenzen aus der jeweils vorhergehenden Spalte gebildet.

$$\begin{aligned} p(x) &= 5 - 4x + 3x(x-2) + 0{,}92x(x-2)(x-3) - 0{,}41x(x-2)(x-3)(x+1) \\ &= 5 - 6{,}94x - 2{,}01x^2 + 2{,}56x^3 - 0{,}41x^4. \end{aligned}$$

Interpolationsparabel

2. Durch die drei Punkte $P_1(-2; 3)$, $P_2(-1; 1)$ und $P_3(3; -5)$ soll eine Parabel gelegt werden. Gesucht ist ihre Gleichung.

Diff.	Diff.	x	y	Diff.	Quot.	Diff.	Quot.
		−2	[3]				
	1			−2	[−2]		
5		−1	1			$+\frac{1}{2}$	[$\frac{1}{10}$]
	4			−6	$-\frac{3}{2}$		
		3	−5				

$$p(x) = 3 - 2(x+2) + \tfrac{1}{10}(x+2)(x+1) = \tfrac{1}{10}(x^2 - 17x - 8).$$

13.1.4.2 Sonderfall äquidistanter Stützstellen

Für alle folgenden Interpolationsformeln benötigt man dasselbe Differenzenschema. Es wird lediglich unterschiedlich bezeichnet.

Bildungsgesetz: Jeder Wert einer Spalte ist die Differenz (unmittelbar unterhalb stehender Wert − unmittelbar oberhalb stehender Wert der vorhergehenden Spalte).

Interpolationspolynom I von Gregory-Newton für absteigende Differenzen

Substitution: $t = \dfrac{x - x_0}{h}$

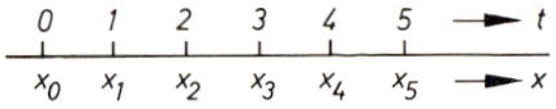

Schema:

t	x	y	$\Delta^1 y$	$\Delta^2 y$	$\Delta^3 y$
0	x_0	$\boxed{y_0}$			
			$\boxed{\Delta^1 y_0}$		
1	x_1	y_1		$\boxed{\Delta^2 y_0}$	
			$\Delta^1 y_1$		$\boxed{\Delta^3 y_0}$
2	x_2	y_2		$\Delta^2 y_1$	
			$\Delta^1 y_2$	…	
3	x_3	y_3	…		
…	…	…			

Polynom: $p_n(t) = y_0 + \binom{t}{1} \Delta^1 y_0 + \binom{t}{2} \Delta^2 y_0 + \ldots + \binom{t}{n} \Delta^n y_0$

Fehler: Falls $y_i = f(x_i)$, so gilt für den Fehler

$$R = \binom{t}{n+1} \cdot h^{n+1} \cdot f^{(n+1)}(\xi);$$

ξ aus dem Intervall, das $x = x_0 + th$, $x_0, x_1, \ldots, x_n$ enthält.

Die Interpolation ist für x etwa in der Mitte des Intervalles $[x_0, x_n]$ am genauesten.

Interpolationspolynom II von Gregory-Newton für aufsteigende Differenzen

Substitution: $t = \dfrac{x - x_n}{h}$

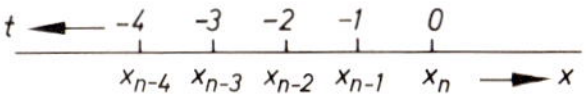

Schema:

t	x	y	$\nabla^1 y$	$\nabla^2 y$	$\nabla^3 y$
$-n$	x_0	y_0			
			$\nabla^1 y_1$		
$-n+1$	y_1	y_1		$\nabla^2 y_2$	
			$\nabla^1 y_2$		$\nabla^3 y_3$
$-n+2$	x_2	y_2		$\nabla^2 y_3$	
			$\nabla^1 y_3$		
	x_3	y_3			
	…	…			
-2	x_{n-2}	y_{n-2}			
			$\nabla^1 y_{n-1}$		
-1	x_{n-1}	y_{n-1}		$\boxed{\nabla^2 y_n}$	
			$\boxed{\nabla^1 y_n}$		
0	x_n	$\boxed{y_n}$			

Polynom: $p_n(t) = y_n + \binom{t}{1} \nabla^1 y_n + \binom{t+1}{2} \nabla^2 y_n + \ldots + \binom{t+n-1}{n} \nabla^n y_n$

Fehler: Falls $y_i = f(x_i)$ so gilt für den Fehler

$$R = \binom{t+n}{n+1} \cdot h^{n+1} \cdot f^{(n+1)}(\xi);$$

ξ aus dem Intervall, das $x = x_n - th$, $x_0, \ldots, x_n$ enthält.

Die Interpolation ist für x etwa in der Mitte des Intervalls $[x_0, x_n]$ am genauesten.

Interpolationspolynome I und II von Gauß

Substitution: $t = \dfrac{x - x_\nu}{h}$

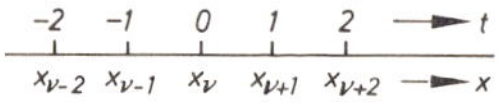

Schema:

t	x	y	$\delta^1 y$	$\delta^2 y$	$\delta^3 y$	$\delta^4 y$
…	…					
-2	$x_{\nu-2}$	$y_{\nu-2}$				
			$\delta^1 y_{-\frac{3}{2}}$			
-1	$x_{\nu-1}$	$y_{\nu-1}$		$\delta^2 y_{-1}$		
			$\delta^1 y_{-\frac{1}{2}}$		$\delta^3 y_{-\frac{1}{2}}$	
0	x_ν	y_ν		$\delta^2 y_0$		$\delta^4 y_0$
			$\delta^1 y_{\frac{1}{2}}$		$\delta^3 y_{\frac{1}{2}}$	
1	$x_{\nu+1}$	$y_{\nu+1}$		$\delta^2 y_1$		
			$\delta^1 y_{\frac{3}{2}}$			
2	$x_{\nu+2}$	$y_{\nu+2}$				
…	…					

——— Gauß I
----- Gauß II

Gauß-I-Polynom:

$$p(t) = y_\nu + \binom{t}{1} \delta^1 y_{\frac{1}{2}} + \binom{t}{2} \delta^2 y_0 + \binom{t+1}{3} \delta^3 y_{\frac{1}{2}} + \binom{t+1}{4} \delta^4 y_0 + \binom{t+2}{5} \delta^5 y_{\frac{1}{2}} \ldots$$

Gauß-II-Polynom:

$$p(t) = y_\nu + \binom{t}{1} \delta^1 y_{-\frac{1}{2}} + \binom{t+1}{2} \delta^2 y_0 + \binom{t+1}{3} \delta^3 y_{-\frac{1}{2}} + \binom{t+2}{4} \delta^4 y_0 + \ldots$$

Fehler: Falls $y_i = f(x_i)$ so gilt für den Fehler

$$R_I = \begin{cases} \dbinom{t + \frac{n+1}{2}}{n+1} \cdot h^{n+1} \cdot f^{(n+1)}(\xi) & \text{für } n \text{ ungerade} \\ \dbinom{t + \frac{n}{2}}{n+1} \cdot h^{n+1} \cdot f^{(n+1)}(\xi) & \text{für } n \text{ gerade} \end{cases}$$

$$R_{II}=\begin{cases}\dbinom{t+\frac{n-1}{2}}{n+1}\cdot h^{n+1}\cdot f^{(n+1)}(\xi) & \text{für } n \text{ ungerade}\\ \dbinom{t+\frac{n}{2}}{n+1}\cdot h^{n+1}\cdot f^{(n+1)}(\xi) & \text{für } n \text{ gerade.}\end{cases}$$

ξ jeweils aus dem Intervall, das $x=x_\nu+th,\ x_0,\ldots,x_n$ enthält.

Die Interpolation Gauß I ist am genauesten für $0\leqq t\leqq 1$

Gauß II $-1\leqq t\leqq 0$

Interpolationspolynom von Stirling

Das Polynom ist das arithmetische Mittel der Polynome I und II von Gauß.

Mit denselben Bezeichnungen wie bei den Polynomen I und II von Gauß gilt

$$p(t)=y_\nu+\frac{t}{1!}\cdot\frac{\delta^1 y_{\frac{1}{2}}+\delta^1 y_{-\frac{1}{2}}}{2}+\frac{t^2}{2!}\delta^2 y_0+\frac{t(t^2-1)}{3!}\cdot\frac{\delta^3 y_{\frac{1}{2}}+\delta^3 y_{-\frac{1}{2}}}{2}+\frac{t^2(t^2-1)}{4!}\delta^4 y_0+\ldots$$

Interpolationspolynom von Bessel

Mit denselben Bezeichnungen wie bei den Polynomen I und II von Gauß gilt mit $u=t-\frac{1}{2}$

$$\begin{aligned}p(u)=&\frac{y_\nu+y_{\nu+1}}{2}+\frac{u}{1!}\delta^1 y_{\frac{1}{2}}+\frac{u^2-\frac{1}{4}}{2!}\cdot\frac{\delta^2 y_0+\delta^2 y_1}{2}\\&+\frac{u(u^2-\frac{1}{4})}{3!}\delta^3 y_{\frac{1}{2}}+\frac{(u^2-\frac{1}{4})(u^2-\frac{9}{4})}{4!}\cdot\frac{\delta^4 y_0+\delta^4 y_1}{2}\\&+\frac{u(u^2-\frac{1}{4})(u^2-\frac{9}{4})}{5!}\delta^5 y_{\frac{1}{2}}+\frac{(u^2-\frac{1}{4})(u^2-\frac{9}{4})(u^2-\frac{25}{4})}{6!}\cdot\frac{\delta^6 y_0+\delta^6 y_1}{2}+\ldots\end{aligned}$$

Interpolationspolynom von Laplace-Everett

Mit denselben Bezeichnungen wie bei den Polynomen I und II von Gauß gilt mit $s=1-t$

$$\begin{aligned}p(s,t)=&s\cdot y_\nu+\binom{s+1}{3}\delta^2 y_0+\binom{s+2}{5}\delta^4 y_0+\ldots\\&+t\cdot y_{\nu+1}+\binom{t+1}{3}\delta^2 y_1+\binom{t+2}{5}\delta^4 y_1+\ldots\end{aligned}$$

Fehlerhafte y-Werte im Differenzenschema

Ist ein y-Wert im Differenzenschema fehlerhaft, so pflanzt sich der Fehler mit zunehmendem Einfluß auf die höheren Differenzen fort; diese weisen immer höhere Schwankungen auf; der fehlerhafte y-Wert liegt in der Zeile, in der die höheren Differenzen die stärksten Schwankungen zeigen.

Zu 13.1.4.2:

Interpolation einer Tabelle

1. Aus der folgenden sin-Tafel soll sin 43° errechnet werden.

x	y	1. Diff.	2. Diff.
40°	0,64279		
		0,02634	
42°	0,66913		−0,00081
		0,02553	
44°	0,69466		−0,00085
		0,02468	
46°	0,71934		

(sin 43° = 0,68200)

a) Formel I von Newton-Gregory für absteigende Differenzen:

Für $x = 43°$ und $x_0 = 40°$ ist $t = 1{,}5$, also ist

$\sin 43° = 0{,}64279 + \frac{3}{2}\,0{,}02634 - \frac{1}{2}\cdot\frac{3}{2}\cdot\frac{1}{2}\cdot 0{,}00081 = 0{,}68200$

b) Formel II von Newton-Gregory für aufsteigende Differenzen:

Für $x = 43°$ und $x_n = 46°$ ist $t = -1{,}5$, also ist

$\sin 43° = 0{,}71934 - \frac{3}{2}\cdot 0{,}02468 + \frac{1}{2}(-\frac{3}{2})(-\frac{1}{2})(-0{,}00085) = 0{,}68200$

Eine Extrapolation z.B. auf $x = 50°(t = 2)$ würde liefern:

$\sin 50° = 0{,}71934 + 2\cdot 0{,}02468 + \frac{1}{2}2\cdot 3\cdot(-0{,}00085) = 0{,}76615$

(wahrer Wert: 0,76604, d.h. die volle Stellengenauigkeit ist nicht mehr gewährleistet).

c) Formel I von Gauß

Für $x = 43°$ und $x_0 = 42°$ ist $t = \frac{1}{2}$, also ist

$\sin 43° = 0{,}66913 + \frac{1}{2}\cdot 0{,}02553 + \frac{1}{2}\cdot\frac{1}{2}\cdot(-\frac{1}{2})(-0{,}00081) = 0{,}68200$

d) Formel II von Gauß

Für $x = 43°$ und $x_0 = 44°$ ist $t = -0{,}5$, also ist

$\sin 43° = 0{,}69466 - \frac{1}{2}\cdot 0{,}02553 + \frac{1}{2}\cdot\frac{1}{2}(-\frac{1}{2})(-0{,}00085) = 0{,}68200$

e) Stirlingsche Formel:

Für $x = 43°$ und $x_0 = 42°$ ist $t = \frac{1}{2}$, also ist

$\sin 43° = 0{,}66913 + \frac{1}{2}\cdot\frac{1}{2}\cdot 0{,}05187 + \frac{1}{2}\cdot\frac{1}{4}(-0{,}00081) = 0{,}68200$

f) Besselsche Formel:

Für $x = 43°$ und $x_0 = 42°$ ist $t = \frac{1}{2}$, also ist

$\sin 43° = \frac{1}{2}\cdot 1{,}36379 + 0 + \frac{1}{2}\cdot\frac{1}{2}\cdot(-\frac{1}{2})(-0{,}00083) = 0{,}68200.$

13.2 Numerische Differentiation

Man versteht hierunter die Berechnung der Ableitungswerte $f^{(n)}(x_\nu)$ einer (im allgemeinen mit äquidistanten Stützstellen) tabellarisch gegebenen Funktion.

Alle nachstehenden Formeln ergeben sich aus den entsprechenden Interpolationsformeln (13.1.4.2, Seite 580). Sie setzen die Herstellung des Differenzenschemas voraus.

Ungenauigkeiten in den Funktionswerten machen sich bei der Anwendung der folgenden Formeln besonders stark bemerkbar. Es ist daher oft zweckmäßiger, den Term des Interpolationspolynoms zu ermitteln und zu differenzieren. Dies gilt um so mehr, je höher der Grad der zu berechnenden Ableitung ist.

Sollen die Ableitungen für zwischen den Stützstellen liegende x-Werte berechnet werden, wendet man ebenfalls dies Verfahren an, oder errechnet die Ableitungen mittels der nachstehenden Formeln für verschiedene x_ν-Werte und interpoliert nach 13.1.

Newtonsche Formel:

Es ist

$$h\cdot f'(x_\nu)=\Delta^1 y_\nu-\frac{1}{2}\Delta^2 y_\nu+\frac{1}{3}\Delta^3 y_\nu-\frac{1}{4}\Delta^4 y_\nu+-\dots$$

$$h^2\cdot f''(x_\nu)=\Delta^2 y_\nu-\Delta^3 y_\nu+\frac{11}{12}\Delta^4 y_\nu-\frac{5}{6}\Delta^5 y_\nu+-\dots$$

$$h^3\cdot f'''(x_\nu)=\Delta^3 y_\nu-\frac{3}{2}\Delta^4 y_\nu+\frac{7}{4}\Delta^5 y_\nu-\frac{15}{8}\Delta^6 y_\nu+-\dots$$

$$h^4\cdot f^{(4)}(x_\nu)=\Delta^4 y_\nu-2\Delta^5 y_\nu+\frac{17}{6}\Delta^6 y_\nu-\frac{7}{2}\Delta^7 y_\nu+-\dots$$

Stirlingsche Formel:

Es ist

$$h\cdot f'(x_\nu)=\frac{\delta y_{\nu+\frac{1}{2}}+\delta y_{\nu-\frac{1}{2}}}{2}-\frac{1}{6}\,\frac{\delta^3 y_{\nu+\frac{1}{2}}+\delta^3 y_{\nu-\frac{1}{2}}}{2}+\frac{1}{30}\,\frac{\delta^5 y_{\nu+\frac{1}{2}}+\delta^5 y_{\nu-\frac{1}{2}}}{2}-+\dots$$

$$h^2\cdot f''(x_\nu)=\delta^2 y_\nu-\frac{1}{12}\delta^4 y_\nu+\frac{1}{90}\delta^6 y_\nu-+\dots$$

$$h^3\cdot f'''(x_\nu)=\frac{\delta^3 y_{\nu+\frac{1}{2}}+\delta^3 y_{\nu-\frac{1}{2}}}{2}-\frac{1}{4}\,\frac{\delta^5 y_{\nu+\frac{1}{2}}+\delta^5 y_{\nu-\frac{1}{2}}}{2}+-\dots$$

$$h^4\cdot f^{(4)}(x_\nu)=\delta^4 y_\nu-\frac{1}{6}\delta^6 y_\nu+-\dots$$

Besselsche Formel:

Es ist

$$h\cdot f'\left(x_\nu+\frac{h}{2}\right)=\delta y_{\nu+\frac{1}{2}}-\frac{1}{24}\delta^3 y_{\nu+\frac{1}{2}}+\frac{3}{640}\delta^5 y_{\nu+\frac{1}{2}}-+\dots$$

$$h^2\cdot f''\left(x_\nu+\frac{h}{2}\right)=\frac{\delta^2 y_\nu+\delta^2 y_{\nu+1}}{2}-\frac{5}{24}\,\frac{\delta^4 y_\nu+\delta^4 y_{\nu+1}}{2}+\frac{259}{5760}\,\frac{\delta^6 y_\nu+\delta^6 y_{\nu+1}}{2}+-\dots$$

$$h^3 \cdot f'''\left(x_\nu + \frac{h}{2}\right) = \delta^3 y_{\nu+\frac{1}{2}} - \frac{1}{8}\delta^5 y_{\nu+\frac{1}{2}} + - \ldots$$

$$h^4 \cdot f^{(4)}\left(x_\nu + \frac{h}{2}\right) = \frac{\delta^4 y_\nu + \delta^4 y_{\nu+1}}{2} - \frac{7}{24}\,\frac{\delta^6 y_\nu + \delta^6 y_{\nu+1}}{2} + - \ldots$$

B

Zu 13.2:

Interpolation der Ableitung

1. Für die nachstehend tabellierte Funktion $f(x) = e^x$ ist die 1. Ableitung an der Stelle $x = 1{,}17$ zu bestimmen.

x	y	1. Diff.	2. Diff.	3. Diff.	4. Diff.
1,0	2,71828				
		0,28589		(0,00285)	
1,1	3,00417		0,03006		(≈0,00032)
		0,31595		0,00317	
1,2	3,32012		0,03323		0,00032
		0,34918		0,00349	
1,3	3,66930		0,03672		(≈0,00032)
		0,38590		(0,00381)	
1,4	4,05520				

Damit der gesuchte Ableitungswert aus drei Ableitungswerten (bei $x = 1{,}1;\ 1{,}2;\ 1{,}3$) interpolierbar wird, werden zwei zunächst nicht vorhandene 3. Differenzen mittels konstant angenommener 4. Differenzen extrapoliert. Die Stirlingschen Differentiationsformeln liefern dann (die genauen Werte von $f'(x) = e^x$ sind in Klammern angegeben)

$$0{,}1 \cdot f'(1{,}1) = \tfrac{1}{2} \cdot 0{,}60184 - \tfrac{1}{6}\,\tfrac{0{,}00602}{2} = 0{,}30042 \qquad f'(1{,}1) = 3{,}0042\,(3{,}0042)$$
$$0{,}1 \cdot f'(1{,}2) = \tfrac{1}{2} \cdot 0{,}66513 - \tfrac{1}{6}\,\tfrac{0{,}00666}{2} = 0{,}33201 \qquad f'(1{,}2) = 3{,}3201\,(3{,}3201)$$
$$0{,}1 \cdot f'(1{,}3) = \tfrac{1}{2} \cdot 0{,}73508 - \tfrac{1}{6}\,\tfrac{0{,}00730}{2} = 0{,}36693 \qquad f'(1{,}3) = 3{,}6693\,(3{,}6693)$$

Nunmehr liefert eine Stirlingsche Interpolation der y'-Werte:

x	y'	1. Diff.	2. Diff.
1,1	3,0042		
		0,3159	
1,2	3,3201		0,0333
		0,3492	
1,3	3,6693		

Es ist $x_0 = 1{,}2$, $x = 1{,}17$, $h = 0{,}1$, $t = -\frac{3}{10}$.

$$f'(1{,}17) = 3{,}3201 - \tfrac{3}{10}\,\tfrac{0{,}6651}{2} + \tfrac{9}{100}\cdot 0{,}0166 = 3{,}2218 \qquad \text{(genauer Wert: 3,2220)}$$

Als Sekantensteigung würde man erhalten $\tfrac{1}{0{,}1}(3{,}32012 - 3{,}00417) = 3{,}1595$ und mittels eines durch Newtonsche Interpolation erhaltenen Ersatzpolynoms (angewandt auf $x_0 = 1{,}1$):

$$\begin{aligned} p(x) &= 3{,}00417 + \tfrac{0{,}31595}{0{,}1}(x - 1{,}1) + \tfrac{0{,}3323}{0{,}2}(x - 1{,}1)(x - 1{,}2) \\ &= 3{,}00417 + 3{,}1595(x - 1{,}1) + 1{,}662(x^2 - 2{,}3x + 1{,}32) \\ p'(x) &= 3{,}1595 + 1{,}662(2x - 2{,}3) \\ p'(1{,}17) &= 3{,}1595 + 1{,}662 \cdot 0{,}04 = 3{,}2260 \end{aligned}$$

13.3 Numerische Integration

13.3.1 Näherungsformeln ohne Benutzung eines Differenzenschemas

Die Stützstellen seien äquidistant; es gilt

$$h = \frac{x_n - x_0}{n}$$

Sehnentrapezregel

Der Graph von f wird zwischen aufeinanderfolgenden Stützstellen durch die Sekante ersetzt:

$$\int_{x_0}^{x_n} f(x)\,dx \approx \frac{h}{2}(y_0 + 2y_1 + 2y_2 + \ldots + 2y_{n-1} + y_n)$$

Fehler: $\dfrac{(x_n - x_0)^3}{12n^2}\cdot f''(\xi), \quad x_0 < \xi < x_n.$

Ist f'' in $[x_0, x_n]$ nahezu konstant, so ist der Fehler etwa $\dfrac{S_n - S_{n/2}}{3}$, wobei S_n der Näherungswert für n Teilintervalle, $S_{n/2}$ der Näherungswert für $\dfrac{n}{2}$ Teilintervalle ist (n gerade).

Simpsonregel (Keplersche Faßregel)

n muß eine gerade Zahl sein.

$$\int_{x_0}^{x_n} f(x)\,dx \approx \frac{h}{3}\,(y_0 + 4y_1 + 2y_2 + 4y_3 + 2y_4 + \ldots + 2y_{n-2} + 4y_{n-1} + y_n)$$

Fehler: $\dfrac{(x_n - x_0)^5}{180n^4}\cdot f^{(4)}(\xi), \quad x_0 < \xi < x_n.$

Ist $f^{(4)}$ in $[x_0, x_n]$ nahezu konstant, so ist der Fehler etwa $\dfrac{S_n - S_{n/2}}{15}$, wobei S_n der Näherungswert für n Teilintervalle, $S_{n/2}$ der Näherungswert für $\dfrac{n}{2}$ Teilintervalle ist (n durch 4 teilbar).

3/8-Regel

n muß eine durch 3 teilbare Zahl sein.

$$\int_{x_0}^{x_n} f(x)\,dx \approx \frac{3h}{8}\,(y_0+3y_1+3y_2+2y_3+3y_4+3y_5+2y_6+\ldots+3y_{n-1}+y_n)$$

Fehler: $\dfrac{(x_n-x_0)^5}{80n^4}\cdot f^{(4)}(\xi), \qquad x_0<\xi<x_n.$

Hermitesche Formel

Eine besonders große Genauigkeit erhält man, wenn außer den y_ν noch die Ableitungswerte y'_ν bekannt sind. Dann gilt

$$\int_{x_\nu}^{x_\nu+2h} f(x)\,dx \approx \frac{h}{15}[7y_{\nu-1}+16y_\nu+7y_{\nu+1}+h(y'_{\nu-1}-y'_{\nu+1})]$$

Man muß zur Berechnung von $\int_{x_0}^{x_n} f(x)\,dx$ aber noch

$$f(x_0-h)=y_{-1},\, f(x_0+h)=y_{n+1}, \qquad f'(x_0-h)=y'_{-1},\, f'(x_0+h)=y'_{n+1}$$

kennen, außerdem muß n eine gerade Zahl sein.

$$\int_{x_0}^{x_n} f(x)\,dx \approx \frac{h}{15}[7y_{-1}+16y_0+14y_1+16y_2+14y_3+\ldots$$
$$+16y_n+7y_{n+1}+h(y'_{-1}+2y'_1+2y'_3+\ldots+2y'_{n-1}+y_{n+1})]$$

Fehler: $\dfrac{(x_n-x_0)^5}{1440n^4}\cdot f^{(4)}(\xi),\; x_0<\xi<x_n;$

Der Fehler kann also bis zu $\frac{1}{8}$ kleiner sein als bei der Trapezregel; die Methode erfordert aber mehr Stützstellen.

B

Zu 13.3.1:
Simpsonregel

1. Das Integral $\int_1^2 \frac{dx}{x}$ soll mit der Simpsonschen Regel berechnet werden.

   Da die Integration jeweils über 2 Schrittweiten erfolgt, wählt man z.B. bei einer Aufteilung in acht Intervalle eine Schrittweite von $h=\frac{1}{8}$ und erhält (in Übereinstimmung mit dem exakten Wert von ln 2):

x	$\frac{1}{x}$	
1,000	1,00000	
1,125	0,88889	$\frac{1}{24}(1{,}80000+3{,}55556)=0{,}223148$
1,250	0,80000	
1,375	0,72727	$\frac{1}{24}(1{,}46667+2{,}90908)=0{,}182322$
1,500	0,66667	
1,625	0,61538	$\frac{1}{24}(1{,}23810+2{,}46152)=0{,}154150$
1,750	0,57143	
1,875	0,53333	$\frac{1}{24}(1{,}07143+2{,}13332)=0{,}133531$
2,000	0,50000	
		$\int_1^2 \frac{dx}{x}=0{,}69315$

Die Fehlerschätzung ergibt:

$$f(x)=\frac{1}{x};\; f'(x)=-\frac{1}{x^2};\; f''(x)=\frac{2}{x^3};\; f'''(x)=-\frac{6}{x^4};\; f^{(4)}(x)=\frac{24}{x^5};$$

$$f^{(4)}(\xi)\leqq 24;$$

$$|\text{Fehler}|\leqq\frac{1^5}{180\cdot 8^4}\cdot 24\approx 0{,}00003.$$

13.3.2 Näherungsformeln mit Benutzung eines Differenzenschemas

Reicht die Genauigkeit der Formeln von 13.3.1, Seite 587 nicht aus, was insbesondere für die numerische Integration von Differentialgleichungen zutrifft, so verwendet man folgende durch Integration der entsprechenden Interpolationsformeln sich ergebende Quadraturformeln (hierbei sind äquidistante Stützstellen mit $x_1-x_0=x_2-x_1=x_3-x_2=\ldots=x_n-x_{n-1}=h$ vorausgesetzt):

Formel I von Newton-Gregory

$$\int_{x_\nu}^{x_\nu+h} f(x)\,dx\approx h\cdot\int_0^1 p(t)\,dt=h\left(y_\nu+\frac{1}{2}\Delta^1 y_\nu-\frac{1}{12}\Delta^2 y_\nu+\frac{1}{24}\Delta^3 y_\nu-\frac{19}{720}\Delta^4 y_\nu\right.$$
$$\left.+\frac{3}{160}\Delta^5 y_\nu-\frac{863}{60480}\Delta^6 y_\nu+\frac{275}{24192}\Delta^7 y_\nu-+\ldots\right).$$

$$\int_{x_\nu-h}^{x_\nu+h} f(x)\,dx\approx h\cdot\int_{-1}^{1} p(t)\,dt=h\left(2y_\nu+\frac{1}{3}\Delta^2 y_\nu-\frac{1}{3}\Delta^3 y_\nu+\frac{29}{90}\Delta^4 y_\nu-\frac{14}{45}\Delta^5 y_\nu+-\ldots\right)$$

Formel II von Newton-Gregory

$$\int_{x_\nu-h}^{x_\nu} f(x)\,dx\approx h\cdot\int_{-1}^{0} p(t)\,dt=h\left(y_\nu-\frac{1}{2}\nabla^1 y_\nu-\frac{1}{12}\nabla^2 y_\nu-\frac{1}{24}\nabla^3 y_\nu\right.$$
$$\left.-\frac{19}{720}\nabla^4 y_\nu-\frac{3}{160}\nabla^5 y_\nu-\frac{863}{60480}\nabla^6 y_\nu-\frac{275}{24192}\right)$$

Formel von Stirling

$$\int_{x_\nu-h}^{x_\nu+h} f(x)\,dx \approx h\cdot\int_{-1}^{1} p(t)\,dt = h\left(2y_\nu+\frac{1}{3}\delta^2 y_\nu-\frac{1}{90}\delta^4 y_\nu+\frac{1}{756}\delta^6 y_\nu-+\dots\right)$$

Formel von Bessel

$$\int_{x_\nu}^{x_\nu+h} f(x)\,dx \approx h\cdot\int_{-1/2}^{1/2} p(t)\,dt = h\left(\frac{y_\nu+y_{\nu+1}}{2}-\frac{1}{12}\cdot\frac{\delta^2 y_\nu+\delta^2 y_{\nu+1}}{2}\right.$$
$$\left.+\frac{11}{720}\cdot\frac{\delta^4 y_\nu+\delta^4 y_{\nu+1}}{2}-\frac{191}{60480}\cdot\frac{\delta^6 y_\nu+\delta^6 y_{\nu+1}}{2}+-\dots\right)$$

14 Fehler- und Ausgleichsrechnung

14.1 Schätzung des Fehlers direkt gemessener Größen

14.1.1 Beobachtungen gleicher Genauigkeit

Eine unter gleichen Bedingungen n-mal vorgenommene Messung hat die Meßwerte

$$l_1, l_2, \ldots, l_n$$

für den wahren Wert X einer Meßgröße ergeben.

Mittelwert: $\bar{x} = \frac{1}{n} \sum_{i=1}^{n} l_i = \frac{1}{n} [l]$.

$\bar{x}$ liegt umso näher an X, je größer n ist.

Mittlerer Fehler der Einzelbeobachtung: $\sqrt{\frac{[v^2]}{n-1}}$, wobei $[v^2] = \sum_{i=1}^{n} v_i^2 = \sum_{i=1}^{n} (l_i - \bar{x})^2$.

Mittlerer Fehler des Mittelwertes $\bar{x}$:

$$\bar{m} = \sqrt{\frac{[v^2]}{n(n-1)}}.$$

Für das praktische Rechnen verwendet man einen bequemen Näherungswert D für $\bar{x}$.

Man bildet $z_i = l_i - D$ und $\bar{z} = \frac{1}{n} \sum_{i=1}^{n} z_i$. Dann ist $\bar{x} = D + \bar{z}$; $[v^2] = \sum_{i=1}^{n} (z_i - \bar{z})^2$.

B

Zu 14.1.1:

Fehlerschätzung eines Meßwertes

1. Eine Meßreihe mit Beobachtungen gleicher Genauigkeit ist in nachstehender Tabelle niedergelegt.

l_i	$z_i = l_i - D$	$z_i - \bar{z}$	$(z_i - \bar{z})^2 \cdot 10^6$
1,28	−0,02	−0,0114	130,6
1,31	1	0,0186	344,9
1,29	− 1	−0,0014	2,0
1,28	− 2	−0,0114	130,6
1,30	0	0,0086	73,5
1,31	1	0,0186	344,9
1,27	− 3	−0,0214	459,2
	−0,06		$1486 \cdot 10^6$

$D = 1{,}30$; $\bar{z} = -\frac{0{,}06}{7} \approx -0{,}0086$; $\bar{x} = 1{,}30 - 0{,}0086 = 1{,}2914$

Mittlerer Fehler der Einzelbeobachtung: $\sqrt{\frac{1486 \cdot 10^{-6}}{6}} \approx 16 \cdot 10^{-3}$.

Mittlerer Fehler des Mittelwertes $\bar{x}$: $\bar{m} = \sqrt{\frac{1486 \cdot 10^{-6}}{6 \cdot 7}} \approx 6 \cdot 10^{-3}$.

14.1.2 Beobachtungen verschiedener Genauigkeit

Kommt jeder Einzelmessung l_i das Gewicht $g_i > 0$ zu, wobei $\sum_{i=1}^{n} g_i = 1$ ist, so ist das gewogene Mittel

$$\bar{x} = \sum_{i=1}^{n} g_i \cdot l_i = [gl].$$

(Die unterschiedliche Gewichtung kann z.B. dadurch zustande kommen, daß das Meßergebnis l_i sich $n \cdot g_i$-mal ergeben hat oder daß die Einzelmessungen mit unterschiedlicher Genauigkeit durchgeführt worden sind.)

Mittlerer Fehler der Einzelmessung l_i: $\sqrt{\frac{\sum_{i=1}^{n} g_i \cdot (l_i - \bar{x})^2}{(n-1) \cdot g_i}}$

Mittlerer Fehler des Mittelwertes $\bar{x}$: $\bar{m} = \sqrt{\frac{\sum_{i=1}^{n} g_i \cdot (l_i - \bar{x})^2}{n-1}}$.

Werden mehrere Meßreihen mit den mittleren Fehlern $\bar{m}_1, \bar{m}_2, \ldots$ des jeweiligen Mittelwertes $\bar{x}_1, \bar{x}_2, \ldots$ ausgeführt, so gilt für die Gewichte $g_1, g_2, \ldots$:

$$g_1 : g_2 : \ldots = \frac{1}{\bar{m}_1^2} : \frac{1}{\bar{m}_2^2} : \ldots.$$

Die Summe der Gewichte ist 1.

B

Zu 14.1.2:
Gewichtete Messungen

1. Die Meßgröße des Beispiels Nr. 1 zu 14.1.1 sei mit anderen Meßverfahren noch zweimal gemessen. Es ergibt sich

   1. Meßreihe (Beispiel Nr. 1 zu 14.1.1): $\bar{x}_1 = 1{,}291 \pm 0{,}0059$

   2. Meßreihe

l_i	$v_i \cdot 10^3$	$v_i^2 \cdot 10^6$
1,289	5	25
1,298	−4	16
1,295	−1	1
1,294	0	0
5,176		42

$\bar{x}_2 = 1{,}294 \pm 0{,}0019$

$\bar{x}_3 = 1{,}289 \pm 0{,}0026$

3. Meßreihe

$$g_1 = \frac{k}{0{,}0059^2}$$

$$g_2 = \frac{k}{0{,}0019^2} \qquad k = 2{,}2 \cdot 10^{-6}$$

$$g_3 = \frac{k}{0{,}0026^2}$$

$\bar{x}_i$	$\bar{m}_i$	g_i	$x_i - \bar{x}$	$(x_i - \bar{x})^2$
1,291	0,0059	0,0633	−0,0012	$1{,}4 \cdot 10^{-6}$
1,294	0,0019	0,6106	0,0018	$3{,}2 \cdot 10^{-6}$
1,289	0,0026	0,3261	−0,0032	$10{,}2 \cdot 10^{-6}$

$\bar{x} = 1{,}2922$ $\qquad\qquad$ $\bar{m} = 1{,}6 \cdot 10^{-3} \approx 0{,}002$

$$\bar{x} = 1{,}292 \pm 0{,}002.$$

14.2 Fehlerfortpflanzungsgesetz

Hängt eine Größe E von mehreren unabhängigen Größen $x, y, z \ldots$ ab, die jeweils mit den mittleren Fehlern $\bar{m}_x, \bar{m}_y, \bar{m}_z, \ldots$ gemessen sind, so gilt

$$\bar{m}_E = \sqrt{\left(\bar{m}_x \cdot \frac{\partial E}{\partial x}\right)^2 + \left(\bar{m}_y \cdot \frac{\partial E}{\partial y}\right)^2 + \left(\bar{m}_z \cdot \frac{\partial E}{\partial z}\right)^2 + \ldots}.$$

Sonderfall: $E = A x^p \cdot y^q \cdot \ldots$ (Potenzprodukt)

Dann gilt für den mittleren relativen Fehler von E:

$$\frac{\bar{m}_E}{E} = \sqrt{\left(p \frac{\bar{m}_x}{x}\right)^2 + \left(q \frac{\bar{m}_y}{y}\right)^2 + \ldots}.$$

B

Zu 14.2:
Fehlerfortpflanzungsgesetz

1. Zur Bestimmung der optischen Brechzahl n wird der Einfallswinkel $\alpha = 36° 17' \pm 5'$ und der Ausfallswinkel $\beta = 27° 48' \pm 7'$ gemessen. Welchen mittleren Fehler hat n?

$$n = \frac{\sin\alpha}{\sin\beta}; \quad \frac{\partial n}{\partial\alpha} = \frac{\cos\alpha}{\sin\beta}; \quad \frac{\partial n}{\partial\beta} = -\frac{\sin\alpha}{\sin^2\beta} \cdot \cos\beta$$

$$m_n = \sqrt{\left(\frac{\cos 36° 17'}{\sin 27° 48'} \cdot \frac{5}{60} \cdot \frac{\pi}{180}\right)^2 + \left(\frac{\sin 36° 17'}{\sin^2 27° 48'} \cdot \cos 27° 48' \cdot \frac{7}{60} \cdot \frac{\pi}{180}\right)^2}$$

$$\approx \sqrt{6{,}3 \cdot 10^{-6} + 24{,}0 \cdot 10^{-6}} \approx 5{,}5 \cdot 10^{-3} \approx 6 \cdot 10^{-3}.$$

$$n = 1{,}269 \pm 0{,}006.$$

14.3 Ausgleichsrechnung

14.3.1 Linearer Fall

Sollen die Meßgrößen $x, y, z, \ldots, l$ einer Beziehung

$$F(x, y, z, \ldots) = ax + by + cz + \ldots + k = l$$

mit festem k genügen, so wird jeder der n Datensätze $(x_i, y_i, \ldots, l_i)$ mit $i = 1, \ldots, n$ die obige Beziehung nicht exakt erfüllen, wenn n größer als der Umfang eines Datensatzes ist. In diesem Fall sollen $a, b, c, \ldots, k$ so ermittelt werden, daß die Quadratsumme der Fehler $v_i = ax_i + by_i + \ldots + k - l_i$ minimal wird.

Man fordert also

$$[v^2] = \sum_{i=1}^{n} (ax_i + by_i + cz_i + \ldots + k - l_i)^2 = \text{Min.}$$

Notwendig hierfür ist

$$\frac{\partial[v^2]}{\partial a} = \frac{\partial[v^2]}{\partial b} = \ldots = \frac{\partial[v^2]}{\partial k} = 0 \quad \text{(Normalgleichungen).}$$

Wird der Satz $(x_i, y_i, \ldots, l_i)$ mit dem Gewicht g_i versehen, wobei $\sum_{i=1}^{n} g_i = 1$ ist, so fordert man

$$[gv^2] = \sum_{i=1}^{n} g_i(ax_i + by_i + cz_i + \ldots + k - l_i)^2 = \text{Min.}$$

Notwendig hierfür ist

$$\frac{\partial[gv^2]}{\partial a} = \frac{\partial[gv^2]}{\partial b} = \ldots = \frac{\partial[gv^2]}{\partial k} = 0 \quad \text{(Normalgleichungen).}$$

Sonderfall $mx + t = y$:

Forderung: $[gv^2] = \sum_{i=1}^{n} g_i(y_i - mx_i - t)^2 = \text{Min.}$

Normalgleichungen:

$$[gy] - m[gx] - t = 0$$
$$[gxy] - m[gx^2] - t[gx] = 0.$$

Im Falle gleicher Gewichte $g_i = \frac{1}{n}$ ist:

$$[y] - m[x] - nt = 0$$
$$[xy] - m[x^2] - t[x] = 0.$$

Hieraus folgt $m = \dfrac{n[xy] - [x][y]}{n[x^2] - [x]^2}$

$$t = \frac{[x^2][y] - [x][xy]}{n[x^2] - [x]^2}$$

$$[v^2] = [y^2] - m[xy] - t[y]$$

Fehler eines Einzelwertes y_i: $\sqrt{\dfrac{[v^2]}{n(n-2)}}$

Fehler von m: $\sqrt{\dfrac{n[v^2]}{(n-2)\cdot(n[x^2]-[x]^2)}}$

Fehler von t: $\sqrt{\dfrac{[x^2][v^2]}{(n-2)\cdot(n[x^2]-[x]^2)}}$.

14.3.2 Nichtlinearer Fall

Enthält die Beziehung

$$F(x, y, z, \ldots)=l$$

nicht nur lineare Terme in $a, b, c, \ldots, k$, liegen die Werte von $a, b, c, \ldots, k$ aber in der Nähe von $a_0, b_0, c_0, \ldots, k_0$, so kann durch Taylorentwicklung (8.3.2.5, Seite 403) und Abbruch nach dem linearen Term der Fall 14.3.1, Seite 594 erreicht werden.

14.4 Ausgleich vermittelnder Beobachtungen

Die Größen $x, y, z, \ldots$ sollen n Beziehungen

$$F_i(x, y, z, \ldots)=a_i x+b_i y+c_i z+\ldots+k_i=l_i \quad (i=1, \ldots, n)$$

mit festem k_i und zusätzlich den Nebenbedingungen

$$\begin{aligned}
&h_1(x, y, z, \ldots)=0\\
&h_2(x, y, z, \ldots)=0\\
&\vdots\\
&h_s(x, y, z, \ldots)=0 \quad \text{genügen.}
\end{aligned}$$

Es sollen $x, y, z, \ldots$ so bestimmt werden, daß unter Einhaltung der s Nebenbedingungen die Fehlerquadratsumme

$$[v^2]=\sum_{i=1}^{n}(a_i x+b_i y+c_i z+\ldots+k_i-l_i)^2=\text{Min.}$$

Unter Verwendung der Lagrangeschen Multiplikatormethode (8.3.3.2, Seite 406) ergeben sich die notwendigen Bedingungen, aus denen sich $x, y, z, \ldots, \lambda_1, \ldots, \lambda_s$ ermitteln lassen.

$$x[ga^2]+y[gab]+z[gac]+\ldots-[gla]-\lambda_1\frac{\partial h_1}{\partial x}-\ldots-\lambda_s\frac{\partial h_s}{\partial x}=0$$

$$x[gab]+y[gb^2]+z[gbc]+\ldots-[glb]-\lambda_1\frac{\partial h_1}{\partial y}-\ldots-\lambda_s\frac{\partial h_s}{\partial y}=0$$

$$x[gac]+y[gbc]+z[gc^2]+\ldots-[glz]-\lambda_1\frac{\partial h_1}{\partial z}-\ldots-\lambda_s\frac{\partial h_s}{\partial z}=0$$

....

$$\begin{aligned}
&h_1(x, y, z, \ldots)=0\\
&\vdots\\
&h_s(x, y, z, \ldots)=0.
\end{aligned}$$

Zu 14.4:

Ausgleich vermittelnder Beobachtungen mit Nebenbedingung

1. Die Winkel α, β, γ eines Dreiecks sind mehrfach mit gleichem Gewicht gemessen. Man gleiche ihre Werte unter der Nebenbedingung $h(\alpha, \beta, \gamma) = \alpha + \beta + \gamma - 180° = 0$ aus.

   α: 42,5°; 42,2°; 42,3°;

   β: 83,4°; 83,1°;

   γ: 54,9°; 55,3°.

i	$\alpha = x$	$\beta = y$	$\gamma = z$	k	l
1	1	0	0	0	42,5°
2	1	0	0	0	42,2°
3	1	0	0	0	42,3°
4	0	1	0	0	83,4°
5	0	1	0	0	83,1°
6	0	0	1	0	54,9°
7	0	0	1	0	55,3°

$[a^2] = 3$;
$[ab] = [ac] = [ak] = 0$;
$[al] = 127{,}0°$;
$[b^2] = 2$;
$[bc] = [bk] = 0$;
$[bl] = 166{,}5°$;
$[c^2] = 2$;
$[cl] = 110{,}2°$.

Das Gleichungssystem lautet:

$$\begin{aligned} 3\alpha \qquad\qquad\qquad & -127{,}0 - \lambda = 0 \\ 2\beta \qquad\qquad & -166{,}5 - \lambda = 0 \\ 2\gamma \qquad & -110{,}2 - \lambda = 0 \end{aligned}$$

mit den Lösungen $\alpha = 42{,}163°$; $\beta = 82{,}994°$; $\gamma = 54{,}844°$.

15 Komplexe Funktionen

15.1 Komplexe Folgen und Reihen

Eine Folge f komplexer Zahlen ist eine Funktion mit Originalen aus $\mathbb{N}$ und Bildern aus $\mathbb{C}$:

$$f\colon n \mapsto f(n); \quad n \in \mathbb{N}; \quad f(n) \in \mathbb{C}.$$

Soweit Aussagen über die Beträge $|f(n)|$ von $f(n)$ gemacht werden, können die in 10.1, Seite 473 angegebenen Definitionen und Sätze Wort für Wort übernommen werden. Die Umgebung einer komplexen Zahl z ist ein Kreis um den Punkt z in der Gaußschen Zahlenebene.

Eine Reihe s komplexer Zahlen ist eine Funktion

$$s\colon n \mapsto s(n) = \sum_{k=1}^{n} g(k) \quad \text{mit} \quad n \in \mathbb{N}, \quad g(k) \in \mathbb{C}.$$

Soweit Aussagen über die Beträge $|s(n)|$ von $s(n)$ gemacht werden, können die in 10.2, Seite 476 angegebenen Definitionen und Sätze Wort für Wort übernommen werden.

15.2 Funktion einer komplexen Veränderlichen

15.2.1 Definition

Wird durch eine Vorschrift f jeder komplexen Zahl $z \in \mathbb{D} \subseteq \mathbb{C}$ eindeutig eine komplexe Zahl $w \in \mathbb{W} \subseteq \mathbb{C}$ zugeordnet, so heißt f Funktion einer komplexen Veränderlichen. Bei Zerlegung von z und w in Real- und Imaginärteil gilt:

$$z = x + jy; \quad w = u + jv; \quad u = R(f(z)) = f_1(x, y); \quad v = I(f(z)) = f_2(x, y).$$

Die Funktion vermittelt also eine Zuordnung von Punkten des Definitionsgebietes $\mathbb{D}$ zu Punkten der Wertemenge $\mathbb{W}$, geometrisch also eine Abbildung von Punktmengen. Zur Veranschaulichung verwendet man daher meistens neben der komplexen z-Ebene die sog. komplexe Bildebene w. In ihr werden diejenigen 1-parametrigen Kurvenscharen angegeben, die sich ergeben, wenn in der unabhängigen Veränderlichen $z = x + iy$ einmal x, zum anderen y konstant gehalten werden.

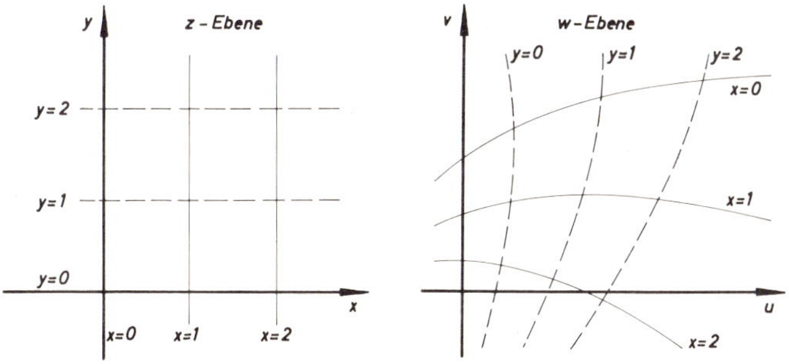

$$w = f_1(c_x, y) + j f_2(c_x, y)$$

bzw. $\quad w = f_1(x, c_y) + j f_2(x, c_y).$

Hierdurch wird das Koordinatengitter der z-Ebene auf zwei 1-parametrige Kurvenscharen der w-Ebene abgebildet.

In manchen Fällen wird auch das sog. *Relief* der Funktion verwendet. Es besteht in der Darstellung des Betrages von w

$$|w| = \sqrt{u^2 + v^2} = \sqrt{f_1^2(x, y) + f_2^2(x, y)}$$

über den Punkten $P(x, y)$ der z-Ebene. Da der Betrag stets nicht negativ ist, liegt die Fläche stets oberhalb der (x, y)-Ebene. Nur in den Nullstellen, wo $w = 0$ ist, trifft die Fläche die (x, y)-Ebene. Diese Darstellung hat den Nachteil, daß das Argument φ von w nicht mehr erkennbar ist. Man gibt daher oft auf der Fläche zusätzlich noch Linien mit der Gleichung $\varphi = \text{const}$ an und projiziert schließlich diese Linien und die zur (x, y)-Ebene parallelen Linien mit der Gleichung $|w| = \text{const}$ auf die z-Ebene. Es entsteht dann die sog. *Karte* des Reliefs.

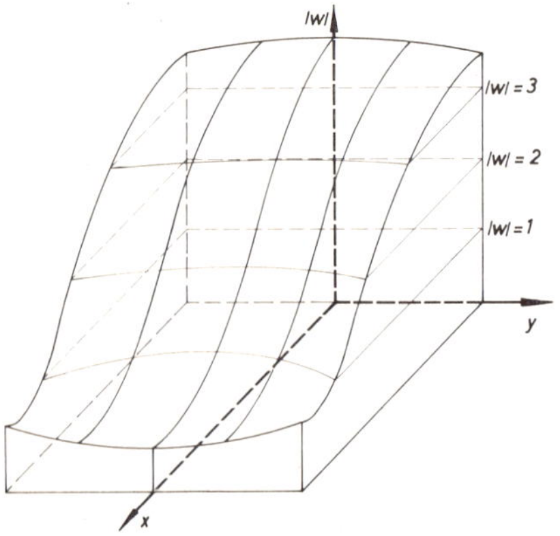

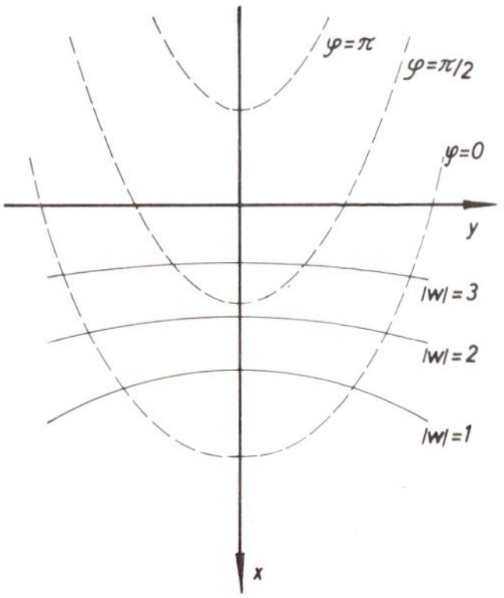

15.2.2 Grenzwert von Funktionen

Die Funktion $f\colon z \mapsto w = f(z)$ besitzt an der Stelle $z = z_0$ den Grenzwert A (komplex), wenn es zu jedem beliebig kleinen $\varepsilon > 0$ eine Zahl $\delta = \delta(\varepsilon) > 0$ derart gibt, daß

$$|f(z) - A| < \varepsilon$$

wird, sofern nur $|z - z_0| < \delta(\varepsilon)$ genommen wird. Alle Punkte w des Bildes müssen damit innerhalb eines beliebig kleinen Kreises vom Radius ε liegen, wenn nur die Argumentpunkte in einem hinreichend kleinen Kreis vom Radius $\delta(\varepsilon)$ der z-Ebene liegen.

Man schreibt $\lim\limits_{z \to z_0} f(z) = A$.

15.2.3 Stetigkeit von Funktionen

Die Funktion $f\colon z \mapsto w = f(z)$ ist im Punkt z_0 stetig, wenn

$$\lim_{z \to z_0} f(z) = f(z_0) \quad \text{oder} \quad \lim_{z \to z_0} (f(z) - f(z_0)) = 0.$$

15.2.4 Elementare komplexe Funktionen

15.2.4.1 Exponentialfunktion

Definition

$$e^z = \sum_{k=0}^{\infty} \frac{z^k}{k!}; \quad z \in \mathbb{C}.$$

Formeln

$$e^{z_1+z_2} = e^{z_1} \cdot e^{z_2}.$$

$$e^{jy} = \cos y + j \sin y \ (y \in \mathbb{R}); \quad \text{Eulersche Formel.}$$

$$e^z = e^{x+jy} = e^x \cdot (\cos y + j \sin y).$$

$$e^{z+2\pi j\lambda} = e^z \ (\lambda \in \mathbb{Z}); \quad \text{Periodizität.}$$

$$e^{2\pi j\lambda} = e^0 = 1 \ (\lambda \in \mathbb{Z}).$$

$$e^{\pi j} = -1; \quad e^{\pi j/2} = j; \quad e^{-\pi j/2} = -j.$$

$$e^{jz} = \cos z + j \sin z.$$

$$e^{-jz} = \cos z - j \sin z.$$

$$(e^z)' = e^z.$$

$$z = x + jy = |z|(\cos\varphi + j \sin\varphi) = |z|\, e^{j\varphi}.$$

15.2.4.2 Logarithmus

Definition des Hauptwertes

$$\ln \frac{1}{1-z} = \sum_{k=1}^{\infty} \frac{z^k}{k} \quad (|z| < 1).$$

$$\ln(1+z) = \sum_{k=1}^{\infty} (-1)^{k+1} \cdot \frac{z^k}{k} \quad (|z| < 1).$$

$$\ln \frac{1+z}{1-z} = 2 \cdot \sum_{k=0}^{\infty} \frac{z^{2k+1}}{2k+1} \quad (|z| < 1).$$

Formeln

Ist $\operatorname{Ln} z = \ln z + 2\pi j\lambda$ $(\lambda \in \mathbb{Z})$, so gilt $e^{\ln z} = e^{\operatorname{Ln} z} = z$.

$$\ln 1 = 0; \quad \ln(-1) = j\pi; \quad \ln j = \frac{j\pi}{2}; \quad \ln(-j) = \frac{3j\pi}{2}.$$

$$\ln(a \cdot b) = \ln a + \ln b.$$

$$\ln\left(\frac{a}{b}\right) = \ln a - \ln b.$$

$$(\ln z)' = \frac{1}{z}.$$

15.2.4.3 Trigonometrische Funktionen

Definition

$$\sin z = \frac{1}{2j}(e^{jz} - e^{-jz}) = \sum_{k=0}^{\infty} (-1)^k \cdot \frac{z^{2k+1}}{(2k+1)!} \quad (z \in \mathbb{C}).$$

$$\cos z = \tfrac{1}{2}(e^{jz} + e^{-jz}) = \sum_{k=0}^{\infty} (-1)^k \cdot \frac{z^{2k}}{(2k)!} \quad (z \in \mathbb{C}).$$

$$\tan z = \frac{\sin z}{\cos z} = -j \cdot \frac{e^{jz} - e^{-jz}}{e^{jz} + e^{-jz}}.$$

$$\cot z = \frac{1}{\tan z}.$$

Formeln

$$\sin^2 z + \cos^2 z = 1.$$

Additionstheoreme 4.1.2.2, Seite 94.

Formeln für Winkelvielfache 4.1.2.3, Seite 95.

Summen- und Produktformeln 4.1.2.5, Seite 96 und 4.1.2.6, Seite 97.

$$\sin jy = j \sinh y \quad (y \in \mathbb{R}).$$

$$\cos jy = \cosh y \quad (y \in \mathbb{R}).$$

$$\sin(x \pm jy) = \sin x \cdot \cos jy \pm \cos x \cdot \sin jy$$
$$= \sin x \cdot \cosh y \pm j \cos x \cdot \sinh y.$$

$$\cos(x \pm jy) = \cos x \cdot \cosh y \mp j \sin x \cdot \sinh y.$$

$$\tan(x \pm jy) = \frac{\sin 2x}{\cos 2x + \cosh 2y} \pm j \frac{\sinh 2y}{\cos 2x + \cosh 2y}.$$

$$\sin(z + 2\pi) = \sin z; \quad \cos(z + 2\pi) = \cos z; \quad \tan(z + \pi) = \tan z.$$

$$(\sin z)' = \cos z.$$

$$(\cos z)' = -\sin z.$$

$$(\tan z)' = \frac{1}{\cos^2 z}.$$

15.2.4.4 Hyperbolische Funktionen

Definition

$$\sinh z = \tfrac{1}{2}(e^{z} - e^{-z}) = \sum_{k=0}^{\infty} \frac{z^{2k+1}}{(2k+1)!} \quad (z \in \mathbb{C}).$$

$$\cosh z = \tfrac{1}{2}(e^{z} + e^{-z}) = \sum_{k=0}^{\infty} \frac{z^{2k}}{(2k)!} \quad (z \in \mathbb{C}).$$

$$\tanh z = \frac{\sinh z}{\cosh z}.$$

$$\coth z = \frac{\cosh z}{\sinh z}.$$

Formeln

$$\sinh(z+2\pi j)=\sinh z;\quad \cosh(z+2\pi j)=\cosh z.$$

$$\sinh(jy)=j\sin y;\quad \cosh(jy)=\cos y\quad (y\in\mathbb{R}).$$

Formeln 1, 3, 5, 6 von 6.7.2.5, Seite 178

$$\begin{aligned}\sinh(x\pm jy)&=\sinh x\cdot\cosh jy\pm\cosh x\cdot\sinh jy\\&=\sinh x\cdot\cos y\pm j\cosh x\cdot\sin y.\end{aligned}$$

$$\cosh(x\pm jy)=\cosh x\cdot\cos y\pm j\sinh x\cdot\sin y.$$

$$\tanh(x\pm jy)=\frac{\sinh 2x}{\cosh 2x+\cos 2y}\pm j\frac{\sin 2y}{\cosh 2x+\cos 2y}.$$

$$(\sinh z)'=\cosh z.$$

$$(\cosh z)'=\sinh z.$$

$$(\tanh z)'=\frac{1}{\cosh^2 z}.$$

15.2.4.5 Zyklometrische Funktionen

Definition des Hauptwertes

$$\arcsin z=z+\frac{1}{2}\cdot\frac{z^3}{3}+\frac{1\cdot 3}{2\cdot 4}\cdot\frac{z^5}{5}+\frac{1\cdot 3\cdot 5}{2\cdot 4\cdot 6}\cdot\frac{z^7}{7}+\ldots\quad (|z|<1)$$

$$\arctan z=z-\frac{z^3}{3}+\frac{z^5}{5}-+\ldots\quad (|z|<1)$$

$$\arccos z=\frac{\pi}{2}-\arcsin z$$

Formeln

$$\arcsin z=\frac{1}{j}\ln(jz+\sqrt{1-z^2})=-j\,\operatorname{arsinh} jz$$

$$\arccos z=j\ln(z+\sqrt{z^2-1})=j\,\operatorname{arcosh} z$$

$$\arctan z=\frac{1}{2j}\ln\frac{1+jz}{1-jz}=-j\,\operatorname{artanh} jz$$

Ersetzt man ln durch Ln, so erhält man Arcsin z, Arccos z, Arctan z mit der Eigenschaft

$$\sin(\operatorname{Arcsin} z)=z,\quad \cos(\operatorname{Arccos} z)=z,\quad \tan(\operatorname{Arctan} z)=z.$$

15.2.4.6 Areafunktionen

Definition des Hauptwertes

$$\operatorname{arsinh} z=\ln(z+\sqrt{1+z^2})=j\arcsin jz.$$

$$\operatorname{arcosh} z=\ln(z+\sqrt{z^2-1})=-j\arccos z.$$

$$\operatorname{artanh} z=\frac{1}{2}\ln\frac{1+z}{1-z}=-j\arctan jz.$$

$$\operatorname{arcoth} z=\frac{1}{2}\ln\frac{z+1}{z-1}=-j\operatorname{arccot} jz.$$

Ersetzt man ln durch Ln, so erhält man Arsinh z, Arcosh z, Artanh z, Arcoth z mit der Eigenschaft

$\sinh(\operatorname{Arsinh} z)=z, \quad \cosh(\operatorname{Arcosh} z)=z,$

$\tanh(\operatorname{Artanh} z)=z, \quad \coth(\operatorname{Arcoth} z)=z.$

B

Zu 12:

Funktionswerte der Exponentialfunktion:

1. $e^{5+2j}=e^5\cdot e^{2j}=e^5(\cos 2+j\sin 2)\approx -61{,}8+135{,}0j.$

$(4+3j)\,e^{t(-0{,}5+6j)}=5\,e^{0{,}64j+t(-0{,}5+6j)}=5\cdot e^{-0{,}5t}\cdot e^{(0{,}64+6t)j}$

$=5\cdot e^{-0{,}5t}\cdot[\cos(0{,}64+6t)+j\sin(0{,}64+6t)].$

Bedeutet t die Zeit, so ist durch die komplexe Zahl ein Drehpfeil mit abnehmender Länge definiert.

Für $t=0$ ist die Länge 5; der Nullphasenwinkel ist $0{,}64\approx 36{,}9°$; die Abklingkonstante ist $\beta=0{,}5\ \mathrm{s}^{-1}$, die Kreisfrequenz $\omega=6\ \mathrm{s}^{-1}$.

Differenzierbarkeit und Cauchy-Riemannsche Differentialgleichungen:

2. Eine Funktion $f\colon\ x+jy=z\mapsto w=f(z)=u(x,y)+j\,v(x,y)$ heißt differenzierbar in z, wenn $\lim\limits_{\Delta z\to 0}\dfrac{f(z+\Delta z)-f(z)}{\Delta z}$ existiert. Dann existiert aber

$$\lim_{\substack{\Delta x\to 0\\ \Delta y\to 0}}\frac{u(x+\Delta x,y+\Delta y)+j\,v(x+\Delta x,y+\Delta y)-u(x,y)-j\,v(x,y)}{\Delta x+j\,\Delta y}$$

für jede beliebige Art, auf die $\Delta x\to 0$, $\Delta y\to 0$. Durch Vergleich der Ergebnisse für $\Delta x=0$ bzw. $\Delta y=0$ ergibt sich:

$u_x(x,y)=v_y(x,y);\quad u_y(x,y)=-v_x(x,y).$

Für e^z gilt: $e^z=e^{x+jy}=e^x(\cos y+j\sin y);\quad u(x,y)=e^x\cdot\cos y;$

$v(x,y)=e^x\cdot\sin y;\quad u_x(x,y)=e^x\cdot\cos y;\quad v_y=e^x\cdot\cos y;$

$u_y(x,y)=-e^x\cdot\sin y;\quad v_x(x,y)=e^x\cdot\sin y.$

Sachwortverzeichnis